21世纪高等教育教学改革教材

TEXTBOOK OF TEACHING REFORM FOR HIGHER EDUCATION IN 21ST CENTURY

物理化学

PHYSICAL CHEMISTRY

孙玉希　主 编

宋若静　刘 勇　何黎明　张运菊　副主编

化学工业出版社

·北 京·

《物理化学》是按照教育部高等学校化学类专业教学指导委员会制定的化学、应化及相关专业如生物、材料、环境等化学理论课程的教学内容，结合多年的教学改革实践编写的。内容以四篇展开：平衡篇、速率篇、专题篇（电解质溶液、电池与电极反应、界面化学、胶体与大分子溶液）、统计篇，文后有附录和参考文献可供查阅。

《物理化学》在内容体系、结构设计、讲练结合等方面，注重实用性、启发性和可读性，利于读、教、学、思、创。版式新颖，给读者留下提出疑问、深思、创作的空间。内容编排上注重讲授知识的同时，融入国学、哲学、社会学、创造学等思想；理解科学知识的同时，塑造正确的三观、构建健康的心理，起到了“传承文明、开拓创新、塑造灵魂”的作用。

《物理化学》可作为综合类、师范类高校化学、应化及近化学专业本专科学生的教材，也可作为物理化学教师教学改革的参考书，还可作为从自然科学理性认识社会科学与哲学的参考教材。

图书在版编目（CIP）数据

物理化学/孙玉希主编.—北京：化学工业出版社，2016.2（2019.3重印）
中国石油和化学工业优秀教材
21世纪高等教育教学改革教材
ISBN 978-7-122-25908-0

Ⅰ.①物… Ⅱ.①孙… Ⅲ.①物理化学-高等学校-教材 Ⅳ.①064

中国版本图书馆CIP数据核字（2015）第307366号

责任编辑：刘俊之　　文字编辑：李　玥
责任校对：宋　夏　　装帧设计：韩　飞

出版发行：化学工业出版社（北京市东城区青年湖南街13号　邮政编码100011）
印　　刷：大厂聚鑫印刷有限责任公司
装　　订：三河市宇新装订厂
787mm×1092mm　1/16　印张31¼　字数844千字　　2019年3月北京第1版第2次印刷

购书咨询：010-64518888　　售后服务：010-64518899
网　　址：http://www.cip.com.cn
凡购买本书，如有缺损质量问题，本社销售中心负责调换。

定　　价：79.00元

前言

在实现伟大中国梦的当代中国，国家要富强、民族要振兴、人民要幸福，对当今中国教育提出了更高的育人要求，教育教学改革在探索中阔步前行！

“十年树木，百年树人”“教师是人类灵魂的工程师”，道出了教师在人类文明中的作用。教师工作的核心内容为“传承文明、开拓创新、塑造灵魂”。灵魂的塑造依托于具有“人类知识”和“创新思维”的教材以及具体实施教学工作的教师。

《物理化学》按照大学本专科化学、应化及近化学专业物理化学知识体系的内容要求编写，在内容编排上引导学生学以致用。注重讲授知识的同时，融入国学、哲学、社会学、创造学等思想；促进读者在理解科学知识的同时，思考并塑造正确的三观、构建健康的心理。思考性内容更侧重于生活体验性、更侧重于物理化学思想给读者的生活启发，有很强的探索性和开放性，带给师生批判与思辨，利于读者更理性地认清方向，形成正确的世界观、人生观、价值观，达到学习物理化学知识的同时塑造健康心理。

本教材版式独特，采用“边讲边练”模式，理论知识与例题、习题、思考题并列排版，既便于物理化学知识结构的逻辑性、完整性，又有利于针对相关知识的思考、复习、掌握和运用。同时给读者留出施展个人“创作”的空间，希望边学习边“创作”，达到学以致用的目的。本次重印在知识点方面增加相关主题前沿性研究的内容，以思考题方式增加国学、人文、思政类内容，文后附有参考资料与拓展阅读。

课题组在“格物明德”教学理念下，通过录编实际课堂于 2017 年 3 月完成在线课程建设，于 2019 年 1 月在学银在线平台上线（http://moocl.xueyinonline.com/course/template60/90805330.html）。虽然在音质视频质量等方面不够完美，但仍受到了广大师生的厚爱与好评。

本书共 16 章，其中孙玉希撰写并修订第 0～7 章，宋若静撰写并修订第 8、9 章及附录，刘勇撰写并修订第 10、11 章，何黎明撰写、张娜娜修订第 12、13 章，张运菊撰写并修订第 14、15 章；全书由孙玉希审稿、定稿。

非常感谢四川省教育厅和绵阳师范学院教学改革项目的经费支持；同时，向许多教学老前辈、同事们对我们长期教学和科研实践的热情帮助、支持与鼓励，在此表示诚挚的感谢；向《物理化学》教学同行们以及本教材参考资料的著作者们表示诚挚地谢意；向参与本教学实践并提出宝贵意见的历届学子们表示感谢；特别鸣谢曲阜师范大学陈英俊教授、研究生张璟以及绵阳师范学院陈刚老师为本教材提供插图作品。

限于编者水平，书中不当之处在所难免，恳请同行专家及读者们批评指正。

孙玉希

2015 年 8 月于绵阳

目录

速 率 篇

专 题 篇

统　计　篇

第0章 引 言

本章基本要求

0-1 了解人类实践与物理化学的关系，了解物理化学的建立与发展，掌握物理化学的课程性质。

0-2 掌握物理化学的主要任务。

0-3 了解物理化学的主要内容和主要研究方法。

0-4 熟悉物理化学的学习方法。

0.1 人类实践与物理化学

“道可道，非恒道；名可名，非恒名”（老子[1]《道德经》）。学习到底是“痛苦”还是“幸福”？不同的人有不同的回答，在应试教育下回答“痛苦”的学生比例并不小。到底为了什么而学习？不同的人会有不同的回答：为了升学、为了学知识、为了生活、为了立足社会、为了孝敬父母、为了报效国家、为了祖国、为了人类、为了地球等等；学习到底是为了获得什么呢？为获得金钱、权利、荣誉、社会地位？似乎这些答案都不令人满意。“你是风（疯）儿我是沙（傻），缠缠绵绵绕（走）天涯”，难道人生就是“糊里糊涂地过日子”？一句经典——“大学之道，在明明德”（孔子[2]《礼记·大学》），为我们指明了学习的目的——“在明明德”，其核心在于“德”，其本源内涵在于“一心直行”——德（会意字解析）。

“德”从何来？正如“道德”一词，“德”从“道”来，只有真正学到“道”才会得心应手地从“德”。那么“道”又要求我们怎么做呢？仍然可以从“道”的会意字中找到答案——首走（道）。这意味着找到客观规律的途径首先在于行动、在于大脑思考。正如《大学》章句——“大学之道，在明明德，在亲民，在止于至善”（《礼记·大学》），努力学习的道理在于通过各种实践活动，弘扬光明正大的道德，追求事物的完美境界。这经典名句告诉了我们学习的方法在于实践，同时由于对完美目标的无限追求，需要我们不断开拓创新，认识、利用并完善规律，做符合客观规律的事情（德从道）。

“道”又从何来？“载物”而“厚德”，从“物”中得“道”而行“德”，故“道”从“物”来。各种各样的“物”

[1] 老子（约公元前571年—公元前471年），字伯阳，谥号聃，又称李耳，是中国伟大的哲学家和思想家，被道教尊为教祖。老子著有五千言的《老子》一书，又名《道德经》，包含大量朴素辩证法观点。

[2] 孔子（公元前551年—公元前479年），名丘，字仲尼，中国春秋末期的大思想家、大教育家、政治理论家，儒家学派的创始人。

都是以不同的现象展现自身行为显示自身的性质。在人类长期生产实践过程中，人们通过对“物”的认识，把握“物”的运行规律，从而达到运用“物”驾驭“物”的目的。如何从“物”中得“道”？一句古语回答了这个问题——“物有本末，事有终始。知所先后，则近道矣”。

中国伟大的哲学家、思想家老子[1] 曰：道可道（事物的规律可以通过我们的努力来获得；“道”为客观规律，具有“独立不改，周行而不殆”的永恒意义），非恒道（规律是变化的，启发我们要根据条件来使用规律）。集中国古代智慧的《易经》是对“道”运行规律的高度概括，其中周文王[3] 为此做出了杰出的贡献。可见从“物”中得到“道”是件非常艰难的事情，其艰难的程度可以从“物”的会意字中得到——，需要我们付出汗水和努力才有可能驾驭好客观事物。

如何得到事物的规律呢？“物格而后知至”（孔子《礼记·大学》），通过“格物”实现“致知”是学习的基本途径。自然科学的长期发展已经证明，一切现象是物质结构的宏观反应，可以从其微观结构上找到答案。利用现代科学技术，解析事物的微观世界，有利于我们更清晰地认识宏观世界的现象，正是在这一点上，化学就是一门非常好的“格物致知”的自然科学，其中作为化学基础课程之一的《物理化学》是一门集物理与化学的思维、技术及方法的理论学科，可以说是“载物”而“厚德”，利于“传道”的自然科学范例，广义上讲，《物理化学》是一门“格物致知、载物厚德”的科学。简言之，广义物理化学是一门格物明德学。

人类对事物的认识往往是从简单到复杂、从复杂到简单，认识事物的发展规律同样如此。自然规律直接来自于客观的物质世界；在客观物质世界中，非生物比生物更具有稳定性，生物源于非生物又高于非生物。从认识事物的次序上讲，认识世界的“格物”首先应该从非生物的认识开始，从非生物界获得的规律或许对生物领域和社会领域规律的认识有帮助或启发。带着由非生物体系规律能否用于生物体系乃至社会体系的想法，本课程编排多采用“左讲右练、左讲右思”的方式，按照经典《物理化学》不同主题来介绍相关的知识，学习人类从对非生物体系尤其是化学体系的认识规律；思考性的题目放在页面右侧，希望读者能从化学体系规律中获得人类意识形态范畴的人生启迪，达到“传承文明、开拓创新、塑造灵魂”的目标。虽然本教材的内容不能覆盖所有的领域，但所涉及的主题也会对读者未涉及的领域提供理论参考与指导——当你迷茫时研读《物理化学》内容，领悟自然科学中蕴含的哲学思想，结合中国文化经典，会有利于你找到正确的人生奋斗方向。

[3] 周文王（公元前1152—公元前1056），姓姬名昌，华夏族（后汉族）人，西周奠基者；是很有作为的创业主，勤治政、拓疆域、施仁德、遭囚禁、贤者弼、创周礼、演周易、战犬戎、益子孙等。

思考：

0-1 试分析“天行健，君子以自强不息；地势坤，君子以厚德载物”[《周易·象传》] 的内涵及相互关系。

上士闻道，勤而行之；中士闻道，若存若亡；下士闻道，大笑之。[出自《道德经》])

人类所面临的自然世界的各种现象往往发生的是物理变化或化学变化；物理和化学是人类文明的重要承载之一，能够从原子、分子层面认识自然、理解自然。用物理与化学相结合的方法来认识自然界的事物，将是对自然事物最好的“格物穷理”方法。这种从研**究物理现象和化学现象之间的相互联系入手，根据物理学的原理，用物理、化学的实验方法，研究自然事物的性质和行为，探求自然事物现象尤其是化学现象最一般规律的理论学科**，在当今自然科学中称为物理化学，这里称为狭义物理化学或经典物理化学（通常不特别指明时即为物理化学），是格物致知的学科范例。

当今物理化学在维持系统科学中占据重要地位，已经成为一门相对成熟而且系统的学科。《自然辩证法》告诉我们：“宏观现象是微观结构的反映，事物规律是微观结构规律的集中表现形式”，基于此，生命物质是由非生命物质组成的，非生命物质的规律应该是大部分适合于生命体系。将经典物理化学的理论运用于整个自然界甚至意识形态领域，这里称为广义物理化学，基于此，也称为格物致德学。本教材是从经典物理化学对物质的认识入手，学习狭义物理化学不同主题的同时，来进一步定性乃至定量地认识自然和社会全部规律的广义物理化学思想（体现在页面右侧部分思考题的内容），以期在传承狭义物理化学知识的同时，有利于培养学生的科学素养、人文素养、创新意识和发散思维等品质。

在广义物理化学研究方面，先辈们为我们指明了方向和方法。儒家给出“明明德、亲民、止于至善”，道家给出“道可道，非恒道，名可名，非恒名”，具有文化源头水平的《周易》[4] 用“阴”和“阳”来阐明事物变化规律，堪称是世界文化经典。其中《易经》成书最早，虽然其文字内容随时代演变不易被读懂，但其所蕴含的深刻内涵未必是当今所认识的《周易学》，其辩证思维方法非常值得当代人学习，是广义物理化学的重要思维方法之一。

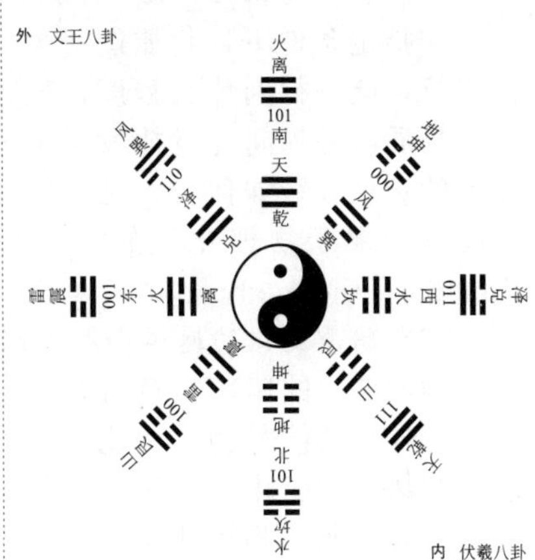

[4]《周易》成书于战国时期，但表达的是周代形成的天命思想，是一部中国古哲学书籍。易的主要意思是变化，周易以高度抽象的六十四卦的形式表征普遍存在的双边关系中可能发生的各种各样的变化。周易分为易经和易传两个方面，“天人合一，天人感应”是易经的核心理论，是建立在阴阳二元论基础上对事物运行规律加以论证和描述的书籍，其对于天地万物进行性状归类，天干地支五行论，在对客观世界的变化做出解释时，使用了“乾坤”、“阴阳”、“刚柔”等范畴和命题。《周易》是中国传统思想文化中自然哲学与伦理实践的根源，对中国文化产生了巨大的影响，是中华民族智慧与文化的结晶，被誉为“群经之首，大道之源”。在古代是帝王之学，政治家、军事家、商家的必修之术。《周易》涵盖万有，纲纪群伦，是中国传统文化的杰出代表；广大精微，包罗万象，是中华文明的源头活水。

0.2 物理化学任务及趋势

0.2.1 物理化学任务

在化学四大基础课程中，物理化学更偏向于物质的规律性认识，是物质世界运行的方法论。面对客观存在的生产实际和科学实验中的客观物质，物理化学往往涉及以下三个方面的问题。

（1）物质变化的方向和限度问题

在指定条件下，物质能否发生变化，向着哪个方向进行，能进行到什么程度，变化过程中有怎样的现象，物质与外界间究竟能发生哪些量的变化，这些量之间的定量关系如何等。这些问题在化学领域的研究与解答，属于物理化学的一个分支——化学热力学（chemical thermodynamics）。

（2）物质变化的速率和机理问题

物质变化的速率究竟有多快，物质变化是如何进行的，外界条件对物质变化速率有怎样的影响，如何能控制物质的变化速率等。这些问题在化学领域的研究与解答，属于物理化学的另一个分支——化学动力学（chemical kinetics）。

（3）物质的性质与其结构之间的关系问题

物质的宏观性质都是微观结构的反映。物质的宏观性质（包括现象和变化）本质上是由物质内部的微观结构所决定的。深入了解物质内部的结构，可以理解物质现象和变化的内因；而且还可以在适当外因的作用下，通过改变物质内部结构来改变物质变化的方向、让物质展现出目标性现象。这些问题在化学领域的研究与解答，属于物理化学的又一个分支——结构化学（structural chemistry）。

这三个方面的问题在实际事物的研究过程中，往往是相互联系、相互制约的。

0.2.2 物理化学的建立与发展

物理化学学科知识体系是人类在认识和改造自然的过程中建立和逐步发展起来的。其建立与发展大致分为以下三个阶段。

第一阶段（～1920）为物理化学萌芽、化学平衡和化学反应速率的唯象规律的建立阶段。在该阶段的主要事件是在18世纪中叶俄国科学家罗蒙诺索夫[5] 首先使用“物理化学”术语；1804年道尔顿（J. Dalton，1766—1844）提出原子论；1811年阿伏伽德罗[6] 建立分子论；19世纪中叶提出热力学第一定律和热力学第二定律；1850年Wilhelmy第一次定量测定反应速率；1879年建立质量作用定律；1889年阿伦尼乌斯（Arrhenius）建立了阿伦尼乌斯公式并提出活化能的概念；1887年德国科学家奥斯特瓦尔德[7] 和荷兰科学家范特霍夫[8]创办德文期刊《物理化学杂志》，标志着物理化学成为一门独立学科，从此，“物理化学”这一术语被大量地使用起来；1906～1920年建立能斯特（Nernst）热定理和热力学第三定律，从此热力学理论基本建立。

第二阶段（1920—1960）为结构化学和量子化学

思考：

0-2 狭义物理化学的任务是否是你生活中所关心的问题？是否作为客观存在的生物和意识形态的社会事物，也同样存在着客观物质世界的类似问题，如“改革开放”带给我们是什么？为什么“生于忧患，死于安乐”？婆媳关系的根源是什么？家庭、团队中的成员要改变自己什么？为什么“学而不思则罔，思而不学则殆”？为什么企业要有企业文化？……类似于这些问题能否从非生物的物质世界中找到答案呢？

[5] 米哈伊尔·瓦西里耶维奇·罗蒙诺索夫（Михаил Васильевич Ломоносов，1711—1765），俄国百科全书式的科学家、语言学家、哲学家和诗人，被誉为俄国科学史上的彼得大帝。出生于一个渔民家庭。1748年创建了俄国第一个化学实验室，1755年创办了俄国第一所大学——莫斯科大学。

[6] 阿莫迪欧·阿伏伽德罗（Amedeo Avogadro，1776—1856），意大利化学家，1811年发表了阿伏伽德罗假说，即阿伏伽德罗定律，并提出分子概念及原子、分子区别等重要化学问题。

的蓬勃发展和化学变化规律的微观探索阶段。1926年量子力学的建立，1927年薛定谔方程求解氢分子的成功，1931年、1932年分别建立了价键理论、分子轨道理论，1918年提出双分子反应的碰撞理论，1935建立了过渡态理论，1930年提出链反应的动力学理论，这些理论的建立推动了物理化学微观结构的深入研究。

20世纪初期，在工业生产和科学研究中，物理化学的基本原理得到了广泛的应用，发挥了理论方法的指导作用，尤其在石油炼制和石油化工工业，更是充分利用了物理化学的理论方法，也推动了物理化学各分支领域的迅速发展，形成了化学热力学、化学动力学、结构化学、电化学、界面化学、催化化学、材料物理化学等分支学科。

第三阶段（1960～）为物理化学各领域向更深度和广度发展阶段。进入20世纪后，随着现代物理学、数学、计算机科学的发展和现代测试方法的大量涌现，物理化学的各个领域均取得了突飞猛进的发展。量子力学的创立和发展，使物理化学的研究由宏观进入微观领域；激光技术和交叉分子束技术的出现，使化学动力学的研究由静态扩展到动态；不可逆过程热力学理论、耗散结构理论、协同理论及突变理论的提出，使化学热力学的研究由平衡态转向非平衡态；低能离子散射、离子质谱、X射线、紫外线电子能谱等技术的发展，促进了界面化学、催化科学的研究；光电子能谱、原子力显微镜和扫描隧道显微镜等技术的发展，促进了纳米材料和纳米结构的研究。

物理化学是一门开放的知识理论体系，现代科技尤其是化学的发展趋势和特点在物理化学学科前沿中均得到了体现。客观条件的变化及化学学科自身的变化，使得近代物理化学的发展趋势和特点主要表现为：从宏观到微观、从体相到表相、从静态到动态、从定性到定量、从单一学科到交叉学科、从平衡态到非平衡态、从自然科学到社会科学。

物理化学也正是在人类自然科学发展中不断发展和完善，并不断开辟新的研究领域，以至于物理化学在化学学科中具有重要的地位和作用，尤其将狭义物理化学的有关理论灵活演绎用于生命体系、社会体系及意识体系，不仅会推进物理化学学科的发展，而且物理化学的理性特点将使你受益终身。

0.3 物理化学的主要内容

自然科学发展到今天，到底有哪些方法能够方便于我们在生产实践中直接观察探索身边的事物呢？人

[7] 弗里德里希·威廉·奥斯特瓦尔德（Friedrich Wilhelm Ostwald，1853—1932），德国物理化学家，1909年因其在催化剂的作用、化学平衡、化学反应速率方面研究的突出贡献，被授予诺贝尔化学奖。

[8] 雅各布·亨里克·范特霍夫（Jacobus Henricus van' t Hoff，1852—1911），荷兰物理化学家，1901年获诺贝尔化学奖。

习题：

0-1 物理化学的主要任务是什么？研究的前沿内容是什么？

0-2 你今生的主要责任是什么？读书的目标是什么？

读书志在圣贤，非徒科第（出自《朱子治家格言》）。知人者智，自知者明；胜人者有力，自胜者强；知足者富，强行者有志；不失其所者久，死而不亡者寿。（出自《道德经》）

类在生产生活的感知，如冷热感应、速率快慢等，就是人类认识自然规律常用的技术手段。人类认识事物的经典技术手段是温度、体积、压强、速率、分布等；随着量子力学和计算机技术的发展，加上数学逻辑思维，人类可以认识原子、分子水平上的粒子结构特征；人类就是利用这些技术手段来探求自然科学中的基本规律。经典物理化学正是根据研究中所采用的技术手段的不同，又可以分为化学热力学、化学动力学、结构化学和统计热力学等几个方面的主要内容，并成为化学、化工、轻工、材料、冶金、农林、医药、地质、生物、热工等学科的理论基础。

0.3.1 化学热力学

化学热力学利用温度、体积、压强这些最基本的技术手段，构建热力学原理，来研究物质体系中的化学现象以及与化学现象密切相关的界面现象、物质聚集状态、分散体系的行为等方面的基本规律。研究化学反应中的能量效应、化学反应的方向和限度及其外界因素的影响是化学热力学的主要任务。热力学以多质点组成的体系为对象，以物质体系的可测量性质和热力学函数为基础，经过严密的逻辑推理，来描述物质体系中过程变化的原理，其研究方法为宏观方法，一般不涉及体系内部粒子的结构，也不关心微观粒子的个别行为。不可逆热力学理论以及耗散结构理论的建立和发展使热力学研究从平衡态深入到非平衡态，促进了实际化学过程及其生命过程的研究。可逆热力学理论是基础物理化学的重点知识内容，本教程在平衡篇部分对此作了较为翔实的介绍。

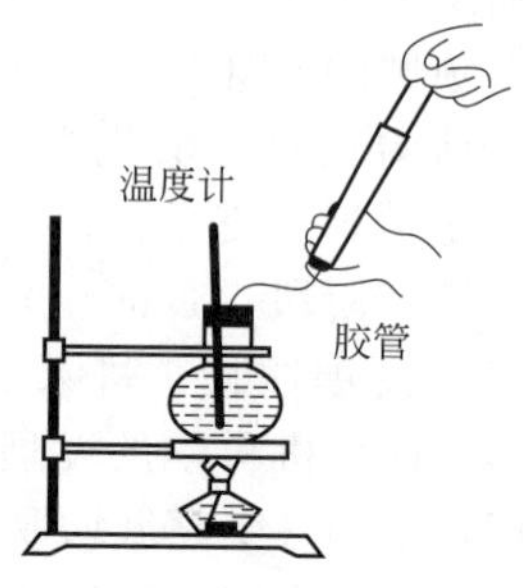

0.3.2 化学动力学

化学动力学是将速率知识运用到化学对象中，研究化学反应实际经历的过程、反应速率及其外界因素的影响。化学动力学同时从宏观和微观两个层面上分析问题，用宏观函数研究化学反应的速率、机理和规律属于宏观动力学的范畴；结合现代实验技术和量子力学方法在分子水平上研究化学反应的速率、反应途径等称为微观反应动力学。如药物作用机制、催化剂及催化作用机制是化学动力学研究的重要内容之一。在当前物理化学前沿中，有分子反应动力学——用短脉冲激光激发分子束、计算机快速数据处理等探测和研究手段、研究过程速率的科学。本教程在速率篇部分对化学动力学的知识作了介绍。

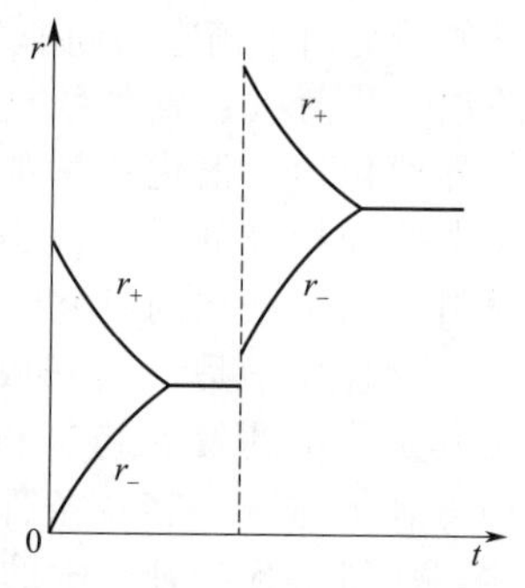

0.3.3 结构化学

结构化学是用量子力学的基本方程（Schrodinger 方程）求解组成体系的微观粒子及粒子之间的相互作用及其规律，从而指示物性与结构之间的关系，将量子力学的方法运用于化学对象中，研究物质的微观结构及其结构与性能之间的关系。物质微观结构的研究采用现代结构分析技术和量子力学方法，包

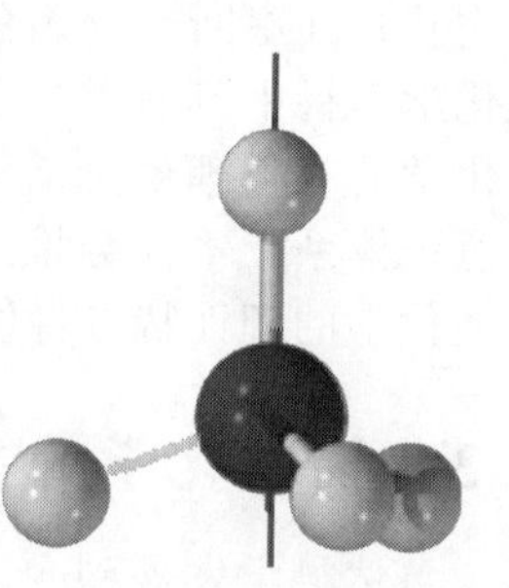

括结构化学和量子化学两门课程。结构化学系统地介绍分子和晶体的结构及其结构与性能的关系；量子化学则主要介绍化学键的本质，已成为解释、预测及设计分子结构与化学行为的重要手段。结构化学和量子化学是物理化学中发展最快、内容最丰富的课程，并且结构化学多单独设课，而基础物理化学中往往不涉及量子化学的内容。本教程将结构化学的部分内容在统计篇作简单实用入门性介绍。

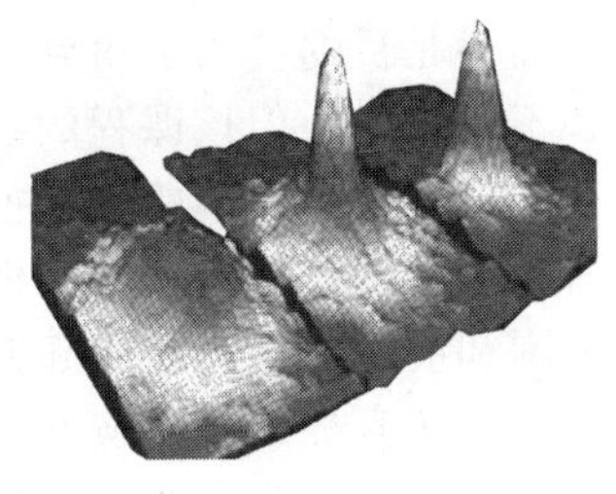

0.3.4 统计热力学

统计热力学是将粒子概率分布规律运用到自然现象的研究中，从分析单个粒子的性质和运动规律入手，通过计算出研究对象内部大量质点微观运动的平均结果，运用概率统计方法寻求大量质点组成的物质体系的宏观规律，从而解释宏观现象并计算一些相关宏观性质，研究体系宏观性质与微观性质之间的关系，因此，统计热力学是热力学宏观性质和微观性质之间的桥梁。本教程将统计热力学基础知识在统计篇作了较为翔实的介绍。

习题：

0-3 物理化学的主要内容是什么？

0.3.5 物理化学专题

随着现代测试技术和研究领域的不断发展，物理化学经典理论在某些领域进一步深化、细化，出现了电化学、界面化学、胶体化学、光化学、催化化学等不同分支学科。本教程主要在专题篇作了基础性介绍（光化学、催化化学的内容在微观反应动力学部分作了介绍）。

思考：

0-3 物理化学知识能带给你什么？

0.4 物理化学的学习方法

作为化学及相关学科的理论基础，物理化学有着与其他化学类课程明显不同的特点：主要是较多地运用物理学的原理以及数学尤其是高等数学的计算方法。物理化学的特点决定了其内容的系统性与严密的逻辑性，也决定了对数学、物理知识及思维方式的要求。现针对本课程的特点，另提出以下几点学习方法。

思考：

0-4 实施“学习”的具体策略是什么？

0-5 “学习”的目的是什么？

0-6 有人说学习的目的是为了“生活”，你能解释清楚“生活”到底是什么吗？你知道“生活”要求我们该做什么呢？

0-7 既然物理化学是一门方法学，学习它还需要做习题吗？

(1) 准确理解基本概念

统一语言更方便于交流。作为一门学科，物理化学学科便于专业领域技术交流，也会统一定义某些术语，对初学者来讲，就会涉及许多新的概念。概念往往是知识的凝缩，因此，准确理解概念的真实含义，了解它们的使用范围及其内涵才会有利于我们正确应用，尤其深刻领悟掌握了一些概念、公式、物理量的本质后，可以将经典物理化学的理论运用于生产、生活的许多领域中，让物理化学思想更好地指导你未来的各个领域。

思考：

0-8 子曰：“智者乐（yào）水，仁者乐（yào）山；智者动，仁者静；智者乐（lè），仁者寿。”（孔子说：“智慧的人乐于像水一样，仁义的人乐于像山一样；智

(2) 区别对待基本公式和导出公式

物理化学的公式比较多，学习时要分清各公式的适用条

件，并注意区分基本公式和导出公式。基本公式需要牢牢掌握，而导出公式则只需理解它的推导过程，未必需要强记。

（3）正确对待数学推导

物理化学相对于其他基础化学课来说，要较多地用到数学知识。应当认识到，数学推导只是获得定量结果的手段，而不是目的。为了得到一些重要公式，数学上的推导是必不可少的；但该课程的数学推导并不像数学上的推导那么严格。物理化学的数学推导最重要的是搞清推导过程所引入的条件，因为这些条件往往就是最终所得公式的适用范围和应用条件，它比起推导过程本身要重要得多。

（4）认真进行习题演算

习题演算是培养独立思考能力的一个重要环节。如果只阅读教科书而不做习题是学不好物理化学的。演算习题不仅可以帮助我们掌握重要公式和熟悉其适用条件，锻炼运用公式的灵活性和技巧，更重要的是可加深对物理化学概念和原理的理解。物理化学的某些概念是很抽象的，习题演算可以把抽象的概念具体化，而且同一概念可以在不同类型的习题中从多个角度去深入而全面地加以认识。尤其是化学专业学生，要让物理化学不仅成为一种思想，还希望它成为你的一门技术，就更需要认真地进行适当的习题练习。

（5）重视物理化学实验

实验在物理化学占有十分重要的地位。通过实验不但可以亲自验证所学理论、方法的正确性，加深对抽象概念的理解，而且还能获得一定的基本操作技能，掌握一些重要的实验方法，培养实践能力和独立进行科学研究的能力。物理化学实验课程在化学类人才培养中处于非常重要的位置——物理化学实验是为后继的专业实验和科学研究建立基础，可见物理化学实验是基础化学实验和科研专业实验的桥梁，以至于许多高校在本科教学人才培养方案中多对物理化学实验项目作了明确的规定。

（6）有效做好学习环节

在物理化学的学习过程中体现了“预习、听讲、习题、复习”各学习环节的完美结合，同学们有效实施了课前充分预习，课堂认真听讲并做好笔记，课后演练习题和适时复习，再加上多思考，物理化学将成为终生受益的一门课程。本教程在页面右侧除了配合左侧知识结构体系需要的内容介绍以及对应的思考题、习题外，还为你提供了“创作”的空间，希望你在学习本教程的过程中，“创作”出自己的“作品”。

在当前教育教学改革和国民经济大力发展的形势下，物理化学教材琳琅满目，内容不断更新，知识结构不断完善。希望读者朋友们广泛阅读物理化学相关教材以及物理化学专题文献资料，以便更全面地掌握《物理化学》课程的知识体系及学科前沿成果，成为你终身受益的科学。

慧的人懂得变通，仁义的人心境平和。智慧的人快乐，仁义的人长寿。”另一理解为“智者乐，水”——智者之乐，就像流水一样，阅尽世间万物，悠然、淡泊。“仁者乐，山”——仁者之乐，就像大山一样，岿然矗立，崇高、安宁。）（摘自《论语》·雍也篇），你怎么理解这句经典？这句经典若理解为“智者乐（lè）水，仁者乐（lè）山”，那么为什么“智者乐（lè）水，仁者乐（lè）山”？为什么“智者不惑、仁者不忧”？（希望读者研读格物致知的狭义物理化学的同时，领悟格物致德的广义物理化学，助你成为智者、仁者。）

习题：

0-4　你认为学习物理化学的最有效方法是什么？（咬定青山不放松，立根原在破岩中。千磨万击还坚劲，任尔东西南北风。清·郑燮《竹石》）

0-5　地球的体积、半径、赤道周长、质量分别是多少？利用这些数据估算一下地球中心的压强是多少？太阳的中心温度是多少？（$1.083\times10^{21}\,m^3$；6371393m；$4\times10^7\,m$；$5.98\times10^{24}\,kg$；$3.5\times10^{11}\,Pa$；$2\times10^7\,K$）

0-6　社会主义核心价值观的具体内容是什么？试为其找出自然科学的理论依据。（富强、民主、文明、和谐，自由、平等、公正、法治，爱国、敬业、诚信、友善）

0-7　你在学习、生活中都遇到过哪些问题？你解决这些问题的理论依据是什么？（带着你的问题，开始本课程的学习吧！在学习过程中，请不断尝试用它的理论知识解答你的问题。）

平衡篇

平衡是过程的极限，是目标性结果，是理想的境界。在一定条件下，任何实际事物发展变化都是从不平衡状态趋向于平衡状态。本篇主要以热力学第一定律和热力学第二定律为基础，在宏观层次上介绍有限宏观体系的 p、T、V 达到平衡时的特征，研究平衡体系的宏观性质及其关系。

平衡体系的过程变化本质上都是由能量来推动的，人类对能量的认识是从对热的认识开始的，最早可以追溯到古希腊对热的本质的争论，因此，平衡体系热相关的函数及其关系研究内容构成了经典热力学的内容。

经典热力学主要通过对平衡体系在各种物理和化学变化过程中能量效应的分析，获得能量相互转化或转换过程中所遵守的变化规律，研究平衡体系在一定条件下发生某种过程的可能性及其可能进行的程度，形成科学理论方法，从而指导人类的生活生产。换句话说，经典热力学是对平衡体系热的格物致知。

平衡态热力学的研究特点是：①研究对象是具有足够大量质点的宏观体系，只研究物质的宏观性质，而对于物质的微观性质和行为不能作出解答；②仅考虑体系的始终态及其过程进行的外界条件就可以进行相应的计算，它不依赖于物质结构和过程机制，对过程的判断是“知其然不知其所以然”；③热力学只考虑体系处于平衡的状态，没有速率问题，不关心达到平衡的时间；④所依据的主要理论基础都是实践证明的经验定律，而不能通过数理逻辑推导；⑤只能解决在某种条件下反应的可能性问题，至于如何把可能性变为现实性，还需要动力学、结构化学等知识的互相配合。

第1章 基本概念和基本技术

本章基本要求

1-1 了解经典热力学的研究内容、方法和特点。

1-2 掌握体系与环境、状态与状态函数、状态性质及其相互关系、状态方程、过程与途径等基本概念。

1-3 掌握赫斯定律的内容。

1-4 掌握热力学平衡态的平衡条件，熟悉体系常见的平衡状态。

1-5 掌握温度、体积、压力的表示、单位及换算关系，掌握热力学第零定律。

1-6 掌握热、功、热力学能的本质及其正负号的取号惯例表示。

1-7 了解概率统计及其基本原理。

1.1 基本概念

“有名乃万物之母”，正如我们人类语言一样，自然科学发展到今天，总是需要一些约定术语或名词，以便于我们相互交流。为了便于物理化学理论方法的交流，也需要约定一些基本术语。本章主要介绍物理化学中最基本的概念与技术。

1.1.1 体系和环境

热力学在研究具体问题时，把所需研究的对象称为体系或系统（system），把体系以外与体系相关的部分称为环境（surroundings）。

广义上讲，在客观世界中我们所最关心的那一部分，称为体系；而能影响体系的其他的部分都可以称为环境。

由体系和环境的概念可以看出，体系与环境是根据研究需要与经验人为地划分出来的。体系与环境之间的界面可以是实界面，也可以是虚拟界面。经典热力学中的研究体系属于宏观有限体系，确定的环境亦必须是与体系有相互影响的有限部分。在不影响问题研究精度的情况下，环境选得越小越好。

根据体系与环境之间物质和能量的交换情况，体系可分为三类。

① 敞开体系（open system）：体系与环境间既有能量交换又有物质交换；

② 封闭体系（closed system）：体系与环境间只有能量交换而无物质交换；

③ 孤立体系（isolated system）：体系与环境间既无能量交换又无物质交换。

应当指出，这种体系分类是由界面的性质不同决定的，而不是体系本身有什么本质上的不同，同一体系用不同性质的界面与环境分开，就可以得到不同名称的体系。根据界面性质的不同，有以下不同名称的界面壁（wall）。

① 刚性壁（rigid wall）：界面位置固定不变，如气体钢瓶壳体。

② 可移动壁（movable wall）：界面位置可以移动，如气缸中可移动的活塞。

③ 透热壁（thermally conducting wall）：界面允许任何热量通过，如导热性界面。

④ 绝热壁（adiabatic wall）：界面不允许任何热量通过。完全绝热界面是不存在的，往往把可以忽略体系与环境热交换的界面称为绝热壁。

⑤ 透壁（permeable wall）：界面允许任何物质透过。

⑥ 半透壁（semipermeable wall）：界面只允许某种或几种物质透过。

应当说明，体系与环境的界面可以是客观存在的清晰界面，也可以是想象中的界面。体系与环境的划分在热力学中十分重要，处理实际问题时，如能适当地选择体系，往往可使问题简化。同一研究对象，不同的选择方式会导致体系属于不同的类别。

例题 1-1 将一烧杯 330K 水放进绝热箱中，试通过不同的选择方式确定体系的类别。

解：（1）若选烧杯内的水为体系，则水蒸气、烧杯、绝热箱及箱内空气为环境。由于水蒸气为环境的一部分，则烧杯内的水与环境有物质交换，水与环境又有热量交换，故所选体系为敞开体系。

（2）若水及水蒸气为体系，则烧杯、绝热箱及箱内空气为环境。由于水蒸气仍为体系的一部分，此种情况下体系与环境已无物质交换；但水及水蒸气仍会与烧杯、箱内空气交换热量，故所选体系为封闭体系。

（3）若选水、水蒸气、烧杯、绝热箱及箱内空气为体系，则绝热箱以外的部分为环境。这时，体系与环境间既无能量交换又无物质交换，故所选体系为孤立体系。

按照组分数和相数的不同，可以把体系分为以下四类。

① 单组分单相体系：只含有一种化学物质且内部不存在相界面的体系，如例题 1-1 中烧杯内的水体系。

② 多组分单相体系：含有多种化学物质且内部不存在相界面的体系，如由空气组成的体系。

③ 单组分多相体系：只含有一种化学物质且内部存在相界面的体系，如例题 1-1 中的水和水蒸气组成的体系。

④ 多组分多相体系：含有多种化学物质且内部存在相界面的体系，如按体积比 1∶1∶1 的食盐、水、食用油混合而成的体系。

按照所采用的物理模型的不同，还可以把体系分为以下两类。

① 理想体系：符合由最基本原理所构建的模型的体系称为理想体系，如理想气体指体系分子无体积且分子间无作用力的气体体系，理想溶液指体系分子间的作用力都相等的液相体系，理想稀溶液指体系中溶剂性质与纯溶剂一致、溶质性质与纯溶质不一致但遵守类溶剂性质的液相体系。

② 非理想体系：不符合由最基本原理所构建的模型的体系称为非理想体系，包括非理想气体、非理想溶液、非理想稀溶液及其混合组成的体系。严格地讲，现实的体系都是非理想体系。

思考：

1-1 请给“恒温箱内放入一烧杯热水”进行体系辨析。

1-2 经典热力学研究的体系和环境都是有限的，其蕴含的思想能否用于指导无限的体系和环境呢？

1-3 下列问题是否可以用“体系和环境”来理解？

(1) 在社会层面上，我们所关心的对象也同样是体系，大到国家小到一个个体；

(2) 闭关锁国的国家是孤立体系，改革开放的国家是敞开体系；

(3) 人才流动单位是敞开体系；

(4) 人的身体是物质体系；日益新陈代谢变化的身体是敞开体系；较短时间内的身体又可以看作封闭体系；

(5) 思维意识可看作体系；读书学习让思维意识变成开放体系，不学无术让思维意识变成孤立体系。

1-4 如何用组分数、相数的体系分类看人体体系、社会体系、思维体系？

1-5 现实的体系都是非理想体系，那学习理想体系有何意义？

1.1.2 体系状态及状态表示

1.1.2.1 体系的状态

体系处于一定状态时，通常简称定态。当体系的任一特征表现为随时间变化，称体系处于动态；反之，体系的任一特征都表现为不随时间变化，称体系处于静态。根据唯物辩证法的观点，一切客观事物都处于动态，绝对的静态事物是不存在的，基于此，可认为静态是一种特殊的动态。与动态体系相比，静态体系是更为简单的研究体系，因此，基础物理化学研究中都是从静态体系的研究来获得客观事物的规律性认识。

处于静态的热力学体系在各宏观量上均处于热力学平衡态，故热力学体系的静态又称为热力学平衡态，简称平衡态。一个处于平衡状态的封闭体系，应同时满足如下几个平衡条件。

热平衡（**thermal equilibrium**）：体系内部温度处处相等且不随时间变化。

力平衡（**mechanical equilibrium**）：在不考虑外力场的情况下，体系内部压力处处相等且不随时间变化。

物料平衡（**material balance**）：体系内各部分的组成及数量不随时间变化。如果体系组分存在多相和化学反应，那么物料平衡应包括**相平衡**（**phase equilibrium**）和**化学平衡**（**chemical equilibrium**），也就是说各相间或化学反应的物质均达到平衡，不再随时间发生变化。

同时满足上述三大平衡的封闭体系，必然与环境之间存在着这三大平衡，及封闭体系与环境之间存在温度相等、压力相等、无物质交换。

如果不能同时满足上述三大平衡的封闭体系，则该体系处于非平衡态。

对于一个孤立体系，环境对体系无影响，孤立体系达到平衡态的含义只表示体系内部达到三大平衡，而不考虑环境与体系之间的平衡。

在热力学中不是特别说明的情况下，所指的体系都是处于平衡态的体系，简称平衡体系，即使是发生过程的体系仍然认为是由无数平衡态体系组成的过程。严格地讲，现实中的体系都是处于非平衡态的体系，都是非平衡体系。

只有当体系处于平衡态时，体系的状态函数才有确定的数值和物理意义，如没有达到热平衡的体系就不能给出体系的准确温度，没有达到力平衡的体系就不能给出体系的准确压力，没有达到物料平衡的体系就不能给出体系物质的准确浓度，进而也就不能准确地表达体系状态函数之间的关系。

1.1.2.2 状态函数

为定量研究定态体系结构和性能，需要定义体系的各项指标（通常是体系的宏观物理性质指标）。这些描述体系状态的

思考：

1-6 如何区分“定态”“静态”“动态”？

1-7 热力学平衡态是“静态”还是“动态”？处于热力学平衡态的体系的“静”和“动”分别是什么？

1-8 根据平衡态体系的平衡条件，推测出平衡态体系的宏观表现。

1-9 假如生命体系始终处于平衡态，那么意味着该体系会怎样？

1-10 定义平衡态体系有何意义？

各项指标称为体系状态性质，也称为状态函数或状态变量（借用了数学语言）。根据状态函数的物理特性的不同，可以将其分为以下两类。

（1）广度性质（extensive property）

此性质的数值与体系的物质的量成正比，具有加和性，即体系的某个广度性质的值是体系各部分该性质的总和。如体积、质量等，又称为容量性质，从数学上讲又称广度变量、广度函数，该类物理量与体系物质的量成正比。

（2）强度性质（intensive property）

此种性质的数值与体系的物质的量无关，不具有加和性，如温度、压力、黏度等，又称为强度变量、强度函数，该类物理量与体系物质的量无关。

1.1.2.3　状态函数的特征

由于体系状态性质是数学函数，那么状态性质应满足函数的基本特征。

（1）单值性

对于确定的热力学状态，具有唯一确定的体系状态函数值。当体系状态变化时，状态函数中一定会有某个或几个函数发生了变化；反过来，假如体系某个状态函数发生了变化，体系状态一定发生了变化。

（2）全微分性质

根据数学函数原理可知，体系状态函数具有全微分性质，即若 Z 是一个状态函数，$Z=f(x,\ y)$，则：

$$\mathrm{d}Z=\left(\frac{\partial Z}{\partial x}\right)_y \mathrm{d}x+\left(\frac{\partial Z}{\partial y}\right)_x \mathrm{d}y \tag{1.1}$$

（3）积分性质

根据数学函数原理可知，体系状态函数的积分值只与积分起、始点有关，与具体的路径无关，即若状态函数 Z 发生经历不同途径如 R_1 和 R_2，从相同的始态（initial state）变到相同的终态（end state），则：

$$\Delta Z=\int_i^e \mathrm{d}Z(R_1)=\int_i^e \mathrm{d}Z(R_2) \tag{1.2}$$

1840 年俄国化学家赫斯（Hess）在总结大量实验事实（热化学实验数据）的基础上提出在“定压或定容条件下的任意化学反应，在不做其他功时，不论是一步完成的还是几步完成的，其热效应总是相同的（反应热的总值相等）。”这叫作赫斯定律（Hess's law），又称为反应热加成性定律（the law of additivity of reaction heat）：若一反应为两个反应式的代数和时，其反应热为此两个反应热的代数和。

赫斯定律中提到的热效应实际上是后面介绍的体系状态函数内能或焓的积分性质，赫斯定律是体系热函数“只与反应体系的始态和终态有关，而与反应的途径无关”的体现。利用这

思考：

1-11　状态性质、状态函数、状态变量有区别吗？

1-12　体系状态和状态函数的关系如何？

1-13　试用状态和状态函数的关系解析医生根据体温诊断病情的依据。

一定律可以从已经精确测定的反应热效应来计算难于测量或不能测量的反应的热效应。当然，赫斯定律也可以通过后面介绍的热力学第一定律推导出来。

1.1.2.4 状态函数的相关性

体系的一个广度函数与另一个广度函数的比是强度函数，即

$$强度函数=\frac{广度函数1}{广度函数2}$$

例如：

$$\rho=\frac{m}{V}$$

式中，质量（m）和体积（V）均是广度性质，密度（ρ）是强度性质。

另外，虽然目前热力学还无法证明“完整描述一个热力学静态体系最少需要多少状态函数”，但是，经验表明，对于无化学变化、无相变化的单组分均相体系，一般只需要三个状态函数（如 n，T，p 或 n，T，V）就可以确定该体系所处的状态，即 $V=f(n, T, p)$ 或 $p=f(n, T, V)$；若再为封闭体系，则两个状态函数（如 T，p 或 T，V）就能确定该体系的状态了，即 $V=f(T, p)$ 或 $p=f(T, V)$。对于多组分均相体系（homogeneous system），体系的状态还与组成有关，即

$$\begin{aligned}V&=f(T,p,n_1,n_2,\cdots)\\p&=f(T,V,n_1,n_2,\cdots)\\T&=f(p,V,n_1,n_2,\cdots)\end{aligned}\tag{1.3}$$

像公式(1.3)，能够表示出体系状态函数之间关系的式子，称为体系的状态方程。

思考：

1-14 状态函数的相关性意味着什么？

1.1.2.5 常用的热力学态

要确切表达研究体系所处的状态，必须说明体系所处的条件，其中压力是最常用的条件，鉴于大部分研究工作是在环境大气压下进行的，而该大气压最接近的数值是 10^5 Pa，故为了使用方便，将 10^5 Pa 定义为标准压力（standard pressure），用符号 $p^\ominus$ 表示，如 $1p^\ominus=10^5$ Pa，$10p^\ominus=10^6$ Pa。

为表达体系所处的状态，除了说明压力外还经常需要说明温度条件。同时考虑温度和压力条件的通常有两种标准条件，一种是标准温度压力（**STP**，standard temperature and pressure），指 0℃ 和 1atm；另一种是标准环境温度压力（**SATP**，standard ambient temperature and pressure），指 298.15K 和 $1p^\ominus$。这两种标准条件不仅是体系研究经常使用的条件，而且其中所指明的温度和压力是体系研究的两个重要状态函数。由于 STP 所指明的温度和压力接近于 SATP 的相应数据，在要求不太严格的情况下，这两种条件对体系其他性质的计算结果影响并不大，以至于一些教材并没有对二者严格区分。在不特别指明的情况下，本教程作者认为体系通常条件指的是 SATP 条件。

物理化学中对热力学标准态作了严格的规定：**在压力为 $1p^{\ominus}$ 时体系所处的状态称为体系的标准态，体系处于该标准态时具有的函数称为体系的标准函数**，如：

① 气体的标准态为标准压力下处于理想气体状态的纯物质。由于实际气体在标准压力下不可能具备理想气体行为，因此实际气体的标准态为一种假想状态。

② 液体和固体的标准态为标准压力下的纯物质。

③ 溶液中溶剂的标准态一般选标准压力下的纯物质，溶质（含离子）的标准态一般选标准压力下无限稀的状态（为假想状态）。

在不特别指明的情况下，往往把 SATP 条件作为体系标准态的条件。

思考：

1-15　标准态是 SATP 吗？SATP 是标准态吗？

1-16　处于 SATP 下的体系处于标准态吗？处于 STP 下的体系处于标准态吗？

1.1.3　过程与途径

体系状态可以发生一系列的变化，这些变化称为过程（process）。体系由一个状态到另一个状态的变化时，体系状态函数可能都发生变化，也可能部分状态函数变化而其他状态函数不变化，在热力学中常见的等温过程、等压过程、等容过程等就属于某个状态函数保持不变的状态变化过程。

根据发生状态变化时的条件，可将过程命名如下。

① 等温过程（isothermal process），又称为恒温过程或定温过程，指体系发生状态变化时体系的温度始终保持不变。

② 等容过程（isochoric process），又称为恒容过程或定容过程，指体系发生状态变化时体系的体积始终保持不变。

③ 等压过程（isobaric process），又称为恒压过程或定压过程，指体系发生状态变化时体系的压力始终保持不变。

④ 恒外压过程（external constant pressure），指体系发生状态变化时体系变化过程中所承受的环境压力始终保持不变，但体系的压力发生变化。

⑤ 绝热过程（adiabatic process），指体系发生状态变化时体系与环境之间无任何热量交换。

⑥ 循环过程（cyclical process），指体系经历许多途径后回到原来的状态。

体系状态发生变化时所经历的过程的总和称为**途径（path）**，从指定的始态变化到指定的末态，可以采用不同的途径来完成。

如图 1-1 所示，要使一定量的理想气体由 100K、$1p^{\ominus}$ 的始态 A 变到 300K、$4p^{\ominus}$ 的末态 B，可以先保持压力不变，经过等压过程使温度由 100K 升高到 300K，然后再保

思考：

1-17　每个人的成长会经历不同途径，有的人经历小学、中学、大学、研究生等教育途径实现了系统性学习而成长，有的人经历拜师学艺、严己自学等途径来学习知识技能而成长，有的人经历不学无术、游手好闲等途径而成长。从中可以看出，一个人成长所经历的途径不同，最后结果可能相同也可能不同；不同的人经历相同的途径而结果也未必相同。为什么精彩人生在于奋斗、在于创造？

持 300K 温度不变，经过等温过程压力由 $1p^{\ominus}$ 升高到 $4p^{\ominus}$，如途径Ⅰ所示；也可以先保持 100K 温度不变，经过等温过程使压力由 $1p^{\ominus}$ 升高到 $4p^{\ominus}$，然后再保持 $4p^{\ominus}$ 压力不变，经过等压过程温度由 100K 升高到 400K，如途径Ⅱ所示。可看出，在指定的始态 A 和末态 B 之间，体系可以通过上述两条途径来完成，当然还存在其他途径，但无论通过哪条途径来完成，虽然不同途径的具体过程存在差异，但体系始、末态状态函数的变化量是相同的，如 p 和 T 的变化量：$\Delta p=p_B-p_A=4p^{\ominus}-1p^{\ominus}=3p^{\ominus}$、$\Delta T=T_B-T_A=300\text{K}-100\text{K}=200\text{K}$。

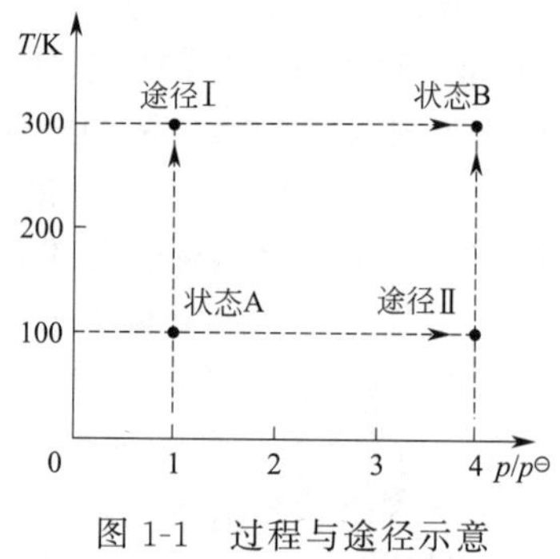

图 1-1　过程与途径示意

1.1.4　内能

认识一个体系首先要能定性或定量化体系的性质，在体系所有的性质中对环境最为重要的性质应该是体系拥有多少“能力、能量”等指标。你觉得用哪个术语来概括它更为合适呢？用“能”评价体系这个“能力、能量”指标更为合理。

广义上讲，评价一个体系的“能”应该包含体系整体运动的动能、体系在外场中的势能和体系的热力学能。在热力学中，一般不考虑体系整体运动的动能和体系在环境外场中的势能。这是因为热力学研究体系和环境往往都是有限的小体系及有限的小环境，在这有限的小环境中，体系整体运动的动能和体系在该环境外力场中的势能的值，与体系自身的热力学内能相比，都是非常小的，都是可以忽略的，因此，热力学体系的能量通常仅考虑热力学内能。

在热力学中用“内能（internal energy）”来描述一个体系所拥有的能量，表示体系所有能量的总和，包含了体系微观粒子（如分子、原子、原子核、电子）的平动能、转动能、振动能、电子能、原子核能及其微观粒子间的相互作用能，又称为热力学能，用符号“U”表示。

一个体系的热力学内能的绝对值目前尚无法确定，但这并不影响其应用，因为在研究热力学问题时，关键是看体系在具体变化过程中所展现出来的热力学内能的变化值。

思考：

1-18　根据你对“能”和“内能”的理解，思考如下问题。

(1) 严格地讲，环境对“能”的评价有影响，这对我们有什么启发？

(2) 不同的物质如乙烷、乙烯、乙炔分子的内能哪个更大？体系内能的这种表述合理吗？

(3) 一个人的内能包含哪些内容？一个国家的内能包含哪些内容？

(4) 一个人的学位证书代表“内能”，各种获奖证书等可看成一个人“内能”的表现吗？

(5) 结合体系内能的理解：生命体系的“生活”是什么？
(LIVE⟹EVIL)
腹有诗书气自华（出自宋·苏轼《和董传留别》）

(6) 社会主义核心价值观的内容中哪些是提高体系内能的要求？

1.2　基本技术

在我们的生产生活中经常使用哪些物理量来说明对象的性质？可以发现经常使用“温度、体积、压强”，这些量是体系研究的最经典状态函数，让我们一起再来认识一下。

1.2.1　温度

温度（temperature）是表示物体冷热程度的物理量，

是体系强度性质的状态函数。温度是大量分子热运动的集体表现，含有统计意义；对于个别分子来说，温度是没有意义的。

通常一个物体与另一个物体接触达到热平衡时，此时两个物体的温度相等。如果物体 A 与物体 B、物体 B 与物体 C 分别处于热平衡，那么物体 A 与物体 C 也处于热平衡（图 1-2），称为热平衡定律，在热力学中，已有的热力学第一、第二定律比该定律使用得早，该定律主要为了理论逻辑严谨而引入，对有热力学的定律，则称热平衡定律为热力学第零定律（the zeroth law of thermodynamics）。该定律是由大量事实总结和概括出来的经验定律，为公众所接受，无需证明。

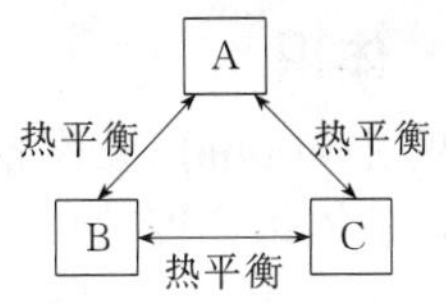

图 1-2　热平衡

温度只能通过体系随温度变化的某些特性来间接测量，而用来量度体系温度数值的标尺称为温标。温标规定了温度的读数起点（零点）和测量温度的基本单位。温度的国际单位为热力学温标（K），目前其他常用的温标还有摄氏温标（℃）、华氏温标（°F）等。

热力学温度，又称热力学温标、开尔文温标，符号 T，单位 K［开尔文（Kelvin），简称开］，以绝对零度（0K）为最低温度，规定水的三相点的温度为 273.16K，“1K” 定义为水三相点热力学温度的 1/273.16。

摄氏度，又称摄氏温标，是 18 世纪瑞典天文学家安德斯·摄尔修斯提出来的，是目前世界上使用比较广泛的温标之一，符号 θ，单位℃，规定水的结冰点是 0℃，在 $1p^{\ominus}$ 大气压下水的沸点为 100℃。

华氏度，又称华氏温标，是荷兰人 Gabriel D. Fahrenheit（华伦海特，1681～1736）命名的，符号 F，单位 °F，规定当大气压为 101325Pa 时，水的结冰点是 32°F，沸点为 212°F。

这三种温标数值间的转换关系为：

$$
\begin{aligned}
T/\mathrm{K} &= 273.15 + \theta/℃ \\
\theta/℃ &= (F/°\mathrm{F} - 32) \div 1.8 \\
F/°\mathrm{F} &= \theta/℃ \times 1.8 + 32
\end{aligned}
\tag{1.4}
$$

可见，热力学温标单位开（K）与摄氏温标单位摄氏度（℃）是完全相同的，但对应的数值不同；华氏温标单位温标°F 与热力学温标、摄氏温标的单位不同，且对应的数值也不同。

例题 1-2　人的正常体温是 37℃，用热力学温标和华氏温标分别是多少？

解：$T/\mathrm{K} = 273.15 + \theta/℃ = 273.15 + 37 = 310.15$

$F/°\mathrm{F} = \theta/℃ \times 1.8 + 32 = 37 \times 1.8 + 32 = 98.6$

因此，37℃ 用热力学温标和华氏温标分别是 310.15K、98.6°F。

思考：

1-19　你的自然 “温度” 和社会 “温度” 分别是如何表现的？

1-20　试回答用水银体温计测量体温的科学依据是什么？

1-21　医生通过测量病人体温判断病情的科学依据是什么？

习题：

1-1　设人体温每上升 1℃ 心率每分钟会增加 10 次，通常体温（37℃）对应于 75 次心率，试确定你睡觉醒来、跑完百米时的体温。

1.2.2 体积

体积（volume） 又称容量、容积，是物件占有多少空间的量，是体系广度性质的状态函数。体积的国际单位制是立方米（m^3）。一件物件的体积是一个数值用以形容该物件在三维空间所占有的空间。一维空间物件（如线）及二维空间物件（如正方形）在三维空间中均是零体积的。

常见形状（图 1-3）的体积计算公式如下所述。

长方体：$V=abh$（长方体体积=长×宽×高）

正方体：$V=a^3$（正方体体积=棱长×棱长×棱长）

正圆柱：$V=\pi r^2 h$［正圆柱体积=圆周率×(底半径×底半径)×高］

正圆锥：$V=\frac{1}{3}\pi r^2 h$（正圆锥体积=圆周率×底半径×底半径×高÷3）

球体：$V=\frac{4}{3}\pi r^3$［球体体积=$\frac{4}{3}$(圆周率×半径的三次方)］

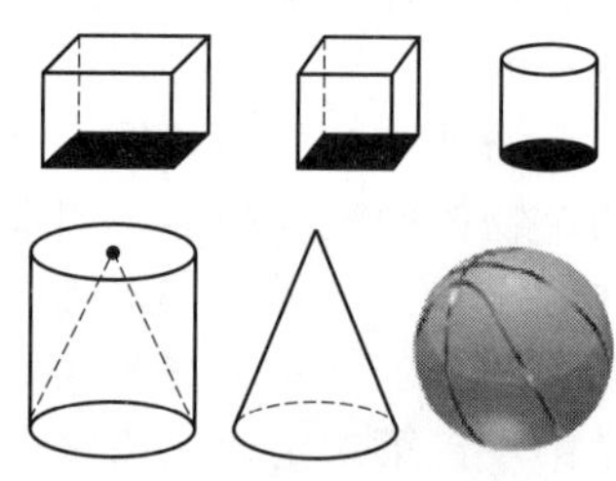

图 1-3 几种常见物体立体图

思考：

1-22 怎么确定气体、液体或固体体系的体积？

1-23 社会生活中的经济数据是否可以看作“体积”？

1-24 社会压力是如何体现的？如何评价社会压力？

1.2.3 压力

压力（pressure） 物理学上又称压强，是在作用面上的力与该面积的比值，是体系强度性质的状态函数。换句话说，压强是作用在与物体表面垂直方向上的每单位面积的力量大小，也是表示力作用效果（形变效果）的物理量，其数学表达式含义是单位面积（area）上受到的力（force），即：

$$p=\frac{F}{A} \tag{1.5}$$

通常符号表示“p”，国际单位是帕斯卡（pascal，Pa，帕斯卡是法国数学家、物理学家）。

$$1\text{Pa}=1\text{N/m}^2$$

还有其他非国际单位如：大气压（atmosphere，atm）、托（Torr）、巴（bar）、毫米汞柱（mmHg），其相互关系是：

$1\text{bar}=10^5\text{Pa}=100\text{kPa}$

$1\text{atm}=101325\text{Pa}$

$1\text{atm}=760\text{Torr}$

$1\text{Torr}=1\text{mmHg}$（millimetre of mercury）

运动着的气体分子对器壁会产生碰撞的作用力，因此气体压力可看作气体分子对容器壁碰撞所产生的平均作用力。分离容器不同压力的气体接触时，若在容器间有可移动板，由于移动板两侧的受力不均衡，将会有高压气体推动移动板向低压气体侧移动，直到达到两侧气压相等（如图 1-4 所示）。

习题：

1-2 将自己看作长方体，两耳朵距离为长、肩宽为宽、身高为高，试估计自身体积。

1-3 试估算一下你受到的来自于大气的压力（Pa）和净压力（N）。

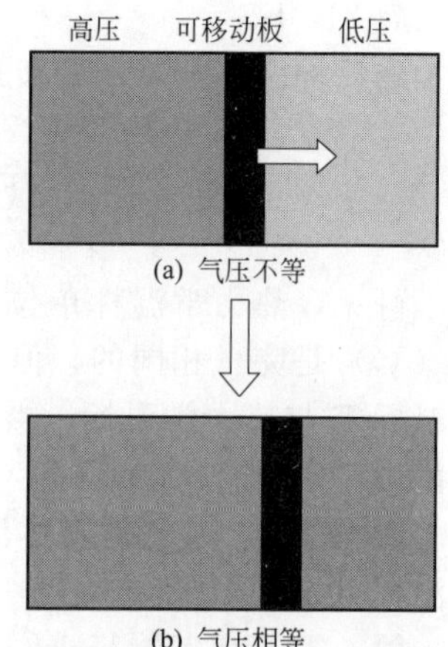

图 1-4 不同压力气体作用

1.2.4 热和功

体系与环境相互作用的能量如何表示呢？

分析体系最经典状态函数（T、V、p）可以看出由于体系与环境存在强度性质 T 和 p 的差异，致使二者发生能量交换的相互作用，根据能量交换强度性质推动力的不同或称为交换能量方式的不同，分别表现体系的热效应和功行为，依次称为“**热（heat）**”和“**功（work）**”。图1-5所示为热和功正负规定示意。

（1）热

我们知道，不同温度物体间的能量转移，宏观表现出热量由高温物体传向了低温物体。这种体系与环境之间因温差存在所传递的能量称为热量，简称为热，符号为“Q”，单位焦耳（J）。

热量不是状态函数，只有体系的状态发生变化时，体系与环境之间才存在因温度差引起能量的交换，才有热量。体系从A态变化到B态，经历的途径不同，与环境交换的热量不一定相同。由于体系热效应并不是体系的状态函数，而是与具体途径有关，通常把热叫做过程函数（便于与状态函数对比，借用了“函数”术语）。非状态函数的微小变化不具有全微分性质，因此，热的微小变化通常记作“δQ”。

热量是因温差存在而引起的，而温度是体系粒子无序运动动能的宏观表现，热传递过程本质上是高温物体微观粒子的动能通过接触面传给低温物体的微观粒子的过程。正是考虑了这一点，可以把热传递过程看作体系与环境交换粒子无序运动动能的过程，**热是不同体系粒子的无序运动作用所产生的结果**。

为了数学表达的需要，热的正、负号一般规定为：

体系吸热时，$Q>0$；体系放热时，$Q<0$。

（2）功

与热相对应，体系与环境间通过方向性运动所交换的能量称为功，符号“W”，单位焦耳（J）。与热对应来说明功的含义，可表述为：体系与环境除了热之外所交换的能量均称为功。功与热一样，也不是体系的状态函数，而是体系的过程函数，其微小变化记作 δW。

实际体系，往往受到多种方向性强度因素的作用，如机械力、电场力、地球引力、表面张力等，在这些强度因素的作用下，体系与环境发生相应广度性质的变化，从而体系与环境所交换的能量，就称为功（W）。当体系发生变化时，功与变化所经历的途径有关。

$$\delta W = f_i \mathrm{d} f_e \tag{1.6}$$

式中，f_i 为强度变量的广义力；f_e 为广度变量的广义位移，如 $\delta W = F\mathrm{d}l$。

在广义功中由于方向性机械力的存在而引起体系和环境在界面上形成一段距离或体系体积变化所交换的能量，在热

思考：

1-25　体系的行为如何表现出来？

1-26　社会体系的行为能否用“功”和“热”来表示？

1-27　请将你的行为用“功”和“热”区分开来。

1-28　从社会学上看，“环境”更关心体系的“内能”还是体系的“功热”行为呢？

1-29　一个生产企业更关注生产总值还是净利润呢？

1-30　体系内能与体系行为有何相关性？

1-31　体系的哪种行为（Q、W）更有目的性？

1-32　体系内能、体系行为的社会评价及其相关性对你有何启发？

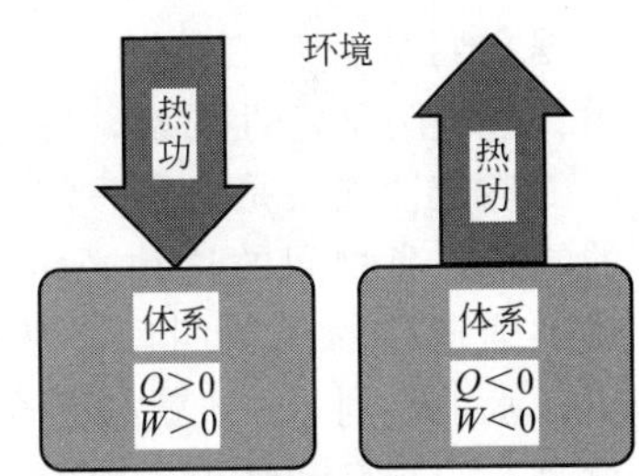

图1-5　热和功正负规定示意

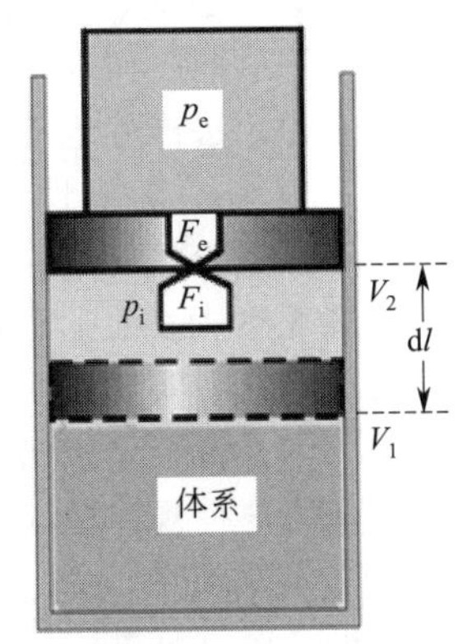

图1-6　体积功示意

力学中称为体积功（W_V）（有的教材用“W_e”表示体积功；在不引起混淆的情况下也常略去下标“V”、“e”。），体积功的变化示意见图 1-6，其微小变化关系式可表示为

$$\delta W_V = -F_e \mathrm{d}l = -\left(\frac{F_e}{A}\right)(A\mathrm{d}l) = -p_e \mathrm{d}V \qquad (1.7)$$

式中，F_e、p_e 分别是外界力（external force）、环境压力（external pressure），$\mathrm{d}l$、$\mathrm{d}V$ 分别为体系界面变化的距离、体系变化的体积。

在体系与环境交换的功中，除了常见的体积功外，还有其他功称为非体积功（W_f），如电化学中的电功就是非体积功，因此，功又可以表示为

$$\delta W = \delta W_V + \delta W_f \qquad (1.8)$$

为了数学表达的需要，功的正、负号一般规定为：

环境对体系做功，$W>0$；体系对环境做功，$W<0$。

1.2.5 概率统计

在自然界和现实生活中，一些现象是在事物的相互联系和不断发展的表现出来的。在事物彼此联系和发展中，根据它们是否有必然的因果联系，可以将现象分为两大类：一类为确定性现象，另一类为不确定性现象。

确定性现象是指在一定条件下，必定会导致某种确定的结果，事物间的这种必定联系的结果是具有必然性的，这种确定性的现象叫做必然现象。例如，在 $1p^{\ominus}$ 大气压下，水加热到 100℃就必然会沸腾。通常自然科学各学科就是专门研究和认识这种确定性现象，寻求必然现象的因果关系，把握事物间的数量相关规律。

不确定性现象是指在一定条件下，事物变化结果是不确定的，这种不确定现象又叫做偶然现象或随机现象。在自然界、生产、生活中，不确定现象也十分普遍，也就是说随机现象是大量存在的，如每期体育彩票的中奖号码就是随机现象。因此，可以说不确定现象是在同样条件下，多次进行针对同一研究对象的试验，所得结果并不完全一样，操作者无法准确地控制下一次结果，实际操作中始终具有一定范围的随机性结果特点。通常来讲，一些次要的、偶然、实验精度等因素会引起不确定性现象的发生。

随机现象从表面上看，似乎是杂乱无章的、没有什么规律的现象。但实践证明，如果同类的随机现象大量重复出现，总体上就会呈现出一定的规律性。大量同类随机现象所呈现的这种规律性，随着我们观察次数的增多而愈加明显。比如掷硬币，每一次投掷很难判断是哪一面朝上，但是如果多次重复掷这枚硬币，就会越来越清楚地发现它朝上朝下的次数大致相等。我们把这种由大量同类随机现象所呈现出来的集体规律性，叫做统计规律性。概率论和

思考：

1-33　热和功的数值正负规定合理吗？你的经济收入和消费都是怎么记录的？

1-34　请用“热”、“功”来区分人的日常饮食与消化吸收、学习与工作等行为。你完成这些行为后得到了什么？

习题：

1-4　请用“Q”和“W”来区分“改革”和“开放”，并分析这两种行为对体系造成的“影响”。

1-5　请用“Q”和“W”来区分“学”和“思”，并分析这两种行为对体系造成的“影响”。

1-6　试用物理化学物理量表示“吃一堑长一智”中的“堑”和“智”，并说明理由。

1-7　试用物理化学物理量表示“一分耕耘一分收获”中的“耕耘”和“收获”，并说明理由。

关于概率论

概率论产生于 17 世纪，来自于赌博者的请求，是由保险事业的发展而产生的，却是数学家们思考概率论中问题的源泉。

早在 1654 年，有一个赌徒梅累向当时的数学家帕斯卡提出一个使他苦恼了很久的问题：“两个赌徒相约赌若干局，谁先赢 m 局就算赢，全部赌本就归谁。但是当其中一个人赢了 a（$a<m$）局，另一个人赢了 b（$b<m$）局的时候，赌博中止。问：赌本应该如何分法才合理？”后者曾在 1642 年发明了世界上第一台机械加法计算机。三年后（1657 年），荷兰著名的天文、物理兼

数理统计就是研究大量同类随机现象的统计规律性的数学学科，是当今数学学科的一个重要分支学科，并密切联系推动着其他学科的发展。

概率论是根据大量同类随机现象的统计规律，对随机现象出现某一结果的可能性做出一种客观的科学判断，对这种出现的可能性大小做出数量上的描述，比较这些可能性的大小、研究它们之间的联系，从而形成一整套数学理论和方法。

数理统计是应用概率的理论来研究大量随机现象的规律性；对通过科学安排的一定数量的实验所得到的统计方法给出严格的理论证明，并判定各种方法应用的条件以及方法、公式、结论的可靠程度和局限性，使我们能从一组样本来判定是否能以相当大的概率来保证某一判断是正确的，并可以控制发生错误的概率。

概率统计在研究方法上有它的特殊性，主要表现为如下几点。

第一，由于随机现象的统计规律是一种集体规律，必须在大量同类随机现象中才能呈现出来，所以，观察、试验、调查就是概率统计这门学科研究方法的基石。但作为数学学科的一个分支，它依然具有自身学科知识体系的定义、公理、定理等内容，这些内容都是来源于自然界的随机规律。

第二，在概率统计研究中，使用的是“由部分推断全体”的统计推断方法。这是因为研究对象的随机现象范围很大，在进行试验、观测的时候，不可能也不必要全部进行实验。但由研究对象的一部分随机信息资料得出的结论能科学推断出研究对象全体范围内的结论也是十分可靠的。

第三，随机现象的随机性，是指试验、调查之前来说的。而真正得出结果后，对于每一次试验，它只可能得到这些不确定结果中的某一种确定结果。我们在研究这一现象时，应当注意在试验前能不能对这一现象找出它本身的内在规律。

下面我们通过一实例来认识概率统计技术中的基本原理——等概率原理。

设有四个不同颜色的球分别用 a、b、c、d 编号，将它们装入两个体积相同的容器中（容器 1 和容器 2），我们可以得出所有的分布方式（见表 1-1），每一种可能的分配组合方式就是体系的一个微观状态。可以看出，某些分布方式可能有多种微观状态，不同分布的微观状态数可能相同，也可能不同。该体系的总微观状态数（热力学概率）$\Omega=16(=1+4+6+4+1)$，其中（3，1）分布的 $\Omega_{(3,1)}=4$，(2,2)分布的 $\Omega_{(2,2)}=6$。某种分布的数学概率 P_i 等于该种分布的热力学概率 Ω_i 除以体系的热力学概率 Ω，即：

$$P_i=\frac{\Omega_i}{\Omega}$$

例如 $\Omega_{(2,2)}$ 的数学概率：

$$P_{(2,2)}=\frac{\Omega_{(2,2)}}{\Omega}=\frac{6}{16}$$

显然各种分布的数学概率之和为 1，即：

数学家惠更斯企图自己解决这一问题，结果写成了《论机会游戏的计算》一书，这就是最早的概率论著作。

近几十年来，随着科技的蓬勃发展，概率论大量应用到国民经济、工农业生产及各学科领域。许多兴起的应用数学，如信息论、对策论、排队论、控制论等，都是以概率论作为基础的。

$$\sum_i P_i = 1$$

可见，数学概率总是处于0～1之间，而热力学概率则是一个很大的数，而且随粒子数目的增加而增加。

表 1-1　粒子分配方式状况

分布方式	微观状态数	容器 1	容器 2
(4,0)	C_4^4	abcd	0
(3,1)	C_4^3	abc	d
		abd	c
		acd	b
		bcd	a
(2,2)	C_4^2	ab	cd
		ac	bd
		ad	bc
		bc	ad
		bd	ac
		cd	ab
(1,3)	C_4^1	a	bcd
		b	acd
		c	abd
		d	bcd
(0,4)	C_4^0	0	abcd

在该实例中，(2，2）分布方式在5种分布方式中的微观状态数最大（6)，数学概率也最大，该分布称为该体系的最概然分布；(3，1）和（1，3）分布方式的微观状态数均为4，数学概率相等，称为简并分布；(4，0）和（0，4）分布方式的微观状态数也相同，也称为简并分布。类似于（3，1）和（1，3)、(4，0）和（0，4)，具有相同微观状态数的分布数目称为简并度，该示例中微观状态数为4和1的简并度均为2。

体系的能量U、粒子数N和体积V都影响总微观状态数，那么，对于N个粒子组成的体系，在总能量U和体积V给定的条件下，体系的总微观状态数Ω是多少？为了方便统计求平均值，在热力学体系的研究中给出了一个基本假定：对于（U、V、N）确定的体系，粒子的行为对体系宏观性质的表现是均等的，即在一定宏观条件下，任何一个可能出现的微观状态都具有相同的数学概率，称为“等概率原理”。也就是说，若一个体系总微观状态数为Ω，那么其中每一个微观状态出现的数学概率（P）都是$P=1/\Omega$；若某种分布的微观状态数为Ω_i，那么这种分布的数学概率P_i是$P_i=\Omega_i/\Omega$。

虽然等概率原理只是一个基本假定，无法从其他原理导出，也无法直接证明，但其合理性已经被实践所证明，由它导出的结论是正确的。

概率统计的专业数学知识也较多，而借用概率统计的技术方法研究物理化学宏观体系，需要概率统计的基础性知识。为了方便读者，现将概率的基本属性和统计中常用的公式罗列如下（公式的详细推导证明，读者可参阅相关数学书籍)。

概率的三个基本属性如下。

思考：

1-35　假如我们把这里的4个不同的球装在2个容器中的例子看成是彩票，每一种微观状态为一张彩票，每次只允许你购买一张。假若每种分配方式的中奖金额相同，那么，每次你会购买哪种分配方式的彩票？为什么？

思考：

1-36　每个人要求平等的权利和义务、公平合理的社会竞争环境等符合等概率原理吗？社会主义核心价值观的内容中哪些是等概率原理的社会体现？

1-37　每个人分享着相同的资源而生活着，那么每个人是否享有相同获诺贝尔奖的机会？你与他人的本质差异在哪里？(IDEA性相近，习相远；苟不教，性乃迁；教之道，贵以专)

① [非负性]：任何事件 A，$P(\mathrm{A}) \geqslant 0$。

② [完备性]：$P(\Omega)=1$。

③ [加法法则]：若事件 A 与 B 不相容，则 $P(\mathrm{A}+\mathrm{B})=P(\mathrm{A})+P(\mathrm{B})$。

统计中常用的数学公式如下。

(1) 排列组合相关公式

① N 个不同的物体进行全排列，排列花样总数：

$$N! \tag{1.9}$$

② 从 N 个不同的物体中取出 R 个排列，排列花样总数：

$$\frac{N!}{(N-R)!} \tag{1.10}$$

③ 若 N 个物体中有 s 个彼此相同，另外 t 个也彼此相同，其余的各不相同，则 N 个物体的全排列花样总数：

$$\frac{N!}{s!\ t!} \tag{1.11}$$

④ 从 N 个不同的物体中，每次取 M 个物体，取法总数：

$$C_N^M=\frac{N!}{M!\ (N-M)!} \tag{1.12}$$

⑤ 如果把 N 个不同的物体分成若干堆，第一堆为 N_1，第二堆为 N_2，……第 k 堆为 N_k 个（把全部物体分成堆），则分堆方法总数：

$$\frac{N!}{N_1!\ N_2!\ \cdots N_k!}=\frac{N!}{\prod_i N_1!} \tag{1.13}$$

⑥ 将 N 个相同的物体放入 M 个不同的容器中（每个容器的容量不限），则放置方式总数：

$$\frac{(N+M-1)!}{N!\ (M-1)!} \tag{1.14}$$

⑦ 将 N 个不同的物体放入 M 个不同的容器中（每个容器的容量不限），则放置方式总数：

$$M^N \tag{1.15}$$

(2) 斯特林（Stirling）公式

当 N 值非常大时

$$\ln N!\ =N\ln N-N \tag{1.16}$$

该式为斯特林（Stirling）的近似公式。

狭义物理化学研究的宏观体系是由大量粒子组成的，可以利用概率统计的技术方法来探索热力学体系的机理和性质。例如我们知道一定温度下体系粒子的速率分布符合 Maxwell 速率分布（其曲线图见图 2-1），该分布的曲线就是将该温度下的所有粒子的速率都确定下来，根据速率和不同速率的粒子个数作图而得到的曲线，曲线很明朗地表示出了体系不同速率粒子分布的信息，进而能获得最概然速率、平均速率等等。再例如一个班级一次考试成绩分布是将考试结束后每位同学的成绩进行统计，按成绩段对人数作图而获得一条曲线或柱状图，分析数据信息从而获得班级学习方面的信息。再例如电子在一定时刻绕原子核运转的具体位置是难以确定的，但通过做大量统计，能分析出电子在原子核周围分布的规律。

第2章 气 体

本章基本要求

2-1 了解气体分子运动理论，理解压力和温度的统计含义。

2-2 掌握理想气体的状态方程、道尔顿定律、阿马格定律，了解理想气体的微观模型。

2-3 掌握实际气体状态范德华方程、压缩因子的有关计算，了解实际气体其他的状态方程表达式。

2-4 了解实际气体的液化与临界性质，了解对应状态原理与普遍化压缩因子图。

物质是由大量物理和化学性质相同的粒子（particle）组成的，如分子（molecule）、原子（atom）、离子（ion）往往是组成物质的粒子，物质的宏观性质是其微观粒子行为的宏观反映。因此，研究物质体系微观粒子的行为对于物质性质的认识有着十分重要的意义。有限微观粒子的结构与行为的研究已经成为物理化学的一个独立分支学科——结构化学。通过经典技术方法研究大量粒子的行为揭示体系宏观现象的运动规律是基础物理化学的经典内容——化学热力学和化学动力学。

在自然界中，按照组成物质的粒子之间的距离不同，可以把物质分为：气态、液态、固态，对应着我们经常面对的研究对象：气体、液体、固体。一般地，同种粒子组成的物质气态时粒子间的距离最大，液态次之，固态最小（也有反常，如水的不同状态）。由于研究对象选择的不同，会形成不同的研究方向或学科，如目前随着材料科学发展而兴起了固态物理化学。

历史经验与生活常识都表明，由简到繁是科学的认识规律，我们在本课程中同样遵从这一规律。在这三态中，气体最为简单，人们认识得也最清楚，气体模型也更有利于我们认识物质分子的运动规律，因此，我们的学习首先从认识气体的规律开始，其中，气体中最简单是理想气体，故理想气体是我们首先要认识的对象。本章主要介绍气体的运动规律，随着学习的不断深入，在后面的章节中介绍液体、固体及三态混合体系的运动规律。

致学生：

由简到繁可以看作是一种普遍的方法、定律，其适用范围比任一物理定律都广泛，高度重视并自觉应用它，将使你受益终生。

便于与经典理论表述一致，我们把组成物质的性质相同的微观粒子称为分子。在大量分子组成的宏观体系中，一个基本的理论假设是分子运动论，即：物质是由不停地运动着的分子所组成的，温度是分子平均平动动能大小的标志；气体体系中大量气体分子对容器器壁的碰撞而产生对容器器壁的压强。

思考：

2-1 社会体系的行为是否也表现出自然体系中的微观粒子的行为规律呢？

由分子运动论得出的体系分子的性质主要有三点：

① 一切物体都是由大量分子构成的，分子之间有空隙。

② 分子处于不停息地、无规则运动状态，这种运动称为热运动。

③ 分子间存在着相互作用的引力和斥力。当分子间的作用力很小至可以忽略不计时，该气体则可看作是理想气体。

让我们一起跟随科学前辈们的前期研究发现来认识物质在气体状态下的运动规律。

2.1 气体分子运动

2.1.1 分子运动的速率分布

气体是大量运动着的分子构成的体系，体系分子在容器内做相互碰撞的无序运动，当气体体系处于稳定状态时，认为体系分子的运动速率遵循着一定的统计分布。

麦克斯韦（J. C. Maxwell）[1] 于 1859 年首先导出了分子运动速率的分布公式，后来波兹曼（Boltzmann）用统计力学的方法也得到相同的公式，从而增强了 Maxwell 公式的理论基础。

[1] 詹姆斯·克拉克·麦克斯韦（James Clerk Maxwell，1831—1879），英国物理与数学家，经典电动力学的创始人，统计物理学的奠基人之一，在物理史上足堪与牛顿、爱因斯坦齐名。

设容器内有 N 个分子，速率在 $v \sim v+\mathrm{d}v$ 范围内的分子有 $\mathrm{d}N_{\mathrm{v}}$ 个，$\mathrm{d}N_{\mathrm{v}}/N$ 表示分子速率在此范围中的分子占总分子数的分数。对于一个分子来说，就是该分子的速率在 $v \sim v+\mathrm{d}v$ 间隔中的概率。$\mathrm{d}N_{\mathrm{v}}$ 显然与 N 和 $\mathrm{d}v$ 有关，即总分子数越多，速率间隔越大，则 $\mathrm{d}N_{\mathrm{v}}$ 也越大，同时，$\mathrm{d}N_{\mathrm{v}}$ 也与速率 v 的大小有关，故 $\mathrm{d}N_{\mathrm{v}}$ 可表示为

$$\mathrm{d}N_{\mathrm{v}} = Nf(v)\mathrm{d}v \tag{2.1}$$

式中，$f(v)$ 为一个与 v 及温度有关的函数，称为分布函数（distribution function），它的意义相当于 $\mathrm{d}v=1$ 时，即速率在 $v \sim v+1$ 之间的分子在总分子中所占的分数，Maxwell-Boltzmann 证得

$$f(v) = \frac{4}{\sqrt{\pi}}\left(\frac{m}{2k_{\mathrm{B}}T}\right)^{\frac{3}{2}} \exp\left(\frac{-mv^2}{2k_{\mathrm{B}}T}\right)v^2 \tag{2.2}$$

Maxwell- Boltzmann 分子速率分布函数见图 2-1。

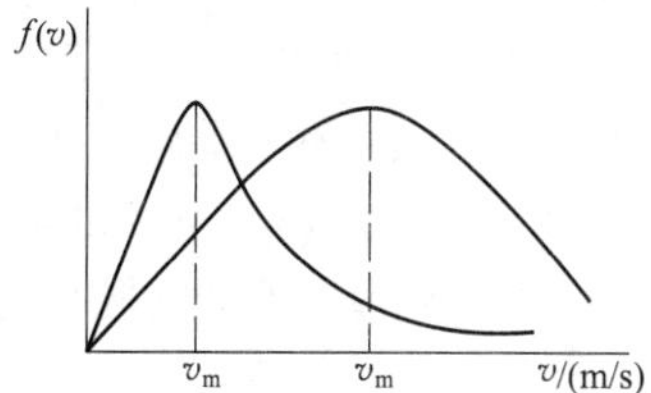

图 2-1 Maxwell- Boltzmann 分子速率分布曲线

2.1.2 分子运动的外在表现

宏观上，分子运动主要表现在两个方面，一是由于分子运动对容器壁的碰撞表现为压力，二是由于分子的质量和运动速率而具有分子动能表现为温度。

2.1.2.1 气体压力的微观本质

气体的压力可以看作是运动着的气体分子对器壁的碰撞力，如图 2-2 所示，器壁单位面积受到分子运动产生的力即为气体压强。压强与分子运动的关系（具体推导过程请参阅其他教材）：

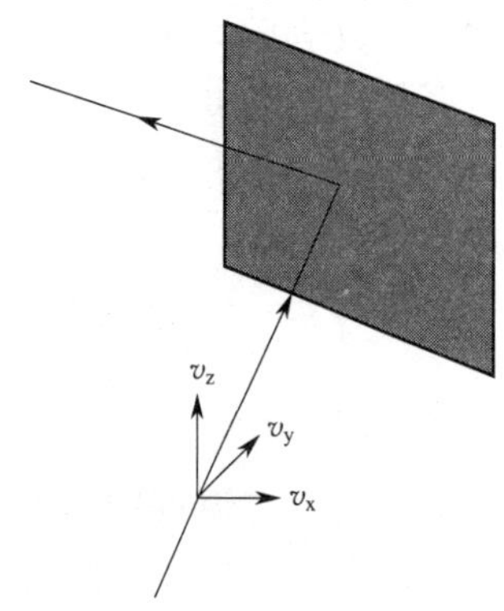

图 2-2 粒子与器壁的碰撞

单位体积内的分子数为 n，

$$p=\frac{1}{3}mnv_r^2 \tag{2.3}$$

在分子数为 N、体积为 V 的体系，

$$pV=\frac{1}{3}mNv_r^2 \tag{2.4}$$

式中，p 为 N 个分子与器壁碰撞后所产生的总效应，它具有统计平均的意义；v_r 为微观量的统计平均值，不能由实验测量，而 p 和 V 则是可以直接由实验量度的宏观量，因此，式（2.4）是联系宏观可测量的物理量压力 p 与微观不可测量速度 v_r 之间的桥梁，正是在这一点上说压力是体系分子运动的外在表现。

2.1.2.2 气体温度的微观本质

热在微观上来讲是物体分子热运动的剧烈程度，从分子运动论观点看，温度是物体分子运动平均动能的标志。温度越高则分子平动能就越大，单个粒子动能与温度用函数形式表示为：

$$\varepsilon_k=\frac{1}{2}mv^2=f(T)=\frac{3}{2}k_BT \tag{2.5}$$

根据式(2.5) 可以计算出单个粒子的速率（又称为根均方速率，v_r，root-mean-square velocity）与温度的关系为：

$$v_r=\sqrt{\frac{3k_BT}{m}}=\sqrt{\frac{3RT}{M}}\text{,或 }T=\frac{mv_r^2}{3k_B}=\frac{Mv_r^2}{3R} \tag{2.6}$$

根据分子运动速率分布可知，一定温度的体系是包含着多种运动速率的粒子，那么体系粒子运动速率与温度会有不同的关系表达式。通常认为体系粒子速率符合 Maxwell 速率分布曲线（如图 2-1 所示），其最高点表示具有这种速率的粒子所占的分数最大，这个最高点所对应的速率称为最概然速率（v_m，most probable rate），可通过数学推导（具体推导过程请参阅其他教材）得到该速率与温度的关系为：

$$v_m=\sqrt{\frac{2k_BT}{m}}=\sqrt{\frac{2RT}{M}}\text{,或 }T=\frac{mv_m^2}{2k_B}=\frac{Mv_m^2}{2R} \tag{2.7}$$

通过理论推导（具体推导过程请参阅其他教材）得出的粒子的数学平均速率 v_a（mathematical average rate，体系所有粒子速率的数学平均值）与温度的关系为：

$$v_a=\sqrt{\frac{8k_BT}{\pi m}}=\sqrt{\frac{8RT}{\pi M}}\text{,或 }T=\frac{\pi mv_a^2}{8k_B}=\frac{\pi Mv_a^2}{8R} \tag{2.8}$$

可见 v_r、v_m、v_a 的比例关系为：

$$v_r:v_m:v_a=\sqrt{\frac{3k_BT}{m}}:\sqrt{\frac{2k_BT}{m}}:\sqrt{\frac{8k_BT}{\pi m}}=\sqrt{3}:\sqrt{2}:\sqrt{8/\pi}$$

由速率与温度的关系式［式(2.6)～式(2.8)］可以看出，温度是体系粒子运动动能的宏观表现，本质上是体系分子运动的内在表现。

思考：

2-2 气体体系的“压力”是否可理解为体系粒子对环境界面或环境中的粒子对体系界面的作用力？

2-3 “社会压力”是否也可以用“压力”来理解？

2-4 压力从何而来？你体会到“压力”了吗？解决“压力”的科学方法应该是什么？

思考：

2-5 “微观粒子动能越大其温度越高”——相同物质的粒子平均运动速率不同温度也不同，这一结论能否用于不同物质的温度比较吗？

2-6 “温度是体系粒子的内在表现”这一结论是否适用于生命体系？

2-7 你自身是否发生过“粒子运动速率不同温度不同”的现象？“喜怒哀乐”等情绪是否可看作“粒子运动”的“温度”反映？

子曰：兴于诗、立于礼、成于乐（出自《论语·泰伯》

喜怒哀乐之未发，谓之中，发而皆中节，谓之和；中也者，天下之大本也；和也者，天下之达道也；致中和，天地位焉，万物育焉（出自《中庸》）

2-8 “体系粒子的运动表现为温度和压力，温度是体系粒子的内在表现，压力是体系粒子的外在表现”，这一规律若能适用于社会体系，对社会体系的发展有何实际指导意义？

2.2 理想气体

2.2.1 理想气体定律

对于物质运动的经典规律认识，人们往往是借助经典物理函数来定量描述的，如 p、V、T。

人类历史上发现的第一个定律：1662 年英国科学家波义耳（R. Boyle）[2] 和 1676 年法国科学家马略特（E. Mariotte，1620—1684）各自根据实验结果发现："在恒温下，在密闭容器中的一定量气体的压强和体积成反比关系"，称之为波义耳-马略特定律。其数学含义为当 n、T 一定时，p、V 成反比，即：

$$p \propto \frac{1}{V} \tag{2.9}$$

1787 年查理（Jacques Alexandre Cesar Charles，1746—1823，法国物理学家、数学家和发明家）发现了气体热膨胀规律（即查理定律）："一定质量的气体，当其体积一定时，它的压强与热力学温度成正比"，其数学含义为当 n、V 一定时，T、p 成正比，即：

$$p \propto T \tag{2.10}$$

1802 年盖・吕萨克（UosephLollis Gay-lussac，1778—1850，法国化学家、物理学家）发现了气体热膨胀定律（即盖・吕萨克定律）："在压强不变时，一定质量气体的体积跟热力学温度成正比"，其数学含义为当 n、p 一定时，V、T 成正比，即：

$$V \propto T \tag{2.11}$$

查理定律和盖・吕萨克定律都是给出了气体热膨胀的规律，物理学上把这两个定律叫做查理-盖・吕萨克定律。

1811 年由意大利化学家阿伏加德罗提出假说——在同温同压下，相同体积的气体含有相同数目的分子，后来被科学界所承认并叫作阿伏伽德罗定律（Avogadro′s hypothesis），其数学含义是当 T、p 一定时 V、n 成正比，即

$$V \propto n \tag{2.12}$$

综合式(2.9)～式(2.12) 得出，

$$V \propto \frac{nT}{p} \tag{2.13}$$

将式(2.13) 加上比例系数 R，得

$$V = \frac{nRT}{p}, \text{或 } pV = nRT \tag{2.14}$$

式中，n 为物质的量，mol；p 为压力，Pa；V 为气体体积，m^3；T 为热力学温度，K。

式(2.14) 表征了一定物质的量 n 的气体的三个状态函数 p、V、T 三者间的关系，我们把在任何压力、任何

[2] 罗伯特・波义耳（Robert Boyle，1627—1691），英国化学家和哲学家，化学史家把 1661 年作为近代化学的开始年代，因为这一年有一本对化学发展产生重大影响的著作出版——《怀疑派化学家 The Sceptical Chemist》（作者英国科学家罗伯特・波义耳）。革命导师马克思・恩格斯也同意这一观点，誉称"波义耳把化学确立为科学"。

思考：

2-9 试将理想气体式(2.9)～式(2.12) 用于讨论社会体系，你得到哪些有价值的启发？

关于理想气体比例系数 R

R 是通过气体实验确定出来的常数，又叫作气体常数。当气体压强 $p \to 0$，可通过 $R = \frac{pV}{nT}$ 得到 R 的值，该值的最精确的结果是：$R = 8.314472 \text{J/(K·mol)}$，$R = 0.0820574587 \text{L·atm/(mol·K)}$。

温度下都能严格遵从式(2.14)的气体称为理想气体(ideal gas, perfect gas),式(2.15)称为理想气体状态方程式,也叫作式(2.9)~式(2.12)的联姻式。

对于一定量的理想气体,当处于不同状态时,可以有计算公式:

$$\frac{p_1V_1}{T_1}=\frac{p_2V_2}{T_2} \tag{2.15}$$

理想气体状态方程式是物理化学非常重要的方程式,我们可以利用状态方程式(2.9)~式(2.15)进行理想气体不同状态相关状态函数的计算以及后面章节中介绍的其他热力学函数的计算。

例题 2-1 在工业生产中,一个装有氮气的容器,其工作温度为500K。假如进入该容器中氮气的初始压力为100atm、温度为300K,问该容器在工作温度时氮气的压力是多少?(假设该氮气遵守理想气体定律)

解:题目中是一个定容的容器($V_1=V_2$),只有温度发生变化,根据式(2.15),有:

$$\frac{p_1}{T_1}=\frac{p_2}{T_2}$$

整理,得,

$$\begin{aligned}p_2&=\frac{p_1}{T_1}\times T_2\\&=\frac{500\text{K}}{300\text{K}}\times 100\text{atm}\\&=167\text{atm}\end{aligned}$$

评论:实际生产中该条件下的压力为183atm,可以看出理想气体的模型假设有约10%的误差。

例题 2-2 试计算标准状态下理想气体的摩尔体积。

解:通常有两种标准状态——STP(1atm 和 0℃)和 SATP($1p^{\ominus}$和25℃),而对应于这两种状态有两种经常使用的气体的摩尔体积。把两种状态的函数值代入下式:

$$V_{\mathrm{m}}=\frac{V}{n}=\frac{nRT/p}{n}=\frac{RT}{p}$$

得:

STP $V_{\mathrm{m,STP}}=22.414\text{L/mol}$;

SATP $V_{\mathrm{m,SATP}}=24.789\text{L/mol}$。

根据体系标准态的定义,可以知道理想气体标准摩尔体积是在 SATP 下 $V_{\mathrm{m}}^{\ominus}=24.789\text{L/mol}$。

2.2.2 气体混合

在我们的生活中有许多关于物质混合的问题,如我们日常呼吸的空气是由多种气体混合而成的,我们每天喝的水是含有多种金属离子的溶液。为此,让我们来认识用于

习题:

2-1 在工业生产中,一个装有氮气的容器,其工作压力为300atm。假如进入该容器中氮气的初始压力为100atm、温度为300K,问该容器在工作压力时氮气的温度是多少?(假设该氮气遵守理想气体定律)(900K)

空气成分

通常空气成分按体积分数表示是:氮(N_2)约占78%,氧(O_2)约占21%,稀有气体约占0.94%(氦 He、氖 Ne、氩 Ar、氪 Kr、氙 Xe、氡 Rn),二氧化碳(CO_2)约占0.03%,还有其他气体和杂质约占0.03%,如臭氧(O_3)、一氧化氮(NO)、二氧化氮(NO_2)、水蒸气(H_2O)等。在计算精度要求不太高时,通常认为空气含量为氮(N_2)占80%,氧(O_2)约占20%。

混合体系的部分概念以及气体混合物中的相关定律。

结合理想气体的有关知识，容易推出经常使用的理想气体定律——道尔顿分压定律和阿马格分体积定律，让我们来认识一下。

(1) 道尔顿分压定律

在1801年由约翰·道尔顿[3]观察到："在任何容器内的气体混合物中，如果各组分之间不发生化学反应，则每一种气体都均匀地分布在整个容器内，它所产生的压强和它单独占有整个容器时所产生的压强相同"，这个描述气体特性的经验定律，叫做道尔顿分压定律，又叫做道尔顿定律（Dalton's law）。该定律对理想混合气体严格成立，对实际混合气体仅在压力较低时体现出准确性。

道尔顿定律告诉我们混合理想气体的总压等于体系各气体的体积为体系体积时各气体压强的代数和，即

$$p_T = p_1 + p_2 + \cdots = \sum p_B \tag{2.16}$$

其中，对每种气体

$$p_B = \frac{n_B RT}{V}$$

式中，分压 p_B 为B气体对容器壁所产生的压力。

道尔顿分压定律的合理性，我们可以通过理想气体公式得到证明。对于混合理想气体，有

$pV = nRT = (\sum n_B)RT = \sum n_B RT$

$p = nRT/V = \sum n_B RT/V = \sum p_B$，证毕。

例题2-3 298K时，在一个10L的容器中有2 mol N_2、3 mol O_2，假如这两种气体均遵守理想气体规律，该容器气体的总压是多少？

解：可以根据 $pV=nRT$ 得到 $p_B = n_B RT/V$，从而计算出每种气体的分压：

$$\begin{aligned} p_{N_2} &= n_{N_2} RT/V \\ &= 2\text{mol} \times 8.314\text{J}/(\text{K}\cdot\text{mol}) \times 298\text{K}/(10\times10^{-3}\text{m}^3) \\ &= 495514.4\text{Pa} \end{aligned}$$

$$\begin{aligned} p_{O_2} &= n_{O_2} RT/V \\ &= 3\text{mol} \times 8.314\text{J}/(\text{K}\cdot\text{mol}) \times 298\text{K}/(10\times10^{-3}\text{m}^3) \\ &= 743271.6\text{Pa} \end{aligned}$$

当然，也可以作如下计算：

$$\begin{aligned} p &= p_{N_2} + p_{O_2} = (n_{N_2} + n_{O_2})RT/V \\ &= (2+3)\text{mol} \times 8.314\text{J}/(\text{K}\cdot\text{mol}) \times 298\text{K}/(10\times10^{-3}\text{m}^3) \\ &= 1238786\text{Pa} \end{aligned}$$

(2) 阿马格分体积定律

阿马格（Emile Hilaire Amagat，1841—1915，法国物理学家）在1915年发现："在确定的温度、压力条件下，混合气体的体积等于所含各种气体的分体积之和"，称为

[3] 约翰·道尔顿（John Dalton，1766—1844），英国化学家和物理学家。幼年家贫，没有正式上过学校。1776年曾接受数学的启蒙，自学拉丁文、希腊文、法文、数学和自然哲学。1793～1799年在曼彻斯特新学院任数学和自然哲学教授。1835～1836年任英国学术协会化学分会副会长。1816年当选为法国科学院通讯院士。1822年当选为英国皇家学会会员。

习题：

2-2 已知某地干燥空气中含 N_2、O_2、Ar的质量分数分别为75.5%、23.2%、1.3%。试计算当总压为1.0atm时各组分的分压。(0.7735atm、0.2080atm、0.0185atm)

阿马格分体积定律，又称为**阿马格定律**（**Amagat's law**）。该定律对理想混合气体严格成立，对实际混合气体仅在压力较低时体现出准确性。

阿马格分体积定律告诉我们混合理想气体的总体积等于体系各气体的压强为体系压强时各气体分体积的代数和，即

$$V_T = V_1 + V_2 + \cdots = \sum V_B \tag{2.17}$$

其中，对每种气体

$$V_B = \frac{n_B RT}{p}$$

式中，分压 V_B 为 B 气体在气压为总压 p 时所占的体积。

阿马格分体积定律的合理性，我们可以通过理想气体公式得到证明。对于混合理想气体，有

$pV = nRT = (\sum n_B)RT = \sum n_B RT$

$V = nRT/p = \sum n_B RT/p = \sum V_B$，证毕。

2.3 实际气体

对实际气体的处理非常复杂，往往不同气体有不同的性质特征，本着传授思维方法的原则，这里仅介绍几种简单的处理策略。

从例题 2-1 中的计算结果可以看出，理想气体模型结果和实际气体的结果存在一定误差。这是因为低压时，分子间的作用力很弱，气体分子间的平均距离为分子直径的 10 倍以上，当气体所含分子数确定后，气体的体积主要决定于分子间的平均距离而不是分子本身的大小，可看作理想气体来处理；而在高压时，分子间的作用力不能忽略，分子直径与分子间的距离相比也不能忽略，正如在实验中所发现的，在低温、高压时，真实气体的行为与理想气体定律的偏差很大，需要修正模型来研究实际气体的性质。

到目前为止，人们所提出的非理想气体的状态方程式非常之多，一类是经验的或半经验的状态方程式，它一般只适用于特定的气体，并且只在指定的温度和压力范围内能给出较精确的结果，在工业上常常使用这一类方程式。另一类是考虑了物质的结构如分子间的作用力和分子大小，在此基础上推导出来的，其特点是物理意义比较明确，也具有一定的普遍性；但这类公式中的一些参量仍需要通过实验来确定，而且有一定的使用范围。在第二类状态方程中范德华方程式（简称范氏方程）最为有名，下面我们从认识范氏气体开始来认识实际气体。

2.3.1 范德华气体及方程

1873 年范德华（van der Waals）[4] 在前人研究的基础上，修正了理想气体状态方程式，提出了实际气体的状态方程式：

思考：

2-10 实际气体不遵守理想气体模型，你有何种方法来修正理想气体模型使之适用于实际气体呢？

[4] 约翰尼斯·迪德里克·范·德·瓦耳斯（范德华）（Johannes Diderik van der Waals，1837—1923），荷兰物理学家，1910 年诺贝尔物理学奖获得者。

$$\left(p+\frac{a'}{v^2}\right)(v-b')=kT \tag{2.18}$$

式中，p 为气体的压强；a'为度量分子间引力的唯象参数；b'为单个分子本身包含的体积；v 为每个分子平均占有的空间大小（即气体的体积除以总分子数量）；k 为玻尔兹曼常数；T 绝对温度。

在理想气体的分子模型中，是把分子看成是没有体积的质点，在 $pV_m=RT$ 一式中的 V_m 应理解为每摩尔分子可自由活动的空间，或称为自由空间，它等于容器的体积。这在低压下是正确的，因为低压下，气体的密度小，分子间的距离非常大，分子的活动空间大，分子自身体积和分子间的作用力均可以忽略。而当压力较高时，气体的密度大，分子间的距离比较小，分子的活动空间也小，分子自身的体积和分子间的作用力都不能忽略。

2.3.1.1　分子体积修正项

当考虑分子自身体积时，每个分子的实际活动空间不再是 V_m，而是从 V_m 中减去分子自身的体积有关的修正项 b，即用（V_m-b）来替换 V_m，得到修正理想气体体积的方程：$p(V_m-b)=RT$。

设分子是一个半径为 r 的圆球，当两个分子相碰时，质心间的最短距离 $d=2r$，如图 2-3 所示，相当于以第一个分子质点为圆心 $2r$ 为半径的球形禁区（图 2-3 中虚线），其他分子不能进入这个禁区内，该禁区的体积为

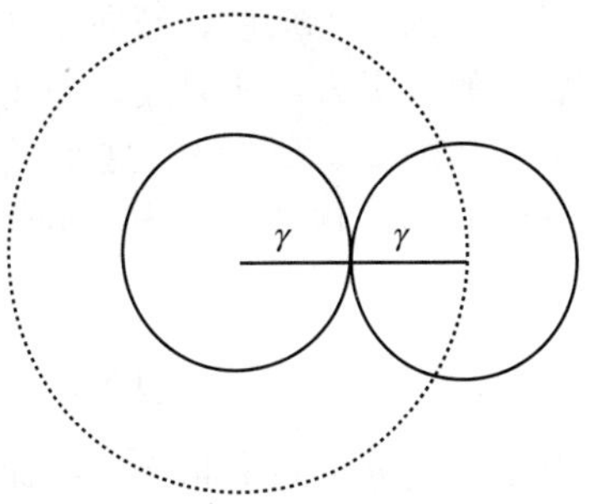

图 2-3　分子间碰撞与有效半径

$$\frac{4}{3}\pi(2r)^3=8\times\frac{4}{3}\pi r^3$$

即等于分子自身体积的 8 倍。这样，任一个分子的中心都不能进入其余（N_A-1）个分子的禁区，这个禁区的总体积等于

$$8(N_A-1)\times\frac{4}{3}\pi r^3 \xrightarrow{N_A\text{远大于}1} \approx 8N_A\times\frac{4}{3}\pi r^3$$

另外还要注意到，不论某个分子向什么方向运动，对分子碰撞来说，都只有朝向运动方向的一半为禁区，因此，有效禁区不是分子总体积的 8 倍而是分子总体积的 4 倍，即修正项，

$$b=\frac{1}{2}\left(8N_A\times\frac{4}{3}\pi r^3\right)=4N_A\times\frac{4}{3}\pi r^3$$

2.3.1.2　分子间作用力修正项

许多事实都能证明分子力的存在。例如，在一定温度下，气体可以凝聚成液体和固体，这说明分子间存在吸引力。液体和固体又难以压缩，说明分子之间有排斥力，阻止分子的相互靠近。

分子间的作用力 $f(r)$ 是距离 r 的函数，其方向是沿着两分子的中心连线。假定分子间的相互作用具有球形对称性，可得如下半经验公式：

$$f(r)=\frac{A}{r^{\alpha}}-\frac{B}{r^{\beta}} \tag{2.19}$$

式中，A、B 为两个大于零的比例系数；r 为分子间的距离。第一项是正值，代表斥力；第二项是负值，代表引力。一般地，α 的数值在 9～15，β 的数值在 4～7。由于“$\alpha>\beta$”，所以斥力的作用范围比引力小，意味着在距离较远时更容易表现为引力，距离较近时更容易表现为斥力。由于 α 和 β 都比较大，所以分子间力随着分子间距离 r 的增加而急剧减小；当距离 r 超过一定的限度后，引力和斥力都会很小，即作用力就可以忽略。

如图 2-4 所示，两条虚线分布表示引力和斥力随距离的变化情况，实线表示合力随距离变化的情况。由图 2-4 可见，当 $r=r_0$ 时，斥力和引力的合力最大，这一位置为合力最大的平衡位置；当 $r=r'_0$ 时，斥力和引力的合力为零；当 $r<r'_0$时，是斥力起主要作用；当 $r>r'_0$时，是引力起主要作用。

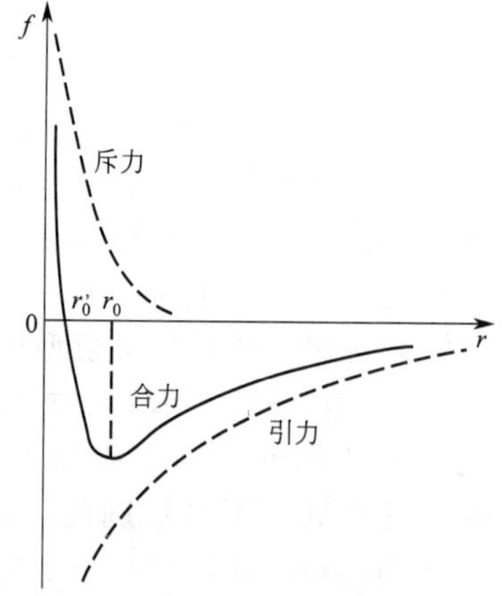

图 2-4　分子间作用力

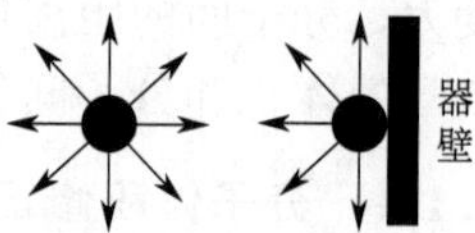

图 2-5　分子间引力对压力的影响

对于体系内部气态分子，由于平均在其周围各个方向都受到其他分子相同的引力，可看作处于平衡状态；而对于器壁的分子来说，倾向于体系内部分子对器壁分子有向后拉的吸引力，所以气体施于器壁的压力要比忽略引力时小（如图 2-5 所示），这个差值叫作内压力 p_i（internal pressure）。这样，考虑了分子引力后，气体施加于器壁的压力为：

$$p+p_i=\frac{RT}{V_m-b} \tag{2.20}$$

内压力是分子间的相互吸引而产生的，它一方面与体系分子数目（N）成正比，另一方面又与碰撞器壁的分子数目（N）成正比，即 p_i 正比于 N^2。对于定量的气体（设为 1mol)，在定温下，由于分子数目正比于密度（ρ），所以 p_i 正比于 ρ^2，ρ 与体积成反比，所以

$$\rho\propto\frac{1}{V_m}\Rightarrow p_i=\frac{a}{V_m^2}(a\text{ 为比例系数})$$

代入式(2.20)，得

$$\left(p+\frac{a}{V_m^2}\right)(V_m-b)=RT \tag{2.21}$$

上式两边同乘以物质的量 n，得

$$\left(p+\frac{an^2}{V^2}\right)(V-nb)=nRT \tag{2.22}$$

式(2.21) 和式(2.22) 中，V 为总体积；n 为物质的量；a 为度量分子间引力的参数，$a=L^2a'$；b 为 1 摩尔分子本身包含的体积之和，$b=Lb'$；R 为普适气体常数。表 2-1 列出了一些气体的范德华常数 a、b 值。

例题 2-4　温度为 273K，在容积分别为（1）

表 2-1　一些气体的范氏常数 a、b 值

气体	$a/(\mathrm{Pa\cdot m^6/mol^2})$	$b/(10^{-4}\mathrm{m^3/mol})$
Ar	0.1353	0.322
H_2	0.0243	0.266
N_2	0.1368	0.386
O_2	0.1378	0.318
Cl_2	0.6576	0.562
HCl	0.3718	0.408
HBr	0.4519	0.443
SO_2	0.6860	0.568
H_2S	0.4519	0.437
NO	0.1418	0.283
NH_3	0.4246	0.373
CCl_4	1.9788	1.268
CO	0.1479	0.393
CO_2	0.3658	0.428
CH_4	0.2280	0.427
C_6H_6	1.9029	1.208

注：摘自傅献彩等．物理化学（第五版）．北京：高等教育出版社，2005.7，44.

思考：

2-11　分子间的作用力模型是否能解释“距离产生美”？该模型对你有哪些启发？

2-12　范式气体方程中的范氏常数表示出实际体系的何种特征？哪个常数表示出体系的“谦虚”特点？V 和 nb 的关系说明了体系的何种特点？

22.4dm^3，（2）0.200dm^3，（3）0.05dm^3 的容器中，分别加入 1.00mol CO_2 气体，试用理想气体状态方程和范德华气体方程计算其压力。

解：（1）按理想气体方程计算

$$p=\frac{RT}{V_m}=\frac{8.314\times 273}{22.4\times 10^{-3}}=1.01\times 10^5\ (\mathrm{Pa})$$

按范德华气体方程计算

$$\begin{aligned}p&=\frac{RT}{V_m-b}-\frac{a}{V_m^2}\\&=\frac{8.314\times 273}{22.4\times 10^{-3}-0.428\times 10^{-4}}-\frac{0.3658}{(22.4\times 10^{-3})^2}\\&=1.008\times 10^5\ (\mathrm{Pa})\end{aligned}$$

结果表明，在常温、常压下，两者的计算结果差别不大。

（2）类似于（1）的方法

$$p=\frac{RT}{V_m}=\frac{8.314\times 273}{0.2\times 10^{-3}}=1.13\times 10^7\ (\mathrm{Pa})$$

$$\begin{aligned}p&=\frac{RT}{V_m-b}-\frac{a}{V_m^2}\\&=\frac{8.314\times 273}{0.2\times 10^{-3}-0.428\times 10^{-4}}-\frac{0.3658}{(0.2\times 10^{-3})^2}\\&=5.29\times 10^6\ (\mathrm{Pa})\end{aligned}$$

随着体积变小，压力增大，分子间的引力增加，所以范德华方程计算出的压力要小于理想气体的方程计算出的压力。

（3）类似于（1）的方法

$$p=\frac{RT}{V_m}=\frac{8.314\times 273}{0.05\times 10^{-3}}=4.54\times 10^7\ (\mathrm{Pa})$$

$$\begin{aligned}p&=\frac{RT}{V_m-b}-\frac{a}{V_m^2}\\&=\frac{8.314\times 273}{0.05\times 10^{-3}-0.428\times 10^{-4}}-\frac{0.3658}{(0.05\times 10^{-3})^2}\\&=1.69\times 10^8\ (\mathrm{Pa})\end{aligned}$$

与（2）中的计算结果相反，用范氏方程计算出的压力反而比理想气体方程计算的结果大。面对许多实际气体，范德华气体模型都给出了比较满意的结果，尤其引入对比压力、对比体积和对比温度得出的范德华对比状态方程（具体推导过程请参阅其他教材）

$$\left(\pi+\frac{3}{\beta^2}\right)(3\beta-1)=8\tau \qquad (2.23)$$

式中，π、β、τ 分别为对比压力、对比体积和对比温度。

$$\pi=\frac{p}{p_c},\beta=\frac{V_m}{V_{m,c}},\tau=\frac{T}{T_c} \qquad (2.24)$$

习题：

2-3　在一个容积为 0.5m^3 的钢瓶内，放有 16kg 温度为 500K 的 $CH_4(g)$，试计算容器内的压力。(1)用理想气体状态方程；(2)用范氏方程计算。已知 $a=0.228$ $Pa\cdot m^6/mol^2$，$b=0.427\times 10^{-4}m^3/mol$。（$8.3\times 10^6$Pa；$8.2\times 10^6$Pa）

其中，$p_c=\dfrac{a}{27b^2}$，$V_{m,c}=3b$，$T_c=\dfrac{8a}{27Rb}$，$R=\dfrac{8p_cV_{m,c}}{3T_c}$

式中，a，b 为范德华气体常数。

范德华对比状态方程式(2.23) 是一个具有较普遍的方程式，适用于范氏气体，且在相同的对比温度和对比压力下，有相同的对比容积。此时，各物质的状态称为对比状态，这个关系称为对比状态定律。实验证明，凡是组成、结构、分子大小相近的物质能比较严格地遵守对比状态定律，该定律能比较好地确定结构相近的物质的某种性质，反映了不同物质间的内在联系，把个性和共性统一起来了。对比状态原理在工程上有广泛的应用。

2.3.2 实际气体的经验方程

范德华气体方程式最大优势是提出了理想气体方程的修正因子 a、b，得出有明确物理意义的状态方程，并揭示了实际气体与理想气体的差别的根本原因，在实际生产中有一定的应用。但对于实际气体的精确结果或对部分实际气体仍然存在很大偏差，因此，人们针对实际气体探索出了很多种方程式，其中有些有一定的理论根据，有些则是纯经验的。

气体状态方程的通式为

$$f(T,V,p,n)=0$$

常见的基本类型可表示为以下三种形式。

(1) 显压型

$$p=f(T,V,n)$$

如范氏方程式：$p=\dfrac{RT}{V_m-b}-\dfrac{a}{V_m^2}$

迭特希（Dieterici）方程式：$p=\dfrac{RT}{V_m-b}\exp\left(\dfrac{a}{RTV_m^2}\right)$

贝塞罗（Berthelot）方程式：$p=\dfrac{RT}{V_m-b}-\dfrac{a}{TV_m^2}$

(2) 显容型

$$V=f(T,p,n)$$

如卡兰达（Callendar）方程式：$V=b-\dfrac{RT}{p}-\dfrac{A}{RT^n}$

(3) 维利（Wirial）型

$$pV=A+Bp+Cp^2+\cdots$$

或

$$pV=A+B'/V+C'/V^2+\cdots$$

式中，A、B、C…或 A'、B'、C'…称为第一、第二、第三维利系数，它们是温度的函数。对不同的气体有不同的维利系数，通常可以通过实验测的 p、V、T 数据拟合得出。

2.3.3 压缩因子校正法

在实际气体问题的处理过程中，使用对比状态方程(2.23) 显得非常繁琐，特别是对高压气体的有关技术，常使用压缩因子图的方法。该方法对任意的气体，其状态方程仍采用理想气体方程式的形式，但加入校正因子 Z，也称为压缩因子（compressibility factor），即

$$pV_m=ZRT \tag{2.25}$$

或

$$Z=\frac{pV_m}{RT}=\frac{pV}{nRT} \tag{2.26}$$

Z 的大小反映了真实气体对理想气体的偏离程度。对于理想气体，在任何温度下，Z 均等于 1；对于非理想气体，则 $Z\neq1$。当 $Z>1$，表示实际 pV_m 值大于理想气体，说明实际气体不易压缩；当 $Z<1$，表示实际 pV_m 值小于理想气体，说明实际气体较易压缩。Z 的数值与温度、压力有关，需要从实验中测定。表 2-2 是氮气在不同压力、温度下的压缩因子。图 2-6 是根据十种物质实验测得的压缩因子所绘制的，从图 2-6 中看出，不同的气体在相同的对比状态下，有大致相等的压缩因子。图 2-7 同样也是压缩因子图。

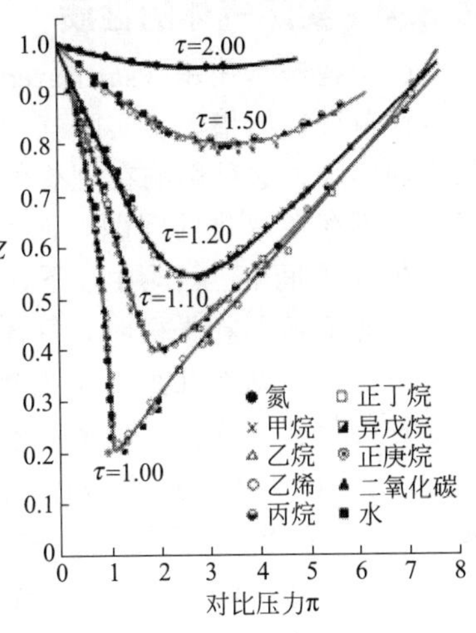

图 2-6 气体的 Z-π 图

将式(2.24) 代入式(2.26)，得

$$Z_c=\frac{p_cV_{m,c}}{RT_c}\times\frac{\pi\beta}{\tau} \tag{2.27}$$

可以证明$\frac{p_cV_{m,c}}{RT_c}=\frac{8}{3}$，也就是说范氏气体的$\frac{p_cV_{m,c}}{RT_c}$接近一个常数，又根据对比定律式(2.23) 知，在相同的 π、β 下有相同的 τ，根据式(2.27) 知，在对比状态下，各气体应该有相同的压缩因子 Z。

表 2-2 N_2 在不同压力、温度下的压缩因子数值

p/atm	θ/℃					
	−70	−50	0	50	99.85	299.8
1	0.9988	0.9985	0.9995	0.9995	—	—
50	0.9067	—	0.9841	1.0043	1.0165	—
100	0.8580	0.9100	0.9841	1.0177	1.0330	1.0472
200	0.9170	0.9609	1.0360	1.0766	1.0948	1.1016
400	1.2736	1.2643	1.2551	1.2562	1.2524	1.2149
600	1.6572	1.6099	1.5206	1.4761	1.4382	1.3358
1000	2.3899	2.2722	2.0631	1.9283	1.8255	1.5817

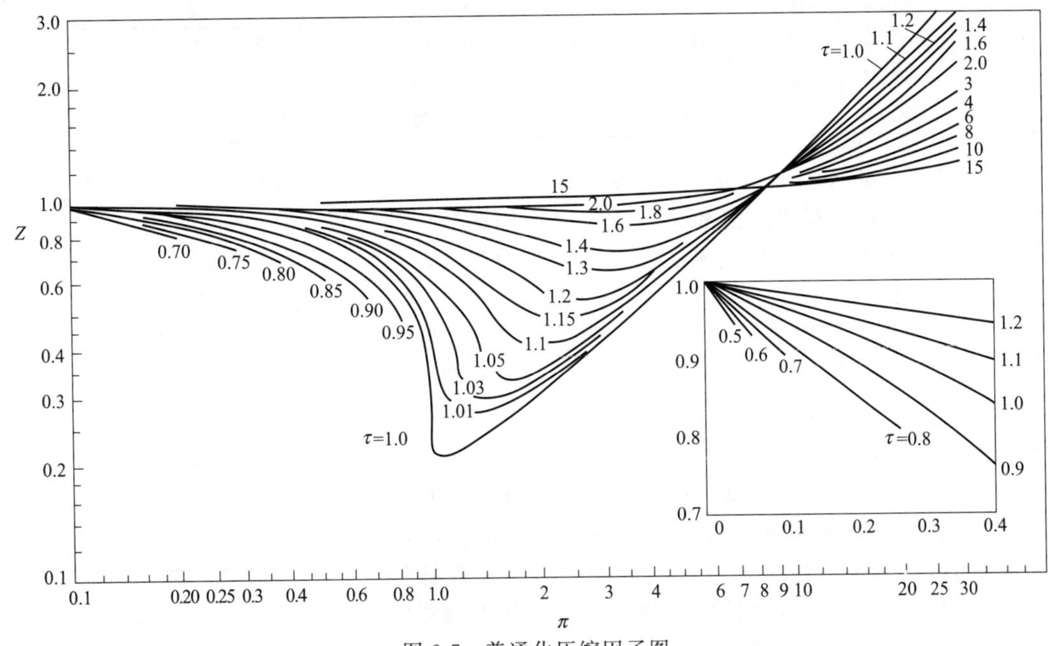

图 2-7 普通化压缩因子图

2.3.4 实际气体的性质

（1）饱和蒸气压（saturated vapor pressure）

像范氏气体指出了实际气体存在分子大小和分子间作用力的影响，这种影响在理想气体中并不存在，以至于理想气体不存在液化的问题，而实际气体往往在一定 T、p 下，在分子间相互作用力下，存在气-液两相平衡（图 2-8），在气-液两相平衡时，气体所产生的气压称为饱和蒸气压 p^*，常见的几种溶剂的饱和蒸气压见表 2-3。在 T 一定时，若 $p_B < p_B^*$，B 液体蒸发为气体至 $p_B = p_B^*$；若 $p_B > p_B^*$，B 气体凝结为液体至 $p_B = p_B^*$（此规律不受其他气体存在的影响）。如生活中经常提到相对湿度（Relative Humidity，RH），就是指空气中水汽压与饱和水汽压的百分比，即

$$相对湿度\ RH(\%) = \frac{p_{H_2O,air}}{p^*_{H_2O}} \times 100\%$$

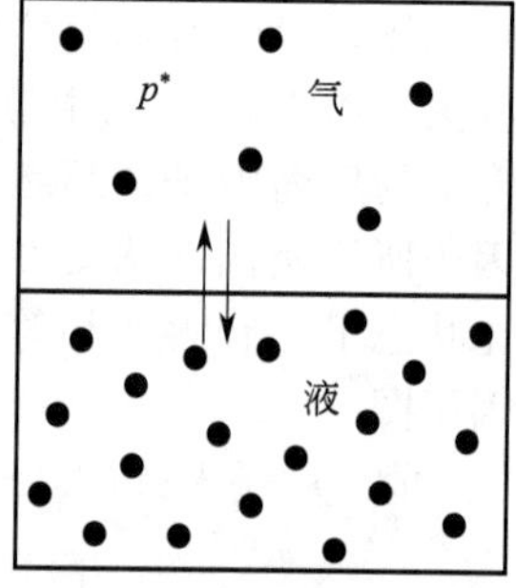

图 2-8 气-液两相平衡图

当饱和蒸气压等于外界压力时，液体开始沸腾，此时对应的温度称为沸点。当饱和蒸气压恰为 1 atm 时，所对应的温度称为该液体的正常沸点（如表 2-3 中的粗体显示的温度）。

表 2-3 水、乙醇和苯在不同温度下的饱和蒸气压

水		乙醇		苯	
t/℃	p^*/kPa	t/℃	p^*/kPa	t/℃	p^*/kPa
20.0	2.338	20.0	5.671	20.0	9.9712
40.0	7.376	40.0	17.395	40.0	24.411
60.0	19.916	60.0	46.008	60.0	51.993
80.0	47.343	**78.4**	**101.325**	**80.1**	**101.325**
100.0	**101.325**	100.0	222.48	100.0	181.44
120.0	198.54	120.0	422.35	120.0	308.11

（2）临界参数（critical parameters）

从表 2-3 可知，液体的饱和蒸汽压是温度的函数，即 $p^* = f(T)$，液体的饱和蒸气压随温度的升高而增大，从另一个角度来说，温度越高，使气体液化的压力也越大。实验证明每种液体都存在一个特殊的温度，在该温度以上，无论加多大压力，都不能使气体液化，这个温度称为**临界温度（T_c，critical temperature）**。临界温度是使气体能够液化所允许的最高温度。因为临界温度以上不再有液体存在，所以 $p^* = f(T)$ 曲线终止于临界温度；并且规定临界温度 T_c 时的饱和蒸气压称为**临界压力（p_c，critical pressure）**，它是临界温度下使气体液化所需的最低压力。在临界温度、临界压力时物质的摩尔体积称为**临界摩尔体积（$V_{m,c}$，critical molar volume）**。物质处于临界温

表 2-4 几种气体的临界常数

气体	p_c	$V_{m,c}$	T_c
H_2	12.30	64.99	33.23
He	0.229	57.76	5.21
CH_4	4.62	98.70	190.6
NH_3	11.27	72.50	405.5
H_2O	22.12	55.30	647.4
N_2	3.40	90.10	126.3
O_2	5.08	78.00	154.8
Ne	2.72	41.74	44.44
Ar	4.86	75.25	150.72
Kr	5.50	92.24	209.39
Xe	5.88	118.8	289.75
CO_2	7.38	94.00	304.2
F_2	5.57	144.0	—
Cl_2	7.71	124.0	417.2
Br_2	10.34	135.0	584.0
C_6H_6	4.92	260.0	562.7
HCl	8.26	81.0	324.7
HBr	8.51	363.0	—
HI	8.19	423.2	—

注：p_c、V_c、T_c 的单位分别是 10^6 Pa、cm^3/mol、K。

度、临界压力下的状态称为临界状态，T_c、p_c、$V_{m,c}$ 统称为物质的临界参数，是物质的特性参数。表 2-4 列出了几种气体的临界参数。

对一定气体，可以通过改变温度和压力的方法（如图 2-9 所示），绘制 p-V-T 曲线图研究气体的性质。图 2-10 为 CO_2 的 p-V-T 图，它与理想气体的等温线差别很大。图中 c 点又叫临界点。从图 2-10 还可以看到，临界状态下的比容是液体的最大比容，临界压力是液体的最大饱和蒸气压，而临界温度是气体可以通过等温压缩办法使气体液化的最高温度。在临界状态下，气液两相的一切差别都消失了，没有了气液两相的界面。在高于临界温度时，在高温或低压下，CO_2 气体的等温线与理想气体的等温线类似；在低温或高压下，CO_2 气体的等温线与理想气体的等温线偏差很大；在低于临界温度时，液化过程经过液气两相共存的阶段，气体的性质逐渐消失，液体的性质逐渐显出，最终气液界面完全消失，变为超流体液体。

超流体液体在超临界萃取中得到很好的应用，显示出独特的优势：

① 密度大，溶解能力强；

② 黏度小，扩散快；

③ 毒性低，易分离；

④ 无残留，不改变萃取物的味道，可用于食品、药品、保健品的萃取与提纯；

⑤ 操作条件温和，萃取剂可重复使用，无三废。

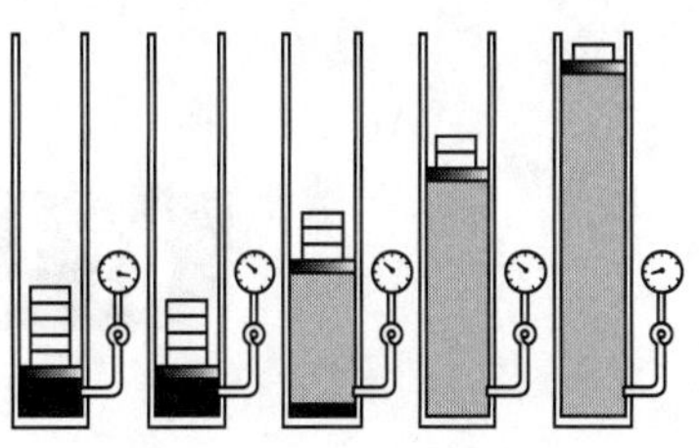

图 2-9　气体液化过程示意

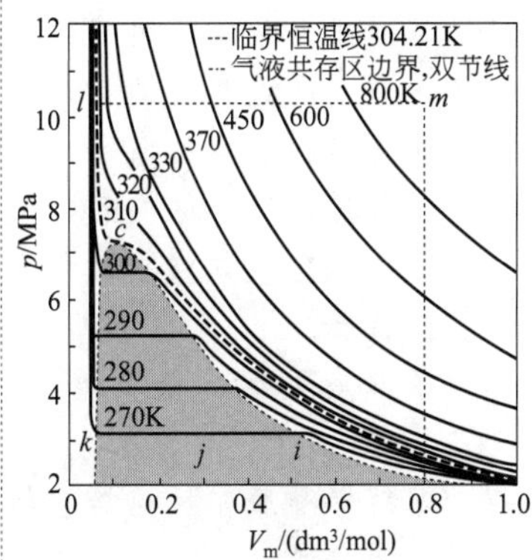

图 2-10　CO_2 的 p-V-T 图

习题：

2-4　一个含有少量水和空气的密闭容器，在 SATP 下达到平衡时容器内压力为 101325Pa。若把该容器移至 373.15K 沸水中，试求容器中到达新平衡时应有的压力。设容器中始终有水存在，且可忽略水的任何体积变化和外压对水的蒸气压的影响。(224234Pa)

第3章 热力学第一定律

本章基本要求

3-1 掌握热力学第一定律的文字表述和数学表达式，并进一步理解热力学能的内涵。

3-2 掌握不同过程功的计算方法，理解准静态过程与可逆过程的特点。

3-3 理解焓、热容的概念，掌握等容、等压过程热效应与体系函数的关系。

3-4 了解焦耳实验的内容，掌握理想气体的内能、焓的特点。

3-5 掌握理想气体绝热过程方程式、绝热过程功的计算方法以及与等温可逆过程功的差异性特点。

3-6 了解焦耳-汤姆逊实验，掌握焦耳-汤姆逊系数及其应用，了解实际气体的内能、焓的特点。

3-7 理解标准摩尔反应焓、标准摩尔生成焓、标准摩尔燃烧焓、键焓的概念，并掌握其计算的方法。

3-8 掌握赫斯定律在热化学中的应用。

3-9 掌握焓变与温度的函数关系。

3-10 了解热效应的来源。

3-11 掌握单纯 pVT 过程、相变过程、化学变化过程中功、热、热力学能变、焓变的计算。

3-12 掌握热力学函数的关系简单推导与变换方法。

3.1 热力学第一定律

每人一天活动大约需要 14000kJ 能量，需怎样的营养配餐？使用煤气和电做饭，哪种更节省？为什么“学而不思则罔，思而不学则殆”？……这些问题的解答需要我们来认识一个基本的定律——热力学第一定律。

3.1.1 语言表述

(1) 永动机表述

“劳动创造财富”，在热力学定律建立之前，人们梦寐以求希望能制造出一类能代替我们劳动的永动机器：不需要我们为机器付出什么，该机器却能源源不断地为我们创造财富而劳动，即第一类永动机 (the first kind of perpetual motion machine)。结果事与愿违，总是以失败而告终。经过人们的长期实践证明这类“不需要能而不断对外做功的机器是造不出来的”，这就是热力学第一定律的一种表述方式。

思考:

3-1 你捡到“天上掉下来的馅饼”吗？你怎么认识“守株待兔”的故事？

(2) 能量守恒表述

在自然科学史上，焦耳（Joule）[1] 从 1840 年起，在研究热的本质时，发现了热和功之间的转换关系——1cal＝4.1840 J。到 1850 年，科学界已经公认能量守恒是自然界的基本规律之一，认为：“自然界一切物体都具有能量，能量有各种不同形式，它能从一种形式转化为另一种形式，从一个物体传递给另一个物体，在转化和传递过程中能量的总和不变。”

普遍的能量转化和守恒定律是一切涉及热现象的宏观过程中的具体表现，能量是永恒的，不会被制造出来，也不会被消灭；但是热能可以转化成动能，而动能还能够再转化成热能。将能量守恒和转换定律用于热力学体系中就是热力学第一定律（the first law of thermodynamics），可以表述为：“一个孤立体系的一部分（作为封闭体系）与其他部分（作为环境）进行能量转换的过程中，能可以从一种形式转化为另一种形式，但该孤立体系的总能量始终不发生变化”，可以说热力学第一定律是能量守恒和转换定律在物理化学中的另一种表述方式。

第一定律是人类经验的总结，也是许多科学家多少年来共同研究的成果。从第一定律所导出的结论，还没有发现与实践相矛盾，这就有力地证明了这个定律的正确性。

3.1.2 数学表达式

我们知道一个封闭体系有自身内能（U），在其状态发生变化的过程中，通常表现为两种行为——功（W）和热（Q），这些能量相关的性质和行为之间有怎样的关系呢？

对于热力学封闭体系，若体系由状态 1 变化到状态 2，体系与环境进行了热（Q）和功（W）的交换，根据热力学第一定律的表述，体系热力学能发生有限量的变化，则

$$U_2-U_1=\Delta U=Q+W \tag{3.1}$$

若体系发生了微小的变化，热力学能的变化 $\mathrm{d}U$，则

$$\mathrm{d}U=\delta Q+\delta W \tag{3.2}$$

式(3.1)、式(3.2) 为热力学第一定律的数学表达式。

若体系与环境没有热的交换，则 $Q=0$，那么

$$\Delta U=W,\text{或 } \mathrm{d}U=\delta W \tag{3.3}$$

若体系与环境没有功的交换，则 $W=0$，那么

$$\Delta U=Q,\text{或 } \mathrm{d}U=\delta Q \tag{3.4}$$

[1] 詹姆斯·普雷斯科特·焦耳（James Prescott Joule，1818—1889），英国物理学家。

思考：

3-2 功 W 和热 Q 是与体系内能 U 相互转化的，要想提高内能就要有环境对体系做功和传热，现实中有这样的环境存在吗？感谢太阳为地球提供了这样的环境：太阳一直为地球提供热。感谢父母为你成长成人提供了你这样的环境：不求回报爱你到永远。

3-3 体系的行为表现为功 W 和热 Q，而功 W 和热 Q 是与体系内能 U 相互转化的。从中你找到体系行为的根本目的是什么？

3-4 体系如何解决从环境吸收的热和来自环境的功？

3.1.3 热力学能是状态函数

设体系由 A 态变化到 B 态可经历两种途径（1）和（2），如图 3-1 所示。若热力学能不是状态函数，其变化与途径有关，则两种途径的热力学能变化 ΔU_1 和 ΔU_2 就不会相等，即 $\Delta U_1 \neq \Delta U_2$。令体系自状态 A 出发，经途径（1）到状态 B，再沿途径（2）的反方向回到状态 A，则该循环过程的热力学能变化为

$$\Delta U = \Delta U_1 - \Delta U_2 \neq 0$$

体系经循环过程回到原状态，但凭空有 $|\Delta U_1 - \Delta U_2|$ 的能量，这显然违反了热力学第一定律。

故，有：$\Delta U_1 = \Delta U_2$

即体系热力学能的变化与变化的途径无关，证明热力学能 U 是体系的状态函数。

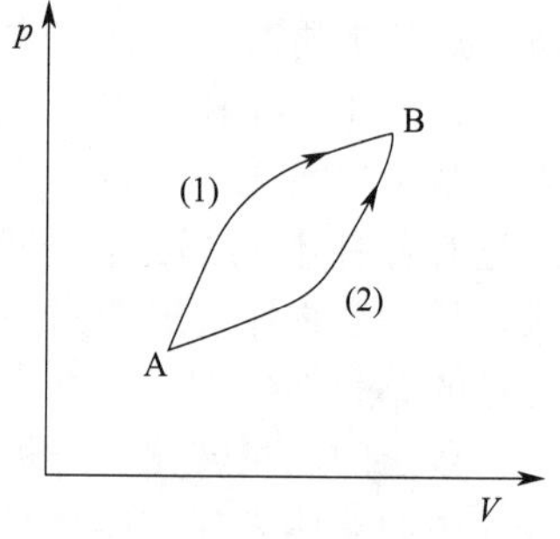

图 3-1 经历不同途径的内能变化

3.1.4 热力学内能的特点

对于简单的封闭体系，经验证明，体系内能仅是 p、T、V 中任选两个独立变量的函数；在 p、T、V 相同条件下，其内能 U 的大小与体系的物质的量成正比，故内能可表示为

$$U = f(T, p, n)$$
$$U = f(p, V, n)$$
$$U = f(T, V, n)$$

体系内能与体系物质的量成正比，故内能 ***U* 是体系广度性质的状态函数**，即体系内能是其所含微体系内能的加和——体系内能具有加和性特征；定量体系的变化值只取决于体系的始终态，而与体系变化所经历的具体途径无关，即满足状态函数的积分性质。

$$U = \int n\,\mathrm{d}U + \int U\,\mathrm{d}n$$

对于 n 为定值的封闭体系，当体系状态发生变化时，内能的变化值为

$$(\Delta U)_n = U_\mathrm{f} - U_\mathrm{i} \tag{3.5}$$

式(3.5) 中 U_f 为体系末态（final state）的内能，U_i 为体系始态（initial state）的内能。

而当体系经历一个循环过程后，内能的变化值为零，即

$$\Delta U = \oint \mathrm{d}U = 0 \tag{3.6}$$

对于 n 为定值的封闭体系，内能 U 也具有全微分性质，通常记为 $\mathrm{d}U$，若 $U = f(T, V)$，则

$$\mathrm{d}U = \left(\frac{\partial U}{\partial T}\right)_V \mathrm{d}T + \left(\frac{\partial U}{\partial V}\right)_T \mathrm{d}V$$

若 $U = f(T, p)$，则

$$\mathrm{d}U = \left(\frac{\partial U}{\partial T}\right)_p \mathrm{d}T + \left(\frac{\partial U}{\partial p}\right)_T \mathrm{d}p$$

思考：

3-5 体系内能是体系的其他状态函数和体系粒子的物质的量决定的，推演至社会体系如人的综合素质是否为由德智体美劳等多因素以及阶段性质变（如小学、中学、大学）吗？

3-6 试根据内能的特点解答做什么活动有利于提高自身“内能”？

习题：

3-1 请用热力学第一定律解读“吃一堑长一智”。

3-2 请用热力学第一定律解读“一分耕耘一分收获”。

3-3 一个人的“U”和“ΔU”在社会上是如何体现的？

3-4 试用热力学知识及原理论证“学而不思则罔，思而不学则殆”的科学性。

显然，
$$\left(\frac{\partial U}{\partial T}\right)_V \neq \left(\frac{\partial U}{\partial T}\right)_p$$
根据式(3.1)、式(3.2) 知，热力学内能的单位是能量**单位焦耳 (J)**。

例题 3-1　一体系由 A 态变化到 B 态，沿途径Ⅰ放热 100J，环境对体系做功 50J，问：(1) 由 A 态沿途径Ⅱ到 B 态，体系做功 80J，则过程的 Q 为多少？(2) 如果体系再由 B 态沿途径Ⅲ回到 A 态，环境对体系做 50J 的功，则 Q 是多少？

解：途径，$Q_{\mathrm{I}}=-100\mathrm{J}$，$W_{\mathrm{I}}=50\mathrm{J}$

根据热力学第一定律，体系内能的变化为
$$\Delta U_{\mathrm{AB}}=Q_{\mathrm{I}}+W_{\mathrm{I}}=-100+50=-50(\mathrm{J})$$
(1) 对途径Ⅱ，$W_{\mathrm{II}}=-80\mathrm{J}$

根据热力学第一定律有 $\Delta U_{\mathrm{AB}}=Q_{\mathrm{II}}+W_{\mathrm{II}}$，得
$$Q_{\mathrm{II}}=\Delta U_{\mathrm{AB}}-W_{\mathrm{II}}=-50\mathrm{J}-(-80\mathrm{J})=30\mathrm{J}$$
表示体系吸收了 30J 的热。

(2) 对途径Ⅲ，$W_{\mathrm{III}}=50\mathrm{J}$

因该过程是途径Ⅰ的逆过程，故
$$\Delta U_{\mathrm{BA}}=-\Delta U_{\mathrm{AB}}=50\mathrm{J}$$
由 $\Delta U=Q+W$ 得
$$Q_3=\Delta U_{\mathrm{BA}}-W_{\mathrm{III}}=50\mathrm{J}-50\mathrm{J}=0\mathrm{J}$$

3.2　体积功与过程

3.2.1　体积功计算基本公式

在热力学第一定律的数学表达式中，功的结果对热力学体系的内能有着重要的影响，因此对功进行精确的计算对研究体系行为非常重要。

在功的通常求算中，常见的是体系体积变化表现出来的功，通常叫做体积功，它是状态函数压力 p 和体积 V 共同决定的，式(1.7) 表达了体积功的微分式：
$$\delta W_V=-F_{\mathrm{e}}\mathrm{d}l=-\left(\frac{F_{\mathrm{e}}}{A}\right)(A\mathrm{d}l)=-p_{\mathrm{e}}\mathrm{d}V \tag{1.7}$$
该式可表示体系对环境做的体积功：封闭于无质量、无摩擦力的理想活塞的气缸中的理想气体体系反抗环境压力 p_{e} 移动 $\mathrm{d}l$ 的距离所做的体积功，如图 3-2 所示。对于有限的过程，式(1.7) 积分，得
$$W_V=\sum\delta W_V=-\int_{V_1}^{V_2}p_{\mathrm{e}}\mathrm{d}V \tag{3.7}$$
式(1.7)、式(3.7) 为体积功计算的基本公式。

习题：

3-5　试用热力学知识及原理说明“改革”、“开放”的关系，并论证二者对促进体系发展的必要性。

3-6　一台每秒钟 2kJ 热损失、功率为 16kW 的电机，每秒钟该电机的内能变化是多少？该电机的电源最小是多大功率？(−18kJ，18kW)

3-7　如下图所示，一体系从状态 1 沿途径 1→a→2 变到状态 2 时，从环境吸收了 314J 的热，同时对环境做了 117J 的功。试问 (1) 当体系沿 1→b→2 变化时，体系对环境做了 44J 的功，这时体系吸收多少热？(2) 如果体系沿途径 c 由状态 2 回到状态 1，体系放出 28J 的热，则体系做功情况如何？(241J；−169J)

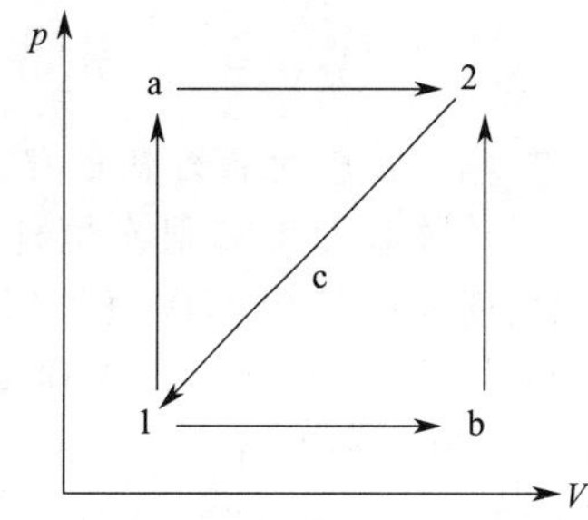

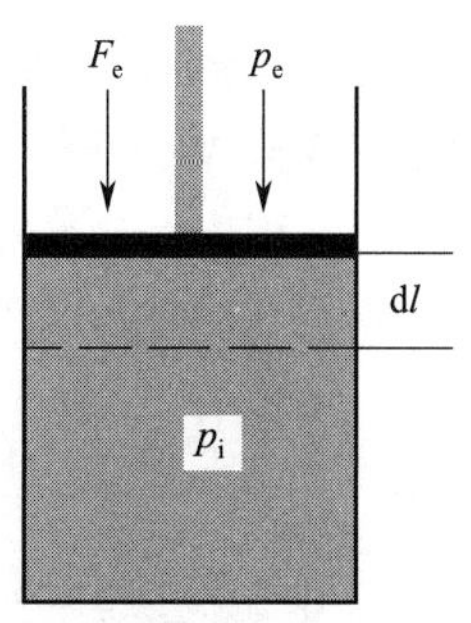

图 3-2　体积功示意

3.2.2 几种常见过程体积功

体系体积功的计算常见的有以下几种情况。

(1) 真空自由膨胀过程 (free expansion)

若外压 $p_e=0$，如向真空膨胀，这种膨胀过程称为自由膨胀，则

$$W_V=-\int_{V_1}^{V_2} p_e \mathrm{d}V=0\times(V_2-V_1)=0 \qquad (3.8)$$

即体系对外不做功。

(2) 恒容过程 (isochoric process)

若体系体积始终无变化，即 $\mathrm{d}V=0$，则

$$W_V=-\int_{V_1}^{V_2} p_e \mathrm{d}V=p_e\times 0=0 \qquad (3.9)$$

(3) 恒外压过程 (constant process in external pressure)

若外压 p_e 始终保持不变，从状态 1 膨胀或压缩到状态 2，如图 3-3(a)、图 3-3(b) 所示，功的绝对值相当于阴影部分的面积，该过程的功为

$$W_V=-\int_{V_1}^{V_2} p_e \mathrm{d}V=-p_e(V_2-V_1) \qquad (3.10)$$

(4) 有限次恒外压过程

若体系发生有限次恒外压膨胀或压缩，如图 3-3(c)、(d) 所示，发生两次恒外压膨胀/压缩的变化，第一步保持为 p'_e，体积从 V_1 变到 V'，体积变化为 $\Delta V_1=(V'-V_1)$；第二步在外压 p_e 下，体积从 V' 变到 V_2，体积变化为 $\Delta V_2=(V_2-V')$，这个过程所做的功为

$$W_V=-p'_e\times\Delta V_1-p_e\times\Delta V_2 \qquad (3.11)$$

(5) 无限次微小外压变化过程

当外压 p_e 与内压 p_i 之差为无限小时，即不断调整外压（可以设想在活塞上面为一堆极细的沙子，若每次只取下一粒，则外压减少 $\mathrm{d}p$，$p_e=p_i-\mathrm{d}p$，相应地体系体积增加 $\mathrm{d}V$。依次逐粒将沙子取下，外压逐渐减小，体系逐渐膨胀到终态 V_2。由于沙粒极小，故膨胀的次数可视为无限多，即 $n=\infty$；反之，添加沙粒，可获得无限次压缩体系到 V_2)，始终使外压与内压相差无限小，$p_i-p_e=\mathrm{d}p$ 直至体积变到 V_2，则

$$W_V=-\sum p_e\mathrm{d}V=-\sum(p_i-\mathrm{d}p)\mathrm{d}V$$

$$\xrightarrow{\text{略去二级无限小 } \mathrm{d}p\mathrm{d}V}=-\int_{V_1}^{V_2} p_i\mathrm{d}V \qquad (3.12)$$

$$\xrightarrow{\text{若气体为理想气体}}=-\int_{V_1}^{V_2}\frac{nRT}{V}\mathrm{d}V$$

$$\xrightarrow{\text{若温度恒定}}=-nRT\ln\frac{V_2}{V_1}=-nRT\ln\frac{p_1}{p_2} \qquad (3.13)$$

式(3.13) 即为理想气体恒温可逆膨胀过程中最大功的计

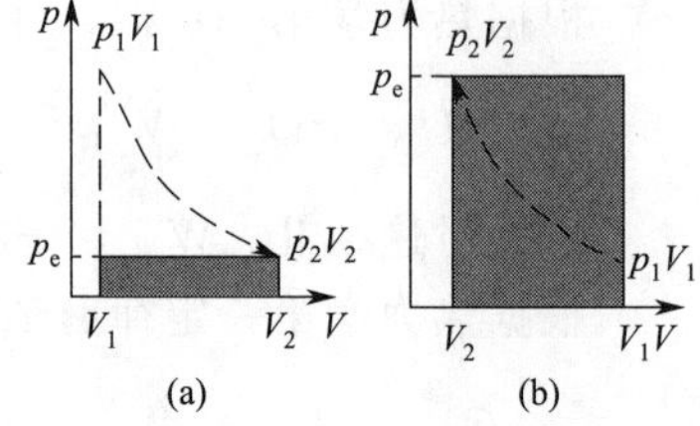

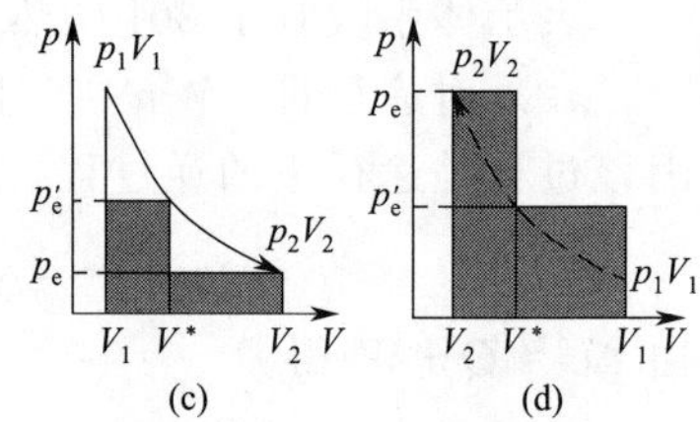

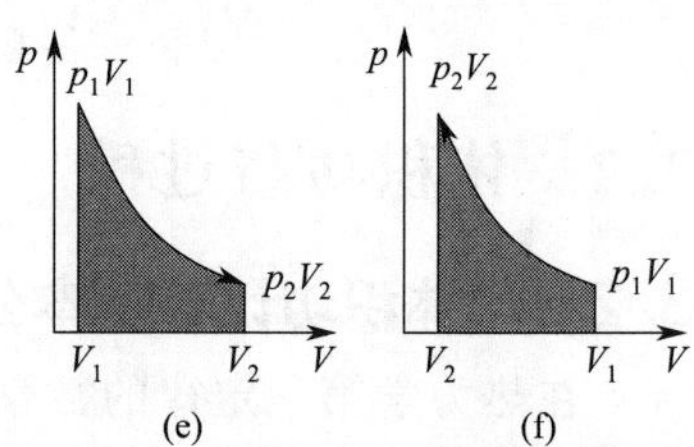

图 3-3 部分过程的体积功示意

算公式，同时也是理想气体恒温可逆压缩过程中环境所做最小功的计算公式。

（6）压缩过程

同理，我们可以推导出与膨胀过程对应的不同压缩过程的体积功的计算，部分压缩过程体积功见图 3-3。

例题 3-2 已知温度为 298K、压力为 1.520×10^5 Pa、体积为 $0.01m^3$ 的气体，反抗 1.013×10^5Pa 的恒外压恒温膨胀至平衡态。若气体为理想气体，求该过程体系所做的功。

解：$T=298K$，$p_1=1.520\times10^5Pa$，$V_1=0.01m^3$

此过程为恒外压膨胀过程

$$W=-p_e(V_2-V_1)=-p_2\left(\frac{p_1V_1}{p_2}-V_1\right)=-V_1(p_1-p_2)$$

$$=-0.01m^3\times(152000Pa-101300Pa)$$

$$=-507J$$

可以看出，该过程体系对环境做功为 507J。

习题：

3-8 在 298K 下，将 42g N_2 作等温可逆压缩，从 10^5Pa 压缩到 2×10^6Pa，试计算此过程的功。如果被压缩了的气体反抗恒外压力 10^5Pa 作等温膨胀到原来状态，问膨胀过程的功为多少？（11133J；−3534J）

3.2.3 准静态过程与可逆过程

从 3.2.2 节功与过程的计算中可以看出，功的大小与具体的过程和途径有关，再次说明功 W 是过程函数。另外，在不同过程功的计算中，我们发现还需要引进新的概念来规范说明部分过程。

① 在无限次微小外压变化过程中，外压和内压始终差一个无限小，以至于我们可以把体系在每个瞬间都看作处于平衡态，在任意选取的短时间 Δt 内，状态参量在整个体系各部分都有确定的值，整个过程可看成是由一系列平衡的状态所构成的，这种过程称为**准静态过程**（quasistatic process），如图 3-4 所示。这样，我们在研究体系的变化过程中，使动态变化的体系转变为静态平衡的体系，方便于我们对体系的研究，可以说准静态过程的思想，为我们研究体系的性质和行为提供了非常好的研究方法，当然也说明了准静态过程是一种理想化的过程，其结果具有理论参考价值，并不等同于现实生活中的实际结果。现实中的任何一个过程必定会引起体系状态的变化，而体系状态的改变一定会破坏平衡。现实生活中，我们对事物的认识多是采用了这种思想，如看一个人的成长，每日没觉得有太大的变化，可把每日的状态看作是一个静态；而对比一段较长时间的有关数据，就会发现发生了变化，这说明动态变化是永恒的。

② 在不同过程功的计算中，无限次微小外压变化过程是准静态过程，体系经历先恒温膨胀［图 3-3(e)］后恒温压缩［图 3-3(f)］，体系回到了始态，在整个循环过程中体

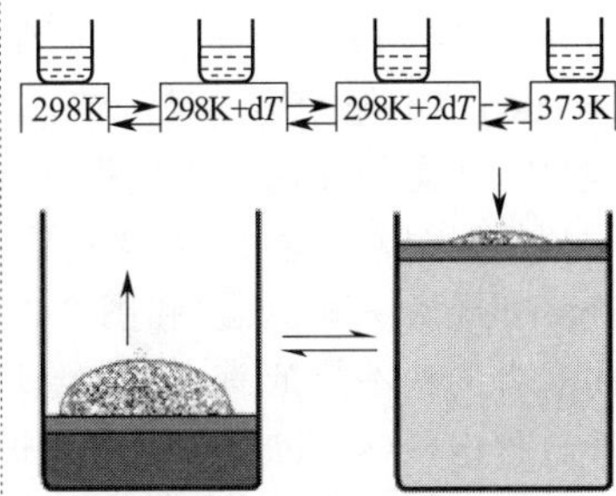

图 3-4 准静态过程示例

思考：

3-7 准静态过程是静态过程吗？

3-8 准静态过程是否可看作周易阴阳而实施的逐渐变化呢？

3-9 体系微变化是否可看作准静态过程的结果？准静态过程启发我们现在该做些什么？

$1.01^{365}=37.8$，$0.99^{365}=0.03$；

$1.02^{365}=1377.4$，$0.98^{365}=0.0006$

苟日新，日日新，又日新（出自《礼记·大学》）

积土为山，积水为海（出自《荀子》）

可逆过程具有的特征

（1）可逆过程进行时，体系始终无限接近平衡态。

（2）可逆过程的逆过程能使体系和环境同时恢复原状。

（3）可逆过程在任何点上都是可逆的。

（4）可逆过程是一种理想化的过程，因为准静态过程是理想化的过程。

系对环境做的功与环境对体系做的功相抵消，经历一个循环后，体系和环境都恢复了原状，没有留下任何痕迹，这种循环过程称为**可逆循环过程**（reversible cyclic process），在可逆循环过程中的任何过程都是**可逆过程**（reversible process）：始终满足准静态过程条件而进行的一个状态到另一状态的任何变化过程都称为可逆过程。可逆过程经历其逆过程后，体系和环境都能恢复原状，都未留下任何永久性的变化。

③ 在不同过程功的计算中，恒外压和有限次恒外压过程，体系经历先膨胀后压缩最后回到初始状态［如体系经历图 3-3(a) 和 (b)，图 3-3(c) 和 (d)］，体系恢复了原状，而由于膨胀与压缩过程的功不等，造成环境中有功的损失而不能恢复原状，像这类体系恢复了原状而环境不能恢复原状的循环过程称为**不可逆循环过程**（irreversible cyclic process），在不可逆循环过程中一定存在**不可逆过程**（irreversible process）：不能始终满足准静态过程条件而进行的一个状态到另一状态的任何变化过程都称为不可逆过程。经历不可逆过程的逆过程，在体系恢复原状的同时，环境一定留下痕迹。如经历图 3-3(a) 和图 3-3(f) 过程，体系恢复了原状，而二者的功不能抵消，一定给环境留下了功的痕迹；在该循环过程中，(a) 过程是不可逆过程，(f) 过程是可逆过程。

(5) 可逆过程中没有任何摩擦力，外压和内压始终处于平衡，体系经历可逆过程从一个状态到另一个状态的变化时间无限长。

(6) 理想气体在恒温可逆过程中，体系对环境做最大功，环境对体系做最小功。

(7) 理想气体的恒温可逆过程进行时，实现了功热的完全转化，无任何能量的耗散。［因为理想气体的内能仅是温度的函数，$(\Delta U)_T=Q+W=0 \longrightarrow W=-Q$］。

(8) 在工业生产中，不可逆性越大，该过程中功的损耗也越大。

思考：

3-10 谚语“不积跬步无以至千里，不积小流无以成江河”可看成物理化学中的什么过程？为什么？

年年岁岁花相似，岁岁年年人不同。(出自唐・刘希夷《代悲白头翁》)

合抱之木，生于毫末；九层之台，起于累土；千里之行，始于足下。(出自《道德经》)

3-11 怎样理解我们经常提及的自然过程、实际过程、热力学可逆与不可逆过程？

3-12 为什么实际过程都是不可逆过程？研究可逆过程有什么意义？

3.3 热与过程

我们知道有许多过程是在等容或等压条件下完成的，经常需要用到等容或等压过程的热效应值，那么体系等容或等压过程中的热效应怎么计算呢？

3.3.1 等容过程热效应

根据热力学第一定律

$$dU=\delta Q+\delta W$$

体系不做非体积功等容过程，则

$$dV=0,\delta W=-p_e dV=0$$

$$dU=\delta Q_V \tag{3.14}$$

若发生有限量变化，则

$$\Delta U=Q_V \tag{3.15}$$

式(3.14)、式(3.15) 中 Q_V 为等容过程的体系热效应。可见，不做非体积功的等容过程，体系热效应等于体系内能的变化。

3.3.2 等压过程热效应

对于等压且只做体积功的过程，即 $p_2=p_1=p_e=p$，$W_f=0$，记该过程的热效应为 Q_p。根据热力学第一定律，则

$$dU=\delta Q_p+\delta W$$

$$\xrightarrow{\delta W_f=0} =\delta Q_p-p dV=\delta Q_p-d(pV) \tag{3.16}$$

整理式(3.16)，得

$$\delta Q_p = \mathrm{d}U + \mathrm{d}(pV) = \mathrm{d}(U + pV) \qquad (3.17)$$

从式(3.17) 右边可看出，U 是广度性质的状态函数；p、V 分别是强度性质和广度性质的状态函数，其乘积 pV 为广度性质的状态函数；故 $U+pV$ 是体系广度性质的状态函数，为了便于表达，科学家定义了新的状态函数——**焓（H，enthalpy）：$H=U+pV$**。

这样，式(3.17) 可改写为

$$\delta Q_p = \mathrm{d}H \qquad (3.18)$$

若发生有限量变化，则

$$Q_p = \Delta H \qquad (3.19)$$

式(3.18)、式(3.19) 中 Q_p 为等压过程的体系热效应。可见，不做非体积功的等压过程，体系热效应等于体系焓的变化。

3.3.3　等容和等压热效应的关系

由焓的定义　　$H=U+pV$

两边取微分，得　　$\mathrm{d}H=\mathrm{d}U+\mathrm{d}(pV)$

或　　$\Delta H=\Delta U+\Delta(pV)$

对于理想气体，有　　$pV=nRT$

∴　　$\Delta H=\Delta U+\Delta(nRT)$　　(3.20)

对于**一定量 n 的体系**，则有　$\Delta H=\Delta U+nR(\Delta T)$　(3.21)

对于**恒温反应过程**，则有　$\Delta H=\Delta U+\Delta nRT$　(3.22)

又　　$\Delta H=Q_p$，$\Delta U=Q_V$

可得　　$Q_p=Q_V+\Delta(nRT)$　　(3.23)

对于**一定量 n 的体系**，则有　$Q_p=Q_V+nR(\Delta T)$　(3.24)

对于**恒温反应过程**，则有　$Q_p=Q_V+\Delta nRT$　(3.25)

例题 3-3　$1p^{\ominus}$ 下 1.0mol 碳酸钙方解石型（calcite）转化为霰石型（aragonite）的内能变为 0.21kJ，求发生该过程的焓变是多少？已知方解石型和霰石型碳酸钙的密度分别为 $2.71\mathrm{g/cm^3}$、$2.93\mathrm{g/cm^3}$。

解：发生的反应可表示为：

$$CaCO_3(\text{calcite}) \longrightarrow CaCO_3(\text{aragonite})$$

$$\begin{aligned}\Delta H &= H(\text{aragonite}) - H(\text{calcite}) \\ &= \{U(\mathrm{a})+pV(\mathrm{a})\} - \{U(\mathrm{c})+pV(\mathrm{c})\} \\ &= \Delta U + p\{V(\mathrm{a})-V(\mathrm{c})\} \\ &= \Delta U + p\Delta V\end{aligned}$$

$$\begin{aligned}p\Delta V &= p\{V(\mathrm{a})-V(\mathrm{c})\} \\ &= (1.0\times10^5\,\mathrm{Pa})\times\left(\frac{100\mathrm{g}}{2.93\mathrm{g/cm}}-\frac{100\mathrm{g}}{2.71\mathrm{g/cm}}\right) \\ &\quad \times10^{-6}\,\mathrm{m^3/cm^3} \\ &= -0.3\mathrm{J}\end{aligned}$$

∵　　$\Delta U=0.21\mathrm{kJ}$，$\Delta H-\Delta U=-0.3\mathrm{J}$

∴　$\Delta H=\Delta U+p\Delta V=0.21\times10^3\mathrm{J}-0.3\mathrm{J}=209.7\mathrm{J}$

关于焓 H 的说明与理解

(1) 一般教材中认为“焓”没有明确的物理意义；为便于理解，根据焓的定义式，可理解为焓是包含了内能和功（pV）的体系能，它能更好地评价体系本领；内能不能确定绝对值，焓也一定不能确定绝对值；在物质研究过程中，虽然焓的绝对值不能得到，体系焓变像内能变一样为评价事物提供了重要参量。

(2) 焓变 ΔH 和内能变 ΔU 分别可通过不做非体积功体系等压和等容热效应求得。

(3) 焓 H 是体系广度性质的状态函数，体系焓具有可加和性；其变化值只与体系的状态有关，而与具体的过程无关。

(4) 焓 H 的国际单位为焦耳(J)。

习题：

3-9　已知由 H_2(g) 和 N_2(g) 制备 1mol NH_3（g）焓变为 −46.1kJ，试估计该过程的内能变；并通过比较该题与例题 3-3 中焓变和内能变的差值大小，说明物质状态对其差值的影响规律。(−43.6kJ)

3.3.4 利用热容计算热效应

热容量简称热容（heat capacity），是我们经典热力学的常用术语，通常用符号 C 表示，可以利用已知物质的热容来进行相关热力学函数（如内能和焓）的计算。

（1）平均热容和瞬态热容

在没有相变化和化学变化且不做非体积功的均相封闭体系中，当体系从温度 T_1 变化到 T_2 时，体系与环境交换热 Q，则可表示该体系的平均热容为

$$\bar{C}=\frac{Q}{T_2-T_1} \tag{3.26}$$

当温度变化取无限小 $\mathrm{d}T$，则表示体系的瞬时热容（一般用瞬时热容表示通常热容）为

$$C(T)=\frac{\delta Q}{\mathrm{d}T} \tag{3.27}$$

根据式(3.27) 可知，热容可定义为体系每改变单位热力学温度所变化（吸收或放出）的热，即体系的热效应随温度的变化率。

热容一般与物质的量、温度、压力及体积均有关系。当热容与温度无关时，热容 C 相当于体系每改变 1K 所需要吸收或放出的热，单位是 J/K。

若固定物质的量为 1mol，相应的热容称为摩尔热容，记作 C_{m}，单位为 J/(K·mol)。显然

$$C=nC_{\mathrm{m}}$$

（2）等压热容

若体系热容在恒压条件下发生变化，相应的热容称为等压热容，记为 C_p，摩尔定压热容记为 $C_{p,\mathrm{m}}$。显然

$$C_p=nC_{p,\mathrm{m}}=\frac{\delta Q_p}{\mathrm{d}T}=\frac{\mathrm{d}H}{\mathrm{d}T} \tag{3.28}$$

式(3.18) 可变为

$$\delta Q_p=\mathrm{d}H=C_p\mathrm{d}T=nC_{p,\mathrm{m}}\mathrm{d}T \tag{3.29}$$

式(3.29) 积分，得

$$Q_p=\Delta H=\int_{T_1}^{T_2}C_p\mathrm{d}T=\int_{T_1}^{T_2}nC_{p,\mathrm{m}}\mathrm{d}T \tag{3.30}$$

若等压热容为常数，则

$$Q_p=\Delta H=C_p\Delta T \tag{3.31}$$

（3）等容热容

若体系在等容条件发生变化，相应的热容称为等容热容，记为 C_V，摩尔等容热容记为 $C_{V,\mathrm{m}}$。同样

$$C_V=nC_{V,\mathrm{m}}=\frac{\delta Q_V}{\mathrm{d}T}=\frac{\mathrm{d}U}{\mathrm{d}T} \tag{3.32}$$

式(3.14) 可变为

$$\delta Q_V=\mathrm{d}U=C_V\mathrm{d}T=nC_{V,\mathrm{m}}\mathrm{d}T \tag{3.33}$$

式(3.33) 积分，得

$$Q_V=\Delta U=\int_{T_1}^{T_2}C_V\mathrm{d}T=\int_{T_1}^{T_2}nC_{V,\mathrm{m}}\mathrm{d}T \tag{3.34}$$

关于热容的理解

（1）热容反映了体系“容纳”热的能力。

（2）等容热容反映了等容下体系单位温度的内能。

（3）等压热容反映了等压下体系单位温度的焓。

若等容热容为常数，则

$$Q_V = \Delta U = C_V \Delta T \tag{3.35}$$

3.3.5 等压热容与等容热容的关系

根据焓的定义　$H = U + pV$

微分，得　$dH = dU + d(pV)$

据式(3.28)、式(3.32)，得 $dH = C_p dT$，$dU = C_V dT$

∴　$C_p dT = C_V dT + d(pV)$

两边同除以 dT，并整理，得　$C_p - C_V = \dfrac{\partial (pV)}{\partial T}$　(3.36)

对于封闭体系理想气体，有　$pV = nRT$

$$d(pV) = nR dT$$

∴　$C_p - C_V = nR, C_{p,m} - C_{V,m} = R$　(3.37)

例题 3-4　试用理论推导 C_p 和 C_V 之间的关系。

证明：

$$C_p - C_V = \left(\frac{\partial H}{\partial T}\right)_p - \left(\frac{\partial U}{\partial T}\right)_V$$

$$= \left\{\frac{\partial (U + pV)}{\partial T}\right\}_p - \left(\frac{\partial U}{\partial T}\right)_V$$

$$= \left(\frac{\partial U}{\partial T}\right)_p + p\left(\frac{\partial V}{\partial T}\right)_p - \left(\frac{\partial U}{\partial T}\right)_V \quad ①$$

设 $U = f(T, V)$，得

$$dU = \left(\frac{\partial U}{\partial T}\right)_V dT + \left(\frac{\partial U}{\partial V}\right)_T dV \quad ②$$

设 $V = f(T, p)$，得

$$dV = \left(\frac{\partial V}{\partial T}\right)_p dT + \left(\frac{\partial V}{\partial p}\right)_T dp \quad ③$$

将式③代入式②得，

$$dU = \left(\frac{\partial U}{\partial T}\right)_V dT + \left(\frac{\partial U}{\partial V}\right)_T \left[\left(\frac{\partial V}{\partial T}\right)_p dT + \left(\frac{\partial V}{\partial p}\right)_T dp\right]$$

$$= \left[\left(\frac{\partial U}{\partial T}\right)_V + \left(\frac{\partial U}{\partial V}\right)_T \left(\frac{\partial V}{\partial T}\right)_p\right] dT + \left(\frac{\partial U}{\partial V}\right)_T \left(\frac{\partial V}{\partial p}\right)_T dp$$

$$= \left[\left(\frac{\partial U}{\partial T}\right)_V + \left(\frac{\partial U}{\partial V}\right)_T \left(\frac{\partial V}{\partial T}\right)_p\right] dT + \left(\frac{\partial U}{\partial p}\right)_T dp \quad ④$$

设 $U = f(T, p)$，得

$$dU = \left(\frac{\partial U}{\partial T}\right)_p dT + \left(\frac{\partial U}{\partial p}\right)_T dp \quad ⑤$$

对比式④和式⑤，得

$$\left(\frac{\partial U}{\partial T}\right)_p = \left(\frac{\partial U}{\partial T}\right)_V + \left(\frac{\partial U}{\partial V}\right)_T \left(\frac{\partial V}{\partial T}\right)_p \quad ⑥$$

将式⑥代入式①，得

$$C_p - C_V = \left(\frac{\partial U}{\partial V}\right)_T \left(\frac{\partial V}{\partial T}\right)_p + p\left(\frac{\partial V}{\partial T}\right)_p$$

$$= \left[\left(\frac{\partial U}{\partial V}\right)_T + p\right] \left(\frac{\partial V}{\partial T}\right)_p \quad ⑦$$

证毕。

思考：

3-13　为什么要引进热容？

3-14　若将热容用于定量体系行为，是否可看作体系效率的一种量度？

3-15　假如把热容看作体系效率的量度，ΔT 应该可看作一段时间，其结论给我们的启发是什么？

关于例题 3-4 的思考

(1) 利用各物理量的定义式和函数的性质可证明物理量之间的关系。

(2) 该例题结果为什么不同于式(3.36) 和式(3.37)？

(3) 证明的目标在哪里？

(4) 是否还有其他证明方法？

(5) 能否用下面的方法证明？

证明：设 $U = f(T, V)$，得

$$dU = \left(\frac{\partial U}{\partial T}\right)_V dT + \left(\frac{\partial U}{\partial V}\right)_T dV$$

$$= C_V dT + \left(\frac{\partial U}{\partial V}\right)_T dV \quad ①$$

又　$dH = dU + d(pV)$　②

式①代入式②，得

$$dH = C_V dT + \left(\frac{\partial U}{\partial V}\right)_T dV + d(pV) \quad ③$$

式③两边同除以 $(dT)_p$，得

$$\left(\frac{\partial H}{\partial T}\right)_p = C_V + \left(\frac{\partial U}{\partial V}\right)_T \left(\frac{\partial V}{\partial T}\right)_p + \left(\frac{\partial (pV)}{\partial T}\right)_p$$

$$C_p = C_V + \left(\frac{\partial U}{\partial V}\right)_T \left(\frac{\partial V}{\partial T}\right)_p + p\left(\frac{\partial V}{\partial T}\right)_p$$

所以，

$$C_p - C_V = \left[\left(\frac{\partial U}{\partial V}\right)_T + p\right] \left(\frac{\partial V}{\partial T}\right)_p$$

3.3.6 热容与温度的关系

（1）理想气体的热容

通常温度下，理想气体的热容与温度无关，各种类型分子的热容数值在物理学中已经给出：

单原子分子，$C_{V,\mathrm{m}}=\dfrac{3R}{2}$

双原子分子及线型多原子分子，$C_{V,\mathrm{m}}=\dfrac{5R}{2}$

非线型多原子分子，$C_{V,\mathrm{m}}=3R$

（2）实际气体、液体、固体的热容

一般的实际气体、液体和固体，热容与温度的关系由实验得到的经验公式给出：

$$C_{p,\mathrm{m}}=a+bT+cT^2+\cdots\cdots$$

$$C_{p,\mathrm{m}}=a'+b'T^{-1}+c'T^{-2}+\cdots\cdots$$

式中，a、b、c、a'、b'、c'、……为经验常数，由各种物质自身的特性决定。部分物质的热容见表 3-1，某些单质、化合物的热容经验常数值见书末附录。

例题 3-5 2mol N_2 在 $1p^\ominus$ 下从 300K 加热到 1000K，试求此过程的 Q、W、ΔU、ΔH。已知 $C_{p,\mathrm{m}}/[\mathrm{J/(K\cdot mol)}]=28.58+3.77\times10^{-3}T-0.50\times10^5/T^2$。

解：本题目中氮气的热容随着温度的改变而改变，因此不能用热容为常数的公式(3.35)，需要用积分式(3.34)来计算等压热效应。

$$\begin{aligned}\Delta H &=H(T_2)-H(T_1)\\ &=\int_{T_1}^{T_2}\mathrm{d}H=\int_{T_1}^{T_2}C_p\mathrm{d}T=\int_{T_1}^{T_2}nC_{p,\mathrm{m}}\mathrm{d}T\\ &=n\int_{T_1}^{T_2}(a+bT+\frac{c}{T^2})\mathrm{d}T\\ &=n\left[a(T_2-T_1)+\frac{1}{2}b(T_2^2-T_1^2)-c\left(\frac{1}{T_2}-\frac{1}{T_1}\right)\right]\\ &=2\times[28.58\times(1000-300)+3.77\times10^{-3}\\ &\quad\times(1000^2-300^2)/2\\ &\quad-0.50\times10^5(1/1000-1/300)]\\ &=43676(\mathrm{J})\end{aligned}$$

$$Q_p=\Delta H=43676\mathrm{J}$$

$$\begin{aligned}W&=-p(V_2-V_1)\\ &=-nR(T_2-T_1)\\ &=-2\mathrm{mol}\times8.314\mathrm{J/(mol\cdot K)}\times(1000\mathrm{K}-300\mathrm{K})\\ &=-11639.6\mathrm{J}\end{aligned}$$

$$\begin{aligned}\Delta U&=Q+W\\ &=Q_p+W\\ &=43676\mathrm{J}-11639.6\mathrm{J}\\ &=32036.4\mathrm{J}\end{aligned}$$

表 3-1 部分物质的摩尔等压热容

$C_{p,\mathrm{m}}=a+bT+c/T^2$

物质	a	b	c
C(s,石墨)	16.86	4.77	−8.54
CO_2(g)	44.22	8.79	−8.62
H_2O(g)	75.29	0	0
N_2(g)	28.58	3.77	−0.50
H_2(g)	27.28	3.26	0.5
NH_3(g)	29.75	25.1	−1.55

注：$C_{p,\mathrm{m}}$，J/(K·mol)；a，J/(mol·K)；b，10^{-3}J/(mol·K^2)；c，10^5J·K/mol。

习题：

3-10 一理想气体在标准压力下从 10dm^3 膨胀到 16dm^3，同时吸热 3000J，计算此过程的 W、ΔU、ΔH。（−600J；2400J；3000J）

3.4　理想气体的 ΔU 与 ΔH

3.4.1　焦耳气体真空膨胀实验

内能与常用的热力学函数有怎样的关系呢？为了探讨这个问题，焦耳在 1843 年做了气体膨胀的实验，又称为焦耳实验（为纪念焦耳的科学贡献而取名；气体又称焦耳气体，实为理想气体），该焦耳实验的装置如图 3-5 所示，容器 A 内装有气体，B 抽成真空，盛有水的容器 D 用绝热壁制成，A、B 浸在温度为 T 的水中，达到热平衡后打开活栓 C，气体膨胀而进入 B，气体做向真空的自由膨胀。气体因膨胀而改变了体积，从温度计 E 读数的变化来研究气体内能与体积变化的关系。在当时的测量精度下，焦耳在实验中并没有发现温度计读数发生变化，意味着气体体系并没有与水交换热量，也意味着该实验气体并没有因为体积变化而发生温度的变化，根据热力学第一定律，可知

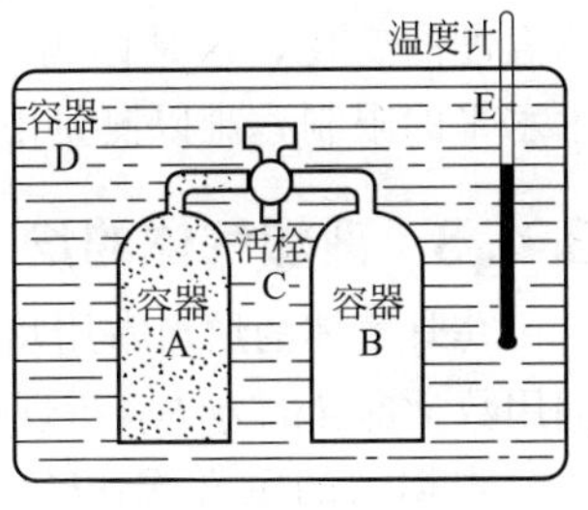

图 3-5　焦耳气体自由膨胀实验装置

$$\Delta U = Q + W \xrightarrow[W=0(\text{向真空膨胀})]{Q=0(\text{温度没变化})} = 0, \text{即 } dU = 0 \quad (3.38)$$

这说明焦耳气体的体积变化并不能改变体系的内能。

3.4.2　理想气体的内能

对于定量的物质体系，可设 $U=f(T, V)$，则

$$dU = \left(\frac{\partial U}{\partial T}\right)_V dT + \left(\frac{\partial U}{\partial V}\right)_T dV$$

又焦耳实验证明：　$dT=0, dU=0$

故　$\left(\frac{\partial U}{\partial V}\right)_T dV = 0$

∵　$dV \neq 0$

∴
$$\left(\frac{\partial U}{\partial V}\right)_T = 0 \quad (3.39)$$

这意味着在恒温时，焦耳气体的内能不随体积的变化而变化。

同理，若设 $U=f(T, p)$，则

$$\left(\frac{\partial U}{\partial p}\right)_T = 0 \quad (3.40)$$

这意味着在恒温时，焦耳气体的内能不随压力的变化而变化。

式(3.39) 和式(3.40) 表明理想气体的热力学能仅是温度的函数，而与体积、压力无关，即

$$U = f(T) \quad (3.41)$$

由式(3.41) 还可以推出，对于无相变化、无化学变化的定量理想气体的等温过程，内能变为零，即$(\Delta U)_T=0$。

一般把等内能过程中体系体积 V 变化所引起的温度 T 变化的现象称为焦耳效应，而把这个量称为焦耳系数，即

$$\mu_J = \left(\frac{\partial T}{\partial V}\right)_U \quad (3.42)$$

焦耳实验发现焦耳气体的 $\mu_J=0$，即气体的内能只是温度的函数，与体积无关，称之为焦耳定律。精确的实验证明，遵守焦耳定律的气体必须是理想气体。也就是说，只有理想气体的内能才是温度的函数。在焦耳实验中，没有观察到气体温度的变化，这是因为水的热容大，由于当时温度测试技术水平的限制，难以测量由气体内能变化引起的水温变化。

3.4.3 理想气体的焓

焦耳气体的焓与常用热力学函数有怎样的关系呢？下面我们用数学推导的方法获得理想气体的焓与热力学函数的关系。

根据焓的定义式：$H=U+pV$

在等温下，两边求压力导数，得

$$\left(\frac{\partial H}{\partial p}\right)_T=\left(\frac{\partial U}{\partial p}\right)_T+\left(\frac{\partial (pV)}{\partial p}\right)_T$$

又 $\left(\frac{\partial U}{\partial p}\right)_T=0$，理想气体的 $pV=nRT$，

$$\therefore \quad \left(\frac{\partial H}{\partial p}\right)_T=0+\left(\frac{\partial (nRT)}{\partial p}\right)_T=0 \tag{3.43}$$

这意味着在恒温时，焦耳气体的焓不随压力的变化而变化。

同理，得

$$\left(\frac{\partial H}{\partial V}\right)_T=\left(\frac{\partial U}{\partial V}\right)_T+\left(\frac{\partial (pV)}{\partial V}\right)_T=0 \tag{3.44}$$

这意味着在恒温时，焦耳气体的焓不随体积的变化而变化。

式(3.43) 和式(3.44) 表明理想气体的焓仅是温度的函数，而与体积、压力无关，即

$$H=f(T) \tag{3.45}$$

由式(3.45) 还可以推出，对于无相变化、无化学变化的定量理想气体的等温过程，焓变为零，即 $(\Delta H)_T=0$

根据式(3.41) 和式(3.45) 知，在对理想气体的内能变 ΔU 和焓变 ΔH 的计算时，不再受体积、压力等条件的限制，直接用等温热容和等压热容对温度积分即可获得理想气体的内能变和焓变值。可以结合焦耳实验得出的式(3.39) 和式(3.43) 得出 ΔU 和 ΔH 的数学表达式，具体推导如下：

对理想气体，设 $U=f(T,V)$，则

$$\begin{aligned}\mathrm{d}U&=\left(\frac{\partial U}{\partial T}\right)_V\mathrm{d}T+\left(\frac{\partial U}{\partial V}\right)_T\mathrm{d}V=\left(\frac{\partial U}{\partial T}\right)_V\mathrm{d}T+0\\&=\left(\frac{\partial U}{\partial T}\right)_V\mathrm{d}T=C_V\mathrm{d}T\end{aligned}$$

$$\therefore \quad \Delta U=\int_{T_1}^{T_2}C_V\mathrm{d}T=n\int_{T_1}^{T_2}C_{V,\mathrm{m}}\mathrm{d}T$$

对理想气体，设 $H=f(T,p)$，则

$$\mathrm{d}H=\left(\frac{\partial H}{\partial T}\right)_p\mathrm{d}T+\left(\frac{\partial H}{\partial p}\right)_T\mathrm{d}V=\left(\frac{\partial H}{\partial T}\right)_p\mathrm{d}T+0$$

焦耳气体实验的启发

(1) 科研原来这么简单——设计实验、论证想法！(即使有不严密性，但只要你充分利用当代的理论方法、科研条件，其结果与结论就是被认可的，其工作会推动科学发展和人类科技进步)。

(2) 焦耳实验推出了这么多结论，展现出焦耳实验的伟大科学价值，可见理论方法和数学推导的科学价值。

$$=\left(\frac{\partial H}{\partial T}\right)_V \mathrm{d}T=C_p\mathrm{d}T$$

$$\therefore \quad \Delta H=\int_{T_1}^{T_2}C_p\mathrm{d}T=n\int_{T_1}^{T_2}C_{p,\mathrm{m}}\mathrm{d}T$$

3.4.4 理想气体的热容

$$\because \quad C_V=\left(\frac{\partial U}{\partial T}\right)_V,C_p=\left(\frac{\partial H}{\partial T}\right)_p$$

理想气体：$U=f(T)$，$H=f(T)$

∴　理想气体的 C_V 和 C_p 仅是温度的函数。

对理想气体，有

$$\left(\frac{\partial U}{\partial V}\right)_T=0,\left(\frac{\partial V}{\partial T}\right)_p=\frac{nR}{p} \tag{3.46}$$

在例题 3-4 中曾经证明出

$$C_p-C_V=\left[\left(\frac{\partial U}{\partial V}\right)_T+p\right]\left(\frac{\partial V}{\partial T}\right)_p \tag{3.47}$$

将式(3.46) 代入式(3.47)，得

$$C_p-C_V=\left[\left(\frac{\partial U}{\partial V}\right)_T+p\right]\left(\frac{\partial V}{\partial T}\right)_p=[0+p]\frac{nR}{p}=nR \tag{3.48}$$

式(3.48) 的结果与式(3.37) 一致。

3.4.5 绝热过程

（1）绝热过程方程式

如果体系发生状态变化的过程中与环境没有任何热量交换，这种过程称为**绝热过程（adiabatic process）**。若体系发生绝热过程，体系会有哪些变化特点呢？让我们一起来推导认识一下。

根据热力学第一定律，封闭体系有 $\mathrm{d}U=\delta Q+\delta W$

若体系发生绝热过程，则　$\delta Q=0$

若体系不做非体积功，则　$\delta W_\mathrm{f}=0$

故封闭体系非体积功为零的绝热过程有

$$\mathrm{d}U=\delta W_V \tag{3.49}$$

对理想气体，有　$\mathrm{d}U=C_V\mathrm{d}T$　①

$$\delta W_V=-p\mathrm{d}V=-\left(\frac{nRT}{V}\right)\mathrm{d}V \quad ②$$

将式①和式②代入式(3.49)，得 $C_V\mathrm{d}T=-\left(\frac{nRT}{V}\right)\mathrm{d}V$

$$\Rightarrow C_V\frac{\mathrm{d}T}{T}=-nR\frac{\mathrm{d}V}{V} \quad ③$$

$$\Rightarrow \frac{\mathrm{d}T}{T}=-\frac{nR}{C_V}\frac{\mathrm{d}V}{V} \quad ④$$

又　$nR=C_p-C_V$　⑤

式⑤代入式④，得　$\frac{\mathrm{d}T}{T}=-\frac{C_p-C_V}{C_V}\frac{\mathrm{d}V}{V}$　⑥

思考：

3-16　你是否也具有理想气体成立的条件？(18 岁之前受父母和老师的管教约束，18 岁之后的生活如大学学习生活等)。

3-17　当你不具备理想气体成立的条件时，你是如何提高自身“内能”或“焓”的？当你具备理想气体成立的条件时该如何提高呢？

习题：

3-11　证明理想气体有

(1) $\left(\frac{\partial H}{\partial V}\right)_T=0$，

(2) $\left(\frac{\partial C_V}{\partial V}\right)_T=0$。

对式⑥两边求定积分，得

$$\ln\left(\frac{T_2}{T_1}\right)=-\frac{C_p-C_V}{C_V}\ln\left(\frac{V_2}{V_1}\right) \quad ⑦$$

令 $C_p/C_V=\gamma$（γ 称为热容比）

则式⑦可变为，$\ln\left(\frac{T_2}{T_1}\right)=-(\gamma-1)\ln\left(\frac{V_2}{V_1}\right)$

$$\Rightarrow\ln\frac{T_2}{T_1}=\ln\left(\frac{V_1}{V_2}\right)^{(\gamma-1)}$$

$$\Rightarrow\frac{T_2}{T_1}=\left(\frac{V_1}{V_2}\right)^{(\gamma-1)}$$

$$\Rightarrow T_1V_1^{\gamma-1}=T_2V_2^{\gamma-1} \quad (3.50)$$

结合 $pV=nRT$，容易得出

$$p_1V_1^{\gamma}=p_2V_2^{\gamma} \quad (3.51)$$

$$T_1^{\gamma}p_1^{1-\gamma}=T_2^{\gamma}p_2^{1-\gamma} \quad (3.52)$$

式(3.50)、式(3.51)、式(3.52) 为理想气体在绝热可逆不做非体积功过程的过程方程式，表示出了理想气体绝热可逆过程中 p、V、T 之间的关系，一般称为绝热过程方程。

(2) 绝热过程体积功

据体积功的计算公式

$$W=-\int_{V_1}^{V_2}p\mathrm{d}V$$

将绝热可逆过程方程 $pV^{\gamma}=C$，代入上式，得

$$W=-\int_{V_1}^{V_2}\frac{C}{V^{\gamma}}\mathrm{d}V=-\frac{C}{1-\gamma}\left(\frac{1}{V_2^{\gamma-1}}-\frac{1}{V_1^{\gamma-1}}\right)$$

又 $p_1V_1^{\gamma}=p_2V_2^{\gamma}=C$

∴ $$W=-\frac{1}{1-\gamma}\left(\frac{p_2V_2^{\gamma}}{V_2^{\gamma-1}}-\frac{p_1V_1^{\gamma}}{V_1^{\gamma-1}}\right)=-\frac{p_2V_2-p_1V_1}{1-\gamma}$$

即 $$W=\frac{p_2V_2-p_1V_1}{\gamma-1} \quad (3.53)$$

对于理想气体，有 $pV=nRT$，代入式(3.53)，得

$$W=\frac{nR(T_2-T_1)}{\gamma-1} \quad (3.54)$$

又 $C_p-C_V=nR$，即 $nR/(\gamma-1)=C_V$，代入得

$$W=C_V(T_2-T_1)=\Delta U \quad (3.55)$$

我们可以根据式(3.53)、式(3.54)、式(3.55) 来计算理想气体绝热可逆过程的功，其中式(3.55) 可用于任意绝热过程功的计算，它可以根据绝热过程利用热力学第一定律直接推导出来。

例题 3-6 在 273.2K 和 1.0×10^6Pa 压力下，10dm^3 氦气（看作理想气体），用下列三种不同过程膨胀到最后压力为 1.0×10^5Pa，①等温可逆膨胀；②绝热可逆膨胀；

思考：

3-18 过程方程与状态方程有何区别？

3-19 理想气体绝热过程方程式的条件是什么？为什么？

3-20 体系绝热过程发生了什么变化？

3-21 体系绝热过程中为什么要对外做功？

3-22 试理论阐释《出师表》中“受任于败军之际，奉命于危难之间”这句话的科学价值？

3-23 你的学习时期是否可看作绝热过程？在这个过程中“环境”最希望你增加的是什么？

3-24 体系提高内能的价值是什么？

③在外压恒定为 1.0×10^5 Pa 下绝热膨胀；试计算各过程的 Q、W、ΔU、ΔH。

解：体系的变化过程可表示为：

初始状态　$p_1=10^6\,\text{Pa}$，$V_1=10\text{dm}^3$，$T_1=273.2\text{K}$

↓①/②/③过程

最终状态　$p_2=10^5\,\text{Pa}$，$V_2=?$，$T_2=?$

根据初始状态，得　$n=\dfrac{pV}{RT}=4.403\text{mol}$

根据题目单原子理想气体，得　$C_{V,\text{m}}=\dfrac{3}{2}R$，$C_{p,\text{m}}=\dfrac{5}{2}R$

① 为等温过程，根据理想气体的性质，有

$$\Delta U_1=\Delta H_1=0$$

$$-Q_1=W_1=nRT\ln\frac{p_2}{p_1}=-23.03\text{kJ}$$

∵　$$\gamma=\frac{C_{p,\text{m}}}{C_{V,\text{m}}}=\frac{C_{V,\text{m}}+R}{C_{V,\text{m}}}=\frac{5}{3}$$

② 绝热可逆膨胀，根据式(3.52)，得 $T_2=\left(\dfrac{p_1}{p_2}\right)^{\frac{1-\gamma}{\gamma}}T_1$

$=108.7\text{K}$

∴　$$\Delta U_2=nC_{V,\text{m}}\Delta T=-9.032\text{kJ}$$

$$\Delta H_2=nC_{p,\text{m}}\Delta T=-15.05\text{kJ}$$

∵　绝热过程，

∴　$Q_2=0$，

根据热力学第一定律，得

$$W_2=\Delta U_2=-9.032\text{kJ}$$

③ 为恒外压绝热膨胀过程

∵　绝热过程，有 $Q_3=0$

∴　$\Delta U=W$

即：$nC_{V,\text{m}}(T_2-T_1)=-p_{\text{e}}(V_2-V_1)$

$$=-p_{\text{e}}\left(\frac{nRT_2}{p_2}-\frac{nRT_1}{p_1}\right)$$

将已知的 n、$C_{V,\text{m}}$、T_1、p_{e}、p_1、p_2 数据代入上式，

解得　$T_2=174.8\text{K}$

从而，得出

$$\Delta U_3=nC_{V,\text{m}}(T_2-T_1)=-5.403\text{kJ}$$

$$\Delta H_3=nC_{p,\text{m}}(T_2-T_1)=-9.003\text{kJ}$$

$$W_3=\Delta U_3=-5.403\text{kJ}$$

(3) 恒温可逆和绝热可逆过程的体积功对比

对于理想气体，在恒温可逆过程中，压力和体积遵守方程

$$pV=nRT\Rightarrow p=\frac{nRT}{V}\Rightarrow\left(\frac{\partial p}{\partial V}\right)_T=-\frac{nRT}{V^2}=-\frac{pV}{V^2}=-\frac{p}{V}$$

而在绝热可逆过程中，压力和体积遵守方程

习题：

3-12　试用物理化学理论阐释体系“绝处逢生”的条件。

3-13　有 2mol 氢气（看作理想气体），从 $V_1=15\text{dm}^3$ 到 $V_2=40\text{dm}^3$，经过下列三种不同过程，分别求出其相应过程中所做的 W、Q、ΔU 和 ΔH，并判断何者为可逆过程？(1) 在 298K 时等温可逆膨胀；(2) 在初始温度为 298K，保持外压力为 $1p^\ominus$，做等外压膨胀；(3) 始终保持气体的压力和外压不变，将气体从 $T_1=298\text{K}$ 加热到 T_2，使体积膨胀到 V_2。(−4860J，4860J，0J，0J；−2500J，114J，−2386J，−3336J；−8250J，25863J，20610J，28855J)

思考：

3-25　例题 3-6 的计算结果说明了不同过程变化哪些规律性特点？

3-26　试根据不同过程功的差异性原理设计高效率机器的工作过程。

$$pV^{\gamma}=C \Rightarrow p=\frac{C}{V^{\gamma}} \Rightarrow \left(\frac{\partial p}{\partial V}\right)_S=-\gamma \frac{p}{V}$$

等温可逆过程和绝热可逆过程的功可用示意图 3-6 表示，图 3-6 中 AB 线下的面积代表等温可逆过程所做的功，AC 线下的阴影面积代表绝热可逆过程所做的功。因为 $\gamma>1$，所以绝热过程曲线的斜率的坡度较大。在绝热膨胀过程中，体系体积增大对外做功和温度下降两个因素都使得气体的压力降低；而在等温膨胀过程中，体系是在理想热交换环境条件下始终保持体系温度不变，体系完成体积增大对外做功的过程。

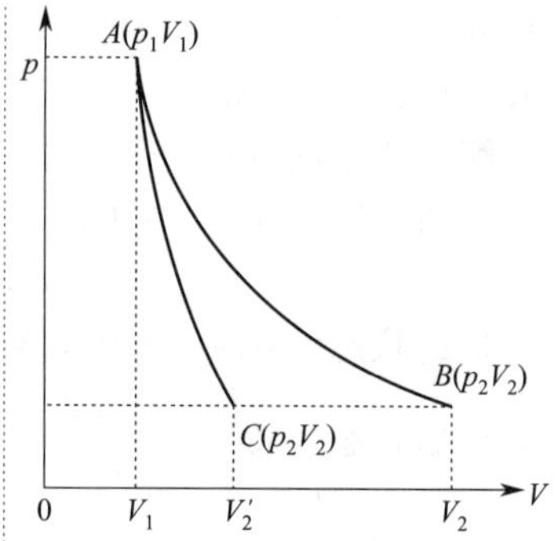

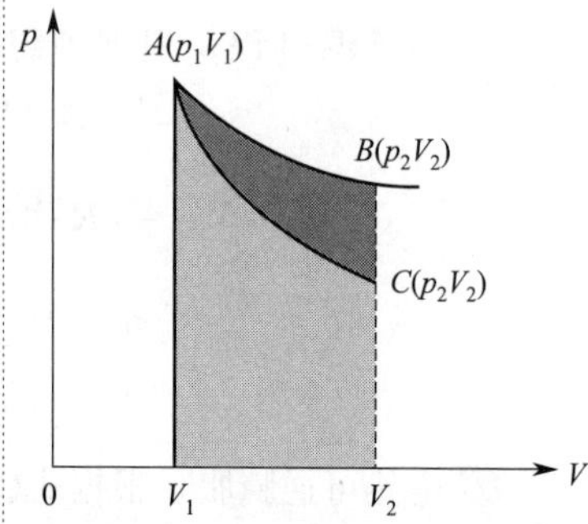

图 3-6　等温可逆（AB）和绝热可逆（AC）过程功的示意

在实际过程中完全理想的绝热或完全理想的热交换都是不可能的，实际过程中都不是严格的等温或绝热，而是介于两者之间，这种方程称为多方过程（polytropic process)，其方程式可表示为

$$pV^n=C \tag{3.56}$$

式中 $\gamma>n>1$。当 n 接近于 1 时，过程接近于等温过程；当 n 接近于 γ 时，过程接近于绝热过程。图 3-6 中的 AB、AC 线表示的过程都是可逆的，两条线之间的部分是实际不可逆过程。

3.5　实际气体的节流过程

3.5.1　焦耳-汤姆逊膨胀实验

前已指出，焦耳在 1843 年所做的气体自由膨胀的实验是不够精确的，因为焦耳实验中水的热容量很大，即使气体膨胀时吸收了一点热量，在当时的实验精度下，水温的变化是难以检测出来的。1852 年焦耳和汤姆逊又设计进行了新的气体膨胀实验，该实验设法克服环境热容对气体温度变化的影响，比较精确地观察到气体由于膨胀而发生了温度变化，实验装置示意如图 3-7 所示：四壁为绝热壁（含两端活塞），装置中间为固定的多孔塞，其作用是使气体不能很快通过，并且在塞的两边能够维持一定的压力差。从高压力 p_h 到低压 p_l 降低过程基本上发生在多孔塞内。实验结果发现：气体通过多孔塞从高压到低压做绝热膨胀过程中，温度发生了变化，该过程称为节流过程（throttling process)，这是一个不可逆过程，该实验称作焦耳-汤姆逊膨胀（Joule-Thomson expansion）实验。

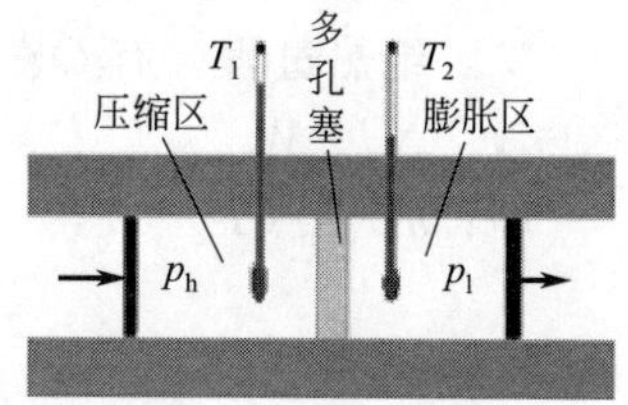

图 3-7　焦耳-汤姆逊实验示意

设某一定量的气体从高压 p_h 压缩区状态 1（p_1, V_1, T_1），经过节流过程膨胀到低压 p_l 膨胀区的状态 2（p_2, V_2, T_2），整个过程完成后，在压缩区，环境对体系做功为

$$W_1=-p_1\Delta V=-p_1(0-V_1)=p_1V_1$$

思考：

3-27　为什么焦耳-汤姆逊膨胀实验一定是一个不可逆过程？

3-28　理想气体经过焦耳-汤姆逊膨胀实验后温度是否会发生变化？

在膨胀区，体系对环境做功为

$$W_2=-p_2\Delta V=-p_2(V_2-0)=-p_2V_2$$

因此，气体净功的变化为

$$W=W_1+W_2=p_1V_1-p_2V_2$$

根据热力学第一定律，$\Delta U=W+Q$

由于该过程是绝热的，故有　$Q=0$

因此，有　$\Delta U=W$

即　　　$U_2-U_1=p_1V_1-p_2V_2$

移项，得　$U_2+p_2V_2=U_1+p_1V_1$

即　　　$H_2=H_1$ 或 $\Delta H=0$

说明节流膨胀过程实验前后，气体的焓不变，故焦耳-汤姆逊膨胀实验是一个等焓过程。

一般将气体节流膨胀过程中压力 p 改变引起温度 T 变化的现象称为焦耳-汤姆逊效应，单位压力改变引起的温度变化值称为研究气体的焦耳-汤姆逊系数，简称焦-汤系数，用微分式可表示为

$$\mu_{\text{J-T}}=\left(\frac{\partial T}{\partial p}\right)_H \tag{3.57}$$

式中，$\mu_{\text{J-T}}$ 为体系的强度性质，是 T、p 的函数。

由于节流实验过程中 dp 是负值，故

若 $\mu_{\text{J-T}}>0$，则 $dT<0$

表示经节流过程后，气体温度随着压力的降低而降低；

若 $\mu_{\text{J-T}}<0$，则 $dT>0$

表示经节流过程后，气体温度随着压力的降低而升高。

在常温下，一般气体（H_2 和 He 例外）在膨胀后温度降低，称为冷效应或正效应；像 H_2 和 He 在膨胀后温度升高称为热效应或负效应，但在很低的温度时，它们的 $\mu_{\text{J-T}}$ 值也可以转变为正值。当 $\mu_{\text{J-T}}=0$ 时的温度，称为节流过程的转化温度（inversion temperature）。

对每一种气体，我们都可以通过焦耳-汤姆逊膨胀实验方法获得系列 $\left(\frac{\Delta T}{\Delta p}\right)_H$ 值，并绘制在 T-p 图上，即可获得等焓线（isenthalpic curve），如图 3-8 所示。通过等焓线可求得 $\left(\frac{\partial T}{\partial p}\right)_H$，进而获得气体的转化温度曲线（图 3-9 为部分实际气体的转化温度曲线图）。

为什么实际气体的 $\mu_{\text{J-T}}$ 值不能确定呢？下面我们用理论推导一下。

设 $H=f(T, p)$，则

$$dH=\left(\frac{\partial H}{\partial T}\right)_p dT+\left(\frac{\partial H}{\partial p}\right)_T dp$$

思考：

3-29　试推导证明范德华气体 $(p+a/V_m^2)(V_m-b)=RT$ 的焦耳系数。

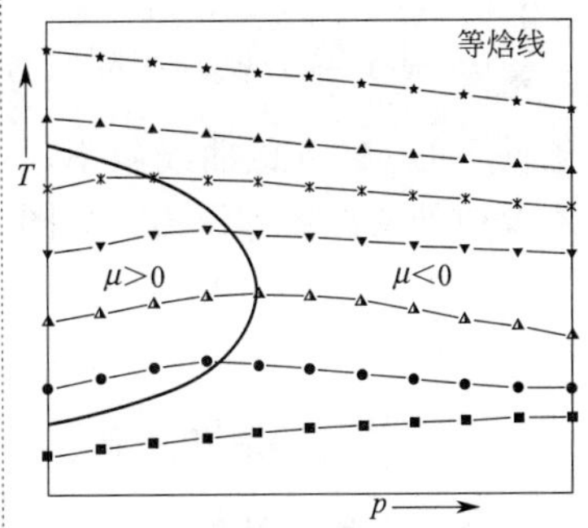

图 3-8　气体的节流过程等焓曲线

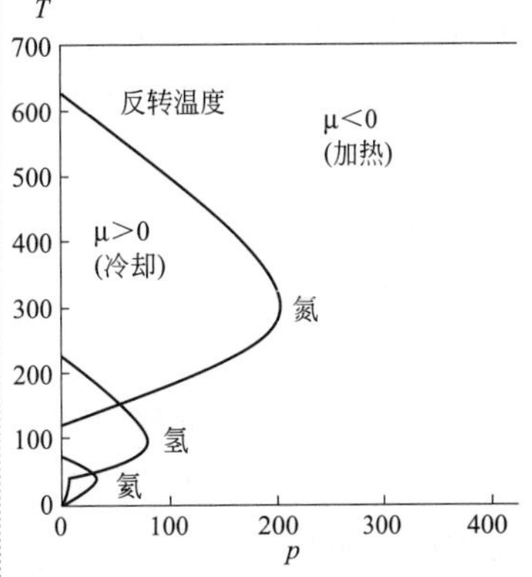

图 3-9　部分实际气体的转化温度曲线

经过节流过程后，$dH=0$，故

$$\mu_{\text{J-T}}=\left(\frac{\partial T}{\partial p}\right)_H=-\frac{\left(\frac{\partial H}{\partial p}\right)_T}{\left(\frac{\partial H}{\partial T}\right)_p} \tag{3.58}$$

或 $$\mu_{\text{J-T}}=-\frac{1}{C_p}\left\{\left(\frac{\partial U}{\partial p}\right)_T+\left[\frac{\partial(pV)}{\partial p}\right]_T\right\} \tag{3.59}$$

从式(3.59) 可以看出，$\mu_{\text{J-T}}$ 的数值是由括号中两个项的数值决定的。

对于理想气体，括号中两个项的数值均为零，因此理想气体的 $\mu_{\text{J-T}}$ 等于零。

而对于实际气体我们来分析一下节流过程中式(3.59) 括号中两个项的数值正负情况：

① 对于第一项，由于实际气体分子之间都有引力存在，这样，等温体系经过节流过程压力减小，必须吸收能量以克服分子间的引力，所以热力学能增加，即

$$\left(\frac{\partial U}{\partial p}\right)_T<0$$

② 对于第二项，实际气体的 $\left[\frac{\partial (pV)}{\partial p}\right]_T$ 决定于等温条件下的 pV-p 的曲线斜率，这斜率又决定于气体自身性质及所处的温度和压力。如图 3-10 是氢气和甲烷在压力不太大时的 pV_m-p 图。

对氢气：

$\left[\frac{\partial(pV)}{\partial p}\right]_T$ 始终大于零，并且其值超过了 $\left|\left(\frac{\partial U}{\partial p}\right)_T\right|$，这二者加和结果大于零，故 $\mu_{\text{J-T}}<0$。

对于甲烷气体：

在 E 点之前，$\left[\frac{\partial (pV)}{\partial p}\right]_T$ 小于零，与第一项 $\left(\frac{\partial U}{\partial p}\right)_T$ 的加和仍然小于零，故 $\mu_{\text{J-T}}>0$；

若在 E 之后，$\left[\frac{\partial (pV)}{\partial p}\right]_T$ 大于零，并且逐渐增大，当其值等于 $\left|\left(\frac{\partial U}{\partial p}\right)_T\right|$ 时，则 $\mu_{\text{J-T}}=0$；当其值大于 $\left|\left(\frac{\partial U}{\partial p}\right)_T\right|$ 时，则 $\mu_{\text{J-T}}<0$。

利用气体节流膨胀过程的特点，可以实现天然气体分离、净化、液化以及空气的液化等，是当前高压气体类公司的重要制备技术。

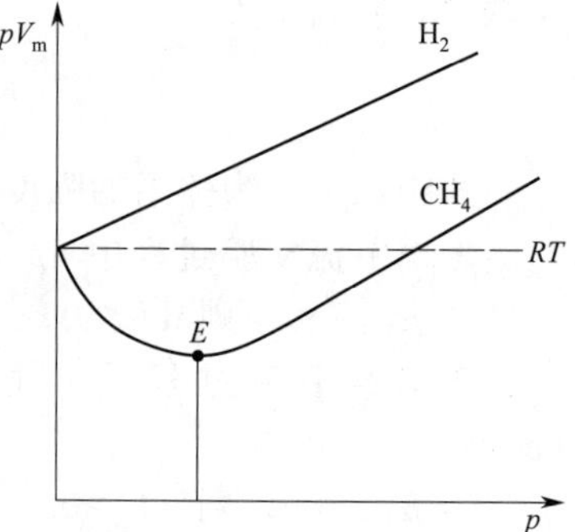

图 3-10　氢气、甲烷 273K 的 pV_m-p 图

3.5.2　实际气体的 ΔU 和 ΔH

实际气体的内能和焓随着体积或压力变化的宏观表现是怎样的呢？这里先借用下一章推导证明的麦克斯韦关系

式来说明。

$$\left(\frac{\partial U}{\partial V}\right)_T = T\left(\frac{\partial p}{\partial T}\right)_V - p \tag{3.60}$$

$$\left(\frac{\partial H}{\partial p}\right)_T = V - T\left(\frac{\partial V}{\partial T}\right)_p \tag{3.61}$$

式(3.60)和式(3.61)又称为热力学状态方程。根据这两个公式就可以计算实际气体在等温下 U 和 H 随 p、V 的变化关系了。如对范氏气体，在等温下，

$$\left(\frac{\partial U}{\partial V}\right)_T = \frac{a}{V_m^2} = p_i \tag{3.62}$$

所以，在等温下当范式气体发生体积变化时，有

$$\Delta U = a\left(\frac{1}{V_{m,1}} - \frac{1}{V_{m,2}}\right)$$

$$\Delta H = a\left(\frac{1}{V_{m,1}} - \frac{1}{V_{m,2}}\right) + \Delta(pV_m)$$

例题 3-7　(1) 已知 CO_2 气体通过一节流膨胀由 $50p^{\ominus}$ 膨胀到 $1p^{\ominus}$，其温度由 298K 变为 234K，试估计其 $\mu_{J\text{-}T}$。(2) 已知 CO_2 的沸点为 194.5K，若要在 298K 下将 CO_2 经过一次节流膨胀使其在 $1p^{\ominus}$ 凝结为液态，其起始压力为多少?

解：(1) 假设在实验的温度和压力范围内，$\mu_{J\text{-}T}$ 为一常数，则

$$\mu_{J\text{-}T} = \left(\frac{\partial T}{\partial p}\right)_H = \frac{\Delta T}{\Delta p} = \frac{234-298}{10^5 - 50\times10^5} = 1.31\times10^{-5}\,(\text{K/Pa})$$

(2) 根据 $\mu_{J\text{-}T}$ 的定义，$\mu_{J\text{-}T} = \left(\frac{\partial T}{\partial p}\right)_H = \frac{\Delta T}{\Delta p} = \frac{T_2 - T_1}{p_2 - p_1}$，得

$$p_1 = p_2 - \frac{T_2 - T_1}{\mu_{J\text{-}T}} = 10^5 - \frac{194.5-298}{1.31\times10^{-5}} = 7.8\times10^6\,(\text{Pa})$$

3.6　相变过程的功和热

相变过程（**phase-transformation process**）是指体系物质从一个相转移到另一相的过程，称为相变过程，如蒸发、冷凝、升华、晶型转变等，可以表示为

$$\text{S}(\alpha) \longrightarrow \text{S}(\beta) \tag{3.63}$$

如非特别指明，一般相变化可看作发生在一定温度下等温过程。根据发生相变过程条件的不同，相变过程可分为可逆相变和非可逆相变过程。可逆相变过程是指两相之间在一定温度时的相平衡压力下发生的相变化过程，即发生此温度下此物质的饱和蒸气压下的相变；不可逆相变过程是指发生在一定温度下但气压不是在该温度的饱和蒸气压下所进行的相变，是两相之间在一定温度时的非相平衡压力下的相变过程，如：

思考：

3-30　内压力 p_i 是否可看作粒子的“依恋之情”? 如何解决它?

习题：

3-14　已知 CO_2 的 $\mu_{J\text{-}T} = 1.07\times10^{-5}$ K/Pa，$C_{p,m} = 36.6$ J/(K·mol)。试计算 50g CO_2：(1) 在 298K 下由 $1p^{\ominus}$ 等温压缩到 $10p^{\ominus}$ 时的 ΔH；(2) 由 SATP 变到 313K、$10p^{\ominus}$ 的 ΔH。(−401J；223J)

3-15　298K 下 3mol CO_2 由始态 $p_1 = 3p^{\ominus}$，$V_1 = 23.7\text{dm}^3$ 等温变化至终态 $p_2 = 1p^{\ominus}$，$V_2 = 72\text{dm}^3$，求此过程的 ΔU 和 ΔH。已知 CO_2 298K 时的 $C_{p,m} = 39.13\text{J}\cdot\text{K}^{-1}\cdot\text{mol}^{-1}$，$\mu_{J\text{-}T} = 1.14 + 8.65\times10^{-3}\,(p/p^{\ominus})$。

思考：

3-31　体系相变前后本质上发生了哪些规律性变化? 体系相变前后是否可看作体系的两个状态?

3-32　社会体系的哪些变化过程类似于相变过程? 体系相变过程提醒我们做什么?

① 1mol $H_2O(l)$298K，3.169×10^3Pa⟶1mol $H_2O(g)$298K，3.169×10^3Pa

② 1mol $H_2O(l)$373K，3.169×10^3Pa⟶1mol $H_2O(g)$373K，3.169×10^3Pa

③ 1mol $H_2O(l)$373K，1.013×10^5Pa⟶1mol $H_2O(g)$373K，1.013×10^5Pa

3.169×10^3Pa、1.013×10^5Pa 分别是 298K、373K 水的饱和蒸气压，过程①、③符合可逆相变的条件，因此①、③过程是可逆相变过程；而 3.169×10^3Pa 不是 373K 水的饱和蒸气压，不符合可逆相变的条件，因此，过程②是不可逆相变过程。

3.6.1 相变功

相变过程一般是在恒外压条件下进行的，过程体积功的计算可按恒外压过程功的计算方法进行。

在实际计算过程中，若相变发生在气态和凝聚态（condensed state，液态或固态）之间，往往忽略凝聚态的体积，即

$$|\Delta V|=|V_g-V_c|\approx V_g \tag{3.64}$$

若发生凝聚相⟶气相的恒外压不可逆相变化，则功的计算为

$$\begin{aligned}W&=\int_{V_c}^{V_g}-p_e\mathrm{d}V\xrightarrow{\text{恒外压相变}}=-p_e\int_{V_c}^{V_g}\mathrm{d}V\\&=-p_e(V_g-V_c)\xrightarrow{\text{忽略凝聚相体积}}=-p_eV_g\\&\xrightarrow{\text{若终态时 }p_i=p_e}=-p_iV_g\\&\xrightarrow{\text{气相看作理想气体}}=-nRT\end{aligned}\tag{3.65}$$

若发生凝聚相⟶气相的可逆相变化，则功的计算为

$$\begin{aligned}W&=\int_{V_c}^{V_g}-p_e\mathrm{d}V\xrightarrow{\text{可逆相变}}=\int_{V_c}^{V_g}-p_i\mathrm{d}V\\&=-p_i(V_g-V_c)\xrightarrow{\text{忽略凝聚相体积}}=-p_iV_g\\&\xrightarrow{\text{气相看作理想气体}}=-nRT\end{aligned}\tag{3.66}$$

若发生在凝聚态（液态或固态）之间的相变，则功的计算为

$$W=-p_e(V_{c,2}-V_{c,1})\tag{3.67}$$

由于凝聚相相变过程的体积变化较小，当有其他类型的体积功存在时，凝聚态之间的相变体积功往往可以忽略，即 $W_{c,2\longrightarrow c,1}\approx 0$。

例题 3-8 在 101325Pa、373.2K 时，2mol 水蒸发成水蒸气，求此过程的功。

解： 此过程为水的可逆相变过程

$V_l=36\times10^{-6}\ \mathrm{m}^3$，

$V_g=nRT/p=(2\times373.2R/101325)\mathrm{m}^3=0.06124\mathrm{m}^3$

$$\begin{aligned}W&=-p(V_g-V_l)\\&=-101325\mathrm{Pa}\times(0.06124-36\times10^{-6})\mathrm{m}^3\\&=-6201.5\mathrm{J}\end{aligned}$$

当略去液态水的体积时

$$\begin{aligned}W&=-p(V_g-V_l)\approx-pV_g\\&=-nRT=-2\times8.314\times373.2\mathrm{J}=-6205.6\mathrm{J}\end{aligned}$$

习题：

3-16 试计算 65g 锌与盐酸反应在下列条件下所做的功：(1) 定容容器中；(2) 25℃开口容器中。(0；−2478J)

可见，因液态水的体积相对很小，若略去液态水的体积不会造成很大误差。因此，若不特别声明，当体系存在气、液（固）等多相时，一般可略去液（固）相的体积。

3.6.2 相变热

一般地从凝聚相变为同温度下的非凝聚相时，热运动能没有变化，但分子间距离显著增大，为克服分子间的作用力，需要提供能量，如蒸发、升华过程都应该是吸热过程；反之，则放热。在相变过程中所发生的热量称为相变热，又称相变焓，在可逆相变过程中所产生的热效应称为可逆相变焓。由于相变过程一般在恒温恒压无非体积功的情况下进行，故有

$$\Delta_{trs}H=Q_p \tag{3.68}$$

许多教材中一般把可逆相变焓作为基本热力学数据给出，而对于不可逆相变焓的计算可以利用状态函数的特性设计可逆途径来求得。

例题 3-9 试求 10mol 过热水在 383K、1atm 下蒸发为水蒸气过程的焓变。已知水在正常沸点（373K、1atm）的摩尔蒸发焓 $\Delta H_m=40.67$kJ/mol。水和水蒸气在此温度范围内的摩尔恒压热容分别为 $C_{p,m}(l)=75.3$J/(K·mol)，$C_{p,m}(g)=33.6$J/(K·mol)。

解：水在 1atm 下的沸点为 373K，因此，在 383K 的蒸发为不可逆相变。根据焓是状态函数的性质，设计一个可逆途径（见图 3-11）完成该过程的焓变的计算。

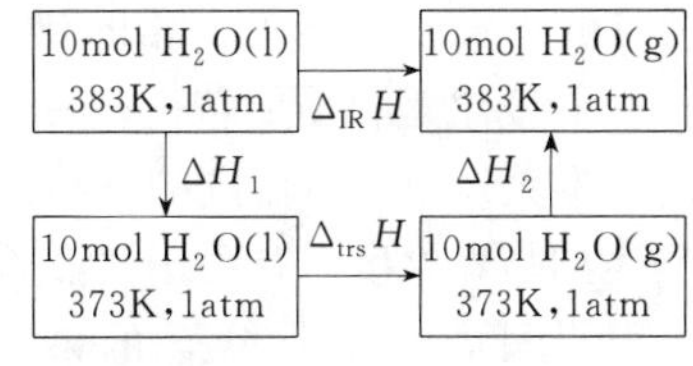

图 3-11 例题 3-9 的蒸发过程设计途径

根据焓是体系的状态函数，其变化量与途径无关

$$\Delta H=\Delta H_1+\Delta_{trs}H+\Delta H_2$$

式中，$\Delta_{trs}H$ 为水在 373K 和 1atm 下的蒸发焓，可通过题目摩尔焓计算得出；ΔH_1 和 ΔH_2 分别是液态水和水蒸气变温过程的焓变，可以用热容数据计算，故

$$\begin{aligned}\Delta_{trs}H&=n\Delta_{trs}H_m\\&=10\text{mol}\times 40.67\times 10^3\text{J/mol}\\&=406700\text{J}\end{aligned}$$

$$\begin{aligned}\Delta H_1&=nC_{p,m}(l)(T_2-T_1)\\&=10\text{mol}\times 75.3\text{J/(K·mol)}\times(373\text{K}-383\text{K})\\&=-7530\text{J}\end{aligned}$$

$$\begin{aligned}\Delta H_2&=nC_{p,m}(g)(T_1-T_2)\\&=10\text{mol}\times 33.6\text{J/(K·mol)}\times(383\text{K}-373\text{K})\\&=3360\text{J}\end{aligned}$$

$$\begin{aligned}\therefore\quad \Delta_{IR}H&=\Delta H_1+\Delta_{trs}H+\Delta H_2\\&=-7530\text{J}+406700\text{J}+3360\text{J}\\&=402530\text{J}\end{aligned}$$

习题:

3-17 在 1.0atm、373K 下，用一个电阻电压为 12V、电流为 0.50A 给水加热 300s，发现有 0.798g 水蒸发为气体，试计算水的摩尔焓变和摩尔内能变。(40602J/mol；37500J/mol)

3-18 试计算压力为 $0.88p^\ominus$，温度为 473K、453K 水蒸气的摩尔蒸发焓分别是多少？设水和水蒸气的平均等压热容分别为 75.40J·K^{-1}·mol^{-1}、1.92J·K^{-1}·mol^{-1}，水的密度为 1g·cm^{-3}，水蒸气看作理想气体，$\Delta_{vap}H^\ominus_{298K}=2259$J·g^{-1}。

3.6.3 标准相变焓

标准相变焓也称为标准相变热，是指相变前后物质温度相同且均处于标准态时的焓变。标准焓变单位通常为 J/mol 或 kJ/mol。

$$S(\alpha) \longrightarrow S(\beta), \Delta_{trs} H_m^{\ominus} = H_m^{\ominus}(\beta) - H_m^{\ominus}(\alpha)$$

如标准摩尔蒸发（vaporization）焓 $\Delta_{vap} H_m^{\ominus} = H_m^{\ominus}(g) - H_m^{\ominus}(l)$

标准摩尔熔化（fusion）焓 $\Delta_{fus} H_m^{\ominus} = H_m^{\ominus}(l) - H_m^{\ominus}(s)$

标准摩尔升华（sublimation）焓 $\Delta_{sub} H_m^{\ominus} = H_m^{\ominus}(g) - H_m^{\ominus}(s)$

由于焓是状态函数，在同温下同一物质的这三种焓之间存在关系：

$$\Delta_{sub} H_m^{\ominus} = \Delta_{fus} H_m^{\ominus} + \Delta_{vap} H_m^{\ominus}$$

为了更方便表示相变过程及其相应的热效应，还可以这样表示

$$S(\alpha) \longrightarrow S(\beta), \Delta_\alpha^\beta H_m^{\ominus} = H_m^{\ominus}(\beta) - H_m^{\ominus}(\alpha) \quad (3.69)$$

这样，在标准压力下的 $\Delta_{vap} H_m^{\ominus}$、$\Delta_{fus} H_m^{\ominus}$、$\Delta_{sub} H_m^{\ominus}$ 分别可以表示为 $\Delta_l^g H_m^{\ominus}$、$\Delta_s^l H_m^{\ominus}$、$\Delta_s^g H_m^{\ominus}$，$\Delta_\alpha^\beta H_m^{\ominus}$ 表示在标准压力 $p^{\ominus}$ 下物质 1mol 从 α 相转为 β 相的热效应。

相变焓是物质的特性，一般随着温度的变化而变化，如许多物质的标准蒸发焓随着温度的升高而降低，越接近临界温度，变化越明显，当达到临界温度时，由于气液差别消失，蒸发焓降至为零。

此外，对于非缔合的液体，可以用特鲁顿规则（Trouton′s rule）来估算液体蒸发焓

$$\Delta_{vap} H_m^{\ominus} \approx 88 T_b (\text{J/mol}) \quad (3.70)$$

这是一个计算蒸发焓的经验公式，式中 T_b 为正常沸点。

应该注意的是，实际过程中的相变热并不等于相变焓。我们以例题 3-10 再来领会相变热和相变焓计算的差异以及体系状态对相变焓和相变内能的影响。

例题 3-10 在 373K、1atm 时，1mol $H_2O(l)$ 汽化为 1atm 1mol $H_2O(g)$。(1) 求在 1atm 下完成该变化的 Q、W、ΔU 和 ΔH；(2) 求在外压为零的条件下完成变化的 Q、W、ΔU 和 ΔH。已知水在正常沸点（373K、1atm）的摩尔蒸发焓 $\Delta H_m = 40.67$kJ/mol，$H_2O(l)$ 和 $H_2O(g)$ 的摩尔体积分别为 19cm³/mol 和 30140cm³/mol。

解：由题意得，该过程可以表示为：

$$1\text{mol } H_2O(l) \longrightarrow 1\text{mol } H_2O(g), \Delta_{vap} H_m^{\ominus} = 40.67\text{kJ/mol}$$

(1) 1atm 外压下，该过程为可逆相变过程，故有

$$Q_p = \Delta_{trs} H = n\Delta_{vap} H_m^{\ominus} = 1 \times 40.76 = 40.67(\text{kJ})$$

$$W = \int_{V_l}^{V_g} -p_e \text{d}V = -p_e(V_g - V_l)$$

$$= -101325 \times (30140 - 19) \times 10^{-6} \times 1\text{J}$$

$$= -3052\text{J}$$

$$\Delta U = Q + W = Q_p + W$$

$$= 40.67\text{kJ} - 3.052\text{kJ}$$

$$= 37.62\text{kJ}$$

(2) 由于终态与 (1) 完全相同，ΔU、ΔH 和 (1) 的结果也完全相同。

习题：

3-19 某同学在 373K 分两步做了一个水蒸气压缩实验，第一步将 100dm³ $H_2O(g)$ 由 50kPa 可逆压缩至 100kPa，第二步继续在 100kPa 下将此体系压缩至 10dm³，试计算该实验的两步过程中的 Q、W、ΔU 和 ΔH。已知水在正常沸点（373K、$1p^{\ominus}$）的摩尔蒸发焓 $\Delta H_m^{\ominus} = 40.6$kJ/mol，设 $H_2O(g)$ 为理想气体，可忽略 $H_2O(l)$ 的体积。（-3.466kJ，3.466kJ，0，0；-52.37kJ，4.0kJ，-48.37kJ，-52.37kJ）

$$\Delta U=37.62\text{kJ}, \Delta H=40.67\text{kJ}$$

此过程 $p_e=0$，则 $W=0$

$$Q=\Delta U-W=37.62-0=37.62(\text{kJ})$$

由例题3-10看出，可逆相变条件下，相变热等于相变焓，真空膨胀相变热等于相变内能；气体状态对相变焓与相变内能有更大的影响。

3.7　热化学

化学变化中也常常伴有热效应，人们把研究具有热效应的化学反应的分支学科称为热化学（thermochemistry），实质上是热力学定律具体应用于化学反应体系，研究化学反应体系的热力学性质。

3.7.1　化学反应进度

对于化学反应方程可写为

$$0=\sum \nu_B \text{B} \tag{3.71}$$

式中，B 为反应物或产物，ν_B 为相应的化学方程式的计量数，也可以将反应物写在等号之前，产物写在等号之后，如

$$\sum_B \nu_{B,\text{reactant}} B_{\text{reactant}} = \sum_B \nu_{B,\text{product}} B_{\text{product}} \tag{3.72}$$

为从数量上统一表达反应进行的程度，定义了新的物理量——反应进度（extent of reaction），用符号 ξ 表示，其数学表达式为

$$\xi=\frac{n_{B,t}-n_{B,0}}{\nu_B}=\frac{\Delta n_B}{\nu_B}=\frac{\text{d}n_B}{\nu_B} \tag{3.73}$$

式中，$n_{B,t}$ 和 $n_{B,0}$ 分别为 t 时刻和初始状态时 B 物质的物质的量，ξ 的单位是 mol。

显然　　$\text{d}n_B=\nu_B\xi$，$\Delta n_B=\nu_B\xi$　　(3.74)

即表示 B 物质发生 $\text{d}n_B$（Δn_B）变化时的化学反应进度为 ξ（仅是反应进度的符号表示相同，而实际对应于 $\text{d}n_B$、Δn_B 的反应进度的数值并不相等），将对应的反应所产生的热效应为 $\text{d}_r H$（$\Delta_r H$）。

3.7.2　摩尔反应焓

热化学研究中所采用的状态函数变化值通常加上了一个下标“r”，表示化学反应（chemical reaction）状态函数的变化，以区别于非化学反应体系的状态函数的变化。

当研究恒温下化学反应的焓变时，通常用“$\Delta_r H$”表示，其摩尔反应焓定义为

$$\Delta_r H_m=\frac{\text{d}_r H}{\xi}=\frac{\nu_B \text{d}_r H}{\text{d}n_B}=\frac{\nu_B \Delta_r H}{\Delta n_B} \tag{3.75}$$

由式(3.75) 看出，摩尔反应焓（$\Delta_r H_m^\ominus$）是反应进度为 1mol 时的反应焓变，单位为 J/mol 或 kJ/mol，其值大小决定于化学反应本性以及反应体系所处的状态。如此，一个热化学方程式可以表示为

$$\sum_B \nu_{B,\text{reactant}} B_{\text{reactant}}(\text{s}) = \sum_B \nu_{B,\text{product}} B_{\text{product}}(\text{s}), \ \Delta_r H_m \tag{3.76}$$

式中，$\Delta_r H_m = \sum_B \nu_B H_{B,m}$，表示按照方程式反应进度为 1mol 所产生的热效应。因为温度、压力、组成等对热效应有一定的影响，

思考：

3-33　前面运用热力学第一定律都是将该定律用于物质不变的封闭体系发生的状态变化，为什么热力学第一定律还能用于反应前后物质发生改变的化学反应体系？

3-34　如何理解一个化学反应也可看作一个体系？这样的体系本质上不变的是什么？如何用热力学第一定律处理这类体系？

3-35　一个化学反应反应物体系和产物体系能是一个体系吗？将反应前后看作一个体系的不同状态合理吗？

3-36　试用热力学第一定律用于化学体系的类似原理分析社会体系“全面改革、经济转型、产业升级”的内涵。

3-37　引进反应进度有什么意义？

因此，书写热化学方程式时应该注明温度、压力、组成等条件，然后写出标明物质状态的化学方程式，再写出相应热力学函数的变化，两者之间用逗号隔开。为简化表示热化学方程式，一般在反应式中用“g、l、s”分别表示气体、液体、固体，以表示反应体系中各物质的状态；习惯上，如果不注明温度和压力表示 298.15K、$1p^{\ominus}$下的反应。

由于反应进度和反应方程式的写法有关，例如 300K、$5p^{\ominus}$下

$$H_2(g)+Cl_2(g)=2HCl(g),\quad \Delta_r H_m(1) \tag{1}$$

$$\frac{1}{2}H_2(g)+\frac{1}{2}Cl_2(g)=HCl(g),\Delta_r H_m(2) \tag{2}$$

式(1) 和式(2) 虽然是反应物和产物都是相同的物质且反应条件也相同，由于反应热效应是按照反应式彻底进行 1mol 的反应，故这两个反应热效应之间的关系是：$\Delta_r H_m(1)=2\Delta_r H_m(2)$，因此使用 $\Delta_r H_m$ 时一定要写明反应方程式，否则没有意义。

3.7.3 标准摩尔反应焓

当一个反应的反应物和产物都在标准状态下进行时所产生的摩尔焓变称为标准摩尔反应焓，符号为 $\Delta_r H_m^{\ominus}$，单位为 J/mol 或 kJ/mol。用标准摩尔反应焓表示化学方程式可表示为

$$\sum_B \nu_{B,reactant} B_{reactant}(s) = \sum_B \nu_{B,product} B_{product}(s),\ \Delta_r H_m^{\ominus} \tag{3.77}$$

式中，$\Delta_r H_m^{\ominus}=\sum_B \nu_B H_m^{\ominus}$，表示在 $1p^{\ominus}$下按照方程式的反应物生成产物反应进度为 1mol 所产生的焓变。例如 298.15K、$1p^{\ominus}$下

$$H_2(g,p^{\ominus})+I_2(g,p^{\ominus})=\!=\!=2HI(g,p^{\ominus})$$

$$\Delta_r H_m^{\ominus}(298.15K)=-51.8kJ/mol$$

有两层含义：①表示在 298.15K、$1p^{\ominus}$时，反应按所写的方程式进行，当反应进度为 1mol 时的 $\Delta_r H_m^{\ominus}$ 为−51.8kJ/mol；②表示 1mol 纯的（单独存在的）$H_2(g)$ 和 1mol 纯的 $I_2(g)$ 完全反应生成 2mol 纯的 HI(g) 的反应，它们之间并没有发生混合（这个想象的过程可通过范特霍夫平衡箱（见图 4-10）来完成）。

例题 3-11 已知反应：$H_2(g)+0.5O_2(g)=\!=\!=H_2O(l)$，$\Delta_r H_{m,298K}^{\ominus}=-285.9kJ/mol$，水的汽化热 2.445kJ/g，试计算反应 $H_2(g)+0.5O_2(g)=\!=\!=H_2O(g)$ 的 $\Delta_r H_{m,298K}^{\ominus}$。

解： (1) $H_2(g)+0.5O_2(g)=\!=\!=H_2O(l)\quad \Delta_r H_{m,298K,l}^{\ominus}$

(2) $H_2O(l)\longrightarrow H_2O(g)\quad \Delta_{vap} H_m^{\ominus}$

(3) $H_2(g)+0.5O_2(g)=\!=\!=H_2O(g)\quad \Delta_r H_{m,298K,g}^{\ominus}$

∵ (3)=(1)+(2)

∴ $\Delta_r H_{m,298K,g}^{\ominus}=\Delta_r H_{m,298K,l}^{\ominus}+\Delta_{vap} H_m^{\ominus}$

$=(-285.9+18\times2.445)kJ/mol$

$=-241.9kJ/mol$

习题：

3-20 已知下列反应 SATP 时热效应，

(1) $2Na(s)+Cl_2(g)=\!=\!=2NaCl$

$\Delta_r H_{m,1}^{\ominus}=-822kJ/mol$

(2) $H_2(g)+S(s)+2O_2(g)=\!=\!=H_2SO_4(l)$

$\Delta_r H_{m,2}^{\ominus}=-801kJ/mol$

(3) $2Na(s)+S(s)+2O_2(g)=\!=\!=Na_2SO_4(s)$

$\Delta_r H_{m,3}^{\ominus}=-1383kJ/mol$

(4) $H_2(g)+Cl_2(g)=\!=\!=2HCl(g)$

$\Delta_r H_{m,4}^{\ominus}=-185kJ/mol$

计算反应 $2NaCl(s)+H_2SO_4(l)=\!=\!=Na_2SO_4(s)+2HCl(g)$在 SATP 下反应时的 $\Delta_r H_m^{\ominus}$ 和 $\Delta_r U_m^{\ominus}$。

(55kJ/mol，50kJ/mol)

从式(3.76)和式(3.77)中看出,在计算反应焓变时要计算产物焓的总和和反应物的总和之差。如果能知道参与反应各种物质焓的绝对值,对于任一反应只要查表就能计算反应焓变了,未必把每个反应都去做一做。虽然物质焓的绝对值不能得到,为了解决问题的方便,可以采用一个相对的标准,同样可以解决反应焓变的计算问题。为此,人们结合常用的条件,规定了参考标准,得到了常用的热效应的数据参数,如标准摩尔生成焓和标准摩尔燃烧焓。

3.7.4 标准摩尔生成焓

某化合物的标准摩尔生成(formation)焓是指在 $1p^{\ominus}$ 下由最稳定单质生成 1mol 指定相态的化合物的反应焓变,符号为 $\Delta_f H^{\ominus}_{m,B(s)}$,下标为"f",单位为 J/mol 或 kJ/mol。例如 298.15K HI 的标准摩尔生成焓

$$\frac{1}{2}H_2(g,p^{\ominus})+\frac{1}{2}I_2(g,p^{\ominus})=\!=\!=HI(g,p^{\ominus})$$

$$\begin{aligned}\Delta_f H^{\ominus}_m(HI,g)&=H^{\ominus}_m(HI,g)-\frac{1}{2}H^{\ominus}_m(H_2,g)-\frac{1}{2}H^{\ominus}_m(I_2,g)\\&=\Delta_r H^{\ominus}_m(HI,g)\\&=-26.9\text{kJ/mol}\end{aligned}$$

再如 H_2SO_4 水溶液

$$H_2(g)+S(\text{正交硫})+2O_2=\!=\!=H_2SO_4(aq)$$

$$\begin{aligned}&\Delta_f H^{\ominus}_m(H_2SO_4,aq)\\&=H^{\ominus}_m(H_2SO_4,aq)-H^{\ominus}_m(H_2,g)-H^{\ominus}_m(S,\text{正交硫})-2H^{\ominus}_m(O_2,g)\end{aligned}$$

通常 $\Delta_f H^{\ominus}_m$ 都是在 298.15K 时的数据,规定最稳定的单质如 $H_2(g)$、$N_2(g)$、$O_2(g)$、$Cl_2(g)$、C(石墨)、S(正交硫)等的 $\Delta_f H^{\ominus}_m=0$。

对于水溶液中的离子如 K^+、Cl^- 等,其 $\Delta_f H^{\ominus}_m$ 为下列反应的 $\Delta_r H^{\ominus}_m$

$$K(s)-e^-=K^+(aq,\infty)$$

$$\frac{1}{2}Cl_2(g)+e^-=Cl^-(aq,\infty)$$

式中,(aq,∞)表示无限稀释的水溶液,对于不特别注明的离子,可用(aq)表示理想水溶液(溶液无限稀释,不考虑离子间的作用)。这种离子的生成焓在实践上难于实现,即不可能制备只有一种离子的水溶液,因此,规定 H^+ 的标准摩尔生成焓为零,由此求得其他离子的 $\Delta_f H^{\ominus}_m$。

有了物质的标准生成焓(可查阅教材附录)后,再来计算化学反应的焓变就容易了,例如预计算反应 $CaCO_3(s)=\!=\!=CaO(s)+CO_2(g)$ 的焓变,可以设计路线

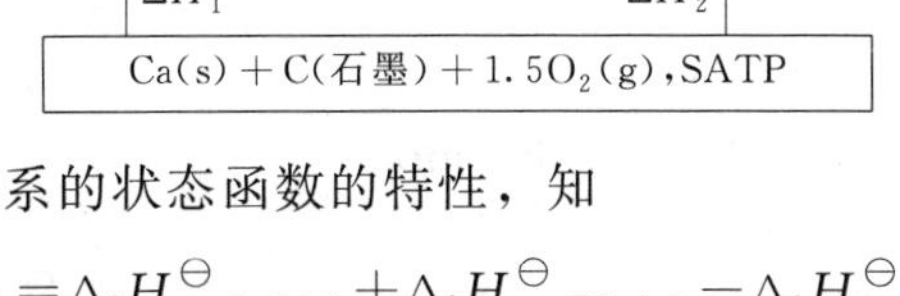

$CaCO_3(s)$ SATP	$\xrightarrow{\Delta_r H^{\ominus}_m}$	$CaO(s)+CO_2$ SATP
↑ ΔH_1		↑ ΔH_2
$Ca(s)+C(\text{石墨})+1.5O_2(g)$, SATP		

根据 Hess 定律或焓是体系的状态函数的特性,知

$$\Delta_r H^{\ominus}_m=\Delta H_2-\Delta H_1=\Delta_f H^{\ominus}_{m,CaO(s)}+\Delta_f H^{\ominus}_{m,CO_2(g)}-\Delta_f H^{\ominus}_{m,CaCO_3(s)}$$

由此我们得出利用物质的标准生成焓计算反应焓的公式

$$\Delta_r H^{\ominus}_m=\sum\nu_B\Delta_f H^{\ominus}_{m,B(s)} \tag{3.78}$$

这样就可以通过查阅 $\Delta_f H^{\ominus}_{m,B}$ 的值,直接获得反应的焓变。

例题 3-12 由标准摩尔生成焓计算 298.15K 时下列反应的标准摩尔反应焓。

$$2C_2H_5OH(g) \xlongequal{} C_4H_6(g) + 2H_2O(g) + H_2(g)$$

解：查附录表得，$\Delta_f H^{\ominus}_{m,C_2H_5OH(g)} = -235.10\text{kJ/mol}$

$\Delta_f H^{\ominus}_{m,C_4H_6(g)} = 110.16\text{kJ/mol}$

$\Delta_f H^{\ominus}_{m,H_2O(g)} = -241.82\text{kJ/mol}$

$\Delta_f H^{\ominus}_{m,H_2(g)} = 0.00\text{kJ/mol}$

按照公式(3.78)，得

$$\begin{aligned}\Delta_r H^{\ominus}_m &= \Delta_f H^{\ominus}_{m,C_4H_6(g)} + 2\Delta_f H^{\ominus}_{m,H_2O(g)} + \Delta_f H^{\ominus}_{m,H_2(g)} - 2\Delta_f H^{\ominus}_{m,C_2H_5OH(g)} \\ &= [110.16 + 2\times(-241.82) + 0 - 2\times(-235.10)]\text{kJ/mol} \\ &= 96.72\text{kJ/mol}\end{aligned}$$

3.7.5 标准摩尔燃烧焓

某化合物的标准摩尔燃烧（combustion）焓是指在 $1p^{\ominus}$、反应温度 T 时，单位物质的量的化合物 B 完全氧化为同温下的指定产物的标准摩尔焓变，符号为 $\Delta_c H^{\ominus}_{m,B(s)}$，下标为“c”，单位为 J/mol 或 kJ/mol。例如 298.15K、$1p^{\ominus}$ 的标准摩尔燃烧焓

$$H_2(g) + \frac{1}{2}O_2(g) \xlongequal{} H_2O(l), \Delta_c H^{\ominus}_{m,H_2(g)} = -285.83\text{kJ/mol}$$

燃烧产物规定为：化合物中 C 变为 $CO_2(g)$，H 变为 $H_2O(l)$，S 变为 $SO_2(g)$，N 变为 $N_2(g)$，Cl 变为 HCl(aq)，金属都成为游离状态，也就是说规定这些化合物的 $\Delta_c H^{\ominus}_{m,B(s)} = 0$。

这样，我们可以根据物质燃烧焓的数据参数（见附录）计算反应焓，公式为

$$\Delta_r H^{\ominus}_m = -\sum \nu_B \Delta_c H^{\ominus}_{m,B(s)} \quad (3.79)$$

例如：计算 25℃、$p^{\ominus}$ 下反应 $3C_2H_2(g) \longrightarrow C_6H_6(g)$ 反应焓。

$3C_2H_2(g)$, $p^{\ominus}$, 298K —($\Delta_r H^{\ominus}_m$)→ $C_6H_6(g)$, $p^{\ominus}$, 298K

$3C_2H_2(g)$ —($3\Delta_c H^{\ominus}_{m,C_2H_2(g)}$)→ $6CO_2(g) + 3H_2O(l)$, $p^{\ominus}$, 298K —($-\Delta H^{\ominus}_{m,C_6H_6(l)}$)→ $C_6H_6(g)$

$$\begin{aligned}\Delta_r H^{\ominus}_m &= 3\Delta_c H^{\ominus}_{m,C_2H_2(g)} - \Delta_c H^{\ominus}_{m,C_6H_6(l)} \\ &= [3\times(-1299.6) - (-3267.5)]\text{kJ/mol} \\ &= -631.3\text{kJ/mol}\end{aligned}$$

有机化合物的燃烧热在生产生活中有着重要的价值。工业生产中燃料的热值（燃烧焓）是燃料品质好坏的重要标志；脂肪、碳水化合物和蛋白质等食物是提供能量的来源物质，其燃烧焓的数值是营养学中的重要数据。

习题:

3-21 试由标准摩尔生成焓计算 298.15K 时下列反应的标准摩尔反应焓。

(1) $H_2O(l) \xlongequal{} H_2O(g)$

(2) $AgBr(s) \xlongequal{} Ag^+(aq) + Br^-(aq)$

(44.012kJ/mol；84.399kJ/mol)

3-22 根据 $1p^{\ominus}$、298K 时下列反应热，计算 298K 时 AgCl(s) 的标准摩尔生成焓。

(1) $Ag_2O(s) + 2HCl(g) \xlongequal{} 2AgCl(s) + H_2O(l)$

$\Delta_r H^{\ominus}_{m,1} = -30.57\text{kJ/mol}$

(2) $H_2(g) + Cl_2(g) \xlongequal{} 2HCl(g)$

$\Delta_r H^{\ominus}_{m,2} = -324.9\text{kJ/mol}$

(3) $2Ag(s) + (1/2)O_2(g) \xlongequal{} Ag_2O(s)$

$\Delta_r H^{\ominus}_{m,3} = -184.62\text{kJ/mol}$

(4) $2H_2(g) + O_2(g) \xlongequal{} 2H_2O(l)$

$\Delta_r H^{\ominus}_{m,4} = -571.68\text{kJ/mol}$

(−127.125kJ/mol)

习题:

3-23 已知 SATP 下的 $(COOH)_2(s)$、$CH_3OH(l)$、$(COOCH_3)_2(l)$ 的标准摩尔燃烧焓分别为 −246.0kJ/mol、−726.6kJ/mol、−1677.8kJ/mol，试计算以下反应标准摩尔反应焓。

$(COOH)_2(s) + 2CH_3OH(l) \xlongequal{} (COOCH_3)_2(l) + 2H_2O(l)$

(−21.4kJ/mol)

3.8　$\Delta_r H_m$ 与温度的关系

反应热随压力的变化较小，一般不予考虑；反应热随温度的变化可利用基尔霍夫（Kirchhoff）定律进行计算；对于非等温反应，可利用焓的状态函数性质设计过程进行计算。

3.8.1　不同温度的反应焓计算

在 298.15K 时可以用摩尔生成焓、摩尔燃烧焓和赫斯定律来计算反应的焓变。当在非常温下，等压反应的焓变如何计算呢？

设在恒压、某温度 T 时发生一化学反应：

$$aA \longrightarrow bB$$

反应的焓变为

$$\Delta_r H_m = bH_{m,B} - aH_{m,A}$$

若反应温度改变 dT，则其焓变的增量为 $d\Delta_r H_m$，因处于恒压条件下，故有

$$\begin{aligned}\left(\frac{\partial \Delta_r H_m}{\partial T}\right)_p &= b\left(\frac{\partial H_{m,B}}{\partial T}\right)_p - a\left(\frac{\partial H_{m,A}}{\partial T}\right)_p \\ &= bC_{p,m,B} - aC_{p,m,A} \\ &= \sum_B \nu_B C_{p,m,B} \\ &= \Delta C_p\end{aligned}$$

故

$$d\Delta_r H_m = \Delta C_p dT \tag{3.80}$$

对式(3.80) 作不定积分，得

$$\Delta_r H_m(T) = \int \Delta C_p dT + 常数 \tag{3.81}$$

对式(3.80) 作定积分，得

$$\int_{\Delta_r H_{m,1}}^{\Delta_r H_{m,2}} d\Delta_r H_m = \int_{T_1}^{T_2} \Delta C_p dT$$

$$\Delta_r H_{2,m} - \Delta_r H_{1,m} = \int_{T_1}^{T_2} \Delta C_p dT$$

或改写为

$$\Delta_r H_{2,m}(T_2) = \Delta_r H_{1,m}(T_1) + \int_{T_1}^{T_2} \Delta C_p dT \tag{3.82}$$

式(3.80)、式(3.81)、式(3.82) 为**基尔霍夫（Kirchhoff）定律**的数学表达式，可根据该公式进行不同温度下的反应焓的计算。

例题 3-13　试利用标准摩尔生成焓计算 $1p^\ominus$、1000K 反应的摩尔反应焓变：C(石墨)+CO_2(g)══2CO(g)。

解：查表得 298K 标准态时各物质的标准生成焓

$$\Delta_f H^\ominus_{m,CO_2(g)} = -393.5 kJ/mol$$

$$\Delta_f H^\ominus_{m,CO(g)} = -110.53 kJ/mol$$

$$\Delta_f H^\ominus_{m,C(s)} = 0 kJ/mol$$

$$\begin{aligned}\therefore\quad \Delta_r H^\ominus_{m,298K} &= \sum \nu_B \Delta_f H^\ominus_{m,B(s)} \\ &= [2\times(-110.53) - 1\times(-393.5)] kJ/mol \\ &= 172.45 kJ/mol\end{aligned}$$

又　$C_{p,m,C} = [17.15 + 0.00427T - 879000T^{-2}] J/(K \cdot mol)$

关于应用基尔霍夫定律的几点说明

(1) 由于 298K 的反应焓变可利用物质的标准生成焓、标准燃烧焓及赫斯定律求得，因此通常 T_1 选为 298K。

(2) 在反应物和产物变温过程中，如果有相变过程，应分段积分，将相变焓变考虑其中。

(3) 若各 $C_{p,m}$ 不随温度而变化，或变温区间不大，$C_{p,m}$ 可看成常数，则

$$\Delta_r H_2 = \Delta_r H_1 + \Delta C_p (T_2 - T_1)$$

(4) 若 $C_{p,m}$ 是温度的函数，如经验公式 $C_{p,m} = a + bT + cT^2$ 或 $C_{p,m} = a + bT + c'T^{-2}$，此时基尔霍夫定律积分式为：

$$\Delta_r H_2 = \Delta_r H_1 + \Delta a (T_2 - T_1) + \frac{1}{2}\Delta b (T_2^2 - T_1^2) + \frac{1}{3}\Delta c (T_2^3 - T_1^3)$$

或

$$\Delta_r H_2 = \Delta_r H_1 + \Delta a (T_2 - T_1) + \frac{1}{2}\Delta b (T_2^2 - T_1^2) - \Delta c\left(\frac{1}{T_2} - \frac{1}{T_1}\right)$$

$$C_{p,\mathrm{m,CO_2}}=[44.14+0.00904T-853000T^{-2}]\mathrm{J/(K\cdot mol)}$$

$$C_{p,\mathrm{m,CO}}=[28.41+0.00410T-46000T^{-2}]\mathrm{J/(K\cdot mol)}$$

故 $\Delta C_p=2\times C_{p,\mathrm{m,CO}}-(1\times C_{p,\mathrm{m,C}}+1\times C_{p,\mathrm{m,CO_2}})$

$$=[-4.47-0.00511T+1640000T^{-2}]\mathrm{J/(K\cdot mol)}$$

于是 $\Delta_r H^{\ominus}_{\mathrm{m,1000K}}=\Delta_r H^{\ominus}_{\mathrm{m,298K}}+\int_{298\mathrm{K}}^{1000\mathrm{K}}\Delta C_p\,\mathrm{d}T$

$$=172450+\int_{298\mathrm{K}}^{1000\mathrm{K}}(-4.47-0.00511T+1640000T^{-2})\,\mathrm{d}T$$

$$=170840(\mathrm{J/mol})$$

3.8.2 非等温反应

若化学反应产生或吸收的热量不能及时与环境发生交换，则会使体系的温度发生变化，造成反应体系起始温度与终了温度不相等，此种情况下的反应称为非等温反应。一些恒压条件下的快速反应如燃烧反应、爆炸反应等均属于非等温反应。在实际化工生产中，对于非等温反应一般是求算反应的终态温度。

下面我们以化学反应体系与环境之间无热量交换的极端情况——绝热反应为例进行讨论。若在绝热情况下进行了一化学反应，始态温度已知，体系的终态温度可设计如下过程求算：

aA + bB, T_1 —— $Q=0$, $\mathrm{d}p=0$, $\Delta_r H_m=0$ ——→ gG + hH, $T_2=?$

ΔH_1 ↓ ↑ ΔH_2

aA + bB, 298.15K —— $\Delta_r H_{298.15}$ ——→ gG + hH, 298.15K

该过程把体系始态从 T_1 改变到 298.15K，反应在 298.15 K 进行，然后再把产物从 298.15K 改变到 T_2。

$$\Delta H_1=\int_{T_1}^{298.15}\sum C_p(\text{反应物})\mathrm{d}T$$

$$\Delta H_2=\int_{298.15}^{T_2}\sum C_p(\text{产物})\mathrm{d}T$$

$\Delta_\gamma H_{298.15}$ 值可从标准摩尔生成焓或燃烧焓计算求得。

由于焓是状态函数，该体系又是绝热体系，故

$$\Delta H_1+\Delta_r H_{298.15}+\Delta H_2=0 \qquad (3.83)$$

方程（3.83）中只有 T_2 为未知数，解该方程即可得到终态的温度 T_2。

例题 3-14 在 298K、$1p^{\ominus}$ 时把甲烷与理论量的空气（$O_2:N_2=1:4$）混合后，在恒压下使之燃烧，求体系所能达到的最高温度（即最高火焰温度）。

解： 燃烧反应是瞬时完成的，因此可看作是绝热反应。反应为

$$CH_4(g)+2O_2(g)\longrightarrow CO_2(g)+2H_2O(g)$$

1mol $CH_4(g)$ 在供给理论量的空气时需 2mol $O_2(g)$，剩余 8mol $N_2(g)$，N_2 虽未参与反应，但它的温度随着改变，因此

习题：

3-24 SATP 下液态水的生成热为 −285.8kJ/mol，又知 298～373K 的温度区间内，$H_2(g)$、$O_2(g)$、$H_2O(l)$ 的 $C_{p,m}$ 分别为 28.83J/(K·mol)、29.16J/(K·mol)、75.31J/(K·mol)，试计算 373K 时液体水的摩尔生成热。（−283.4kJ/mol）

思考：

3-38 非等温反应温度的精确计算方法是否考虑等压或等容条件？

也要吸收热量。设想体系在 298K（T_1）时进行反应，而后再改变终态的温度到 T_2，设计过程为

$$\begin{array}{ccc} \boxed{\begin{array}{c} CH_4(g)+2O_2+8N_2(g) \\ p^{\ominus}, T_1=298K \end{array}} & \xrightarrow[\Delta_r H_m^{\ominus}=0]{Q=0, dp=0} & \boxed{\begin{array}{c} CO_2(g)+2H_2O(g)+8N_2(g) \\ p^{\ominus}, T_2=? \end{array}} \\ \downarrow \Delta_r H_{m,1}^{\ominus} & & \uparrow \Delta_p H_{m,2}^{\ominus} \\ & \boxed{\begin{array}{c} CO_2(g)+2H_2O(g)+8N_2(g) \\ p^{\ominus}, T_1=298K \end{array}} & \end{array}$$

由表查出标准生成焓

$$\Delta_f H_{m,H_2O(g)}^{\ominus}=-241.82kJ/mol$$

$$\Delta_f H_{m,CO_2(g)}^{\ominus}=-393.51kJ/mol$$

$$\Delta_f H_{m,CH_4(g)}^{\ominus}=-74.81kJ/mol$$

$$\begin{aligned}\Delta_r H_{m,1}^{\ominus}&=\Delta_f H_{m,CO_2(g)}^{\ominus}+2\Delta_f H_{m,H_2O(g)}^{\ominus}-\Delta_f H_{m,CH_4(g)}^{\ominus}\\&=[-393.51-2\times(-241.82)-(-74.81)]kJ/mol\\&=-802.34kJ/mol\end{aligned}$$

查 $C_{p,m,CO_2(g)}$、$C_{p,m,H_2O(g)}$、$C_{p,m,N_2(g)}$ 与温度的关系式（为方便计算，舍去第三项）

$$C_{p,m,CO_2,g}=[44.22+8.79\times10^{-3}T]J/(K\cdot mol)$$

$$C_{p,m,H_2O,g}=[30.54+10.29\times10^{-3}T]J/(K\cdot mol)$$

$$C_{p,m,N_2,g}=[28.58+3.76\times10^{-3}T]J/(K\cdot mol)$$

代入 $\Delta_p H_{m,2}^{\ominus}=\int_{T_1}^{T_2}\sum C_p dT$

$$\begin{aligned}&=\int_{298K}^{T_2}\begin{bmatrix}(44.22+2\times30.54+8\times28.58)\\+(8.79+2\times10.29+8\times3.76)\\\times10^{-3}T\end{bmatrix}dT\\&=\int_{298K}^{T_2}[(333.94)+59.45\times10^{-3}T]\,dT\\&=333.94(T_2-298)+\frac{1}{2}[59.45\times10^{-3}(T_2^2-298^2)]\\&=-102154+333.94T_2+29.73\times10^{-3}T_2^2\end{aligned}$$

又因为　$\Delta_r H_m^{\ominus}=\Delta_r H_{m,1}^{\ominus}+\Delta_p H_{m,2}^{\ominus}=0$

代入数据，$-802340-102154+333.94T_2+29.73\times10^{-3}T_2^2=0$

解之，得　$T=564K$

3.9　热效应数据的来源

根据数据与实验或理论的远近程度，热效应的数据来源分为三个方面：直接实验测定、半经验法和理论计算法。

3.9.1　直接实验测定法

体系在发生物理或化学状态变化时所产生热效应若用实验的方法直接测量出来，这种直接测量热效应的实验技术方法目前已经发展成为热力学的一个分支学科——量热学（calorimetry），它

习题：

3-25　试估算 SATP 条件下切割金属的乙炔与压缩空气燃烧的火焰可能达到的最高温度。设空气由 O_2、N_2 组成，其物质的量之比为 1∶4；已知 298K 时 $C_2H_2(g)$、$CO_2(g)$、$H_2O(g)$、$N_2(g)$ 的标准摩尔生成焓分别是 226.7kJ/mol、－393.5kJ/mol、－241.8kJ/mol、0kJ/mol，平均定压摩尔热容分别为 43.93J/(K·mol)、37.10J/(K·mol)、33.58J/(K·mol)、29.12J/(K·mol)。(3445K)

关于温度与反应焓变关系的说明

(1) 对于有部分热量交换的体系，若可确定交换的热量，则计算反应后温度 T_2 的方法类似于绝热反应。

(2) 实际生产中，反应常常既不在完全等温又不在完全绝热的条件下进行，并且也可能产生一些副反应，但是有了等温和绝热这两种理想情况的计算，其结果对生产就有了很大的指导价值。

直接借用实验测量的体系变化过程中热效应数据来研究体系变化规律。测量热效应所用的仪器统称为热量计（calorimeter），一般有两种测量原理：一是测量体系在绝热条件下状态变化过程中所表现出来温度变化，如前面介绍的焦耳实验、焦耳-汤姆逊实验；二是利用电能或标准物或参考物，测量引起体系同样温度变化时所需的能量，如常用的氧弹量热计、差示扫描量热计等。

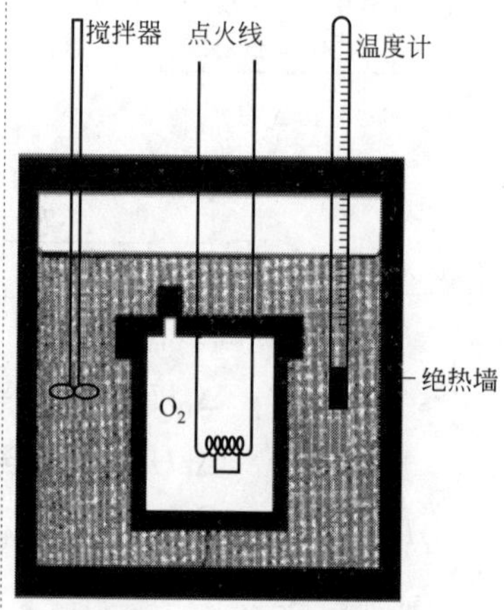

图 3-12　氧弹量热计结构示意

在 3.3 节中我们已经讨论了体系的等容、等压热效应与体系内能、焓的直接关系。我们在化学实验中也经常在等容、等压条件下进行，这样，会经常用到表示热效应的两个术语——等容热效应 Q_V 和等压热效应 Q_p，根据热与过程的关系，它们分别对应于化学反应体系反应前后的内能变 $\Delta_r U$ 与焓变 $\Delta_r H$。通常实验条件下，容易获得体系的等容或等压热效应。图 3-12 为实验室常用的一种测定物质燃烧焓的氧弹量热计的结构示意，可以利用该量热仪器直接测定待测物质恒容热效应 Q_V。

由于实验条件的限制，往往只能测量某种实验条件下的热效应，那么如何借用测量的实验数据来得到其他的热力学函数呢？这就需要根据热力学函数直接的关系，根据状态函数的性质来推出其相互关系。下面我们来推导化学反应体系等容热效应和等压热效应之间的关系。

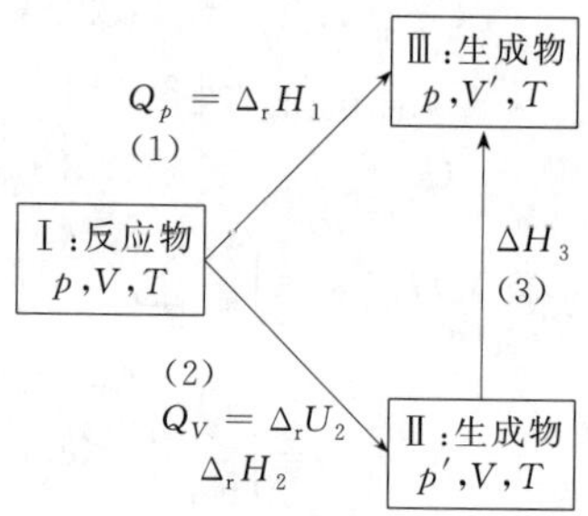

图 3-13　化学体系热效应关系

设计反应过程如图 3-13 所示，根据热力学函数的性质，

∵　H 是状态函数

∴　$\Delta_r H_1=\Delta_r H_2+\Delta H_3$

$$=[\Delta_r U_2+\Delta(pV)]+\Delta H_3 \qquad ①$$

其中　$\Delta(pV)=(pV)_{\text{Ⅱ}}-(pV)_{\text{Ⅰ}}$　②

对于反应体系中的凝聚相而言，反应前后的 pV 值相差不大，可忽略不计，因此，$\Delta(pV)$ 值只需考虑反应前后气相组分的 pV 之积。若再假定气体为理想气体，则

$$\Delta(pV)=\Delta n(RT) \qquad ③$$

式③中 Δn 为实际化学反应体系中气相生成物与气相反应物的物质的量之差。

对于理想气体，H（或 U）只是温度的函数，(3) 是等温过程，故 $\Delta H_3=0$；对于其他物质，由于步骤（3）是物理变化过程，其数值与化学反应的 $\Delta_r H(\Delta_r U)$ 相比，一般地 $\Delta H_3 \ll \Delta_r H$，可略去不计，故

$$\Delta H_3 \approx 0 \qquad ④$$

将式③、式④代入式①，整理，得

$$\Delta_r H=\Delta_r U+\Delta n(RT) \qquad (3.84)$$

习题：

3-26　某同学利用氧弹量热计测得 0.78g 苯完全燃烧放出 32680J 的热，试计算该过程的 Q_V、Q_p、$\Delta_r U_m$、$\Delta_r H_m$ 分别是多少？（-32680J；-32717J；-3268kJ/mol；-3271.7kJ/mol）

又∵ $Q_p=\Delta H$，$Q_V=\Delta U$，

故 $$Q_p=Q_V+\Delta n(RT) \tag{3.85}$$

利用式(3.84)、式(3.85) 可以进行化学反应焓变、内能变、等压和等容热效应的相关性计算。

3.9.2 半经验法-自键焓估计

一切化学反应本质上都是原子或原子团的重新排列组合，反应的全过程就是旧键拆散和新键形成的过程。由于不同键含有的能量不同，从而会出现反应热效应。理论上讲，如果我们知道各原子之间的化学键能，则根据反应过程中键的变化情况，就能计算出反应焓变。但遗憾的是，到目前为止，由于核外电子彼此之间的相互作用极其复杂，物质结构和实验方法都难以获得一套含有各种键能的有关数据，因此，该方法只能利用一些已知的键能数据来估算反应焓变。

在热化学中所用的键（bond）焓是指拆开 1mol 该类共价键所需要的能量的平均值，符号为 $\Delta_b H^{\ominus}_{m,bond}$，下标为"b"，单位为 J/mol 或 kJ/mol；而光谱所得的键的分解能是指拆开气态化合物中某一个具体的键生成气态原子所需要的能量。例如光谱数据知道

$$H_2O(g)=\!=\!=H(g)+OH(g), \Delta_r H_m=502.1kJ/mol$$

$$OH(g)=\!=\!=H(g)+O(g), \Delta_r H_m=423.4kJ/mol$$

在 H—O—H 中拆散第一个 H—O 键与拆散第二个 H—O 键所需的能量不同，而键焓的定义则是

$$\Delta H_{m,OH}=\frac{(502.1+423.4)kJ/mol}{2}=462.8kJ/mol$$

可见，键焓只是一个平均数据，而不是直接实验的结果。当然，对于双原子分子来说，其键焓和键的分解能是相等的。表 3-2 列出了几种键的平均键焓。我们可以根据键焓来计算反应焓，公式为

$$\Delta_r H^{\ominus}_m=-\sum \nu_B \Delta_b H^{\ominus}_{m,bond} \tag{3.86}$$

例题 3-15 利用键焓估算 SATP 下反应 $3C_2H_2(g)=\!=\!=C_6H_6(g)$ 反应焓。

解： 设计过程见图 3-14。

查表，得，$\Delta_b H^{\ominus}_{m,C\equiv C}=838kJ/mol$

$\Delta_b H^{\ominus}_{m,C=C}=612kJ/mol$

$\Delta_b H^{\ominus}_{m,C-C}=348kJ/mol$

$\Delta_r H^{\ominus}_m=\Delta H_1+\Delta H_2$

表 3-2 SATP 下一些平均键焓值[①]

键	$\Delta_b H^{\ominus}_m$/(kJ/mol)
H—H	436
C—C	348
C═C	612
C≡C	838
N—N	163
N≡N(N_2)	946
O—O	146
O═O(O_2)	497
F—F(F_2)	155
Cl—Cl(Cl_2)	242
Br—Br(Br_2)	193
I—I(I_2)	151
Cl—F	254
C—H	412
N—H	388
O—H	463
F—H(HF)	565
Cl—H(HCl)	431
Br—H(HBr)	366
I—H(HI)	299
Si—H	318
S—H	338
C—O	360
C═O	743
C—N	305
C≡N	890
C—F	484
C—Cl	338

① 摘自傅献彩等．物理化学（第五版）．北京：高等教育出版社，2005.7，107.

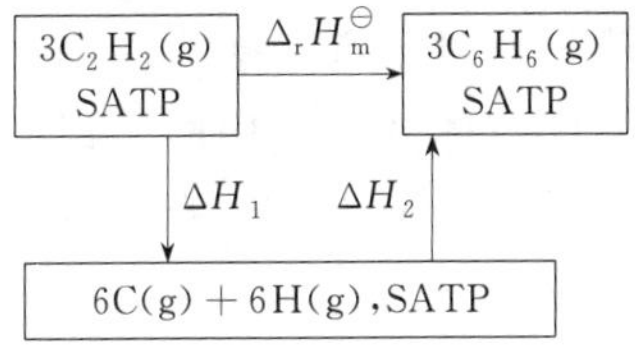

图 3-14 例题 3-15 焓变过程

习题：

3-27 已知石墨升华为碳原子的焓变为 $\Delta_{sub}H^{\ominus}_m=711kJ/mol$，氢气的键焓为 $\Delta_b H^{\ominus}_m=432kJ/mol$，$CH_4$（g）的生成焓 $\Delta_f H^{\ominus}_m=-75kJ/mol$，试利用这些已知数据估算 C-H 的键焓。（412.5kJ/mol）

$$=3(\Delta_b H_{m,C\equiv C}^{\ominus}+2\Delta_b H_{m,C-H}^{\ominus})$$

$$-(3\Delta_b H_{m,C=C}^{\ominus}+3\Delta_b H_{m,C-C}^{\ominus}+6\Delta_b H_{m,C-H}^{\ominus})$$

$$=3(\Delta_b H_{m,C\equiv C}^{\ominus}-\Delta_b H_{m,C=C}^{\ominus}-\Delta_b H_{m,C-C}^{\ominus})$$

$$=3\times(838-612-348)\text{kJ/mol}$$

$$=-366\text{kJ/mol}$$

该结果与用燃烧焓计算出来的结果相比有较大差异，这主要由于乙炔、苯中的C—H键焓不等所致，而这里利用键焓计算时，没有考虑其差异性；同时也表明利用键焓仅能估计反应焓，是半经验的方法。

类似于键焓估计反应焓的思维方法，还可以有其他的半经验方法，如基于基团加和法计算来估算反应焓，其计算结果比键焓法更好些，这里不作介绍。

3.9.3 理论计算法

利用统计力学方法，通过化学计算软件计算物质分子的平动、转动、振动等微观特性，可以从理论上计算获得气体物质分子的 $\Delta_f H_m^{\ominus}$、$C_{p,m}^{\ominus}$ 和 $S_m^{\ominus}$。

随着计算机技术的发展，量子化学计算已经从最初的MNDO、AM1、PM3等半经验算法，发展到DFT、MP2、MP4等多种精确算法，这些理论计算方法可以根据体系分子的结构性质给出较精确的热力学函数的相关数据，许多文献中经常有化合物热力学数据参数的理论报道，如图3-15为DFT方法计算出不同温度下一种席夫碱类化合物的理论热力学函数值图。

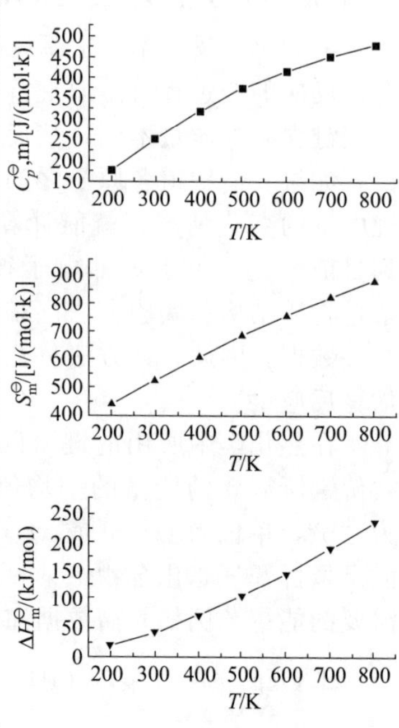

图3-15 DFT方法预测的热力学函数图

（摘自 Sun, Y. et al. Optical Materials **2013**, 35, 2519-2526）

3.10 热力学函数的推导与变换

通过本章对热力学第一定律相关知识及其在气体、化学反应体系中应用的认识，大家会初步感受到热力学理论灵活解决生活、生产实践过程中问题的魅力。本节除了总结热力学第一定律相关的一些重要关系式外，重点总结介绍一些推导热力学函数变换关系的技巧。

思考：

3-39 热力学函数推导与变换的意义是什么？

3-40 热力学函数推导与变换的基本规律是什么？

3.10.1 基本关系式

常用的基本关系式有两类，一类是定义式类，第二类数学函数关系式类

（1）定义式

$$\delta W_V=-p_e\mathrm{d}V,\ C_V=\left(\frac{\partial U}{\partial T}\right)_V, C_p=\left(\frac{\partial H}{\partial T}\right)_p,$$

$$H=U+pV, \mu_J=\left(\frac{\partial T}{\partial V}\right)_U, \mu_{J\text{-}T}=\left(\frac{\partial T}{\partial p}\right)_H$$

（2）函数转化关系式

① 链式关系式：$\left(\frac{\partial x}{\partial y}\right)_z=\left(\frac{\partial x}{\partial M}\right)_z\left(\frac{\partial M}{\partial y}\right)_z$

② 倒数关系式：$\left(\frac{\partial x}{\partial y}\right)_z=\frac{1}{\left(\frac{\partial y}{\partial x}\right)_z}$

③ 循环关系式：$\left(\frac{\partial x}{\partial y}\right)_z\left(\frac{\partial y}{\partial z}\right)_x\left(\frac{\partial z}{\partial x}\right)_y=-1$

④ 复合函数的偏微分关系式：

$$\left(\frac{\partial f}{\partial x}\right)_y=\left(\frac{\partial f}{\partial x}\right)_z+\left(\frac{\partial f}{\partial z}\right)_x\left(\frac{\partial z}{\partial x}\right)_y$$

例如 3.3 节例题 3-4 中获得的中间结果：

$$\left(\frac{\partial U}{\partial T}\right)_p=\left(\frac{\partial U}{\partial T}\right)_V+\left(\frac{\partial U}{\partial V}\right)_T\left(\frac{\partial V}{\partial T}\right)_p$$

3.10.2　证明题的类型

（1）证明物理量的求算公式

如证明理想气体绝热可逆过程的功的求算公式。

（2）证明某物理量与一些函数无关

例题 3-16　已知$\left(\frac{\partial U}{\partial V}\right)_T=0$，证明理想气体的 C_V 仅为温度的函数。

证明： 对于理想气体，$dU=C_V dT$，故

$$\left(\frac{\partial C_V}{\partial V}\right)_T=\left(\frac{\partial(\partial U/\partial T)_V}{\partial V}\right)_T=\left(\frac{\partial(\partial U/\partial V)_T}{\partial T}\right)_V=\left(\frac{\partial 0}{\partial T}\right)_V=0$$

$$\left(\frac{\partial C_V}{\partial p}\right)_T=\left(\frac{\partial C_V}{\partial V}\right)_T\left(\frac{\partial V}{\partial p}\right)_T=0\times\left(-\frac{nRT}{p^2}\right)=0$$

故

$$C_V=f(T)$$

（3）证明某物理量的微变为全微分

若函数关系式，$z=f(x,y)$，则具有微分

$$dz=\left(\frac{\partial z}{\partial x}\right)_y dx+\left(\frac{\partial z}{\partial y}\right)_x dy=M dx+N dy$$

若具有对易关系$\left(\frac{\partial M}{\partial y}\right)_x=\left(\frac{\partial N}{\partial x}\right)_y$，则 dz 为全微分。

例题 3-17　证明对于理想气体的 $V dp$ 不是全微分。

证明： 设 $p=f(T,V)$，则

$$dp=\left(\frac{\partial p}{\partial T}\right)_V dT+\left(\frac{\partial p}{\partial V}\right)_T dV$$

$$V dp=V\left(\frac{\partial p}{\partial T}\right)_V dT+V\left(\frac{\partial p}{\partial V}\right)_T dV$$

∵　对于理想气体，有$\left(\frac{\partial p}{\partial T}\right)_V=\frac{nR}{V}$，$\left(\frac{\partial p}{\partial V}\right)_T=-\frac{nRT}{V^2}$

$\therefore\quad V\mathrm{d}p = nR\mathrm{d}T + \left(-\frac{nRT}{V}\right)\mathrm{d}V = M\mathrm{d}T + N\mathrm{d}V$

$\therefore\quad \left(\frac{\partial M}{\partial V}\right)_T = 0$，$\left(\frac{\partial N}{\partial T}\right)_V = -\frac{nR}{V}$

$\therefore\quad \left(\frac{\partial M}{\partial V}\right)_T \neq \left(\frac{\partial N}{\partial T}\right)_V$，故 $V\mathrm{d}p$ 不是全微分。

(4) 推导可逆过程的方程式

示例参见 3.4.5 节绝热可逆过程方程式的推导。

(5) 证明或推导U、H 和 p、V、T 的偏微商与 C_p、C_V 的关系

① 若 $H(U)$ 在分子上，p、V 为下标，则用定义式或链式关系。

例题 3-18 试证明 $\left(\frac{\partial U}{\partial T}\right)_p = C_p - p\left(\frac{\partial V}{\partial T}\right)_p$

证明：
$$\left(\frac{\partial U}{\partial T}\right)_p = \left[\frac{\partial\ (H-pV)}{\partial T}\right]_p = \left(\frac{\partial H}{\partial T}\right)_p - p\left(\frac{\partial V}{\partial T}\right)_p = C_p - p\left(\frac{\partial V}{\partial T}\right)_p$$

例题 3-19 试证明$\left(\frac{\partial H}{\partial V}\right)_p = C_p\left(\frac{\partial T}{\partial V}\right)_p$

证明： $\left(\frac{\partial H}{\partial V}\right)_p = \left(\frac{\partial H}{\partial T}\right)_p\left(\frac{\partial T}{\partial V}\right)_p = C_p\left(\frac{\partial T}{\partial V}\right)_p$

② 若 $H(U)$ 在分子上，T 为下标，先用复合函数偏微商公式，再用其他关系式。

例题 3-20 试证明$\left(\frac{\partial U}{\partial V}\right)_T = (C_p - C_V)\left(\frac{\partial T}{\partial V}\right)_p - p$

证明：
$$\begin{aligned}\left(\frac{\partial U}{\partial V}\right)_T &= \left(\frac{\partial U}{\partial V}\right)_p + \left(\frac{\partial U}{\partial p}\right)_V\left(\frac{\partial p}{\partial V}\right)_T \\ &= C_p\left(\frac{\partial T}{\partial V}\right)_p - p + \left(\frac{\partial U}{\partial T}\right)_V\left(\frac{\partial T}{\partial p}\right)_V\left(\frac{\partial p}{\partial V}\right)_T \\ &= C_p\left(\frac{\partial T}{\partial V}\right)_p + C_V\left[-\left(\frac{\partial T}{\partial V}\right)_p\right] - p \\ &= (C_p - C_V)\left(\frac{\partial T}{\partial V}\right)_p - p\end{aligned}$$

③ 若 $H(U)$ 在下标，先用循环关系式。

例题 3-21 试证明 $\mu_{\text{J-T}} = -\frac{1}{C_p}\left[\left(\frac{\partial U}{\partial p}\right)_T + \frac{\partial\ (pV)}{\partial p}\right]_T$

证明： 先用循环关系式

$$\mu_{\text{J-T}} = \left(\frac{\partial T}{\partial p}\right)_H = -\frac{\left(\frac{\partial H}{\partial p}\right)_T}{\left(\frac{\partial H}{\partial T}\right)_p} = -\frac{1}{C_p}\left[\left(\frac{\partial U}{\partial p}\right)_T + \frac{\partial (pV)}{\partial p}\right]_T$$

习题：

3-28 已知 $\left(\frac{\partial H}{\partial p}\right)_T = 0$，证明理想气体的 C_V 仅为温度的函数。

3-29 证明对于理想气体 $\mathrm{d}p$ 是全微分。

习题：

3-30 证明 $\left(\frac{\partial U}{\partial V}\right)_p = C_p\left(\frac{\partial T}{\partial V}\right)_p - p$

3-31 试证明 $\left(\frac{\partial U}{\partial p}\right)_T = (C_V - C_p)\left(\frac{\partial T}{\partial p}\right)_V - p\left(\frac{\partial V}{\partial p}\right)_T$

3-32 试证明 $C_p - C_V = -\left(\frac{\partial p}{\partial T}\right)_V\left[\left(\frac{\partial H}{\partial p}\right)_T - V\right]$

第 4 章 热力学第二定律

本章基本要求

4-1 了解自发变化的共同特征，熟悉热力学第二定律的语言表述。

4-2 了解卡诺循环，学会热机效率相关的计算。

4-3 了解热力学第二定律与卡诺定理的联系，结合熵的统计意义理解熵的本质。

4-4 熟悉热力学第二定律的数学表达式，能熟练计算熵变，并会利用熵变进行各种变化过程的方向判据。

4-5 了解热力学第三定律的内容，理解规定熵的意义，并会利用规定熵进行体系熵变的计算。

4-6 熟记热力学函数 A、G 的定义，学会 ΔA、ΔG 的常用计算方法，会使用吉布斯-亥姆霍兹方程。

4-7 掌握简单变化、相变化、化学变化过程中热力学函数的计算，并学会设计可逆过程计算各种状态函数。

4-8 掌握并利用热力学函数定义式、热力学基本关系式、偏微分关系式、麦克斯韦关系式、特性函数等进行热力学函数的关系推导与变换。

自然界中的任何变化都遵循一定的规律。人们经过大量实践总结出了热力学第一定律，认识到违反了热力学第一定律的过程是不可能发生的。然而，人们在生产、生活的实践探索过程中发现，某些过程虽然不违反热力学第一定律但不能自发进行，如功可以完全转变为热而热不能完全转化为功。这就涉及体系变化的方向和限度问题，这不是热力学第一定律能解决的，而要解决体系变化的方向与限度问题就需要认识热力学第二定律的相关内容。

思考：

4-1 社会体系是否会涉及发展变化的方向和限度问题？

4-2 读书还是工作是否是方向问题？是否有限度？

4-3 改革和开放是否是方向问题？是否有限度？

4.1 自发过程及其特征

4.1.1 自发现象与过程

自然界中有许多现象是自发发生的，如热由高温物体传给低温物体、锌片放入硫酸铜溶液中后铜就析出、水从高水位流向低水位、气体向真空会自发膨胀等等，这些现象称为自发现象。这种在自然界中不需要外来力的帮助，任其自然就能自动发生的过程，称为自发过程，即体系不需要从环境得到功就可以进行的过程。反之，那些需要借助外来力的帮助才能发生的过程，称为非自发过程，即体系需要从环境得到功才能进行的过程。例如我们可以用电解水的方法制备氢气和氧气、可以用燃烧煤气加热的方法把冷水烧开等，这些过程需要我们对体系做额外的功，就是非自发过程。

思考：

4-4 社会中是否有自发现象？发生在自身上的自发现象有哪些？社会体系和生命体系的自发现象特征如何？

4.1.2 自发过程规律与特征

你有没有思考这些表面的方向性现象背后是否有共同的规律呢？①热自发地由高温物体传向低温物体，直到两物体的温度相等时热传递就终止了，温度差势决定该过程的方向和限度；②化学反应 Zn(S)＋$CuSO_4$(aq)⟶ $ZnSO_4$(aq)＋Cu(S)能自发发生，直到锌几乎完全溶解或铜离子几乎完全析出，该过程本质上化学物质活性决定的高电势向低电势变化直至正、逆反应的电势相等（电化学部分阐释），化学电势差决定了该过程方向和限度；③水自发地从高水位流向低水位，直到各处水位都相等时水流停止，水位势高低是决定该过程方向和限度的因素；④气体自发地从高压处流向低压处，直到体系中各处的压力都相等时气体不再传递，压力差是决定过程方向和限度的因素。从这些自发过程的驱动力表象上看，不同类型的自发过程是以不同类型的强度性质作为驱动力的。而从这些自发过程本质分析来看，自发过程始终是高势向低势方向变化，势差是自发变化过程方向和限度的因素，从能量角度来说，自发过程始终朝着能量散失的方向发展。

让我们换个思维方向——分析自发过程的逆过程特点，再来认识自发过程的规律性问题。①热自发从高温传向低温物体直到温度相等；反过来，我们付出电功让制冷机（如冰箱）工作，制冷机就可以把热由低温物体传向高温物体，这一个过程完成后，再考虑体系复原，净的结果是我们付给制冷机的电功完全变成了热留给了环境；②化学反应 Zn(S)＋$CuSO_4$(aq)⟶$ZnSO_4$(aq)＋Cu(S)自发发生直到正、逆反应化学势相等而终止；反过来，我们用电解沉积的方法，可以让该化学反应逆向进行恢复到开始状态，完成这一逆向结果后，体系恢复了原状，而净的结果是我们电沉积付出的电功变成了热留给了环境；③水自发地从高水位流向低水位直至水位相等；反过来，我们给一台水泵供电，水泵就可以将低水位的水送到高水位，完成这一逆过程后，体系恢复了原状，而净的结果是我们给水泵的电功变成了热留给了环境；④气体自发地从高压处流向低压处直到压力相等；反过来，我们给一台压缩机供电，压缩机就可以将低压气体压缩到高压，完成这一个过程后体系复原，而净结果是我们给压缩机的电功变成了热留给了环境。从这些自发过程逆过程的实现可以看出，自发过程的逆过程实现了把功完全转变为热。

鉴于以上自发过程及其逆过程的分析，可得出体系自发过程的特征（为知识结构的整体性，将自发过程特征均呈现于此，但部分内容需要结合后面章节的内容来理解）：①自发变化过程有方向和限度；②自发过程始终向着能量

思考：

4-5 吃饭、睡觉、遗忘、学习、改革等行为是自发过程吗？

4-6 试阐释“人往高处走、水往低处流”过程的驱动力。

4-7 4.1节总结自然现象得出的体系自发过程及其特征科学严谨吗？

4-8 生命体系、社会体系的变化过程是否符合这里总结的自发过程及其特征？是完全符合、部分符合还是完全不符合？

4-9 自发过程和非自发过程的区别是什么？

4-10 是否可根据体系的功的特征来定义自发过程和非自发过程？如“具有对外做功能力的过程是自发过程；必须由外界提供功才能发生的过程是非自发过程。自发过程能自动发生，非自发过程不能自动发生。”

4-11 体系能发生自发过程的必要条件是什么？

习题：

4-1 请找出“日照香炉生紫烟，遥看瀑布挂前川。飞流直下三千尺，疑是银河落九天”。（唐·李白《望庐山瀑布》）诗中描述的自发现象并阐释其方向性。

散失的方向发展，其方向性可以用热功转换过程的方向来表示，功可以完全转化为热，而热在不给环境留下痕迹的情况下不可能完全转化为功；③自发过程逆过程为热力学的不可逆过程，一个自发变化过程的逆过程发生后，使体系恢复了原状，但给环境留下了痕迹——热。

4.2 热力学第二定律的语言表述

4.2.1 语言表述

人们对自发变化过程的共性特征规律总结获得了热力学第二定律的语言表述。人类在功热转换研究的过程中，于 19 世纪中叶，科学前辈们提出来了热力学第二定律（与热力学第一定律相承接）的多种表述，其中最常用的有以下三种经典的表述。

(1) 克劳修斯表述

克劳修斯（R. Clausius）[1] 表述为：在不引起其他变化条件下，热不可能从低温热源传向高温热源。

[1] 鲁道夫·尤利乌斯·埃马努埃尔·克劳修斯（Rudolf Julius Emanuel Clausius，1822—1888），德国物理学家和数学家，热力学的主要奠基人之一。1850 年因发表论文《论热的动力以及由此导出的关于热本身的诸定律》而闻名，重述了卡诺定律，1855 年引进了熵的概念。

这里强调的是“不引起其他变化条件”下，把热从低温物体传给高温物体是不可能发生的过程，说明了热传导的不可逆性规律。高温物体的热可以传向低温物体，反过来，低温物体的热不可能传向高温物体，若低温物体的热传向高温物体，这必须通过制冷机类设备做功来实现，而做功实现了低温到高温物体的传热过程，而整个过程净的结果是功变成了热留给了环境，引起了环境的改变，体系恢复了原状，但环境付出了功得到了热。

(2) 开尔文表述

开尔文（Kelvin）表述为：在不产生其他的变化条件下，不可能从单一热源取出热使之完全变为功。

致学生：

从热力学第二定律看出，能科学证明某种事物的不可能也同样是人类进步的巨大贡献！

这里强调的是“不产生其他的变化条件”下，把热转化为功的过程是不可能的，说明了功与热转换的不可逆性。摩擦做功可以产生热，反过来，不可能将所有的热全部转化为功，说明了摩擦产热的不可逆性。

(3) 永动机表述

不违反热力学第一定律，从单一热源吸取热并全部转化为功而无任何其他变化的机器（第二类永动机）是不可能制造出来的。

这里强调三点：①第二类永动机并不违反热力学第一定律，它的不存在也是人们经验的总结。②关于“不可能从单一热源吸热并全部转化为功而无任何其他变化”这句话必须完整理解，否则是不符合事实的。例如理想气体定温膨胀$\Delta U=0$，$Q=-W$，就是体系从环境中吸热全部变为功，但体系体积变大、压力变小，体系发生了变化。③第二类永动机是违反了开尔文表述的，本质上热力学第二定律的永动机表述与开尔文表述是一致的，都是说明功热转换的不可逆性。

热力学第二定律与第一定律一样，也是建立在无数事实的基础上的人类长期经验的总结，虽然不能从其他定律推导证明它的正确性，但由它得出的种种推论都是与客观实际现象符合，并得到实践所证实的，由此也证明了热力学第二定律是客观规律。

热和功都是体系变化过程中的能量表现，热力学第二定律阐明了热转化为功是有条件的，而功转化为热是无条件的。

4.2.2 表述的一致性

克劳修斯表述了热传导方向的不可逆性，开尔文表述了功热转换方向的不可逆性。二者仅是表述角度上的不同，本质上是一致的，我们可以用归谬证明的反证方法证明二者的等价性。

假设克劳修斯表述不成立，即假设热 Q_c 可以从低温热源传到高温热源而不引起其他变化，如图 4-1(a) 所示。这样，我们就可以用一个可逆热机（指满足热力学第一定律、能完全实现功-热相互转换的机器，称为可逆热机，其工作过程都是可逆过程）从高温热源吸热 Q_h，其中一部分热 Q_c 传给低温热源，一部分热（Q_h-Q_c）对外做功 W；热 Q_1 又自动从低温热源流回到高温热源并不引起其他变化，低温热源恢复了原状。如此循环，净的结果相当于从单一热源吸热（Q_h-Q_c）全部转变为功 W 而没有引起其他变化，这个结论与开尔文表述是相反的，说明假设是错误的。

反过来，假设开尔文表述不成立，即假设从单一热源取出的热（Q_h-Q_c）可以完全变为功 W 而不产生其他的变化，如图 4-1(b) 所示。这样，我们可以用一个热（Q_h-Q_c）转化的功 W 的可逆热机从低温热源吸收热 Q_c 传向高温热源；热（Q_h-Q_c）又自动完全转化为功 W，高温热源恢复了原状。如此循环，净的结果相当于热 Q_c 自动从低温热源传向高温热源而没有引起其他变化，这个结论与克劳修斯表述是相反的，说明假设是错误的。

综合以上归谬法证明的结论得出，克劳修斯的热传递方向的表述和开尔文对功热转换方向的表述本质上是一致的。

4.3 卡诺循环

科学是因人类社会的需要而发展的，热力学第二定律也是伴随着人类发展的社会需要而发展起来的。18 世纪末出现了蒸汽机[2]，随后人类对更高热机效率的不断追求，迫切需要解决燃料燃烧放出的热如何更高效地转化为机械功的问题。

实践证明，功可以无条件地转化为热，而热转化为功

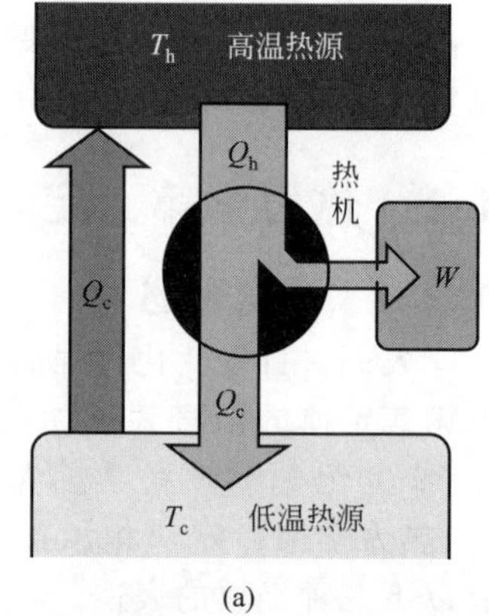

(a)

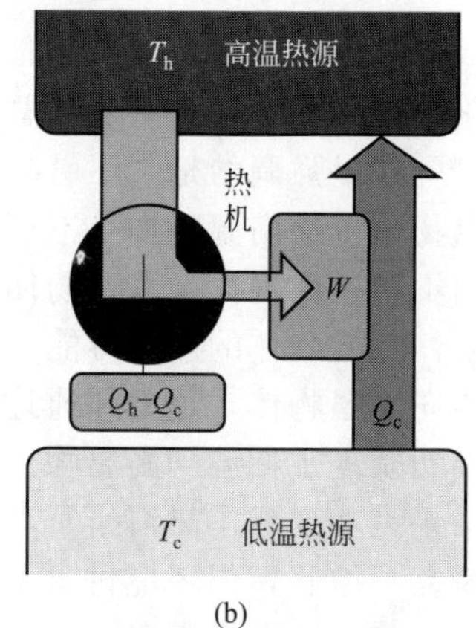

(b)

图 4-1 热力学第二定律表述等效性归谬证明

[2] 瓦特与蒸汽机：詹姆斯·瓦特（James Watt，1736—1819），英国著名的发明家，工业革命时期的重要人物。瓦特初期连续运转的蒸汽机，按燃料热值计总效率不超过 3%；到 1840 年，最好的凝汽式蒸汽机总效率可达 8%；到 20 世纪，蒸汽机最高效率可达到 20%。

是有条件的。由于对热机效率的追求，自然而然地产生了这一问题：既然热不能完全转化为功，那么热转化功的最大效率又该如何呢？

面对19世纪初热机效率低的工业难题，卡诺[3] 于1824年创造性地用“理想实验”的思维方法，提出了最简单而有重要理论意义的热机循环——卡诺循环，并假定该循环在准静态条件下是可逆的，与工作介质无关，制造了一部理想的热机，基于该实验，引入了“卡诺循环、卡诺热机”等概念，得出了“卡诺原理”，有效解决了热功转化的方向与限度问题，促进了热力学的发展。

4.3.1 卡诺循环

卡诺以理想气体为工作物质，根据绝热可逆和恒温可逆过程做功不同的特点，设计的一个循环，称为**卡诺循环(carnot cycle)**，从始态出发，历经四步：等温可逆膨胀、绝热可逆膨胀、等温可逆压缩、绝热可逆压缩，又回到了始态，该循环过程如图4-2所示。在这四个步骤中，功、热、内能关系如下。

(1) 等温可逆膨胀

理想气体在 T_h 温度由始态 $A(p_A,V_A,T_h)$ 恒温可逆膨胀至状态 $B(p_B,V_B,T_h)$，从高温热源吸热 Q_h，做功 W_1。由于过程恒温，有

$$\Delta U_1=0,Q_h=-W_1=nRT_h\ln\frac{V_B}{V_A}$$

在这个过程中，体系从高温热源吸收热量、对外做功。

(2) 绝热可逆膨胀

理想气体从状态 $B(p_B,V_B,T_h)$ 绝热可逆膨胀至状态 $C(p_C,V_C,T_c)$，有

$$Q=0,W_2=\Delta U_2=C_V(T_c-T_h)$$

在这个过程中，体系对环境作功、温度降低。

(3) 等温可逆压缩

理想气体从状态 $C(p_C,V_C,T_c)$ 恒温可逆压缩至状态 $D(p_D,V_D,T_c)$，此时环境对体系做功 W_3，体系向低温热源放热 Q_c，则

$$\Delta U_3=0,Q_c=-W_3=nRT_c\ln\frac{V_D}{V_C}$$

在这个过程中，体系向环境中放出热量，体积压缩。

(4) 绝热可逆压缩

理想气体从状态 $D(p_D,V_D,T_c)$ 绝热可逆压缩至状态 $A(p_A,V_A,T_h)$，有

$$Q=0,W_4=\Delta U_4=C_V(T_h-T_c)$$

在这个过程中，环境对体系作功、温度升高。

经过上述四步过程后，体系恢复到原来状态。

[3] 萨迪·卡诺（Sadi Carnot，1796—1832）是法国青年工程师、热力学的创始人之一，兼有理论科学与实验科学才能，是把热和动力联系起来的第一人，是**热力学理论基础的真正建立者**。英国著名物理学家麦克斯韦对卡诺理论作出评价：“卡诺理论是一门具有可靠的基础、清楚的概念和明确的边界的科学”。

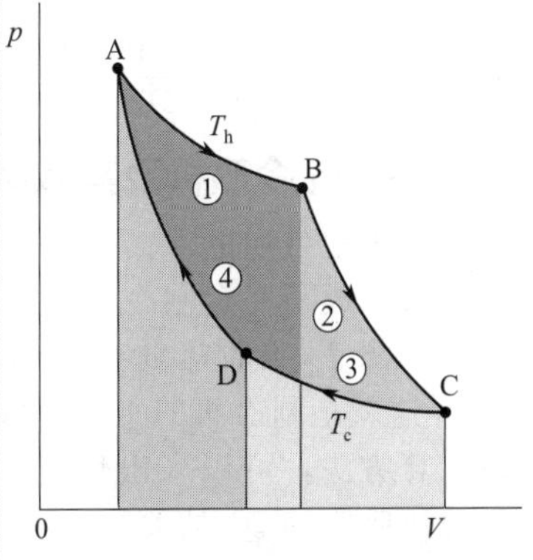

图4-2 卡诺循环图

根据热力学第一定律，整个循环过程中

$$\Delta U=0$$

$$\begin{aligned}Q&=-W=Q_c+Q_h\\&=nRT_c\ln\left(\frac{V_D}{V_C}\right)+nRT_h\ln\left(\frac{V_B}{V_A}\right)\end{aligned}\tag{4.1}$$

对（2）、（4）绝热可逆过程，用公式

$$T_hV_B^{\gamma-1}=T_cV_C^{\gamma-1} \quad ①$$

$$T_hV_A^{\gamma-1}=T_cV_D^{\gamma-1} \quad ②$$

式①除以式②得$\frac{V_B}{V_A}=\frac{V_C}{V_D}$，代入式(3.62)，得

$$Q=-W=nR(T_h-T_c)\ln\left(\frac{V_B}{V_A}\right)\tag{4.2}$$

4.3.2 热机效率

卡诺循环可以想象成工作于两个恒温热源之间的准静态过程，做卡诺循环的热机叫做卡诺热机。该热机工作于两个恒温热源之间，其高温热源（hot source）的温度为 T_h，低温热源（cold sink）的温度为 T_c。卡诺假设工作物质只与两个恒温热源交换热量，没有散热、漏气、摩擦等损耗。为使过程是准静态过程，工作物质从高温热源吸热应是无温度差的等温膨胀过程，同样，向低温热源放热应是等温压缩过程。因限制只与两热源交换热量，脱离热源后只能是绝热过程。这一循环相当于从高温热源吸收热量 Q_h，对外做功 W，同时向低温热源放出了热 Q_c，如图 4-3 所示。

卡诺热机从高温热源所吸收的热 Q_h，一部分转变为功 W，另一部分热传给了低温热源 Q_c。由于热机效率（η）的定义为热机在整个循环过程中做的总功与从高温热源吸收的热量之比，故有

$$\eta=\frac{-W}{Q_h}=\frac{nR(T_h-T_c)\ln\left(\frac{V_B}{V_A}\right)}{nRT_h\ln\left(\frac{V_B}{V_A}\right)}=\frac{T_h-T_c}{T_h}=1-\frac{T_c}{T_h}\tag{4.3}$$

或

$$\eta=\frac{-W}{Q_h}=\frac{Q_h+Q_c}{Q_h}=1+\frac{Q_c}{Q_h}\tag{4.4}$$

4.3.3 制冷热机及其效率

如果把可逆的卡诺热机倒开，即沿着 ADCBA 路径循环，就变成了一台制冷机，此时环境对体系做功，体系从低温热源 T_1 吸收热量 Q_c，而放给高温热源 T_h 的热量为 Q_h，这就是制冷机的工作原理。类似于卡诺热机效率的处理计算方法，可以求出环境对体系所做的功 W 与从低温热源所吸收的 Q_c 的关系为

$$\beta=\frac{Q_c}{W}=\frac{T_c}{T_h-T_c}\tag{4.5}$$

思考：

4-12 卡诺的科学贡献对你有何启发？

4-13 回答并理解如下问题：

（1）可逆热机是理想热机吗？

（2）卡诺热机是可逆热机吗？

（3）可逆热机是卡诺热机吗？

（4）实际热机是卡诺热机吗？

（5）公式(4.4) 有何价值？

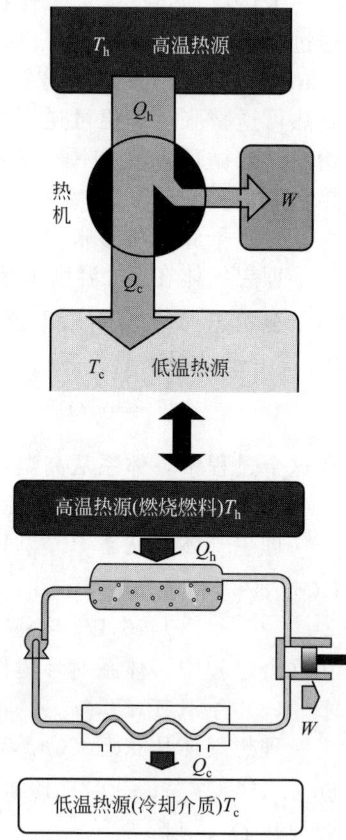

图 4-3 卡诺热机热功转换示意

习题：

4-2 已知每克汽油燃烧时可放热 16.86kJ。(1) 若用汽油作水蒸气为工作物质的蒸汽机的燃料时，该机的高温热源为 105℃，冷凝器即低温热源为 30℃；(2) 若用

式中，W 为环境对体系所做的功；β 为制冷系数（coefficient of refrigeration）。

例题 4-1　1kg 273.2K 的水变为冰能放出多少热量？假若用一台制冷机在 SATP 下工作至少需要对体系做多少功？该制冷机完成该过程对环境放热若干？已知 $\Delta_{fus}H_{H_2O}=334.7kJ/kg$。

解：(1) 体系　1kg $H_2O(l)\longrightarrow$ 1kg $H_2O(s)$

$$Q_{H_2O}=-\Delta_{fus}H=-334.7kJ/kg\times1kg=-334.7kJ$$

(2) 制冷机　$\beta=\dfrac{Q_c}{W}=\dfrac{T_c}{T_h-T_c}$

$$\Rightarrow W=Q_c\frac{T_h-T_c}{T_c}=-Q_{H_2O}\frac{T_h-T_c}{T_c}$$

$$=334.7\times\frac{298.2-273.2}{273.2}$$

$$=30.63\ (kJ)$$

(3) 制冷机

$$-Q_h=(\Delta U)=Q_c+W=334.7kJ+30.63kJ=365.33kJ$$

汽油直接在内燃机中燃烧，高温热源温度可达 2000℃，废气即低温热源亦为 30℃。试分别计算两种热机的最大效率是多少？每克汽油燃烧时所能作出的最大功为多少？（0.198，3.34kJ；0.867，14.62kJ）

4-3　1kg 273.2K 的水变为冰能放出多少热量？假若用一台制冷效率为 50% 的制冷机在 SATP 下工作至少需要对体系做多少功？该制冷机完成该过程对环境放热多少？已知 $\Delta_{fus}H_{H_2O}=334.7kJ/kg$。（$-334.7kJ$，61.26kJ，$-395.96kJ$）

4.4　可逆过程与熵

4.4.1　可逆循环的热温商

在卡诺循环过程中，根据卡诺热机的效率式(4.3) 和式(4.4)，得

$$\eta=\frac{Q_h+Q_c}{Q_h}=\frac{T_h-T_c}{T_h}\Rightarrow\frac{Q_h}{T_h}+\frac{Q_c}{T_c}=0 \qquad (4.6)$$

式(4.6) 说明，卡诺循环过程的热与温度的商之和为零。

对于一个温度可以任意变化的可逆循环过程，可以看作是由一系列分割无限小的卡诺循环组合而成的，如图 4-4 所示。如果这些小的卡诺循环分得无限小，那么卡诺循环过程与实际过程的效果是完全一致的。也正是在这个意义上，**任意可逆循环都可看作卡诺循环，任意可逆热机都是卡诺热机**，以至于卡诺热机与可逆热机不做严格区分。

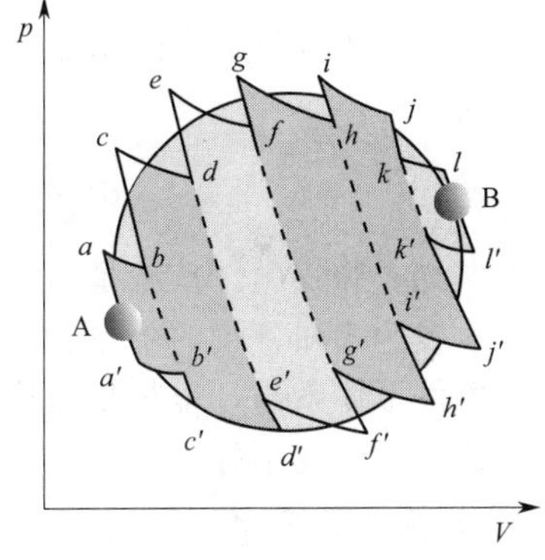

图 4-4　任意可逆循环变为卡诺循环

对于每一个小卡诺循环：$\dfrac{\delta Q_i}{T_i}+\dfrac{\delta Q_{i+1}}{T_{i+1}}=0$

因此对于整个可逆循环过程，则

$$\frac{\delta Q_1}{T_1}+\frac{\delta Q_2}{T_2}+\frac{\delta Q_3}{T_3}+\cdots=0$$

即：
$$\sum_i\left(\frac{\delta Q_i}{T_i}\right)_R=0，或\oint\frac{\delta Q_R}{T}=0 \qquad (4.7)$$

符号“$\oint$”表示沿一个闭合曲线进行的积分，δQ_R 表示无限小的可逆过程中的热效应，T 是热源的温度，R 表示可逆循环过程，即任意可逆循环过程中，工作物质在各温度所吸收的热（δQ）与该温度之比的总和等于零。

4.4.2 可逆过程的热温商

我们可以把任意可逆循环过程看作由两个任意可逆过程 R_1 和 R_2 所构成的，如图 4-5 所示，沿可逆过程 R_1 由 A 到 B，再沿可逆过程 R_2 由 B 回到 A，组成一个可逆循环过程，则式(4.7) 可看作这两个可逆过程的热温商之和，即

$$\int_A^B \left(\frac{\delta Q}{T}\right)_{R_1} + \int_B^A \left(\frac{\delta Q}{T}\right)_{R_2} = 0$$

移项，得

$$\int_A^B \left(\frac{\delta Q}{T}\right)_{R_1} = -\int_B^A \left(\frac{\delta Q}{T}\right)_{R_2}, \text{或} \int_A^B \left(\frac{\delta Q}{T}\right)_{R_1} = \int_A^B \left(\frac{\delta Q}{T}\right)_{R_2}$$

这表示从 A 到 B，沿 R_1 途径的积分与沿 R_2 途径的积分相等。R_1 和 R_2 是可逆循环过程中的不同的可逆过程，而其各自的热温商的总和却相等，说明这一积分的数值只与始终状态有关，而与变化的途径无关，具有体系状态函数的特点，应该可以归属于体系的某种状态函数的改变量。克劳修斯据此把**可逆过程的热温商定义为熵（entropy）***，用符号“S”表示。

当体系从状态 A 变到 B 时，其熵变可表示为积分形式

$$S_B - S_A = \Delta S = \int_A^B \left(\frac{\delta Q}{T}\right)_R \tag{4.8}$$

如果 A、B 为两个平衡态非常接近，其熵变可表示为微分形式

$$dS = \left(\frac{\delta Q}{T}\right)_R \tag{4.9}$$

式(4.8) 和式(4.9) 就是熵函数的数学表达式，根据熵的数学表达式知，熵的单位为 J/K，体系熵变大小表示了可逆条件下体系与环境热量交换过程中单位温度标度的能量内转换的量度指标。

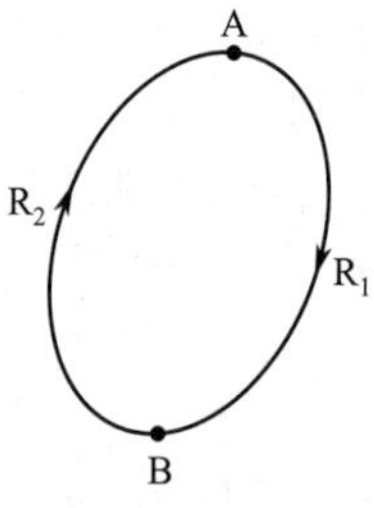

图 4-5 可逆过程图

关于熵的相关知识

(1) 克劳修斯于 1865 年用变量 S 予以“熵（entropy）”，“entropy”字尾“tropy”有转变之意，entropy 有“内向转变”，亦即“一个体系不受外部干扰时往内部最稳定状态发展的特性”。与熵相反的概念为“反熵（entropy）”。

(2) 化学及热力学中所指的熵，是一种测量在动力学方面不能做功的能量总数，体系熵增加意味着其做功能力下降，因此，熵是体系能量退化的量度指标，也可用于计算一个体系的失序现象，计算体系混乱的程度。

(3) 熵是一个描述体系状态的函数，但经常用熵的参考值或变化量进行分析比较，在控制论、概率论、数论、天体物理、生命科学、热力学等领域都有重要应用，在不同的学科中也有引申出的更为具体的定义，是各领域十分重要的参量。

4.4.3 T-S 图

我们在表述简单体系的状态时，经常使用经典的 p-V 图，图中的任一点表示该体系的一个平衡状态，给我们处理体系功热转换等方面的计算带来了一定的方便。当学习了熵的概念后，我们也可以根据熵和温度的关系来处理热力学问题，通常使用 T-S 图，图中的任一点同样对应于体系的一个平衡状态。

根据熵的定义式 $dS = \frac{\delta Q_R}{T} \Rightarrow \delta Q_R = T dS$，得体系在任何可逆过程的热效应公式

$$Q_R = \int T dS$$

若以 T 为纵坐标、S 为横坐标来表示热力学过程，此图称

为温-熵图或 T-S 图，在热力学工程计算中有着更广泛的应用，主要基于 T-S 图的如下优势：

① 体系从状态 A 到状态 B［如图 4-6(a) 所示］，在 T-S 图上曲线 AB 下 $ABCD$ 的面积就等于体系在该过程中的热效应 Q_R。

② T-S 图既显示体系所做的功，又显示体系所吸收或释放的热量［如图 4-6(b) 所示］，ABC 下的面积为吸取的热量，CDA 下的面积为释放的热量，而 p-V 图只能显示体系所做的功。

③ 容易计算热机循环时的效率：图 4-6(b) 中 $ABCDA$ 表示任一可逆循环，热机所作的功 W 为闭合曲线 $ABCDA$ 所围的面积，则

$$\text{循环热机的效率}=\frac{ABCDA\ \text{的面积}}{ABC\ \text{曲线下的面积}}$$

④ T-S 图既可用于等温过程，也可用于变温过程来计算体系可逆过程的热效应；而根据热容计算热效应不适用于等温过程。

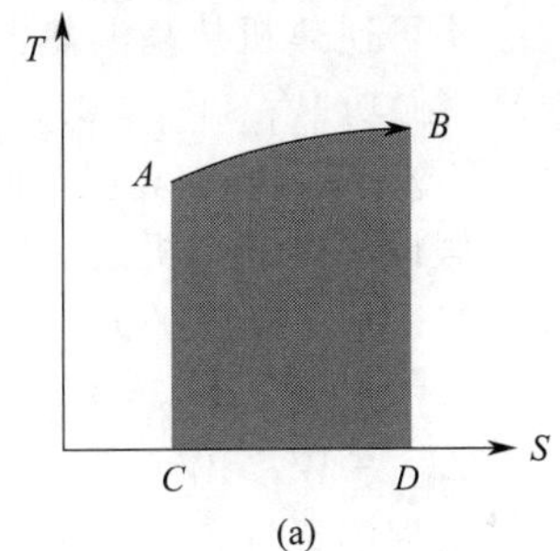

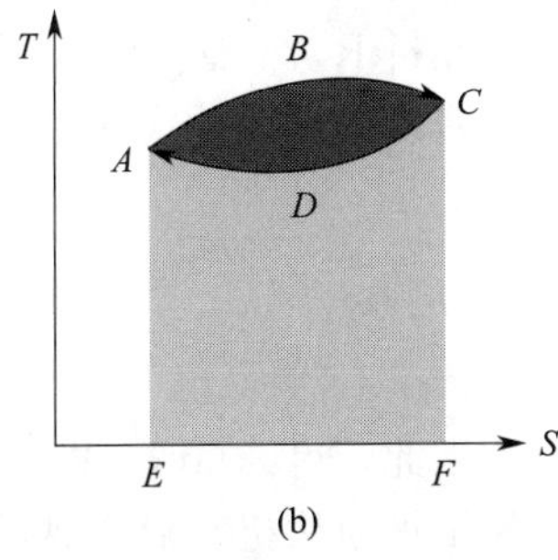

图 4-6　热-熵（T-S）图

4.5　卡诺定理

我们从式(4.4) 和式(4.5) 看出，工作于不同热源之间的卡诺热机的热机效率只与工作的两个热源温度有关，而与工作介质无关，工作热源温度确定了，卡诺热机的效率就确定了，所有工作于同温热源的卡诺热机的效率是相等的，只要改变了热源的温度就能改变热机的效率。

在 19 世纪热质论盛行的 20 年代，卡诺根据卡诺热机效率的研究结果得出了卡诺原理，现称为卡诺定理。

4.5.1　卡诺定理

卡诺定理的内容是：“在相同的高温热源和相同的低温热源之间工作的一切不可逆热机，其效率都小于可逆热机的效率。”

卡诺定理可进一步解析为：如果在相同的高温和低温热源之间，有可逆热机 R，也有不可逆热机 I，则不可逆热机的效率一定不能超过可逆热机，用公式表示为 $\eta_I \leqslant \eta_R$；如果效率相等，则 I 也一定是可逆热机。

这里采用归谬反证法证明卡诺定理，证明如下。

设在两个热源 T_c、T_h 之间有一个卡诺热机 R，另有一不可逆热机 I，两热机从同一高温热源 T_h 吸收等量的热 Q，而传给低温热源 T_c 的热分别为 Q_{Ic} 和 Q_{Rc}。现在将此不可逆热机 I 与逆向卡诺热机 R 在两热源之间联合工作，如图 4-7 所示。

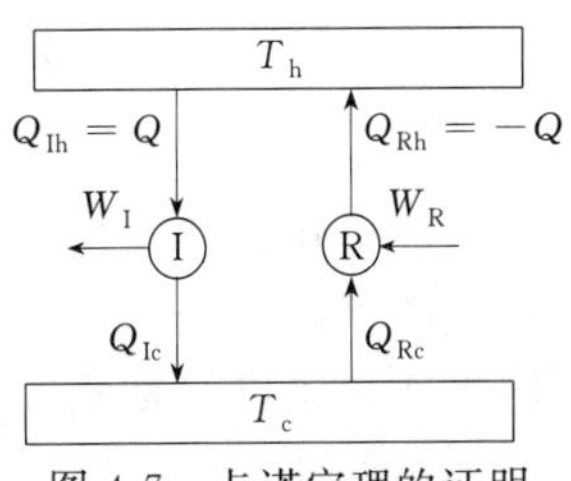

图 4-7　卡诺定理的证明

不可逆热机从高温热源 T_h 吸热 $Q_{Ih}=Q$（$Q>0$），向低温热源 T_c 传热 Q_{Ic}（$Q_{Ic}<0$），对环境做功 W_I（$W_I<0$）；逆向卡诺热机从环境得到功 W_R（$W_R>0$），从低温热源 T_c 吸热 Q_{Rc}（$Q_{Rc}>0$），向高温热源 T_h 传热 Q_{Rh}（$Q_{Rh}<0$，$Q_{Rh}=-Q$）。

假设不可逆热机的热机效率 η_I 大于卡诺热机的热机效率 η_R，即 $\eta_I>\eta_R$。

∵ $\eta_I=-W_I/Q_{Ih}=-W_I/Q$

$\eta_R=-W_R/Q_{Rh}=W_R/Q$

∴ $-W_I>W_R$ ①

根据能量守恒，可得

热机 I $Q_{Ih}=-W_I-Q_{Ic}\longrightarrow -W_I=Q_{Ih}+Q_{Ic}$ ②

热机 R $-Q_{Rh}=W_R+Q_{Rc}\longrightarrow W_R=-Q_{Rh}-Q_{Rc}$ ③

将式②、式③代入式①，得

$$Q_{Ih}+Q_{Ic}>-Q_{Rh}-Q_{Rc}$$

又 $$Q_{Ih}=-Q_{Rh}=Q$$

∴ $$Q_{Ic}>-Q_{Rc}$$

因此，得 $-(W_I+W_R)>0$ $Q_{Ic}+Q_{Rc}>0$

不可逆热机与卡诺热机联合运行的结果是：不可逆热机对环境做的功 W_I 大于逆向卡诺热机从环境得到的功 W_R，不可逆热机向低温热源放出的热 Q_{Ic} 小于逆向卡诺热机从低温热源吸收的热 Q_{Rc}，总的结果是从单一低温热源吸收的热 $Q_{Ic}+Q_{Rc}$ 全部变成了对环境做的功 W_I+W_R。这是违背热力学第二定律的开尔文说法，是不可能实现的。因此，假设不可逆热机的热机效率大于卡诺热机的热机效率是不能成立的。从而证明了卡诺定理：不可逆热机 I 的热机效率不可能比可逆热机 R 的热机效率高，只能是

$$\eta_I\leqslant\eta_R \tag{4.10}$$

式中，"="表示可逆热机，"<"表示不可逆热机。

4.5.2 卡诺定理推论

根据卡诺定理，可得出推论："在相同的高温热源和相同的低温热源之间工作的一切可逆热机，其效率都相等，与工作物质无关，与可逆循环的种类也无关。"

这一推论仍可用归谬反证法来证明，证明如下：

假设两个可逆机 R_1 和 R_2，在同温热源与同温冷源间工作，并设 $\eta_{R_1}\leqslant\eta_{R_2}$。

若以 R_1 带动 R_2，使 R_2 逆转，则由式(4.10)知

$$\eta_{R_1}\leqslant\eta_{R_2}$$ ①

反之，若以 R_2 带动 R_1，使 R_1 逆转，则有

$$\eta_{R_1}\geqslant\eta_{R_2}$$ ②

若要同时满足式①和式②，则应有

$$\eta_{R_1}=\eta_{R_2} \tag{4.11}$$

由此得知，只要是可逆热机，在相同高温、低温两热源间工作时热机效率都相等，与工作物质的本性无关。这样就可以将理想气体进行卡诺循环所得的结果用于其他工作物质。所用的工作物质可以是真实气体，也可以是易挥发的液体，还可以有化学变化如气相化学反应。无论何种工作物质，发生何种变化，只要每一步都是可逆过程，则所有可逆热机的热机效率都是相等的。

4.6　不可逆过程与克劳修斯不等式

在 4.4 节中我们探讨了体系在可逆循环和可逆过程中的热温商的特点，得出了熵的概念。在不可逆循环或不可逆过程中的热温商又有怎样的特点呢？本节我们一起来探讨一下。

4.6.1　不可逆循环的热温商

在两个热源之间进行不可逆循环，根据卡诺定理公式(4.10)，则有 $\eta_{\mathrm{I}}<\eta_{\mathrm{R}}$

$$\text{又}\quad \left.\begin{aligned}\eta_{\mathrm{I}}&=\frac{Q_{\mathrm{h}}+Q_{\mathrm{c}}}{Q_{\mathrm{h}}}\\ \eta_{\mathrm{R}}&=\frac{T_{\mathrm{h}}-T_{\mathrm{c}}}{T_{\mathrm{h}}}\end{aligned}\right\}\frac{Q_{\mathrm{h}}+Q_{\mathrm{c}}}{Q_{\mathrm{h}}}<\frac{T_{\mathrm{h}}-T_{\mathrm{c}}}{T_{\mathrm{h}}}\Rightarrow\frac{Q_{\mathrm{h}}}{T_{\mathrm{h}}}+\frac{Q_{\mathrm{c}}}{T_{\mathrm{c}}}<0$$

故两个热源之间的不可逆循环过程热温商有：$\frac{Q_{\mathrm{h}}}{T_{\mathrm{h}}}+\frac{Q_{\mathrm{c}}}{T_{\mathrm{c}}}<0$

推而广之得出，对于一个任意不可逆循环过程，设体系在循环过程中与 n 个热源接触，吸收的热量分别为 Q_1，……，Q_n，则有

$$\sum_{i=1}^{n}\frac{\delta Q_i}{T_i}<0 \tag{4.12}$$

式(4.12) 表示了任意不可逆循环过程热温商的特点。

4.6.2　不可逆过程的热温商

假设任一不可逆循环由两部分组成，A→B 经历 IR 途径进行不可逆过程，B→A 以可逆方式经历 R 途径，整个循环是不可逆的，如图 4-8 所示。将式(4.12) 应用于该过程，得

$$\left(\sum_{i=\mathrm{A}}^{\mathrm{B}}\frac{\delta Q_i}{T_i}\right)_{\mathrm{IR}}+\left(\sum_{i=\mathrm{B}}^{\mathrm{A}}\frac{\delta Q_i}{T_i}\right)_{\mathrm{R}}<0 \tag{4.13}$$

在可逆过程中，体系温度与环境温度相等；在不可逆过程中，体系温度与环境温度不等，故式(4.13) 中不可逆过程温度是实际环境温度，可逆过程温度可不加区分，发生连续的微小变化，可用数学积分式表示式(4.13) 为

$$\int_{\mathrm{A}}^{\mathrm{B}}\frac{\delta Q}{T_{\mathrm{sur}}}+\int_{\mathrm{B}}^{\mathrm{A}}\frac{\delta Q_{\mathrm{R}}}{T}<0 \tag{4.14}$$

对沿 R 的可逆过程 B→A

$$\int_{\mathrm{B}}^{\mathrm{A}}\frac{\delta Q_{\mathrm{R}}}{T}=\Delta S_{\mathrm{B\to A}}=-\Delta S_{\mathrm{A\to B}}$$

$$\therefore\quad \int_{\mathrm{A}}^{\mathrm{B}}\frac{\delta Q}{T_{\mathrm{sur}}}-\Delta S_{\mathrm{A\to B}}<0$$

$$\Delta S_{\mathrm{A\to B}}>\int_{\mathrm{A}}^{\mathrm{B}}\frac{\delta Q}{T_{\mathrm{sur}}} \tag{4.15}$$

合并式(4.8) 和式(4.15)，得

$$\Delta S_{\mathrm{A\to B}}\geqslant\int_{\mathrm{A}}^{\mathrm{B}}\frac{\delta Q}{T} \tag{4.16}$$

对于微小的变化过程，式(4.16) 可表示为

习题：

4-4　利用归谬法试根据下图证明卡诺定理。

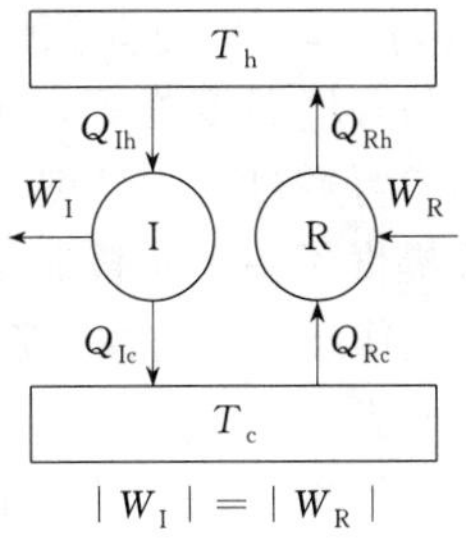

$|W_{\mathrm{I}}|=|W_{\mathrm{R}}|$

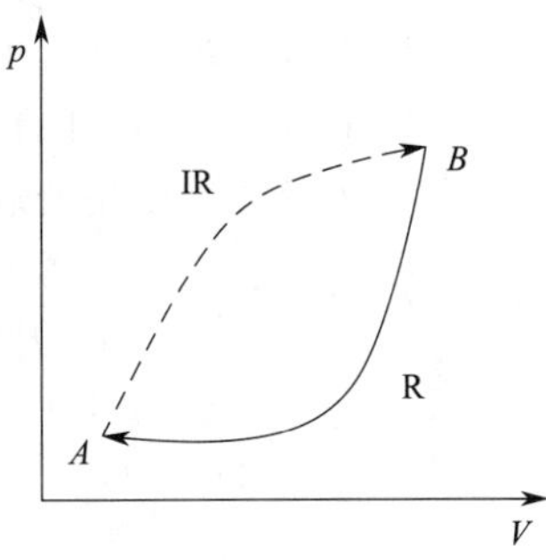

图 4-8　任意不可逆循环过程

$$dS \geqslant \frac{\delta Q}{T} \tag{4.17}$$

式(4.16) 和式(4.17) 称为**克劳修斯不等式（Clausius inequality）**，式中 δQ 是实际过程中的热效应；可逆过程中体系温度与环境温度相等，不可逆过程中 T 为环境温度；“>”表示不可逆过程，“=”表示可逆过程。因此，克劳修斯不等式提供了一个有普遍意义的可逆性判据，被看作是**热力学第二定律最普通的数学表达式**，也称为**自发性过程的熵判据**。

至此，我们已经从基本理论上得到了定量判断过程可逆性与否的方法，它是由定性的热力学第二定律经由卡诺定理演绎推理得出来的。这个定律告诉我们：能量升级的第二类永动机是不能实现的，如无其他变化，能量只能降级。卡诺定理说明：如果从高温热源吸收同样的热，不可逆过程做的功比可逆过程做的功少，即不可逆过程必定比可逆过程引起更多功的损失导致更大能量的降级，正是在这个意义上，可以说不可逆过程意味着功损失了、能量降级了，这就是克劳修斯不等式的内涵。

例题 4-2 始终态均在 100℃、1atm 下，1mol 液体水汽化为气体水，试计算熵变和热温商，并判断可逆性。(1) 在 1atm 外压下； (2) 在外压为零下。已知水在正常沸点(100℃、1atm) 的摩尔蒸发焓 $\Delta H_m = 40.67\text{kJ/mol}$，$H_2O(l)$、$H_2O(g)$ 的摩尔体积分别为 $19\text{cm}^3/\text{mol}$、$30140\text{cm}^3/\text{mol}$。

解：由题意得，该过程可以表示为

$$1\text{mol } H_2O(l) \longrightarrow 1\text{mol } H_2O(g), \Delta_{vap}H_m^{\ominus} = 40.67\text{kJ/mol}$$

(1) 为等温等压相变过程，则

$$\Delta S = S_g - S_l = \int_l^g \left(\frac{\delta Q}{T}\right)_R = \frac{Q_p}{T_b} = \frac{\Delta H}{T_b} = \frac{40670\text{J}}{373.15\text{K}} = 108.99\ (\text{J/K})$$

$$\int_A^B \frac{\delta Q}{T_{sur}} = \frac{Q_1}{T_b} = \frac{Q_p}{T_b} = 108.99(\text{J/K})$$

$\because \quad \Delta S = \int_A^B \frac{\delta Q}{T_{sur}}$

$\therefore$ 这个过程是可逆的。

(2) 为真空膨胀的相变过程

由于熵是状态函数，其变化与过程无关，

故 $\quad \Delta S = 108.99\text{J/K}$

此过程 $p_e = 0$，则 $W_2 = 0$，则

$$\begin{aligned} Q_2 &= \Delta U - W_2 = [\Delta H - \Delta(pV)] - W_2 \\ &= [\Delta H - p(V_g - V_l)] - W_2 \\ &= [40.67 - 101325 \times (30140 - 19) \times 10^{-9}] - 0 \\ &= 37.62(\text{kJ}) \end{aligned}$$

$$\int_A^B \frac{\delta Q}{T_{sur}} = \frac{Q_2}{T_b} = 100.82(\text{J/K})$$

思考：

4-14 热力学第二定律绝对适用于哪种类型的体系？

4-15 热力学第二定律是否也作用于生命体系和社会体系？

4-16 你觉得自己的哪些行为是热力学第二定律对你作用的表现？

4-17 遵守热力学第二定律运行的体系“前途”如何？

4-18 生命体系和社会体系逆热力学第二定律运行的根源是什么？

习题：

4-5 在 SATP 下将 3mol 液体水自 0℃升至 25℃，求该过程体系熵变和环境热温商，并判断可逆性。已知水的 $C_{p,m} = 75.40\text{J/(K} \cdot \text{mol)}$。(19.82J/K；18.98J/K)

$\because \quad \Delta S=108.99\mathrm{J/K}>\int_{A}^{B}\frac{\delta Q}{T_{sur}}=100.82\mathrm{J/K}$

$\therefore$ 这个过程是不可逆的。

4.7　熵增加原理与熵的本质

4.7.1　熵增加原理

对于绝热体系，体系与环境不进行热的交换，则 $\delta Q=0$，根据式(4.16) 和式(4.17)，得

$$\Delta S\geqslant 0 \text{ 或 } \mathrm{d}S\geqslant 0 \tag{4.18}$$

在式(4.18) 中，等号表示热力学可逆过程，大于号表示热力学不可逆过程。这说明在绝热的条件下，只能发生熵增加或熵不变的过程，不可能发生熵减小的过程，也就是说，一个封闭体系从一个平衡态出发，经过绝热过程到达另一个平衡态，体系的熵不减少。

如果将克劳修斯不等式应用于孤立体系，则由于孤立体系与环境之间无热交换，$\delta Q=0$，式(4.16) 和式(4.17) 可以写成

$$\Delta S_{iso}\geqslant 0 \text{ 或 } \mathrm{d}S_{iso}\geqslant 0 \tag{4.19}$$

式(4.19)“>”表示体系自发过程，“=”表示体系处于平衡态的可逆过程。这表明在孤立体系中所发生的一切可逆过程其 $\mathrm{d}S_{iso}=0$，即体系的熵值不变，热力学平衡态的体系就是一个熵值不变的体系；而在孤立体系中所发生的一切不可逆过程的 $\mathrm{d}S_{iso}>0$，即体系的熵值总是增大的。由于环境不可能对孤立体系做功，因此该体系发生的不可逆过程都是自发过程。

当然，我们也可以把一个孤立体系看作是由一个封闭体系及影响该体系的环境构成的，则式(4.19) 可变为

$$\mathrm{d}S_{iso}=\Delta S_{sys}+\Delta S_{sur}\geqslant 0 \tag{4.20}$$

式(4.20) 中“>”表示自发不可逆过程，“=”表示处于平衡态的可逆过程。这样，只要计算出体系和环境熵变，就可以根据式(4.20) 判定体系变化方向的自发性。

式(4.18)、式(4.19) 和式(4.20) 都是热力学第二定律的重要推理结果，可以看出，**在绝热条件下，体系的任何过程都不会使体系熵减小；一个孤立体系的熵永不会减少，这就是熵增加原理**。

有了熵的定义式、克劳修斯不等式和熵增加原理的数学表达式，自发现象得出的热力学第二定律文字表述就可以以定量的形式表示出来了，而且深化了热力学第二定律的几种文字表述。

例如假定有热量从低温热源（T_c）自动传向了高温热源（T_h），则两个热源构成一个孤立体系，

$$\mathrm{d}S=\frac{\delta Q}{T_h}-\frac{\delta Q}{T_c}=\delta Q\left(\frac{1}{T_h}-\frac{1}{T_c}\right)<0$$

思考：

4-19　试根据熵增加原理判断：

(1) 清朝末期的“闭关锁国”政策科学吗？

(2)“两耳不闻窗外事，一心只读圣贤书”科学吗？

4-20　试根据熵增加原理阐释“绝对自由”对社会体系意味着什么？根据该原理理解“自由、平等、公正、法治”。

4-21　试阐释“生命诚可贵，爱情价更高；若为自由故，二者皆可抛”[出自匈牙利诗人裴多菲《自由与爱情》所反映的生命体系的自然属性与社会属性方向。

习题：

4-6　试利用热力学第二定律的相关知识阐释经典名句：“生于忧患，死于安乐”。

结果熵值减小，这显然是不能发生的过程，说明克劳修斯表述正确。

假定热可以完全转化为功而不引起其他变化，则

$$dS=-\frac{\delta Q}{T}<0$$

结果熵值减小，这显然也是不能发生的过程，说明开尔文表述正确。

4.7.2 熵的本质

经过对熵的认识得出，熵也是热力学的基本状态函数之一，是体系广度性质的状态函数，具有加和性。当体系状态一定时，体系有确定的熵值，体系状态发生变化，熵值也要发生改变。体系熵的变化 ΔS 只取决于体系的始终态，其数值等于始、终态之间的可逆过程的热温商之差。

热力学第二定律指出，凡是自发过程都是热力学不可逆过程，而且一切不可逆过程都归结为热功交换的不可逆性。从微观角度来看，热是分子混乱运动的一种表现，而功是分子有秩序的一种规则运动。功转变为热的过程是规则运动转化为无规则运动，向体系无序性增加的方向进行，是体系能量的降级方向。因此，有序的运动会自发地变为无序的运动，而无序的运动却不会自发地变为有序的运动。

例如晶体恒压加热变成高温的气体，该过程需要吸热，体系熵值不断增大。从微观来看，晶体中的分子按一定方向、距离有规则的排列，随着体系受热，分子在平衡位置附近的振动不断增加。当晶体受热熔化时，分子离开原来规则的位置，体系无序性进一步增加，变成了液体。当液体继续受热时，分子运动完全克服了其他分子对它的束缚，可以在空间自由运动，体系的无序性更进一步增加。

体系的无序程度越大其熵值也越大，因此，熵是体系无序程度的一种度量，这就是熵的物理意义。

一般地，同种物质由固体熔化为液体至气体时，总是伴随着吸热，无序性升高，故：$S_g>S_l>S_s$。

当同一物质温度升高也需要吸收热量，分子的无序运动增大，故，$S_h>S_l$。

另外从分子结构上讲结构越复杂，无序性越大，其熵值也越大；分子对称性越差，其熵值越大。例如：

① $S^{\ominus}_{2,2\text{-二甲基丙烷}}$ < $S^{\ominus}_{2\text{-甲基丁烷}}$ < $S^{\ominus}_{\text{戊烷}}$

77.64J/(K · mol)　79.71J/(K · mol)　80.55J/(K · mol)

② $S^{\ominus}_{\text{solid}}$ < $S^{\ominus}_{\text{liquid}}$ < $S^{\ominus}_{\text{gas}}$

51.46J/(K · mol)　57.86J/(K · mol)　153.59J/(K · mol)(Na)

③ $S^{\ominus}_{CH_4}$ < $S^{\ominus}_{C_2H_6}$ < $S^{\ominus}_{C_3H_8}$ < $S^{\ominus}_{C_{10}H_{22}}$

186.19J/(K · mol)　229.49J/(K · mol)　261.91J/(K · mol)　540.24J/(K · mol)

熵是大量分子组成的宏观体系的特性。对于宏观体系的性质，还可以应用统计力学的方法，从微观运动形态出发进行研究。在自发过程中，体系的热力学概率和体系的熵有相同的变化方向，即都趋向于增加，二者应该存在一定的函数关系：$S=f(\Omega)$，这种函数关系是什么呢？

在 1.2.5 节中曾分析过 4 个不同颜色的球装入 2 个容器中的例子，可以看出，假如一个体系分为两个部分 A 和 B，则整个体系的微观状态数 Ω 等于其组成部分的微观状态数的乘积，即

$$\Omega=\Omega_A\Omega_B \tag{4.21}$$

但一个体系的熵是各部分熵之和

$$S=S_A+S_B \tag{4.22}$$

又∵　$S=f(\Omega), S_A=f(\Omega_A), S_B=f(\Omega_B)$

故有　　　$f(\Omega)=f(\Omega_A)+f(\Omega_B)=f(\Omega_A\Omega_B)$
因此只有借助对数的关系，才能把体系微观状态数与熵联系起来。

玻耳兹曼（Boltzmann）[4] 认为热力学第二定律的本质：**一切不可逆过程都是体系由热力学概率小的状态变为概率大的状态，并认为熵与热力学概率之间具有对数形式的函数关系**，令

$$S=k\ln\Omega \tag{4.23}$$

式(4.23) 就是玻耳兹曼定理公式，式中，S 为体系熵；k 称为玻耳兹曼常数，其数值等于 R/L；Ω 为热力学概率，是体系宏观状态对应的总微观状态数。

体系的微观状态数越多，热力学概率越大，体系越混乱，熵值也越大，这就是熵的本质内涵，玻耳兹曼定理公式是热力学与统计力学的桥连关系式，统计学方法研究体系的热力学性质的相关知识详见本教程第 14、15 章。

4.8　热力学第三定律

通过前面熵相关知识的学习，可以看出“熵”给我们研究体系能量退变提供了定量化依据。从 4.7.2 节中得出，体系熵值与温度有一定的关系，本节我们进一步认识体系熵与温度相关的问题。

4.8.1　热力学第三定律

1906 年，能斯特（W. H. Nernst）[5] 在热力学研究方面企图从测定比热容和反应热入手来预测化学反应结果。实验发现如果反应是吸热的，反应所吸热量随温度下降而下降，那么当达到绝对零度时反应吸热量将为零。能斯特将这种假定绝对零度反应热效应为零作为结果，从而引出了能斯特热定理，即

$$\lim_{T\to 0,Q=0}\left(\frac{Q_R}{T}\right)=\lim_{T\to 0}(\Delta S)_T=0 \tag{4.24}$$

式(4.24) 称为能斯特热定理（Nernst heat theorem）的数学表达式，文字含义为：在温度趋于热力学温度 0 K 时的等温过程中，体系的熵变不变。

普朗克（M. Planck，1858～1947，德国物理学家）根据一些低温现象的实验事实，得出了能斯特热定理，表明了在热力学温度 0K 时在纯粹结晶固体之间发生反应，其熵没有变化，于此，普朗克在 1911 年补充了能斯特热定理，认为：当绝对温度趋于零时，凝聚态物质的熵趋于零，即

$$\lim_{T\to 0}S=0 \tag{4.25}$$

思考：

4-22　熵值大小规律对生活有何启示？

4-23　波斯曼定理对生活有何启示？

[4] 玻耳兹曼（L. E. Boltzmann，1844—1906），德裔奥地利物理学家，统计力学的奠基者，推动了 20 世纪物理学的发展，而且对 20 世纪西方哲学产生了重要的影响。他的人生追求的最大目标是热爱科学、追求和谐、为真理而奋斗。

[5] 瓦尔特 · 赫尔曼 · 能斯特（Walther Hermann Nernst，1864—1941），德国卓越的物理学家、物理化学家和化学史家。是热力学第三定律创始人，能斯特灯的创造者，提出的电极电势与溶液浓度的关系式（能斯特方程）。

思考：

4-24　由热力学第三定律判断：

(1) 体系所处温度越低发生相同温度变化时熵变越小；

(2) 体系温度越低体系结构越有序。

4-25　“体系温度越低，结构越有序”的结论对我们生活有何启示？（修身在正心；知止而后有定，定而后能静，静而后能安，安而后能虑，虑而后能得。）

式(4.25) 成立，则式(4.24) 的结果也必然成立。其实这是一个基态选择的问题，正如由标准摩尔生成焓计算标准摩尔反应焓一样。在 0K 时，反应物和生成物都是由相同种类相同数目的单质所构成。无论对基态怎么选择，都不会影响 ΔS 的计算结果。当然选择 0K 时任一物质的熵等于零，也符合玻耳兹曼公式：$S=k\ln\Omega$，这与 0K 时物质成为凝聚态、内部质点整体排列、混乱度极小的体系微观状态数的结果是一致的。

1920 年路易斯（G. N. Lewis)、吉布斯（G. W. Gibbs）考虑到 0K 体系物质微观状态数问题修正了普朗克的说法，将普朗克说法更进一步表述为：**在热力学温度的零度时，完美晶体物质的熵值为零**，这称为**热力学第三定律**。所谓完美晶体，指所有质点均处于最低能级且规则地排列在点阵结构中形成一种唯一的排布状态，即

$$S^{*}_{\mathrm{m,perfect\ crystal,0K}}=0 \tag{4.26}$$

* 表示任意压力条件。

4.8.2 规定熵

在化学研究中常需要知道某物质的熵值，而式(4.26) 实际上给出了一个公共的熵的零点。有了热力学第三定律的这个规定，就可以用热力学的方法计算某物质在任意温度时的熵值。在定压下

$$S_T-S_{0\mathrm{K}}=\int_0^T\frac{C_p\,\mathrm{d}T}{T}$$

根据热力学第三定律，有 $S_{0\mathrm{K}}=0$，于是 TK 时某物质的熵为

$$S_{\mathrm{T}}=\int_0^{\mathrm{T}}\frac{C_p}{T}\mathrm{d}T \tag{4.27}$$

式中，S_T **是由于规定 $S_{0\mathrm{K}}=0$ 时所得的熵，故称规定熵；又因为 0K 时物质的熵值为 0，任一温度 TK 时的熵又称为绝对熵**。

如果某物质 B 在等压下由 0K→TK 时发生各种变化，计算物质 B 的规定熵 S_T 时不仅考虑非相变化的简单状态变化，还要考虑相变化，应分步计算求和获得 S_T：

$$\mathrm{B_{s,0K}}\xrightarrow[\Delta S_1]{0\to T_\mathrm{f}}\mathrm{B_s}\underset{\Delta S_2}{\overset{T_\mathrm{f}}{\rightleftharpoons}}\mathrm{B_l}\xrightarrow[\Delta S_3]{T_\mathrm{f}\to T_\mathrm{b}}\mathrm{B_l}\underset{\Delta S_4}{\overset{T_\mathrm{b}}{\rightleftharpoons}}\mathrm{B_g}\xrightarrow[\Delta S_5]{T_\mathrm{b}\to T}\mathrm{B_g}$$

$$\begin{aligned}S_T&=\Delta S_1+\Delta S_2+\Delta S_3+\Delta S_4+\Delta S_5\\&=\int_0^{T_\mathrm{f}}\frac{C_{p,\mathrm{B,s}}}{T}\mathrm{d}T+\frac{\Delta_{\mathrm{fus}}H_\mathrm{B}}{T_\mathrm{f}}+\int_{T_\mathrm{f}}^{T_\mathrm{b}}\frac{C_{p,\mathrm{B,l}}}{T}\mathrm{d}T+\frac{\Delta_{\mathrm{vap}}H_\mathrm{B}}{T_\mathrm{b}}\\&\quad+\int_{T_\mathrm{b}}^{T}\frac{C_{p,\mathrm{B,g}}}{T}\mathrm{d}T\end{aligned} \tag{4.28}$$

理论上可以利用式(4.28)计算物质 TK 下的熵值，但实际上存在两个方面的问题导致难以完成实际计算：

① 由于在绝对 0K 许多物质不是完美晶体，则在 0K 时一定会存在残余熵，如例题 4-3 所示，即使 0K 时，由于体系物质存在无序状态会导致存在残余熵。

② 由于实验条件难以测量出接近绝对零度时的物质热容，虽然可以利用晶体热容的德拜(Debye)立方定律来计算较低温度的热容，如 $C_{p,\mathrm{m}}=C_{V,\mathrm{m}}=AT^3$（$A$ 为一定物质晶体的常数)，但在接近绝对零度时如 15K，该公式也不再适用，且出现不能实现绝对零度的情况。基于此，1912 年，能斯特根据他的热定理，提出了“绝对零度不能达到原理”，后来被认为是热力学第三定律的另一种表述：“不可能用有限的手续使一个物体冷却到热力学温度的零度”。

也曾有人认为热力学第三定律不是一个独立的定律，而是热力学第二定律的推论：根据卡诺定律，工作于 T_h 和 T_c 两个热源之间的任何可逆热机，其效率最大，即

$$\eta=1+\frac{Q_c}{Q_h}=1-\frac{T_c}{T_h}$$

当向低温热源放出的热 $Q_c \to 0$ 时，$T_c \to 0K$，此时 $\eta=1$，这意味着从单一热源所吸收的热量全部转变为功，这违反了热力学第二定律，所以 $\eta \neq 1$，即低温热源的热力学温度 $T_c \neq 0$。

在热力学能、焓的计算中计算出来的是体系相应函数变化量，表面上看物质熵得出的是体系熵函数的绝对值，本质上仍然是相对值，是规定 0K 的熵值为零而得出的表观体系绝对熵。

例题 4-3 试计算 1mol CO 分子 0K 时的熵值。

分析：由于在 0K 时 CO 分子在其晶体中有两种可能的取——CO 或 OC，这不满足热力学第三定律“完美晶体”的条件，即 0K 时熵值不为零，欲计算该值需要考虑 CO 晶体 0 K 时的微观状态数，然后利用玻尔兹曼定理来计算。

解：根据玻尔兹曼定理，在 0K 时，完美晶体中分子的空间取向都是相同的（即不可区分的），因此其微观状态数 $\Omega=1$，故 $S=0$。在 CO 晶体中的分子既然可能有两种不同的空间取向，则 $\Omega \neq 1$，故 $S \neq 0$。1mol CO 共有 6.02×10^{23} 个分子，每个分子都可能有两种空间取向，故 1mol CO 晶体的微观状态数应为 $2^L=2^{6.02\times10^{23}}$，故

$$\begin{aligned} S &= k\ln\Omega \\ &=1.38\times10^{-23}\ln2^{6.02\times10^{23}} \\ &=5.76\ [\mathrm{J/(K\cdot mol)}] \end{aligned}$$

4.8.3 标准熵

基于热力学第三定律，物质处于 $1p^{\ominus}$ 时的规定熵值称为物质的标准摩尔规定熵，简称标准标准熵 $S^{\ominus}$，并不是熵的绝对值；1mol 物质 B 处于 $1p^{\ominus}$ 时的熵值称为该物质的标准摩尔熵 $S^{\ominus}_{m,B}$。一些物质处于 SATP 时的标准摩尔熵 $S^{\ominus}_{m,B}$ 可以从教材附录中查到。

有了标准熵，根据规定熵式(4.26) 的方法，可以直接参照标准摩尔熵求算物质 B 任意温度 T 的标准摩尔熵。

$$S^{\ominus}_{m,T}=S^{\ominus}_{m,298.15K}+\int_{298.15K}^{T}\frac{C_{p,m}}{T}dT \tag{4.29}$$

也可以参照标准熵求算物质 B 任意压力下的摩尔熵［根据麦克斯韦关系式 $\left(\frac{\partial S}{\partial p}\right)_T=-\left(\frac{\partial V}{\partial T}\right)_p$（见 4.13.2 节）］。

$$S_{298K,p}=S^{\ominus}_{298K}+\int_{p^{\ominus}}^{p}\left(\frac{\partial S}{\partial p}\right)_T dp=S^{\ominus}_{298K}-\int_{p^{\ominus}}^{p}\left(\frac{\partial V}{\partial T}\right)_p dp \tag{4.30}$$

思考：

4-26 你怎么看待热力学第三定律？

4-27 热力学第三定律为什么提出完美晶体的术语？该术语真正解决了该定律的科学性问题了吗？

4-28 热力学第三定律揭示的体系 0K 时的结构内涵是否有其他解释？（本教材作者认为：若将体系看作是由原子核和电子等基本粒子构成的，在 0K 时，体系基本粒子均不作任何运动，从而体系只有 1 种微观状态数，因此，$S_0=k\ln\Omega=k\ln1=0$；也正是基于把原子核和电子看作构成体系的基本粒子，因为没有条件能实现体系电子达到不动的状态，因此绝对 0K 不能达到的。人类实践证明：绝对 0K 不能实现，故绝对 0K 只有理论意义，没有实际价值，但为我们提供了“没有最好只有更好”的自然科学理论依据。）

习题：

4-7 热力学第三定律结论本质对生活有何启示？

（浊以静之徐清；止于至善；新松恨不高千尺，恶竹应须斩万竿。）

4.9 熵变的计算

有了熵、克劳修斯不等式和熵增加原理及其数学表达式，只要我们计算体系和环境熵变，比较其大小，就可以判定过程的自发性与否了。环境的熵变比较容易计算，可由体系-环境交换热与环境温度来求得。由于发生过程的不同，体系熵变计算不同，本节主要探讨有关体系熵变的计算。

由于熵是体系的状态函数，所以只要确立了体系的始态、终态，熵变就有定值。熵的变化值一定要用可逆过程的热温商来计算，如果实际途径为不可逆过程，则应设计始终态相同的可逆过程来计算其熵变。本节按不同的过程来分别讨论体系熵变的计算。

4.9.1 理想气体简单 pVT 变化过程

(1) 等温可逆过程

理想气体封闭体系的等温可逆过程，

$$(\Delta S)_T=\int_{\mathrm{A}}^{\mathrm{B}}\frac{\delta Q_{\mathrm{R}}}{T}=\frac{\int_{\mathrm{A}}^{\mathrm{B}}\delta Q_{\mathrm{R}}}{T}=\frac{Q_{\mathrm{R}}}{T}$$

理想气体发生等温可逆过程，且只做体积功，有

$$\Delta U=0, Q=-W=nRT\ln\frac{V_2}{V_1}=nRT\ln\frac{p_1}{p_2}$$

故 $$(\Delta S)_T=nR\ln\frac{V_2}{V_1}=nR\ln\frac{p_1}{p_2} \tag{4.31}$$

例题 4-4 有 3mol 理想气体 $N_2(g)$，始态 298K，100kPa，该气体经一个向真空膨胀过程变化到压力为 298K 、10kPa 的终态，计算体系的 ΔS，并判断该过程的自发性。

解： 这是一个不可逆过程，要设计成可逆过程计算熵变。

$$100\text{kPa}, 3\text{mol } N_2(g)\xrightarrow{298\text{K 可逆膨胀}}10\text{kPa}, 3\text{mol } N_2(g)$$

$$(\Delta S)_T=nR\ln\frac{p_1}{p_2}=3\times8.314\times\ln\frac{100\text{kPa}}{10\text{kPa}}\text{J/K}=57.43\text{J/K}$$

因为向真空膨胀过程 $W=0$，$Q=0$，则

$$\int_{\mathrm{A}}^{\mathrm{B}}\frac{\delta Q}{T}=\frac{Q_{\mathrm{sur}}}{T}=\frac{0}{T}=0$$

∵ $$(\Delta S)_T=57.43\text{J/K}>0=\int_A^B\frac{\delta Q}{T}$$

∴ 该过程是一个自发过程。

(2) 等容变温过程

理想气体封闭体系的等容过程，

$$\delta Q_{\mathrm{R}}=\delta Q_V=\mathrm{d}U=C_V\mathrm{d}T$$

一个有限过程，如果温度变化不大，C_V 视为常数，则

$$(\Delta S)_V=\int_{\mathrm{A}}^{\mathrm{B}}\frac{\delta Q_{\mathrm{R}}}{T}=\int_{\mathrm{A}}^{\mathrm{B}}\frac{\delta Q_V}{T}=\int_{T_1}^{T_2}\frac{C_V\mathrm{d}T}{T}=C_V\ln\frac{T_2}{T_1} \tag{4.32}$$

(3) 等压变温过程

理想气体封闭体系只做体积功的等压过程，

$$\delta Q_R = \delta Q_p = dH = C_p dT$$

一个有限过程，如果温度变化不大，C_p 视为常数，则

$$(\Delta S)_p = \int_A^B \frac{\delta Q_R}{T} = \int_A^B \frac{\delta Q_p}{T} = \int_{T_1}^{T_2} \frac{C_p dT}{T} = C_p \ln \frac{T_2}{T_1} \tag{4.33}$$

(4) 任意 pVT 变化过程

一个封闭体系发生 p、V、T 改变的可逆过程，若只做体积功，则联合热力学第一、第二定律，得

$$dS = \frac{\delta Q_R}{T} \Rightarrow \delta Q_R = T dS \quad ①$$

$$W_V = -p dV \quad ②$$

将式①、式②代入 $dU = \delta Q + W$，得

$$dU = \delta Q_R + W_V = T dS - p dV \quad ③$$

式③两边同除以 T，得

$$dS = \frac{dU}{T} + \frac{p dV}{T} \tag{4.34}$$

对于理想气体，$dU = nC_{V,m} dT$，$\frac{p}{T} = \frac{nR}{V}$ 代入式(4.33)，得

$$dS = \frac{nC_{V,m} dT}{T} + nR \frac{dV}{V} \tag{4.35}$$

积分式(4.34)，并利用理想气体 $C_{p,m} = C_{V,m} + R$ 和 $pV = nRT$，可得到

$$\Delta S = nC_{V,m} \ln \frac{T_2}{T_1} + nR \ln \frac{V_2}{V_1} \tag{4.36}$$

$$\Delta S = nC_{p,m} \ln \frac{T_2}{T_1} - nR \ln \frac{p_2}{p_1} \tag{4.37}$$

$$\Delta S = nC_{V,m} \ln \frac{p_2}{p_1} + nC_{p,m} \ln \frac{V_2}{V_1} \tag{4.38}$$

例题 4-5 判断只做体积功的理想气体等温真空膨胀过程的可逆性。

解： 不做非体积功的理想气体等温真空膨胀过程有

$$Q_{real} = 0, W = 0, \Delta U = 0$$

$$\Delta S_{sys} = \frac{Q_R}{T} = nR \ln \frac{V_2}{V_1} = nR \ln \frac{p_1}{p_2} > 0$$

$$\Delta S_{sur} = \frac{Q_{sur}}{T} = -\frac{Q_{sys}}{T} = -\frac{Q_{real}}{T} = 0$$

$$\Delta S_{iso} = \Delta S_{sys} + \Delta S_{sur} > 0$$

故不做非体积功的理想气体等温真空膨胀过程是不可逆过程。

例题 4-6 今有 2mol N_2（看作理想气体），由 323K、0.1m^3 加热膨胀到 423K、0.15m^3，求体系的 ΔS。

思考：

4-29 体系熵变计算的最基本准则是什么？

4-30 简单状态变化过程中体系熵变的特点对你有何生活启发？

4-31 试判断只做体积功的理想气体等温恒外压膨胀过程的可逆性。

习题：

4-8 试证明不做非体积功的理想气体体系发生任意 pVT 变化过程的熵变公式：

$$\Delta S = C_p \ln \frac{T_2}{T_1} - nR \ln \frac{p_2}{p_1}$$

$$\Delta S = C_V \ln \frac{p_2}{p_1} + C_p \ln \frac{V_2}{V_1}$$

4-9 1mol 理想气体在等温下通过：(1) 可逆膨胀，(2) 真空膨胀，体积增加到 10 倍，分别求其熵变，并判断可逆性。($\Delta S_{sys} =$ 19.14J/K)

解： 方法一　直接代入公式(4.35)求解

$$\begin{aligned}\Delta S &= nC_{V,\mathrm{m}}\ln\frac{T_2}{T_1}+nR\ln\frac{V_2}{V_1}\\&=\left(2\times\frac{5R}{2}\times\ln\frac{423}{323}+2R\times\ln\frac{0.15}{0.10}\right)\mathrm{J/K}\\&=11.21\mathrm{J/K}+6.74\mathrm{J/K}\\&=17.95\mathrm{J/K}\end{aligned}$$

方法二　根据熵是状态函数，可设计成如下两个可逆过程以达到与此过程相同的始终态。

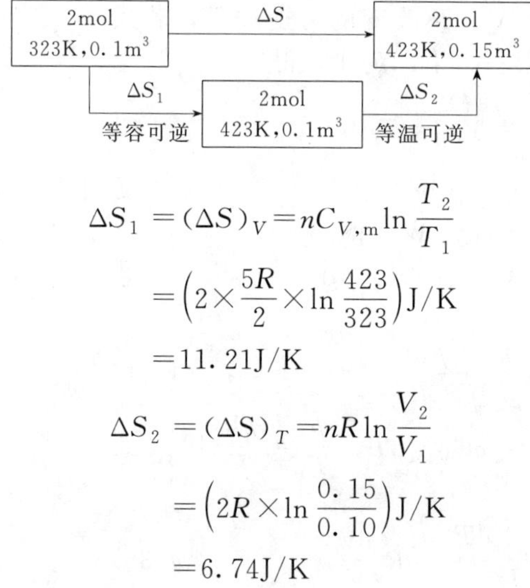

$$\begin{aligned}\Delta S_1 &= (\Delta S)_V = nC_{V,\mathrm{m}}\ln\frac{T_2}{T_1}\\&=\left(2\times\frac{5R}{2}\times\ln\frac{423}{323}\right)\mathrm{J/K}\\&=11.21\mathrm{J/K}\end{aligned}$$

$$\begin{aligned}\Delta S_2 &= (\Delta S)_T = nR\ln\frac{V_2}{V_1}\\&=\left(2R\times\ln\frac{0.15}{0.10}\right)\mathrm{J/K}\\&=6.74\mathrm{J/K}\end{aligned}$$

故 $\Delta S=\Delta S_1+\Delta S_2=17.95\mathrm{J/K}$

4.9.2　理想气体混合过程

(1) 等温等容混合过程

理想气体的等温等容混合过程，由于每种气体混合前后的体积没有发生变化，且等于气体的总体积，则混合熵为

$$\Delta_{\mathrm{mix}}S=\sum_{i=1}^{n}n_iR\ln\frac{V}{V_i}=\sum_{i=1}^{n}n_iR\ln\frac{V}{V}=0 \tag{4.39}$$

(2) 等温等压混合过程

理想气体等温等压混合过程，并符合阿马格分体积定律，即 $x_i=V_B/V$，这样每种气体混合前后的压力都相等并等于气体的总压力，则混合熵为

$$\Delta_{\mathrm{mix}}S=-\sum_{i=1}^{n}n_iR\ln\frac{V_i}{V}=-\sum_{i=1}^{n}n_iR\ln x_i \tag{4.40}$$

(3) 不同温度气体混合过程

不同温度气体的混合过程，体系熵变的计算通过两步完成，①计算混合后的气体温度；②根据理想气体简单 pVT 变化过程分别计算各气体的熵变，求和即可以求得体系熵变。

例题 4-7　设在恒温 298K 时，将一个 22.4dm^3 的盒子用隔板从中间一分为二，一方放 0.5mol O_2，另一方放 0.5mol N_2；抽去隔板后，两种气体均匀混合。试求该过程的熵变。

解： 抽去隔板前后，对 O_2 来说，相当于等温下，从 11.2dm^3 膨胀到 22.4dm^3，故

$$(\Delta S_{O_2})_T=n_{O_2}R\ln\frac{V_e}{V_i}=0.5R\ln\frac{22.4}{11.2}=0.5R\ln 2$$

同理，对 N_2，

$$(\Delta S_{N_2})_T = n_{N_2} R\ln\frac{V_e}{V_i} = 0.5R\ln\frac{22.4}{11.2} = 0.5R\ln 2$$

∴　　$$\Delta S = (\Delta S_{O_2})_T + (\Delta S_{N_2})_T = R\ln 2$$

由此可见，等温等压的气体混合过程是总熵值增加的自发过程。

4.9.3　相变过程

（1）可逆相变过程

等温等压下可逆相变过程中，有

$$Q_R = Q_p = \Delta_{trs}H$$

故，$$\Delta S = \int_A^B \frac{\delta Q_R}{T} = \frac{Q_R}{T} = \frac{Q_p}{T} = \frac{\Delta_{trs}H}{T} \quad (4.41)$$

式中，$\Delta_{trs}H$ 为可逆相变热，T 为可逆相变温度。

（2）不可逆相变过程

对于不可逆相变过程，不能直接用实际温度和相变热来计算过程的熵变，而应该设计相同始终态的可逆过程来分步计算。

例题 4-8　计算在 $1p^{\ominus}$、-10℃条件下，2mol H_2O(l) 凝结成固体 H_2O(s) 的 ΔS，并判断该过程自发性。已知 $1p^{\ominus}$、273.15K 时，H_2O(s) 的摩尔熔化热 $\Delta_{fus}H_m = 6.0$kJ/mol；H_2O(s) 和 H_2O(l) 的等压摩尔热容分别为 36J/(K·mol) 和 75J/(K·mol)（设不随温度变化）。

解：在 $1p^{\ominus}$、-10℃的过冷水变为固体冰是不可逆相变过程，即 H_2O(l) 和 H_2O(s) 不处于相平衡状态，因此，需要设计可逆过程来计算该过程的 ΔS，如图 4-9 所示。

$$\begin{aligned}\Delta S_{263.15K} &= \Delta S_1 + \Delta S_2 + \Delta S_3 \\ &= \int_T^{T_f}\frac{nC_{p,m,H_2O(l)}}{T}dT + \frac{n(-\Delta_{fus}H_m)}{T_f} + \int_{T_f}^{T}\frac{nC_{p,m,H_2O(s)}}{T}dT \\ &= \frac{n(-\Delta_{fus}H_m)}{T_f} + \int_{T_f}^{T}\frac{n[C_{p,m,H_2O(s)} - C_{p,m,H_2O(l)}]}{T}dT \\ &= \frac{n(-\Delta_{fus}H_m)}{T_f} + n[C_{p,m,H_2O(s)} - C_{p,m,H_2O(l)}]\ln\frac{T}{T_f} \\ &= \left(\frac{2\times(-6.0\times10^3)}{273.15} + 2\times(36-75)\ln\frac{263.15}{273.15}\right)\text{J/K} \\ &= -41.02\text{J/K}\end{aligned}$$

我们不能用 $\Delta S_{263.15K} = -41.02\text{J/K} < 0$ 的结果判断过程的性质。因为该过程不是在孤立体系中进行的，所以不符合熵增加原理的条件，只有计算出实际过程的热温商才能作出判断过程的性质。

利用基尔霍夫定律计算在 10^5Pa、263.15K 时 H_2O(l) 凝固过程的 $\Delta H_{263.15K}$，

思考：

4-32　社会体系中的哪些现象类似于理想气体混合的熵变特点？（轮岗；重组；扩张）

4-33　试用气体混合熵变的特点解读“汉末建安中，庐江府小吏焦仲卿妻刘氏，为仲卿母所遣，自誓不嫁。其家逼之，乃投水而死。仲卿闻之，亦自缢于庭树。孔雀东南飞，五里一徘徊。（刘兰芝）揽裙脱丝履，举身赴清池。（焦仲卿）徘徊庭树下，自挂东南枝。”（出自《孔雀东南飞》）

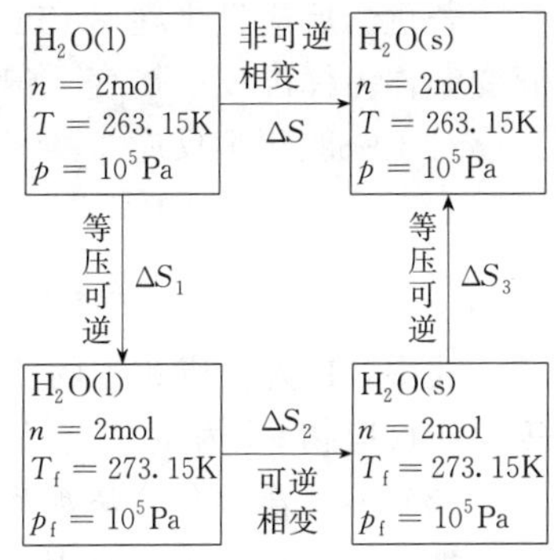

图 4-9　例题 4-8 的相变过程

习题：

4-10　在 $1p^{\ominus}$ 下，有 2mol 0℃的冰变为 100℃的水汽，求 ΔS。已知水 $\Delta_{fus}H^{\ominus} = 334.7$J/g，$\Delta_{vap}H^{\ominus} = 2259$J/g，$C_{p,m,l} = 75.31$J/(K·mol)。(309.2J/K)

4-11　试求 $1p^{\ominus}$ 下，-5℃的过冷液体苯变为固体苯的 ΔS_m，并判断此凝固过程是否可能发生。已知苯的正常凝固点为 5℃，在凝固点时溶化热 $\Delta_{fus}H_m^{\ominus} = 9940$J/mol，液体苯和固体苯的平均定压摩尔热容分别为 127J/(K·mol) 和 123J/(K·mol)。($\Delta S_m = -35.62$J/(K·mol)；$Q/T = -36.94$J/(K·mol)

$$\begin{aligned}\Delta H_{263.15\text{K}} &= \Delta H_{273.15\text{K}} + \int_{273.15\text{K}}^{263.15\text{K}} [C_{p,\text{H}_2\text{O(s)}} - C_{p,\text{H}_2\text{O(l)}}]\,\text{d}T \\ &= n\Delta H_{\text{m},273.15\text{K}} + \int_{273.15\text{K}}^{263.15\text{K}} n[C_{p,\text{m},\text{H}_2\text{O(s)}} \\ &\quad - C_{p,\text{m},\text{H}_2\text{O(l)}}]\,\text{d}T \\ &= 2\text{mol} \times (-6.0\times 10^3)\,\text{J/mol} \\ &\quad + 2\text{mol}\times(36-75)\text{J/(K}\cdot\text{mol)}\times(263.15-273.15)\text{K} \\ &= -12000\text{J} + 780\text{J} \\ &= -11220\text{J}\end{aligned}$$

$$\therefore \qquad \frac{Q_{\text{real}}}{T_{\text{sur}}} = \frac{n\Delta H_{\text{m},263.15\text{K}}}{T} = \frac{-11220\text{J}}{263.15\text{K}} = -42.64\text{J/K}$$

依据熵判据

$$\Delta S - \frac{Q}{T} = -41.02\text{J/K} - (-42.64\text{J/K}) = 1.62\text{J/K} > 0$$

故此过程为自发不可逆过程。

4.9.4 化学反应过程

(1) SATP 反应条件

若化学反应发生在 SATP 条件下，则反应物与产物均处于标准状态，此时的化学反应熵变，称为标准反应熵变，记为 $\Delta_r S^{\ominus}$。

对于一般化学反应

$$dD + eE = gG + hH$$

$$\Delta_r S_{\text{m}}^{\ominus} = \sum_j \upsilon_j S_{\text{m},\text{p}_j}^{\ominus} - \sum_i \mu_i S_{\text{m},\text{r}_i}^{\ominus} = \sum_{\text{B}} \nu_{\text{B}} S_{\text{m,B}}^{\ominus} \tag{4.42}$$

式中，B 为反应式中的任一组分；ν_{B} 为物质 B 的化学计量系数，并规定对生成物 ν_{B} 为正，对反应物 ν_{B} 为负。

(2) 标准压力任意温度反应

在 $1p^{\ominus}$ 压力、任一温度 T 下的化学反应熵变的计算，我们可以设计含有 SATP 的反应条件的可逆过程求得。

$$\begin{array}{ccc} 1p^{\ominus},T,\text{Rea} & \xrightarrow{\Delta_r S_{\text{m,T}}^{\ominus}} & 1p^{\ominus},T,\text{Pro} \\ \downarrow \Delta S_1^{\ominus} & & \uparrow \Delta S_3^{\ominus} \\ 1p^{\ominus},298\text{K},\text{Rea} & \xrightarrow{\Delta_r S_{\text{m,298K}}^{\ominus}} & 1p^{\ominus},298\text{K},\text{Pro} \end{array}$$

$$\begin{aligned}\Delta_r S_{\text{m,T}}^{\ominus} &= \Delta S_1^{\ominus} + \Delta_r S_{\text{m,298K}}^{\ominus} + \Delta S_3^{\ominus} \\ &= \int_T^{298\text{K}} \frac{\mu_r C_{p,\text{m,r}}}{T}\text{d}T + \sum_{\text{B}} \nu_{\text{B}} S_{\text{m,B,298K}}^{\ominus} + \int_{298\text{K}}^{T} \frac{\upsilon_p C_{p,\text{m,p}}}{T}\text{d}T \\ &= \sum_{\text{B}} \nu_{\text{B}} S_{\text{m,B,298.15K}}^{\ominus} + \int_{298.15\text{K}}^{T} \frac{\upsilon_p C_{p,\text{m,p}} - \mu_r C_{p,\text{m,r}}}{T}\text{d}T \\ &= \Delta_r S_{\text{m,298.15K}}^{\ominus} + \int_{298.15\text{K}}^{T} \frac{\nu_{\text{B}} C_{p,\text{m,B}}}{T}\text{d}T \end{aligned} \tag{4.43}$$

对比式(4.29) 看出，式(4.43) 与式(4.29) 的形式非常相近。

(3) 室温任意压力反应

保持环境温度不变，而改变压力，也可以设计含有SATP的反应条件的可逆过程求得，其反应熵变的计算公式类似于式(4.30)。

$$\Delta_r S_{298K,p} = \Delta_r S^{\ominus}_{298K} - \int_{p^{\ominus}}^{p} \left(\frac{\partial(\nu_B V)}{\partial T}\right)_p \mathrm{d}p \quad (4.44)$$

当然，也可以根据式(4.30)直接计算每种物质反应条件下的熵值，最后计算出反应的熵变。

例题4-9 计算反应 $C_2H_2(g, p^{\ominus}) + 2H_2(g, p^{\ominus}) = C_2H_6(g, p^{\ominus})$ 在298K及398K时的熵变分别是多少？已知298K时的 C_2H_2、H_2、C_2H_6 的 $S^{\ominus}_m$ 分别为200.94J/(K·mol)、130.69J/(K·mol)、229.60J/(K·mol)；$C_{p,m}$ 分别为43.93J/(K·mol)、28.82J/(K·mol)、52.63J/(K·mol)，并设 $C_{p,m}$ 是与 T 无关的常数。

解：(1) 298K标准压力下，可以直接用标准熵计算，

$$\Delta_r S^{\ominus}_{m,298K} = \sum_B \nu_B S^{\ominus}_{m,B,298K} = \sum_j \upsilon_j S^{\ominus}_{m,p_j} - \sum_i \mu_i S^{\ominus}_{m,r_i}$$

$$= S^{\ominus}_{m,C_2H_6(g),298K} - S^{\ominus}_{m,C_2H_2(g),298K} - 2S^{\ominus}_{m,H_2(g),298K}$$

$$= (229.60 - 200.94 - 2\times 130.69)\mathrm{J/(K\cdot mol)}$$

$$= -232.72\mathrm{J/(K\cdot mol)}$$

(2) 398K标准压力下，需要用式(4.43)计算反应标准熵，

$$\Delta_r S^{\ominus}_{m,T} = \Delta_r S^{\ominus}_{m,298.15K} + \int_{298.15K}^{T} \frac{\nu_B C_{p,m,B}}{T} \mathrm{d}T$$

$$= [-232.72 + (52.63 - 43.93 - 2\times 28.82)\ln(398/298)]\mathrm{J/(K\cdot mol)}$$

$$= (-232.72 - 14.16)\mathrm{J/(K\cdot mol)}$$

$$= -246.88\mathrm{J/(K\cdot mol)}$$

习题:

4-12 在 $1p^{\ominus}$ 下，试计算反应 $C_2H_5OH(l) + 2O_2(g) \longrightarrow 2CO_2(g) + 3H_2O(l)$ 反应温度分别为25℃、75℃时的熵变。已知298K时的 C_2H_5OH、O_2、CO_2、H_2O 的 $S^{\ominus}_m$ 分别为160.70J/(K·mol)、205.14J/(K·mol)、213.74J/(K·mol)、109.6J/(K·mol)，$C^{\ominus}_{p,m}$ 分别为111.46J/(K·mol)、29.36J/(K·mol)、37.11J/(K·mol)、75.29J/(K·mol)。

[185.3J/(K·mol)；205.45J/(K·mol)]

4.10 亥姆霍兹函数

我们利用熵判据或熵增加原理判断体系变化过程的方向和限度时，不但要计算体系的熵变，还必须计算实际过程环境的热温熵，这给我们判断体系自发性问题带来了不便，许多时候我们未必关心环境而更关心体系的变化。许多反应往往在等温等容条件下进行，为此，本节我们讨论等温等容条件下体系变化的方向性问题。

针对等温反应条件，亥姆霍兹(Helmholz H. V.)[6] 定义了一个新的热力学状态函数，称之为亥姆霍兹自由能或亥姆霍兹函数，它不是热力学第二定律的直接结果，但为处理等温等容条件下的体系方向性判定问题提供了方便的理论依据。

[6] 亥姆霍兹(Helmholz H. V.，1821—1894)，德国物理学家、生理学家。第一次用数学方式提出能量守恒定律，在物理学、生理光学、声学、数学、哲学等方面都作出重大贡献。

4.10.1 亥姆霍兹函数

根据热力学第一定律，得

$$\delta Q = \mathrm{d}U - \delta W \quad ①$$

将式①代入热力学第二定律数学表达式，得

$$dS \geqslant \frac{\delta Q}{T} = \frac{dU - \delta W}{T}$$

整理，得

$$-(dU - TdS) \geqslant -\delta W \quad ②$$

若体系变化过程中始终在恒温条件下，则式②可变为

$$d(U-TS) \leqslant \delta W \quad ③$$

式③中 U-TS 具有状态函数的性质，亥姆霍兹首先将其定义为新的状态函数，人们将此新的函数称为亥姆霍兹函数，用符号“A”表示。故亥姆霍兹函数 A 定义为

$$A \equiv U - TS \quad (4.45)$$

根据亥姆霍兹函数的定义式知，亥姆霍兹函数是体系广度性质的状态函数，不能确定其绝对值，本质上是体系能量的一种表达形式，因此也叫作亥姆霍兹自由能，单位为“J”。

将 A 的定义式代入式(4.44)，得

$$(dA)_T \leqslant \delta W \quad (4.46)$$

对有限变化来说，式(4.46) 可改写为

$$(\Delta A)_T \leqslant W \quad (4.47)$$

式(4.46)、式(4.47) 中“<”表示体系自发不可逆过程，“=”表示体系处于平衡态或发生可逆过程。这两个公式中的等号表明了亥姆霍兹函数 A 的物理意义是：**在等温条件下，一个封闭体系亥姆霍兹函数的减少等于体系所能做的最大功**。基于此，亥姆霍兹自由能可以理解为等温条件下体系做功的能力（ability），故又称其为功函。在等温不可逆过程，体系亥姆霍兹自由能减少的能量始终小于对外做的功；只有在等温可逆过程中，体系亥姆霍兹自由能减少的能量（$\Delta A<0$）才等于对外做的最大功（$W<0$）（正或负只表示体系吸收或放出、状态函数增加或减少、对内做功或对外做功）。

若在等温条件下，且 $\delta W_f=0$，式(4.46)、式(4.47) 可变为

$$(dA)_{T,W_f=0} \leqslant \delta W_V \quad 或 \quad (\Delta A)_{T,W_f=0} \leqslant W_V \quad (4.48)$$

若在等温、等容条件下，则 $\delta W_V=0$，式(4.46)、式(4.47) 可变为

$$(dA)_{T,V} \leqslant \delta W_f \quad 或 \quad (\Delta A)_{T,V} \leqslant W_f \quad (4.49)$$

若在等温、等容条件下，且 $\delta W_f=0$，式(4.49) 可变为

$$(dA)_{T,V,W_f=0} \leqslant 0 \quad 或 \quad (\Delta A)_{T,V,W_f=0} \leqslant 0 \quad (4.50)$$

根据式(4.50) 可看出，若任体系自然发展，体系发生自发变化的方向总是朝着亥姆霍兹自由能减少的方向进行，直到减至不能再减少为止，体系不可能自发朝着亥姆霍兹自由能增加的方向发展。

关于亥姆霍兹函数 A 的说明与理解

(1) 一般教材中认为“A”没有明确的物理意义；为便于理解，根据 A 的定义式，可理解为 A 是包含了内能和负熵能（TS）的体系能，它能更好地评价体系做功的本领；内能不能确定绝对值，A 也一定不能确定绝对值；在物质研究过程中，虽然 A 的绝对值不能得到，体系状态函数 A 像 U、H 一样，其变化量为评价事物提供了重要参量。

(2) 亥姆霍兹函数变 ΔA 可通过 A 的定义式以及等温等容体系最大功等方法求得。

(3) 亥姆霍兹函数 A 是体系广度性质的状态函数，体系焓具有可加和性；其变化值只与体系的状态有关，而与具体的过程无关。

(4) 亥姆霍兹函数 A 的国际单位为焦耳（J）。

思考：

4-34　亥姆霍兹函数判断体系变化方向适合于哪类体系？是否可推延至生命体系、社会体系？生命体系或社会体系是否会部分地遵守亥姆霍兹函数判据方向变化？

式(4.46)～式(4.50)中，"＝"表示体系处于平衡态、发生可逆过程，"＜"表示体系发生自发不可逆过程。这样，我们可以利用亥姆霍兹函数在其适用条件下对体系自发性进行方向性判断，该种利用亥姆霍兹自由能判断体系变化方向的方法称为亥姆霍兹自由能判据法或亥姆霍兹函数判据法，有时也简称为亥姆霍兹判据。

4.10.2　亥姆霍兹自由能的计算方法

亥姆霍兹自由能是体系的状态函数，求算其亥姆霍兹自由能变的方法跟其他状态函数的求算方法类似，通过始终态的可逆过程求得。又由于其自身的特点，在其适用的不同条件下，还有其他计算方法。

(1) 定义式计算法

直接根据亥姆霍兹函数的定义式求算

$$\Delta A=\Delta U-\Delta(TS) \tag{4.51}$$

在等温条件下，式(4.51)可变为

$$\Delta A=\Delta U-T\Delta S \tag{4.52}$$

这样，可以根据内能和熵变来计算亥姆霍兹自由能变。

(2) 功函特性计算法

可直接根据"在等温条件下，一个封闭体系亥姆霍兹函数的减少等于体系所能做的最大功"来计算变化过程中的亥姆霍兹函数变。

$$(\Delta A)_T=W_{\max} \tag{4.53}$$

如等温可逆非体积功为零条件下，亥姆霍兹自由能变为体系最大体积功，则

$$(\Delta A)_{T,W_f=0}=W_V \tag{4.54}$$

再如，体系在等温等容可逆条件下只做电功，则

$$(\Delta A)_{T,V}=-nEF \tag{4.55}$$

式中，F 为法拉第常数（在10.2.2有详细表述）。

4.11　吉布斯函数

许多反应往往发生在等温等压的条件下，为此，需要我们探讨等温等压条件下体系自发变化判定的依据。针对等温等压条件，吉布斯（Gibbs J. W.）[7] 定义首先定义了一个热力学状态函数——吉布斯自由能，又称为吉布斯函数，它也不是热力学第二定律的直接结果，但为处理等温等压条件下的体系方向性判断问题提供了更方便的依据。

[7] 吉布斯（Josiah Willard Gibbs，1839—1903），美国物理化学家，统计力学的奠基人，主要从事物理和化学的基础研究工作。对经典热力学规律进行了系统总结，从理论上全面地解决了热力学体系的平衡问题，为化学热力学奠定了理论基础。

4.11.1　吉布斯函数

根据热力学第一定律，得

$$\delta Q=\mathrm{d}U-\delta W \tag{①}$$

将式①代入热力学第二定律数学表达式，得

$$\mathrm{d}S\geqslant\frac{\delta Q}{T}=\frac{\mathrm{d}U-\delta W}{T}$$

思考：

4-35　如何理解吉布斯函数 G？

整理，得

$$-(dU-TdS)\geqslant-\delta W \qquad ②$$

若体系变化过程中始终在等温等压条件下，则

$$TdS=d(TS),\ \delta W=\delta W_f+\delta W_V,\ \delta W_V=-p\,dV=-d(pV),$$

故式②可变为

$$-d(U-TS)\geqslant-\delta W_f+d(pV)$$

整理，得

$$d(U-TS+pV)\leqslant\delta W_f \qquad ③$$

式③中 $U-TS+pV$ 具有状态函数的性质，吉布斯首先为其定义了新的状态函数，人们将此新的函数称为吉布斯函数，用符号“G”表示。故吉布斯函数 G 定义为

$$G\equiv U-TS+pV=H-TS=A+pV \qquad (4.56)$$

根据吉布斯函数的定义式可知，吉布斯函数是体系广度性质的状态函数，不能确定其绝对值，本质上也是体系能量的一种表达形式，因此又叫作吉布斯自由能，单位为“J”。

将 G 的定义式代入式(4.55)，得

$$(dG)_{T,p}\leqslant\delta W_f \qquad (4.57)$$

对有限变化来说，式(4.57) 可变为

$$(\Delta G)_{T,p}\leqslant W_f \qquad (4.58)$$

式(4.57)、式(4.58) 中“<”表示体系自发不可逆过程，“=”表示体系处于平衡态或发生可逆过程。这两个公式中的等号表示了吉布斯函数 G 的物理意义是，**在等温等压条件下，一个封闭体系吉布斯兹函数的减少等于体系所能做的最大非体积功**。若过程是不可逆的，则所做的非体积功小于吉布斯自由能的减少。只有在等温等压可逆过程中，体系吉布斯自由能减少的能量（$\Delta G<0$）才等于对外做的最大非体积功（$W_f<0$）（正或负只表示体系吸收或放出、状态函数增加或减少、对内做功或对外做功）。

若在等温等压条件下，且 $\delta W_f=0$，式(4.57)、式(4.58) 可变为

$$(dG)_{T,p,W_f=0}\leqslant 0 \quad 或 \quad (\Delta G)_{T,p,W_f=0}\leqslant 0 \qquad (4.59)$$

式(4.59) 中，“=”表示体系处于平衡态、发生可逆过程，“<”表示体系发生自发不可逆过程。这样，我们可以根据吉布斯函数在其适用条件下对体系自发性进行方向性判断。

根据式(4.59) 看出，若任何体系自然发展，体系发生自发变化的方向总是朝着吉布斯自由能减少的方向进行，直到减至不能再减少为止，体系不可能自发朝着吉布斯自由能增加的方向发展。

4.11.2 吉布斯自由能的计算方法

吉布斯自由能是体系的状态函数，求算其吉布斯自由能变与求算其他状态函数的方法类似。由于其自身的特点，在其适用的不同条件下，还有其他计算方法。

(1) 定义式计算法

直接根据吉布斯函数的定义式求算

$$\begin{aligned}\Delta G&=\Delta U-\Delta(TS)+\Delta(pV)\\ \Delta G&=\Delta H-\Delta(TS)\\ \Delta G&=\Delta A+\Delta(pV)\end{aligned} \qquad (4.60)$$

在等温等压条件下，式(4.60) 可变为

$$\begin{aligned}\Delta G&=\Delta U-T\Delta S+p\Delta V\\ \Delta G&=\Delta H-T\Delta S\\ \Delta G&=\Delta A+p\Delta V\end{aligned} \qquad (4.61)$$

可以根据内能、焓、熵变、体积等函数来计算吉布斯自由能变。如在标准压力下，可直

接利用反应标准摩尔焓和熵变来计算反应的标准摩尔吉布斯自由能。

$$\Delta_r G_m^{\ominus}=\Delta_r H_m^{\ominus}-T\Delta_r S_m^{\ominus}$$

(2) 吉布斯函数特性计算法

如等温等压可逆条件下，吉布斯自由能变为体系最大电功，则

$$(\Delta G)_{T,p}=-nEF \tag{4.62}$$

利用电化学测定体系电动势的方法，从而计算体系的吉布斯自由能变。

例题 4-10　求在 298K，$1p^{\ominus}$ 等温等压条件下通过可逆电池完成反应

$$Ag(s)+\frac{1}{2}Cl_2(g)=\!=\!=AgCl(s) \text{的 } \Delta_r G_m^{\ominus} \text{ 和 } \Delta_r S_m^{\ominus}。$$

已知 $\Delta_r H_{m,298K}^{\ominus}=-127035J/mol$，$E=1.1362V$。

解： $(\Delta_r G_m^{\ominus})_{T,p}=-nEF=-EF$

$$=-1.1362\times 96500J=-109643J$$

$$\Delta_r G_m^{\ominus}=\Delta_r H_m^{\ominus}-T\Delta_r S_m^{\ominus}$$

$$\Rightarrow \Delta_r S_m^{\ominus}=\frac{\Delta_r H_m^{\ominus}-\Delta_r G_m^{\ominus}}{T}=-58.4J/K$$

(3) 特性变量计算法

马休（Massieu）于 1869 年指出，对于衡量体系性质的热力学函数，只要其独立变量选择适当，就可以从一个已知的热力学函数通过偏微分等数学变换，求得其他热力学函数，从而可以把一个平衡体系的性质完全确定下来。这个已知函数又称为特性函数（characteristic function），所选择的独立变量称为该特性函数的特征变量。

迄今为止，我们引出了五个状态函数 U、H、S、A、G，其中 U 和 S 是最基本的函数，H、A、G 是衍生的函数，它们都是物质的特性，连同可以直接测量的 p、V、T，热力学理论可以将它们的变化用基本方程相互联系起来，如

对于非体积功为零的封闭体系，由热力学第一定律可表示为

$$dU=\delta Q+\delta W=\delta Q-p\,dV \tag{①}$$

根据热力学第二定律，可逆条件下有

$$\delta Q=\delta Q_R=T\,dS \tag{②}$$

式②代入式①，得

$$dU=T\,dS-p\,dV \tag{4.63}$$

式(4.63) 是热力学第一定律和第二定律的联姻公式，是热力学最基本的关系式，该式表明了 (S, V) 是特性函数内能 $U=f(S, V)$ 的特征变量。虽然在推导过程中引入了可逆条件，但这个公式中的物理量都是体系的状态函数，这样利用该公式时无需关系可逆条件，因此，该公式的适用条件为：只做体积功的封闭体系。类似的方法，可求得状态函数及其特征变量。

根据焓的定义，$H=U+pV$，

取微小变化，则　$dH=dU+p\,dV+V\,dp$　③

将式(4.63) 代入式③，得

$$dH=T\,dS+V\,dp \tag{4.64}$$

根据 A 的定义，$A=U-TS$，

取微小变化，则　$dA=dU-T\,dS-S\,dT$　④

将式(4.63) 代入式④，得

$$dA=-S\,dT-p\,dV \tag{4.65}$$

根据 G 的定义，$G=H-TS$

取微小变化，则　$dG=dH-T\,dS-S\,dT$　⑤

将式(4.64) 代入式⑤，得

$$dG = -SdT + Vdp \quad (4.66)$$

式(4.63)～式(4.66) 是**热力学的四个基本关系式**，给出了独立变量 (S,V)、(S,p)、(T,V)、(T,p) 分别是函数 U、H、A 和 G 的独立变量，适用条件均为相同。有了这些特性函数关系式，为我们研究体系状态函数提供了新的思路和计算方法。

4.11.3 吉布斯自由能计算示例

体系处于等温等压下是常见的条件，判断等温等压下体系的变化方向是常见问题，因此，依据适用于该条件的吉布斯自由能判据时，需要计算体系的吉布斯自由能。本部分我们来示例有关体系吉布斯自由能的计算方法。

(1) 简单状态等温过程

无相变化、无化学变化且不做非体积功的体系所发生的状态变化通常称为简单状态的变化。在简单状态等温变化过程中，体系吉布斯自由能变化可通过特性函数式(4.66) 求得。

$$(dG)_T = Vdp \Rightarrow \left(\frac{\partial G}{\partial p}\right)_p = V$$

移项积分，得

$$G_T(p_2) - G_T(p_1) = \int_{p_1}^{p_2} Vdp$$

把温度为 T、$p_1 = 1p^{\ominus}$ 时的纯物质选为标准状态，则压力 p 时物质的吉布斯自由能为

$$G(p) = G^{\ominus} + \int_{p^{\ominus}}^{p} Vdp \quad (4.67)$$

对理想气体，有

$$(\Delta G)_T = \int_{p_1}^{p_2} Vdp = \int_{p_1}^{p_2} \frac{nRT}{p}dp = nRT\ln\frac{p_2}{p_1} = nRT\ln\frac{V_1}{V_2}$$

例题 4-11 300K 的 1mol 理想气体，分两种途径：(1) 等温可逆膨胀；(2) 真空膨胀，压力从 $10p^{\ominus}$ 膨胀到 $1p^{\ominus}$，分别求 Q、W、ΔU、ΔH、ΔA、ΔG 和 ΔS。

解：先写出始、终态。

始态：1mol 373K，$10p^{\ominus}$ ⟶ 终态：1mol 373K，$1p^{\ominus}$

状态函数与过程无关，根据题目条件可直接得出的状态函数：

等温过程理想气体：$\Delta U = 0$，$\Delta H = 0$

$$(\Delta G)_T = nRT\ln\frac{p_2}{p_1} = \left(1\times 8.314\times 300\times \ln\frac{1}{10}\right)J = -5743J$$

根据可逆过程和函数关系式，间接求得物理量。

(1) 等温可逆膨胀为可逆过程，该过程中

$$W_R = -nRT\ln(V_2/V_1) = -nRT\ln(p_1/p_2)$$
$$= [-1\times 8.314\times 300\ln(10/1)]J = -5743J$$

$$\Delta A = W_R = -5743J$$

$$Q_R = \Delta U - W_R = 0 - (-5743) = 5743(J)$$

$$\Delta S = Q_R/T = 5743/300 = 19.14(J/K)$$

(2) 真空膨胀过程是不可逆过程，只影响过程函数的

习题：

4-13 10g 理想气体氦在 400K 时压力为 5×10^5 Pa，今在等温下恒外压为 10^6 Pa 压缩至不变。试计算此过程的 Q、W、ΔU、ΔH、ΔS、ΔA 和 ΔG。(-8.31×10^3 J；8.31×10^3 J；0；0；-14.4 J/K；5.76×10^3 J；5.76×10^3 J)

4-14 设有 300K 的 1mol 理想气体氦做定温膨胀，始态压力为 10^6 Pa，终态体积为 10dm^3，试计算此过程的 ΔU、ΔH、ΔA、ΔG 和 ΔS。(0；0；-3.464×10^3 J；-3.464×10^3 J；11.55J/K)

变化，

$$W_{IR}=0$$

$$Q_{IR}=\Delta U-W_{IR}=0-0=0$$

(2) 相变过程

① 可逆相变过程。可逆相变过程发生于等温等压下的可逆过程，据式(4.66) 得

$$(dG)_{T,p}=-SdT+Vdp=0$$

有限量的变化，则　$(\Delta G)_{T,p}=0$

如：1mol $H_2O(l)$373K，$p^{\ominus}$→1mol $H_2O(g)$373K，1$p^{\ominus}$　$\Delta G=0$

② 不可逆相变过程。对于不可逆相变过程中吉布斯自由能变的计算，不能直接根据温度和压强来计算 ΔG，而应该设计成可逆过程来求算。

如：1mol $H_2O(l)$298K、1$p^{\ominus}$变为 1mol $H_2O(g)$298K、$p^{\ominus}$，该过程是不可逆相变过程，因此，需要设计可逆过程来计算其 ΔG。设计可逆过程如下：

1mol $H_2O(l)$298K，1$p^{\ominus}$ —ΔG→ 1mol $H_2O(g)$298K，1$p^{\ominus}$

↓ΔG_1　　　　↑ΔG_3

1mol $H_2O(l)$298K，3169Pa —ΔG_2→ 1mol $H_2O(g)$298K，3169Pa

$$\begin{aligned}\Delta G&=\Delta G_1+\Delta G_2+\Delta G_3\\&=\int_{p_e}^{p_t}V_l dp+(\Delta G)_{T,p}+\int_{p_t}^{p_e}V_g dp\\&=\int_{10^5 Pa}^{3169Pa}V_l dp+0+\int_{3169Pa}^{10^5 Pa}V_g dp\\&=V_l(3169-10^5)Pa+0+nRT\ln\frac{10^5 Pa}{3169Pa}\\&=\left[0.018\times10^{-3}(3169-10^5)+1\times8.314\times298\times\ln\frac{10^5}{3169}\right]J\\&=(-1.74+8551.97)J\\&=8550.23J\end{aligned}$$

从该例看出，有气相存在时，凝聚相引起的吉布斯自由能变比较小。

例题 4-12　在 263K、1$p^{\ominus}$下，1mol 过冷液态水恒温凝结为冰，计算 ΔG 和 ΔS。已知 263K 时水和冰的饱和蒸汽压分别是 285.7Pa、260.0Pa，结冰时放热为 312.3J/g。

解： 这是一个不可逆过程，设计可逆过程如下。

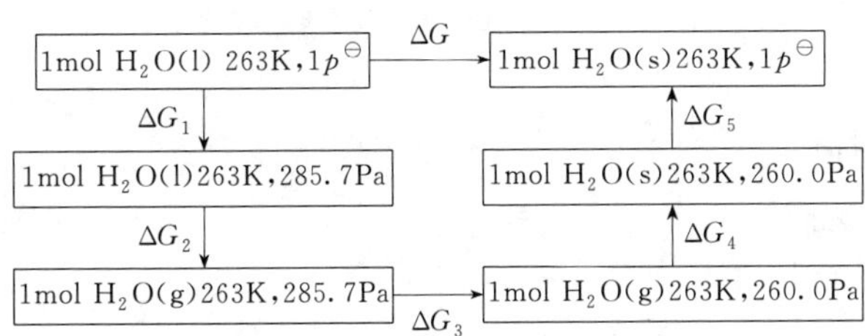

习题：

4-15　实验测得 1$p^{\ominus}$、383.2K 时每蒸发 1kg 液体甲苯 (l) 需要吸收 362kJ 的热，试计算该条件下蒸发 1mol 甲苯 (l) 的过程的 Q、W、ΔU、ΔH、ΔS、ΔA 和 ΔG。

[33.35kJ；−3.9kJ；30.16kJ/mol；33.35kJ/mol；87.03J/(K·mol)；−3.19kJ/mol；0kJ/mol]

习题：

4-16　已知 298K 液体水的饱和蒸汽压为 3169Pa。试计算 298K、1$p^{\ominus}$的过冷水蒸气变为同温同压的液态水的 ΔG_m，并判断过程的自发性。

(−8223J/mol)

∵ $\Delta G_1 \approx 0$（压力变化对凝聚相影响很小）；

$\Delta G_2 = 0$（可逆相变过程）；

$\Delta G_3 = nRT\ln(p_2/p_1)$

$= 1\times 8.314\times 263\ln(260/285.7) = -206(J)$；

$\Delta G_4 = 0$（可逆相变过程）；

$\Delta G_5 \approx 0$（压力变化对凝聚相影响很小）；

∴ $\Delta G = \Delta G_1 + \Delta G_2 + \Delta G_3 + \Delta G_4 + \Delta G_5 \approx \Delta G_3 = -206J$；

$\Delta H = -18.02\times 312.3J = -5628J$

$\Delta S = (\Delta H - \Delta G)/T$

$= (-5628+206)/263(J/K) = -20.62J/K$

$Q/T = -5628/263(J/K) = -21.40J/K$

不可逆程度：

$$\Delta S - Q/T = 0.78J/K > 0$$

$$\Delta G = -206J < 0$$

故该过程为自发不可逆过程。

例题 4-13 在 $1p^{\ominus}$、373K 下，把 1mol 的水蒸气压缩为液体，试计算该过程的 Q、W、ΔH、ΔU、ΔA、ΔG 和 ΔS。已知在 373K、$1p^{\ominus}$ 下，水的蒸发热为 2258J/g，水蒸气视为理想气体。

解：先写出发生的过程

$$1\ mol\ H_2O(g, p^{\ominus}), 373K \rightarrow 1mol\ H_2O(l, p^{\ominus}), 373K$$

这是一个可逆相变过程，故直接得出的结果有

$$\Delta G = 0$$

$$\Delta H = Q_p = -2258\times 18J = -40644J$$

间接得出的结果有

$W = -p\Delta V = -p(V_l - V_g) \approx pV_g = nRT = 1\times 8.314\times 373J = 3101J$

$\Delta A = W = 3101J$

$\Delta S = Q_R/T = Q_p/T = -40644/373(J/K) = -109J/K$

$\Delta U = \Delta H - \Delta(pV) = \Delta H - p(V_l - V_g) \approx \Delta H + pV_g$

$= (-40644+3101)J = -37543J$

例题 4-14 已知 SATP 下有以下数据

物质	$S_m^{\ominus}$/[J/(K·mol)]	$\Delta_c H_m^{\ominus}$/(kJ/mol)	ρ/(g/cm^3)
C(石墨)	5.6940	−393.514	2.260
C(金刚石)	2.4388	−395.410	3.513

(1) 求 SATP 下石墨变为金刚石的 $\Delta_{trs}G_m^{\ominus}$，并判断自发性。

(2) 加压能否使石墨变为金刚石？若可能，25℃需要加压是多少？

解：拟发生的变化是

$$C(石墨) \longrightarrow C(金刚石)$$

(1) $\Delta_{trs}H_m^{\ominus} = \Delta_c H_{m,石墨}^{\ominus} - \Delta_c H_{m,金刚石}^{\ominus}$

$= (-393.514+395.410)\times 10^3 J/mol$

$= 1896J/mol$

4-17 已知水在 373K、$1p^{\ominus}$ 下的蒸发热为 2258J/g，求 5mol 373K、$1p^{\ominus}$ 的液态水变为 373K、$0.5p^{\ominus}$ 的水蒸气（看作理想气体）过程的 ΔU、ΔH、ΔA 和 ΔG。(187714J;203220J;−26239J;−26253J;−10748J)

4-18 试计算 −5℃、$1p^{\ominus}$ 的 1mol 液态水变为同温同压的冰的 ΔG，并判断此过程的自发性。已知 −5℃时液态水和冰的饱和蒸汽压分别为 422Pa 和 402Pa。(−108J)

4-19 在 263K、$1p^{\ominus}$ 下，1mol 过冷液态水恒温凝结为冰，计算 Q、W、ΔU、ΔH、ΔS、ΔA、ΔG，并判断过程的自发性。已知 1g 水在 273K、263K 结冰时放热分别为 333.4J、312.3J，水和冰的平均热容分别为 75.40J/(K·mol)、37.25J/(K·mol)，密度分别为 1.000g/cm^3、0.917g/cm^3。$M_{H_2O} = 18.02g\cdot mol^{-1}$。

($Q = -5627.6J$；$W = 1.1J$；$\Delta U = -5626.5J$；$\Delta H = -5626.3J$；$\Delta S = -20.58J\cdot K^{-1}$；$\Delta A = -214.0J$；$\Delta G = -213.8J$；$Q/T_{sur} = -21.40J\cdot K^{-1}$)

4-20 已知 −5℃固态苯的饱和蒸气压为 $0.0225p^{\ominus}$，在 −5℃、$1p^{\ominus}$ 下，1mol 过冷液态苯凝固时 $\Delta S = -35.46J\cdot K^{-1}$，放热 9860 J。求 −5℃ 时液态苯的饱和蒸气压（设苯蒸气为理想气体）。

例题 4-14 的启示：

No pressure, no diamonds.

[玉不琢不成器]

$$\Delta_{trs}S_m^{\ominus} = S_{m,金刚石}^{\ominus} - S_{m,石墨}^{\ominus}$$
$$= (2.4388-5.6940)\text{J}/(\text{K}\cdot\text{mol})$$
$$= -3.2552\text{J}/(\text{K}\cdot\text{mol})$$

$\therefore$ $$\Delta_{trs}G_m^{\ominus} = \Delta_{trs}H_m^{\ominus} - T\Delta_{trs}S_m^{\ominus}$$
$$= (1896+298\times3.2552)\text{J/mol}$$
$$= 2886\text{J/mol} > 0$$

故在 SATP 下石墨不可能自发变为金刚石。

（2）要使石墨变为金刚石，必须有 $\Delta_{trs}G_m \leqslant 0$

设当压力为 p 时，石墨开始转变为金刚石，则 $\Delta_{trs}G_m = 0$

即
$$(\Delta_{trs}G_m)_p = \Delta_{trs}G_m^{\ominus} + \int_{p^{\ominus}}^{p} \Delta V_m \mathrm{d}p$$
$$= \Delta_{trs}G_m^{\ominus} + (V_{m,金刚石} - V_{m,石墨})(p-p^{\ominus}) = 0$$

代入已知数据，

$$2886 + \left(\frac{12}{3.513} - \frac{12}{2.260}\right)\times10^{-6}\ (p-100000) = 0$$

解之，得　　$p = 1.52\times10^9\,\text{Pa}$

此例可知，在 25℃时需要加压约 15000 个大气压才能使石墨变为金刚石。目前工业上采用高压催化条件下将石墨变为金刚石。

（3）化学变化过程

① **利用标准摩尔生成吉布斯自由能计算**。根据吉布斯自由能与焓、熵的关系，可以得到一些化合物的标准摩尔生成吉布斯自由能数据（可查阅教材附录得到），我们利用物质的标准摩尔生成自由能可直接计算反应的标准摩尔焓变。

$$\Delta_r G_m^{\ominus} = \sum_j \upsilon_j \Delta_f G_{m,p_j}^{\ominus} - \sum_i \mu_i \Delta_f G_{m,r_i}^{\ominus} = \sum_B \nu_B \Delta_f G_{m,B}^{\ominus} \tag{4.68}$$

例如：查表计算 25℃、$1p^{\ominus}$ 下反应 $CO + 0.5O_2 \longrightarrow CO_2$ 的 $\Delta_r G_m^{\ominus}$。

$$\Delta_r G_m^{\ominus} = \sum_B \nu_B \Delta_f G_{m,B}^{\ominus} = \Delta_f G_{m,CO_2(g)}^{\ominus} - \Delta_f G_{m,CO(g)}^{\ominus} - \frac{1}{2}\Delta_f G_{m,O_2(g)}^{\ominus}$$
$$= [-394.36-(-137.17)-0/2]\text{kJ/mol}$$
$$= -259.19\text{kJ/mol}$$

② **给定压力下吉布斯自由能计算——范特霍夫反应等温式**。对于有气体参加的反应，压力对反应 ΔG 有明显的影响，而许多反应在给定压力条件下未必是可逆进行的，这样，必须设计一个可逆过程来计算反应的 ΔG。为此，范特霍夫（Van't Hoff）首先构想了一种平衡箱（称为范特霍夫平衡箱），改变外压时温度始终保持不变，反应物和产物都在该箱中通过平衡态完成反应，如图 4-10 所示，通过此平衡箱，可实现给定压力和平衡压力条件下的可逆转换。

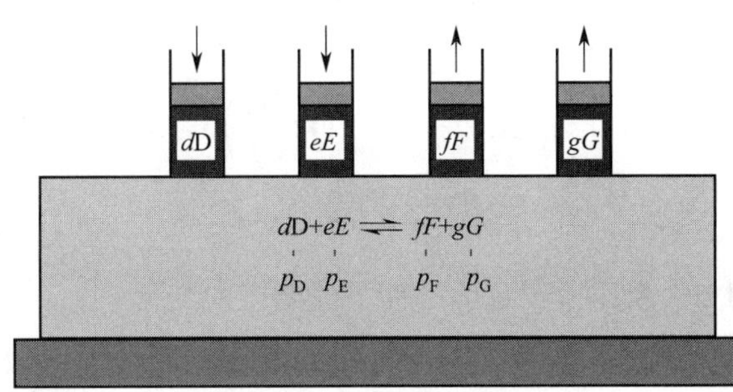

图 4-10　范特霍夫平衡箱图

实现可逆转换的过程可表示为：

$$
\begin{array}{ccc}
dD+eE & \xrightarrow{\Delta_r G_m} & fF+gG \\
p_D \quad p_E & & p_F \quad p_G \\
\downarrow \Delta G_1 & & \uparrow \Delta G_3 \\
dD+eE & \xleftrightarrow{\Delta_r G_{m,2}=0} & fF+gG \\
p_D' \quad p_E' & & p_F' \quad p_G'
\end{array}
$$

则，$\Delta_r G_m = \Delta G_1 + \Delta_r G_{m,2} + \Delta G_3$

$$= dRT\ln\frac{p_D'}{p_D} + eRT\ln\frac{p_E'}{p_E} + fRT\ln\frac{p_F}{p_F'} + gRT\ln\frac{p_G}{p_G'}$$

$$= -RT\ln\frac{p_F'^f p_G'^g}{p_D'^d p_E'^e} + RT\ln\frac{p_F^f p_G^g}{p_D^d p_E^e} \tag{4.69}$$

式(4.69) 中的第一项为化学平衡常数项

$$\frac{p_F'^f p_G'^g}{p_D'^d p_E'^e} = K_p = 常数 \quad ①$$

在一定温度下，实际反应条件下 p_D、p_E、p_F、p_G 均已给出，是体系始态、终态的压力，令

$$\frac{p_F^f p_G^g}{p_D^d p_E^e} = Q_p \quad ②$$

式①、式②代入式(4.69)，得

$$\Delta_r G_m = -RT\ln K_p + RT\ln Q_p \tag{4.70}$$

式(4.69)、式(4.70) 称为**范特霍夫等温式 (Van't Hoff isotherm)**，也叫作化学反应等温式。

式(4.70) 可变为

$$\Delta_r G_m = RT\ln\frac{Q_p}{K_p} \tag{4.71}$$

根据吉布斯自由能方向性判据，知

当 $Q_p < K_p$ 时，$\Delta_r G_m < 0$，体系自发正向反应；

当 $Q_p = K_p$ 时，$\Delta_r G_m = 0$，体系处于平衡状态，反应可逆进行；

当 $Q_p > K_p$ 时，$\Delta_r G_m > 0$，体系不能正向反应，而能逆向反应。

③ **吉布斯函数与温度的关系——吉布斯-亥姆霍兹方程**。在化学反应中，常需要非室温下的方向性判定，这就需要计算不同温度下的 $\Delta_r G$。

根据热力学的基本关系式之一

$$dG = -SdT + Vdp, 得\left(\frac{\partial G}{\partial T}\right)_p = -S$$

则

$$\left(\frac{\partial\, \Delta G}{\partial\, T}\right)_p = -\Delta S \quad ①$$

式①中左边表示反应的 ΔG 在压力恒定的条件下随温度的变化率。

又

$$\Delta G = \Delta H - T\Delta S \Rightarrow -\Delta S = \frac{\Delta G - \Delta H}{T} \quad ②$$

式②代入式①，得

$$\left(\frac{\partial \Delta G}{\partial T}\right)_p=\frac{\Delta G-\Delta H}{T} \tag{4.72}$$

式(4.72)两边同除以 T，整理得

$$\frac{1}{T}\left(\frac{\partial \Delta G}{\partial T}\right)_p-\frac{\Delta G}{T^2}=-\frac{\Delta H}{T^2} \quad ③$$

式③左边是$\left(\frac{\Delta G}{T}\right)$对 T 的微分，故

$$\left[\frac{\partial(\Delta G/T)}{\partial T}\right]_p=-\frac{\Delta H}{T^2} \tag{4.73}$$

对式(4.73)进行移项，得

$$\mathrm{d}\left(\frac{\Delta G}{T}\right)_p=-\frac{\Delta H}{T^2}\mathrm{d}T \quad ④$$

式④两边取不定积分，得

$$\frac{\Delta G}{T}=-\int\frac{\Delta H}{T^2}\mathrm{d}T+I \tag{4.74}$$

式中，I 为积分常数。

同理根据基本公式 $\mathrm{d}A=-S\mathrm{d}T-p\mathrm{d}V$ 和 $\Delta A=\Delta U-T\Delta S$，可获得结论：

$$\left(\frac{\partial \Delta A}{\partial T}\right)_V=\frac{\Delta A-\Delta U}{T} \tag{4.75}$$

$$\left[\frac{\partial(\Delta A/T)}{\partial T}\right]_V=-\frac{\Delta U}{T^2} \tag{4.76}$$

$$\frac{\Delta A}{T}=-\int\frac{\Delta U}{T^2}\mathrm{d}T+I \tag{4.77}$$

式(4.72)～式(4.77)均称为**吉布斯-亥姆霍兹方程（Gibbs-Helmholtz equation）**。

根据吉布斯-亥姆霍兹方程，在等压下若已知任一反应在 T_1 的 $\Delta_r G_m(T_1)$、$\Delta_r A_m(T_1)$，则可求得另一温度 T_2 时的 $\Delta_r G_m(T_2)$、$\Delta_r A_m(T_2)$。在使用吉布斯-亥姆霍兹方程式时，需要注意 $\Delta_r H_m$ 随温度的变化关系。

例题 4-15 已知在 SATP 下反应

$2SO_2(g)+O_2(g)=\!=\!=2SO_3(g)$，$\Delta_r G_m^{\ominus}=-140000\mathrm{J/mol}$

又知 $\Delta_r H_m^{\ominus}=-196560\mathrm{J/mol}$，且不随温度变化。

求该反应在600℃进行时的 $\Delta_r G_m^{\ominus}$，并说明温度升高是否对该反应有利。

解： 根据

$$\left[\frac{\partial(\Delta G/T)}{\partial T}\right]_p=-\frac{\Delta H}{T^2}$$

则 $\left(\frac{\Delta G}{T}\right)_{T_2}-\left(\frac{\Delta G}{T}\right)_{T_1}=\int_{T_1}^{T_2}-\left(\frac{\Delta H}{T^2}\right)\mathrm{d}T=\Delta H\left(\frac{1}{T_2}-\frac{1}{T_1}\right)$

故 $\Delta_r G_{m,\ 873K}^{\ominus}=\left(\frac{\Delta_r G_{m,\ 298K}^{\ominus}}{T}\right)_{T_1}T_2+\Delta_r H_m^{\ominus}\left(1-\frac{T_2}{T_1}\right)$

$$=\left[\frac{-140000}{298}\times873-196560\left(1-\frac{873}{298}\right)\right]\mathrm{J/mol}$$

$$=-30866\mathrm{J/mol}$$

∵ $\Delta_r G_{m,873K}^{\ominus}>\Delta_r G_{m,298K}^{\ominus}$

∴ 温度升高对该反应产物产率不利。

例题 4-16 已知在氨的合成中各种气体的分压均为 $p^{\ominus}$ 时，反应

$$\frac{1}{2}N_2(g)+\frac{3}{2}H_2(g)=\!=\!=NH_3(g),$$

在 298K 时，$\Delta_r H_m^{\ominus}=-46190J/mol$，$\Delta_r G_m^{\ominus}=-16630J/mol$。试求 1000K 时 $\Delta_r G_m^{\ominus}$。

已知 N_2、H_2 和 NH_3 的摩尔等压热容，见表 4-1。

表 4-1

物质	a/K^{-1}	$b/(10^{-3}K^{-1})$	$c/10^5K^2$
$N_2(g)$	u28.58	3.77	−0.50
$H_2(g)$	27.28	3.26	0.5
$NH_3(g)$	29.75	25.1	−1.55

注：$C_{p,m}/[J/(K\cdot mol)]=a+bT+c/T^2$。

解： $\Delta a=-25.46, \Delta b=18.33\times10^{-3}, \Delta c=-2.05\times10^5$

所以 $\Delta C_p=[-25.46+18.33\times10^{-3}T-2.05\times10^5/T^2]J/(K\cdot mol)$ ①

又 $\Delta_r H_{m,298K}^{\ominus}=-46190J/mol$ ②

式①、式②代入 $\Delta_r H_m(T)=\int\Delta_r C_p dT+\Delta_r H_0$

解之，得 $\Delta_r H_0=-40100J/mol$

故有 $\Delta_r H_m^{\ominus}=-40100-25.46T+\frac{1}{2}\times18.33^{-3}T^2+2.05\times10^5\frac{1}{T}$ ③

又 $\Delta_r G_{m,298K}^{\ominus}=-16630J/mol$ ④

式③、式④代入 $\frac{\Delta_r G_m^{\ominus}}{T}=-\int\frac{\Delta_r H_m^{\ominus}}{T^2}dT+I$

解之，得 $I=-64.81J/(K\cdot mol)$

故有 $\Delta_r G_m^{\ominus}=-40100+25.46\ln T-9.17\times10^{-3}T^2+1.03\times10^5\frac{1}{T}-64.81T$ ⑤

当温度 $T=1000K$ 时，代入式⑤，得 $\Delta_r G_m^{\ominus}=61926J/mol$。

4.12 变化过程方向判据条件

在判别变化方向和过程可逆性方面，从卡诺定理得出的熵判据是最基本的判据，并把热力学第一定律与之结合，获得了常见条件下的亥姆霍兹自由能和吉布斯自由能判据。根据以上几节内容，归纳如下。

4.12.1 熵判据

对于孤立体系或绝热体系，有

$$(dS)_{U,V,W_f=0}\geqslant0$$

具体表示为

$$\begin{cases}(dS)_{U,V,W_f=0}>0，\text{自发发生的不可逆过程}\\(dS)_{U,V,W_f=0}=0，\text{可逆过程或体系处于平衡态}\\(dS)_{U,V,W_f=0}<0，\text{不可能自发发生的过程}\end{cases}$$

习题：

4-21 在 SATP 下的合成氨反应 $N_2(g)+3H_2(g)=\!=\!=2NH_3(g)$ $\Delta_r G_{m,298K}^{\ominus}=-33.26kJ/mol$，$\Delta_r H_{m,298K}^{\ominus}=-92.38kJ/mol$ 假设此反应的 $\Delta_r H_m^{\ominus}$ 不随温度而变化。试求算在 500K 时此反应的 $\Delta_r G_m^{\ominus}$，并说明温度升高对该反应是否有利。(6.81kJ/mol)

4-22 试判断在 STP 下，白锡、灰锡哪一种晶型稳定。已知在 SATP 下有下列数据（忽略压强对热力学函数的影响）。

物质	$\Delta_f H_m^{\ominus}$	$S_m^{\ominus}$	$C_{p,m}$
白锡	0	52.30	26.15
灰锡	−2197	44.76	25.73

注：$\Delta_f H_m^{\ominus}$、$S_m^{\ominus}$、$C_{p,m}$ 的单位分别为 J/mol、J/(K·mol)、J/(K·mol)。

孤立体系或绝热体系的自发变化总是朝着熵增加的方向进行，直到体系熵达到最大值，此时体系处于平衡状态，如果再有过程发生，都必定是可逆的。

4.12.2 亥姆霍兹函数判据

在等温等容、非体积功为零条件下，有

$$(\mathrm{d}A)_{T,V,W_\mathrm{f}=0}\leqslant 0$$

具体表示为

$$\begin{cases}(\mathrm{d}A)_{T,V,W_\mathrm{f}=0}<0，\text{自发发生的不可逆过程}\\(\mathrm{d}A)_{T,V,W_\mathrm{f}=0}=0，\text{可逆过程或体系处于平衡态}\\(\mathrm{d}A)_{T,V,W_\mathrm{f}=0}>0，\text{不可能自发发生的过程}\end{cases}$$

等温等容且非体积功为零的体系的自发变化总是趋向于亥姆霍兹自由能降低的方向进行，直到体系亥姆霍兹自由能不能降低为止，此时体系达到平衡状态，如果再有过程发生，都必定是可逆过程。

4.12.3 吉布斯函数判据

在等温等压、非体积功为零条件下，有

$$(\mathrm{d}G)_{T,p,W_\mathrm{f}=0}\leqslant 0$$

具体表示为

$$\begin{cases}(\mathrm{d}G)_{T,p,W_\mathrm{f}=0}<0，\text{自发发生的不可逆过程}\\(\mathrm{d}G)_{T,p,W_\mathrm{f}=0}=0，\text{可逆过程或体系处于平衡态}\\(\mathrm{d}G)_{T,p,W_\mathrm{f}=0}>0，\text{不可能自发发生的过程}\end{cases}$$

等温等压且非体积功为零的体系的自发变化总是趋向于吉布斯自由能降低的方向进行，直到体系吉布斯自由能不能降低为止，此时体系达到平衡状态，如果再有过程发生，都必定是可逆过程。

例题 4-17 试推导 S、H 作为过程方向和限度判据的适用条件

证明：（1）根据热力学第一定律和第二定律，得

$$\left.\begin{aligned}\mathrm{d}U=\delta Q+\delta W\\ \mathrm{d}S\geqslant\frac{\delta Q}{T}\end{aligned}\right\}\Rightarrow \mathrm{d}S\geqslant\frac{\mathrm{d}U-\delta W}{T}=\frac{C_V\mathrm{d}T+p\mathrm{d}V-\delta W_\mathrm{f}}{T}$$

在等温等容条件下，$C_V\mathrm{d}T=0$，$p\mathrm{d}V=0$，

则 $(\mathrm{d}S)_{T,V}\geqslant\dfrac{-\delta W_\mathrm{f}}{T}$，即 $(\mathrm{d}S)_{U,V}\geqslant\dfrac{-\delta W_\mathrm{f}}{T}$

若 $\delta W_\mathrm{f}=0$，则 $(\mathrm{d}S)_{U,V,W_\mathrm{f}=0}\geqslant 0$

（2）根据热力学第一定律和第二定律，得

$$\left.\begin{aligned}\mathrm{d}U=\delta Q+\delta W\\ \mathrm{d}S\geqslant\frac{\delta Q}{T}\end{aligned}\right\}\Rightarrow T\mathrm{d}S-\mathrm{d}U\geqslant-\delta W=p\mathrm{d}V-\delta W_\mathrm{f}$$

$\Rightarrow -\mathrm{d}U-p\mathrm{d}V\geqslant-\delta W_\mathrm{f}-T\mathrm{d}S$

在等压条件下，$p\mathrm{d}V=\mathrm{d}(pV)$，则

$$-\mathrm{d}(U+pV)=-(\mathrm{d}H)_p\geqslant-\delta W_\mathrm{f}-T\mathrm{d}S$$

当等熵，即 $\mathrm{d}S=0$，则 $(\mathrm{d}H)_{p,S}\leqslant\delta W_\mathrm{f}$

若 $\delta W_\mathrm{f}=0$，则 $(\mathrm{d}H)_{p,S,W_\mathrm{f}=0}\leqslant 0$。

对比不同热力学函数方向性判据的适用条件，可以发现一个规律，当相应的特征变量固定不变时，特性函数的变化值可以用来判断体系变化过程的方向性。对于组成不变的封闭体系，在 $W_f=0$ 时，可以作为方向性判据的函数有

$$(dS)_{U,V}\geqslant 0 \qquad (dU)_{S,V}\leqslant 0$$

$$(dS)_{H,p}\geqslant 0 \qquad (dA)_{T,V}\leqslant 0$$

$$(dH)_{S,p}\leqslant 0$$

$$(dG)_{T,p}\leqslant 0$$

其中熵判据、亥姆霍兹函数判据、吉布斯函数判据用得较多。

例题 4-18 有人发明了一种装置见图 4-11，可使压缩空气分为两股：一股变冷，一股变热，若空气 $C_{p,m}=29.3J/(K\cdot mol)$，设热量不传递到环境，试判断该装置是否可能？

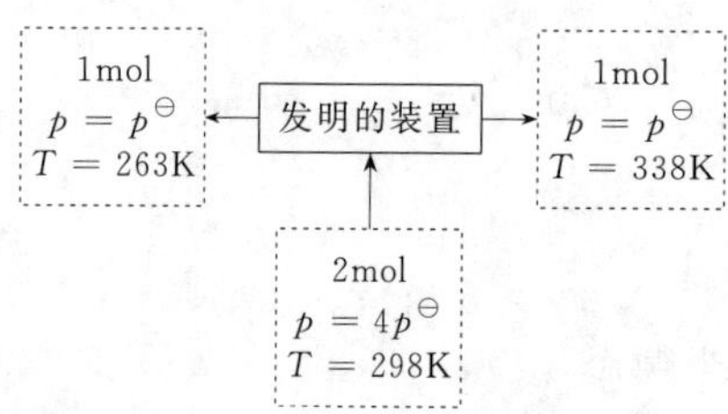

图 4-11 例题 4-18 图

解：据 $\Delta S=nC_{p,m}\ln\dfrac{T_2}{T_1}-nR\ln\dfrac{p_2}{p_1}$

对两股气体分别计算其 ΔS，得

$$\begin{aligned}\Delta S_{sys}&=\Delta S_1+\Delta S_2\\&=1mol\times 29.3J/(K\cdot mol)\times\ln(263/298)\\&\quad-1mol\times R\ln(1/4)\\&\quad+1mol\times 29.3J/(K\cdot mol)\times\ln(338/298)\\&\quad-1mol\times R\ln(1/4)\\&=23.1J/K>0\end{aligned}$$

$$\Delta S_{sur}=0$$

故 $\Delta S_{iso}>0$，该装置可能实现。

4.13 热力学函数的关系及变换

至此，我们已经认识了热力学所有的状态函数——p、V、T、U、H、S、A、G，其中 p、V、T 是研究体系最直接测量的函数，U 和 S 是体系性质最基本的函数，H、A、G 都是为了使用方便而衍生出来的体系状态函数，热力学正是这些函数连同两个过程量 Q、W，构建了整个热力学理论体系，广泛应用于人们的生产、生活等实践活动中。本节再来较详细地探讨体系状态函数之间的关系。

习题：

4-23 试推导 S、U、H、A 和 G 判断过程的方向和限度的适用条件。

4-24 试用吉布斯函数判据阐释经典名句：“生于忧患死于安乐”。

4-25 有人在三行情书竞赛中这样写道“‘熵变为正，焓变为负’，即使世界绝对零度，爱你‘依然不变’”。试用物理化学分析这句话的科学性，并回答“爱”的基本条件。

4-26 试用物理化学知识阐释晚清王国维在《人间词话》所表达的人生三境界：“古今之成大事业、大学问者，必经过三种之境界：‘昨夜西风凋碧树，独上高楼，望尽天涯路’（宋·晏殊《蝶恋花》）；‘衣带渐宽终不悔，为伊消得人憔悴’（宋·柳永《凤栖梧》）；‘众里寻他千百度，蓦然回首，那人却在灯火阑珊处’（南宋 辛弃疾《青玉案》）。”（物境：执着追求，登高望远，瞰察路径；情境：目标确定，持之以恒，甘愿付出；意境：反复研究，豁然贯通，获得真谛。）

思考：

4-36 为什么要引入这么多判断体系变化方向的判据？这些判断体系变化方向的判据有本质性区别吗？

4.13.1　定义关系式

根据定义，热力学函数之间的关系（见图 4-12）。

$H=U+pV=G+TS=A+TS+pV$

$U=H-pV=G+TS-pV=A+TS$

$G=H-TS=U+pV-TS=A+pV$

$A=U-TS=H-pV-TS=G-pV$

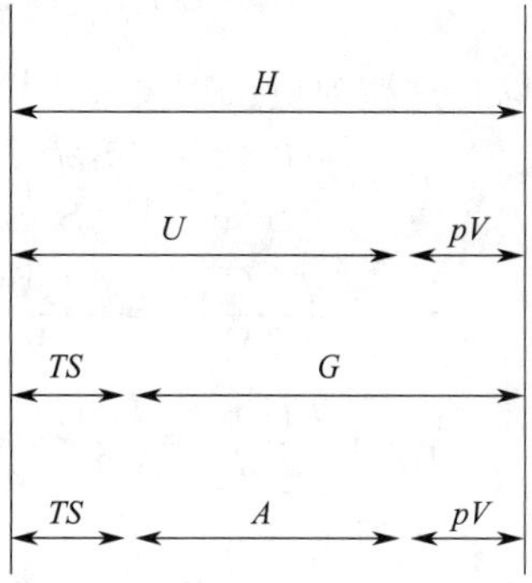

图 4-12　几个热力学函数关系

4.13.2　基本关系式

（1）四个基本关系式

根据定义式以及热力学第一定律和第二定律，得出了无非体积功、无相变化、无化学变化的封闭体系的热力学四个基本关系式［推导见 4.11.2(3) 部分］：

$dU=TdS-pdV$

$dH=TdS+Vdp$

$dA=-SdT-pdV$

$dG=-SdT+Vdp$

（2）八个偏微分关系式

① 根据基本关系式　$dU=TdS-pdV$

当体积不变时，即 $dV=0$，则有

$$(dU)_V=TdS\Rightarrow\left(\frac{\partial U}{\partial S}\right)_V=T$$

当熵不变时，即 $dS=0$，则有

$$(dU)_S=-pdV\Rightarrow\left(\frac{\partial U}{\partial V}\right)_S=-p$$

② 根据基本关系式　$dH=TdS+Vdp$

当压强不变时，即 $dp=0$，则有

$$(dH)_p=TdS\Rightarrow\left(\frac{\partial H}{\partial S}\right)_p=T$$

当熵不变时，即 $dS=0$，则有

$$(dH)_S=Vdp\Rightarrow\left(\frac{\partial H}{\partial p}\right)_S=V$$

③ 根据基本关系式　$dA=-SdT-pdV$

当体积不变时，即 $dV=0$，则有

$$(dA)_V=-SdT\Rightarrow\left(\frac{\partial A}{\partial T}\right)_V=-S$$

当温度不变时，即 $dT=0$，则有

$$(dA)_T=-pdV\Rightarrow\left(\frac{\partial A}{\partial V}\right)_T=-p$$

④ 根据基本关系式　$dG=-SdT+Vdp$

当压强不变时，即 $dp=0$，则有

$$(dG)_p=-SdT\Rightarrow\left(\frac{\partial G}{\partial T}\right)_p=-S$$

推导八个偏微分关系式的其他方法

对无化学反应、无相变化、不做非体积功的封闭体系，只需要两个状态性质就可描述体系的状态，因此我们选取

$U=f(S,V)$，则

$$dU=\left(\frac{\partial U}{\partial S}\right)_V dS+\left(\frac{\partial U}{\partial S}\right)_S dV$$

与 $dU=TdS-pdV$ 对比对应项，得

$$\left(\frac{\partial U}{\partial S}\right)_V=T,\ \left(\frac{\partial U}{\partial S}\right)_S=-p$$

同理选取 $H=f(S,p)$、$A=f(T,V)$、$G=f(T,p)$ 可得到

$$\left(\frac{\partial H}{\partial S}\right)_p=T,\left(\frac{\partial H}{\partial p}\right)_S=V$$

$$\left(\frac{\partial A}{\partial T}\right)_V=-S,\left(\frac{\partial A}{\partial V}\right)_T=-p$$

$$\left(\frac{\partial G}{\partial T}\right)_p=-S,\left(\frac{\partial G}{\partial p}\right)_T=V$$

本方法是根据对应系数的方法得到的关系式，因此这八个关系式在有的教材上又称为对应系数关系式。

当温度不变时，即 $\mathrm{d}T=0$，则有

$$(\mathrm{d}G)_T=V\mathrm{d}p\Rightarrow\left(\frac{\partial G}{\partial p}\right)_T=V$$

综合这些对应系数关系式，得

$$T=\left(\frac{\partial U}{\partial S}\right)_V=\left(\frac{\partial H}{\partial S}\right)_p$$

$$-p=\left(\frac{\partial U}{\partial V}\right)_S=\left(\frac{\partial A}{\partial V}\right)_T$$

$$V=\left(\frac{\partial H}{\partial p}\right)_S=\left(\frac{\partial G}{\partial p}\right)_T$$

$$-S=\left(\frac{\partial A}{\partial T}\right)_V=\left(\frac{\partial G}{\partial T}\right)_p$$

(3) 四个麦克斯韦关系式

据数学函数原理可知，若 Z 是任一状态函数，且 Z 是两个变量 x、y 的函数，即 $Z=f(x,y)$，则 Z 具有全微分性质

$$\mathrm{d}Z=\left(\frac{\partial Z}{\partial x}\right)_y\mathrm{d}x+\left(\frac{\partial Z}{\partial y}\right)_x\mathrm{d}y=M\mathrm{d}x+N\mathrm{d}y$$

上式中令 $M=\left(\frac{\partial Z}{\partial x}\right)_y$，$N=\left(\frac{\partial Z}{\partial y}\right)_x$，$M$ 和 N 也是 x 和 y 的函数。将 M 对 y 偏微分，N 对 x 偏微分，得

$$\left(\frac{\partial M}{\partial y}\right)_x=\frac{\partial^2 Z}{\partial y\partial x},\left(\frac{\partial N}{\partial x}\right)_y=\frac{\partial^2 Z}{\partial x\partial y}$$

故

$$\left(\frac{\partial M}{\partial y}\right)_x=\left(\frac{\partial N}{\partial x}\right)_y \tag{4.78}$$

将式(4.78) 应用到式(4.63)～式(4.66)，得

$$\mathrm{d}U=T\mathrm{d}S-p\mathrm{d}V\Rightarrow\left(\frac{\partial T}{\partial V}\right)_S=-\left(\frac{\partial p}{\partial S}\right)_V \tag{4.79}$$

$$\mathrm{d}H=T\mathrm{d}S+V\mathrm{d}p\Rightarrow\left(\frac{\partial T}{\partial p}\right)_S=\left(\frac{\partial V}{\partial S}\right)_p \tag{4.80}$$

$$\mathrm{d}A=-S\mathrm{d}T-p\mathrm{d}V\Rightarrow\left(\frac{\partial S}{\partial V}\right)_T=\left(\frac{\partial p}{\partial T}\right)_V \tag{4.81}$$

$$\mathrm{d}G=-S\mathrm{d}T+V\mathrm{d}p\Rightarrow-\left(\frac{\partial S}{\partial p}\right)_T=\left(\frac{\partial V}{\partial T}\right)_p \tag{4.82}$$

式(4.79)～式(4.82) 称为**麦克斯韦关系式（Maxwell's relations）**。

4.13.3 热力学函数关系式的应用

这些公式表示简单体系处于平衡态时几个热力学函数之间的关系，这些公式的主要用途在于不易直接测定的函数可通过容易由实验测定的函数来求得。下面我们通过一些范例体会这些热力学函数关系式的应用。

(1) 利用特性函数表示其他函数

如从特性函数 G 及其特征变量 T、p，求 H、U、A、S 等函数的表达式。

习题：

4-27 试证明：$\dfrac{\left(\frac{\partial T}{\partial S}\right)_p}{\left(\frac{\partial T}{\partial S}\right)_V}=\dfrac{C_V}{C_p}$

思考：

4-37 物理化学函数关系式有何价值？

4-38 物理化学证明题目的基本规律是什么？

4-39 通过前面物理化学内容的学习你体会到物理化学“格物致知”思想了吗？

根据 $dG=-SdT+Vdp$，得

$$S=-\left(\frac{\partial G}{\partial T}\right)_p,\ V=\left(\frac{\partial G}{\partial p}\right)_T$$

$$H=G+TS=G-T\left(\frac{\partial G}{\partial T}\right)_p$$

$$U=H-pV=G-T\left(\frac{\partial G}{\partial T}\right)_p-p\left(\frac{\partial G}{\partial p}\right)_T$$

$$A=G-pV=G-p\left(\frac{\partial G}{\partial p}\right)_T$$

这样就把其他热力学函数都表示成 G 及其特征变量（T、p）的函数了。可见，利用特性函数，可以从一个已知的热力学函数求得所有其他热力学函数的值，从而确定一个热力学平衡体系的性质。

（2）求内能 U 随 V 的变化关系

∵ $$dU=TdS-pdV\Rightarrow\left(\frac{\partial U}{\partial V}\right)_T=T\left(\frac{\partial S}{\partial V}\right)_T-p$$

又 $$dA=-SdT-pdV\Rightarrow\left(\frac{\partial S}{\partial V}\right)_T=\left(\frac{\partial p}{\partial T}\right)_V$$

∴ $$\left(\frac{\partial U}{\partial V}\right)_T=T\left(\frac{\partial p}{\partial T}\right)_V-p$$

这样，利用麦克斯韦关系式，使不能直接测量的量$\left(\frac{\partial S}{\partial V}\right)_T$转换为可以测量的量$\left(\frac{\partial p}{\partial T}\right)_V$，从而研究体系的内能 U 随 V 的变化关系。

对于理想气体，

$$\left(\frac{\partial p}{\partial T}\right)_V=\frac{nR}{V}$$

故，$$\left(\frac{\partial U}{\partial V}\right)_T=T\left(\frac{\partial p}{\partial T}\right)_V-p=\frac{nRT}{V}-p=0$$

对范氏气体，$$p=\frac{nRT}{V-nb}-\frac{n^2a}{V^2}$$

则 $$\left(\frac{\partial p}{\partial T}\right)_V=\frac{nR}{V-nb}$$

故，$$\left(\frac{\partial U}{\partial V}\right)_T=T\left(\frac{\partial p}{\partial T}\right)_V-p=\frac{nRT}{V-nb}-p=\frac{n^2a}{V^2}$$

可以利用内能 U 随 V 的变化关系，计算体系发生状态变化时的内能变化。如

$$\begin{aligned}dU&=\left(\frac{\partial U}{\partial T}\right)_V dT+\left(\frac{\partial U}{\partial V}\right)_T dV\\&=C_V dT+\left[T\left(\frac{\partial p}{\partial T}\right)_V-p\right]dV\end{aligned}$$

再根据具体的实验条件，代入数据积分即可求得体系 ΔU。

（3）求 H 随 p 的变化关系

∵ $$dH=TdS+Vdp\Rightarrow\left(\frac{\partial H}{\partial p}\right)_T=T\left(\frac{\partial S}{\partial p}\right)_T+V$$

又 $$dG=-SdT+Vdp\Rightarrow\left(\frac{\partial S}{\partial p}\right)_T=-\left(\frac{\partial V}{\partial T}\right)_p$$

$$\therefore \left(\frac{\partial H}{\partial p}\right)_T = T\left(\frac{\partial S}{\partial p}\right)_T + V = -T\left(\frac{\partial V}{\partial T}\right)_p + V$$

对理想气体，

$$\left(\frac{\partial V}{\partial T}\right)_p = \frac{nR}{p}$$

故，$\left(\frac{\partial H}{\partial p}\right)_T = -T\left(\frac{\partial V}{\partial T}\right)_p + V = -T \times \frac{nR}{p} + V = 0$

对范氏气体，

$$\left(p + \frac{n^2 a}{V^2}\right)(V - nb) = nRT \Rightarrow V = \frac{p + \frac{n^2 a}{V^2}}{nRT} + nb$$

$\left(\frac{\partial V}{\partial T}\right)_p$ 是非常复杂的表达式，故，$\left(\frac{\partial H}{\partial p}\right)_T \neq 0$

可以利用焓 H 随 p 的变化关系，计算体系发生状态变化时的焓变。如

$$\mathrm{d}H = \left(\frac{\partial H}{\partial T}\right)_p \mathrm{d}T + \left(\frac{\partial H}{\partial p}\right)_T \mathrm{d}p$$

$$= C_p \mathrm{d}T + \left[V - T\left(\frac{\partial V}{\partial T}\right)_p\right]\mathrm{d}p$$

再根据具体的实验条件，代入数据积分即可求得体系 ΔH。

(4) 熵 S 随 p、V 的变化关系

① S 随 p 的变化关系

$$\left(\frac{\partial S}{\partial p}\right)_T = -\left(\frac{\partial V}{\partial T}\right)_p \Rightarrow \Delta S = \int -\left(\frac{\partial V}{\partial T}\right)_p \mathrm{d}p$$

根据该式，结合体系 pVT 的具体函数关系，即可求得体系 p、V 的变化引起体系的熵变。如对于理想气体

$$\left(\frac{\partial V}{\partial T}\right)_p = \frac{nR}{p} \Rightarrow \Delta S = -\int_{p_1}^{p_2} \frac{nR}{p}\mathrm{d}p = nR\ln\frac{p_1}{p_2}$$

② S 随 V 的变化关系

$$\left(\frac{\partial S}{\partial V}\right)_T = \left(\frac{\partial p}{\partial T}\right)_V = \Delta S = \int \left(\frac{\partial p}{\partial T}\right)_V \mathrm{d}V$$

根据该式，结合体系 pVT 的具体函数关系，即可求得体系 p、V 的变化引起的体系的熵变。如对于理想气体

$$\left(\frac{\partial p}{\partial T}\right)_V = \frac{nR}{V} \Rightarrow \Delta S = \int_{V_1}^{V_2} \frac{nR}{V}\mathrm{d}V = nR\ln\frac{V_2}{V_1}$$

③ S 随 T 的变化关系

$$C_V = \left(\frac{\partial U}{\partial T}\right)_V = \left(\frac{\partial U}{\partial S}\right)_V \left(\frac{\partial S}{\partial T}\right)_V \xrightarrow{\left(\frac{\partial U}{\partial S}\right)_V = T}$$

$$= T\left(\frac{\partial S}{\partial T}\right)_V$$

$$\therefore \quad \left(\frac{\partial S}{\partial T}\right)_V = \frac{C_V}{T}$$

该式意味着在等容下 S-T 图上曲线斜率为 C_V/T。

$$故，(\Delta S)_V = \int_{T_A}^{T_B} \frac{C_V}{T}\mathrm{d}T \xrightarrow{若 C_V 为常数}$$

$$= C_V \ln\frac{T_B}{T_A}$$

该式与式(4.32) 一致。

$$同理，C_p = \left(\frac{\partial H}{\partial T}\right)_p = \left(\frac{\partial H}{\partial S}\right)_p \left(\frac{\partial S}{\partial T}\right)_p$$

$$\xrightarrow{\left(\frac{\partial H}{\partial S}\right)_p = T} = T\left(\frac{\partial S}{\partial T}\right)_p$$

$$\therefore \left(\frac{\partial S}{\partial T}\right)_p = \frac{C_p}{T}$$

该式意味着在等压下 S-T 图上曲线斜率为 C_p/T。

$$故，(\Delta S)_p = \int_{T_A}^{T_B} \frac{C_p}{T}\mathrm{d}T \xrightarrow{若 C_p 为常数}$$

$$= C_p \ln\frac{T_B}{T_A}$$

该式与式(4.33) 一致。

(5) 热容随 p、V 的变化关系

① C_p 随 p 的变化关系。

$$\because \quad C_p = \left(\frac{\partial H}{\partial T}\right)_p = \left(\frac{\partial H}{\partial S}\right)_p \left(\frac{\partial S}{\partial T}\right)_p$$

$$= T\left(\frac{\partial S}{\partial T}\right)_p$$

$$\therefore \quad \left(\frac{\partial C_p}{\partial p}\right)_T = T\left(\frac{\partial \left(\frac{\partial S}{\partial T}\right)_p}{\partial p}\right)_T$$

$$= T\left(\frac{\partial^2 S}{\partial T \partial p}\right)_T$$

$$又 \quad \left(\frac{\partial S}{\partial p}\right)_T = -\left(\frac{\partial V}{\partial T}\right)_p$$

$$\therefore \quad \left(\frac{\partial^2 S}{\partial T \partial p}\right)_T = -\left(\frac{\partial^2 V}{\partial T^2}\right)_p$$

$$故，\left(\frac{\partial C_p}{\partial p}\right)_T = -T\left(\frac{\partial^2 V}{\partial T^2}\right)_p$$

② C_V 随 V 的变化关系。

∵ $$C_V=\left(\frac{\partial U}{\partial T}\right)_V=\left(\frac{\partial U}{\partial S}\right)_V\left(\frac{\partial S}{\partial T}\right)_V=T\left(\frac{\partial S}{\partial T}\right)_V$$

∴ $$\left(\frac{\partial C_V}{\partial V}\right)_T=T\left(\frac{\partial\left(\frac{\partial S}{\partial T}\right)_V}{\partial V}\right)_T=T\left(\frac{\partial^2 S}{\partial T\partial V}\right)_T$$

又 $$\left(\frac{\partial S}{\partial V}\right)_T=\left(\frac{\partial p}{\partial T}\right)_V$$

∴ $$\left(\frac{\partial^2 S}{\partial T\partial V}\right)=\left(\frac{\partial^2 p}{\partial T^2}\right)_V$$

故， $$\left(\frac{\partial C_V}{\partial V}\right)_T=T\left(\frac{\partial^2 p}{\partial T^2}\right)_V$$

③ C_p 和 C_V 之间的关系。

$$C_p-C_V=\left(\frac{\partial H}{\partial T}\right)_p-\left(\frac{\partial U}{\partial T}\right)_V=\left(\frac{\partial\ (U+pV)}{\partial T}\right)_p-\left(\frac{\partial U}{\partial T}\right)_V$$

$$=\left(\frac{\partial U}{\partial T}\right)_p+p\left(\frac{\partial V}{\partial T}\right)_p-\left(\frac{\partial U}{\partial T}\right)_V \qquad ①$$

设 $U=f(T,V)$，得 $dU=\left(\frac{\partial U}{\partial T}\right)_V dT+\left(\frac{\partial U}{\partial V}\right)_T dV$

根据偏微商关系，得 $\left(\frac{\partial U}{\partial T}\right)_p=\left(\frac{\partial U}{\partial T}\right)_V+\left(\frac{\partial U}{\partial V}\right)_T\left(\frac{\partial V}{\partial T}\right)_p$ ②

式②代入式①，得

$$C_p-C_V=\left[p+\left(\frac{\partial U}{\partial V}\right)_T\right]\left(\frac{\partial V}{\partial T}\right)_p \qquad ③$$

又∵ $$\left(\frac{\partial U}{\partial V}\right)_T=T\left(\frac{\partial p}{\partial T}\right)_V-p$$

∴ $$C_p-C_V=T\left(\frac{\partial p}{\partial T}\right)_V\left(\frac{\partial V}{\partial T}\right)_p \qquad (4.83)$$

这样，根据式(4.83)，可以获得实际体系的 C_p 和 C_V 之间的关系。

设 $\alpha=\frac{1}{V}\left(\frac{\partial V}{\partial T}\right)_p$ （α 为膨胀系数）

$\beta=-\frac{1}{V}\left(\frac{\partial V}{\partial p}\right)_T$ （β 为压缩系数）

根据循环关系式 $\left(\frac{\partial p}{\partial T}\right)_V\left(\frac{\partial T}{\partial V}\right)_p\left(\frac{\partial V}{\partial p}\right)_T=-1$，得

$$\left(\frac{\partial p}{\partial T}\right)_V=-\left(\frac{\partial V}{\partial T}\right)_p\left(\frac{\partial p}{\partial V}\right)_T$$

$$C_p-C_V=T\left(\frac{\partial p}{\partial T}\right)_V\left(\frac{\partial V}{\partial T}\right)_p=-T\left(\frac{\partial V}{\partial T}\right)_p\left(\frac{\partial p}{\partial V}\right)_T\left(\frac{\partial V}{\partial T}\right)_p$$

$$=TV\left[-V\left(\frac{\partial p}{\partial V}\right)_T\right]\left[\frac{1}{V}\left(\frac{\partial V}{\partial T}\right)_p\right]^2=\frac{TV\alpha^2}{\beta}$$

(6) 系数求算

① 焦耳-汤姆逊系数 $\mu_{\text{J-T}}$。

设 $H=f(T,p)$，则

习题：

4-28 证明理想气体的内能和焓仅是温度的函数。

$$dH=(\frac{\partial H}{\partial T})_p dT+(\frac{\partial H}{\partial p})_T dp$$

∵ 焦耳-汤姆逊实验中焓不变，即 $dH=0$，上式可变为

$$\left(\frac{\partial T}{\partial p}\right)_H=-\frac{\left(\frac{\partial H}{\partial p}\right)_T}{\left(\frac{\partial H}{\partial T}\right)_p}=-\frac{1}{C_p}\left(\frac{\partial H}{\partial p}\right)_T$$

又 $\left(\frac{\partial H}{\partial p}\right)_T=-T\left(\frac{\partial V}{\partial T}\right)_p+V$

故，$\mu_{J\text{-}T}=\frac{1}{C_p}\left[T\left(\frac{\partial V}{\partial T}\right)_p-V\right]$

② 焦耳系数 μ_J。

设 $S=f(T, V)$，则

$$dS=\left(\frac{\partial S}{\partial T}\right)_V dT+\left(\frac{\partial S}{\partial V}\right)_T dV$$

代入 $dU=TdS-pdV$，得

$$dU=T\left[\left(\frac{\partial S}{\partial T}\right)_V dT+\left(\frac{\partial S}{\partial V}\right)_T dV\right]-pdV \quad ①$$

又 $T(\frac{\partial S}{\partial T})_V=(\frac{\partial U}{\partial S})_V(\frac{\partial S}{\partial T})_V=\left(\frac{\partial U}{\partial T}\right)_V=C_V$ ②

$\left(\frac{\partial S}{\partial V}\right)_T=\left(\frac{\partial p}{\partial T}\right)_V$ ③

式②、式③代入式①，得

$$dU=C_V dT+\left[T\left(\frac{\partial p}{\partial T}\right)_V-p\right]dV \quad ④$$

焦耳实验内能不变，则 $dU=0$，式④两边同除以 dV，整理得

$$\mu_J=\left(\frac{\partial T}{\partial V}\right)_U=\frac{1}{C_V}\left[p-T\left(\frac{\partial p}{\partial T}\right)_V\right]$$

对理想气体，$\left(\frac{\partial p}{\partial T}\right)_V=\frac{nR}{V}$，则

$$\left(\frac{\partial T}{\partial V}\right)_U=\frac{1}{C_V}\left[p-T\frac{nR}{V}\right]=0$$

习题：

4-29 试证明推导理想气体的等压热容和等容热容的关系：$C_p-C_V=nR$。

4-30 对范氏气体，试证明：

$\left(\frac{\partial U}{\partial V}\right)_T=\frac{n^2a}{V^2}$

4-31 试证明理想气体有如下关系式：

$$\frac{\left(\frac{\partial U}{\partial V}\right)_S\left(\frac{\partial H}{\partial p}\right)_S}{\left(\frac{\partial U}{\partial S}\right)_V}=-nR$$

思考：

4-40 请再次评价热力学函数间的关系推导、变换的价值和意义。

学如弓弩，才如箭镞（出自袁枚《续诗品·尚识》）

第5章 多组分均相体系

本章基本要求

5-1 熟悉多组分体系组成的表示方法及相互间的计算方法。

5-2 了解多组分体系中引入偏摩尔量的意义，理解偏摩尔量的定义、集合公式和吉布斯-杜亥姆公式，学会计算偏摩尔量间的计算。

5-3 了解多组分体系中引入化学势的意义，理解化学势的定义及物理意义，掌握与偏摩尔量的区别与联系，理解多组分体系的热力学基本方程式，掌握化学势判据判定相变化、化学变化方向的方法。

5-4 掌握拉乌尔定律和亨利定律的内容、适用条件及不同之处。

5-5 掌握理想气体化学势的表示式及其标准态的含义，了解理想气体和非理想气体化学势的表示式，理解逸度的概念。

5-6 理解理想液态混合物的概念，掌握理想液态混合物的通性及化学势的表示方法。

5-7 理解理想稀溶液的概念，掌握稀溶液的依数性及其应用。

5-8 理解活度的概念，知道如何描述非理想溶液以及描述非理想化程度。

5-9 了解溶液组分气压与组成的关系。

由两种或两种以上的物质或组分（component）组成的体系称为多组分体系（multi-component system）。多组分体系可以是单相（均相），也可以是多相（非均相），而对于多相体系也可把它分成几个单相提出来研究，对于多相相互转化的研究将在第六章介绍。本章主要介绍更为普遍的多组分均相体系，讨论其宏观层次平衡态时的普遍规律及性质行为。

多组分均相体系是指两种或两种以上物质混合，不同组分的物质以分子或离子状态分布所组成的体系。根据各组分与其纯组分的热力学性质是否一致，各组分又可分为溶剂和溶质，只因组分含量改变而引起该组分性质发生变化的组分称为溶剂，既因数量改变又因其他组分改变而引起该组分性质发生变化的组分称为溶质。由溶剂性质的多种物质组成的体系称为混合物，既有溶剂性质的组分又有溶质性质的组分组成的体系称为溶液。

混合物（mixture）是指两种或两种以上物质均匀混合，各组分通常保持着纯组分时的性质，难以区分溶质和溶剂，各组分在热力学上都可以用相同的方法处理，具有相同的标准态，服从相同的经验规律等。按聚集状态可分为气态混合

思考：

5-1 我们身边有哪些体系归属于多组分均相体系？

5-2 社会体系是否也可看作多组分均相体系？

5-3 多组分均相体系的热力学规律是否可以用于社会群体体系？

物（如氧气和氮气）、液态混合物（如对二甲苯和邻二甲苯）、固态混合物（如金铜合金）。

溶液（solution）是指两种或两种以上物质均匀混合，彼此以分子或离子状态分布所形成的多组分均相体系。各个组分在热力学上有不同的处理方法，它们有不同的标准态，服从的经验规律也不同等。其中一种或数种物质称为溶剂（solvent），其他的称为溶质（solute），溶质溶解于溶剂中形成溶液。溶质和溶剂的性质差别特别悬殊。根据溶质含量不同，可分为稀溶液和浓溶液。按聚集状态溶液可分为气态溶液（如萘溶解于高压二氧化碳中）、液态溶液（如盐水）、固态溶液（如单体溶解于聚合物中）。根据溶液中溶质的导电性又可分为电解质溶液（在电化学专题部分讨论）和非电解质溶液。

从本质上看，混合物和溶液并没有本质的区别，它们都是由多种组分混合而成的均相体系，因此，对于液态多组分均相体系经常也会不加区分地称为溶液，有时又称为液态混合物。

5.1 多组分体系组成的表示方法

对多组分体系，为描述体系状态，除使用温度、压力和体积外，还应标明体系各组分的含量。目前常用表示多组分体系含量的方法有多种，在此，我们一起来认识一下。

5.1.1 分数浓度

$$x_{Q,B} \equiv \frac{Q_B}{\sum Q_B} \quad 或 \quad y_{Q,B} \equiv \frac{Q_B}{\sum Q_B} \tag{5.1}$$

式中，Q_B 为物质 B 的某一广度性质的物理量（physical quantity），通常用 x、y 表示，分数浓度中一般常用的物理量为物质的量 n、质量 w、体积 V，分别为摩尔分数、质量分数、体积分数，**Q_B 是指用同一物理量表示的物质 B 的量占体系所有物质总量的比值**，称为**分数浓度（fraction concentration）**。显然，$\sum Q_B=1$，x、y 的单位为 1 或无单位。本书用 x、y 表示有关分数含量的浓度表示，并多用 x 表示溶液混合物的摩尔分数，多用 y 表示气体混合物的摩尔分数。

对于两种组成的体系，有

$$x_{Q,B}=1-x_{Q,A} \quad 或 \quad y_{Q,B}=1-y_{Q,A} \tag{5.2}$$

（1）摩尔分数

体系中的一种物质 B 的物质的量与体系中各组分总的物质的量之和之比，称为物质 B 的物质的量分数，经常称为物质 B 的**摩尔分数（mole fraction）**，该浓度偏向于体系组分粒子数量（number）对比，用 $x_{n,B}$、$y_{n,B}$ 表示（许多教材用“x_B、y_B”表示），

$$x_{n,B}=\frac{n_B}{\sum n_B}, 或\ y_{n,B}=\frac{n_B}{\sum n_B} \tag{5.3}$$

有了摩尔分数的定义，我们再来看道尔顿分压定律。

$$\because \quad p=\sum p_B=\sum\frac{n_B RT}{V}=\sum p\frac{n_B}{n_T}=\sum p x_{n,B}$$

$\therefore \quad p_B=p x_{n,B}$（该式为道尔顿分压定律的又一表示形式）

（2）质量分数

体系中物质 B 的质量（weight）与体系总质量之比称为**质量分数（mass fraction）**，该浓度偏向于体系组分质量（mass）对比，可用 $x_{w,B}$、$y_{w,B}$ 表示（许多教材用 $w\%$ 表示），公式为

$$x_{w,B}=\frac{w_B}{\sum w_B}, 或\ y_{w,B}=\frac{w_B}{\sum w_B} \tag{5.4}$$

（3）体积分数

体系中物质 B 的体积（volume）与体系总体积之比称为**体积分数（volume fraction）**，该浓

度偏向于体系组分体积（volume）对比，可用 $x_{V,\mathrm{B}}$、$y_{V,\mathrm{B}}$ 表示（许多教材用 $V\%$表示）为

$$x_{V,\mathrm{B}}=\frac{V_\mathrm{B}}{\sum V_\mathrm{B}},\text{或 } y_{V,\mathrm{B}}=\frac{V_\mathrm{B}}{\sum V_\mathrm{B}} \tag{5.5}$$

在这三种分数浓度中，摩尔分数最为常用，不特别说明时，通常用 x_B 表示 $x_{n,\mathrm{B}}$（本教材分数浓度不区分时，x_B 表示 $x_{n,\mathrm{B}}$）。

5.1.2　质量摩尔浓度

$$m_\mathrm{B}\equiv\frac{n_\mathrm{B}}{w_\mathrm{A}}\xrightarrow{\text{对稀溶液}}\approx\frac{n_\mathrm{B}}{w} \tag{5.6}$$

式中，m_B 为质量摩尔浓度；n_B 为溶质 B 的物质的量；w_A 为溶剂的质量；w 为体系中所有物质的质量总和。m_B 的 SI 单位为 mol/kg，故**质量摩尔浓度（molality）m_B 表示 1000g 溶剂/溶液中所溶解的溶质 B 的物质的量**。由于 m_B 与温度无关，描述体系含量准确，故在精确化学实验中经常使用。

5.1.3　体积摩尔浓度

$$c_\mathrm{B}=\frac{n_\mathrm{B}}{V_\mathrm{A}}\xrightarrow{\text{对稀溶液}}\approx\frac{n_\mathrm{B}}{V} \tag{5.7}$$

式中，c_B 为体积摩尔浓度；也经常用符号［B］表示；n_B 为溶质 B 的物质的量；V_A 为溶剂的体积；V 为体系的总体积。c_B 的 SI 单位为 $\mathrm{mol/m^3}$，也经常用 $\mathrm{mol/dm^3}$ 或 mol/L，故**体积摩尔浓度（molality）c_B 表示 1000mL 溶剂/溶液中所溶解的溶质 B 的物质的量**。对要求不高的体系含量表示，由于 c_B 在实验室比较容易操作，故在化学实验中经常使用。

5.1.4　密度

$$\rho=\frac{w}{V} \tag{5.8}$$

式中，ρ 为体系密度；w 为体系总质量；V 为体系总体积。ρ 的 SI 单位为 $\mathrm{kg/m^3}$，通常用 $\mathrm{g/cm^3}$，故**密度（density）ρ 表示体系质量与其体积的比值**。密度表示法仅能表示出体系的总体性质指标，不能准确指明体系中各组分的定量关系。

5.1.5　相关性

在生产实践中，经常用到各含量表示的相互转换，尤其经常用到稀溶液条件下的浓度转换，在此我们通过**二组分稀溶液体系**中的含量变换，展示含量表示法之间的相关性（relations）。

$$x_{n,\mathrm{B}}=\frac{n_\mathrm{B}}{n_\mathrm{A}+n_\mathrm{B}}\approx\frac{n_\mathrm{B}}{n_\mathrm{A}}=\frac{n_\mathrm{B}}{\dfrac{w_\mathrm{A}}{M_\mathrm{A}}}=m_\mathrm{B}M_\mathrm{A}$$

$$x_{w,\mathrm{B}}=\frac{w_\mathrm{B}}{w_\mathrm{A}+w_\mathrm{B}}\approx\frac{w_\mathrm{B}}{w_\mathrm{A}}=\frac{n_\mathrm{B}M_\mathrm{B}}{w_\mathrm{A}}=m_\mathrm{B}M_\mathrm{B}$$

$$x_{w,\mathrm{B}}=\frac{w_\mathrm{B}}{w_\mathrm{A}+w_\mathrm{B}}\approx\frac{w_\mathrm{B}}{w_\mathrm{A}}=\frac{n_\mathrm{B}M_\mathrm{B}}{n_\mathrm{A}M_\mathrm{A}}=x_{n,\mathrm{B}}\frac{M_\mathrm{B}}{M_\mathrm{A}}$$

$$c_\mathrm{B}=\frac{n_\mathrm{B}}{V_\mathrm{A}}=\frac{n_\mathrm{B}}{w_\mathrm{A}/\rho}=\rho m_\mathrm{B}$$

$$\xrightarrow{m_\mathrm{B}=x_{n,\mathrm{B}}/M_\mathrm{A}}=\frac{\rho x_{n,\mathrm{B}}}{M_\mathrm{A}}$$

$$\xrightarrow{m_\mathrm{B}=x_{w,\mathrm{B}}/M_\mathrm{B}}=\frac{\rho x_{w,\mathrm{B}}}{M_\mathrm{B}}$$

例题 5-1 质量分数为 0.12 的 $AgNO_3$ 水溶液，在 SATP 时的密度为 $1108kg/m^3$，求该情况下溶质 $AgNO_3$ 的摩尔分数、体积摩尔浓度和质量摩尔浓度。

解：代入相应的公式，得

$$n_B=\frac{x_{w,B}\times w(1kg)}{M_B}=0.7064(mol)$$

$$n_A=\frac{(1-x_{w,B})\times w(1kg)}{M_A}=48.85(mol)$$

$$x_{n,B}=\frac{n_B}{n_{total}}=0.01425$$

$$c_B=\frac{n_B}{V}=\frac{n_B}{w/\rho}=0.7827\times 10^3(mol/m^3)$$

$$m_B=\frac{n_B}{w_A}=0.8027(mol/kg)$$

可见，只要熟悉了体系含量公式，容易计算不同表示的物质含量。

5.2 偏摩尔量

作为热力学理论框架中心的热力学基本方程式［式(4.63)～式(4.66)］只适用于组成不变的封闭体系。若体系是开放体系，或发生相变化或化学变化，则体系中各相的组成可能发生变化。对于这类组成可变的多组分体系，必须建立相应的热力学基本方程。为此，吉布斯在 1876 年、1877 年分两个部分发表了《关于多相的物质平衡》的论文，将化学势的概念引入了这类问题的解决中，由此得到了组成可变的多相多组分体系热力学基本方程，并得到了相平衡和化学平衡的条件，从而为化学热力学解决实际问题打下了坚实的基础，其中偏摩尔量（partial molar quantity）和化学势（chemical potential）是两个重要的概念，下面我们从基本现象入手来认识这方面的知识。

5.2.1 偏摩尔量的定义

我们知道对于单组分封闭体系，只需要两个变量就能描述体系的状态了。然而，对于组分变化的多组分封闭体系来说，规定了体系的两个状态变量，其状态并不能确定，即其热力学函数并未确定，还必须规定体系中每一组分的数量，才能确定体系的状态。

在单组分体系［含组成不变多组分均相体系（根据“相”的定义组成不变的多组分均相体系可看作单组分体系）］中，体系容量性质如 V、U、H、S、A、G 随着体系的物质的量 n 的增加而增大，即都具有加和性，如：

STAP 下：100mL 水＋100mL 水＝200mL 水

100mL 乙醇＋100mL 乙醇＝200mL 乙醇

而当 100mL 水与 100mL 乙醇混合在一起时，其体积并不为 200mL 而是 192mL；当 100mL 95%乙醇水溶液与 100mL 5%乙醇水溶液混合在一起时，其体积也不是 200mL，而是 193mL。

由此看出，浓度不等的体系混合，混合后多组分体系的体积并不等于混合前组成该体系的各部分体积之和，因此，在讨论多组分均相体系时，必须引入新的术语来对应纯物质摩尔量的概念。

设有一个均相体系是由组分 1，2，3，…，k 所组成的，体系的任一种容量性质 Z，如 V、U、H、S、A、G 等，除了与温度、压力有关外，还与体系中各组分的数量，即物质的量 n_1，n_2，n_3，…，n_k 有关，写作函数的形式为

$$Z=f(T,p,n_1,n_2,n_3,\cdots,n_k)$$

如果温度、压力以及组成有微小的变化，则 Z 也会有相应的微小的变化，

$$dZ=\left(\frac{\partial Z}{\partial T}\right)_{p,n_1,n_2,n_3,\cdots,n_k}dT+\left(\frac{\partial Z}{\partial p}\right)_{T,n_1,n_2,n_3,\cdots,n_k}dp$$
$$+\left(\frac{\partial Z}{\partial n_1}\right)_{T,p,n_2,n_3,\cdots,n_k}dn_1+\left(\frac{\partial Z}{\partial n_2}\right)_{T,p,n_1,n_3,\cdots,n_k}dn_2$$
$$+\cdots+\left(\frac{\partial Z}{\partial n_k}\right)_{T,p,n_1,n_2,n_3,\cdots,n_{k-1}}$$

在等温等压下，上式可表示为

$$dZ=\sum_{B=1}^{k}\left(\frac{\partial Z}{\partial n_B}\right)_{T,p,n_{C(C\neq B)}}dn_B \tag{5.9}$$

为简化表示式(5.9)，吉布斯首先定义了新的术语——**偏摩尔量** $Z_{B,m}$。

$$Z_{B,m}\equiv\left(\frac{\partial Z}{\partial n_B}\right)_{T,p,n_{C(C\neq B)}} \tag{5.10}$$

则式(5.9) 可简化为

$$dZ=\sum_{B=1}^{k}Z_{B,m}dn_B \tag{5.11}$$

式(5.11) 为**偏摩尔量的加和公式**，式中 $Z_{B,m}$ **为物质 B 的某种容量性质 Z 的偏摩尔量，其物理意义是在大量宏观体系中，在等温、等压以及其他组分的数量不变的条件下，加入 1mol B 时所引起该体系容量性质 Z 的改变；或者是在有限量的体系中加入微小量** dn_B **后，体系容量性质改变了 dZ，dZ 与** dn_B **的比值就是** $Z_{B,m}$。

使用偏摩尔量 $Z_{B,m}$ 时注意的问题：

① 只有容量性质才有偏摩尔量，强度性质不存在偏摩尔量。

如 $Z=U$、H、V、G、A、S 有偏摩尔量，p、T 不存在偏摩尔量。

② 偏摩尔量 $Z_{B,m}$ 是与 T、p 以及体系组成相关的函数。

必须是在等温等压条件下，保持除 B 组分以外的其他组分不变，体系的容量性质 Z 对组分 B 的物质的量 n_B 的偏微分才是偏摩尔量。

如 $V_{B,m}=\left(\frac{\partial V}{\partial n_B}\right)_{T,p,n_{C(C\neq B)}}$，$G_{B,m}=\left(\frac{\partial G}{\partial n_B}\right)_{T,p,n_{C(C\neq B)}}$ 是偏摩尔量；而 $\left(\frac{\partial H}{\partial n_B}\right)_{S,p,n_{C(C\neq B)}}$，$\left(\frac{\partial A}{\partial n_B}\right)_{T,V,n_{C(C\neq B)}}$ 不是偏摩尔量。

③ 偏摩尔量 $Z_{B,m}$ 是体系强度性质的变量。

根据偏摩尔量的定义可知，它是两个广度性质的比值，故为强度性质。

④ 纯物质的偏摩尔量等于其摩尔量。

如　　$V_{B,m}=V_m=V_{B,m}^*$，$G_{B,m}=G_m=G_{B,m}^*$

在多组分体系的讨论中，体系的容量性质在右上角标注“*”号，表示纯物质的函数性质，如 $V_{B,m}^*$ 表示纯物质 B 的摩尔体积。

5.2.2　集合公式

根据式(5.11) 的推导过程知，在保持体系 T，p 不变时，有

$$dZ=\sum_{B=1}^{k}Z_{B,m}dn_B=Z_{1,m}dn_1+Z_{2,m}dn_2+\cdots+Z_{k,m}dn_k$$

习题：

5-1　SATP 下质量分数为 0.947 的硫酸水溶液，试计算用质量摩尔浓度、体积摩尔浓度和摩尔分数来表示该溶液硫酸的含量。已知 SATP 时该溶液密度为 $1.0603\times10^3kg/m^3$，纯水的密度为 $997.1kg/m^3$。

思考：

5-4　(1) 为什么要引入偏摩尔量？

(2) 偏摩尔量定量表征了什么？

由于偏摩尔量是强度性质，与体系的总量无关。如果在恒定 T、p 条件下保持各种物质的比例不变，逐渐加入物质 1，2，3，……，k，使体系的总量逐渐增大，直到各物质的物质的量为 n_1、n_2、……、n_k，则各物质的偏摩尔量均为一个常数，在这样的条件下，体系的总 Z 是上式的积分，即

$$Z=Z_{1,\mathrm{m}}\int \mathrm{d}n_1+Z_{2,\mathrm{m}}\int \mathrm{d}n_2+\cdots+Z_{k,\mathrm{m}}\int \mathrm{d}n_k$$

$$=n_1Z_{1,\mathrm{m}}+n_2Z_{2,\mathrm{m}}+\cdots+n_kZ_{k,\mathrm{m}}=\sum_{\mathrm{B}=1}^{k}n_\mathrm{B}Z_{\mathrm{B,m}} \quad (5.12)$$

$$\neq \sum_{\mathrm{B}=1}^{k}n_\mathrm{B}Z_\mathrm{B}^{*}$$

式(5.12) 称为**偏摩尔量的集合公式**，它为计算体系中某一个容量性质的值提供了方便。偏摩尔量的集合公式说明体系的某一容量性质不是体系各组分某一性质之和，而各组分偏摩尔量与其物质的量的乘积之和；也表明在多组分体系中，各组分的偏摩尔量并不是彼此无关的，而是必须满足偏摩尔量的集合公式。

Z 可以代表体系的任何容量性质，因此有

$$V=\sum_{\mathrm{B}=1}^{k}n_\mathrm{B}V_{\mathrm{B,m}} \qquad S=\sum_{\mathrm{B}=1}^{k}n_\mathrm{B}S_{\mathrm{B,m}}$$

$$U=\sum_{\mathrm{B}=1}^{k}n_\mathrm{B}U_{\mathrm{B,m}} \qquad A=\sum_{\mathrm{B}=1}^{k}n_\mathrm{B}A_{\mathrm{B,m}}$$

$$H=\sum_{\mathrm{B}=1}^{k}n_\mathrm{B}H_{\mathrm{B,m}} \qquad G=\sum_{\mathrm{B}=1}^{k}n_\mathrm{B}G_{\mathrm{B,m}}$$

对二组分体系，有

$$V=n_1V_{1,\mathrm{m}}+n_2V_{2,\mathrm{m}},G=n_1G_{1,\mathrm{m}}+n_2G_{2,\mathrm{m}} \text{ 等。}$$

5.2.3 求算方法

以二组分体系的偏摩尔体积为例，介绍两种偏摩尔量的求法。

(1) 分析法

若能用公式来表示体积与组成的关系，则直接从公式求偏微分，就可以得到偏摩尔体积。

例题 5-2 在 SATP 下，含甲醇 (B) 的摩尔分数 $x_{n,\mathrm{B}}$ 为 0.458 的水溶液的密度为 0.8946kg/dm^3，甲醇的偏摩尔体积 $V_{\mathrm{CH_3OH,m}}=39.80\mathrm{cm^3/mol}$，试求该水溶液中水的偏摩尔体积 $V_{\mathrm{H_2O,m}}$。(16.72cm^3/mol)

思考：

5-5 社会体系中的哪些现象或行为可看作偏摩尔量？

5-6 社会体系中的偏摩尔量的集合公式是如何体现的？

5-7 提高社会体系某广度性质的策略是什么？社会主义核心价值观的哪些内容有利于提高体系的广度性质？

习题：

5-2 有一水和乙醇形成的均相混合物，水的摩尔分数为 0.4，乙醇的偏摩尔体积为 57.5cm^3/mol，混合物的密度为 0.8494g/cm^3。试计算此混合物中水的偏摩尔体积 $V_{\mathrm{H_2O,m}}$。(16.18cm^3/mol)

5-3 K_2SO_4 在水溶液中的偏摩尔体积 $V_{\mathrm{B,m}}$ 在 298K 时为：$V_{\mathrm{B,m}}/\mathrm{cm^3}=32.280+18.216\,(m/\mathrm{mol\cdot kg^{-1}})^{1/2}+0.022m/\mathrm{mol\cdot kg^{-1}}$。求该溶液中 H_2O 的偏摩尔体积 $V_{\mathrm{A,m}}$ 与 m 的关系，已知纯水的摩尔体积为 17.963cm^3·mol^{-1}。[$V_{\mathrm{H_2O,m}}/\mathrm{cm^3\cdot mol^{-1}}=17.96-0.1093(m/\mathrm{mol\cdot kg^{-1}})^{3/2}-2\times10^{-4}(m/\mathrm{mol\cdot kg^{-1}})^2$]

解：二组分的均相体系有

$$V=n_A V_{A,m}+n_B V_{B,m}$$

即 $m/\rho=n_T x_{n,A} V_{H_2O,m}+n_T x_{n,B} V_{CH_3OH,m}$　①

$$m=n_A M_A+n_B M_B$$
$$=n_T\times0.542\times18+n_T\times0.458\times32$$
$$=24.412n_T \quad ②$$

式②代入式①，得

$$24.412n_T/0.8946=n_T\times0.542V_{H_2O,m}+n_T\times0.458\times39.80$$

解之，得 $V_{H_2O,m}=16.72\text{cm}^3\cdot\text{mol}^{-1}$

注意：$0.8946\text{kg}\cdot\text{dm}^{-3}=0.8946\text{g}\cdot\text{cm}^{-3}$

例题 5-3　在 SATP 时，HAc(B) 溶于 1kg H_2O(A) 中所成溶液的体积 V 与物质的量 $n_B=0.16\sim2.5$mol 的关系如下：

$$V=(1002.935+51.832n_B+0.1394n_B^{\ 2})\text{cm}^3$$

试将 HAc 和 H_2O 的偏摩尔体积表示为 n_B 的函数，并求 $n_B=1.00$mol 时 HAc 和 H_2O 的偏摩尔体积。

解：

$$V_{B,m}=\left(\frac{\partial V}{\partial n_B}\right)_{T,p,n_A}=(51.832+2\times0.1394n_B)\text{cm}^3/\text{mol}$$
$$=(51.832+0.2788n_B)\text{cm}^3/\text{mol}$$

$$\because\ V=n_A V_{A,m}+n_B V_{B,m}\Rightarrow V_{A,m}$$
$$=\frac{V-n_B V_{B,m}}{n_A}$$
$$=\frac{(1002.935+51.832n_B+0.1394n_B^2)-n_B(51.832+0.2788n_B)}{1000/18.02}$$
$$=\frac{1002.935-0.1394n_B^2}{1000/18.02}$$
$$=(18.073-0.00771n_B^2)\text{cm}^3/\text{mol}$$

当 $n_B=1.00$mol 时

$$V_{B,m}=(51.832+0.2788\times1.00)\text{cm}^3/\text{mol}$$
$$=52.1108\text{cm}^3/\text{mol}$$

$$V_{A,m}=(18.073-0.00771\times1.00^2)\text{cm}^3/\text{mol}$$
$$=18.065\text{cm}^3/\text{mol}$$

（2）图解法

若已知溶液的性质与组成的关系，例如已知在某一定量的溶剂（A）中含有不同数量的溶质（B）时的体积，则可构成 V-n_B 图，得到一条实验曲线，曲线上的某点的正切线 $\left(\frac{\partial V}{\partial n_B}\right)_{T,p,n_A}$ 即为该浓度时的 $V_{B,m}$，再结合体系的密度等其他条件，可计算 $V_{A,m}$。

（3）截距法

设有物质 A、B 两个组分形成二组分体系，其物质的量分别为 n_A，n_B，其摩尔体积分别为

$$\left.\begin{aligned}V_{A,m}=\left(\frac{\partial V}{\partial n_A}\right)_{T,p,n_B}\\ V_{B,m}=\left(\frac{\partial V}{\partial n_B}\right)_{T,p,n_A}\end{aligned}\right\}\Rightarrow V=n_A V_{A,m}+n_B V_{B,m} \quad ①$$

式①两边同除以溶液质量 W，则

$$\frac{V}{W}=\frac{n_A V_{A,m}}{W}+\frac{n_B V_{B,m}}{W}$$

即 $$\frac{V}{W}=\frac{w_A}{M_A}\times\frac{V_{A,m}}{W}+\frac{w_B}{M_B}\times\frac{V_{B,m}}{W} \quad ②$$

令 $\frac{V}{W}=\alpha$（比容），$\frac{V_{A,m}}{M_A}=\alpha_A$，$\frac{V_{B,m}}{M_B}=\alpha_B$

则式②可变为

$$\alpha=\frac{w_A}{W}\alpha_A+\frac{w_B}{W}\alpha_B \quad ③$$

又 $\frac{w_A}{W}=x_{w,A}$，$\frac{w_B}{W}=x_{w,B}$，$x_{w,A}+x_{w,B}=1$

故式③可变为

$$\alpha = \alpha_A x_{w,A} + \alpha_B x_{w,B} = \alpha_A (1 - x_{w,B}) + \alpha_B x_{w,B} \quad ④$$

式④对 $x_{w,B}$ 求导数，

$$\frac{\partial \alpha}{\partial x_{w,B}} = -\alpha_A + \alpha_B \Rightarrow \alpha_B = \alpha_A + \frac{\partial \alpha}{\partial x_{w,B}} \quad ⑤$$

式⑤代入式④，得

$$\alpha_A = \alpha - x_{w,B}\left(\frac{\partial \alpha}{\partial x_{w,B}}\right) \quad ⑥$$

式⑥代入式⑤，得

$$\alpha_B = \alpha + (1 - x_{w,B})\frac{\partial \alpha}{\partial x_{w,B}} = \alpha + x_{w,A}\left(\frac{\partial \alpha}{\partial x_{w,B}}\right) \quad ⑦$$

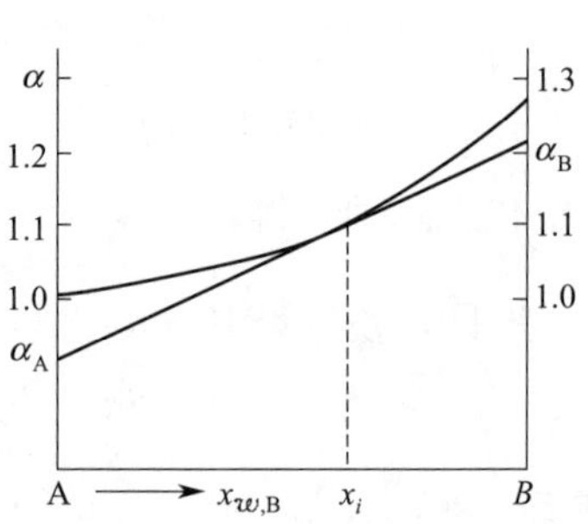

图 5-1　截距法求偏摩尔量比容 α-质量分数 $x_{w,B}$ 图

$\left(\frac{\partial \alpha}{\partial x_{w,B}}\right)$为比容 α-质量分数 $x_{w,B}$ 图（如图 5-1 所示）任一含量 x_i 的比容 α-质量分数 $x_{w,B}$ 的切线斜率。根据式⑥、式⑦知，

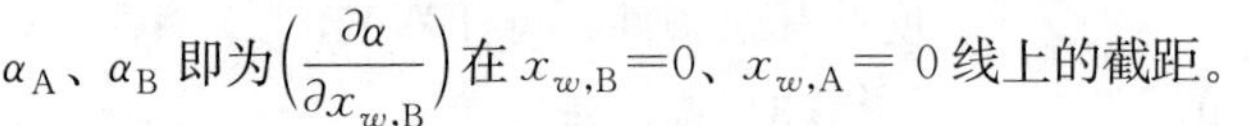

α_A、α_B 即为$\left(\frac{\partial \alpha}{\partial x_{w,B}}\right)$在 $x_{w,B}=0$、$x_{w,A}=0$ 线上的截距。

根据实验结果作出比容 α-质量分数 $x_{w,B}$ 图，通过这种截距法，可求得体系任一浓度的 α_A、α_B，从而计算出物质 A、B 的任一浓度的偏摩尔体积

$$V_{A,m} = M_A \alpha_A = M_A \left[\alpha - x_{w,B}\left(\frac{\partial \alpha}{\partial x_{w,B}}\right)\right];$$

$$V_{B,m} = M_B \alpha_B = M_B \left[\alpha + x_{w,A}\left(\frac{\partial \alpha}{\partial x_{w,B}}\right)\right]。$$

5.2.4　偏摩尔量之间的关系

如果不是按比例地添加各组分，而是分批依次加入 n_1、n_2、…、n_k，则在该过程中体系的浓度将有所改变，此时不但 n_1、n_2、…、n_k 等改变，体系的任一容量性质的偏摩尔量 Z_1、Z_2、…、Z_k 都要发生改变，在等温、等压下，将式（5.12）微分，得

$$dZ = \sum_{B=1}^{k} d(n_B Z_{B,m}) = \sum_{B=1}^{k} (n_B dZ_{B,m} + Z_{B,m} dn_B)$$

即

$$dZ = \sum_{B=1}^{k} n_B dZ_{B,m} + \sum_{B=1}^{k} Z_{B,m} dn_B \quad (5.13)$$

将式(5.13）与式(5.11）比较，得

$$\sum_{B=1}^{k} n_B dZ_{B,m} = 0 \quad (5.14)$$

如果除以体系的总的物质的量，则得

$$\sum_{B=1}^{k} x_B dZ_{B,m} = 0 \quad (5.15)$$

式中，x_B 为组分 B 的摩尔分数。

式(5.14）、式(5.15）表明了**"在等温、等压下，混合物的组成发生变化时，体系各组分偏摩尔量之间的相互依赖关系"**，是吉布斯-杜亥姆（Gibbs-Duhem）首先提出，故又称为**吉布斯-杜亥姆公式**。

对于二组分体系，当一个组分的偏摩尔量增加时，另一个的偏摩尔量必将按照吉布斯-杜亥姆（Gibbs-Duhem）公式的量减少，如

$$x_A \mathrm{d}V_{A,m} + x_B \mathrm{d}V_{B,m} = 0$$

$\mathrm{d}V_{A,m}$ 与 $\mathrm{d}V_{B,m}$ 方向相反，$V_{A,m}$ 与 $V_{B,m}$ 的变化相互消长，即 $V_{B,m}$ 随 x_B 增大而增大时，$V_{A,m}$ 必随 x_B 增大而减小；在 $V_{B,m}$ 出现极小值处，$V_{A,m}$ 必出现极大值；可利用该式由已知的 $V_{A,m}$-x_A 关系求得 $V_{B,m}-x_B$ 关系；但更多的是用实验数据的热力学一致性校验。

例题 5-4　在一定温度下，设二组分体系组分 A 的偏摩尔体积与浓度的关系为：$V_{A,m}=V_A^* + ax_B^2$，α 是常数，试推导 $V_{B,m}$ 以及溶液的 V_m 表达式。

解：根据吉布斯-杜亥姆公式，得

$$x_A \mathrm{d}V_{A,m} + x_B \mathrm{d}V_{B,m} = 0$$

$$\Rightarrow \mathrm{d}V_{B,m} = -\left(\frac{x_A}{x_B}\right)\left(\frac{\mathrm{d}V_{A,m}}{\mathrm{d}x_B}\right)\mathrm{d}x_B \qquad ①$$

$$\because \quad \frac{\mathrm{d}V_{A,m}}{\mathrm{d}x_B} = \frac{\mathrm{d}(V_A^* + ax_B^2)}{\mathrm{d}x_B} = 2ax_B$$

$$\therefore \quad \mathrm{d}V_{B,m} = -\left(\frac{x_A}{x_B}\right)2ax_B\mathrm{d}x_B = -2ax_A\mathrm{d}x_B \qquad ②$$

积分上下限取：$x_B=1$，$V_{B,m}=V_B^*$；$x_B=x_B$，$V_{B,m}=V_{B,m}$，对式②积分，得

$$V_{B,m} - V_B^* = -\int_1^{x_B} 2ax_A \mathrm{d}x_B = -\int_1^{x_B} 2a(1-x_B)\mathrm{d}x_B$$

$$= a(1-x_B)^2 = ax_A^2$$

$$\therefore \quad V_{B,m} = V_B^* + ax_A^2$$

$$\begin{aligned}\therefore \quad V_m &= x_A V_{A,m} + x_B V_{B,m} \\ &= x_A(V_A^* + ax_B^2) + x_B(V_B^* + ax_A^2) \\ &= x_A V_A^* + ax_A x_B^2 + x_B V_B^* + ax_B x_A^2 \\ &= x_A V_A^* + x_B V_B^* + ax_A x_B(x_B + x_A) \\ &= x_A V_A^* + x_B V_B^* + ax_A x_B\end{aligned}$$

5.3　化学势

5.3.1　多组分体系热力学基本方程

设在一个多组分均相体系中含有 1、2、3、…、k 种物质，其相应的物质的量分别为 n_1、n_2、n_3、…、n_k。n_B 为体系中任一物质 B 的物质的量。如果 n_B 改变，则体系的容量性质也会发生相应的变化。因此，对均相只做体积功的多组分体系，可将其常用的热力学函数表示为

$$U = f(S, V, n_1, n_2, \cdots, n_k)$$

$$H = f(S, p, n_1, n_2, \cdots, n_k)$$

$$A = f(T, V, n_1, n_2, \cdots, n_k)$$

$$G = f(T, p, n_1, n_2, \cdots, n_k)$$

习题：

5-4　在 SATP 下，甲醇 (B) 的摩尔分数 x_B 为 0.30 的水溶液中，水 (A) 和甲醇 (B) 的偏摩尔体积分别为 $V_{H_2O,m}=17.765\mathrm{cm^3/mol}$，$V_{CH_3OH,m}=38.632\mathrm{cm^3/mol}$。已知在 SATP 下，甲醇和水的摩尔体积分别为 $V_{H_2O}^*=18.068\mathrm{cm^3/mol}$，$V_{CH_3OH}^*=40.722\mathrm{cm^3/mol}$。现在需要配置 $x_B=0.30$ 的水溶液 $1000\mathrm{cm^3}$，试求：

(1) 需要纯水、纯甲醇的体积；

(2) 混合前后体积的变化值。

（526.5cm³，508.6cm³；35.1cm³）

当体系从一平衡态经过一个微小变化到邻近的另一平衡态时，体系的 U、H、A、G 的微小变化可分别用下列微分式表示

$$dU = TdS - pdV + \sum_{B=1}^{k}\left(\frac{\partial U}{\partial n_B}\right)_{S,V,n_{C(C\neq B)}} dn_B \quad (5.16)$$

$$dH = TdS + Vdp + \sum_{B=1}^{k}\left(\frac{\partial H}{\partial n_B}\right)_{S,p,n_{C(C\neq B)}} dn_B \quad (5.17)$$

$$dA = -SdT - pdV + \sum_{B=1}^{k}\left(\frac{\partial A}{\partial n_B}\right)_{T,V,n_{C(C\neq B)}} dn_B \quad (5.18)$$

$$dG = -SdT + Vdp + \sum_{B=1}^{k}\left(\frac{\partial G}{\partial n_B}\right)_{T,p,n_{C(C\neq B)}} dn_B \quad (5.19)$$

式(5.16)～式(5.19) 为**组成可变体系的热力学基本公式**。式中 $n_{C\neq B}$ 是 n_1，n_2，…，n_{B-1}，n_{B+1}，…，n_k 的简写，表明体系中除物质 B 以外的其余 $k-1$ 种物质的物质的量都不发生变化，只有物质 B 的物质的量 n_B 可以改变。

根据焓的定义 $H=U+pV$，可得它的全微分为

$$dH = dU + pdV + Vdp$$

将式(5.16) 代入上式可得

$$dH = TdS + Vdp + \sum_{B=1}^{k}\left(\frac{\partial U}{\partial n_B}\right)_{S,V,n_{C(C\neq B)}} dn_B$$

与式(5.17) 比较，可得

$$\sum_{B=1}^{k}\left(\frac{\partial H}{\partial n_B}\right)_{S,p,n_{C(C\neq B)}} dn_B = \sum_{B=1}^{k}\left(\frac{\partial U}{\partial n_B}\right)_{S,V,n_{C(C\neq B)}} dn_B$$

依据 dn_B 的任意性，要使上式保持相等，dn_B 的系数在等式两边就必须对应相等，故得

$$\left(\frac{\partial U}{\partial n_B}\right)_{S,V,n_{C(C\neq B)}} = \left(\frac{\partial H}{\partial n_B}\right)_{S,p,n_{C(C\neq B)}}$$

同理，结合组成可变体系的热力学基本公式(5.16)～公式(5.19)，并为了简化这些公式，将相等的部分定义为化学势 μ_B，从而得出如下关系定义式：

$$\mu_B \equiv \left(\frac{\partial U}{\partial n_B}\right)_{S,V,n_{C(C\neq B)}} = \left(\frac{\partial H}{\partial n_B}\right)_{S,p,n_{C(C\neq B)}} = \left(\frac{\partial A}{\partial n_B}\right)_{T,V,n_{C(C\neq B)}} = \left(\frac{\partial G}{\partial n_B}\right)_{T,p,n_{C(C\neq B)}} \quad (5.20)$$

这里的 μ_B 称为物质 B 的广义化学势（chemical potential）。值得注意的是广义化学势 μ_B 对不同的热力学函数所选择的独立变量彼此是不同的。

于是式(5.16)～式(5.19) 可以写作

对化学势 μ_B 的理解

(1) 可根据其定义式理解。如 $\mu_B \equiv \left(\frac{\partial G}{\partial n_B}\right)_{T,p,n_C(C\neq B)}$ 表示在恒定 T、p、$n_{C(C\neq B)}$ 的条件下，在无限大的体系中物质 B 增加 1 mol 时，引起体系吉布斯自由能的增量，称作物质 B 的化学势。

(2) 化学势 μ_B 是多组分体系强度性质的状态函数。由于其绝对值不能确定，所以不能比较不同物质的化学势的大小。在 SI 中化学势的单位为 J/mol。

(3) 体系的任意热力学函数对 n_B 求偏微分未必都是物质 B 的化学势。只能是四个热力学函数 U、H、A、G 在相应独立变量以及 n_C (C≠B) 不变的条件下，对 n_B 求偏微分才称为物质 B 的化学势 μ_B。

(4) 化学势 μ_B 总是针对体系中的某种物质而言，对整个体系没有化学势的概念。例如对乙醇溶液，只能说溶液中乙醇或水的化学势为多少，而不能说乙醇溶液有多少化学势。

思考：

5-8 为什么要引入化学势？

5-9 化学势 μ_B 的本质是什么？

5-10 试区分 G_m、$G_{B,m}^*$、μ_B、μ_B^*。

5-11 社会体系是否存在“μ_B”现象？

5-12 试辨析群体和个体体系的“μ_B”。

5-13 试用多组分体系热力学基本关系式：(1) 分析提高体系“综合实力”的理论措施；(2) 辨析“深化改革，转型升级”的内涵。

$$dU = TdS - pdV + \sum_{B=1}^{k}\mu_B dn_B \tag{5.21}$$

$$dH = TdS + Vdp + \sum_{B=1}^{k}\mu_B dn_B \tag{5.22}$$

$$dA = -SdT - pdV + \sum_{B=1}^{k}\mu_B dn_B \tag{5.23}$$

$$dG = -SdT + Vdp + \sum_{B=1}^{k}\mu_B dn_B \tag{5.24}$$

与广义化学势相比，狭义化学势是指在等温、等压以及其他组分的物质的量不变的条件下的广义化学势 μ_B，即指

$$\mu_B \equiv \left(\frac{\partial G}{\partial n_B}\right)_{T,p,n_{C(C\neq B)}} \tag{5.25}$$

5.3.2 化学势应用

(1) 化学势判据

对多组分只做体积功的均相体系。如果是等温等压过程中，则式(5.24) 可变为

$$(dG)_{T,p,W_f=0} = \sum_{B=1}^{k}\mu_B dn_B \tag{5.26}$$

根据吉布斯自由能判据

$$(dG)_{T,p,W_f=0} = \sum \mu_B dn_B \leqslant 0$$

可得恒定 T、p 时**化学势 μ_B 判据**：

$$\Rightarrow \begin{cases} \sum\mu_B dn_B < 0, \text{自发发生的不可逆过程} \\ \sum\mu_B dn_B = 0, \text{可逆过程或处于平衡态} \\ \sum\mu_B dn_B > 0, \text{不可能自发发生的过程} \end{cases} \tag{5.27}$$

可见式(5.27) 化学势判据本质上是吉布斯自由能判据。

(2) 相平衡条件

设在一个封闭多组分体系中有 α、β 两相（均为多组分）。在等温、等压下，有微量物质 dn_B 从 α 相转到 β 相，此时体系吉布斯自由能的总变化可根据式(5.26) 为

$$\alpha \xrightarrow{dn_B, dG} \beta, \text{则 } dG = dG^\alpha + dG^\beta = \mu_B^\alpha dn_B^\alpha + \mu_B^\beta dn_B^\beta \quad ①$$

α 相所失等于 β 相所得，设

$$dn_B^\beta = -dn_B^\alpha = dn_B > 0 \quad ②$$

式②代入式①，得

$$dG = (\mu_B^\beta - \mu_B^\alpha)dn_B \quad ③$$

若转移发生在平衡条件下，则 $dG = 0$。

又 $$dn_B \neq 0$$

故 $$\mu_B^\beta = \mu_B^\alpha \quad ④$$

式④表示组分 B 在 α、β 两相中达到平衡时，该组分 B 在两相中的化学势相等。

如果该转移过程是自发进行的，则 $dG < 0$。

又 $$dn_B > 0$$

习题：

5-5 指出下列各量哪些是偏摩尔量，哪些是化学势？

$\left(\frac{\partial H}{\partial n_B}\right)_{S,p,n_C}$ $\left(\frac{\partial H}{\partial n_B}\right)_{T,p,n_C}$

$\left(\frac{\partial S}{\partial n_B}\right)_{T,V,n_C}$ $\left(\frac{\partial A}{\partial n_B}\right)_{T,V,n_C}$

$\left(\frac{\partial G}{\partial n_B}\right)_{T,p,n_C}$ $\left(\frac{\partial U}{\partial n_B}\right)_{S,p,n_C}$

$\left(\frac{\partial V}{\partial n_B}\right)_{T,p,n_C}$ $\left(\frac{\partial U}{\partial n_B}\right)_{S,V,n_C}$

思考：

5-14 化学势判据与第四章介绍的判据的本质差别在哪里？

5-15 相转移、化学反应的推动力是什么？

5-16 移民、升学的推动力是什么？

故 $\mu_B^\beta < \mu_B^\alpha$

可见，相变化自发的方向是物质B从化学势 μ_B 较大的相转移到化学势 μ_B 较小的相，直到物质B在两相中的化学势 μ_B 相等为止。

(3) 化学平衡条件

设多组分均相体系在等温、等压、$W_f = 0$ 的条件下发生化学反应：

$$2H_2(g) + O_2(g) = 2H_2O(g)$$

则，$dG = \sum_{B=1}^{k} \mu_B dn_B = \mu_{H_2O} dn_{H_2O} + \mu_{H_2} dn_{H_2} + \mu_{O_2} dn_{O_2}$ ①

设发生反应的各物质的量之间关系为：

$$dn_{H_2O} = -dn_{H_2} = -2dn_{O_2} = 2dn > 0 \quad ②$$

式②代入式①，得

$$dG = 2\mu_{H_2O} dn - 2\mu_{H_2} dn - \mu_{O_2} dn$$
$$= (2\mu_{H_2O} - 2\mu_{H_2} - \mu_{O_2}) dn \quad ③$$

当反应达到平衡时，则 $dG = 0$。

又 $dn \neq 0$

故 $2\mu_{H_2O} = 2\mu_{H_2} + \mu_{O_2}$ ④

式④表示化学反应达到平衡时，生成物和反应物的化学势相等。

如果该反应过程是正向进行的，则 $dG < 0$。

又 $dn > 0$

故 $2\mu_{H_2O} < 2\mu_{H_2} + \mu_{O_2}$

如果该反应过程是逆向进行的，则 $dG > 0$。

又

$dn > 0$

故 $2\mu_{H_2O} > 2\mu_{H_2} + \mu_{O_2}$

可见，自发变化的方向总是朝着降低体系化学势的方向进行，直到反应物和生成物的化学势相等为止。

5.3.3 多组分、单组分体系热力学公式的差异

在实际生产中，吉布斯自由能 G 与化学势 μ_B 的使用最为普遍，为此我们从化学势 μ_B 与温度 T、压力 p 的关系入手，来探讨多组分体系公式与纯物质公式的差异。

(1) 化学势 μ_B 与温度的关系

$$\left(\frac{\partial \mu_B}{\partial T}\right)_{p,n_k} = \left[\frac{\partial}{\partial T}\left(\frac{\partial G}{\partial n_B}\right)_{T,p,n_C}\right]_{p,n_k} = \left[\frac{\partial}{\partial n_B}\left(\frac{\partial G}{\partial T}\right)_{p,n_k}\right]_{T,p,n_C} \quad ①$$

$\because$ $dG = -SdT + Vdp \Rightarrow \left(\frac{\partial G}{\partial T}\right)_{p,n_k} = -S$ ②

式②代入式①，得

$$\left(\frac{\partial \mu_B}{\partial T}\right)_{p,n_k} = \left[\frac{\partial}{\partial n_B}(-S)\right]_{T,p,n_C} = -S_{B,m}$$

思考：

5-17 化学势判据适用于哪类体系？

5-18 若生命体系或社会体系按照化学势判据方向进行意味着什么？

5-19 试用化学势知识解读“富贵不能淫，贫贱不能移，威武不能屈，此之谓大丈夫。(出自《孟子》)”

现代解释为：荣华富贵无法扰乱其心志，贫困卑贱的处境无法改变其坚强的意志，强权暴力的威胁无法使其屈服。大丈夫只有做到这三点，才能算是真正意义上的大丈夫。

富而可求也，虽执鞭之士，吾亦为之；如不可求，则从吾所好（出自《论语》）。

劳动不分贵贱；劳动创造财富；劳动最光荣。

$S_{B,m}$ 就是物质 B 的偏摩尔熵。

(2) 化学势 μ_B 与压力的关系

$$\left(\frac{\partial \mu_B}{\partial p}\right)_{T,n_k}=\left[\frac{\partial}{\partial p}\left(\frac{\partial G}{\partial n_B}\right)_{T,p,n_C}\right]_{p,n_k}=\left[\frac{\partial}{\partial n_B}\left(\frac{\partial G}{\partial p}\right)_{p,n_k}\right]_{T,p,n_C} \quad ①$$

$$\because \quad dG=-SdT+Vdp \Rightarrow \left(\frac{\partial G}{\partial p}\right)_{T,n_k}=V \quad ②$$

式②代入式①，得

$$\left(\frac{\partial \mu_B}{\partial p}\right)_{T,n_k}=\left[\frac{\partial V}{\partial n_B}\right]_{T,p,n_C}=V_{B,m}$$

$V_{B,m}$ 就是物质 B 的偏摩尔体积。

将多组分体系得出化学势 μ_B 与温度 T、压力 p 的关系式与纯物质的公式相比较，可以推知，**多组分体系的热力学公式与纯物质的公式具有相同的形式，所不同的只是多组分体系公式中用偏摩尔量代替了相应函数的纯物质的摩尔量而已。** 例如

纯物质：　$G=H-TS$

多组分体系：$\left(\frac{\partial G}{\partial n_B}\right)_{T,p,n_C}=\left(\frac{\partial H}{\partial n_B}\right)_{T,p,n_C}-T\left(\frac{\partial S}{\partial n_B}\right)_{T,p,n_C}$

即：　$\mu_B=H_{B,m}-TS_{B,m}$

再如

纯物质：　$\left[\frac{\partial (G/T)}{\partial T}\right]_p=-\frac{H}{T^2}$

多组分体系：

$$\left[\frac{\partial (\mu_B/T)}{\partial T}\right]_{p,n_k}=\frac{T\left(\frac{\partial \mu_B}{\partial T}\right)-\mu_B}{T^2}=-\frac{TS_{B,m}+\mu_B}{T^2}=-\frac{H_{B,m}}{T^2}$$

5.4　拉乌尔定律和亨利定律

在多组分均相体系的研究过程中，研究前辈们通过实验总结获得了两个经验定律——拉乌尔（Raoult）定律和亨利（Henry）定律，它们在溶液热力学的发展中起着重要的作用。本节我们一起来学习这两个定律。

5.4.1　拉乌尔定律

针对“在溶剂中加入非挥发性的溶质后，溶剂的蒸气压会降低”的现象，1887 年拉乌尔（Raoult，1830～1901，法国物理学家）通过所设计的非挥发性溶质的稀溶液蒸气压及溶液组成的实验，在总结实验结果的基础上，提出了一条经验定律：**“在某一温度下，稀溶液中溶剂的蒸气压等于纯溶剂的蒸气压乘以溶剂的摩尔分数”**，称为**拉乌尔（Raoult）定律**，其数学表达式是

$$p_A=p_A^* x_A \quad (5.28)$$

思考：

5-20　“降低温度、增加压力有利于提高体系化学势”对我们有何启示？

5-21　试阐释公式 $dG=-SdT+Vdp$ 与 $d\mu_B=-S_{B,m}dT+V_{B,m}dp$ 中各物理量的内涵，并找出社会体系的努力方向。

5-22　试阐释“浊以静之徐清，安以动之徐生”（出自《道德经》）的物理化学内涵。

习题：

5-6　试证明

(1) $\left(\frac{\partial H_{B,m}}{\partial T}\right)_p=C_{p,B,m}$

(2) $H_{B,m}=\mu_B-T\left(\frac{\partial \mu_B}{\partial T}\right)_{p,n_k}$

式中，p_A^* 为纯溶剂 A 的饱和蒸气压；x_A 为溶液中 A 的摩尔分数。若溶液是二组分体系，则 $x_A+x_B=1$，上式可写作

$$p_A=p_A^*(1-x_B)$$

$$\Rightarrow \frac{p_A^*-p_A}{p_A^*}=x_B \tag{5.29}$$

即溶剂蒸气压的降低值与纯溶剂蒸气压之比等于溶质的摩尔分数。

式(5.28)、式(5.29) 都为拉乌尔定律的数学表达式。从这两个公式知，溶剂的蒸气压**因加入溶质而降低**。这可定性地解释为：如果溶质和溶剂分子间的相互作用的差异可以忽略不计，在纯溶剂中加入溶质后减少了单位体积和单位表面上溶剂分子的数目，因而也减少单位时间内可能离开液相表面而进入气相的溶剂分子数目，以至于溶剂与其蒸气在较低的蒸气压力下即可达到平衡，所以溶液中溶剂的蒸气压比纯溶剂的蒸气压低，如图 5-2 所示。

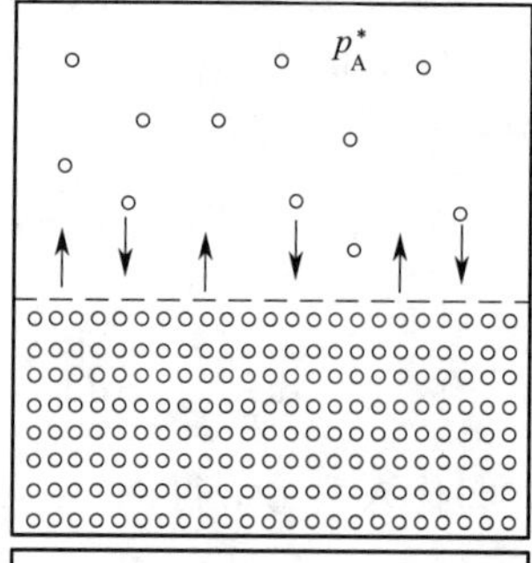

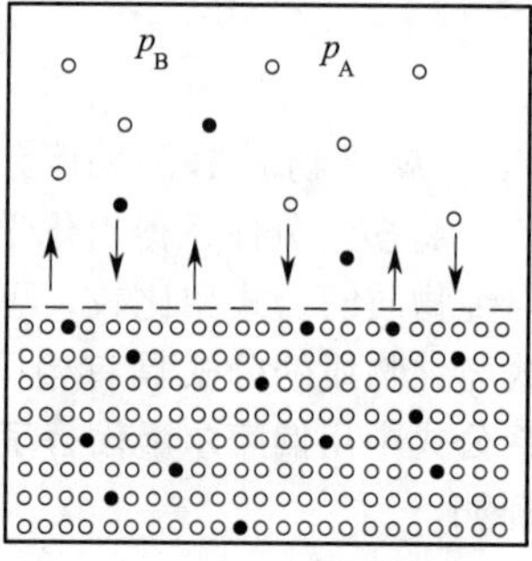

图 5-2 溶液中的蒸气压原理

5.4.2 亨利定律

1807 年英国化学家亨利（Henry，1775～1836）在研究气体在液体中的溶解度时，总结出稀溶液中一条重要经验规律：**“在等温等压下，某种挥发性溶质溶解在溶液中的浓度与液面上该溶质的平衡分压成正比”**，称为**亨利（Henry）定律**。

若溶质浓度用摩尔分数 x_B 表示，则亨利定律的数学表达式为

$$p_B=k_{x,B}x_B \tag{5.30}$$

式中，x_B 为挥发性溶质 B 在溶液中的摩尔分数；p_B 为平衡时液面上该气体的压力；$k_{x,B}$ 为一个常数，其数值决定于温度、压力及溶剂的性质。

对于稀溶液，式(5.30) 可简化为

$$p_B=k_{x,B}x_B=k_{x,B}\frac{n_B}{n_B+n_A}\approx k_{x,B}\frac{n_B}{n_A}=k_{x,B}\frac{n_BM_A}{w_A}$$

令

$$M_Ak_{x,B}=k_{m,B}$$

则上式变为

$$p_B=k_{m,B}m_B \tag{5.31}$$

同理，在稀溶液中若溶质的浓度用物质的量浓度 c_B 表示，

令

$$\frac{M_Ak_{x,B}}{\rho}=k_{c,B}$$

得

$$p_B=k_{c,B}c_B \tag{5.32}$$

式(5.30)～式(5.32) 均为亨利定律的数学表达式，其中 $k_{x,B}$、$k_{m,B}$、$k_{c,B}$ 均称为亨利常数。

例题 5-5 370K 时 $x_{w,B}=0.030$ 的乙醇水溶液的蒸气总压为 101325Pa，该温度时纯水的饱和蒸汽压为 91.3kPa。试求 $x_{n,B}=0.020$ 时的蒸气总压和气相组成。(设本题目浓度下均看作理想稀溶液)

思考：

5-23 你觉得拉乌尔定律和亨利定律的实验内容容易完成吧？为什么这两个定律是以他们的名字命名而不是你的？

使用亨利定律要注意的问题

(1) 亨利定律公式中 p_B 是该气体 B 在液面上的分压力。

(2) 溶质在气体和在溶液中的分子状态必须相同。如 HCl 气体溶于苯中是符合亨利定律的，而溶于水中是不符合亨利定律的。

(3) 对大多数气体溶于水时，溶解度随温度的升高而降低，故升高温度或降低分压都能使溶液更稀，更能服从亨利定律。

解：$x_{n,B}=\dfrac{\dfrac{x_{w,B}}{M_B}}{\dfrac{x_{w,B}}{M_B}+\dfrac{x_{w,A}}{M_A}}=\dfrac{\dfrac{0.030}{46.07}}{\dfrac{0.030}{46.07}+\dfrac{0.970}{18.02}}=0.012$

在此水溶液中，溶剂水遵守拉乌尔定律，溶质乙醇遵守亨利定律，

$$p=p_A+p_B=p_A^*x_A+k_{x,B}x_B=p_A^*(1-x_B)+k_{x,B}x_B$$

代入数据，$101325Pa=91300Pa\times(1-0.012)+k_{x,B}\times0.012$

解之，得

$$k_{x,B}=926717Pa$$

当 $x_B=0.020$ 时，蒸气总压

$$\begin{aligned}p&=p_A^*x_A+k_{x,B}x_B=p_A^*(1-x_B)+k_{x,B}x_B\\&=91300Pa\times(1-0.020)+926717Pa\times0.020\\&=108008Pa\end{aligned}$$

气相组成为：

$$y_B=p_B/p=926717Pa\times0.020/108008Pa=0.172$$

$$y_A=1-y_B=0.828$$

5.4.3 两个定律的比较

这两个定律总体上形式相似内容有别。

两个定律的相同点：

① 都是总结稀溶液体系得出来的结论，都是经验定律；

② 都是气-液平衡的溶液体系；

③ 都表示体系中某一组分的蒸气分压与该组分在溶液中的摩尔分数成正比关系，溶液越稀正比关系遵守得越好（如图5-3所示）。

两个定律的不同点如下所述。

① 比例常数不同：拉乌尔定律的比例常数是 p_A^*，而亨利定律比例常数是 $k_{x,B}$，并且 $k_{x,B}\neq p_B^*$。

② 适用对象不同：拉乌尔定律适用于稀溶液中挥发性溶剂，对溶质挥发与否没有限制，故其适用条件又可以表述为适用于稀溶液之溶剂及理想液态混合物中任一组分；亨利定律适用于稀溶液中一切挥发性非电解质的溶质，对不挥发、电解质等类的溶质不适用，对溶剂挥发与否没有限制。

③ 采用的含量表示不同：拉乌尔定律只用摩尔分数表示溶液含量；亨利定律可用摩尔分数、质量摩尔浓度、体积摩尔浓度表示溶液含量，但比例常数不同，$k_{x,B}\neq k_{m,B}\neq k_{c,B}$。

④ 用 p-x 图上表示的区间不同：$x_B\to0$ 时，遵守亨利定律；在 $x_B\to1$ 时，遵守拉乌尔定律，如图5-4所示。

5.5　气态混合物

在5.3节中引入了体系新的状态函数——化学势，这为我们认识体系的性质提供了新的视角，为此，我们用这新的

习题：

5-7　HCl(B) 溶于氯苯（A）中的亨利常数 $k_{m,B}=44400Pa\cdot kg/mol$。试求 $x_{w,B}=0.01$ 的该溶液蒸气中HCl的分压。(12.164kPa)

5-8　实验测得STP下 $1dm^3$ 水中能溶解49mol O_2 或23.5mol N_2，试计算STP下 $1dm^3$ 水中能溶解空气的物质的量为多少？(28.6mol)

思考：

5-24　对稀溶液适应的两个定律的思考：

(1) 为什么这两个定律的比例系数不同呢？

(2) 这两个定律有本质的区别吗？

(3) 这两个定律说明的问题本质是什么？

(4) 这两个定律有什么用途？

(5) 这两个定律的价值体现在哪里？

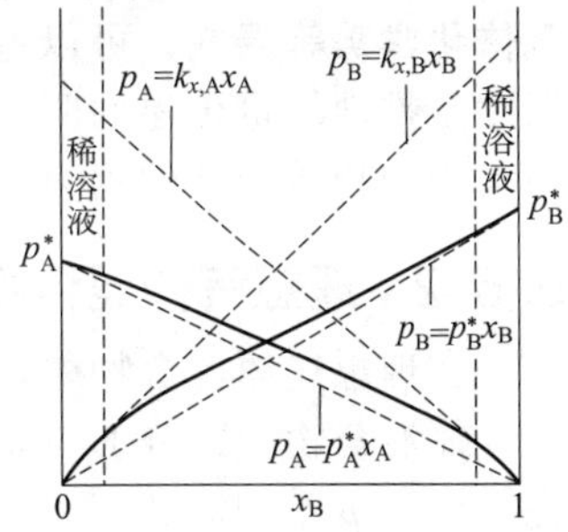

图5-3　溶液的蒸气压与组成

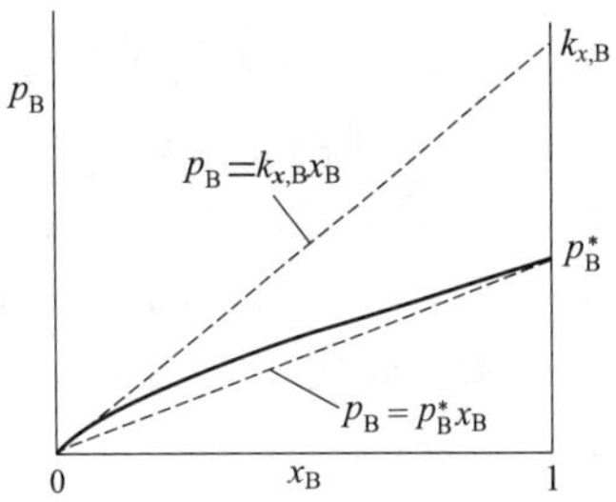

图5-4　溶质的蒸气压与组成的关系

思考：

5-25　本节介绍的气体与第2章介绍的内容有何差异？

状态函数再来认识不同类型的研究体系。我们研究问题的步骤往往是由简单到复杂，分析多组分均相体系化学势的研究也是如此，根据体系的状态不同，气相体系最为简单，我们先从认识气体的化学势开始，再逐步认识凝聚相体系的化学势。本节我们来探讨气态混合物中各组分的化学势性质，并先讨论理想气体的混合物，再讨论非理想气体混合物。

5.5.1 纯理想气体的化学势

若只有一种理想气体，有

$$\mu=G_{\mathrm{B}}^{*}=G_{\mathrm{m}}$$

则

$$\left(\frac{\partial G_{\mathrm{m}}}{\partial p}\right)_{T}=V_{\mathrm{m}}\Rightarrow\left(\frac{\partial \mu}{\partial p}\right)_{T}=V_{\mathrm{m}}$$

上式两边积分，得

$$\int_{\mu^{\ominus}}^{\mu}\mathrm{d}\mu=\int_{p^{\ominus}}^{p}V_{\mathrm{m}}\mathrm{d}p\Rightarrow\mu(T,p)-\mu^{\ominus}(T,p^{\ominus})=RT\ln\frac{p}{p^{\ominus}}$$

即

$$\mu(T,p)=\mu^{\ominus}(T,p^{\ominus})+RT\ln\frac{p}{p^{\ominus}} \tag{5.33}$$

式(5.33) 为**单组分理想气体化学势表达式**，式中 μ 是 T、p 的函数；$\mu^{\ominus}(T,\ p^{\ominus})$ 是在 $1p^{\ominus}$、温度为 T 时理想气体的化学势，称为气体标准状态化学势，它仅为温度的函数，通常简写成 $\mu^{\ominus}(T)$。由式(5.33) 得出理想气体任一状态的化学势 $\mu(T,\ p)$ 等于该气体在标准态的化学势 $\mu^{\ominus}(T)$ 加上 $RT\ln(p/p^{\ominus})$ 项。在体系温度一定时 $\mu^{\ominus}(T)$ 是定值，$\mu(T,\ p)$ 与 $\ln(p/p^{\ominus})$ 呈直线关系，即压力越大，体系的化学势 $\mu(T,\ p)$ 越大，又称为**单组分气体化学势等温式**。可以看出，理想气体化学势变成了用温度 T 和压力 p 表征的物理量。温度是推动热量传递的驱动力，压力是功传递的驱动力，而化学势是包含了温度、压力两个因素推动物质传递的动力。

5.5.2 理想气体混合物的化学势

在理想气体混合物中，组分 B 气体分子的性质与该气体单独存在时性质相同，所以理想气体混合物中组分 B 气体的化学势表示法类似于式(5.33)，只是用 B 气体的分压 p_{B} 代替纯态压力 p 而已，即

$$\mu_{\mathrm{B}}(T,p_{\mathrm{B}})=\mu_{\mathrm{B}}^{\ominus}(T)+RT\ln\frac{p_{\mathrm{B}}}{p^{\ominus}} \tag{5.34}$$

式(5.34) 为理想气体混合物中任一种气体 B 的化学势，式中 p_{B} 是 B 气体的分压；$\mu_{\mathrm{B}}^{\ominus}$ 是 $p_{\mathrm{B}}=1p^{\ominus}$ 时的化学势，称为气体 B 的标准态化学势，也仅是温度的函数，与其纯理想气体时相同。比较式(5.34) 和式(5.33) 看出，纯理想气体化学势等温式(5.33) 是理想气体混合物化学势表示式的一种特殊形式，故式(5.34) 可看作**理想气体热力学定义式**。

温度恒定时，理想气体两个状态的化学势之差为，

混合气体：

$$\mu_{\mathrm{B}}(T,p_{\mathrm{B},2})-\mu_{\mathrm{B}}(T,p_{\mathrm{B},1})=RT\ln\frac{p_{\mathrm{B},2}}{p_{\mathrm{B},1}}$$

纯气体：

$$\mu(T,p_{2})-\mu(T,p_{1})=RT\ln\frac{p_{2}}{p_{1}}$$

将道尔顿分压定律 $p_{\mathrm{B}}=px_{\mathrm{B}}$ 代入式(5.34)，得

$$\begin{aligned}\mu_{\mathrm{B}}(T,p_{\mathrm{B}})&=\mu_{\mathrm{B}}^{\ominus}(T)+RT\ln\frac{px_{\mathrm{B}}}{p^{\ominus}}\\&=\mu_{\mathrm{B}}^{\ominus}(T)+RT\ln\frac{p}{p^{\ominus}}+RT\ln x_{\mathrm{B}}\end{aligned}$$

把等式右边的前两项合并，得

$$\mu_B(T,p_B)=\mu_B^*(T,p)+RT\ln x_B \tag{5.35}$$

式中，x_B 为理想气体混合物中B组分的摩尔分数；$\mu^*(T,p)$ 为同温度时纯B组分其压力等于混合气体总压 p 时的化学势。

用偏摩尔量的集合公式表示混合气体体系的总吉布斯函数为

$$G=\sum n_B\mu_B \tag{5.36}$$

5.5.3 实际气体混合物的化学势

对于实际气体，特别是在压力比较高时，其行为往往偏离了理想气体，其化学势不能直接用理想气体热力学定义式(5.34)表示。为了解决实际气体化学势的问题，路易斯（Lewis）提出了一个简单硬凑的办法，将实际气体的压力乘以一个校正因子 γ，再代入理想气体热力学定义式，即

$$\mu_B(T,p_B)=\mu_B^{\ominus}(T)+RT\ln\frac{\gamma p_B}{p^{\ominus}}$$

令 $\gamma p_B=f_B$，则

$$\mu_B(T,p_B)=\mu_B^{\ominus}(T)+RT\ln\frac{f_B}{p^{\ominus}} \tag{5.37}$$

式中，校正因子 γ 称为逸度因子（fugacity factor）或逸度系数（fugacity coefficient）；“f_B”可看作实际气体的校正压力（或称为有效压力，effective pressure），称为**“逸度（fugacity）”**。式(5.37)通常称为**实际气体热力学定义式**。

温度恒定时，实际气体两个状态的化学势之差如下。

混合气体：$\mu_B(T,p_{B,2})-\mu_B(T,p_{B,1})=RT\ln\dfrac{f_{B,2}}{f_{B,1}}$

纯气体：$\mu(T,p_2)-\mu(T,p_1)=RT\ln\dfrac{f_2}{f_1}$

同样用道尔顿分压定律，$f_B=fx_B$，得

$$\begin{aligned}\mu_B(T,p_B)&=\mu_B^{\ominus}(T)+RT\ln\frac{fx_B}{p^{\ominus}}\\&=\mu_B^{\ominus}(T)+RT\ln\frac{f}{p^{\ominus}}+RT\ln x_B\end{aligned}$$

把等式右边的前两项合并，得

$$\mu_B(T,p_B)=\mu_B^*(T,f)+RT\ln x_B \tag{5.38}$$

式中，x_B 为实际气体混合物中B组分的摩尔分数；$\mu_B^*(T,f)$ 为同温度时纯B组分其压力等于混合气体总压 f 时的化学势；f 为同温度时纯B组分其压力等于混合气体总压 p 时的逸度，而纯B的逸度可用5.5.4节的方法求得。

逸度因子 γ 的数值不仅与气体的特性有关，还与气体所处的温度和压力有关。一般地，温度一定时，压力越小，逸度因子越接近1；当 $p_B\to 0$ 时，$\gamma_B=1$，$f_B=p_B$。因此，理想气体热力学定义式(5.34)是实际气体热力学定义式(5.37)的特殊形式，故式(5.37)也可称为**气体热力学定义式**，它既适用于实际气体，又适用于理想气体（$p\to 0$，$\gamma=1$）。

实际气体用逸度代替压力，可将理想气体的一切热力学公式形式不变地用于实际气体。如对比式(5.34)、式(5.37)可知，实际气体与理想气体化学势表达式的差异在于实际气体化学势表达式中用逸度 f 代替了理想气体公式中的压力 p，除此之外，这两个公式的表达式中的符号含义均是相同的。

我们通过图 5-5 可以更好地理解气体的逸度和压力的关系。图中经过 A、D 点的直线是理想气体的 f-p 关系线，在直线上任一点都存在 $f=p$，即 $\gamma=1$，该直线与横坐标轴夹角应为 45°，故图 5-5 中 $DE=OE$，$AF=OF$；当理想气体状态处于 D 点时，$f_D=p_D$。经过 B、C 点的曲线是实际气体的 f-p 关系线。在曲线上的任一点，都存在 $f<p$，即 $\gamma<1$（也有 $\gamma>1$ 的实际气体）。如某实际气体压力为 $p^{\ominus}$，其状态点处于曲线上 C 点，即实际气体 $p_C=p^{\ominus}$，p_C 大小相当于 OF 段长度，但 C 点所代表的实际气体的逸度 f_C 和 D 点（理想气体）的 p_D 相等，即 C 点实际气体的化学势等于 D 点理想气体的化学势，D 的压力 p_D（OE 段长度）就是 C 点实际气体的逸度，C 点的逸度因子 $\gamma_C=OE/OF$。可以看出，逸度因子 γ 与实际气体的压缩因子 Z 很相似，“$\gamma<1$”意味着气体分子间有吸引倾向；“$\gamma>1$”意味着气体分子间有排斥倾向；“$\gamma=1$”意味着气体分子间吸引与排斥力抵消，相当于分子间无作用力的理想气体。可见，逸度因子 γ 是实际气体与理想气体偏离程度的一种度量。

由式(5.37)知实际气体化学势的标准态 $\mu^{\ominus}(T,p^{\ominus})$ 是温度为 T、压力为 $p^{\ominus}$ 的理想气体的化学势。其状态点对应于图 5-5 中的 A 点。而 B 点不是实际气体的标准态，由此可知，实际气体的标准态是我们假想的呈理想气体性质处于 A 点的状态。

思考：

5-26 公式(5.33)、(5.34) 对你的成长有何启发？

5-27 结合理想气体热力学定义式和总吉布斯函数式解释宏观体系“改革”、“开放”内容的本质，并再次解读社会主义核心价值观内容的体系价值。

思考：

5-28 如何理解“逸度（fugacity）”？引进“逸度”的意义是什么？

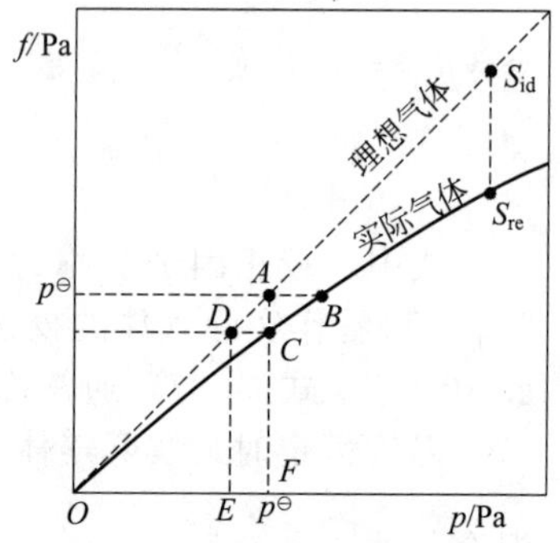

图 5-5 气体的逸度与压力

思考：

5-29 实际气体的标准态 $\mu^{\ominus}$ 是假想的状态，理想气体的标准态 $\mu^{\ominus}$ 不是假想的吗？

5.5.4 逸度的求算方法

对于实际气体化学势的计算必须知道在压力 p_B 时该气体的逸度 f_B 值，这就需要求算逸度 f_B。

(1) 逸度求算的普遍公式

为简化公式写法，这里用纯物质的气体化学势来讨论逸度的计算方法，用 μ_{id}、μ_{re} 分别表示理想气体和实际气体在（T，p）下的化学势。则

$$\mu_{re}-\mu_{id}=RT\ln\frac{f}{p} \quad ①$$

从状态过程看，相当于体系从图 5-4 中 S_{id} 点变到 S_{re} 点的化学势差，可逆完成此过程相当于体系从 S_{id} 点恒温沿理想气体线降低压力接近于零后再沿实际气体线升压至 S_{re} 点。

$$\because \quad \left(\frac{\partial\mu}{\partial p}\right)_T=V_m$$

$$\therefore \quad \mu_{re}-\mu_{id}=\int_{p'\to 0}^{p}V_{m,re}\,dp+\int_{p}^{p'\to 0}V_{m,id}\,dp$$

$$=\int_{p'\to 0}^{p}\left(V_{m,re}-\frac{RT}{p}\right)dp \quad ②$$

比较式①、式②，并代入逸度因子 γ，再整理，得

$$\ln\gamma=\ln\frac{f}{p}=\frac{1}{RT}\int_{p'\to 0}^{p}\left(V_{m,re}-\frac{RT}{p}\right)dp \quad (5.39)$$

对多组分混合气体体系

$$\ln\gamma_B=\ln\frac{f_B}{p_B}=\frac{1}{RT}\int_{p'\to 0}^{p}\left(V_B-\frac{RT}{p}\right)dp \quad (5.40)$$

式(5.39) 就是求算气体逸度因子的普遍公式。

(2) 解析法

解析法是由实际气体的状态方程求出“$V_m=f(p)$”或“$V_B=f(p)$”，代入式(5.38)、式(5.39) 积分即可。

例题 5-6　已知某气体的状态方程为 $pV_m=RT+\alpha p$，其中 α 为常数，求该气体的逸度表达式。

解：根据状态方程，得

$$V_m=(RT+\alpha p)/p \quad ①$$

将式 ① 代入 $\ln\frac{f}{p}=\frac{1}{RT}\int_0^p\left(V_{m,re}-\frac{RT}{p}\right)dp$ ，得

$$\ln\frac{f}{p}=\frac{1}{RT}\int_0^p\alpha\,dp=\frac{\alpha p}{RT}$$

∴

$$f=p\exp\left(\frac{\alpha p}{RT}\right) \quad ②$$

根据式②即可求算出一定压力下该气体的逸度 f 值。

另外，实际问题还可以将式(5.38)、式(5.39) 中的 dp 通过状态方程换元为 dV，下面以纯物质范氏气体为例说明。

$$dp=\left[-\frac{RT}{(V_m-b)^2}+\frac{2a}{V_m^3}\right]dV_m$$

$$\ln\gamma=\ln\frac{f}{p}=\frac{1}{RT}\int_{p'\to 0}^{p}\left(V_{m,re}-\frac{RT}{p}\right)dp$$

$$=\frac{1}{RT}\int_{V'_m}^{V_m}V_m\left[-\frac{RT}{(V_m-b)^2}+\frac{2a}{V_m^3}\right]dV_m-\ln\frac{p}{p'}$$

$$=-\ln\left[\frac{p(V_m-b)}{p'(V_m-b)}\right]+\left[\frac{b}{V_m-b}-\frac{b}{V'_m-b}\right]-\frac{1}{RT}\left[\frac{2a}{V_m}-\frac{2a}{V'_m}\right]$$

由于 $p'\to 0$ 时，$V'_m\to\infty$，$(V'_m-b)\to\infty$，$p'(V'_m-b)\to RT$，将上式化简为

$$\ln\gamma=\ln\frac{f}{p}=\ln\left[\frac{RT}{p(V_m-b)}\right]+\frac{b}{V_m-b}-\frac{2a}{RTV_m}$$

习题：

5-9　某气体的状态方程为 $pV_m=RT+B/V_m$，其中 B 为常数，试推导出该气体的逸度表达式。

5-10　已知实际气体的状态方程为

$$\frac{pV_m}{RT}=\frac{1+2\alpha p}{1+\alpha p}$$

式中 α 仅是温度的函数，试导出气体的逸度与压力的关系式。
[$f=p(1+\alpha p)$]

(3) 图解积分法

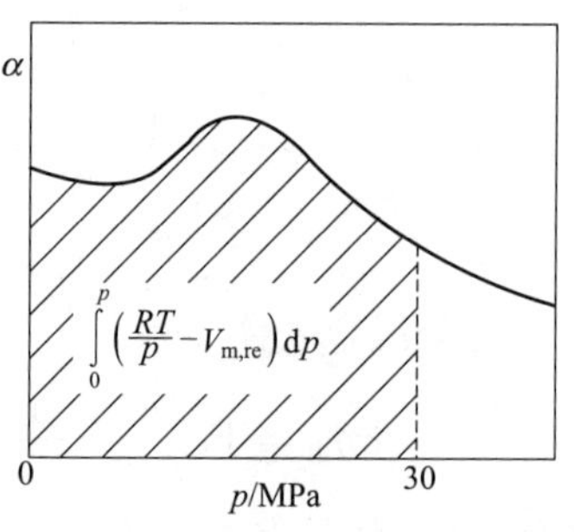

图 5-6 某实际气体的 α-p 图

由式(5.38)，令 $\alpha=\frac{RT}{p}-V_{m,re}$，且将 $p'\to 0$ 换成 $p'=0$，则

$$\ln\gamma=\ln\frac{f}{p}=-\frac{1}{RT}\int_0^p \alpha\mathrm{d}p \tag{5.41}$$

图解积分法是测定一定温度下不同压力时的实验值 $V_{m,re}$，从而换算出 α，做 $\alpha-p$ 图（如图 5-6 所示），从曲线下的面积求得 $\int_0^p \alpha\mathrm{d}p$，从而根据式(5.40) 计算得出不同压力下的 γ 和 f。

(4) 对比状态法

根据压缩因子定义 $Z=\frac{pV_m}{RT}$，则

$$\alpha=\frac{RT}{p}-V_m=\frac{RT}{p}(1-Z)$$

于是式(5.41) 可写为

$$\ln\gamma=\ln\frac{f}{p}=\int_0^p\frac{Z-1}{p}\mathrm{d}p$$

令 $\pi=\frac{p}{p_c}$，π 称为对比压力（reduced pressure)，是压力和临界压力 p_c 的比值，以 π 取代上式积分中的 p，得

$$\ln\gamma=\ln\frac{f}{p}=\int_0^\pi\frac{Z-1}{\pi}\mathrm{d}\pi \tag{5.42}$$

由于在相同的对比状态，不同的气体有大致相同的压缩因子，根据式(5.41) 知不同气体具有相同的逸度因子，气体的逸度因子只是（τ，π）的函数，与气体的本性无关，或者可表示为

$$\gamma=f(\tau,\pi) \tag{5.43}$$

从实际气体的压缩因子图（Z-π 图）（见 2.3 节），求得 $\frac{Z-1}{\pi}$，然后以 $\frac{Z-1}{\pi}$ 对 π 作图。从曲线下面的面积就能求出式(5.41) 中的积分值，然后算出 γ 的值，最后绘制 γ-π 图（如图 5-7 所示，该图又称为 Newton 图)，图 5-7 中 $\tau=\frac{T}{T_c}$ 为对比温度。

使用 Newton 图的方法：先查出某气体的临界温度 T_c 和临界压力 p_c，再求出对比温度 $\tau=T/T_c$，找到与 τ 相近的 γ-π 线，于是由 π 找 γ。该方法简便、快速，但不够精确，只能给出近似的结果。

(5) 近似法

在压力不大时，可近似地认为 α 是一个数值不大的常数。从式(5.40) 可得

$$\ln\gamma=\ln\frac{f}{p}=-\frac{\alpha p}{RT}\text{或}\frac{f}{p}=\exp\left(-\frac{\alpha p}{RT}\right)$$

根据泰勒展开式 $e^x=1+x+\frac{x^2}{2!}+\frac{x^3}{3!}+\cdots+\frac{x^n}{n!}+\cdots$，略去高次项，得

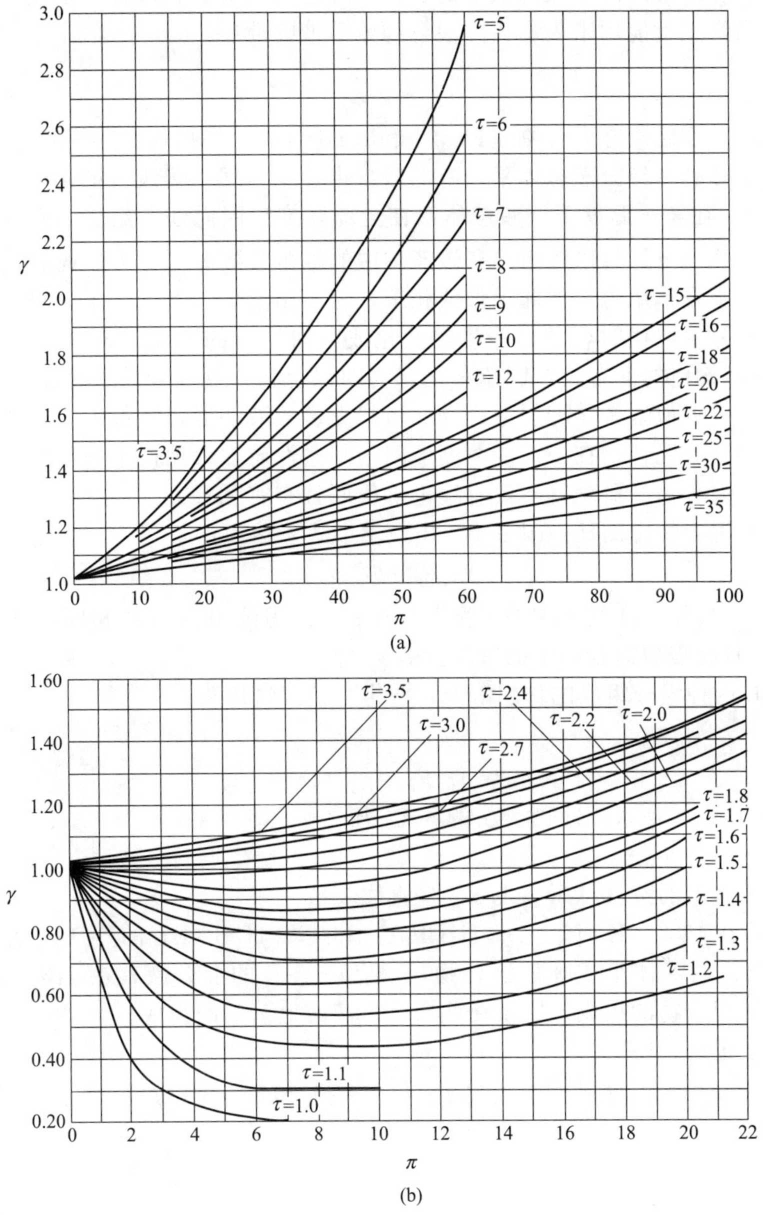

图 5-7 普通化逸度因子图

$$\frac{f}{p}\approx 1-\frac{\alpha p}{RT}=1-\left[\frac{RT}{p}-V_{\mathrm{m,re}}\right]\frac{p}{RT}=\frac{p}{\dfrac{RT}{V_{\mathrm{m,re}}}}=\frac{p}{p_{\mathrm{id}}}$$

∴
$$f=\frac{p^2}{p_{\mathrm{id}}} \tag{5.44}$$

式中，p 为实验压力值；p_{id} 为以实测的 $V_{\mathrm{m,re}}$ 按理想气体公式计算而得的压力。

5.6 理想液态混合物

认识实际气体之前先认识理想气体，同理，认识实际液态混合物或实际溶液之前要先认识理想混合物和理想稀溶液。理想液态混合物像理想气态混合物一样，也是比较简单的理想模型，经过适当修正就能用来表示实际混合物或溶液的性质。

5.6.1 定义

从宏观上讲，**理想液态混合物（ideal liquid mixture）**是指**任一组分在全部浓度范围内都遵守拉乌尔定律的多组分液态体系**，有的教材也称之为**理想溶液（ideal solution）**。用拉乌尔定律表述是：“**在某一温度下，液态体系在全部浓度范围内任一组分 B 的蒸气分压 p_B 等于其纯组分的蒸气压 p_B^* 乘以该组分在该液相中的摩尔分数 x_B**”。从微观上讲，液态体系中各组分的分子大小及作用力，彼此近似或相等，分不出溶质与溶剂分子，当一种组分的分子被另一种组分的分子取代时，没有能量的变化或空间结构的变化，即 $\Delta_{mix}H=0$，$\Delta_{mix}V=0$。实际中光学异构体的混合物、同位素化合物的混合物、立体异构体的混合物、紧邻同系物的混合物都可以近似地看作理想混合物。虽然大多数液态混合物都不具有理想液态混合物的性质，但许多液态混合物在一定的浓度区间的某些性质常表现得很像理想液态混合物，所以引入理想液态混合物的概念，不仅有理论价值而且有实际意义。

对理想液态混合物中的任一组分 B，用数学形式表达为：

$$p_B=p_B^*x_B \tag{5.45}$$

式中，p_B 为组分 B 在气相中的平衡蒸气压；p_B^* 为纯组分 B 在相同温度下的饱和蒸气压；x_B 为组分 B 在理想混合物中的摩尔分数。

对于 A、B 两种组分组成的理想溶液，两组分的蒸气压为

$$p_A=p_A^*x_A$$

$$p_B=p_B^*x_B=p_B^*(1-x_A)$$

溶液上总蒸气压 p 是 A、B 两个组分的蒸气分压之和，即

$$p=p_A+p_B=p_A^*x_A+p_B^*(1-x_A)=(p_A^*-p_B^*)x_A+p_B^* \tag{5.46}$$

此式表明，理想溶液的蒸气总压 p 与 x_A 呈直线关系。

例题 5-7 在 413.15K 时，纯 C_6H_5Cl(A) 和纯 C_6H_5Br(B) 的蒸气压分别为 125238Pa 和 66104Pa。假定两液体组成理想混合物，若有一 A-B 的混合液，在 413.15K、101325Pa 下沸腾，试求该混合物的组成，以及在此情况下液面上蒸气的组成。

解： 应用拉乌尔定律，得

$$p=p_A+p_B=p_A^*x_A+p_B^*(1-x_A)=p_B^*+x_A(p_A^*-p_B^*)$$

$$\Rightarrow x_A=\frac{p-p_B^*}{p_A^*-p_B^*}=0.5956$$

$$\Rightarrow x_B=1-x_A=0.4044$$

根据道尔顿分压定律，得

$$y_A=\frac{p_A^*x_A}{p}=0.7376$$

$$y_B=1-y_A=0.2638$$

5.6.2 组分 B 的化学势

根据理想液态混合物的定义，可以导出其中任一组分 B 化学势的表达式。

设有数种挥发性组分组成的一溶液，当该溶液中的组分 B 在液相与气相达到平衡时，根据相平衡的条件，此时溶液中的任一组分 B 在两相中的化学势相等，即

$$\mu_{B,l}=\mu_{B,g}$$

根据理想溶液的定义可知该溶液的蒸气相为一混合气体。由于压力不大，可认为该蒸气是理想气体混合物，故有

$$\mu_{B,l}=\mu_{B,g}=\mu_{B,g}^{\ominus}(T)+RT\ln\frac{p_B}{p^{\ominus}} \tag{5.47}$$

根据理想溶液的定义可知，任一组分都遵守拉乌尔定律，则 $p_B=p_B^* x_B$，将 p_B 代入式(5.47)，得

$$\mu_{B,l}=\mu_{B,g}^{\ominus}(T)+RT\ln\frac{p_B^*}{p^{\ominus}}+RT\ln x_B \tag{5.48}$$

式(5.48) 中等号右边前两项之和对应于纯 B 组分化学势在 $p=p_B^*$ 时的一种化学势。纯 B 液体在温度 T、压力 p 时的化学势为

$$\mu_{B,l}^*(T,p)=\mu_{B,g}^{\ominus}(T)+RT\ln\frac{p}{p^{\ominus}} \tag{5.49}$$

由于 p 不是标准压力，所以 $\mu_{B,l}^*$ 仅表示纯 B 液体在 T、p 时的化学势，而不是纯液体的标准态化学势。由于 $\mu_{B,l}^*$ 受压力影响很小，故一般压力 p、p_B^*、$p^{\ominus}$ 下纯 B 的化学势 $\mu_{B,l}^*$ 差别不大，故通常认为对确定的组分 B 来说 $\mu_{B,l}^*$ 为定值，认为 $\mu_{B,l}^*\approx\mu_{B,l}^{\ominus}$（$\mu_{B,l}^{\ominus}$ 为组分 B 标准态的化学势。组分 B 的标准态为温度 T、压力 $p^{\ominus}$ 纯物质 B 的状态）。将式(5.49) 代入式(5.48)，得

$$\mu_{B,l}(T,p)=\mu_{B,l}^*(T,p)+RT\ln x_B\approx\mu_{B,l}^{\ominus}(T)+RT\ln x_B$$

通常简写为

$$\mu_B=\mu_B^*(T,p)+RT\ln x_B\approx\mu_B^{\ominus}(T)+RT\ln x_B \tag{5.50}$$

式(5.50) 称为**理想液态混合物的热力学定义式**。理想溶液中的任一组分都可以用该式表示出其化学势。

例题 5-8　在 SATP 时，将 1mol 纯液态苯加入大量苯的摩尔分数为 0.20 的苯-甲苯的混合物（看作理想溶液）中。求算此过程的 ΔG。

解：此过程的 $\Delta G=G_{B,m}-G_{B,m}^*$

$\because$　$G_{B,m}=\mu_B, G_{B,m}^*=\mu_B^*$

$\therefore$　$\Delta G=\mu_B-\mu_B^*=RT\ln x_B$

$=(8.314\times298\ln0.20)\text{J}$

$=-3987.5\text{J}$

习题：

5-11　20℃时苯（A）和甲苯（B）的饱和蒸气压分别为 9.96kPa、2.97kPa，二者混合可形成理想混合物，试计算（1）$x_A=0.200$ 时混合物中苯和甲苯的分压和蒸气总压；（2）当蒸气的 $y_A=0.200$ 时液相的 x_A 和蒸气总压。
（1.99kPa，2.38kPa，4.37kPa；0.0694kPa，3.46kPa）

5-12　两种挥发性液态 A 和 B 混合形成理想液态混合物。某温度时溶液上面的蒸气总压为 54.5kPa，气相中 A 的摩尔分数为 0.45，液相中为 0.65。求算此温度时纯 A 和纯 B 的蒸气压。（37.5kPa，85.0kPa）

思考：

5-30　结合理想溶液的数学表达式讨论通常情况下体系组分改变其化学势的途径是什么？

5-31　试比较 μ_B 和 μ_B^* 大小？有何启示？试阐释“孝弟”、“友善”、“剩男剩女”的化学势内涵。试阐释“子绝四：毋意，毋必，毋固，毋我”（出自《论语》）的科学内涵。

习题：

5-13　在 SATP 时，同在大量溶液中从一组成为 $n(CH_3OH):n(H_2O)=1:8.5$ 的取出 0.5mol CH_3OH 转移到另一组成为 $n(CH_3OH):n(H_2O)=1:21$ 体系中，求此过程的 ΔG。（−1040J）

5.6.3 偏摩尔性质

(1) 偏摩尔体积

∵ $$\mu_B=\mu_B^*(T,p)+RT\ln x_B \quad ①$$

式①两边对 p 求微分，得

$$\left(\frac{\partial \mu_B}{\partial p}\right)_{T,n_k}=\left(\frac{\partial \mu_B^*}{\partial p}\right)_{T,n_k} \quad ②$$

又∵ $$\left(\frac{\partial \mu_B}{\partial p}\right)_{T,n_k}=\left(\frac{\partial G_{B,m}}{\partial p}\right)_{T,n_k}=V_{B,m}$$

$$\left(\frac{\partial \mu_B^*}{\partial p}\right)_{T,n_k}=\left(\frac{\partial G_m}{\partial p}\right)_{T,n_k}=V_{B,m}^*=V_m$$

∴ $$V_{B,m}=V_{B,m}^*=V_m \quad (5.51)$$

这表明理想液体混合物中各组分的偏摩尔体积等于其纯组分时的摩尔体积。

(2) 偏摩尔焓

∵ $$\mu_B=\mu_B^*(T,p)+RT\ln x_B \quad ①$$

式①两边除以 T，再对 T 求微分，得

$$\left[\frac{\partial(\mu_B/T)}{\partial T}\right]_{p,n_k}=\left[\frac{\partial(\mu_B^*/T)}{\partial T}\right]_{p,n_k} \quad ②$$

又∵ $$\left[\frac{\partial(\mu_B/T)}{\partial T}\right]_{p,n_k}=-\frac{H_{B,m}}{T^2}$$

$$\left[\frac{\partial(\mu_B^*/T)}{\partial T}\right]_{p,n_k}=-\frac{H_{B,m}^*}{T^2}=-\frac{H_m}{T^2}$$

∴ $$H_{B,m}=H_{B,m}^*=H_m \quad (5.52)$$

这表明理想液体混合物中各组分的偏摩尔焓等于其纯组分时的摩尔焓。

(3) 偏摩尔熵

∵ $$\mu_B=\mu_B^*(T,p)+RT\ln x_B \quad ①$$

式①两边对 T 求微分，得

$$\left(\frac{\partial \mu_B}{\partial T}\right)_{p,n_k}=\left(\frac{\partial \mu_B^*}{\partial T}\right)_{p,n_k}+R\ln x_B \quad ②$$

又∵ $$\left(\frac{\partial \mu_B}{\partial T}\right)_{p,n_k}=-S_{B,m}$$

$$\left(\frac{\partial \mu_B^*}{\partial T}\right)_{p,n_k}=-S_{B,m}^*=-S_m$$

∴ $$S_{B,m}=S_{B,m}^*-R\ln x_B \quad (5.53)$$

这表明理想液体混合物中各组分的熵较纯组分时的摩尔熵会增加。

5.6.4 混合热力学性质

在等温等压下，有纯组分混合形成理想溶液时，理想溶液的热力学性质 Z 与其纯组分热力学性质 Z 之差，称为理想溶液的混合热力学性质。

$$\Delta_{mix}Z=Z_{混合后}-Z_{混合前}$$

$$= \sum_B n_B Z_{B,m} - \sum_B n_B Z_{B,m}^*$$

$$= \sum_B n_B (Z_{B,m} - Z_{B,m}^*) \tag{5.54}$$

混合体积： $$\Delta_{mix} V = \sum_B n_B (V_{B,m} - V_{B,m}^*) = 0$$

混合焓： $$\Delta_{mix} H = \sum_B n_B (H_{B,m} - H_{B,m}^*) = 0$$

混合内能： $$\Delta_{mix} U = \Delta_{mix} H - p\Delta_{mix} V = 0$$

混合熵： $$\Delta_{mix} S = \sum_B n_B (S_{B,m} - S_{B,m}^*) = -R\sum_B n_B \ln x_B > 0$$

当混合总物质的量为 1mol 时的摩尔混合熵为

$$\Delta_{mix} S_m = -R\sum_B x_B \ln x_B > 0$$

混合吉布斯自由能：

$$\Delta_{mix} G = \Delta_{mix} H - T\Delta_{mix} S = RT\sum_B n_B \ln x_B < 0$$

当混合总物质的量为 1mol 时的摩尔混合吉布斯自由能为

$$\Delta_{mix} G_m = RT\sum_B x_B \ln x_B < 0$$

5.6.5　两个定律在理想溶液中一致性

设在定温、定压下，某理想溶液的气-液两相达到平衡，则

$$\mu_{B,l} = \mu_{B,g}$$

若液相遵守拉乌尔定律，气相看作理想气体混合物，则

$$\mu_B^*(T,p) + RT\ln x_B = \mu_B^{\ominus}(T) + RT\ln \frac{p_B}{p^{\ominus}} \quad ①$$

移项整理，得

$$\frac{p_B}{x_B} = p^{\ominus} \exp\left[\frac{\mu_B^*(T,p) - \mu_B^{\ominus}(T)}{RT}\right] \quad ②$$

在定温、定压下，②等式右边为常数，令

$$k_{x,B} = p^{\ominus} \exp\left[\frac{\mu_B^*(T,p) - \mu_B^{\ominus}(T)}{RT}\right]$$

即 $$\frac{p_B}{x_B} = k_{x,B}$$

∴ $$p_B = k_{x,B} x_B \quad ③$$

这是亨利定律的表达式。又因为理想溶液中任意组分在全部浓度范围内都能符合式③，故有当 $x_B = 1$ 时，$k_{x,B} = p_B^*$，即 $p_B = p_B^* x_B$。这又是拉乌尔定律的表达式。可见，在理想溶液中，这两个经验定律没有本质性区别。实践也证明，两种挥发性物质组成一液相体系，若溶剂遵守拉乌尔定律，溶质则遵守亨利定律；若溶剂不遵守拉乌尔定律，溶质则不遵守亨利定律。

5.7　理想稀溶液

5.7.1　定义

“一定温度、压力下，在一定的浓度范围内，溶剂遵守拉乌尔定律、溶质遵守亨利定律

的液态体系”称为理想稀溶液，通常简称稀溶液。值得注意的是，化学热力学中的理想稀溶液并不仅仅指浓度很小的溶液，不同种类的理想稀溶液的浓度范围未必是相同的。

在稀溶液中溶剂 A 和任一挥发性溶质 B，用数学形式表达为：

$$p_A = p_A^* x_A, \ p_B = k_{x,B} x_B$$

式中，p_A、p_B 分别为溶剂 A、溶质 B 在气相中的平衡蒸气压；p_A^* 为溶剂 A 的饱和蒸气压；$k_{x,B}$ 为溶质 B 的亨利常数；x_A、x_B 分别为溶剂 A、溶质 B 在稀溶液中的摩尔分数。

对于 A、B 两种组分组成的稀溶液，两组分的蒸气压为

$$p_A = p_A^* x_A = p_A^* (1 - x_B)$$

$$p_B = k_{x,B} x_B$$

溶液上总蒸气压 p 是 A、B 两个组分的蒸气分压之和，即

$$p = p_A + p_B = p_A^* (1 - x_B) + k_{x,B} x_B = p_A^* + (k_{x,B} - p_A^*) x_B \tag{5.55}$$

式(5.55) 表明：稀溶液的蒸气总压 p 与 x_B 呈直线关系。

5.7.2 溶剂的化学势

根据稀溶液的定义——溶剂遵守拉乌尔定律，那么溶剂的化学势应该与理想液态混合物中的组分表示类似，根据理想液态混合物组分化学势的导出方法，可以导出稀溶液中溶剂的化学势为

$$\mu_{A,l}(T,p) = \mu_{A,l}^*(T,p) + RT\ln x_A$$

式中，$\mu_{A,l}(T,p)$、$\mu_{A,l}^*(T,p)$ 通常简写为 μ_A、μ_A^*，故

$$\mu_A = \mu_A^* + RT\ln x_A \tag{5.56}$$

式中，μ_A^* 为在 T、p 时纯 A 的化学势。

5.7.3 溶质的化学势

对理想稀溶液中溶质 B 而言，平衡时其化学势为

$$\mu_{B,l} = \mu_{B,g} = \mu_{B,g}^{\ominus}(T) + RT\ln\frac{p_B}{p^{\ominus}} \tag{5.57}$$

在理想稀溶液中溶质服从亨利定律，则 $p_B = k_{x,B} x_B$，将 p_B 代入式(5.57)，得

$$\mu_{B,l} = \mu_{B,g}^{\ominus}(T) + RT\ln\frac{k_{x,B}}{p^{\ominus}} + RT\ln x_B \tag{5.58}$$

式(5.58) 中等号右边前两项之和对于溶质 B 来说是常数，令

$$\mu_{B,x}^*(T,p) = \mu_{B,g}^{\ominus}(T) + RT\ln\frac{k_{x,B}}{p^{\ominus}} \tag{5.59}$$

式中 $\mu_{B,l}^*$ 可看作 $x_B = 1$ 且服从亨利定律的那个假想状态的化学势。参阅图 5-8，将 $p_B = k_{x,B} x_B$ 直接延长得 R 点，而得到假想的 $\mu_{B,l}^*$ 状态。引入这个假想的状态，并不影响热力学函数变化值的计算。

将式(5.59) 代入式(5.58)，得

$$\mu_{B,l}(T,p) = \mu_{B,x}^*(T,p) + RT\ln x_B$$

通常简写为

$$\mu_B = \mu_{B,x}^*(T,p) + RT\ln x_B \tag{5.60}$$

式(5.60) 为**理想稀溶液中溶质 B 化学势等温式**。

同样，一般情况下压力对 $\mu_{B,x}^*$ 的影响很小，故有 $\mu_{B,x}^* \approx \mu_{B,x}^{\ominus}$，式(5.60) 可近似写作

$$\mu_B = \mu_{B,x}^{\ominus}(T) + RT\ln x_B$$

式中，$\mu_{B,x}^{\ominus}(T)$ 为溶质 B 标准态的化学势。溶质 B 的标准态为温度 T、压力 $p^{\ominus}$、$x_B=1$ 且符合亨利定律的假想状态。

另外，由于亨利定律还可以用 m_B、c_B 表示，故溶质的化学势也可以表示为

$$\mu_B=\mu_{B,m}^{*}(T,p)+RT\ln\left(\frac{m_B}{m^{\ominus}}\right)$$

$$\approx\mu_{B,m}^{\ominus}(T)+RT\ln\left(\frac{m_B}{m^{\ominus}}\right) \tag{5.61}$$

或

$$\mu_B=\mu_{B,c}^{*}(T,p)+RT\ln\left(\frac{c_B}{c^{\ominus}}\right)$$

$$\approx\mu_{B,c}^{\ominus}(T)+RT\ln\left(\frac{c_B}{c^{\ominus}}\right) \tag{5.62}$$

式中，$m^{\ominus}$ 为标准质量摩尔浓度；$c^{\ominus}$ 为标准体积摩尔浓度，都是溶质处于标准状态时的浓度，通常取 $m^{\ominus}=1\text{mol/kg}$，$c^{\ominus}=1\text{mol/dm}^3$（图 5-9）。同理，纯溶质 B 的标准化学势可近似为

$$\mu_{B,m}^{\ominus}(T,p)=\mu_{B,g}^{\ominus}(T)+RT\ln\frac{k_{m,B}m^{\ominus}}{p^{\ominus}}$$

$$\mu_{B,c}^{\ominus}(T,p)=\mu_{B,g}^{\ominus}(T)+RT\ln\frac{k_{c,B}c^{\ominus}}{p^{\ominus}}$$

应该注意的是溶质浓度标度不同，其标准态不同，标准态的化学势也不等，即 $\mu_{B,x}^{\ominus}\neq\mu_{B,m}^{\ominus}\neq\mu_{B,c}^{\ominus}$。

另外指出，式(5.60)～式(5.62) 虽然是根据稀溶液挥发性溶质导出的化学势表达式，但对不挥发性溶质也是适用的。

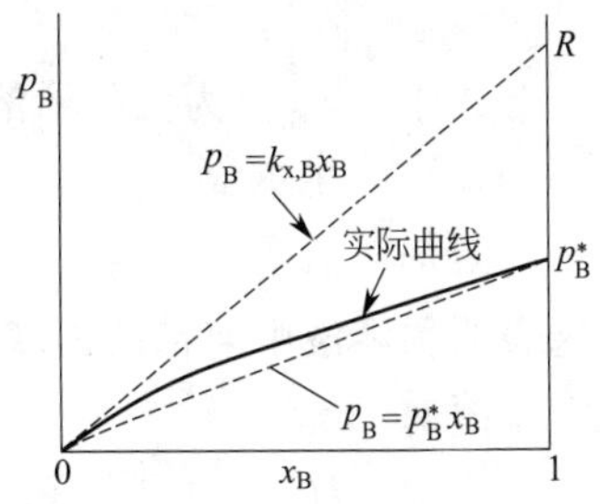

图 5-8　溶质的蒸气压与组成的关系

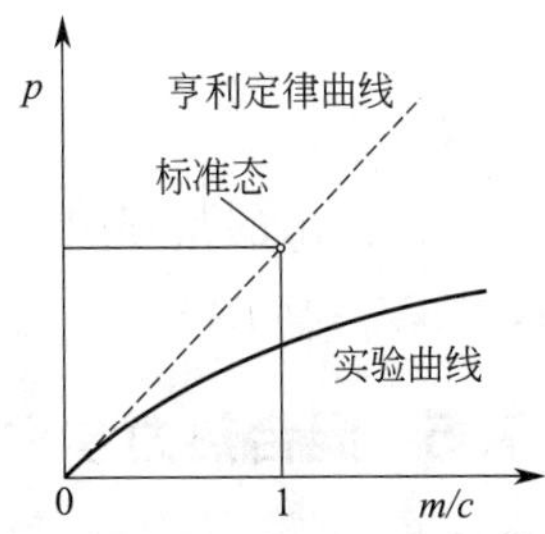

图 5-9　假想的稀溶液溶质标准态

习题：

5-14　理想溶液和理想稀溶液是研究溶液热力学时两个典型的而又有区别的理论模型，试比较这两个模型中组分热力学定义式及其适用范围和标准态。

5.7.4　偏摩尔性质

(1) 偏摩尔体积

① 稀溶液中溶剂 A 的偏摩尔体积 $V_{A,m}$ 为：

按照理想溶液的方法，可得出

$$V_{A,m}=V_{A,m}^{*}=V_m \tag{5.63}$$

这表明稀溶液中溶剂的偏摩尔体积等于纯溶剂的摩尔体积。

② 稀溶液中溶质 B 的偏摩尔体积 $V_{B,m}$ 为：

∵

$$\mu_B=\mu_{B,x}^{\ominus}(T)+RT\ln x_B \qquad ①$$

式①两边对 p 求微分，得

$$V_{B,m}=\left(\frac{\partial\mu_B}{\partial p}\right)_{T,n_k}=\left(\frac{\partial\mu_B^{\ominus}}{\partial p}\right)_{T,n_k}=V_{B,m}^{\ominus} \qquad ②$$

虽然溶质的标准态是假想态，但对热力学关系式仍然适用。$V_{B,m}^{\ominus}$ 表示溶质 B 处于标准态下的偏摩尔体积，它仅是温度的函数，在稀溶液浓度范围内与浓度无关，故

$$V_{B,m}=V_{B,m}^{\ominus}=V_{B,m}^{\infty} \tag{5.64}$$

式中，$V_{B,m}^{\infty}$ 为无限稀溶液中溶质 B 的偏摩尔体积。

(2) 偏摩尔焓

溶剂：
$$H_{A,m}=H_{A,m}^{*} \tag{5.65}$$

这表明稀溶液中溶剂的偏摩尔焓等于其纯溶剂的摩尔焓。

溶质：
$$H_{B,m}=H_{B,m}^{\ominus}=H_{B,m}^{\infty} \tag{5.66}$$

式中，$H_{B,m}^{\infty}$ 为无限稀溶液中溶质 B 的偏摩尔焓。

(3) 偏摩尔熵

溶剂：
$$S_{A,m}=S_{A,m}^{*}-R\ln x_A \tag{5.67}$$

溶质：
$$S_{B,m}=S_{B,m}^{\ominus}-R\ln x_B, S_{B,m}\neq S_{B,m}^{\ominus} \tag{5.68}$$

(4) 偏吉布斯自由能

溶剂：
$$G_{A,m}=G_{A,m}^{\ominus}+R\ln x_A=G_{A,m}^{*}+R\ln x_A \tag{5.69}$$

溶质：
$$G_{B,m}=G_{B,m}^{\ominus}+R\ln x_B, G_{B,m}\neq G_{B,m}^{\ominus} \tag{5.70}$$

应该指出的是理想稀溶液中溶质的标准态不是溶质的纯物质状态，$\mu_B^{\ominus}(T)\neq\mu_B^{*}(T,p)$，故 $V_{B,m}^{\ominus}(T)\neq V_{B,m}^{*}$、$H_{B,m}^{\ominus}(T)\neq H_{B,m}^{*}$。

5.7.5 混合热力学性质

混合体积：
$$\Delta_{mix}V=n_A(V_{A,m}-V_{A,m}^{*})+\sum_{B\neq A}n_B(V_{B,m}-V_{B,m}^{*})$$
$$=\sum_{B\neq A}n_B(V_{B,m}-V_{B,m}^{*})\neq 0$$

混合焓：
$$\Delta_{mix}H=n_A(H_{A,m}-H_{A,m}^{*})+\sum_{B\neq A}n_B(H_{B,m}-H_{B,m}^{*})$$
$$=\sum_{B\neq A}n_B(H_{B,m}-H_{B,m}^{*})\neq 0$$

与稀溶液混合焓相对应的溶液中的概念还有积分溶解热、积分稀释热和微分溶解热等，具体参阅其他参考资料，这里不再详述。

混合熵：
$$\Delta_{mix}S=n_A(S_{A,m}-S_{A,m}^{*})+\sum_{B\neq A}n_B(S_{B,m}-S_{B,m}^{*})$$
$$=-n_AR\ln x_A+\sum_{B\neq A}n_B(S_{B,m}^{\ominus}-R\ln x_B-S_{B,m}^{*})>0$$

混合吉布斯自由能：

$$\Delta_{mix}G=n_A(G_{A,m}-G_{A,m}^{*})+\sum_{B\neq A}n_B(G_{B,m}-G_{B,m}^{*})$$
$$=n_ART\ln x_A+\sum_{B\neq A}n_B(\mu_B^{\ominus}-RT\ln x_B-\mu_B^{*})<0$$

从微观角度来说，理想稀溶液中各组分的分子并不相同，分子间的相互作用力不同，分子的大小也不同。溶质分子周围几乎都是溶剂分子，与其纯溶质中的分子环境不同，从而服从亨利定律；而溶剂分子周围也几乎都是溶剂分子，与纯溶剂分子环境相同，从而溶剂服从拉乌尔定律。

5.7.6 分配定律

在定温、定压下，若溶质 B 同时溶解在两个共存的不互溶的液体中，所形成的均为稀溶液时，达平衡后，溶质 B 在两液相中的浓度之比为一常数，这就是分配定律（distribution law）。

若以 μ_α 与 μ_β 分别代表溶质在两相中的化学势，据相平衡条件，得

$$\mu_{B,\alpha}=\mu_{B,\beta}$$

对稀溶液，有

$$\mu_{B,\alpha}=\mu_{B,m,\alpha}^*(T,p)+RT\ln\left(\frac{m_{B,\alpha}}{m^\ominus}\right)$$

$$\mu_{B,\beta}=\mu_{B,m,\beta}^*(T,p)+RT\ln\left(\frac{m_{B,\beta}}{m^\ominus}\right)$$

故
$$\mu_{B,m,\alpha}^*(T,p)+RT\ln\left(\frac{m_{B,\alpha}}{m^\ominus}\right)=\mu_{B,m,\beta}^*(T,p)+RT\ln\left(\frac{m_{B,\beta}}{m^\ominus}\right)$$

整理，得
$$\ln\left(\frac{m_{B,\alpha}}{m_{B,\beta}}\right)=\frac{\mu_{B,m,\beta}^*(T,p)-\mu_{B,m,\alpha}^*(T,p)}{RT}$$

即
$$\frac{m_{B,\alpha}}{m_{B,\beta}}=\exp\left[\frac{\mu_{B,m,\beta}^*(T,p)-\mu_{B,m,\alpha}^*(T,p)}{RT}\right]=K(T,p) \tag{5.71}$$

式(5.71) 说明，在等温、等压下，溶质 B 在两溶液中的 $\mu_{B,m,\alpha}^*$、$\mu_{B,m,\beta}^*$ 为常数，从而得出分配定律的结论。同理换作体积摩尔浓度等其他溶液浓度的表示形式，也有同样的结论。

5.8　稀溶液的依数性

在非挥发性溶质的稀溶液中，当溶剂的种类一定之后，稀溶液具有与溶质的性质无关、只与溶质的物质的量有关的性质，这种性质称为稀溶液的依数性（colligative properties）。本节通过对不挥发性溶质二组分稀溶液理论分析获得了稀溶液的依数性，如蒸气压下降、沸点升高、凝固点降低及渗透压等。

5.8.1　蒸气压下降

稀溶液溶剂遵守拉乌尔定律，故溶剂有

$$p_A=p_A^*x_A$$

∵
$$x_A<1$$

∴
$$p_A<p_A^*$$

故溶剂蒸气压下降值　$\Delta p_A=p_A^*-p_A=p_A^*(1-x_A)$

若溶液中只有一种溶质，则 $x_B=1-x_A$，代入上式，得

$$\Delta p_A=p_A^*x_B \tag{5.72}$$

此式表明，稀溶液中**溶剂蒸气压下降值**与溶质的物质的量分数成正比；x_B 越大，溶质的粒子数目越多，蒸气压降低越大。

若溶质为不挥发性，即　$p_B=0$

则溶液的蒸气压　$p=p_A$

表示溶液的蒸气压就是溶剂的蒸气压

故溶液的蒸气压下降值

$$\Delta p=\Delta p_A=p_Ax_B \tag{5.73}$$

可见，式(5.73) 说明**溶液蒸气压下降值**与溶质的数量之间的关系，其适用条件是**不挥发溶质**的稀溶液。溶剂蒸气压下降也是稀溶液依数性的本质根源。在非挥发性溶质稀溶液中，

随着溶质的增多，溶剂的蒸气压将会下降，可以用图 5-10 表示。

例题 5-9 293K 时，0.50kg 水（A）中溶入不挥发性的某有机物（B）2.597×10^{-2}kg，该溶液的蒸气压为 2322.4Pa。求该有机物的摩尔质量。（已知该温度下纯水的蒸汽压为 2334.5Pa）

解： 根据溶液蒸气压下降与溶液浓度的关系，得

$$\Delta p=p^*-p=p^*x_B=p^*\frac{n_B}{n_{total}}\approx p^*\frac{n_B}{n_A}=p^*\frac{w_BM_A}{M_Bw_A}$$

$$\Rightarrow M_B=0.181\text{kg/mol}$$

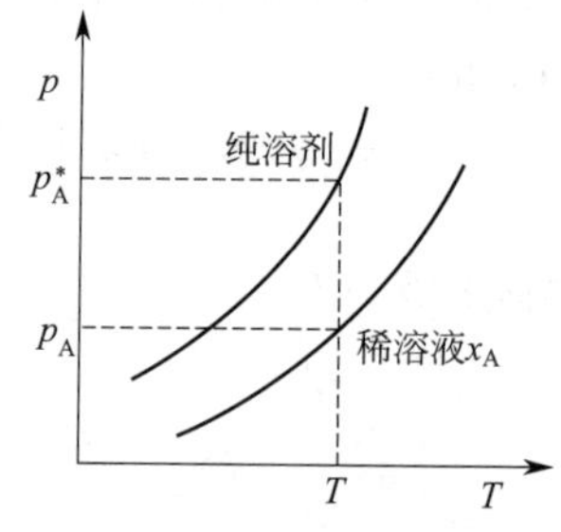

图 5-10 稀溶液的蒸气压下降图

习题：

5-15 某同学在实验室里新合成了一种非挥发性有机物，将 10g 该有机物溶于 100g 乙醚形成溶液，该溶液的蒸气压为 56.79kPa。试求出该有机物的摩尔质量。已知 293K 时，乙醚的蒸气压为 58.95kPa。(195)

5.8.2 凝固点

在一定压力下，纯物质液-固两相平衡时的温度称为该物质在该压力下的凝固点，用“T_f^*”表示。若在纯液体 A 中加入物质 B 形成稀溶液体系，若此体系凝固时溶剂与溶质不能生成固溶体，只形成纯固态溶剂，当固态溶剂和液态溶液达到平衡时，体系的温度就是溶液的通常凝固点，简称凝固点；若此体系凝固时溶剂与溶质生成固溶体（即溶剂-溶质形成了固态溶液），当固溶体和液态溶液达到平衡时，体系的温度称为溶液的非常凝固点，溶液的凝固点用“T_f”表示。“T_f^*”和“T_f”之间有怎样的关系呢？下面我们分别讨论通常凝固点和非常凝固点的情况。

（1）*溶液通常凝固点降低*

我们先对溶液的通常凝固点情况来分析。

在压力 p 下溶液中固-液两相平衡，

纯固态溶剂 A $\rightleftharpoons$ 液态溶剂 A（溶液）

则 $$\mu_{A,s}^*(T,p)=\mu_{A,l}(T,p,x_A)=\mu_{A,l}^*(T,p)+RT\ln x_A \quad ①$$

整理式①，得 $$\ln x_A=\frac{\mu_{A,s}^*(T,p)-\mu_{A,l}^*(T,p)}{RT}=\frac{\Delta_l^sG_m}{RT} \quad ②$$

式中，$\Delta_l^sG_m$ 是由液态纯溶剂凝固为固态纯溶剂时的摩尔吉布斯函数改变量。将式②两边对 T 求微分，据吉布斯-亥姆霍兹公式，得

$$\left(\frac{\partial\ln x_A}{\partial T}\right)_p=\frac{1}{R}\left[\frac{\partial}{\partial T}\left(\frac{\Delta_l^sG_m}{T}\right)\right]_p=-\frac{\Delta_l^sH_m}{RT^2} \quad ③$$

式中，$\Delta_l^sH_m$ 是纯溶剂的摩尔凝固焓。若忽略压力对它的影响，则

$$\Delta_l^sH_m=\Delta_l^sH_m^\ominus=-\Delta_s^lH_m^\ominus=-\Delta_{fus}H_m^\ominus \quad ④$$

若摩尔熔化焓（fusion enthalpy）$\Delta_{fus}H_m^\ominus$ 看作与温度无关，式④代入式③，在 $x_A=1\rightarrow x_A$，$T=T_f^*\rightarrow T_f$ 值之间式③积分，得

$$\ln x_A=\frac{\Delta_{fus}H_m^\ominus}{R}\left(\frac{1}{T_f^*}-\frac{1}{T_f}\right) \quad (5.74)$$

思考：

5-32 有三个孩子合吃一支冰棒，三人依次各吃 1/3 且只准吸、不准咬，请问哪一位吃冰棒者最甜？

5-33 为什么通常稀溶液开始凝固时是纯溶剂固体？（物以类聚，人以群分）稀溶液凝固析出纯溶剂的自然规律有何应用价值？（海水淡化，极地爱斯基摩人的智慧）

5-34 通常稀溶液凝固时经常发生的过冷现象对你有何启发？（创新的价值）

式(5.74) 已经表示出体系溶质粒子的含量对溶液凝固点的影响。在稀溶液中 x_B 很小，用泰勒展开式并作近似处理式(5.74)，得

$$左边=\ln x_A=\ln(1-x_B)\approx -x_B$$

$$右边=\frac{\Delta_{fus}H_m^\ominus}{R}\left(\frac{T_f-T_f^*}{T_f^*T_f}\right)\approx -\frac{\Delta_{fus}H_m^\ominus}{R}\frac{\Delta T_f}{(T_f^*)^2}$$

$$\therefore \quad x_B=\frac{\Delta_{fus}H_m^\ominus}{R}\frac{\Delta T_f}{(T_f^*)^2}\Rightarrow \Delta T_f=\frac{R(T_f^*)^2}{\Delta_{fus}H_m^\ominus}x_B \quad (5.75)$$

式中，$\Delta T_f=T_f^*-T_f$。式(5.75) 右边均为正数，故 $\Delta T_f>0$，表明**稀溶液的凝固点 T_f 一定比纯溶剂的凝固点 T_f^* 低**。这种固相为纯溶剂的稀溶液凝固点降低的现象可用图 5-11 表示。

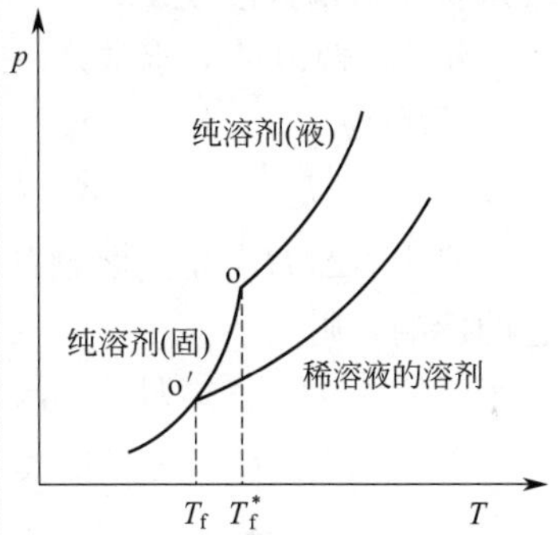

图 5-11 稀溶液凝固点降低

在稀溶液中有 $x_B=m_BM_A$，代入式(5.75)，得

$$\Delta T_f=\frac{R(T_f^*)^2}{\Delta_{fus}H_m^\ominus}M_Am_B=K_fm_B \quad (5.76)$$

对于溶剂 A 来说，$\frac{R(T_f^*)^2}{\Delta_{fus}H_m^\ominus}M_A=K_f$ 为常数，故 K_f 称为凝固点降低常数。常见溶剂的 K_f 值见表 5-1。

式(5.76) 的重要应用之一是利用凝固点降低来测定溶质的摩尔质量 M_B。为此，将 $m_B=\frac{w_B}{M_Bw_A}$ 代入式(5.76)，整理，得

$$M_B=K_f\frac{w_B}{\Delta T_fw_A} \quad (5.77)$$

式中，w_A、w_B 分别为溶液中溶剂、溶质的质量。这样，根据实验测得的 ΔT_f，就可以求算 M_B。

根据溶液凝固点降低的推导过程看出，该结论的适用条件是：①理想稀溶液，只与溶质在溶液中的含量 x_B 有关，与溶质的挥发性与否无关；②固体为纯溶剂，而不是固溶体；③$\Delta_{fus}H_m^\ominus$ 与温度无关。

(2) 溶液非常凝固点

该部分我们探讨固-液平衡时，固态为固溶体的情况。

设在 T、p 时溶剂在固-液两相中平衡，

$$溶剂\ A(固相)\rightleftharpoons 溶剂\ A(液相)$$

则 $$\mu_{A,s}(T,p,x_A^s)=\mu_{A,l}(T,p,x_A^l)$$

假定固溶体、溶液分别是理想固态、液态混合物，则

$$\mu_{A,s}^*+RT\ln x_A^s=\mu_{A,l}^*+RT\ln x_A^l \quad ①$$

整理式①，得

$$\ln\frac{x_A^l}{x_A^s}=\frac{\mu_{A,s}^*-\mu_{A,l}^*}{RT}=\frac{\Delta_l^sG_m}{RT} \quad ②$$

式中，$\Delta_l^sG_m$ 是由液态纯溶剂凝固为固态纯溶剂时的

表 5-1 常见溶剂的 K_f 和 K_b 常数

溶剂	K_f/(K·kg/mol)	K_b/(K·kg/mol)
水	1.86	0.51
苯	5.12	2.53
乙酸	3.90	3.07
四氯化碳	30.0	4.95
二硫化碳	3.80	2.37
苯酚	7.27	3.04
萘	6.94	5.80
樟脑	40.0	—

注：摘自 Atkins' Physical Chemistry. 7th ed. Higher Education press, 2006, 1087.

习题：

5-16 假定萘 (A) 溶于苯 (B) 能形成理想混合物，试推测 60℃时 A 溶于 B 的饱和溶液的 $x_{n,A}$ 是多少？已知萘的熔点是 353.2K，熔化热是 19246J/mol。(X 0.6289，Y 0.6748)

摩尔吉布斯函数改变量。

将式②两边对 T 求微分，据吉布斯-亥姆霍兹公式，得

$$\left[\frac{\partial \ln(x_A^l/x_A^s)}{\partial T}\right]_p=\frac{1}{R}\left[\frac{\partial}{\partial T}\left(\frac{\Delta_l^s G_m}{RT}\right)\right]_p=-\frac{\Delta_l^s H_m}{RT^2} \quad ③$$

式中，$\Delta_l^s H_m$ 是纯溶剂的摩尔凝固焓。若忽略压力对它的影响，则

$$\Delta_l^s H_m=\Delta_l^s H_m^{\ominus}=-\Delta_s^l H_m^{\ominus}=-\Delta_{fus} H_m^{\ominus} \quad ④$$

若 $\Delta_{fus} H_m^{\ominus}$ 看作与温度无关，式④代入式③，在 $x_A^l=1\rightarrow x_A^l$，$x_A^s=1\rightarrow x_A^s$，$T=T_f^*\rightarrow T_f$ 值之间式③积分，得

$$\ln\frac{x_A^l}{x_A^s}=\frac{\Delta_{fus} H_m^{\ominus}}{R}\left(\frac{1}{T_f^*}-\frac{1}{T_f}\right)=\frac{\Delta_{fus} H_m^{\ominus}}{R}\left(\frac{T_f-T_f^*}{T_f^* T_f}\right) \quad ⑤$$

同样令 $\Delta T_f=T_f^*-T_f$，$T_f^*\approx T_f$，式⑤可变为

$$-\ln\frac{x_A^l}{x_A^s}=\frac{\Delta_{fus} H_m^{\ominus}}{R(T_f^*)^2}\Delta T_f \quad (5.78)$$

根据式(5.78)中，

若 $\dfrac{x_A^l}{x_A^s}<1$，$x_A^l<x_A^s$，即在固相中 A 的浓度比在液相中的大，则 $\Delta T_f>0$，凝固点降低；

若 $\dfrac{x_A^l}{x_A^s}>1$，$x_A^l>x_A^s$，即在固相中 A 的浓度比在液相中的小，则 $\Delta T_f<0$，凝固点升高。

这个结论在有互溶固溶体的相图（见第6章）上能反映出来。

5.8.3 沸点升高

沸点是指液体的蒸气压等于外压时的温度。根据拉乌尔定律，对于不挥发性溶质的溶液的蒸气压总比纯溶剂的低，所以溶液的沸点比纯溶剂的高。

当气-液两相平衡时，

纯气态溶剂 A $\rightleftharpoons$ 液态溶剂 A(溶液)

则 $\mu_{A,g}(T,p)=\mu_{A,l}(T,p,x_A)=\mu_{A,l}^*(T,p)+RT\ln x_A$ ①

整理式①，得 $\ln x_A=\dfrac{\mu_{A,g}(T,p)-\mu_{A,l}^*(T,p)}{RT}=\dfrac{\Delta_{vap}G_m}{RT}$ ②

式②中 $\Delta_{vap}G_m$ 是由液态纯溶剂变为气态纯溶剂时的摩尔吉布斯函数改变量。将式②两边对 T 求微分，据吉布斯-亥姆霍兹公式，得

$$\left(\frac{\partial \ln x_A}{\partial T}\right)_p=\frac{1}{R}\left[\frac{\partial}{\partial T}\left(\frac{\Delta_{vap}G_m}{T}\right)\right]_p=-\frac{\Delta_{vap}H_m}{RT^2} \quad ③$$

式中，摩尔蒸发焓（vaporization enthalpy）$\Delta_{vap}H_m$ 是纯溶剂的摩尔蒸发焓，并若 $\Delta_{fus}H_m^{\ominus}$ 看作与温度无关，在 $x_A=1\rightarrow x_A$，$T=T_b^*\rightarrow T_b$ 值之间式③积分，得

习题：

5-17　某同学新合成出一有机物，元素分析表明C、H、O的质量分数分别为0.632、0.088、0.280。称取0.0702g该有机物溶于0.804g樟脑中，其凝固点比纯樟脑下降了15.3K。试求该有机物的摩尔质量及其分子式。已知樟脑的 $K_f=40.0\text{K}\cdot\text{kg/mol}$。（$C_{12}H_{20}O_4$）

5-18　某同学将0.450g尿素溶于22.5g水中，测定该溶液的沸点为100.17℃。求水的沸点升高常数。(0.510)

5-19　将12.2g苯甲酸溶于100g乙醇中，乙醇的沸点升高了1.14K；将12.2g苯甲酸溶于100g苯中，苯的沸点升高了1.29K。试计算苯甲酸在这两种溶剂中的摩尔质量，并分析计算结果说明了什么。已知 $K_{b,乙醇}=1.20\text{K}\cdot\text{kg/mol}$，$K_{b,苯}=2.53\text{K}\cdot\text{kg/mol}$。(128.4，239.3)

5-20　二苯甲酮在常压（760mmHg）下的沸点是304℃，循环水真空泵减压（24mmHg）下沸点为180℃，油泵真空泵可达0.2mmHg，用油泵减压蒸馏时至少应加热至多少度？实验中发现油泵减压蒸馏时，二苯甲酮开始沸腾的温度比理论值高2.0℃，求二苯甲酮的初始浓度（假设杂质都为不挥发物），若在常压下蒸馏，需要至少加热到多少度？

$$\ln x_A=\ln(1-x_B)=\frac{\Delta_{vap}H_m^{\ominus}}{R}\left(\frac{1}{T_b}-\frac{1}{T_b^*}\right) \quad ④$$

在稀溶液中 x_B 很小，用泰勒展开式并作近似处理式④，得

$$左边=\ln(1-x_B)\approx -x_B$$

$$右边=\frac{\Delta_{vap}H_m^{\ominus}}{R}\left(\frac{1}{T_b}-\frac{1}{T_b^*}\right)\approx -\frac{\Delta_{vap}H_m^{\ominus}}{R}\frac{\Delta T_b}{(T_b^*)^2}$$

$$\therefore \quad x_B=\frac{\Delta_{vap}H_m^{\ominus}}{R}\frac{\Delta T_b}{(T_b^*)^2}\Rightarrow \Delta T_b=\frac{R(T_b^*)^2}{\Delta_{vap}H_m^{\ominus}}x_B \tag{5.79}$$

式中 $\Delta T_b=T_b-T_b^*$。式(5.79) 右边均为正数，故 $\Delta T_b>0$，表明**稀溶液的沸点 T_b 一定比纯溶剂的沸点 T_b^* 高**。这种溶质不挥发的稀溶液沸点升高的现象可用图 5-12 表示。

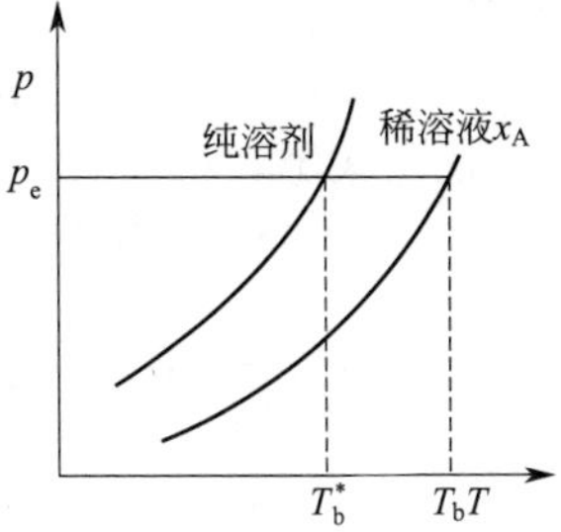

图 5-12 稀溶液沸点升高图

在稀溶液中有 $x_B=m_BM_A$，代入式(5.79)，得

$$\Delta T_b=\frac{R(T_b^*)^2}{\Delta_{vap}H_m^{\ominus}}M_Am_B=K_bm_B \tag{5.80}$$

对于溶剂 A 来说，$\frac{R(T_b^*)^2}{\Delta_{vap}H_m^{\ominus}}M_A=K_b$ 为常数，故 K_b 称为沸点升高常数，只与溶剂 A 的性质有关。常见溶剂的 K_b 值见表 5-1。

式(5.80) 也可以用于测定溶质的摩尔质量 M_B。为此，将 $m_B=\frac{w_B}{M_Bw_A}$代入式(5.80)，并整理，得

$$M_B=K_b\frac{w_B}{\Delta T_bw_A} \tag{5.81}$$

式中，w_A、w_B 分别为溶液中溶剂、溶质的质量。这样，根据实验测得的 ΔT_b 就可以求算 M_B。

根据溶液沸点升高的推导过程看出，该结论的适用条件是：①理想稀溶液；②溶质一定为非挥发性，气相只为溶剂；③$\Delta_{vap}H_m^{\ominus}$ 与温度无关。

5.8.4 渗透压

在一恒温容器中，用一半透膜（只允许溶剂分子通过）将容器分为两部分，一边为纯溶剂，一边为溶液（如图 5-13 所示）。

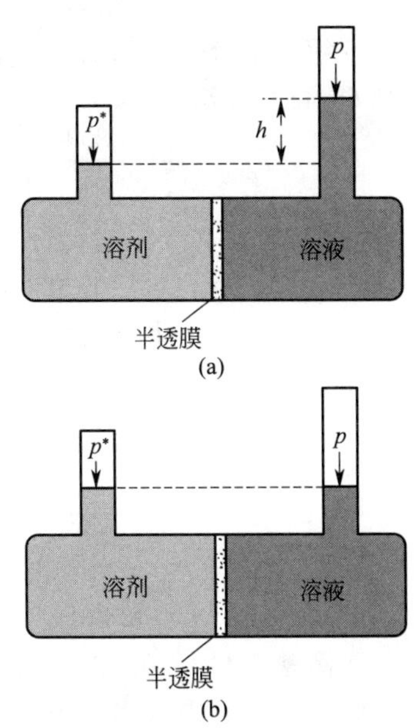

图 5-13 渗透压示意

一定温度下，由于纯溶剂的化学势高于溶液的化学势（$\mu_A^*>\mu_A$），则 $p^*>p$，从而溶剂分子可通过半透膜进入溶液［如图 5-13(a) 所示］，此现象称为渗透现象。为了阻止纯溶剂一方的溶剂分子进入溶液，需要在溶液上方施加额外的压力，使半透膜两边的化学势相等而达到平衡，如图 5-13(b) 所示，这种额外增加的压力 Π 就称为渗透压（osmotic pressure)，用符号“Π”表示，则 $\Pi=p-p^*$。

如图 5-13(b) 平衡时，

$$\mu_A^*(T,p^*)=\mu_A(T,p,x_A)=\mu_A^*(T,p)+RT\ln x_A$$

$\therefore \quad \mu_A^*(T,p^*)-\mu_A^*(T,p)=RT\ln x_A$ ①

$\because \quad \left(\dfrac{\partial \mu_A^*}{\partial p}\right)_{T,n_k}=V_A^* \Rightarrow d\mu_A^*=V_{A,m}^*\mathrm{d}p$ ②

V_A^* 为纯溶剂的摩尔体积（设其为常数），则

$$\mu_A^*(T,p^*)-\mu_A^*(T,p)=V_{A,m}^*(p^*-p)=-\Pi V_{A,m}^* \quad ③$$

式③代入式①，得

$$\Pi V_{A,m}^*=-RT\ln x_A \tag{5.82}$$

对于理想稀溶液，$-\ln x_A \approx x_B \approx \dfrac{n_B}{n_A}$，代入式(5.82)，得

$$\Pi V_{A,m}^*=RT\frac{n_B}{n_A}\Rightarrow \Pi n_A V_{A,m}^*=n_B RT$$

即
$$\Pi V_A=n_B RT \tag{5.83}$$

或
$$\Pi=c_B RT \tag{5.84}$$

体积摩尔浓度 $c_B=n_B/V_A\approx n_B/V$。由此可见，稀溶液的渗透压大小与溶液浓度成正比。

式(5.83) 可进一步改写为

$$\Pi V_A=\frac{w_B}{M_B}RT\Rightarrow M_B=\frac{w_B}{\Pi V_A}RT \tag{5.85}$$

式(5.85) 经常用于求算待测物的摩尔质量，即渗透压求算摩尔质量的方法。

例题 5-10 在 20℃时将 68.4g 蔗糖（$C_{12}H_{22}O_{11}$）溶于 1000g 水中形成理想稀溶液。求该溶液的蒸气压降低、凝固点降低、沸点升高、渗透压值各是多少？（已知 20℃水的密度为 0.9982g/cm^3，饱和蒸气压 $p^*=2338.8\text{Pa}$，水的 $K_f=1.86\text{K}\cdot\text{kg/mol}$，$K_b=0.51\text{K}\cdot\text{kg/mol}$）

解：由分子式可知，蔗糖的摩尔质量 $M_B=342\text{g/mol}$，则 68.4g 蔗糖溶于 1000g 水形成溶液的浓度为

$$m_B=\frac{n_B}{w_A}=\frac{68.4\text{g}/342\text{g/mol}}{1\text{kg}}=0.20\text{mol/kg}$$

$$x_B=m_B M_A=0.20\text{mol/kg}\times 18\times 10^{-3}\text{kg/mol}=0.0036$$

则
$$\Delta p=p_A^* x_B=2338.8\times 0.0036\text{Pa}=8.42\text{Pa}$$

$$\Delta T_f=K_f m_B=1.86\times 0.20\text{K}=0.372\text{K}$$

$$\Delta T_b=K_b m_B=0.51\times 0.20\text{K}=0.102\text{K}$$

$$\Pi=\frac{n_B}{V_A}RT=\left[\frac{68.4/342}{1/(0.9982\times 10^3)}\times 8.314\times 293\right]\text{Pa}=486323\text{Pa}$$

例题 5-11 在 298K 时某水溶液的渗透压为 200kPa。现要从该溶液中取出 1mol 纯水，试计算该过程的化学势的变化值。

解： H_2O(溶液，m)→H_2O(纯)

思考：

5-35 你从例题 5-10 的结果中受到什么启发？

5-36 在具体测定溶质摩尔质量的实验中，哪些方法方便于测试小分子、哪些方便于测试大分子？为什么？

习题：

5-21 人体血浆的凝固点为 -0.5℃，求 37℃时血浆的渗透压。已知 $K_{f,水}=1.86\text{K}\cdot\text{kg/mol}$，血浆密度近似等于水的密度为 1g/cm^3。($6.93\times 10^5$Pa)

5-22 某含有非挥发性溶质的水溶液，凝固点为 271.65K。试求该溶液：

(1) 正常沸点；

(2) 在 25℃时的蒸气压；

(3) 在 25℃时的渗透压。

已知 25℃纯水的蒸汽压为 3178Pa。

(373.56K；3132Pa；2.0×10^6Pa)

5-23 293K 时 NH_3 与 H_2O 按 1∶8.5 组成的溶液 A 上方 NH_3 的蒸气压为 10.64kPa，而按 1∶21 组成的溶液 B 上方的蒸气压为 3.597kPa。试求：

(1) 293K 时从大量的溶液 A 中转移 1mol NH_3 到大量的溶液 B 中 NH_3 的 ΔG_m；(2) 293K 时，若将 101325Pa 的 1mol NH_3 气溶解于大量的溶液 B 中 NH_3 的 ΔG_m。

(-2642J/mol；-8271J/mol)

$$\Delta\mu = \mu^*_{H_2O} - \mu_{H_2O} = -RT\ln x_{H_2O}$$
$$= \Pi V^*_{H_2O,m} = 2\times10^5 Pa\times18.02\times10^{-6} m^3 = 3.604J$$

5.9　非理想溶液

5.9.1　定义

理想溶液中溶剂和溶质均遵守拉乌尔定律，稀溶液中溶剂遵守拉乌尔定律、溶质遵守亨利定律。这使得理想溶液或稀溶液中任一组分的化学势表示式都比较简明。而我们常常会遇到一些既不是理想溶液也不是稀溶液的实际溶液，为了与理想混合物和理想稀溶液相对应，可引入非理想混合物和非理想稀溶液的概念，这里统称为非理想溶液。由于与稀溶液对应更具有普遍性，通常**非理想溶液**定义为**溶剂不遵守拉乌尔定律、溶质不遵守亨利定律的液态体系**。

非理想溶液不遵守拉乌尔定律的原因主要有三种：

① 某组分 i 单独存在时为缔合分子，当形成混合物溶液后，该组分发生解离或缔合度变小，使其中该组分的分子数目增加，蒸气压增大，产生正偏差。体系中该组分 i 的蒸气压比拉乌尔定律计算值高，即 $py_i > p_i^* x_i$。

② 两组分 i 和 j 单独存在时均为单个分子，当形成混合物溶液后，组分间发生分子间缔合或产生氢键，使两组分（i 和 j）的分子数目都减少，蒸气压均减少，产生负偏差。体系中组分 i 的蒸气压比拉乌尔定律计算值低，即 $py_i < p_i^* x_i$。

③ 形成混合物后，分子间引力发生变化。若 A-B 间引力小于 A-A 间的引力，当 A 与 B 形成溶液后，就会减少 A 分子所受到的引力，A 变得容易逸出，A 组分的蒸气分压产生正偏差。相反，若 A-B 间引力大于 A-A 间的引力，则形成溶液后，A 组分的蒸气压会产生负偏差。

由于非理想溶液中的组分不遵守理想溶液和理想稀溶液的规律，因而在表达其任一组分的化学势显得比较复杂。为了简化问题，我们以理想溶液或稀溶液为基准，采用浓度修正的方法，使得非理想溶液中任一组分的化学势也具有类似于理想溶液或稀溶液的简明表示形式。

5.9.2　非理想混合物组分化学势

为处理非理想混合物组分的化学势，路易斯（Lewis）引入了活度的概念，用活度代替理想混合物的浓度，来表达非理想混合物。

理想混合物中不区分溶剂和溶质，任一组分 B 的化学势为

$$\mu_B = \mu_B^*(T,p) + RT\ln x_B$$

非理想混合物不符合该公式，为此，路易斯（Lewis）仿照实际气体的处理方法，将溶液中组分 B 的浓度 x_B 乘以一个校正因子 $\gamma_{x,B}$，于是非理想混合物组分 B 化学势就有了理想混合物类似的形式

$$\mu_B = \mu_B^*(T,p) + RT\ln\gamma_{x,B}x_B \tag{5.86}$$

并定义式中

$$a_{x,B} \equiv \gamma_{x,B}x_B,\ \lim_{x_B\to1}\gamma_{x,B} = 1$$

式中，$a_{x,B}$ 为 B 组分用摩尔分数表示的活度（activity）；$\gamma_{x,B}$ 称为用摩尔分数表示的活度因子（activity factor）或活度系数（activity coefficient），表明了非理想混合物与理想混合物的偏差程度，若 $\gamma_{x,B}=1$，则 $a_{x,B}=x_B$，即为理想混合物；若 $\gamma_{x,B}>1$，则 $a_{x,B}>x_B$，蒸气压呈正偏差溶液；若 $\gamma_{x,B}<1$，则 $a_{x,B}<x_B$，蒸气压呈负偏差溶液。于是，式(5.86)可变为

$$\mu_B = \mu_B^*(T,p) + RT\ln a_{x,B} \tag{5.87}$$

式(5.87) 表示非理想混合物中组分 B 的化学势，仅仅校正了组分 B 的浓度，其他的都没有改变。因此 $\mu_B^*(T,p)$ 也是纯组分 B 的一个真实存在的状态。

5.9.3 非理想稀溶液组分化学势

根据非理想液态混合物组分 B 的化学势知非理想稀溶液中溶剂 A 的化学势为

$$\mu_A=\mu_A^*(T,p)+RT\ln a_{x,A} \tag{5.88}$$

对于溶质，在稀溶液中，溶质服从亨利定律，与三种含量表示法 x_B、m_B、c_B 对应有三种化学势表示式：

$$\mu_B=\mu_{B,x}^*(T,p)+RT\ln x_B$$

$$\mu_B=\mu_{B,m}^*(T,p)+RT\ln\left(\frac{m_B}{m^\ominus}\right)$$

$$\mu_B=\mu_{B,c}^*(T,p)+RT\ln\left(\frac{c_B}{c^\ominus}\right)$$

非理想稀溶液中溶质不符合这些公式，为此，仿照非理想液态混合物的处理方法，将溶液中组分 B 的浓度 x_B、m_B、c_B 分别乘以一个校正因子 $\gamma_{x,B}$、$\gamma_{m,B}$、$\gamma_{c,B}$，于是非理想稀溶液溶质 B 化学势就有了理想稀溶液溶质化学势的形式

$$\mu_B=\mu_{B,x}^*(T,p)+RT\ln\gamma_{x,B}x_B=\mu_{B,x}^*(T,p)+RT\ln a_{x,B} \tag{5.89}$$

$$\mu_B=\mu_{B,m}^*(T,p)+RT\ln\left(\frac{\gamma_{m,B}m_B}{m^\ominus}\right)=\mu_{B,m}^*(T,p)+RT\ln a_{m,B} \tag{5.90}$$

$$\mu_B=\mu_{B,c}^*(T,p)+RT\ln\left(\frac{\gamma_{c,B}c_B}{c^\ominus}\right)=\mu_{B,c}^*(T,p)+RT\ln a_{c,B} \tag{5.91}$$

其中式(5.89)、式(5.90)、式(5.91) 中

$$a_{x,B}\equiv\gamma_{x,B}x_B,\ \lim_{x_B\to1}\gamma_{x,B}=1;$$

$$a_{m,B}\equiv\frac{\gamma_{m,B}m_B}{m^\ominus},\ \lim_{m_B\to0}\gamma_{m,B}=1;$$

$$a_{c,B}\equiv\frac{\gamma_{c,B}c_B}{c^\ominus},\ \lim_{c_B\to0}\gamma_{c,B}=1。$$

式(5.89)、式(5.90)、式(5.91) 中表示非理想稀溶液中溶质 B 的化学势，仅仅校正了组分 B 的浓度，其他的都没有改变。因此 $\mu_B^*(T,p)$ 也是纯溶质 B 的一个假想态的化学势；若这个假想的状态的压力不是 p 而是 $p^\ominus$，则为纯溶质 B 的标准化学势 $\mu_{B,x}^\ominus(T,p)$、$\mu_{B,m}^\ominus(T,p)$、$\mu_{B,c}^\ominus(T,p)$。

总之，对于非理想溶液，引入活度的概念后，其化学势仍然保留了理想溶液化学势的表示形式。

5.9.4 活度的测定

活度及其活度因子的测试方法很多，这里只通过一实例展示其测定方法。

例题 5-12 在 29.2℃下，实验测得 CS_2(A) 与 CH_3COCH_3(B) 的混合物 $x_B=0.54$，$p=69790\text{Pa}$，$y_B=0.40$，试求 $a_{x,i}$ 和 $\gamma_{x,i}$。已知 $p_A^*=56660\text{Pa}$，$p_B^*=34930\text{Pa}$。

解： 本题可采用蒸气压法求算体系组分活度。

对组分 A

∵ A 的蒸气压

实际：$p_{A,p}=py_A=p(1-y_B)=69790\times(1-0.40)$ Pa＝41874Pa；

理想：$p_{A,i}=p_A^*x_A=p_A^*(1-x_B)=56660\times(1-0.54)=26063.6$Pa

∴　A 的活度因子：$\gamma_{x,A}=p_{A,p}/p_{A,i}=41874\text{Pa}/26063.6\text{Pa}=1.607$

活度：$a_{x,A}=x_A\gamma_{x,A}=(1-x_B)\gamma_{x,A}=(1-0.54)\times1.607=0.739$

或　$a_{x,A}=p_{A,p}/p_A^*=41874\text{Pa}/56660\text{Pa}=0.739$

同理，对于组分 B

$$\gamma_{x,B}=p_{B,p}/p_{B,i}=py_B/(p_B^*x_B)$$
$$=69790\times0.40\text{Pa}/(34930\times0.54\text{Pa})=1.480$$
$$a_{x,B}=x_B\gamma_{x,B}=x_B\gamma_{x,A}=0.54\times1.480=0.799$$

或　$a_{x,B}=p_{B,p}/p_B^*=69790\times0.40\text{Pa}/34930\text{Pa}=0.799$

借用本章的内容还可以通过对溶液的凝固点、沸点、渗透压等测定，获得体系组分的活度及活度因子的相关数据。

另外，还可以用其他方法如电动势法、气相色谱法求算活度。

5.10　溶液组分气压与组成的关系

5.10.1　多组分溶液

将吉布斯-杜亥姆公式（5.15）应用于溶液的化学势，则

$$\sum_{B=1}^{k}x_B\mathrm{d}\mu_B=0 \tag{5.92}$$

该式表明溶液中各组分的化学势之间同样可以通过吉布斯-杜亥姆公式联系在一起。

在体系气-液两相平衡时，任一组分 B 的化学势可表示为：

$$\mu_{B,l}=\mu_{B,g}=\mu_{B,g}^{\ominus}(T)+RT\ln\frac{p_B}{p^{\ominus}} \quad ①$$

对式①微分，得

$$\mathrm{d}\mu_B=RT\mathrm{d}\ln p_B \quad ②$$

根据偏摩尔量的集合公式(5.12)，$G=\sum_{B=1}^{k}n_B\mu_B$，得

$$\mathrm{d}G=\sum_{B=1}^{k}n_B\mathrm{d}\mu_B+\sum_{B=1}^{k}\mu_B\mathrm{d}n_B \quad ③$$

已知　$$\mathrm{d}G=-S\mathrm{d}T+V\mathrm{d}p+\sum_{B=1}^{k}\mu_B\mathrm{d}n_B \quad ④$$

若保持 T 不变，则 $\mathrm{d}T=0$，比较式③、式④，得

$$\sum_{B=1}^{k}n_B\mathrm{d}\mu_B=V\mathrm{d}p \quad ⑤$$

思考：

5-37　理想溶液的本质是什么？

5-38　非理想溶液的社会体现是什么？

5-39　生活中的你是否也存在“活度”？你怎么理解自己的“活度”？你在生活中如何实践“活度”？

习题：

5-24　在 100g 水中溶解 29g NaCl 形成的溶液，在 100℃ 时的蒸气压为 82900 Pa，求此溶液在 100℃时的渗透压。（100℃时水的密度为 $0.959\text{g}\cdot\text{cm}^{-3}$）（$3.312\times10^7$Pa）

思考：

5-40　多组分溶液中气液相组分气压与组成的关系有何规律？

将式②代入式⑤，得 $$RT\sum_{B=1}^{k}n_B\mathrm{d}\ln p_B=V\mathrm{d}p \tag{5.93}$$

即 $$\sum_{B=1}^{k}x_B\mathrm{d}\ln p_B=\frac{V\mathrm{d}p}{RT\sum_B n_B}=\frac{V_{m,l}}{V_{m,g}}\mathrm{d}\ln p \tag{5.94}$$

式(5.93)、式(5.94) 表示在恒温下，由于液相组成改变，相应地各组分的分压 p_B 改变所遵守的规律。式(5.94) 中 $V_{m,l}$、$V_{m,g}$ 分别代表 1mol 溶液、混合气体的体积（$V_{m,l}=V_{m,l}/\sum_B n_B$，$V_{m,g}=RT/p$）。

5.10.2 二组分溶液

由于通常情况下 $V_{m,l}\ll V_{m,g}$，式(5.94) 右边的项可以略去，得

$$\sum_{B=1}^{k}x_B\mathrm{d}\ln p_B=0 \tag{5.95}$$

对于只含有 A 和 B 的二组分体系，则

$$x_A\mathrm{d}\ln p_A+x_B\mathrm{d}\ln p_B=0 \quad ①$$

在恒温及总压不变时，分压仅与组成有关，即分压的改变仅是由于组成的改变而引起的，即

$$\mathrm{d}\ln p_B=\left(\frac{\partial\ln p_B}{\partial x}\right)_{T,p}\mathrm{d}x$$

故式①可变为

$$x_A\left(\frac{\partial\ln p_A}{\partial x_A}\right)_{T,p}\mathrm{d}x_A+x_B\left(\frac{\partial\ln p_B}{\partial x_B}\right)_{T,p}\mathrm{d}x_B=0 \quad ②$$

又因为 $\mathrm{d}x_A=-\mathrm{d}x_B$，故式②可变为

$$x_A\left(\frac{\partial\ln p_A}{\partial x_A}\right)_{T,p}=x_B\left(\frac{\partial\ln p_B}{\partial x_B}\right)_{T,p} \tag{5.96}$$

或 $$\left(\frac{\partial\ln p_A}{\partial\ln x_A}\right)_{T,p}=\left(\frac{\partial\ln p_B}{\partial\ln x_B}\right)_{T,p} \tag{5.97}$$

或 $$\frac{x_A}{p_A}\left(\frac{\partial p_A}{\partial x_A}\right)_{T,p}=\frac{x_B}{p_B}\left(\frac{\partial p_B}{\partial x_B}\right)_{T,p} \tag{5.98}$$

式(5.96)～式(5.98) 称为杜亥姆-马居耳公式(Duhem-Margule equations)，指出了各组分的分压与组成间的关系。

5.10.3 杜亥姆-马居耳公式应用

① 若组分 A 在服从拉乌尔定律，组分 B 则服从亨利定律：

根据拉乌尔定律，得 $$p_A=p_A^*x_A$$

则 $$\mathrm{d}\ln p_A=\mathrm{d}\ln x_A$$

即 $$\left(\frac{\partial\ln p_A}{\partial\ln x_A}\right)_{T,p}=1$$

根据式(5.97)，得

$$\left(\frac{\partial\ln p_B}{\partial\ln x_B}\right)_{T,p}=1\Rightarrow\mathrm{d}\ln p_B=\mathrm{d}\ln x_B$$

积分，得 $$p_B=k_{x,B}x_B$$

② 若在溶液中增加某一组分的浓度，则它在气相中的分压上升，而在气相中另一组分的分压必下降；反之亦然。

根据式(5.98)，得

若$\left(\frac{\partial p_A}{\partial x_A}\right)_{T,p}>0$，则$\left(\frac{\partial p_B}{\partial x_B}\right)_{T,p}>0$；

又 $dx_A=-dx_B$，故$\left(\frac{\partial p_B}{\partial x_A}\right)_{T,p}<0$。

③ 可求得总蒸气压与组成的关系。

设体系中没有惰性气体，则

$$p_A=py_A \qquad p_B=p(1-y_A)$$

代入式 $x_A\mathrm{d}\ln p_A+x_B\mathrm{d}\ln p_B=\frac{V_{m,l}}{V_{m,g}}\mathrm{d}\ln p$，得

$$x_A\mathrm{d}\ln(py_A)+(1-x_A)\mathrm{d}\ln[p(1-y_A)]=\frac{V_{m,l}}{V_{m,g}}\mathrm{d}\ln p$$

整理，得

$$\frac{x_A}{y_A}\mathrm{d}y_A-\frac{(1-x_A)}{(1-y_A)}\mathrm{d}y_A=\left(\frac{V_{m,l}}{V_{m,g}}-1\right)\mathrm{d}\ln p$$

或

$$\left(\frac{\partial\ln p}{\partial y_A}\right)_T=\frac{y_A-x_A}{y_A(1-y_A)\left(1-\frac{V_{m,l}}{V_{m,g}}\right)}$$

∵

$$V_{m,l}\ll V_{m,g},1-\frac{V_{m,l}}{V_{m,g}}\approx 1$$

∴

$$\left(\frac{\partial\ln p}{\partial y_A}\right)_T\approx\frac{y_A-x_A}{y_A(1-y_A)}$$

∵

$$y_A>0,1-y_A>0$$

∴$\left(\frac{\partial\ln p}{\partial y_A}\right)_T$ 与 y_A-x_A 的符号一致。

若$\left(\frac{\partial \ln p}{\partial y_A}\right)_T=0$，即 p-x 图上的最高或最低点的气-液两相的组成相同，即 $y_A=x_A$。这就是科诺瓦洛夫（Konovalov）第一规则。

若$\left(\frac{\partial\ln p}{\partial y_A}\right)_T>0$，即气相中增加 A 组分的摩尔分数后总蒸气压增加，则 $y_A>x_A$，即 A 在气相中的浓度大于在液相中的浓度。若$\left(\frac{\partial\ln p}{\partial y_A}\right)_T<0$，即气相中增加 A 组分的摩尔分数后总蒸气压降低，则 $y_A<x_A$，即 A 在气相中的浓度小于在液相中的浓度。这就是科诺瓦洛夫第二规则。

可见，根据杜亥姆-马居耳公式可从热力学上证明科诺瓦洛夫由实验总结出的这两个规则，这两个规则在第六章的二组分气-液相图中得到具体应用。

第6章 相平衡

本章基本要求

6-1 掌握相、组分数、自由度等相平衡的基本概念。
6-2 了解相律的推导过程，熟练掌握相律在相平衡体系及其相图中的应用。
6-3 学会利用饱和蒸气压法、溶解度法、步冷曲线法等实验方法绘制各种相图。
6-4 会分析各种相平衡体系的相图，掌握相图中的点、线、面的意义以及体系自由度分析。
6-5 掌握克拉贝龙方程、克劳修斯-克拉贝龙方程的应用。
6-6 学会用杠杆原理计算相平衡体系中各相的含量。
6-7 理解二组分相图在蒸馏（精馏）、冶金、分离、提纯的原理。
6-8 掌握三角坐标表示三组分体系的方法，了解三组分体系相图的特点。
6-9 了解一些高级相变常识。

相平衡是化学热力学研究体系中的重要物质平衡之一，主要是研究多相体系的相变化规律。相变化过程是物质从一个相转移到另一相的过程，相平衡状态是这一过程的相对极限，宏观上没有物质在相间转移，本质上相平衡是一个动态平衡。

按相态的不同，相平衡可以区分为气-液平衡、气-固平衡、液-液平衡、固-液平衡、固-固平衡等。当超过某一组分的临界温度和临界压力时，难以区分气相和液相，可用流（体）-流（体）平衡。若体系中有多个相时，则会有多相的平衡，如气-液-固平衡、气-液-液平衡、液-固-固平衡等，以至更复杂的相组合。

研究多相体系平衡理论对科学研究、工业生产都有十分重要的意义。如对混合物进行分离、提纯等问题总是要通过物相的问题来解决。分离、提纯常涉及溶解、结晶、冷凝、蒸馏、升华、萃取等过程，这些过程都伴有相的变化。相平衡研究是选择分离方法、设计分离装置以及实现最佳操作的理论基础。除此之外，相平衡理论还广泛应用于冶金、材料、地质、矿物、晶体工程等学科领域。

相平衡中主要讨论两个问题：一是相律，解决各种相平衡体系所共同遵循的规律；二是相图，表达多相体系的状态如何随温度、压力、组成等强度性质变化而变化的图形。

相平衡理论知识有两种常用的基本方法：解析法和相图法。解析法是根据热力学的基本原理用热力学方程的形式来描述相平衡的规律性，具有简明、可定量化的优点。相图法是用相图来表示平衡体系的状态及其变化规律，具有直观、整体性的优点，能明确地指出可存在的相态及可实现的途径。这两种方法在相平衡问题处理时具有异曲同工之美。

6.1 相平衡术语

本节我们主要结合几个示例来介绍相平衡相关的概念与术语。

6.1.1 相平衡

相平衡（phase equilibrium）是热力学四大平衡之一，如图 6-1 所示的 Hg-H_2O 封闭体系有三个部分：水的汞溶液、汞的水溶液、汞-水的气体，当宏观上**多相体系的各组分及数量均不随时间在各相中变化时**，本质上**物质在各相中的化学势均相等**，则体系达到**相平衡**。

思考：

6-1 为什么高压锅中煮饭容易熟？

6-2 相平衡知识对我们的生活有哪些启示？

6.1.2 相和相数

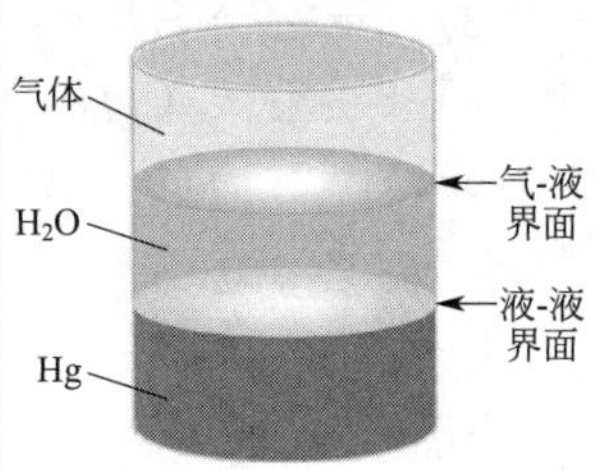

图 6-1 Hg-H_2O 封闭体系相平衡图

图 6-1 为 Hg-H_2O 组成的封闭体系。如图 6-1 所示，当体系内各部分达到相平衡时，体系中的每一部分的物理性质及化学性质都不相同，我们将**体系中物理及化学性质完全相同的部分**称为**相（phase）**。在多相体系中，**相与相之间有着明显的界面**，越过相界面，物理或化学性质会发生突变。**在体系中所包含的相的总数**，称为**相数（phase number）**，符号为"$\boldsymbol{P}$"。如图 6-1 中的三个部分的性质都不相同，分别是水的汞溶液相、汞的水溶液相、汞-水的气相；有两个明显的相界面：液-液、气-液界面，$P=3$。

相数的通常判断规则如下。

① 气体。由于各种气体能够无限地混合，没有明显的相界面，因此体系中无论多少种气体，只能形成一个气相，如图 6-1 中汞-水气体为一相，即 $P=1$。

② 液体。液体的相数取决于液体相互溶解的程度，若完全互溶，则为一相；若不能完全互溶，则彼此分离为几层就为几相。如图 6-1 中水的汞溶液、汞的水溶液为两相，即 $P=2$。

③ 固体。若体系中所含的不同种固体达到了分子程度的均匀混合，即为"固溶体"［相当于不同固体物质的完全溶解形成均匀固体，也称"固态溶液（solid solution）"］，一种固溶体为一相，如金与银在一定条件下可形成单相的固溶体，通常称为合金；若体系中的固体物质不形成固溶体，则不会考虑固体颗粒大小，体系中有多少种固体物质就有多少相，如 $CaCO_3(s)$ 与 $CaO(s)$ 混合，无论研磨得多细、混合得多么均匀，它们各自仍保留着原有的物理和化学性质，故仍为两相；若同一物质以不同晶型存在，则每一种晶型为一相，如石墨和金刚石混合，虽然它们的化学成分都是碳，但石墨和金刚石是不同的晶型，其物理和化学性质不同，故为两相。再如封装在密闭容器中的碳酸钙，一定有反应 $CaCO_3(s) \rightleftharpoons CaO(s)+CO_2(g)$，体系中有 2 种固体（不可能均匀分散，故为两相）、1 种气体，即体系 $P=3$。

思考：

6-3 判断"相"的依据是什么？

6-4 "相平衡"的术语有规律吗？

6.1.3 物种数

体系中所含的化学物质的数目称为体系的**"物种数"（number of chemical species）**，符号为"$\boldsymbol{S}$"。

应注意，①这里的物种是化学物种，并非生物物种；②不同聚集状态的同一种化学物质不能算两个物种，如液体水和气体水其物种数 $S=1$ 不是 2。

例题 6-1 试判断下列体系的物种数：

(1) 乙醇-水混合物；(2) CO、H_2O、CO_2、H_2、O_2 混合体系；(3) NH_4Cl (s)；(4) $CaCO_3$ (s)；(5) NaCl 水溶液；(6) HCN 水溶液

解：(1) $S=2$：CH_3CH_2OH、H_2O；

(2) $S=5$：CO、H_2O、CO_2、H_2、O_2；

(3) $S=3$：$NH_4Cl(s)=NH_3(g)+HCl(g)$；

(4) $S=3$：$CaCO_3(s)=CaO(s)+CO_2(g)$；

(5) $S=2$：NaCl、H_2O

$S=4$：NaCl、Na^+、Cl^-、H_2O($NaCl \rightleftharpoons Na^+ + Cl^-$)

$S=6$：NaCl、Na^+、Cl^-、H_2O、H^+、OH^-

($NaCl=Na^+ + Cl^-$，$H_2O \rightleftharpoons H^+ + OH^-$)；

(6) $S=2$：HCN、H_2O

$S=4$：HCN、H^+、CN^-、H_2O ($HCN \rightleftharpoons H^+ + CN^-$)

$S=5$：HCN、H^+、CN^-、OH^-、H_2O

($HCN \rightleftharpoons H^+ + CN^-$，$H_2O \rightleftharpoons H^+ + OH^-$)

由例题 6-1 看出物种数 S 随着我们考虑体系中化学物质的存在方式而改变。

6.1.4 组分数

足以确定体系各相组成所需要的最少物种数称为体系**独立组分数**（number of independent component），简称**"组分数"**，符号为**"C"**。

应注意，组分数和物种数是两个不同的概念，二者间的关系为

$$C=S-R-R' \tag{6.1}$$

式中，R 为独立的化学平衡数；R'为化学平衡相关的浓度限制条件数。值得注意的是，这里的化学平衡数 R 及其浓度限值条件数 R'，若物质均在同一相中，则可直接计算 R 和 R'；若在不同相中存在独立的化学平衡，则仍算作化学平衡数 R；若在不同相中存在浓度限制条件，则不算作浓度限制条件数 R'。如反应 $A(l) \rightleftharpoons B(l)+C(g)$ 在气液两相中有 B 和 C 的物质的量相等，则 $R=1$，但 $R'=0$；反应 $A(s) \rightleftharpoons B(l)+C(l)$ 在液相中有 B 和 C 的物质的量相等，则 $R=1$，但 $R'=1$。

例题 6-2 试判断下列体系的独立组分数：

(1) 乙醇-水混合物；(2) CO、H_2O、CO_2、H_2、O_2 混合体系；(3) $NH_4Cl(s)$；(4) $CaCO_3$ (s)；(5) NaCl 水溶液；(6) HCN 水溶液

解：(1) $C=S-R-R'=2-0-0=2$：CH_3CH_2OH、H_2O

(2) $C=S-R-R'=5-2-0=3$：CO、H_2O、CO_2、H_2、O_2

该体系中有三个化学反应：① $CO+H_2O \rightleftharpoons CO_2+H_2$

② $2CO+O_2 \rightleftharpoons 2CO_2$ ③$2H_2+O_2 \rightleftharpoons 2H_2O$

有②=③+2①，故 $R=2$。

(3) $C=S-R-R'=3-1-1=1$

该体系有一个化学反应，$NH_4Cl(s) \rightleftharpoons NH_3(g)+HCl(g)$，故 $R=1$；反应平衡后，体系中的 NH_3 (g) 和 HCl (g) 在同一相中且物质的量相等（或称为含量成比例关系），这就为强度因素之间提供了一个关系式，故 $R'=1$。

(4) $C=S-R-R'=3-1-0=2$

该体系有一个化学反应，$CaCO_3(s) \rightleftharpoons CaO(s)+CO_2(g)$，故 $R=1$；反应平衡后，体系中的

$CaO(s)$ 和 $CO_2(g)$ 的物质的量相等（或称为含量成比例关系），但 $CaO(s)$ 处于固相，$CO_2(g)$ 处于气相，在 $CaO(s)$ 的饱和蒸气压和 $CO_2(g)$ 的分压之间没有相联系的关系式，故 $R'=0$。

(5) $C=S-R-R'=2-0-0=2$：NaCl、H_2O

$C=S-R-R'=4-1-1=2$：NaCl、Na^+、Cl^-、H_2O

有一个化学平衡反应，$NaCl \rightleftharpoons Na^+ + Cl^-$，$R=1$；

有一个浓度限制条件，$[Na^+]=[Cl^-]$，故 $R'=1$。

$C=S-R-R'=6-2-2=2$：NaCl、Na^+、Cl^-、H_2O、H^+、OH^-

$NaCl \rightleftharpoons Na^+ + Cl^-$，$[Na^+]=[Cl^-]$

$H_2O \rightleftharpoons H^+ + OH^-$，$[H^+]=[OH^-]$

(6) $C=S-R-R'=2-0-0=2$：HCN、H_2O

$C=S-R-R'=4-1-1=2$：HCN、H^+、CN^-、H_2O

$HCN \rightleftharpoons H^+ + CN^-$，$[H^+]=[CN^-]$

$C=S-R-R'=5-2-1=2$：HCN、H^+、CN^-、OH^-、H_2O

有两个化学平衡条件：$HCN \rightleftharpoons H^+ + CN^-$，$H_2O \rightleftharpoons H^+ + OH^-$，故 $R=2$；虽然 H^+ 和 CN^-、H^+ 和 OH^- 没有浓度限制条件，但有一个电中性条件 $[H^+]=[CN^-]+[OH^-]$，故 $R'=1$。

6.1.5 自由度

实践表明，由于相的存在与各相的物质数量无关，所以在多相平衡体系中各相的物质数量也就不影响相的平衡组成和强度性质，影响相平衡的仅是体系的强度性质，如温度、压力、浓度等。**在不引起旧相消失和新相产生的条件下，可以在一定范围内独立改变的体系强度性质称为体系的自由度**（freedom degree），这种强度性质变量的数目称为**自由度数**（number of freedom degree），即**可独立改变而不影响体系原有相数的变量的数目**，符号为“f”。

例如：当纯水以单一液相存在时，在液相不消失，同时也不生成新相冰或水蒸气的情况下，体系的温度和压力均可在一定范围内分别独立地发生改变，有两个可独立变化的强度性质，此时体系的 $f=2$；当液态水与其蒸汽平衡共存时，若要这两个相均不消失，又不形成新相固体冰，温度和压力两个变量中，只有一个是可以独立变化的。如果指定温度后，则压力必定是在该温度下水的饱和蒸汽压，或者如果指定压力，则温度一定是该压力水的沸点。此时，压力与温度两者之中只有一个可以独立变动，此时体系的 $f=1$。

又如：当盐溶于水成为不饱和溶液单相存在时，要保持液相不消失，而同时也不生成新相的情况下，可在一定范围内独立变动的强度性质为温度 T、压力 p 及盐的浓度 c，所以 $f=3$。当固体盐和饱和盐水溶液两相共存时，因为指定温度 T 和压力 p 之后，饱和盐水的浓度为定值，因此，此时只有温度 T、压力 p 这两个强度性质可独立变动，所以 $f=2$。

6.2 相律

6.2.1 多相体系平衡的一般条件

若一个体系中含有不止一相则称为多相体系（heterogeneous system）。在整个封闭体系中，相与相之间没有任何限制条件，在相之间会有热、功、物质的传递或交换，也就是说各相之间是互相敞开的。

在不做非体积功的情况下，一个热力学体系的所有性质都不随时间而变化，则体系处于热力学平衡态，如 1.1.2.1 节所述，体系在该状态实际上包括了热平衡、力平衡、物料平衡，也相应地满足三个平衡条件。

(1) 热平衡条件

设一体系由 α 和 β 两相构成，在体系的组成、总体积及内能均不变的条件下，若有微量的热量 δQ 自 α 相流入 β 相，体系的总熵值等于两相的熵之和，即

$$dS = dS^{\alpha} + dS^{\beta}$$

若体系达到相平衡，则 $dS=0$，$dS^{\alpha}+dS^{\beta}=0$，即

$$-\frac{\delta Q}{T^{\alpha}} + \frac{\delta Q}{T^{\beta}} = 0$$

故 $$T^{\alpha} = T^{\beta}$$

即平衡时两相的温度相等，这就是体系的热平衡条件。

(2) 力平衡条件

设一体系总体积为 V，在体系的温度、体积及组成都不变的条件下，设 α 相膨胀了 dV^{α}，β 相收缩了 dV^{β}，若体系是在平衡状态下，则

$$dA = dA^{\alpha} + dA^{\beta} = 0$$

即 $$dA = -p^{\alpha}dV^{\alpha} - p^{\beta}dV^{\beta} = 0$$

因为 $$dV^{\alpha} = -dV^{\beta}$$

所以 $$p^{\alpha} = p^{\beta}$$

即平衡时两相的力相等，这就是体系力平衡条件。

(3) 物料平衡条件

在多相体系中的物料平衡条件表现为相平衡条件。同样设一体系由 α 和 β 两相构成且处于平衡状态。若在等温、等压下，有 dn_B 的物质 B 从 α 相转移到 β 相，根据偏摩尔量加和公式，

$$dG = dG_B^{\alpha} + dG_B^{\beta} = \mu_B^{\alpha}dn_B^{\alpha} + \mu_B^{\beta}dn_B^{\beta} = 0$$

因为 $$-dn_B^{\alpha} = dn_B^{\beta}$$

所以 $$\mu_B^{\alpha} = \mu_B^{\beta}$$

即平衡时物质 B 在两相中的化学势相等，这就是体系相平衡条件。

对于具有 P 个相的多相平衡体系，上述结论可以推广，即

$$\begin{aligned} T^{\alpha} &= T^{\beta} = \cdots = T^{P} \\ p^{\alpha} &= p^{\beta} = \cdots = p^{P} \\ \mu_B^{\alpha} &= \mu_B^{\beta} = \cdots = \mu_B^{P} \end{aligned} \tag{6.2}$$

由式(6.2)可知，在多相平衡体系中，体系的温度、压力在任一相中均相等，任一物质在含有该物质的相中的化学势均相等。

思考：

6-5 社会主义核心价值观中“自由”一词是否类似于这里的“自由度”?

浩渺行无极，扬帆但信风。云山过海半，乡树入舟中。(出自唐·尚颜《送朴山人归新罗》)

思考：

6-6 在社会现象及规律中是否也存在某种程度上的多组分体系平衡的条件?

6.2.2 相律推导

设体系有 α、β、γ、…共 P 相，在每一相都有 S 种物质，在每一相中的组分用物质的摩尔分数表示：

δ ______________

γ ______________

……………

……………

β ______________

α x_1，x_2，…，x_S

① 在每一相中物种数 S 有：$x_S=1-x_1-x_2-\cdots-x_{S-1}$

即在每一相中物种数 S 的变量为：$(S-1)$。

故在 P 相中物种数 S 的变量为：$P(S-1)$。

再根据式(6.2) 知，有强度变量温度 T 和压力 p，

故该体系全部变量为： $P(S-1)+2$ ①

② 但 $P(S-1)+2$ 变量并不是独立的，根据相平衡条件，有

$$\mu_1^\alpha=\mu_1^\beta=\cdots=\mu_1^P$$
$$\mu_2^\alpha=\mu_2^\beta=\cdots=\mu_2^P$$
$$\cdots\cdots\cdots\cdots$$
$$\mu_S^\alpha=\mu_S^\beta=\cdots=\mu_S^P$$

对于有 P 相的平衡体系每一种物质有关系式：$(P-1)$。现有 S 种物质，分布于 P 相中，则有关系式：$S(P-1)$。再考虑 S 种物质的独立化学平衡数 R，S 种物质的浓度限制条件 R'，则全部关系式为：

$$S(P-1)+R+R' \qquad ②$$

综合式①和式②可知，根据自由度的定义知该体系的自由度为

$$\begin{aligned} f &= \text{总变量数}-\text{变量间的关系式} \\ &= [P(S-1)+2]-[S(P-1)+R+R'] \\ &= S-R-R'-P+2 \end{aligned}$$

即
$$f=C-P+2 \tag{6.3}$$

式(6.3) 就是考虑了温度、压力、化学势、浓度的多相体系得出的相律的一种表示形式，假若再考虑其他强度变量如电场、磁场、重力场等，式(6.3) 可变为相律的最一般形式为

$$f=C-P+n \tag{6.4}$$

式(6.3)、式(6.4) 称为吉布斯相律（Gibbs phase rule），联系了体系的自由度数、相数和独立组分数（含化学物种数）之间的关系。对于指定温度或压力的体系，如压力对凝聚体系的影响不大，只考虑温度对体系相平衡的影响、在 SATP 下体系相平衡等，相律也可以写作

$$f^*=C-P+1 \tag{6.5}$$
$$f^{**}=C-P \tag{6.6}$$

式(6.5)、式(6.6) 中 $f^*=f-1$，$f^{**}=f-2$，f^*、f^{**} 称为“条件自由度（conditional degree of freedom）”。

多组分多相体系是十分复杂的，但借助相律可以确定研究的方向。它表明相平衡体系中有几个独立变量，当独立变量选定之后，其他变量必为这几个独立变量的函数(尽管我们不知这些函数的具体形式)。

例题 6-3 已知 $Na_2CO_3(s)$ 和 $H_2O(l)$ 可以生成如下三种水合盐：$Na_2CO_3\cdot H_2O(s)$、$Na_2CO_3\cdot 7H_2O(s)$ 和 $Na_2CO_3\cdot 10H_2O(s)$。试求：(1) 在标准大气压下，与 Na_2CO_3 水溶液和冰平衡共存的水合盐最多可有几种？(2) 在 298K 时，与水蒸气平衡共存的水合盐最多可有几种？

思考：

6-7 相律有哪些用途？

习题：

6-1 求下列情况下体系的 C 和 f：

(1) 固体 NaCl、KCl、$NaNO_3$、KNO_3 的混合物与水振荡达到平衡；

(2) 固体 NaCl 和 KNO_3 的混合物与水振荡达到平衡。

[(1) $C=4$，$f=6-P$；(2) $C=3$，$f=5-P$]

6-2 试计算下列平衡体系中的 C 和 f：

(1) NaCl 固体及其饱和水溶液；

(2) 高温下，$NH_3(g)$、$N_2(g)$、$H_2(g)$；

(3) 在 700℃时，将物质的量比为 1∶1 的 $H_2O(g)$、$CO(g)$ 充入一抽空的密闭容器，使之发生反应并达平衡 $H_2O(g)+CO(g)=\!=\!=CO_2(g)+H_2(g)$。

[$C=S-R-R'$，$f=C-P+2$

(1) $C=2-0-0=2$，$f=2-2+2=2$；

(2) $C=3-1-0=2$，$f=2-1+2=3$；

(3) $C=4-1-2=1$，$f=1-1+1=1$]

6-3 $Ag_2O(s)$ 分解的反应方程为

$$2Ag_2O(s)=\!=\!=4Ag(s)+O_2(g)$$

当用 $Ag_2O(s)$ 进行分解达到平衡时，体系的组分数、自由度和可能共存的最大相数各为多少？

($C=2$，$f=1$，$P_{max}=4$)

解：当无水合盐生成时，$S=2$；

当有水合盐生成时，每增加一种水合盐就增加一个化学平衡条件，即：

$$Na_2CO_3(s)+nH_2O \longrightarrow Na_2CO_3 \cdot nH_2O$$

每增加 n 个水合盐就增加 n 个独立的化学平衡条件：

$$C=(S+n)-(R+n)-R'=(S+n)-(0+n)-0=S=2$$

(1) 在恒压下：$f^*=C-P+1=3-P$

f^* 最小为零，则 P 最大为 3，现有 Na_2CO_3 水溶液和冰二相，则最多还有一种水合盐。

(2) 在恒温下： $f^*=C-P+1=3-P$

f^* 最小为零，P 最大为 3，则与水蒸气共存时最多还有两种水合盐。

例题 6-4 试分析 $AlCl_3$ 不饱和水溶液体系的最大物种数及组分数、相数和自由度。

解：本题目要求提供最大物种数，这就需要尽量考虑研究体系物质间的化学反应，考虑独立化学反应。

$AlCl_3$ 不饱和水溶液体系中独立的化学反应：

$$AlCl_3(s) \longrightarrow Al^{3+}(a)+3Cl^-(a)$$

$$Al^{3+}(a)+3H_2O \longrightarrow Al(OH)_3(s)+3H^+(a)$$

$$H_2O \longrightarrow H^+(a)+OH^-(a)$$

电荷平衡：$[H^+]+3[Al^{3+}]=[OH^-]+[Cl^-]$

故化学物种：$AlCl_3$、Al^{3+}、Cl^-、H_2O、$Al(OH)_3$、H^+、OH^-体系中有两相：$Al(OH)_3(s)$、离子水溶液 (l)。

故 $C=S-R-R'=7-3-1=3$；

$$f=C-P+2=3-2+2=3。$$

6.2.3 相图

描述多相体系的状态与其强度变量的关系的几何图形称为**相图 (phase diagram)**，换句话说相图表示出了**处于相平衡的体系相态及相组成与体系温度、压力、总组成等变量之间的关系**。例如 $T-p-x$ 图是三维相图，$T-p$、$T-x$、$p-x$ 是二维相图，图 6-2 为典型相图示例。

在相图中经常用到的两个术语：物系点、相点。

“物系点” 指相图中表示**整个体系的状态**的点。

“相点” 指相图中表示**某一个相的状态**的点。

从典型体系相图 6-2 中可以看出，相图可以简洁、清晰地表示体系相态与体系强度变量之间的关系，很好地展示了相律的内容。

在 6.3～6.9 节中将较详细地讨论热力学方程、相律、相图在不同多相平衡体系中的应用。

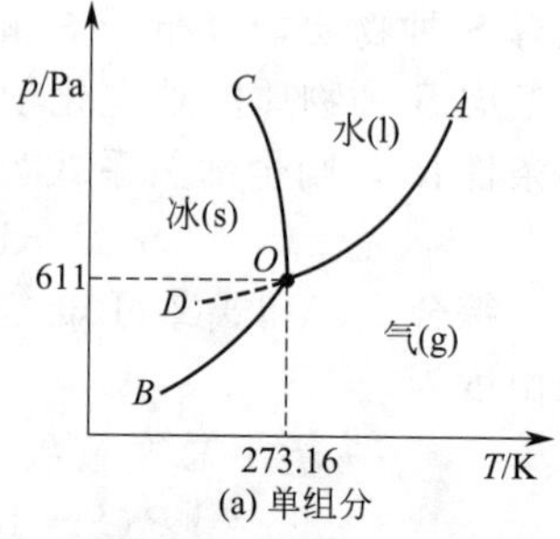

(a) 单组分

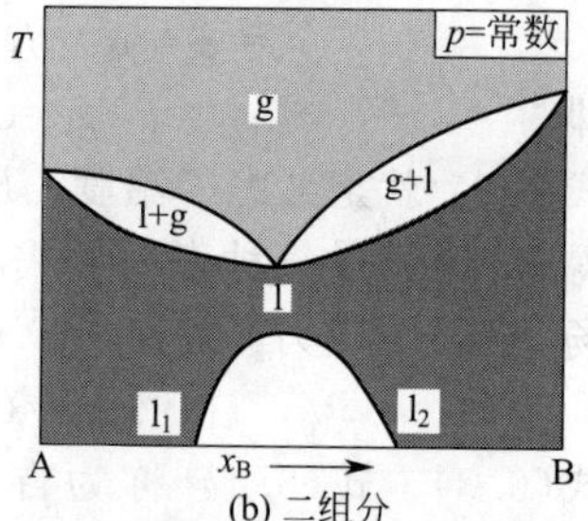

(b) 二组分

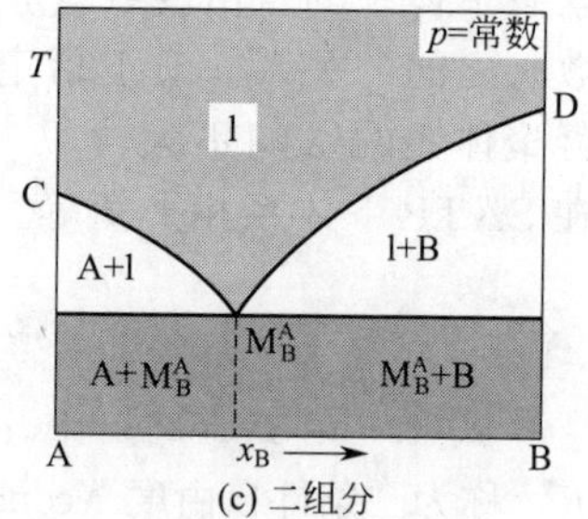

(c) 二组分

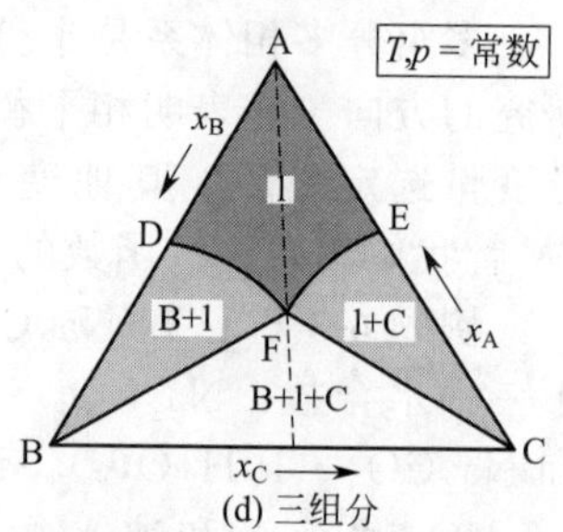

(d) 三组分

图 6-2 典型体系相图

6.3 单组分体系

6.3.1 相律应用

根据相律公式 $f=C-P+2$，对于单组分体系 $C=1$，故单组分体系相律公式为 $f=3-P$。

① 对于只有纯气体、纯液体或纯固体，$P=1$，则 $f=3-P=3-1=2$，说明有2个独立变量，即体系的温度 T 和压力 p 都是独立变量，体系称为双变量平衡体系，简称双变量体系。

② 对于气-液平衡、气-固平衡、液-固平衡体系，$P=2$，则 $f=3-P=3-2=1$。

说明有1个独立变量，即体系的 T、p 只有一个是独立变量，体系称为单变量平衡体系，简称单变量体系。

③ 对于气-液-固三相平衡体系，$P=3$，则 $f=3-P=3-3=0$。

说明有0个独立变量，即体系的 T、p 都是固定的数值，体系没有独立变量，体系称为无变量平衡体系，简称无变量体系。

单组分体系不可能有四个相同时共存，并且 $f_{max}=2$，故单组分双变量体系的相图可以用平面图来表示。

6.3.2　两相平衡压力与温度的关系

(1) 克拉贝龙方程

设在一定温度 T 和压力 p 下，某物质呈两相平衡。当温度改变 dT 时，相应压力也改变 dp，两相仍为平衡，可以表示为：

温度	压力	P_1	P_2
T	p	G_1	G_2
$T+dT$	$p+dp$	G_1+dG_1	G_2+dG_2

根据等温、等压两相平衡条件，$\Delta G=0$，得

$$G_1=G_2 \quad ①$$

$$G_1+dG_1=G_2+dG_2 \quad ②$$

②－①，得　　$dG_1=dG_2$

又根据热力学的基本公式，$dG=-SdT+Vdp$，得

$$-S_1dT+V_1dp=-S_2dT+V_2dp$$

移项，整理，得

$$\frac{dp}{dT}=\frac{S_2-S_1}{V_2-V_1}=\frac{\Delta_{trs}S}{\Delta_{trs}V} \quad ③$$

对于等温、等压的可逆相变过程，

$$\Delta_{trs}S=\int_A^B\frac{\delta Q_R}{T}=\frac{Q_p}{T}=\frac{\Delta_{trs}H}{T}$$

故式③可变为　$$\frac{dp}{dT}=\frac{\Delta_{trs}H}{T\Delta_{trs}V} \quad (6.7)$$

式(6.7)称为克拉贝龙（Clapeyron）方程式，可用于任何纯物质的两相平衡体系，如纯物质的l-g、l-

试推导　不活泼气体对液体蒸气压影响关系式

$$\ln\frac{p_g}{p_g^*}=\frac{V_{l,m}}{RT}(p_e-p_g^*)$$

分析：定温下液体与其自身的蒸气达到平衡时的饱和蒸气压称为液体的蒸气压。此时，在液体上面气体均为液体的蒸气，其外压就是平衡时蒸气的压力。

当体系中气体含有不活泼气体时，外压是液体的蒸气分压和不活泼气体分压之和。

证明：设在温度 T 和外压 p_e 时，液体与其蒸气平衡，液体蒸气分压为 p_g，则

外压	蒸气压	L	G
p_e	p_g	G_l	G_g
p_e+dp_e	p_g+dp_g	G_l+dG_l	G_g+dG_g

根据等温、等压两相平衡条件，$\Delta G=0$，

得　$$G_l=G_g \quad ①$$

$$G_l+dG_l=G_g+dG_g \quad ②$$

②－①，得　$dG_l=dG_g$

又因 $dG=-SdT+Vdp$，$dT=0$，得

$$V_ldp_e=V_gdp_g$$

$$\frac{dp_g}{dp_e}=\frac{V_l}{V_g}>0$$

可见增加外压 p_e，饱和蒸气压 p_g 增大。但通常情况下 $V_l \ll V_g$，故增加外压对蒸气压的影响不大，常会忽略不计。

设气体为理想气体，$V_g=nRT/p_g$，则

$$\frac{dp_g}{dp_e}=\frac{V_l}{nRT}p_g=\frac{V_{l,m}}{RT}p_g$$

$$\Rightarrow\frac{d\ln p_g}{dp_e}=\frac{V_{l,m}}{RT}$$

$$\Rightarrow\int_{p_g^*}^{p_g}d\ln p_g=\int_{p_g^*}^{p_e}\frac{V_{l,m}}{RT}dp_e$$

$$\Rightarrow\ln\frac{p_g}{p_g^*}=\frac{V_{l,m}}{RT}(p_e-p_g^*)$$

该式为外压 p_e 与饱和蒸气压 p_g 的定量关系式，其中 p_g^* 为没有不活泼气体存在时的液体的饱和蒸气压，p_g 是在不活泼气体存在总压为 p_e 时的饱和蒸气压。

s、s-g 相平衡。

如果对式(6.7) 做定积分，并设 $\Delta_{trs}H$ 为与温度无关的常数，则

$$p_2-p_1=\frac{\Delta_{trs}H}{\Delta_{trs}V}\ln\frac{T_2}{T_1} \tag{6.8}$$

令$\frac{T_2-T_1}{T_1}=x$，则 $\ln\frac{T_2}{T_1}=\ln\frac{T_1+T_2-T_1}{T_1}=\ln(1+x)$，当 x 很小时，$\ln(1+x)\approx x$，于是式(6.8) 可改写为

$$p_2-p_1=\frac{\Delta_{trs}H}{\Delta_{trs}V}\times\frac{T_2-T_1}{T_1} \tag{6.9}$$

例题 6-5 在 STP 下冰、水的密度分别为 916.8kg/cm^3、999.9kg/m^3，冰的熔化热为 333.6kJ/kg，求冰的熔点随压力的变化率，并计算一滑冰运动员（设体重 65kg，冰鞋总面积 $4\times10^{-6}\text{m}^2$）会使冰点降至多少。

解：$\Delta_{fus}V=\frac{1}{\rho_{水}}-\frac{1}{\rho_{冰}}=\frac{1}{999.9}-\frac{1}{916.8}$

$=-9.065\times10^{-5}(\text{m}^3)$

$$\frac{dT}{dp}=\frac{T\Delta_{fus}V}{\Delta_{fus}H}=\frac{273.15\times(-9.065\times10^{-5})}{333.6\times10^3}$$

$=-7.42\times10^{-8}(\text{K/Pa})$

滑冰运动员的对冰的压力，

$$p=\frac{F}{A}=\frac{mg}{A}=\frac{65\times9.81\text{N}}{4\times10^{-6}\text{m}^2}=1.6\times10^8\text{Pa}$$

故冰点降低值为

$$\ln\frac{T_2}{T_1}=\frac{\Delta_{trs}V}{\Delta_{trs}H}(p_2-p_1)$$

$$=\frac{-9.065\times10^{-5}}{333.6\times10^3}\times(1.6\times10^8-10^5)$$

$$=-4.345\times10^{-2}$$

故 $T_2=T_1\text{e}^{-4.345\times10^{-2}}=273.15\times\text{e}^{-4.345\times10^{-2}}\text{K}=261.5\text{K}$

(2) 克劳修斯-克拉贝龙方程

对于气相的纯物质的相平衡体系，如 l-g、s-g，将气体看作理想气体，并忽略凝聚相（condensed phase）的体积，则

$$\Delta_{trs}V=V_g-V_c\approx V_g=\frac{nRT}{p}$$

$$\frac{dp}{dT}=\frac{\Delta_{trs}H}{T\Delta_{trs}V}=\frac{n\Delta_{trs}H_m}{nRT^2}p=\frac{\Delta_{trs}H_m}{RT^2}p \qquad ④$$

整理式④，得

$$\frac{d\ln p}{dT}=\frac{\Delta_c^gH_m}{RT^2} \tag{6.10}$$

式(6.10) 称为克劳修斯-克拉贝龙（Clausius-Clapeyron）方程式，式中 $\Delta_c^gH_m$ 是液体或固体的摩尔蒸发焓或摩尔升华焓。

习题：

6-4 试计算欲使冰在－0.5℃熔化所需要施加的最小压力。已知在 SATP 下冰、水的密度分别为 916.8kg/m^3、999.9kg/m^3，冰的熔化热为 333.6kJ/kg。(6837680Pa)

思考：

6-8 克拉贝龙方程、克劳修斯-克拉贝龙方程有利于我们计算体系的哪些状态函数？

设 $\Delta_c^g H_m$ 为与温度无关的常数，对式(6.10)做不定积分，得

$$\ln p=-\frac{\Delta_c^g H_m}{R}\times\frac{1}{T}+C \qquad (6.11)$$

该结果证明了一个经验公式：$\ln p=-\frac{B}{T}+C$

这一方面说明热力学的处理方法是符合客观实际的正确方法，另一方面证明了经验公式的科学合理性。

设 $\Delta_c^g H_m$ 为与温度无关的常数，对式(6.10)做定积分，得

$$\ln\frac{p_2}{p_1}=\frac{\Delta_c^g H_m}{R}\left(\frac{1}{T_1}-\frac{1}{T_2}\right) \qquad (6.12)$$

例题 6-6　某登山运动员测得所处位置的大气压为 395.4mmHg，请问该处水的沸点为多少？

已知 $\Delta_l^g H^{\ominus}_{m,298K,H_2O}=40670J/mol$，并与温度无关。

解：本题隐含水的正常沸点条件，水在 1atm (760mmHg) 下沸点为 373.15K。又因为 $\Delta_l^g H^{\ominus}_{m,298K,H_2O}$ 为与温度无关的常数，将数据代入下式

$$\ln\frac{p_2}{p_1}=\frac{\Delta_l^g H^{\ominus}_{m,298K,H_2O}}{R}\left(\frac{1}{T_1}-\frac{1}{T_2}\right)$$

$$\ln\frac{395.4mmHg}{760mmHg}=\frac{40670}{8.314}\left(\frac{1}{373.15}-\frac{1}{T_2}\right)$$

解之，得　$T_2=355.4K$

(3) 其他方程

若把 $\Delta_c^g H_m$ 写作 T 的函数，

$$\Delta_c^g H_m=a+bT+cT^2$$

代入式(6.10)求不定积分，得

$$\lg p=\frac{A}{T}+B\lg T+CT+D \qquad (6.13)$$

式(6.13)中 A、B、C、D 均为常数，此式的使用范围更广，但包含的常数项较多。

此外还有一个半经验公式

$$\lg p=-\frac{A}{t+C}+B \qquad (6.14)$$

式(6.14)为安脱宁（Antoine）公式，式中 A、B、C 为常数，t 为摄氏温度。

6.3.3　纯物质相变焓与温度的关系

在温度变化不大或精度要求不高的情况下，都是假定纯物质的相变焓 $\Delta_{trs}H$（摩尔相变焓为 $\Delta_{trs}H_m$）不随温度变化，我们可以根据纯物质相平衡的克拉贝龙方程式和克劳修斯-克拉贝龙方程式来计算相变焓。

习题：

6-5　某同学在冬季某日早晨气温为 −5℃，发现环境中的霜稳定存在，试判断大气中的水分压至少有多大？（已知水的三相点为 273.16K、611Pa，水的 $\Delta_{vap}H_{m,273.16K}=45.05kJ/mol$，$\Delta_{fus}H_{m,273.16K}=6.01kJ/mol$）(401.4Pa)

6-6　已知水在 100℃ 时饱和蒸汽压为 10^5 Pa，汽化热为 2260J/g。试计算：

(1) 水在 95℃ 时的饱和蒸汽压；

(2) 水在 $1.1p^{\ominus}$ 时的沸点。

(83670Pa；102℃)

6-7　已知在 1atm 下正己烷的正常沸点为 342K，假定它符合楚顿规则，试求 298K 时正己烷的蒸气压。(21.33Pa)

6-8　在平均海拔为 4500m 的青藏高原上，大气压力只有 57300Pa，试计算青藏高原水的沸点。已知水的蒸气压与温度的关系式为

$\ln(p/Pa)=-5216K/T+25.567$。

(84℃)

对于摩尔蒸发焓，还可以用前面介绍过的一个近似规则称为楚顿（Trouton）规则来计算，

$$\Delta_l^g H_m \approx 88 T_b (\mathrm{J/mol}) \tag{6.15}$$

式中，T_b 为大气压力 101325Pa 下液体的沸点。楚顿规则较好地适用于分子非缔合、分子极性小、沸点高的液体体系，而对于极性较大的液体或在 150K 以下沸腾的液体误差较大。

事实上纯物质的相变焓 $\Delta_{trs}H$（摩尔相变焓为 $\Delta_{trs}H_m$）是随两相平衡的温度改变而变化。如水的摩尔气化焓 $\Delta_{vap}H_m$ 随温度的升高而降低。

对某纯物质在温度 T、压力 p 下 α 和 β 两相达平衡，当两相平衡温度由 $T \rightarrow T+\mathrm{d}T$ 时，压力必然相应地由 $p \rightarrow p+\mathrm{d}p$，即在温度$(T+\mathrm{d}T)$、压力$(p+\mathrm{d}p)$下 α 与 β 两相又达到平衡。发生这个过程时 α、β 两相的焓变分别为：

$$\mathrm{d}H^\alpha = \left(\frac{\partial H^\alpha}{\partial T}\right)_p \mathrm{d}T + \left(\frac{\partial H^\alpha}{\partial p}\right)_T \mathrm{d}p \tag{①}$$

$$\mathrm{d}H^\beta = \left(\frac{\partial H^\beta}{\partial T}\right)_p \mathrm{d}T + \left(\frac{\partial H^\beta}{\partial p}\right)_T \mathrm{d}p \tag{②}$$

将式②－式①，并利用 $\Delta_\alpha^\beta H = H^\beta - H^\alpha$（表示 α 相→β 相的相变焓），可得

$$\mathrm{d}\Delta_\alpha^\beta H = \left(\frac{\partial \Delta_\alpha^\beta H}{\partial T}\right)_p \mathrm{d}T + \left(\frac{\partial \Delta_\alpha^\beta H}{\partial p}\right)_T \mathrm{d}p \tag{③}$$

由等压热容的定义，知 $$\left(\frac{\partial \Delta_\alpha^\beta H}{\partial T}\right)_p = \Delta_\alpha^\beta C_p \tag{④}$$

由克拉贝龙方程式，得 $$\mathrm{d}p = \frac{\Delta_\alpha^\beta H}{T\Delta_\alpha^\beta V}\mathrm{d}T \tag{⑤}$$

又 H 与 p 的关系式(4.13.2 节已证明) $$\left(\frac{\partial H}{\partial p}\right)_T = V - T\left(\frac{\partial V}{\partial T}\right)_p \tag{⑥}$$

将式④、式⑤、式⑥代入式③，得

$$\begin{aligned}
\mathrm{d}\Delta_\alpha^\beta H &= \Delta_\alpha^\beta C_p \mathrm{d}T + \left[\Delta_\alpha^\beta V - T\left(\frac{\partial \Delta_\alpha^\beta V}{\partial T}\right)_p\right]\frac{\Delta_\alpha^\beta H}{T\Delta_\alpha^\beta V}\mathrm{d}T \\
&= \Delta_\alpha^\beta C_p \mathrm{d}T + \frac{\Delta_\alpha^\beta H}{T}\mathrm{d}T - \frac{\Delta_\alpha^\beta H}{\Delta_\alpha^\beta V}\left(\frac{\partial \Delta_\alpha^\beta V}{\partial T}\right)_p \mathrm{d}T \\
&= \Delta_\alpha^\beta C_p \mathrm{d}T + \frac{\Delta_\alpha^\beta H}{T}\mathrm{d}T - \Delta_\alpha^\beta H\left(\frac{\partial \ln \Delta_\alpha^\beta V}{\partial T}\right)_p \mathrm{d}T
\end{aligned} \tag{⑦}$$

式⑦变形为：

$$\frac{\mathrm{d}\Delta_\alpha^\beta H}{\mathrm{d}T} = \Delta_\alpha^\beta C_p + \frac{\Delta_\alpha^\beta H}{T} - \frac{\Delta_\alpha^\beta H}{\Delta_\alpha^\beta V}\left(\frac{\partial \Delta_\alpha^\beta V}{\partial T}\right)_p$$

$$\frac{\mathrm{d}\Delta_\alpha^\beta H}{\mathrm{d}T} = \Delta_\alpha^\beta C_p + \frac{\Delta_\alpha^\beta H}{T} - \Delta_\alpha^\beta H\left(\frac{\partial \ln \Delta_\alpha^\beta V}{\partial T}\right)_p \tag{6.16}$$

式(6.16) 称为普朗克（Planck）方程，该方程对任意两相的相变焓都成立，表示了相变焓随温度变化的规律。

当 β 相为气相，且当作理想气体，而 α 相为凝聚相，此时 $\Delta_\alpha^\beta H$ 可变为 $\Delta_c^g H$。由于

$$\Delta_c^g V = V_g - V_c \approx V_g = nRT/p$$

$$\left(\frac{\partial \ln \Delta_c^g V}{\partial T}\right)_p = \frac{1}{V_g} \times \frac{nR}{p} = \frac{1}{T} \tag{⑧}$$

式⑧代入式(6.16)，得

$$\frac{\mathrm{d}\Delta_{c}^{g}H}{\mathrm{d}T}=\Delta_{c}^{g}C_{p} \tag{6.17}$$

式(6.17)为凝聚相-气相的相变焓与温度的关系式，该式与基尔霍夫定律$\left(\frac{\partial\Delta H}{\partial T}\right)_{p}=\Delta C_{p}$在形式上相似，但其物理意义及应用范围都不相同。

若α、β相均为凝聚相，$\left(\frac{\partial\Delta_{\alpha}^{\beta}V}{\partial T}\right)\approx0$，故式(6.16)可变为

$$\frac{\mathrm{d}\Delta_{\alpha}^{\beta}H}{\mathrm{d}T}=\Delta_{\alpha}^{\beta}C_{p}+\frac{\Delta_{\alpha}^{\beta}H}{T} \tag{6.18}$$

式(6.18)为凝聚相-凝聚相的相变焓与温度的关系式。

例题 6-7 水在373K、101325Pa时的摩尔气化焓$\Delta_{vap}H_{m}=40660\mathrm{J/mol}$，水、水蒸气的摩尔等压热容分别为：$C_{p,m,l}=75.295\mathrm{J/(K\cdot mol)}$（设为与温度无关的常数），$C_{p,m,g}=(30+0.01071T+33000/T^{2})\ \mathrm{J/(K\cdot mol)}$。求算水在298K时的摩尔气化焓$\Delta_{vap}H_{m,298K}$及蒸气压。

解：由普朗克方程(6.17)得在温度为T时水的摩尔气化焓为：

$$\Delta_{vap}H_{m,TK}=\Delta_{vap}H_{m,373K}+\int_{373K}^{T}\Delta C_{p,m}\mathrm{d}T$$

$$=40660+\int_{373K}^{T}\left(30+0.01071T+\frac{33000}{T^{2}}-75.295\right)\mathrm{d}T$$

$$=\left(56898-45.295T+5.36\times10^{-3}T^{2}-\frac{33000}{T}\right)\mathrm{J/mol}$$

将$T=298\mathrm{K}$代入上式，得298K时水的摩尔气化焓为：$\Delta_{vap}H_{m,298K}=43770\mathrm{J/mol}$，与实验值43990J/mol基本相符。

将$T_{1}=373\mathrm{K}$、$p_{1}=101325\mathrm{Pa}$及$\Delta_{vap}H_{m,TK}$与T的关系式代入克劳修斯-克拉贝龙方程中

$$\frac{\mathrm{d}\ln p}{\mathrm{d}T}=\frac{\Delta_{vap}H_{m}}{RT^{2}}\Rightarrow\ln\frac{p_{2}}{p_{1}}=\int_{T_{1}}^{T_{2}}\frac{\Delta_{vap}H_{m}}{RT^{2}}\mathrm{d}T$$

即

$$\ln\frac{p_{2}}{101325}=\frac{1}{8.314}\int_{373K}^{298K}\left(\frac{56898}{T^{2}}-\frac{45.295}{T}+5.36\times10^{-3}-\frac{33000}{T^{3}}\right)\mathrm{d}T$$

解之，得 $p_{2}=3268\mathrm{Pa}$

即为水在298K的蒸气压，与实验值3167Pa基本符合。

若将$\Delta_{vap}H_{m}$看作常数，用$\Delta_{vap}H_{m,373K}=40660\mathrm{J/mol}$计算求出298K时水的蒸汽压为3739Pa，与实验值的偏差较大。

6.3.4 水的相图

(1) 相图绘制

绘制水的相图共分两步：①将水放在抽出空气的密闭容器内，然后改变条件，测定体系的温度和压力（见表

表 6-1 水的两相平衡实验数据

T/K	p/kPa		
	l=g	s=g	s=l
253.15	0.126	0.103	193500
258.15	0.191	0.165	156000
263.15	0.287	0.260	110400
273.16	0.611	0.611	0.611
293.15	2.338	—	—
333.15	19.916	—	—
373.15	101.325	—	—
647.15	22060	—	—

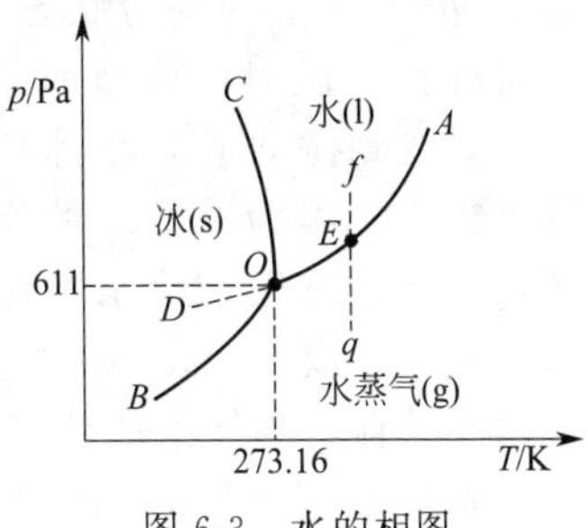

图 6-3 水的相图

6-1)。②根据实验测得的系列温度和压力数据，以压力为纵坐标，温度为横坐标，绘出水的相图（如图 6-3 所示）。根据表 6-1 中液-气（l-g）平衡时不同温度下体系的饱和蒸汽压（即水蒸气压力），根据 $T \geqslant 273.16\text{K}$ 的数据绘得 OA 线，根据 $T \leqslant 273.16\text{K}$ 的数据绘得 OD 线；根据固-气（s-g）平衡时不同温度下体系的饱和蒸汽压（即水蒸气压力），绘得 OB 线；根据固-液（s-l）平衡时不同温度下体系的平衡压力，绘得 OC 线。三条实线 OA、OB、OC 相交于三相点（O 点）（triple point）。

（2）相图分析

下面我们来分析水的相图。

① 相区：在图 6-3 中有三个相区，分别是冰（BOC 区）、水（AOC 区）、水蒸气（AOB 区），对应于水的三个相态区——固体、液体、气体，在每个相区中 $P=1$。根据吉布斯相律，$f=C-P+2=1-1+2=2$，说明每个相区中有两个独立变量，即单组分相区中有温度 T、压力 p 两个独立变量。

② 相线：在图 6-3 中 OA、OB、OC 三条曲线是水的两相平衡共存曲线，分别是 l-g、s-g、s-l［这三条线不能无限延长，如超过 C 点（253.2K，2.027×10^5kPa）的高压下水会变成多种晶型，超过临界点 A 点（647.15K，22060kPa）后气-液难于区分］；另外，OA 线可超过三相点 O 向下延伸得虚线 OD，它代表过冷水与水蒸气平衡共存曲线即过冷 l-g 平衡线，可称为过冷水饱和蒸汽压曲线。OD 线上各点对应状态是不稳定状态，过冷水仍可存在一段时间而暂时不析出冰，只要稍受干扰，如受到搅动或有小冰块投入体系，立即就会有冰析出。因为过冷水的饱和蒸汽压大于冰的饱和蒸汽压，所以过冷水的饱和蒸汽压曲线 OD 在冰的饱和蒸汽压曲线 OB 之上。所有这些平衡线都是两相共存，当体系的状态点落在某条曲线上时，体系就呈该线所代表的两相共存状态，则 $P=2$。根据吉布斯相律，$f=C-P+2=1-2+2=1$，说明每个相线上有一个独立变量，即单组分相线上温度 T 和压力 p 两个变量中只有一个是可以独立自由改变，另一个变量则随之而定。因此，要确定两相平衡曲线上的状态点，只需指定温度或压力即可，另外一个量可通过克拉贝龙方程式求得。这些二相线的斜率（$\mathrm{d}p/\mathrm{d}T$）由克拉贝龙方程式（6.7）确定。

如 OA 线为 l-g 线，$\Delta_l^g V>0$，$\Delta_l^g H>0$，故 $\dfrac{\mathrm{d}p}{\mathrm{d}T}>0$；

思考：

6-9 假若每个社会单元体系如每个人看作是单组分体系，试结合水的相图，分析怎样的环境有利于生活？

6-10 相图分析的一般步骤是什么？

（作者认为相图分析的基本步骤：

①看清指示坐标内容；

②结合相律，按区、线、点顺序，分析判断体系自由度；

③结合相图实际应用。）

水的三相点、冰点、凝固点辨析

水的三相点是指 H_2O"固-液-气"三相平衡共存时的温度和压力所决定的相点。在该状态点平衡的三相为：$H_2O(s) \rightleftharpoons H_2O(l) \rightleftharpoons H_2O(g)$。水的三相点温度为 273.16K（0.01℃），压力为 610.62 Pa。在其相图（图 6-3）中为一个点（O 点）。

水的冰点是指在 101325 Pa 下，"纯冰-空气饱和水溶液-空气"呈平衡时的温度，称水的冰点或零点（称零点是因为该温度为摄氏温标的起点 0℃）。因空气在水中的溶解度很小，溶解在水中所形成稀溶液的浓度约为 0.0013mol/kg(H_2O)，冰点时液态不是纯水而是多组分稀溶液体系，体系（溶有空气的水的稀溶液）所承受的压力（101325Pa）主要来源于空气，水蒸气分压所占比例很小。水的冰点温度为 273.15K（0℃），压力为 101325Pa（不能在图 6-3 中表示出来）。

水的凝固点是指定压力下，水的"固-液"平衡共存时的温度，有相平衡 $H_2O(s) \rightleftharpoons H_2O(l)$。在图 6-3 中为 OC 线，该线上的任一点的横坐标值均是相应压力下水的凝固点，故水的凝固点可以有很多个。

为什么水的冰点比三相点低 0.01K?

一是压力增大凝固点降低。

根据克拉贝龙方程 s-l 平衡线得 273.15K、101325Pa 时的斜率为

$$\frac{\mathrm{d}T}{\mathrm{d}p}=\frac{T\Delta_{\text{trs}}V}{\Delta_{\text{trs}}H}=-7.43\times10^{-8}\,\text{K/Pa}$$

当压力由 610.62Pa 升到 101325Pa 时，会使凝固点下降 $7.43\times10^{-8}\times(101325-610.62)=0.00748(\text{K})$。

OB 线为 s-g 线，$\Delta_s^g V>0$，$\Delta_s^g H>0$，故 $\frac{dp}{dT}>0$；

OC 线为 s-l 线，$\Delta_s^l V<0$，$\Delta_s^l H>0$，故 $\frac{dp}{dT}<0$。

③ 相点：O 点是 OA、OB、OC 三条曲线的交点，在该点体系呈冰、水、水蒸气三相共存，故称三相点。在此点处，$P=3$，$f=C-P+2=1-3+2=0$，体系的温度和压力均只有唯一确定的值。水的三相点温度为 273.16K（0.01℃），压力为 610.62Pa，该压力既是水又是冰的饱和蒸汽压（温度 273.16K），因此 273.16K 既是冰的熔点，又是水的沸点（压力 610.62Pa）。

（3）相图应用

① 根据相图确定体系状态。相图上每一点对应着体系的某个状态。相图上任一点都是体系的物系点，是体系的一个状态点。

② 根据相图，可直观说明体系相变化。当体系的外界条件发生改变时，会引起体系的状态变化。例如我们对体系进行等温变压过程，体系从 f 点降低压力到 q 点，这一状态变化过程在图 6-3 中的 fq 线。体系在物系点 f 为液相水，$f_f^*=1-1+1=1$（压力 p 为独立变量），经等温降压至与 OA 线交于 E 点，液体蒸发，呈液⇌气两相平衡，此时 $f_E^*=C-P+1=1-2+1=0$，温度将保持不变，直到液相水消失，全部水变为水蒸气，此时呈单一气相水蒸气，$f^*=1-1+1=1$，压力可继续降低到 q 点。

例题 6-8 根据图 6-4 所示碳的相图，回答如下问题：

（1）曲线 OA、OB、OC 所代表的物理意义；

（2）指出 O 点的含义；

（3）碳在 SATP 下的状态是什么？

（4）在 2000K 时，增加压力，使石墨转变为金刚石是一个放热反应，试根据相图判断两者的摩尔体积哪个大？

解：（1）OA 线表示石墨、金刚石晶型转化的两相平衡共存线；OB 线为石墨和液态碳的固液平衡共存线；OC 线为金刚石和液态碳的固液平衡共存线。在三条线上，$P=2$，$f=C-P+2=1-2+2=1$，说明温度和压力只有一个是独立变量。

（2）O 点是三条线的交点，为三相点，即石墨、金刚石、液态碳三相平衡点，$P=3$，$f=C-P+2=1-3+2=0$，该点的温度和压力都是恒定不变的。

二是稀溶液的依数性凝固点降低。

水中溶有空气，其浓度为 0.0013mol/kg，使水的凝固点下降（$k_{f,水}=1.86$K·kg/mol）

1.86×0.0013=0.00242(K)。

两者之和共降低 0.0099K（≈0.01K）。

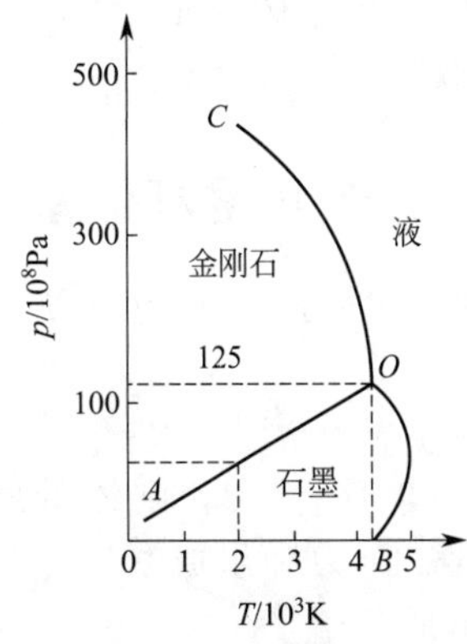

图 6-4 碳的相图

习题：

6-9 根据图 6-5，（1）写出图中各点和线所代表的平衡以及点、线、区所代表的 C、P 和 f；（2）叙述体系的状态在定压下由 X 加热到 Y 所发生的相变化。

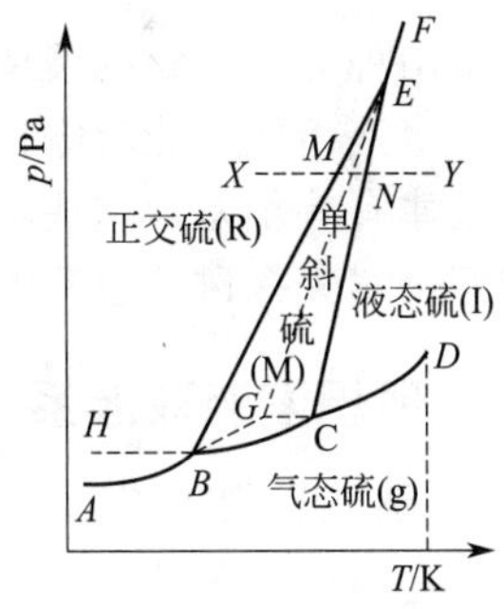

图 6-5 硫的相图

6-10 某同学实验获得一纯物质，测得液体的蒸气压与温度的关系式为

$$\ln(p/\text{Pa})=-3063\text{K}/T+24.38$$

固体的蒸气压与温度的关系式为

$$\ln(p/\text{Pa})=-3754\text{K}/T+27.92$$

试计算该物质的（1）三相点的温度和压力；（2）蒸发焓、升华焓和熔化焓。[（1）195.2K，5930Pa；（2）25.47，31.21，5.74kJ/mol]

(3) 碳在 SATP 下，该点位于石墨单相区，故碳在 SATP 下以石墨状态稳定存在。

(4) 石墨$\rightleftharpoons$金刚石

根据克拉贝龙方程式，$\dfrac{dp}{dT}=\dfrac{\Delta_{trs}H_m}{T\Delta_{trs}V_m}$

因为　　OA 线斜率为正值

故　　$\dfrac{dp}{dT}>0$

又因为　$\Delta_{trs}H_m<0$

故　　$\Delta_{trs}V_m=V_{m,金刚石}-V_{m,石墨}<0$

即　$V_{m,金刚石}<V_{m,石墨}$

6.4　完全互溶双液系

根据相律公式 $f=C-P+2$，对于二组分体系 $C=2$，故二组分体系相律公式为 $f=4-P$。

当 $f_{min}=0$ 时，$P_{max}=4$，即二组分体系最多可有四相共存。当体系相数最小时，$P_{min}=1$，$f_{max}=3$，则体系最大自由度数为 3，说明二组分体系的最大独立变量为 3，即温度、压力和组成（T，p，x），因此二组分体系相图需用三维坐标表示，其相图为立体图形。

实际研究二组分体系时，往往保持体系的温度或压力不变，其他两变量用两维的平面图形表示。T 恒定时，绘制 p-x 图，称蒸气压-组成图；p 恒定时，绘制 T-x 图，称温度-组成图。

二组分体系主要讨论气-液和固-液体系。双液体系实际是气-液平衡体系，即气体为一相，液体实际是溶液，依据液相中二组分互溶程度可分为完全互溶、部分互溶和完全不互溶的双液体系。完全互溶双液体系中的溶液又可分为理想溶液和非理想溶液（实际溶液）两种。

在由两种完全互溶的液体构成的溶液中，若构成的溶液是理想溶液，则该溶液各组分的蒸气压与溶液组成均能遵守拉乌尔定律。但是绝大多数的完全互溶二组分溶液都或多或少与拉乌尔定律有些偏差，这些溶液我们称为实际溶液（非理想溶液）。

我们仍然先探讨理想溶液，再探讨非理想溶液。

6.4.1　理想溶液双液系

6.4.1.1　蒸气压-组成相图

在恒定温度的条件下，表示体系蒸气压与组成之间关系的相图，叫作蒸气压-组成图，又称为 p-x-y 图，广义上称为 p-x 图。

(1) 蒸气压-液相组成图

对于二组分理想溶液，在一定温度下，根据拉乌尔定律

$$p_A=p_A^*x_A$$

$$p_B=p_B^*x_B$$

溶液的总蒸气压 p：$p=p_A+p_B=p_A^*+(p_B^*-p_A^*)x_B$

若以压力 p 为纵坐标，组成 x 为横坐标，并假设一定温度下，$p_A^*<p_B^*$，即组分 B 为易挥发组分，A 为难挥发组分；根据 p_A-x_A、p_B-x_B、p-x_B 的直线关系绘成图 6-6。

由 $p_A=p_A^* x_A$，当 $x_A=1$，$p_A=p_A^*$，即为 C 点；当 $x_A=0$，$p_A=0$，即为 B 点，连结 CB 得直线 a。同理可绘出直线 b。由 $p=p_A^*+(p_B^*-p_A^*)x_B$，当 $x_B=0$，$p=p_A^*$，即 C 点；当 $x_B=1$，$p=p_B^*$ 即 D 点，连结 CD 得直线 c。直线 c 是总蒸气压 p 与溶液组成 x_B 的关系线，称此线为"液相线"或 L 线。此相图始终保持 $p_A^*<p<p_B^*$。恒定温度下，两相平衡时自由度 $f^*=2-2+1=1$，即只有一个独立变量，也就是说，在液相线 c 上，若指定压力 p，组成 x 也随之而定了。

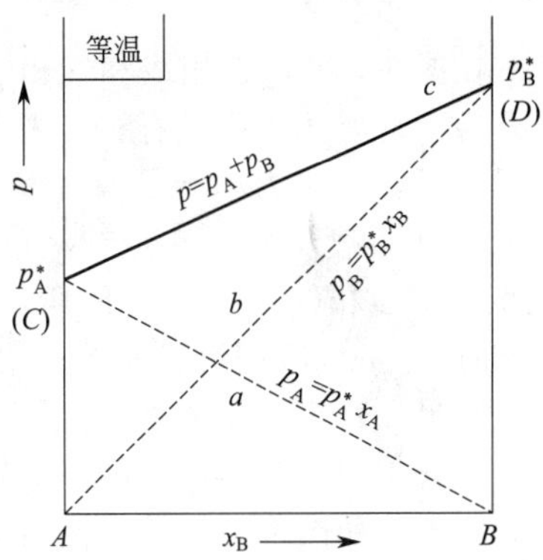

图 6-6　理想溶液双液系的 p-x 图

(2) p-x-y 图

若体系的蒸气为理想气体混合物，据道尔顿分压定律有

$$y_A=\frac{p_A}{p}=\frac{p_A^* x_A}{p} \quad ①$$

$$y_B=\frac{p_B}{p}=\frac{p_B^* x_B}{p} \quad ②$$

因设 $p_B^*>p>p_A^*$，故 $\frac{p_A^*}{p}<1$，$\frac{p_B^*}{p}>1$，代入式①、式②，得

$$y_A<x_A, y_B>x_B$$

即说明在等温下，难挥发组分 A 在气相中的含量小于在液相中的含量，而易挥发组分 B 在气相中的含量大于在液相中的含量。因此可以断定，在理想溶液的 p-x-y 相图中，p-y 线一定在 p-x 线的右边，此定性分析结果见图 6-7。

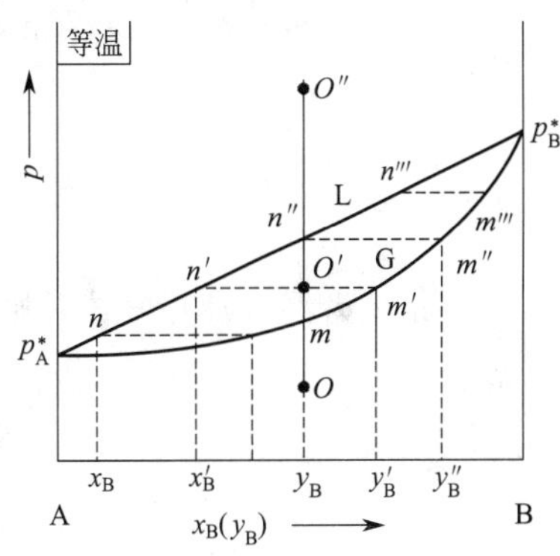

图 6-7　理想溶液双液系的 p-x-y 图

依据液相组成 x_B 与总压 p 关系式，$p=p_A^*+(p_B^*-p_A^*)x_B$，得

$$x_B=\frac{p-p_A^*}{p_B^*-p_A^*} \quad ③$$

式③代入式②，得 $$y_B=\frac{p_B^*}{p}\times\frac{p-p_A^*}{p_B^*-p_A^*} \quad ④$$

整理式④，得 $$p=\frac{p_A^* p_B^*}{p_B^*+(p_A^*-p_B^*)y_B} \quad (6.19)$$

式(6.19)说明溶液蒸气总压 p 与气相组成 y_B 关系不是线性关系，当 $y_B=0$ 时，$p=p_A^*$；当 $y_B=1$ 时，$p=p_B^*$。因此 p-x_B 与 p-y_B 两条线在 $y_B=0$，$y_B=1$ 处相交，如图 6-7 所示，由不同的 y_B 与其对应的蒸气总压 p 作 p-y_B 图得一条曲线。曲线 p-y_B 是总压 p 与气相组成 y_B 的关系线，称此线为"气相线"或 G 线。

(3) 相图分析

在图 6-7 中，液相线和气相线将相图分为三个区域。液相线（p-x）的上方区域，体系压力高于与液相平衡共存的气相的压力，该区是能稳定存在的液相单相区。气相线（p-y）的下方区域，压力小于平衡时气相压力，气体能稳定存在，该区为气相单相区。在单相区，$P=1$，因温度恒定，$f^*=2-1+1=2$，即压力 p 和组成 x/y 在一定范围内均可任意指定。在液相线 L 和气相线 G 之间所夹区域，是气、液两相平衡共存区，$P=2$，$f^*=2-2+1=1$，即压力 p、液相组成 x、气相组成 y 三者中只有一个变量能独立变化，若其中一个确定了，则另外两个变量必然随之而定。

结合相图 6-7，我们再来认识物系点和相点。在相图中，表示整个体系状态的点称为体系物系点，如图 6-7 中，落在两个单相区和一个两相区内的点均为物系点，O、O'、O''三点均为物系点，虽然这三点的组成相同，但体系状态不同，分别是气相、气-液两相平衡、液相。在相图中，表示某个相状态的点称为相点，如图 6-7 中落在两条线上的点均为相点，m、m'、m''、m'''为气相点，n、n'、n''、n'''为液相点。物系点 O'对应着气、液两相为 m'、n'，对应着组成 x'_B、y'_B。连接平衡两相点的线叫作连接线（简称结线，tie line），如 n 与 m、n'与 m'、n''与 m''的连线称为结线；若 n 所代表的液相与 m'所代表的气相不处于两相平衡，则 n 和 m'之间的连线不称为结线。

例题 6-9 正己烷（A）和正戊烷（B）组成理想溶液，溶液温度为 348.7K，压力为 1.256×10^5 Pa，求该理想溶液的液相组成（x）和平衡气相组成（y），并说明结果的物理意义。已知 348.7K 时正己烷的蒸气压为 1.175×10^5Pa，正戊烷的蒸气压为 2.796×10^5Pa。

解：因为 $p=p_A^*+(p_B^*-p_A^*)x_B$

故 $x_B=\dfrac{p-p_A^*}{p_B^*-p_A^*}=\dfrac{1.256\times10^5-1.175\times10^5}{2.796\times10^5-1.175\times10^5}$
$=0.050$

$$x_A=1-x_B=1-0.050=0.950$$

气相视为混合理想气体，则

$$y_B=\frac{p_B}{p}=\frac{p_B^*x_B}{p}=\frac{2.796\times10^5\times0.050}{1.256\times10^5}=0.111$$

$$y_A=1-y_B=1-0.111=0.889$$

由计算结果可知，$y_A<x_A$，说明难挥发组分 A（正己烷）在气相中的相对含量比在液相中的低；$y_B>x_B$，说明易挥发组分 B（正戊烷）在气相中的相对含量比在液相中的高。

6.4.1.2 温度-组成相图

在恒定压力如标准压力的条件下，表示气、液两相平衡温度（此时温度就是正常沸点）与组成之间关系的相图，叫作沸点-组成图，又称为 T-x-y 图，广义上也表示为 T-x 图。

(1) 绘制

在一定压力下的理想溶液的温度-组成（T-x-y）相图可依据实验数据直接绘制，也可根据 p-x 图或 p-x-y 图间接转换获得 T-x-y 相图。

利用 p-x-y 相图间接转换获得 T-x-y 相图的方法示例如下。

① 在同一坐标系中绘制不同温度的同一溶液体系的 p-x-y 相图。本例绘制了四个不同温度的 p-x-y 相图［如图 6-8(a) 所示］，蒸气压越大沸点越高，故 $T_A>T_2>T_1>T_B$。

② 在 p-x-y 相图中选取一定压力 p 作水平线，与不同温度的 p-x-y 相图中的气相线、液相线相交，获得交点数据（x，T）。本例选取压力为标准压力 $p^{\ominus}$，在 p-x-y 相图中作压力 $p^{\ominus}$ 的水平线，与温度恒定为 T_A、T_B 的气-液线交于 A_1、B_1 两点，A_1、B_1 分别代表纯A、纯B，故在 $p^{\ominus}$ 下纯A、纯B的沸点分别为 T_A、T_B，即 $A_1(0, T_A)$、$B_1(1, T_B)$。压力 $p^{\ominus}$ 的水平线交温度为 T_1、T_2 的 p-x-y 图的液相线于 b_1、d_1 两点，即组成为 x_1、x_2 的液体分别在 T_1、T_2 的温度开始沸腾，即 $b_1(x_1, T_1)$、$d_1(x_2, T_2)$。压力 $p^{\ominus}$ 的水平线交 p-x-y 图中温度 T_1、T_2 的气相线于 a_1、c_1，即组成为 x_1、x_2 对应的平衡气相组成为 y_1、y_2，则 $a_1(y_1, T_1)$、$c_1(y_2, T_2)$。

③ 将选定压力 p 的水平线与不同温度 p-x-y 相图交点数据标示在温度-组成图中，并将液相点、气相点连接起来，即绘制完成溶液的 T-x-y 图。在 p-x-y 相图中点 A_1、B_1 对应的绘于 T-x-y 图中的 A_2、B_2 两点，该两点既为气相点又为液相点。将 p-x-y 图的液相点 $b_1(x_1, T_1)$、$d_1(x_2, T_2)$ 标示在 T-x-y 图中得 b_2、d_2 两点。连接 A_2、d_2、b_2、B_2 获得 T-x-y 图中的液相线（L）。将 p-x-y 图的气相点 $a_1(y_1, T_1)$、$c_1(y_2, T_2)$ 标示在 T-x-y 图中得 a_2、c_2 两点，连接 A_2、a_2、c_2、B_2 获得 T-x-y 图中的气相线（G）。这样就绘制完成了 T-x-y 相图［图 6-8(b)］，称为温度-组成图，故也经常用 T-x 表示。因易挥发组分在气相中组成大于液相中组成，所以在 T-x-y 相图中，气相线（G）应在液相线（L）的上方。

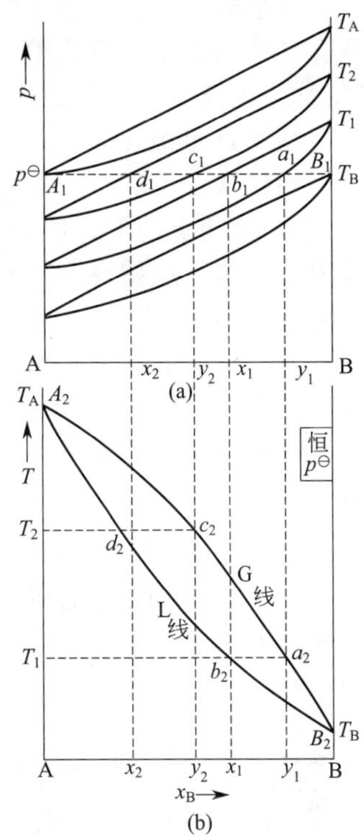

图 6-8 p-x-y → T-x-y 转换图

思考：

6-11 试描述利用 p-x 相图间接转换获得 T-x-y 相图的方法。

（2）相图分析

本部分结合图 6-9，分析 T-x-y 相图中各区的物理意义，并说明 ab 变化过程中物系点和相点的情况。

液相线和气相线将温度-组成图分成了三个区域：液相线下方的区域，体系温度低于与液相平衡共存的气相的温度，该区是能稳定存在的液相单相区。气相线的上方区域，温度高于平衡时气相温度，气体能稳定存在，该区为气相单相区。在单相区，$P=1$，因压力恒定，$f^*=2-1+1=2$，即温度和组成在一定范围内均可任意指定。在液相线和气相线之间所夹的区域，是气-液两相平衡共存区，$P=2$，$f^*=2-2+1=1$，即温度 T、液相组成 x、气相组成 y 三者中只有一个变量能独立变化，若其中一个确定了，则另外两个变量必然随之而定。在液相线或气相线上任一点的自由度，$f^{**}=2-2=0$，即曲线上任意一点表示定压、定温、定组成。

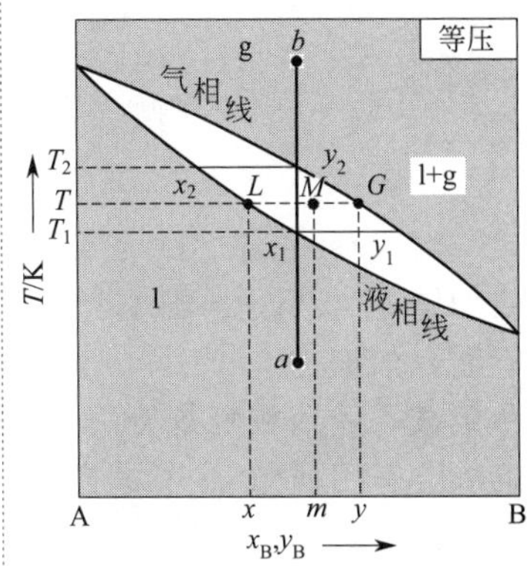

图 6-9 理想溶液双液系的 T-x-y 图

体系沿 ab 线升温的过程，物系点始终沿着 ab 线上升。在液相线区时，物系点与相点重合，体系温度不断升高；直至液相线 x_1 时，液体开始起泡沸腾，故此点对应的温度 T_1 称为泡点（bubbling point），正是基于泡点的概念，液相线又称泡点线；体系进入两相区，物系点与相点分离；当温度继续升高时，液相点沿着液相线从 x_1 变至 x_2，气相点沿着气相线从 y_1 变至 y_2，并且每一个温度 T_i 对应一对液-气平衡的 x_i-y_i 组成；直至温度 T_2 时，液相点消失，体系全部为气相，此时相点又与物系点重合。反过来，体系沿 ab 线降温时，物系点始终沿着 ba 线下降，温度降至 y_2 时体系气相开始凝结成露珠液体，故温度 T_2 也称为露点（dew point），正是基于露点的概念，气相线又称露点线；体系进入两相区，物系点又与相点分离；当温度继续降低时，液相点沿着液相线从 x_2 变至 x_1，气相点沿着气相线从 y_2 变至 y_1，同样每一个温度 T_i 对应一对液-气平衡的 x_i-y_i 组成。可见，在两相区，物系点与相点分离，在单相区物系点与相点重合，在气-液两相分离点上有 $x_1=y_2$。

6.4.1.3 两相量的计算

在相图分析的过程中，如果体系的物系点落在温度-组成相图的两相共存区之内，则体系气-液两相平衡共存，根据相图很容易得到气-液两相的组成，然而两相的量又该是多少呢？

设一定温度 T 下，液体 A 和 B 以物质的量 n_A 和 n_B 混合（总物质的量为 n）后在 T-x-y 图（图 6-9）中为点 M，对应于体系平衡区的气、液两相的相点 $L(T, x)$、$G(T, y)$ 为通过物系点 $M(T, m)$ 的结线。A 和 B 在气、液两相中的总的物质的量分别为 n_g、n_l。

就组分 B 来说，它既存在于气相中，也存在于液相中，混合物中 B 的总的物质的量为 n_B，应等于气、液两相中 B 的物质的量 n_y 和 n_x 的加和，用公式表示为

$$n_B=nm=n_l x+n_g y \qquad ①$$

因为

$$n=n_l+n_g \qquad ②$$

式②代入式①，得 $(n_l+n_g)m=n_l x+n_g y$ ③

整理，得

$$n_l(m-x)=n_g(y-m) \tag{6.20}$$

或

$$n_l\times\overline{ML}=n_g\times\overline{MG} \tag{6.21}$$

或

$$\frac{n_g}{n}=\frac{\overline{ML}}{\overline{LG}} \qquad \frac{n_l}{n}=\frac{\overline{MG}}{\overline{LG}} \tag{6.22}$$

式(6.20)～式(6.22) 可以计算气、液两相的物质的量，均称为**杠杆**规则（**lever rule**），模型如图 6-10 所示。杠杆规则不仅对气-液相平衡区适用，在其他体系中任意两相共存区都成立，如液-液、液-固、固-固的两相平衡。需注意的是，若所用相图以物质的量分数表示组成，使用杠杆规则时要用物质的量 n 表示物质的数量；若所用相图以质量分数表示组成，需用质量 w 表示物质的数量；若所用相图以体积分数表示组成，需用体积 V 表示物质的数量。

例题 6-10 体系中 A、B 两物质的物质的量各为 5mol，当加热到温度 T 时，气相点对应的组成 $y_B=0.2$，液相点对应组成 $x_B=0.7$。求两相中组分 A 和组分 B 的物质的量各为多少？

解：根据杠杆规则，对于B组分

$$\begin{cases}\dfrac{n_g}{n_l}=\dfrac{x_1-x_M}{x_M-y_g}=\dfrac{0.7-0.5}{0.5-0.2}=\dfrac{0.2}{0.3}=\dfrac{2}{3}\\ n_g+n_l=n_A+n_B=10\text{mol}\end{cases}$$

解之，得 $n_g=4\text{mol}$，$n_l=6\text{mol}$

气相中B的物质的量

$$n_{B,g}=n_g y_B=4\times0.2=0.8(\text{mol})$$

气相中A的物质的量

$$n_{A,g}=n_g(1-y_B)=4\times(1-0.2)=3.2(\text{mol})$$

液相中B的物质的量

$$n_{B,l}=n_l x_B=6\times0.7=4.2(\text{mol})$$

液相中A的物质的量

$$n_{A,l}=n_l-n_{B,l}=6-4.2=1.8(\text{mol})$$

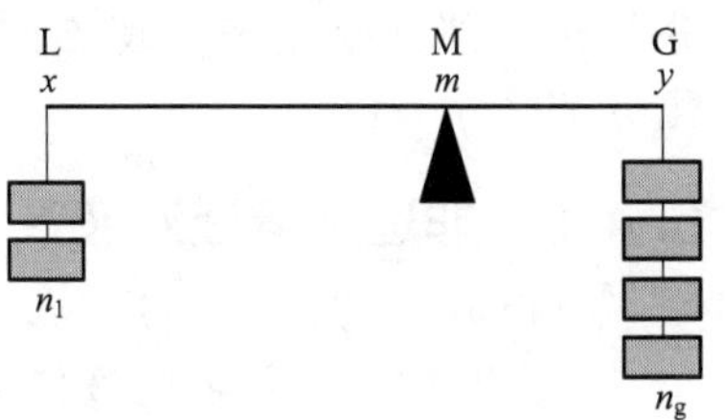

图6-10 杠杆规则模型

6.4.1.4 分馏原理

通常简单一次蒸馏称为简单蒸馏，经过无限次的连续蒸馏称为精馏（通常将在精馏塔中进行的多次蒸馏看作精馏），这里通称为分馏（fractional distillation），分馏过程原理如图6-11所示。设有一组成为 x_0 的混合液，恒定压力下加热，混合物体系物系点沿着组成线 x_0 上升，当物系点落在气-液两相平衡区时，发生气、液两相分离，如点（x_0，T_4），其液相组成为 x_4、气相组成为 y_4。与 x_0 比较得，“$x_4<x_0$”说明所剩液相组成比体系组成含难挥发组分A增多，“$y_4>x_0$”说明气相组成比体系组成含易挥发组分B增多。

若将组成为 x_4 的剩余溶液移出，并加热到 T_5，则溶液又被部分气化，所剩液相组成为 x_5 较 x_4 含难挥发组分A又有增高，含A组成 $x_5>x_4$。若继续上述步骤，由图6-11看出 $x_7>x_6>x_5>x_4$，说明液相含A组成逐渐增大，液相组成沿液相线L上升，向纯A的方向变化，因此，经过多次部分气化，液相最终可得纯的难挥发组A。

再考虑气相组成为 y_4 的部分。把组成为 y_4 的气相部分冷凝至 T_3，得到组成为 x_3 的液相和组成为 y_3 的气相。这时剩余气相中B组分组成为 y_3，则含B组成增大 $y_3>y_4$，又将组成为 y_3 的气相冷凝到 T_2，再次发生部分冷凝，重复下去，有 $y_1>y_2>y_3>y_4$，说明气相中含B的组成逐渐增大，气相组成沿气相线G下降，向纯B方向变化。因此，经过多次部分冷凝，气相最终可得纯的易挥发组分B。

由此可见，混合物经反复多次部分气化和部分冷

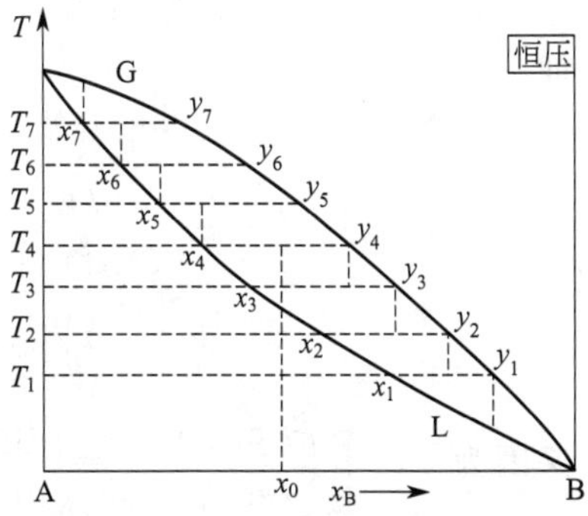

图6-11 分馏过程原理示意

习题：

6-11 293K时苯、甲苯的饱和蒸气压分别是9960Pa、2970Pa。现将1mol苯（A）和甲苯（B）4mol组成的理想液态混合物放在一个有活塞的汽缸中，温度保持在293K。开始时活塞上的压力较大，汽缸内只有液体，随着活塞上的压力逐渐减小，则溶液逐渐气化。

(1) 求刚出现气相时蒸气的组成及压力。（$y_B=0.544$，$y_A=0.456$）

(2) 求溶液几乎完全气化时最后一滴溶液的组成及体系的压力。（$x_B=0.931$，$x_A=0.069$，$p=3455\text{Pa}$）

(3) 在气化过程中，若液相的组成变为 $x_A=0.100$，求此时液相和气相的数量。（$n_l=2.09\text{mol}$，$n_g=2.91\text{mol}$）

(4) 若测得某组成下，溶液在9000Pa下的沸点为293K，求该溶液的组成。（$x_B=0.137$，$x_A=0.863$）

(5) 在293K下若两组分在气相中的蒸气压相等，则溶液的组成又如何？（$x_B=0.230$，$x_A=0.770$）

凝后可达到将 A 和 B 分离的目的。在化工生产中，人们利用这种原理设计了精馏塔，通过连续多次部分气化和部分冷凝来实现不同沸点组成物质的工业化分离。

6.4.2 非理想溶液双液系

(1) p-x-y 图

在由两种完全互溶的液体形成非理想溶液，其各组分的蒸气压与溶液组成的关系会偏离于拉乌尔定律，其相图如何呢？

首先，溶液中各组分偏差拉乌尔定量的规律如何呢？

设溶液组分 A 发生正偏差，即 $p_A > p_A^* x_A$，则

$$\ln p_A > \ln p_A^* + \ln x_A$$

$$d\ln p_A > d\ln x_A$$

$$\left(\frac{\partial \ln p_A}{\partial \ln x_A}\right)_T > 1$$

又因为 $$\left(\frac{\partial \ln p_A}{\partial \ln x_A}\right)_{T,p} = \left(\frac{\partial \ln p_B}{\partial \ln x_B}\right)_{T,p}$$

故 $$\left(\frac{\partial \ln p_B}{\partial \ln x_B}\right)_T > 1 \Rightarrow \mathrm{d}\ln p_B > \mathrm{d}\ln x_B$$

$$\int_{p_B^*}^{p_B} \mathrm{d}\ln p_B > \int_1^{x_B} \mathrm{d}\ln x_B$$

$$\ln p_B - \ln p_B^* > \ln x_B$$

$$p_B > p_B^* x_B$$

这说明溶液组分 B 也发生正偏差。同理，也可以证明若溶液组分 A 发生负偏差，则组分 B 也发生负偏差。

根据非理想溶液组分偏差规律，可以得出非理想溶液的 p-x 相图，若溶液组分具有正偏差，①较小偏差，除纯组分点外 p-x 线上无最高点则为图 6-12(a)；②较大偏差，在 p-x 线上有最高点则为图 6-12(b)；若其组分具有负偏差；③微小偏差，除纯组分点外 p-x 线上无最低点则为图 6-12(c)；④较大偏差，在 p-x 线上有最低点则为图 6-12(d)。

根据杜亥姆-马居耳公式总结获得了联系蒸气组成和溶液组成之间关系——科诺瓦洛夫两规则，从而可得到两点结论：

① 各种类型溶液的蒸气压-组成图 p-x-y 中，蒸气压-气相组成曲线（p-y）一定在蒸气压-液相组成曲线（p-x）的下面。

② 在溶液的蒸气压-组成图 p-x-y 中的极大点或极小点处，蒸气压-气相组成曲线（p-y）和蒸气压-液相组成曲线（p-x）重合，相交于这个极大点或极小点。

习题：

6-12 在 298K 时测得水（A）-丙醇（B）体系的蒸气压与组成的关系实验数据：

x_B	p_B/Pa	$p_{总}$/Pa
0.00	0	3168
0.05	1440	4533
0.20	1813	4719
0.40	1893	4786
0.60	2013	4653
0.80	2653	4160
0.90	2584	3668
1.00	2901	2901

注：其中总蒸气压在 x_B=0.40 时为最大值。

(1) 请绘制水-丙醇体系的 p-x-y 图，并指出各点、线和面的含义和自由度。

(2) 精馏 x_B=0.56 的丙醇水溶液得到产品是什么？（精馏塔底部为纯丙醇，塔顶部为 x_B=0.40 的最低恒沸物）

(3) 若以 298K 时的纯丙醇为标准态，求 x_B=0.20 的丙醇水溶液中，丙醇的相对活度和活度因子。

(a_B=0.625，γ_B=3.125)

依据这两点结论，可以方便地绘出三种类型非理想溶液的蒸气压-组成图，见图 6-13，该 p-x-y 相图中同样为液相线 L 以上为液相区，气相线 G 以下为气相区，在气、液相线之

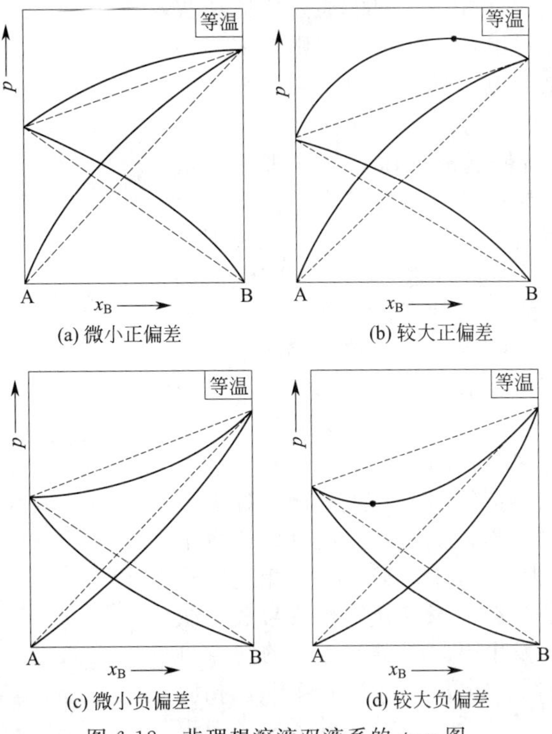

(a) 微小正偏差　(b) 较大正偏差　(c) 微小负偏差　(d) 较大负偏差

图 6-12　非理想溶液双液系的 p-x 图

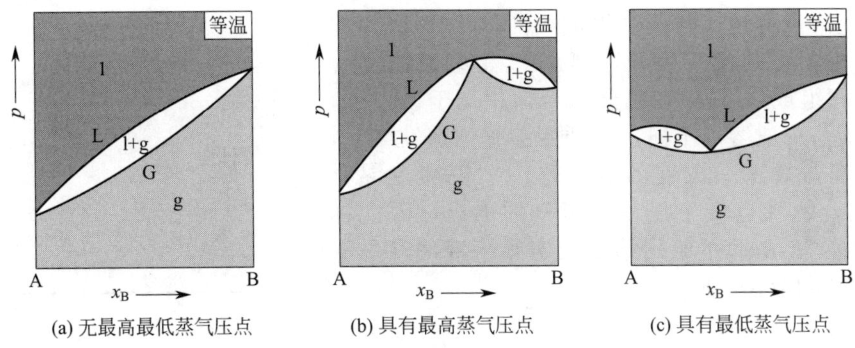

(a) 无最高最低蒸气压点　(b) 具有最高蒸气压点　(c) 具有最低蒸气压点

图 6-13　三种类型的非理想溶液双液系的 p-x-y 图

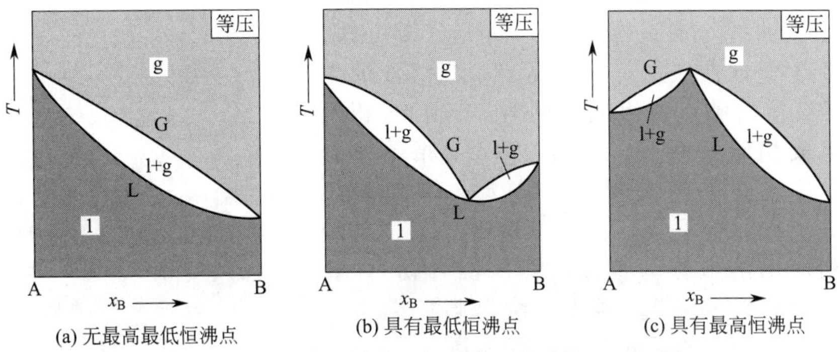

(a) 无最高最低恒沸点　(b) 具有最低恒沸点　(c) 具有最高恒沸点

图 6-14　三种类型的非理想溶液双液系的 T-x-y 图

间为两相区。

(2) T-x-y 图

对非理想溶液的 T-x-y 相图，只能通过实验所提供的数据而绘制，也可利用科诺瓦洛夫规则对实际溶液的 p-x-y 相图分析来绘制。这里针对三种类型的非理想溶液（图 6-13）作对应的 T-x-y 相图。

① 对第一类无最高最低蒸汽压点的非理想溶液[图 6-13(a)]，由于较易挥发的组分其沸点较低，对以纯组分 A 和 B 组成的完全互溶双液体系，定温下蒸气压较高的组分（如 B）在定压之下应具有较低的沸点。由科诺瓦洛夫规则的第二条可得：具有较低沸点的组分 B 在平衡蒸气相中的浓度大于其在溶液中的浓度，因此在 T-x-y 相图中，蒸气-组成曲线（T-y）应在溶液组成线（T-x）的上方。由此可绘出第一类实际溶液的 T-x-y 相图[图 6-14(a)]。

② 对第二类具有最高蒸气压点的溶液[图 6-13(b)]，发生很大正偏差，溶液的蒸气总压可以比每个组分的饱和蒸气压大，即 $p>p_A^*$，$p>p_B^*$，相应的蒸气压-组成曲线上有一最高点，该点处气相线与液相线相交，$y_B=x_B$。相应的发生很大正偏差溶液的沸点可以比每个组分的沸点还低，即 $T<T_A$，$T<T_B$，相应的在沸点-组成曲线上有一最低点。根据科诺瓦洛夫规则可知，当溶液的组成恰好与具有最低沸点的组成相同时，则此溶液的组成与蒸气组成相同，$y_B=x_B$，即在 T-x-y 相图中的极小点处，沸点-气相组成线 T-y 和沸点-液相组成线 T-x 在此处重合，相交于极小点，而且此溶液与一般溶液不同，由开始沸腾到蒸发终了，其沸点不变，故这一浓度的溶液称为“恒沸点混合物”。此混合物沸点低于任一纯组分的沸点，因此称“最低恒沸点”。由此可绘出第二类实际溶液的 T-x-y 相图，如图 6-14(b) 所示。

③ 对第三类具有最低蒸气压点的溶液[图 6-13(c)]，发生很大负偏差的溶液蒸气总压可以比每个组分的饱和蒸气压小，即 $p<p_A^*$，$p<p_B^*$，相应的蒸气压-组成曲线上有一最低点。同上分析可知，该溶液在沸点-组成曲线上有一最高点，当溶液的组成恰好与具有最高沸点的组成相同时，此时液相组成与气相组成相同 $y_B=x_B$，即在 T-x-y 相图中有一极大点，在该点沸点-液相组成线 T-x 和沸点-气相组成线 T-y 在此处重合，相交于这极大点。与最高点组成相应的溶液称为“最高恒沸混合物”，其沸点称为“最高恒沸点”。据此可绘出第三类实际溶液的 T-x-y 相图，如图 6-14(c) 所示。

思考：

6-12 处于 p-x 或 T-x 图的极值点的物系点的相律如何？

[对于处于极值点物系点相律一般有两种解释。① $S=1$ 处理法：极值点处的两相组成一样，类似于纯物质，故可把该点的混合物看作纯物质，即 $C=S-R-R'=1$，相数为 2，$f^*=1-2+1=0$。② $S=2$ 处理法：在极值点处，两相的组成相同，使体系总的浓度变量少一个（这并不是在同一相中的浓度限制条件，而是指体系总的浓度变量少了 1 个），即 $C=S-R-R'=2-0-1=1$，相数为 2，故 $f^*=1-2+1=0$。]

习题：

6-13 在 $1p^\ominus$ 下，乙醇（A）和乙酸乙酯（B）为具有最低恒沸点的完全互溶双液系，请根据下表中数据：

T/K	x_B	y_B
351.5	0.000	0.000
349.6	0.058	0.120
346.0	0.290	0.400
344.8	0.538	0.538
345.0	0.640	0.602
348.2	0.900	0.836
350.2	1.000	1.000

(1) 绘制该体系的 T-x-y 图，并指出各点、线和面的含义和自由度。

(2) 试分析利用精馏塔（设塔板足够多）分离乙醇-乙酸乙酯混合体系，在塔顶部和底部分别得到什么产品？（最低恒沸点温度 $T=344.8$K，$x_B=y_B=0.538$；塔顶为最低恒沸物；$x_B<0.538$，塔底为纯乙醇；$x_B>0.538$，塔底为纯乙酸乙酯）

6.5　部分互溶双液系

当两种液体的性质差别较大时，它们的混合物仅在一定温度和组成范围内完全互溶，而其他情况下只是部分互溶形成液相，这种体系称为部分互溶双液系，其温度-组成图主要有四种类型（主要以示例模式来介绍部分互溶双液体的体系）。

6.5.1　具有最高临界溶解温度的相图

图 6-15 为水-苯酚在恒定压力下的温度-组成图，图 6-15 中 *DCE* 帽形线以外是单一溶液区，自由度 $f^*=2-1+1=2$，即有组成和温度两个独立变量。帽形线以内是水与苯酚部分互溶两相区，两个液相平衡共存，自由度 $f^*=2-2+1=1$，组成或温度中只有一个为独立变量。*DC* 曲线为苯酚在水中的溶解度曲线，*EC* 曲线为水在苯酚中的溶解度曲线，在两条溶解度曲线上的任一点的自由度，$f^{**}=2-2=0$，即溶解度曲线上任意一点表示定压、定温、定组成。当温度为 T_C 时，两种液体的相互溶解度重合为 *C* 点，则 *C* 点称为临界溶解点，也称临界会溶点，该点有 $C=1$，$f^*=1-2+1=0$，表示定压下，组成和温度均为确定的量，该点对应的温度 T_C 为（最高）临界溶解温度。温度高过此点，水与苯酚能以任何比例互溶。临界溶解温度的高低反映了两组分间相互溶解能力的强弱。临界溶液的温度越低，两组分间的互溶性越好。故可用临界溶解温度的数据选择优良的萃取剂。

在图 6-15 中沿着 A 到 B 体系发生的物理过程是：定压、定温（313K）条件下，往苯酚的水溶液 A 中不断增加苯酚，体系物系点将沿着 AB 水平线自左向右逐渐移动直至成为水的苯酚溶液 B。最初加入的少量苯酚能全部溶解于水中，形成均一液相（苯酚的水溶液）；当往此溶液中加入苯酚使组成到达 l_1 点（x_1，313K）时，苯酚在水中已达到溶解饱和；当继续加入苯酚，不能再增加水中苯酚的浓度，这时将开始出现一个新的液相 l_2（水在苯酚中的饱和溶液），相点为 l_2（x_2，313K），与原来的液相 l_1（苯酚在水中的饱和溶液）平衡共存，形成了 l_1-l_2 的两液相平衡区，物系点与相点分离；随着苯酚的不断加入，相点不变化，物系点将自 l_1 向 l_2 变化，直至 l_2；当物系点为 l_2 时，l_1 液相消失，物系点与 l_2 相点重合；继续增加苯酚，体系成为水的苯酚溶液，为均一的液相。

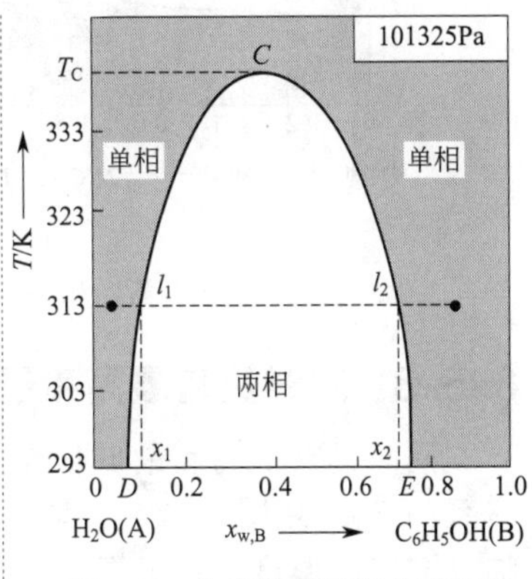

图 6-15　水-苯酚的温度-组成相图

像图 6-15 中两个平衡共存的液相（l_1 和 l_2）称为“共轭溶液”，l_1 和 l_2 的连线为结线。在等温定压之下，根据相律 $f^{**}=C-P=2-2=0$，说明共轭溶液的组成为定值，只要物系点落在 l_1l_2 水平线上，共存两相的相点总为 l_1 和 l_2。但当物系点自 l_1 由左向右移动时，l_1 相的量减少，而 l_2 相的量相对增多，两相的量遵守杠杆规则。

如果把温度由低向高逐渐变化，由图 6-14 可以看出，苯酚在水中的溶解度沿 *DC* 线随温度的升高而加大；水在苯酚中的溶解度沿 *EC* 线也随温度的升高而加大。当达到临界溶解温度 T_C 时，两线会合于最高点 *C* 点。一些部分互溶且具最高溶解温度双液体系的临界溶解温度和组成列入表 6-2。

习题：

6-14　已知 100g H_2O 和苯胺的混合液中含苯胺质量分数为 60%，在 333K 时混合液分两层，第一层含苯胺质量分数 17.2%，第二层含苯胺质量分数 74.4%，求两层溶液的质量各是多少？（25.2g，74.8g）

6.5.2 具有最低临界溶解温度的相图

具有最低临界溶解温度的相图（如图 6-16 所示）为水和三乙基胺的双液体系的温度-组成相图，其特点是：温度降低时互溶度增加，当降至某一温度时，两相液体可以完全互溶，出现最低临界溶解温度。此类相图如同最高临界溶解温度相图的倒映。溶解度曲线之下为单相区，之上为两相区。

表 6-2 临界溶解温度和组成

体系(A-B)	T_C/K	w_A/%
苯胺-己烷	332.75	52
甲醇-环己烷	322.25	29
甲醇-二硫化碳	313.65	20
水-苯胺	440.15	15
水-苯酚	339.05	66

思考：

6-13 部分互溶双液系没有气-液平衡的相图吗？

6-14 综合思考部分互溶双液系和完全互溶双液系典型相图，你对相图有哪些新的认识？

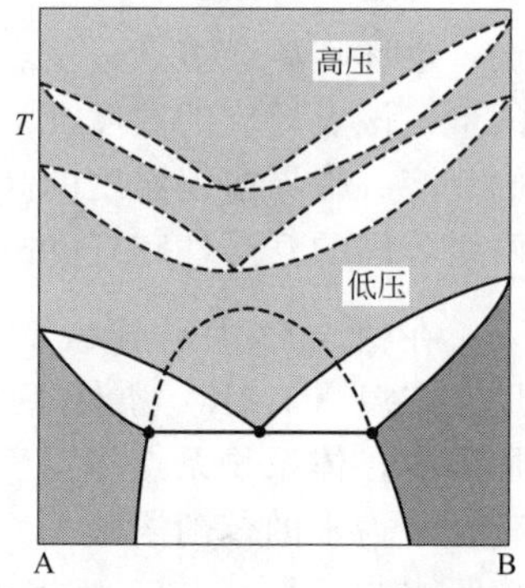

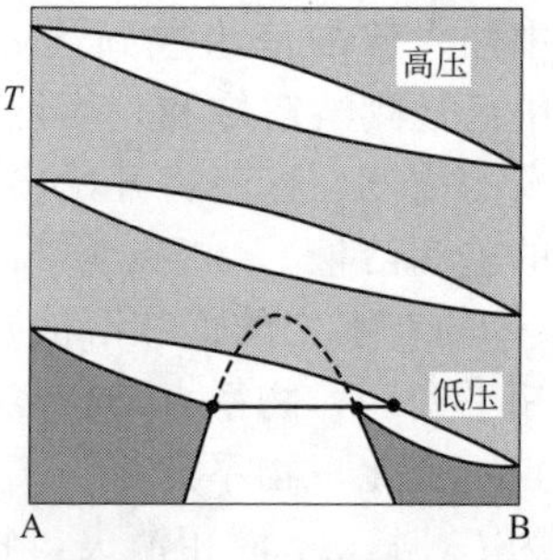

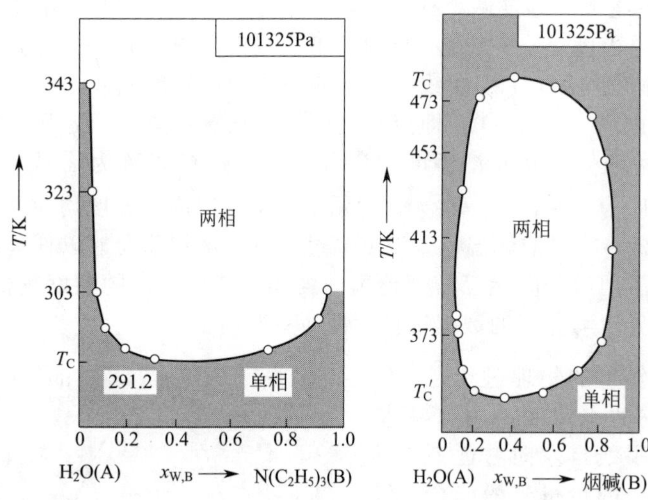

图 6-16 水-三乙基胺相图　　　图 6-17 水-烟碱相图

6.5.3 同时具有最高和最低临界溶解温度的相图

同时具有最高和最低临界溶解温度的相图（如水-烟碱体系的 T-x 相图 6-17），其特点是：同时具有最高和最低临界溶解度温度，在两温度范围内形成一完全封闭的溶解度曲线，封闭线内为两相，属部分互溶区，封闭线以外为单相，属完全互溶区。

6.5.4 不具有临界溶解温度的相图

不具有临界溶解温度的相图，如示例图 6-18 为水-乙醚体系的溶解相图，其特点是：既没有最高临界溶解温度，也没有最低临界溶解温度，两组分液体在它们以溶液存在的温度范围内一直是彼此部分互溶的，两溶解度曲线所夹区为两相区，两曲线之外为单相区。

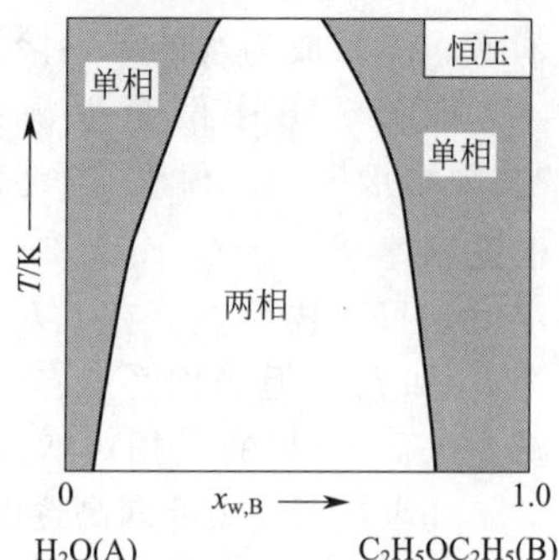

图 6-18 水-乙醚相图

6.6 互不相溶双液系

严格地说，完全不互溶的两种液体是不存在的，但当两种组分性质差别很大、彼此间互溶的程度非常小时，可以近似视为互不相溶双液系，如汞-水、二硫化碳-水、氯苯-水等均属于这类体系。

6.6.1　饱和蒸气压与沸点关系

当两种互不相溶的液体 A 和 B 共存时，组分间几乎互不影响，每一种液体的饱和蒸气压等于其单独存在时纯态的蒸气压，其大小只是温度的函数，而与另一组分的存在与否及数量无关，这样，这种体系的总蒸气压等于两纯组分在该温度下单独存在时的蒸气压之和，即 $p=p_A^*+p_B^*$，如示例水-氯苯体系的 p-x 和 T-x 图（见图 6-19）。

从示例图 6-19 看出，互不相溶的两种液体组成的体系，其总蒸气压恒大于任一纯组分的蒸气压，体系的沸点也恒低于任一纯组分的沸点，如示例水-氯苯互不相溶的双液系的蒸气压曲线（见图 6-20），可以看出，当外压为 $1p^{\ominus}$ 时，水的沸点 373.15K，氯苯的沸点为 403.15K，而水-氯苯体系的沸点则降到 364.15K，比纯水和氯苯的沸点均低。利用该类体系的这个特点，可实现不宜高温直接蒸馏物质的低温提纯与分离，如蒸气蒸馏（steam distillation）。

思考：

6-15　通常实验室用水封装储存汞的方法合理吗？

6-16　能否通过改变实验条件将部分互溶双液系变为互不相溶的双液系？

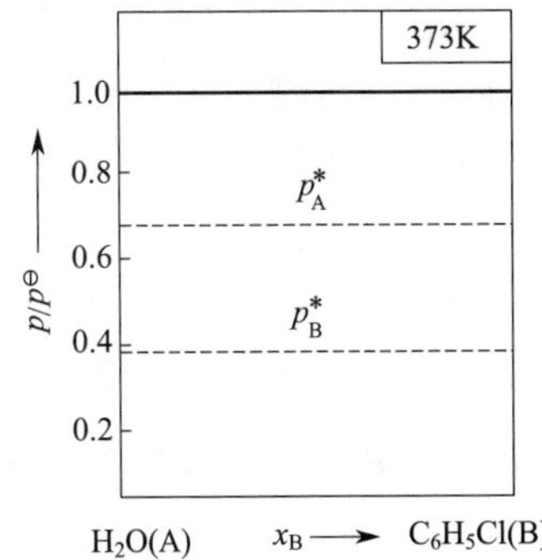

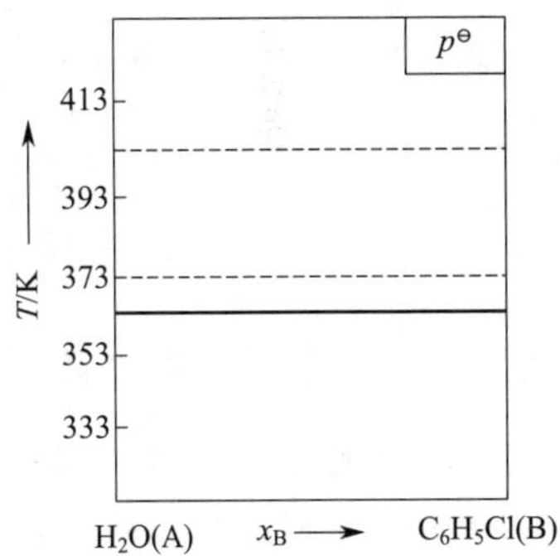

图 6-19　水-氯苯体系的 p-x 和 T-x 图

6.6.2　蒸馏蒸出物量的比例关系

利用互不相溶双液系低温蒸馏获得的蒸出物 A、B 两组分的量如何计算呢？

当互不相溶双液系沸腾时，两种组分的蒸气压分别为 p_A^* 和 p_B^*，根据道尔顿分压定律，得

$$p_A^*=py_A=p\frac{n_A}{n_A+n_B} \quad ①$$

$$p_B^*=py_B=p\frac{n_B}{n_A+n_B} \quad ②$$

式中，p 为蒸气总压；y_A、y_B 分别为气相中 A、B 两组分的物质的量分数；n_A、n_B 为 A、B 的物质的量。式①除以式②，得

$$\frac{p_A^*}{p_B^*}=\frac{y_A}{y_B}=\frac{n_A}{n_B}=\frac{w_AM_B}{w_BM_A} \quad ③$$

整理式③，得

$$\frac{w_A}{w_B}=\frac{p_A^*M_A}{p_B^*M_B} \quad (6.23)$$

式中，w_A、w_B 分别为蒸出物中 A、B 的质量；M_A、M_B 分别为 A、B 的摩尔质量。

实验室通常用水蒸气蒸馏的方法，故式(6.23) 可直接写为：

$$\frac{w_{H_2O}}{w_B}=\frac{p_{H_2O}^*}{p_B^*}\times\frac{M_{H_2O}}{M_B} \quad (6.24)$$

式中，w_{H_2O}/w_B 为蒸馏出单位质量有机物所需水蒸气的用量，称为有机液体 B 的“蒸气消耗系数”。显然，此值越

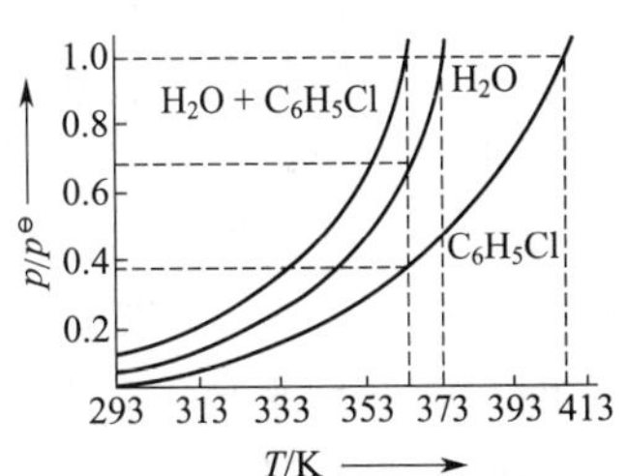

图 6-20　水-氯苯体系的蒸气压曲线

小，则水蒸气蒸馏的效率越高。由式(6.24)可以看出，对于那些摩尔质量 M_B 越大，在100℃左右饱和蒸气压 p_B^* 越高，则分出一定量的有机物所消耗的水蒸气量越少。

水蒸气蒸馏的方法还可以用来测定与水完全不互溶的有机液的摩尔质量 M_B，由式(6.24)，得

$$M_B = M_{H_2O}\frac{p_{H_2O}^* w_B}{p_B^* w_{H_2O}} \tag{6.25}$$

例题 6-11 某有机液体用水蒸气蒸馏时，在标准压力下于90℃沸腾。蒸出物中水的质量分数为0.24。已知90℃时水的饱和蒸汽压为 7.01×10^4 Pa。试求此有机液体的摩尔质量 M_B。

解： 设 $w_{H_2O}=24g$，$w_B=76g$

已知 $p_B^* + p_{H_2O}^* = p^\ominus$

$$p_B^* = p^\ominus - p_{H_2O}^* = p^\ominus - 7.01\times10^4 Pa = 3.12\times10^4 Pa$$

$$M_B = M_{H_2O}\times\frac{p_{H_2O}^* w_B}{p_B^* w_{H_2O}} = 18\times\frac{7.01\times10^4\times76}{3.12\times10^4\times24}(g/mol) = 128g/mol$$

6.7 二组分固液体系

常见的二组分固-液体系有两种，一是盐水体系，由可溶于水的盐和水组成；二是合金体系，由两种金属物质组成。在研究固体和液体平衡时，固-液体系上方的平衡蒸气压很小，如果外压大于平衡蒸气压，可以认为体系的蒸气相是不存在的，所以常将只有固-液平衡的体系称为“凝聚体系”，外压对凝聚体系的影响可忽略不计，常把压力恒定为标准压力 $p^\ominus$ 或直接将体系放置在大气中，所得结果与平衡压力下所得结果没有什么差别。因此，研究固-液体系的平衡时，通常都是在标准压力下讨论平衡温度和组成的关系，绘制的相图为温度-组成相图。

根据相律，二组分体系有 $f^* = C-P+1=2-P+1=3-P$，当体系相数最少时，$P_{min}=1$，则体系的自由度数最多为 $f_{max}^*=2$，即温度和组成，因此，二组分固-液体系的相图也是平面图，其相图也是通过实验方法绘制的，常用的方法有热分析法和溶解度法。

根据两种组分的固体互溶程度不同，可将二组分固-液体系分成三种不同的体系，其中二固体物质互不相溶体系又可分为具有简单低共熔混合物体系和有化合物生成的体系，而二固体物质部分互溶体系和完全互溶体系可归结为生成固溶体体系。

习题：

6-15 在外压为101325Pa的空气中，将水蒸气通入碘 I_2(s)-水的混合体系中进行蒸气蒸馏。在371.6K时冷凝收集的蒸出物中碘的质量分数为0.819。试计算在371.6K时碘的蒸气压。(24617Pa)

6.7.1 具有简单低共熔混合物的体系

6.7.1.1 热分析法

（1）绘制合金体系相图

热分析法（thermal analysis）是绘制凝聚体系相图的常用方法。其基本原理是：根据体系在冷却或加热过程中温度随时间的变化关系来确定体系的相态变化。通常的做法是：将所研究的二组分体系配制成系列质量分数的样品，逐个将样品加热至全部熔化，然后让其在一定的环境下自行冷却，将**体系温度随冷却时间的变化关系**数据**以温度为纵坐标、时间为横坐标**作图绘成**曲线**，因该曲线是在逐步冷却过程获得的，故将体系的这种温度-时间曲线称为“**步冷曲线（cooling curve）**”。根据步冷曲线上出现的转折或停歇点找出发生相变的温度，依此绘制出相应的相图，用此曲线研究固-液相平衡的方法称“热分析法”。下面以 Bi-Cd 二组分体系为例具体讨论热分析法研究合金体系相图的方法。

首先配制含 Cd 质量分数分别为 0、0.2、0.4、0.7、1.0 的系列样品，再把它们加热至完全熔化为液态之后，放在定压的环境中冷却，根据各样品在冷却过程中的温度与时间的相关性数据，可绘制出其步冷曲线，如图 6-21(a) 所示。分析每条步冷曲线，找出相应组成样品发生相变化时的温度，并在温度-组成图上描点表示出来。最后按含量顺序依次连接固体析出时物系点（A、C、M、E、B），连接二组分体系液相消失时物系点（D、M、F）并延长交纯 A、纯 B 于点 G、点 H，可得图 6-21(b)，即为 Bi-Cd 二组分体系的相图。

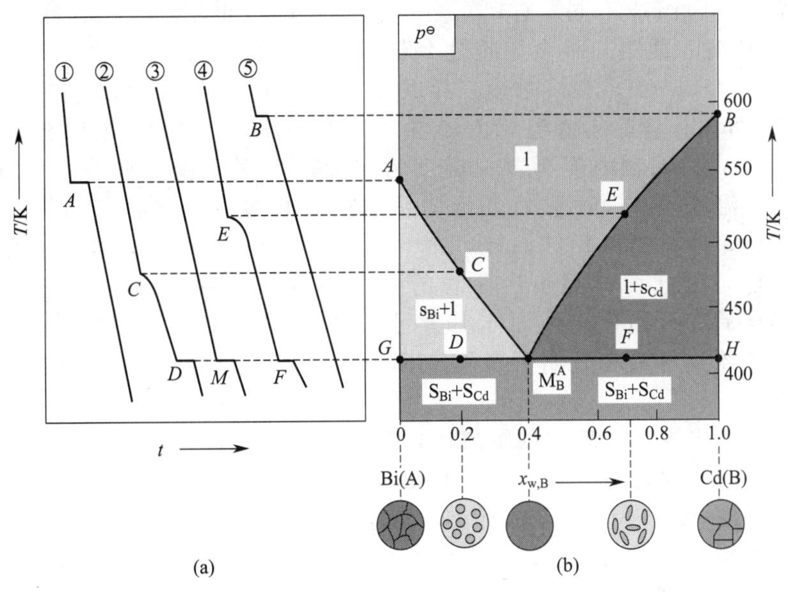

图 6-21　Bi-Cd 体系的步冷曲线和温度-组成图

（2）步冷曲线分析

步冷曲线分析是热分析绘制相图的关键，为此我们分别介绍示例中的 5 条步冷曲线。

样品①和⑤的步冷曲线：样品①含 Cd 量为 0，即纯 Bi；样品⑤含 Cd 量 1.0，即纯 Cd。组分数 $C=1$，定压下相律表达式为 $f^*=1-P+1=2-P$。当温度处在凝固点以上时，$P=1$，$f^*=2-1=1$，该自由度为体系的温度，该段过程中环境吸热体系均匀降温，在步冷曲线上表现为一段平滑曲线（体系热容不变）。当温度降至凝固点（纯 Bi 凝固点 546.15K，纯 Cd 凝固点 596.15K）时，开始析出固相，从开始凝固到全部凝固完毕的整个过程，因保持固-液两相平衡，$P=2$，则 $f^*=2-2=0$，所以体系保持凝固点温度不变。纯固体 Bi 或 Cd 的析出过程中放出相变热，此热能恰好抵消体系的散热。使步冷曲线上出现平台段，当液体全部凝成固体之后，体系又呈单相，$P=1$，$f^*=2-1=1$（表示 T），即有一个自由度，体系可均匀降温，在步冷曲线上表现为平滑线段。样品①步冷曲线中平台 A 对应温度为纯 Bi 的凝固点 546.15K，样品⑤步冷曲线中平台 B 对应的温度为纯 Cd 的凝固点 596.15K。根据这两个温度，可在温度-组成图 6-21(b) 中画出纯 Bi 及纯 Cd 的两相平衡点 A 和 B。

样品②和④的步冷曲线：样品②含 Cd 0.2、Bi 0.8，样品④含 Cd 0.7、Bi 0.3，这两个样品的组分数 $C=2$，相律为 $f^*=2-P+1=3-P$。在较高温度下（超过 Cd 的熔点 596.15K，Bi 和 Cd 都是液态），体系为单一熔融液相，$P=1$，$f^*=3-1=2$（表示 T、$x_{w,B}$），自由度为 2，体系均匀降温，在步冷曲线的上表现为平滑线段（体系热容不变）。当温度冷却至某温度时，对其中一种金属已达到饱和，便开始析出该金属，形成固-液两相平衡共存，如样品②降温至 C 点，熔液中 Bi 已经达到饱和，开始有纯固态 Bi 析出；样品④降温至 E 点，熔液中 Cd 已经达到饱和，开始有纯固态 Cd 析出。此时，$P=2$，$f^*=3-2=1$，自由度为 1，温度仍可下降，但由于随着温度的下降，一种纯金属固体不断从熔液中析出，放出相变热，部分抵偿了环境吸收的热，因而使冷却速率变得较前缓慢，在步冷曲线上出现斜率减小的另一平滑曲线（两相平衡区体系热容不断变化）。两段平滑线间的折点所对应的温度，就为体系开始析出固体金属而呈现两相平衡时的温度。因组成不同，样品②、④的折点高低也不同。当两个样品体系继续降温至 413.15K 时，使第二种金属也达到饱和，并开始析出第二种纯金属固体，呈现两种纯金属固体（Bi、Cd）和熔融液三相共存，如样品②降温至 D 点的温度 413.15K 时有纯固体 Cd 析出，样品④降温至 F 点温度 413.15K 时有纯固体 Bi 析出。因 $P=3$，则 $f^*=3-3=0$，体系自由度为零，温度为定值，因而在步冷曲线上表现为平台段。平台段所对应的温度 413.15K，就是该体系的最低共熔点，此时三相平衡共存。当熔融液全部凝固后，体系为两相纯固体，$P=2$，则 $f^*=3-2=1$，体系自由度为 1，体系又可均匀降温，因此两样品步冷曲线的下端又为平滑曲线。在其温度-组成图 6-21(b) 中可绘出样品②开始析出纯固体 Bi 的点 C 和纯固体 Cd、纯固体 Bi 和熔液三相平衡的点 D；同理绘出样品④开始析出固体 Cd 的点 E 和纯固体 Cd、纯固体 Bi 和熔液三相平衡的点 F。

样品③的步冷曲线：样品③的组成恰好等于最低共熔混合物的组成。因此在降温过程中，不存在一种金属比另一种金属早析出的问题，而是达到最低共熔点 413.15K 时，两种金属组分同时达到饱和并同时析出，直接形成最低共熔混合物，因此，样品③的步冷曲线上端为平滑线段（$P=1$，$f^*=3-1=2$），紧接着在低共熔温度 413.15K 时出现平台段（$P=3$，$f^*=3-3=0$），而没有斜率不同线段的折点。当熔融液全部凝固后，温度又可均匀下降（$P=2$，$f^*=3-2=1$），因此步冷曲线的下端又为平滑曲线。由步冷曲线平台段 M 所对应温度 413.15K，可在温度-组成图中绘出样品③的纯固态 Bi、纯固态 Cd 和熔液三相平衡点 M。低共熔混合物在冷却过程中，在时间足够长条件下，理论上可以获得两种纯固体；事实上，低共熔混合物为两种固体的混合物，故有时表示为 M_B^A，为含有 A、B 物质的混合物（$P=2$）。

通过对步冷曲线的分析可看出，步冷曲线可提供如下信息：

① 步冷曲线的各平滑线段内，体系的相数不变，表示体系的均匀变温过程。

② 步冷曲线的拐点（折点）表示对应体系中相数发生改变，出现新相，呈两相平衡共存，折点以下平滑线段上的每一点所对应温度为固相-熔液两相平衡共存时的温度。出现折点的原因是冷却过程中出现某组分凝固，放出凝固潜热，部分补偿环境所移走的热，致使表现为冷却速率减慢；由于在两相平衡温度降低的过程中，体系热容始终处于变化中，故冷却速率不一，在步冷曲线上表现为平滑线段的斜率不一。

③ 步冷曲线的平台段，体系自由度数为零，表示温度恒定。对纯组分为二相平衡（如纯 Bi）；对二组分表示达最低共熔点，呈三相（两种纯固体 Bi、Cd 和组成为 M 的饱和熔液）平衡共存。

（3）相图分析

同样，对二组分固-液体系相图 6-21(b) 中的点、线、面作分析。

A、*B*、*M* 三点分别为纯 Bi、纯 Cd 的熔点和三相点，分别对应着：Bi(s)══Bi(l)、Cd(s)══Cd(l)、Bi(s)＋Cd(s)══熔融液的三种平衡。三相点 M 的温度比纯 Bi 或纯 Cd 的熔点（凝固点）都低，因此又称最低共熔点。

AM 线代表纯固体 Bi 与熔融液呈平衡时的液相线，也称 Bi 的凝固点下降曲线，或称 Bi 的溶解曲线。*BM* 线代表纯固体 Cd 与熔液呈平衡时的液相线，也称 Cd 的凝固点下降曲线，或称 Cd 的溶解曲线。*GMH* 直线称三相平衡线，只要物系点是落在该线上（两端点除外）就出现三相：纯固态 Bi、Cd 质量分数为 0.4 的溶液和纯固态 Cd，但各相的含量比例随物系点在三相线上的位置不同而不同。

ACMEB 连线上方的面为熔液相（l）单相区。*ACMDG* 所夹的面为二相平衡区，对应着 $s_{Bi}=l$ 平衡，*BEMFH* 所夹的面也为二相平衡区，对应着 $l=s_{Cd}$ 平衡。*GMH* 线以下的面为纯 Bi 和纯 Cd 的互不相溶的固态混合物。如果物系点落在两相共存区内，两相间的相对数量可由杠杆规则求得，但在三相线上不能应用杠杆规则。

在实际工业生产中，常利用具有低共熔点的合金相图来制备具有低共熔点的合金用品，如焊锡、保险丝等，一些具有简单低共熔混合物体系的有关数据见表 6-3。

6.7.1.2 溶解度法

（1）绘制盐-水体系相图

将某一种盐溶于水中时，会使水的冰点降低，冰点降低的多少与盐在溶液中的浓度有关。如果将一定浓度的盐溶液降温，则在 0℃以下的某个温度将析出纯冰，这个温度就是该浓度盐溶液的冰点，不同浓度的盐溶液其冰点也不相同，表 6-4 中数组②③④为不同浓度条件下 $(NH_4)_2SO_4$ 水溶液

思考：

6-17 步冷曲线上为什么会有拐点？你从拐点现象受到什么启示？（物以类聚，人以群分；CREATOR）

思考：

6-18 如何计算三相线上三相间的相对数量？

表 6-3 一些低共熔点金属混合体系

体系(A-B)	$x_{w,B}$	共熔点/K
Sb-Pb	0.87	540
Sn-Pb	0.381	456.3
Si-Al	0.89	851
Be-Si	0.32	1363
KCl-AgCl	0.69	579
$CHBr_3$-C_6H_6	0.50	247

的冰点值。如果盐在水中的浓度比较大时，在溶液冷却的过程中析出的固体不是冰而是纯的固体盐，这时该溶液称为盐的饱和溶液，盐在水中的浓度称为“溶解度”，不同温度下盐的溶解度也不同，表 6-4 中数组⑥～⑩为不同温度下 $(NH_4)_2SO_4$ 在水中的溶解度。

将表 6-4 中的数据绘制在温度-组成图中。根据不同浓度条件下 $(NH_4)_2SO_4$ 水溶液的冰点值绘制出 LM 线，根据不同温度下 $(NH_4)_2SO_4$ 在水中的溶解度绘出 CM 线。无论是水溶液冰点线的绘制，还是 $(NH_4)_2SO_4$ 溶解度曲线的绘制，均可得到这样的结论：当温度达到 254.8K 时，体系将有纯固体冰、纯固体 $(NH_4)_2SO_4$ 和含 $(NH_4)_2SO_4$ 浓度为 0.398 的溶液三相共存。过 M 点作一条恒温线 AMB，这便得到如图 6-22 所示的 $(NH_4)_2SO_4$-H_2O 体系的相图。

（2）相图分析

图 6-22 中的 LM 曲线是冰和溶液成平衡的曲线，一般称为水溶液的冰点线或冰的饱和溶液曲线，$P=2$，在曲线上的自由度为：$f^*=3-P=3-2=1$（T 或 x），LM 线上各点每个组成对应于一个温度。CM 曲线是固体 $(NH_4)_2SO_4$ 及其饱和溶液两相平衡共存曲线，称为 $(NH_4)_2SO_4$ 的溶解度曲线或 $(NH_4)_2SO_4$ 的饱和溶液曲线，$P=2$，在曲线上的自由度为：$f^*=3-P=3-2=1$（T 或 x），CM 线上各点每个温度对应于一个饱和溶液组成。水平线 AMB 为三相线，线上任一点表示纯冰、$(NH_4)_2SO_4$ 和组成为 M 的溶液三相平衡共存，$P=3$，$f^*=3-P=3-3=0$，说明体系只要保持两个固相和一个液相的三相共存，体系的温度及 3 个相的组成都是确定的。

图 6-22 中 L、C 和 M 点分别为冰的熔点、盐的饱和溶解度点和三相点，对应着为 $H_2O(s) \rightleftharpoons H_2O(l)$、$(NH_4)_2SO_4(s) \rightleftharpoons$ $(NH_4)_2SO_4$ 水溶液和 $H_2O(s) \rightleftharpoons (NH_4)_2SO_4(s) \rightleftharpoons (NH_4)_2SO_4$ 水溶液的平衡。M 点的意义为：①该点的组成为 $(NH_4)_2SO_4$ 和冰同时析出时饱和溶液的组成，即当具有 M 点组成的溶液降温至 M 时同时析出固体冰和固体 $(NH_4)_2SO_4$，时间足够长时通常认为二固体是分开的，时间较短时通常形成组成为 M 点的细小混晶。②具有组成为 M 的细小混晶，称为简单最低共熔混合物，简称低共熔物。同样，具有 M 点相图的体系属于低共熔体系。“简单低共熔混合物”中的“简单”是指构成混合物的两相是纯物质［如 $(NH_4)_2SO_4(s)$ 和冰］，晶体虽小但仍为两相，不是均匀的一相，但其熔点是恒定的。“最低”是指混合物熔点虽然恒定，但比其固体纯组分［冰、$(NH_4)_2SO_4(s)$］熔点均低，也是溶液所能存在的最低温度。“共熔”是指二组分［冰和 $(NH_4)_2SO_4(s)$］混晶加热，则二组分会同时熔化。③AMB 线上的其他各点（除 M 点外）

表 6-4 $(NH_4)_2SO_4$(B)-水(A)体系数据

No.	T/K	$x_{w,B}$	固相
①	273.15	0.000	冰
②	267.8	0.167	冰
③	262.2	0.286	冰
④	255.2	0.375	冰
⑤	254.8	0.398	冰+B(s)
⑥	273.2	0.414	B(s)
⑦	293.2	0.430	B(s)
⑧	323.2	0.458	B(s)
⑨	353.2	0.488	B(s)
⑩	373.2	0.508	B(s)

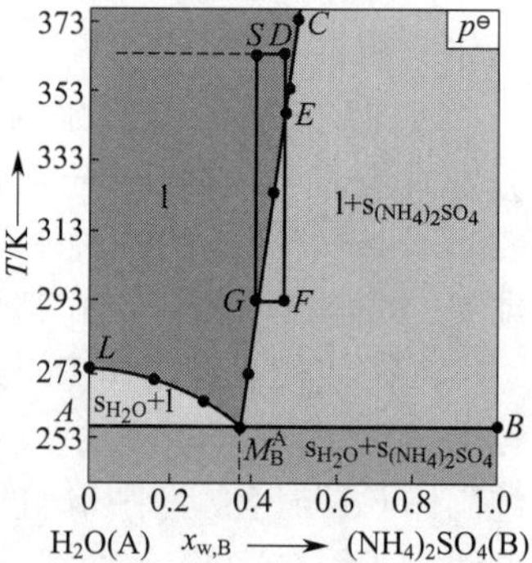

图 6-22 $(NH_4)_2SO_4$-H_2O 的相图

思考：

6-19 如何在一个 T-x 图中表示一个二组分体系既具有气-液平衡又具有固-液平衡的相图？

不同于 M 点，这些点仅代表冰、$(NH_4)_2SO_4(s)$ 和组成为 M 的饱和溶液的三相平衡共存。由于冰和 $(NH_4)_2SO_4(s)$ 不是同时析出，形成的混晶其组成亦不固定。若对此混晶加热至 254.8K 时，冰和硫酸铵亦开始熔化，但它们不会同时消失。如果物系点在 M 点的右侧，则冰先消失时还有 $(NH_4)_2SO_4(s)$ 存在；若物系点在 M 点的左侧，则硫酸铵固体先消失，但冰还存在。因此，AMB 上除 M 点以外的其他各点所形成的混晶都不是低共熔混合物。

LMC 上方是单一液相区，在此区域中，根据相律 $f^*=3-P=3-1=2$，有两个自由度。LMA 区是冰和溶液两相平衡共存区，某一温度下共存两相的相点就是过物系点的水平线与左纵轴和曲线 LM 的两个交点，溶液的组成一定在 LM 曲线上；CMB 区是固体 $(NH_4)_2SO_4$ 和溶液两相平衡共存区，此区内两相的相点就是过物系点的水平线与右纵轴和曲线 CM 的两个交点，溶液的组成一定在 CM 曲线上。当温度低于 254.8K，相图中直线 AMB 以下所围区域是两个互不相溶的固体冰和固体 $(NH_4)_2SO_4$ 两相共存区。在这 3 个两相共存区域，根据相律 $f^*=3-2=1$，只能有一个自由度。在两相区内可用杠杆规则求出两相的相对量。

要说明的是，相图中 CM 线不能随便延长至与纵坐标相交，这是因为铵盐不稳定，未至熔点有可能分解。

表 6-5 列出了一些低共熔盐 (B)-水 (A) 体系的 $x_{w,B}$ 和共熔点值。

(3) 相图应用

盐-水体系相图对利用结晶法分离和提纯无机盐具有重要意义。如根据图 6-22 可知，欲获得纯的 $(NH_4)_2SO_4$ 晶体，溶液的组成应在低共熔点 M 的右侧，否则（若在 M 点左侧）在直接冷却过程中将先析出冰，冷至 M 点以下同时析出冰和 $(NH_4)_2SO_4$ 结晶，得不到纯的 $(NH_4)_2SO_4$ 晶体。因此，对于盐浓度较小的物系需先进行蒸发浓缩，使物系点向右移动越过 M 点后，再进行冷却方可得到纯的 $(NH_4)_2SO_4$ 晶体。

如果提纯含少量杂质的 $(NH_4)_2SO_4$，可采用水溶液重结晶法：在较高温度下，将该盐配制成物系点在 S 点组成的溶液（或将稀溶液加热浓缩至 S 点组成）（如图 6-22 所示），加入硫酸铵的粗产品，使物系点移动离饱和溶液较近的 D 点，趁热过滤除去不溶性杂质，然后冷却，当物系点沿着 DF 下降进入两相区从而析出纯的 $(NH_4)_2SO_4$ 晶体，随着 $(NH_4)_2SO_4$ 的析出，溶液中盐的浓度减小，当冷至常温 F 点时，其溶液组成为点 G，析出 $(NH_4)_2SO_4$ 的数量可通过杠杆规则计算。将两相分离后溶液（母液）组成为 G 点，再加热至 S 点，然后再加入粗盐，物系点重新由 S 点变至 D 点，可进行第二次操作。如

习题：

6-16 工业上通常用电解熔融 LiCl(s) 的方法制备金属锂 Li(s)。为了节约能量，常常加入一定量的 KCl(s)。为了获得精确制备 Li(s) 的方法，研究了 LiCl-KCl 体系的相图，结果如下：LiCl(s)、KCl(s) 的熔点分别是 878K、1048K，LiCl(A)-KCl(B) 二组分体系的低共熔点为 ($x_{w,B}=0.50$，629K)，另外在步冷曲线实验中获得在 723K 时组分 $x_{w,B}=0.43$ 的熔化物析出 LiCl(s)，组分 $x_{w,B}=0.63$ 的熔化物析出 KCl(s)。

(1) 请绘制出 LiCl(A)-KCl(B) 二组分体系的低共熔相图；

(2) 加入一定量 KCl 有利于节能的原因是什么？

(3) 电解槽的操作温度应高于哪个温度？为什么？(>629K)

(4) 加入 KCl(s) 的质量分数应控制在哪个范围为宜？ ($x_{w,B}=0.50\sim0.6$)

表 6-5 一些低共熔盐 (B)-水 (A) 体系

B	$x_{w,B}$	共熔点/K
NaCl	0.233	252.05
NaI	0.390	241.65
KBr	0.313	260.55
$(NH_4)_2SO_4$	0.398	254.85
Na_2SO_4	0.384	272.05
$CaCl_2$	0.299	218.15
NaBr	0.403	245.15
KCl	0.197	262.45
KI	0.523	250.15
MgS_4	0.165	269.25
KNO_3	0.112	270.15
$FeCl_3$	0.331	218.15

此循环就可得到纯净的 $(NH_4)_2SO_4$ 晶体。当然，循环次数多了，母液中由于积累较多可溶性杂质而不再是近似的二组分体系（这时应对母液作一定的处理或另换母液）。

6.7.2 生成化合物的体系

有些二组分固-液体系，在一定温度、组成下，不仅可形成最低共熔混合物，两个组分间可以以一定比例化合，生成稳定化合物或不稳定化合物。

然而，化合物的生成并不改变体系的组分数，因每生成一个化合物，各组分间就存在一个化学反应平衡关系，所以体系的组分数仍为 2，在这种类型的二组分体系相图中，两个组分在液相时完全互溶，在固态时形成一种或几种化合物。

（1）生成稳定化合物

若 A 和 B 两组分能形成化合物，当加热该固体化合物至其熔点时，该固体化合物熔化为液态时也不分解，且液态与固态有相同的组成，这种化合物就称为稳定化合物，相应的熔点称为相合熔点，因此又称其为有相合熔点的化合物。

图 6-23 是苯酚（A）和苯胺（B）体系的相图。A 与 B 以 1∶1 的分子比形成稳定化合物 A·B，它具有固定的相合熔点（304 K）。该相图具有如下特点：

① 根据化合物组成，确定其在横轴的位置，并用竖线表示之。图中 CD 线是 A·B 固相的单相线。竖线最高点 D 即是化合物 A·B 的熔点。

② 相图可视为由简单低共熔体系的相图组合而成。本示例图中表示形成一种化合物 A·B，有两个低共熔点 M_1、M_2。整个相图看作由 A-A·B 和 A·B-B 相图组成。曲线 AM_1 和 BM_2 分别为苯酚与苯胺的熔点下降曲线，曲线 DM_1 和 DM_2 是稳定化合物 A·B 的熔点下降曲线，表明当化合物 A·B 中加入组分 A 或 B 时，都会使化合物的熔点降低。EM_1F 和 GM_2H 是两条三相线，对应 A(s)══A·B(s)══溶液（M_1）、B(s)══A·B(s)══溶液（M_2）的平衡。

③ 在图 6-23 中的 D 点时，二组分体系实际上已经成为一组分体系，因此在此组成的溶液冷却时，其步冷曲线的形式与纯物质相似，温度达到 D 点时将出现一水平线段。

有时两组分间可能不止生成一种稳定化合物。在盐水体系中出现这种情况较多，如 H_2SO_4-H_2O 体系，可生成三种化合物 $H_2SO_4\cdot4H_2O$、$H_2SO_4\cdot2H_2O$、$H_2SO_4\cdot H_2O$，但仍是二组分体系，其相图见图 6-24，可将该相图看作是由四个简单的低熔点相图连接而成，共有三个化合物和四个最低共熔点；其中最低共熔点 M_4（$x_B=0.694$

思考：

6-20 怎么理解“相合熔点”？（组分相同的液相、固相所重合的点）

6-21 体系生成稳定化合物在相图中的特点是什么？（垂直线，最高点为相合熔点）

6-22 最低共熔物点是否为相合熔点？试区分稳定化合物与最低共熔物。

[不考虑压力条件下凝固时液相组成和固相组成都相同。**稳定化合物**：（1）组成不随压力而改变；（2）具有简单整数原子个数比的化学组成；（3）析出的固相为单相。**最低共熔物**：（1）组成随压力会改变；（2）一般原子个数比不一定有简单整数比；（3）析出的低共熔物为两相]

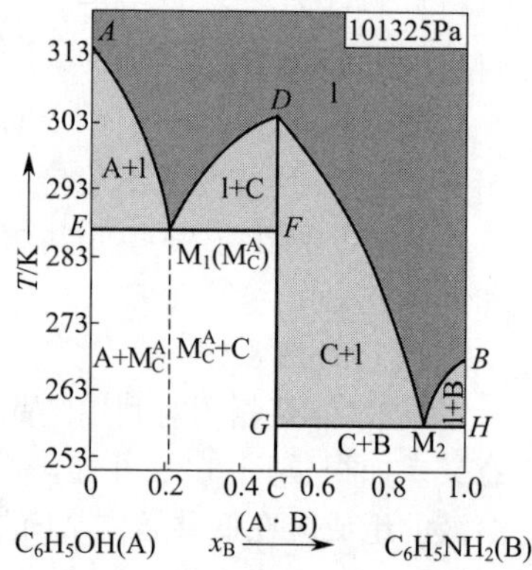

图 6-23 苯酚-苯胺体系相图

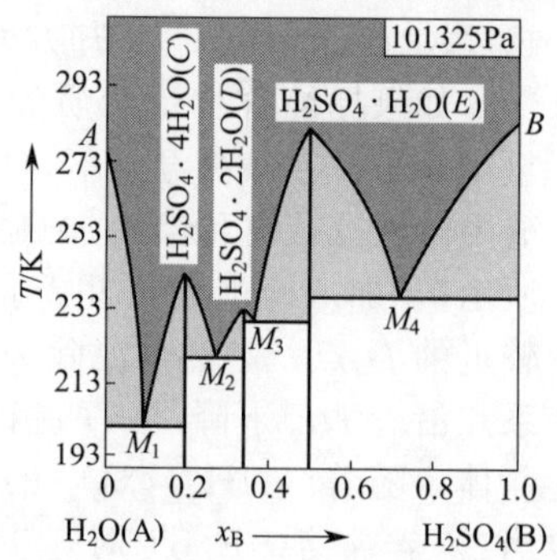

图 6-24 H_2O-H_2SO_4 体系相图

折算成质量分数为 0.925）要求我们在冬季运输和储藏硫酸时选择 92.5% 的硫酸（凝固点为 238.15K），而不是 98% 的浓硫酸（结晶温度 273.25K）。

（2）生成不稳定化合物

如果体系中两个纯组分 A 和 B 之间形成不稳定化合物，将此固体化合物加热时未到达其熔点便发生分解，分解为一个新固体及溶液，且溶液的组成和原化合物的组成也不一致。不稳定化合物的分解温度称为不相合熔点，因此该化合物也称为具有不相合熔点的化合物。这个分解温度有时也称转熔温度或转熔点，这种分解反应称为转熔反应，其通式表示为：

$$C_{2,s} \longrightarrow C_{1,s} + L$$

式中，$C_{2,s}$ 为所形成的不稳定化合物；$C_{1,s}$ 为分解反应所生成的新固相，它可以是一纯组分，也可以是一化合物；L 为分解反应所生成的溶液。这种转熔反应是可逆反应，加热时反应自左向右移动，冷却时反应就逆向进行。根据相律 $f^* = 2-3+1=0$，即发生此反应时的自由度为零，故体系的温度和各相组成都不变，在步冷曲线上此时出现一水平线段。

图 6-25 为由不稳定化合物 $CaF_2 \cdot CaCl_2$（A·B）生成的 CaF_2（A）- $CaCl_2$（B）的相图。当温度升至 1010K 时，固体化合物便会分解而建立平衡：$CaF_2 \cdot CaCl_2(s) \rightleftharpoons CaF_2(s) +$ 溶液（l）。1010K 不是 $CaF_2 \cdot CaCl_2$ 化合物的熔点，称为 $CaF_2 \cdot CaCl_2$ 的不相合熔点；*CE* 线是 $CaF_2 \cdot CaCl_2$ 固相物质的单相线；*DEF* 和 *GMH* 均为三相线，分别表示 $CaF_2(s) \rightleftharpoons CaF_2 \cdot CaCl_2(s) \rightleftharpoons$ 溶液（l）、$CaF_2 \cdot CaCl_2(s) \rightleftharpoons CaCl_2(s) \rightleftharpoons$ 溶液（l）的三相平衡；各区代表的意义见图 6-25；分别沿着 *a*、*b*、*c*、*d* 线冷却过程，体系发生的过程为：

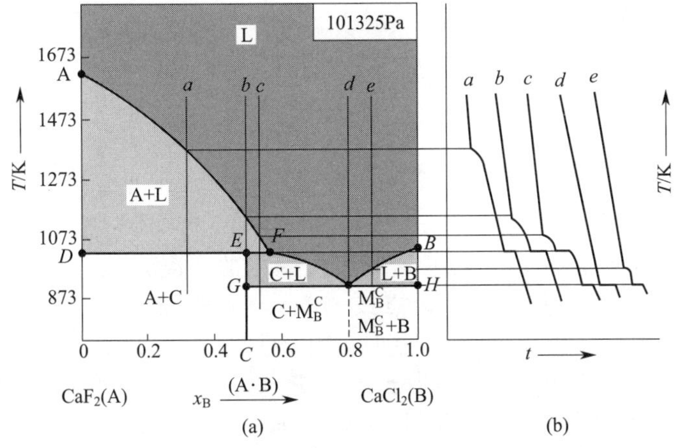

图 6-25　CaF_2-$CaCl_2$ 体系的相图及步冷曲线图

习题：

6-17　某同学研究金属材料，选取了两种能形成低共熔点的金属 A 和 B 进行相图实验，实验发现有两个低共熔点，M_1（$x_{w,B}=0.10$，$T=650K$），M_2（$x_{w,B}=0.50$，$T=600K$），有最高相合熔点（$x_{w,B}=0.20$，$T=850K$），另外 A（$x_{w,B}=0.00$，$T=700K$），B（$x_{w,B}=1.00$，$T=900K$）。

（1）试画出 A-B 形成的二组分低共熔相图，并分析各区的相态和自由度。

（2）分别画出 $x_{w,B}=0.30$、0.50、0.75 的熔化物从 950K 冷却到 550K 过程中的步冷曲线，并用相律说明其冷却过程中的相变和自由度的变化。

6-18　某盐（B）-水（A）体系有如下相图：

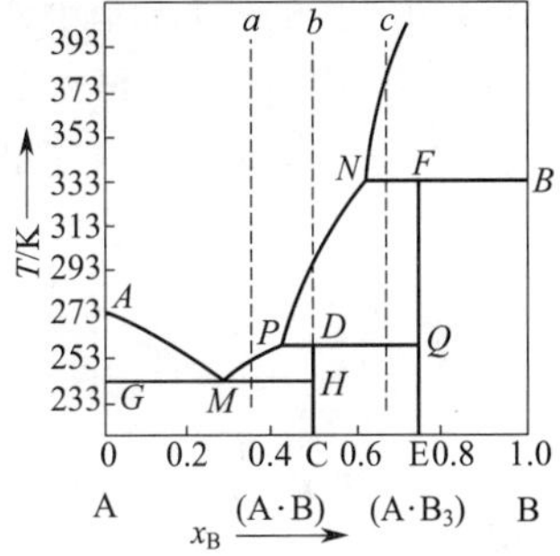

（1）请指出该相区分别由哪些相组成。

（2）图中三条水平线分别代表哪些相平衡共存？

（3）分别画出从 *a*、*b*、*c* 点将熔化物冷却的步冷曲线，并用相律说明其冷却过程中的相变和自由度的变化。

（4）试设计由 B 的稀溶液制备纯物质 B、C(AB)、E(AB_3) 的最佳操作步骤。

6-19　实验组分 A 和 B 体系相图实验，A 的熔点比 B 的低，二者混合能形成一个没有相合熔点的化合物 A_2B。试画出该体系在等压下的温度－组成相图示意图，并标出各相区的状态。

线 a：L ⟶ A(s)+L ⟶ A(s)+C(s)+L(F) ⟶ A(s)+C(s)
线 b：L ⟶ A(s)+L ⟶ A(s)+C(s)+L(F) ⟶ C(s)
线 c：L ⟶ A(s)+L ⟶ A(s)+C(s)+L(F) ⟶ C(s)+L ⟶ C(s)+M_B^C(s)+L(M) ⟶ C(s)+M_B^C(s)
线 d：L ⟶ M_B^C+L(M) ⟶ M_B^C
线 e：L ⟶ M_B^C+L(M) ⟶ M_B^C+B

这类相图对实际生产具有指导意义，如 CaF_2 和 $CaCl_2$ 液态组成落在 C 点左侧，冷却时首先析出的是 CaF_2 而不能得到 $CaCl_2$，若组成落在 C 点右侧，冷却时得到的是 $CaF_2 \cdot CaCl_2$ 化合物，只有组成在 E 点右侧时，才可能得到较多的纯 $CaCl_2$(s)。

6.7.3 生成固溶体的体系

一些两组分物质在液态时可无限互溶，将熔融液降温时所凝成的固相，不是纯组分，而是两种组分相互溶解形成的固体溶液，简称固溶体。根据两种组分在固相中互溶程度的不同，一般分为“完全互溶”和“部分互溶”两种情况。

6.7.3.1 完全互溶固溶体体系

当体系中的两个组分不仅能在液相中完全互溶，而且在固相中也能彼此以任意比例互溶，在固态时能形成连续固溶体，其温度-组成相图与完全互溶双液系的温度-组成图形式相似。

(1) 固相共熔点介于两组分熔点之间的体系

因为该类体系中最多只有液相和固相两个相共存。根据相律 $f^* = 2-2+1=1$，即在压力恒定时，体系的自由度最少为 1 而不是 0。因此，这种体系的步冷曲线上不可能出现水平段，如 Bi-Sb 体系的相图及步冷曲线（见图 6-26）。

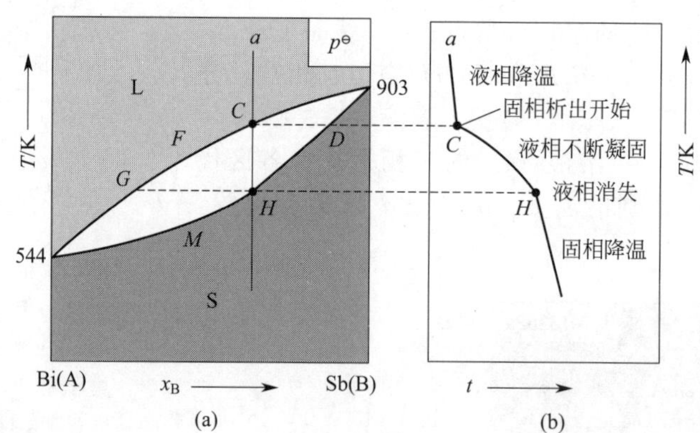

图 6-26 Bi-Sb 体系的相图和步冷曲线图

图 6-26 中 F 线以上区域为液相区，M 线以下区域为固相区，F 线和 M 线之间的区域为液-固相共存的两相平衡区。F 线为液相冷却时开始凝固出固相的“凝点线（line of freezing points）”，M 线为固相加热时开始熔化的“熔点线（line of melting points）”。

取组成为 a 的熔液缓慢降温冷却，当温度降达 C 点时，开始析出组成为 D 点的固溶体；过 C 点后，随温度降低，液、固两相组成不断分别沿 $C \to G$ 和 $D \to H$ 变化；两相区内为熔液-固溶体的两相平衡，两相数量可根据杠杆规则计算获得。当温度冷至 H 点时，体系液相中的最后一滴液体组成为点 G；过 H 点后，全部凝固为固溶体，此后，为固溶体的冷却。

（2）具有最高或最低熔点的体系

具有最高或最低熔点的体系的温度-组成相图类似于液-气平衡的溶液体系温度-组成图，如图 6-27 所示为具有最高熔点和最低熔点的完全互溶固溶体体系，在极值点处，液相组成和固相组成相同，此时的步冷曲线上应出现水平线段。

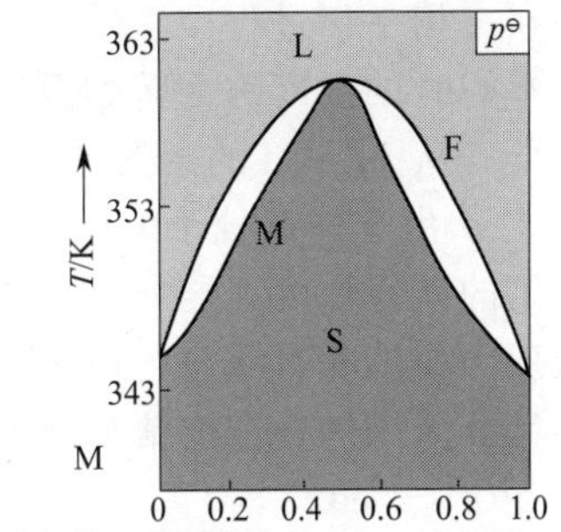

(a) d-$C_{10}H_{14}$=NOH-l-$C_{10}H_{14}$=NOH体系

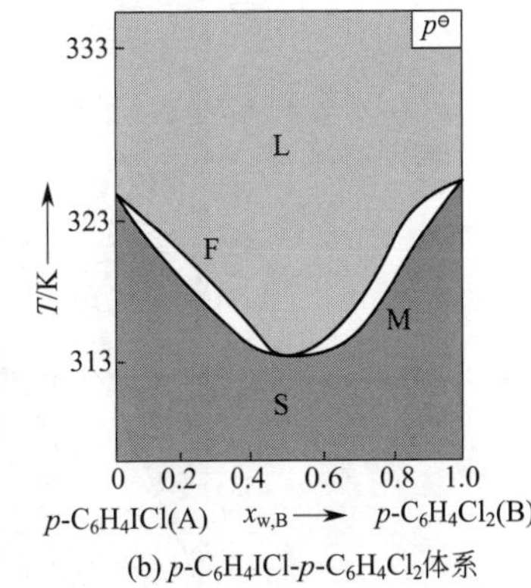

(b) p-C_6H_4ICl-p-$C_6H_4Cl_2$体系

图 6-27　具有极值点的体系

6.7.3.2　部分互溶固溶体体系

两个组分在液态可无限混溶，而固态在一定的浓度范围内形成互不相溶的两相。

（1）低共熔点体系

如图 6-28(a) 是 KNO_3-$TiNO_3$ 体系的相图，$TiNO_3$ 能溶于 KNO_3 中成为 α 固溶体，KNO_3 也能溶于 $TiNO_3$ 中成为 β 固溶体，这两种固溶体可以与 F 点熔液形成三相共存，因此，根据相律 $f^*=2-3+1=0$，在步冷曲线上应出现水平线段［如图 6-28(b) 所示］。AFB 线以上的区域为液相区，$ACDE$ 为 α 固溶体区，$BGHJ$ 为 β 固溶体区，ACF 为 α 固溶体-L 的两相平衡区，BFG 为 β 固溶体-L 的两相平衡区，CFG 线是 α 固溶体-L(F 点组成)-β 固溶体的三相平衡区。

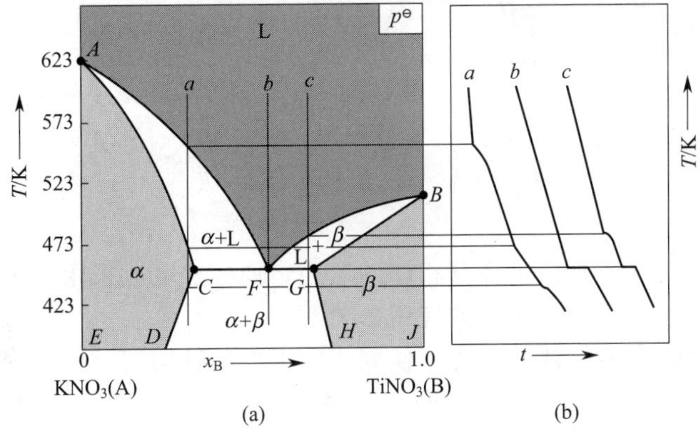

图 6-28　KNO_3-$TiNO_3$ 体系的相图及步冷曲线

（2）转熔温度体系

图 6-29(a) 为 Hg-Cd 体系的相图，图中 ADF 为 α 固溶体区，$BEGH$ 为 β 固溶体区，BCE 区为熔液 L-β 固溶体的两相平衡区，ACD 为熔液 L-α 固溶体的两相平衡区，$DEGF$ 为 α-β 两固溶体两相平衡区，CDE 线为熔液 L(C 点)-α 固溶体-β 固溶体的三相平衡共存线，其自由度 $f^*=2-3+1=0$。

若体系沿着图 6-29(a) 中的 a 线冷却，体系的步冷曲线如图 6-29(b) 所示。可以看出在冷却过程中，先析出的固相为 β 固溶体，而在三相平衡过程中，随着温度的降低，β 固溶体相消失并转化为 α 固溶体相，

思考：

6-23　部分互溶固溶体体系与部分互溶双液系的相图有哪些相同点和不同点？

习题：

6-20　试根据 Bi-Zn 相图（如下所示），

（1）在图中标出各区域的稳定相；

（2）绘出体系由 a 点降温时的步冷曲线，并在步冷曲线上标注相变化和自由度变化。

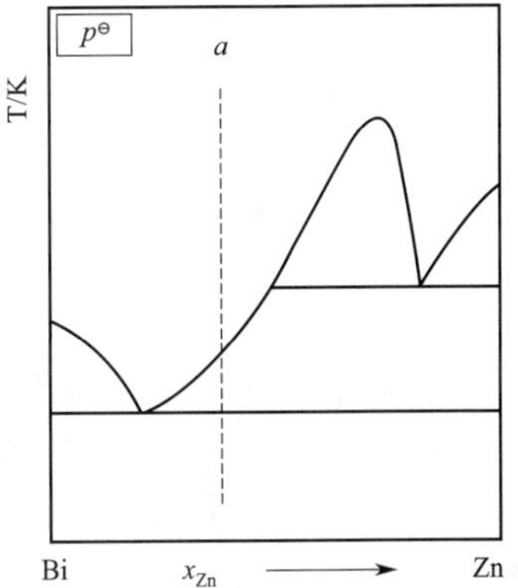

即体系在三相平衡过程中发生了固相间的转换，相当于获得了不同熔点的固相物质，因此，把三相平衡时的温度称为转熔温度。

另外，从 Hg-Cd 的相图图 6-29(a) 可知，在室温下，镉汞齐电极中镉含量在 0.05～0.14 间时，由于体系处于熔化物 L-α 固溶体的两相平衡区，就组分 Cd 而言，它在这两相中均有一定的共轭浓度，这样，只要温度是确定的，即使体系中镉总量发生微小的变化，也只不过改变两相的相对质量，而不会改变这两相的浓度，即镉汞齐活度在定温下有定值。因此电化学部分采用的标准电池在定温下有恒定的电动势值。

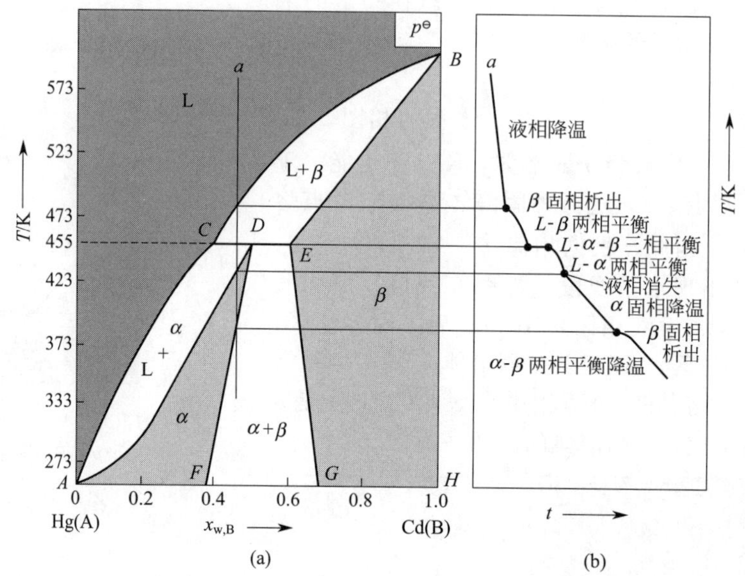

图 6-29　Hg-Cd 体系的相图及步冷曲线

6.7.4　固液体系相图的应用

在前面的固液体系相图分析中，我们已经介绍了部分相图的应用，如标准电池采用镉汞齐电极。另外，固液体系的相图在热处理方面有着重要的应用。

由于固相组织的不均匀性常常会影响合金的性能。为了使固相的组成能较均匀，可将固体的温度升高到接近熔化温度，并在此温度保持一定的时间，使固体内部各组分进行扩散，从而体系趋于均匀性平衡。如热处理过程中的退火、淬火技术等，都是根据固-液平衡的理论来制备高性能材料。

再如，在工业生产中，常用区域熔炼的方法来制备高纯度物质，如高纯金属、高纯半导体材料、高纯有机物的制备以及高聚物分级等，其工作原理示意见图 6-30。开始时，把加热环放在最左端，使该区的金属全部熔化成液体，然后使环慢慢向右移动，熔化区也慢慢向右移动，最左端的预先熔化的金属再逐渐凝固。

令 c_M 和 c_F 分别代表杂质在固相和液相的浓度，则

$$K_f=\frac{c_M}{c_F} \tag{6.26}$$

式中，K_f 称为分凝系数（fractional coagulation coefficient）。

对于 A-B（杂质）的固液体系，由于微量杂质 B 的存在，物质 A 的熔点会升高或降低，对于杂质 B 具有不同分凝系数的物质，在多次区域熔炼过程中，液相和固相的浓度关系如图 6-31 所示。

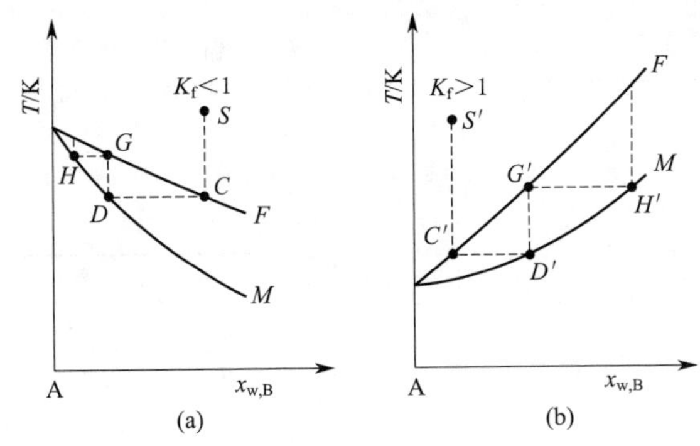

图 6-31　区域熔炼原理示意

对于 $K_f<1$ 的体系，杂质 B 在固相中的含量低于液相中的含量。每次的区域熔炼过程如图 6-31(a) 所示，当第 1 次区域熔炼时，体系从 S 点降温冷却，到 C 点时开始有固相 D（在左端处）析出，这样，固相中杂质含量低于液相；当第 2 次区域熔炼时，相当于体系从 G 点变为 H 点，固相杂质含量再次减少；如此反复，左端再凝固获得的物质纯度越来越高，而在右端的杂质含量越来越高。每一次区域熔炼过程，加热环像扫帚一样，把杂质 B 从左端“扫”到了右端。最后结果为，$K_f<1$ 的体系左端得到极纯的物质。对于 $K_f>1$ 的体系，其情况相反，杂质 B 集中于左端，右端获得极纯的金属。

例题 6-12　恒压下 BaO-La_2O_3 体系凝聚相图如下：

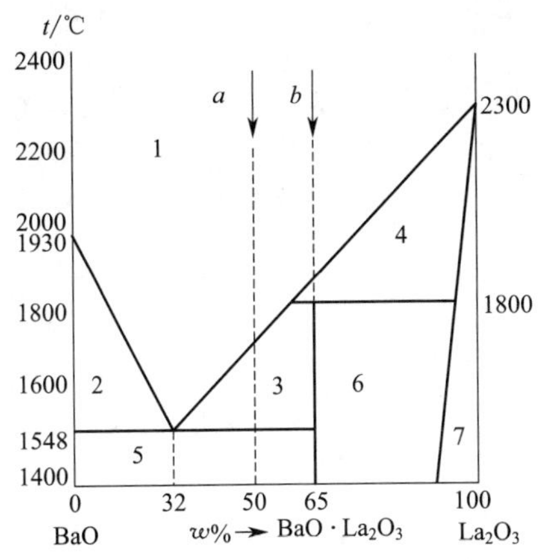

(1) 请说明各相区稳定存在的相态和条件自由度 f^*；

(2) 画出组成为 a 和 b 的熔化物从 2400℃ 冷却到 1400℃ 的步冷曲线；

(3) 将 1kg 熔化物 a 冷却，什么温度下可以分离出最大量的纯净固体 $BaO \cdot La_2O_3$？计算析出固体的量。

思考：

6-24　固溶体理论对金属热处理工艺有哪些指导性作用？

6-25　刀切热物体退火的原因是什么？

6-26　淬火过程（快速冷却后又慢慢冷却）实质上发生了什么？

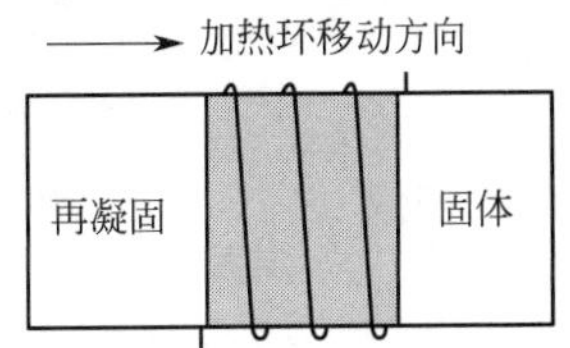

图 6-30　区域熔炼工作示意

习题：

6-21　分别标明下列三个二组分体系相图中各区域、水平线的相数、相态和自由度。

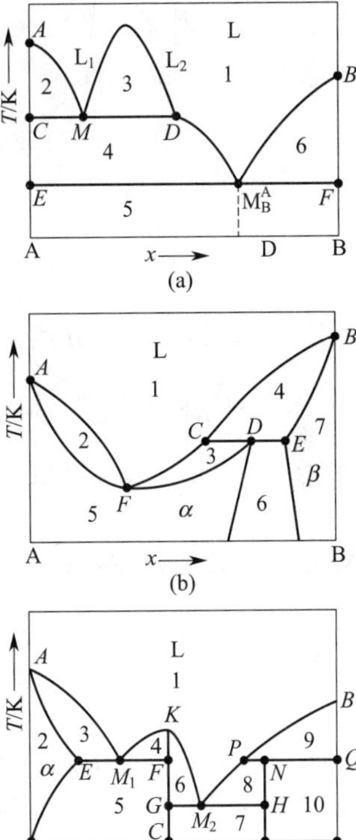

解：(1) 各相区稳定存在的相态和条件自由度 f^* 见下表：

相区	相态	f^*
1	l	2
2	$s_{BaO}+l$	1
3	$s_{BaO\cdot La_2O_3}+l$	1
4	$\alpha+l$	1
5	$s_{BaO}+s_{BaO\cdot La_2O_3}$	1
6	$s_{BaO\cdot La_2O_3}+\alpha$	1
7	α	2

(2) a 和 b 的步冷曲线为

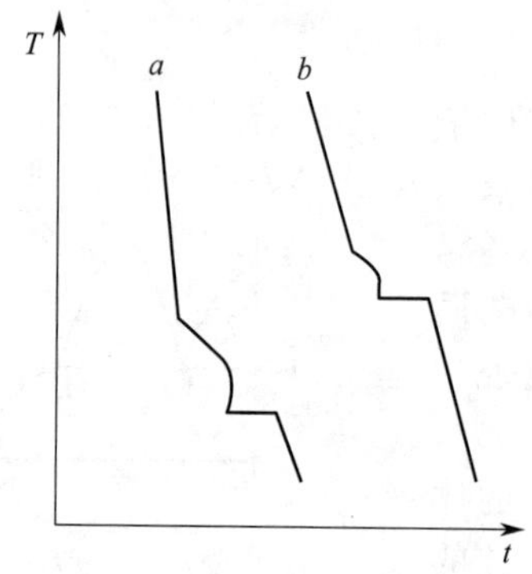

(3) 1548℃下可分离出最大量的纯固体 $BaO\cdot La_2O_3$，根据杠杆规则，得 $\frac{w_s}{w_l}=\frac{w_s}{1kg-w_s}=\frac{50-32}{65-50}$
解之，得 $w_s=0.545kg$

6.8 三组分体系

相律应用于三组分体系，有

$C=3, f=C-P+2=3-P+2=5-P$

当 $P=1$ 时，$f=4$，体系最多可能有四个自由度（即温度、压力和两个浓度项），用三度空间的立体模型也不足以表示这种相图。

若压力不变，则 $f^*=4-P$，$f^*_{max}=3$，其相图可用立体模型表示。

若压力、温度都不变，则 $f^*_{max}=2$，其相图可用平面图表示，这两个自由度为三组分中任意两组分的浓度，这样可用二维坐标表示，但使用时不方便，不能直观地表示三组分体系对体系状态的影响，所以改用三角坐标表示。

习题：

6-22 试根据 A 和 B 二组分凝聚体系相图（如下），(1) 写出图中 1、2、3、4、5、6、7、8 各个相区的稳定相；(2) 绘出过状态点 a、b 两个样品冷却曲线的形状并写明冷却过程相变化的情况。

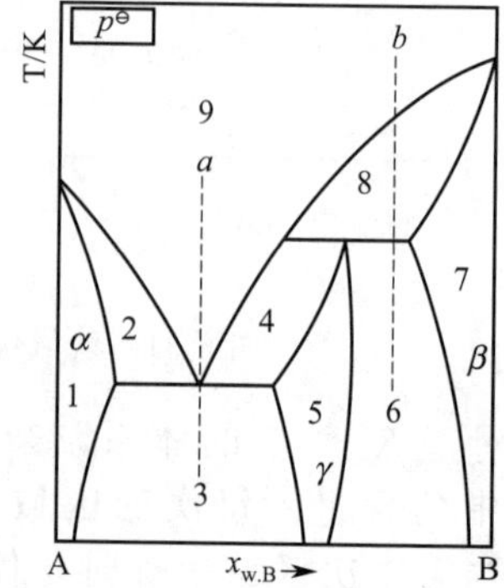

6-23 MnO(A)-Fe_2O_3(B)二组分体系，已知 MnO 和 Fe_2O_3 的熔点分别为 2083K 和 1668K；在 1728K 时，$x_{w,B}=0.40$ 和 $x_{w,B}=0.70$ 两固溶体间发生转熔变化，与其平衡的液相组成为 $x_{w,B}=0.85$；在 1298K 两个固溶体的组成为 $x_{w,B}=0.36$ 和 $x_{w,B}=0.74$。

(1) 试绘制出该体系的相图；

(2) 指出各区域和三相线对应的相态和条件自由度数；

(3) 当一含 $x_{w,B}=0.74$ 的二组分体系，由 1948K 缓慢冷至 1398K 时，做出冷却曲线，简述其相态的变化；

(4) 当一含 $x_{w,B}=0.74$ 的二组分 1kg 体系，由 1948 K 缓慢冷至无限接近 1728K 时，试分析此时各相的组成和质量；缓慢冷至略低于 1728K 时，试分析此时各相的组成和质量。

6-24 某 A-B 二元凝聚体系相图如下：

(1) 指出图中各相区的稳定相。

(2) 指出图中的三相线并写出三相平衡关系式。

(3) 绘出图中状态点 c 样品的步冷曲线，并在曲线上写明各线段、拐点的物相及变化。

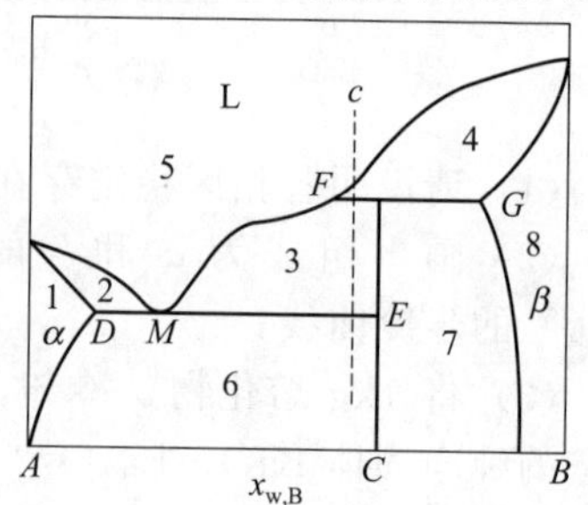

6.8.1 等边三角形坐标表示法

通常在平面上是用等边三角形（对于水盐体系有时也可以用直角坐标表示）来表示各组分的浓度。如图 6-32 所示，在等边三角形上，沿着逆时针方向标出三个顶点，分别表示三个纯组分 A、B 和 C，三个边表示三个二组分体系（边长定为 1）的分数，三角形的内部的任一点表示由 A、B、C 所构成的三组分体系。

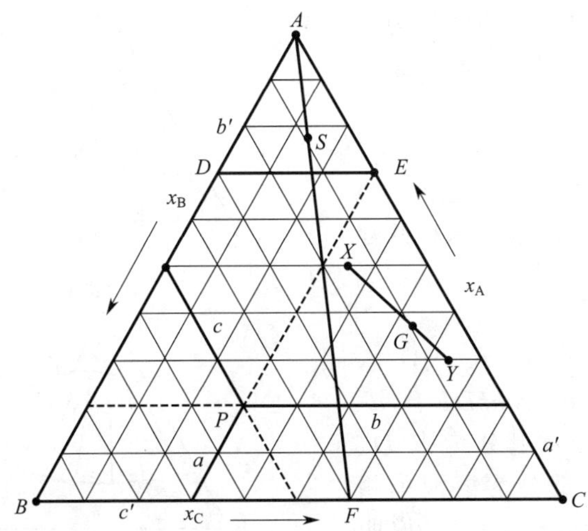

图 6-32 三组分体系的含量表示法

对于体系中的任一点 P，引平行于各边的平行线 a、b、c，在各边上的截距就代表对应顶点组分的相对含量，即 a'代表 A 在 P 中的含量，同理 b'、c'分别代表物系点 P 点所代表的 B 和 C 的相对含量。根据几何学的知识可知，a、b、c 的长度之和应等于三角形一边之长，即 $a+b+c=AB=BC=CA=1$，如示例中 P 点 $a'=0.2$，$b'=0.5$，$c'=0.3$，故 P 点坐标为（$x_A=0.2$，$x_B=0.5$，$x_C=0.3$）。

6.8.2 部分互溶三液系

这类体系中，三对液体间可以是一对部分互溶、两对部分互溶或三对部分互溶。

（1）有一对部分互溶体系

乙酸（A）-氯仿（B）、乙酸（A）-水（C）都是完全互溶的二组分体系，而氯仿（B）-水（C）只能形成部分互溶的二组分体系。当把乙酸（A）、氯仿（B）、水（C）组成的三组分体系时，其相图（见图 6-33）上会出现一个帽形的两相区，在 a 和 b 之间，溶液分为两层，一层是在乙酸存在下，水在氯仿中的饱和液，如一系列 a 点所示；另一层是氯仿在水中的饱和液，如一系列 b 点所示，这些成对溶液称为共轭溶液。

思考：

6-27 等边三角形坐标有什么特点？

（1）在平行于底边的任意一条线上，所有代表物系的点中，含顶角组分的分数相等，如图 6-31 中的 DE 线上体系中 A 的含量均为 0.7。

（2）在通过顶点 A 的任一条线上的体系中 A 的含量不同，但 B 和 C 的含量之比相等，如图 6-32 中 AF 线上体系中 B、C 的含量之比 $=CF:BF=0.4:0.6=2:3$。

（3）通过顶点的任一条线上，离顶点越近，代表顶点组分的含量越多，越远含量越少，即物系点越靠近的顶点体系含该顶点物质的含量越高，如 P 点 $x_A=0.2$，$x_B=0.5$，$x_C=0.3$，再如 AF 线上的点，在 F 点时 $x_A=0$，在 A 点时 $x_A=1$。

（4）如果代表两个三组分体系的 X 点和 Y 点，混合成新体系的物系点 G 必定落在 XY 连线上，并且 X、Y、G 点的物系含量可通过杠杆规则求算，$n_X XG=n_Y YG$（见图 6-32）；若由三个三组分体系混合而成的新体系的物系点，可以通过两次杠杆规则求得。

（5）当三组分液相体系 S 点有 A 组分析出时，剩余液相组成沿 AS 延长线 SF 变化（见图 6-32）；反之向 S 体系中加入 A 组分，物系点则沿着 SA 方向向顶点 A 移动。

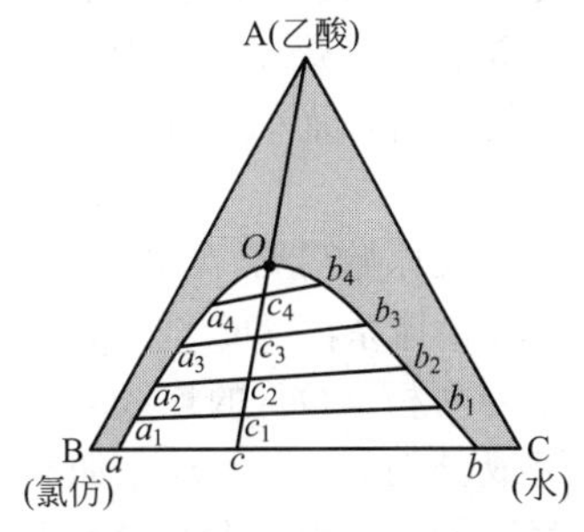

图 6-33 乙酸（A）-氯仿（B）-水（C）体系相图

向纯B体系中加入C，则物系点沿 BC 线，开始C完全溶于B，到 a 时达饱和，在 ab 区间形成两相分层，过 b 点，B完全溶于C。

在物系点为 c 的体系中加乙酸，物系点向A移动，到达 c_1 时，对应的两相组成为 a_1 和 b_1。由于乙酸在两层中含量不等，所以连接线 a_1b_1 不一定与底边平行。继续加乙酸，使B、C两组分互溶度增加，连接线缩短，最后缩为一点，O 点称为等温会溶点（isothermal consolute point），这时两层溶液界面消失，成单相。组成帽形区的 aOb 曲线称为溶解度曲线，或简称为双结线（binomial solubility curve）。aOb 线内为两相区，两相区之外为单相区。

（2）有两对部分互溶体系

图6-34是不同温度下的乙烯腈（A）-水（B）-乙醇（C）三组分体系的相图，图中 aDb、cEd、$abcd$ 区为两相共存区，其他部分为溶液单相区。

（3）有三对部分互溶体系

如图6-35是不同温度下的乙烯腈（A）-水（B）-乙醚（C）的相图，图中 aDb、cEd、eFf、$abDF$、$cdED$、$efFE$ 区为两相共存区，DEF 区为组分为点 D、E、F 的三相液体的平衡共存区，其他部分为溶液单相区。根据相律，当三相共存时，$f^{**}=3-3=0$，说明点 D、E、F 的三相液体的浓度不能改变，但三个相的相对数量根据物系点的位置不同是可以改变的。如若物系点在 P 点，分别连接并延长 DP、EP 至 G、H，则三个相的相对质量之比（若用质量分数表示），仍可使用杠杆规则，得：

$$\frac{m_{\mathrm{D,L}}}{m_{\mathrm{F,L}}}=\frac{\overline{HF}}{\overline{HD}},\frac{m_{\mathrm{E,L}}}{m_{\mathrm{F,L}}}=\frac{\overline{GF}}{\overline{GE}}$$

部分互溶体系的相图在液-液萃取过程中有重要的应用。对沸点靠近或有共沸现象的液体混合物，可以用萃取的方法分离。如工业上的芳烃与烷烃的分离就是采用液-液萃取法，芳烃A与烷烃B完全互溶，芳烃A与萃取剂C也能互溶，而烷烃B与萃取剂C互溶度很小，其相图见图6-36。

设原始芳烃A和烷烃B的组成在 D 点，加热萃取剂C后，体系沿 DC 线方向变化，当总组成为 O 点时，体系分为两相，DC 的连线与共轭线相交于 O 点，此时两相的组成分别为 x_1、y_1。如果把这两层溶液分开，分别蒸去萃取剂C，则得到由E、F所代表的两个溶液，E 点溶液较 D 点溶液含芳烃多，F 点溶液较 D 点溶液含烷烃多。如果对F溶液再加入萃取剂C，再次萃取，由于 x_2 中烷烃含量比 x_1 再次升高。工业上通过萃取塔实现反复萃取，

思考：

6-28 能否把三组分相图看作是二组分相图的变形图？

6-29 在二组分体系的相图学习中能体会到复杂相图可以看作是由简单相图拼合而成的，这个规律是否也适合于三组分相图呢？

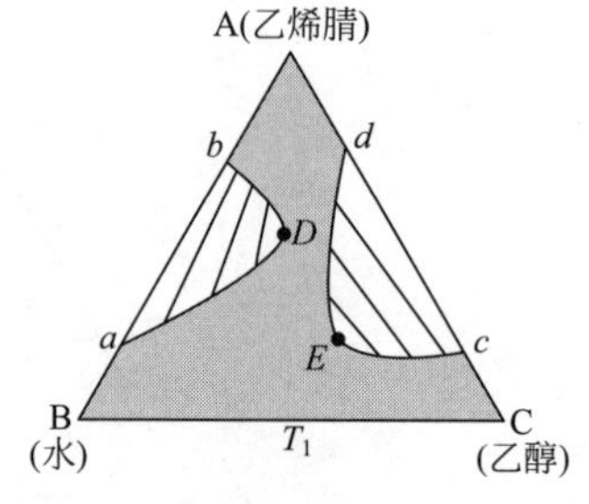

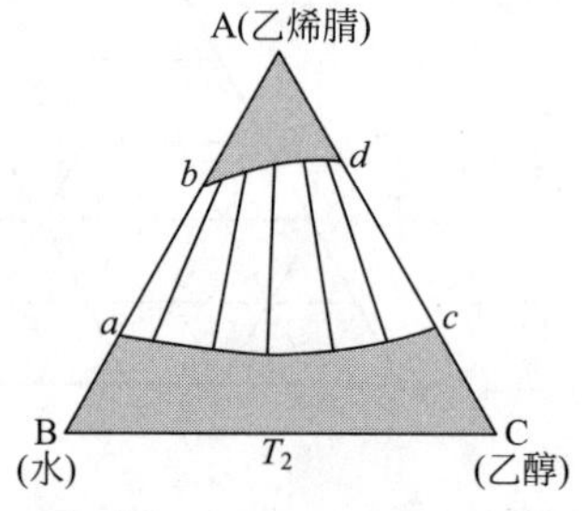

图6-34 不同温度下两对部分互溶体系的示例相图

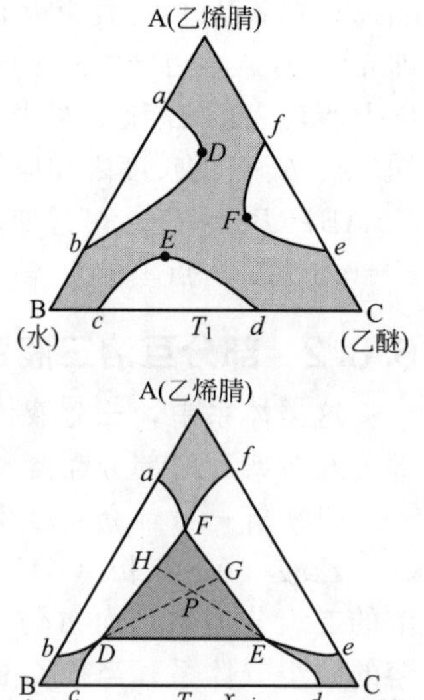

图6-35 不同温度下三对部分互溶体系的示例相图

从而实现分离芳烃和烷烃的分离纯化。

6.8.3 二固体和一液体的水盐体系

这类相图很多，很复杂，但在盐类的重结晶、提纯、分离等方面有实用价值。这里只介绍几种简单的类型，而且两种盐都有一个共同的离子，防止由于离子交互作用，形成不止两种盐的交互体系。例如 $NH_4Cl+NH_4NO_3+H_2O$、$KBr+NaBr+H_2O$ 等。

(1) 简单水盐体系

如图 6-37 为液态组分是 A(H_2O)，固态组分是固体盐 B（如 NH_4Cl）、固体盐 C（如 NH_4NO_3）形成的三组分体系的相图。

图 6-37 中的 D 和 E 点分别代表在该温度下两种盐 B、C 在水中的溶解度，即盐在水中的饱和溶液的物系点。如果在已经饱和了 B 的溶液中加入 C，则饱和溶液的组成沿 DF 线而改变；同样，在饱和了 C 的溶液中加入 B，则饱和溶液的组成沿 EF 线而改变。可见，DF 线代表 B 在含有 C 的溶液中的饱和溶解度曲线；EF 线代表 C 在含有 B 的溶液中的饱和溶解度曲线；F 点是 DF 线和 EF 线的交点，即此组成的溶液同时饱和了 B 和 C，故在 F 点 $f^{**}=C-P=3-3=0$，自由度为零。

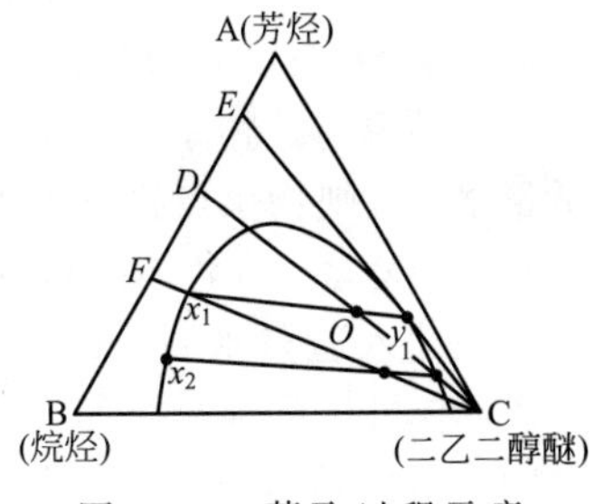

图 6-36 萃取过程示意

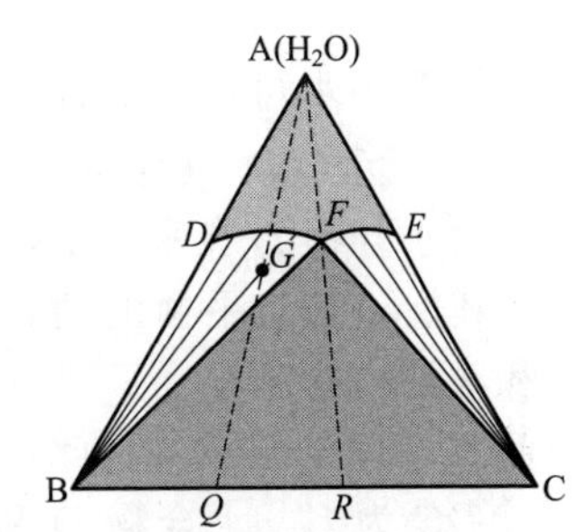

图 6-37 固体盐 B、C 与 A(H_2O) 形成的三组分简单体系相图

图 6-37 中 DFB 区域代表纯 B 及其饱和溶液两相平衡的区域。在此区域内，DF 线上任何一点与 B 的连线都是结线，可以适用杠杆规则。EFC 区域代表纯 C 及其饱和溶液两相平衡的区域。在此区域内，EF 线上任何一点与 C 的连线都是结线，也适用杠杆规则。$ADFE$ 区域代表 B 和 C 在水中的不饱和溶液的单相区域。FBC 区域代表纯 B、纯 C 和组成为 F 的溶液三相共存的区域，在此区域 $f^{**}=C-P=3-3=0$。

利用此类相图，可以进行盐类的提纯。如若固态 B 和 C 的混合物，其组成相当于图 6-37 中的 Q 点，欲从其中把纯 B 分离出来，则需要先加适量的水，使物系点沿 QA 方向移动，进入 BDF 区到 G 点，C(s) 全部溶解，余下的是纯 B（s），过滤，烘干，就得到纯的 B(s)。根据杠杆规则，G 点尽可能靠近 BF 线，这样可得尽可能多的纯 B(s)，即起初物系点在 AR 线之左（连接并延长 AF 交 BC 线与 R 点得 AR 线）则得到纯 B；若起初物系点在 AR 线之右，则用该方法只能得到纯 C。

(2) 有复盐生成的体系

设 B 与 C 两种盐可以生成稳定的复盐 D(B_mC_n)，其相图如图 6-38 所示。FG 曲线为复盐 D 的饱和溶解度曲线，F 点为同时饱和了 B 和复盐 D 的溶液组成，G 点为同时饱和了 C 和复盐 D 的溶液组成，F 点和 G 点都是三相点。FBD 为 B、复盐 D、组成为 F 的溶液的三相区域，GDC 为 C、复盐 D、组成为 G 的溶液的三相区域，FGD 是复盐 D 及其饱和溶液平衡的两相区域。$AEFGH$ 是不饱和溶液的单相区。

若体系起始物系点在 MN 之间，当向体系加入适量水后，则物系点将进入 DFG 区域，分离固体可得到纯的复盐 D。若体系起始物系点在 BM 之间，当向体系加入适量水后，则物系点将进入 BEF 区域，分离固体可得到纯的盐 B。若体系起始物系点在 NC 之间，当向体系加入适量水后，则物系点将进入 CGH 区域，分离固体可得到纯的盐 C。

（3）有水合物生成的体系

设 B 与水可形成水合物 D(B_mA_n)，其相图如图 6-39 所示。D 点为 B 与水形成水合物的组成，E 点为水合物 D 在水中的溶解度。DEF 为水合物 D 及其饱和溶液平衡的两相区域，CFG 为 C 及其饱和溶液的两相区。F 点为同时饱和了 C 和水合物 D 的溶液的组成，在此点 $f^{**}=C-P=3-3=0$。FDC 为 C、水合物 D 和组成为 F 的溶液的三相区域，$f^{**}=0$。BCD 为三个固态 B、C 和水合物 D 的三相区域，$f^{**}=0$。

6.8.4 三组分水盐体系相图的应用

前面已经介绍过直接利用等温等压相图来提纯盐，这里再介绍一种利用温差相图提纯盐的方法。

设 B-C-水三组分水盐体系相图为图 6-40，其中 T_c 下区 BCF 为三相区，区 BDF、CEF 为两相区，$ADFE$ 为溶液单相区；T_h 下区 BCF' 为三相区，区 $BD'F'$、$CE'F'$ 为两相区，$AD'F'E'$ 为溶液单相区。利用该相图分两种情况来讨论提纯 B 盐的方法。

① 若 B、C 混合物中含 B 较多，如物系点为 x。在温度 T_c 时，加适量水溶解，物系点沿 xA 线向 A 移动，当进入 $DFG'D'$ 区如 G 点时，C 全部溶解，剩下的固体为 B。若考虑不溶性杂质存在，可以把 G 点的体系加热至 T_h，在 T_h 温度下过滤不溶性杂质，再把滤液冷却到 T_c，即有纯 B 盐析出。

② 若 B、C 混合物中含 B 较少，如物系点为 y。在温度 T_h 时，加适量水溶解，物系点沿 yA 线向 A 移动，当进入 $CE'F'$ 区如 J 点时，B 全部溶解，沉积

习题：

6-25 H_2O(A)-KNO_3(B)-$NaNO_3$(C) 体系在 278K 时只有一个三相点，在这一点上无水 KNO_3 和无水 $NaNO_3$ 同时与一饱和溶液（$x_{w,B}=0.0904$，$x_{w,C}=0.4101$）达到平衡。今欲用重结晶的方法回收 100g KNO_3 和 $NaNO_3$ 的混合物（$x_{w,B}=0.70$），试计算在 278K 时最多能回收 KNO_3 的质量是多少？(63.4g)

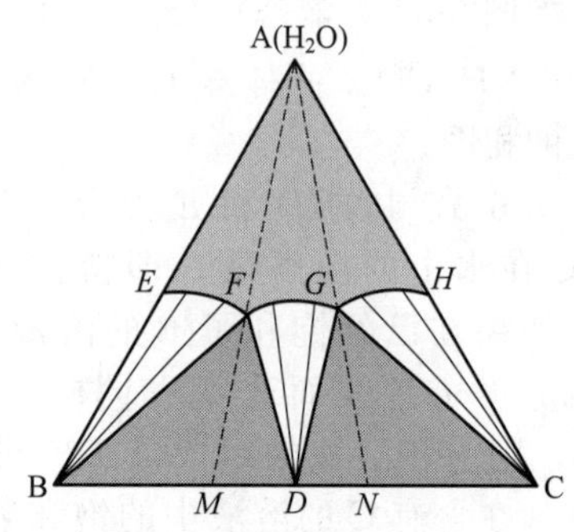

图 6-38 有复盐生成的体系示例相图

思考：

6-30 有复盐生成的三组分体系相图与简单水盐三组分体系的相图有哪些不同？从中获得哪些规律性结论？

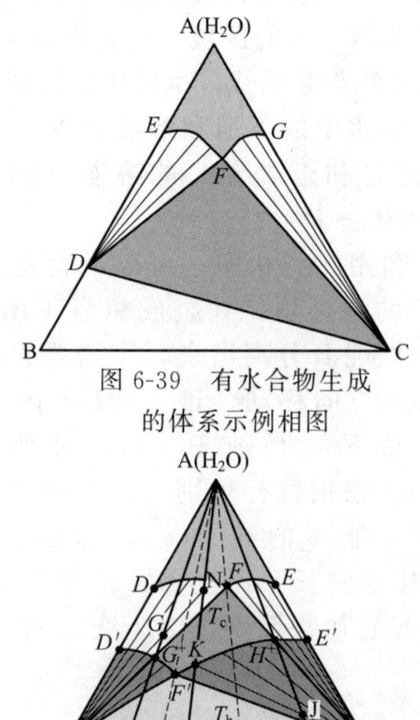

图 6-39 有水合物生成的体系示例相图

图 6-40 温差提纯盐的示例相图

的固体为 C 盐。将物系点 J 的体系在 T_h 温度下过滤去 C 盐，得到组分为 K 的溶液（CK 为结线），K 点含 B 盐的含量较 y 点的高。若对 K 点溶液直接冷却至 T_c，则为 B-C-L(F 点）的三相平衡区，不能得纯 B，所以需要再加适量水使 K 溶液沿着 KA 线进入 $DFG'D'$区域如 N 点，然后再冷却至 T_c，则会有 B 盐结晶析出。

总之，在分离或提纯盐的过程中，多是采用蒸发去水、加水稀释、加入一种盐或盐溶液的方法改变物系点在相图中的位置，采用变更温度方法改变相图图形，使物系点进入所需要的区域，从而达到分离或提纯的目的。

6.8.5　三组分低共熔体系的相图

图 6-41 是 Bi(A)-Sn(B)-Pb(C) 的三组分相图。这个三维坐标相图 6-41(a) 中，三个垂直面各代表一个二组分的简单低共熔体系的相图，它们的低共熔点分别为 M_1、M_2 和 M_3。这三种组分在液相中可完全互溶，而在固相中完全不互溶。

根据前面介绍的二组分体系相图的原理，借助棱柱体三组分相图 6-41，我们很容易根据物系点的位置分析获得体系的状态。

通常使用棱柱体在底面上的投影图更为方便，如图 6-41(b) 为图 6-41(a) 的等温截面在底面上的投影图。可以看出，$OM_1M_2M_3$ 为低共熔线，冷却物系点在 AM_1OM_3 区的熔液可析出 A 组分；冷却物系点在 BM_1OM_2 区的熔液可析出 B 组分；冷却物系点在 CM_2OM_3 区的熔液可析出 C 组分。

相图的类型很多，我们不一一介绍。通过以上对不同简单相图模型或示例的分析，我们应学会绘制相图的方法，能看懂并利用相图解决一些实际问题。

6.9　高级相变

对于单组分体系，根据热力学函数的变化情况，可将相变分为一级相变、二级相变、三级相变等。二级以上的相变称为高级相变。

6.9.1　一级相变

等温等压下在相平衡点发生的相变过程，如蒸发、熔化、升华等为可逆过程。此时两相的化学势相等，但体系的焓、熵和体积发生了突变，即 $\Delta H \neq 0$，$\Delta S \neq 0$，$\Delta V \neq 0$。

习题：

6-26　根据所示的 H_2O(A)-$(NH_4)_2SO_4$(B)- Li_2SO_4(C) 体系在 298K 时的相图：

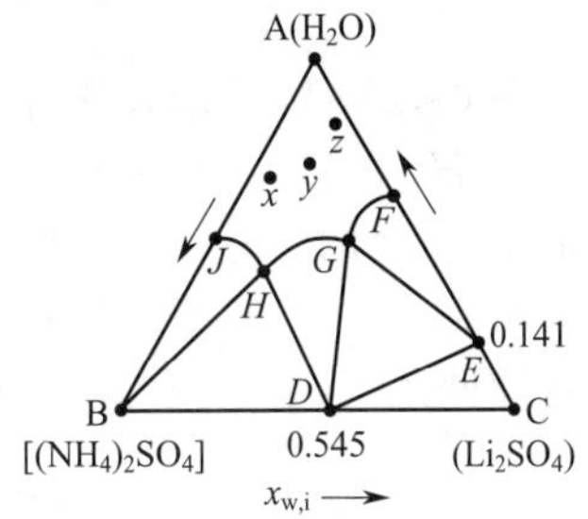

(1) 指出各区域存在的相合条件自由度。

(2) 写出 D 和 E 的分子式。

(3) 若将组成相当于 x、y、z 点所代表的物系，在该相图温度下等温蒸发，最先析出哪种盐的晶体？

[(2) NH_4LiSO_4, $Li_2SO_4 \cdot H_2O$;
(3) $(NH_4)_2SO_4$, NH_4LiSO_4, $Li_2SO_4 \cdot H_2O$]

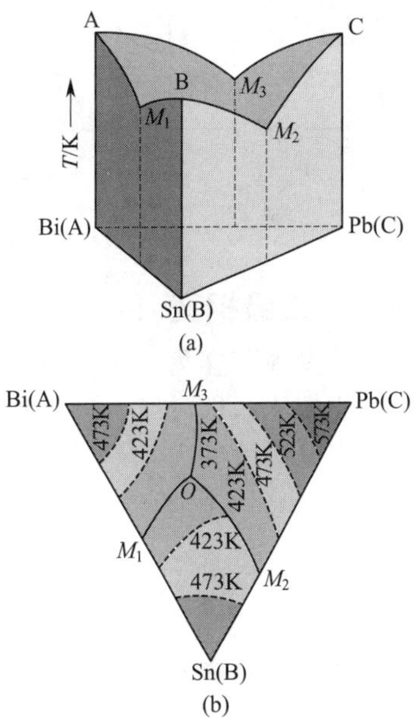

图 6-41　三组分低共熔相图示例

因为 $\Delta H = T\Delta S, S = \left(\frac{\partial \mu}{\partial T}\right)_p, V = \left(\frac{\partial \mu}{\partial p}\right)_T$

故 $V_2 \neq V_1 \qquad \left(\frac{\partial \mu_2}{\partial p}\right)_T \neq \left(\frac{\partial \mu_1}{\partial p}\right)_T$

$S_2 \neq S_1 \qquad \left(\frac{\partial \mu_2}{\partial T}\right)_p \neq \left(\frac{\partial \mu_2}{\partial T}\right)_p$

如图 6-42(a) 所示，图中 T_P 为相变温度。在相变过程中，$V_1 \neq V_2$，$H_1 \neq H_2$，$S_1 \neq S_2$，$C_{p,1} \neq C_{p,2}$，化学势 μ 的一阶偏微分也是不连续的。这种类型的相变称为一级相变（first order phase transition）。对于一级相变，相变过程中压力与温度的关系可用克拉贝龙（Clapeyron）方程来描述。

$$\frac{dp}{dT} = \frac{\Delta H}{T\Delta V}$$

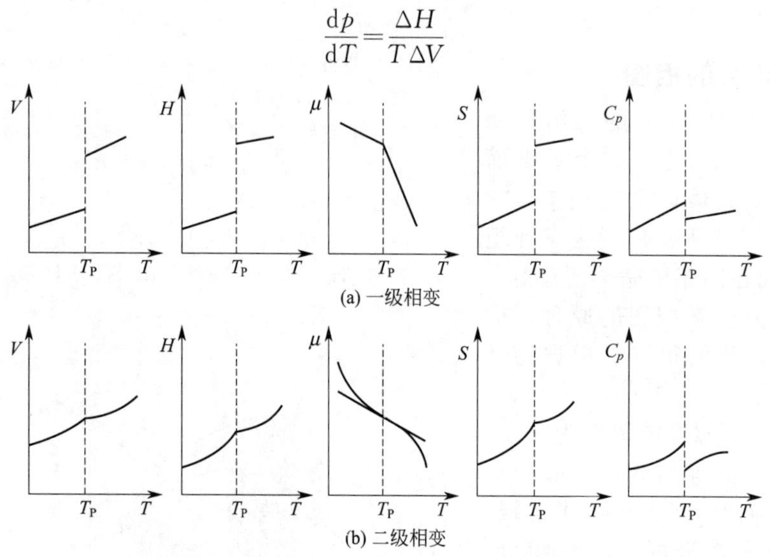

图 6-42 相变过程中化学势及其一级偏微分的变化

6.9.2 二级相变

实验发现存在另一类相变，其可逆相变过程没有焓变，体积也不发生变化，即 $\Delta H = 0$、$\Delta V = 0$，这说明化学势的一阶偏微分在相变点是连续的。

$V_2 = V_1 \qquad \left(\frac{\partial \mu_2}{\partial p}\right)_T = \left(\frac{\partial \mu_1}{\partial p}\right)_T$

$S_2 = S_1 \qquad \left(\frac{\partial \mu_2}{\partial T}\right)_p = \left(\frac{\partial \mu_1}{\partial T}\right)_p$

但物质的热容 C_p、膨胀系数 α 和压缩系数 β 发生突变，根据热力学关系式：

$$C_p = \left(\frac{\partial H}{\partial T}\right)_p = -T\left(\frac{\partial^2 \mu}{\partial T^2}\right)$$

$$\alpha = \frac{1}{V}\left(\frac{\partial V}{\partial T}\right)_p = \frac{1}{V}\left\{\frac{\partial}{\partial T}\left(\frac{\partial \mu}{\partial p}\right)_T\right\}_p$$

$$\beta = -\frac{1}{V}\left(\frac{\partial V}{\partial p}\right)_T = -\frac{1}{V}\left(\frac{\partial^2 \mu}{\partial p^2}\right)_T$$

思考：

6-31 一级相变过程和二级相变过程的区别是什么？（一级相变过程中两相的化学势相等，但其偏微分不等；二级相变过程两相的化学势相等，化学势的一级偏微分也相等，但化学势的二级偏微分不等。）

故 $$C_{p,2} \neq C_{p,1} \qquad \left(\frac{\partial^2 \mu_2}{\partial T^2}\right) \neq \left(\frac{\partial^2 \mu_1}{\partial T^2}\right)$$

$$\alpha_2 \neq \alpha_1 \qquad \left\{\frac{\partial}{\partial T}\left(\frac{\partial \mu_2}{\partial p}\right)_T\right\}_p \neq \left\{\frac{\partial}{\partial T}\left(\frac{\partial \mu_1}{\partial p}\right)_T\right\}_p$$

$$\beta_2 \neq \beta_1 \qquad \left(\frac{\partial^2 \mu_2}{\partial p^2}\right)_T \neq \left(\frac{\partial^2 \mu_1}{\partial p^2}\right)_T$$

即化学势的二阶偏微分是不连续的，也就是说，化学势的二级偏微分所代表的性质发生了突变，这类相变称为二级相变（second order phase transition）。在二级相变过程中，由于 $\Delta H=0$、$\Delta V=0$，故克拉贝龙方程失去意义，那么，在二级相变过程中，压力与温度符合怎样的关系呢？

当两相在温度 T、压力 p 下达到平衡时，有

$$V_2 = V_1 = V \qquad ①$$

当两相在温度 $T+\mathrm{d}T$、压力 $p+\mathrm{d}p$ 下达到平衡时，有

$$V_2 + \mathrm{d}V_2 = V_1 + \mathrm{d}V_1 \qquad ②$$

式②减去式①，得 $$\mathrm{d}V_2 = \mathrm{d}V_1 \qquad ③$$

又因为 $$V = f(T, p)$$

$$\mathrm{d}V_1 = \left(\frac{\partial V_1}{\partial T}\right)_p \mathrm{d}T + \left(\frac{\partial V_1}{\partial p}\right)_T \mathrm{d}p = \alpha_1 V_1 \mathrm{d}T - \beta_1 V_1 \mathrm{d}p$$

$$\mathrm{d}V_2 = \left(\frac{\partial V_2}{\partial T}\right)_p \mathrm{d}T + \left(\frac{\partial V_2}{\partial p}\right)_T \mathrm{d}p = \alpha_2 V_2 \mathrm{d}T - \beta_2 V_2 \mathrm{d}p$$

则 $$\alpha_1 V_1 \mathrm{d}T - \beta_1 V_1 \mathrm{d}p = \alpha_2 V_2 \mathrm{d}T - \beta_2 V_2 \mathrm{d}p \qquad ④$$

整理式④，得

$$\frac{\mathrm{d}p}{\mathrm{d}T} = \frac{\alpha_2 - \alpha_1}{\beta_2 - \beta_1} \qquad (6.27)$$

同样，当两相平衡时，$\mathrm{d}S_1 = \mathrm{d}S_2, S = f(T, p)$

$$\mathrm{d}S_1 = \left(\frac{\partial S_1}{\partial T}\right)_p \mathrm{d}T + \left(\frac{\partial S_1}{\partial p}\right)_T \mathrm{d}p = \frac{C_{p,1}}{T}\mathrm{d}T - \alpha_1 V_1 \mathrm{d}p$$

$$\mathrm{d}S_2 = \left(\frac{\partial S_2}{\partial T}\right)_p \mathrm{d}T + \left(\frac{\partial S_2}{\partial p}\right)_T \mathrm{d}p = \frac{C_{p,2}}{T}\mathrm{d}T - \alpha_2 V_2 \mathrm{d}p$$

故 $$\frac{C_{p,1}}{T}\mathrm{d}T - \alpha_1 V_1 \mathrm{d}p = \frac{C_{p,2}}{T}\mathrm{d}T - \alpha_2 V_2 \mathrm{d}p \qquad ⑤$$

整理式⑤，得

$$\frac{\mathrm{d}p}{\mathrm{d}T} = \frac{C_{p,2} - C_{p,1}}{TV(\alpha_2 - \alpha_1)} \qquad (6.28)$$

式(6.27)、式(6.28) 为二级相变的基本关系式，称为埃伦菲斯（Ehrenfest）方程式。

三级以上的高级相变极少，在此不予讨论。

第7章 化学平衡

本章基本要求

7-1 了解化学平衡的条件及导出化学反应等温式，掌握化学反应等温式判定化学反应方向和限度的方法。

7-2 掌握标准平衡常数的表示，掌握标准平衡常数与标准摩尔吉布斯自由能变化的关系。

7-3 掌握压力、浓度、摩尔分数、逸度、活度等表示的平衡常数的定义及其与标准平衡常数的关系。

7-4 掌握均相和复相反应的平衡常数表达式的不同；掌握分解压力的概念。

7-5 了解同时平衡和耦合反应的知识。

7-6 掌握温度、压力、惰性气体对化学平衡的影响规律。

在均相或多相体系中进行化学反应时，体系中物质的种类和数量将会发生变化。当反应达到极限时，宏观上体系中的物质种类和数量均不随时间发生变化，微观上体系中的正、逆反应的反应速率相等，则说明体系处于化学平衡状态。可见，化学平衡状态从宏观上表现为静态，而实际上是一种动态平衡，而且当外界条件一经改变，平衡状态往往就会发生必然的变化。

化学平衡研究的内容主要是找出平衡时温度、压力与体系组成的关系。在实际生产中需要知道如何控制反应条件使反应按我们所需要的方向进行，在给定条件下反应进行的最高限度是什么等等。把热力学基本原理和规律应用于化学反应，从理论原则上确定反应方向、平衡条件、反应限度以及其物质数量关系，对解决工业生产中的问题的重要性是不言而喻的，这就需要化学平衡方面的研究工作。

在化学平衡中平衡常数是反应的特性，不同的反应有不同的平衡常数。在长期实践中，定义了许多实用的平衡常数，如 K_p、K_c、K_x、K_f、K_a 等分别表示平衡时各反应物的分压、体积摩尔浓度、摩尔分数、逸度和活度之间的关系，并各自具有不同的单位和适用范围。20 世纪 70 年代以来，ISO（international standard organization）采用了标准平衡常数 $K^{\ominus}$（量纲为 1 的物理量），对指定反应来说，其值只决定于温度和标准状态的选择。标准平衡常数 $K^{\ominus}$ 与常用平衡常数之间有换算关系，这使得平衡常数在衡量反应特性方面得到了统一。

本章内容是将热力学第二定律的一些结论用于处理化学平衡问题，并讨论平衡常数测定、计算方法以及影响化学平衡的因素。

7.1 化学反应的平衡条件

7.1.1 平衡条件

对任意的封闭多组分体系，当体系有微小的变化时，

$$dG = -SdT + Vdp + \sum_B \mu_B dn_B$$

$$\xrightarrow{dn_B = \nu_B d\xi} dG = -SdT + Vdp + \sum_B \nu_B \mu_B d\xi \quad ①$$

在等温等压下，有 $dT = 0, dp = 0$ ②

式②代入式①，得

$$(dG)_{T,p} = \sum_B \nu_B \mu_B d\xi \quad (7.1)$$

或

$$\left(\frac{dG}{d\xi}\right)_{T,p} = \sum_B \nu_B \mu_B = \Delta_r G_m \quad (7.2)$$

式中，μ_B 为参与反应的各物质的化学势；ξ 为反应进度。式(7.2) 表示在等温等压下，反应按计量方程进行了一个单位的化学反应的吉布斯自由能变化，其值等于反应产物与反应物的吉布斯自由能之差。式(7.2) 必须满足一个条件，在化学反应过程中要保持 μ_B 不变，而化学势 μ_B 是浓度的函数，在反应过程中化学势 μ_B 都在处于变化中。因此偏微商 $(\partial G/\partial \xi)_{T,p}$ 或 $\Delta_r G_m$ 的物理意义是在等温等压下，在无限大的体系中，进行一个单位反应时，体系吉布斯自由能变化，此时各物质的浓度基本没有变化，相应的化学势也可看作不变；或者说在一个有限量体系中，若当化学反应的反应进度为 ξ 时，反应再进行 $d\xi$ 的反应，所引起的体系吉布斯自由能变化 dG 与 $d\xi$ 之比，亦即是反应进度为 ξ 时体系吉布斯自由能随反应进度 ξ 的变化率（如图 7-1 所示）。虽然反应体系是有限的，但由于发生的反应进度 $d\xi$ 无限小，各物质的浓度可视为不变，因而其化学势不变。

根据吉布斯自由能判据判断反应的方向：

若 $(\Delta_r G_m)_{T,p} < 0$，则 $\left(\frac{dG}{d\xi}\right)_{T,p} < 0$，$\sum_B \nu_B \mu_B < 0$，正向自发进行。

若 $(\Delta_r G_m)_{T,p} > 0$，则 $\left(\frac{dG}{d\xi}\right)_{T,p} > 0$，$\sum_B \nu_B \mu_B > 0$，逆向自发进行。

若 $(\Delta_r G_m)_{T,p} = 0$，则 $\left(\frac{dG}{d\xi}\right)_{T,p} = 0$，$\sum_B \nu_B \mu_B = 0$，反应处于平衡。

上述这三种情况均可用图 7-1 表示，反应初始时反应物的含量高，则 $\sum \nu_R \mu_R < 0$ 正向进行；而将反应从产物逆向进行时，$\sum \nu_P \mu_P > 0$；这样在正逆过程之间必然体系有

思考：

7-1 你觉得社会体系中哪些现象或行为可以看作化学平衡问题？

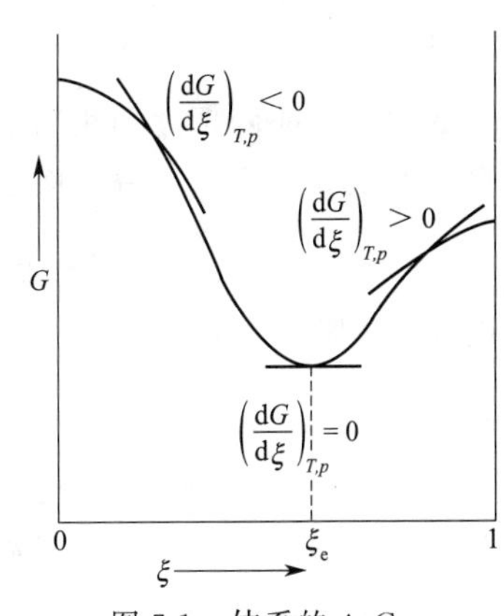

图 7-1 体系的 $\Delta_r G_m$ 与 $d\xi$ 的关系

思考：

7-2 社会体系是否有类似于化学反应一样存在不能进行到底的事物？

$\sum_{B}\nu_B\mu_B=0$，即当体系到达图 7-1 中的最低点时，反应进度为 ξ_e，体系达到平衡。

7.1.2 反应限度

根据溶液的知识知道物质混合必然会降低化学势，这从根本上决定了一个反应通常不能进行到底。

为方便讨论，以简单的理想气体反应 $D+E \rightleftharpoons 2F$ 为例，并设反应前 D、E 物质均为 1mol，F 物质为 0mol。当反应进度为 ξ 时，D、E、F 物质分别为 $n_D$mol、$n_E$mol、$n_F$mol，根据偏摩尔量的集合公式知，此时体系吉布斯自由能为：

$$G=\sum_{B}n_B\mu_B=n_D\mu_D+n_E\mu_E+n_F\mu_F$$

$$=n_D(\mu_D^{\ominus}+RT\ln\frac{p_D}{p^{\ominus}})+n_E\left(\mu_E^{\ominus}+RT\ln\frac{p_E}{p^{\ominus}}\right)$$

$$+n_F\left(\mu_F^{\ominus}+RT\ln\frac{p_F}{p^{\ominus}}\right) \quad ①$$

根据理想气体反应	D	+	$E \rightleftharpoons$	2F
$\xi=0(\mathrm{mol}^{-1})$	1		1	0
$\xi=\xi(\mathrm{mol}^{-1})$	$1-\xi$		$1-\xi$	2ξ

则 $n_T=(1-\xi)+(1-\xi)+2\xi=2\mathrm{mol}$，该反应前后物质的量不变化。

将反应进度 ξ 时体系中各物质的量代入式①，得

$$G=(1-\xi)\left(\mu_D^{\ominus}+RT\ln\frac{p_D}{p^{\ominus}}\right)+(1-\xi)\left(\mu_E^{\ominus}+RT\ln\frac{p_E}{p^{\ominus}}\right)$$

$$+2\xi\left(\mu_F^{\ominus}+RT\ln\frac{p_F}{p^{\ominus}}\right)$$

根据道尔顿分压定律

$$G=(1-\xi)(\mu_D^{\ominus}+\mu_E^{\ominus})+2\xi\mu_F^{\ominus}+2RT\ln\frac{p}{p^{\ominus}}$$

$$+(1-\xi)RT\ln x_D+(1-\xi)RT\ln x_E+2\xi RT\ln x_F \quad ②$$

式②中右边前两项之和相当于各气体单独存在且各自的压力均等于总压 p 时的纯态吉布斯自由能之和 $\sum G_{纯B}$，后三项之和相当于各气体混合吉布斯自由能 $\Delta_{mix}G$，故式②可简化为

$$G=\sum G_{纯B}+\Delta_{mix}G \quad ③$$

因为 x_B 都小于 1，故 $\Delta_{mix}G<0$

故 $G=\sum G_{纯B}+\Delta_{mix}G<\sum G_{纯B}$

可见，由于物质反应发生在混合体系中，实际反应过程的吉布斯自由能总是小于 $\sum G_{纯B}$。根据等温等压下体系吉布斯自由能趋向最低的原则，于是体系必然会在某 ξ 值时出现极小值，这时体系达到平衡状态。

为方便分析问题，再设总压 $p=1p^{\ominus}$，当示例反应进度为 ξ 时，$x_D=\frac{1-\xi}{2}$，$x_E=\frac{1-\xi}{2}$，$x_F=\xi$，代入式②，整理，得

$$G=(1-\xi)(\mu_D^{\ominus}+\mu_E^{\ominus})+2\xi\mu_F^{\ominus}+2(1-\xi)RT\ln\left(\frac{1-\xi}{2}\right)+2\xi RT\ln\xi \quad ④$$

式④中 $\mu_B^{\ominus}$ 均仅为温度函数的纯气体标准态的化学势，故等温等压下，反应体系的 G 仅是 ξ 的函数，即 $(G)_{T,p}=f(\xi)$，我们以 ξ 为横坐标、体系 G 为纵坐标，根据 $(G)_{T,p}=f(\xi)$ 具体函数可绘制 G-ξ 图，图中 ξ 的值在 1～0mol 之间变动，体现了体系从起始到终了吉布斯自由能的变化。我们对本示例根据式④绘制示意图（见图 7-2）。

该反应起始时，$\xi=0$，式④可变为

$$G_i=\mu_D^{\ominus}+\mu_E^{\ominus}+2RT\ln 0.5$$

图 7-2 中用 M 点表示，相当于体系反应物刚刚按照化学反应方程式计量系数比例混合但尚未进行反应时体系的吉布斯自由能，而纯反应物未混合前吉布斯自由能总和在 R 点。比较 R 点和 M 点可以得出，把反应物混合还没发生反应，体系吉布斯自由能就由 R 点降低到 M 点，当有产物生成时，体系吉布斯自由能会因新物质混合而进一步降低。

假若 D、E 能全部进行反应而生成 F，即 $\xi=1$，式④可变为

$$G_f=2\mu_F^{\ominus}$$

这相当于图中的 P 点。而反应进度 ξ 在 0～1 之间，根据式④绘制曲线为 MEP，该曲线的一个最低点 E 就是平衡点，是由于体系混合熵引起的。从该示例中看出熵函数对化学平衡有着重要的影响。

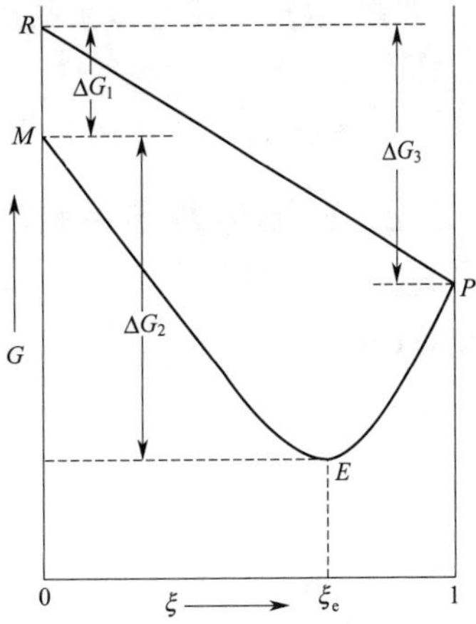

图 7-2　示例体系吉布斯自由能在反应过程中的变化示意

思考：

7-3　范特霍夫反应平衡箱过程计算出的 $\Delta_r G_m$ 为图 7-2 中哪个结果？通常如何计算它？

7-4　既然混合熵对反应平衡有着重要的影响，那么反应吉布斯自由能对反应方向判断还有意义吗？

7-5　物质反应过程体系吉布斯自由能变化示意图展示了什么哲理？

7.2　化学反应等温式

7.2.1　化学反应等温式

我们将理想气体的化学势：

$\mu_B(T,p_B)=\mu_B^{\ominus}(T)+RT\ln\dfrac{p_B}{p^{\ominus}}$ 代入式(7.2)，得

$$\begin{aligned}\Delta_r G_m &= \sum_B \nu_B\mu_B=\sum_B \nu_B\mu_{B,T}^{\ominus}+RT\sum_B \nu_B\ln\frac{p_B}{p^{\ominus}}\\ &=\Delta_r G_m^{\ominus}+RT\ln\prod\left(\frac{p_B}{p^{\ominus}}\right)^{\nu_B}\end{aligned}$$

对于任意的理想气体化学反应：

$$cC+dD = gG+hH$$

$$\Delta_r G_m=\Delta_r G_m^{\ominus}+RT\ln\frac{\left(\dfrac{p_G}{p^{\ominus}}\right)^g\left(\dfrac{p_H}{p^{\ominus}}\right)^h}{\left(\dfrac{p_C}{p^{\ominus}}\right)^c\left(\dfrac{p_D}{p^{\ominus}}\right)^d} \tag{7.3}$$

令

$$Q_p=\frac{\left(\dfrac{p_G}{p^{\ominus}}\right)^g\left(\dfrac{p_H}{p^{\ominus}}\right)^h}{\left(\dfrac{p_C}{p^{\ominus}}\right)^c\left(\dfrac{p_D}{p^{\ominus}}\right)^d}=\prod_B\left(\frac{p_B}{p^{\ominus}}\right)^{\nu_B} \tag{7.4}$$

式中，Q_p 为反应体系的压力熵；p_B 为各物质的分压力。把式(7.4) 代入式(7.3)，得

$$\Delta_r G_m = \Delta_r G_m^{\ominus} + RT\ln Q_p \tag{7.5}$$

式(7.3) 和式(7.5) 都称为化学反应等温式。

7.2.2 标准热力学平衡常数

若化学反应达到平衡时，根据化学反应的 Gibbs 自由能判据，$\Delta_r G_m = 0$，根据式(7.3)，得

$$\Delta_r G_m^{\ominus} = -RT\ln \frac{\left(\frac{p_G^e}{p^{\ominus}}\right)^g \left(\frac{p_H^e}{p^{\ominus}}\right)^h}{\left(\frac{p_C^e}{p^{\ominus}}\right)^c \left(\frac{p_D^e}{p^{\ominus}}\right)^d} \tag{7.6}$$

在一定的温度下，对于给定的化学反应 $\Delta_r G_m^{\ominus}$ 有定值，所以式(7.6) 中对数项部分也有定值，且只是温度的函数。

令

$$K_p^{\ominus} = \frac{\left(\frac{p_G^e}{p^{\ominus}}\right)^g \left(\frac{p_H^e}{p^{\ominus}}\right)^h}{\left(\frac{p_C^e}{p^{\ominus}}\right)^c \left(\frac{p_D^e}{p^{\ominus}}\right)^d} = \prod_B \left(\frac{p_B^e}{p^{\ominus}}\right)^{\nu_B} \tag{7.7}$$

式中，p_B^e 为体系中任意物质 B 的平衡分压；$K_p^{\ominus}$ 为**标准热力学平衡常数**，量纲为 1，是根据标准热力学函数计算出来的，书写时在右上角加符号“⊖”以示区别。由于体系中任意物质 B 的组成的表示方法、性质规律和标准态不同，所以标准热力学平衡常数的表达式和用压力、浓度、质量分数表示的经验平衡常数 K_p、K_c、K_x 的表达式也有所不同。

式(7.7) 代入式(7.6)，得

$$\Delta_r G_m^{\ominus} = -RT\ln K_p^{\ominus} \tag{7.8}$$

式(7.8) 也可以称为化学反应等温式，表达了 $\Delta_r G_m^{\ominus}$ 和热力学平衡常数关系，也可以表示化学反应进行的限度。

把式(7.8) 代入式(7.5)，得

$$\Delta_r G_m = -RT\ln K_p^{\ominus} + RT\ln Q_p = RT\ln \frac{Q_p}{K_p^{\ominus}} \tag{7.9}$$

式(7.9) 是化学反应等温式的另一种表示方式。

根据吉布斯自由能方向性判据，知：

当 $Q_p < K_p^{\ominus}$ 时，$\Delta_r G_m < 0$，则反应自发正向反应；

当 $Q_p = K_p^{\ominus}$ 时，$\Delta_r G_m = 0$，则反应已处于平衡状态；

当 $Q_p > K_p^{\ominus}$ 时，$\Delta_r G_m > 0$，则反应自发逆向反应。

式(7.9) 建立了 $\Delta_r G_m$ 和化学反应方向的联系，可用来判断等温等压下化学反应的方向和达到平衡的条件，同时也能表示化学反应进行的限度。

例题 7-1 已知在 298K 时化学反应：

$$N_2(g) + 3H_2(g) = 2NH_3(g), \Delta_r G_m^{\ominus} = -33\text{kJ/mol}$$

当物质的量之比为 $N_2 : H_2 : NH_3 = 1 : 3 : 2$、总压为 $p^{\ominus}$ 时，(1) 试计算该反应的 Q_p 及 $\Delta_r G_m$，判断反应的自发方向。(2) 求反应的 $K_{p,298K}^{\ominus}$ 值，并判断反应的自发方向。

解：(1) 根据题意，得

$$Q_p=\prod_B\left(\frac{p_B}{p^\ominus}\right)^{\nu_B}=\prod_B\left(\frac{x_B p^\ominus}{p^\ominus}\right)^{\nu_B}$$

$$=\prod_B(x_B)^{\nu_B}=\frac{(1/3)^2}{(1/6)(1/2)^3}$$

$$=5.33$$

$$\Delta_r G_m=\Delta_r G_m^\ominus+RT\ln Q_p$$

$$=-33\times10^3+8.314\times298\times\ln5.33$$

$$=-28854(\text{J/mol})$$

因为 $\Delta_r G_m<0$，所以反应正向自发进行。

(2) 根据 $\Delta_r G_m^\ominus=-RT\ln K_p^\ominus$，得

$$K_{p,298\text{K}}^\ominus=\exp\left(\frac{-\Delta_r G_m^\ominus}{RT}\right)$$

$$=\exp\left(\frac{-3300}{8.314\times298}\right)$$

$$=608950$$

显然 298K 时，$K_p^\ominus>Q_p$，故反应正向自动进行。

比较(1)、(2) 可以看出，$\Delta_r G_m$ 法和平衡常数法获得的结论相同。

7.3　气相反应的平衡常数

7.3.1　理想气体化学反应

在 7.2 节中通过理想气体化学反应给出了标准热力学平衡常数。对于理想气体反应体系还常用经验平衡常数 K_p、K_c、K_x，下面分别给予简单的讨论。

对于任意一个理想气体化学反应：

$$c\text{C}+d\text{D}=\!=\!=g\text{G}+h\text{H}$$

达到反应平衡时，令 K_p 为压力平衡常数

$$K_p=\frac{p_G^g p_H^h}{p_C^c p_D^d}=\prod_B p_B^{\nu_B} \tag{7.10}$$

根据式(7.7) 知 K_p 与 $K_p^\ominus$ 的关系为

$$K_p^\ominus=K_p(p^\ominus)^{-\sum_B\nu_B}$$

因为 $K_p^\ominus$ 只是温度的函数，所以 K_p 也只是温度的函数，且与标准态的选择无关。由式(7.10) 知当 $\sum_B\nu_B\neq0$ 时，K_p 具有压力的纲量 $(\text{Pa})^{\sum_B\nu_B}$。

又因为 $p=nRT/V=cRT$，故

$$K_p=\frac{p_G^g p_H^h}{p_C^c p_D^d}=\frac{(c_G RT)^g(c_H RT)^h}{(c_C RT)^c(c_D RT)^d}=\prod_B(c_B RT)^{\nu_B}$$

令 K_c 为体积摩尔浓度平衡常数

$$K_c=\prod_B c_B^{\nu_B} \tag{7.11}$$

思考：

7-6　计算标准反应吉布斯自由能的方法有哪些？

[(1)$\Delta_f G_m^\ominus$ 法：$\Delta_r G_m^\ominus=\sum_B\nu_B\Delta_f G_{m,B}^\ominus$；

(2)$K^\ominus$ 法：$\Delta_r G_m^\ominus=-RT\ln K^\ominus$；

(3) Hess 定律法；

(4) 热力学函数关系式法：

$\Delta_r G_m^\ominus=\Delta_r H_m^\ominus-T\Delta_r S_m^\ominus$；

(5) 电化学电动势法：$\Delta_r G_m^\ominus=-ZFE^\ominus$；

(6) 统计热力学配分函数法]

则有$K_p = K_c(RT)^{\sum_B \nu_B}$，$K_p^\ominus = K_c(RT)^{\sum_B \nu_B}(p^\ominus)^{-\sum_B \nu_B}$

因为$K_p^\ominus$、K_p都只是温度的函数，所以K_c也只是温度的函数，且与标准态的选择无关。由式(7.11)知当$\sum_B \nu_B \neq 0$时，K_c具有浓度的纲量$(\mathrm{mol/m^3})^{\sum_B \nu_B}$。

又因为$p_B = px_B$，故

$$K_p = \frac{p_G^g p_H^h}{p_C^c p_D^d} = \frac{(px_G)^g (px_H)^h}{(px_C)^c (px_D)^d} = \prod_B (px_B)^{\nu_B}$$

令K_x为摩尔分数平衡常数

$$K_x = \prod_B x_B^{\nu_B} \tag{7.12}$$

则有$K_p = K_x(p)^{\sum_B \nu_B}$，$K_p^\ominus = K_x(p/p^\ominus)^{\sum_B \nu_B}$

因为$K_p^\ominus$、K_p都只是温度的函数，所以K_x不仅是温度的函数，而且由于式(7.12)中p为体系总压力，K_x也是压力的函数。因为x_B无纲量，所以K_x也无纲量。

例题 7-2 写出下列理想气体气相反应的标准平衡常数$K_p^\ominus$，经验平衡常数K_p、K_c、K_x的表达式，并写出它们之间的关系。

(1) $2NO(g) + O_2(g) = 2NO_2(g)$；

(2) $CO(g) + H_2O(g) = CO_2(g) + H_2(g)$

解：(1)

$$K_p^\ominus = \frac{\left(\frac{p_{NO_2}}{p^\ominus}\right)^2}{\left(\frac{p_{NO}}{p^\ominus}\right)^2 \left(\frac{p_{O_2}}{p^\ominus}\right)}$$

$$K_p = \frac{p_{NO_2}^2}{p_{NO}^2 p_{O_2}}$$

$$K_c = \frac{c_{NO_2}^2}{c_{NO}^2 c_{O_2}}$$

$$K_x = \frac{x_{NO_2}^2}{x_{NO}^2 x_{O_2}}$$

因为

$$\sum_B \nu_B = 2 - 2 - 1 = -1$$

所以

$$K_p^\ominus = K_p p^\ominus = K_x p^{-1} p^\ominus = K_c (RT)^{-1} p^\ominus$$

式中，p为平衡体系的总压力。

习题：

7-1 设理想气体反应$2SO_2(g) + O_2(g) = 2SO_3(g)$在1000K时$K^\ominus = 3.45$。已知体系中计算$SO_2$和$O_2$的分压分别为20300Pa、10100Pa，(1) 试计算当该体系中SO_3的分压为1atm时$\Delta_r G_m$，并判断反应的方向；(2) 若使反应正向进行，SO_3的最大分压为多少？ (35498J；11983Pa)

7-2 已知在SATP下$CH_4(g)$、$H_2O(g)$、$CO_2(g)$、$H_2(g)$的$\Delta_f H_m^\ominus$分别为-74.81 kJ/mol、-241.82kJ/mol、-393.51kJ/mol、0kJ/mol，其$S_m^\ominus$分别为187.9 J/(K·mol)、188.72J/(K·mol)、213.6J/(K·mol)、130.57J/(K·mol)。求298K时反应$CH_4(g) + 2H_2O(g) = CO_2(g) + 4H_2(g)$的$\Delta_r G_m^\ominus$和$K_p^\ominus$。(114.1kJ/mol；$1.025 \times 10^{-20}$)

思考：

7-7 标准热力学平衡常数与经验平衡常数的相同点和不同点是什么？

（2）

$$K_p^{\ominus}=\frac{\left(\frac{p_{CO_2}}{p^{\ominus}}\right)\left(\frac{p_{H_2}}{p^{\ominus}}\right)}{\left(\frac{p_{CO}}{p^{\ominus}}\right)\left(\frac{p_{H_2O}}{p^{\ominus}}\right)}$$

$$K_p=\frac{p_{CO_2}p_{H_2}}{p_{CO}p_{H_2O}}$$

$$K_c=\frac{c_{CO_2}c_{H_2}}{c_{CO}c_{H_2O}}$$

$$K_x=\frac{x_{CO_2}x_{H_2}}{x_{CO}x_{H_2O}}$$

因为

$$\sum_B \nu_B=1+1-1-1=0$$

所以

$$K_p^{\ominus}=K_p=K_c=K_x$$

例题 7-3　实验发现在 523K、$1p^{\ominus}$ 时装有 PCl_5(g) 的容器中的气体密度为 2.695kg/m^3，试计算反应 $PCl_5(g)$══$PCl_3(g)+Cl_2(g)$ 的解离度 α、$K_p^{\ominus}$ 和 $\Delta_r G_m^{\ominus}$。

解：本问题可以将容器中的气体看作处于反应达到平衡的体系。设开始时 PCl_5 的质量、物质的量、解离度分别为 w、n、α，则

$$PCl_5(g) \rightleftharpoons PCl_3(g)+Cl_2(g)$$

开始时　n　　0　　0

平衡时　$n(1-\alpha)$　　$n\alpha$　　$n\alpha$

平衡时体系总的物质的量为 $n(1-\alpha)+n\alpha+n\alpha=n(1+\alpha)$，平衡体系中

$$pV=n(1+\alpha)RT$$

$$n=\frac{w_{PCl_5}}{M_{PCl_5}}=\frac{w}{M_{PCl_5}}$$

故

$$pV=\frac{w}{M_{PCl_5}}(1+\alpha)RT$$

整理，得

$$p=\frac{1}{M_{PCl_5}}\times\frac{w}{V}(1+\alpha)RT$$

$$\Rightarrow p=\frac{1}{M_{PCl_5}}\rho(1+\alpha)RT$$

$$\Rightarrow \alpha=\frac{pM_{PCl_5}}{\rho RT}-1$$

$$=\frac{10^5\times208.2\times10^{-3}}{2.695\times8.314\times523}-1$$

$$=0.777$$

习题：

7-3　写出下列气相反应的 $K^{\ominus}$、K_p、K_c、K_x 表达式及相互关系式。

（1）C_2H_6 ══ $C_2H_4+H_2$

（2）$2NO+O_2$ ══ $2NO_2$

（3）NO_2+SO_2 ══ SO_3+NO

（4）$3O_2$ ══ $2O_3$

7-4　试用标准生成吉布斯自由能数据，计算 298K 时下列反应的 $K^{\ominus}$、K_p。

（1）$2SO_3(g)$══$2SO_2(g)+O_2(g)$

（2）$SO_3(g)$══$SO_2(g)+0.5O_2(g)$

（3）$2SO_2(g)+O_2(g)$══$2SO_3(g)$

比较所得结果，说明它们之间的关系。

[（1）2.88×10^{-25}，2.88×10^{-20}Pa；（2）5.37×10^{-13}，1.71×10^{-10}Pa$^{1/2}$；（3）3.47×10^{24}，3.47×10^{19}Pa^{-1}]

7-5　在 0.5×10^{-3}m^3 的容器中装有 1.588g N_2O_4，298K 下测得气体总压力为 101325Pa。试求离解度 α 及平衡常数 K_p。（0.185，14363Pa）

7-6　工业合成氨反应：$3H_2(g)+N_2(g)$══$2NH_3(g)$ 在 350℃ 的 $K_p=6.818\times10^{-8}$ kPa^{-2}。今设 K_p 与压力无关，从 3∶1 的 H_2、N_2 混合气体出发，拟在 350℃ 下获得摩尔分数为 0.08 的 NH_3，体系压力至少要多大？（1115kPa）

$$K_p^{\ominus}=\frac{\left(\frac{p_{PCl_3}^{e}}{p^{\ominus}}\right)\left(\frac{p_{Cl_2}^{e}}{p^{\ominus}}\right)}{\left(\frac{p_{PCl_5}^{e}}{p^{\ominus}}\right)}=\frac{\left[\frac{n\alpha}{n(1+\alpha)}\right]\left[\frac{n\alpha}{n(1+\alpha)}\right]}{\left[\frac{n(1-\alpha)}{n(1+\alpha)}\right]}$$

$$=\frac{\alpha^2}{1-\alpha^2}=\frac{0.777^2}{1-0.777^2}=1.524$$

$$\begin{aligned}\Delta_r G_m^{\ominus}&=-RT\ln K_p^{\ominus}\\&=-8.314\times523\times\ln1.524\\&=-1830(\mathrm{J/mol})\end{aligned}$$

7.3.2 实际气体化学反应

对于实际气体的化学反应，可以把反应体系中任一物质B的化学势表达式

$$\mu_B(T,p)=\mu_B^{\ominus}(T)+RT\ln\frac{\gamma_B p_B}{p^{\ominus}}=\mu_B^{\ominus}(T)+RT\ln\frac{f_B}{p^{\ominus}}$$

代入式(7.2)，得

$$\begin{aligned}\Delta_r G_m&=\sum_B\nu_B\mu_B=\sum_B\nu_B\mu_{B,T}^{\ominus}+RT\sum_B\nu_B\ln\frac{f_B}{p^{\ominus}}\\&=\Delta_r G_m^{\ominus}+RT\ln\prod\left(\frac{f_B}{p^{\ominus}}\right)^{\nu_B}\end{aligned}\tag{7.13}$$

令

$$Q_f=\prod_B\left(\frac{f_B}{p^{\ominus}}\right)^{\nu_B}\tag{7.14}$$

式中，Q_f 为反应体系的逸度熵。把式(7.14) 代入式(7.13)，得

$$\Delta_r G_m=\Delta_r G_m^{\ominus}+RT\ln Q_f\tag{7.15}$$

当化学反应达到平衡时，根据式(7.13)，得

$$\Delta_r G_m^{\ominus}=-RT\ln\prod_B\left(\frac{f_B^{e}}{p^{\ominus}}\right)^{\nu_B}\tag{7.16}$$

由于 $\Delta_r G_m^{\ominus}$ 在指定的温度下是常数，所以式(7.16) 中对数部分也是常数，且只是温度的函数，令

$$K_f^{\ominus}=\prod_B\left(\frac{f_B^{e}}{p^{\ominus}}\right)^{\nu_B}\tag{7.17}$$

式(7.17) 是实际气体化学反应的热力学平衡常数，纲量为1。

式(7.17) 代入式(7.15)，得

$$\Delta_r G_m=RT\ln\left(\frac{Q_f}{K_f^{\ominus}}\right)\tag{7.18}$$

式(7.13)、式(7.15)、式(7.18) 都是实际气体化学反应的等温方程式。利用式(7.18) 可以判断实际气体化学反应的方向：

当 $K_f^{\ominus}>Q_f$ 时，$\Delta_r G_m<0$，则反应正向自发进行。

当 $K_f^{\ominus}<Q_f$ 时，$\Delta_r G_m>0$，则反应逆向自发进行。

当 $K_f^{\ominus}=Q_f$ 时，$\Delta_r G_m=0$，则表示反应已处于平衡状态。

与 $K_f^{\ominus}$ 对应的经验平衡常数经常有 K_f：

$$K_f=\prod_B f_B^{b}=\prod_B(\gamma_B p_B)^{\nu_B}=K_p K_\gamma\tag{7.19}$$

因为 $K_f^\ominus = K_f (p^\ominus)^{-\sum \nu_B}$ 只是温度的函数，所以 K_f 也只是温度的函数，且与标准态的选择无关。由式(7.19)知当 $\sum_B \nu_B \neq 0$ 时，K_f 具有压力的纲量$(Pa)^{\sum_B \nu_B}$。

7.4　液相反应的平衡常数

从气相反应的平衡常数的讨论中可以看出，平衡常数的关键问题是如何表达各组分的化学势。

7.4.1　混合物溶液化学反应

在第 5 章已经证明理想混合物溶液中任一组分的化学势为

$$\mu_B = \mu_B^*(T,p) + RT\ln x_B$$

对非理想混合物溶液中任一组分的化学势为

$$\mu_B = \mu_B^*(T,p) + RT\ln a_{x,B}$$

式中，$\mu_B^*(T,p)$ 不是标准态的化学势。若将压力 p 换成 $p^\ominus$，则应加上一个校正项，即

$$\mu_B = \mu_B^\ominus(T,p^\ominus) + RT\ln x_B + \int_{p^\ominus}^{p} V_B^* \mathrm{d}p$$

$$\mu_B = \mu_B^\ominus(T,p^\ominus) + RT\ln a_{x,B} + \int_{p^\ominus}^{p} V_B^* \mathrm{d}p$$

式中，V_B^* 为纯液体 B 的摩尔体积，如果压力不太高，$\int_{p^\ominus}^{p} V_B^* \mathrm{d}p$ 的值可以忽略，故

$$\mu_B = \mu_B^\ominus(T,p^\ominus) + RT\ln x_B$$

$$\mu_B = \mu_B^\ominus(T,p^\ominus) + RT\ln a_{x,B}$$

代入式(7.2)，得

$$\Delta_r G_m = \sum_B \nu_B \mu_B = \sum_B \nu_B \mu_{B,T}^\ominus + RT\sum_B \nu_B \ln x_B = \Delta_r G_m^\ominus + RT\ln \prod_B x_B^b \quad (7.20)$$

$$\Delta_r G_m = \sum_B \nu_B \mu_B = \sum_B \nu_B \mu_{B,T}^\ominus + RT\sum_B \nu_B \ln a_{x,B} = \Delta_r G_m^\ominus + RT\ln \prod_B a_{x,B}^b \quad (7.21)$$

令

$$K_x = \prod_B x_B^b \quad (7.22)$$

$$K_{a_x} = \prod_B a_{x,B}^b \quad (7.23)$$

式中，K_x、K_{a_x} 分别为溶液体系的摩尔分数商、摩尔分数活度商，把式(7.22)、式(7.23) 分别代入式(7.20)、式(7.21)，得

$$\Delta_r G_m = \Delta_r G_m^\ominus + RT\ln K_x \quad (7.24)$$

思考：

7-8　固相反应的平衡常数如何表示？

习题：

7-7　设 298K 酯化反应体系为理想溶液，试用标准生成吉布斯自由能计算：$C_2H_5OH(l) + CH_3COOH(l) \rightleftharpoons CH_3COOC_2H_5(l) + H_2O(l)$ 反应的标准平衡常数 $K^\ominus$。已知 $C_2H_5OH(l)$、$CH_3COOH(l)$、$CH_3COOC_2H_5(l)$、$H_2O(l)$ 的 $\Delta_f G_m^\ominus$ 分别为 -174.78kJ/mol、-389.90kJ/mol、-332.55kJ/mol、-237.13kJ/mol。(0.133)

$$\Delta_r G_m = \Delta_r G_m^{\ominus} + RT\ln K_{a_x} \tag{7.25}$$

当化学反应达到平衡时，根据式(7.24)、式(7.25)，得

$$\Delta_r G_m^{\ominus} = -RT\ln K_x \tag{7.26}$$

$$\Delta_r G_m^{\ominus} = -RT\ln K_{a_x} \tag{7.27}$$

由于 $\Delta_r G_m^{\ominus}$ 在指定的温度下是常数，根据式(7.26)、式(7.27)，得出在体系压力不太高时

$$K^{\ominus} = K_x, K^{\ominus} = K_{a_x} \tag{7.28}$$

由此可见，对于液相混合物中的化学反应，当压力不太高时，以摩尔分数（活度）表示的平衡常数只决定于反应物质的本性和反应温度，等于标准平衡常数 $K^{\ominus}$，与不太高的压力以及各物质的平衡组成无关。

另外，根据活度与摩尔分数的关系，$a_{x,B} \equiv \gamma_{x,B} x_B$，得

$$K_{a_x} = K_x K_{\gamma_{x,B}} \tag{7.29}$$

7.4.2 稀溶液中化学反应

如果体系组分的量很少，则可以把它当作溶质，在稀溶液中溶质遵从亨利定律，$p_B = k_{x,B} x_B$，化学势表示如下。

理想稀溶液　$\mu_B = \mu_{B,x}^{*}(T,p) + RT\ln x_B$

非理想稀溶液　$\mu_B = \mu_{B,x}^{*}(T,p) + RT\ln a_{x,B}$

同样，式中 $\mu_B^{*}(T,p)$ 不是标准态的化学势。若将压力 p 换成 $p^{\ominus}$，则应加上一个校正项 $\int_{p^{\ominus}}^{p} V_B^{*}\,dp$，并忽略该项，得

$$\mu_B = \mu_{B,x}^{\ominus}(T) + RT\ln x_B$$

$$\mu_B = \mu_{B,x}^{\ominus}(T) + RT\ln a_{x,B}$$

得到的 K_x、K_{a_x} 与式(7.22)、式(7.23) 相同。

如果溶质 B 的浓度用质量摩尔浓度 m_B 表示，在稀溶液中

$$\mu_B = \mu_{B,m}^{\ominus}(T) + RT\ln\left(\frac{m_B}{m^{\ominus}}\right)$$

$$\mu_B = \mu_{B,m}^{\ominus}(T) + RT\ln a_{m,B}$$

得到的 K_m、K_{a_m} 的平衡常数：

$$K_m = \prod_B m_B^{\nu_B} \quad K_{a_m} = \prod_B a_{m,B}^{\nu_B} \quad K_{a_m} = K_m K_{\gamma_{m,B}} \tag{7.30}$$

与标准热力学常数之间的关系：

$$K^{\ominus} = K_m (m^{\ominus})^{-\sum_B \nu_B}, K^{\ominus} = K_{a_m} (m^{\ominus})^{-\sum_B \nu_B} \tag{7.31}$$

如果溶质 B 的浓度用体积摩尔浓度 c_B 表示，在稀溶液中

$$\mu_B = \mu_{B,c}^{\ominus}(T) + RT\ln\left(\frac{c_B}{c^{\ominus}}\right)$$

$$\mu_B = \mu_{B,c}^{\ominus}(T) + RT\ln a_{c,B}$$

得到的 K_c、K_{a_c} 的平衡常数：

$$K_c = \prod_B c_B^{\nu_B} \quad K_{a_c} = \prod_B a_{c,B}^{\nu_B} \quad K_{a_c} = K_c K_{\gamma_{c,B}} \tag{7.32}$$

与标准热力学常数之间的关系：

$$K^{\ominus}=K_c(c^{\ominus})^{-\sum_B \nu_B},K^{\ominus}=K_{a_c}(c^{\ominus})^{-\sum_B \nu_B} \tag{7.33}$$

例题 7-4 已知：$\Delta_f G_m^{\ominus}(C_6H_5COOH,s,298K)=-245.27kJ/mol$；$\Delta_f G_m^{\ominus}(C_6H_5COO^-,aq,m^{\ominus},298K)=-223.84kJ/mol$；298K 时苯甲酸在水中的溶解度为 $0.02787mol\cdot kg^{-1}$。求 SATP 下苯甲酸在水溶液中的电离常数 $K_{a_m}^{\ominus}$。

解：根据化学反应 $C_6H_5COOH(aq)=\!=\!=C_6H_5COO^-(aq)+H^+(aq)$

设计可逆过程如下：

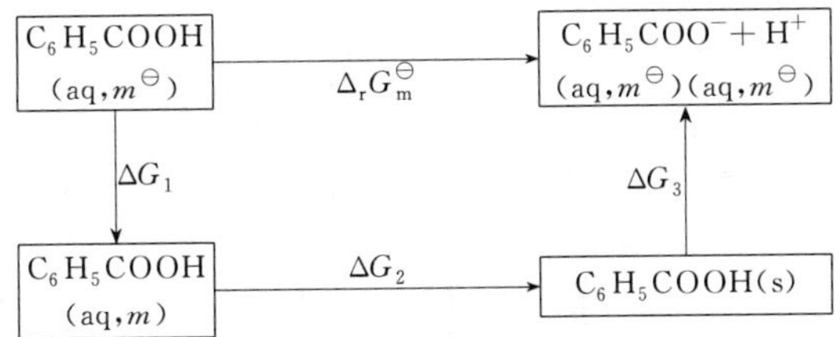

根据状态函数的性质，知

$$\Delta_r G_m^{\ominus}=\Delta G_1+\Delta G_2+\Delta G_3$$

又因为苯甲酸在水中的完全溶解达到平衡，故 $\Delta G_2=0$

$$\Delta G_1=\left[\mu_{C_6H_5COOH}^{\ominus}+RT\ln\left(\frac{m}{m^{\ominus}}\right)\right]-\mu_{C_6H_5COOH}^{\ominus}=RT\ln 0.02787$$

$$\begin{aligned}\Delta G_3&=\Delta_f G_m^{\ominus}(C_6H_5COO^-,aq,m^{\ominus})+\Delta_f G_m^{\ominus}(H^+,aq,m^{\ominus})\\&\quad-\Delta_f G_m^{\ominus}(C_6H_5COOH,s)\\&=(-223.84+0)-(-245.27)\\&=21.43(kJ/mol)\end{aligned}$$

故

$$\begin{aligned}\Delta_r G_m^{\ominus}&=\Delta G_1+\Delta G_2+\Delta G_3\\&=21.43\times10^3+0+8.314\times298\ln 0.02787\\&=12560(J/mol)\end{aligned}$$

又

$$\Delta_r G_m^{\ominus}=-RT\ln K_{a_m}^{\ominus}$$

$$\Rightarrow K_{a_m}^{\ominus}=\exp\left(-\frac{\Delta_r G_m^{\ominus}}{RT}\right)=6.3\times10^{-3}$$

7.5 复相反应的平衡常数

前面讨论的气相反应和液相反应，无论反应物还是产物都是在同一相中，这类化学反应称为“均相反应”。若参加化学反应的物质处于不同的相态，反应就在相与相的界面上发生，这样的化学反应称为复相化学反应或多相化学反应。

7.5.1 平衡常数

设有复相反应

$$cC+dD+\cdots=\!=\!=gG+hH+\cdots$$

设参加反应的物质有 N 种，其中 n 种是气体，其余的是凝聚相。为方便讨论问题，气体看作理想气体，固体或液体均看作纯态凝聚相，不考虑复杂的实际情况。

根据吉布斯自由能判据，当化学反应达到平衡时，$\Delta_r G_m=0$，即

$$\Delta_r G_m=\sum_{B=1}^{N}\nu_B\mu_B=\left(\sum_{B=1}^{n}\nu_B\mu_B\right)_g+\left(\sum_{B=n+1}^{N}\nu_B\mu_B\right)_c=0 \tag{7.34}$$

把混合理想气体的化学势公式代入式(7.34)，得

$$\left(\sum_{B=1}^{n}\nu_B\mu_B^{\ominus}\right)_g+\left(\sum_{B=1}^{n}\nu_B RT\ln\frac{p_B^{eq}}{p^{\ominus}}\right)_g+\left(\sum_{B=n+1}^{N}\nu_B\mu_B\right)_c=0 \tag{7.35}$$

式（7.35）中第一项是气相部分的标准态吉布斯自由能之和，第三项是凝聚相部分的吉布斯自由能之和。由于凝聚相的化学势随压力变化不大，并且假设凝聚相为纯态，故有

$$\left(\sum_{B=n+1}^{N}\nu_B\mu_B\right)_c\approx\left(\sum_{B=n+1}^{N}\nu_B\mu_B^{\ominus}\right)_c$$

代入式(7.35)，合并气相部分和凝聚部分的标准吉布斯自由能，整理，得

$$\sum_{B=1}^{N}\nu_B\mu_B^{\ominus}=-RT\ln\prod_{B=1}^{n}\left(\frac{p_B^{eq}}{p^{\ominus}}\right)^{V_B} \tag{7.36}$$

式(7.36) 左边是反应的标准摩尔吉布斯自由能变化 $\Delta_r G_m^{\ominus}$，只是温度的函数，在一定的温度下有定值，故

$$K_p^{\ominus}=\prod_{B=1}^{n}\left(\frac{p_B^{eq}}{p^{\ominus}}\right)^{\nu_B} \tag{7.37}$$

$K_p^{\ominus}$ 为复相化学反应的标准热力学平衡常数。对于含有气相、凝聚相的复相反应，其平衡常数仅与气相物质有关，而与凝聚相物质无关。对复相化学反应除了标准平衡常数以外，也有其他形式的经验平衡常数，这和均相化学反应体系相类似，这里不再讨论。

例如，对于反应

$$CaCO_3(s)=\!=\!=CaO(s)+CO_2(g)$$

$$K_p^{\ominus}=\frac{p_{CO_2}}{p^{\ominus}},K_p=p_{CO_2}$$

$$Ag_2S(s)+H_2(g)=\!=\!=2Ag(s)+H_2S(g)$$

$$K_p^{\ominus}=\frac{p_{H_2S}/p^{\ominus}}{p_{H_2}/p^{\ominus}}=\frac{p_{H_2S}}{p_{H_2}}=K_p$$

使用式(7.37) 计算平衡常数时要注意两点：

① 平衡常数 $K_p^{\ominus}$ 近似仅为温度的函数。因为在非标准压力下，纯凝聚相物质的化学势是温度和压力的函数，故严格来说，复相化学反应的平衡常数应该是温度和压力的函数。这一点与气相反应的 $K_p^{\ominus}$ 是不相同的。

② 复相化学反应的凝聚相都是以纯物质的形式出现的。如果反应体系出现了溶液或固溶体，由于组分化学势 μ 不仅与温度、压力有关，而且还得考虑浓度因素的影响。

7.5.2 分解压力

在讨论复相化学反应体系时，经常要用到一个重要的概念，就是固体分解反应的分解压力（decomposition pressure）或离解压力（dissociation pressure）。一般说来，所谓分解压力，是指纯固体物质在一定温度下分解达到平衡时，产物中气体的总压力。若产物中气体物质不止一种，则平衡时各种气体物质的分压之和才是分解压力。当分解压力等于外界总压时的温度，称为分解温度。例如在温度 T 时碳酸氢铵热分解反应达到平衡：

$$NH_4HCO_3(s)=\!=\!=NH_3(g)+CO_2(g)+H_2O(g)$$

其在温度 T 时的分解压力为：$p_d=p_{NH_3(g)}+p_{CO_2(g)}+p_{H_2O(g)}$。

根据复相化学反应的平衡常数表达式可以分析出，分解压力只与物质的本性有关，仅为温度的函数，而与固体的数量无关。一般说来，温度越高分解压力越高，因此在使用分解压力时一定要指明温度，否则没有意义。

例题 7-5 在 630K 时，反应 $2HgO(s)=\!=\!=2Hg(g)+O_2(g)$ 的标准吉布斯自由能变化

为 44.3kJ/mol。试求此反应的 K_p 及 630K 时 HgO 的分解压。

解：由 $\Delta_r G_m^\ominus = -RT\ln K_p^\ominus$，得

$$K_p^\ominus = \exp\left(\frac{-\Delta_r G_m^\ominus}{RT}\right) = \exp\left(\frac{-44300}{8.314\times 630}\right) = 2.123\times 10^{-4}$$

故 $$K_p = K_p^\ominus (p^\ominus)^{\sum_B \nu_B} = K_p^\ominus (p^\ominus)^3 = 2.123\times 10^{11}\ \text{Pa}^3$$

设 630K 反应达到平衡时 O_2 的分压为 p，则

$$2HgO(s) = 2Hg(g) + O_2(g)$$

平衡时分压 $2p$ p

$$K_p = (2p)^2\times p = 4p^3 = 2.123\times 10^{11}\ \text{Pa}^3$$

解之，得 $p = 3758\text{Pa}$

故分解压力为

$$p_d = p_{Hg} + p_{O_2} = 2p + p = 11274\text{Pa}$$

7.6 同时平衡

以上考虑的平衡体系只限于一个化学反应，而实际的反应体系中常同时存在着两种以上的化学反应，由于热力学仅考虑平衡态体系，所以这种多种反应同时进行的体系称为同时平衡（simultaneous chemical equilibrium）。

7.6.1 独立平衡的确定

对于这类反应体系，首先要知道有几个独立的化学反应（不能用线性组合的方法由其他反应导出的反应）；然后根据体系独立化学反应数确定平衡常数，有几个独立的化学反应就有几个独立的标准平衡常数。

确定体系独立化学反应的方法步骤：

① 列出体系中所有的分子；

② 用原子组成分子；

③ 用不同反应的线性组合消除原子。

经过以上三步后获得的反应即为体系独立化学反应。

例如 判断 H_2、CH_4、C_2H_6 和 C_3H_8 体系的独立平衡常数个数。

解答方法：先用原子组成分子

$$2H = H_2 \quad ①$$

$$C + 4H = CH_4 \quad ②$$

$$2C + 6H = C_2H_6 \quad ③$$

$$3C + 8H = C_3H_8 \quad ④$$

将式①代入式②、式③、式④，得

习题：

7-8 实验测得 $Ag_2O(s)$ 在 720K 时的分解压力为 2.1×10^7Pa，试计算该温度时 $Ag_2O(s)$ 的标准摩尔生成吉布斯自由能。(16008J/mol)

7-9 已知反应：$C(s)+2H_2(g) = CH_4(g)$，$\Delta_r G^\ominus_{m,1000K} = 19290$J/mol。若参加反应的气体物质的量之比为 $N_2 : H_2 : CH_4 = 1:8:1$，试问在 1000K、$1p^\ominus$ 下能否有 $CH_4(g)$ 生成？[$Q_p = 0.1563$，$\Delta_r G_m = 3859.4$J/mol]

7-10 苯烃化制乙基苯反应：$C_6H_6(l) + C_2H_4(g) = C_6H_5C_2H_5(l)$，若反应在 97℃进行，试估算苯的最大转化率。乙烯的压力保持在 $1.5p^\ominus$。(气体视为理想气体，反应热效应与温度无关)。已知 SATP 时 $C_6H_6(l)$、$C_2H_4(g)$、$C_6H_5C_2H_5(l)$ 的 $\Delta_f G_m^\ominus$ 分别为 124.14、68.18、119.75kJ·mol^{-1}，$\Delta_f H_m^\ominus$ 分别为 49.04、52.29、-12.47kJ·mol^{-1}。

$$C+2H_2 \longrightarrow CH_4 \quad ⑤$$

$$2C+3H_2 \longrightarrow C_2H_6 \quad ⑥$$

$$3C+4H_2 \longrightarrow C_3H_8 \quad ⑦$$

消除式⑤、式⑥、式⑦中的C原子：

⑤×2－⑥，得　$H_2+C_2H_6 \longrightarrow 2CH_4$

⑤×3－⑦，得　$2H_2+C_3H_8 \longrightarrow 3CH_4$

因此，该体系中有2个独立化学反应，故有2个独立平衡常数。

在同时平衡的反应体系中任一种物质的平衡含量必定同时满足每一个化学反应的标准平衡常数或经验平衡常数式。下面讨论几个简单的例子说明同时平衡反应。

7.6.2 平行反应

如果同时平衡体系中独立化学反应的一种或几种物质同时存在于不同的反应中，则为平行反应（parallel reaction）。

例题7-6 在600K时，某体系中有2个反应同时达到平衡：

$$CH_3Cl(g)+H_2O(g) \longrightarrow CH_3OH(g)+HCl(g), K_{p,1}=0.00154$$

$$2CH_3OH(g) \longrightarrow (CH_3)_2O(g)+H_2O(g), K_{p,2}=10.6$$

若$CH_3Cl(g)$和$H_2O(g)$按1∶1混合反应，求CH_3Cl的转化率。

解：设开始时CH_3Cl和H_2O的物质的量各为1，平衡后HCl的转化分数为X，$(CH_3)_2O$的转化分数为Y，则

	$CH_3Cl(g)$	$+H_2O(g)$	$\longrightarrow CH_3OH(g)$	$+HCl(g)$
$t=0$	1	1	0	0
$t=t_{eq}$	$1-X$	$1-X+Y$	$X-2Y$	X

	$2CH_3OH(g)$	$\longrightarrow (CH_3)_2O(g)$	$+H_2O(g)$
$t=0$	X	0	$1-X$
$t=t_{eq}$	$X-2Y$	Y	$1-X+Y$

则，

$$K_{p,1}=\frac{(X-2Y)X}{(1-X)(1-X+Y)}=0.00154$$

$$K_{p,2}=\frac{(1-X+Y)Y}{(X-2Y)^2}=10.6$$

解之，得　$X=0.048$，$Y=0.009$

故CH_3Cl的转化率为0.048，而生成$CH_3OH(g)$、$HCl(g)$、$(CH_3)_2O(g)$的产率各不相同。

7.6.3 耦合反应

如果同时平衡体系中的独立化学反应中一个反应的产物为另一个反应的反应物或反应物之一，则为耦合反应（coupled reaction）。在耦合反应中某一反应可以影响另一反应的平衡位置，甚至使原先不能单独进行的反应得以通过另外的途径而进行，如

反应①：$A+B \longrightarrow C+D$，$\Delta G^{\ominus}_{m,1} \gg 0$，$K^{\ominus}_1 \ll 1$，如$K^{\ominus}_1 \approx 10^{-10}$，

习题：

7-11　如下两个反应323K时达到平衡：

(1) $2NaHCO_3(s) \longrightarrow Na_2CO_3(s)+H_2O(g)+CO_2(g)$, $p_1=4000Pa$;

(2) $CuSO_4 \cdot 5H_2O(s) \longrightarrow CuSO_4 \cdot 3H_2O(s)+2H_2O(g)$, $p_2=6050Pa$

试计算由$NaHCO_3(s)$、$CuSO_4 \cdot 5H_2O(s)$组成的混合体系在达到平衡时CO_2的分压。(661.2Pa)

若该反应单独存在，宏观上可认为该反应是不能进行的。

若反应②：C+E ══ F+H，$\Delta G^{\ominus}_{m,2} \ll 0$，$K^{\ominus}_2 \gg 1$，

$$且\ \Delta G^{\ominus}_{m,1}+\Delta G^{\ominus}_{m,2}<0$$

那么我们将 A、B、E 混合组成新的体系，那会有反应③：

$$A+B+E \Longleftrightarrow D+F+H$$

因为　③=①+②

所以　$\Delta G^{\ominus}_{m,3}=\Delta G^{\ominus}_{m,1}+\Delta G^{\ominus}_{m,2}<0$

若 D 是我们需要的产物，通过反应①是很难实现的，但通过反应③可能会达到目标。

例题 7-7　某工作者拟通过耦合反应用氯气氧化 TiO_2 制备 $TiCl_4$，查阅资料，得 $TiO_2(s)+2Cl_2(g) \Longleftrightarrow TiCl_4(l)+O_2(g)$，$\Delta_r G^{\ominus}_m=162kJ/mol$，$\Delta_f G^{\ominus}_{m,H_2O(l)}=-229kJ/mol$，$\Delta_f G^{\ominus}_{m,CO_2(g)}=-394kJ/mol$。

请问用哪种耦合反应更有利于达到目标呢？

解：已知　$TiO_2(s)+2Cl_2(g) \Longleftrightarrow TiCl_4(l)+O_2(g)$，$\Delta_r G^{\ominus}_{m,1}=162kJ/mol$。

（1）若通入氢气参与反应，则有

$$2H_2(g)+O_2(g) \Longleftrightarrow 2H_2O(l)$$

$$\Delta_r G^{\ominus}_{m,2}=2\Delta_f G^{\ominus}_{m,H_2O(l)}=-458kJ/mol$$

总反应为

$$TiO_2(s)+2Cl_2(g)+2H_2(g) \Longleftrightarrow TiCl_4(l)+2H_2O(l)$$

$$\begin{aligned}\Delta_r G^{\ominus}_{m,3}&=\Delta_r G^{\ominus}_{m,1}+\Delta_r G^{\ominus}_{m,2}\\&=(162-458)kJ/mol\\&=-296kJ/mol\end{aligned}$$

（2）若通过加入碳（C）参与反应，则有

$$C(s)+O_2(g) \Longleftrightarrow CO_2(g)$$

$$\Delta_r G^{\ominus}_{m,4}=\Delta_f G^{\ominus}_{m,CO_2(g)}=-394kJ/mol$$

总反应为

$$TiO_2(s)+2Cl_2(g)+C(s) \Longleftrightarrow TiCl_4(l)+CO_2(g)$$

$$\begin{aligned}\Delta_r G^{\ominus}_{m,5}&=\Delta_r G^{\ominus}_{m,1}+\Delta_r G^{\ominus}_{m,4}\\&=(162-394)kJ/mol\\&=-232kJ/mol\end{aligned}$$

通过对氢气和碳参与制备 $TiCl_4$ 耦合反应的热力学分析，这两个反应都有利于获得产品，预计在工业上更多地会考虑生产成本和工业流程的问题，从而确定最终实现方式。

7.7　温度对化学平衡的影响

在前面的讨论中可知，$K^{\ominus}_p$ 是温度的函数，那么 $K^{\ominus}_p$ 与温度的函数关系式是怎样呢？这可由吉布斯-亥姆霍兹方程推导得到，这里只推导温度对理想气体化学反应体系平衡常数的影响。

习题：

7-12　已知 SATP 乙苯 $C_8H_{10}(g)$、苯乙烯 $C_8H_8(g)$、$H_2O(g)$、HCl(g) 的摩尔生成焓分别为 130.71kJ/mol、213.90kJ/mol、−228.57kJ/mol、−95.3kJ/mol。试通过计算各反应的平衡常数说明：(1) 能否用乙苯 $C_8H_{10}(g)$ 直接制备苯乙烯 $C_8H_8(g)$？(2) 拟通入 O_2 或 Cl_2 参与反应，哪种方法更为合理？

7-13　将 CO 和 H_2 混合气体在 773K 下通过 F-T 催化剂，若产物中只有 CH_3OH、C_2H_5OH 和 H_2O，计算平衡时这三种产物的百分含量。已知 298K 时 CO(g)、$CH_3OH(g)$、$C_2H_5OH(g)$、$H_2O(g)$ 的 $\Delta_f G^{\ominus}_m$ 分别是 −137.27、−161.88、−168.60、−228.60kJ·mol^{-1}，$\Delta_f H^{\ominus}_m$ 分别是 −110.52、−201.17、−235.31、−241.83kJ·mol^{-1}（假定各物质 C_p 不随温度变化）。

7-14　在 450～650K 温度区间内，用分光光度法研究了如下气相反应：

I_2＋环戊烯⟶2HI＋环戊二烯

得到 $K^{\ominus}_p$ 与温度的关系为：

$$\ln K^{\ominus}_p=17.39-11155/T$$

试计算在 573K 时该反应的 $\Delta_r G^{\ominus}_m$，$\Delta_r S^{\ominus}_m$，$\Delta_r H^{\ominus}_m$。

7-15　FeO 分解压力与温度的关系为

$$\ln(p/Pa)=-\frac{6.16\times10^4}{T/K}+26.33$$

试判断 SATP 下 FeO 能否分解。(空气中氧的摩尔分数为 0.21)

(FeO 分解压力为 $0.21p^{\ominus}$，分解温度 3761K；298K 时，$K_p=p_{O_2}=4.6\times10^{-79}$ Pa$\ll 0.21p^{\ominus}$，故不分解)

7-16　已知反应 $2Mg(NO_3)_2(s) \Longleftrightarrow 2MgO(s)+4NO_2(g)+O_2(g)$ 的 $\Delta_r H^{\ominus}_m=513.8kJ\cdot mol^{-1}$ 和 $\Delta_r S^{\ominus}_m=893J\cdot mol^{-1}\cdot K^{-1}$。

(1) 试估计 $Mg(NO_3)_2(s)$ 的分解温度及分解压力；

(2) 试计算 $1p^{\ominus}$ 下 $Mg(NO_3)_2(s)$ 的分解温度。

根据吉布斯-亥姆霍兹方程式 $\left[\dfrac{\partial(\Delta G/T)}{\partial T}\right]_p=-\dfrac{\Delta H}{T^2}$

把吉布斯-亥姆霍兹方程应用于化学反应，则有

$$\left[\frac{\partial(\Delta_r G_m^{\ominus}/T)}{\partial T}\right]_p=-\frac{\Delta_r H_m^{\ominus}}{T^2}$$

将 $\Delta_r G_m^{\ominus}=-RT\ln K_p^{\ominus}$ 代入上式，得

$$\left(\frac{\partial \ln K_p^{\ominus}}{\partial T}\right)_p=\frac{\Delta_r H_m^{\ominus}}{RT^2} \tag{7.38}$$

式(7.38) 为标准平衡常数与温度关系的微分式，因为该式是在等压条件下得到的，所以又称为范特霍夫等压式，式中 $K_p^{\ominus}$ 是标准平衡常数，$\Delta_r H_m^{\ominus}$ 是参与反应的各物质处于各自标准态下时该反应的等压反应热。

利用式(7.38) 可以定性地说明温度对化学平衡的影响规律。若 $\Delta_r H_m^{\ominus}>0$，反应为吸热反应，$(\partial \ln K_p^{\ominus}/\partial T)_p>0$，说明平衡常数随温度的升高而增大，平衡向右移动，说明升高温度对于吸热反应有利；若 $\Delta_r H_m^{\ominus}<0$，反应为放热反应，$(\partial \ln K_p^{\ominus}/\partial T)_p<0$，说明平衡常数随温度的升高而减小，平衡向左移动，说明升高温度对于放热反应不利。

对于式(7.38) 的积分可以分为以下两种情况。

① 若温度变化不大时，$\Delta_r H_m^{\ominus}$ 可以近似认为是常数。

对式(7.38) 取不定积分，得

$$\ln K_p^{\ominus}=-\frac{\Delta_r H_m^{\ominus}}{RT}+C \tag{7.39}$$

式(7.39) 说明 $\ln K_p^{\ominus}$ 与温度的倒数成直线关系，斜率为$-\dfrac{\Delta_r H_m^{\ominus}}{R}$。

对式(7.38) 取定积分，得

$$\ln\frac{K_p^{\ominus}(T_2)}{K_p^{\ominus}(T_1)}=\frac{\Delta_r H_m^{\ominus}}{R}\left(\frac{1}{T_1}-\frac{1}{T_2}\right) \tag{7.40}$$

由式(7.40) 可知由一个温度 T_1 下的平衡常数 $K_p^{\ominus}(T_1)$去求另一个温度 T_2 下的平衡常数 $K_p^{\ominus}(T_2)$或知其中任意四个量去求另一个量。

② 若温度变化范围较大，$\Delta_r H_m^{\ominus}$ 不能看作常数，要将 $\Delta_r H_m^{\ominus}$ 与温度的函数关系式 $\Delta_r H_m^{\ominus}=f(T)$ 代入式(7.38) 后进行积分，来确定温度对平衡常数的影响。

$\Delta_r H_m^{\ominus}$ 与温度的函数关系式一般由基尔霍夫公式获得

$$\Delta_r H_m^{\ominus}=\Delta H_0+\Delta aT+\frac{1}{2}\Delta bT^2+\frac{1}{3}\Delta cT^3+\cdots$$

代入(7.38) 积分，得

$$\ln K_p^{\ominus}=-\frac{\Delta H_0}{RT}+\frac{\Delta a}{R}\ln T+\frac{1}{2R}\Delta bT+\frac{1}{6R}\Delta cT^2+\cdots+C \tag{7.41}$$

式中，ΔH_0 和 C 都是积分常数，式(7.41) 为平衡常数 $K_p^{\ominus}$ 与温度的具体关系式。

由于理想气体化学反应用体积摩尔浓度表示，根据标准平衡常数 $K_c^{\ominus}$ 与标准平衡常数 $K_p^{\ominus}$ 之间的关系式

$$K_p^{\ominus}=K_c^{\ominus}(c^{\ominus}RT)^{\sum_B \nu_B}\times(p^{\ominus})^{-\sum_B \nu_B}$$

代入式(7.38)，整理，得

$$\left(\frac{\partial \ln K_c^{\ominus}}{\partial T}\right)_p=\frac{\Delta_r U_m^{\ominus}}{RT^2} \tag{7.42}$$

式(7.42)中 $\Delta_r U_m^\ominus$ 为化学反应的标准摩尔内能变化。

例题 7-8 已知SATP下 CO_2 的分解反应：$2CO_2(g)$═══$2CO(g)+O_2(g)$，$\Delta_r H_m^\ominus$ (298K)＝566kJ/mol，在标准压力下该反应在298K、1400K时的解离度分别为 6.99×10^{-31}、1.27×10^{-4}。(1) 若 $\Delta C_p=0$，求1400K时该反应的 $\Delta_r G_m^\ominus$ 和 $\Delta_r S_m^\ominus$；(2) 若 $\Delta C_p=-16J/(K\cdot mol)$，根据SATP的数据推求1400K时该反应的 $\Delta_r G_m^\ominus$ 和 $\Delta_r S_m^\ominus$。

解：反应 $2CO_2(g)$═══$2CO(g)+O_2(g)$

设反应前的物质的量 2 0 0

平衡时的物质的量 $2(1-\alpha)$ 2α α

其中 α 为 CO_2 的解离度。平衡时体系的总物质的量：

$$n_{总}=2(1-\alpha)+2\alpha+\alpha=2+\alpha$$

在标准压力下， $K_p^\ominus=K_x(p)^{\sum\nu_B}(p^\ominus)^{-\sum\nu_B}=K_x$

$$K_x=\left[\frac{2\alpha}{2+\alpha}\right]^2\times\frac{\alpha}{2+\alpha}\div\left[\frac{2(1-\alpha)}{2+\alpha}\right]^2=\frac{\alpha^3}{(1-\alpha)^2(2+\alpha)}$$

$$K_{x,298K}=1.71\times10^{-91},K_{x,1400K}=1.024\times10^{-12}$$

(1) 因为 $\Delta C_p=0$，则所研究的温度范围内 $\Delta_r H_m^\ominus$ 可看作常数，故

$$\ln\left(\frac{K_{x,1400K}}{K_{x,298K}}\right)=\frac{\Delta_r H_m^\ominus}{R}\left(\frac{1}{298K}-\frac{1}{1400K}\right)=181.4$$

解之，得 $\Delta_r H_m^\ominus=571kJ/mol$

$$\Delta_r G_m^\ominus(1400K)=-RT\ln(1.024\times10^{-12})=321kJ/mol$$

$$\Delta_r S_m^\ominus=(\Delta_r H_m^\ominus-\Delta_r G_m^\ominus)/1400K=178.3J/(K\cdot mol)$$

(2) 因为 $\Delta C_p=-16J/(K\cdot mol)$，则 $\Delta_r H_m^\ominus$ 不为常数。

应先导出 $K^\ominus$ 与 T 的关系：

$$\begin{aligned}\Delta_r H_m^\ominus(T)&=\Delta_r H_m^\ominus(298K)+\Delta C_p(T-298K)\\&=566\times10^3-16T+16\times298\\&=570768-16T\ (J/mol)\end{aligned}$$

$$\left(\frac{\partial\ln K_p^\ominus}{\partial T}\right)_p=\frac{\Delta_r H_m^\ominus}{RT^2}\Rightarrow d\ln K_p^\ominus=\frac{\Delta_r H_m^\ominus}{RT^2}dT$$

积分，得

$$\ln\left(\frac{K_{p,1400K}^\ominus}{K_{p,298K}^\ominus}\right)=\frac{570768}{8.314}\left(\frac{1}{298}-\frac{1}{1400}\right)-\frac{16}{8.314}\ln\left(\frac{1400}{298}\right)=178.36$$

$$K_{p,298K}^\ominus=K_{x,298K}=1.71\times10^{-91}$$

解之，得 $K_{p,1400K}^\ominus=4.93\times10^{-14}$

$$\Delta_r G_m^\ominus(1400K)=-RT\ln(4.93\times10^{-14})=356647J/mol$$

$$\Delta_r H_m^\ominus(1400K)=570768-16T=548368(J/mol)$$

$$\Delta_r S_m^\ominus(1400K)=(\Delta_r H_m^\ominus-\Delta_r G_m^\ominus)/1400K$$

习题：

7-17 已知标准压力下 N_2O_4 和 NO_2 的平衡混合物，在15℃、75℃时的密度分别为 $3.62g/dm^3$、$1.84g/dm^3$。求反应：$N_2O_4(g)$═══$2NO_2(g)$ 的 $\Delta_r H_m^\ominus$ 和 $\Delta_r S_m^\ominus$。(设 $\Delta C_p=0$)。[15℃、75℃下的 $\Delta_r G_m^\ominus$ 分别为9043J/mol、−4756J/mol；$\Delta_r H_m^\ominus$＝75.3kJ/mol；$\Delta_r S_m^\ominus$＝230J/(K·mol)]

7-18 已知SATP时 $BaCO_3(s)$、$BaO(s)$、$CO_2(g)$ 的 $\Delta_f H_m^\ominus$ 分别为−1219kJ/mol、−558kJ/mol、−393kJ/mol，其 $S_m^\ominus$ 分别为112.1J/(K·mol)、70.3J/(K·mol)、213.6J/(K·mol)。试计算：(1) SATP时 $BaCO_3$ 分解反应的 $\Delta_r H_m^\ominus$、$\Delta_r S_m^\ominus$、$\Delta_r G_m^\ominus$；(2) 298K时的分解压力；(3) 假设分解反应的 $\Delta C_p=0$，求 $BaCO_3$ 的分解温度；(4) 若分解反应的 $\Delta C_p=4J/(K\cdot mol)$，求1000K时 $BaCO_3$ 的分解压力。[(1) 268kJ/mol；171.8J/(K·mol)；216.8kJ/mol；(2) 9.93×10^{-34}Pa；(3) 1560K；(4) 1.2Pa]

7-19 反应 $2Ca(l)+ThO_2(s)$═══$2CaO(s)+Th(s)$，已知 $\Delta_r G_m^\ominus$(1373K)＝−10.46kJ/mol，$\Delta_r G_m^\ominus$(1473K)＝−8.37kJ/mol。试估计Ca(l)还原 $ThO_2(s)$ 的最高温度。(1874K)

7-20 乙烯水合反应 $C_2H_4+H_2O=C_2H_5OH$ 的

$\Delta_r G_m^\ominus(J\cdot mol^{-1})=-3.47\times10^4+26.4T\ln T+45.2T$。

(1)导出标准反应热与温度的关系；

(2)求出300℃时的平衡常数；

(3)求出300℃时反应的熵变。

思考：

7-9 能否用例题7-9的方法计算温度对固体溶解度的影响、液体饱和蒸气压？

$=136.9 J/(K \cdot mol)$

例题 7-9 20℃时，O_2 在水中的亨利系数 $k_m=3.93\times10^9 Pa \cdot kg/mol$，求 30℃时 O_2 在水中的溶解度。已知 O_2 在水中的溶解焓为$-13040J/mol$。(设空气中氧的摩尔分数为 0.21。)

解：亨利系数可看作氧气溶解平衡的经验平衡常数：

$$O_2(\text{溶液})=O_2(\text{气体})$$

$$k_m=\frac{p_{O_2}}{m_{O_2}}$$

故该题实质是讨论温度对平衡常数的影响：

$$\ln\left(\frac{k_{m,303K}}{k_{m,293K}}\right)=\frac{\Delta H}{R}\left(\frac{1}{T_1}-\frac{1}{T_2}\right)=\frac{13040}{8.314}\left(\frac{1}{293}-\frac{1}{303}\right)=0.1767$$

解之，得 $$k_{m,303K}=4.69\times10^9 Pa \cdot kg/mol$$

由亨利系数可求平衡时溶液中 O_2 的浓度：

$$m_{O_2}=\frac{p_{O_2}}{k_{m,303K}}=\frac{0.21\times10^5 Pa}{4.69\times10^9 Pa \cdot kg/mol}$$
$$=4.48\times10^{-6} mol/kg$$

7.8 压力对化学平衡的影响

压力并不影响标准平衡常数 $K^\ominus$，但对 K_p、K_x、K_c 等，如果压力变化较大，则应加以考虑。

对气相化学反应，压力虽然不能改变标准平衡常数 $K^\ominus$，但对平衡体系的组成往往会有影响。

根据 $$K_p^\ominus=K_c\left(\frac{c^\ominus RT}{p^\ominus}\right)^{\Delta\nu_B}=K_x\left(\frac{p}{p^\ominus}\right)^{\Delta\nu_B}$$

温度一定时 $K^\ominus$ 为常数，

则 $$\left(\frac{\partial \ln K_p^\ominus}{\partial p}\right)_T=0\times\left(\frac{\partial \ln K_c^\ominus}{\partial p}\right)_T=0$$

$$\left(\frac{\partial \ln K_x}{\partial p}\right)_T=-\frac{\Delta\nu_B}{p}=-\frac{\Delta V_m}{RT} \tag{7.43}$$

由式(7.43) 知，定温下 $K_p^\ominus$、$K_c^\ominus$ 均与压力无关，但 K_x 随着压力而改变：

若 $\Delta\nu_B=0$，则 $\left(\frac{\partial \ln K_x}{\partial p}\right)_T=0$，即 K_x 不随体系压力 p 而改变；

若 $\Delta\nu_B>0$，则 $\left(\frac{\partial \ln K_x}{\partial p}\right)_T<0$，即 K_x 随体系压力 p 增大而减小；

若 $\Delta\nu_B<0$，则 $\left(\frac{\partial \ln K_x}{\partial p}\right)_T>0$，即 K_x 随体系压力 p 增大而增大。

对式(7.43) 积分，得

$$\ln\left(\frac{\ln K_{x,p_2}}{\ln K_{x,p_1}}\right)=\Delta\nu_B\ln\left(\frac{p_1}{p_2}\right) \tag{7.44}$$

对凝聚相化学反应，若凝聚相彼此之间不混合，都处于纯态（如固相反应），则由

$$\left(\frac{\partial \mu_B^*}{\partial p}\right)_T=V_B^*$$

得 $$\left(\frac{\partial\Delta\mu_B^*}{\partial p}\right)_T=\Delta V_B^*$$

因此 $$\left(\frac{\partial\ln K_a}{\partial p}\right)_T=-\frac{\Delta V_B^*}{RT} \qquad (7.45)$$

若 $\Delta V_B^*=0$，则 $\left(\frac{\partial\ln K_a}{\partial p}\right)_T=0$，即增加压力不改变反应方向；

若 $\Delta V_B^*>0$，则 $\left(\frac{\partial\ln K_a}{\partial p}\right)_T<0$，即增加压力对正向反应不利；

若 $\Delta V_B^*<0$，则 $\left(\frac{\partial\ln K_a}{\partial p}\right)_T>0$，即增加压力对正向反应有利。

对于凝聚相来说，由于 ΔV_B^* 的数值一般不大，所以在一定温度下，当压力变化不大时，反应的 K_a 可以看作与压力无关；但当压力变化很大时，就不能忽略压力的影响。

例题 7-10 某温度下的反应 $PCl_5(g)$══$PCl_3(g)+Cl_2(g)$ 的 $K_p^\ominus=0.308$，试计算该温度下 $0.5p^\ominus$、$10p^\ominus$ 时 PCl_5 的解离度。

解：此反应的 $\Delta\nu_B=1$，取起始时 1mol PCl_5 为体系，解离度为 α，其平衡时的组成为

$$PCl_5(g)═══PCl_3(g)+Cl_2(g)$$

物质的量：$1-\alpha$　　α　　α　　$n_{总}=1+\alpha$

由 $$K_x=K_p^\ominus\left(\frac{p^\ominus}{p}\right)^{\Delta\nu_B}=\frac{0.308p^\ominus}{p}=\frac{\alpha^2}{1-\alpha^2}$$

当 $p=0.5p^\ominus$ 时， $$\frac{\alpha^2}{1-\alpha^2}=\frac{0.308p^\ominus}{0.5p^\ominus}=0.616$$

$$\alpha=0.617$$

当 $p=10p^\ominus$ 时， $$\frac{\alpha^2}{1-\alpha^2}=\frac{0.308p^\ominus}{10p^\ominus}=0.0308$$

$$\alpha=0.172$$

7.9 惰性气体对化学平衡的影响

这里说的惰性气体泛指存在于体系中但未参与反应的气体(既不是反应物也不是产物)。惰性气体的存在并不影响平衡常数，但却能影响气相反应的平衡组成，从而使平衡发生移动。

当总压一定时，惰性气体的存在实际上起了稀释的作用，等同于减少反应体系的总压。

$$K_p^\ominus=K_x\left(\frac{p}{p^\ominus}\right)^{\Delta\nu_B}=\prod_B x_B^b\left(\frac{p}{p^\ominus}\right)^{\Delta\nu_B}$$

$$=\prod_B n_B^b\left(\frac{p/p^\ominus}{\sum_B n_B}\right)^{\Delta\nu_B}=K_n\left(\frac{p/p^\ominus}{\sum_B n_B}\right)^{\Delta\nu_B} \qquad (7.46)$$

习题：

7-21 FeO 分解压力与温度的关系为

$$\ln(p/\text{Pa})=-\frac{6.16\times10^4}{T/\text{K}}+26.33$$

试判断 SATP 下 FeO 能否分解。(空气中氧的摩尔分数为 0.21)

(FeO 分解压力为 $0.21p^\ominus$，分解温度 3761K；298K 时，$K_p=p_{O_2}=4.6\times10^{-79}$ Pa$\ll0.21p^\ominus$，故不分解)

7-22 在某温度及标准压力下，$N_2O_4(g)$ 有 0.5（摩尔分数）分解成 $NO_2(g)$，若压力扩大为 $10p^\ominus$ 倍，则 $N_2O_4(g)$ 的解离度为多少？(0.18)

思考：

7-10 惰性气体对化学平衡的影响对工业生产有哪些指导意义？

式中，n_B 为平衡后各物质的物质的量；$\sum_B n_B$ 为物质的量的总值。可以根据式(7.46) 判断添加惰性气体对反应的影响。定温度时，$K_p^{\ominus}$ 为常数；增加惰性气体，体系的 $\sum_B n_B$ 增大，则：

若 $\Delta\nu_B=0$，则 K_n 不变，即 K_n 不随着惰性气体的改变而改变；

若 $\Delta\nu_B>0$，则 K_n 变大，即 K_n 随惰性气体的增加而增大，平衡右移；

若 $\Delta\nu_B<0$，则 K_n 变小，即 K_n 随惰性气体的增加而变小，平衡左移。

例题 7-11 工业上乙苯脱氢制苯乙烯的反应，在 900K 时 $K^{\ominus}=1.49$。试计算该反应在该温度、标准压力下时的平衡转化率；若用原料气中水蒸气和乙苯的物质的量之比为 10∶1，则乙苯的转化率为多少？

解：取 1mol 乙苯为体系，设平衡转化率为 x，水蒸气为 n，则

$$C_6H_5CH_2CH_3(g) = C_6H_5CHCH_2(g) + H_2(g) \quad H_2O(g)$$

平衡时 $1-x$ $\quad x \quad x \quad n$

$$n_{总}=1+x+n$$

$$K_p^{\ominus}=K_n\left(\frac{p/p^{\ominus}}{n_{总}}\right)^{\Delta\nu_B}=\frac{x^2}{1-x}\times\frac{1}{1+x+n}=1.49$$

不充入水蒸气时，$n=0$ mol，故

$$\frac{x^2}{1-x^2}=1.49$$

解之，得 $x=0.774$

充入水蒸气时，$n=10$mol，故

$$\frac{x^2}{1-x}\times\frac{1}{11+x}=1.49$$

解之，得 $x = 0.949$

显然，常压下充入水蒸气明显提高了乙苯的转化率。

习题：

7-23 298K 反应 $N_2O_4(g) = 2NO_2(g)$ 的 $K_p^{\ominus}=0.155$。试求下列不同条件下 $N_2O_4(g)$ 的解离度：(1) 总压为 $p^{\ominus}$；(2) 总压为 $0.5p^{\ominus}$；(3) 总压为 $p^{\ominus}$，解离前 $N_2O_4(g)$ 和 $N_2(g)$ 的物质的量之比为 1∶1。(0.193；0.268；0.255)

思考：

7-11 温度、压力、惰性气体对化学平衡的影响规律反映了怎样的哲学命题？(天之道，损有余而补不足)

速 率 篇

平衡态化学热力学通过热力学函数及其过程函数的数据对比研究反应的可能性，解决了化学反应在指定条件下进行的方向和限度问题。平衡态热力学研究问题没有时间的概念，平衡态热力学的结论仅从理论上回答了理想是否可以实现的问题。

“理想事物”是没有时间概念的，而“现实事物”是有时间概念的。从“理想可以变为现实”到“理想真正变成现实”的问题，就需要考虑“理想”到“现实”的时间条件，这就需要考虑“理想”变为“现实”的速率问题，这就是速率篇所关注的研究内容——动力学。

平衡态研究对象是大量分子组成的宏观体系，化学势差、温度差的存在引起了物质转化、能量传递等的方向性问题。在对这种宏观体系平衡态性质的研究工作中，总结涉及相关的动力学问题的研究工作，就逐步形成了宏观反应动力学的研究技术与理论方法。随着科学技术的不断进步，尤其是分子科学、量子化学、计算机技术的发展，人类对自然认识水平不断深入，致使从分子水平上研究“梦想成为现实”问题成为可能，这就形成了微观反应动力学的研究技术与理论方法。

速率篇部分主要介绍宏观反应动力学和微观反应动力学所涉及的研究技术与理论方法。

第8章 宏观反应动力学

本章基本要求

8-1 掌握宏观动力学中的一些基本概念，如反应速率、基元反应、非基元反应、反应级数、反应分子数和速率常数，掌握反应速率的表示法，反应级数和反应分子数的区别。

8-2 掌握具有简单级数反应的动力学特点，不仅会从实验数据利用各种方法判断反应级数，而且能熟练利用速率方程的微分式、积分式计算速率常数、半衰期等。

8-3 掌握典型的复合反应（对峙反应、平行反应、连续反应、链反应）的特点和建立速率方程的一般步骤，学会用稳态近似、准平衡法和速控步骤等近似方法推导复合反应的速率方程。

8-4 了解温度对反应速率的影响，熟练掌握阿伦尼乌斯反应速率公式，了解阿伦尼乌斯活化能的物理意义，掌握实验测定活化能的方法，会利用温度对活化能的影响规律采用温度调控的方法提高产品在平行反应或连串反应中的产量。

8-5 了解反应动力学数据采集方法，学会利用实验数据研究动力学问题，学会利用反应弛豫法求算快速反应的动力学参数。

在生产实际和科学研究中，有这样的现象：从化学热力学的观点看，能够发生的反应而实际过程未必如此。如以下两个反应：

$$(1)H_2(g)+0.5O_2(g)=\!=\!=H_2O(l),\Delta_rG^{\ominus}_{m,298K}=-285.84kJ/mol$$

$$(2)2NO_2(g)=\!=\!=N_2O_4(g),\Delta_rG^{\ominus}_{m,298K}=-58.04kJ/mol$$

这两个反应理论上讲在标准态下均能自发进行，从进行的趋势和平衡时完成的程度来看，第一个反应比第二个反应大得多。但实际上，反应（1）的速率慢到数年都没有 H_2O 的生成，而反应（2）的速率快到很难用一般方法测量的程度。为什么会出现这种情况？化学热力学不能说明其原因，这是因为热力学既不研究反应的速率问题，又不研究反应过程的机理问题。

可见，实际反应仅仅解决方向和限度问题是不够的，还要解决速率和机理的问题，才更具有应用价值和现实意义。

解决反应速率和机理问题要靠化学动力学。化学动力学是研究化学反应速率及各种因素（如浓度、温度、压力、催化剂、介质、光等）对反应速率的影响，以及反应物按什么途径、经过哪些步骤才转变为产物等。找出决定反应速率的关键步骤，揭示反应过程的本质，从而控制反应进程，是化学动力学所要解决的内容。例如控制反应条件、改变反应速率、提高产品的产量和质量、减少副反应等问题的解决都是与化学动力学有关的内容。因此，化学动力学是研究化学反应速率和反应机理的科学。目前，化学动力学已经成为物理化学一个重要分支，它不仅能使人们对化学变化的本质有了进一步的了解，而且对指导化工生产也有重要的实际意义。

化学动力学的发展比化学热力学迟缓，理论基础也没有热力学那样严谨。近年来，化学动力学的研究十分活跃，并在应用方面也取得了一些显著性成果。尤其近三十年来，由于物质结构理论的发展和新技术的应用，把动力学研究推向了一个新的层次，特别是分子束和激光技术的发展和应用，开创了分子反应动态学（或称微观反应动力学），深入研究到态-态反应的层次，研究由不同量子态的反应物转化为不同量子态的产物的速率及反应的细节。虽然如此，但由于影响反应速率的因素很多，研究起来比热力学更难，以致于化学动力学仍不十分成熟，仍处于理论落后于实践的状况，仍有许多动力学问题有待人们去探索研究。

8.1　动力学的基本概念

8.1.1　化学反应速率的表示法

通常用速率衡量事物的变化快慢，化学反应速率就是衡量化学反应进行的快慢程度的物理量。在具体化学反应过程中，由于反应物不断消耗，产物不断生成，为定量表示它们各自的浓度在反应过程中随时间的变化情况，在动力学中用反应物的消耗速率或产物的生成速率来表示化学反应速率成为最基本的思想。对于任意化学反应 $0=\sum(\nu_B B)$，在比较短的时间里，某一反应物的消耗速率或某一产物的生成速率都可表示为

$$\frac{dn_B}{dt}=\frac{n_{t_2}-n_{t_1}}{t_2-t_1}$$

例如，对于化学反应　$aA+dD=gG+hH$

用反应物 A 表示的反应速率 r_A 为

$$r_A=\frac{dn_A}{dt}$$

用生成物 G 表示的反应速率 r_G 为

$$r_G=\frac{dn_G}{dt}$$

可以看出，当反应物或产物的化学计量数不同时，不同反应物（或产物）的消耗（或生成）速率是不同的，但它们之间有如下关系：

$$\frac{1}{-a}\times\frac{dn_A}{dt}=\frac{1}{-d}\times\frac{dn_D}{dt}=\frac{1}{g}\times\frac{dn_G}{dt}=\frac{1}{h}\times\frac{dn_H}{dt}$$

即：$\frac{r_A}{-a}=\frac{r_D}{-d}=\frac{r_G}{g}=\frac{r_H}{h}=\frac{r_B}{\nu_B}$

ν_B 为化学反应方程式 $0=\sum(\nu_B B)$的计量系数，对反应物来说为负值，对产物来说为正值。这样，无论 B 是哪种物质，r_B/ν_B 是相等的，或 r_B/ν_B 与 B 无关。可见，用 r_B/ν_B 来表示一个反应的反应速率更为科学。

思考：

8-1　化学热力学和化学动力学所解决的问题有何不同？

8-2　从物理化学的角度看，“梦想”和“梦想成真”分别意味着什么？

8-3　生活中你是否感觉到有这种现象：“某些同学并不比你聪明而他们所获得的成果比自己的更好”，这是为什么呢？

8-4　事物变化的快慢有哪些表示方法？

8-5　你的正常行走、百米速度是多少？

8-6　你正常行走、百米速度（看作宏观速率）所对应的心率（看作微观速率）分别是多少？这里的宏观速率和微观速率之间有相关性吗？

8-7　如何科学合理地表示一个化学反应的快慢呢？

8-8　各种反应速率表示的异同点是什么？实际使用对象是否有区别？

实际生产中可用于表示体系反应速率的方法很多，如用体系中某一物质的浓度、分压力等随时间的变化率表示反应速率。根据 IUPAC 推荐和 GB 规定，现在已普遍采用以反应进度 ξ 随时间 t 的变化率来定义化学反应速率r(rate)，即对于任意化学反应$0=\sum(\nu_B B)$：

$$r=\frac{d\xi}{dt} \tag{8.1}$$

又因为 $d\xi=dn_B/\nu_B$，所以式(8.1)又可表示为

$$r=\frac{1}{\nu_B}\times\frac{dn_B}{dt} \tag{8.2}$$

式中，r 的国际单位是 mol/s，该公式体现了反应速率的物质本质与反应方程式的关系。式(8.2)的反应速率适用于任何条件下的反应，如封闭或敞开、定容或定压、静止或流动、单相或多相等。

由反应速率的定义式(8.2)可知，r 的大小与反应方程式的物质 B 的选取无关，即对指定的化学反应计量方程式来说，不论物质 B 是反应物还是产物，r 都有同一确定的值。但因为 r 与 ν_B 有关，故 r 与计量方程式写法有关。例如对于合成氨反应体系，计量方程式若写成如下两种形式

$$N_2(g)+3H_2(g) \rightleftharpoons 2NH_3(g)$$

$$\frac{1}{2}N_2(g)+\frac{3}{2}H_2(g) \rightleftharpoons NH_3(g)$$

则后者反应速率是前者的 2 倍。

另外，B 与所取体系的大小有关，单位体积的反应速率 r 可表示为

$$r=\frac{1}{V}\times\frac{d\xi}{dt}=\frac{1}{V}\times\frac{1}{\nu_B}\times\frac{dn_B}{dt} \tag{8.3}$$

式中，V 为反应体系的体积。

对于恒容反应，则

$$r=\frac{1}{\nu_B}\times\frac{dc_B}{dt} \tag{8.4}$$

式中，c_B 为 B 的体积摩尔浓度；r 的 SI 单位是$mol/(m^3 \cdot s)$，通常用公式(8.4)来表示反应速率。实际使用中，浓度的单位常用 mol/dm^3，时间的单位也常用 min、h 等，所以在使用时要注意各单位间的换算。

对于气相反应，压力比浓度容易测定，因此也常用反应体系中各物质的分压来代替浓度。例如，对于五氧化二氮的分解反应

$$N_2O_5(g) = N_2O_4(g)+\frac{1}{2}O_2(g)$$

单位体积浓度的反应速率可表示为

$$r_c=-\frac{dc_{N_2O_5}}{dt}=\frac{dc_{N_2O_4}}{dt}=2\frac{dc_{O_2}}{dt}$$

若用压力代替浓度，则反应速率 r_p 可表示为

$$r_p=-\frac{dp_{N_2O_5}}{dt}=\frac{dp_{N_2O_4}}{dt}=2\frac{dp_{O_2}}{dt}$$

可见，同一反应的 r 与 r_p 的数值和量纲是不同的，这也说明反应速率 r 的数值及单位也与反应体系性质和时间的表示有关，可用反应速率 r_n、r_c、r_p 等来表示用物质的量、体积摩尔浓度、压力等和时间来表示的反应速率。

例题 8-1 一定温度下，将 0.5 mol 的 NOBr 气体装入 10L 的真空容器中，5s 测得容器中 NO 为 0.008 mol，求用物质的量、体积摩尔浓度表示的反应速率和 NOBr 的消耗速率。

已知反应 $2NOBr(g) \longrightarrow 2NO(g) + Br_2(g)$。

解：该反应可以表示为 $0 = 2NO(g) + Br_2(g) - 2NOBr(g)$。

(1) 对物质的量的反应速率 r_n，用 NO 来表示反应速率，则：

$$r_n = \frac{1}{\nu_B} \times \frac{dn_B}{dt} = \frac{1}{\nu_{NO}} \times \frac{dn_{NO}}{dt}$$
$$= \frac{1}{2} \times \frac{0.008}{5} \text{mol/s} = 0.0008\text{mol/s}$$

对 NOBr 的速率：

$$\frac{dn_B}{dt} = \frac{dn_{NOBr}}{dt} = \nu_{NOBr} r_n$$
$$= -2 \times 0.0008\text{mol/s} = -0.0016\text{mol/s}$$

负号表示消耗，故 NOBr 的消耗速率为 0.0016mol/s。

(2) 对体积摩尔浓度的反应速率 r_c，用 NO 来表示反应速率，则：

$$r_c = \frac{1}{\nu_B} \times \frac{dc_B}{dt} = \frac{1}{\nu_{NO}} \times \frac{dc_{NO}}{dt}$$
$$= \frac{1}{2} \times \frac{0.008}{10 \times 5} \text{mol/(L·s)} = 8 \times 10^{-5} \text{mol/(L·s)}$$

对 NOBr 的速率：

$$\frac{dc_B}{dt} = \frac{dc_{NOBr}}{dt} = \nu_{NOBr} r_c$$
$$= -2 \times 8 \times 10^{-5} \text{mol/(L·s)} = -1.6 \times 10^{-4} \text{mol/(L·s)}$$

负号表示消耗，故 NOBr 的消耗速率为 1.6×10^{-4}mol/(L·s)。

习题：

8-1 已知反应 $2A \longrightarrow 3B$ 的速率方程为：$r_A = k_1[A]^2[B]^{-1}$ 或 $r_B = k_2[A]^2[B]^{-1}$，试表示 k_1 和 k_2 之间的关系。($3k_1 = 2k_2$)

8.1.2 化学反应速率的测定法

由实验测定化学反应速率的一般过程是测定反应体系的某一种性质随时间的变化曲线，从曲线斜率上获得任意时刻的反应速率。如测定 r_c，先测定不同时刻某反应物(R)的浓度 c_R 或某产物(P)的浓度 c_P，再将浓度对时间作图，得到浓度-时间曲线，如图 8-1 所示，然后求出某时刻曲线上的斜率，该斜率的绝对值就是某反应物或某产物在此时刻的消耗速率 dc_R/dt 或生成速率 dc_P/dt。根据需要，可以换算成反应速率 r_c。

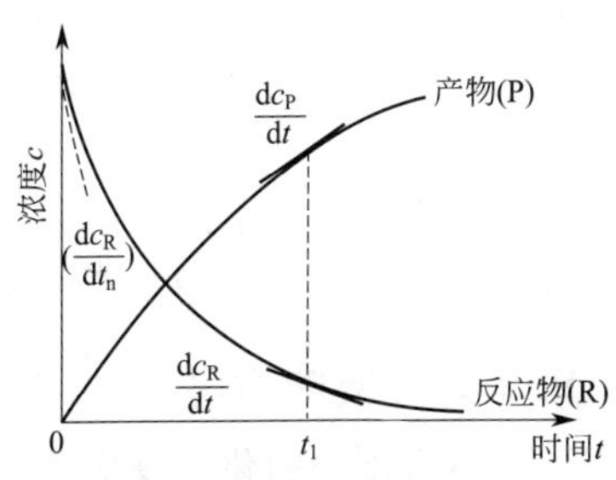

图 8-1 反应物、产物浓度随时间变化

如测定浓度的方法一般分为化学法和物理法。

化学法是用化学分析的方法，测定反应体系中不同时刻反应物或产物的浓度。为了准确测定某时刻物质的浓度，必须使从反应体系中取出的试样立即停止反应，即使反应"冻结"，达到所测浓度是取样时刻的浓度的目的。常用的"冻结"方法有骤冷、冲稀、除去催化剂或加入阻化剂等。对于液相反应一般用化学法。此法的优点是所用仪器简单，可直接测得不同时刻反应物或产物的浓度；缺点是操作往往比较麻烦费时，尤其当“冻结”方法不当时，会引起比较大的误差。

物理法是先测不同时刻反应体系的某种物理性质（如压力、体积、折射率、旋光度、吸光度、电导、介电常数等）的值，再根据此种物理性质与浓度的关系，将物质浓度用所测的物理量代替。一般只有当某种物理性质在产物和反应物之间有较大差异，并且能和浓度呈单值关系时，才能使用物理方法。此种方法的优点是迅速而又方便，可以在反应容器中连续测定，既易于跟踪反应，又便于自动记录。因此在动力学研究中得到广泛应用。其缺点是若副产物对所测物理性质有较大影响时，会产生较大的误差。

究竟采用哪种方法，都应视具体的情况而定。

例题 8-2 高温下，二甲醚的气相裂解反应为

$$CH_3OCH_3(g) \longrightarrow CH_4(g) + CO(g) + H_2(g)$$

在 777K 时，迅速将二甲醚引入已抽空的恒容反应器中，实验测得容器中的初始压力 p_0 和不同时刻的总压力 $p_{总}$。若各气体均看作是理想气体，试用 p_0 和 $p_{总}$ 表示各时刻容器中二甲醚的分压 p 及物质的量浓度 c。

解：根据反应计量方程式找出 p_0 与 $p_{总}$ 的关系

	$CH_3OCH_3(g) =$	$CH_4(g)$	$+CO(g)$	$+H_2(g)$
$t=0$ 时	p_0	0	0	0
$t=t$ 时	p	p_0-p	p_0-p	p_0-p

总压为 $p_{总}=p+3(p_0-p)=3p_0-2p$

故 $p=\frac{1}{2}(3p_0-p_{总})$

根据理想气体状态方程 $p=cRT$，得

$$c=\frac{p}{RT}=\frac{3p_0-p_{总}}{2RT}$$

8.1.3 反应历程

反应历程又称反应机理（reaction mechanism），就是反应物转变为最终产物在微观上所经历的具体途径和步骤。图 8-2 为反应势能面示意，反应物经历不同的最小能量路径变为不同的产物。

如：反应 $2NO+O_2 = 2NO_2$

从反应物 NO 到最终产物 NO_2 经过两个步骤

$$2NO \longrightarrow N_2O_2 \quad (快)$$

$$N_2O_2+O_2 \longrightarrow 2NO_2 \quad (慢)$$

两分子 NO 先反应生成中间产物 N_2O_2，N_2O_2 再与 O_2 反应生成最终产物 NO_2。第一步反应速率快，第二步反应速率慢，整个化学反应的速率是由反应慢的第二步决定的，这就是该反应的机理。

研究反应的机理，可以找出决定反应速率的关键步骤，揭示反应过程的本质，在反应动力学中有着重要的理论意义和实际价值。

8.1.4 反应类型

通常使用的化学反应计量方程式，绝大多数只能表示宏观上反应前后物质变化的情况以及它们之间的数量关系，不能表示微观上反应进行的真实过程，这样的方程式称为总反应方程式，这样的反应称为**总包反应(overall reaction)**，如前面提到的反应 $2NO+O_2 = 2NO_2$ 即为总包反应。

能表示反应机理，且经历一步就能直接完成的反应，称为**基元反应(elementary reaction)**。在基元反应中反应物(分子、离子或自由基等)经历在碰撞中相互作用直接转变为产物微粒，如前面提到的 $N_2O_2+O_2 \longrightarrow 2NO_2$ 就是一个基元反应。基元反应的这种反应物分子间碰撞的机理，在物理学研究中表明，分子间碰撞的正过程和逆过程是同时存在的，物理学中称为微观可逆性原理。在化学中把微观可逆性原理表述为：每个基元反应的正反应和逆反应是同时存在的，并且都是基元反应。

如果一个化学反应，从反应物到产物是通过一个基元反应来完成的，称为**简单反应**。如丁二烯与乙烯合成环己烯 $CH_2=CH-CH=CH_2+CH_2=CH_2 \longrightarrow C_6H_{10}$ 就是一简单反应，其特点是没有中间产物，是一步完成的。

如果一个反应是通过两个或两个以上的基元反应完成的反应称为**复合反应或复杂反应(composited reaction)**，如反应 $2NO+O_2 = 2NO_2$，可见一个复合反应是其基元反应的总合。

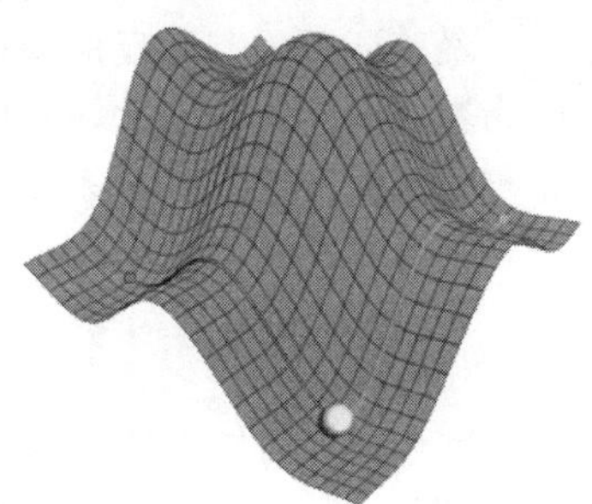

图 8-2 势能面示意

思考:

8-9 如何用动力学的观点理解“每个人的智力没有多少差别，关键是你做了多少，坚持了多少(列宁)”?

从善如登，从恶如崩。(出自《国语》)

8.1.5 反应分子数

在基元反应中，同时直接参加反应的微粒数目称为反应的分子数。按照反应分子数的多少，可分为单分子反应、双分子反应和三分子反应。例如：

单分子反应 $I_2 \longrightarrow 2I\cdot$

双分子反应 $2NO \longrightarrow N_2O_2$

三分子反应 $H_2+2I\cdot \longrightarrow 2HI$

在基元反应中，单分子反应和双分子反应较多，三分子反应很少，多于三分子的基元反应迄今尚未发现。因为根据统计力学的理论，四个或更多个有关微粒同时相碰撞并直接反应的概率是极小的。对于复杂反应来说，反应分子数没有意义。

判断一个反应是否为基元反应，可以用微观可逆性原理来进行一些反应的判断。例如判断反应 $2NH_3 \longrightarrow N_2+3H_2$ 是否为基元反应。根据该反应的逆过程 $N_2+3H_2 \longrightarrow 2NH_3$ 是一个四分子反应，而根据基元反应分子数的实际实验事实说明基元反应中不存在四分子反应，也就是说，根据基元反应分子数的特点判断，$N_2+3H_2 \longrightarrow 2NH_3$ 反应一定不是基元反应，故根据微观可逆性原理判定，$2NH_3 \longrightarrow N_2+3H_2$ 也一定不是基元反应。

8.1.6 质量作用定律

表示反应速率与浓度的关系或浓度与时间的关系的方程，称为反应速率方程(rate equation)，亦称为动力学方程。有微分式和积分式两种形式。速率方程的微分式表示的是反应速率与浓度的关系 $r=f(c)$，积分式表示的是浓度与时间的关系 $c=f(t)$。不同的化学反应有不同的速率

思考:

8-10 不同反应分子数的反应现象使你联想到什么?

方程，其具体形式必须由实验来确定。

经验证明，基元反应的速率与反应物浓度（含有相应的指数）的乘积成正比，其中各浓度的指数就是基元反应方程中各反应物的计量系数，这就是质量作用定律。

对基元反应　$aA+bB+\cdots\cdots \longrightarrow$ 产物

其速率方程：

$$r=kc_A^a c_B^b\cdots \tag{8.5}$$

式中，k 为反应的速率常数。

例如：　　基元反应　　　　反应速率 r

① $I_2 = 2I\cdot$　　$k_1[I_2]$

② $Cl\cdot + H_2 = HCl + H\cdot$　　$k_2[Cl\cdot][H_2]$

③ $H_2 + 2I\cdot = 2HI$　　$k_3[H_2][I\cdot]^2$

质量作用定律只适用于基元反应。而对于非基元反应，只能对其反应机理中的每一个基元反应应用质量作用定律。

习题：

8-2　根据质量作用定律写出下列基元反应的反应速率表达式：

(1) $A+B = P$

(2) $A+2B = 2P$

(3) $2A+B = 3P$

(4) $2A+M = A_2+M$

(5) $A_2+M = 2A+M$

8.1.7　反应级数

对于任一化学反应

$$aA+bB+\cdots\cdots \longrightarrow \text{产物}$$

如果其速率方程的微分式可以表示为如下形式：

$$r=kc_A^\alpha c_B^\beta\cdots \tag{8.6}$$

则浓度 c_A、c_B、…的指数 α、β、…分别称为反应物 A、B、…的反应级数。所有浓度的指数的总和 n（$=\alpha+\beta+\cdots$）称为反应的总级数，简称反应级数。从反应级数的大小，可以看出浓度对反应速率的影响程度。级数越大，反应速率受浓度的影响程度越大。

对于已由实验确定的简单反应，各反应物的级数等于相应反应物的化学计量数，且都是简单的整数，称为简单级数反应，在下一节将讨论几种简单级数的反应。而根据实验求得的复合反应的反应物的级数，不一定等于相应物质的化学计量数，而可能是分数或小数。对于速率方程的微分式不符合式(8.6)形式的反应，反应级数的概念是不适用的。如下例中的反应 $H_2+Br_2 = 2HBr$ 就属于这种情况。应当注意，反应级数与反应分子数是两个不同的概念，前者对总反应而言，后者对基元反应而言，不可混淆。

简单反应只包含一个基元反应，其总反应方程式与基元反应一致，故质量作用定律对简单反应可直接应用。复合反应速率方程的微分式不能应用质量作用定律直接根据化学计量方程式写出，只能根据实验来确定。例如，H_2 和三种卤素的气相反应均为复杂反应，它们的化学计量方程完全相似

$$H_2+Cl_2 = 2HCl$$
$$H_2+Br_2 = 2HBr$$
$$H_2+I_2 = 2HI$$

但由实验得到的速率方程却完全不同，它们依次为

思考：

8-11　反应级数与反应分子数的区别是什么？

8-12　简单反应都是简单级数的反应吗？简单级数的反应都是简单反应吗？

8-13　某化学反应方程式为 $A+B \longrightarrow C$，该反应是二级反应吗？

$$r = kc_{H_2} c_{Cl_2}^{1/2}$$

$$r = kc_{H_2} c_{Br_2}^{1/2} \left(1 + k' \frac{c_{HBr}}{c_{Br_2}}\right)$$

$$r = kc_{H_2} c_{I_2}$$

应当指出，速率方程符合质量作用定律的反应不一定是基元反应或简单反应，如上例中的反应 $H_2 + I_2 = 2HI$ 就属于这种情况。判断一个反应是否为基元反应，除其速率方程必须符合质量作用定律外，还必须有其他方面的论证，往往要做大量的动力学研究工作。

不论是简单反应还是复合反应，只要其反应速率只与反应物浓度有关且各反应物的级数都是简单正整数（如一、二、三）或者零的反应，均称为简单级数反应（simple order reaction）。

8.1.8　反应速率常数

反应速率方程中的比例系数 k 称为反应的速率常数或反应的比速率（rate constant of reaction），它在数值上等于反应速率方程中各物质的浓度都为单位浓度时的反应速率。不同的反应 k 有不同的值。对于同一反应，k 与温度、反应介质（溶剂）和催化剂等因素有关，有时与反应容器的器壁性质有关，而与浓度无关。k 的 SI 单位是 $(mol/m^3)^{1-n}/s$，随反应级数 n 的不同而不同，如对于一级反应 k 的单位是 s^{-1}，二级反应是 $m^3/(mol \cdot s)$。所以对于某一反应，由 k 的单位可以判断出反应的级数。

速率常数 k 是化学动力学中一个重要的物理量，k 的大小直接反映了速率的快慢，体现了反应体系的速率特征，因此反应速率常数 k 是评价一个反应快慢的核心参数。

例题 8-3　请为下列基元反应写出各物质浓度表示的反应速率方程，并指明各反应的反应级数。

(1) $A \longrightarrow C$

(2) $A + B \longrightarrow C$

(3) $2A + B \longrightarrow C$

解： 根据基元反应适用于质量作用定律，故

(1) $A \longrightarrow C$

$$r = -\frac{dc_A}{dt} = \frac{dc_C}{dt} = kc_A$$

$n = 1$

(2) $A + B \longrightarrow C$

$$r = -\frac{dc_A}{dt} = -\frac{dc_B}{dt} = \frac{dc_C}{dt} = kc_A c_B$$

对 A、B 各为 1 级反应，对总反应为 $n = 1 + 1 = 2$ 级反应。

(3) $2A + B \longrightarrow C$

关于速率常数 k

① 温度一定，反应速率常数为一定值，与浓度无关。

② 基元反应的速率常数是基元反应的特征基本物理量，并且该量具有可传递性，即其值可用于任何包含该基元反应的反应中（该特征可以在后面内容的反应机理推导中得以体现）。

习题：

8-3　写出下列速率方程的反应级数：

(1) $r = k$

(2) $r = k[A]$

(3) $r = k[A][B]$

(4) $r = k[A]^2[B]$

(5) $r = k[A]^{-2}[B]$

(6) $r = k[A][B]^{1/2}$

(7) $r = k[A][B](1 - [B]^{1/2})$

8-4　写出下列基元反应各物质浓度表示的速率方程：

(1) $A \underset{k_2}{\overset{k_1}{\rightleftharpoons}} B$；$B + C \xrightarrow{k_3} D$

(2) $2A \underset{k_2}{\overset{k_1}{\rightleftharpoons}} B \xrightarrow{k_3} C$

$$r=-\frac{\mathrm{d}c_A}{2\mathrm{d}t}=-\frac{\mathrm{d}c_B}{\mathrm{d}t}=\frac{\mathrm{d}c_C}{\mathrm{d}t}=kc_A^2c_B$$

对 A、B 分别为 2 级、1 级反应，对总反应为 $n=2+1=3$ 级反应。

例题 8-4 写出下列基元反应各物质浓度表示的速率方程：

$$\mathrm{D}\xleftarrow{k_4}\mathrm{A}\xrightarrow{k_1}\mathrm{B}\underset{k_3}{\overset{k_2}{\rightleftharpoons}}\mathrm{C}$$

解：根据质量作用定律，可写出各物质浓度表示的速率方程为：

$$-\frac{\mathrm{d}c_A}{\mathrm{d}t}=k_1c_A+k_4c_A=(k_1+k_4)c_A$$

$$\frac{\mathrm{d}c_B}{\mathrm{d}t}=k_1c_A-k_2c_B+k_3c_C$$

$$\frac{\mathrm{d}c_C}{\mathrm{d}t}=k_2c_B-k_3c_C$$

$$\frac{\mathrm{d}c_D}{\mathrm{d}t}=k_4c_A$$

8.2 简单级数反应

为了生产工作使用的方便，本节详细讨论简单级数反应的相关知识，介绍其速率方程的微分式、积分式、半衰期及其特征。只要是简单级数的反应，都具有相应级数的所有特征。

8.2.1 零级反应

凡是反应速率与反应物浓度无关的反应称为零级反应（zeroth order reaction）。设有某零级反应

$$\mathrm{A}\xrightarrow{k_0}\mathrm{P}$$

$t=0$ $\qquad c_{A,0}=a \qquad c_{P,0}=0$

$t=t$ $\qquad c_A=a-x \qquad c_P=x$

反应速率方程的微分形式为

$$r=-\frac{\mathrm{d}c_A}{\mathrm{d}t}=\frac{\mathrm{d}c_P}{\mathrm{d}t}=\frac{\mathrm{d}x}{\mathrm{d}t}=k_0c_A^0=k_0$$

即

$$\frac{\mathrm{d}x}{\mathrm{d}t}=k_0 \Leftrightarrow \mathrm{d}x=k_0\mathrm{d}t \tag{8.7}$$

对式(8.7)求不定积分，得 $x=k_0t+C$ (8.8)

若以 x-t 作图，可得斜率 k_0。

对式(8.7)求定积分，$\int_0^x \mathrm{d}x=\int_0^t k_0\mathrm{d}t$

得

$$x=k_0t \tag{8.9}$$

当 $x=\frac{a}{2}$ 时的时间为 $t_{1/2}$，即反应物消耗了一半所需的时间，这个时间称为半衰期（half life），则

$$t_{1/2}=\frac{a}{2k_0} \tag{8.10}$$

综上可知，零级反应的特征为：

① 以 x 对 t 作图为一过原点的直线，其斜率为反应速率常数 k_0；

② 速率常数 k_0 的量纲是(浓度)/(时间)，其数值与所用浓度、时间的单位有关；

③ 半衰期与反应物起始浓度成正比。

零级反应中最多的是表面催化反应，如氨在钨丝上的分解反应。一些光化反应也是零级反应，其反应速率只与光的强度有关，与反应物浓度无关。

8.2.2　一级反应

凡是反应速率与反应物浓度的一次方成正比的反应称为一级反应（first order reaction）。

设有某一级反应

$$A \xrightarrow{k_1} P$$

$t=0$　　$c_{A,0}=a$　　$c_{P,0}=0$

$t=t$　　$c_A=a-x$　　$c_P=x$

反应速率方程的微分形式为：

$$r=-\frac{dc_A}{dt}=\frac{dc_P}{dt}=\frac{dx}{dt}=k_1c_A^1=k_1(a-x)$$

即

$$\frac{dx}{dt}=k_1(a-x)\Leftrightarrow\frac{dx}{a-x}=k_1dt \tag{8.11}$$

对式(8.11)求不定积分，得　$-\ln(a-x)=k_1t+C$　　(8.12)

若以 $-\ln(a-x)$-t 作图，可得斜率 k_1。据此，可利用实验数据作图，求一级反应的速率常数。

对式(8.11)求定积分，　$\int_0^x\frac{dx}{a-x}=\int_0^t k_1dt$

得

$$\ln\frac{1}{a-x}-\ln\frac{1}{a}=k_1t \quad 或 \quad -\ln\frac{a-x}{a}=k_1t,\ \ln\frac{a}{a-x}=k_1t \tag{8.13}$$

令 $y=x/a$（即 y 为转化率），则

$$-\ln(1-y)=k_1t \tag{8.14}$$

当 $x=\frac{a}{2}$ 时代入式(8.13)，或 $y=1/2$ 代入式(8.14)，得 $t_{1/2}$

$$t_{1/2}=\frac{\ln2}{k_1} \tag{8.15}$$

根据式(8.14)，可以得出所有一级反应的半衰期都是与起始物浓度无关的常数，从而得出 $t_{1/2}:t_{3/4}:t_{7/8}=1:2:3$。

综上可知，一级反应的特征为：

① 以 $-\ln(a-x)$ 对 t 作图为一过原点的直线，其斜率为反应速率常数 k_1；

② 速率常数 k_1 的量纲是（时间）$^{-1}$，其数值与所用时间的单位有关；

③ 半衰期与反应物起始浓度无关。

常见的一级反应有放射性元素的蜕变、热分解及分子重排等。如：

$$U^{238} \longrightarrow Pb^{206}+8He^4$$

$$N_2O_5 \longrightarrow N_2O_4+\frac{1}{2}O_2$$

$$CH_3COCH_3 \longrightarrow C_2H_4+H_2+CO$$

顺丁烯二酸 ⟶ 反丁烯二酸

在水溶液中的某些水解反应，例如蔗糖水解反应

$C_{12}H_{22}O_{11}$(蔗糖)$+H_2O \longrightarrow C_6H_{12}O_6$(葡萄糖)$+C_6H_{12}O_6$(果糖)

实际上为二级反应，由于溶液中水过量很多，在反应过程中其浓度可认为不变。故反应速率

不受水的浓度影响，表现为一级反应。这样的反应常称为“准一级反应”。

例题 8-5 593K 时，SO_2Cl_2 恒容分解反应

$$SO_2Cl_2(g) = SO_2(g) + Cl_2(g)$$

的速率常数是 $2.2\times10^{-5}s^{-1}$。(1) 求反应的半衰期；(2) 若开始只有 SO_2Cl_2，且压力 $p_0=80$ kPa，求反应进行到 2h 时体系的总压 $p_{总}$。

解： 由速率常数的单位可知该反应为一级反应

(1) $t_{1/2}=\ln2/k=0.693/(2.2\times10^{-5}s^{-1})=3.15\times10^{4}s$

(2) 据题意可知，SO_2Cl_2 的起始浓度与反应到 2h 的浓度之比等于相应的分压之比。设反应进行到 2h 时的分压为 p，根据公式(8.13)得

$$-\ln p/p_0=kt$$

则 $p=p_0e^{-kt}$

$=80kPa\times\exp(-2.2\times10^{-5}s^{-1}\times3600s\times2)$

$=68.3kPa$

根据反应计量方程式，找出 $p_{总}$ 与 p_0 及 p 的关系

$$SO_2Cl_2(g) = SO_2(g) + Cl_2(g)$$

	$SO_2Cl_2(g)$	$SO_2(g)$	$Cl_2(g)$
$t=0$ 时	p_0	0	0
$t=t$ 时	p	p_0-p	p_0-p

总压力 $p_{总}=p+2(p_0-p)=2p_0-p$

故 $p_{总}=2\times80kPa-68.3kPa=91.7kPa$

例题 8-6 某金属钚的同位素进行β放射，14 天后，同位素活性下降了 6.85%。试求该同位素的：(1) 蜕变常数；(2) 半衰期；(3) 分解掉 90%所需的时间。

解： 放射性元素蜕变反应为一级反应，根据一级反应的特征，得

(1) $k_1=\dfrac{1}{t}\ln\dfrac{a}{a-x}=\dfrac{1}{14d}\ln\dfrac{100}{100-6.85}=0.00507d^{-1}$

(2) $t_{1/2}=\ln2/k_1=136.7d$

(3) $t=\dfrac{1}{k_1}\ln\dfrac{1}{1-y}=\dfrac{1}{k_1}\ln\dfrac{1}{1-0.9}=454.2d$

8.2.3 二级反应

凡是反应速率与反应物浓度的二次方成正比的反应称为二级反应（second order reaction）。

二级反应有两种类型：第一种类型是反应速率只与一种反应物 A 的浓度的二次方成正比；第二种类型是反应速率分别与两种反应物 A、B 的浓度的一次方成正比。

(1) 设有某二级反应

$$2A \xrightarrow{k_2} P$$

$t=0$ $c_{A,0}=a$ $c_{P,0}=0$

$t=t$ $c_A=a-x$ $c_P=x/2$

习题：

8-5 实验发现 298K 时 N_2O_5(g)分解为 N_2O_4(g)和 O_2(g)的反应半衰期为 5.7h，且与 N_2O_5 的起始浓度无关。试计算：(1) 该反应的速率常数；(2) N_2O_5(g)转化掉 99%所需要的时间。($0.12\ h^{-1}$；38.4 h)

8-6 ^{14}C 放射性蜕变的 $t_{1/2}$ 为 5730 年，今在一古书样品中测得 ^{14}C 含量为原来 ^{14}C 同位素在碳中含量的 72%，问古书样品距今多少年？

(2737 年)

反应速率方程的微分形式为

$$r=-\frac{dc_A}{2dt}=\frac{dc_P}{dt}=\frac{dx}{2dt}=k_2c_A^2=k_2(a-x)^2$$

即
$$\frac{dx}{2dt}=k_2(a-x)^2 \Leftrightarrow \frac{dx}{(a-x)^2}=2k_2dt \tag{8.16}$$

对式(8.16)求不定积分，得 $\frac{1}{a-x}=2k_2t+C$　　(8.17)

若以$(a-x)^{-1}$-t 作图，可得斜率 $2k_2$。据此，可利用实验数据作图，求该类二级反应的速率常数。

对式（8.16）求定积分

$$\int_0^x \frac{dx}{(a-x)^2}=\int_0^t 2k_2dt$$

得
$$\frac{1}{a-x}-\frac{1}{a}=2k_2t \tag{8.18}$$

式(8.18)两边同乘以初始浓度 a，得

$$\frac{a}{a-x}-\frac{a}{a}=2k_2ta \Rightarrow \frac{1}{1-x/a}-1=2k_2ta$$

令 $y=x/a$（即 y 为转化率），则

$$\frac{y}{1-y}=2k_2ta \tag{8.19}$$

当 $x=\frac{a}{2}$时代入式(8.18)，或 $y=1/2$ 代入式(8.19)，得 $t_{1/2}$

$$t_{1/2}=\frac{1}{2k_2a} \tag{8.20}$$

根据式(8.19)，可以得出 $t_{1/2}:t_{3/4}:t_{7/8}=1:3:7$。

综上可知，该类二级反应的特征为：

① 以 $(a-x)^{-1}$ 对 t 作图为一过原点的直线，其斜率为 $2k_2$；

② 速率常数 k_2 的量纲是（浓度）$^{-1}$ ·（时间）$^{-1}$，其数值与所用浓度、时间的单位有关；

③ 半衰期与反应物起始浓度成反比。

（2）设有某二级反应

$$A + B \xrightarrow{k_2} P$$

$t=0$	$c_{A,0}=a$	$c_{B,0}=b$	$c_{P,0}=0$
$t=t$	$c_A=a-x$	$c_B=b-x$	$c_P=x$

反应速率方程的微分形式为

$$r=-\frac{dc_A}{dt}=-\frac{dc_B}{dt}=\frac{dc_P}{dt}$$
$$=\frac{dx}{dt}=k_2c_Ac_B=k_2(a-x)(b-x) \tag{8.21}$$

反应物 A 和 B 的起始浓度可以相同，也可以不同。

若 A 和 B 的起始浓度相同，即 $a=b$，则式(8.21)可表示为

$$\frac{dx}{dt}=k_2(a-x)^2 \tag{8.22}$$

即

$$\frac{dx}{dt}=k_2(a-x)^2 \Leftrightarrow \frac{dx}{(a-x)^2}=k_2 dt \tag{8.23}$$

对式(8.23)求不定积分，得 $$\frac{1}{a-x}=k_2 t+C \tag{8.24}$$

若以 $(a-x)^{-1}$-t 作图，可得斜率 k_2。据此，可利用实验数据作图，求该类二级反应的速率常数。

对式(8.23)求定积分

$$\int_0^x \frac{dx}{(a-x)^2}=\int_0^t k_2 dt$$

得

$$\frac{1}{a-x}-\frac{1}{a}=k_2 t \tag{8.25}$$

令 $y=x/a$（即 y 为转化率），则

$$\frac{y}{1-y}=k_2 ta \tag{8.26}$$

当 $x=\frac{a}{2}$时，代入式(8.25)，或 $y=1/2$ 代入式(8.26)，得 $t_{1/2}$

$$t_{1/2}=\frac{1}{k_2 a} \tag{8.27}$$

根据式(8.26)，也可以得出 $t_{1/2} : t_{3/4} : t_{7/8}=1:3:7$。

综上可知，该类二级反应的特征为：

① 以 $(a-x)^{-1}$ 对 t 作图为一过原点的直线，其斜率为 k_2；

② 速率常数 k_2 的量纲是(浓度)$^{-1}$·(时间)$^{-1}$，其数值与所用浓度、时间的单位有关；

③ 半衰期与反应物起始浓度成反比。

根据这些特征，可以判断一个反应是否为二级反应。

(3) 若 A 和 B 的起始浓度不相同，即 $a \neq b$，则由式(8.21)，得

$$\frac{dx}{(a-x)(b-x)}=k_2 dt \tag{8.28}$$

对式(8.28)求不定积分，得

$$\frac{1}{a-b}\ln\frac{a-x}{b-x}=k_2 t+C \tag{8.29}$$

对式(8.28)求定积分，得

$$\ln\frac{b(a-x)}{a(b-x)}=k_2 t(a-b) \tag{8.30}$$

因为 $a \neq b$，所以对 A 和 B 而言的半衰期是不一样的，没有统一的表达式。

例题 8-7 经研究确定乙酸乙酯皂化反应为二级反应

$$CH_3COOC_2H_5 + NaOH = CH_3COONa + C_2H_5OH$$

$CH_3COOC_2H_5$ 与 NaOH 的初始浓度都为 0.02mol/dm^3，21℃时反应 25 min 后，测得溶液中 NaOH 为 0.53×10^{-2}mol/dm^3，求转化率达到 90%所需要的时间。

解：题目给出反应物为等浓度的二级反应，则

$$\frac{1}{a-x}-\frac{1}{a}=k_2t\Rightarrow k_2=\frac{1}{t}\left(\frac{1}{a-x}-\frac{1}{a}\right)$$

$$=\frac{1}{25}\left(\frac{1}{0.0053}-\frac{1}{0.02}\right)\text{dm}^3/(\text{mol}\cdot\text{min})$$

$$=5.55\text{dm}^3/(\text{mol}\cdot\text{min})$$

$$\frac{y}{1-y}=k_2ta\Rightarrow t=\frac{1}{k_2a}\times\frac{y}{1-y}$$

$$=\frac{1}{5.55\times0.02}\times\frac{0.9}{1-0.9}\text{min}$$

$$=81.08\text{min}$$

8.2.4　三级反应

凡是反应速率与反应物浓度的三次方成正比的反应称为三级反应（third order reaction)。

三级反应可分下列几种情况来讨论。

(1) 设有某三级反应

$$3\text{A}\xrightarrow{k_3}\qquad\text{P}$$

$$t=0\qquad c_{\text{A},0}=a\qquad c_{\text{P},0}=0$$

$$t=t\qquad c_\text{A}=a-x\qquad c_\text{P}=x/3$$

反应速率方程的微分形式为

$$r=-\frac{\text{d}c_\text{A}}{3\text{d}t}=\frac{\text{d}c_\text{P}}{\text{d}t}=\frac{\text{d}x}{3\text{d}t}=k_3c_\text{A}^3=k_3(a-x)^3$$

即
$$\frac{\text{d}x}{\text{d}t}=3k_3(a-x)^3\Leftrightarrow\frac{\text{d}x}{(a-x)^3}=3k_3\text{d}t\qquad(8.31)$$

对式(8.31)求不定积分，得$\dfrac{1}{2(a-x)^2}=3k_3t+C$

(8.32)

若以$(a-x)^{-2}$-t 作图，可得斜率 $6k_3$。据此，可利用实验数据作图，求该类三级反应的速率常数。

对式(8.31)求定积分，$\int_0^x\frac{\text{d}x}{(a-x)^3}=\int_0^t3k_3\text{d}t$

得
$$\frac{1}{2(a-x)^2}-\frac{1}{2a^2}=3k_3t\qquad(8.33)$$

式(8.33)两边同乘以 $2a^2$，得

$$\frac{a^2}{(a-x)^2}-\frac{a^2}{a^2}=6k_3a^2t$$

$$\Rightarrow\frac{1}{(1-x/a)^2}-1=6k_3a^2t$$

令 $y=x/a$（即 y 为转化率)，则

$$\frac{y(2-y)}{(1-y)^2}=6k_3a^2t\qquad(8.34)$$

当 $x=\dfrac{a}{2}$时代入式(8.33)，或 $y=1/2$ 代入式(8.34)，得 $t_{1/2}$

习题：

8-7　某研究者发现反应 A＋B══C 是双分子反应，在 SATP 下反应 60 min 后反应物 A 的浓度由初始浓度 0.500mol/dm^3 变为 0.125mol/dm^3，试计算：(1) 该反应的速率常数 k；(2) 80min 后反应物 A 的浓度。[0.1dm^3/(mol·min)；0.1mol/dm^3]

$$t_{1/2}=\frac{1}{2k_3a^2} \tag{8.35}$$

根据式(8.34)，可以得出 $t_{1/2}:t_{3/4}:t_{7/8}=1:5:21$。

综上可知，该类三级反应的特征为：

① 以 $(a-x)^{-2}$ 对 t 作图为一过原点的直线，其斜率为 $6k_3$；

② 速率常数 k_3 的量纲是（浓度）$^{-2}$·（时间）$^{-1}$，其数值与所用浓度、时间的单位有关；

③ 半衰期与反应物起始浓度的二次方成反比。

（2）设有某三级反应

$$\begin{array}{lllll} & A & + \quad B & + \quad C \xrightarrow{k_3} & P \\ t=0 & c_{A,0}=a & c_{B,0}=b & c_{C,0}=c & c_{P,0}=0 \\ t=t & c_A=a-x & c_B=b-x & c_C=c-x & c_P=x \end{array}$$

反应速率方程的微分形式为

$$r=-\frac{dc_A}{dt}=-\frac{dc_B}{dt}=-\frac{dc_C}{dt}=\frac{dc_P}{dt}$$

$$=\frac{dx}{dt}=k_3c_Ac_Bc_C=k_3(a-x)(b-x)(c-x) \tag{8.36}$$

反应物 A、B 和 C 的起始浓度可以相同，也可以不同。

① 若反应物起始浓度相同，即 $a=b=c$，则式(8.36)可表示为

$$\frac{dx}{dt}=k_3(a-x)^3 \tag{8.37}$$

即

$$\frac{dx}{dt}=k_3(a-x)^3 \Leftrightarrow \frac{dx}{(a-x)^3}=k_3dt \tag{8.38}$$

对式(8.38)求不定积分，得

$$\frac{1}{2(a-x)^2}=k_3t+C \tag{8.39}$$

若以 $(a-x)^{-2}$-t 作图，可得斜率 $2k_3$。据此，可利用实验数据作图，求该类三级反应的速率常数。

对式(8.38)求定积分， $\int_0^x \frac{dx}{(a-x)^3}=\int_0^t k_3dt$

得

$$\frac{1}{2}\left[\frac{1}{(a-x)^2}-\frac{1}{a^2}\right]=k_3t \tag{8.40}$$

令 $y=x/a$（即 y 为转化率），则

$$\frac{y(2-y)}{(1-y)^2}=2k_3ta^2 \tag{8.41}$$

当 $x=\frac{a}{2}$时代入式(8.40)，或 $y=1/2$ 代入式（8.41），得 $t_{1/2}$

$$t_{1/2}=\frac{3}{2k_3a^2} \tag{8.42}$$

根据式(8.41)，也可以得出 $t_{1/2}:t_{3/4}:t_{7/8}=1:5:21$。

综上可知，该类三级反应的特征为：

a. 以$(a-x)^{-2}$ 对 t 作图为一过原点的直线，其斜率为 $2k_3$；

b. 速率常数 k_3 的量纲是（浓度）$^{-2}$·（时间）$^{-1}$，其数值与所用浓度、时间的单位有关；

c. 半衰期与反应物起始浓度二次方成反比。

根据这些特征，可以判断一个反应是否为二级反应。

② 若反应物起始浓度不等，当 $a=b\neq c$ 时，则由式(8.36)，得

$$\frac{\mathrm{d}x}{(a-x)^2(c-x)}=k_3\mathrm{d}t \tag{8.43}$$

对式(8.43)求定积分，得

$$\frac{1}{(c-a)^2}\ln\left[\frac{(a-x)c}{(c-x)a}+\frac{x(c-a)}{a(a-x)}\right]=k_3t \tag{8.44}$$

③ 若反应物起始浓度不等，当 $a\neq b\neq c$ 时，则由式(8.36)，得

$$\frac{\mathrm{d}x}{(a-x)(b-x)(c-x)}=k_3\mathrm{d}t \tag{8.45}$$

对式(8.46)求定积分，得

$$\frac{1}{(a-b)(a-c)}\ln\frac{a}{a-x}+\frac{1}{(b-c)(b-a)}\ln\frac{b}{b-x}$$

$$\frac{1}{(c-a)(c-b)}\ln\frac{c}{c-x}=k_3t \tag{8.46}$$

因为 $a\neq b\neq c$，所以对 A、B、C 而言的半衰期是不一样的，没有统一的表达式。

(3) 设有某三级反应

	2A	+	B	$\xrightarrow{k_3}$	P
$t=0$	$c_{A,0}=a$		$c_{B,0}=b$		$c_{P,0}=0$
$t=t$	$c_A=a-2x$		$c_B=b-x$		$c_P=x$

反应速率方程的微分形式为

$$r=\frac{\mathrm{d}x}{\mathrm{d}t}=k_3c_A^2c_B=k_3(a-2x)^2(b-x) \tag{8.47}$$

对式(8.47)求定积分，得

$$\frac{1}{(2b-a)^2}\left[\frac{2x(2b-a)}{a(a-2x)}+\ln\frac{b(a-2x)}{a(b-x)}\right]=k_3t \tag{8.48}$$

在当前研究的动力学反应中，发现的三级反应为数不多，在气相反应中目前仅知有五个反应属于三级反应，这五个反应是：

$$2NO+O_2 \longrightarrow 2NO_2$$

$$2NO+Cl_2 \longrightarrow 2NOCl$$

$$2NO+Br_2 \longrightarrow 2NOBr$$

$$2NO+H_2 \longrightarrow N_2O+H_2O$$

$$2NO+D_2 \longrightarrow N_2O+D_2O$$

8.2.5　n 级反应

凡是反应速率与反应物浓度的 n 次方成正比的反应称为 n 级反应（n^{th} order reaction）。

设有 n 级反应

	nA	$\xrightarrow{k_n}$	P
$t=0$	$c_{A,0}=a$		$c_{P,0}=0$
$t=t$	$c_A=a-x$		$c_P=x/n$

习题：

8-8　已知某基元反应 $a\mathrm{A}\longrightarrow \mathrm{P}$，反应物 A 的初始浓度为 1.0mol/dm^3，初始反应速率 $r_0=0.01$mol/(dm·s)。试计算 a 分别为 1、2、3 时反应的速率常数 k、半衰期 $t_{1/2}$ 和 A 转化率为 90% 所需要的时间。[0.01s^{-1}，69.3s，230.3s；0.01dm^3/(mol·s)，50s，450s；0.01dm^6/(mol^2·s) 50s，1650s]

8-9　N_2O_5 分解反应 $2N_2O_5\longrightarrow 4NO_2+O_2$ 在 T，p 一定时，测得 $\mathrm{d}[O_2]/\mathrm{d}t=(1.5\times10^{-4}\,\mathrm{s}^{-1})[N_2O_5]$，试求该反应的半寿期 $t_{1/2}$（2310s）。

反应速率方程的微分形式为

$$r=-\frac{\mathrm{d}c_{\mathrm{A}}}{n\mathrm{d}t}=\frac{\mathrm{d}c_{\mathrm{P}}}{\mathrm{d}t}=\frac{\mathrm{d}x}{n\mathrm{d}t}=k_n c_{\mathrm{A}}^n=k_n(a-x)^n$$

即

$$\frac{\mathrm{d}x}{\mathrm{d}t}=nk_3(a-x)^n \Leftrightarrow \frac{\mathrm{d}x}{(a-x)^n}=nk_3\mathrm{d}t \tag{8.49}$$

对式(8.49)求不定积分，得

$$\frac{1}{(n-1)(a-x)^{n-1}}=nk_n t+C \tag{8.50}$$

若以 $(a-x)^{1-n}$-t 作图，可得斜率$(n-1)nk_n$。据此，可利用实验数据作图，求该类 n 级反应的速率常数。

对式(8.49)求定积分，$\int_0^x \frac{\mathrm{d}x}{(a-x)^n}=\int_0^t nk_n \mathrm{d}t$

得

$$\frac{1}{n-1}\left[\frac{1}{(a-x)^{n-1}}-\frac{1}{a^{n-1}}\right]=nk_n t$$

$$\Rightarrow \frac{1}{(a-x)^{n-1}}-\frac{1}{a^{n-1}}=(n-1)nk_n t \tag{8.51}$$

当 $x=\frac{a}{2}$时代入式(8.51)，得 $t_{1/2}$

$$t_{1/2}=\frac{2^{n-1}-1}{(n-1)nk_n a^{n-1}}=\frac{A}{a^{n-1}} \tag{8.52}$$

综上可知，该类 n 级反应的特征为：

① 以 $(a-x)^{1-n}$ 对 t 作图为一过原点的直线，其斜率为$(n-1)nk_n$；

② 速率常数 k_n 的量纲是(浓度)$^{(1-n)}$/(时间)，其数值与所用浓度、时间的单位有关；

③ 半衰期与反应物起始浓度的 $(n-1)$ 次方成反比。

现将各级简单级数反应的速率方程及其特征总结于表 8-1 中。

表 8-1　几种简单级数反应的速率方程及其特征

级数	反应计量式	速率方程		特征		
		微分式	积分式	线性关系	$t_{1/2}$	k 的量纲
0	$A \longrightarrow P$	$\mathrm{d}x/\mathrm{d}t=k_0$	$x=k_0 t$	x-t	$a/2k_0$	$(c)\cdot(t)^{-1}$
1	$A \longrightarrow P$	$\mathrm{d}x/\mathrm{d}t=k(a-x)$	$-[\ln(a-x)-\ln a]=k_1 t$	$-\ln(a-x)$-t	$\ln 2/k_1$	$(t)^{-1}$
2	$2A \longrightarrow P$	$\mathrm{d}x/\mathrm{d}t=2k_2(a-x)^2$	$1/(a-x)-1/a=2k_2 t$	$1/(a-x)$-t	$1/(2k_2 a)$	$(c)^{-1}\cdot(t)^{-1}$
	$A+B \longrightarrow P$	$\mathrm{d}x/\mathrm{d}t=k_2(a-x)^2$	$1/(a-x)-1/a=k_2 t$	$1/(a-x)$-t	$1/(k_2 a)$	
3	$3A \longrightarrow P$	$\mathrm{d}x/\mathrm{d}t=3k_3(a-x)^3$	$1/(a-x)^2-1/a^2=6k_3 t$	$1/(a-x)^2$-t	$1/(2k_3 a^2)$	$(c)^{-2}\cdot(t)^{-1}$
	$A+B+C \longrightarrow P$	$\mathrm{d}x/\mathrm{d}t=k_3(a-x)^3$	$1/(a-x)^2-1/a^2=2k_3 t$		$3/(2k_3 a^2)$	
n	$nA \longrightarrow P$	$\mathrm{d}x/\mathrm{d}t=nk_n(a-x)^n$	$1/(a-x)^{n-1}-1/a^{n-1}=(n-1)nk_n t$	$1/(a-x)^{n-1}$-t	$A/(na^{n-1})$	$(c)^{(1-n)}\cdot(t)^{-1}$
	$A+B+\cdots \longrightarrow P$	$\mathrm{d}x/\mathrm{d}t=k_n(a-x)^n$	$1/(a-x)^{n-1}-1/a^{n-1}=(n-1)k_n t$		A/a^{n-1}	

注：1. 仅适用于同一反应物或不同反应物的初始浓度相等的简单级数反应。

2. n 级反应级数中 $n\neq 1$，$A=(2^{n-1}-1)/[(n-1)k_n]$。

3. k 的量纲仅表示相应物理量的量纲复合。

8.3　反应级数的确定

宏观化学动力学的主要任务是根据一切用于分析物质浓度的方法采集到的动力学数据建立动力学方程，确定反应级数、速率常数等动力学参数。要建立反应的速率方程，必须先确定反应的级数。反应级数的确定，不仅能帮助了解浓度对反应速率的影响程度，而且对探讨反应机理也是重要的依据。目前尚无法从理论上推导出反应级数，只能通过实验数据求算，所用的方法通常有以下几种。

8.3.1　积分法

利用速率方程的积分式确定反应级数的方法称为积分法，可分为尝试法与作图法两种。

尝试法是将实验数据（各时间 t 和相应的浓度 c）分别代入不同级数反应的速率方程的积分式中，求算其速率常数的数值。若按某个积分公式计算出的 k 为一常数或接近一常数，则该积分式所对应的级数即为该反应的级数。

例题 8-8　三甲基胺与溴化正丙烷在溶剂苯中的反应为

$$N(CH_3)_3 + CH_3CH_2CH_2Br \longrightarrow (CH_3)_3C_3H_7N^+ + Br^-$$

其起始浓度均为 0.1mol/dm^3，将反应物分别放入 4 个玻璃瓶中，封口后浸于恒温槽中。每经历一定时间，取出一瓶快速冷却，使反应“冻结”，然后分析其成分，结果见表 8-2。

表 8-2　不同反应时间三甲基胺消耗的浓度

No.	t/s	三甲基胺消耗的浓度 x/(mol/dm^3)
1	780	0.0112
2	2040	0.0257
3	3540	0.0367
4	7200	0.0552

用尝试法确定反应的级数。

解： 根据实验数据，分别用一级、二级简单级数反应的公式 $-\ln\dfrac{a-x}{a}=k_1t$ 和 $\dfrac{1}{a-x}-\dfrac{1}{a}=k_2t$ 来计算速率常数 k_1 和 k_2，列入表 8-3 中。

表 8-3　速率常数

No.	t/s	x/(mol/dm^3)	$k_1\times10^4$/s	$k_2\times10^3$/[dm^3/(mol·s)]
1	780	0.0112	1.52	1.62
2	2040	0.0257	1.46	1.70
3	3540	0.0367	1.29	1.64
4	7200	0.0552	1.12	1.71

从表 8-3 中可以看出，k_1 值不是常数，k_2 值接近一常数，故该反应为二级反应，其速率常数的平均值为：$k_2=1.67\times10^{-3}$dm^3/(mol·s)。

作图法是根据各种级数反应的特征，将实验测得的浓度数据作相应的变换后，对时间 t 作图，再由所得图是否为直线来确定反应的级数。例如以 $\ln c$ 对 t 作图，若得一直线则为一级反应。

例题 8-9　丙酸乙酯在碱性水溶液中的皂化反应

$$C_2H_5COOC_2H_5+NaOH \longrightarrow C_2H_5COONa+C_2H_5OH$$

已知酯和碱的起始浓度均为 0.025mol/dm^3，298K 时测得数据见表 8-4。

表 8-4　不同时刻丙酸乙酯的浓度

t/min	$c\times10^3$/(mol/dm^3)	t/min	$c\times10^3$/(mol/dm^3)
0	25.00	80	2.32
10	11.26	100	1.89
20	7.27	120	1.59
40	4.25	150	1.29
60	3.01	180	1.09

式中，c 为 t 时刻丙酸乙酯的浓度。试用作图法确定此反应的级数，并求出反应速率常数。

解：根据提供的实验数据，可求出所给浓度 c 的自然对数 $\ln c$ 和倒数 $1/c$，将其数据列于表 8-5。

表 8-5

t/min	$c\times10^3$/(mol/dm^3)	$\ln[c/(\text{mol/dm}^3)]$	$(1/c)$/(dm^3/mol)
0	25.00	−1.602	40.0
10	11.26	−1.948	88.8
20	7.27	−2.138	137.6
40	4.25	−2.372	235.3
60	3.01	−2.521	332.2
80	2.32	−2.635	431.0
100	1.89	−2.724	529.1
120	1.59	−2.799	629.5
150	1.29	−2.889	775.2
180	1.09	−2.963	917.4

以 $\ln c$ 对 t 作图，得图 8-3(a)，因不是直线，故不是一级反应。

以 $1/c$ 对 t 作图，得图 8-3(b)，是一条直线，故该反应是二级反应。

在直线上取点 A_1(12，100)、A_2(176，900)，求其斜率：

$$\text{斜率}=(900-100)/(176-12)=4.88$$

故
$$k_2=4.88\text{dm}^3/(\text{mol}\cdot\text{min})$$

也可以用软件采取线性拟合的方法，求直线 $1/c=k_2t+C$，求其斜率

$$k_2=4.89\text{dm}^3/(\text{mol}\cdot\text{min})$$

积分法用于简单级数反应效果较好，当反应为分数级数时，很难获得成功。

8.3.2 微分法

利用速率方程的微分式确定反应级数的方法称为微分法。

对于各反应物浓度始终相同（或互为倍数），或只有一种反应物的反应，设其速率方程的微分式为

$$r=-\frac{\mathrm{d}c}{\mathrm{d}t}=kc^n \tag{8.53}$$

取对数得

$$\lg r=\lg k+n\lg c \tag{8.54}$$

根据式(8.54)，以 $\lg r$ 对 $\lg c$ 作图得到一直线，用直线的斜率就可求得反应的级数 n。也可将 r_1、c_1 和 r_2、c_2 两组数据代入式(8.54)

$$\lg r_1=\lg k+n\lg c_1$$
$$\lg r_2=\lg k+n\lg c_2$$

两式相减并整理，即可求得反应级数

$$n=\frac{\lg(r_1/r_2)}{\lg(c_1/c_2)} \tag{8.55}$$

思考：

8-14 假如把人成长看作反应，那么人成长过程类似于哪一级反应呢？“不能输在起跑线上”有反应速率理论依据吗？

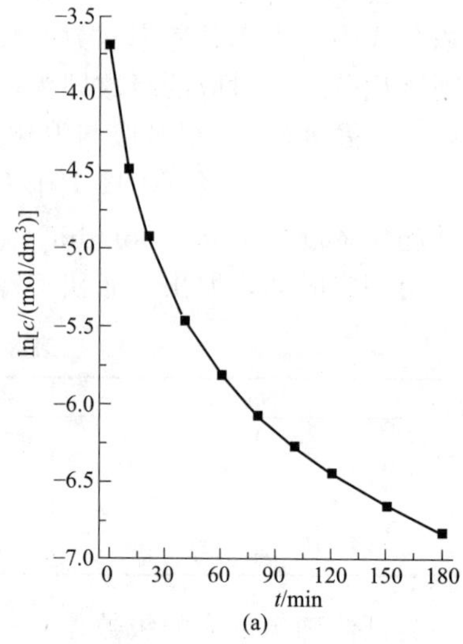

(a)

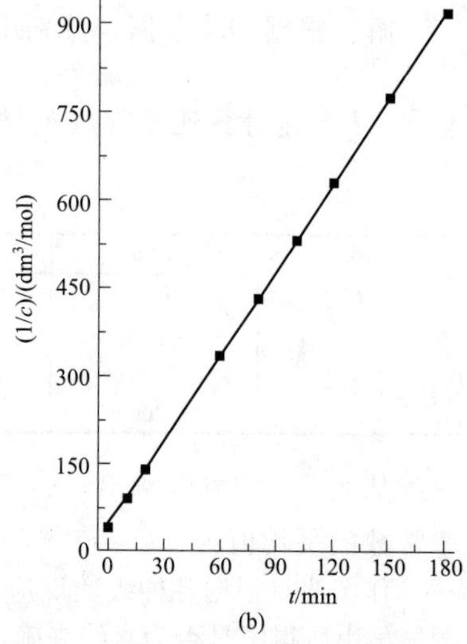

(b)

图 8-3 例题 8-9 的 $\ln c$-t 和 $1/c$-t

习题：

8-10 乙醛的气相分解反应为二级反应：

$$CH_3CHO(g) = CH_4(g)+CO(g)$$

790K 定容实验测量该反应过程不同时刻体系总压力 p 的数据如下

t/s	0	73	242	480	840
p/kPa	48.4	55.6	66.5	74.3	80.9

试用作图法和两点求算取平均值法求该反应的速率常数。($0.0501\text{Pa}^{-1}\cdot\text{s}^{-1}$)

若有多组 c、r 数据，可用式(8.55)求出几个 n，然后取平均值。若一个反应有副反应发生或产物对反应速率有影响，利用微分法测定的结果误差较大。为了使结果准确，可以在不同的起始浓度时测量起始速率，再用上面的作图方法或计算方法求反应的级数 n。

对于各反应物浓度不相同的反应，设其速率方程的微分式为

$$r=kc_A^{\alpha}c_B^{\beta}\cdots$$

先测定反应物 A、B…的级数 α、β…，再将 α、β 等相加，即得总级数 n。测定反应物 A 的级数 α 时，使 B 等反应物大量过剩，反应过程中 B 等反应物的浓度基本上保持恒定，上式可化为

$$r=k'c_A^{\alpha} \tag{8.56}$$

其中 $k'=kc_A^{\beta}\cdots$。可见式(8.56)与式(8.53)形式相同，因此可按照上面的方法求得 α。同理也可求得 β 等。

对于多种物质参与的反应，可以用改变物质数量比例的方法分别测定不同物质的反应级数。如对于反应 A+B+C ══ P，设其速率方程为

$$r=kc_A^{\alpha}c_B^{\beta}c_C^{\gamma}$$

若保持 B 和 C 的浓度不变，而将 A 的浓度加大一倍，若反应速率也比原来加大一倍，则可确定 c_A 的方次 $\alpha=1$；同理，可以确定出 β、γ，从而确定出反应级数。

微分法不仅适用于级数为整数的反应，也适用于级数为小数的反应。它的主要缺点是不易准确求得各浓度时的反应速率 r，即 c-t 曲线上各点的斜率。

例题 8-10 试用微分法根据例题 8-8 的数据确定其反应级数。

解：根据实验数据作 x-t 图，曲线上任一点的斜率 dx/dt 就是该点对应浓度下的反应速率 r。从图 8-4(a)中求出不同浓度 x 时曲线的斜率 dx/dt 即反应速率 r，并求出（$c_{A,0}-x$）和 r 的对数，列于下表中：

x /(mol/dm^3)	$c=c_0-x$ /(mol/dm^3)	lg/[c/(mol/dm^3)]	$r\times10^5$ /[mol/(dm^3·s)]	lg/{r/mol/(dm^3·s)]}
0.00	0.10	−1.000	1.76	−4.754
0.01	0.09	−1.046	1.45	−4.839
0.02	0.08	−1.097	1.12	−4.951
0.03	0.07	−1.155	0.90	−5.046
0.04	0.06	−1.222	0.64	−5.194
0.05	0.05	−1.301	0.45	−5.347

以表中 lg$r$ 对 lg$c$ 作图得一直线，见图 8-4(b)。求得直线斜率为 1.97，截距为 −2.78，所以该反应为二级反应，速率常数 $k=10^{-2.78}dm^3/(mol\cdot s)=1.66\times10^{-3}dm^3/(mol\cdot s)$。

例题 8-11 草酸钾与氯化汞的反应方程式为

$$K_2C_2O_4(aq)(A)+2HgCl_2(aq)(B) \longrightarrow Hg_2Cl_2(s)(C)+2KCl(aq)+2CO_2(g)$$

已知在 373K 时，Hg_2Cl_2(s)从不同初始浓度的反应物溶液中沉淀的数据如下表所示

No.	c_A/(mol/L)	c_B/(mol/L)	t/min	x_C/ (mol/L)
1	0.0836	0.404	65	0.0068
2	0.0836	0.202	120	0.0031
3	0.0418	0.404	62	0.0032

试求反应的级数。

解：设该反应速率方程为 $r=kc_A^{\alpha}c_B^{\beta}$

由实验结果可得，该反应速率较慢，故可用平均速率来近似表示该反应的速率。由表中数据组 1、2 得 Hg_2Cl_2(s)的生成速率分别为

$$r_1=\left(\frac{\mathrm{d}x}{\mathrm{d}t}\right)_1\approx\left(\frac{\Delta x}{\Delta t}\right)_1=\frac{0.0068}{65}=1.046\times10^{-4}\ [\mathrm{mol/(L\cdot min)}]$$

$$r_2=\left(\frac{\mathrm{d}x}{\mathrm{d}t}\right)_2\approx\left(\frac{\Delta x}{\Delta t}\right)_2=\frac{0.0031}{120}=2.583\times10^{-5}\ [(\mathrm{mol/(L\cdot min)}]$$

将 r_1、r_2 以及相应反应物浓度分别代入反应速率方程并相除，得

$$\frac{r_1}{r_2}=\frac{k(0.0836)_{\mathrm{A}}^{\alpha}(0.404)_{\mathrm{B}}^{\beta}}{k(0.0836)_{\mathrm{A}}^{\alpha}(0.202)_{\mathrm{B}}^{\beta}}=2_{\mathrm{B}}^{\beta}=\frac{1.046\times10^{-4}}{2.583\times10^{-5}}=4.05$$

从而得出，$\beta=2.02\approx2$。

同理用数据组 1、3，得

$$\frac{r_1}{r_2}=\frac{k(0.0836)_{\mathrm{A}}^{\alpha}(0.404)_{\mathrm{B}}^{\beta}}{k(0.0418)_{\mathrm{A}}^{\alpha}(0.404)_{\mathrm{B}}^{\beta}}=2_{\mathrm{B}}^{\alpha}=\frac{0.0068/65}{0.0032/62}=2.03$$

解之，得 $\alpha=1.02\approx1$。

故该反应为三级反应，其速率方程为 $r=kc_{\mathrm{A}}c_{\mathrm{B}}^2$

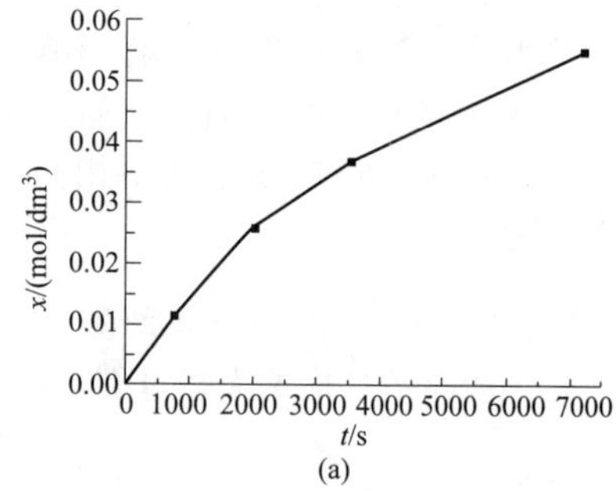

(a)

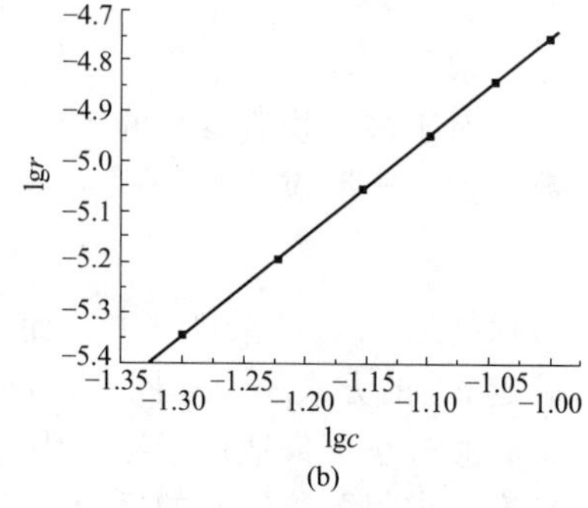

(b)

图 8-4　例题 8-10 图

8.3.3　半衰期法

对于 $n(n\neq1)$ 级反应的速率方程微分式能表示为 $r=k_n(a-x)^n$ 形式的反应，其半衰期 $t_{1/2}$ 与初始浓度 a 的关系可归纳为如下通式

$$t_{1/2}=\frac{2^{n-1}-1}{(n-1)k_na^{n-1}}=\frac{A}{a^{n-1}}\qquad(8.57)$$

式中，A 为与速率常数及反应级数有关的常数（对于一级反应为 $\ln2/k_1$）。将式(8.56)取对数，得

$$\ln t_{1/2}=\ln A+(1-n)\ln a\qquad(8.58)$$

根据式(8.57)，如果用实验测得不同起始浓度 a 所对应的半衰期 $t_{1/2}$，则以 $\ln t_{1/2}$ 对 $\ln a$ 作图则为一直线，由直线斜率 $(1-n)$ 可以求得反应级数 n。

如果数据较少，如两组数据，可将两组 $t_{1/2}$、a 数据代入式(8.57)得

$$\ln t_{1/2}(1)=\ln A+(1-n)\ln a(1)$$

$$\ln t_{1/2}(2)=\ln A+(1-n)\ln a(2)$$

两式相减并整理得

$$n=1-\frac{\ln t_{1/2}(1)-\ln t_{1/2}(2)}{\ln a(1)-\ln a(2)}=1-\frac{\ln\dfrac{t_{1/2}(1)}{t_{1/2}(2)}}{\ln\dfrac{a(1)}{a(2)}}\qquad(8.59)$$

若有多组 $t_{1/2}$、a 数据，除了用作图法，也可用式(8.58) 求出几个 n，然后取平均值来得到反应级数。

类似于半衰期法求反应级数的方法，也可用反应进行到 1/4、1/8 等的时间和初始浓度来计算反应级数。

例题 8-12　氰酸铵在水溶液中转化为尿素的反应为

$$\mathrm{NH_4OCN}=\!=\!=\mathrm{CO(NH_2)_2}$$

用不同起始浓度的氰酸铵做实验，分别测定其半衰期，

习题：

8-11　某同学研究一配合物的酸催化分解反应：$\mathrm{ML_2}\xrightarrow{\mathrm{H^+}}\mathrm{M^{2+}}+2\mathrm{L^-}$，反应速率方程为 $r=k[\mathrm{ML_2}]^{\alpha}[\mathrm{H^+}]^{\beta}$，在指定温度和起始浓度条件下，配合物反应掉 1/2 和 3/4 所用的时间分别为 $t_{1/2}$ 和 $t_{3/4}$，实验数据如下：

No.	$[\mathrm{ML_2}]$	$[\mathrm{H^+}]$	T/K	$t_{1/2}$/h	$t_{3/4}$/h
1	0.10	0.01	298	1.0	2.0
2	0.20	0.02	298	0.5	1.0
3	0.10	0.01	308	0.5	1.0

注：配合物和酸的浓度单位为 $\mathrm{mol/dm^3}$。

请根据实验数据计算：(1) 反应级数 α 和 β 的值；(2) 298K、308K 时的速率常数 k；(3) 反应实验活化能 E_a。$[\alpha=\beta=1, n=2; k_{298\mathrm{K}}=69.3\mathrm{dm^3/(mol\cdot h)}, k_{308\mathrm{K}}=138.6\mathrm{dm^3/(mol\cdot h)}; 52.9\mathrm{kJ/mol}]$

得下表数据。试确定此反应的级数。

$c/(\text{mol/dm}^3)$	0.05	0.10	0.20
$t_{1/2}/\text{h}$	37.03	19.15	9.45

解：分别选两组数据代入式(8.58)得

$$n_1=1-\frac{\ln\dfrac{t_{1/2}(1)}{t_{1/2}(2)}}{\ln\dfrac{a(1)}{a(2)}}=1-\frac{\ln\dfrac{37.03}{19.15}}{\ln\dfrac{0.05}{0.10}}=1.95$$

$$n_2=1-\frac{\ln\dfrac{t_{1/2}(1)}{t_{1/2}(3)}}{\ln\dfrac{a(1)}{a(3)}}=1-\frac{\ln\dfrac{37.03}{9.45}}{\ln\dfrac{0.05}{0.20}}=1.99$$

$$n_3=1-\frac{\ln\dfrac{t_{1/2}(2)}{t_{1/2}(3)}}{\ln\dfrac{a(2)}{a(3)}}=1-\frac{\ln\dfrac{19.15}{9.45}}{\ln\dfrac{0.10}{0.20}}=2.02$$

故 $\bar{n}=\dfrac{n_1+n_2+n_3}{3}=1.99\approx 2.0$

故该反应为二级反应。

8.3.4 孤立法

对于各反应物浓度不相同的反应，设其速率方程的微分式为

$$r=kc_A^{\alpha}c_B^{\beta}\cdots \tag{8.60}$$

先测定反应物 A、B…的级数 α、β…，再将 α、β 等相加，即得总反应级数 n。测定反应物 A 的级数 α 时，使 B 等反应物大量过剩，反应过程中 B 等反应物的浓度基本上保持恒定，上式可化为

$$r=k'c_A^{\alpha} \tag{8.61}$$

其中 $k'=kc_A^{\beta}\cdots$。可见式(8.61) 与式(8.60) 形式相同，因此可按照上面的方法求得 α。同理也可求得 β 等。

对于多种物质参与的反应，可以用改变物质数量比例的方法分别测定不同物质的反应级数。如对于反应 A+B+C=P，设其速率方程为

$$r=kc_A^{\alpha}c_B^{\beta}c_C^{\gamma}$$

若保持 B 和 C 的浓度不变，而将 A 的浓度加大一倍，若反应速率也比原来加大一倍，则可确定 c_A 的方次 $\alpha=1$；同理，可以确定出 β、γ，从而确定反应级数。

例题 8-13　草酸钾与氯化汞的反应方程式为

$$K_2C_2O_4(aq)(A)+2HgCl_2(aq)(B)=\!=\!=Hg_2Cl_2(s)(C)+2KCl(aq)+2CO_2(g)$$

已知在 373K 时，$Hg_2Cl_2(s)$ 从不同初始浓度的反应物溶液中沉淀的数据如下表所示。

习题：

8-12　某同学对反应 $2NO(g)+2H_2(g)=\!=\!=N_2(g)+2H_2O(l)$ 进行研究，反应物起始物质的量相等时，采用不同的起始压力 p_0，相应的半衰期数据如下：

p_0/kPa	50.9	45.4	38.4	33.5	29.1
$t_{1/2}/\text{min}$	81	102	140	180	240

试求该反应的级数。(3 级)

8-13　某抗生素在人体血液中的分解为简单级数的反应，如果给患者注射一针抗生素，然后在不同时刻 t 测定抗生素在血液中的质量浓度 ρ（单位以 mg/dm^3 表示），得到如下数据：

t/h	4	8	12	16
$\rho/(\text{mg/dm}^3)$	4.80	3.26	2.22	1.51

试计算：(1) 反应级数；(2) 速率常数 k；(3) 半衰期 $t_{1/2}$；(4) 若每隔 12h 注射一针是否能保证该抗菌素的有效性（已知该若抗菌素的质量浓度高于 $1.90\text{mg}\cdot\text{dm}^{-3}$ 才有效）？(1 级；0.096h^{-1}；7.22h；13.2h)

编号	$c_A/(mol \cdot L^{-1})$	$c_B/(mol \cdot L^{-1})$	t/min	$x_C/(mol \cdot L^{-1})$
1	0.0836	0.404	65	0.0068
2	0.0836	0.202	120	0.0031
3	0.0418	0.404	62	0.0032

试求反应的级数。

解：设该反应速率方程为 $r=kc_A^\alpha c_B^\beta$

由实验结果可得，该反应速率较慢，故可用平均速率来近似表示该反应的速率。由表中数据组 1、2 得 $Hg_2Cl_2(s)$ 的生成速率分别为

$$r_1=\left(\frac{dx}{dt}\right)_1 \approx \left(\frac{\Delta x}{\Delta t}\right)_1=\frac{0.0068}{65}$$

$$=1.046\times10^{-4}(mol \cdot L^{-1} \cdot min^{-1})$$

$$r_2=\left(\frac{dx}{dt}\right)_2 \approx \left(\frac{\Delta x}{\Delta t}\right)_2=\frac{0.0031}{120}$$

$$=2.583\times10^{-5}(mol \cdot L^{-1} \cdot min^{-1})$$

将 r_1、r_2 以及相应反应物浓度分别代入反应速率方程并相除，得

$$\frac{r_1}{r_2}=\frac{k(0.0836)_A^\alpha(0.404)_B^\beta}{k(0.0836)_A^\alpha(0.202)_B^\beta}=2_B^\beta$$

$$=\frac{1.046\times10^{-4}}{2.583\times10^{-5}}=4.05$$

从而得出，$\beta=2.02\approx2$。

同理用数据组 1、3，得

$$\frac{r_1}{r_2}=\frac{k(0.0836)_A^\alpha(0.404)_B^\beta}{k(0.0418)_A^\alpha(0.404)_B^\beta}=2_B^\beta$$

$$=\frac{0.0068/65}{0.0032/62}=2.03$$

解之，得 $\alpha=1.02\approx1$。

故该反应为三级反应，其速率方程为 $r=kc_Ac_B^2$

8.4 典型的复合反应

本节将讨论几种典型的复合反应——对峙反应、平行反应、连串反应和链反应的速率方程和动力学特征，并介绍复合反应速率问题的近似处理方法。

8.4.1 对峙反应

向正、逆两个反应方向都能进行的反应称为对峙反应（opposing reaction）。严格地说，任何反应都是对峙反应，但若化学平衡远远偏向于生成物一边，在动力学上不再作为对峙反应处理。

正、逆反应都是一级反应的称为 1-1 级对峙反应，依此类推有 1-2 级、2-1 级、2-2 级等对峙反应。这里仅以简单的 1-1 级、2-2 级对峙反应为例，讨论其特点和处理方法。

设 1-1 对峙反应为：

$$A \underset{k_{-1}}{\overset{k_1}{\rightleftharpoons}} P$$

$t=0$ 时， $c_{A,0}=a$ 0

$t=t$ 时， $a-x$ x

$t=t_e$ 时， $a-x_e$ x_e

下标“e”表示平衡。

若以 A 的消耗速率表示正反应的速率，则

$$r_+=k_1(a-x)$$

若以 A 的生成速率表示逆反应的速率，则

$$r_-=k_{-1}x$$

式中，k_1 和 k_{-1} 分别为正、逆反应的速率常数。A 的净消耗速率即为反应的总速率，应为正、逆反应速率之差，所以该对峙反应的速率方程的微分式为

$$-\frac{dc_A}{dt}=\frac{dx}{dt}=k_1(a-x)-k_{-1}x \tag{8.62}$$

当反应达到化学平衡时，$r_+=r_-$，即

$$k_1(a-x_e)=k_{-1}x_e$$

整理，得

$$\frac{x_e}{a-x_e}=\frac{k_1}{k_{-1}}=K_c \tag{8.63}$$

$$k_{-1}=\frac{k_1}{K_c}=\frac{a-x_e}{x_e}\times k_1 \tag{8.64}$$

将式(8.64)代入式(8.62)，得

$$\frac{dx}{dt}=k_1(a-x)-\frac{a-x_e}{x_e}k_1x=\frac{x_e-x}{x_e}\times k_1a$$

整理，得 $\dfrac{dx}{x_e-x}=\dfrac{k_1a}{x_e}dt$

两边求定积分，得 $\displaystyle\int_0^x\frac{dx}{x_e-x}=\int_0^t\frac{k_1a}{x_e}dt$

即：
$$\ln x_e-\ln(x_e-x)=\frac{k_1a}{x_e}t \tag{8.65}$$

从而，得

$$k_1=\frac{x_e}{ta}\ln\frac{x_e}{x_e-x} \tag{8.66}$$

将式(8.66)代入式(8.64)，得

$$k_{-1}=\frac{a-x_e}{ta}\ln\frac{x_e}{x_e-x} \tag{8.67}$$

利用式(8.66)、式(8.67)可以计算 1-1 对峙正逆反应速率常数。

将式(8.63)整理，得

$$\frac{x_e}{a}=\frac{k_1}{k_1+k_{-1}} \tag{8.68}$$

将式(8.68)代入式(8.66)，并整理，得

$$-\ln\frac{x_e-x}{x_e}=(k_1+k_{-1})t \tag{8.69}$$

式(8.69)与简单一级反应的积分速率表达式在形式上是一致的。

以 $-\ln\frac{x_e-x}{x_e}$ 对 t 作图得一直线，该直线的斜率为 k_1+k_{-1}。

以反应物 A 和产物 P 的浓度对时间作图，可得图 8-5。由图 8-5 可见，随着反应的进行，反应物 A 和产物 P 的浓度都分别趋于它们的平衡浓度。两条曲线的斜率都分别趋于零。

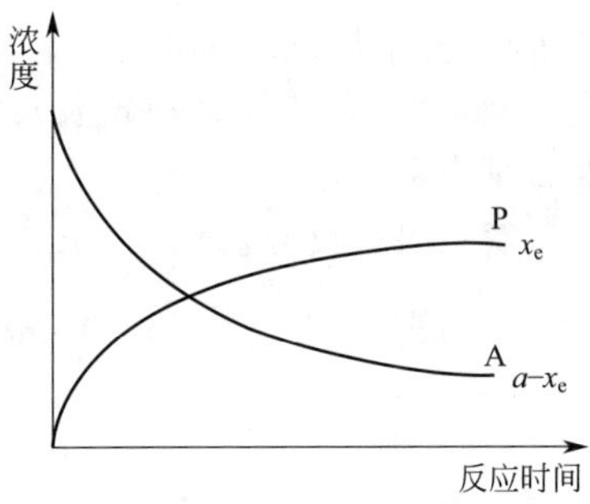

图 8-5　对峙反应

采用处理 1-1 对峙反应的类似方法处理 2-2 对峙反应：

$$A + B \underset{k_{-2}}{\overset{k_2}{\rightleftharpoons}} C + D$$

$t=0$	a	b	0	0
$t=t$	$a-x$	$b-x$	x	x
$t=t_e$	$a-x_e$	$b-x_e$	x_e	x_e

为便于计算，设 $a=b$，则

$$r_+=k_2c_A^2=k_2(a-x)^2$$

$$r_-=k_{-2}c_C^2=k_{-2}x^2$$

净反应为

$$r=\frac{dx}{dt}=r_+-r_-=k_2(a-x)^2-k_{-2}x^2 \tag{8.70}$$

当反应达到平衡时，$r_+=r_-$，即

$$k_2(a-x_e)^2=k_{-2}x_e^2$$

整理，得

$$\left(\frac{x_e}{a-x_e}\right)^2=\frac{k_2}{k_{-2}}=K_c \tag{8.71}$$

$$k_{-2}=\frac{k_2}{K_c}=\left(\frac{a-x_e}{x_e}\right)^2k_2 \tag{8.72}$$

将式(8.72)代入式(8.70)，得

$$\frac{dx}{dt}=k_2(a-x)^2-\frac{k_2}{K_c}x^2=k_2\left[(a-x)^2-\frac{1}{K_c}x^2\right]$$

定积分处理，得

$$\int_0^x\frac{dx}{(a-x)^2-\frac{1}{K_c}x^2}=\int_0^t k_2dt$$

$$\frac{\sqrt{K_c}}{2a}\ln\frac{a+(1/\sqrt{K_c}-1)x}{a-(1/\sqrt{K_c}+1)x}=k_2 t$$

$$k_2=\frac{\sqrt{K_c}}{2at}\ln\frac{a+(1/\sqrt{K_c}-1)x}{a-(1/\sqrt{K_c}+1)x} \quad (8.73)$$

将式(8.73)代入式(8.72)，得

$$k_{-2}=\frac{1}{2at\sqrt{K_c}}\ln\frac{a+(1/\sqrt{K_c}-1)x}{a-(1/\sqrt{K_c}+1)x} \quad (8.74)$$

将式(8.71)代入式(8.73)、式(8.74)，得

$$k_2=\frac{x_e}{2at(a-x_e)}\ln\frac{ax_e+(a-2x_e)x}{a(x_e-x)} \quad (8.75)$$

$$k_{-2}=\frac{(a-x_e)}{2atx_e}\ln\frac{ax_e+(a-2x_e)x}{a(x_e-x)} \quad (8.76)$$

例题 8-14 已知某对峙反应

$$A\underset{k_{-1}}{\overset{k_1}{\rightleftharpoons}}P$$

的 $k_1=0.01\text{s}^{-1}$，$k_{-1}=0.03\text{s}^{-1}$，反应开始时 A、P 的浓度分别为 40.0mol/dm^3、0.0mol/dm^3。求该反应平衡常数 K_c，体系稳定及反应 60s 时各物质的浓度分别为多少。

解：根据反应　　A $\underset{k_{-1}}{\overset{k_1}{\rightleftharpoons}}$ P

$t=0$ 时，　　$a=40\text{mol/dm}^3$　0mol/dm^3

$t=t$ 时，　　$a-x$　　x

$t=t_e$ 时，　　$a-x_e$　　x_e

体系稳定即表示达到平衡，有

$$K_c=\frac{x_e}{a-x_e}=\frac{k_1}{k_{-1}}=\frac{0.01}{0.03}=\frac{1}{3}$$

将 $a=40.0\text{mol/dm}^3$ 代入上式，解之，得

$$x_e=10.0\text{mol/dm}^3$$

则　　$a-x_e=30.0\text{mol/dm}^3$

表示体系稳定时，A、P 的浓度分别为 30.0mol/dm^3、10.0mol/dm^3。

将 $k_1=0.01\text{s}^{-1}$，$k_{-1}=0.03\text{s}^{-1}$，$x_e=10.0\text{mol/dm}^3$，$t=60\text{s}$ 代入式

$$-\ln\frac{x_e-x}{x_e}=(k_1+k_{-1})t$$

得　　$x=9.1\text{mol/dm}^3$

故

$$a-x=40.0\text{mol/dm}^3-9.1\text{mol/dm}^3=30.9\text{mol/dm}^3$$

表示反应 60s 时 A、P 的浓度分别为 30.9mol/dm^3、9.1mol/dm^3。

可以得出对峙类反应的特点：反应物和生成物可以相互转化；反应结束后，反应条件不变，生成物和反应物的浓度不变，其比例关系符合反应的平衡常数。

习题：

8-14　某对峙反应 A $\underset{k_{-1}}{\overset{k_1}{\rightleftharpoons}}$ P 的 $k_1=0.006\text{min}^{-1}$，$k_{-1}=0.002\text{min}^{-1}$，反应开始时为纯 A。试求：(1) 该反应平衡常数 K_c；(2) 达到 A 和 P 浓度相等需多少时间；(3) 反应 100min 时 A 和 P 的浓度比为多少。　(3；137min；1.42)

8-15　某一气相基元反应：

$$A(g)\underset{k_2}{\overset{k_1}{\rightleftharpoons}}B(g)+C(g)$$

298K 时，$k_1=0.2\text{s}^{-1}$，$k_2=5\times10^{-9}\text{Pa}^{-1}\cdot\text{s}^{-1}$，自 298K 温度升高 10K 时，$k_1$ 和 k_2 均增加了 2 倍，试求：

(1) 298K 时的平衡常数 K_p；

(2) 正、逆反应的活化能 E_a；

(3) 298K 时反应的 $\Delta_r H_m$ 和 $\Delta_r U_m$。

(4×10^{-7}Pa；83.8kJ/mol；0，-2.48kJ/mol)

8.4.2 平行反应

在工业生产或实际实验中，经常有反应物相同而产物不同的现象，并将生成期望产物的反应称为主反应，而其余反应称为副反应。这种在一个体系中相同反应物能经历不同反应途径而得到不同产物的反应称为平行反应（parallel reaction）。

组成平行反应的几个反应的级数可以相同，也可以不同。相同反应级数的平行反应处理较为简单，处理结果类似于简单级数的反应。本小节主要讨论反应级数相同的平行反应。

先探讨最简单的一级反应的平行反应，设反应式为

$$\mathrm{A}\begin{cases}\xrightarrow{k_{\mathrm{I}}}\mathrm{I}\\ \xrightarrow{k_{\mathrm{II}}}\mathrm{II}\end{cases}$$

物质	A	Ⅰ	Ⅱ
$t=0$ 时	a	0	0
$t=t$ 时	$a-x_{\mathrm{I}}-x_{\mathrm{II}}$	x_{I}	x_{II}

反应物 A 的消耗速率、产物Ⅰ和Ⅱ的生成速率分别是

$$\frac{\mathrm{d}x_{\mathrm{I}}}{\mathrm{d}t}=r_{\mathrm{I}}=k_{\mathrm{I}}c_{\mathrm{A}}=k_{\mathrm{I}}(a-x_{\mathrm{I}}-x_{\mathrm{II}}) \tag{8.77}$$

$$\frac{\mathrm{d}x_{\mathrm{II}}}{\mathrm{d}t}=r_{\mathrm{II}}=k_{\mathrm{II}}c_{\mathrm{A}}=k_{\mathrm{II}}(a-x_{\mathrm{I}}-x_{\mathrm{II}}) \tag{8.78}$$

k_{I}、k_{II} 分别为两个反应的速率常数。反应的总速率可用反应物 A 的消耗速率表示

$$-\frac{\mathrm{d}c_{\mathrm{A}}}{\mathrm{d}t}=r_{\mathrm{I}}+r_{\mathrm{II}}=(k_{\mathrm{I}}+k_{\mathrm{II}})(a-x_{\mathrm{I}}-x_{\mathrm{II}}) \tag{8.79}$$

将式(8.79)重排，得

$$-\frac{\mathrm{d}c_{\mathrm{A}}}{(a-x_{\mathrm{I}}-x_{\mathrm{II}})}=(k_{\mathrm{I}}+k_{\mathrm{II}})\mathrm{d}t \tag{8.80}$$

式(8.80)积分，得

$$-\ln\frac{a-x_{\mathrm{I}}-x_{\mathrm{II}}}{a}=(k_{\mathrm{I}}+k_{\mathrm{II}})t \tag{8.81}$$

或

$$a-x_{\mathrm{I}}-x_{\mathrm{II}}=a\mathrm{e}^{-(k_{\mathrm{I}}+k_{\mathrm{II}})t} \tag{8.82}$$

式(8.80)表示反应物 A 的浓度随时间而变化的关系。将式(8.82)分别代入式(8.77)和式(8.78)并进行积分，得

$$x_{\mathrm{I}}=\frac{k_{\mathrm{I}}a}{k_{\mathrm{I}}+k_{\mathrm{II}}}[1-\mathrm{e}^{-(k_{\mathrm{I}}+k_{\mathrm{II}})t}] \tag{8.83}$$

$$x_{\mathrm{II}}=\frac{k_{\mathrm{II}}a}{k_{\mathrm{I}}+k_{\mathrm{II}}}[1-\mathrm{e}^{-(k_{\mathrm{I}}+k_{\mathrm{II}})t}] \tag{8.84}$$

式(8.83)、式(8.84)分别表示产物Ⅰ和Ⅱ的浓度随时间而变化的关系。将式(8.83)、式(8.84)两式相除，得

$$\frac{x_{\mathrm{I}}}{x_{\mathrm{II}}}=\frac{k_{\mathrm{I}}}{k_{\mathrm{II}}} \tag{8.85}$$

将各物质的实验数据代入式(8.81)、式(8.82)、式(8.85)，可解得 k_{I} 和 k_{II}。确定了 k_{I} 和 k_{II} 后，就可利用式(8.82)、式(8.83)和式(8.84)求任意时刻反应物和产物的浓度。

同理，对于两个都是二级反应的平行反应，设

$$\mathrm{A}+\mathrm{B}\rightarrow\begin{cases}\xrightarrow{k_{\mathrm{I}}}\mathrm{C}+\mathrm{D}\\ \xrightarrow{k_{\mathrm{II}}}\mathrm{E}+\mathrm{F}\end{cases}$$

物质	A	B	C	D	E	F
$t=0$ 时	a	b	0	0	0	0
$t=t$ 时	$a-x_{\text{I}}-x_{\text{II}}$	$b-x_{\text{I}}-x_{\text{II}}$	x_{I}	x_{I}	x_{II}	x_{II}

反应物产物 C 和 D、E 和 F 的生成速率分别是

$$\frac{dx_{\text{I}}}{dt}=r_{\text{I}}=k_{\text{I}}c_{A}c_{B}=k_{\text{I}}(a-x_{\text{I}}-x_{\text{II}})(b-x_{\text{I}}-x_{\text{II}}) \tag{8.86}$$

$$\frac{dx_{\text{II}}}{dt}=r_{\text{II}}=k_{\text{II}}c_{A}c_{B}=k_{\text{II}}(a-x_{\text{I}}-x_{\text{II}})(b-x_{\text{I}}-x_{\text{II}}) \tag{8.87}$$

k_{I}、k_{II} 分别为两个反应的速率常数。反应的总速率为

$$r=r_{\text{I}}+r_{\text{II}}=(k_{\text{I}}+k_{\text{II}})(a-x_{\text{I}}-x_{\text{II}})(b-x_{\text{I}}-x_{\text{II}}) \tag{8.88}$$

令 $x=x_{\text{I}}+x_{\text{II}}$，得

$$r=\frac{dx}{dt}=(k_{\text{I}}+k_{\text{II}})(a-x)(b-x) \tag{8.89}$$

将式(8.89)重排，得

$$\frac{dx}{(a-x)(b-x)}=(k_{\text{I}}+k_{\text{II}})dt \tag{8.90}$$

式(8.90)积分，得

$$\frac{1}{a-b}\ln\frac{b(a-x)}{a(b-x)}=(k_{\text{I}}+k_{\text{II}})t \tag{8.91}$$

将式(8.86)与式(8.87)相除，得

$$\frac{x_{\text{I}}}{x_{\text{II}}}=\frac{k_{\text{I}}}{k_{\text{II}}} \tag{8.92}$$

从以上一级、二级平行反应得出，对于相同级数的平行反应，若 k_{I} 和 k_{II} 相差较大时，反应的总速率决定于 k 值较大的反应。

如果知道了反应初始浓度 a 和 b，再知道反应经历的实际 t，生成物的量 x_{I} 和 x_{II}，根据式(8.92)、式(8.96)，解得 k_{I} 和 k_{II}。

对于级数相同的平行反应，由式(8.85)和式(8.96)可以看出，各不同反应的产物在任意时刻的浓度之比等于其速率常数之比。比值不随反应物的起始浓度和反应时间而变。比值的大小代表了反应的选择性，比值越大或越小，选择性越好。要提高某产品的产量，就要设法改变 k_{I} 与 k_{II} 的比值。常用采用选择性强的催化剂、改变反应温度（当各反应的活化能相差较大时）等方法提高产品产量。

可以得出相同级数的平行反应的特点：反应物经历不同途径生成不同产物；反应结束后，产物的浓度之比为相应的速率常数之比。平行反应中浓度与时间的关系见图 8-6。

8.4.3 连串反应

有很多化学反应是经过连续几步才完成的，这种经过两步及以上的连续反应而达到最后产物的反应，称为连串反应（consecu tive reaction），也称为连续反应。该类反应的特点：前一反应的产物是后一反应的反应物。其中最简单的一种情况是由两个一级反应组成的连串反应，现以此为例进行讨论。

设反应式为 $\qquad A \xrightarrow{k_{\text{I}}} M \xrightarrow{k_{\text{II}}} P$

	A	M	P
$t=0$ 时，	a	0	0
$t=\text{t}$ 时，	x	y	z

则，A的消耗速率为 $$-\frac{dx}{dt}=k_{Ⅰ}x \tag{8.93}$$

M的净生成速率为 $$\frac{dy}{dt}=k_{Ⅰ}x-k_{Ⅱ}y \tag{8.94}$$

P的生成速率为 $$\frac{dz}{dt}=k_{Ⅱ}y \tag{8.95}$$

对式(8.93)重排、积分（引入初始条件 $t=0$，$x=a$），得

$$\ln\frac{a}{x}=k_{Ⅰ}t \tag{8.96}$$

或

$$x=a\mathrm{e}^{-k_{Ⅰ}t} \tag{8.97}$$

将式(8.98)代入式(8.94)得

$$\frac{dy}{dt}=k_{Ⅰ}a\mathrm{e}^{-k_{Ⅰ}t}-k_{Ⅱ}y$$

解此常微分方程，可得

$$y=\frac{k_{Ⅰ}a}{k_{Ⅱ}-k_{Ⅰ}}(\mathrm{e}^{-k_{Ⅰ}t}-\mathrm{e}^{-k_{Ⅱ}t}) \tag{8.98}$$

由化学反应物料平衡知，$x+y+z=a$，得

$$z=a-x-y=a\left(1-\frac{k_{Ⅱ}\mathrm{e}^{-k_{Ⅰ}t}}{k_{Ⅱ}-k_{Ⅰ}}+\frac{k_{Ⅰ}\mathrm{e}^{-k_{Ⅱ}t}}{k_{Ⅱ}-k_{Ⅰ}}\right) \tag{8.99}$$

式(8.97)～式(8.99)分别表示了A、M、P的浓度与时间的关系，将这三式绘成浓度-时间曲线，可得示意图8-7。由图8-7可看出，A的浓度总是随时间而降低；P的浓度总是随时间而增大；M的浓度先随时间而增大，达到一极大值后，又随时间而降低。

中间物M在反应过程中出现极大值是连串反应的最突出特征。在反应开始时，消耗反应物A的速率较快，A的浓度逐渐增大，生成M的速率也较快。但随着反应的进行，A的浓度不断减少，故中间物的生成速率也将不断减小。另一方面，随着中间物的浓度增大，生成P的速率将不断加快，当中间物的生成速率与消耗速率相等时，就出现了极大值。连串反应的这一特征，对生产实际有很大指导意义。如果我们需要的是中间产物M而不是最后产物P，则根据图8-7知，M达到极大值时有 $dy/dt=0$，由式(8.98)对时间 t 求一阶导数，得

$$\frac{k_{Ⅰ}a}{k_{Ⅱ}-k_{Ⅰ}}(-k_{Ⅰ}\mathrm{e}^{-k_{Ⅰ}t_{m}}+k_{Ⅱ}\mathrm{e}^{-k_{Ⅱ}t_{m}})=0$$

解之，得 $$t_{m}=\frac{\ln k_{Ⅱ}-\ln k_{Ⅰ}}{k_{Ⅱ}-k_{Ⅰ}} \tag{8.100}$$

习题：

8-16　有两种产物生成的二级平行反应：

$$A+B\begin{cases}\xrightarrow{k_{Ⅰ}} C\\ \xrightarrow{k_{Ⅱ}} D\end{cases}$$

SATP实验条件下反应物A和B的初始浓度均为0.5mol/dm³，30min后有15%C生成、25%D生成。试计算速率常数 $k_{Ⅰ}$ 和 $k_{Ⅱ}$。[0.0165dm³/(mol·min)，0.0275dm³/(mol·min)]

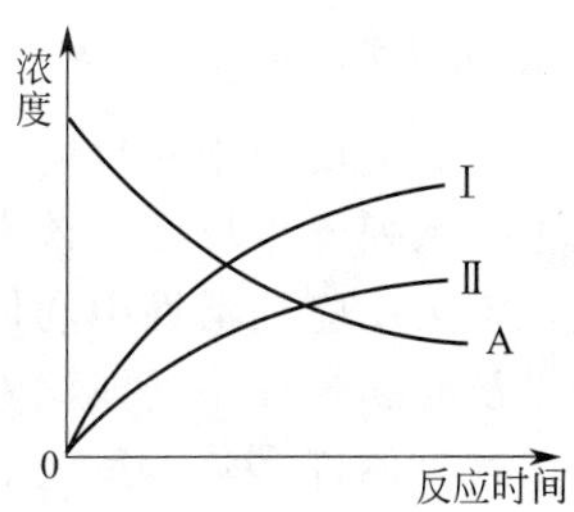

图8-6　平行反应中浓度与时间的关系

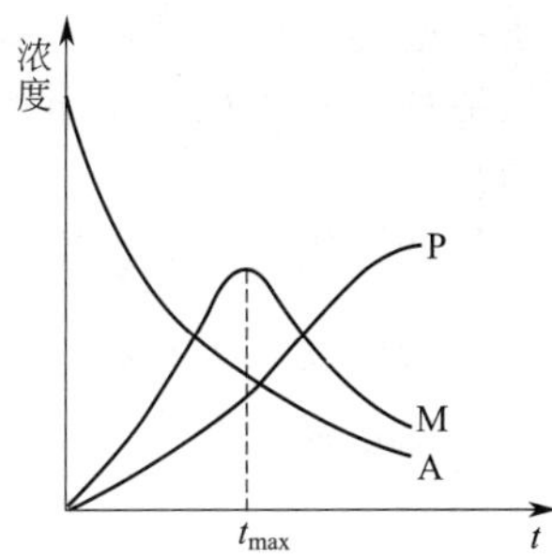

图8-7　连串反应中浓度-时间关系

将 t_m 代入式(8.98)，得

$$y_m = a\left(\frac{k_{\mathrm{I}}}{k_{\mathrm{II}}}\right)^{\frac{k_{\mathrm{II}}}{k_{\mathrm{II}}-k_{\mathrm{I}}}} \tag{8.101}$$

式中，y_m 为 M 处于极大值时的浓度；t_m 为 M 达到极大值时的时间。y_m 显然与 a 以及 k_{I} 和 k_{II} 的比值有关，若 $k_{\mathrm{I}} \gg k_{\mathrm{II}}$，$y_m$ 出现较早，数值较大；若 $k_{\mathrm{I}} \ll k_{\mathrm{II}}$，$y_m$ 出现较晚，数值较小。

连串反应中，若各步的反应速率相差较大时，则总反应速率（即最终产物 P 的生成速率）决定于其中速率最慢的一步，这一步称为总反应的速率控制步骤。例如对于上述连串反应，若第一步为速控步骤，即 $k_{\mathrm{I}} \ll k_{\mathrm{II}}$，则式(8.99)可简化为 $z=a(1-e^{-k_{\mathrm{I}}t})$，即 P 的生成速率仅决定于第一步的速率常数。同理，若第二步为速控步骤，即 $k_{\mathrm{I}} \gg k_{\mathrm{II}}$，则式(8.99)可简化为 $z=a(1-e^{-k_{\mathrm{II}}t})$，即 P 的生成速率仅决定于第二步的速率常数。

8.4.4 链反应

有一类反应中有自由原子、自由基等活性中间体产生，并且该类反应一旦开始，就可能发生一系列连串反应，该类反应称为链反应（chain reaction）。链反应是一类特殊的复杂反应，该类反应的活性中间体在一些基元反应中消耗掉，而在另一些基元反应中又重新生成，如果没有途径使中间体消除，体系中的反应就像链条一样，自动进行下去，直到原料消耗殆尽。常见的许多化学反应有可燃气体爆炸、橡胶合成、高分子化合物制备、石油裂解、烃类氧化和卤化等，这些反应都与链反应有着密切的关系。

链反应一般由链的引发（chain initiation）、链的增长（chain propagation or transfer）和链的终止（chain termination）三个基本步骤构成。

链的引发指起始反应物分子经过热碰撞或受引发剂、光照、热等作用，生成活泼中间体的过程。

链的增长指活性中间体与反应物分子或反应中间体作用，进一步生成活性中间体的过程，更为严格地可分为链的传递（活性中间体数量不增加的过程）和链的繁衍（活性中间体数量增加的过程）。

链的终止指活性中间体失去活性而消除的过程，通常有两种方式会消除活性中间体，一种是活性中间体彼此碰撞形成稳定分子，二是活性中间体与容器器壁碰撞导致能量降低而失活。

例如，氯气和氢气混合的链反应步骤为：

链的引发 $$Cl_2 \xrightarrow[k_1]{\text{光子}} 2Cl\cdot$$

链的传递 $$Cl\cdot + H_2 \xrightarrow[k_2]{} HCl + H\cdot$$

$$H\cdot + Cl_2 \xrightarrow[k_3]{} HCl + Cl\cdot$$

链的终止 $$2Cl\cdot + M \xrightarrow[k_4]{} Cl_2 + M$$

式中，Cl·、H·分别为具有未成对电子的氯原子和氢原子，通常称为自由基，它们具有很高的化学活性，都是活性中间体。M 表示器壁或不与 Cl·反应的分子。k_1、k_2、k_3、k_4 分别表示四个基元反应的速率常数。

该例中，Cl_2 分子受到一定能量的光线照射发生均裂，产生两个活性的 Cl·，使链开始，这一步骤称为链的引发。

该例中，活性粒子 Cl·与 H_2 反应，生成产物 HCl 和一个新的活性粒子 H·，H·又

和 Cl_2 反应，生成产物 HCl 和新活性粒子 Cl·，这两个基元反应交替进行，使反应物 H_2 和 Cl_2 不断变为产物 HCl，据统计，一个 Cl·能循环反应生成 10^4～10^6 个 HCl 分子，这一步骤称为链的增长（链的传递）。

该例中，两个 Cl·把部分能量传给 M 而变成 Cl_2，使反应链终止，反应停止，这一步骤称为链的终止。

再例如，氢气和氧气混合的链反应步骤：

链的引发　$H_2 \longrightarrow H\cdot + H\cdot$

链的繁衍　$H\cdot + O_2 \longrightarrow OH\cdot + O\cdot$

$O\cdot + H_2 \longrightarrow OH\cdot + H\cdot$

链的传递　$OH\cdot + H_2 \longrightarrow H_2O + H\cdot$

$H_2 + O_2 + H\cdot \longrightarrow H_2O + OH\cdot$

链的终止　$H\cdot + H\cdot + M \longrightarrow H_2 + M$

$OH\cdot + H\cdot + M \longrightarrow H_2O + M$

根据链的增长方式的不同，可把链反应分为直链反应（nonbranching chain reaction）和支链反应（branching chain reaction）。在链的增长这一步骤中，若一个活性粒子参加反应后，只产生一个新的活性粒子，即在链的增长过程中，活性粒子的数目不变，这样的链反应称为直链反应，如 H_2 和 Cl_2 的反应即是典型的直链反应。若一个活性粒子参加反应后，产生两个或两个以上的活性粒子，即在链的增长过程中活性粒子数目不断增加，这样的链反应称为支链反应，如 H_2 和 O_2 的爆炸反应即为支链反应。

由于支链反应在链的传递步骤中，产生的活性粒子比消失的多，有较多的活性粒子同时起反应，故通常支链反应比直链反应剧烈，如相同条件下 H_2 和 O_2 的反应比 H_2 和 Cl_2 的反应剧烈得多。

8.4.5　近似处理方法

要处理复合反应的速率问题，首先要解决复合反应的机理问题。通常探索反应机理的步骤如下。

① 通过实验确定实验反应速率方程、反应级数、表观活化能等宏观实验反应参数；

② 通过实验方法找出反应中间体的实验证据；

③ 根据反应中间体的实验证据设计可能的反应机理；

④ 根据设计的反应机理理论推导获得理论反应参数：速率方程、反应级数和活化能；

⑤ 比较实验反应参数和理论反应参数，判断设计机理的可行性：若二者参数差异性较大，则设计的反应机理是错误的；若二者参数非常接近或差异性很小，则设计的反应机理可能是正确的。

由于复合反应中涉及多种物质，经历多步基元反应，这样一般复合反应机理比较复杂，这给根据每个反应机理进行严格数学求解得到速率方程的工作带来很多困难，为此，实际工作中常采用近似处理的方法。根据实际条件，对实际反应进行合理近似处理通常是非常有效的求解复合反应速率的方法，常用的近似处理方法有两种：稳态近似和平衡假设。

8.4.5.1　速控步骤法

在一系列的连续反应中，若其中有一步反应的速率最慢，则总反应的速率将受这一最慢反应的控制，总反应的速率近似等于最慢反应步骤的速率，该步骤称为速控步骤（rate controlling step），简称速控步或速决步，用它来代表整个反应的速率，该方法称为速控步骤法。如反应：

$$A \xrightarrow{k_1} B \xrightarrow{k_2} C$$

当 $k_1 \ll k_2$，意味着第一步是速控步，则第一步的速率将近似为整个反应的速率，即 $r=k_1[A]$；速控步后的物质浓度不出现在速率方程中。当 $k_1 \gg k_2$，意味着第二步是速控步，则第二步的速率将近似为整个反应的速率，即 $r=k_2[B]$；速控步后的物质浓度不出现在速率方程中，但 B 不是反应物，而是中间物，它的浓度未知，这样的速率方程没有时间意义，故必须用稳态近似或平衡假设等近似处理方法推导出中间物浓度与反应物或产物浓度之间的关系，用反应物或产物的浓度代入速率方程，从而表示出由反应物或产物来表达的反应速率方程。

8.4.5.2 稳态近似法（steady state approximation）

在一个多步反应中，经历反应初始诱导期形成了中间产物，在整个反应的大部分时间里，中间产物因为生成和消耗的共同作用，其浓度随时间变化不大（如中间产物的浓度始终非常低，则可看作这种情况），可看作中间产物浓度不随时间变化，这种在反应开始后不久中间产物浓度可当作常数处理的近似处理方法称为中间产物稳态近似（intermediate steady state approximation），简称稳态近似，其数学表达式为

$$\frac{d[I]}{dt} \approx 0$$

致学生：
实际中解决复杂问题的时候，我们都是通过简化实际问题而得到解决的，符合实际问题的合理简化才是实际问题的解决之道。

例题 8-15 实验研究证实反应 $H_2 + Cl_2 \longrightarrow 2HCl$ 的速率方程为

$$r=k[Cl_2]^{\frac{1}{2}}[H_2]$$

实验中发现有氯和氢的自由基，为此有人设计了如下反应机理

$$(1)\ Cl_2 \xrightarrow{k_1} 2Cl\cdot$$

$$(2)\ Cl\cdot + H_2 \xrightarrow{k_2} HCl + \cdot H$$

$$(3)\ \cdot H + Cl_2 \xrightarrow{k_3} HCl + Cl\cdot$$

$$(4)\ 2Cl\cdot + M \xrightarrow{k_4} Cl_2 + M$$

试论证该机理是否正确。

解：根据所设计的反应机理，第 2 步和第 3 步中有 HCl 的生成，从而可得出 HCl 的生成速率表示的反应速率为

$$\frac{d[HCl]}{dt}=k_2[Cl\cdot][H_2]+k_3[H\cdot][Cl_2] \qquad (1)$$

从式(1)可以看出，只要能计算出$[Cl\cdot]$和$[H\cdot]$的浓度就可以从所设计的原理理论计算出该反应的反应速率。

根据稳态近似原理，有 $\frac{d[I]}{dt} \approx 0$。根据所设计的反应机理，该反应的中间体$[Cl\cdot]$和$[H\cdot]$基本不随时间

而变化，故可表示为

$$\frac{d[Cl\cdot]}{dt}=2k_1[Cl_2]-k_2[Cl\cdot][H_2]+k_3[H\cdot][Cl_2]-2k_4[Cl\cdot]^2=0 \quad (2)$$

$$\frac{d[H\cdot]}{dt}=k_2[Cl\cdot][H_2]-k_3[H\cdot][Cl_2]=0 \quad (3)$$

根据式(3)，得

$$k_3[H\cdot][Cl_2]=k_2[Cl\cdot][H_2] \quad (4)$$

将式(4)代入式(2)，得 $k_1[Cl_2]-k_4[Cl\cdot]^2=0$

故

$$[Cl\cdot]=\sqrt{\frac{k_1[Cl_2]}{k_4}} \quad (5)$$

将式(4)代入式(1)，得 $\frac{d[HCl]}{dt}=2k_2[Cl\cdot][H_2]$　(6)

将式(5)代入式(6)，得 $\frac{d[HCl]}{dt}=2k_2\sqrt{\frac{k_1[Cl_2]}{k_4}}[H_2]$(7)

由式(7)，得 $H_2+Cl_2 \longrightarrow 2HCl$ 速率方程表达式为

$$r=\frac{d[HCl]}{2dt}=k_2\sqrt{\frac{k_1[Cl_2]}{k_4}}[H_2]=k_2\sqrt{\frac{k_1}{k_4}}[Cl_2]^{\frac{1}{2}}[H_2]$$

从所设计的机理推出的反应速率表达式与实验结果是一致的，这意味着所设计的该反应的机理可能是正确的，其中

$$k=k_2\sqrt{\frac{k_1}{k_4}}$$

例题 8-16　试利用稳态近似法推导如下基元反应

$$A+B \underset{k_{-1}}{\overset{k_1}{\rightleftharpoons}} I \xrightarrow{k_2} P$$

$t=t$ 时，　a　b　i　p

的反应速率方程（其中 A 和 B 为反应物，I 为中间物，P 为产物）。

解：根据基元反应的特点，可以写出题目中各反应的速率方程

$$-da/dt=-db/dt=k_1ab-k_{-1}i \quad (1)$$

$$di/dt=k_1ab-k_{-1}i-k_2i \quad (2)$$

$$dp/dt=k_2i \quad (3)$$

要用反应物浓度来表示出反应速率来，则应该消除(1)～(3)中的中间物浓度 i 表示。采用稳态近似处理法处理中间体浓度，则

$di/dt=k_1ab-k_{-1}i-k_2i=0$

则有　$i=k_1ab/(k_{-1}+k_2)$　(4)

将式(4)代入式(3)，得

$dp/dt=k_1k_2ab/(k_{-1}+k_2)$

8.4.5.3　准平衡法

在一系列的连续反应中，若有一步速控步反应，那

习题：

8-17　试推导反应 $A_2+B_2 = 2AB$ 在如下两种机理下的反应速率方程式：

(1) $A_2 \xrightarrow{k_1} 2A$ 慢反应

$B_2 \underset{k_{-2}}{\overset{k_2}{\rightleftharpoons}} 2B$　快平衡

$A+B \xrightarrow{k_3} AB$ 快反应

(2) $A_2 \underset{k_{-1}}{\overset{k_1}{\rightleftharpoons}} 2A$　快平衡

$B_2 \underset{k_{-2}}{\overset{k_2}{\rightleftharpoons}} 2B$　快平衡

$A+B \xrightarrow{k_3} AB$ 慢反应

{$r=k_1[A_2]$；$r=\frac{d[AB]}{2dt}=\frac{1}{2}k_3\left(\frac{k_1k_2}{k_{-1}k_{-2}}\right)^{\frac{1}{2}}[A_2]^{1/2}[B_2]^{1/2}$}

8-18　研究反应 $C_2H_6 \longrightarrow C_2H_4+H_2$，发现实验活化能 $E_a=282kJ/mol$，有中间体 $CH_3\cdot$、$C_2H_5\cdot$，为此设计如下机理：

(1) $C_2H_6 \xrightarrow{k_1} 2CH_3\cdot$

(2) $CH_3\cdot+C_2H_6 \xrightarrow{k_2} CH_4+C_2H_5\cdot$

(3) $C_2H_5\cdot \xrightarrow{k_3} C_2H_4+H\cdot$

(4) $H\cdot+C_2H_6 \xrightarrow{k_4} H_2+C_2H_5\cdot$

(5) $H\cdot+C_2H_5\cdot \xrightarrow{k_5} C_2H_6$

已知各基元反应的活化能依次为 352kJ/mol、35kJ/mol、169kJ/mol、31kJ/mol、0kJ/mol。试判断该机理的合理性。

{近似处理得 $r=(k_1k_3k_4/k_5)^{1/2}[C_2H_6]$}

么速控步前的各反应步骤中的各物质始终处于准平衡状态，即表示各物质均可设定为相应反应步骤的化学平衡状态，这种近似处理方法称为准平衡法（quasi equilibriummethod）。

如反应机理

$$A+B \underset{k_{-1}}{\overset{k_1}{\rightleftharpoons}} I \xrightarrow{k_2} P$$

$t=t$ 时， a b i p

若由A和B生成I的反应不受其他反应的影响，即可设在整个反应过程中，A、B、I的浓度始终处于预平衡状态；若由中间产物I生成P速率是速控步骤，则

$$K=\frac{i}{ab}=\frac{k_1}{k_{-1}} \tag{1}$$

$$r \approx k_2 i \tag{2}$$

由式(1)和式(2)，得

$$r=k_2 Kab=\frac{k_1 k_2 ab}{k_{-1}}$$

对比例题8-15的结论，可以看出平衡假设所得结论的条件是

$$k_{-1} \gg k_2$$

这意味着 k_2 是慢反应，决定了整个反应的速率。

若 $k_2 \gg k_{-1}$，则意味着I生成P的反应是快反应，这样整个反应速率是由生成I的速率决定，则

$$r \approx r_1 = k_1 ab$$

可以看出，有效利用速控步骤和平衡假设，可简化实际问题，为反应动力学研究提供了有效的研究方法。

例题8-17 试推导 Br^- 催化下列反应的速率方程

$$H^+ + HNO_2 + C_6H_5NH_2 \xrightarrow{Br^-} C_6H_5N_2^+ + 2H_2O$$

已知该反应经历如下反应途径：

$$(1) H^+ + HNO_2 \underset{k_{-1}}{\overset{k_1}{\rightleftharpoons}} H_2NO_2^+ \quad (快)$$

$$(2) H_2NO_2^+ + Br^- \xrightarrow{k_2} ONBr + H_2O \quad (慢)$$

$$(3) ONBr + C_6H_5NH_2 \xrightarrow{k_3} C_6H_5N_2^+ + H_2O + Br^- \quad (快)$$

解：因为反应步骤（2）为反应中最慢的一步，故总反应的速率由该步决定，即

$$r \approx r_2 = k_2 [H_2NO_2^+][Br^-]$$

由于反应步骤（1）为快速反应平衡，故根据平衡假设，得

$$\frac{[H_2NO_2^+]}{[H^+][HNO_2]}=\frac{k_1}{k_{-1}} \Rightarrow [H_2NO_2^+]=\frac{k_1}{k_{-1}}[H^+][HNO_2]$$

故 $$r=\frac{k_1 k_2}{k_{-1}}[H^+][HNO_2][Br^-]$$

从该例的反应速率方程式可以看出，反应速率与速控

习题：

8-19 对如下机理进行的反应

$$A \underset{k_{-1}}{\overset{k_1}{\rightleftharpoons}} I \xrightarrow{k_2} P$$

设 $t=t$ 时各物质浓度分别为 a、i、p，试用稳态近似法处理获得

(1) 反应速率 r 的表示式。

(2) 若 $k_2 \gg k_{-1}$，求 r 的近似表达式，并说明反应速控步骤。

(3) 若 $k_{-1} \gg k_2$，再求 r 的近似表达式，并说明反应速控步骤。

[(1) $r=k_1k_2a/(k_2+k_{-1})$；(2) $r=k_1a$，速控步骤为 $A \longrightarrow I$；(3) $r=k_1k_2a/k_{-1}$，速控步骤为 $I \longrightarrow P$。]

8-20 实验测得某气相反应 $A \longrightarrow P$，在高压和低压下分别表现为一级和二级反应，为此有人设计了如下机理：

$$(1) A+A \underset{k_{-1}}{\overset{k_1}{\rightleftharpoons}} A^* + A$$

$$(2) A^* \xrightarrow{k_2} P$$

试推导该机理表现为一级和二级反应的条件。$\{r=k_1k_2[A]^2/(k_{-1}[A]+k_2)\}$

8-21 已知 N_2O_5 的分解反应机理为：

$$N_2O_5 \underset{k_{-1}}{\overset{k_1}{\rightleftharpoons}} NO_2 + NO_3$$

$$NO_2 + NO_3 \xrightarrow{k_2} NO_2 + O_2 + NO$$

$$NO + NO_3 \xrightarrow{k_3} 2NO_2$$

(1) 用稳态近似法证明它在表观上是一级反应；

(2) 在298K时，N_2O_5 分解的半衰期为342min，求表观速率常数和分解完成80%所需的时间。($d[O_2]/dt=k[N_2O_5]$；793min)

8-22 溴蒸气的存在可以促成 N_2O 的热分解反应，假定反应历程为：

$$Br_2 \underset{k_2}{\overset{k_1}{\rightleftharpoons}} 2Br$$

$$Br + N_2O \xrightarrow{k_3} N_2 + BrO$$

$$BrO + N_2O \xrightarrow{k_4} N_2 + O_2 + Br$$

已知各基元反应的速率常数和活化能分别为：k_1，k_2，k_3，k_4 和 E_1，E_2，E_3，E_4。

(1) 请按稳态法导出 N_2O 分解的速率方程；

(2) 试求表观反应速率常数 k 和表观活化能 E_a。

步骤后的反应无关，与催化剂 Br^- 的浓度成正比；速率常数 k 中也不包括速控步骤后的速率常数 k_3。

8.5　温度对反应速率的影响

在影响反应速率的因素中，温度是影响反应速率的重要因素，几百年来，追求速率控制的工作者们致力于探索温度对反应速率的影响规律。就目前所知，有六种反应类型（见图 8-8）：第Ⅰ类是反应速率随温度升高而逐渐加快，该类反应最为常见；第Ⅱ类是反应经历一诱导期后，速率急剧增加，如爆炸反应；第Ⅲ类是反应升高到某一值后反应速率开始降低，复相催化反应及酶反应多属于该类型；第Ⅳ类是反应速率随温度曲线上有最高和最低点，多见于碳的氢化反应和烃类氧化反应中，可能是温度升高时某些副反应发生致使反应机理发生变化；第Ⅴ类是反应速率随温度升高反而降低，如一氧化氮氧化为二氧化氮的反应就是这种类型；第Ⅵ类是反应速率随温度的升高而呈 S 形曲线，存在 $\lim\limits_{T\to 0/\infty} r=C$，这往往是许多反应在全温度范围内的图形。

研究温度对反应速率的影响，实际上就是研究温度对速率常数 k 的影响，也就是要找出 k 随温度 T 变化的函数关系。温度对反应速率的影响因素比较复杂，本节我们来认识温度对常见反应速率的影响规律。

8.5.1　范特霍夫经验规则

对大多数化学反应来说，升高温度能加快化学反应的速率，为此，范特霍夫（Van't Hoff）曾在 1884 年根据实验归纳出一条近似经验规则：对大部分反应，在相同的实验条件下，温度每升高 10K，反应速率增加约 2～4 倍。因此，对于符合范特霍夫经验规则的反应，其反应速率常数与温度的关系可表示为：

$$\frac{k_{(T+10n)\mathrm{K}}}{k_{T\mathrm{K}}}=(2\sim4)^n \qquad (8.102)$$

这一规则称为范特霍夫规则，用它可以粗略地估计出温度对反应速率的影响。

8.5.2　阿伦尼乌斯公式

1889 年，阿伦尼乌斯（Arrhenius）[1] 根据大量实验数据总结出了一个表示 k 与 T 函数关系的经验公式，称为阿伦尼乌斯公式，即

$$k=A\exp\left(-\frac{E_a}{RT}\right) \qquad (8.103)$$

式中，A 为常数，通常称为指前因子（pre ex-

习题：

8-23　硝酰胺 NO_2NH_2 在缓冲介质水溶液中缓慢分解：$NO_2NH_2 \longrightarrow N_2O(g)+H_2O$，实验求得其水解速率方程为 $r=k[NO_2NH_2]/[H^+]$

(1) 有人提出如下两种反应历程：

第一种反应历程：

$$NO_2NH_2 \xrightarrow{k_1} N_2O(g)+H_2O$$

第二种反应历程：

$$NO_2NH_2+H_3O^+ \underset{k_{-2}}{\overset{k_2}{\rightleftharpoons}} NO_2NH_3^+ +H_2O \quad \text{（快平衡）}$$

$$NO_2NH_3^+ \xrightarrow{k_3} N_2O+H_3O^+ \quad \text{（慢反应）}$$

你认为上述两种反应历程是否与事实相符，为什么？

(2) 请你提出认为比较合理的反应历程假设，并求其速率方程。

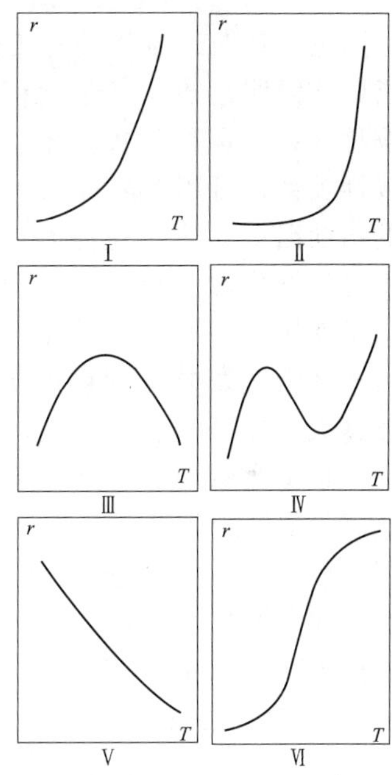

图 8-8　反应速率与温度的关系

思考：

8-15　社会体系中的哪些现象类似于图 8-8 的反应现象？

习题：

8-24　已知一个反应温度每升高 10K，其反应速率常数升高为原来的 3 倍，问该反应从开始温度 TK 又升高了 40K，该温度 $(T+40)$K 的反应速率常数 $k_{(T+40)}$K 是 k_TK 的多少倍？

ponential factor)，对不同的反应有不同的数值，单位与 k 相同。E_a 称为实验活化能或阿伦尼乌斯活化能，在温度变化不大的情况下，认为 E_a 是与温度无关的经验常数，具有能量的单位。由式(8.103)可以看出，速率常数 k 与热力学温度 T 成指数关系，故该式又称为反应速率的指数定律。

阿伦尼乌斯公式也可以写成下面的几种形式：

$$\ln k=-\frac{E_a}{RT}+\ln A \quad 或 \quad \lg k=-\frac{E_a \lg e}{RT}+\lg A \tag{8.104}$$

$$\ln\frac{k_{T_2}}{k_{T_1}}=\frac{E_a}{R}\left(\frac{1}{T_1}-\frac{1}{T_2}\right) \tag{8.105}$$

$$\frac{d\ln k}{dT}=\frac{E_a}{RT^2} \tag{8.106}$$

式(8.104)和式(8.105)是阿伦尼乌斯公式的积分形式，式(8.106)是阿伦尼乌斯公式的微分形式。

阿伦尼乌斯经验公式的四种表现形式各有用处，如指数式鲜明地表示了活化能和温度对速率常数的影响程度；不定积分式揭示了速率常数与温度之间的线性关系，可用 $\ln k$ 对 $1/T$ 作图的方法来求解反应的指前因子 A 和活化能 E_a；定积分法使用方便快捷，可根据公式已知任意 4 个物理量求第 5 个物理量，是使用频率很高的一个公式；微分式显示出温度对速率常数影响的程度取决于活化能的大小，活化能越大，在升高相同温度时速率常数的增加量也越大，根据此原理可进行平行反应的温度调控。

阿伦尼乌斯公式在化学动力学中非常重要，适用范围也相当广泛，不仅适用于气相反应，也适用于液相反应和多相催化反应，它对于简单反应或复合反应中的任一基元反应都适用，推而广之，阿伦尼乌斯公式适用于速率方程符合式(8.5)形式的任意反应。

8.5.3 活化能的认识

1889 年，阿伦尼乌斯为了解释经验常数 E_a，曾提出了活化分子和活化能的概念，认为反应体系中并非所有反应物分子均能发生反应，只有那些能量较高的分子才能发生反应，这些分子称为活化分子，分子从常态转变为容易发生化学反应的活跃状态所需要的能量称为活化能。活化能 E_a 就是 1mol 活化分子能量比 1mol 常态分子能量的超出值，单位为 J/mol。活化分子与常态分子间存在一个平衡，即活化分子在反应物分子总数中所占的比例为 $e^{(-E_a/RT)}$，

[1]斯凡特·阿伦尼乌斯(Svante Arrhenius，1859—1927)，瑞典科学家，物理化学科学的奠基人之一，1903 年获得诺贝尔化学奖。

习题：

8-25 实验测得 130℃、180℃ 甲酸在金催化剂表面分解反应速率常数分别为 0.4ms、9ms，试求该反应的活化能。(9.46kJ/mol)

8-26 实验测得 413K、423K、433K 邻硝基苯氨化反应速率常数 k 分别为 $0.224m^3/(mol \cdot min)$、$0.393m^3/(mol \cdot min)$、$0.710m^3/(mol \cdot min)$。试确定 $k=f(T)$ 的函数关系式。$\{\ln k/[m^3/(mol \cdot min)]=23.46-10311/T\}$

8-27 实验测得某一级反应的活化能为 76kJ/mol，600K 的半衰期为 6h。今欲使该反应 15min 完成 75%，需将设定反应温度为多少？(717K)

8-28 实验测得水溶液中 2-硝基丙烷与碱反应为二级反应，且速率常数 k 与温度 T 的关系如下：

$$\lg k/[dm^3/(mol \cdot min)]=11.9-3163/T$$

试求该反应的活化能，并求 298K 时当两反应物的初始浓度均为 $0.01mol/dm^3$ 时该反应的半衰期。(60.56kJ/mol；5.18min)

因此，随着温度升高，分子的平均能量增大，活化分子分数也将提高，反应速率常数将呈指数增加。由于阿伦尼乌斯对式(8.103)中的参数 E_a 给出了明确的物理意义，故 E_a 又称为阿伦尼乌斯活化能，但阿伦尼乌斯活化能只能从实验获得，故又称为实验活化能。

虽然阿伦尼乌斯对活化能 E_a 给出了明确的意义，但由于只能通过实验获得，尤其对于复合反应，E_a 只能是表观活化能，随着科学的发展，活化能也被赋予新的含义。考虑到体系分子实际状态，现在多采用托尔曼（Tolman）说法作为活化能的定义，即 1mol 活化分子的平均能量 E^* 与 1mol 反应物常态分子的平均能量 E_r 之差称为活化能，即 $E_a=E^*-E_r$。

1884 年，范特霍夫得出浓度平衡常数与温度的关系式为

$$\frac{\mathrm{d}\ln K_c^{\ominus}}{\mathrm{d}T}=\frac{\Delta_r U_m^{\ominus}}{RT^2}$$

对于可逆反应 $A+B \underset{k'}{\overset{k}{\rightleftharpoons}} C+D$

达到平衡时，有 $k[A][B]=k'[C][D]$

浓度平衡常数 K_c 为 $K_c=\frac{[C][D]}{[A][B]}=\frac{k}{k'}$ (1)

将式(1)代入式(7.42)，得

$$\frac{\mathrm{d}\ln K_c^{\ominus}}{\mathrm{d}T}=\frac{\mathrm{d}\ln k}{\mathrm{d}T}-\frac{\mathrm{d}\ln k'}{\mathrm{d}T}=\frac{\Delta_r U_m^{\ominus}}{RT^2} \tag{2}$$

范特霍夫假定，速率常数 k 和 k' 受到两个能量因子 E_a 和 E_a' 的影响，故式（2）可分解为两个方程。

$$\frac{\mathrm{d}\ln k}{\mathrm{d}T}=\frac{E_a}{RT^2} \tag{3}$$

$$\frac{\mathrm{d}\ln k'}{\mathrm{d}T}=\frac{E_a'}{RT^2} \tag{4}$$

而且 E_a 和 E_a' 之间满足

$$E_a-E_a'=\Delta_r U_m^{\ominus}$$

这个结论给许多反应现象做出了很好的理论解答，尤其给阿伦尼乌斯公式的经验常数 E_a 给出了很好的回答，对于基元反应，活化能也有了明确的物理意义。

如对于基元反应（反应活化能示意见图 8-9）

$$R \underset{k'}{\overset{k_1}{\rightleftharpoons}} P$$

对于正向反应 $R \longrightarrow P$，其活化能 E_a 就是 1mol 具有平均能量的反应分子 R 变成活化分子 A 所要获得的能量；R 获得 E_a 的能量后，才能越过能垒变成 P。根据微观可逆性原理，该正向反应的逆反应 $P \longrightarrow R$，则有活化能 E_a' 就是 1mol 具有平均能量的

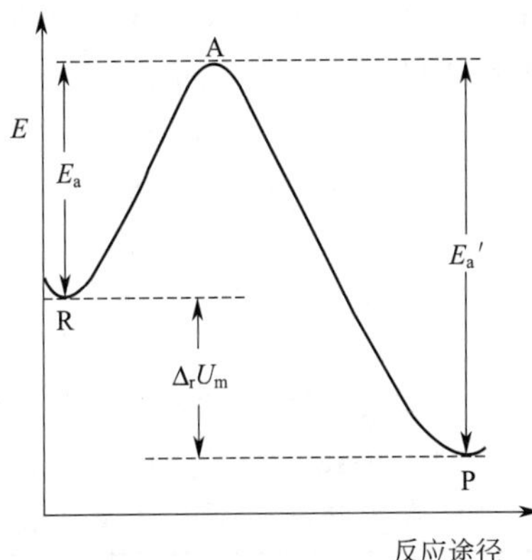

图 8-9 反应活化能示意

产物分子 P 变成活化分子 A 所要获得的能量；P 获得 E'_a 的能量后才能越过能垒变成 R。

如果上述可逆反应在等容条件或在凝聚相中进行，那么正、逆反应的活化能之差可用该可逆反应的等容反应热 Q_V 或 $\Delta_r U_m^{\ominus}$ 来表示：

$$\Delta_r U_m^{\ominus} = E_a - E'_a。$$

若 $E_a > E'_a$，则为吸热反应；若 $E_a < E'_a$，则为放热反应。

对于复合反应，E_a 没有明确的物理意义，可看作是组成复合反应的各基元反应活化能的特定组合，通常称为表观活化能。例如，$H_2 + Cl_2 \longrightarrow 2HCl$ 的活化能是 147.4kJ/mol。实际上是由若干个基元反应活化能组合而得到的。在 8.4 中例题 8-15 已导出 H_2 和 Cl_2 生成 HCl 反应率速度常数为：

$$k = k_2\sqrt{\frac{k_1}{k_4}}$$

将以阿伦尼乌斯公式表示的 k_1、k_2、k_4、k 代入上式并整理得

$$A_2\left(\frac{A_1}{A_4}\right)^{1/2} e^{\frac{-E_{a,2}-\frac{1}{2}(E_{a,1}-E_{a,4})}{RT}} = Ae^{\frac{-E_a}{RT}}$$

等式两边对应项比较，得

$$\begin{aligned} E_a &= E_{a,2} + \frac{1}{2}(E_{a,1} - E_{a,4}) \\ &= 25.2\text{kJ/mol} + \frac{1}{2}(243.6\text{kJ/mol} - 0) \\ &= 147\text{kJ/mol} \end{aligned}$$

这就是 H_2 和 Cl_2 反应的表观活化能。

8.5.4 活化能的测定

由式(8.104)和式(8.105)知，在温度变化不大的情况下，可由不同温度下的速率常数 k 求反应活化能，故活化能的测定工作实际是归结为测定不同温度下的速率常数的问题。

① 作图法：由式(8.104)知，以 $\ln k$ 对 $1/T$ 作图，应得一条直线，其斜率为 $-E_a/R$，故利用直线的斜率可以求得活化能 E_a。

② 计算法：将实验测得的两组 k、T 数据代入式(8.105)，即可求得 E_a，若有多组 k、T 数据，可用同样方法计算出几个 E_a 值，然后取平均值即可。

例题 8-18 实验测得反应 $N_2O_5 \Longrightarrow N_2O_4 + 0.5O_2$ 在不同温度下的速率常数如下：

No.	1	2	3	4	5
T/K	298	308	318	328	338
$k\times10^5/s^{-1}$	3.46	13.5	49.8	150	487

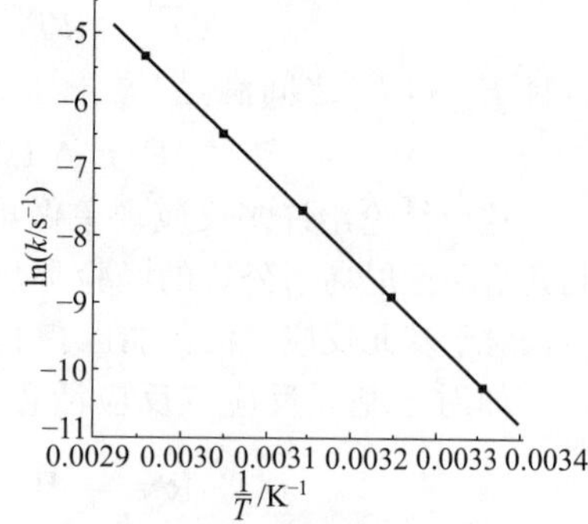

图 8-10 例题 8-18 图

习题：

8-29 某同学假定 $2NO + O_2 \underset{k_-}{\overset{k_+}{\rightleftharpoons}} 2NO_2$ 为基元反应；实验测得正、逆反应的速率常数的数据如下：

T/K	600	645
$k_+/[m^6/(mol^2 \cdot min)]$	0.663	0.652
$k_-/[dm^3/(mol \cdot min)]$	8.39	40.7

试求：(1) 600K、645K 时反应的平衡常数 K_c；(2) 正反应的 $\Delta_r U_m$ 和 $\Delta_r H_m$；(3) 正、逆反应的活化能 E_+、E_-；(4) 判断假定是否正确。($79m^3/mol$，$1679m^3/mol$；$-114kJ/mol$，$-119kJ/mol$；$-1.2kJ/mol$，$113kJ/mol$；正、逆反应均不是基元反应)

8-30 经研究反应 $I_2(g) + H_2(g) \longrightarrow 2HI(g)$，发现其机理可表示为：

$$(1)\ I_2 + M \underset{k_{-1}}{\overset{k_1}{\rightleftharpoons}} 2I + M(\text{快平衡})$$

$$(2)\ H_2 + 2I \xrightarrow{k_2} 2HI(\text{慢反应})$$

试推导该反应的速率常数、指前因子和活化能的关系表达式。

[$k = k_1k_2/k_{-1}$；$A = A_1A_2/A_{-1}$；$E_a = E_{a,1} + E_{a,2} - E_{a,-1}$]

试求此反应的活化能。

解：根据给出的数据计算出 $1/T$ 和 $\ln k$，列入下表：

T/K	298	308	318	328	338
$(10^3/T)/K^{-1}$	3.356	3.247	3.145	3.049	2.959
$\ln(k/\mathrm{s}^{-1})$	−10.27	−8.91	−7.61	−6.50	−5.32

（1）作图法

以 $\ln k$ 对 $1/T$ 作图，得到一条直线（见图 8-10），借助数据拟合软件进行线性数据拟合，得

$$\ln k = -12399/T + 31.35$$

对比式 $\ln k = -\dfrac{E_a}{RT} + \ln A$

得，$E_a = 12399R = 103085(\mathrm{J/mol})$

并可得出指前因子 A 的值为

$$A = e^{31.35} = 4.1\times10^{13}(\mathrm{s}^{-1})$$

（2）计算法

根据式(8.105)，得

$$E_a = \frac{RT_1T_2}{T_2 - T_1}\ln\frac{k_{T_2}}{k_{T_1}}$$

理论上讲，任意两组实验数据代入该式均可得到一个 E_a 值；这里将 1、2 组，2、3 组，3、4 组，4、5 组数据代入该式，得 E_a 依次为 103889J/mol、106294J/mol、95617J/mol、108545J/mol，其平均值为

$$E_a = [103889 + 106294 + 95617 + 108545]/4 = 103586(\mathrm{J/mol})$$

8.5.5 活化能的估算

除了用各种实验方法来获得 E_a 的数值外，是否可以从理论上来预测或估计活化能呢？从本质上看，化学反应可看作是旧键断裂而形成新键的过程。结合 8.5.3 节对基元反应活化能的理解，旧键断裂的过程，正是与反应活化能密切相关的过程，因此人们从基元反应的反应物的键断裂能来预测反应活化能的研究总结，研究经验结论如下。

① 双分子基元反应的活化能约为破坏键键焓总和的 30%，如基元反应 A—B+C—D ⟶ A—C+B—D。

$$E_a = 0.3\times[\Delta_b H_{m,A-B} + \Delta_b H_{m,C-D}]$$

② 分子裂解为自由基的基元反应的活化能为该分子的键焓，如基元反应

$$\mathrm{A{-}A} \longrightarrow 2\mathrm{A}\cdot, E_a = \Delta_b H_{m,A-A}$$

③ 自由基与分子反应生成新的自由基和分子的基元反应的活化能为该分子键焓的 5.5%。如基元反应

$$\mathrm{A}\cdot + \mathrm{B{-}C} \longrightarrow \mathrm{A{-}B} + \mathrm{C}\cdot, E_a = 5.5\%\times\Delta_b H_{m,B-C}$$

④ 自由基的复合反应的活化能为零，如

$$\mathrm{A}\cdot + \mathrm{B}\cdot \longrightarrow \mathrm{A{-}B}, E_a = 0$$

$$\mathrm{A}\cdot + \mathrm{B}\cdot + \mathrm{M} \longrightarrow \mathrm{A{-}B} + \mathrm{M}, E_a = 0$$

其中 M 为能量接受体。

利用键能估计活化能是比较粗糙的，但在缺乏数据时用键焓来估算反应的活化能还是很方便的，尤其在判断反应机理时，可利用这种经验规则来估计反应可能的途径。

8.5.6 温度对活化能的影响

阿伦尼乌斯公式(8.103)是一个关于反应速率影响的单参数方程，式中将 E_a 看作与温度无关的常数，才会有式(8.104)和式(8.105)，这对大多数反应而言，在一定温度范围内是适合的。但是如果实验温度范围较宽，就不能直接用阿伦尼乌斯公式进行处理，需要改进阿伦尼乌斯公式。一个常用的且各参数有明确的物理意义的三参数经验公式为：

$$k=AT^m\mathrm{e}^{-E_0/RT}=A'\mathrm{e}^{-E_0/RT} \tag{8.107}$$

A'也是指前因子，但与温度有关，E_0 为反应在热力学 0K 时的活化能，是一个假想的值，可理解为热力学 0K 时活化态分子与基态分子的能量差，m 是可以通过统计热力学获得的参数（见反第 9 章微观的应速率理论部分）。

在处理复杂的动力学数据时，一般首先用阿伦尼乌斯公式处理，以 $\ln k$ 对 $1/T$ 作图，若为直线，则认为该动力学数据满足阿伦尼乌斯公式；若不为直线，则用式(8.107)处理，即用 $\ln(k/T^m)$对 $1/T$ 作图为直线，斜率为$-E_0/R$，从而可算出 E_0。

对于速率常数 k 与温度 T 关系满足式(8.107)的情况，有

$$\ln k=\ln A'-\frac{E_0}{RT}=\ln A+m\ln T-\frac{E_0}{RT}$$

$$\frac{\mathrm{d}\ln k}{\mathrm{d}T}=\frac{m}{T}+\frac{E_0}{RT^2}=\frac{E_0+mRT}{RT^2} \tag{8.108}$$

对比式(8.106)和式(8.108)，得

$$E_a=E_0+mRT \tag{8.109}$$

由式(8.109)可知，当温度不高时，如通常温度以下，则可能有 $mRT\ll E_0$，$E_a\approx E_0$，E_a 可看作常数；而当温度较高时，mRT 的大小不能忽略，这时 E_a 则符合式(8.109)的含 T 的函数。

8.5.7 阿伦尼乌斯公式的应用

(1) 改变活化能控制反应速率

从阿伦尼乌斯公式(8.103)可以看出，在指前因子和温度一定时，活化能大，反应速率常数就小，即反应速率就慢；活化能小，反应速率常数就大，即反应速率快。通常化学反应的活化能大致在 40～400kJ/mol 之间。一般说来，若 $E_a<40$kJ/mol，则该反应在室温下即可瞬间完成，这种反应速率常数将大到用一般实验方法无法测量的程度，以至于人们难以控制反应速率；若 $E_a>400$kJ/mol，则该反应在通常实验条件下难以发生，以至于人们不能实现该反应。

由于活化能在阿伦尼乌斯公式(8.103)的指数项上，所以它的大小对反应速率的影响是举足轻重的。活化能的较小变化就能引起反应速率的较大改变。例如，对 300K 时发生的某一反应，若 E_a 下降 4kJ/mol，反应速率比原来快 5 倍；若 E_a 下降 8kJ/mol，反应速率比原来快 25 倍。所以，改变活化能是控制反应速率的有效方法之一。

根据式(8.103)知，对于同一符合阿伦尼乌斯公式的反应来说，温度 T 升高，反应速率常数 k 就增大；温度 T 降低，反应速率常数 k 就减小。

对于不同的反应来说，根据式(8.104)可知，$\ln k$ 随 $1/T$ 的变化率与活化能 E_a 成正比关系，说明活化能越大，随温度的升高，反应速率常数增大得越快；活化能越小，随温度的升高，反应速率常数增大得越缓慢。例如乙烷裂解反应的活化能为 315kJ/mol，乙醛分解反应的活化能为 191kJ/mol。若将这两个反应的温度从 773K 上升到 923K，则乙烷裂解反应的速率常数增加 2880 倍；而乙醛分解反应的速率常数仅增加 125 倍，这说明升高同样的温度条件下，活化能大的反应比活化能小的反应的速率常数增加得多，所以若体系中同时进行着几个活化能不同的反应时，升高温度，对 E_a 大的反应更有利，这一结论也可以用式(8.106)来推导得出。如对于两个反应，有

$$\frac{\mathrm{d}\ln k_1}{\mathrm{d}T}=\frac{E_{a,1}}{RT^2} \tag{1}$$

$$\frac{\mathrm{d}\ln k_2}{\mathrm{d}T}=\frac{E_{a,2}}{RT^2} \tag{2}$$

式(1)－式(2)，得

$$\frac{\mathrm{d}\ln(k_1/k_2)}{\mathrm{d}T}=\frac{E_{a,1}-E_{a,2}}{RT^2}$$

若 $E_{a,1}>E_{a,2}$，当温度升高时，$\mathrm{d}T>0$，则 $k_1/k_2>1$，意味着 k_1 随温度增加的量大于 k_2 增加的量；反之，若 $E_{a,1}<E_{a,2}$，当温度升高时，$\mathrm{d}T>0$，则 $k_1/k_2<1$，意味着 k_1 随温度增加的量小于 k_2 增加的量。

如果几个反应在同一体系中都可以发生，则它们可看作为竞争反应，生产上往往利用温度对不同活化能反应速率的影响的规律来选择适宜温度，以加速主反应、抑制副反应，达到有效反应控制，实现产品制备。

对连串反应

$$\mathrm{A}\xrightarrow[E_{a,1}]{k_1}\mathrm{P}\xrightarrow[E_{a,1}]{k_1}\mathrm{B}$$

如果 P 是所需要的产物，B 为副产物，则希望 k_1/k_2 的比值越大越有利于生成 P，因此，若 $E_{a,1}>E_{a,2}$，则应选择较高反应温度；若 $E_{a,1}<E_{a,2}$，则应选择较低反应温度。

对于平行反应

$$\mathrm{A}\rightarrow\begin{cases}\xrightarrow{k_1,E_{a,1}}\mathrm{P}\\ \xrightarrow{k_1,E_{a,2}}\mathrm{B}\end{cases}$$

同样希望 k_1/k_2 的比值越大越有利于生成 P，若 $E_{a,1}>E_{a,2}$，则应选择较高反应温度；若 $E_{a,1}<E_{a,2}$，则应选择较低反应温度。

例题 8-19　对于平行反应

$$\mathrm{A}\rightarrow\begin{cases}\xrightarrow{k_1,E_{a,1}}\mathrm{B} & (1)\\ \xrightarrow{k_1,E_{a,2}}\mathrm{C} & (2)\end{cases}$$

已知反应（1）、（2）的活化能分别为 80kJ/mol、100kJ/mol。试计算 300K、500K 时，反应在任意时刻 B 与 C 的生成速率的比值。

解：相同的反应物故可设指前因子 A 的值相等。

因为　$r_\mathrm{B}=k_1[\mathrm{A}],r_\mathrm{C}=k_2[\mathrm{A}]$

则　$$\frac{r_\mathrm{B}}{r_\mathrm{C}}=\frac{k_1}{k_2}=\frac{A\exp\left(-\dfrac{E_{a,1}}{RT}\right)}{A\exp\left(-\dfrac{E_{a,2}}{RT}\right)}=\exp\left(\frac{E_{a,2}-E_{a,1}}{RT}\right)$$

$$T=300\mathrm{K}\text{ 时},\frac{r_\mathrm{B}}{r_\mathrm{C}}=\exp\left[\frac{100000\mathrm{J/mol}-80000\mathrm{J/mol}}{8.314\mathrm{J/(mol\cdot K)}\times300K}\right]=3037$$

即 B 的生成速率是 C 的生成速率的 3037 倍。

$$T=500\mathrm{K}\text{ 时},\frac{r_\mathrm{B}}{r_\mathrm{C}}=\exp\left[\frac{100000\mathrm{J/mol}-80000\mathrm{J/mol}}{8.314\mathrm{J/(mol\cdot K)}\times500\mathrm{K}}\right]=123$$

即 B 的生成速率是 C 的生成速率的 123 倍。

（2）改变反应温度控制反应速率

要调整和控制一个化学反应的速率，可以通过调整和控制反应的温度来达到。当一个化学反应的阿伦尼乌斯公式确定后，可用它计算出反应所需要的实验温度，以达到控制反应速率的目的。

例题 8-20 已知溴乙烷分解为一级反应，其活化能为 229.3kJ/mol（设为常数），650K 时的速率常数为 $2.14\times10^{-4}\mathrm{s}^{-1}$。今欲使此反应转化率在 10min 时达到 90%，问反应温度应控制在多少？

解： 欲使反应的转化率在 10min 时达到 90%，则速度常数应为：

$$k=\frac{1}{t}\ln\frac{1}{1-y}=\frac{1}{10\times60\mathrm{s}}\ln\frac{1}{1-0.9}=3.84\times10^{-3}\mathrm{s}^{-1}$$

将已知数据代入式

$$\ln\frac{k_{T_2}}{k_{T_1}}=\frac{E_a}{R}\left(\frac{1}{T_1}-\frac{1}{T_2}\right)$$

得，

$$\ln\frac{3.84\times10^{-3}\mathrm{s}^{-1}}{2.14\times10^{-4}\mathrm{s}^{-1}}=\frac{229300\mathrm{J/mol}}{8.314\mathrm{J/(mol\cdot K)}}\left(\frac{1}{650\mathrm{K}}-\frac{1}{T_2}\right)$$

解之，得 $T_2=698\mathrm{K}$

8.6 动力学数据采集

动力学方程都是根据大量实验数据来确定的，对一个化学反应进行动力学实验研究的基本内容是采集不同温度时反应体系中的物质随时间的变化。一切用于分析物质浓度的方法，甚至适当组合，均可用于动力学数据的采集工作。

8.6.1 传统反应的数据采集

对于传统的反应速率较慢的反应（半衰期通常在 $1\sim10^8\mathrm{s}$，秒级以上的反应），可采用传统的技术方法直接跟踪测定反应体系物质浓度随时间的变化，常用的方法有色谱法、质谱法、吸收光度法、化学滴定法等。

例题 8-21 某同学用旋光度法研究蔗糖水解速率，测定了 298K（T_1）、308K（T_2）温度不同时刻的旋光度数据如下：

t/min	5	10	15	20	25	30	∞
$\alpha_t(T_1)/(°)$	7.49	5.30	3.55	2.02	0.88	−0.10	−3.50
$\alpha_t(T_2)/(°)$	5.05	1.80	−0.30	−1.55	−2.39	−2.83	−3.50

试求 298K、308K 该反应的速率常数 k、$t_{1/2}$ 和 E_a。

解： 根据蔗糖水解分解反应产物为果糖和葡萄糖的旋光度不同：

$$\underset{+66.6°}{C_{12}H_{22}O_{11}(\text{蔗糖})}+H_2O\xrightarrow{H^+}\underset{-91.9°}{C_6H_{12}O_6(\text{果糖})}+\underset{+52.5°}{C_6H_{12}O_6(\text{葡萄糖})}$$

致使该体系总的旋光度一直在改变，由于溶液中水过量很多，在反应过程中其浓度可认为不变，故可看作蔗糖浓度的一级反应（“准一级反应”）。$\alpha_t-\alpha_\infty$ 代表任一时刻 t 蔗糖的浓度，根据一级反应的不定积分式

习题：

8-31 某同学做乙酸乙酯皂化实验，配制了浓度为 $0.02\mathrm{mol/dm^3}$ 的 NaOH 和乙酸乙酯，每次实验分别取 10mL 反应物混合。在 298K 时反应 10min 有 39% 乙酸乙酯分解，在 308K 时反应 10min 有 55% 分解。已知 $r=k[\mathrm{NaOH}][\mathrm{CH_3COOC_2H_5}]$，试计算（1）298K、308K 时的 k；（2）288K 时反应 10min 乙酸乙酯分解的分数；（3）293K 时分解 50% 乙酸乙酯所需要的时间。[$6.39\mathrm{dm^3/(mol\cdot min)}$、$12.22\mathrm{dm^3/(mol\cdot min)}$；24%；22.0min]

思考：

8-16 你有哪些方法获得“自身成长的动力学参数”的数据信息？请你评价一下自己的“动力学参数”。

8-17 你有哪些方法收集研究化学反应动力学参数的相关信息？

$-\ln(a-x)=kt+C$，将实验数据进行转换，得下表：

项目	t/min	5	10	15	20	25	30
T_1	$(\alpha_t-\alpha_\infty)/(°)$	10.99	8.80	7.05	5.52	4.38	3.40
T_2	$(\alpha_t-\alpha_\infty)/(°)$	8.55	5.30	3.20	1.95	1.11	0.67
T_1	$-\ln(\alpha_t-\alpha_\infty)$	−2.40	−2.17	−1.95	−1.71	−1.48	−1.22
T_2	$-\ln(\alpha_t-\alpha_\infty)$	−2.15	−1.67	−1.16	−0.67	−0.10	0.40

以 $\ln[1/(\alpha_t-\alpha_\infty)]$对 t 作图(图 8-11)，线性拟合，得

$$298K,-\ln(\alpha_t-\alpha_\infty)=0.0469t-2.643$$

$$308K,-\ln(\alpha_t-\alpha_\infty)=0.1024t-2.683$$

对比一级反应的不定积分式 $-\ln(a-x)=kt+C$，得

$$k_{298K}=0.0469\text{min}^{-1}$$

$$k_{308K}=0.1024\text{min}^{-1}$$

根据一级反应半衰期公式 $t_{\frac{1}{2}}=\frac{\ln 2}{k}$，得

$$t_{\frac{1}{2},298K}=\frac{0.693}{0.0469\text{min}^{-1}}=14.78\text{min}$$

$$t_{\frac{1}{2},308K}=\frac{0.693}{0.1024\text{min}^{-1}}=6.77\text{min}$$

设 E_a 不随温度变化，根据 $\ln\frac{k_{T_2}}{k_{T_1}}=\frac{E_a}{R}\left(\frac{1}{T_1}-\frac{1}{T_2}\right)$，得

$$E_a=\frac{RT_1T_2}{T_2-T_1}\ln\frac{k_{T_2}}{k_{T_1}}=\frac{8.314\times298\times308}{10}\ln\frac{0.1024}{0.0469}=59589\text{J/mol}$$

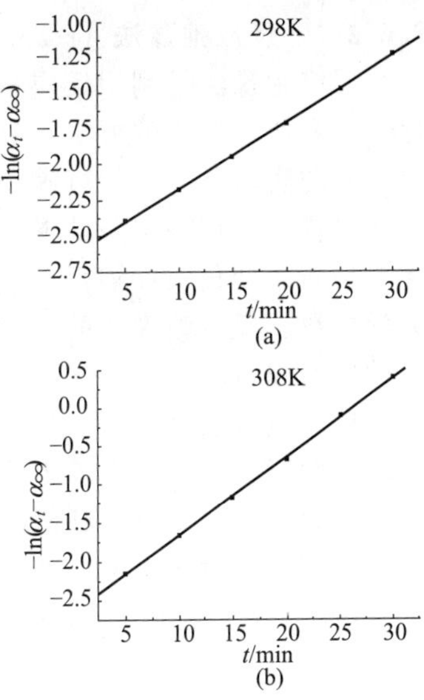

图 8-11　例题 8-21 图

8.6.2 快速反应的数据采集

许多化学反应能在极短的时间内完成，如酸碱中和反应就是一个快速反应的例子。对于这种反应速率很快的反应（半衰期在 10^{-10}～1s，秒级以下的反应），采用传统方法难以测定反应的动力学参数，常采用快速混合法、反应弛豫法等测定反应动力学参数。

8.6.2.1 快速混合法

传统方法不适合快速反应研究的原因之一是反应物的混合要花费较长的时间，反应真正的开始时间测不准。为此，常采用快速混合流动-中止技术，可将混合时间从通常的数秒缩短到毫秒，再配合中止控制技术，从而可研究半衰期在几毫秒级的反应。

图 8-12 为快速混合流动-中止检测原理示意，反应物溶液分别用流量恒定的泵送入混合容器中，迅速混合后流入可监测的观察区如石英管路，通过测定能立即反映浓度变化并快速自动记录体系物质的物理性质如光谱、电导等信息，可直接得到浓度和时间的数据；也可以当流量稳定混合检测器有稳定检测信号后，迅速关闭流量泵（作为研究体系物质反应的起始点），并快速自动记录体系物质浓度随反应时间变化的相关数据。

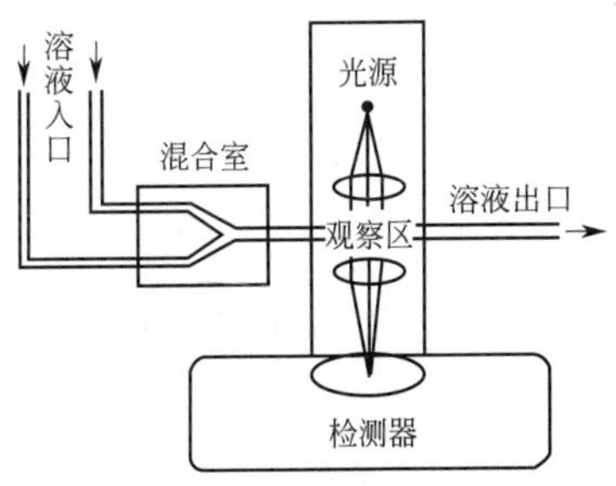

图 8-12　快速混合流动-中止检测示意

8.6.2.2 反应弛豫法（reaction relaxation method）

反应弛豫法是利用反应平衡体系快速扰动下重新达到新平衡的过程中体系物质浓度的变化，研究快速反应的方法，其基本条件：①所研究的反应可看作对峙反应；②有快速改变反应平衡的实验条件；③打破平衡的体系会向着新平衡方向移动直至达到新的平衡。该方法的操作过程：①在一定条件下使研究体系处于平衡状态；②快速改变实验条件的同时快速测量体系物质的变化；③求得反应弛豫时间；④根据弛豫时间及其他相关数据获得研究反应的动力学参数。反应弛豫法的关键技术是快速扰动技术和快速监测扰动后的不平衡态趋于新平衡态的速度或时间。

反应弛豫法是20世纪50年代由门夫雷德（Manfred）和艾根（Eigen）等人在研究对峙反应时发展起来的。由于弛豫时间与速率常数、平衡常数和物质浓度有一定的函数关系，因此用实验方法测定反应弛豫时间，就可以达到测定反应动力学参数的目的。这里以一级对峙反应为例，通过测定反应弛豫时间达到获得反应速率常数的目的。

设1-1对峙反应：

$$\mathrm{A} \underset{k_{-1}}{\overset{k_1}{\rightleftharpoons}} \mathrm{P}$$

	A	P
$t=0$ 时，	a	0
$t=t$ 时，	$a-x$	x
$t=t_e$ 时，	$a-x_e$	x_e（“e”表示新平衡）

反应 t 时的速率方程为

$$\frac{\mathrm{d}x}{\mathrm{d}t}=k_1(a-x)-k_{-1}x \tag{1}$$

若 k_1 或 k_{-1} 是很大的，则传统方法不可能研究其动力学参数。如果先让体系在一定条件下达到平衡，然后改变体系条件，体系向新条件下平衡转移（原理见图8-13）。若新产物浓度为 x_e，则有

$$k_1(a-x_e)=k_{-1}x_e \tag{2}$$

体系在未发生突变前产物的浓度 x 与新平衡浓度 x_e 之差 Δx，则

$$\Delta x=x-x_e \Rightarrow x=\Delta x+x_e \tag{3}$$

若 $\Delta x>0$，说明条件扰动对产物P有正偏离，对反应物A有负偏离；反之亦然。根据式(1)和式(3)，得

$$\begin{aligned}\frac{\mathrm{d}(\Delta x)}{\mathrm{d}t}=\frac{\mathrm{d}x}{\mathrm{d}t}&=k_1(a-x)-k_{-1}x\\&=k_1[(a-x_e)-\Delta x]-k_{-1}(x+x_e)\end{aligned} \tag{4}$$

将式(2)代入式(4)，得

$$\frac{\mathrm{d}(\Delta x)}{\mathrm{d}t}=-(k_1+k_{-1})\Delta x \tag{5}$$

式(5)表示体系向新平衡位置转移速率（体系突变前产物浓度与新平衡浓度的偏离值 Δx 随时间 t 的变化率）。将式（5）移项积分，当扰动刚停止，迅速计时，记录 $t=0$，$\Delta x=(\Delta x)_0$，当时间为 t 时，偏离值为 Δx，则

$$\int_{(\Delta x)_0}^{\Delta x}\frac{\mathrm{d}(\Delta x)}{\Delta x}=\int_0^t-(k_1+k_{-1})\,\mathrm{d}t$$

$$\Rightarrow \quad \ln\frac{(\Delta x)_0}{\Delta x}=(k_1+k_{-1})t \tag{6}$$

令 $\tau=(k_1+k_{-1})^{-1}$，则 $\ln[(\Delta x)_0/\Delta x]=t/\tau$。当 $(\Delta x)_0/\Delta x=e$（e 为自然对数的底数，e=2.7183），则

$$\ln\frac{(\Delta x)_0}{\Delta x}=\ln e=1$$

$$\tau=t=(k_1+k_{-1})^{-1} \tag{7}$$

τ 为当 Δx（体系某物质浓度与新平衡该物质浓度之差）达到 $(\Delta x)_0$（扰动起始时的最大偏差值）的 36.79%（1/e=0.3679）时所需的时间，该时间称为弛豫时间（relaxation time）。

由式(7)可知，只要用实验的方法精确测定出弛豫时间 τ，则可求得 (k_1+k_{-1}) 的值，再结合平衡常数 $K=k_1/k_{-1}$，就可以求得 k_1 和 k_{-1} 的值。

反应弛豫法通常采用的扰动技术有微波、光波、变压等技术实现液相反应的温度突变、气相反应的温度或压力突变。近代的一些实验手段，多具有自动记录检测信号的功能，如光谱、色谱、核磁、电导等仪器，能在极短的时间内反映出体系发生变化的信息。

对于其他级数的对峙反应，可用同样的方法导出弛豫时间的表示式，部分结果见表 8-6。

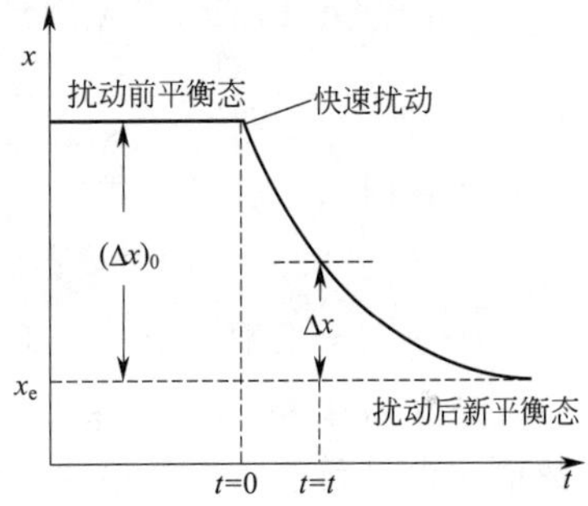

图 8-13　弛豫法基本原理示意

表 8-6　几种简单快速对峙反应弛豫时间表示式

对峙反应类型	$1/\tau$ 的表达式
$A \underset{k_{-1}}{\overset{k_1}{\rightleftharpoons}} B$	k_1+k_{-1}
$2A \underset{k_{-1}}{\overset{k_2}{\rightleftharpoons}} B$	$4k_2x_{A,e}+k_{-1}$
$A \underset{k_{-2}}{\overset{k_1}{\rightleftharpoons}} 2B$	$k_1+4k_{-2}x_{B,e}$
$A+B \underset{k_{-1}}{\overset{k_2}{\rightleftharpoons}} C$	$k_2(x_{A,e}+x_{B,e})+k_{-1}$
$A \underset{k_{-2}}{\overset{k_1}{\rightleftharpoons}} B+C$	$k_1+k_{-2}(x_{B,e}+x_{C,e})$
$A+B \underset{k_{-2}}{\overset{k_2}{\rightleftharpoons}} C+D$	$k_2(x_{A,e}+x_{B,e})+k_{-2}(x_{C,e}+x_{D,e})$

例题 8-21　用微波脉冲辐射技术突然使一个微电导池样本纯水温度从 298K 升至 308K，测得弛豫时间 $\tau=3.5\times10^{-5}$s。已知 298K 水的解离常数 $K_w=1\times10^{-14}(mol/dm^3)^2$，求水解离反应的速率常数。

解：水解离反应可表示为

$$H_2O \underset{k_{-2}}{\overset{k_1}{\rightleftharpoons}} H^+ + OH^-$$

$$K=\frac{k_1}{k_{-2}}=\frac{[H^+][OH^-]}{[H_2O]}$$

$$=\frac{1\times10^{-14}(mol/dm^3)^2}{55.56mol/dm^3}$$

习题：

8-32　反应 $N_2O_4(g) \underset{k_{-2}}{\overset{k_1}{\rightleftharpoons}} 2NO_2(g)$ 在 298K 时的速率常数 $k_1=4.8\times10^4 s^{-1}$，试计算 $N_2O_4(g)$ 起始压力为 100kPa 时 $NO_2(g)$ 的平衡分压以及该反应的弛豫时间 τ。

（34.8kPa；1.98×10^{-6}s）

$$=1.8\times10^{-16}\,mol/dm^3 \quad (1)$$

$$x_{H^+,e}=x_{OH^-,e}=\sqrt{K_w}=1\times10^{-7}\,mol/dm^3 \quad (2)$$

$$\tau=\frac{1}{k_1+k_{-2}(x_{H^+,e}+x_{OH^-,e})}=3.5\times10^{-5}\,s \quad (3)$$

解 式(1)、式(2)、式(3)，得

$$k_1=2.57\times10^{-5}\,s^{-1}$$

$$k_{-2}=1.43\times10^{11}\,mol/(dm^3\cdot s)$$

k_{-2} 就是酸碱中和反应的速率常数，它是一个很大的数值，也是目前已知的最快的速率常数。

8.6.2.3 闪光光解法

闪光光解法（flash photolysis method）是利用瞬间光照射反应体系来研究快速反应的技术方法，通常是以高强度光脉冲如激光脉冲、辐射脉冲方式照射反应体系，引起化学反应。它与反应弛豫法的不同之处在于弛豫法仅偏离反应平衡，并不会产生新的反应物种；而闪光光解法利用光脉冲会产生新的反应物种，如处于激发态的原子、离子、自由基等，所以闪光光解技术对寿命很短的活泼原子或自由基的研究特别有用。闪光光解原理示意见图 8-14，将反应物装入反应器中，在闪光光源照射下，体系会产生新物种，利用光谱技术实现反应体系物质跟踪检测。

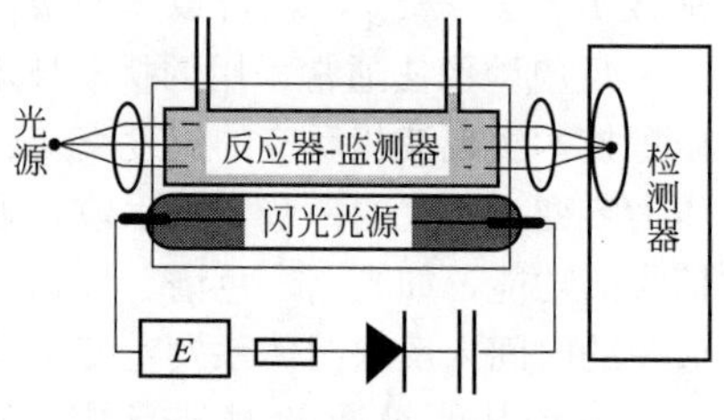

图 8-14 闪光光解原理示意

闪光光解的时间分辨率取决于闪光光源的闪烁时间，若闪光灯作为闪烁光源，通常闪烁时间为毫秒、微秒级，则可研究半衰期为毫秒、微秒级水平的反应动力学问题，若用激光脉冲技术作为闪光光源，如纳秒、皮秒激光器超短脉冲激光技术，则可大大提高测量时间的分辨率，可研究半衰期为 10^{-10}s 水平的反应动力学问题。闪光光解技术现已成为鉴定及研究自由基的非常有效的方法。

第9章 微观反应动力学

本章基本要求

9-1 了解目前较常用的反应速率理论，知道碰撞理论和过渡态理论模型假设、推导过程、结论及理论局限性，会利用分子结构的相关数据计算或实验数据计算一些简单反应体系的反应速率常数，掌握活化能、阈能和活化焓等能量之间的关系。

9-2 了解微观反应动力学的发展概况、常用的实验方法和该研究在理论上的意义。

9-3 了解溶液反应的特点和溶剂对反应的影响，会判断离子强度对不同反应速率的影响（即原盐效应）。了解扩散对反应的影响。

9-4 了解光化学反应的基本定律、光化学平衡与热化学平衡的区别以及这类反应的发展趋势和应用前景。掌握量子产率的计算和会处理简单的光化学反应的动力学问题。

9-5 了解催化反应特别是酶催化反应的特点、催化剂之所以能改变反应速率的本质和常用催化剂的类型。了解自催化反应的特点和产生化学振荡的原因。

宏观反应动力学一章主要讨论大量分子实验数据基础的反应动力学规律，根据自然辩证法的基本原理——宏观现象是微观反应的外在表现，人们希望能从微观的角度对宏观反应动力学定律作出解释，并希望从理论上预言反应在给定条件下的速率常数，伴随着其他理论的发展，建立了微观反应动力学理论。微观反应动力学又称为分子反应动力学（molecular reaction dynamics），是从原子、分子的微观性质出发，分析分子间的运动及其相互作用，开展微观反应动力学研究工作，从而从微观角度认识化学反应的本质及其规律的一门学科。

微观反应动力学在反应速率理论的发展中，先后形成了碰撞理论、过渡态理论和单分子反应理论等，这些理论都是动力学研究中的基本理论。本章将主要介绍微观反应动力学的相关理论与研究方法。

9.1 简单碰撞理论

简单碰撞理论（simple collision theory，SCT）是1918年路易斯（Lewis）借助气体分子运动论，在阿伦尼乌斯“活化状态”“活化能”等概念的基础上，将反应分子看作刚球碰撞，以刚球碰撞为模型，导出基元反应的宏观反应速率常数的表达式，适用于气相或液相中进行的双分子基元反应，又称为刚球碰撞理论。

9.1.1 基本假设

简单碰撞理论的基本假设为：

① 反应分子可看作无结构的刚性球体结构分子。

② 反应分子必须发生碰撞才能发生反应。因此，反应速率（单位时间、单位体积内发生反应的分子数）与单位时间、单位体积内分子的碰撞频率成正比。

③ 反应速率与有效碰撞比率成正比。不是所有的碰撞都能导致发生化学反应，只有在分子连心线上相对平动能 ε 超过一临界值 ε_c(critical energy)的分子对碰撞才能引起化学反应，才是有效碰撞（effective collision）。临界能又称为阈能（threshold energy）。

④ 反应速率比分子间的能量传递速率慢得多，反应过程中不考虑分子间的能量传递，分子速率始终遵守 Maxwell-Boltzmann 平衡分布。

根据简单碰撞理论的基本假设，对于基元反应 A+B ⟶ P，则用 A、B 分子有效碰撞表示反应速率 r_n 为

$$r_n = Z_{AB} q \tag{9.1}$$

其中，

$$q = \frac{n(\varepsilon \geqslant \varepsilon_c)}{n_{tc}} \tag{9.2}$$

式中，Z_{AB} 为反应体系中单位时间、单位体积内的碰撞数；q 为有效碰撞所占的分数；$n(\varepsilon \geqslant \varepsilon_c)$ 为大于临界能的分子碰撞对数；n_{tc} 为总碰撞分子对数。

根据式(9.1)和式(9.2)知，只要能求得 Z_{AB} 和 q 的值就能用该理论计算反应速率。

9.1.2 碰撞频率 Z_{AB}

现继续以气体双分子基元反应 A+B ⟶ P 为例进行分析。

根据碰撞理论的基本假设（Ⅰ），可作 A、B 分子碰撞的截面积示意图（见图 9-1），d_A、d_B 分别为 A、B 分子的直径，M_A、M_B 分别为 A、B 的摩尔质量，N_A、N_B 分别为体积内 A、B 的分子数。

A、B 分子的有效碰撞半径 d_{AB} 为

$$d_{AB} = \frac{d_A + d_B}{2} \tag{1}$$

则 A 分子的碰撞截面积 A 为

$$A = \pi d_{AB}^2 \tag{2}$$

若 A 分子的移动速率为 v_A，t 时间内移动的体积为

$$V = A\nu_A t = \pi {d_{AB}}^2 v_A t \tag{3}$$

设 V 体积内有 N_B 个 B 分子，则一个移动速率为 v_A 的 A 分子 t 时间内碰撞 N_B 个静态 B 分子的频率为

$$Z_{AB} = \frac{\pi d_{AB}^2 v_A t}{t} \times \frac{N_B}{V} = v_A \pi d_{AB}^2 \frac{N_B}{V} \tag{4}$$

若 A、B 分子均为移动着的分子，其碰撞可用相对运动速率 v_r 表示出来。根据统计学理论，运动着的 A、B 分子的相对运动速率 v_r 可用垂直方向的速率来简化，可表示为

$$v_r = \sqrt{v_A^2 + v_B^2} \tag{9.3}$$

将式(9.3)代替式（4）的 v_A，可得一个运动着的 A 与 V 体积内含 N_B 个运动着的 B 分子（A、B 分子

思考：

9-1 你认为自己的行为表现是你自身哪些微观行为的外在反映？

9-2 物质分子如何发生反应呢？

9-3 你如何与环境发生“反应”呢？

9-4 微观反应动力学与宏观反应动力学的主要区别在哪里？

思考：

9-5 你觉得碰撞理论的假设合理吗？你觉得自己的哪些行为在某种程度上符合这些假设？

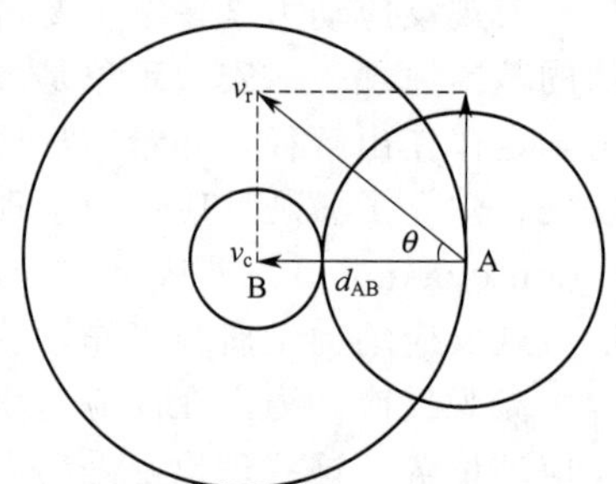

图 9-1 碰撞分子截面示意

的相对运动速率为 v_r）的碰撞频率为

$$Z_{AB}=\pi d_{AB}^2\frac{N_B}{V}\sqrt{v_A^2+v_B^2} \tag{5}$$

若 V 体积内含 N_A 个运动的 A 分子、N_B 个运动的 B 分子，A、B 分子的相对运动速率为 v_r 的碰撞频率为

$$Z_{AB}=\pi d_{AB}^2\frac{N_A}{V}\times\frac{N_B}{V}\sqrt{v_A^2+v_B^2} \tag{6}$$

根据分子运动论，分子运动的平均速率为

$$v_{i,a}=\sqrt{\frac{8RT}{\pi M_i}}$$

将 A、B 分子的平均速率代入式(6)，得

$$Z_{AB}=\pi d_{AB}^2\frac{N_A}{V}\times\frac{N_B}{V}\sqrt{\frac{8RT}{\pi M_A}+\frac{8RT}{\pi M_B}} \tag{7}$$

为简化式(7)，引入 A、B 分子的折合摩尔质量 μ_m

$$\frac{1}{\mu_m}=\frac{M_A+M_B}{M_AM_B}$$

则式(7)可简化为

$$Z_{AB}=\pi d_{AB}^2\frac{N_A}{V}\times\frac{N_B}{V}\sqrt{\frac{8RT}{\pi\mu_m}} \tag{9.4}$$

$$=\pi d_{AB}^2\frac{N_A}{V}\times\frac{1}{L}\times\frac{N_B}{V}\times\frac{1}{L}L^2\sqrt{\frac{8RT}{\pi\mu_m}}$$

$$=\pi d_{AB}^2c_Ac_BL^2\sqrt{\frac{8RT}{\pi\mu_m}} \tag{9.5}$$

式中，L 为阿伏伽德罗常数。

9.1.3　有效碰撞分数 *q*

现继续以气体双分子基元反应 A+B ⟶ P 为例进行分析。

A、B 分子能否发生超过临界能的有效碰撞，只与两个分子的相对运动速率的能量有关。设 q 为 A、B 分子的相对平动能超过临界能的分子数，根据碰撞理论的基本假设（Ⅳ），A、B 分子的相对运动速率可用 M-B 分布来表示，则二维气体速率在 v_r 和 $v_r+\mathrm{d}v_r$ 之间的分子分数为

$$\frac{\mathrm{d}N}{N}=\left(\frac{\mu_m}{2\pi k_BT}\right)\exp\left(\frac{-\mu_m v_r^2}{2k_BT}\right)2\pi v_r\mathrm{d}v_r$$

$$=\left(\frac{1}{k_BT}\right)\exp\left(\frac{-\mu_m v_r^2}{2k_BT}\right)\mu v_r\mathrm{d}v_r$$

式中，$\mu_m=\dfrac{m_Am_B}{m_A+m_B}$ 为 A、B 分子的折合分子

习题:

9-1　300K 时将 1g N_2 和 0.1g H_2 混合于 1.0dm^3 的容器中，试求此容器中每秒钟两种分子间碰撞的次数。（已知 N_2、H_2 分子直径分别为 3.5×10^{-10}m、2.5×10^{-10}m。）（$3.4\times10^{35}\mathrm{m}^{-3}\cdot\mathrm{s}^{-1}$）

质量。

∵ $$\varepsilon=\frac{1}{2}\mu_m v_r^2 \Rightarrow d\varepsilon=\mu_m v_r dv_r$$

∴ 能量在 ε 和 ε+dε 之间的分子分数为

$$\frac{dN}{N}=\left(\frac{1}{k_B T}\right)\exp\left(\frac{-\varepsilon}{k_B T}\right)d\varepsilon \tag{9.6}$$

从 ε_c 到∞积分式(9.6)，可得相对平动能超过 ε_c 的分子分数 q

$$q=\int_{\varepsilon_c}^{\infty}\frac{dN}{N}=\int_{\varepsilon_c}^{\infty}\left(\frac{1}{k_B T}\right)\exp\left(\frac{-\varepsilon}{k_B T}\right)d\varepsilon$$

$$=\exp\left(-\frac{\varepsilon_c}{k_B T}\right)=\exp\left(-\frac{E_c}{RT}\right) \tag{9.7}$$

可见，根据碰撞理论基本假设（Ⅲ）的有效碰撞 $\varepsilon \geqslant \varepsilon_c$ 的条件下，得出有效碰撞分数 q 正好是玻尔兹曼因子。

根据式(9.7)可看出，有效碰撞分数 q 只与两个分子的有效碰撞临界能有关，并不区分 A、B 分子类型。

9.1.4 速率常数

对于基元反应 A+B ⟶ P，根据简单碰撞理论的基本假设，A、B 分子的碰撞频率可表示为

$$Z_{AB}=-\frac{d\left(\frac{N_A}{V}\right)}{dt}=-\frac{d\left(\frac{N_A}{VL}L\right)}{dt}=-\frac{dc_A}{dt}L$$

故 $$-\frac{dc_A}{dt}=\frac{Z_{AB}}{L}$$

可以看出，这里得到的 $(-dc_A/dt)$ 是 A、B 分子碰撞频率的一种表示，并不表示有效碰撞。

考虑有效碰撞，则得出基元反应 A+B ⟶ P 的宏观反应速率为

$$r=-\frac{dc_A}{dt}q=-\frac{dc_B}{dt}q=\frac{Z_{AB}q}{L} \tag{9.8}$$

将式(9.5)、式(9.7)代入式(9.8)，得

$$r=\pi d_{AB}^2 c_A c_B L\sqrt{\frac{8RT}{\pi\mu_m}}\exp\left(-\frac{E_c}{RT}\right) \tag{9.9}$$

根据宏观反应动力学，基元反应 A+B ⟶ P 的反应速率可表示为

$$r=k_{SCT}c_A c_B \tag{9.10}$$

对比式(9.9)和式(9.10)，得

$$k_{SCT}=\pi d_{AB}^2 L\sqrt{\frac{8RT}{\pi\mu_m}}\exp\left(-\frac{E_c}{RT}\right) \tag{9.11}$$

思考：

9-6 怎么理解“有效碰撞分数”？推而广之又该怎么理解？

习题：

9-2 试计算恒容下异质分子反应温度 300K 时升高 10K，(1) 增加的分子碰撞频率；(2) 碰撞时分子连心线上相对平动能超过 E_c=80kJ/mol 的活化分子对的增加分数；(3) 以上结果得出什么结论？(0.017；1.07；升高温度主要是增加活化分子对)

也可以表示为

$$k_{SCT}=\pi d_{AB}^2 L\sqrt{\frac{8k_B T}{\pi\mu_m}}\exp\left(-\frac{\varepsilon_c}{k_B T}\right) \tag{9.12}$$

9.1.5 同种分子双分子反应

对于同种分子的双分子基元反应：A+A ⟶ P

根据式(9.3)得同种分子的相对速率 v_r 为

$$v_r=\sqrt{2}v_A=\sqrt{2}\sqrt{\frac{8RT}{\pi M_A}}=4\sqrt{\frac{RT}{\pi M_A}}$$

单位时间、单位体积内含 N_A 个 A 分子的碰撞频率为

$$\begin{aligned}Z_{AA}&=4\pi d_{AA}^2\left(\frac{N_A}{V}\right)^2\sqrt{\frac{RT}{\pi M_A}}\\&=4\pi d_{AA}^2\left(\frac{N_A}{VL}\right)^2 L^2\sqrt{\frac{RT}{\pi M_A}}\\&=4\pi d_{AA}^2 c_A^2 L^2\sqrt{\frac{RT}{\pi M_A}}\end{aligned} \tag{9.13}$$

同理，可推出基元反应 A+A ⟶ P 的宏观反应速率为

$$r=-\frac{dc_A}{2dt}q=\frac{Z_{AA}q}{2L} \tag{9.14}$$

将式(9.13)、式(9.7)代入式(9.14)，得

$$r=2\pi d_{AA}^2 c_A^2 L\sqrt{\frac{RT}{\pi M_A}}\exp\left(-\frac{E_c}{RT}\right) \tag{9.15}$$

根据宏观反应动力学，基元反应 A+A ⟶ P 的反应速率可表示为

$$r=k_{SCT}c_A^2 \tag{9.16}$$

对比式(9.15)和式(9.16)，得

$$k_{SCT}=2\pi d_{AA}^2 L\sqrt{\frac{RT}{\pi M_A}}\exp\left(-\frac{E_c}{RT}\right) \tag{9.17}$$

也可以表示为

$$k_{SCT}=2\pi d_{AB}^2 L\sqrt{\frac{k_B T}{\pi m_A}}\exp\left(-\frac{\varepsilon_c}{k_B T}\right) \tag{9.18}$$

9.1.6 碰撞理论与阿伦尼乌斯公式比较

阿伦尼乌斯公式是在大量实验的基础上总结出来的经验定律，所以人们常用阿伦尼乌斯公式来评价一种理论的正确性，另一方面从理论上认识阿伦尼乌斯公式的指前因子 A 和活化能 E_a。

9.1.6.1 临界能 E_c 与活化能 E_a 的关系

根据阿伦尼乌斯公式(8.104)，得

$$E_a=RT^2\frac{d\ln k}{dT} \tag{1}$$

对式(9.11)两边取对数，得

$$\ln k_{\mathrm{SCT}}=\ln\left(\pi d_{\mathrm{AB}}^{2}L\sqrt{\frac{8R}{\pi\mu_{\mathrm{m}}}}\right)+\frac{1}{2}\ln T-\frac{E_{\mathrm{c}}}{RT} \tag{2}$$

式中，$\pi d_{\mathrm{AB}}^{2}L\sqrt{\frac{8R}{\pi\mu_{\mathrm{m}}}}$为由反应分子以及其他常数所确定的常数。将式(2)两边对温度 T 求导数，得

$$\frac{\mathrm{d}\ln k_{\mathrm{SCT}}}{\mathrm{d}T}=\frac{1}{2T}+\frac{E_{\mathrm{c}}}{RT^{2}} \tag{3}$$

将式(3)代入式(1)，得

$$E_{\mathrm{a}}=RT^{2}\left(\frac{1}{2T}+\frac{E_{\mathrm{c}}}{RT^{2}}\right)=E_{\mathrm{c}}+\frac{1}{2}RT \tag{9.19}$$

式中，E_{c} 为摩尔临界能，是与温度 T 无关仅与反应分子本身的性质所决定的 1mol 反应分子发生反应所需的最低碰撞能值。而 E_{a} 为与温度 T 有关的 1mol 活化分子的平均能量与 1mol 反应分子的能量之差，当温度不太高时，$E_{\mathrm{c}}\gg\frac{1}{2}RT$，如 SATP 下，$\frac{1}{2}RT=1.2\mathrm{kJ/mol}$，而对于一般 $E_{\mathrm{c}}\approx100\mathrm{kJ/mol}$ 的反应，可近似认为 $E_{\mathrm{a}}\approx E_{\mathrm{c}}$；当温度较高或反应临界能较低的反应时，$E_{\mathrm{a}}$ 和 E_{c} 会相差较大，则要考虑温度对活化能的影响。

同理对式(9.17)进行处理，可得到同种分子双分子反应的活化能与反应临界能之间的关系，与异种分子双分子反应的结果相同。

微观实验活化能与碰撞反应临界能的关系为

$$\varepsilon_{\mathrm{a}}=\varepsilon_{\mathrm{c}}+\frac{1}{2}k_{\mathrm{B}}T \tag{9.20}$$

实验活化能 ε_{a} 可看作是发生反应需要的平均能量，而 ε_{c} 是发生在分子连线上反应发生的最低能量，二者关系可简单地用图 9-2 表示，可看出

$$\varepsilon_{\mathrm{c}}=\varepsilon_{\mathrm{a}}\cos\alpha=\varepsilon_{\mathrm{a}}\cos^{2}\theta=\frac{1}{2}\mu_{\mathrm{m}}v_{\mathrm{r}}^{2}\cos^{2}\theta$$

9.1.6.2 阿伦尼乌斯公式指前因子 A

由式(9.19)，得 $E_{\mathrm{c}}=E_{\mathrm{a}}-\frac{1}{2}RT$，代入式(9.11)

$$k_{\mathrm{SCT}}=\pi d_{\mathrm{AB}}^{2}L\sqrt{\frac{8RT\mathrm{e}}{\pi\mu_{\mathrm{m}}}}\times\exp\left(-\frac{E_{\mathrm{a}}}{RT}\right) \tag{9.21}$$

将式(9.21)与阿伦尼乌斯公式 $k=A\exp\left(-\frac{E_{\mathrm{a}}}{RT}\right)$ 比较，得出简单碰撞理论指前因子 A 的理论表达式为

$$A_{\mathrm{SCT}}=\pi d_{\mathrm{AB}}^{2}L\sqrt{\frac{8RT\mathrm{e}}{\pi\mu_{\mathrm{m}}}} \tag{9.22}$$

由式(9.22)得出，阿伦尼乌斯公式指前因子与温度 $T^{1/2}$ 有关。

微观阿伦尼乌斯公式指前因子 A 为

$$A_{\mathrm{SCT}}=\pi d_{\mathrm{AB}}^{2}L\sqrt{\frac{8k_{\mathrm{B}}T\mathrm{e}}{\pi\mu_{\mathrm{m}}}} \tag{9.23}$$

从式(9.22)可得，阿伦尼乌斯公式指前因子 A 是与碰撞频率相关的量，故又称为频率因子；对于确定的反应分子，式中的所有参数均不必从动力学实验中求得，只要通过计算就可以求出指前因子，这便于与实验结果进行比较，检验碰撞理论模型的科学合理性。

9.1.7　碰撞理论评价

9.1.7.1　碰撞理论的优点

作为一个反应速率模型的碰撞理论具有以下优点：

① 碰撞理论为我们描述了一幅粗糙而又十分清晰的反应图像，在反应速率理论的发展中起了很大作用，该模型提出的一些概念至今仍十分有用，尤其近 30 年来交叉分子束技术的出现，给碰撞理论以新的生命力。

② 碰撞理论对阿伦尼乌斯公式的指数项、指前因子和活化能都提出了较明确的物理意义，认为指数项是与活化能相关的有效碰撞分数、指前因子 A 是与温度、分子性质相关的碰撞频率。

③ 碰撞理论解释了部分实验事实，理论所计算的速率常数 k 值与较简单的反应的实验值相符。

9.1.7.2　碰撞理论的缺点

碰撞理论模型简单，把反应物分子看作是没有内部结构、没有内部运动的简单刚球机械运动而得出热力学参数，这也注定了该模型存在缺点：

① 要从碰撞理论来求算速率常数 k，必须要知道临界能 E_c。碰撞理论提出了 E_c 的概念，但理论本身不能预言其大小，需通过阿伦尼乌斯公式来求得。而阿伦尼乌斯公式中 E_a 又必须从实验测得 k 中得到，这样注定了碰撞理论只能是半经验的模型，该理论不可能从源头上解决反应速率理论问题。

② 碰撞理论的结果只是一些简单气相反应的理论计算值与实验值相近，对于复杂分子反应的理论计算 k 值与实验值相差很大。

9.1.7.3　方位因子

对于部分简单气相反应，碰撞理论计算得出的动力学参数与实验结果基本符合。但对大部分反应，碰撞理论结果与实验值差别较大。表 9-1 列出了某些气相反应的热力学参数。从表 9-1 可看出，多数反应的指前因子的实验结果小于理论值，这是由于简单碰撞理论所采用的模型过于简单，没有考虑分子的结构与性质，为解决这一困难，引入方位因子（steric factor）P 或概率因子 P 来进行修正碰撞理论的偏差，即

$$P=\frac{k_{\text{exp}}}{k_{\text{SCT}}}=\frac{A_{\text{exp}}}{A_{\text{SCT}}} \text{或} k_{\text{exp}}=Pk_{\text{SCT}}=PA\exp\left(-\frac{E_a}{RT}\right) \quad (9.24)$$

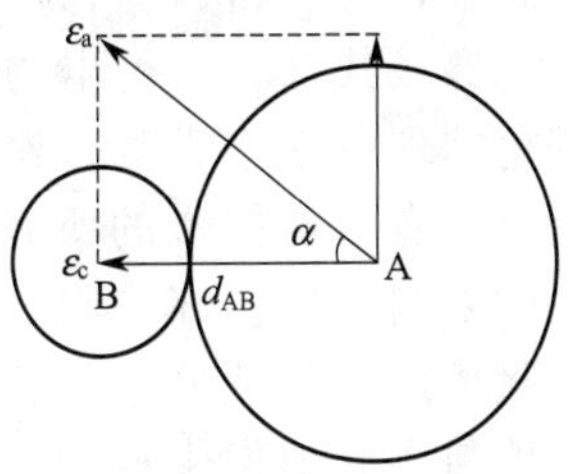

图 9-2　ε_a 和 ε_c 的关系示意

习题：

9-3　已知 A 和 B 分子直径分别为 0.3nm 和 0.5nm、相对分子质量分别为 30 和 50，SATP 时 A 和 B 反应的速率常数 $k=1\text{m}^3/(\text{mol}\cdot\text{s})$，反应活化能 $E_a=40\text{kJ/mol}$。试根据简单碰撞理论估计 SATP 时的有效碰撞分数 q 和概率因子 P。(1.6×10^{-7}；0.0355)

思考：

9-7　碰撞理论符合“简化”思想吧？

9-8　你怎么评价碰撞理论？你有完善该理论的方法吗？

9-9　你觉得反应速率理论该怎么构建？你能建立新的反应速率模型吗？

式中，k_{exp} 和 A_{exp} 为实验测出的数值；A_{SCT} 为式(9.22)或式(9.23)得出的理论指前因子；k_{SCT} 为碰撞理论的理论速率常数。概率因子或方位因子包含了降低分子有效碰撞数的所有因素，如碰撞时分子空间取向的限制、反应部位附近大原子团的位阻效应、碰撞能量传递时活性分子失去活性等，都可能导致理论计算值与实验值发生偏差，致使 P 的数值一般在 $1\sim10^{-9}$ 之间，当然也有大于1的情况存在，如表9-1中的反应 $K+Br_2 \longrightarrow KBr+Br$ 的 $P>1$。对于指定的反应，P 值到底有多大，碰撞理论不能作出回答，只能靠实验确定，因而 P 的物理意义显得不十分明确，碰撞理论也还只能是个半经验半理论。

表 9-1 某些气相反应的热力学参数

反应	$A/[dm^3/(mol\cdot s)]$		$E_a/$ kJ/mol	P
	实验值	理论值		
$K+Br_2 \longrightarrow KBr+Br$	1.0×10^{12}	2.1×10^{11}	0.0	4.8
$2NOCl \longrightarrow 2NO+Cl_2$	9.4×10^{9}	5.9×10^{10}	102.0	0.16
$2NO_2 \longrightarrow 2NO+O_2$	2.0×10^{9}	4.0×10^{10}	111.0	5.0×10^{-2}
$2ClO \longrightarrow O_2+Cl_2$	6.3×10^{7}	2.5×10^{10}	0.0	2.5×10^{-3}
$H_2+C_2H_4 \longrightarrow C_2H_6$	1.24×10^{6}	7.3×10^{11}	180.0	1.7×10^{-6}

例题 9-1 甲醛的热分解反应为 $HCHO \longrightarrow CO+H_2$，该反应的反应速率随反应温度的升高而加剧，在高温下反应选择性下降。实验测得该反应在840K时的热分解反应是一个二级反应，实验速率常数 $k=0.23dm^3/(mol\cdot s)$，活化能 E_a 为186.2kJ/mol。设甲醛分子的碰撞直径为0.50nm，试计算当甲醛浓度为 $0.0145mol/dm^3$ 时的反应速率和方位因子。

解：从该反应的实验活化能计算有效碰撞的临界能 E_c。

$$E_c=E_a-\frac{1}{2}RT$$
$$=186.2-\frac{1}{2}\times8.314\times840\times10^{-3}$$
$$=182.7(kJ/mol)$$

对于相同分子的反应，简单碰撞理论计算速率常数为

$$k_{SCT}=2\pi d_{AA}^2 L\sqrt{\frac{RT}{\pi M_A}}\exp\left(-\frac{E_c}{RT}\right)$$
$$=2\times3.14\times(0.5\times10^{-9})^2\times6.022\times10^{23}\times\sqrt{\frac{8.314\times840}{3.14\times30\times10^{-3}}}\exp\left(-\frac{182700}{8.314\times840}\right)$$
$$=1.12\times10^{-3}[m^3/(mol\cdot s)]$$
$$=1.12[dm^3/(mol\cdot s)]$$
$$P=\frac{k_{exp}}{k_{SCT}}=\frac{0.23}{1.12}=0.205$$
$$r=k_{SCT}c^2=1.12\times(0.0145)^2=2.35\times10^{-4}(mol\cdot dm^{-3}\cdot s^{-1})$$

思考：

9-10 如何定性估计方位因子的大小？

见贤思齐焉，见不贤而内自省也。出自《论语》

与人不求备，检身若不及（出自《尚书》）新松恨不高千尺，恶竹应须斩万竿。

习题：

9-4 600K时实验测得反应 $2NOCl = 2NO + Cl_2$ 的实验活化能为105.6kJ/mol，$k_{exp}=8.0dm^3/(mol\cdot s)$。已知NOCl的分子直径为0.283nm，摩尔质量为65.5g/mol，试计算反应的方位因子。(0.16)

9-5 已知乙炔（分子直径为0.5nm）气体热分解是双分子反应，其反应临界能 $E_c=190.4kJ/mol$，试计算100kPa、800K时碰撞频率 Z_{AA}、速率常数 k、初始反应速率 r。[$7.31\times10^{34}m^{-3}\cdot s^{-1}$；$9.97\times10^{-5}m^3/(mol\cdot s)$；$0.023m^3/(mol\cdot s)$]

9-6 已知基元反应：$Cl(g)+H_2(g) \longrightarrow HCl(g)+H(g)$，查找资料得Cl、$H_2$ 的相对分子质量分别为35.5、2.02，粒径分别为0.2nm、0.15nm。试根据简单碰撞理论计算SATP下该反应的指前因子 A。[$1.74\times10^8m^3/(mol\cdot s)$]

例题 9-2　实验测得 700K 基元反应 $A_2(g)+B_2(g)\underset{k_-}{\overset{k_+}{\rightleftharpoons}}2AB(g)$ 的正向活化能 $E_a=167.0kJ/mol$，$\Delta_r H^{\ominus}_{m,700K}=-8.2kJ/mol$。试求该反应的正、逆反应的速率常数 k_+、k_-。已知 A_2、B_2、AB 的相对分子质量分别为 2.02、253.8、127.9，分子直径分别为 0.225nm、0.559nm、0.435nm。

解：(1) $d_{AB}=\frac{1}{2}(0.225+0.559)\times10^{-9}m=3.92\times10^{-10}m$

$$\mu=\frac{M_{A_2}M_{B_2}}{M_{A_2}+M_{B_2}}=\frac{2.02\times253.8}{2.02+253.8}\times10^{-3}kg/mol$$
$$=2.0\times10^{-3}kg/mol$$

$$E_c=E_a-\frac{1}{2}RT=167000-\frac{1}{2}\times8.314\times700$$
$$=164090(J/mol)$$

将以上数据代入简单碰撞理论的速率常数公式，得

$$k_+=\pi d_{AB}^2L\sqrt{\frac{8RT}{\pi\mu_M}}\exp\left(-\frac{E_c}{RT}\right)$$
$$=3.14\times(3.92\times10^{10})^2\times6.02\times10^{23}\times\sqrt{\frac{8\times8.314\times700}{3.14\times2.0\times10^{-3}}}\exp\left(-\frac{164090}{8.314\times700}\right)$$
$$=4.49\times10^{-4}[m^3/(mol\cdot s)]$$

(2) 因为正反应是放热反应，故逆反应的活化能为

$$E_{-a}=E_a-\Delta_r U^{\ominus}_m=E_a-\Delta_r H^{\ominus}_m=167-(-8.2)$$
$$=175.2(kJ/mol)$$

$$E_{-c}=E_{-a}-\frac{1}{2}RT=175200-\frac{1}{2}\times8.314\times700$$
$$=172290(J/mol)$$

逆向反应是相同分子反应，代入简单速率理论的速率常数公式，得

$$k_-=2\pi d_{AA}^2L\sqrt{\frac{RT}{\pi M_A}}\exp\left(-\frac{E_c}{RT}\right)$$
$$=2\times3.14\times(0.435\times10^9)2\times6.02\times10^{23}\times\sqrt{\frac{8.314\times700}{3.14\times127.9\times10^{-3}}}\exp\left(-\frac{172290}{8.314\times700}\right)$$
$$=1.20\times10^{-5}[m^3/(mol\cdot s)]$$

9.2　过渡态理论

膨胀理论虽然提出了“阈能”的概念，但把双分子的反应仅仅看作硬球间的碰撞，没有建立阈

思考:

9-11　家乡的家和路有何位置性特点？

9-12　你觉得生活中的哪些现象可看作符合过渡态理论的基本假设？学习过渡态理论为什么要学习势能面理论？

能与反应过程的内在联系。

20 世纪 20 年代末，人们将量子力学方法用于化学领域，能在微观分子结构水平上认识反应过程。1935 年艾林（E. Eyring）、波拉尼（M. Polanyi）等人在统计力学、量子力学发展的基础上首先提出过渡状态理论（transition state theory，TST），又称为活化络合物理论（activated complex theory，ACT）。理论上讲，只要知道反应物分子结构参数及振动频率性质，可根据该理论提供的方法，直接求算出反应速率常数，因此，该理论又称为绝对反应速率理论（absolute rate theory，ART）。

9.2.1 基本假设

过渡态理论的基本假设为：

① 反应物分子能形成活化络合物，并与反应物分子存在化学平衡，意味着可用平衡理论计算各反应分子的浓度，统计学上指反应体系每种物质分子均遵守 Maxwell-Boltzmann 能量分布定律。

② 活化络合物必有一个键振动致使络合物跨越势能面鞍点变为产物，该振动是反应物到产物反应的决速步骤。

根据该基本假设，用三原子基元反应为例可具体表示为

$$\overrightarrow{A}+\overleftarrow{B}-C \xrightleftharpoons{\text{快}} [A\cdots B\cdots C]^{\neq} \xrightleftharpoons{\text{慢}} A-B+C$$

反应物分子不只是通过简单的分子碰撞就生成产物，在生成产物前要经过一个中间过渡态——活化络合物，这种活化络合物具有相对较高的能量，根据微观可逆性原理，活化络合物可以变为反应物，也可以变为产物。反应开始时反应物分子较多、活化络合物较少，这样反应物分子很容易与活化络合物建立热力学平衡，对于整个反应过程来说，该平衡可以认为是稳定存在的；同时活化络合物也能分解为产物。活化络合物作为一种物质分子，也是像普通的分子一样，具有分子的结构参数和各种运动的行为。由于活化络合物是高能量的分子，在其表现各种运动行为时，某些行为如键的伸缩振动，会导致活化络合物分子分解为产物，这分解为产物的分子行为就成为整个反应的决速步骤。为了解决这一问题，需要认识势能面理论。

9.2.2 势能面理论

过渡状态理论的物理模型是反应体系的势能面（potential energy surface）。势能面是根据分子体系的能量（E_p）与分子内原子的坐标所作出的对应关系。如随着分子内某一根键的增长，能量会随着变化，做能量-键长的变化曲线，称为势能曲线，如图 9-3 所示，E_p 与分子结构的关系可表示为：$E_p=f(r)$【用 Morse 势能函数可表示为 $E_p=D_e\{\exp[-2\alpha(r-r_0)]-2\exp[-\alpha(r-r_0)]\}$】；如果做分子体系势能随两种坐标参数变化的图像，则会得到两种坐标变量和能量的三维空间，这个三维空间称为势能面，图 9-4 为 2 个键长 r_1、r_2 参数变量的体系势能面示意图，体系势能为 $E_p=f(r_1, r_2)$，数字编号由小到大依次表示体系势能的等势能线依次由低到高；由该图可见，由相同的反应物 R 到产物 P_1、P_2 分别经历 A、B 途径，体系内部原子间的距离变化是不同的，从而生成不同的产物；从等势线势能看，产物 P_1 和 P_2 的势能是不同的，致使这两个反应热效应也是不同的，以此类推，整个

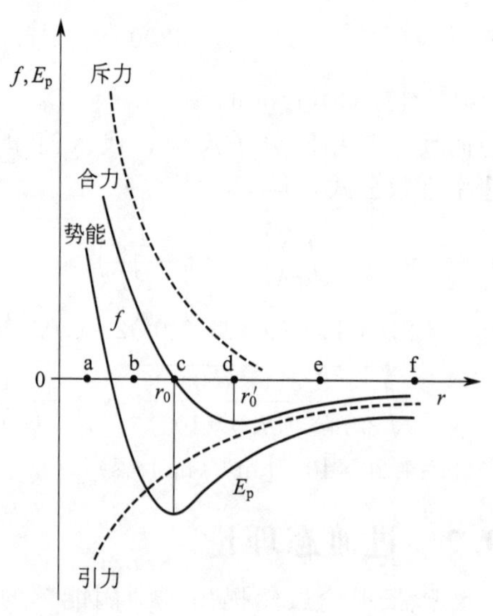

图 9-3 势能曲线

分子势能随着所有可能的原子坐标变量变化，是一个在多维空间中的复杂势能面（hyper surface)，统称势能面，体系势能可表示为体系中原子距离的函数，$E_p = f(r_{12}, r_{23}, \cdots, r_{ij}, \cdots)$。势能面的概念在计算化学、分子模拟领域有着广泛的应用。下面我们用势能面理论来分析三原子简单反应体系的过渡态理论反应模型，设反应

$$A + B—C \rightleftharpoons [A\cdots B\cdots C]^{\neq} \longrightarrow A—B + C$$

将三原子 A、B、C 看作一个体系，体系势能则是由三个原子间的相对距离 r_{AB}、r_{BC}、r_{CA} 或 r_{AB}、r_{BC}、$\angle\theta$（AB、BC 间的夹角）决定的，即 $E_p = f(r_{AB}, r_{BC}, r_{CA})$ 或 $E_p = f(r_{AB}, r_{BC}, \angle\theta)$，这样是一个四维空间表示的体系势能。为简化变量，通常固定其中某一变量，就可以用三维空间表示体系势能。设 $\angle\theta = 180°$ 时，即表示 A、B、C 三原子为直线排列，对于 $A + B—C \longrightarrow A—B + C$ 型反应，则表示 A 从 BC 分子的 B 端碰撞，形成的络合物也为线形分子，体系的势能则只是 r_{AB}，r_{BC} 的函数，即

$$E_p = f(r_{AB}, r_{BC})$$

若以 AB 的核间距 r_{AB} 和 BC 的核间距 r_{BC} 作为平面上相互垂直的两个坐标，体系的势能作为垂直于该平面的第三个坐标，则每给定一个 r_{AB} 及 r_{BC}，体系就有一个确定的势能，在空间就有一个相应的点来描述这一状态。随着 r_{AB} 和 r_{BC} 的不同，反应体系的势能也不同，这些高低不同的点在空间构成了一个高低不平的曲面，此即反应体系的势能面，如图 9-5(a)所示。若将势能面投影到 r_{AB} 与 r_{BC} 所在的平面上，并用等势能线（势能相同的用一条曲线）将体系势能面表示出来，可得势能面等势线图 9-5(b)，线旁的数字表示每一条等势能线的能量数值，数字越大，势能越高。

理论计算得到体系的势能面图 9-5 表示的物理过程是：当原子 A 沿着 B—C 轴线逐渐接近 B—C 分子时，B—C 中化学键逐渐松弛削弱，原子 A 与原子 B 之间逐渐形成新键。由于两个分子的电子云和原子核之间都有电性斥力，故分子接近时，体系的势能增加。当两个分子形成过渡状态的活化络合物 $[A\cdots B\cdots C]^{\neq}$ 时，体系的势能最高，活化络合物很不稳定。图 9-5 中 R 点处于深谷中，相当于反应体系始态 A＋B—C；位于另侧深谷中的 P 点代表终态 A—B＋C，位于高峰上的 S 点代表体系三原子完全分离的高能状

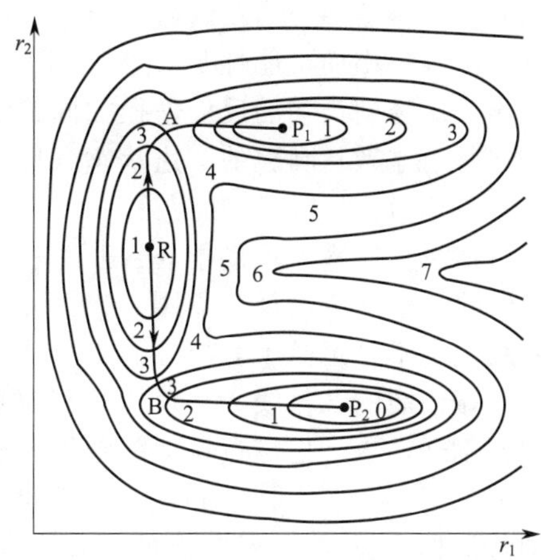

图 9-4 反应历程等势能线示意

思考：

9-13 若有三种同分异构体的位能如图 9-4 所示，R 只能是反应物吗？P_1 能直接转化为 P_2 吗？

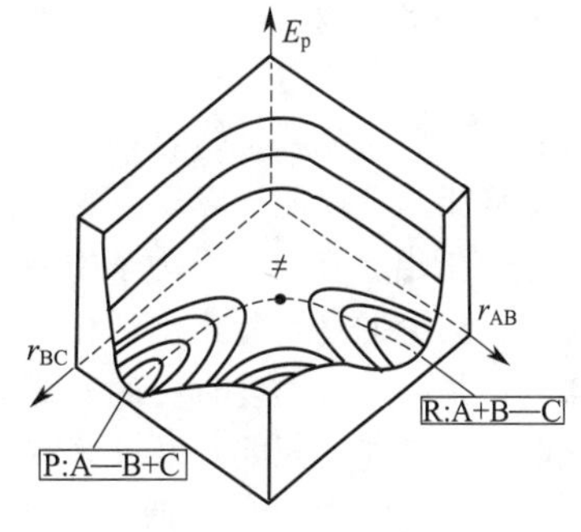

(a) 势能面透视图

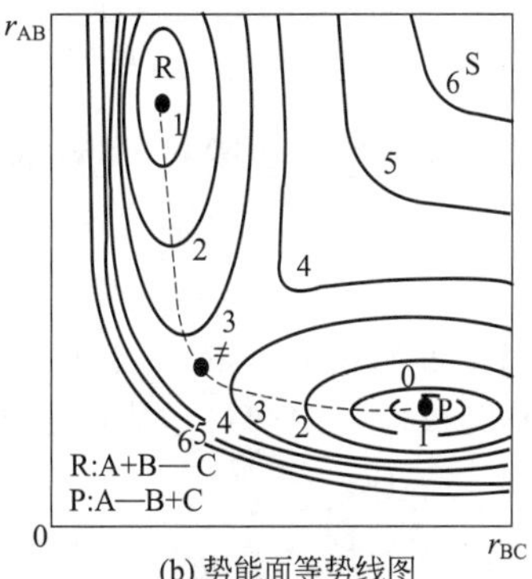

(b) 势能面等势线图

图 9-5 $A + B—C \longrightarrow A—B + C$ 体系势能面图

态；位于两深谷间与鞍形地区的“≠”点，则代表过渡状态-活化络合物［A…B…C］$^{\neq}$。反应体系由R点到达P点，从爬越能峰的高低来看，只有沿图中虚线所示的途径“R→≠→P”前进，困难最小而可能性最大，如图9-6所示，可看出反应物到产物的反应途径如同跨域了一个马鞍，整个体系从马鞍的一边状态（反应物）经过马鞍谷的高点“≠”变为另一个状态（产物）。考虑体系物质零点振动能，A＋B—C ⟶ A—B＋C的实际反应途径（见图9-7），不是势能谷2号线，也不是远高于势能谷的1号线，而是包含零点振动能的3号线。将反应途径马鞍图9-6从中间剖开，再考虑零点振动能则得反应途径势能图9-8。反应途径中的R与“≠”点的势能差，即势能面上R与“≠”点的高度差就是反应进行时所需爬越的能垒ε_b，两者的零点能之差为$\Delta_r^{\neq}\varepsilon_0$；$\varepsilon_b$、$\Delta_r^{\neq}\varepsilon_0$与阿伏伽德罗常数$L$的乘积即称为过渡状态理论中反应的活化能，分别用$E_b$、$E_0$表示，即$E_b=L\varepsilon_b$，$E_0=L\Delta_r^{\neq}\varepsilon_0$。势能垒的存在从理论上表明了实验活化能$E_a$的实质。

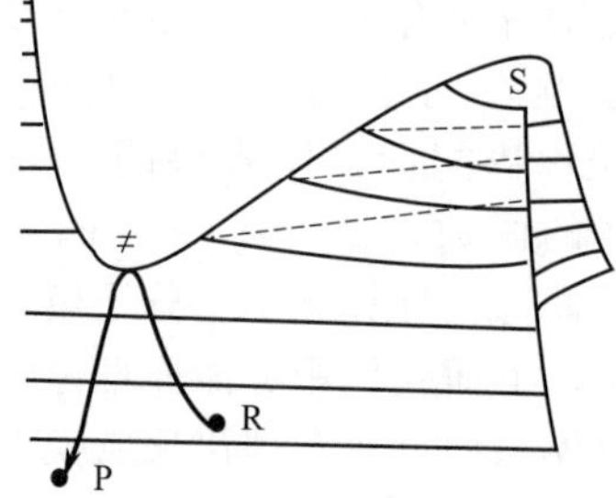

图 9-6　A＋B—C ⟶ A—B＋C 反应途径示意

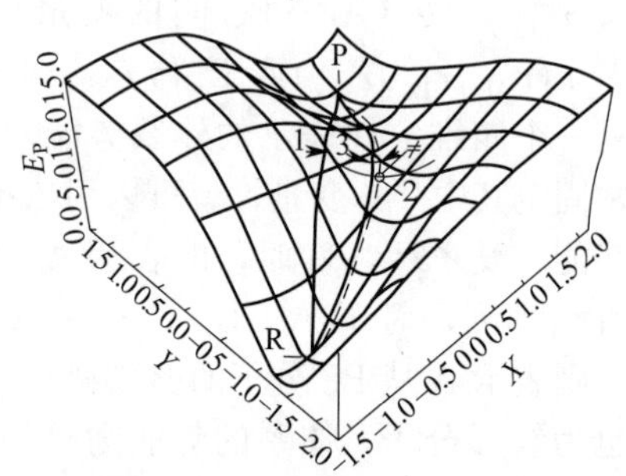

图 9-7　A＋B—C ⟶ A—B＋C 实际反应途径示意

显然，在过渡状态理论中反应物是沿着它所选择的需要活化能最小的一条途径进行反应。这个反应途径在进程上要越过一个能峰，在峰顶上形成活化络合物，活化能就是络合物能量与反应物能量之差。从势能图有可能计算反应的活化能。

应该指出，在化学动力学中有三处涉及活化能的含义。阿伦尼乌斯公式中活化能是根据实验数据求得的，是一个与温度有关的宏观量；碰撞理论中活化能（临界能、阈能）及过渡状态理论中活化能（能垒E_b、E_0）都是根据理论模型的具体分析提出来的，是微观量，三者含义不相同。为便于区别，将它们分别表示为E_a、E_c和E_b、E_0。

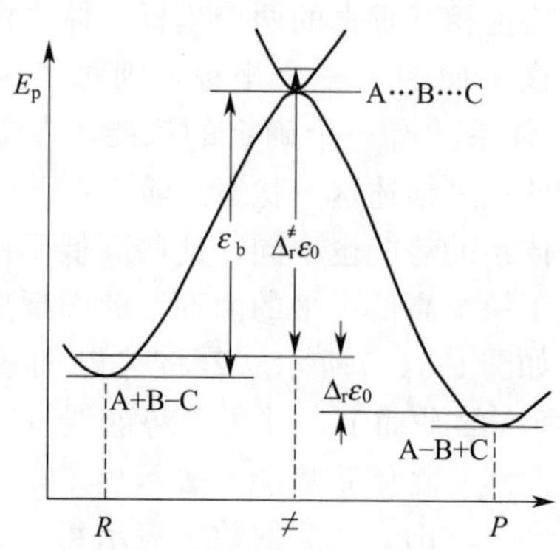

图 9-8　A＋B—C ⟶ A—B＋C 途径势能面图

9.2.3　过渡态理论计算反应速率常数

仍以A、B、C三原子直线形体系且发生A＋B—C ⟶ A—B＋C为例。

根据过渡态理论的基本假设（Ⅰ）——活化络合物与反应物之间可达化学平衡，则

$$K_c^{\neq}=\frac{[\mathrm{ABC}]^{\neq}}{[\mathrm{A}][\mathrm{BC}]}\Rightarrow [\mathrm{ABC}]^{\neq}=K_c^{\neq}[\mathrm{A}][\mathrm{BC}]$$

根据速控步骤和准平衡法，得

$$r=k_{\mathrm{slow}}[\mathrm{ABC}]^{\neq}=k_{\mathrm{slow}}K_c^{\neq}[\mathrm{A}][\mathrm{BC}]=k_{\mathrm{TST}}[\mathrm{A}][\mathrm{BC}] \tag{9.25}$$

思考：

9-14　试利用过渡态理论阐释婆媳关系。

$$k_{TST}=k_{slow}K_c^{\neq} \tag{9.26}$$

根据过渡态理论的基本假设（Ⅱ），活化络合物 $[A\cdots B\cdots C]^{\neq}$ 中有一个 B—C 键的伸缩振动，能使活化络合物分解变为产物 A—B+C。则反应速率不仅与活化络合物的浓度有关，而且与该键的振动频率 ν 有关，则反应速率可表示为：

$$r=[ABC]^{\neq}\nu=\nu K_c^{\neq}[A][BC] \tag{9.27}$$

对于二级反应，A+B—C ⟶ A—B+C，速率方程为

$$r=-\frac{d[A]}{dt}=k_{TST}[A][BC] \tag{9.28}$$

对比式(9.27)和式(9.28)，可得速率常数公式

$$k_{TST}=\nu K_c^{\neq} \tag{9.29}$$

由式(9.29)可以看出，k_{TST} 的求解问题就转化活化络合物与反应物的平衡常数 $K_c^{\neq}$ 以及活化络合物振动性质问题，只要能从理论上计算出反应物与活化络合物之间的平衡常数 $K_c^{\neq}$ 和活化络合物能生成产物的振动频率就可求得速率常数 k_{TST}。

对比式(9.29)和式(9.26)，可得速率常数公式

$$k_{slow}=\nu \tag{9.30}$$

式(9.30)进一步说明了活化络合物 $[A\cdots B\cdots C]^{\neq}$ 的 B—C 键的伸缩振动决定了活化络合物分解变为产物 A—B+C 的速率常数。哪一种振动能引起变为产物的结果呢？让我们来分析直线型活化络合物 $[A\cdots B\cdots C]^{\neq}$ 的振动特点。

直线型的分子 $[A\cdots B\cdots C]^{\neq}$ 有 4 种($3n-5=3\times3-5=4$)振动模式，如图 9-9 所示。由图可知，这四种振动模式中 (a)、(b)、(c) 的振动方式是对称的，其振动结果会将活化络合物变为三个孤立的原子，而不是产物 A—B+C；而 (d) 振动方式是不对称的，其振动结果是产物 A—B+C。这样只要获得了不对称伸缩振动的频率，就可以求出 k_{slow}。

根据量子理论，一个振动自由度的能量为

$\varepsilon=h\nu$　　　　[h 为普朗克(Planck)常数]

又根据能量均分原理　$\varepsilon=k_BT$，故

$$\varepsilon=h\nu=k_BT$$

$$\Rightarrow\nu=\frac{k_BT}{h}$$

将此式代入式(9.29)，得

$$k_{TST}=\frac{k_BT}{h}K_c^{\neq} \tag{9.31}$$

式(9.31)为过渡状态理论导出的速率常数基本公式。若再知道平衡常数 $K_c^{\neq}$，就可以算出过渡态理论的速率常数。

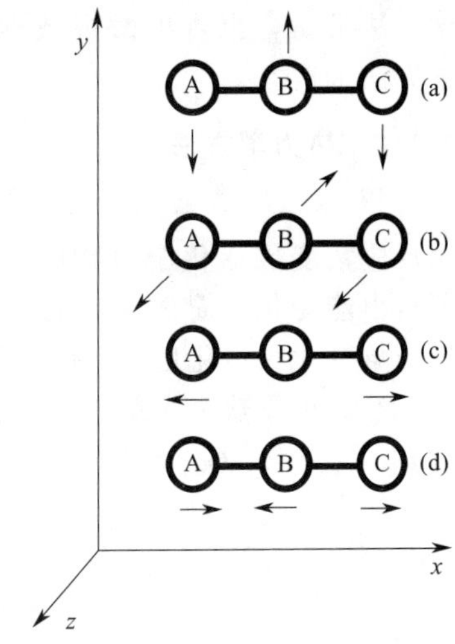

图 9-9　直线型 $[A\cdots B\cdots C]^{\neq}$ 振动模式

思考：

9-15　振动模式和振动方式是一个概念吗？

9-16　社会体系中哪些现象类似于“不对称伸缩振动方式”？

习题：

9-7　有两个级数相同的反应其活化能相同、活化熵差为 70J/(K·mol)。试计算二反应同一温度下的速率常数之比。(4535)

平衡常数 $K_c^{\neq}$ 的求算可以根据经典热力学方法求得，也可以微观数据用统计热力学方法求得。

9.2.3.1 热力学方法

若以 $\Delta_r^{\neq} G_m^{\ominus}$、$\Delta_r^{\neq} H_m^{\ominus}$、$\Delta_r^{\neq} S_m^{\ominus}$ 分别表示反应物变成活化配合物的标准反应吉布斯自由能变化（简称为活化自由能）、标准反应焓变化（活化焓）、标准反应熵变化（活化熵），根据热力学结论则有：

$$-RT\ln K_c^{\neq}=\Delta_r^{\neq} G_m^{\ominus}=\Delta_r^{\neq} H_m^{\ominus}-T\Delta_r^{\neq} S_m^{\ominus}$$

则
$$K_c^{\neq}=\exp\left(\frac{\Delta_r^{\neq} S_m^{\ominus}}{R}\right)\exp\left(-\frac{\Delta_r^{\neq} H_m^{\ominus}}{RT}\right) \tag{9.32}$$

将式(9.32)代入式(9.31)，得热过渡态理论速率常数 k_{TTST} 为

$$k_{\mathrm{TTST}}=\frac{k_B \mathrm{T}}{h}\exp\left(\frac{\Delta_r^{\neq} S_m^{\ominus}}{R}\right)\exp\left(-\frac{\Delta_r^{\neq} H_m^{\ominus}}{RT}\right) \tag{9.33}$$

式(9.33)就是过渡态理论反应速率常数的热力学表达式，适用于各种基元反应，k_{TTST} 为物质的量浓度表示的热力学方法过渡态理论速率常数。理论上只要知道了活化络合物的结构，根据其光谱数据及统计力学的方法，就可以计算出 $\Delta_r^{\neq} H_m^{\ominus}$、$\Delta_r^{\neq} S_m^{\ominus}$，从而可计算出反应的速率常数，这是该理论又称为绝对反应速率理论的原因。

对式(9.31)两边取自然对数，得

$$\ln k_{\mathrm{TTST}}=\ln\frac{k_B}{h}+\ln T+\ln K_c^{\neq}$$

上式两边对温度 T 求一阶导数，得

$$\frac{\mathrm{d}\ln k_{\mathrm{TTST}}}{\mathrm{d}T}=\frac{1}{T}+\frac{\mathrm{d}\ln K_c^{\neq}}{\mathrm{d}T} \tag{9.34}$$

由阿伦尼乌斯公式微分式(8.104)，得

$$\begin{aligned}E_a&=RT^2\frac{\mathrm{d}\ln k_{\mathrm{TTST}}}{\mathrm{d}T}\\&=RT^2\left[\frac{1}{T}+\frac{\partial\ln K_c^{\neq}}{\partial T}\right]\\&=RT^2\left[\frac{1}{T}+\frac{\Delta_r^{\neq} U_m^{\ominus}}{RT^2}\right]\end{aligned}$$

则
$$E_a=\Delta_r^{\neq} U_m^{\ominus}+RT=\Delta_r^{\neq} H_m^{\ominus}-\Delta(pV)_m+RT \tag{9.35}$$

① 对于凝聚相基元反应，近似有 $\Delta(pV)_m\approx 0$，故式(9.35)可变为

$$E_a=\Delta_r^{\neq} H_m^{\ominus}+RT \tag{9.36}$$

将式(9.36)代入式(9.33)，得

$$k_{\mathrm{TTST}}=\frac{k_B T\mathrm{e}}{h}\exp\left(\frac{\Delta_r^{\neq} S_m^{\ominus}}{R}\right)\exp\left(-\frac{E_a}{RT}\right) \tag{9.37}$$

对比式(9.37)与式(8.101)，得热力学方法过渡态理论推出的实验指前因子 A_{TTST}

$$A_{\mathrm{TTST}}=\frac{k_B T\mathrm{e}}{h}\exp\left(\frac{\Delta_r^{\neq} S_m^{\ominus}}{R}\right) \tag{9.38}$$

② 对于理想气体 n 分子反应，有

$$\Delta(pV)_m=\sum_B \nu_B^{\neq} RT=(1-n)RT$$

则式(9.35)可变为

$$E_a=\Delta_r^{\neq} H_m^{\ominus}+nRT \tag{9.39}$$

将式(9.39)代入式(9.33)，得

$$k_{\mathrm{TTST}}=\frac{k_B T\mathrm{e}^n}{h}\exp\left(\frac{\Delta_r^{\neq} S_m^{\ominus}}{R}\right)\exp\left(-\frac{E_a}{RT}\right) \tag{9.40}$$

对比式(9.40)与式(8.101)，得过渡态理论推出的实验指前因子 A

$$A_{\mathrm{TTST}}=\frac{k_B T\mathrm{e}^n}{h}\exp\left(\frac{\Delta_r^{\neq} S_m^{\ominus}}{R}\right) \tag{9.41}$$

式(9.38)和式(9.41)说明实验指前因子 A 本质上是与不对称伸缩振动频率和活化熵密切相关的物理量。

在温度不太高的情况下，$RT\ll\Delta_r^{\neq} H_m^{\ominus}$ 或 $nRT\ll\Delta_r^{\neq} H_m^{\ominus}$，则活化焓与实验活化能相近，即 $E_a\approx\Delta_r^{\neq} H_m^{\ominus}$，故

$$k_{\mathrm{TTST}}=\frac{k_B T}{h}\exp\left(\frac{\Delta_r^{\neq} S_m^{\ominus}}{R}\right)\exp\left(-\frac{E_a}{RT}\right) \tag{9.42}$$

此式也为过渡状态理论中常用的一个公式。

从式(9.42)可看出，一定条件下的反应速率常数是由活化能和活化熵共同决定的，这合理解释了实验看起来的反常现象。如有些反应活化能很相近，而反应速率却相差很大，这往往是由于其反应活化熵不同所致，如甲酸甲酯和乙酸甲酯在常温下碱性水解反应的活化能几乎相等，但活化熵不同，分别

为-77.32J/(mol·K)和-126J/(mol·K)，因而前者的反应速率比后者快几百倍。有些反应活化能相差很大，但反应速率却相近，这往往是因为它们的活化熵相差也很大。有的反应还出现活化能大的反应速率反而比活化能小的快，这也是由于活化熵的差异性引起的，如在 700K 时 $Ge(CH_3)_4$ 裂解反应的活化能为 213kJ/mol，CH_3CHCl_2 裂解反应活化能为 201kJ/mol，单从活化能看，前者反应速率应该慢于后者；但由于前者反应活化熵为 13.2×10^{-3}kJ/(mol·K)和后者反应活化熵为-37.1×10^{-3}kJ/(mol·K)，结果前者反应速率比后者快 60 倍。

另外，从结合式(9.28)、式(9.29) 知，k_{TTST} 的单位是由 ν 和 $K_c^{\neq}$ 共同决定的；ν 的单位为 s^{-1}，$K_c^{\neq}=\dfrac{[P]}{\prod\limits_B [R_B]}$(且对应于标准热力学函数值)；故对 n 级反应，则 k_{TTST} 的单位为：$[c^0]^{-n}\cdot s^{-1}$。

将式(9.42)与碰撞理论中式(9.24)比较，则：

$$PA=\frac{k_B T}{h}\exp\left(\frac{\Delta_r^{\neq}S_m^{\ominus}}{R}\right) \tag{9.43}$$

上式中由于 RT/Lh 与 A 在数量级上相近，故可近似看作 P 与 $e^{\Delta_r^{\neq}S_m^{\ominus}/R}$ 相当。反应物形成活化络合物相当于聚合、化合，反应分子数减少的反应，故 $\Delta_r^{\neq}S_m^{\ominus}$ 一般为负值，表示反应物形成活化络合物的过程是体系混乱度降低的熵减少的过程，从简单的熵判据看不是自发的，从宏观体系看是反应物少量分子表现出的现象。这样，过渡状态理论较合理地解释了碰撞理论中的空间因子。活化熵可根据实验测定，也可从理论计算，因此可从活化熵计算空间因子 P 的数值。

例题 9-3　实验测得丁二烯的气相二聚反应的速率常数 k 与温度 T 的关系为

$$k=9.2\times10^9\exp\left(-\frac{12058}{T}\right)dm^3\cdot mol^{-1}\cdot s^{-1}$$

已知此反应 $\Delta_r^{\neq}S_m^{\ominus}=-64J\cdot K^{-1}\cdot mol^{-1}$，丁二烯分子直径 0.5nm、分子量 $54g\cdot mol^{-1}$，试用过渡态理论和简单碰撞理论分别计算 600K 时的指前因子 A，并讨论两个计算结果。

解：由题意

$$k=9.2\times10^9\exp\left(-\frac{12058}{T}\right)dm^3\cdot mol^{-1}\cdot s^{-1}$$
$$\Rightarrow A=9.2\times10^9(dm^3\cdot mol^{-1}\cdot s^{-1})$$
$$=9.2\times10^6(m^3\cdot mol^{-1}\cdot s^{-1})$$

习题：

9-8　实验测得松节油萜的消旋反应在 458K 和 508K 速率常数分别为 $2.2\times10^{-5}min^{-1}$ 和 $2.5\times10^{-3}min^{-1}$，试求该反应的 E_a、$\Delta_r^{\neq}S_m^{\ominus}$（用平均温度）。($183107J\cdot mol^{-1}$，$19.34J\cdot K^{-1}\cdot mol^{-1}$)

9-9　标准压力下实验测定不同温度液态物 A 的消旋反应发现，300K、350K 的速率常数分别为 $1.0\times10^{-5}min^{-1}$、$9.5\times10^{-3}min^{-1}$。试计算该反应的实验活化能 E_a 以及 300K 时的 $\Delta_r^{\neq}S_m^{\ominus}$、$\Delta_r^{\neq}H_m^{\ominus}$、$\Delta_r^{\neq}G_m^{\ominus}$。[119.7kJ/mol；16.0J/（K·mol）；117.2kJ/mol；112.4kJ/mol]

9-10　实验测得不同温度下的某基元反应 A(g) + B(g) ⟶ P(g)，$k_p(298K)=2.78\times10^{-5}Pa^{-1}\cdot s^{-1}$，$k_p(308K)=5.55\times10^{-5}Pa^{-1}\cdot s^{-1}$，已知 A、B 原子半径和摩尔质量分别为 0.36nm、0.41nm 和 28g/mol、71g/mol，试求 298K 时该反应的概率因子 P 以及活化 $\Delta_r^{\neq}H_m^{\ominus}$、$\Delta_r^{\neq}S_m^{\ominus}$、$\Delta_r^{\neq}G_m^{\ominus}$。[0.325；50.3kJ/mol；$-40.9$J/(mol·K)；62.5kJ/mol]

思考：

9-17　反应活化熵能引起反应速率的差异对你有何启发？

(1) 根据热力学过渡态理论公式，得

$$A_{\mathrm{TTST}}=\frac{k_{\mathrm{B}}Te^{n}}{h}\exp\left(\frac{\Delta_{\mathrm{r}}^{\neq}S_{\mathrm{m}}^{\ominus}}{R}\right)$$

$$=\frac{1.38\times10^{-23}\times600\times2.718^{2}}{6.626\times10^{-34}}\exp\left(\frac{-64}{8.314}\right)$$

$$=4.19\times10^{10}(\mathrm{dm^{3}\cdot mol^{-1}\cdot s^{-1}})$$

$$=4.19\times10^{7}(\mathrm{m^{3}\cdot mol^{-1}\cdot s^{-1}})$$

校正因子 $P_{\mathrm{TTST}}=\frac{A_{\mathrm{Exp}}}{A_{\mathrm{Tho}}}=\frac{9.2\times10^{6}}{4.19\times10^{7}}=0.22$

(2) 根据简单碰撞理论公式，得

$$A_{\mathrm{SCT}}=2\pi d_{\mathrm{AA}}^{2}L\sqrt{\frac{RTe}{\pi M_{\mathrm{A}}}}$$

$$=2\times3.14\times(0.5\times10^{-9})^{2}\times6.022\times10^{23}\times\sqrt{\frac{8.314\times600\times2.718}{3.14\times54\times10^{-3}}}$$

$$=2.67\times10^{8}(\mathrm{m^{3}\cdot mol^{-1}\cdot s^{-1}})$$

校正因子 $P_{\mathrm{SCT}}=\frac{A_{\mathrm{Exp}}}{A_{\mathrm{Tho}}}=\frac{9.2\times10^{6}}{2.67\times10^{8}}=0.034$

(3) 从本题目计算结果可以看出，过渡态理论计算出的指前因子 A 的结果比较接近实验值 ($P_{\mathrm{TTST}}=0.22$)，而用碰撞理论公式计算出的 A 值与实验结果相差很大 ($P_{\mathrm{SCT}}=0.034$)，可见活化熵与概率因子有很大关系，而碰撞理论模型过于简单，没有考虑到空间因子这一点。

9.2.3.2 统计力学方法

根据过渡态理论的基本假设 (Ⅰ) ——活化络合物与反应物之间可达化学平衡，意味着在统计学上反应物和活化络合物分子均遵守 Maxwell-Boltzmann 能量分布定律，则对于平衡反应

$$\mathrm{A+B{-}C \rightleftharpoons [A\cdots B\cdots C]^{\neq}}$$

则

$$K_{\mathrm{c}}^{\neq}=\frac{[\mathrm{ABC}]^{\neq}}{[\mathrm{A}][\mathrm{BC}]}=\frac{\frac{N^{\neq}}{LV}}{\frac{N_{\mathrm{A}}}{LV}\times\frac{N_{\mathrm{BC}}}{LV}}=LV\frac{N^{\neq}}{N_{\mathrm{A}}N_{\mathrm{BC}}}$$

$$=LV\frac{Vq_{\neq}}{Vq_{\mathrm{A}}Vq_{\mathrm{BC}}}=L\frac{q_{\neq}}{q_{\mathrm{A}}q_{\mathrm{BC}}} \qquad (9.44)$$

根据过渡态理论基本假设 (Ⅱ)，不对称伸缩振动频率就是活化络合物分子的分解振动频率 ν[如图 9-9(d)所示]，这一反应坐标方向振动的配分函数仍可表示为一维谐振子的配分函数（本部分用到的统计热力学的相关知识详见第 14 章）：

$$f_{\nu}^{\neq}=\frac{1}{1-\exp\left(\frac{-h\nu}{k_{\mathrm{B}}T}\right)}$$

由于 ν 很小，一般均满足 $h\nu\ll k_{\mathrm{B}}T$，则上式可变为

$$f_{\nu}^{\neq}=\frac{1}{1-\exp\left(\frac{-h\nu}{k_{\mathrm{B}}T}\right)}=\frac{k_{\mathrm{B}}T}{h\nu}$$

将活化络合物能分解为产物的不对称振动配分函数扣除后的配分函数用 $q_{//}$ 表示，则式(9.44)可变为

$$K_{\mathrm{c}}^{\neq}=L\frac{k_{\mathrm{B}}T}{h\nu}\times\frac{q_{//}}{q_{\mathrm{A}}q_{\mathrm{BC}}} \qquad (9.45)$$

将式(9.45)代入式(9.29)，得统计力学方法过渡态理论速率常数 k_{STST} 为

$$k_{\mathrm{STST}}=\nu K_{\mathrm{c}}^{\neq}=L\frac{k_{\mathrm{B}}T}{h}\times\frac{q_{//}}{q_{\mathrm{A}}q_{\mathrm{BC}}} \qquad (9.46)$$

根据统计力学原理，分子体系 B 配分函数（可看作是分子体系微观状态数的另一种表示）是分子各种运动形式配分函数的乘积，即 $q_{\mathrm{B}}=q_{\mathrm{B}}^{\mathrm{t}}q_{\mathrm{B}}^{\mathrm{r}}q_{\mathrm{B}}^{\mathrm{v}}q_{\mathrm{B}}^{\mathrm{e}}q_{\mathrm{B}}^{\mathrm{n}}$。通常电子和原子核的配分函数值远高于平动、转动、振动的数值，这样将电子和原子核的配分函数的数值均归结到零点振动能中，用 f_{B} 表示平动、转动、振动配分函数，即

$$q_{\mathrm{B}}=f_{\mathrm{B}}\exp\left(-\frac{\varepsilon_{0}}{k_{\mathrm{B}}T}\right) \qquad (9.47)$$

则

$$q_{\mathrm{A}}=f_{\mathrm{A}}\exp\left(-\frac{\varepsilon_{\mathrm{A},0}}{k_{\mathrm{B}}T}\right)=f_{\mathrm{A,t}}^{3}\exp\left(-\frac{\varepsilon_{\mathrm{A},0}}{k_{\mathrm{B}}T}\right) \qquad (1)$$

$$q_{\mathrm{BC}}=f_{\mathrm{BC}}\exp\left(-\frac{\varepsilon_{\mathrm{BC},0}}{k_{\mathrm{B}}T}\right)=f_{\mathrm{BC,t}}^{3}f_{\mathrm{BC,r}}^{2}f_{\mathrm{BC,v}}^{1}\exp\left(-\frac{\varepsilon_{\mathrm{BC},0}}{k_{\mathrm{B}}T}\right) \qquad (2)$$

$$q_{\neq}=f_{\neq}\exp\left(-\frac{\varepsilon_{\neq,0}}{k_B T}\right)$$
$$=f^3_{\neq,t}f^2_{\neq,r}f^4_{\neq,v}\exp\left(-\frac{\varepsilon_{\neq,0}}{k_B T}\right)$$
$$=\frac{k_B T}{h\nu}f_{//}\exp\left(-\frac{\varepsilon_{\neq,0}}{k_B T}\right)$$
$$=\frac{k_B T}{h\nu}f^3_{\neq,t}f^2_{\neq,r}f^3_{\neq,v}\exp\left(-\frac{\varepsilon_{\neq,0}}{k_B T}\right) \quad (3)$$

$$q_{//}=f_{//}\exp\left(-\frac{\varepsilon_{\neq,0}}{k_B T}\right)$$
$$=f^3_{\neq,t}f^2_{\neq,r}f^3_{\neq,v}\exp\left(-\frac{\varepsilon_{\neq,0}}{k_B T}\right) \quad (4)$$

将式(1)、式(2)、式(4)代入式(9.46)，又 $E_0=L\Delta^{\neq}_{\varepsilon_0}\varepsilon$，得

$$k_{STST}=L\ \frac{k_B T}{h}\times\frac{f_{//}}{f_A f_{BC}}\ \exp\left(-\frac{E_0}{RT}\right) \quad (9.48)$$

$$k_{STST}=L\times\frac{k_B T}{h}\times\frac{f^3_{\neq,t}f^2_{\neq,r}f^3_{\neq,v}}{f^3_{A,t}f^3_{BC,t}f^2_{BC,r}f^1_{BC,v}}\times \exp\left(-\frac{E_0}{RT}\right) \quad (9.49)$$

式(9.49)即为过渡态理论统计力学方法所得出反应 A+B—C ⟶ A—B+C 的速率常数的表达式。

同理，双分子基元反应 $A+B\longrightarrow[A\cdots B]^{\neq}\longrightarrow P$ 的速率常数为

$$k_{STST}=L\ \frac{k_B T}{h}\times\frac{q_{//}}{q_A q_B}$$
$$=L\ \frac{k_B T}{h}\times\frac{f_{//}}{f_A f_B}\ \exp\left(-\frac{E_0}{RT}\right) \quad (9.50)$$

式(9.50)就是双分子基元反应速率常数的统计表达式，k_B 为玻尔兹曼常数。对于单原子分子的双分子基元反应 $A+B\longrightarrow[A\cdots B]^{\neq}\longrightarrow P$，A、B 分子分别有 3 个平动自由度，无转动、振动自由度；$[A\cdots B]^{\neq}$ 分子则有 3 个平动自由度，2 个转动自由度，1 个振动自由度，而该振动自由度则为由活化络合物变为产物表示反应速率的振动，故式(9.50)可表示为

$$k_{STST}=L\ \frac{k_B T}{h}\times\frac{f^3_{\neq,t}f^2_{\neq,r}}{f^3_{A,t}f^3_{B,t}}\ \exp\left(-\frac{E_0}{RT}\right) \quad (9.51)$$

推而广之，对于 n 级基元反应 $nB\longrightarrow[B]^{\neq}_n\longrightarrow P$ 的速率常数为

$$k_{STST}=L^{n-1}\ \frac{k_B T}{h}\times\frac{q_{//}}{\prod_B q_B}$$
$$=L^{n-1}\frac{k_B T}{h}\times\frac{f_{//}}{\prod_B f_B}\ \exp\left(-\frac{E_0}{RT}\right) \quad (9.52)$$

根据分子结构的不同，n 个原子构成的线形结构分子，有 3 个平动自由度、2 个转动自由度、$3n-5$ 个振动自由度；n 个原子构成的非线形结构分子，有 3 个平动自由度、3 个转动自由度、$3n-6$ 个振动自由度；则配分函数 $f^{//}$ 的振动自由度为 $3n-6$（线形活化络合物结构分子）或 $3n-7$（非线形活化络合物结构分子）。故式(9.52)可变为

$$k_{STST}=L^{n-1}\frac{k_B T}{h}\times\frac{f^3_{\neq,t}f^2_{\neq,r}f^{3n-6}_{\neq,v}}{\prod_B f_B}\ \exp\left(-\frac{E_0}{RT}\right)$$

或

$$k_{STST}=L^{n-1}\frac{k_B T}{h}\times\frac{f^3_{\neq,t}f^3_{\neq,r}f^{3n-7}_{\neq,v}}{\prod_B f_B}\ \exp\left(-\frac{E_0}{RT}\right) \quad (9.53)$$

再推而广之，对于由 n_A 个原子组成的非线形 A 分子与由 n_B 个原子组成的非线形 B 分子的二级基元反应生成由 n_A+n_B 个原子组成的非线形活化络合物 $[A\cdots B]^{\neq}$ 分子，再一步基元反应生成产物的速率常数为

$$k_{STST}=L\ \frac{k_B T}{h}\times\frac{f^3_{\neq,t}f^3_{\neq,r}f^{3(n_A+n_B)-7}_{\neq,v}}{f^3_{A,t}f^3_{A,r}f^{3n_A-6}_{A,v}\ f^3_{B,t}f^3_{B,r}f^{3n_B-6}_{B,v}}\ \exp\left(-\frac{E_0}{RT}\right) \quad (9.54)$$

为了研究温度对速率常数的影响，必须考虑配分函数与温度的关系。根据配分函数的表达式知，在温度不十分高的条件下，平动、转动、振动配分函数与温度的关系可表示为

$$q\propto T^{\alpha}$$

因此，在一定温度范围内，式(9.54)可近似表示为

$$k_{\mathrm{STST}}=CT^m\exp\left(-\frac{E_0}{RT}\right) \tag{9.55}$$

对一定的反应来说，C 和 m 为常数，其中 m 是包含了普适常数项及配分函数项中所有与 T 有关的因子。对双分子反应来说，m 值一般在 $-2\sim0.5$ 之间。对式(9.55)取对数并微分，得

$$\frac{\mathrm{d}\ln k_{\mathrm{STST}}}{\mathrm{d}T}=\frac{m}{T}+\frac{E_0}{RT^2}$$

代入 $E_a=RT^2\frac{\mathrm{d}\ln k}{\mathrm{d}T}$，得

$$E_a=E_0+mRT \tag{9.56}$$

将式(9.56)代入式(9.55)，得

$$k_{\mathrm{STST}}=CT^m\mathrm{e}^m\exp\left(-\frac{E_a}{RT}\right) \tag{9.57}$$

对比式(9.57)与阿伦尼乌斯公式(8.101)，得统计力学方法得出的指前因子 A 为

$$A_{\mathrm{STST}}=CT^m\mathrm{e}^m \tag{9.58}$$

若反应物 q_B 和活化络合物 $q_{//}$ 为已知，则可求算式(9.58)的 C 和 m。

例题 9-4 某研究工作者SATP下实验获得基元反应 $Cl(g)+H_2(g)\longrightarrow HCl(g)+H(g)$ 的实验指前因子 $A=1.5\times10^8\,\mathrm{m^3\cdot mol^{-1}\cdot s^{-1}}$。设每个运动自由度的配分函数的近似值分别为 $q_t\approx10^{10}\,\mathrm{m^{-1}}$，$q_r\approx15$，$q_v\approx2$。请通过计算判断该反应的过渡态分子的构型。

解：对于反应　$Cl(g)+H_2(g)\longrightarrow HCl(g)+H(g)$

因为 Cl(g) 是单原子分子，H_2(g) 是双原子分子，则过渡态［Cl…H…H］是三原子分子，故可能有两种分子基本构型。

根据统计力学过渡态理论公式，得

$$A=L^{n-1}\cdot\frac{k_BT}{h}\cdot\frac{f_{//}}{\prod_B f_B}$$

由题意知，$n=2$，故

$$A=L\cdot\frac{k_BT}{h}\cdot\frac{f_{//}}{\prod_B f_B}=\frac{RT}{h}\cdot\frac{f_{//}}{\prod_B f_B}$$

(1) 若过渡态为线性分子，则

$$A_{\mathrm{Lin}}=\frac{RT}{h}\cdot\frac{q^3_{\neq,t}q^2_{\neq,r}q^{9-6}_{\neq,v}}{(q^3_{\mathrm{Cl},t})\cdot(q^3_{\mathrm{H_2},t}q^2_{\mathrm{H_2},r}q^{6-5}_{\mathrm{H_2},v})}$$

$$\approx\frac{RT}{h}\cdot\frac{q_v^2}{q_t^3}$$

$$=\frac{8.314\times298}{6.626\times10^{-34}}\times\frac{2^2}{(10^{10})^3}$$

$$=1.5\times10^7\,(\mathrm{m^3\cdot mol^{-1}\cdot s^{-1}})$$

则校正因子　$P_{\mathrm{Lin}}=\frac{A_{\mathrm{Exp}}}{A_{\mathrm{Lin}}}=\frac{1.5\times10^8}{1.5\times10^7}=10$

习题：

9-11　有一单分子气相反应 $A\longrightarrow A^{\neq}\longrightarrow P$，已知A是含有 n 个原子的非线性分子，基本振动频率为 $10^{11}\,\mathrm{s^{-1}}$，活化络合物 $A^{\neq}$ 与反应物A的零点能之差 $E_0=81\mathrm{kJ\cdot mol^{-1}}$。试求500K时该反应的速率常数。设 $k_BT\gg h\nu$。($345\ \mathrm{s^{-1}}$)

9-12　设反应物和活化络合物的平动、转动和振动配分函数的数量级相同，分别为 $q_t\approx10^{10}\,\mathrm{m^{-1}}$、$q_r\approx10^1$、$q_v\approx1.0$，常数 $k_BT/h\approx10^{13}\,\mathrm{s^{-1}}$，零点能与活化能看作近似相等，试估计下列基元反应的指前因子。

(1) 两个单原子分子发生反应生成双原子络合物 $A+B\longrightarrow$ [A…B]；

(2) 单原子分子与双原子分子生成线形三原子络合物 $A+BC\longrightarrow$ [A…B…C]；

(3) 两个线形多原子分子生成线形多原子活化络合物；

(4) 两个非线形多原子分子生成非线形多原子活化络合物。

[$6.02\times10^8\,\mathrm{m^3/(mol\cdot s)}$；
$6.02\times10^6\,\mathrm{m^3/(mol\cdot s)}$；
$6.02\times10^4\,\mathrm{m^3/(mol\cdot s)}$；
$6.02\times10^3\,\mathrm{m^3/(mol\cdot s)}$]

（2）若过渡态为非线性分子，则

$$A_{\mathrm{Nol}}=\frac{RT}{h}\cdot\frac{q^{3}_{\neq,\mathrm{t}}q^{3}_{\neq,\mathrm{r}}q^{9-7}_{\neq,\mathrm{v}}}{(q^{3}_{\mathrm{Cl,t}})\cdot(q^{3}_{\mathrm{H_2,t}}q^{2}_{\mathrm{H_2,r}}q^{6-5}_{\mathrm{H_2,v}})}\approx\frac{RT}{h}\cdot\frac{q_{\mathrm{r}}q_{\mathrm{v}}}{q^{3}_{\mathrm{t}}}=\frac{8.314\times298}{6.626\times10^{-34}}\times\frac{15\times2}{(10^{10})^{3}}$$

$$=1.1\times10^{8}\,(\mathrm{m^3\cdot mol^{-1}\cdot s^{-1}})$$

则校正因子　$P_{\mathrm{Nol}}=\dfrac{A_{\mathrm{Exp}}}{A_{\mathrm{Nol}}}=\dfrac{1.5\times10^{8}}{1.1\times10^{8}}=1.36$

对比校正因子数值，可看出非线性过渡态分子的数据更加接近实验值，故该过渡态分子是非线性分子。

9.2.4　过渡态理论的优缺点

过渡态理论一方面与物质结构相联系，一方面与热力学也建立了联系，提供了一个解决反应速率的途径和办法，它所解决的问题是碰撞理论无能为力的。但由于人们确定活化配合物的结构还十分困难，加之计算方法过于复杂，虽然计算机技术比较成熟，但过渡态理论的实际运用还有不少困难，该理论还有待于进一步探索和研究。

过渡态理论的优点主要表现为：

① 过渡态理论形象地描绘了基元反应进展的过程；

② 过渡态理论原则上可以从原子结构的光谱数据和势能面计算宏观反应的速率常数；

③ 过渡态理论对阿伦尼乌斯的指前因子作了理论说明，认为它与反应的活化熵或与温度有关的配分函数有关；

④ 过渡态理论形象地说明了反应为什么需要活化能以及反应遵循的能量最低原理。

过渡态理论的缺点主要表现为：

① 过渡态理论引进的平衡假设和速控步假设并不能符合所有的实验事实，可能是基本假设与实验实际不符，实际反应受到更多因素的影响；

② 过渡态理论对复杂的多原子反应，精确绘制势能面有困难，使理论的应用受到一定的限制。

9.2.5　过渡态理论的扩展

$\overrightarrow{\mathrm{A}}+\overleftarrow{\mathrm{B}}-\mathrm{C}\xrightleftharpoons{\text{快}}[\mathrm{A\cdots B\cdots C}]^{\neq}\xrightleftharpoons{\text{慢}}\mathrm{A-B+C}$ 反应模型的过渡态理论为化学反应速率和各种能量变化提供了较为理想的理论方法，该理论在后来的实际研究中不断得到修正和发展，主要表现在以下两个方面。

① 在实际进行的反应过程中，反应体系可能通过多个鞍点最后变为产物，而过渡态理论模型仅通过一次鞍点就变为产物，这样计算的速率常数值一般会大于实验值，为此，后来发展为变分过渡态理论（variational transition-state theory），以弥补过渡态理论因未考虑体系多次越过鞍点带来的误差。

② 经典力学处理不同振动模式的能量问题时会有能量传递，当过渡态理论将配分函数能量量子化后，反应坐标分离从而引起很大的能量误差。再者由于体系能量的量子化效应，反应体系在势能面上可能无需翻越鞍点而发生隧道效应，体系直接能进入产物能量谷中，发生隧道效应后，实验速率常数会大于过渡态理论计算值，为此，后来发展为基于量子力学的过渡态理论，解决了反应坐标的不可分离性及量子隧道效应造成的误差。

9.3　测试技术

微观反应动力学起始于 1930 年 Eyling、Polanyi 和 Hirschfelder 的工作，但该方面研究的深入工作是在 1960 年后随着新的实验技术和电子计算机的发展，才在实验和理论中取得可靠的资料，利用新的技术手段，物理化学家才真正开始研究基元反应，认识反应的本质，达到研究反应过程动力学性质的目的。

微观反应动力学研究建立在现代物理有关分子、原子、激光与激光理论、分子束、能谱等实验技术及电子计算机技术基础之上。它应用现代物理化学的先进分析方法，在原子、分子的层次上研究不同状态下和不同分子体系中单分子的基元化学反应的动态结构、反应过程和反应机理。这一研究深入到分子或原子的微观层次，研究不同能态（平动、转动、振动、电子运动）、不同构型的分子反应特征，研究分子内部运动和分子之间的碰撞规律。

微观反应动力学是研究化学反应基元过程分子机理的学科。它用理论物理的方法计算处于某一量子态的分子进行单次碰撞并发生化学反应的概率（或截面）和产物分子的量子态、空间分布及反应速率常数等。这些研究提供了如何控制和利用化学反应的理论依据。

微观反应动力学研究的实验方法主要有：交叉分子束实验技术、激光诱导荧光技术、化学发光技术等，理论上要解决这样一些问题：给出反应物分子在空间上的势能面，即确定反应体系中各反应物分子在空间不同位置上的相互作用；计算作为反应物初态、产物终态函数的反应概率或反应截面；按反应初态能量分布规律，从反应截面计算反应速率常数并给出宏观反应动力学方面的信息。下面分别简单介绍交叉分子束技术、激光诱导荧光技术和闪光光解技术。

9.3.1 交叉分子束技术

交叉分子束（crossed molecularbeam）技术是目前分子反应碰撞研究中最强有力的工具。其基本原理是由两个不同来源喷发出两个分子束，在一个高真空的反应室中形成交叉，使分子间发生单次碰撞而散射。在散射室周围设置多个窗口，以便检测出产物分子以及弹性散射的反应物分子的能量分布、角度分布和分子能态，从而获得关于碰撞反应动力学的真实信息，交叉分子束实验装置示意如图 9-10 所示。由于交叉分子束技术的应用，人们能够研究从确定能态（或叫量子态）反应物到确定能态生成物的反应特征。这种由确定量子态的反应物发生反应而生成新的量子态的产物的过程叫做态-态反应（state to state reaction）。

9.3.2 激光诱导荧光技术

激光诱导荧光技术是指通过检测激光照射样品后的荧光发射的技术方法，实验原理示意见图 9-11(a)。实验时，用一束具有一定波长的激光，对初生态产物分子在电子基态各振动和转动能级上扫描，将电子激发到上一电子

思考：

9-18 当前哪些技术手段能让我们“看到”反应过程究竟发生了什么？你能设计捕捉反应过程中粒子信息的仪器吗？

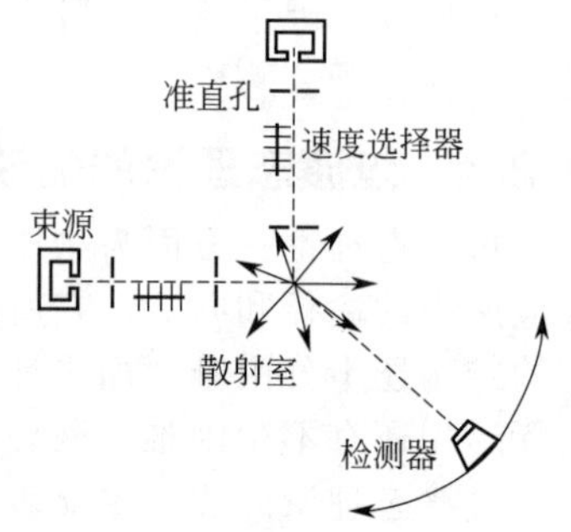

图 9-10 交叉分子束实验示意

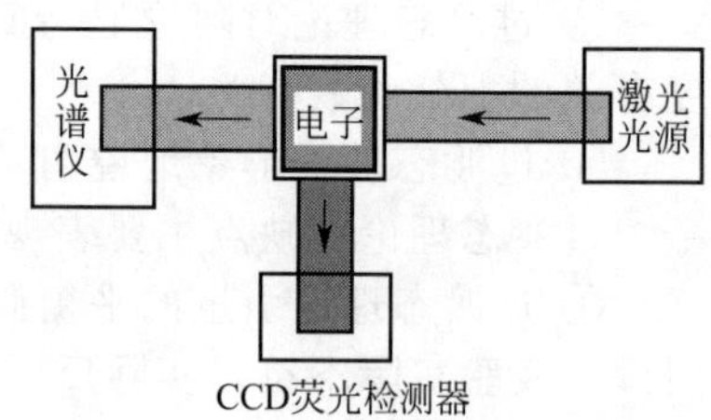

图 9-11（a） 激光诱导实验示意

9-19 怎样理解溶液中的反应与气相中的反应的差异性根源？哪些宏观现象与溶液中的反应现象相类似？

9-20 试从溶液反应动力学的角度解读“行万里路，读万卷书”的意义。

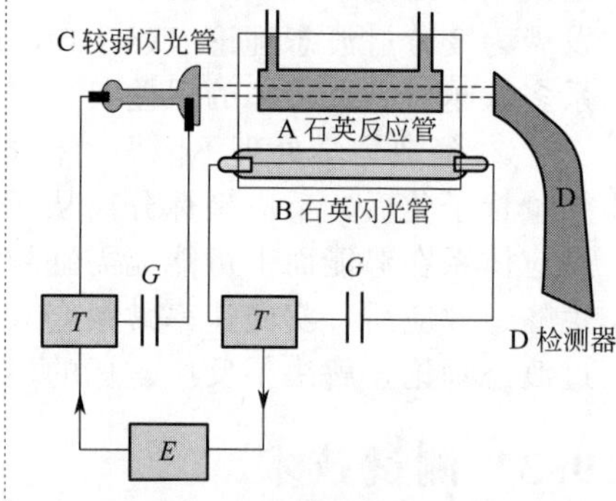

图 9-11（b） 闪光光解装置示意图

态的某一振动能级，然后用光谱仪拍摄电子去激发时放出的荧光，并将荧光进行数据处理，就可获得初生态分子在振动、转动能级上的分布和角分布信息。

由于激光诱导荧光检测的是与方向性和单色性很强的激发光不同方向、不同波长的发光，因此与其他激光光谱法相比灵敏度高。已有报道可以检测出 100 个/cm^3 以下的原子。而对于大多数分子，则可以很容易地检测至 10^6 个/cm^3。通过对激光调频，可以选择激发跃迁的初始状态和终了状态，因此可以解析分子的十分复杂的谱带。

微观反应动力学技术研究是一项系统性强、难度高的工作，不仅需要较高深的理论指导，还需要开发利用社会前沿科学技术，其技术水平直接影响到微观反应动力学的研究方向与深度，因此，微观反应动力学技术不仅是反应动力学的研究前沿，而且是自然科学发展的前沿。

9.3.3 闪光光解技术

采用强的闪光来产生浓度数千倍于通常体系瞬时存在的物种，如自由基或激发态分子，这种研究方法即闪光光解（flash photolysis）法，其实验原理见图 9-11(b)：将反应物放在一长石英管中，管两端有平面平行窗口，与反应管平行有一石英闪光管，它能产生能量高、持续时间很短的强烈闪光；当这种闪光被反应物吸收，会引起电子激发、发生化学反应。对这种光解产物通过光谱技术进行测定，并检测光解产物随时间的变化规律，闪光是大功率电容器对装有惰性气体的石英管放电来产生，在起始闪光滞后一时间间隔后的另一较弱的闪光用来测定瞬时存在物种的光谱。用改变滞后时间的办法获得一系列反应混合物的光谱，可提供瞬时存在的物种浓度在微秒至毫秒时标内的信息，本方法可测定大到 $10^5 s^{-1}$ 的一级反应速率常数和 $10^{11} dm^3 \cdot mol^{-1} \cdot s^{-1}$ 的二级反应速率常数，在气相和溶液中进行的反应均可应用此法测定。另外，闪光光解技术已成为鉴定、研究自由基的非常有效的方法。

9.4 溶液中的反应

溶液中的反应与气相反应相比，最大的不同是溶剂分子的存在。同一反应在气相和液相中的反应速率常数往往不同，甚至有不同的历程、不同的产物，因此研究溶剂对化学反应的影响就成为溶液反应动力学的主要内容。

9.4.1 溶剂对反应速率常数的影响

研究溶剂对反应影响的方法通常是研究同一反应气相、不同溶剂条件的反应速率，研究溶剂对反应的影响规律，获得反应溶剂效应参数。

通常溶剂影响反应速率的规律从性质上可分为物理效应和化学效应两个大类。

溶剂物理效应主要表现为以下五个方面：

① 溶剂离解效应。溶液中溶剂对溶质分子通常都有离解作用，致使反应物、产物、活化中间体都能与溶剂形成溶剂化物，溶剂化物不同于反应体系本身物质，从而表现出不同的反应速率。

② 溶剂极性效应。如果反应体系不同物质的极性不同，溶剂的极性将会通过影响反应体系物质的极性而影响反应速率常数。

③ 溶剂介电常数效应。溶剂介电性质对离子反应物参与的反应速率常数影响较大，通常介电常数比较大的溶剂不利于离子间的反应，而有利于离解为正、负离子的反应。

④ 溶剂黏度效应。溶剂黏度往往影响反应的传能和传质过程，特别对于扩散控制的快速反应有显著影响。

⑤ 氢键效应。某些质子溶剂如 H_2O、ROH、ROOH、RNH_2 等可与反应体系物质生成氢键，从而影响反应速率。

溶剂化学效应主要表现为两个方面：

（1）溶剂分子的催化作用，如均相酸碱催化。

（2）溶剂分子参与反应，出现在计量方程中，通常不能确定溶剂的反应级数，如蔗糖水解反应。

9.4.2 溶液中的反应

溶液中的反应与分子的运动密切相关，而溶液中分子间的相对运动受到溶剂的影响，详细理论计算非常困难，研究溶液中的反应首先要考虑两个模型：溶剂笼和反应遭遇。

9.4.2.1 溶剂笼模型

根据相似相容原理——相同或相似结构的物质具有相互溶解的性质，溶液体系中的溶剂、反应体系物质在结构上往往存在差异性，这样相同结构的物质更容易溶解在一起形成多分子的集合体。但在溶液中由于溶剂离解化效应，反应体系物质会不同程度地被溶剂分离为一个到数个或若干分子集合体；由于溶液中大量溶剂分子的存在，反应体系物质分子集合体处于溶剂分子笼中，如图 9-12 所示，这就是溶液反应中的溶剂笼模型（cage model），这种溶剂笼对反应影响的效应称为笼效应（cage effect）。在溶液中由于分子热运动的存在，溶质分子往往是冲破一个笼又进入另一笼的过程。溶液中的反应进行全过程中，反应体系物质始终处于溶剂笼中，反应物在溶剂笼中反应生成产物，产物从反应笼中脱离又进入新的溶剂笼。1961 年 You 和 Levy 用实验证实了溶剂笼效应的存在。

9.4.2.2 遭遇模型

在溶液中，当反应分子进入到同一个溶剂笼中时，由于笼效应的存在，反应分子在同一笼中停留的时间内会发生多次碰撞，这在溶液反应中称为遭遇（encounter），进入同一笼中的反应物分子称为遭遇对，该笼称为遭遇笼。实验证实，每次遭遇对在笼中停留时间约为 $10^{-12}\sim10^{-11}$s，进行约 100～1000 次碰撞，最后以产物分子或以原来分子再次冲破遭遇笼进入新溶剂笼。

可以看出由于笼效应的存在，大大增加了遭遇笼内近距离反应物分子的碰撞次数，但限制了远距离分子的碰撞机会，与气相反应相比，溶液中的反应总的有效碰撞的频率不会有太大的变化，所以，通常认为单纯的笼效应不会引起反应速率的显著变化。

9.4.2.3 溶液中的反应步骤

溶液中的反应物分子处在溶剂分子的包围之中，要发生反应必须通过扩散，运动到一个“笼”中形成

思考：

9-21 溶剂笼和反应遭遇模型与我们宏观中的哪些现象相类似？溶液反应中的这两个模型对你理解宏观的类似现象有怎样的启发？

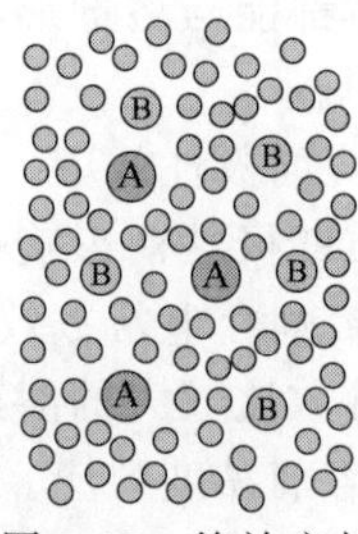

图 9-12 笼效应与遭遇模型示意

“遭遇对”才能发生反应。基于溶液中的物质溶剂笼和反应遭遇模型，认为在溶液中的化学反应通常经历如下步骤：①反应物分子扩散到同一溶剂笼中形成遭遇对；②遭遇对发生反应变为产物分子或不发生反应仍为反应物分子；③遭遇对物质分子冲破遭遇笼扩散分离。这样，A 和 B 的溶液中化学反应可简单描述为

$$A+B \underset{k_{-D}}{\overset{k_D}{\rightleftharpoons}} A*B \xrightarrow{k_r} P$$

式中，k_D 为扩散过程的速率常数，k_{-D} 为遭遇对分离过程的速率常数，k_r 为遭遇对发生反应的速率常数。由于遭遇对能维持一定时间，遭遇对浓度达到稳态，可看作一种暂态中间物，根据稳态近似处理法，则

$$\frac{d[A*B]}{dt}=k_D[A][B]-k_{-D}[A*B]-k_r[A*B]=0$$

故
$$[A*B]=\frac{k_D[A][B]}{k_{-D}+k_r}$$

则溶液反应速率为

$$r=k_r[A*B]=\frac{k_r k_D}{k_{-D}+k_r}[A][B] \tag{9.59}$$

故反应速率常数为

$$k=\frac{k_r k_D}{k_{-D}+k_r} \tag{9.60}$$

当 $k_r \gg k_{-D}$，则
$$k=k_D, r=k_D[A][B]$$
表示化学反应速率远快于扩散分离速率，反应物分子扩散到同一笼内是反应的速控步骤，一旦形成遭遇对马上发生反应生成产物，称为扩散控制的反应。

$$当\ k_r \ll k_{-D}, 则\ k=k_r k_D/k_{-D}=k_r K_D$$
$$r=k_r K_D[A][B]=k_r[A*B]$$

式中，K_D 为遭遇对与反应物分子形成的平衡常数，该常数不受化学反应的影响，总反应速率决定于遭遇对的化学反应速率，称为活化控制的反应。

9.4.3 扩散控制的反应

溶液中的一些快速反应的速控步骤是反应物的扩散过程，该类反应速率只与反应物扩散到同一笼中的速率有关，反应物分子一旦扩散到同一笼中形成遭遇对，则会立即反应生成产物，这样反应速率正比于单位时间内反应分子的遭遇对数。根据目前不同物质粒子的扩散理论，可分两种情况进行讨论。

(1) 非离子型反应

非离子型反应是指反应物为非离子型物质，溶液中没有离子参与反应。1917 年 Smoluchowski 根据 Ficks 第一定律推导出了反应物 A、B 分子的扩散速率常数 k_D 的表达式

$$k_D=4\pi L(r_A+r_B)(D_A+D_B) \tag{9.61}$$

式中，r_A、r_B 分别是 A、B 分子的半径（设反应分子 A、B 为球形分子）；D_A、D_B 为 A、B 在溶剂中的扩散系数；L 为阿伏伽德罗常数。

各分子的扩散系数又可用 Stockes-Einstein 扩散系数公式(9.62)计算。

$$D=\frac{k_B T}{6\pi\eta r} \tag{9.62}$$

式中，η 为溶剂的黏度；r 为溶质分子半径。

将式(9.62)代入式(9.61)，得

$$k_D = 4\pi L(r_A + r_B)\left(\frac{k_B T}{6\pi\eta r_A} + \frac{k_B T}{6\pi\eta r_B}\right)$$

整理，得

$$k_D = \frac{2RT}{3\eta} \times \frac{(r_A + r_B)^2}{r_A r_B} \tag{9.63}$$

反应分子的半径大小通常在相同的数量级，当 $r_A \approx r_B$ 时，式(9.63)可变为

$$k_D = \frac{8RT}{3\eta} \tag{9.64}$$

298K 水溶剂的黏度系数 $\eta = 8.90 \times 10^{-4}$ Pa·s，代入式（9.64）得非离子型物质的扩散控制反应的速率常数 $k_D \approx 7.42 \times 10^6 \mathrm{m^3/(mol \cdot s)}$。

（2）离子型反应

离子型反应是指反应物为离子型物质，溶液中有离子参与反应。该类反应的扩散动力学更为复杂，因为离子在溶液中除存在浓度梯度外，还要考虑带点质点之间的吸引和排斥作用以及溶剂介电常数等因素，这些因素将会影响遭遇速率。1942 年 Debye 推导出在稀溶液中扩散控制的 A、B 离子的反应速率常数 k_D 的表达式为

$$k_D = 4\pi L(r_A + r_B)(D_A + D_B)\frac{W}{e^W - 1} \tag{9.65}$$

其中

$$W = \frac{z_A z_B e^2}{4\pi\varepsilon_0 \varepsilon k_B T(r_A + r_B)}$$

式中，z_A、z_B 为反应物种 A、B 的荷电数；e 是元电荷；ε_0 是真空电容率（$8.854187817 \times 10^{-12}$ F·m）；ε 是溶剂的介电常数；$(r_A + r_B)$ 是反应物质离子的半径之和，通常用德拜-休克尔极限公式中的平均离子直径表示，其值在 3～8Å。

将式(9.62)代入式(9.65)，并假设 $r_A \approx r_B$，得

$$k_D = \frac{8RT}{3\eta} \times \frac{W}{e^W - 1} \tag{9.66}$$

298K 水溶剂中异号离子间的 $W/(e^W - 1)$ 值在 2～10 之间，同号离子间的值在 0.01～0.5 之间，代入式（9.66）得离子型物质的扩散控制反应的速率常数 $k_D \approx 10^6 \sim 10^9 \mathrm{m^3/(mol \cdot s)}$。对于在一定溶液中的具体离子型反应，$W$ 为常数，$W/(e^W - 1)$ 则为确定的常数值，综合式（9.64）和式（9.66），扩散控制反应的速率常数为

$$k_D = \frac{8CRT}{3\eta} \tag{9.67}$$

式中，C 为与参与反应物质特性有关的常数，非离子型物质 $C = 1$。

由于溶剂黏度与温度的关系遵守阿伦尼乌斯公式，即

$$\eta = A\exp\left(\frac{E_a}{RT}\right) \tag{9.68}$$

式中，E_a 为输送过程的活化能。将式(9.68)代入式(9.67)，得扩散控制反应的速率常数为

$$k_D = \frac{8CRT}{3A}\exp\left(-\frac{E_a}{RT}\right) \tag{9.69}$$

根据式(9.69)可计算当反应为扩散控制时的活化能。通常反应活化能比较低是扩散控制反应的特点，实践经验：扩散活化能约为溶剂汽化焓的 1/3，大多数有机溶剂约为 10kJ/mol，水溶剂约为 18kJ/mol。

可以用弛豫法实际测定溶液中的许多快速反应速率常数 k，然后与理论计算 k_D 进行比较，从而判断确定所研究的反应是否为扩散控制。例如已知水溶液中最快的双分子反应：$H^+ + OH^- \longrightarrow H_2O$，实验测得该反应在 298K 时的 $k=1.4\times10^{11}\,m^3/(mol\cdot s)$，质谱仪检测到 $H_9O_4^+$ 和 $H_7O_4^-$ 两种离子型物质的存在。$H_9O_4^+$ 和 $H_7O_4^-$ 这两种离子的半径之和约为 8Å，与理论结果一致，这正说明了理论结果的正确性。

9.4.4 活化控制的反应

许多溶液中的反应不是扩散控制的，而是只有遭遇到一小部分反应物才导致化学反应，称为化学的控制反应或称为活化控制的反应，其反应速率决定于每次遭遇导致化学反应的概率，其反应的活化能通常大于 $80kJ\cdot mol^{-1}$。

由于溶液中的反应存在分子间相当强的相互作用力，因此不存在单个分子的配分函数，那么就不能用统计力学的方法应用过渡态理论计算速率常数 k，只能用过渡态理论速率常数的热力学表达式：

$$k_{TST}=\frac{k_B T}{h}K_c^{\neq}$$

在溶液中通常浓度范围内 $K_c^{\neq}$ 不是常数，$K_a^{\neq}$ 才是常数，因此对应于溶液中的反应

$$A+B \underset{k_{-D}}{\overset{k_D}{\rightleftharpoons}} A*B \xrightarrow{k_r} P$$

$$K_a^{\neq}=\prod_B(\gamma_B c_B)^{\nu_B}=\prod_B \gamma_B^{\nu_B}\prod_B c_B^{\nu_B}=K_\gamma^{\neq}K_c^{\neq}$$

$$K_c^{\neq}=\frac{K_a^{\neq}}{K_\gamma^{\neq}} \tag{9.70}$$

则

$$k_{TST}=\frac{k_B T}{h}\times\frac{K_a^{\neq}}{K_\gamma^{\neq}} \tag{9.71}$$

根据 $-RT\ln K_a^{\neq}=\Delta_r^{\neq}G_m^{\ominus}=\Delta_r^{\neq}H_m^{\ominus}-T\times\Delta_r^{\neq}S_m^{\ominus}$，则有

$$k_{TST}=\frac{k_B T}{h}\times\frac{1}{K_\gamma^{\neq}}\exp\left(\frac{\Delta_r^{\neq}S_m^{\ominus}}{R}\right)\exp\left(-\frac{\Delta_r^{\neq}H_m^{\ominus}}{RT}\right) \tag{9.72}$$

对于溶液中的反应，有 $E_a=\Delta_r^{\neq}H_m^{\ominus}+RT$，代入上式，得

$$k_{TST}=\frac{k_B T}{h}\times\frac{e}{K_\gamma^{\neq}}\exp\left(\frac{\Delta_r^{\neq}S_m^{\ominus}}{R}\right)\exp\left(-\frac{E_a}{RT}\right) \tag{9.73}$$

与阿伦尼乌斯公式(8.101)相比，得

$$A=\frac{k_B T}{h}\times\frac{e}{K_\gamma^{\neq}}\exp\left(\frac{\Delta_r^{\neq}S_m^{\ominus}}{R}\right)$$

$$\Rightarrow A=\frac{k_B Te}{h}\times\frac{\gamma_A\gamma_B}{\gamma^{\neq}}\exp\left(\frac{\Delta_r^{\neq}S_m^{\ominus}}{R}\right) \tag{9.74}$$

思考：

9-22 溶液中的反应速率有两种控制类型——扩散控制型和活化控制型，对应于生活中的宏观类似现象（如一见钟情、日久生情），这两种控制溶液中的反应速率的机理对你有何生活启发？

对于溶液中的离子反应，常研究不同浓度条件下的反应速率，结合溶液中各溶质的活度系数，计算无限稀溶液中的反应速率，可据此来评定溶液中的反应速率。

在无限稀溶液中，各物质的活度因子均为 1，则式(9.73)可变为

$$k_{TST}^{\infty}=\frac{k_B T e}{h}\times\exp\left(\frac{\Delta_r^{\neq}S_m^{\ominus}}{R}\right)\exp\left(-\frac{E_a}{RT}\right) \tag{9.75}$$

与一般溶液中 k_{TST} 表达式相比，得

$$k_{TST}=\frac{k_{TST}^{\infty}}{K_{\gamma}^{\neq}}\Rightarrow\frac{k_{TST}}{k_{TST}^{\infty}}=\frac{1}{K_{\gamma}^{\neq}}=\frac{\gamma_A\gamma_B}{\gamma^{\neq}} \tag{9.76}$$

$$\lg\frac{k_{TST}}{k_{TST}^{\infty}}=\lg\gamma_A+\lg\gamma_B-\lg\gamma^{\neq} \tag{9.77}$$

在溶液中物质的活度因子主要受溶液中离子强度的影响。

在稀溶液（离子强度 $I<0.01\text{mol/kg}$）中，可根据德拜-休克尔定律 $\lg\gamma_i=-Az_i^2\sqrt{I}$［该公式的具体介绍见 10.1 节。其中 A 为与温度、溶剂有关的常数，25℃水溶液中 $A=0.509(\text{mol/kg})^{-1/2}$；离子强度为 $I=\frac{1}{2}\sum_B m_B z_B^2$］计算各物质的活度因子。如对于活化控制的双分子离子反应

$$A^{z_A}+B^{z_B}\underset{k_{-D}}{\overset{k_D}{\rightleftharpoons}}(A*B)^{z_A+z_B}\xrightarrow{k_r}P$$

有 $\lg\frac{k_{TST}}{k_{TST}^{\infty}}=-Az_A^2\sqrt{I}-Az_B^2\sqrt{I}+A(z_A+z_B)^2\sqrt{I}$

即

$$\lg\frac{k_{TST}}{k_{TST}^{\infty}}=2Az_Az_B\sqrt{I} \tag{9.78}$$

由式(9.78)可看出稀溶液中离子强度对离子反应速率的影响规律，这种离子强度对反应速率的影响称为原盐效应(primary salt effect)。从式(9.78)可看出，离子强度对离子反应速率常数的影响规律：

① 当 z_A 与 z_B 同号时，$z_Az_B>0$，$\lg(k/k^{\infty})>0$，说明 k 随着 I 增大而增大，称为正原盐效应。

② 当 z_A 与 z_B 异号时，$z_Az_B<0$，$\lg(k/k^{\infty})<0$，说明 k 随着 I 增大而减小，称为负原盐效应。

③ 当 z_A 或 z_B 为零时，即对于中性分子参与的反应，$z_Az_B=0$，$\lg(k/k^{\infty})=0$，说明离子强度对 k 无影响，称为零原盐效应。

在较浓的电解质溶液中，可用 Davies（德维斯）提出修订的德拜-休克尔公式（见 10.1 节）表示为

$$\lg\gamma_i=-Az_i^2\left(\frac{\sqrt{I}}{1+\sqrt{I}}-0.30I\right) \tag{9.79}$$

将式(9.79)代入式(9.77)，得

$$\lg\frac{k_{TST}}{k_{TST}^{\infty}}=2Az_Az_B\left(\frac{\sqrt{I}}{1+\sqrt{I}}-0.30I\right) \tag{9.80}$$

思考：

9-23 原盐效应是否就是盐效应？

习题：

9-13 试用原盐效应讨论离子强度对如下反应的正、逆反应的影响。

$$[Cr(H_2O)_6]^{3+}+SCN^-\underset{k_-}{\overset{k_+}{\rightleftharpoons}}[Cr(H_2O)_5SCN]^{2+}+H_2O$$

若要使反应正向进行，应如何调配溶液的离子强度。

（正向负原盐效应，逆向零原盐效应⟶降低离子强度有利于正向反应⟶尽可能减少加入其他电解质）

另外，从式(9.78)、式(9.80)可以看出，对于相同的反应，溶液中的离子强度对反应速率有明显的影响；而对于不同电荷的离子反应，离子强度变化相同而引起的反应速率变化并不相同，其反应速率变化的规律还决定于 $z_A z_B$ 的大小，为此，对不同离子反应的研究中，还要考虑反应物离子电荷的大小。

在研究工作中，为避免不同离子强度对反应速率常数的影响，通常在反应体系中加入大量的惰性盐如 $NaClO_4$、KNO_3、NH_4Cl 等，以保持离子强度在反应进程中或多次试验中基本保持恒定，从而得出一定惰性盐离子强度条件下的溶液中化学反应的表观速率常数。

9.5　光化学反应

光化学过程是地球上最普遍、最重要的过程之一，绿色植物的光合作用，动物的视觉，涂料与高分子材料的光致变性，以及照相、光刻、有机化学反应的光催化等，无不与光化学过程有关。近年来得到广泛重视的同位素与相似元素的光致分离、光控功能体系的合成与应用等，更体现了光化学是一个极活跃的领域。可以说光（根源来自于太阳）带给地球动力、能量、光明乃至生命。当前，科学界认为光是由一种称为光子的基本粒子组成的具有粒子性与波动性（波粒二象性）的电磁波。光的分类及波长范围见图 9-13 和表 9-2。

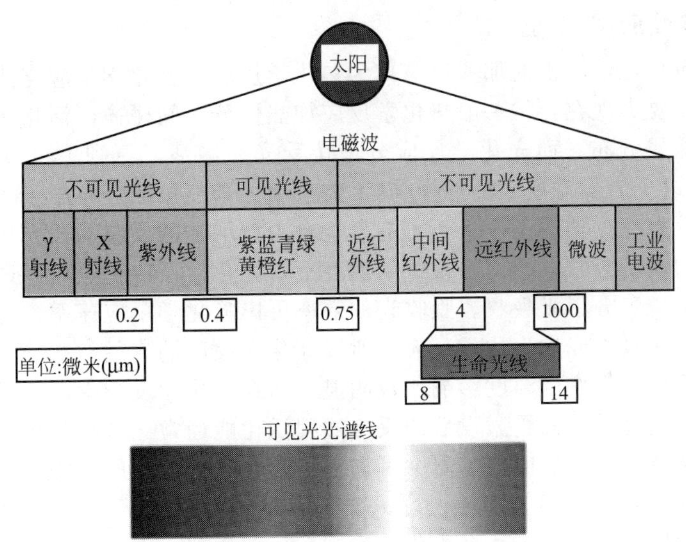

图 9-13　光的分类及波长范围

表 9-2　光的波长区域划分

区域名称	波长范围/ nm	区域名称	波长范围/ nm
真空紫外区	1～200	黄光	560～590
远紫外区	200～300	橙光	590～620
近紫外区	300～380	红光	620～780
紫光	380～420	近红外区	780～1500
蓝光	420～450	中间红外区	1500～10000
青光	450～490	远红外区	10000～1000000
绿光	490～560		

然而人类对光的认识并不成熟，光化学现象虽然早为人们所知，但光化学（photochemistry）成为有理论的科学还是近几十年科学发展的结果，而面对光化学的自然现象，当今自然科学有关光的理论仍不能全面地给出解释，经常会出现知其然不知其所以然的现

象，只能给出研究对象的现象结果，可以说无论是理论还是实验技术，光化学都是很不成熟的，有关光的理论与应用仍处于当今研究工作的前沿。

9.5.1 光化学的定义

光化学是研究光与物质相互作用所引起的永久性化学效应的化学分支学科。由于对光的认识历程和实验技术等方面的原因，光化学所涉及的光的波长范围为 100～1000nm，即由紫外至近红外波段。基于此，光化学的定义有不同的表述：C. H. Wells 认为“光化学是研究吸收了紫外线或可见光的分子所经历的化学行为和物理过程”；N. J. Turro 则认为“光化学研究的是电子激发态分子的化学行为和物理过程”。由于电子激发态通常由分子吸收紫外线或可见光形成，所以上述两种定义的实质是一样的。比紫外波长更短的电磁辐射，如 X 射线或 γ 射线所引起的光电离和有关化学归属于辐射化学的范畴。至于远红外或波长更长的电磁波，一般认为其光子能量不足以引起光化学过程，因此不属于光化学的研究范畴。目前随着激光技术的发展，观察到有些化学反应可以由高功率的红外激光所引发，但将其归属于红外激光化学的范畴。随着科学技术的不断进步，人们逐渐认识到光化学不仅要研究光作用下的化学反应过程，而且还要研究物质光吸收和发射等物理变化过程，基于此，作者认为光化学是研究光作用下化学反应过程的物理变化和化学变化的学科分支。

9.5.2 光化学反应的特征

与光化学反应相比，平常的那些反应称为热化学反应，光化学反应与热化学反应相比有许多不同之处，主要表现在：①一般热化学反应加热使分子间碰撞而活化，体系中分子能量的分布服从玻尔兹曼分布；而光化学反应分子接受光而激活，原则上可以做到选择性激发(能跃值的选择、电子激发态模式的选择等)，体系中分子能量的分布属于非平衡分布。②一般热化学反应在没有外界功的条件下不可能发生自由能增加的反应；而光化学反应只要光的波长适当，能为物质所吸收，即使在很低的温度下，光化学反应仍然可以进行。③光化学反应的分子活化能来自于分子光吸收，吸收光的效率可影响化学反应速率，可以在不能发生热化学反应的条件下而吸收光发生化学反应，所以光化学反应的途径与产物往往和普通热化学反应不同。④热反应的速率受温度影响比较明显；而在光化学反应中，分子吸收光子而激发的过程的速率与温度无关，而受激发后的反应过程活化能通常比较小，故一般光化学反应速率常数受温度影响较小。在后面的学习中可进一步体会光化学反应的相关特征。

研究光化学的重要性是不言而喻的，人类生存的地球是因光而有活力、有动力、有生命。地球生命界的原动力来自于一个光化学反应——植物叶绿素利用光能把 CO_2 和 H_2O 变为碳水化合物和氧气，该反应是人类能源的源头，为一切生命提供了必需的氧。随着能源、污染等问题的日益尖锐，对光合作用的研究不仅具有重要的科学意义，而且有巨大的社会意义和经济价值。如果人类能模拟植物利用太阳光把 CO_2 和 H_2O 合成更高能的碳水化合物获得成功，那将是解决地球人类能源危机的最理想良方，为此，研究工作者也一直在致力于该项工作，开展了大量类似的研究工作，如光解水制备氢气和氧气、太阳光电转换等研究。

当前，由于光化学反应比热化学反应具有许多独特的优点，所以光化学在科研、医学、化工生产和军事应用等方面都得到广泛的应用。光化学反应在化学领域已经广泛用于合成化学、理论化学、材料科学，由于吸收给定波长的光子往往是分子中某个基团的性质，所以光化学提供了使分子中某特定位置发生反应的最佳手段，对于那些热化学反应缺乏选择性或反应物可能被破坏的体系，光化学反应更为可贵。大气污染过程也包含着极其丰富而复杂的光化学过程，例如氟利昂等氟氯代碳化物在高空大气中光解产物可能破坏臭氧层，产生臭氧层“空洞”，氟利昂 R12 反应机理如下：

$$CF_2Cl_2 \xrightarrow{h\nu} CF_2Cl\cdot + Cl\cdot$$
$$Cl\cdot + O_3 \longrightarrow ClO\cdot + O_2$$
$$ClO\cdot + O \longrightarrow Cl\cdot + O_2$$
$$总反应：O_3 + O = 2O_2$$

9.5.3 光及光化学相关知识

9.5.3.1 光子的能量表示

光是高速运动的光子流，一个光子的能量可表示为

$$\varepsilon = h\nu = \frac{hc}{\lambda}$$

式中，h 为普朗克常数；c 为光速；ν 为频率；λ 为波长。在光谱学中，还经常用波长的倒数（称为波数，$\widetilde{v}$）来表示说明光子，则光的频率、波长、波数所表示的光子能量为

$$\varepsilon = h\nu = \frac{hc}{\lambda} = hc\widetilde{v} \tag{9.81}$$

对于1mol光子的能量可以表示为

$$E = Lh\nu = \frac{Lhc}{\lambda} \tag{9.82}$$

如 $\lambda = 400\text{nm}$，$E = 299.1\text{kJ/mol}$；$\lambda = 700\text{nm}$，$E = 170.9\text{kJ/mol}$。

由于通常化学键的键能大于167.4kJ/mol，故波长大于715nm的光就不能引起物质分子光化学分解。

9.5.3.2 光化学的基本定律

（1）光化学第一定律（the first law of photochemistry）

光化学第一定律是指只有被物质分子吸收的光才能引起光化学反应。它是哥特塞斯（Grotthuss）和卓普耳（Draper）分别在1818年和1841年发现了光化学反应与物质吸收光相关的现象规律，因此又称为哥特塞斯-卓普耳定律。由于物质吸收光后引起物质活化，故亦称作光化活性原理（principle of photochemical activation）。事实表明，光化学第一定律在生物的光化反应上也是成立的，如视觉中暗适应周围视觉的相对光谱亮度曲线与视紫红质的吸收波谱相一致，光合作用波谱与叶绿素之类的吸收波谱相对应等说明了这个问题。

光化学第一定律只表达了光化学反应的可能性，并没有表达物质分子吸收了光一定能引起光化学反应。应用哥特塞斯-卓普耳定律于光化学，必须知道初吸收的能量，还意味着物质分子吸收的光并不一定能引起光化学反应，为此，认为光化学过程包括了光化学反应的初级过程和次级过程。Noyes Porter 和 Jolley 等定义光化学初级过程的一系列步骤：以分子吸收光子生成激发态分子开始，以激发态分子消失或以激发态分子失活变为同类分子而告终。光化学次级过程是继初级过程后进行的一系列热反应过程。初级过程是分子吸收光子使电子激发，分子由基态提升到激发态（激发态分子的寿命一般较短），光化学主要与低激发态有关，激发态分子可能发生解离或与相邻的分子反应，也可能过渡到一个新的激发态上去，这些都属于初级过程，其后发生的任何过程均称为次级过程。例如氧分子光解生成两个氧原子，是其初级过程；氧原子和氧分子结合为臭氧的反应则是次级过程，这就是高空大气层形成臭氧层的光化学过程。分子处于激发态时，由于电子激发可引起分子中价键结合方式的改变，使得激发态分子的几何构型、酸度、颜色、反应活性或反应机理可能和基态时有很大的差别，因此光化学反应比热化学反应更加丰富多彩。

（2）光化学第二定律（the second law of photochemistry）

光化学第二定律是指在初级过程中一个反应分子吸收一个光子而被活化。该定律是20

世纪初斯塔克（Stark）和爱因斯坦（Einstein）提出来的，故又称为斯塔克-爱因斯坦定律，认为在初级光化学反应过程中，被活化的分子数等于吸收光的量子数，或者说分子对光的吸收是单光子过程（在大多数光化学反应中，光源强度范围为 $10^{14}\sim10^{18}$ 光子/s，电子激发态分子寿命很短，吸收第二个分子的概率很小），即光化学反应的初级过程是由分子吸收光子开始的，此定律描述了被吸收的光子与被活化的分子之间的定量关系，故又称为 Einstein 光化当量定律。根据该定律，若要活化 1mol 分子则要吸收 1mol 光子，1mol 光子的能量称为 1Einstein（E），即

$$1\mathrm{E}=Lh\nu=\frac{Lhc}{\lambda}=\frac{0.1196}{\lambda}\mathrm{J\cdot m/mol} \tag{9.83}$$

在光化学中能量的单位除了用 J 外，还经常用电子伏特（eV）和波数（$\mathrm{cm^{-1}}$），它们之间的关系如下：

$$1\mathrm{eV}=96.49\mathrm{kJ/mol}=8065.7\mathrm{cm^{-1}}$$

$$1\mathrm{cm^{-1}}=0.0119\mathrm{kJ/mol}=1.2398\times10^{-4}\mathrm{eV}$$

分子吸收光子后处于电子激发态，电子激发态的寿命一般短于 10^{-8}s，因此，用普通光源照射分子时，1 个分子吸收 1 个光子后很快就会发生反应或失活，它来不及吸收第二个光子，光化当量定律是有效的，更为严格地讲，光化当量定律适用于激发态分子寿命短的光化学初级过程中的光吸收过程。随着激光技术的问世，发现有的分子可以吸收多光子而发生反应，也有一个光子激发两个分子的反应发生，可以说在光强度高、激发态分子寿命长的情况下，许多光化学反应并不遵守该定律。

为了衡量光化学反应的效率，引入量子产率（quantum yield）的概念，量子产率也叫量子效率或量子产额，是光化学重要的基本量之一。

设反应为 $\mathrm{A}+h\nu\longrightarrow\mathrm{B}$，初级过程的量子产率定义为：如果激发态的 A 分子在变成为 B 的同时，还平行地发生着其他光化学和光物理过程，那么这个初级过程的量子产率将受到其他竞争的平行过程的"量子产率"的影响。由于在一般光强条件下，每个分子只能吸收 1 个光子，所以所有初级过程的量子产率的总和应等于 1。量子产率通常用 ψ 或 ψ' 表示。

对于符合光化学第二定律的反应，用反应物分子消失的数量来表示量子产率 ψ 为

$$\psi=\frac{n_{\text{consumed reactant}}}{n_{\text{photon}}} \tag{9.84}$$

式中，$n_{\text{consumed reactant}}$ 为反应物消失的物质的量，n_{photon} 为吸收光子的物质的量。

量子产率也可以用产物分子生成的数量来表示量子产率 ψ'

$$\psi'=\frac{n_{\text{product}}}{n_{\text{photon}}} \tag{9.85}$$

由于受化学反应式中计量系数的影响，ψ 和 ψ' 的数值很可能不相等，如 $2\mathrm{HBr}+h\nu(\lambda=200\mathrm{nm})\longrightarrow \mathrm{H_2}+\mathrm{Br_2}$。显然，$\psi=2$，而 $\psi'=1$。

量子效率的测定有绝对测定法与相对测定法。相对测定法指与一种其绝对量产率为已知的体系相比较的方法。绝对测定法则要求直接建立起反应的量子产率和波长、温度、光强以及各种离子（特别是氢离子）浓度间的函数关系。现在已经研究过的这类体系有气体体系（如一氧化二氮、二氧化碳、溴化氢、丙酮等）；液相体系［如草酸铁（Ⅲ）钾溶液、草酸铀酰溶液、二苯酮-二苯甲醇、2-己酮、偶氮苯、苯甲酸等］；固相体系（如硝基苯甲醛、二苯酮-二苯甲醇等）。这些方法所用的仪器统称为化学露光计。

(3) *弗兰克-柯顿（Franck-Condon）原理*

光化学的初级过程是分子吸收光子使电子激发，分子由基态提升到激发态。分子中的电子状态、振动与转动状态都是量子化的，即相邻状态间的能量变化是不连续的。因此分子激

发时的初始状态与终止状态不同时，所要求的光子能量也是不同的，而且要求二者的能量值尽可能匹配。而分子吸收光子的过程一般在 $10^{-18}\sim10^{-15}$s 内完成，伴随分子吸收光子现象的分子内电子跃迁也在相同的时间内完成，而伴随分子振动的原子核运动一般比较慢（约 10^{-13}s），因此，电子跃迁发生后的一瞬间，分子间的核间距无明显变化，分子能吸收的光子能量值，正是符合跃迁选律的激发态与基态之间的能级差，即能量匹配体现为光的波长的匹配。

$$\Delta E_{i\to j}=h\nu=\frac{hc}{\lambda} \tag{9.86}$$

式中，i、j 为符合跃迁选律的两个能级；ΔE 表示能级差；$h\nu$ 为与分子内电子发生在 i、j 两个能级跃迁的光子所具有的能量。

根据 Franck-Condon 原理，分子发生电子由基态激发至第一激发态时，必然沿着垂直于核间距坐标的线跃迁。图 9-14 为双原子分子基态 S_0 和第一激发态 S_1 的势能曲线图。若分子的两个能态与核间距如图 9-14(a)所示，依据 Franck-Condon 原理预言，电子从 S_0 态的 $\nu=0$ 振动能级跃迁至 S_1 态的 $\nu=0$ 振动能级的概率最大，振动谱线以 0→0 跃迁最强，如图 9-14(b)所示；若分子的两个能态与核间距如图 9-14（c）所示，依据 Franck-Condon 原理预言，电子从 S_0 态的 $\nu=0$ 振动能级跃迁至 S_1 态的 $\nu=1$ 振动能级的概率最大，振动谱线以 0→1 跃迁最强，而不是 0→0 跃迁最强，如图 9-14(d)所示。

（4）朗伯-比尔（Lambert-Beer）定律

① 光吸收的实验数据表示　平行的单色光（光强度为 I_0）通过一均匀非散射样品介质时，被样品介质吸收的入射光光强度记为 I_a，透过样品的光强度记为 I_t，其光强度有：$I_0=I_a+I_t$，其他的相应表示如下。

透光率（transmittance，T）：$T=I_t/I_0$

吸光度（absorbance，A）：$A=-\lg T=-\lg(I_t/I_0)=kdc$（$A$ 与 c 成正比关系）

② Lambert-Beer 定律　当一束平行单色光通过均匀的非散射样品时，样品对光的吸光度与样品的浓度及厚度成正比，即

$$A=kdc \tag{9.87}$$

式中，c 为吸收物质的浓度；d 为介质厚度；k 为比例常数，称为吸光系数，其物理意义为吸光物质在单位浓度、单位厚度时的吸光度。式(9.87)是分光光度法定性和定量测量物质的理论依据。

思考：

9-24　如何理解分子的光电行为特点？

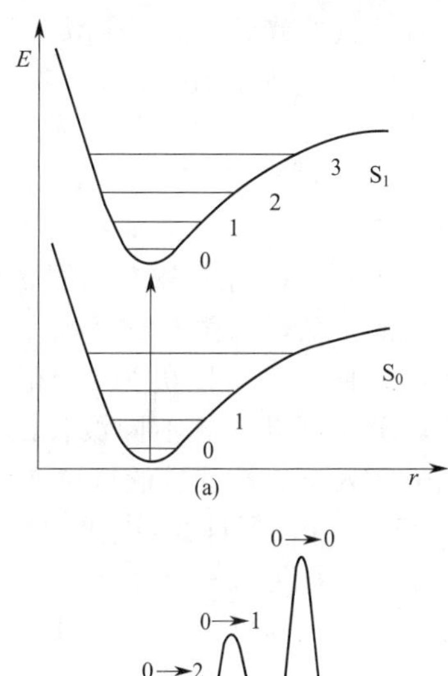

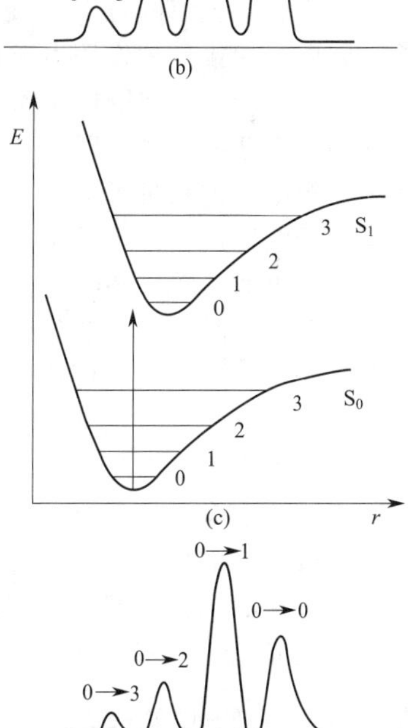

图 9-14　双原子分子 S_0 和 S_1 的势能曲线及振动精细谱带示意

（5）电子跃迁规则

分子在一般条件下处于能量较低的稳定状态，称作基态。受到光照射后，如果分子能够吸收分子，就可以提升到能量较高的状态，称作激发态，这一过程分子吸收光子发生电子轨道能级跃迁，产生电子激发态分子。

为描述不同电子状态的分子，电子跃迁时通常用分子光谱项中的电子自旋多重度 M（multiplicity）的术语，其定义为

$$M=2S+1$$

式中，S 为分子中电子的总自旋量子数；M 为分子中电子的总角动量在 z 轴方向上的分量。如果分子中的电子都是成对的，根据泡利（Pauli）原理，成对电子总是自旋相反的，即自旋量子数 $S=0$，则 $M=1$，这种态光谱学上称为单重（线）态（single state）或称为 S 态。对大多数基态有机分子中的电子自旋都是成对的，因此分子的基态大都是单重态或 S 态（以 S_0 表示）。在考虑电子跃迁时，我们只考虑激发涉及的那一对电子，假若非激发电子状态在分子激发态时与基态相同，激发的电子将会出现两种可能的情况，如图 9-15 所示，一种情况为两个电子自旋相反，自旋多重度仍为 1，最低的第一单重激发态记作 S_1，分子可以吸收不同波长的电磁辐射，就可以达到不同的激发态，按能量的依次高低可以 S_1、S_2、…表示之；另一种情况为两个电子自旋平行，$S=2/2=1$，则自旋多重度 $M=3$，表示电子自旋角动量在磁场方向有三个不同的分量，故光谱学上称为三重（线）态（triple state），用 T 表示，最低的第一三重激发态记作 T_1，按能量的依次高低可以 T_1、T_2、…表示之。按激发态能量的高低，基态以上依次称作第一激发态、第二激发态等等；而把高于第一激发态的所有激发态统称为高激发态。由于三重态中两个处于不同轨道的电子自旋平行，两个电子轨道在空间的交叠较少，电子间的平均距变长，因而互相排斥的作用力降低，所以相同能级情况下 T 态能量总比 S 态的能量低。

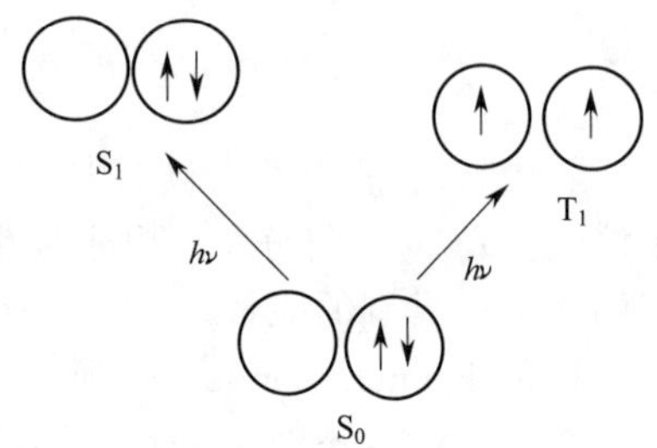

图 9-15　分子的多重度

在两个能态之间的电子跃迁中，概率大的跃迁称为允许跃迁，电子光谱中有强的谱带；概率小的跃迁称为禁阻跃迁，电子光谱中有弱的谱带。支持谱带强弱信号的理论称为电子跃迁选律规则，即从量子力学可得到电子跃迁规则：$\Delta S=0$ 为允许跃迁，$\Delta S\neq 0$ 为禁阻跃迁。根据电子跃迁规则，单重态$\rightleftharpoons$单重态（$S\rightleftharpoons S$）或三重态$\rightleftharpoons$三重态（$T\rightleftharpoons T$）之间的电子跃迁是允许的，单重态$\rightleftharpoons$三重态之间的电子跃迁是禁阻的。

单重态的激发态寿命很短，一般在 $10^{-8}\sim10^{-9}$s 的量级。当基态为单重态时，激发三重态的寿命一般较长，可达到 $10^{-3}\sim100$s 的量级，因此，许多长寿命的有机化合物的光化学大都是三重态的光化学。

分子处于激发态时，由于电子激发可引起分子中价键结合方式的改变，用简单的 n、π 轨道表示，如电子由成键的 π 轨道跃迁到反键的 π^* 轨道，记作（π，π^*）或（$\pi\rightarrow\pi^*$），或由非成键的 n 轨道跃迁到反键的 π^* 轨道，记作（n，π^*）或（$n\rightarrow\pi^*$）。电子跃迁使得激发态分子的几何构型、酸度、颜色、反应活性或反应机理可能和基态时的分子有很大的差别，因此光化学比基态（热）化学更加丰富多彩。

9.5.4 光吸收的结果

根据分子吸收光子所遵守的规则得出，基态分子 A 吸收光子后会变为激发态分子 A^*。根据光子能量的大小，分子中的电子可以从基态 S_0 跃迁到电子激发态 S_1、S_2、…、T_1、T_2、…。激发态的 A^* 由于具有高的能量表现为极不稳定的性质，往往通过光物理或光化学

过程使能量衰减。

9.5.4.1　光物理过程

光物理过程包括基态分子光吸收和激发态分子能量衰减过程。激发态分子能量衰减过程又包括分子内和分子间的能量传递或转移过程；分子内的传能又分为电子的辐射跃迁和非辐射跃迁过程。雅布隆斯（Jablonski）图（见图 9-16）为光物理过程的传统表示。

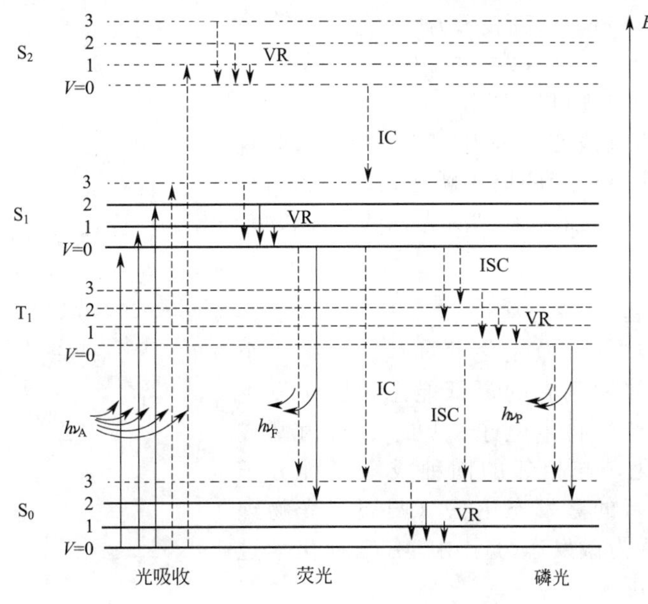

图 9-16　雅布隆斯（Jablonski）图

在大多数情况下，分子基态的电子是成对的，为单重态，根据电子跃迁规则，激发态分子 A* 也是单重态。

（1）光吸收过程

基态分子根据电子跃迁选律规则吸收光子变为激发态分子

$$A + h\nu_A \longrightarrow A^*$$

从而实现基态分子被活化，变为活化分子。

（2）非辐射跃迁过程

传统荧光机理认为，处于高激发态的弛豫过程极快，激发态分子来不及发射光子，而在激发态分子内部发生的不发射光子的能量衰变的过程，通常认为有三种过程（如图 9-16 所示）。

① 振动松弛（vibrational relaxation，VR）指在同一能级中处于激发态的高振动能级的活化分子将能转变为平动能（热能）或其他形式的能量，迅速回到振动基态称为振动松弛。

② 系间窜跃（intersystem crossing，ISC）指不同多重度的电子态间的无辐射跃迁。

③ 内转换（internal convertion，IC）指相同多重度的电子态之间的无辐射跃迁。

（3）辐射跃迁过程

辐射跃迁是指激发态分子通过放射光子而失去活性至基态的过程。传统荧光机理认为，由于高激发态的分子的非辐射跃迁过程的存在，发射光子总是从第一激发态（S_1 或 T_1）的 $\nu=0$ 振动能级向基态 S_0 进行的，所发射出的辐射强度和时间长短可通过荧光光谱仪器测量获得。

如果发生从激发态分子的第一单重态 S_1 ($\nu=0$) 振动能级到电子基态 S_0 ($\nu=n$) 的电子跃迁，这种辐射称为荧光 (fluorescence)，可表示为

$$S_1(\nu=0) \longrightarrow S_0(\nu=n)+h\nu_F$$

如果发生从激发态分子的第一三重态 $T_1(\nu=0)$振动能级到电子基态 $S_0(\nu=n)$的电子跃迁，这种辐射称为磷光 (phosphorescence)，可表示为

$$T_1(\nu=0) \longrightarrow S_0(\nu=n)+h\nu_P$$

由两种光辐射的机理可以看出，伴随荧光现象的是电子没有发生多重度改变的辐射跃迁，伴随磷光现象的是电子发生多重度改变的属于跃迁禁阻的辐射跃迁，传统荧光理论基于此来解释“荧光比磷光波长短、谱带强度强的现象”。

思考：

9-25 传统荧光机理表示的荧光和磷光的异同点有哪些？

9-26 你认为传统荧光理论阐明的光致发光过程科学吗？能否有更好的理论来解释荧光现象呢？

9.5.4.2 光化学过程

与光物理过程对应称为光化学过程。如果一个激发态分子不是直接回到它的最低能态，则必发生的过程为：解离（产生自由电子、原子、自由基或分子碎片），异构化，与相邻的同种或不同种分子反应，过渡到一个新的激发态上去（归属于光物理过程）。这样通常认为激发态分子 A^* 有三种化学过程实现能量衰减，可表示为：

① 解离作用 $A^* \longrightarrow R+S$

② 异构化 $A^* \longrightarrow A'$

③ 与其他分子反应 $A^*+B \longrightarrow E+P$

这些过程可以平行地发生，也可以只发生其中的一种或几种，但这些都属于光化学的初级过程。这三种过程均含激发态分子 A^*，故均为初级过程。初级过程的生成物可遵守热化学反应性质，进一步发生次级过程。

例如 $H_2 + Cl_2 \xrightarrow{h\nu} 2HCl$，其光化学机理为：

初级过程 $Cl_2+h\nu \longrightarrow Cl_2{}^*$

$Cl_2{}^* \longrightarrow 2Cl\cdot$

次级过程 $Cl\cdot+H_2 \longrightarrow HCl+H\cdot$

$H\cdot+Cl_2 \longrightarrow HCl+Cl\cdot$

……

$2Cl\cdot+M \longrightarrow Cl_2+M$

可以看出，光化学反应与热化学反应的不同之处在于光化学反应的初级过程。光化学初级过程包括光吸收过程和激发态分子能量衰减的光物理和光化学过程。分子吸收光子后成为激发态分子，能否发生光化学反应取决于激发态分子发生化学过程和发生物理过程的相对速率。

9.5.5 光化学反应动力学

光化学反应的初级过程只与入射光的强度有关，而与反应物的初始浓度无关，所以光化学初级过程的光吸收激发过程是零级反应。根据光化当量定量，则激发过程的速率就等于吸收光子的速率 I_a。若入射光强度 I_0，设吸收光占入射光的分数为 a，则 $I_a=aI_0$。对激发态分子可看作光化学反应过程的中间体，可采用稳态近似法进行处理。对光化学反应的光吸收激发过程的其他过程，可利用热化学反应的处理方法推导速率方程。推出光化学反应的速率方程后即可求得某一过程的量子产率或总反应的量子产率。这里以一简单光化学反应 $A_2 \longrightarrow 2A$ 为例，说明其速率方程的推导方法。

设反应机理为

(1) $A_2+h\nu \xrightarrow{I_a} A_2^*$　（吸收活化）

(2) $A_2^* \xrightarrow{k_1} 2A$　（解离）

(3) $A_2^*+A_2 \xrightarrow{k_2} 2A_2$　（能量转移而失活）

根据反应机理，得产物 A 的生成速率 r_A 为

$$r_A=\frac{d[A]}{dt}=2k_1[A_2^*] \quad ①$$

对 A_2^* 作稳态近似，得

$$\frac{d[A_2^*]}{dt}=I_a-k_1[A_2^*]-k_2[A_2^*][A_2]=0$$

$$[A_2^*]=\frac{I_a}{k_1+k_2[A_2]} \quad ②$$

将式②代入式①，得总反应的反应速率 r

$$r=\frac{r_A}{2}=\frac{d[A]}{2dt}=\frac{k_1 I_a}{k_1+k_2[A_2]} \quad ③$$

在总反应的量子产率为

$$\psi=\frac{r}{I_a}=\frac{k_1}{k_1+k_2[A_2]}$$

为深入理解，下面以几种类型示例介绍光化学反应速率方程的计算方法。

例题 9-5　试根据图 9-16 推导光异构基元反应 $S_0+h\nu \longrightarrow S_0'+E$（$E$ 为反应热效应）的反应速率和各过程的量子产率。

解：根据图 9-16 知，光吸收后可能发生的光物理及光化学过程有

(1) 光吸收过程	$S_0+h\nu \longrightarrow S_1$	$r_a=I_a$
(2) 内转换(IC)	$S_1 \longrightarrow S_0+E$	$r_{IC}=k_{IC}[S_1]$
(3) 系间窜跃(ISC)	$S_1 \longrightarrow T_1+E$	$r_{ST}=k_{ST}[S_1]$
(4) 系间窜跃(ISC)	$T_1 \longrightarrow S_0+E$	$r_{TS}=k_{TS}[T_1]$
(5) 发射荧光(F)	$S_1 \longrightarrow S_0+h\nu_F$	$r_F=k_F[S_1]$
(6) 发射磷光(P)	$T_1 \longrightarrow S_0+h\nu_P$	$r_P=k_P[T_1]$
(7) 光异构化(R)	$S_1 \longrightarrow S_0'+E$	$r_R=k_R[S_1]$

总反应速率方程为

$$r=\frac{d[S_0']}{dt}=k_R[S_1] \qquad ①$$

根据各基元反应，对第一激发单重态 S_1 作稳态近似法处理，得

$$\frac{d[S_1]}{dt}=I_a-k_{IC}[S_1]-k_{ST}[S_1]-k_F[S_1]-k_R[S_1]=0$$

整理，得

$$[S_1]=\frac{I_a}{k_{IC}+k_{ST}+k_F+k_R}=\frac{I_a}{k} \qquad ②$$

其中，$k=k_{IC}+k_{ST}+k_F+k_R$。

同理，对第一激发三重态 T_1 作稳态近似处理，得

$$\frac{d[T_1]}{dt}=k_{ST}[S_1]-k_{TS}[T_1]-k_P[T_1]=0$$

整理，得

$$[T_1]=\frac{k_{ST}[S_1]}{k_{TS}+k_P} \qquad ③$$

根据式②、式③和量子产率公式 $\psi=r_i/I_a$，可计算出各过程的量子产率分别为

$$\psi_{IC}=\frac{r_{IC}}{I_a}=\frac{k_{IC}}{k}$$

$$\psi_{ST}=\frac{r_{ST}}{I_a}=\frac{k_{ST}}{k}$$

$$\psi_{TS}=\frac{r_{TS}}{I_a}=\frac{k_{TS}k_{ST}}{(k_{TS}+k_P)k}$$

$$\psi_F=\frac{r_F}{I_a}=\frac{k_F}{k}$$

$$\psi_P=\frac{r_P}{I_a}=\frac{k_Pk_{ST}}{(k_{TS}+k_P)k}$$

$$\psi_R=\frac{r_R}{I_a}=\frac{k_R}{k}$$

可以看出，各过程的量子产率均应该不超过 1，且所有这些过程的量子产率之和应为 1。

将式②代入式①，得总反应的反应速率方程为

$$r=\frac{d[S_0']}{dt}=\frac{k_RI_a}{k} \qquad ④$$

则总反应量子产率 $\psi=\frac{r}{I_a}=\frac{k_R}{k}\leqslant 1$

若没有光物理失活过程，只有光异构化过程，则有

$$\frac{d[S_1]}{dt}=I_a-k_R[S_1]=0$$

$$[S_1]=\frac{I_a}{k_R}$$

此时总反应的反应速率　　$r_R=k_R[S_1]=I_a$。

荧光寿命、磷光寿命、量子产率等数据均可从实验测定，从而可求算光异构反应过程的各基元反应的速率常数。

例题 9-6　设总反应为　$M \xrightarrow{h\nu,\ Q} P$，Q 为猝灭剂（猝灭剂参与光化学反应类型）。设反应机理如下：

(1) 光吸收过程　　$M+h\nu \longrightarrow M^*$　　$r_a=I_a$

(2) 非辐射跃迁过程　$M^* \longrightarrow M+E$　　$r_n=k_n[M^*]$

(3) 分子间转能　　$M^*+Q \longrightarrow M+Q$　$r_Q=k_Q[M^*][Q]$

(4) 光化学过程　　$M^* \longrightarrow P$　　$r_R=k_R[M^*]$

解：总反应速率方程为

$$r=r_R=\frac{d[P]}{dt}=k_R[M^*] \quad ①$$

对激发态分子 M^* 作稳态近似处理

$$\frac{d[M^*]}{dt}=I_a-k_n[M^*]-k_Q[M^*][Q]-k_R[M^*]=0$$

整理，得

$$[M^*]=\frac{I_a}{k_n+k_Q[Q]+k_R} \quad ②$$

将式②代入式①，得总反应速率方程为

$$r=\frac{k_R I_a}{k_n+k_Q[Q]+k_R}$$

则总反应的量子产率　$\psi=\frac{r}{I_a}=\frac{k_R}{k_n+k_Q[Q]+k_R}<1$

其他基元反应的量子产率分别为

$$\psi_n=\frac{r_n}{I_a}=\frac{k_n}{k_n+k_Q[Q]+k_R}<1$$

$$\psi_Q=\frac{r_Q}{I_a}=\frac{k_Q[Q]}{k_n+k_Q[Q]+k_R}<1$$

$$\psi_R=\frac{r_R}{I_a}=\frac{k_R}{k_n+k_Q[Q]+k_R}<1$$

对此反应有：$\psi_n+\psi_Q+\psi_R=1$。

例题 9-7 有人测得氯仿在光照下的氯化反应如下

$$CHCl_3 + Cl_2 + h\nu \longrightarrow CCl_4 + HCl$$

其速率方程为 $r = k[Cl_2]^{0.5} I_a^{0.5}$

为解释此反应，提出如下反应机理

(1) 光吸收反应过程 $Cl_2 + h\nu \longrightarrow 2Cl\cdot$ $\quad r_1 = k_1 I_a$

(2) 链的传递 $Cl\cdot + CHCl_3 \longrightarrow CCl_3\cdot + HCl$ $\quad r_2 = k_2[Cl\cdot][CHCl_3]$

(3) 链的传递 $CCl_3\cdot + Cl_2 \longrightarrow CCl_4 + Cl\cdot$ $\quad r_3 = k_3[CCl_3\cdot][Cl_2]$

(4) 链的终止 $2CCl_3\cdot + Cl_2 \longrightarrow 2CCl_4$ $\quad r_4 = k_4[CCl_3\cdot]^2[Cl_2]$

试验证此机理的合理性。

解：对光吸收反应过程 (1) $Cl_2 + h\nu \longrightarrow 2Cl\cdot$，它可能包含下列过程

(i)光吸收过程 $Cl_2 + h\nu \longrightarrow Cl_2^*$ $\quad r_{1,i} = I_a$

(ii)光物理过程 $Cl_2^* \longrightarrow Cl_2 + E$ $\quad r_{1,ii} = k_{ii}[Cl_2^*]$

(iii)光化学过程 $Cl_2^* \longrightarrow 2Cl$ $\quad r_{1,iii} = k_{iii}[Cl_2^*]$

对 $[Cl_{2^*}]$ 作稳态近似处理，得

$$\frac{d[Cl_2^*]}{dt} = I_a - k_{ii}[Cl_2^*] - k_{iii}[Cl_2^*] = 0$$

$$[Cl_2^*] = \frac{I_a}{k_{ii} + k_{iii}}$$

整个光吸收反应过程 (1) 的速率方程为

$$r_1 = \frac{d[Cl\cdot]}{2dt} = r_{1,iii} = k_{iii}[Cl_2^*] = \frac{k_{iii} I_a}{k_{ii} + k_{iii}} = k_1 I_a \qquad ①$$

从式①中可看出，只有光吸收反应过程中没有光物理过程 ($k_{ii}=0$) 时，$k_1 = 1$，$r_1 = I_a$。根据设计的机理反应 (3) 和 (4)，用 $[CCl_4]$ 表示总反应的速率方程为

$$r = \frac{d[CCl_4]}{dt} = k_3[CCl_3\cdot][Cl_2] + 2k_4[CCl_3\cdot]^2[Cl_2] \qquad ②$$

根据所设计的机理，对式中的自由基作稳态近似处理，得

$$\frac{d[CCl_3\cdot]}{dt} = k_2[Cl\cdot][CHCl_3] - k_3[CCl_3\cdot][Cl_2] - 2k_4[CCl_3\cdot]^2[Cl_2] = 0$$

$$\frac{d[Cl\cdot]}{dt} = 2k_1 I_a - k_2[Cl\cdot][CHCl_3] + k_3[CCl_3\cdot][Cl_2] = 0$$

上两式相加，得

$$[CCl_3\cdot] = \left(\frac{k_1 I_a}{k_4[Cl_2]}\right)^{0.5} \qquad ③$$

将式③代入式②，得

$$r = k_3\left(\frac{k_1 I_a[Cl_2]}{k_4}\right)^{0.5} + 2k_1 I_a = k_3\left(\frac{k_1}{k_4}\right)^{0.5}[Cl_2]^{0.5} I_a^{0.5} + 2k_1 I_a \qquad ④$$

当 Cl_2 压力不是很低时，$2k_1 I_a$ 项可忽略不计（一般在光化学反应中，反应物的浓度总是比吸收光子数多得多，略去式④中的第二项是合理的），则

$$r \approx k_3\left(\frac{k_1}{k_4}\right)^{0.5}(I_a[Cl_2])^{0.5} = k(I_a[Cl_2])^{0.5}$$

该结果与实验结果一致，认为所设计的机理是合理的。总反应的量子产率为

$$\psi_{CCl_4} = \frac{r}{I_a} = k_3\left(\frac{k_1}{k_4}\right)^{0.5}[Cl_2]^{0.5} I_a^{-0.5} + 2k_1$$

9.5.6　光化学平衡

设反应物 A、B 在吸收光能的条件下反应生成产物 C、D，根据化学平衡的原理，C、D 也会反应生成 A 和 B，故有

$$A+B \underset{\text{热反应}}{\overset{h\nu}{\rightleftharpoons}} C+D$$

当正逆反应的速率相等时，达到稳态，称为光稳定态（photostationary state)，该状态所对应的平衡常数称为光化学平衡常数。设反应机理为

(1) $A+B+h\nu \longrightarrow C+D$　　　$r_+=k_+I_a$

(2) $C+D \longrightarrow A+B$　　　$r_-=k_-[C][D]$

平衡时，$r_+=r_-$，故有

$$k_+I_a=k_-[C][D],[C][D]=k_+I_a/k_-$$

可看出产物的平衡浓度与吸收光的强度 I_a 成正比，当光强度一定时，产物浓度为常数（即光化学平衡常数)，该例中 $K_P=[C][D]=k_+I_a/k_-$。

也有些光化学反应，其正、逆反应都对光敏感，如

$$2SO_3 \underset{h\nu'}{\overset{h\nu}{\rightleftharpoons}} 2SO_2+O_2$$

热力学计算表明，该反应在 900K 和 $1p^\ominus$ 下平衡时有 30%的 SO_3 分解。但在光化学情况下，光强度一定时，温度在 318～1073K 的范围内，约有 35%的 SO_3 分解，平衡常数几乎不变化。

9.5.7　光敏化学

有些物质对光不敏感、不能直接吸收光，从而不能发生光化学反应，对于这种反应物不能发生光化学反应的体系，可加入能吸收光的物质（该类物质称为光敏剂或感光剂，photosensitizer)，光敏剂吸收光的能量后再将能量传给反应物，使反应物活化，这种过程称为光敏反应或感光反应（photosensitize reaction)。例如叶绿素就是光合作用的光敏剂。

例如，用波长为 253.7nm 的紫外线照射氢气时，氢气并不解离，而 1mol 该光子的能量为

$$1E=Lh\nu=\frac{Lhc}{\lambda}=\frac{0.1196}{253.7\times10-9}\text{J/mol}=471.4\text{kJ/mol}$$

该结果大于解离 1mol $H_2(g)$分子所需要的能量 436kJ/mol。理论上应该可以发生，但实际并不发生。而在 $H_2(g)$体系中混入少量 Hg 蒸气后，Hg(g)受光活化为 $Hg^*(g)$，它能使氢气分子分解，则汞蒸气就是该反应的光敏剂，该反应的机理可表示为：

$$Hg(g)+h\nu \longrightarrow Hg^*(g)$$

习题:

9-14　某同学研究下列光照反应实验：

$$NH_3(g)+H_2O \xrightarrow{h\nu} H_2(g)+NH_2OH$$

测得吸光速率 $I_a=1.0\times10^{-4}$ mol/(m^3·s)，照射 30min 后测得产物 NH_2OH 的浓度增加量为 0.17mol/m^3，试求 NH_2OH 的量子产率。(0.944)

思考:

9-27　催化剂带给了反应什么？你觉得哪些是你成长中的催化剂？

$$Hg^{*}(g)+H_2(g) \longrightarrow Hg(g)+H_2^{*}(g)$$
$$H_2^{*}(g) \longrightarrow 2H\cdot(g)$$

在过去的胶卷摄像时代，胶卷所用的感光试剂是卤化银，卤化银能吸收绿光、紫光、紫外线而发生分解，不吸收红光，故在照相技术中洗相片的暗室里可用红光照射。

已有的研究证明，汞蒸气是 H_2、NH_3、H_2O、PH_3、AsH_3、醇、醚、酸、胺等分解反应的光敏剂；镉蒸气是乙烯聚合、乙/丙烷分解的光敏剂；卤素常作为臭氧分解的光敏剂。

9.5.8 激光化学

光化学随着光技术的发展而得到发展，其中近些年来的激光技术的发展也带来了激光化学的研究方向。激光一词的英文名称 laser 是英文“light amplification by stimulated emission of radiation”的首字母缩写而成的，直接翻译是“由受激辐射而强化的光”。

由于激光具有单色性好、亮度高、相干性好、方向性好等特点，为研究工作提供了新的技术手段，以至于目前激光技术在许多领域得到开发和应用，在化工、生物、医疗、军事、材料等领域都有着广阔的应用前景，将激光技术应用于化学领域就形成了激光化学。

9.6 催化反应

人们对催化剂的使用和研究已有两千多年的历史，早在公元前，中国劳动人民就开始利用生物酶（催化剂）发酵的方法酿酒和制醋。目前催化剂已被广泛地应用到化学工业、石油加工工业、食品工业及其他一些相关工业，现代化学工业中 80%～90%的化学制品都是采用催化反应方法获得的。

催化作用理论的研究一直是方兴未艾，特别是 21 世纪以来，新兴的石油化工、精细化工的蓬勃发展和实验技术的进步，更推动了催化作用基础理论的研究，大大深化了对催化剂和催化作用本质的认识，从而使催化学科的知识愈来愈丰富、完备，至今已发展成为一门独立的学科体系。

虽然催化学科近年来有了很大发展，但是由于涉及的问题比较复杂，催化作用理论的进展远远落后于实践，其中当前对催化剂的研究仍然处于经验性阶段。近几十年来，催化领域主要有三个研究方向：①利用计算机技术开展催化机理研究，理论设计与模拟催化剂；②应用各种现代测试仪器使理论研究从静态向动态实验研究；③催化理论与其他基础学科如物理学、化学、生物学相互渗透不断开拓新的催化体系。

9.6.1 催化反应理论

9.6.1.1 催化剂与催化反应

在一个化学反应体系加入其他物种的物质，若能显著影响化学反应速率，即能显著影响化学反应达到平衡的时间，而本身在反应前后没有数量和化学性质的改变，这种非反应物的物质就称为催化剂（catalyst）。这种由于外来物质而显著改变了化学反应速率的作用称为催化作用（catalysis）。凡是有催化剂参与的反应都称为催化反应。

催化剂对化学反应速率的影响有两种情况：一是能加快反应速率，即能缩短化学反应达到平衡的时间，这种催化剂称为正催化剂（positive catalyst）；另外一种能降低反应速率，即能延长化学反应达到平衡的时间，这种催化剂称为负催化剂（negative catalyst）。由于负催化剂使用较少，所以通常所说的催化剂不特别说明时一般都是指正催化剂。有的化学反应体系的产物自身也具有加速化学反应速率的作用，这种作用称为自催化作用。如高锰酸钾和草酸在硫酸参与反应的情况下，反应速率会越来越大，原因之一就是体系产物二价锰离子对反应物具有催化作用。还有一些物质本身对反应物没有催化作用，但在反应体系中加入少量能提高催化剂的催化效率，该类物质称为“助催化剂”。

一般说来，催化可分为生物催化和非生物催化两大类。生物催化指在生命现象中存在的催化作用，如植物的光合作用、有机体的新陈代谢作用、蛋白质、碳水化合物、脂肪等的分解作用、酶的催化作用等。非生物催化一般指化学工业生产中化学反应的催化作用，如氮合成氨反应、硫酸制备、尿素合成、橡胶合成、高分子聚合等反应中的催化作用。根据反应物与催化剂的相性质，一般又可分为均相催化（homogeneous catalysis）和异相催化（heterogeneous catalysis）。如果催化反应体系中所有物质均在同一相（如气相、液相）中进行，这种催化称为均相催化，如 H^+ 对酯类水解的催化作用；若催化剂和反应物处于不同的物相中，这时催化反应是在相界面（气-固相界面、液-固相界面）上进行，这种催化称为异相催化，又称为复相催化或多相催化，如 Fe 对合成氨反应的催化作用。生物催化剂都是酶，而酶都是由蛋白质分子组成的生物大分子，其大小已达到胶体粒子的大小范围，所以它既不同于均相催化，也不同于异相催化，而是兼有二者的某些特征，其催化特点就是催化活性和选择性都很高，因此一般生物催化作为一类催化来研究。

9.6.1.2 催化反应原理

在催化领域中，人们对催化作用从实验和理论两个方面进行了大量的研究，希望建立起一个完善的催化理论体系来指导催化实践。最早的催化理论是 1925 年由 H. S. Taylor 根据均相反应提出了活性中心学说。20 世纪 50 年代开始，催化理论探讨的主要对象是固体催化剂，当时占统治地位的多相催化理论是以固体能带概念为基础的催化电子理论。最近 20 年来，催化理论获得了新的发展，主要是在均相配位催化和酶催化领域取得了惊人的成就。

实验证明，对于一个热力学上能发生的化学反应，催化剂之所以能改变反应速率，是由于催化剂参与了化学反应某些中间过程，使反应沿着一条新的途径进行。

由 Arrhenius 公式知，改变活化能 E_a 或指前因子 A 或同时改变两者都会对反应速率产生影响，活化能在指数项上，故降低活化能对加速反应速率产生的影响更大，表 9-3 列出了不同反应在有无催化剂下反应活化能的对比。

表 9-3 催化反应与非催化反应的活化能比较 单位：kJ/mol

反应	非催化反应 E_a	催化反应 E_a	催化剂
$2HI \longrightarrow H_2+I_2$	184.1	104.6	Au
$2H_2O_2 \longrightarrow H_2+O_2$	244.8	136.0	Pt
$3H_2+N_2 \longrightarrow 2NH_3$	334.7	167.4	$Fe-Al_2O_3-K_2O$
$2SO_2+O_2 \longrightarrow 2SO_3$	251.2	92.11	Pd

从表 9-3 可以看出，催化反应的活化能要比非催化反应的活化能低得多，说明同一化学反应催化时的反应速率远大于非催化时的反应速率。如 HI 在 503K 时分解，没有催化剂时的活化能为 184.1kJ/mol；以 Au 为催化剂，活化能降低为 104.6kJ/mol；设指前因子相同，则由 Arrhenius 公式可以计算出 $k_{催化}/k_{非催化}=1.8\times10^8$。

为理解催化机理，设一基元反应，在没有催化剂参与时发生：

$$A+B \longrightarrow AB$$

这意味着没有催化剂存在时，反应物 A、B 分子通过分子热运动的直接碰撞能达到反应活化能而反应生成产物 AB。

在有催化剂 K 参与时，设催化剂 K 首先与反应物 A 生成一个不稳定的中间物 AK，然后 AK 与反应物 B 作用，AK 分解，释放出催化剂 K，同时得到产物 AB，其机理可表示如下：

$$① \ A+K \underset{k_{-1}}{\overset{k_1}{\rightleftharpoons}} AK$$

$$② \ AK+B \xrightarrow{k_2} AB+K$$

这意味着有催化剂参与的反应改变了原来的反应途径而会沿着活化能更低的新途径进行。

就上述所设计的催化机理而言，中间物 AK 不能太稳定，否则反应就会停留在中间物这一阶段而不能生成产物 AB；AK 也不能太活泼，否则 AK 浓度很低，难以进行下一步的反应，因此，中间物的稳定情况对选择催化剂是至关重要的：对于不易与反应物形成中间物或与反应形成稳定中间物的物质，都不能成为催化剂。中间物的稳定程度直接取决于催化剂 K 与反应物 A 之间的亲和力，亲和力大小直接影响催化剂的性能，不能太小，也不能太大，这一原则为选择催化剂指明了方向。不同催化剂对于不同化学反应所需的亲和力大小不同，到目前为止，催化剂与反应物之间的亲和力到底为多大时才为适中，这一问题仍就没有得到解决。

对于上述反应，设第一步是快速平衡，第二步是速控步骤。根据第一步平衡条件，得

$$\frac{k_1}{k_{-1}}=K_c=\frac{c_{AK}}{c_A c_K} \quad ①$$

根据质量作用定律，得

$$r_{AB}=\frac{\mathrm{d}c_{AB}}{\mathrm{d}t}=k_2 c_{AK} c_B \quad ②$$

联合式①和式②，得

$$r_{AB}=\frac{\mathrm{d}c_{AB}}{\mathrm{d}t}=k_2\frac{k_1}{k_{-1}}c_K c_A c_B \quad ③$$

令

$$k=k_2\frac{k_1}{k_{-1}} \quad ④$$

则式③可变为

$$r_{AB}=\frac{\mathrm{d}c_{AB}}{\mathrm{d}t}=kc_K c_A c_B \quad ⑤$$

假设式④中的各速率常数都符合 Arrhenius 公式，可以推导出催化反应的表观活化能 E_a 为：$E_a=E_{a,1}+E_{a,-1}+E_{a,2}$。

催化反应与非催化反应途径的活化能比较示意见图 9-17。通常情况下，非催化反应的活化能 E_0 要远大于催化反应的表观活化能 E_a，即 $E_0 \gg E_a$，故由于催化剂 K 的存在致使反应只需翻越几个较低的能垒，会从活化能较低的途径进行，从而反应速率加快。

将式⑤进一步改写为

$$r_{AB}=\frac{\mathrm{d}c_{AB}}{\mathrm{d}t}=k'c_A c_B \quad ⑥$$

思考：

9-28 影响反应速率的因素对你有什么启发？

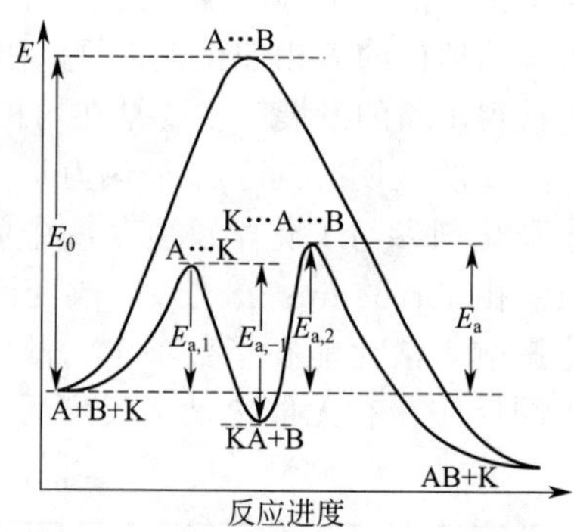

图 9-17 不同反应途径活化能示意

习题：

9-15 SATP 时某反应加入了催化剂后，其活化熵和活化焓比不加催化剂时分别降低了 10J/（mol・K）和 10kJ/mol。试求加入催化剂前后反应速率常数之比。(0.059)

表 9-4 甲酸在 537K 不同催化剂下分解反应的活化能 E_a(kJ/mol)及反应速率常数 k 比较

催化剂	活化能 E_a	相对 k
玻璃	102.6	1
Au	98.39	40
Ag	125.8	40
Pt	92.11	2000
Rh	104.7	10000

式中，k'为催化应的表观速率常数，$k'=kc_K$，可看出k'不仅与温度、催化剂有关，还与催化剂浓度有关。由于反应过程中催化剂的消耗与生成同时进行，所以在反应过程中可把催化剂浓度 c_K 看成常数，在实践中常与 k 合并为k'。

综上所述，催化作用是通过降低反应活化能改变反应途径来提高反应速率，这是催化作用的最基本原理。

一般催化剂是通过降低活化能提高反应速率，但催化剂的加入也存在负面因素。根据反应速率理论可知，Arrhenius 公式的前指因子 A 实际上包含了反应物分子的碰撞数，催化剂的加入会导致分子碰撞数减少从而反应速率降低。一般地，这种由于碰撞数减少引起速率降低往往被催化剂降低反应活化能提高反应速率所弥补，故反应速率总体还是增加。

从阿伦尼乌斯公式知反应速率常数不仅受如上所述的活化能 E_a 的影响，而且还会随着指前因子 A 的改变而发生变化。实验证明，有些催化反应的活化能降低并不多，但反应速率常数却变化很大，如表 9-4 列出了甲酸在 537K 不同催化剂下的分解反应速率对比的数据，不同催化剂对活化能的影响并不大，但对反应速率影响较大，这主要是催化剂引起反应活化熵的变化导致指前因子 A 的改变。

9.6.1.3　催化反应的特征

综合催化剂的催化作用实践与理论认识，认为催化作用具有如下特征。

① 催化剂参与化学反应并改变化学反应历程。根据催化作用原理，催化剂之所以能改变化学反应速率，主要是因为催化剂参与了化学反应，改变了化学反应体系无催化剂的反应历程，使得化学反应按照催化剂参与的新途径进行，并且具有了催化剂参与的新反应历程的反应活化能。

② 催化剂只对热力学上可能发生反应的体系起作用。由化学热力学内容可知，一个化学反应在给定的条件下能否发生反应，取决于化学反应等温、等压下的 $\Delta_r G_m$，只有 $\Delta_r G_m<0$ 的反应能自发进行。然而有些反应的 $\Delta_r G_m<0$，但是其反应速率却很小，甚至小到几乎觉察不到的程度；对这类反应加入适当催化剂，可以使其反应速率加快。这是由于催化剂的加入，改变了反应活化能进而改变了反应速率，使得热力学认为能发生的反应发生了。但是催化剂不能使热力学上不可能发生的反应发生反应，这给人们寻找催化剂指明了方向，对于一个人们期望得到某种产物的化学反应，首先应考虑其在热力学上的可能性，再看其在动力学上的现实性。如果热力学上可行，而动力学上反应速率不快，可以寻找适当的催化剂以提高反应速率。如果热力学上不可能发生反应，就不要再去为其找催化剂，而是想办法改变合成路线，以期得到预期的产物。

③ 催化剂只能改变反应速率而不能改变化学平衡。催化剂能否改变化学平衡的位置呢？因为化学平衡的状态取决于平衡常数，而平衡常数又取决于化学反应的吉布斯自由能变化 $\Delta_r G_m^{\ominus}$，二者之间有关系式：$\Delta_r G_m^{\ominus}=-RT\ln K_a^{\ominus}$。由于催化剂不能改变反应的 $\Delta_r G_m^{\ominus}$ 值，因此也就不能改变 $K_a^{\ominus}$ 值，即不改变化学平衡。故催化剂能改变化学反应达到平衡的时间，但并不改变化学平衡的位置。

根据化学平衡时一个正、逆反应速率相等的动态平衡的特点，可以证明得出：一个可逆反应的平衡常数等于正向反应速率常数和逆向反应速率常数之比，即 $K_a=k_{正}/k_{逆}$。既然催化剂不能改变平衡常数 K_a，那么催化剂一定对正逆反应速率的改变比例是相同的。这意味着，一个对正向反应速率有效的催化剂一定也对该反应的逆向反应速率有效。根据这个原则，人们可以更有效地去寻找催化剂。如甲醇合成反应 $CO(g)+2H_2(g) \rightleftharpoons CH_3OH(g)$ 是一个很有经济价值的反应，正反应必须在高压下才能进行，而且有副反应，在高压条件下寻找催化剂比较困难，而其逆反应甲醇的分解反应却能在常压下进行。根据催化剂对正逆反应速率影响成比例的原则，对甲醇分解的催化剂同样对合成甲醇是有效的，故可通过在常压下研究甲醇的分解反应来寻找合成甲醇的催化剂。

④ 催化剂具有选择性。实验证明，催化剂不会对任何反应都能起到催化作用，从而说明催化剂具有特殊的选择性，主要表现为三个方面：一是某一类反应只能用某些催化剂来进行催化，如环己烷的脱氢反应只能用 Pt、Pd、Ir、Rh、Co、Cu、Ni 等来催化；二是某一物质只能在某一固定类型的反应中才能视为催化剂，这一点在酶催化中表现得尤为明显，如脲酶仅能催化尿素转化为氨及 CO_2，而对其他反应从无催化活性；三是有的化学反应可按热力学上几个可能的反应方向进行，而当存在某种催化剂时，某一方向的反应速率会显著增加，而其他方向的反应速率几乎没有变化，从而表现为该催化剂反应方向的产物明显，如 C_2H_5OH 的催化反应就是一个典型的例子：

$$
C_2H_5OH\left\{\begin{array}{l}
\xrightarrow{\text{Na}} C_4H_9OH+H_2O \\
\xrightarrow[200℃]{\text{Cu}} C_2H_3CHO+H_2 \\
\xrightarrow[350℃]{Al_2O_3} CH_4+H_2O \\
\xrightarrow[250℃]{Al_2O_3} C_2H_5OC_2H_5+H_2O \\
\xrightarrow{\text{活化铜}} CH_3COOC_2H_5+2H_2 \\
\xrightarrow{\text{活化铜}} CH_3COCH_3+3H_2+CO \\
\xrightarrow[400℃]{ZnO\cdot Cr_2O_3} CH_2=CH-CH=CH_2+H_2O+H_2
\end{array}\right.
$$

利用催化剂选择性特征在工业生产上有重要的意义，利用该特点，不但可以使化学反应向人们所希望的方向进行，而且还可以尽量减少副反应。

催化剂的选择性是衡量催化剂性能的重要指标之一。在工作生产上常用在一定条件下某一反应转化为目标产物的原料量所占原料的消耗总量的百分比来表示催化剂的选择性，即

$$
\text{选择性}=\frac{\text{转化为目标产物的原料量}}{\text{原料的总消耗量}}\times 100\% \tag{9.88}
$$

⑤ 在化学反应前后，催化剂的数量和化学性质不变化，但其物理性质常会发生变化。

在化学反应前后催化剂的数量和化学性质不会发生变化，但由于它参与了化学反应，所以物理性质常有改变。如 MnO_2 催化 $KClO_3$ 的分解反应：

$$
2KClO_3(s)+4MnO_2(s)=\!=\!=2KCl(s)+2Mn_2O_7(s)
$$
$$
2Mn_2O_7(s)=\!=\!=4MnO_2(s)+3O_2(g)
$$
$$
2KClO_3(s)=\!=\!=2KCl(s)+3O_2(g)
$$

从以上化学反应方程式可以看出，催化剂 MnO_2 参与了化学反应，反应前后化学性质没有改变，但是其物理性质发生了变化，MnO_2 由颗粒状变为粉末状，即光泽、密度、晶形等物理性质发生了变化。

⑥ 催化剂活性易受其他助剂或毒物的影响。在实际化工生产中所使用的催化剂一般情况下不是某种纯物质，而是以某物质为主，添加了一些其他物质，这些添加物单独不会对反应产生催化作用，但是在加入催化剂时，却能大大提高催化剂的活性、选择性、稳定性和使用寿命，这些加入的物质称为催化助剂，简称助剂。如在合成氨反应中，直接用 Fe 作为催

化剂，活性较低，使用寿命短，再加入少量 K_2O 和 Al_2O_3 就可以大大提高 Fe 催化剂的活性，延长其寿命。

也有某些物质，少量加入催化剂后，可使催化剂失去活性，这称为催化剂中毒。这些物质称为毒物，如乙烯加氢催化剂 Pd-Al_2O_3 中有汞蒸气存在时则中毒失活。因此研制催化剂时，应考虑它的抗毒能力，实际上，抗毒能力也是衡量催化剂的指标之一。毒物也具有选择性，并不是一种毒物可以使所有催化剂中毒，反过来，某一种催化剂也不是被任何毒物中毒。正是因为这一点，中毒也有其有利的一面，如考察催化剂性能时，往往加入某一毒物使催化剂某一组分中毒失活，便于研究其他组分的活性；也有的催化剂中毒后对给定的反应无活性，而对其他反应有催化作用。如果中毒的催化剂完全失活后，用一般的处理方法不能使其恢复活性，称为永久中毒；如果中毒的催化剂可经过简单的处理就能恢复活性，称为暂时中毒。

⑦ 催化剂并不按化学方程式计量关系进行作用。由于催化剂参与反应，反应完成后又再次参与反应，故催化剂并不按化学方程式计量关系进行作用。在相同的条件下，运用较少催化剂时，反应速率与催化剂用量成正比；而在运用较大量同一催化剂时，反应速率一般不正比于催化剂用量，往往随着催化剂用量的增加反应速率趋于变化不大的饱和现象。在均相催化中可用前面讨论的催化作用理论来解释；对于复相催化反应来说，催化剂的表面积是决定催化剂活性的一个主要因素，当催化剂的组成和数量确定后，其表面积越大，活性越高，故常将催化剂制成多孔状或选用多孔物做催化剂的载体。如不同铂状态催化 H_2O_2 分解的催化活性顺序：块状＜丝状＜粉体＜铂黑。凡是能减少催化剂表面积的因素，都会降低催化剂活性，如催化剂在高温下烧结、污物沉积、某些杂质强吸附于催化剂表面等等，都会降低催化剂活性，甚至会使催化剂失活。

9.6.2 均相催化

均相催化是指催化剂和反应物同在一个相中进行的催化作用，均相催化反应主要包括气相催化反应、液相催化反应两大类，其中液相催化反应又包括酸碱催化反应、均相配合催化反应等。均相催化常见于石油化工生产和合成塑料、合成橡胶、合成纤维三大合成工业生产中。由于均相催化反应是在同一相中进行的，故催化剂的选择性高，便于用现代测试手段研究催化的动态过程，所以对反应动力学和反应机理比较容易进行研究，其理论与异相催化、酶催化相比较为成熟。

9.6.2.1 气相催化

气相催化是指反应物与催化剂都在气相的催化反应。典型的气相催化反应并不多见，这里仅举两个比较熟悉的例子。

示例1：乙醛热分解反应

实验证明乙醛气相热分解为甲烷和一氧化碳的过程比较缓慢，测得其总级数有 1/2 和 3/2 两种情况，乙醛分解过程中有 $CH_3CO\cdot$ 和 $CH_3\cdot$ 生成，人们认为其机理可能是链反应。可能的机理如下所示。

链的引发： $CH_3CHO \longrightarrow CH_3\cdot + CHO\cdot$

链的传递： $CHO\cdot \longrightarrow H\cdot + CO$

$CH_3\cdot + CH_3CHO \longrightarrow CH_4 + CH_3CO\cdot$

链的终止： $CH_3\cdot + CH_3\cdot \longrightarrow C_2H_6$

$CH_3CO\cdot + CH_3CO\cdot \longrightarrow CH_3COCOCH_3$

$CH_3CO\cdot + CH_3\cdot \longrightarrow CH_3COCH_3$

若在乙醛的蒸气中加入少量碘蒸气（作为催化剂）时，就可以使其乙醛分解速率增加几百倍，催化反应机理可能如下所示。

链的引发： $I_2 \rightleftharpoons 2I \cdot$

链的传递： $I \cdot + CH_3CHO \longrightarrow HI + CH_3 \cdot + CO$

$CH_3 \cdot + I_2 \longrightarrow CH_3I + I \cdot$

$CH_3 \cdot + HI \longrightarrow CH_4 + I \cdot$

链的终止： $CH_3I + HI \longrightarrow CH_4 + I_2$

示例 2：SO_2 的催化氧化

直接用 O_2 氧化成 SO_3 的过程比较缓慢，但气相中存在少量 NO 催化剂时，可使 O_2 快速氧化成 SO_3，其催化反应机理如下：

$$2NO + O_2 \rightleftharpoons 2NO_2$$

$$NO_2 + SO_2 \longrightarrow NO + SO_3$$

该反应过程是早期铅室法制硫酸中的催化反应方法，目前，在硫酸的生产中已改为异相催化，用固体 V_2O_5 催化剂替代了 NO。

9.6.2.2 液相催化

催化剂与反应物均在液相的催化反应称为液相催化。液相催化中最常见的就是均相酸碱催化，有的反应受 H^+ 催化，有的反应受 OH^- 催化，有的反应既受 H^+ 的催化也受 OH^- 的催化，此类反应研究的较多。如石油化工生产过程中大量的有机反应：乙烯在硫酸的催化下水合为乙醇，酯类在酸、碱催化下水解，环已酮肟在酸催化下重排（贝克曼重排），蔗糖在酸催化下水解，醇在酸催化下脱水，烷烃异构化等。推延至其他离子的催化反应称为离子催化，也属于液相催化的范畴。此外，近年来发展较快的有均相络合催化。

（1）均相酸碱催化

均相酸碱催化通常是离子型的机理，其本质在于质子的转移，质子容易接近极性分子带负电的一端，使分子极化，形成新键。质子转移过程的活化能较低。这里酸碱既可以是 Arrhenius（阿伦尼乌斯）定义的酸碱，Brönst（布朗斯特）定义的酸碱，也可以是 Lewis（路易斯）由电子理论定义的酸碱。按照 Brönst 的观点，酸碱催化反应可以分为一般的酸碱催化反应和特殊的酸碱催化反应。

所谓一般酸碱催化反应，是指那些在溶液中所有的酸碱，包括质子和未离解的酸碱分子都有催化作用的反应。如酮卤化催化反应是目前清楚其反应机理的均相酸碱催化反应之一，在有机化学反应中，存在酮－烯醇互变异构现象：

$$\text{>CH—C(=O)—} \rightleftharpoons \left[\text{>C}\cdots\text{C(OH)—}\right] \rightleftharpoons \text{>C=C(OH)—}$$

根据酮结构的这一特点，由于酸碱催化条件的不同，认为酮卤化反应过程中均存在质子转移和形成烯醇式结构的可能性。

① 酸催化反应机理　根据酮存在酮-烯醇互变异构的性质，在酸催化下，酮首先生成碳正离子，碳正离子接着迅速生成烯醇，烯醇能和卤素迅速反应，实验证明该反应的速率与烯醇和卤素直接反应的速率相同，认为酸性条件下的酮卤化反应机理如下：

$$\text{H—CH}_2\text{—C(=O)—} \xrightleftharpoons{+H^+,\text{快}} \text{H—CH}_2\text{—C(=}^+\text{OH)—} \longleftrightarrow \text{H—CH}_2\text{—C}^+\text{(OH)—}$$

$$\xrightleftharpoons{-H^+,\text{慢}} \text{H—CH=C(:OH)—} \xrightleftharpoons{+X—X,\text{快}} \text{H—CH(X)—C(=}^+\text{OH)—} \xrightarrow{-H^+} \text{H—CH(X)—C(=O)—}$$

② 碱催化反应机理　根据酮存在酮-烯醇互变异构的性质，在碱性条件下，酮先生成烯醇负离子，接着烯醇负离子和卤素迅速反应生成卤化酮。虽然酮与碱反应的平衡体系中只能生成少量的烯醇负离子，但由于它能与卤迅速反应，致使平衡向生成烯醇负离子的方向移动，并且碱的强度会对反应速率产生影响，反应机理如下：

$$H-\underset{H}{\overset{H}{C}}-\overset{O}{\overset{\|}{C}}- \underset{慢}{\overset{OH^-}{\rightleftharpoons}} H-\overset{H}{C}-\overset{O}{\overset{\|}{C}}- \rightleftharpoons H-\overset{H}{C}=\overset{O^-}{C}- \underset{快}{\overset{X-X}{\longrightarrow}} H-\underset{X}{\overset{H}{C}}-\overset{O}{\overset{\|}{C}}-$$

从酸碱催化酮卤化反应机理可以看出，均相酸碱催化一般都是以离子型机理进行，即酸碱催化剂与反应物作用形成碳正离子或碳负离子中间产物，这些中间产物与另一反应物（或本身分解物）生成产物并释放出催化剂，构成酸或碱催化循环进行反应。可以看出在酸碱催化反应中存在质子转移过程，故一些有质子转移的反应，如水合、脱水、酯化、水解、烷基化和脱烷基等反应，均可使用酸碱催化剂进行催化反应。

在均相酸碱催化反应中，常引用 Herzfeld-Laidler 反应机理：

$$R+S \underset{k_{-1}}{\overset{k_1}{\rightleftharpoons}} X+Y \qquad ①$$

$$X+W \xrightarrow{k_2} B+Z \qquad ②$$

式中，R 为反应物；S 为催化剂；X 为不稳定中间物；B 为产物；Y 和 W 为其他组元，也可以不存在；Z 可以是催化剂或不止一种组元。

可根据中间物的稳定性，分两种情况对 Herzfeld-Laidler 反应机理进行讨论。

a. 第一种情况为不稳定中间物 X 很不稳定，一旦中间物 X 产生，就立刻进行第②步反应，生成产物 B 和 Z，即 k_2 值大而 k_{-1} 值小，这种机理所涉及的中间物称为范特霍夫络合物。

b. 第二种情况为中间物比较稳定，第①步可逆反应较易达到平衡，而不容易发生第②步反应，即 k_{-1} 值大而 k_2 值小，这种机理所涉及的中间物称为阿伦尼乌斯络合物。

根据上述机理所涉及的两种情况，可采用稳态近似法和准平衡法来求得均相催化反应的速率表达式。

a. 稳态近似法。根据 Herzfeld-Laidler 反应机理，若中间物 X 满足稳态近似，即 $k_2 \gg k_{-1}$，则

$$\frac{d[X]}{dt}=k_1[A][S]-k_{-1}[X][Y]-k_2[X][W]=0$$

所以

$$[X]=\frac{k_1[A][S]}{k_{-1}[Y]+k_2[W]}$$

因此，总包反应速率为

$$r=\frac{d[B]}{dt}=k_2[X][W]=\frac{k_1k_2[A][S][W]}{k_{-1}[Y]+k_2[W]}$$

若 $k_2[W] \gg k_{-1}[Y]$，则上式可变为　$r \approx k_1[A][S]$

从而可得出：在反应初始时，A 的浓度近似为初始反应浓度，催化剂浓度比较小，此时反应速率与催化剂的表观浓度成正比，反应速率常数近似为 k_1。

b. 准平衡法。根据 Herzfeld-Laidler 反应机理，若中间物进一步反应为产物比回到原反应物更困难，即 $k_2[W] \ll k_{-1}[Y]$，则第一个可逆反应建立一个准平衡，其平衡常数为

$$K_c=\frac{[X][Y]}{[A][S]}=\frac{k_1}{k_{-1}}$$

则有
$$[X]=K_c\frac{[A][S]}{[Y]}$$

式中，[A]、[S] 分别为平衡时反应物和催化剂的浓度。

产物B的生成速率是由第二个反应步骤决定的，故

$$r=\frac{d[B]}{dt}=k_2K_c\frac{[A][S][W]}{[Y]}=\frac{k_1k_2[A][S][W]}{k_{-1}[Y]}$$

结合实际反应条件可以对上式进一步适当简化，从而可以计算实际催化反应的速率及其相应的速率常数。

目前，人们对均相酸碱催化反应已经做了广泛而深入的研究，并且通过大量的数据分析得出了一些规律，其中还有普遍使用 Brönsted 规则来进行催化动力学的相关研究工作（这里不作介绍）。

(2) 均相络合催化

络合催化（coordination catalysis）又称为配位催化，最早是由意大利学者 Natta 于1957年提出来的，其含义通常指在反应过程中，催化剂与反应物之间由于配位作用而形成中间络合物，使反应基团活化而进行的催化反应。该过程包含了催化剂与反应物基团直接构成配位键、形成中间络合物，促使反应基团活化，直至反应完成的一切过程。如果反应基团不能与催化剂发生配位作用，或不能直接参与配位键形成，则催化剂的作用不属于络合催化机理的范畴。

自20世纪50年代初期 Ziegler-Natta 型催化剂出现以来，以金属络合物为基础的催化剂研究有很多，但20世纪70年代以前，被石油、化工工业采用的均相络合催化过程为数不多。近20年来，一些以可溶性过渡金属配合物为催化剂的化学工业，诸如用于由乙烯氧化合成乙醛的钯配合物，甲醇碳基化合成乙酸的铑配合物，烯烃二聚、低聚以及高聚的可溶性 Ziegler-Natta 催化剂等相继问世，引起了人们对均相配合催化的广泛兴趣。随着络合催化近二十年的发展，均相络合催化已成为均相催化的发展主流。

均相络合催化发展迅速的主要因素有以下三个方面。

第一，近代化学工业合成原材料的改变，需要新的催化剂，如建立在炔烃、烯烃化学基础上的有机原料的合成和塑料、橡胶、纤维三大材料的合成都需要新的催化剂，还有近年来以煤原料的 C_1 化学也要求开发活化 CO 和催化 $CO+H_2$ 反应的催化剂。

第二，均相络合催化具有效率高、选择性好并可在温和（低温、低压）条件下操作的特点，克服了经典催化工艺高温、高压、高耗能、选择性低、难分离、效率低的缺点，因此具有很高的实用性，这也促进了均相络合催化的发展。

第三，均相络合催化剂多是过渡金属配合物，目前金属配合物研究已有价键理论、晶体场理论、分子轨道理论等比较成熟的化学原理，这为均相催化剂与反应物的相互作用提供了理论基础，同时对于结构明确的可溶性络合物催化剂的研究，能为了解均相和多相催化过程中过渡金属催化剂共有的一些基本特点提供更广泛而确切的信息，也为研究均相络合催化反应机理提供相关信息。

由于过渡金属有很强的配位能力，故均相络合催化剂主要是过渡金属的配位化合物及其盐类。根据配合物成键的价键理论，如果过渡金属元素有空的价电子轨道，而配体有孤对电子，后者将孤对电子配位到中心离子（或原子）的空轨道中形成配位键。由于过渡金属价电子一般分布在能量相差不大的5个 $(n-1)$ d轨道、1个 ns 和3个 np 上，根据配合物成键的分子轨道理论，这些轨道可以形成 d-s-p 杂化的分子轨道，并且这些杂化轨道中有的轨道是空轨道，这为形成配位键提供了较多的轨道，故过渡金属离子（或原子）具有配合物中心原子的结构特点。中心离子（或原子）以杂化轨道与配体以配位键的方式结合而形成配合

物，由于杂化轨道类型的不同而形成不同几何构型的配合物。实验证明，络合物催化剂起络合催化作用的主要是中心过渡金属离子（或原子），故络合物催化剂的催化活性与过渡离子（或原子）的化学特性有关，同时也与过渡金属离子（或原子）的电子结构、成键结构有关。同一类催化剂，有时既可以作为均相催化剂使用，也可以作为固体催化剂在多相催化中使用，因此人们常常通过对均相催化反应的研究来认识多相催化活性中心的本质和催化作用机理。

为使催化剂能与反应物发生配位反应，催化剂必须有可发生配位反应的络合空位的结构特点。络合空位实际上是配合物饱和配位与配合物实际配位的差。对于不同的 d^n 电子组态，根据 18 电子规则具有不同的饱和配位数，如 d^6 电子组态的金属，饱和配位数是六；d^8 电子组态的金属，饱和配位数是五；d^{10} 电子组态的金属，饱和配位数是四。催化剂提供络合空位的方法主要有以下几种，一通过改变中心金属离子（或原子）的对称环境提供络合空位；二催化剂本身具有形式络合空位，一种情况是在溶液中离解去配体位以提供络合空位，另外一种情况是络合空位被溶剂分子占据，但它极易被反应所取代的；三采用加热或辐射的方法使一些稳定饱和的配合物释放出配体以提供络合空位。

① 均相络合催化机理　通常认为络合催化机理是通过络合物催化剂对反应物的配位作用，使反应物得到活化，而使反应容易进行的过程，可表示为：

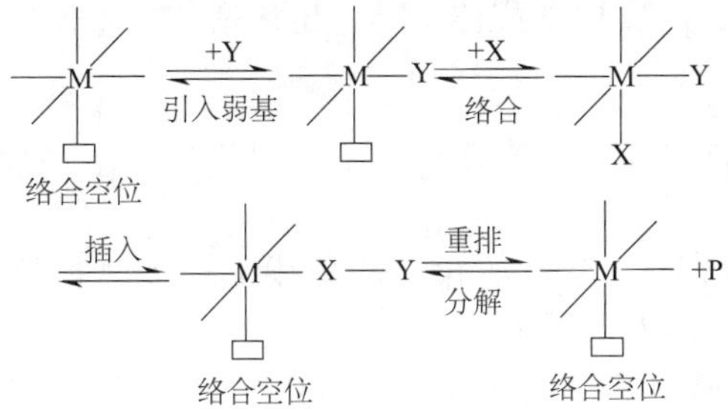

式中，M 为催化剂中心金属离子（或原子）；Y 为配位能力不强的配体或反应物之一；M—Y 为形成易引起插入反应配位键；X 为反应物，P 为产物。络合催化机理主要包括以下几个步骤。

a. 引入弱基反应。这里的引入弱基反应有两个方面的含义：一是指向络合物催化剂中引入烷基（—R）、氢基（—H）、羟基（—OH）等配体，这些配体和中心金属离子（或原子）形成不稳定的 M—Y 配位键，这些键容易进行后续的插入反应；二是指络合物催化剂和反应物 Y 配位反应，即反应物和中心金属离子（或原子）形成配位键。这里引入的基团由于与中心金属离子（或原子）配位能力不强，因此称为引入弱基反应。向络合物催化剂中引入弱基既可以在配合物形成后引入弱基，即络合置换反应；又可以在形成配合物前直接引入弱基，即配位反应。

b. 络合反应。反应物分子 X 与催化剂在络合空位处形成配位键，通过配合作用使反应物分子 X 得以活化，即削弱了反应物分子 X 的双键或多键，使之容易断裂。

c. 插入反应。插入是指活化的反应物分子 X 在催化剂协助作用下插入到相邻的弱键 M—Y，形成 M—X—Y 键，从而形成新配合物。

d. 空位恢复。在插入反应形成 M—X—Y 键的同时，催化剂络合空位得以恢复，新配合物进一步发生重排或分解反应得到产物，同时释放出催化剂结构复原，继续新一轮的催化过程，构成周而复始的络合催化循环反应。

② 均相配合催化反应实例　目前乙醛是重要的有机合成工业原料，其合成方法很多，其中瓦克（Wacker）法是较为常用的一种方法：常温下把乙烯通入氯化钯及氯化铜的溶液

中可较快氧化合成乙醛，其反应化学方程式可以表示为：

$$C_2H_4 + PdCl_2 + H_2O \longrightarrow CH_3CHO + Pd + 2HCl$$

$$Pd + 2CuCl_2 \longrightarrow PdCl_2 + 2CuCl$$

$$2CuCl + 2HCl + 1/2O_2 \longrightarrow 2CuCl_2 + H_2O$$

总反应式为：

$$C_2H_4 + 1/2O_2 \xrightarrow{PdCl_2\text{-}CuCl_2} CH_3CHO$$

当溶液中 $[Cl^-]$ 和 $[H^+]$ 为中等浓度时，根据动力学研究结果，乙烯配合催化氧化生成乙醛的反应速率方程式为：

$$\frac{-d[C_2H_4]}{dt} = k\frac{[(PdCl_4)^{2-}][C_2H_4]}{[Cl^-]^2[H^+]}$$

即该反应对 $[(PdCl_4)^{2-}]$ 和 $[C_2H_4]$ 均为一级反应，对 $[H^+]$ 和 $[Cl^-]$ 分别是负一级和负二级反应。根据上述方程和室温时 Pd^{2+} 在盐酸溶液中，有 97.7%以上的钯以配离子 $(PdCl_4)^{2-}$ 形式存在，提出如下乙烯氧化生成乙醛的反应机理。

a. 烯烃-钯 σ-π 配合反应。$PdCl_2$ 在盐酸的溶液中以配合阴离子 $(PdCl_4)^{2-}$ 的形式存在，可用配合物成键理论给予解释。Pd^{2+} 的电子组态为 $4d^85s^05p^0$，4d 轨道与 5s、5p 轨道可形成 dsp^2 杂化轨道，这些杂化轨道与 4 个配位原子形成低自旋的正方形构型的配离子 $(PdCl_4)^{2-}$。

乙烯取代配合物 $(PdCl_4)^{2-}$ 中的配体 Cl^-，生成新的 σ-π 配合物，反应如下：

$$[PdCl_4]^{2-} + H_2C{=}CH_2 \rightleftharpoons [Cl_3Pd \leftarrow \|(CH_2{=}CH_2)]^- + Cl^-$$

乙烯与 Pd^{2+} 配合后，乙烯分子得到活化，乙烯中 C—C 键长增长，由 0.134nm 增长到 0.147nm，这为打开乙烯双键提供了条件。

b. 引入弱基反应。生成的烯烃-钯 σ-π 配合物在水溶液中发生如下水解反应：

$$[Cl_3Pd \leftarrow \|(CH_2{=}CH_2)]^- + H_2O \rightleftharpoons [Cl_2(OH)Pd \leftarrow \|(CH_2{=}CH_2)]^- + Cl^- + H^+$$

$$[Cl_3Pd \leftarrow \|(CH_2{=}CH_2)]^- \rightleftharpoons [Cl_2(H_2O)Pd \leftarrow \|(CH_2{=}CH_2)] + Cl^- \rightleftharpoons [Cl_2(OH)Pd \leftarrow \|(CH_2{=}CH_2)]^-$$

从以上平衡反应可以看出，配体 Cl^- 被 H_2O 取代，并迅速脱去 H^+，从而在配合物中引入弱基 OH^-，形成二氯-烯烃-羟基-钯配合物。

c. 插入反应。二氯-烯烃-羟基-钯配合物容易发生顺式插入反应，使配位的乙烯打开双键插入到金属氧键（Pd—O）中转化为 σ 配合物，同时产生络合空位，反应如下：

$$[Cl_2(HO)Pd \leftarrow \|(CH_2{=}CH_2)]^- \rightleftharpoons [Cl_2(\square)Pd{-}CH_2{-}CH_2{-}OH]^-$$

d. 重排和分解。上述 σ 配合物很不稳定，很容易迅速发生重排和氢转移反应，得到产物乙醛和不稳定的钯氢化物，钯氢化物分解出金属钯。

$$\left[\begin{array}{c} \quad Cl\ \ H\ \ H \\ Cl-Pd-C-C-OH \\ \square\quad H\ \ H \end{array}\right]^- \rightleftharpoons \left[\begin{array}{c} Cl \\ Cl-Pd-H \\ \square \end{array}\right]^- + CH_3CHO$$

$$\rightleftharpoons CH_3CHO + Pd + H^+ + 2Cl^-$$

e. 催化剂的复原。由上述反应可以看出，络合物催化剂氧化乙烯生成乙醛，配合物中心离子由正二价被还原为零价。为了使反应连续进行，必须将金属钯由零价氧化为正二价。金属钯的氧化是通过二价铜氧化来完成的，反应如下：

$$Pd + 2CuCl_2 \longrightarrow PdCl_2 + 2CuCl$$

由该反应可看出，正二价铜被还原为正一价，要使反应能连续进行，必须把铜再氧化为正二价，该过程是由氧气来完成的，反应如下：

$$2CuCl + 2HCl + \frac{1}{2}O_2 \longrightarrow 2CuCl_2 + H_2O$$

通过该反应铜也被还原为原来的价态。这样整个反应体系就构成循环，催化剂得以反复使用。

9.6.3 异相催化

异相催化是指反应物和催化剂处于不同相态的催化反应，最常见的异相催化是催化剂为固体而反应物为气体或液体的催化反应，特别是气体在固体催化剂表面上的催化反应最为常见。

异相催化反应在化学工业中所占的地位要比均相催化反应重要得多，因为它在化学工业及科学研究中的应用非常广泛，如合成氨、硝酸工业、硫酸工业、原油裂解、基本有机合成等化学工业都几乎都属于异相催化类型，在低碳利用、新能源开发、环境保护等研究中也大都使用了异相催化过程，但由于异相催化体系非常复杂，影响因素也比较多，目前还没一个比较统一的异相催化理论，本节仅主要对气-固异相催化的基本知识给予简单的介绍。

9.6.3.1 固体催化剂的组成

固体催化剂是工业催化中最常使用的催化剂。固体催化剂的组成从成分上可分为单组元催化剂和多组元催化剂。单组元催化剂是指催化剂由一种物质组成，如用于氨氧化制硝酸的铂网催化剂；多组元催化剂是指催化剂由多种物质组成。由于单一物质难以满足工业生产对催化剂性能的多方面要求，因而工业上较少使用单组元催化剂，较常使用多组元催化剂。根据多组元物质在催化剂中的作用可分为主催化剂、共催化剂、助催化剂和载体。

(1) 主催化剂

主催化剂又称为活性组分，它是多组元催化剂中的主体，是必须具备的成分，没有它催化剂就没有催化作用。主催化剂是多组元催化剂的一种成分，如加氢常用的 Ni/Al_2O_3 催化剂，其中 Ni 为主催化剂，没有 Ni 就不能进行加氢反应。有些主催化剂也可以是几种成分，其功能各不相同，但如果缺少其中一种成分，就不能完成所要进行的催化反应，如重整反应所使用的 Pt/Al_2O_3 催化剂，Pt 和 Al_2O_3 均为主催化剂。

(2) 共催化剂

共催化剂是和主催化剂同时起催化作用的物质，二者缺一不可，单独作用其中一种，活性很低，甚至没有活性，一起作用时表现出很高的催化活性。例如丙烯氨氧化反应所用的 MoO_3 和 Bi_2O_3 两种组分，就互为共催化剂。

(3) 助催化剂

助催化剂是加到催化剂中的少量物质，这种物质本身没有活性或活性很小，甚至可以忽略，但却能显著地改善催化剂效能，包括催化剂活性、选择性及稳定性等。根据助催化剂的功能可以把助催化剂分为四种。

① 结构型助催化剂　结构型助催化剂能增加催化剂活性组分的微晶的稳定性，延长催化剂的使用寿命。通常工业催化剂使用温度较高，本来不稳定的微晶，容易烧结，导致催化剂活性降低。结构型助催化剂的加入能阻止或减缓微晶的增长速度，从而延长催化剂的使用寿命。例如合成氨催化剂中的 Al_2O_3 就是一种结构型助催化剂，活性 α-Fe 微晶对合成氨有很高的活性，但在高温高压下使用时很快就会烧结，催化剂活性迅速降低，以致寿命不超过几个小时。加入 Al_2O_3，催化剂使用寿命大大延长，可以长达数年。

② 调变型助催化剂　调变型助催化剂是通过改变催化剂活性组分的本性来影响催化效能的助催化剂，这里本性包括催化剂活性组分的结构和化学特性。金属和半导体调变型助催化剂可以改变活性组分的电子因素，如 d 带空穴数、导电率、电子逸出功等，还可以改变几何因素。绝缘体调变助催化剂可以改变酸碱中心的数目和强度。例如合成氨催化剂中加入 K_2O，可以使铁催化剂逸出功降低，使催化剂活性提高。

③ 扩散型助催化剂　扩散型助催化剂主要用来改善催化剂的孔结构，改变催化剂的扩散性能。这类助催化剂多为矿物油、淀粉和有机高分子物质等。在制备催化剂时，加入这些物质，在干燥焙烧催化剂过程中，扩散型助催化剂分解和氧化为 CO_2 和 H_2O 等小分子逸出，留下许多孔隙。

④ 毒化型助催化剂　毒化型助催化剂是可以消除一些有害的活性中心催化剂，加入后消除有害活性中心所造成的一些副反应，留下目的反应所需的活性中心，从而提高催化剂的选择性和使用寿命。例如在固相催化过程，为防止积碳反应发生，可以加入少量碱性物质，毒化引起积碳反应的活性中心。

(4) 载体

载体是催化剂中主催化剂和助催化剂的分散剂、黏合剂和支撑物，主要起分散作用、稳定化作用、支撑作用、传热和稀释作用、助催化作用。异相催化反应是一种发生在催化剂界面上的反应（界面现象的有关理论见界面化学部分），因此要求催化剂的活性组分具有足够的表面积，这需要提高活性组分的分散度，使其处于微米级或原子级的分散状态，以更好地增大催化剂的表面积。载体可以提高催化剂分散度，同时还可以保持催化剂稳定性。通常载体是通过把催化剂微晶隔开而起到稳定催化剂的作用。为了使催化剂符合某些工艺条件，催化剂需要有一定的机械强度，防止使用过程被破碎或粉化，这也需要在催化剂中加入满足机械要求的载体。对一些强吸热或强放热反应，则要求催化剂有良好的导热性，这时可以选择具有良好导热性的载体，有利于热量的传递。有些助催化剂也具有载体的作用，如前面提到结构型助催化剂可防止催化剂烧结就是一种载体，因此可以说有的载体具有助催化作用。

9.6.3.2 催化剂表面活性中心

1929 年 Taylor 提出：催化剂表面是不均匀的，而且并不是固体催化剂所有的表面都有催化活性，而是其中只有一小部分的表面在吸附了反应物之后有催化作用，这一小部分表面称为表面活性中心。这一观点被后来的大量实验所证明。吸附热（详细知识介绍见界面化学章节）的测定结果表明，在吸附的开始阶段，吸附热很大，随后逐渐减小。这说明催化剂表面的吸附能力是不均匀的，那些优先吸附的位置为吸附能力特别强的化学吸附，其他位置化学吸附能力较弱甚至不能为化学吸附。化学吸附能力强的位置就是 Taylor 所说的表面活性中心。活性中心的存在还有很多实验证据：仅吸附某些微量的杂质，催化剂就中毒而失去活性；催化剂的活性易被加热所破坏；表面的不同部分可以有不同的催化选择性。如 Pt 催化剂使 $C_3H_7COC_3H_7$ 加氢时只要吸收很少量的 CS_2 就可使反应停止，但这种被毒化的催化剂

仍然可以使 $C_6H_5NO_2$ 加氢。目前虽然固体催化剂表面活性中心概念已为人们所公认，但更深入的如活性中心的结构、准确位置等问题仍存在不同的看法。

9.6.3.3 气-固异相催化反应的一般步骤

异相催化反应不但反应机理非常复杂，而且反应过程也非常复杂，通常认为气-固催化反应过程是由一连串的物理过程和化学过程所组成，大致可分为以下五步。

① 物理扩散过程：反应物分子扩散到催化剂表面。

② 化学吸附过程：反应物被催化剂表面所吸附。

③ 化学反应过程：反应物在催化剂表面上发生化学反应。该反应可能是发生在被吸附的相邻分子之间，也可能发生在被吸附和其他未被吸附的分子之间。

④ 化学脱附过程：产物分子从催化剂表面脱附。

⑤ 物理扩散过程：产物分子扩散离开催化剂表面进入气相。

以上五步都会对异相催化反应速率产生影响，每步对速率影响的差异性很大，其中最慢的一步决定了总反应速率。根据速控步骤的不同，气-固催化反应可分为扩散控制反应和动力学控制反应，前者扩散过程的速率最慢，即扩散为速控步骤，在这种情况下，要选择有利于扩散过程的反应条件，以提高扩散速率，从而提高总的反应速率；后者化学过程的某一步骤最慢，即化学反应为速控步骤，在这种情况下，必须通过提高催化剂活性降低反应活化能来提高总反应速率。如果反应气体流速足够快以及催化剂颗粒粒度足够小，这时扩散过程的影响基本上可以忽略不计。如果反应物的吸附和产物的脱附都是快速步骤，使得反应在每一瞬间都建立了吸附和脱附平衡，那么异相催化反应速率只由表面上吸附的分子间的反应所决定，这表明分子反应速率由表面上吸附的反应分子浓度决定，该浓度可用气体吸附的相关公式计算求得，再根据吸附着的分子具体的反应机理，可推得异相催化反应的速率。

9.6.4 酶催化反应

酶（enzym）指具有催化功能的生物大分子物质，都含有C、H、O、N元素。酶是一类生物催化剂，生物体内含有数千种酶，它们支配着生物的新陈代谢、营养和能量转换等许多催化过程，与生命过程关系密切的反应大多是酶催化反应。

虽然酶大多是蛋白质，但少数具有生物催化功能的分子并非为蛋白质，有一些被称为核酶的RNA分子和一些DNA分子同样具有催化功能。此外，通过人工合成所谓人工酶也具有与酶类似的催化活性。

酶的催化活性会受其他分子影响：抑制剂是可以降低酶活性的分子；激活剂则是可以增加酶活性的分子。有许多药物和毒药就是酶的抑制剂。酶的活性还可以被温度、化学环境（如pH）、底物浓度以及电磁波（如微波）等许多因素所影响。

酶催化反应既不同于均相催化反应也不同于异相催化反应，而是兼备二者的特点，因此酶催化反应可看作是介于均相与异相催化之间的催化反应，既可以认为反应物与酶形成了中间化合物，也可以看作是在酶的表面上首先吸附了反应物后再发生反应。

与一般的催化反应相比，酶催化反应具有以下特点。

（1）专一性

因为任何一种酶，对于它所能催化的反应都有极强的选择性，这种选择性决定着发生酶催化的特定化学反应。酶分子是蛋白质，每种蛋白质都有特定的三维形状，而这种形状就决定了酶的选择性。一种酶只能催化一种或一类底物，如蛋白酶只能催化蛋白质水解成多肽。酶之所以具有如此高的专一性，是因为酶具有特殊的三维空间原子结构排列，具有特定反应的适宜部位。

(2) 高效性

酶的催化活性比一般的无机或有机催化剂高得多，有时高出成亿倍，甚至十万亿倍。如尿素溶液中若存在四万分之一的尿素酶时，尿素就能被催化水解。过氧化氢酶催化过氧化氢分解是 Fe^{3+} 催化分解反应的 106 倍。

(3) 温和性

酶催化的化学反应一般是在较温和的条件下进行的，如生物体内进行各种生化反应都是在常温常压下进行，反应条件很容易满足。如某些植物的根瘤菌在常温常压下，就能将空气中的氮固定下来还原成氨，而工业合成氨在铁催化剂下要在高温高压下才能进行。

(4) 多样性

酶的种类很多，迄今为止已发现约 4000 多种酶，在生物体中的酶远远大于这个数量。

(5) 易变性

酶催化反应一般都是在某个特定温度、酸度、离子强度等条件下进行，改变这些条件会对酶催化反应产生影响。一般来说，动物体内的酶最适温度在 35～40℃之间，植物体内的酶最适温度在 40～50℃之间；细菌和真菌体内的酶最适温度差别较大，有的酶最适温度可高达 70℃。动物体内的酶最适 pH 大多在 6.5～8.0 之间，但也有例外，如胃蛋白酶的最适 pH 为 1.8，植物体内的酶最适 pH 大多在 4.5～6.5 之间。大多数酶是蛋白质，因而会被高温、强酸、强碱等破坏。

(6) 可调节性

由于酶是一类生物大分子物质，其三维结构上的复杂特点可带来活性调节的多元性，包括抑制剂和激活剂调节、反馈抑制调节、共价修饰调节和变构调节等，从而酶催化活性具有可调节性。

(7) 复杂性

由于酶本身结构的复杂性，催化过程对酸度、离子强度和温度的影响较大，这就为研究酶催化反应机理增加了难度，其催化机理的研究比非生物催化更复杂。

在酶的催化反应体系中，反应物分子被称为底物，底物通过酶的催化转化为另一种分子。几乎所有的细胞活动进程都需要酶的参与，以提高效率。与其他非生物催化剂相似，酶提供了另一条需要较低活化能的途径，降低化学反应的活化能，从而加快反应速率，大多数的酶可以将其催化的反应速率提高上百万倍。

目前，酶催化研究是十分活跃的研究领域之一，由于酶催化作用的复杂性，至今酶催化理论还很不成熟。最简单的酶催化机理是 Michaelis 和 Menten 提出来的，他们把酶催化机理简化成与均相配合催化相似的过程，认为酶（E）与底物（S）先结合生成一个中间物 ES，然后反应物生成产物 P 并释放出酶，反应机理可表示为：

$$\mathrm{S+E} \underset{k_{-1}}{\overset{k_1}{\rightleftharpoons}} \mathrm{ES}$$

$$\mathrm{ES} \xrightarrow{k_2} \mathrm{P+E}$$

反应速率为

$$r=\frac{\mathrm{d}c_{\mathrm{P}}}{\mathrm{d}t}=k_2 c_{\mathrm{ES}} \tag{9.89}$$

对中间物作稳态近似处理，得

$$\frac{\mathrm{d}c_{\mathrm{ES}}}{\mathrm{d}t}=k_1 c_{\mathrm{S}} c_{\mathrm{E}}-(k_{-1}+k_2)c_{\mathrm{ES}}=0 \tag{9.90}$$

解之，得

$$c_{\mathrm{ES}}=\frac{k_1 c_{\mathrm{S}} c_{\mathrm{E}}}{k_{-1}+k_2} \tag{9.91}$$

为了书写方便，令 $K_M=\dfrac{k_{-1}+k_2}{k_1}$（$K_M$ 称为米氏常数），则式(9.91)可变为

$$c_{ES}=\frac{c_S c_E}{K_M} \tag{9.92}$$

式中，c_E、c_S 分别为反应过程中酶、底物的浓度。通常反应前体系中酶的浓度 $c_{E,0}$ 是已知的，反应过程中一部分酶以中间物 ES 的形式存在，故不知道 c_E 和 c_{ES} 具体数量。酶作为催化剂，用量很少，浓度 $c_{E,0}$ 很小，故不能用 $c_{E,0}$ 来近似求 c_E，但三者之间有如下关系：

$$c_{E,0}=c_E+c_{ES} \Rightarrow c_E=c_{E,0}-c_{ES} \tag{9.93}$$

式(9.93)代入式(9.92)，解之，得

$$c_{ES}=\frac{c_{E,0}c_S}{K_M+c_S} \tag{9.94}$$

式(9.94)代入式(9.89)，得

$$r=\frac{k_2 c_{E,0}c_S}{K_M+c_S}=\frac{k_2 c_{E,0}}{1+(K_M/c_S)} \tag{9.95}$$

如以 r 为纵坐标，以 c_S 为横坐标，按式(9.95)作图得图 9-18。

根据式(9.95)得，当 c_S 很大时，$K_M \ll c_S$，则 $r=k_2 c_{E,0}$，即反应速率与酶的总浓度 $c_{E,0}$ 成正比，而与底物 S 的浓度 c_S 无关，对底物 S 来说是零级反应；当 c_S 很小时，$K_M+c_S \approx K_M$，$r=k_2 c_{E,0}c_S/K_M$，反应对底物 S 来说是一级反应。这一结论与实验事实一致。当 $c_S \to \infty$ 时，速率趋于极大值 r_m，即 $r_m=k_2 c_{E,0}$，代入式(9.95)，得

$$r=\frac{r_m c_S}{K_M+c_S} \Rightarrow \frac{r}{r_m}=\frac{c_S}{K_M+c_S} \tag{9.96}$$

当 $r=r_m/2$ 时，$K_M=c_S$。也就是说，当反应速率达到最大速率的一半时，底物的浓度就等于米氏常数。为求解米氏常数 K_M 和 r_m，对式(9.96)两边取倒数，得

$$\frac{1}{r}=\frac{K_M}{r_m}\times\frac{1}{c_S}+\frac{1}{r_m} \tag{9.97}$$

以 $\dfrac{1}{r}$ 对 $\dfrac{1}{c_S}$ 作图，如图 9-19 所示，从直线斜率可得 $\dfrac{K_M}{r_m}$，从直线截距可求得 $\dfrac{1}{r_m}$，二者联立可解出 K_M 和 r_m。该方法是由 Lineweaver 和 Burk 提出的，故 $\dfrac{1}{r}$-$\dfrac{1}{c_S}$ 曲线图通常称为 Lineweaver-Burk 图。

思考：

9-29 生物酶催化与非生物催化的异同点有哪些？

[相同点：(1) 改变化学反应速率，本身几乎不被消耗；(2) 只催化已存在的化学反应；(3) 加快化学反应速率，缩短达到平衡时间，但不改变平衡点；(4) 降低活化能，使化学反应速率加快；(5) 都会出现中毒现象。不同点：即酶的特性，包括高效性、专一性、温和性（需要一定的 pH 和温度）等]

研究一个实际酶催化反应机理是一项非常复杂的工作。这里介绍的是简单酶催化反应机理及其反应速率的推理过程，面对实际酶催化反应，可结合实验实际情况进行分析讨论。因此，酶催化反应是生物体内新陈代谢的主要方式，深入研究酶催化反应，对加深认识生理过程和医药作用等都具有重要的意义。

9.6.5 自催化和交叉催化反应

反应产物自身作为催化剂对反应起加速或延缓作用的一种反应称为自催化反应（self catalytic reaction）。最简单的自催化反应如：A 催化 X ⟶ A。这一反应也可以写成 A+X ⟶ 2A。两种或多种反应产物彼此循环作为催化剂的一种催化反应网络，称为交叉催化反应（cross-catalytic reaction）。最简单的交叉催化反应如：B 催化 X ⟶ A，A 又催化 X ⟶ B。广义地说，交叉催化反应也可以看成是 A+B 体系总体所完成的简单自催化反应。工业发酵是一类典型的自催化反应。

简单的自催化反应 A ⟶B+C，其反应速率方程为 $r=kc_Ac_B$，常包含三个连续进行的动力学步骤：

$$A \xrightarrow{k_1} B+C \tag{1}$$

$$A+B \xrightarrow{k_2} AB \tag{2}$$

$$AB \xrightarrow{k_3} 2B+C \tag{3}$$

式（1）中起始反应物较慢地分解为 B 和 C；式（2）和式（3）表明产物 B 具有催化功能，与反应物 A 形成中间体 AB，中间体 AB 容易分解为产物 C，同时释放出 B。在反应过程中，一旦有 B 生成，反应将自动加快（通常 $k_1 \ll k_2$、$k_1 \ll k_3$）。

从简单自催化反应 A ⟶ B+C 的速率方程 $r=kc_Ac_B$ 可看出，反应初始时 B 的浓度 c_B 极小，故初始时反应速率极慢；随着反应的进行，B 的浓度不断升高，A 的浓度不断降低，从而反应速率会有一极大值，从这简单自催化反应可得出自催化反应的特点：

① 反应开始进行得很慢（称诱导期），随着起催化作用的产物的积累反应速率迅速加快，而后因反应物的消耗反应速率下降；

② 自催化反应必须有微量产物才能启动；

③ 自催化反应必然会有一个最大反应速率出现。

生产生活中如油脂腐败、橡胶变质以及塑料制品的老化等均属于包含链反应的自动氧化反应，反应开始进行得很慢，但都能被其自身所产生的自由基所加速，因此大多数自动氧化过程存在着催化作用。

自催化反应在工业上有时也有重要的实用价值，

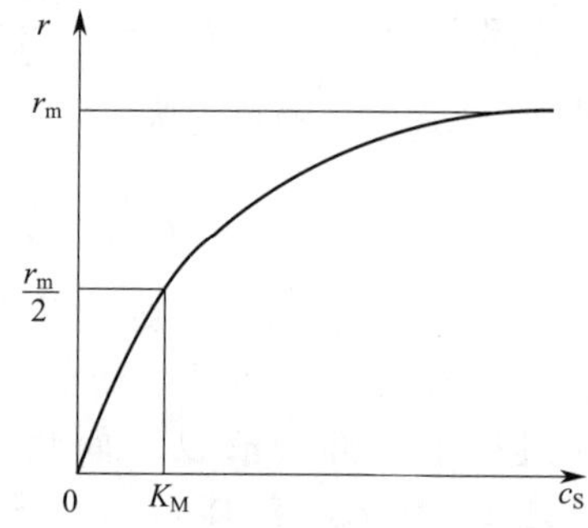

图 9-18　典型酶催化反应速率曲线

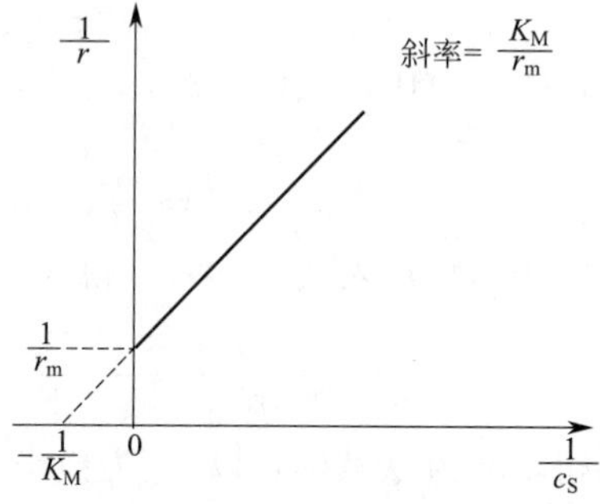

图 9-19　Lineweaver-Burk 图

习题：

9-16　已知酶催化反应的历程为：

$$S+E \underset{k_{-1}}{\overset{k_1}{\rightleftharpoons}} ES \xrightarrow{k_2} P+E$$

该反应符合 Michaelis 历程。实验测得酶的起始浓度为 0.04mol/m³，改变底物浓度，反应速率也随之改变：$[S]_1=20\text{mol/m}^3$ 时 $r_1=0.38\text{mol/(m}^3\cdot\text{s)}$，$[S]_2=2.0\text{mol/m}^3$ 时 $r_2=0.13\text{mol/(m}^3\cdot\text{s)}$。试求最大反应速率 r_{max}、米氏常数 K_M 和速率常数 k_2。[0.48mol/（$\text{m}^3\cdot\text{s}$）；5.35mol/m³；12s⁻¹]

可以不断加入原料，使产物与新加入的原料充分混合，保持添加物的比例，并控制一定的反应条件，以使反应体系处于稳定且反应速率保持最大的状态。

有些自催化反应有可能使反应体系中某些物质的浓度随时间发生周期性的变化，即化学振荡（chemical oscillation）现象。1958 年 Belousov 首次报道以金属铈离子作为催化剂、柠檬酸被 $HBrO_3$ 氧化呈现化学振荡现象后，Zhabotinsky 等也报道了有些反应体系可呈现空间有序现象，之后又发现了一批溴酸盐的类似反应现象，由于历史的原因，人们将此类反应称为 B-Z 反应。

关于 B-Z 反应的机理，虽然已经做了大量的研究，曾提出过不少模型来研究化学振荡反应的机理，如对自催化反应 $A \longrightarrow E$ 所设计 Lotka-Volterra 的自催化模型机理：

$$(1)\ A+X \xrightarrow{k_1} 2X \quad r_1=-\frac{d[A]}{dt}=k_1[A][X]$$

$$(2)\ X+Y \xrightarrow{k_2} 2Y \quad r_2=-\frac{d[X]}{dt}=k_2[X][Y]$$

$$(3)\ Y \xrightarrow{k_3} E \quad r_3=\frac{d[E]}{dt}=k_3[Y]$$

求解该组微分方程（求解过程略），得

$$k_2[X]-k_3\ln[X]+k_2[Y]+k_1[A]\ln[Y]=C$$

式中，C 为常数。这一方程的具体解可用两种方法表示，一种是以［Y］对［X］作图，得图 9-20，表示反应轨迹为一封闭椭圆曲线；另一种是用［X］或［Y］对时间 t 作图，得图 9-21。

如果自催化 B-Z 振荡反应发生在开放体系中，在反应过程中不断补充反应物，反应体系将总是远离平衡态，从而体系会不断产生产物。

振荡现象在生物界有很多例子，如动物心脏的有节律跳动；在新陈代谢过程中占重要地位的糖酵解反应中，许多中间物以及酶的浓度是随时间而周期性的变化，这些现象的根源在于生物界体系是发生着振荡反应的开放体系。再如，自然界中的生物有序现象，如树叶的形状、蝴蝶翅膀的花纹、动物皮毛图案等，是无法用适用于非生物界的 Boltzmann 的有序理论来解释。生物体系以及社会体系趋向于有序、有组织的方向发展，而狭义物理化学热力学理论认为非生命事物趋于平衡和无序的方向发展，而这振荡反应更像是生物界和非生物界的桥连反应，实现了有序和无序的相互转化。目前，振荡现象及其理论虽然已经取得了一定的成果，但该项工作仍有广阔的发展空间等待人们进一步研究与发现。

习题：

9-17　试推导下列酶催化反应机理

$$E+S \underset{k_{-1}}{\overset{k_1}{\rightleftharpoons}} ES$$

$$ES \xrightarrow{k_2} E+P$$

$$E+I \underset{k_{-3}}{\overset{k_3}{\rightleftharpoons}} EI$$

（E、S、I 分别代表酶、底物、抑制剂）的 $1/r$-$1/[S]$ 关系。

$$\left[\frac{1}{r}=\frac{K_M}{r_m}\left(1+\frac{[I]}{K_I}\right)\times\frac{1}{[S]}+\frac{1}{r_m}\right]$$

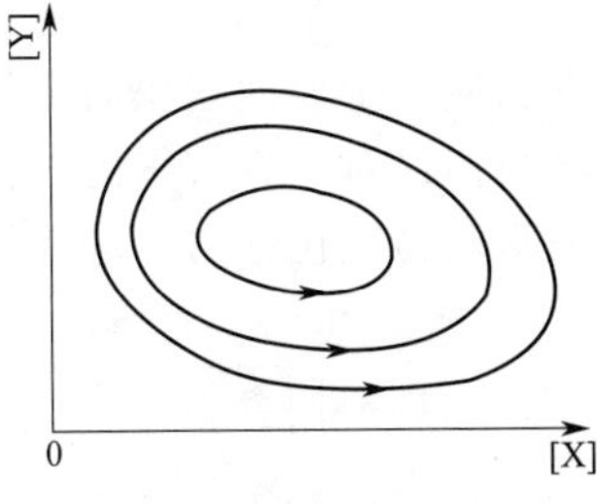

图 9-20　不同浓度反应物的轨迹

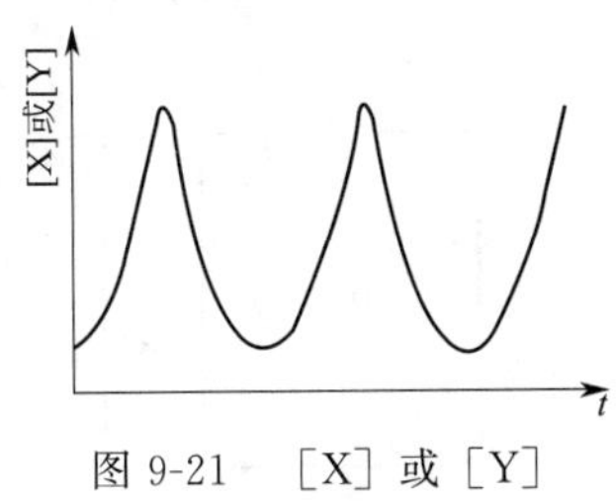

图 9-21　［X］或［Y］随 t 的周期性变化

思考：

9-30　从科研前沿（如本章知识中的光化学反应和催化反应）的知识学习中，你学到了哪些科研思想？

9-31　试用微观反应动力学的理论知识解读井冈山精神：坚定执着追理想、实事求是闯新路、艰苦奋斗攻难关、依靠群众求胜利。（碰撞理论、过渡态理论、溶液反应笼效应理论、催化反应理论等）

专 题 篇

将化学热动力学理论方法与其他的学科知识结合则形成了新的学科分支，如将化学热动力学与电学的相关知识结合形成了电化学分支，与材料科学结合形成了材料物理化学；或者将化学热动力学的理论方法应用到其他的研究体系也产生了新的应用领域，如将化学热动力学方法应用于界面现象研究形成了界面化学，应用于大分子胶体体系研究形成了胶体化学。本篇我们仅对比较成熟的三大分支（电化学、界面化学、大分子与胶体化学）的有关知识作相关基础物理化学的专题介绍。

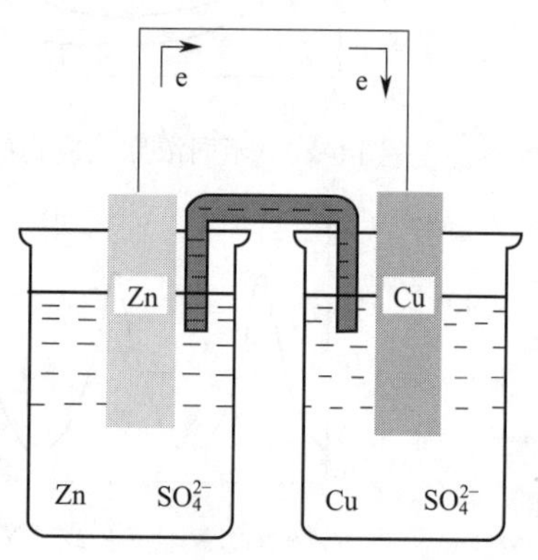

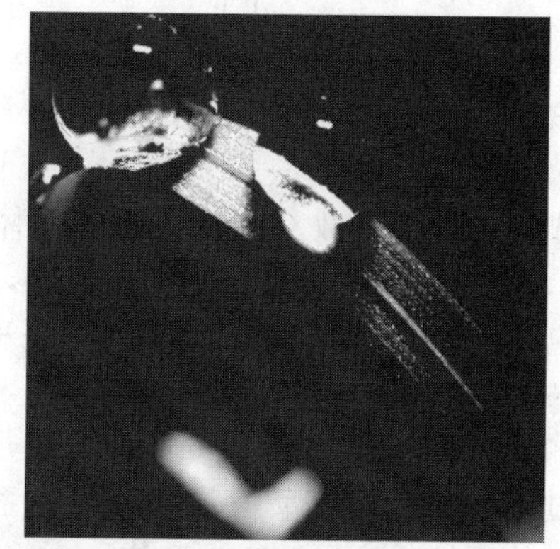

第10章 电解质溶液

本章基本要求

10-1 掌握电解质溶液的平均活度、平均活度因子、离子强度的概念及计算，了解电解质溶液理论及熟悉通过 Debye-Hückel 极限公式计算电解质平均活度因子的方法。

10-2 了解电解质溶液的导电过程，熟悉电解池的结构，掌握法拉第电解定律的应用。

10-3 理解离子的电迁移与迁移数的概念，掌握希托夫法测定离子迁移数的方法。

10-4 掌握电导、电导率、摩尔电导率和无限稀释摩尔电导率的概念，熟悉电导率与浓度的关系。

10-5 了解 Debye-Hückel-Onsager 电导理论，理解离子独立运动定律，掌握电导测定的一些常见应用。

根据热力学相关理论，在溶剂中加入溶质形成溶液时，必然导致体系的熵显著升高，引起溶剂化学势的降低，而溶剂的化学势与其饱和蒸气的化学势又必须相等。所以，溶液的饱和蒸气压也将降低，从而出现凝固点降低、沸点升高和渗透压等依数性。

但是多数的酸、碱和盐类的水溶液，无论在渗透压方面还是在凝固点下降等方面都不符合溶液的一般原理，其数值高出两倍左右，如表 10-1 所示。

表 10-1 几种盐的水溶液冰点下降值

盐	m/(mol/kg)	ΔT_f/K (理论值)	ΔT_f/K (实验值)	i (实验值/理论值)
KCl	0.20	0.372	0.673	1.81
KNO_3	0.20	0.372	0.664	1.78
$MgCl_2$	0.10	0.186	0.519	2.79
$Ca(NO_3)_2$	0.10	0.186	0.461	2.48

以表 10-1 中 KCl 为例，如果不电离，则 ΔT_f 应为 0.372K；如果完全电离，则 ΔT_f 应为 0.744K，实验值介于两者之间。为了使稀溶液依数性公式适用于电解质，范特霍夫首先建议在渗透压公式中引入校正系数 i，即：

$$\Pi = ic_B RT$$

校正后公式适用于计算电解质稀溶液的渗透压，但没有从本质上解释为什么会有这种现象发生。

1887 年，阿伦尼乌斯（Arrhenius）从事上述反常现象的各种物质的溶液研究，从中发现只有这类反常现象的溶液才能够通过电流，进而认为溶质的分子可能是受电

思考：

10-1 在介绍溶液依数性时特别强调了非电解质溶液才具有依数性，那么电解质溶液是否具有依数性呢？如果有的话，相同摩尔浓度的糖水（蔗糖溶液）和盐水（NaCl 溶液）溶液的依数性效果一样吗？

10-2 社会体系中的“粒子”是否也会表现“电解质或非电解质溶液”中“粒子”的行为特征？

思考：

10-3 阿伦尼乌斯研究溶液依数性反常现象给我们什么启示？

思考：

10-4 电解质与非电解质的化学势表示形式有何不同？

10-5 电解质的活度应该如何表达？

流的作用分离成了阴阳两种离子，或者在通入电流以前，就可能有少量的分子已经分离成了离子，而且这些离子都具有导电性；还由于物质的具体状况和溶液浓度的不同，离子的分离程度也将有差别，离子和未解离的分子之间呈平衡。如果这些含有离子的溶液，也都会像含有分子那样出现渗透现象的话，那么，由所测得的这些溶液在各种条件下渗透压的大小或凝固点下降的程度，就可以求出离子的离解度。如果再把它同导电能力对比，则离解度和导电能力一定是相互平行的。阿伦尼乌斯通过这样的实验验证了其假说的正确性，并提出了"电解质溶于水能不同程度地离解成正、负离子，离解程度决定于物质的本性以及它们在溶液中的浓度，溶液越稀电离度就越大"这一电离学说。进而，化学学科中的酸和碱等概念的含义开始从根本上明确化了，酸性、碱性的强弱，对于盐类的性质、反应和组成的解释，以及对于中和、水解、沉淀的生成及消失等现象的说明，都可以通过电离学说迎刃而解。

10.1 平均活度及电解质溶液理论

凡是在水或非水溶剂中能形成带电离子的溶液体系（如酸、碱、盐的溶液）通称为**电解质溶液**。若溶质在溶剂中几乎完全解离，则称为**强电解质**；若是部分解离，则称为**弱电解质**。二者无严格区别，因为是否全部解离与溶液的浓度有关，例如在极稀溶液中，弱电解质也可以认为是全部解离的。

10.1.1 电解质溶液的平均活度和平均活度因子

根据多组分体系的特点，溶液中某一组分 B 的化学势可写为：

$$\mu_B=\mu_B^{\ominus}(T)+RT\ln a_{m,B}$$

式中，$a_{m,B}$ 为质量摩尔浓度表示的物质 B 的活度。

$$a_{m,B}=\gamma_{m,B}\frac{m_B}{m^{\ominus}}$$

式中，$\gamma_{m,B}$ 为质量摩尔浓度表示的物质 B 的活度因子。若浓度用 c_B 或 x_B 表示，则有与之对应的活度与活度因子（电化学中多使用质量摩尔浓度，故以下均以质量摩尔浓度为例讨论，并常略去下标"m"）。

但是，在电解质溶液中，由于正、负离子共存且相互吸引，不能自由地单独存在，在考察电解质溶液性质的时候只能考虑正、负离子相互作用和相互影响的平均值，即溶液中正、负离子活度需要重新定义。

以 HCl 稀溶液为例，如果不考虑解离情况，其化学势应为

$$\mu_{HCl}=\mu_{HCl}^{\ominus}(T)+RT\ln a_{HCl}$$

解离后，HCl 将以 H^+ 和 Cl^- 形式存在于溶液中，对应离子的化学势应为

$$\mu_{H^+}=\mu_{H^+}^{\ominus}+RT\ln a_{H^+}$$

$$\mu_{Cl^-}=\mu_{Cl^-}^{\ominus}+RT\ln a_{Cl^-}$$

式中涉及 H^+ 和 Cl^- 的活度分别为

$$a_{H^+}=\gamma_{H^+}\frac{m_{H^+}}{m^{\ominus}}\quad 和 \quad a_{Cl^-}=\gamma_{Cl^-}\frac{m_{Cl^-}}{m^{\ominus}}$$

这时，HCl 电解质与 H^+ 和 Cl^- 化学势的关系只能用 H^+ 和 Cl^- 的化学势之和来表示，即

$$\begin{aligned}\mu_{HCl} &= \mu_{H^+} + \mu_{Cl^-} \\ &= (\mu^{\ominus}_{H^+} + RT\ln a_{H^+}) + (\mu^{\ominus}_{Cl^-} + RT\ln a_{Cl^-}) \\ &= (\mu^{\ominus}_{H^+} + \mu^{\ominus}_{Cl^-}) + (RT\ln a_{H^+} + RT\ln a_{Cl^-}) \\ &= \mu^{\ominus}_{HCl} + RT\ln(a_{H^+} a_{Cl^-})\end{aligned}$$

与不考虑解离情况得到的化学势表达式对照，有

$$a_{HCl} = a_{H^+} a_{Cl^-}$$

同理，对于任意价型的强电解质，设其化学式为 $M_{\nu_+}A_{\nu_-}$，其电离方程应为

$$M_{\nu_+}A_{\nu_-} \longrightarrow \nu_+ M^{z+} + \nu_- A^{z-}$$

则，强电解质的化学势为

$$\begin{aligned}\mu_B &= \nu_+\mu_+ + \nu_-\mu_- \\ &= (\nu_+\mu^{\ominus}_+ + \nu_-\mu^{\ominus}_-) + RT\ln(a_+^{\nu_+} a_-^{\nu_-}) \\ &= \mu^{\ominus}_B + RT\ln a_B\end{aligned}$$

即电解质的活度为

$$a_B = a_+^{\nu_+} a_-^{\nu_-} \tag{10.1}$$

由于在电解质溶液中，正、负离子总是同时存在的，没有严格的实验方法可用来测定单个离子的活度和活度因子，只能整体考察，因此，定义强电解质的正、负离子的**平均活度** $a_\pm$、**平均质量摩尔浓度** $m_\pm$ 和**平均活度因子** $\gamma_\pm$ 如下：

$$a_B = a_+^{\nu_+} a_-^{\nu_-} = a_\pm^{\nu}$$

$$a_\pm \equiv (a_+^{\nu_+} a_-^{\nu_-})^{1/\nu}$$

$$m_\pm \equiv (m_+^{\nu_+} m_-^{\nu_-})^{1/\nu}$$

$$\gamma_\pm \equiv (\gamma_+^{\nu_+} \gamma_-^{\nu_-})^{1/\nu}$$

其中

$$\nu = \nu_+ + \nu_-$$

$$a_\pm = \gamma_\pm \frac{m_\pm}{m^{\ominus}}$$

$$a_+ = \gamma_\pm \nu_+ \frac{m_B}{m^{\ominus}}$$

$$a_- = \gamma_\pm \nu_- \frac{m_B}{m^{\ominus}}$$

故，有

$$\begin{aligned}a_B &= a_\pm^{\nu} = (\gamma_\pm m_\pm)^{\nu} = a_+^{\nu_+} a_-^{\nu_-} \\ &= \left(\gamma_\pm \nu_+ \frac{m_B}{m^{\ominus}}\right)^{\nu_+} \left(\gamma_\pm \nu_- \frac{m_B}{m^{\ominus}}\right)^{\nu_-} \\ &= \gamma_\pm^{\nu_+ + \nu_-} \nu_+^{\nu_+} \nu_-^{\nu_-} \left(\frac{m_B}{m^{\ominus}}\right)^{\nu_+ + \nu_-} \\ &= \gamma_\pm^{\nu} \nu_+^{\nu_+} \nu_-^{\nu_-} \left(\frac{m_B}{m^{\ominus}}\right)^{\nu}\end{aligned}$$

从而得出溶液电解质的活度与质量摩尔浓度的关系式为

习题：

10-1　写出电解质 K_2SO_4 的活度、离子平均活度、平均质量摩尔浓度与溶液质量摩尔浓度 m 的关系。

10-2　浓度为 m 的 $K_3Fe(CN)_6$ 溶液的平均活度系数、平均质量摩尔浓度和活度分别是多少？

思考：

10-6　离子强度的概念是针对某一电解质还是电解质溶液？离子强度的概念为什么要这样定义？

$$a_B=\gamma_{\pm}^{\nu}\nu_{+}^{\nu_+}\nu_{-}^{\nu_-}\left(\frac{m_B}{m^{\ominus}}\right)^{\nu} \tag{10.2}$$

对于 HCl 的正、负离子的平均活度 $a_{\pm}$、平均质量摩尔浓度 $m_{\pm}$ 和平均活度因子 $\gamma_{\pm}$ 有

$$a_{\pm}=(a_{H^+}a_{Cl^-})^{1/2}$$

$$m_{\pm}=(m_{H^+}m_{Cl^-})^{1/2}$$

$$\gamma_{\pm}=(\gamma_{H^+}\gamma_{Cl^-})^{1/2}$$

所以溶液中 HCl 的活度为

$$a_{HCl}=a_{H^+}a_{Cl^-}=a_{\pm}^2=\left(\gamma_{\pm}\frac{m_{\pm}}{m^{\ominus}}\right)^2$$

例题 10-1 求浓度为 m 的 $Al_2(SO_4)_3$ 水溶液的平均质量摩尔浓度及活度。

解：根据 $Al_2(SO_4)_3$ 电解反应式，得

$$\begin{array}{ccc} Al_2(SO_4)_3 \longrightarrow & 2Al^{3+} & +3SO_4^{2-} \\ m & 2m & 3m \end{array}$$

$$m_{\pm}=(m_{+}^{\nu_+}m_{-}^{\nu_-})^{1/\nu}=(m_{Al^{3+}}^2 m_{SO_4^{2-}}^3)^{1/(2+3)}$$

$$=[(2m)^2\times(3m)^3]^{1/5}=\sqrt[5]{108}m$$

$$a_{Al_2(SO_4)_3}=a_{\pm}^5=\gamma_{\pm}^5 m_{\pm}^5=108\gamma_{\pm}^5\left(\frac{m}{m^{\ominus}}\right)^5$$

可见，通过实验测定到 $\gamma_{\pm}$ 的值后，就能求得电解质离子的平均活度及电解质的活度。

表 10-2 SATP 下实验测定的部分强电解质的平均活度因子 $\gamma_{\pm}$ 值

m/(mol/kg)	0.001	0.005	0.01	0.05	0.10	0.50	1.0	2.0
HCl	0.965	0.928	0.904	0.830	0.796	0.757	0.809	1.009
NaCl	0.966	0.929	0.904	0.823	0.778	0.682	0.658	0.671
KCl	0.965	0.927	0.901	0.815	0.769	0.650	0.605	0.575
$CaCl_2$	0.887	0.783	0.724	0.574	0.518	0.448	0.500	0.792
H_2SO_4	0.830	0.639	0.544	0.340	0.265	0.154	0.130	0.124
$ZnSO_4$	0.734	0.477	0.387	0.202	0.148	0.063	0.043	0.035
$CuSO_4$	0.740	0.530	0.410	0.210	0.160	0.068	0.047	—

分析表 10-2 可以发现如下规律：

① 离子平均活度因子的大小随浓度的降低而增加（无限稀释时达到极限值），而一般情况下总是小于 1，但当浓度增加到一定程度时，$\gamma_{\pm}$ 值可能随浓度的增加而变大，甚至大于 1。（因为离子的水化作用使较浓溶液中的许多溶剂分子被束缚在离子周围的水化层中不能自由行动，相当于使溶剂量相对下降而造成的。）

② 对于相同价型的电解质，在稀溶液中，当浓度相同时，$\gamma_{\pm}$ 值相差不大。

③ 对于不同价型的电解质，当浓度相同时，正负离子价数乘积越高，$\gamma_{\pm}$ 值偏离 1 的程度也越大，与理想溶液的偏差越大。

10.1.2 离子强度

通过前面的分析已经知道，影响离子平均活度因子的主要因素是离子的价数和浓度，而且价数比浓度的影响还要大些，价数愈高影响愈大。而且溶液中其他电解质解离后的离子也会对所研究的电解质的活度产生影响。因此，为了更客观地体现离子的价数和浓度对电解质活度的影响，路易斯（Lewis）在 1921 年提出了离子强度 I 的概

念，定义式为

$$I \equiv \frac{1}{2}\sum_{B} m_B z_B^2 \tag{10.3}$$

即溶液中所有离子的质量摩尔浓度 m_B 乘以该离子电荷数 z_B 的平方之和的一半为**离子强度**(ionic strength)，其单位与质量摩尔浓度相同。

路易斯在对大量实验数据分析后，进一步得到了如下经验式。

$$\lg\gamma_{\pm} = -常数\sqrt{I}$$

该经验式后来得到了德拜-休克尔理论（下节将介绍）的验证。

例题 10-2　同时含 0.1mol/kg 的 NaCl 和 0.2mol/kg 的 $BaCl_2$ 的水溶液，其离子强度为多少？

解：溶液中三种离子的质量摩尔浓度和电荷数分别为

$m(Na^+)=0.1mol/kg$　　$z(Na^+)=1$

$m(Ba^{2+})=0.2mol/kg$　　$z(Ba^{2+})=2$

$m(Cl^-)=(0.1+0.4)mol/kg=0.5mol/kg$　　$z(Cl^-)=-1$

则该溶液的离子强度为

$$\begin{aligned}I &= \frac{1}{2}\sum_{B} m_B z_B^2 \\ &= \frac{1}{2}[0.1\times1^2+0.2\times2^2+0.5\times(-1)^2]mol/kg \\ &= 0.70mol/kg\end{aligned}$$

10.1.3 Debye-Hückel 离子互吸理论

阿伦尼乌斯提出的电解质在溶液中部分解离，离子和未解离的分子之间呈平衡的“部分解离学说”能较好地应用于弱电解质，但在处理强电解质却不太实用，主要体现在以下几个方面。

① 没有考虑到离子之间的相互作用。对于弱电解质溶液，由于解离度小，溶液中离子浓度不大，所以离子间的相互吸引导致的偏差也不大，一般可以忽略。而对于在溶液中会全部解离的强电解质，离子之间的静电吸引力就不能忽略。

② 强电解质溶液中存在着分子与离子之间的平衡的假定与事实不符。许多盐类在固体状态时即已呈离子晶格存在，当它们分散于溶剂中时，一般说来应该是完全离子化的，即使存在平衡也只是解离后的正、负离子彼此吸引形成的“离子对”与自由离子之间的平衡，这与含有共价键的分子与离子间的平衡完全不同。

③ 没有考虑到离子的溶剂化作用。

基于以上原因，1923 年德拜(P. Debye)和休克尔(E. Hückel)把静电学和化学结合起来，提出了强电解质离子互吸理论。认为强电解质在低浓度溶液中完全解离，与理想溶液的偏差主要是由离子之间的静电引力所引起的。根据库仑定律，同性离子相斥，异性离子相吸。离子在静电作用力的影响下，趋向于像离子晶体那样规则地排列，而离子的热运动则力图使它们均匀地分散在溶液中。这两种力相互作用的结果，导致在某一时间段内，任意一个离子(可称为中心离子)的周围，异性离子分布的平均密度大于同性离子分布的平均密度。中心离子好像是被一层球形对称的异号电荷包围，而异号电荷的总电荷量在数值上等于中心离子的电荷量，这个由异号电荷所构成的球体即称为离子氛，如图 10-1 所示。每一个离子既是中心离子，同时又是其他离子的离子氛。由于离子的热运动，离子氛是瞬息万变的。

从离子氛的概念出发，德拜-休克尔认为电解质溶液化学势偏离理想溶液化学势（离子间无相互作用）是由离子间的静电相互作用引起的，二者的化学势之差相当于在恒温恒压下，将离子从无静电相互作用变到有静电相互作用所做的非体积功，经过推导最后得到电解质稀溶液中单个离子活度因子的计算公式为

$$\lg\gamma_i = -Az_i^2\sqrt{I} \qquad (10.4)$$

其中

$$A=\frac{(2\pi L\rho_{\mathrm{A}})^{1/2}e^3}{2.303(4\pi\varepsilon_0\varepsilon_{\mathrm{r}}k_{\mathrm{b}}T)^{3/2}}$$

式中，π 为圆周率；L 为阿伏伽德罗常数；ρ_{A} 为纯溶剂的密度；e 为电子电荷量；ε_0 为真空介电常数；ε_{r} 为溶剂的相对介电常数；k_{b} 为玻尔兹曼常数；T 为热力学温度。可见 A 是一个与溶剂性质、温度等有关的常数，在25℃水溶液中 $A=0.509(\mathrm{mol/kg})^{-1/2}$。

因为单种离子的活度因子是无法直接由实验来测定的，因此还需要将式(10.4)中的离子活度因子变成平均活度因子的形式。

$$\lg\gamma_{\pm} = -A|z_+z_-|\sqrt{I} \qquad (10.5)$$

按照推证过程，式中的活度因子是平均活度因子(即浓度用摩尔分数表示的活度因子，而通常我们常用的活度因子是浓度用质量摩尔浓度表示，但是在极稀溶液的情况下，各种活度因子之间的差异可以忽略不计)。因为在推导过程中的一些假设只有在溶液非常稀时才能成立，所以**式(10.5)称为德拜-休克尔极限公式，适用于强电解质稀溶液**，该结果与路易斯经验式是一致的，从而德拜-休克尔极限公式从理论上证明了路易斯经验式的正确性，反过来，路易斯经验式验证了德拜-休克尔理论的有效性，较好地反映了强电解质在稀溶液中的行为。

若不把离子看作点电荷，考虑到离子的直径，可以把极限公式修正为：

$$\lg\gamma_{\pm}=\frac{-A|z_+z_-|\sqrt{I}}{1+aB\sqrt{I}} \qquad (10.6)$$

式中，a 为离子的平均有效直径；A、B 为常数，其数值列于表10-3。对稀溶液，$aB\sqrt{I}$ 的值很小，若略去这一项，式(10.6)则可还原为式(10.5)。

对于较浓的电解质溶液，1961年戴维斯(Davies)结合实验结果，修订了德拜-休克尔的计算公式，提出如下经验公式：

$$\lg\gamma_{\pm}=-A|z_+z_-|\left(\frac{\sqrt{I}}{1+\sqrt{I}}-0.30I\right) \qquad (10.7)$$

习题：

10-3 试计算下列溶液体系的离子强度：

(1) 0.1mol/kg 的 NaH_2PO_4、0.2mol/L 的 Na_2HPO_4 混合溶液；

(2) 0.1mol/kg 的 $K_3Fe(CN)_6$、0.2mol/L 的 $K_4Fe(CN)_6$ 混合溶液。

(0.7mol/L；2.6mol/L)

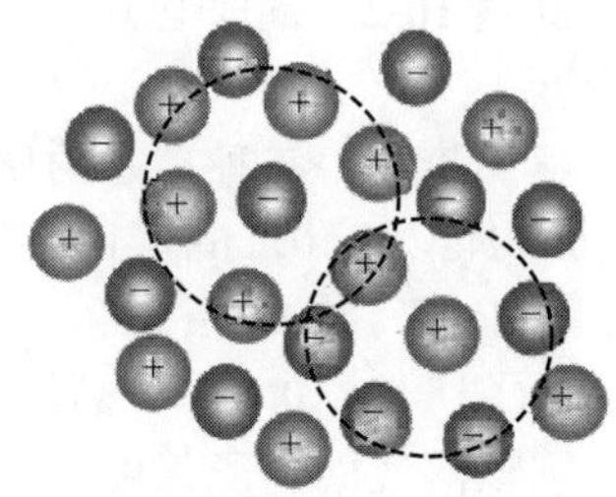

图10-1 离子氛结构示意

表10-3 在水溶液中 Debye-Hückel 公式中的常数 A、B 的数值

T/K	A /[(mol/kg)$^{-0.5}$]	$B\times10^{-10}$ /[(mol/kg)$^{-0.5}$/m]
288	0.5020	0.3273
298	0.5115	0.3291
313	0.5262	0.3323
328	0.5432	0.3358
343	0.5625	0.3397

注：参阅傅献彩等．物理化学(第五版)下册，2006：38.

例题 10-3 在同时含 0.1mol/kg 的 K_2SO_4 和 0.01mol/kg 的 $Al_2(SO_4)_3$ 的水溶液中，求 $Al_2(SO_4)_3$ 溶液的活度、平均活度、平均质量摩尔浓度、离子活度、离子质量摩尔浓度。

解：溶液中三种离子的质量摩尔浓度和电荷数分别为

$m(K^+)=0.2\text{mol/kg}$　　$z(K^+)=1$

$m(Al^{3+})=0.02\text{mol/kg}$　　$z(Al^{3+})=3$

$m(SO_4^{2-})=(0.1+0.03)\text{mol/kg}=0.13\text{mol/kg}$　　$z(SO_4^{2-})=-2$

则该溶液的离子强度为

$$I=\frac{1}{2}\sum_B m_B z_B^2=\frac{1}{2}[0.2\times1^2+0.02\times3^2+0.13\times(-2)^2]\text{mol/kg}=0.45\text{mol/kg}$$

则

$$\lg\gamma_{\pm}=-A|z_+z_-|\sqrt{I}=-0.509(\text{mol/kg})^{1/2}|3\times(-2)|\sqrt{0.45\text{mol/kg}}=-2.049$$

$$\gamma_{\pm}=0.00894$$

$$a_{Al_2(SO_4)_3}=\gamma_{\pm}^{\nu}\nu_+^{\nu_+}\nu_-^{\nu_-}\left(\frac{m_B}{m^{\ominus}}\right)^{\nu}=0.00894^5\times2^2\times3^3\times0.01^5=6.17\times10^{-11}$$

$$a_{\pm}=\sqrt[\nu]{a_B}=\sqrt[5]{6.17\times10^{-11}}=0.00908$$

$$a_+=\gamma_{\pm}\nu_+\frac{m_B}{m^{\ominus}}=0.00894\times2\times0.01=0.000179$$

$$a_-=\gamma_{\pm}\nu_-\frac{m_B}{m^{\ominus}}=0.00894\times3\times0.01=0.000268$$

10.2 电化学池及法拉第电解定律

电解质溶液与非电解质溶液的主要区别，是前者能够导电而后者不能，为什么电解质溶液能够导电呢？

在外电场作用下，金属是通过自由电子定向移动来导通电流的，这类导体我们称之为**第一类导体，又称为电子导体**。而在电解质溶液中几乎没有自由电子存在，要导通电流只能借助于电解质电解后产生的正、负离子，这类导体我们称之为**第二类导体，又称为离子导体**。

下面我们从电解 $CuCl_2$ 水溶液实例来认识电解质导电机理。

10.2.1 电解质溶液导电机理

如图 10-2 所示，以 $CuCl_2$ 水溶液为例，其中含有大量的 Cl^- 和 Cu^{2+}。将电极 A(例如金属 Pt)和电极 B(例如金属 Cu)插入溶

习题：

10-4 设有浓度均为 0.005mol/kg 不同类型的下列强电解质：HCl、$MgCl_2$、$CuSO_4$、$LaCl_3$、$Al_2(SO_4)_3$，

(1) 试计算各种溶液的离子强度 I；

(2) 试计算各种溶液的离子平均质量摩尔浓度 $m_{\pm}$；

(3) 用 Debye-Hückel 公式计算离子平均活度因子 $\gamma_{\pm}$；

(4) 计算电解质的离子平均活度 $a_{\pm}$ 和电解质的活度 a_B。

[(1) 0.005，0.015，0.02，0.03，0.075mol·kg^{-1}；(2) 0.005，0.0079，0.005，0.011，0.013mol·kg^{-1}；(3) 0.925，0.774，0.560，0.596，0.220；(4) 0.00463，0.00611，0.0028，0.00656，0.00286；2.144×10^{-5}，2.281×10^{-7}，6.147×10^{-11}，1.852×10^{-9}，1.914×10^{-13}]

10-5 已知 298K 时，AgCl 的解离平衡常数为 $1.7\times10^{-10}\text{mol}^2\cdot\text{kg}^{-2}$，试计算 AgCl 在下述溶液中的溶解度 ($s$)。(1) 在纯水中；(2) 在 0.01mol·kg^{-1} 的 NaCl 溶液中。(0.187g·kg^{-1}；3.08×10^{-6}g·kg^{-1})

思考：

10-7 电解质溶液是如何导电的？电子导体和离子导体之间电流如何通过？

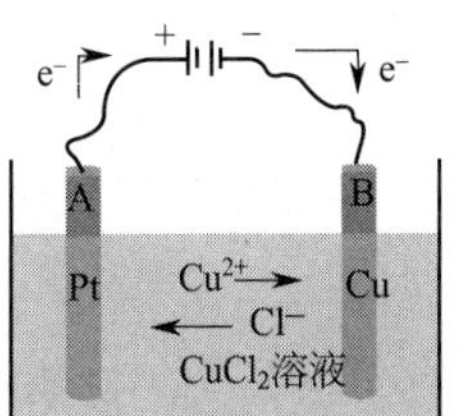

图 10-2 电解质溶液的导电机理

液，然后接通电源，便有电流通过溶液，这就是一个简单的电解池。在通电过程中电解池内发生如下两种变化。

① 由于电极 A 和 B 的电位不同(A 的电位高于 B 的电位)，于是产生一个指向 B 方向的电场。溶液中的 Cl^- 和 Cu^{2+} 在该电场的作用下向相反方向迁移。这种溶液中的离子在电场作用下的定向迁移过程称为**离子的电迁移**。

② 在电极 A 与溶液的界面处，Cl^- 失去电子 e^- 变成氯气。

$$2Cl^- \xrightarrow{\text{氧化}} Cl_2 + 2e^-$$

在电极 B 与溶液的界面处，Cu^{2+} 得到电子 e^- 变成金属铜。

$$Cu^{2+} + 2e^- \xrightarrow{\text{还原}} Cu$$

显然两个电极处分别发生的是氧化反应和还原反应，这就是**电极反应**。通常按照电极反应的不同来命名和区分电极，将发生氧化反应的电极称为**阳极**（如电极 A），发生还原反应的电极称为**阴极**（如电极 B）。从表面形式上看，与电池正极相连的是阳极，与电池负极相连的是阴极。

在通电过程中以上两种过程是同时发生的，由电池提供的电子在电极 B 上被 Cu^{2+} 消耗，而迁移到电极 A 处的 Cl^- 则将自身的电子释放给电极 A。可见两种过程的总结果相当于电池负极上的电子由 B 进入溶液，然后通过溶液到达 A，最后回到电池的正极。因此，离子的电迁移和电极反应的总结果便是电解质溶液的导电过程，即电解质溶液的导电机理。

10.2.2 法拉第定律

1833 年英国科学家法拉第（M. Faraday）在大量的电解实验的基础上，提出了 **Faraday 电解定律**：在电极上发生反应的物质的量与通入的电量成正比。

$$Q = n_e F$$

式中，Q 为通过的电荷量，C；n_e 为某一电极反应得失电子的物质的量，mol；F 为法拉第常数，其物理意义为 1mol 电子的电荷量。

因为 $e = 1.602176487 \times 10^{-19}$C

所以 $F = Le = (6.02214179 \times 10^{23} \times 1.602176487 \times 10^{-19})$C/mol

$= 96485.340$C/mol

≈ 96500C/mol

如果在电解池中发生如下的电极反应：

$$M^{z+}(a) + z_+ e^- \longrightarrow M(s) \quad ①$$

或

$$A^{z-}(a) + z_- e^- \longrightarrow A \quad ②$$

式中，e^- 为电子；z_+、z_- 为电极反应中电子转移的计量系数；z 为 1mol 离子所带的电子数量，正、负表示所带电荷性质。如欲从该溶液中沉积出 1mol 金属 M(s) 或者说有 1mol 离子发生还原时，即按照电极反应①或②反应进度为 1mol 时，通入的电荷量为：

$$Q = n_e F = zF$$

当电极反应进度为 ξ 时，通入的电荷量为：

$$Q = zF\xi \tag{10.8}$$

式(10.8) 为法拉第电解定律的数学表达式。

法拉第定律说明，在稳恒电流的情况下，同一时间内流过电路中各点的电荷量是相等的，可以通过测量电流流过后电极反应的物质的量的变化来计算电路中通过的电荷量，这就是库仑计（电量计），最常用的库仑计多为银库仑计和铜库仑计。

例题 10-4 用 0.025A 的电流通过 $Au(NO_3)_3$ 溶液，当阴极上有 1.20g Au(s) 析出时，试计算：

（1）通过的电荷量；

（2）通电时间；

（3）阳极上析出氧气的质量。

已知 Au(s) 的摩尔质量为 197.0g/mol，O_2 的摩尔质量为 32g/mol。

解：设该电解池中的电极反应为

阴极 $Au^{3+}(aq)+3e^- \longrightarrow Au(s)$

阳极 $\frac{3}{2}H_2O(l) \longrightarrow \frac{3}{4}O_2(g)+3H^+(aq)+3e^-$

当阴极上析出 1.20g Au(s) 时，反应进度为：

$$\xi=\frac{1.20g}{197.0g/mol}=6.09\times10^{-3}mol$$

（1）$Q=z_+F\xi=3\times96500C/mol\times6.09\times10^{-3}mol=1763C$

（2）$t=Q/I=1766C/(0.025C/s)=7.05\times10^4 s$

（3）析出氧气的质量为

$$m(O_2)=6.09\times10^{-3}mol\times\frac{3}{4}\times32.0g/mol=0.146g$$

注意：电极反应写法不同，析出相同质量 Au(s) 时的反应进度不同，但不会影响计算结果。另外，书写电极反应的时候要保证阴极反应和阳极反应的电子计量数一致。

在实际电解时，电极上常发生副反应或次级反应。因此要析出一定数量的某一物质时，按照法拉第定律计算的理论电量要比实际消耗的电量少一些，两者之比称为电流效率，即

$$\eta=\frac{Q}{Q_T}=\frac{zF\xi}{Q_T}$$

电流效率通常用百分数表示，即有效电量占所用总电量的百分数。

10.3 离子的电迁移与迁移数

10.3.1 离子电迁移率

离子在电场的作用下定向移动的速率很显然与电场的电位梯度相关，实验发现电位梯度越大，离子电迁移的速率越快，因此离子电迁移速率写作：

$$r_+=u_+\frac{dE}{dl},\ r_-=u_-\frac{dE}{dl}$$

思考：

10-8 利用法拉第定律计算串联在电路中的电极反应时，阴、阳极反应的电荷一定要相等吗？利用法拉第定律计算串联在电路中的电极反应时要注意什么？

习题：

10-6 需在 $(10\times10)cm^2$ 的薄铜片两面镀上 0.005cm 厚的 Ni 层［镀液用 $Ni(NO_3)_2$］，假定镀层能均匀分布，用 2.0A 的电流强度得到上述厚度的镍层时需通电多长时间？设电流效率为 96%。已知金属镍的密度为 $8.9g/cm^3$，Ni(s) 的摩尔质量为 58.69g/mol。（3.05×10^4C，15250s）

10-7 在 300K、10^5Pa 下，用惰性电极电解水来制备氢气。试计算拟制备 $1m^3$ $H_2(g)$、$O_2(g)$ 分别需要多长时间？设所用直流电流强度为 5A，电流效率为 100%；已知 300K 时水的饱和蒸气压为 3565Pa。（414h，829h）

10-8 用电解 NaCl 水溶液的方法制备 NaOH，在通电一段时间后，得到了浓度为 $1mol\cdot dm^{-3}$ 的 NaOH 溶液 $0.6dm^3$，在与之串联的铜库仑计中析出了 30.4gCu(s)。试计算该电解池的电流效率。（0.63）

思考：

10-9 离子半径、离子水化程度、所带电荷量如何影响离子电迁移率？为什么在电镀工业上一般都用钾盐，而不是钠盐？

10-10 若把自己看作是溶液中的离子，离子电迁移现象对你有什么启发？

式中的比例系数 u_+ 和 u_- 相当于单位电位梯（1V/mol）时离子的运动速率，称为**离子电迁移率**（又称为离子淌度，ionic mobility），单位为 $m^2/(s \cdot V)$。其大小与电解质溶液的温度、浓度、离子的本性（包括离子半径、离子水化程度、所带电荷）等因素有关，可用界面移动实验来测定，表 10-4 列出了在 298.15K 无限稀释溶液中几种离子的电迁移率。

从表 10-4 可看出，H^+ 和 OH^- 的电迁移明显高于其他离子，这是因为 H^+ 和 OH^- 由于有氢键存在，它们传导电荷时离子本身并没有迁移，而是依靠氢键通过质子转移表现为水分子翻转来传导电荷（如图 10-3 所示），所以相同条件下 H^+ 和 OH^- 电迁移率较大。

表 10-4　298.15K 无限稀释溶液中几种离子的电迁移率表

正离子	$u_+^\infty \times 10^8/[m^2/(s \cdot V)]$	负离子	$u_-^\infty \times 10^8/[m^2/(s \cdot V)]$
H^+	36.25	OH^-	20.55
Li^+	4.01	F^-	5.74
Na^+	5.19	Cl^-	7.92
K^+	7.62	Br^-	8.09
Rb^+	7.92	I^-	7.96
Ag^+	6.42	NO_3^-	7.40
NH_4^+	7.61	CH_3COO^-	4.24
Ca^{2+}	6.17	HCO_3^-	4.61
Ba^{2+}	6.59	CO_3^{2-}	7.18
Cu^{2+}	5.56	SO_4^{2-}	8.27
La^{3+}	7.21		

习题：

10-9　当温度为 298.15K 时，求在电场梯度为 1000V/m 的稀溶液中，H^+、K^+ 和 Cl^- 每种离子的迁移速率。（$3.63 \times 10^{-4} m \cdot s^{-1}$，$7.62 \times 10^{-5} m \cdot s^{-1}$，$7.92 \times 10^{-5} m \cdot s^{-1}$）

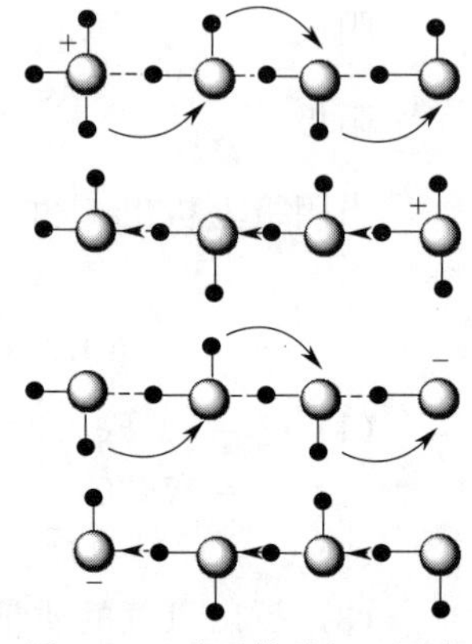

图 10-3　质子传递机理示意

10.3.2　离子迁移数

由于正、负离子移动的速率不同，所带电荷不等，导致它们在迁移电荷时所分担的份额也不同。把离子 B 所运载的电流与总电流之比，或把离子 B 所承载运载的电量与总电量之比称为离子 B 的**迁移数**，用符号 t_B 表示，定义式为：

$$t_B \equiv \frac{I_B}{I} \equiv \frac{Q_B}{Q}$$

若溶液中只有一种正离子和一种负离子，它们的迁移数分别以 t_+ 和 t_- 表示，则

$$t_+ = \frac{I_+}{I} = \frac{r_+}{r_+ + r_-} = \frac{u_+}{u_+ + u_-}$$

$$t_- = \frac{I_-}{I} = \frac{r_-}{r_+ + r_-} = \frac{u_-}{u_+ + u_-}$$

由于正、负离子处于同一电位梯度中，所以

$$\frac{t_+}{t_-} = \frac{r_+}{r_-} = \frac{u_+}{u_-}$$

$$t_+ + t_- = 1$$

若溶液中的正、负离子不止一种，则任一离子 B 的迁移数为

思考：

10-11　为什么要引进离子电迁移速率、电迁移率、离子迁移数？

10-12　离子迁移速率、电迁移率、离子迁移数分别会受到哪些因素的影响？（提示：离子本性、介质性质、温度、电场强度）

$$\sum t_B = \sum t_+ + \sum t_- = 1$$

10.3.3　离子迁移数的测定

离子在电解质溶液中导电过程如图 10-4 所示，设想在两个惰性电极之间的溶液中，有想象的平面（如虚线所示）将溶液分为阳极区、中间区及阴极区三个部分（也分别称为阳极部、中间部及阴极部）。假定在未通电前，各部分均含有都为一价的正、负离子各 5mol。分别用“+、-”号的数量来表示正、负离子的物质的量。在 4mol 电子的电荷量通过之后，根据法拉第定律，在阳极上有 4mol 负离子发生氧化反应，同时在阴极有 4mol 正离子发生还原反应，在溶液中的离子也同时发生迁移。当溶液中通过 4mol 电子的电荷量时整个导电任务是由正、负离子共同分担的，每种离子所迁移的电荷量随着它们迁移的速率不同而不同。

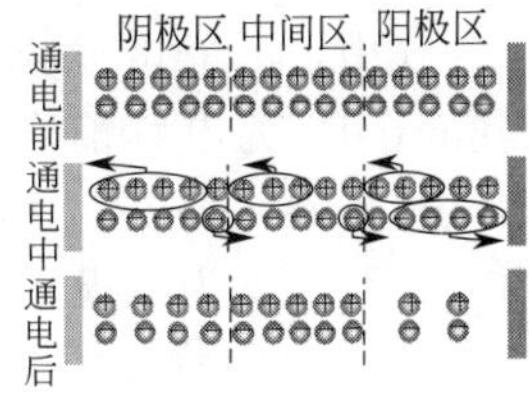

图 10-4　离子的电迁移现象

现假设正离子的运动速度是负离子运动速度的 3 倍，则溶液中向阴极运动穿越界面的正离子数为 3mol，逆向穿越界面的负离子数为 1mol，实际上，在两极之间溶液的任意截面上均有 3mol 正离子和 1mol 负离子对向通过，总计完成 4mol 电子电荷量导通任务。

通电结束后，阳极区迁出了 3mol 正离子，析出了 4mol 负离子，迁入了 1mol 负离子，所以正、负离子都各剩 2mol，即剩余电解质的量为 2mol；阴极区在析出 4mol 正离子的同时迁入了 3mol 正离子，迁出的负离子为 1mol，所以正、负离子各剩 4mol，即剩余电解质的量为 4mol；中间区迁出和迁入的正离子都是 3mol，迁出和迁入的负离子都是 1mol，所以电解质的量不变，仍为 5mol。

从这假设实验得出：①电极反应和离子迁移，只会改变阳极部和阴极部电解质溶液的浓度，而中间部的浓度不发生改变；②离子电迁移会导致阴极区和阳极区的电解质溶液浓度的降低，其降低的程度与阴、阳离子迁移速率有关。这一电迁移特点用公式可表示为

$$\frac{r_+}{r_-} = \frac{Q_+}{Q_-} = \frac{\Delta n_+}{\Delta n_-}$$

式中，r_+、r_- 分别为正、负离子的迁移速率；Q_+、Q_- 分别为正、负离子所运载的电荷量；Δn_+、Δn_- 分别为阳极区、阴极区的减少的物质的量。

根据电迁移的这个特点，我们只要测定阴极区或阳极区的溶液浓度的降低值，再获得正离子迁出阳极区（或负离子迁出阴极区）的物质的量和发生电极反应的物质的量，就可计算出离子的迁移数，此即希托夫法测定离子迁移数的原理。

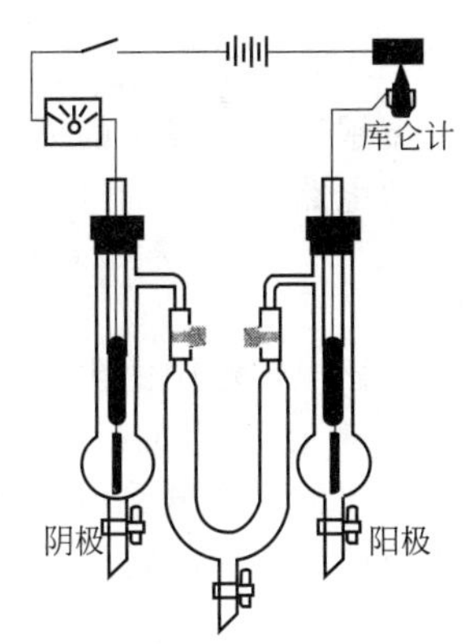

图 10-5　希托夫法测定离子迁移数装置示意

实验装置如图 10-5 所示，包括一个阴极管、一个阳极管和一个可控制连通或关闭的中间管，外电路中串联有库仑计，用于测定通过电路的总电荷量。

思考：

10-13　用 Pt 电极电解一定浓度的 $CuSO_4$ 溶液，阴极、阳极和中间区域电解过程中颜色有何变化，如果换成 Cu 电极情况又如何？

实验中测定通电前后阳极区或阴极区电解质浓度的变化，由此可算出相应区域内电解质的物质的量的变化；从外电路库仑中所测定的总电荷量可算出电极反应的物质的量，对选定电极区域内某种离子进行物料衡算，即可算出该离子的迁移数，计算公式为：

$$n_F = n_I \pm n_T \pm n_R \tag{10.9}$$

式中，n_F(finished) 为电解后含该离子的物质的量；n_I(initial) 为电解前含该离子的物质的量；n_T(transfer) 为该离子在电场下迁移了物质的量，迁入为"+"，迁出为"−"；n_R 为电极上该离子发生的氧化/还原反应引起该离子变化的物质的量，生成了该离子为"+"，消耗了该离子为"−"，且 $n_R = n_e/z$（n_e 为通入电路中电子的物质的量）。

例题 10-5 设在希托夫迁移管中用 Cu 电极来电解已知浓度的 $CuSO_4$（摩尔质量为 159.50g/mol）溶液，溶液中通以 20mA 的直流电约 2～3h。通电完毕后，串联在电路中的银库仑计阴极上有 0.0405g 银（摩尔质量为 107.88g/mol）析出。阴极部溶液的质量为 36.434g，已知在通电前其中含 $CuSO_4$ 1.1276g，通电后含 $CuSO_4$ 1.1090g。试求 Cu^{2+} 和 SO_4^{2-} 的迁移数。

解：Cu^{2+} 在阴极区物质的量的变化为：

$$n_F = n_I + n_T - n_R$$

其中

$$n_F = \frac{1.1090\text{g}}{159.50\text{g/mol}} = 6.953 \times 10^{-3}\text{mol}$$

$$n_I = \frac{1.1276\text{g}}{159.50\text{g/mol}} = 7.070 \times 10^{-3}\text{mol}$$

银库仑计发生的反应：$Ag^+(aq) + e^- \longrightarrow Ag(s)$

电路中通过的电子的物质的量：

$$n_e = \frac{0.0405\text{g}}{107.88\text{g/mol}} = 3.754 \times 10^{-4}\text{mol}$$

该电解池中的阴极上发生还原反应的方程式为

$$Cu^{2+}(aq) + 2e^- \longrightarrow Cu(s)$$

根据整个电路中任意界面上通过的电量相等，故发生阴极电极反应的物质的量

$$n_R = \frac{n_e}{2} = 1.877 \times 10^{-4}\text{mol}$$

对 Cu^{2+} 来说，

$$\begin{aligned} n_T &= n_F - n_I + n_R \\ &= [(6.953 - 7.070) \times 10^{-3} + 1.877 \times 10^{-4}]\text{mol} \\ &= 7.11 \times 10^{-5}\text{mol} \end{aligned}$$

$$t_+ = \frac{n_T}{n_R} = \frac{7.11 \times 10^{-5}\text{mol}}{1.877 \times 10^{-4}\text{mol}} = 0.38$$

$$t_- = 1 - t_+ = 1 - 0.38 = 0.62$$

习题：

10-10 用银电极电解 $AgNO_3$ 水溶液，通电一段时间后，在阴极上有 0.078g Ag(s) 析出。经分析知阳极部有溶液 23.14mL，电解前、后溶液浓度分别为 $AgNO_3$ 7.39g·dm^{-3}、10.20g·dm^{-3}。试分别计算 Ag^+ 和 NO_3^- 的迁移数。(0.47、053)

10-11 在 298K 时，用 Pb(s) 作电极电解 $Pb(NO_3)_2$ 溶液，该溶液的浓度为每 1000g 水中含有 $Pb(NO_3)_2$ 的质量为 16.64g，当与电解池串联的银库仑计中有 0.1658g 银沉积时就停止通电。已知阳极部溶液质量为 62.50g，经分析含有 $Pb(NO_3)_2$ 的质量为 1.151g，计算 Pb^{2+} 的迁移数。(0.49)

10-12 某同学用 Pb 电极室温下电解 16.64g·kg^{-1} 的 $Pb(NO_3)_2$ 溶液，通电一段时间后，阴极上有 0.1658g 的 Pb 生成，同时阳极区 62.50g 的溶液中有 1.151g $Pb(NO_3)_2$，计算 Pb^{2+} 的迁移数。(0.50)

思考：

10-14 例题 10-5 中计算离子迁移数没有用离子迁移数的计算公式的物理量来计算，而是用同一离子迁移的物质的量和电极反应的物质的量来计算，这种方法合理吗？试用离子迁移数的计算公式的物理量来计算本题，判断方法的合理性。

10-15 试用 SO_4^{2-} 重新根据例题 10-5 的数据计算其离子迁移数。

本题如果计算阴极区 SO_4^{2-} 的变化，也将得到同样的结果。

离子迁移数的测定除了希托夫以外还有界面移动法和电动势法等（电动势法将在下一章涉及）。

界面移动法能获得较为精确的结果，它直接测定溶液中离子的移动速率（或离子的电迁移率）。该方法是将两种具有共同离子的电解质溶液放在一个垂直的细管内，利用溶液密度的不同，使这两种溶液之间形成一个明显的界面（通常可以借助于溶液的颜色或折射率的不同使界面清晰可见），如图 10-6 所示。如若要测定电解质 MX 中离子的迁移数，在垂直的细管中先放置一密度高于 MX 溶液的 NX 溶液，它与 MX 具有相同的负离子 X^-，并且 $u_{N^+}<u_{M^+}$。在其上小心注入 MX 溶液，形成清晰的界面 ab，通电后，正离子向阴极运动，由于 N^+ 的电迁移率比 M^+ 的小，不致超越 M^+ 而使界面模糊。时间 t 后界面移至 $a'b'$，扫过的体积为 V（可根据管子的横截面积 S 和在通电的时间内界面移动的距离 l 求得），其中的 M^+ 在该时间内均通过 $a'b'$，其物质的量为 $c_{M^+}V$，所带的电量为 $z_{M^+}c_{M^+}VF$。若电流为 I，则时间 t 时通过的总电量 Q 为 It。据此可得界面移动法测定离子迁移数的公式为：

$$t_{M^+}=\frac{c_{M^+}Vz_{M^+}F}{Q}=\frac{z_{M^+}c_{M^+}SlF}{It} \qquad (10.10)$$

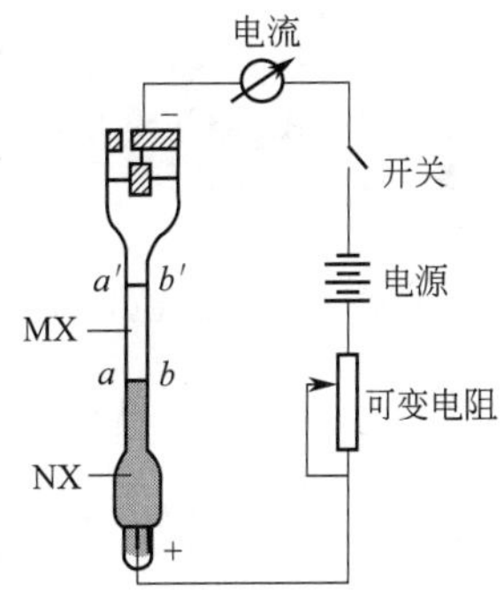

图 10-6　界面移动法测定离子迁移数装置示意

10-13　298K 时用界面移动法测定离子迁移数，在迁移管中注入一定浓度的有色离子溶液后，在其上面小心地注入浓度为 0.011mol·dm^{-3} 的 HCl 水溶液形成清晰的分界面。通入 11.6mA 的直流电 22min，界面移动了 15cm。试计算 H^+ 的迁移数。已知迁移管的内径为 1.0cm。(0.816)

10.4　电导、电导率和摩尔电导率

10.4.1　电导、电导率和摩尔电导率的定义

① 为了直观的表示电解质溶液的导电能力，采用电阻 R 的倒数即**电导** G 来表示，电导的单位为 S（西门子），其定义为：

$$G=\frac{1}{R}$$

② 对于具有均匀截面的导体，其电导与截面积 A 成正比，与长度 l 成反比，比例系数即为**电导率** κ，单位为 S/m。

$$G=\kappa\frac{A}{l}$$

对电解质溶液而言，其电导率则为相距单位长度、单位面积的两个平行板电容器间充满电解质溶液时的电导，电导率 κ 与电阻率 ρ 互为倒数关系。

③ 电解质溶液的电导率与溶液的本性和浓度有关，为了比较不同浓度、不同类型电解质溶液的电导率，提出了摩尔电导率的概念，定义单位浓度的电导率为**摩尔电导率** Λ_m，单位为 S·m^2/mol。

$$\Lambda_m=\frac{\kappa}{c}$$

思考：

10-16　离子迁移速率、迁移率、迁移数是否有效表达了离子的电迁移行为？你有哪些方法来研究离子的电行为？

10-17　试辨析电导、电导率与电阻、电阻率的关系。为什么要引入摩尔电导率？

例题 10-6 在 291K 时，浓度为 $10mol/m^3$ 的 $CuSO_4$ 溶液的电导率为 0.1434S/m，求 $CuSO_4$ 和 $\frac{1}{2}CuSO_4$ 的摩尔电导率 $\Lambda_m(CuSO_4)$ 和 $\Lambda_m\left(\frac{1}{2}CuSO_4\right)$。

解：根据摩尔电导率的定义有

$$\Lambda_m(CuSO_4)=\frac{\kappa}{c(CuSO_4)}=\frac{0.1434S/m}{10mol/m^3}=14.34\times10^{-3}S\cdot m^2/mol$$

当基本单元选择为 $\frac{1}{2}CuSO_4$ 时，体系中基本单元的浓度应为 $2\times10mol/m^3$，则

$$\Lambda_m\left(\frac{1}{2}CuSO_4\right)=\frac{\kappa}{c\left(\frac{1}{2}CuSO_4\right)}=\frac{0.1434S/m}{2\times10mol/m^3}=7.17\times10^{-3}S\cdot m^2/mol$$

可见，相同的电解质溶液，直接测试的电导或电导率值相同，而由于考察的基本单元不同致使计算出的摩尔电导率并不相同，因此，在使用摩尔电导率时，必须表明物质的基本单元（置后于括号内或下标模式），否则结果不正确。

10.4.2 电导的测定

电导是电阻的倒数，因此，可采用惠斯通电桥，通以高频交流电来测量溶液的电阻大小。其装置如图 10-7 所示。

图 10-7 中 AB 为均匀的滑线电阻；R_1 为可变电阻；M 为放有待测溶液的电导池，设其电阻为 R_x；I 是具有一定频率的高频交流电源（频率可达 1000Hz），在可变电阻 R_1 上并联一个可变电容 F，这是为使与电导池实现阻抗平衡，G 为检流计（或耳机、阴极示波器等）。接通电源后，移动接触点 C，直到检流计中无电流通过为止。这时 D、C 两点的电势相等，DGC 线路中电流几乎为零，这时电桥已达平衡，并有如下的关系：

$$\frac{R_1}{R_x}=\frac{R_3}{R_4}$$

$$\frac{1}{R_x}=\frac{R_3}{R_1R_4}=\frac{AC}{BC}\times\frac{1}{R_1}$$

式中，R_3、R_4 分别为 AC、BC 段的电阻；R_1 为可变电阻器的电阻。均可从实验中测得，从而可以求出电导池中溶液的电导 G_x（即电阻 R_x的倒数）。若知道电极间的距离和电极面积及溶液的浓度，利用公式，原则上就可求得 κ、Λ_m 等物理量。

但是，电导池中两极之间的距离 l 及铂黑电极面积 A 是很难测定的。通常是把已知电阻率的溶液（常用一定浓度的 KCl 溶液）注入电导池，就可确定 l/A 值，即**电导池常数** K_{cell}，单位是 m^{-1}。

用来测定电导池常数的 KCl 水溶液在不同浓度下的电导率的数据见表 10-5。

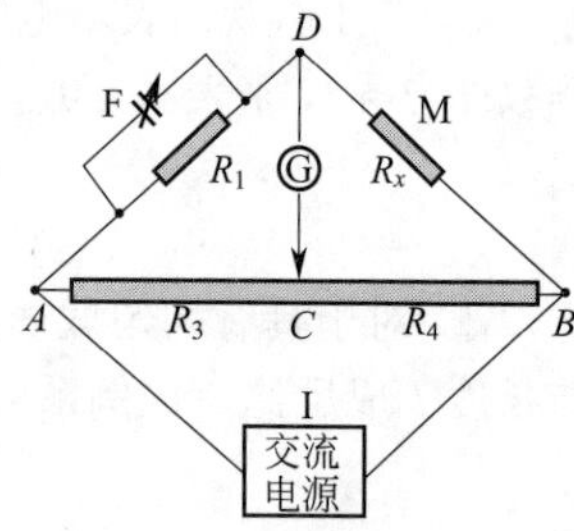

图 10-7 惠斯通电桥测电导原理

思考：

10-18 为何要采用高频交流电测量溶液的电阻？当电解质溶液中三种离子的电阻分别为 R_1、R_2 和 R_3 的时候，溶液的电导 G 应为多少？

表 10-5　SATP 时 KCl 水溶液的 κ 和 Λ_m 的值

$c/(mol/dm^3)$	0.000	0.001	0.010	0.100	1.000
$\kappa/(S/m)$	0.000	0.0147	0.1411	1.229	11.20
$\Lambda_m/(S\cdot m^2/mol)$	0.0150	0.0147	0.0141	0.0129	0.0112

例题 10-7　25℃时在一电导池中装有浓度为 $0.02mol/dm^3$ 的 KCl 溶液，测得其电阻为 82.4Ω。若在该电解池中加入 $2.5mol/m^3$ 的 K_2SO_4 溶液，测得其电阻为 326.0Ω。已知 25℃时 $0.02mol/dm^3$ 的 KCl 溶液的电导率为 0.2768S/m。试求：

（1）电导池系数 K_{cell}；

（2）$2.5mol/m^3$ K_2SO_4 溶液的电导率和摩尔电导率。

解：（1）电导池系数为

$$K_{cell}=l/A_x=\kappa(KCl)\times R(KCl)$$
$$=0.2768S/m\times 82.4\Omega=22.81m^{-1}$$

（2）$2.5mol/m^3$ 的 K_2SO_4 溶液的电导率为

$$\kappa(K_2SO_4)=K_{cell}/R(K_2SO_4)$$
$$=22.81m^{-1}/326.0\Omega$$
$$=0.06997S/m$$

$2.5mol/m^3$ 的 K_2SO_4 溶液的摩尔电导率为

$$\Lambda_m(K_2SO_4)=\kappa(K_2SO_4)/c(K_2SO_4)$$
$$=0.06997S/m/2.5(mol/m^3)$$
$$=0.02799S\cdot m^2/mol$$

10.4.3　电导率与浓度的关系和离子独立运动定律

与简单的金属导体不同，电解质溶液的电导率与其浓度有关，对于强电解质，溶液较稀时电导率近似与浓度成正比；随着浓度的增大，离子之间的相互作用增强，电导率的增加逐渐缓慢；浓度很大时的电导率经一极大值后逐渐下降。对于弱电解质溶液，起导电作用的只是解离后的那部分离子，故当浓度从小到大时，虽然单位体积中弱电解质的量增加，但因解离度减小、离子的数量增加不多，故弱电解质溶液的电导率均很小，如图 10-8 所示。

摩尔电导率随浓度的变化与电导率的变化不同，因溶液中能导电的物质的量已经给定，都为单位浓度（国际单位为 $1mol/m^3$），当浓度降低时，由于粒子之间相互作用力减弱，正、负离子的运动速率因而增加，故摩尔电导率增加。当浓度降低到一定程度之后，强电解质的摩尔电导率值几乎保持不变，如图 10-9 所示。

习题：

10-14　某电导池内装有两个直径为 0.04m 并相互平行的圆形银电极，电极之间的距离为 0.12m。若在电导池内盛满浓度为 $0.1mol/dm^3$ 的 $AgNO_3$ 溶液，施以 20V 的电压，则所得电流强度为 0.1976A。试计算电导池常数、溶液的电导、电导率和 $AgNO_3$ 的摩尔电导率。（$95.49m^{-1}$，$9.88\times 10^{-3}S$，0.9434S/m，$9.434\times 10^{-3}S\cdot m/mol$）

10-15　用实验测定不同浓度 KCl 溶液电导率的标准方法为：273.15K 时，在Ⅰ、Ⅱ两个电导池中分别盛以不同液体并测其电阻。当在Ⅰ中盛 Hg(l) 时，测得电阻为 0.99895Ω（1Ω 是 273.15K 时，截面积为 $1mm^2$、长为 1062.936mm 的 Hg(l) 柱的电阻）；当Ⅰ和Ⅱ中均盛以浓度约为 $3mol/dm^3$ 的 H_2SO_4 溶液时，测得Ⅱ的电阻为Ⅰ的 0.107811 倍。若Ⅰ中盛以浓度为 $1.0mol/dm^3$ 的 KCl 溶液时，测得电阻为 17565Ω。试求：

（1）电导池Ⅰ的电导池常数；

（2）在 273.15K 时，该 KCl 溶液的电导率。

（$1.062\times 10^6m^{-1}$，6.519S/m）

10-16　298K 时，在某一电导池中充以 $0.01mol\cdot dm^{-3}$、电导率为 $0.14114S\cdot m^{-1}$ 的 KCl 溶液，测得其电阻为 525Ω。若在该电导池内充以 $0.10mol\cdot dm^{-3}$ 的 $NH_3\cdot H_2O$ 溶液时，测得其电阻为 2030Ω，已知此时实验水的电导率为 $2.0\times 10^{-4}S\cdot m^{-1}$。试计算

（1）该 $NH_3\cdot H_2O$ 溶液的解离度；

（2）若该电导池充以该实验水时的电阻。（1.345%；370495Ω）

德国化学家科尔劳施（Kohlrausch）根据实验结果发现对强电解质如以$\sqrt{c}$的值为横坐标、Λ_m 的值为纵坐标作图，则在浓度极稀时，Λ_m 与$\sqrt{c}$几乎呈线性关系，将直线外推至浓度为零的纵坐标，所得截距即为**无限稀释的摩尔电导率** Λ_m^∞，拟合公式可表示为：

$$\Lambda_m=\Lambda_m^\infty-\beta\sqrt{c}$$

对弱电解质来说，溶液浓度降低时，摩尔电导率也增加，在溶液极稀时，随着溶液浓度的降低，摩尔电导率急剧增加，因为弱电解质浓度越低，解离度越大，离子越多，摩尔电导率也越大。弱电解质的无限稀释摩尔电导率无法用外推法求得，故上述不适用于弱电解质。

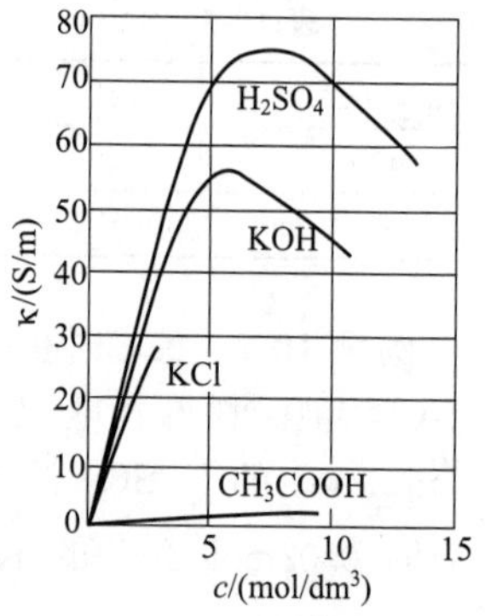

图 10-8 几种电解质电导率与浓度的关系

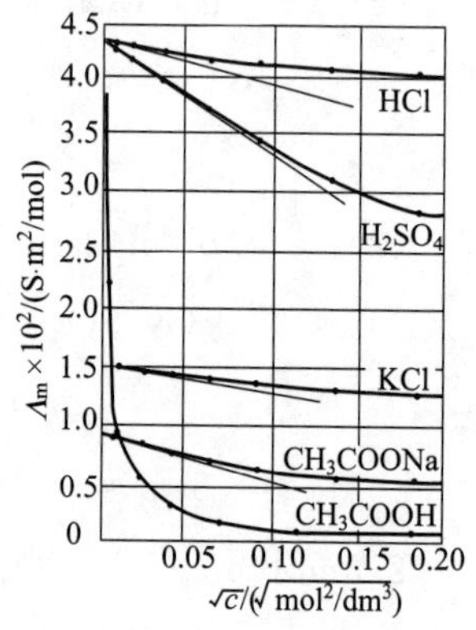

图 10-9 几种电解质摩尔电导率与浓度的关系

表 10-6 在 298K 时几组强电解质的无限稀释摩尔电导率对比

电解质	$\Lambda_m^\infty\times10^2$/(S·m²/mol)	差值×10³/(S·m²/mol)
KCl	1.4986	3.483
LiCl	1.1503	
$KClO_4$	1.5004	3.506
$LiClO_4$	1.0598	
KNO_3	1.4496	3.490
$LiNO_3$	1.1010	
HCl	4.2616	0.486
HNO_3	4.2130	
KCl	1.4986	0.490
KNO_3	1.4496	
LiCl	1.1503	0.493
$LiNO_3$	1.1010	

如表 10-6 所示，HCl 与 HNO_3、KCl 与 KNO_3、LiCl 与 $LiNO_3$ 三对相同阳离子的电解质的 Λ_m^∞ 的差值几乎相等，而与具体是什么阴离子无关。同样，具有相同负离子的一组电解质，其 Λ_m^∞ 差值也是相等的。科尔劳施认为在无限稀释溶液中，每一种离子是独立移动的，不受其他离子的影响，由于溶液中电流的传递分别由正、负离子共同承担，每一种离子对 Λ_m^∞ 都有恒定的贡献，因此电解质的无限稀释的摩尔电导率 Λ_m^∞ 为两种离子的摩尔电导率之和，这就是**离子独立移动定律**。用公式表示为：

$$\Lambda_m^\infty=v_+\lambda_{m,+}^\infty+v_-\lambda_{m,-}^\infty \tag{10.11}$$

式中，$\lambda_{m,+}^\infty$，$\lambda_{m,-}^\infty$ 分别表示正、负离子在无限稀释时的摩尔电导率。

在一定温度下任意无限稀释溶液中，同一种离子的摩尔电导率是相同的，表 10-7 列出了常见离子的无限稀释摩尔电导率。

思考：

10-19 你怎么分析图 10-9 的信息？你觉得自己与专家的差距在哪里？

10-20 如何解释电解质溶液的电导率和摩尔电导率与溶液浓度变化的关系？强电解质的 Λ_m^∞ 一定大于弱电解质的 Λ_m^∞ 吗？

10-21 离子的独立移动定律有何科学价值？

10-22 从离子的独立移动定律能推演至社会体系能获得哪些信息？

思考：

10-23 表 10-7 告知我们怎样的自然科学规律？

10-24 你怎么理解水溶液中 H^+ 和 OH^- 的摩尔电导率的“反常”现象？

表 10-7 常见离子的无限稀释摩尔电导率

阳离子	$\lambda_{m,+}^{\infty}\times10^4/(S\cdot m^2/mol)$	阴离子	$\lambda_{m,+}^{\infty}\times10^4/(S\cdot m^2/mol)$
H^+	349.82	OH^-	198.00
Li^+	38.69	Cl^-	76.34
Na^+	50.11	Br^-	78.40
K^+	73.52	I^-	76.80
NH_4^+	73.40	NO_3^-	71.44
Ag^+	61.92	CH_3COO^-	40.90
Mg^{2+}	106.12	ClO_4^-	68.00
Ca^{2+}	119.0	SO_4^{2-}	159.60
Sr^{2+}	118.92		
Ba^{2+}	127.28		
Pb^{2+}	140.0		
La^{3+}	208.8		

这样，根据离子独立移动定律，强电解质的无限稀释摩尔电导率可以通过测定系列稀浓度强电解质的摩尔电导率对$\sqrt{c}$作线性图而求得；弱电解质的无限稀释摩尔电导率就可以从强电解质（或离子）的无限稀释摩尔电导率求得。

例题 10-8 已知 HCl、NaAc 和 NaCl 的无限稀释摩尔电导率分别为 $0.4262S\cdot m^2/mol$、$0.0091S\cdot m^2/mol$ 和 $0.0126S\cdot m^2/mol$，试计算 HAc 的无限稀释摩尔电导率。

解： HAc 的无限稀释摩尔电导率为

$$\begin{aligned}\Lambda_m^{\infty}(HAc)&=\lambda_m^{\infty}(H^+)+\lambda_m^{\infty}(Ac^-)\\&=[\lambda_m^{\infty}(H^+)+\lambda_m^{\infty}(Cl^-)]+[\lambda_m^{\infty}(Na^+)+\lambda_m^{\infty}(Ac^-)]\\&\quad-[\lambda_m^{\infty}(Na^+)+\lambda_m^{\infty}(Cl^-)]\\&=\Lambda_m^{\infty}(HCl)+\Lambda_m^{\infty}(NaAc)-\Lambda_m^{\infty}(NaCl)\end{aligned}$$

10.4.4 电导与迁移数的关系

由于电解质的摩尔电导率是正、负离子的电导率的总和，所以无限稀释溶液中，离子的迁移数也可以看作是某种离子的摩尔电导率占电解质的摩尔电导率的分数，即

$$t_+=\frac{v_+\lambda_{m,+}^{\infty}}{\Lambda_m^{\infty}}\qquad t_-=\frac{v_-\lambda_{m,-}^{\infty}}{\Lambda_m^{\infty}}\tag{10.12}$$

对于强电解质的稀溶液，式(10.12) 可表示为

$$t_+=\frac{v_+\lambda_{m,+}}{\Lambda_m}\qquad t_-=\frac{v_-\lambda_{m,-}}{\Lambda_m}\tag{10.13}$$

对于式(10.12)、式(10.13) 的证明如下。

对浓度为 c 的强电解质 $M_{v_+}A_{v_-}$，有：

$$M_{v_+}A_{v_-}\longrightarrow v_+M^{z+}+v_-A^{z-}$$

则，$I_+=(v_+c)(r_+A)z_+F$，$I_-=(v_-c)(r_-A)|z_-|F$

$$\begin{aligned}\Lambda_m&=\frac{\kappa}{c}=\frac{G}{c}\times\frac{l}{A}=\frac{1}{c}\times\frac{I}{E}\times\frac{l}{A}\\&=\frac{cA(v_+r_+z_++v_-r_-|z_-|)F}{cAE}l\\&=\frac{(v_+r_+z_++v_-r_-|z_-|)F}{E}l\end{aligned}$$

又 $$r_+=u_+\frac{E}{l},\ r_-=u_-\frac{E}{l}$$

故 $$\Lambda_m=(v_+u_+z_++v_-u_-|z_-|)F$$

与式(10.11)对比，$\Lambda_m^\infty=v_+\lambda_{m,+}^\infty+v_-\lambda_{m,-}^\infty$

强电解质稀溶液，$\Lambda_m\approx\Lambda_m^\infty$，$\lambda_{m,+}\approx\lambda_{m,+}^\infty$，$\lambda_{m,-}\approx\lambda_{m,-}^\infty$

故有 $$\lambda_{m,+}=u_+z_+F,\ \lambda_{m,-}=u_-|z_-|F$$

故 $$t_+=\frac{v_+\lambda_{m,+}}{\Lambda_m},\ t_-=\frac{v_-\lambda_{m,-}}{\Lambda_m}$$

又 $$v_+z_+=v_-|z_-|$$

故 $$t_+=\frac{u_+}{u_++u_-},\ t_-=\frac{u_-}{u_++u_-}$$

对浓度为 c 的弱电解质 $M_{v_+}A_{v_-}$，有：

$$M_{v_+}A_{v_-}\rightleftharpoons v_+M^{z+}+v_-A^{z-}$$

设解离度为 α，则 $\Lambda_m=\alpha(v_+u_+z_++v_-u_-|z_-|)F$

当无限稀释时，则 $\alpha=1$，

$$\Lambda_m^\infty=(v_+u_+^\infty z_++v_-u_-^\infty|z_-|)F$$

与式(10.11)对比，$\Lambda_m^\infty=v_+\lambda_{m,+}^\infty+v_-\lambda_{m,-}^\infty$

故有 $$\lambda_{m,+}^\infty=u_+^\infty z_+F,\ \lambda_{m,-}^\infty=u_-^\infty|z_-|F$$

故 $$t_+^\infty=\frac{v_+\lambda_{m,+}^\infty}{\Lambda_m^\infty},\ t_-^\infty=\frac{v_-\lambda_{m,-}^\infty}{\Lambda_m^\infty}$$

又 $$v_+z_+=v_-|z_-|$$

故 $$t_+^\infty=\frac{u_+^\infty}{u_+^\infty+u_-^\infty},\ t_-^\infty=\frac{u_-^\infty}{u_+^\infty+u_-^\infty}$$

例题 10-9 在电导池中充装浓度为 30mol/m^3 的 1-1 价型强电解质 MN，电导电极的有效面积 A 为 $2\times10^{-4}\text{m}^2$，两电极间的距离 l 为 0.10m，电势差 E 为 3V，电流强度 I 为 0.003A。已知正离子 M^+ 的迁移数 t_+ 为 0.4。求电解质 MN 和正离子 M^+ 的摩尔电导率。

解：(1) 电解质 MN 摩尔电导率为

$$\Lambda_m=\frac{\kappa}{c}=\frac{1}{c}G\frac{l}{A}=\frac{1}{c}\times\frac{I}{E}\times\frac{l}{A}$$
$$=\frac{1}{30\text{mol/m}^3}\times\frac{0.003\text{A}}{3\text{V}}\times\frac{0.10\text{m}}{2\times10^{-4}\text{m}^2}$$
$$=1.67\times10^{-2}\text{S}\cdot\text{m}^2/\text{mol}$$

(2) 正离子 M^+ 的摩尔电导率为

$$\lambda_{m,+}=t_+\Lambda_m=0.4\times1.67\times10^{-2}\text{S}\cdot\text{m}^2/\text{mol}$$
$$=6.67\times10^{-3}\text{S}\cdot\text{m}^2/\text{mol}$$

10.4.5 Debye-Hückel-Onsager 电导理论

在强电解质溶液中，任意中心离子都被带相反电荷的

习题：

10-17 在 Hittorf 管中电解一定浓度的 LiCl 水溶液，在阳极上放出 $Cl_2(g)$。用 0.790A 的电流通电 2.00h 后，分析阳极区的溶液，发现 LiCl 少了 0.793g。已知：LiCl 的摩尔质量为 42.39g/mol，LiCl 溶液的摩尔电导率 Λ_m(LiCl) 为 $0.0115\text{S}\cdot\text{m}^2/\text{mol}$。试计算：

(1) Li^+ 和 Cl^- 的离子迁移数；

(2) Li^+ 和 Cl^- 的离子摩尔电导率和电迁移率。

[0.32，0.68；$0.00368\text{S}\cdot\text{m}^2/\text{mol}$，$0.00728\text{S}\cdot\text{m}^2/\text{mol}$，$3.81\times10^{-8}\text{m}/(\text{s}\cdot\text{V})$，$7.54\times10^{-8}\text{m}/(\text{s}\cdot\text{V})$]

10-18 已知 298K 时，KCl 和 NaCl 无限稀释的摩尔电导率分别为 0.012965、$0.010860\text{S}\cdot\text{m}^2\cdot\text{mol}^{-1}$，$K^+$ 和 Na^+ 的迁移数分别为 0.496、0.397。试求 KCl、NaCl 溶液中各离子的摩尔电导率。

(6.431×10^{-3}，6.534×10^{-3}；4.311×10^{-3}，$6.549\times10^{-3}\text{S}\cdot\text{m}^2\cdot\text{mol}^{-1}$)

10-19 在某电导池中先后充以浓度均为 0.001mol/dm^3 的 HCl、NaCl 和 $NaNO_3$，分别测得电阻为 468Ω、1580Ω 和 1650Ω。已知 $NaNO_3$ 溶液的摩尔电导率，设这些都是强电解质，其摩尔电导率不随浓度而变。试计算：

(1) 浓度为 0.001mol/dm^3 $NaNO_3$ 溶液的电导率；

(2) 该电导池的常数；

(3) 求当充以浓度为 0.001mol/dm^3 的 HNO_3 溶液在该电导池中时的电阻及溶液的摩尔电导率。

($1.21\times10^{-2}\text{S/m}$；$19.97\text{m}^{-1}$，472Ω，$4.22\times10^{-2}\text{S}\cdot\text{m}^2/\text{mol}$)

离子氛包围。在无限稀释的溶液中，离子与离子间的距离较大，可以忽略离子氛的影响，摩尔电导率为 Λ_m^∞，但在一般情况下，离子氛的存在会影响中心离子的行动，使其在电场中运动的速率降低，摩尔电导率降为 Λ_m。

1927年，Onsager 借用 Debye-Hückel 理论中的离子氛的概念，指出摩尔电导率下降的主要原因在于弛豫效应和电泳效应的存在。

由于外加电场的影响，中心离子与外围离子移动方向相反，离子氛的平衡状态受到损坏，在库仑力的作用下，必然要建立新的离子氛，这个过程需要一定时间（弛豫时间）。同时，由于离子一直在运动过程中，离子氛原有的对称结构也将不复存在，这种不对称离子氛也会对中心离子在电场中的运动产生一种阻力（弛豫力），它使得离子的运动速率降低，从而使摩尔电导率降低，这种现象称为弛豫效应。

另外，中心离子同其溶剂化分子同时向某一方向移动，而带有相反电荷的离子氛则携同溶剂化分子一起向相反方向移动，从而增加了黏滞力，阻滞了离子在溶液中的运动，降低了离子运动的速率，使摩尔电导率降低，这种现象称为**电泳效应**。

综合考虑以上两种因素，Onsager 推算出了摩尔电导率和无限稀释摩尔电导率之间的关系，即 Debye-Hückel-Onsager 电导公式，对于1-1价型电解质为

$$\Lambda_m = \Lambda_m^\infty - (p + q\Lambda_m^\infty)\sqrt{c}$$

式中，$p=[z^2eF^2/(3\pi\eta)][2/(\varepsilon RT)]^{1/2}$，是由于电泳效应使摩尔电导率值降低，它与介质的介电常数（ε）和黏度（η）有关。$q=b\,[z^2eF^2/(24\pi\varepsilon RT)]\,[2/(\pi\varepsilon RT)]^{1/2}$，是由于弛豫效应引起的摩尔电导率下降值，$b$ 为与电解质类型有关的常数。可见这两种效应都与溶剂的性质和温度有关。在稀溶液中，当温度、溶剂一定时，p 和 q 有定值，则

$$\Lambda_m = \Lambda_m^\infty - A\sqrt{c}$$

该公式与科尔劳施通过实验总结的经验式一致，进一步说明了科尔劳施经验式的正确性。

10.4.6 电导测定的应用

(1) 计算弱电解质的解离度及解离常数

弱电解质仅有已解离部分的离子才能承担传递电荷量的任务，且离子和未解离的分子之间存在着动态平衡。由于溶液中离子的浓度很低，可以认为已解离出的离子独立运动，故摩尔电导率与无限稀释摩尔电导率之比就近似等于解离度 α，即

$$\alpha = \frac{\Lambda_m}{\Lambda_m^\infty}$$

例题 10-10　浓度 c 为 15.81mol/m^3 的 HAc 溶液在 K_{cell} 为 13.7m^{-1} 的电导池中的电阻为 655Ω，已知 HAc 的 Λ_m^∞ 为 0.0391S·m^2/mol。求 HAc 的解离度 α 和解离常数 $K_c^\ominus$

解：设 HAc 的电离方程式如下：

$$HAc \longrightarrow H^+ + Ac^-$$

	HAc	H^+	Ac^-
起始	c	0	0
平衡	$c(1-\alpha)$	$c\alpha$	$c\alpha$

思考：

10-25　纯水的电导率应为多少？实验室如何检测去离子水的纯度？有哪些方法制取高纯水？高纯水的保存应注意些什么？

习题：

10-20　298K 时，浓度为 0.1mol/dm^3 和 0.01mol/dm^3 的 $NH_3 \cdot H_2O$ 溶液的摩尔电导率经测试分别为 3.09×10^{-4}S·m^2/mol 和 9.62×10^{-4}S·m^2/mol。试求这两种浓度下 $NH_3 \cdot H_2O$ 溶液的解离度和解离常数。离子无限稀释摩尔电导率可查表。(1.139×10^{-2}，1.311×10^{-5}；3.545×10^{-2}，1.306×10^{-5})

10-21　在 298K 时，乙酸 HAc 的解离平衡常数为 1.8×10^{-5}，试计算在下列不同情况下乙酸在浓度为 1.0mol/kg 时的解离度。

(1) 设溶液是理想的，活度因子均为1；

(2) 用 Debye-Hückel 极限公式计算出 $\gamma_\pm$ 的值，然后再计算解离度。设未解离的 HAc 的活度因子为1。(4.233×10^{-3}；4.568×10^{-3})

$$\Lambda_m=\frac{\kappa}{c}=\frac{K_{cell}/R}{c}=\frac{13.7m^{-1}/655\Omega}{15.81mol/m^3}=1.32\times10^{-3}S\cdot m/mol$$

$$\alpha=\frac{\Lambda_m}{\Lambda_m^{\infty}}=\frac{1.32\times10^{-3}S\cdot m/mol}{3.91\times10^{-2}S\cdot m/mol}=3.38\times10^{-2}$$

$$K_c^{\ominus}=\frac{(c\alpha/c^{\ominus})^2}{c(1-\alpha)/c^{\ominus}}=\frac{c\alpha^2/c^{\ominus}}{1-\alpha}$$

$$=\frac{15.81mol/m^3\times(3.38\times10^{-2})^2/1(mol/dm^3)}{1-3.38\times10^{-2}}$$

$$=1.87\times10^{-5}$$

(2) 计算难溶盐的溶解度

一些难溶盐（如 $BaSO_4$、AgCl 等）在水中的溶解度很小，其浓度无法用常规的滴定方法得到，但可以通过测定其饱和溶液的电导率减去水的电导率（一定温度下有定值）得到难溶盐的电导率，再根据摩尔电导率的定义知道摩尔电导率后就可算出难溶盐在水中的溶解度，而难溶盐溶液极稀，摩尔电导率近似等于无限稀释摩尔电导率。

(3) 电导滴定

利用滴定过程中溶液电导变化的转折来确定滴定终点的方法称为电导滴定。该方法的优点在于不担心滴加过量的问题，只关心反应终点前后所得出的直线所确定的交点的数值。

如图 10-10 中（1）所示，用 NaOH 溶液滴定 HCl 溶液，在加入滴定前，溶液中只有 HCl 一种电解质。随着 NaOH 的加入，H^+ 和 OH^- 开始生成 H_2O，电导率较小的 Na^+ 逐渐取代电导率较大的 H^+，溶液电导率逐渐减小。当加入的 NaOH 和 HCl 完全反应时，溶液的电导率达到最低值，即为滴定终点。当 NaOH 过量后，电离产生的 Na^+ 和 OH^- 又会增大溶液的电导率，滴定终点十分明显。以强碱滴定弱酸，如图 10-10 中（2）所示，开始时溶液的电导率很低，随着强碱的加入，弱酸变成盐类，电导率缓慢升高，超过终点后，过量的强碱不再发生反应，电导率快速增加，出现的转折点即为滴定的终点。在终点附近由于盐的水解作用，可能导致终点不太明显，但是这种变化往往是线性的，即使没有及时读取终点，也可通过两条直线的交点来计算出相应终点体积，从而计算未知溶液浓度。

习题：

10-22 测得 298.15K 时 AgCl 饱和水溶液的电导率为 3.41×10^{-4} S/m。已知，该温度下水的电导率为 1.60×10^{-4} S/m。试计算 298.15K 时 AgCl 的溶解度。($0.01309mol/m^3$)

10-23 计算 298K 时 $PbSO_4$(s) 饱和溶液的电导率。已知纯水的电导率 κ 为 1.60×10^{-4} S/m，$PbSO_4$(s) 的溶度积为 $1.60\times10^{-8}(mol/dm^3)^2$，离子无限稀释摩尔电导率可查表。($3.79\times10^{-3}$ S/m)

10-24 试采用弱电解质的解离度和难溶盐的离子积方法分别计算出纯水的电导率。(0.054μS/cm)

10-25 已知 291K 纯水的电导率为 $3.8\times10^{-6}S\cdot m^{-1}$。试计算 291K 时纯水的摩尔电导率、解离度和 H^+ 的浓度。已知水的密度为 $998.6kg\cdot m^{-3}$。

($6.857\times10^{-11}S\cdot m^2\cdot mol^{-1}$；$1.252\times10^{-9}$；$6.94\times10^{-5}mol\cdot m^{-3}$)

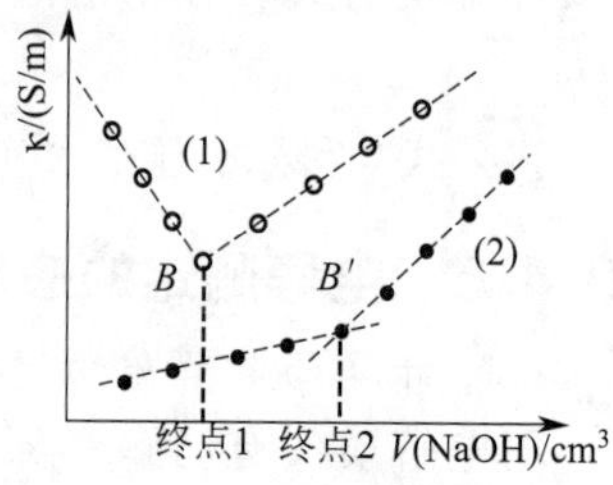

图 10-10 电导滴定曲线

思考：

10-26 有哪些因素可能影响难溶盐溶解度？分析 AgCl 在如下电解质中的溶解度大小（除 H_2O 以外，浓度均为 $0.1mol/dm^3$）。

(1) NaCl (2) $NaNO_3$

(3) H_2O (4) $CuSO_4$

(5) NaBr

10-27 电导滴定有哪些优点？是否能用于沉淀反应？应用于沉淀反应需要注意什么？电导测定还有哪些应用？

第11章 电池与电极反应

本章基本要求

11-1 了解不同相界面上电动势产生的机理。

11-2 掌握可逆电池和可逆电极的概念及其书写方式，以及通过电动势及其温度系数求电池反应的平衡常数、$\Delta_r G_m$、$\Delta_r S_m$ 和 $\Delta_r H_m$ 的方法。

11-3 能熟练地使用 Nernst 方程计算电极电势和电池电动势。

11-4 熟悉标准电极电势的概念及标准氢电极的相关规定。

11-5 掌握对消法测电动势及标准电池的工作原理，熟悉通过电动势测定求电解质溶液平均活度因子及难溶盐活度积的方法。

11-6 熟悉分解电压、浓差极化、电化学极化和超电势的概念，掌握三电极体系测定极化曲线的原理及其应用，了解氢超电势和 Tafel 公式，能够通过电极电势判断电极上的竞争反应次序。

11-7 掌握电化学腐蚀与防腐的基本原理。

11-8 了解铅酸蓄电池、锂离子电池、燃料电池等化学电源的应用及发展状况。

1870 年 11 月 6 日波洛那（Bologna）大学的解剖学教授伽法尼（Aloisio Galvani，1737—1798），在蛙腿的实验中偶然发现了电流之后，电学和化学从此建立起了密切的联系。

在伽法尼实验的基础上，帕维亚（Pavia）大学的物理学教授伏特（Alessandro Volta，1745—1827）[1] 成功地发明了电池。这是 1800 年的事情，也就是在 18 世纪最后的一年里所发生的，是 18 世纪的最后祝贺 19 世纪即将来临的贵重礼物。

伏特电池立即被英国的尼科尔森（William Nicholson，1753—1815）和卡里斯尔（Sir Anthony Carlisle，1768—1840）两人将其应用在水的分解上。这个实验说明亚里士多德所提出的四元素说中的第一个“元素”——水，竟在眼前被分解开了，另外也看到了电流能起着不可思议的化学作用，就这一点来说它是使当代人们深感兴趣的实验。

接着在 1807 年戴维[2] 完成了一项重大发现，这就是碱金属的分离。以前氢氧化钠或氢氧化钾不管用什么方法都是不能分解的，所以在很长一段时间里都被看作是元素。后来又把它看作是某种金属的氧化物，同时也想把它分解以从中取出金属，但是仍然未能成功。在这种情况下戴维考虑到了利用电流的作用，首先是用碱的水溶液，结果失败了。最后改用其固体，并经过铂板通入电流之后，成功地分解出了金属和氧。这种金属的存在状态与水银类似，但是在空气里立刻就燃烧了。这是最早看到的钠和钾的单质。后来戴维又苦心研究了钠和钾的各种性质，如易燃、能激烈地分解水等，发现了过去未曾见过的很多重要现象。

碱金属的分离震动了当时的整个化学界。因为即使是那样稳定的碱金属化合物也终于被分解了，而且同时又发现了两种贵重的新元素。在此基础上肯定了当时所谓的碱是以钠和钾的氧化物构成的，这就又认识到氧并不一定就是“成酸元素”，也是“成碱元素”。从此认识到自从拉瓦锡以来所沿用的“酸素”这个名称并不是完全正确的。

钠和钾都有很强的化学反应能力，在同氧作用时显得更为突出。利用这种特性，就使人们在分析技术、金属的制法以及化学实验方法等方面开创了新的一页。

电流的作用是惊人的。当时的化学家都认识到了这一点，但戴维并没有居功自傲。在他制出钠和钾的翌年，也就是1808年，又用电流分解了石灰、氧化银和重土，分离出钙、锶和钡三种新金属。它们同钠和钾类似，都是具有强烈作用的金属。

这种新的科学知识，也就是关于电流的化学作用的研究，除了戴维之外，贝采里乌斯、盖·吕萨克和泰纳尔等也参加了进来，曾对许多物质进行了电解试验。最后，在1832年，由于法拉第发现了著名的电解定律，这样就把化学家的经验和成果进行了一次总结。

除了电解过程的研究以外，利用化学变化生成电流的研究在伏特电池之后，又相继出现了丹尼尔（John Daniell，1790—1845）、格罗夫（Sir William Grove，1811—1896）、本生（Robert Wilhelm Bunsen，1811—1899）和列克兰西（Georges Leclanchě，1839—1889）等几种电池。此外，还有经过革新创造的普朗特（Gaston Planě，1834—1889）电池等等，随之“电气的时代”也就年复一年地逐渐发展起来。

可见，电化学是研究电能和化学能之间的相互转化及转化过程中有关规律的科学。主要内容包括电解质溶液理论、可逆电池热力学和电极过程动力学。电解质溶液理论主要研究电解质溶液的导电性质。为了描述电解质溶液的导电性质，引入了离子的电迁移率、迁移数、电导率、摩尔电导率等重要概念。为了描述电解质溶液的热力学性质，引入了电解质溶液的平均活度、平均活度系数、离子强度、德拜-休克尔极限公式等重要概念。可逆电池热力学的核心内容是，由可逆电池的电动势和电动势的温度系数计算电池反应的热力学函数，以及可逆电池电动势测量的重要应用。电极过程动力学，主要研究对于同一个电极，当由电流通过时的实际电势与可逆电势之间的关系；当一个体系中有多个电极同时可能作为阴极或阳极时，究竟实际的阴极或阳极是哪个电极。

电化学在热力学和动力学两个方面的理论研究极大地促进了电化学在各个领域的应用。除了电镀，电铸，铜、金、银和铅等的电解精制法等以外，各种金属、无机化合物或有机化合物的电解制法也在迅速广泛地发展着。其中如电解水生产氢和氧，食盐溶液生产氢氧化钠和氯以及氯化钾的生产等都是很重要的基本化学工业。

思考：

11-1 电在化学领域有哪些应用？

[1] 亚历山大·伏特，意大利物理学家。1777年改进起电盘和验电器。1800年发明伏打电堆直流电源。1801年获法国拿破仑一世授予的伏特金质奖章、奖金和伯爵衔。

[2] 汉弗里·戴维（1778—1829），英国化学家，1802年开创了农业化学，1807年用电解法离析出金属钾和钠；1808年分离出金属钙、锶、钡和镁；1813年研究碘，指出碘是与氯类似的元素，并制备出碘化钾和碘酸钾等许多碘的化合物；证实金刚石和木炭是相同的化学成分；1815年发明矿用安全灯；1817年发现铂能促使醇蒸气在空气中氧化的催化作用。

11.1　电动势产生的机理

关于电池为什么能产生电流的问题，历史上有认为是因为两种金属相接触的关系，也有人说是因为溶液发生了化学变化。直到 1889 年，能斯特根据范特霍夫的渗透压和阿伦尼乌斯的电离学说，用各种金属的电离溶解压的观点，才对这个长期悬而未决的问题做出了明确的回答。

11.1.1　电池电动势

如果用任何两种金属如锌片和铜片，分别插入锌盐和铜盐的溶液中，并将这两种溶液用适当的半透膜隔开，借以消除或降低液体接界电势，则离子进入溶液的过程或金属沉积的过程，仅仅进行到建立稳定的电势差为止，以后宏观上就不再发生变化。但这两种金属在平衡状态时的电势是不相等的。如果在锌盐和铜盐溶液的浓度相等或相差不大时进行比较，则锌比铜更容易析出离子。此时若用导线把锌片和铜片连接起来，则由于它们之间的电势差以及锌与铜之间的接触电势，就使一定数量的电子从锌极通过导线流向铜极。锌片上电荷的减少和铜片上电荷的增多，破坏了两极上的双电层。因此，从锌片上重新析出 Zn^{2+} 到溶液中去，同时又有一些 Cu^{2+} 在铜片上得到电子还原为金属铜而析出来。这样就使电子再由锌片流到铜片，并使锌的溶解和 Cu^{2+} 的还原析出的过程继续进行。这是一个自动进行的过程，即在锌极上起氧化作用，在铜极上起还原作用。

原电池的电动势等于组成电池的各相间的各个界面上所产生的电势差的代数和。上述的电池可以写成

$$(-)\mathrm{Cu}\,|\,\mathrm{Zn}\,|\,\mathrm{ZnSO_4}(m_1)\,|\,\mathrm{CuSO_4}(m_2)\,|\,\mathrm{Cu}(+)$$

$$\varphi_{接触}\quad \varphi_{-}\qquad\qquad \varphi_{扩散}\qquad\qquad \varphi_{+}$$

为了正确地表示有接触电势存在，所以将电池符号的两边写成相同的金属（左方的 Cu 实际上是连接 Zn 电极的导线）。$\varphi_{接触}$ 表示接触电势差，$\varphi_{扩散}$ 表示两种不同的电解质或不同浓度的溶液界面上的电势差，即液体接界电势。电极与溶液间的电势差 φ_{-} 和 φ_{+} 则相应于两电极的电势差。整个电池的电动势 E 为

$$E=\varphi_{接触}+\varphi_{-}+\varphi_{扩散}+\varphi_{+}$$

11.1.2　电极与电解质溶液界面间电势差的形成

任何一种金属片插入水中，由于极性很大的水分子与金属片中构成晶格的金属离子相互吸引而发生水合作用，导致一部分金属离子与金属中其他离子间的键力减弱，甚至可以离开金属而进入与金属表面接近的水层之中。这样金属便会因为失去离子而带负电荷，溶液因得到离子而带正电荷。这两种相反的电荷彼此又互相吸引，以致大多数离子聚集在金属附近的水层中而使溶液带正电，对金属离子有排斥作用，阻碍了金属的继续溶解。已溶入水中的离子仍可再沉积到金属的表面上。当溶解与沉积的速度相等时，达到一种动态平衡。这样在金属与溶液之间由于电荷不相等便产生了电势差，金属附近的溶液所带的电荷与金属本身的电荷恰恰相反，于是由电极表面上的电荷层与溶液中多余的反号离子层就形成了**双电层**。又由于离子的热运动，带有相反电荷的离子并不完全集中在金属表面的液层中，而是逐渐扩散远离金属表面，液层中与金属靠得较紧密的一层称为**紧密层**，其余扩散到溶液中去的称为**扩散层**。紧密层的厚度一般只有 0.1nm 左右，

而扩散层的厚度与溶液的浓度、金属的电荷以及温度等有关，其变动范围通常从 $10^{-10} \sim 10^{-6}$m。双电层结构如图 11-1 所示。

思考：

11-2 电池为什么能产生电流？

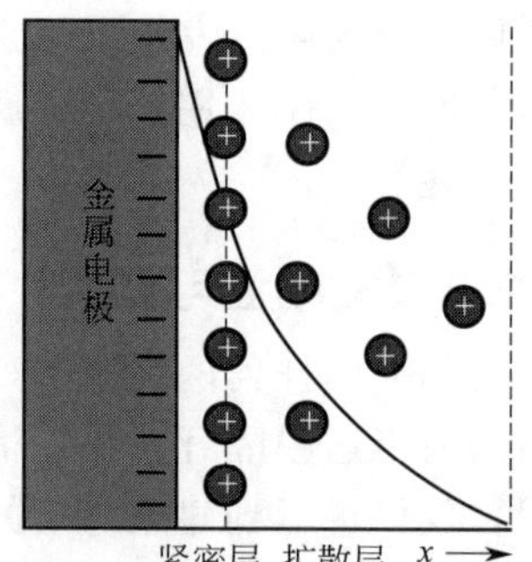

图 11-1 双电层结构示意

11.1.3 接触电势

除了金属与溶液界面会形成电势差以外，当两种金属相互接触时，因为不同金属的电子逸出功不同，相互逸入的电子数不相等，导致接触界面上电子分布不均匀，也会产生电势差。这种由于金属相互接触而产生的电势差称为**接触电势**。例如在测定电池的电动势时要用导线（通常是金属铜丝）与两电极相连，因而必然出现不同金属间的接触电势，它也是构成整个电池电动势的一部分。

思考：

11-3 为什么通过手指触摸触屏手机屏幕就能操控手机，其原理是什么？

11.1.4 液体接界电势

在两个含有不同溶质的溶液界面上或含有相同溶质而浓度不同的溶液界面上，由于离子迁移速率的不同存在的电势差，称为**液体接界电势**或扩散电势。它的大小一般不超过 0.03V。如在两种浓度不同的 HCl 溶液界面上，HCl 将沿着浓度梯度由浓的一边向稀的一边扩散。但是 H^+ 的运动速度比 Cl^- 快，所以在稀的一边将出现过剩的 H^+ 而带正电；在浓的一边由于有过剩的 Cl^- 而带负电。当然，这种电势差会减慢 H^+ 的扩散速率，加快 Cl^- 的扩散速率，但终究将会最后到达平衡状态。此时，两种离子以恒定的速度扩散，电势差就保持恒定。

思考：

11-4 盐桥能减小液体接界电势的原理是什么？

11-5 在测定含有 Ag^+ 的溶液中能否用含有 KCl 的盐桥呢？

由于扩散过程是不可逆的，所以如果电池中包含有液体接界电势，实验测定时就难以得到稳定的数值，应尽量避免使用有液体接界的电池。但是在很多情况下，还是不能消除包括不同电解质的接界，这只能尽量减小液体接界电势。减小的方法是在两个溶液之间插入一个盐桥。一般是用饱和的 KCl 溶液装在倒置的 U 形管内构成的盐桥，放在两个溶液之间，以代替原来的两个溶液直接接触。

可见，电化学的研究重点主要在发生电化学反应的相界面上。

11.2 可逆电池和可逆电极

电化学过程必须借助于原电池或电解池装置才能实现，其中将化学能转变为电能的装置称为**原电池**，将电能转变为化学能的装置称为**电解池**。广义上讲，能够实现化学能与电能相互转化的装置统称为电池。无论是原电池还是电解池要实现化学能和电能的相互转化都会发生氧化还原反应，或者在整个反应过程中经历氧化还原反应。氧化还原反应发生的场所即为**电极**，其中发生氧化反应的电极称为**阳极**，发生还原反应的电极称为**阴极**。同时又规定，

思考：

11-6 电解池和原电池有何异同？在电解池和原电池中阴极、阳极、正极、负极之间有何联系？

电势高的电极为**正极**，电势低的电极为**负极**。在电极与溶液界面上进行的化学反应称为**电极反应**，两个电极反应之和为总的电化学反应，对原电池则称为**电池反应**，对电解池则称为**电解反应**。通常原电池中经常使用“正极、负极”，电解池中经常使用“阴极、阳极”。

因为只有可逆电池的电动势才能和热力学相联系，所以本章主要讨论可逆电池。

11.2.1 可逆电池及其书写

(1) 可逆电池的条件

构成可逆电池的电极必须是可逆的，需要满足以下两个条件：

① 正逆两个方向的电池化学反应能可逆进行。若将电池与一外加电动势 $E_{外}$ 并联，当电池的电动势 E 稍大于 $E_{外}$ 时，电池仍将通过化学反应放电。当电池的电动势 E 稍小于 $E_{外}$ 时，电池成为电解池，电池将获得电能而被充电，这时电池中的化学反应可以完全逆向进行。

② 可逆电池在工作时，不论是充电或放电，所通过的电流必须十分微小。电池是在接近平衡状态下工作的。此时，若作为原电池它能作出最大有用功，若作为电解池它消耗的电能最小。设想把电池所放出的能量全部储存起来，再用这些能量充电，就恰好可以使体系和环境都回复到原来的状态，即能量的转移也是可逆的。

总的说来可逆电池一方面要求电池在作为原电池或电解池时总反应必须是可逆的，另一方面要求电极上的反应都是在平衡情况下进行的，即电流应该是无限小的。

如图 11-2 所示，以 Zn(s) 电极和 Ag(s)|AgCl(s) 为电极，插入 $ZnCl_2$ 溶液中，用导线连接两电极，则将有电子从 Zn(s) 电极经导线流向 Ag(s)|AgCl(s) 电极。若将两电极分别接至另一电动势为 $E_{外}$ 的外电源，电池的负极与外电源的负极相接，正极与正极相接，并设 E 稍大于 $E_{外}$。此时虽然电流强度很小，但电子流仍可从 Zn(s) 电极经导线穿过外电源流向 Ag(s)|AgCl(s) 电极。若有 1mol 电荷的电荷量通过，则电极上的反应为

负极反应 $$\frac{1}{2}Zn(s) \longrightarrow \frac{1}{2}Zn^{2+}(a) + e^-$$

正极反应 $$AgCl(s) + e^- \longrightarrow Ag(s) + Cl^-(a)$$

电池反应 $$\frac{1}{2}Zn(s) + AgCl(s) \longrightarrow \frac{1}{2}Zn^{2+}(a) + Cl^-(a) + Ag(s)$$

倘若使外电源的 $E_{外}$ 比电池的 E 稍大，则电池内的反应恰好逆向进行。此时原电池变为电解池，有电子从外电源流入 Zn(s) 电极，在锌电极上起还原作用，Zn(s) 电极作为阴极。而在 Ag(s)|AgCl(s) 电极上则起氧化作用，故Ag(s)|AgCl(s) 电极为阳极。

阴极反应 $$\frac{1}{2}Zn^{2+}(a) + e^- \longrightarrow \frac{1}{2}Zn(s)$$

阳极反应 $$Ag(s) + Cl^-(a) \longrightarrow AgCl(s) + e^-$$

电解反应 $$\frac{1}{2}Zn^{2+}(a) + Cl^-(a) + Ag(s) \longrightarrow \frac{1}{2}Zn(s) + AgCl(s)$$

以上两个电极反应恰恰相反，而且在充放电时电流都很小，所以上述电池是一个可逆电池。但并不是所有反应可逆的电池都是可逆电池。假如上面的电池，在充电时施以较大的外加电压，虽然电池中的反应仍可按上式进行，但就能量而言却是不可逆的，所以仍旧是不可逆电池。

丹尼尔（Daniell）电池实际上并不是可逆电池。如图 11-3 所示，当电池工作时，除了在负极进行 Zn(s) 的氧化和在正极上进行 Cu^{2+} 的还原反应以外，在 $ZnSO_4$ 与 $CuSO_4$ 溶液的接界处，还要发生 Zn^{2+} 向 $CuSO_4$ 溶液中扩散的过程。而当有外界电流反向流入丹尼尔电池中时，电极反应虽然可以做到逆向进行（由于 H_2 在金属上有超电势，使 H_2 不能从阴极析出），但是在两溶液接界处离子的扩散与原来不同，是 Cu^{2+} 向 $ZnSO_4$ 溶液中迁移，因此整个电池的反应实际上是不可逆的。但是如果在 $ZnSO_4$ 与 $CuSO_4$ 溶液间插入盐桥，则可近似地当作可逆电池来处理。但严格意义上凡是具有两个不同电解质溶液接界的电池都是热力学不可逆的。

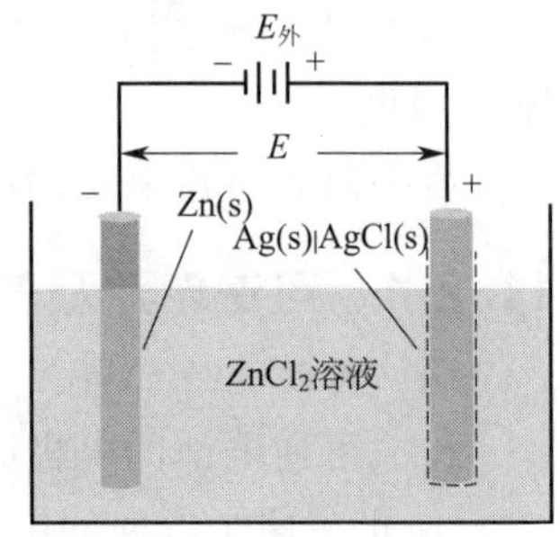

图 11-2　可逆电池示意

思考：

11-7　你手机的电池是可逆电池吗？

11-8　试判断 Zn(s) | HCl(m) | AgCl(s)-Ag(s) 是否为可逆电池？为什么？

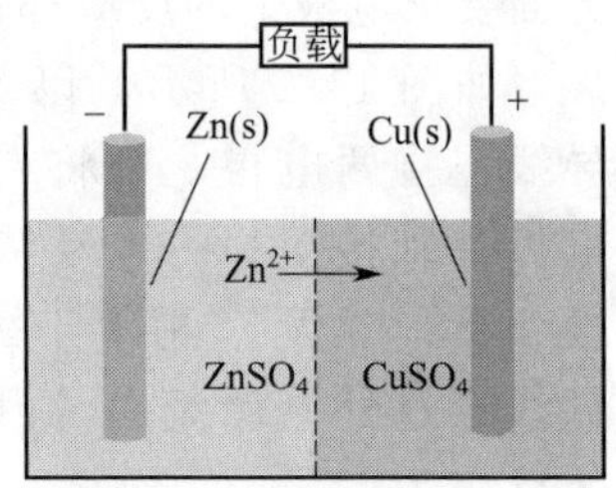

图 11-3　丹尼尔电池示意

思考：

11-9　如何将一个化学反应设计成可逆电池？

(2) 可逆电池书写规则

对于书写电池时，把什么电极写在左边、什么电极写在右边，以及界面和盐桥的表示方法等等，应遵循如下规则：

① 写在左边的电极起氧化作用，为负极；写在右边的电极起还原作用，为正极。

② 用单垂线“|”表示不同物相的界面，用“¦”表示半透膜或多孔塞，有界面电势存在。这界面包括电极与溶液的界面、电极与气体的界面、两种固体之间的界面、一种溶液与另一种溶液的界面、或同一种溶液但两种不同浓度之间的界面等，有时也用“,”、“－”、“＋”来表示相界面。

③ 用双垂线“‖”表示盐桥，表示溶液与溶液之间的接界电势，通过盐桥已经降低到可以略而不计。

④ 要注明浓度和压力（如不写明，一般指 298.15K 和标准压力），要标明电极的物态，若是气体要注明压力和依附的惰性金属，对电解质溶液要注明活度（因为这些都会影响电池的电动势的值）。

⑤ 整个电池的电动势用右边正极的还原电极电势减去左边负极的还原电极电势。

⑥ 在书写电极和电池反应时必须遵守物量和电荷量平衡。例如，图 11-2 的单液电池，用书面可表示为

$$\mathrm{Zn(s)|ZnCl_2}(a=1)\mathrm{|AgCl(s)|Ag(s)}$$

负极反应　$\mathrm{Zn(s)} \longrightarrow \mathrm{Zn^{2+}}(a)+2\mathrm{e^-}$

正极反应　$\mathrm{2AgCl(s)}+2\mathrm{e^-} \longrightarrow \mathrm{2Ag(s)}+2\mathrm{Cl^-}(a)$

电池反应　$\mathrm{Zn(s)+2AgCl(s)} \longrightarrow \mathrm{Zn^{2+}}(a)+2\mathrm{Cl^-}(a)+\mathrm{2Ag(s)}$

按照以上的惯例，可以把所给的化学反应设计成电池。把发生氧化作用的物质组成电极放在电池左边作为负极，发生还原作用的物质放在右边作为正极，电池设计好后务必写出它的电极反应和电池反应，以核对与原来所给的化学反应是否相符。例如，若将下列化学反应设计成电池

(1) $Zn(s)+H_2SO_4(a_1) = ZnSO_4(a_2)+H_2(p)$

(2) $Ag^+(a)+Cl^-(a) = AgCl(s)$

则所设计的电池为

$$Zn(s)|ZnSO_4(a_2)\|H_2SO_4(a_1)|H_2(p)|Pt$$

$$Ag(s)|AgCl(s)|HCl(a)\|AgNO_3(a)|Ag(s)$$

在写出电极和电池反应式后，可以验证所设计电池是否正确。

11.2.2 可逆电极和电极反应

构成可逆电池的可逆电极主要有以下三种类型：

① 第一类电极是由**单质及其离子的溶液**构成的电极，该类电极中金属单质与其离子的溶液中构成的电极最为常见，故常简称为金属电极，如

当 Zn(s) 失去电子，发生氧化反应，为负极（阳极）。

$$Zn(s) \longrightarrow Zn^{2+}(a)+2e^-$$

当 Zn^{2+} 得到电子，发生还原反应，为正极（阴极）。

$$Zn^{2+}(a)+2e^- \longrightarrow Zn(s)$$

则该 Zn(s) 电极相应的书面表示如下：

作负极时　　$Zn(s)|ZnSO_4(a)$

作正极时　　$ZnSO_4(a)|Zn(s)$

这样 Zn(s) 电极的氧化和还原作用恰好互为逆反应。属于该类电极的除金属电极外，还有氢电极、氧电极、卤素电极和汞齐电极等。由于气态物质是非导体，故借助于铂或其他惰性物质起导电作用。将导电用的金属片浸入含有该气体所对应的离子的溶液中，使气流冲击金属片。如图 11-4 所示，左边就是氢电极的结构示意图。该类电极作为正极起还原作用的电极表示式和电极反应如附录Ⅱ中表Ⅱ-9 所示。从表中可见，氢电极和氧电极在酸性或碱性介质中，其电极表示式、电极反应和电极电势的值均有所不同，如：

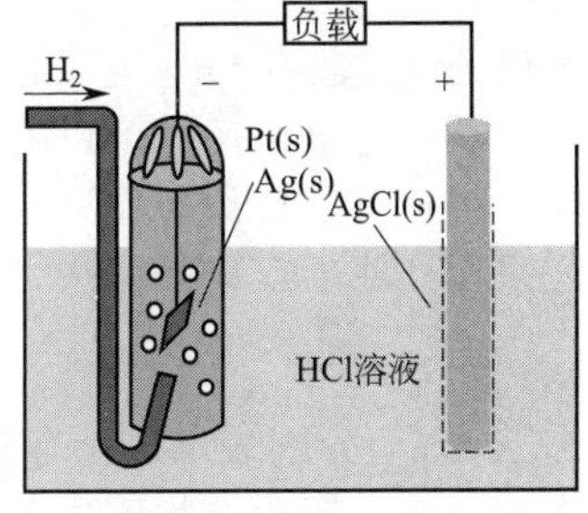

图 11-4　氢电极结构示意

电极	电极反应
$H^+(a)|H_2(p)|Pt$	$2H^+(a)+2e^- = H_2(p)$
$OH^-(a)|H_2(p)|Pt$	$2H_2O+2e^- = H_2(p)+2OH^-(a)$
$H^+(a)|O_2(p)|Pt$	$O_2(p)+4H^+(a)+4e^- = 2H_2O$
$OH^-(a)|O_2(p)|Pt$	$O_2(p)+2H_2O+4e^- = 4OH^-(a)$

又如 Na(Hg)齐电极，其电极表示式为

$$Na^+(a_1)|Na(Hg)(a_2)$$

电极反应为

$$Na^+(a_1)+Hg(l)+e^- = Na(Hg)(a_2)$$

Na(Hg) 齐电极中 Na 的活度 a_2 随着 Na(s) 在 Hg(l) 中的浓度而变化。

② 第二类是由**金属单质及其离子的难溶物**构成的电极，

根据难溶物的不同，又分为金属单质及其难溶盐电极和金属单质及其难溶氧化物电极。

金属单质及其难溶盐电极是金属单质及其离子表面覆盖由该金属难溶盐薄层与含有该难溶盐负离子的溶液中所构成的电极，也称难溶盐电极（或微溶盐电极），例如银-氯化银电极和甘汞电极就属于这一类，其作为正极的电极表示式和还原电极反应分别为：

$$Cl^-(a)|AgCl(s)|Ag(s)$$

$$AgCl(s)+e^- \longrightarrow Ag(s)+Cl^-(a)$$

$$Cl^-(a)|Hg_2Cl_2(s)|Hg(l)$$

$$Hg_2Cl_2(s)+2e^- \longrightarrow 2Hg(l)+2Cl^-(a)$$

金属单质及其难溶氧化物电极也称为难溶氧化物电极，即是在金属表面覆盖一薄层该金属的氧化物，然后浸在含有 H^+ 或 OH^- 的溶液中构成电极，例如：

$$OH^-(a)|Ag_2O(s)|Ag(s)$$

$$Ag_2O(s)+H_2O+2e^- \longrightarrow 2Ag(s)+2OH^-(a)$$

$$H^+(a)|Ag_2O(s)|Ag(s)$$

$$Ag_2O(s)+2H^+(a)+2e^- \longrightarrow 2Ag(s)+H_2O$$

③ 第三类是**不同价态离子**电极，该类电极由惰性金属（如铂片）插入含有某种离子的不同氧化态离子的溶液中构成的电极。这里惰性金属只起导电作用，而氧化-还原反应是溶液中不同价态的离子在溶液与金属的界面上进行，又称氧化-还原电极。例如：

$$Fe^{3+}(a_1),\ Fe^{2+}(a_2)|Pt(s)$$

$$Fe^{3+}(a_1)+e^- \longrightarrow Fe^{2+}(a_2)$$

类似的电极还有 Sn^{4+} 与 Sn^{2+}，$[Fe(CN)_6]^{3-}$ 与 $[Fe(CN)_6]^{4-}$ 等等，醌-氢醌电极也属于这一类。

从可逆电极反应可以看出，负极失去电子、正极得到电子，本质上发生一个电极半反应，根据可逆性原理应该是相同的，故国际纯粹与应用化学联合会（IUPAC）建议电极反应采用还原半反应的写法，即：

$$a_{Ox}+ze^- \longrightarrow a_{Red}$$

a_{Ox}、a_{Red} 分别表示氧化态和还原态的物质浓度。当用于负极时，该电极物质给出电子，那么它仍表示还原态物质失去电子；用于正极时，该电极物质得到电子，那么它表示的氧化态物质得到电子。

11.2.3 电池表达式与电池反应式的“互译”

有了可逆电池和可逆电极的书写规范后，就可以实现电池表达式与电池反应式的“互译”。

(1) 根据电池表达式写出电池反应式

先分别写出两极的电极反应，负极某元素失去电子发生氧化反应，正极某元素得到电子发生还原反应，配平原子数及电荷，并使两电极反应中的电子数相等，然后再把两个电极反应相加并整理，即得电池反应式。

例题 11-1 写出下列电池表达式对应的电池反应式

① $Ag(s),AgCl(s)|CuCl_2(aq)|Cu(s)$

② $Pt,H_2(g)|NaOH(aq)|HgO(s),Hg(l)$

③ $Pt|Sn^{2+}(a_1),Sn^{4+}(a_2)\|Hg_2^{2+}(a_3)|Hg(l)$

解： ① 负极反应 $2Ag(s)+2Cl^-(aq)-2e^- \longrightarrow 2AgCl(s)$

正极反应 $Cu^{2+}(aq)+2e^- \longrightarrow Cu(s)$

电池反应 $2Ag(s)+CuCl_2(aq) \longrightarrow 2AgCl(s)+Cu(s)$

② 负极反应

$H_2(g)+2OH^-(aq)-2e^- \longrightarrow 2H_2O(l)$

正极反应

$HgO(s)+H_2O(l)+2e^- \longrightarrow$

$Hg(l)+2OH^-(aq)$

电池反应

$H_2(g)+HgO(s) \longrightarrow H_2O(l)+Hg(l)$

③ 负极反应

$Sn^{2+}(a_1)-2e^- \longrightarrow Sn^{4+}(a_2)$

正极反应

$Hg_2^{2+}(a_3)+2e^- \longrightarrow 2Hg(l)$

池反应

$Sn^{2+}(a_1)+Hg_2^{2+}(a_3) \longrightarrow Sn^{4+}(a_2)+2Hg(s)$

(2) *根据电池反应式写出电池表达式*

一般是先找出反应中的两个氧化-还原电对，并确定出各电对所对应的电极表达式及电极还原半反应式，再根据各电对中元素价态的变化确定出正、负极，或直接根据电极还原半反应式和电池反应式来确定正、负极（电池反应式=正极还原半反应式－负极还原半反应式），然后将两电极表达式安排成电池表达式，最后对写出的电池表达式进行验证，以确定其是否正确。

例题 11-2　写出下列电池反应式对应的电池表达式

① $Fe^{2+}(a_1)+Ag^+(a_3) \longrightarrow Fe^{3+}(a_2)+Ag(s)$

② $Pb(s)+Hg_2SO_4(s) \longrightarrow PbSO_4(s)+2Hg(l)$

③ $AgCl(s) \longrightarrow Ag^+(aq)+Cl^-(aq)$

解：① 此反应中两个氧化-还原电对分别是 Fe^{3+}-Fe^{2+}、Ag^+-Ag。前者对应于氧化-还原电极，电极表达式为

$Fe^{2+}(a_1), Fe^{3+}(a_2)|Pt$: $Fe^{3+}(a_2)+e^- \longrightarrow Fe^{2+}(a_1)$

后者对应于金属及其离子的溶液电极，电极表达式为

$Ag^+(a_3)|Ag(s)$: $Ag^+(a_3)+e^- \longrightarrow Ag(s)$

因为反应式中 Fe^{2+} 氧化成 Fe^{3+}，Ag^+ 还原成 Ag，故前者应为电池负极，后者应为电池正极。或者直接根据电极反应和电池反应表达式来判断正负极：第二个电极反应减去第一电极反应等于电池反应表达式，从而第一个电极为负极，第二个电极为正极。若两个溶液用盐桥连接，则该电池反应式对应的电池表达式为

习题：

11-1　写出下列电池中各电极的反应和电池反应。

(1) $Pt|H_2(p_1)|HCl(a)|Cl_2(p_2)|Pt$；

(2) $Pt|H_2(p_1)|H^+(a_1)\|Ag^+(a_2)|Ag(s)$；

(3) $Ag(s)|AgI(s)|I^-(a_1)\|Cl^-(a_2)|AgCl(s)|Ag(s)$；

(4) $Pb(s)|PbSO_4(s)|SO_4^{2-}(a_1)\|Cu^{2+}(a_2)|Cu(s)$；

(5) $Pt|H_2(p)|NaOH(a)|HgO(s)|Hg(l)$；

(6) $Pt|H_2(p)|H^+(aq)|Sb_2O_3(s)|Sb(s)$；

(7) $Pt|Fe^{3+}(a_1), Fe^{2+}(a_2)\|Ag^+(a_3)|Ag(s)$；

(8) $Na(Hg)(a_1)|Na^+(a_2)\|OH^-(a_3)|HgO(s)|Hg(l)$。

习题：

11-2　试将下述化学反应设计成电池。

(1) $AgCl(s) = Ag^+(a_1)+Cl^-(a_2)$；

(2) $AgCl(s)+I^-(a_1) = AgI(s)+Cl^-(a_2)$；

(3) $H_2(p)+HgO(s) = Hg(l)+H_2O(l)$；

(4) $Fe^{2+}(a_1)+Ag^+(a_2) = Fe^{3+}(a_3)+Ag(s)$；

(5) $2H_2(p_1)+O_2(p_2) = 2H_2O(l)$；

(6) $Cl_2(p_1)+2I^-(a_1) = I_2(s)+2Cl^-(a_2)$；

(7) $H_2O(l) = H^+(a_1)+OH^-(a_2)$；

(8) $Mg(s)+1/2O_2(g)+H_2O(l) = Mg(OH)_2(s)$；

(9) $Pb(s)+HgO(s) = Hg(l)+PbO(s)$；

(10) $Sn^{2+}(a_1)+Tl^{3+}(a_2) = Sn^{4+}(a_3)+Tl^+(a_3)$。

$$Pt|Fe^{2+}(a_1), Fe^{3+}(a_2) \| Ag^+(a_3)|Ag(s)$$

验证：负极反应　$Fe^{2+}(a_1) - e^- \longrightarrow Fe^{3+}(a_2)$

正极反应 $Ag^+(a_3) + e^- \longrightarrow Ag(s)$

电池反应　$Fe^{2+}(a_1) + Ag^+(a_3) \longrightarrow Fe^{3+}(a_2) + Ag(s)$

与给定反应式一致，写出的电池表达式正确。

② 此反应中两个氧化-还原电对分别是 $PbSO_4$-Pb、Hg_2SO_4-Hg，两者对应的都是金属及其难溶物电极，电极表达式分别为

$$SO_4^{2-}(a_-)|PbSO_4(s)+Pb(s): PbSO_4(s)+2e^- \longrightarrow Pb(s)+SO_4^{2-}(a_-)$$

$$SO_4^{2-}(a_-)|Hg_2SO_4(s)+Hg(l): Hg_2SO_4(s)+2e^- \longrightarrow 2Hg(l)+SO_4^{2-}(a_-)$$

因为反应式中 Pb 被氧化，Hg_2^{2+} 被还原，故前者为负极，后者为正极。或者电池反应可以由第二个电极反应减去第一个电极反应得到，从而第一个电极为负极，第二个电极为正极。两者需用的溶液都含有相同的 SO_4^{2-}，可共用一个溶液，则该电池反应式对应的电池表达式为

$$Pb(s)+PbSO_4(s)|SO_4^{2-}(a_-)|Hg_2SO_4(s)+Hg(l)$$

验证：负极反应　$Pb(s)+SO_4^{2-}(a_-)-2e^- \longrightarrow PbSO_4(s)$

正极反应　$Hg_2SO_4(s)+2e^- \longrightarrow 2Hg(l)+SO_4^{2-}(a_-)$

电池反应　$Pb(s)+Hg_2SO_4(s) \longrightarrow PbSO_4(s)+2Hg(l)$

与给定反应式一致，写出的电池表达式正确。

③ 此反应式中看不出各元素有氧化数的变化。这种情况可以先根据反应物和产物的种类设想出一个与其对应的电极，因反应式中有 Ag^+，可先设想用 Ag^+ 和 Ag 组成金属电极 $Ag(s)|Ag^+(a_+)$，因所给反应式中无 Ag，可在两边分别加上 Ag，反应式变为

$$Ag(s)+AgCl(s) = Ag^+(aq) + Cl^-(aq) + Ag(s)$$

这时就可以找出两个氧化-还原电对了，它们分别是 Ag-Ag^+、AgCl-Ag。两者对应的电极表达式分别为

$Ag^+(a_+)|Ag(s)$:　　$Ag^+(a_+)+e^- \longrightarrow Ag(s)$

$Cl^-(a_-)|AgCl(s)+Ag(s)$: $AgCl(s)+e^- \longrightarrow Ag(s)+Cl(a_-)$

电池反应可以由第二个电极反应减去第一个电极反应得到，从而第一个电极为负极，第二个电极为正极。两电极所用的溶液因反应产生沉淀，不能合并为一个溶液，若用盐桥将两个溶液连接，则该电池反应式对应的电池表达式为

$$Ag(s)|Ag^+(aq) \| Cl^-(aq)|AgCl(s)+Ag(s)$$

验证：负极反应　$Ag(s)-e^- \longrightarrow Ag^+(a_{Ag^+})$

正极反应 $AgCl(s) + e^- \longrightarrow Ag(s) + Cl^-(a_{Cl^-})$

电池反应　$AgCl(s) = Ag^+(aq) + Cl^-(aq)$

与给定反应式一致，写出的电池表达式正确。

11.3 可逆电池的热力学

11.3.1 可逆电动势与电池反应的 $\Delta_r G_m$

原电池在将化学能转变为电能的过程中，若是以热力学可逆方式进行的（可逆电池），即电池是在平衡态或无限接近于平衡态的情况下工作。根据热力学原理，在等温、等压条件下，当体系发生变化时，体系吉布斯自由能的减少等于对外所作的最大非膨胀功，用公式表示为：

$$(\Delta_r G)_{T,p} = W_{f,max}$$

如果非膨胀功只有电功（在本章中只讨论这种情况），则有

$$(\Delta_r G)_{T,p}=-nEF \tag{11.1}$$

式中，n 为电池输出电荷的物质的量，mol；E 为可逆电池的电动势，V（伏特）；F 为法拉第常数。如果可逆电动势为 E 的电池按电池反应式，当反应进度 $\xi=1\text{mol}$ 时的吉布斯自由能的变化值可表示为

$$(\Delta_r G_m)_{T,p}=\frac{-nEF}{\xi}=-zEF \tag{11.2}$$

式中，z 为按所写的电极反应，在反应进度为 1mol 时，反应式中电子的计量系数，其单位为 1。$\Delta_r G_m$ 的单位为 J/mol。显然，当电池中的化学能以不可逆的方式转变成电能时，两电极间的不可逆电势差一定小于可逆电动势 E。这是一个十分重要的关系式，它是联系热力学和电化学的主要桥梁，有了它就可以通过可逆电池电动势的测定等电化学方法求得反应的 $\Delta_r G_m$，并通过化学热力学中的基本公式，可以求得电池中化学反应的热力学平衡常数值，也可以较精确地计算反应的 $\Delta_r H_m$ 和 $\Delta_r S_m$ 等热力学函数的改变值，进而解决热力学问题。同时也揭示了化学能转变为电能的最高限度，为改善电池性能或开发新的化学电源提供了理论依据。

11.3.2 由标准电动势 E 求电池反应的平衡常数

若电池反应中各参加反应的物质都处于标准状态，则式(11.2) 可写为

$$\Delta_r G_m^\ominus=-zE^\ominus F \tag{11.3}$$

已知 $\Delta_r G_m^\ominus$ 与反应的标准平衡常数 $K_a^\ominus$ 的关系为

$$\Delta_r G_m^\ominus=-RT\ln K_a^\ominus$$

则

$$E^\ominus=\frac{RT}{zF}\ln K_a^\ominus，或 K_a^\ominus=\exp\left(\frac{zE^\ominus F}{RT}\right) \tag{11.4}$$

标准电动势 $E^\ominus$ 的值可以查标准电极电势表（见表Ⅱ-10）得到，从而通过式(11.4) 就可以计算反应的平衡常数了。

11.3.3 由电动势 E 及其温度系数求反应的 $\Delta_r S_m$ 和 $\Delta_r H_m$

根据热力学基本公式

$$dG=-SdT+Vdp$$

$$\left(\frac{\partial G}{\partial T}\right)_p=-S \qquad \left[\frac{\partial(\Delta G)}{\partial T}\right]_p=-\Delta S$$

已知 $\Delta_r G_m=-zEF$，带入上式，得

$$\left[\frac{\partial(-zEF)}{\partial T}\right]_p=-\Delta_r S_m$$

所以，有可逆反应的熵变为

$$\Delta_r S_m=zF\left(\frac{\partial E}{\partial T}\right)_p \tag{11.5}$$

式中，$\left(\frac{\partial E}{\partial T}\right)_p$ 为原电池电动势的温度系数，它表示恒压下电动势随温度的变化率，V/K。其值可以通过实验测定一系列不同温度下的电动势求得，这也是实验测定化学反应的熵变的方法之一。

同理，通过基本公式 $\Delta G=\Delta H-T\Delta S$，可以计算反应的焓变为

$$\Delta_r H_m=\Delta_r G_m+T\Delta_r S_m=-zEF+zFT\left(\frac{\partial E}{\partial T}\right)_p \tag{11.6}$$

由于焓是状态函数，所以按式(11.6) 测量计算得出的 $\Delta_r H_m$ 值与不做非体积功、恒温恒压条件下进行的非电池反应的 $\Delta_r H_m$ 值相等。由于电动势能够测得很精确，所得到的 $\Delta_r H_m$ 值常比量热法得到的值要更精确一些。

但要注意，反应在电池中进行时，由于非体积功的存在，$\Delta_r G_m=\Delta_r H_m-T\Delta_r S_m=W_f$，

所以 $\Delta_r H_m$ 不等于恒温恒压下电池反应的热效应。可逆电池反应的热效应 Q_r 只能通过熵的定义式求得。

$$Q_r = T\Delta_r S_m = zFT\left(\frac{\partial E}{\partial T}\right)_p \tag{11.7}$$

可见，此时的 Q_r 是化学反应的 $\Delta_r H_m$ 中不能转化为可逆非体积功的那部分能量。

11.3.4 电池电动势温度系数的计算方法

由 11.3.3 节可知电池电动势的温度系数对可逆电池的 Q_r、$\Delta_r H_m$、$\Delta_r S_m$ 有影响，通常有三种方法可用来计算电池的温度系数。

① 若已知 $E=f(T)$ 函数关系，可直接利用函数关系对温度 T 求偏微分即可求得。

② 若温度变化范围不大，已知 T_1 时的电动势为 E_1，T_2 时的电动势为 E_2，则温度系数可由下式求算：

$$\left(\frac{\partial E}{\partial T}\right)_p = \frac{E_2 - E_1}{T_2 - T_1}$$

③ 作图法求得。若测出不同温度的 E，以 E 对 T 作图，求曲线上任一点切线斜率即可求得。

11.3.5 电池电动势 E 与 $\Delta_r H_m$ 的关系

根据

$$\frac{\partial\left(\frac{\Delta G}{T}\right)}{\partial T} = -\frac{\Delta H}{T^2}$$

$$\xrightarrow{\Delta_r G_m = -zEF} \frac{\partial\left(\frac{E}{T}\right)}{\partial T} = \frac{\Delta_r H_m}{zFT^2}$$

$$\longrightarrow \mathrm{d}\left(\frac{E}{T}\right) = \frac{\Delta_r H_m}{zFT^2}\mathrm{d}T$$

上式两边求定积分，得

$$\int_{\frac{E_1}{T_1}}^{\frac{E_2}{T_2}} \mathrm{d}\left(\frac{E}{T}\right) = \int_{T_1}^{T_2} \frac{\Delta_r H_m}{zFT^2}\mathrm{d}T$$

$$\Rightarrow \int_{\frac{E_1}{T_1}}^{\frac{E_2}{T_2}} \mathrm{d}\left(\frac{E}{T}\right) = \frac{\Delta_r H_m}{zF}\int_{T_1}^{T_2} \frac{1}{T^2}\mathrm{d}T$$

$$\Rightarrow \frac{E_2}{T_2} - \frac{E_1}{T_1} = -\frac{\Delta_r H_m}{zF} \times \frac{1}{T}\bigg|_{T_1}^{T_2}$$

$$\Rightarrow \frac{E_2}{T_2} - \frac{E_1}{T_1} = \frac{\Delta_r H_m}{zF}\left(\frac{1}{T_1} - \frac{1}{T_2}\right) \tag{11.8}$$

在温度变化不太大的情况下，$\Delta_r H_m$ 可看作常数，从而得出式(11.8)。利用式(11.8)，可以根据已知其中 4 个物理量求第 5 个物理量。

习题：

11-3 某溶液中化学反应，若在 SATP 下进行会放热 60kJ，若使该反应通过可逆电池来完成会吸热 6kJ。试计算：

(1) 该化学反应的 ΔS。

(2) 当该反应自发进行（即不作电功）时，求环境的熵变及总熵变。

(3) 该体系可能做的最大功。

($20.1\mathrm{J\cdot K^{-1}}$；$201\mathrm{J\cdot K^{-1}}$，$221.1\mathrm{J\cdot K^{-1}}$；$6.6\times10^4\mathrm{J}$)

思考：

11-10 可逆电池反应的热效应与一般的化学反应的热效应是否为同一概念？可逆电池的反应热就是电池反应的热效应吗？

例题 11-3 298.15K 时，电池 Ag|AgCl(s)|HCl(m)|Cl_2(g,100kPa)|Pt 的电动势 E 为 1.136V，电池的温度系数为 -5.95×10^{-4}V/K。电池反应为

$$Ag(s)+\frac{1}{2}Cl_2(g,100kPa)=\!=\!=AgCl(s)$$

试计算该反应的 $\Delta_r G_m$、$\Delta_r S_m$、$\Delta_r H_m$ 及电池可逆放电时的热效应 Q_r。

解： 电池反应

$$Ag+\frac{1}{2}Cl_2(g,100kPa)=\!=\!=AgCl(s)$$

电极反应：(−) $Ag(s)-e^-+Cl^-(m)\longrightarrow AgCl(s)$

(+)$0.5Cl_2(g,100kPa)+e^-\longrightarrow Cl^-(m)$

转移的电子数 $z=1$。则

$$\begin{aligned}\Delta_r G_m &= -zEF\\ &= -1\times96500C/mol\times1.136V\\ &= -109.6kJ/mol\end{aligned}$$

$$\begin{aligned}\Delta_r S_m &= zF(\partial E/\partial T)\\ &= 1\times96500C/mol\times(-5.95\times10^{-4}V/K)\\ &= -57.4J/(mol\cdot K)\end{aligned}$$

因为恒温下 $\Delta_r G_m=\Delta_r H_m-T\Delta_r S_m$，所以

$$\begin{aligned}\Delta_r H_m &= \Delta_r G_m+T\Delta_r S_m\\ &= -109.6kJ/mol+298.15K\times[-57.4J/(mol\cdot K)]\\ &= -126.7kJ/mol\end{aligned}$$

电池可逆放电时的热效应 Q_r 为

$$\begin{aligned}Q_{r,m} &= T\Delta_r S_m=298.15K\times[-57.4(J/(mol\cdot K)]\\ &= -17.1kJ/mol\end{aligned}$$

可见，该反应在恒温恒压、非体积功为 0 的情况下进行，$Q_{p,m}$ 等于 $\Delta_r H_m$ 为 −126.7kJ/mol，即反应进度为 1mol 时，体系向环境放热 126.7kJ；但同样进度的反应在原电池中恒温恒压可逆放电时放热只有 17.1kJ；少放出来的热做了 109.6kJ 的电功($\Delta_r G_m$)。即电池的能量转换效率 $\Delta_r G_m/\Delta_r H_m$ 只有 86.5%。

11.3.6 电池电动势能斯特方程

在 1889 年，能斯特（W. H. Nernst，1864—1941，德国人）提出了电动势 E 与电极反应各组分活度的关系方程，即能斯特方程，它反映了电池的电动势与参加反应的各组分的性质、浓度、温度等的关系。

根据吉布斯等温方程，对于溶液中进行的化学反应

$$cC+dD=\!=\!=gG+hH$$

摩尔吉布斯自由能变为

$$\Delta_r G_m=\Delta_r G_m^{\ominus}+RT\ln\prod_B a_B^{\nu_B}$$

习题：

11-4 试设计一个电池，使其进行反应：$Fe^{2+}(a_1)+Ag^+(a_2)=\!=\!=Ag(s)+Fe^{3+}(a_3)$

(1) 写出电池的表达式；

(2) 计算上述电池反应在 298K、反应进度为 1mol 时的平衡常数；

(3) 若将过量磨细的银粉加到浓度为 0.05mol/kg 的 $Fe(NO_3)_3$ 溶液中，求当反应达平衡后，Ag^+ 的浓度为多少？(设活度因子均等于 1)

(2.987；0.0442mol/kg)

11-5 298K 时，下述电池 Pt|$H_2(p^{\ominus})$|H_2SO_4(0.01mol/kg)|$O_2(p^{\ominus})$|Pt 的电动势为 1.228V。已知 H_2O(l) 的标准摩尔生成焓为 −285.83kJ/mol，试求：

(1) 该电池的温度系数；

(2) 该电池在 273K 时的电动势（设反应焓在该温度区间内为常数）。

(-8.49×10^{-4}V/K；1.249V)

11-6 有如下电池，Zn|$ZnCl_2$(0.05mol/kg)|AgCl(s)|Ag(s)其电动势与温度的关系如下：

$E/V=1.015-4.92\times10^{-4}(T/K-298)$

试计算在 298K，当电池有 2mol 电子的电荷量输出时，电池反应的 $\Delta_r G_m$、$\Delta_r H_m$、$\Delta_r S_m$ 和此过程的可逆热效应 Q_R。(−195.9kJ/mol，−224.2kJ/mol，−94.9kJ/mol，−28.3kJ/mol)

11-7 在 298K 时，下述电池 Ag(s)|AgI(s)|HI(a=1)|$H_2(1p^{\ominus})$|Pt 的电动势 E=0.1519V，并已知 Ag^+、I^- 和 AgI(s) 的标准摩尔生成焓为 −105.89kJ/mol、−55.94kJ/mol 和 −61.84kJ/mol。试求：

(1) 当电池可逆输出 1mol 电子的电荷量时，Q、W_e(膨胀功)、W_f(电功) 和电池反应的 $\Delta_r U_m$、$\Delta_r H_m$、$\Delta_r S_m$ 和 $\Delta_r G_m$ 的值各为多少；

(2) 如果让电池短路，不做电功，则在发生同样的反应时上述各函数的变量又为多少。[8.761kJ，−1.239kJ，−14.66kJ，−7.139kJ/mol，−5.9kJ/mol，29.4J/(K·mol)，−15.899kJ/mol；−5.9kJ，−1.239kJ，0kJ]

该反应如果在电池中进行，结合式(11.3) 和 $\Delta_r G_m = -zEF$，有

$$-zEF = -zE^{\ominus}F + RT\ln\prod_B a_B^{\nu_B}$$

即该电池的电动势为

$$E = E^{\ominus} - \frac{RT}{zF}\ln\prod_B a_B^{\nu_B} \tag{11.9}$$

这就是**电池反应的电动势能斯特方程**，式中 $E^{\ominus}$ 为所有参加反应的组分都处于标准状态时的电池电动势，在一定温度下有定值；z 为电池反应中电极反应的电子计量系数；a 为参加电池反应的各物质的活度，当涉及纯液体或固态纯物质时，其活度为 1，当涉及气体时，$a = f_B/p^{\ominus}$，f_B 为气体的逸度，若气体可看作理想气体，逸度 f_B 可用分压 p_B 代替。

原电池电动势 E 是强度量，对于一个原电池，只有一个电动势，与电池反应计量式的写法无关，但电池反应的摩尔反应吉布斯能却与反应计量式的写法有关。

例题 11-4 丹尼尔电池的反应式可写作以下两种形式，分别比较其对应的 $\Delta_r G_m$、$K_a^{\ominus}$ 和 E。

(1) $Zn(s) + Cu^{2+}(a) = Zn^{2+}(a) + Cu(s)$ E_1，$\Delta_r G_{m,1}$

(2) $\frac{1}{2}Zn(s) + \frac{1}{2}Cu^{2+}(a) = \frac{1}{2}Zn^{2+}(a) + \frac{1}{2}Cu(s)$ E_2，$\Delta_r G_{m,2}$

解：由题意已知两个反应式中转移的电子数分别为 $z_1 = 2$ 和 $z_2 = 1$，根据能斯特方程有

$$E_1 = E^{\ominus} - \frac{RT}{2F}\ln\frac{a_{Zn^{2+}}a_{Cu}}{a_{Zn}a_{Cu^{2+}}}$$

$$E_2 = E^{\ominus} - \frac{RT}{F}\ln\frac{a_{Zn^{2+}}^{1/2}a_{Cu}^{1/2}}{a_{Zn}^{1/2}a_{Cu^{2+}}^{1/2}} = E^{\ominus} - \frac{RT}{2F}\ln\frac{a_{Zn^{2+}}a_{Cu}}{a_{Zn}a_{Cu^{2+}}}$$

即，$E_1 = E_2 = E$，而

$$\Delta_r G_{m,1} = -z_1EF = -2EF \qquad \Delta_r G_{m,2} = -z_2EF = -EF$$

即 $\Delta_r G_{m,1} = 2\Delta_r G_{m,2}$

再根据电动势与平衡常数的关系可知

$$E_1^{\ominus} = \frac{RT}{2F}\ln K_{a,1}^{\ominus} \qquad E_2^{\ominus} = \frac{RT}{F}\ln K_{a,2}^{\ominus}$$

因为 $E_1^{\ominus} = E_2^{\ominus}$，所以

$$K_{a,1}^{\ominus} = (K_{a,2}^{\ominus})^2$$

可见，对于同一原电池，若电池反应计量式的写法不同，则转移的电子数不同，由于摩尔反应吉布斯能和平衡常数是与反应计量式相对应的，所以也不同；但电池的电动势是电池故有的性质，只要电池温度、组成电池各组分的浓度等条件确定了，无论反应方程式如何书写，电池电动势的值均不改变。

例题 11-5 电池 $Zn(s)|ZnCl_2(0.56mol/kg)|AgCl(s)|Ag(s)$ 在 298K 时的 $E = 1.015V$，已知该电池的温度系数为 $-4.02\times10^{-4}V/K$，$\varphi_{Zn^{2+}|Zn}^{\ominus} = -0.763V$，$\varphi_{Cl^-|AgCl(s)|Ag}^{\ominus} = 0.222V$。试

(1) 写出电池反应（2mol 电子得失）；

(2) 求反应的平衡常数；

(3) 求 $ZnCl_2$ 的平均活度因子；

(4) 求若该反应在恒压反应釜中进行（不做其他功）的热效应；

(5) 求若反应在可逆电池中进行的热效应。

解：(1)　　　　　电极反应　　　　　　　　　　　　　　电极

$(-)Zn^{2+}(a)+2e^- \longrightarrow Zn(s)$　　　　$Zn^{2+}|Zn$

$(+)2AgCl(s)+2e^- \longrightarrow 2Ag(s)+2Cl^-(a)$　　　　$Cl^-|AgCl|Ag$

故电池反应：$2AgCl(s)+Zn(s) \longrightarrow 2Ag(s)+2Cl^-(a)+Zn^{2+}(a)$

(2) 该电池的标准电动势

$$E^{\ominus}=\varphi_+^{\ominus}(+)-\varphi^{\ominus}(-)=\varphi^{\ominus}_{Cl^-|AgCl(s)|Ag}-\varphi^{\ominus}_{Zn^{2+}|Zn}$$
$$=0.222V-(-0.763V)=0.985V$$

则 $K_a^{\ominus}=\exp\left(\dfrac{zE^{\ominus}F}{RT}\right)=\exp\left(\dfrac{2\times0.985\times96500}{8.314\times298}\right)=2.1\times10^{33}$

(3) 由 $E=E^{\ominus}-\dfrac{RT}{zF}\ln\prod_B a_B^{\nu_B}$

$$\Rightarrow\prod_B a_B^{\nu_B}=\exp\left[\frac{zF(E^{\ominus}-E)}{RT}\right]$$

$$\Rightarrow a_{Zn^{2+}}a^2_{Cl^-}=\exp\left[\frac{zF(E^{\ominus}-E)}{RT}\right]$$

$$\Rightarrow\left(\gamma_\pm\frac{m_{Zn^{2+}}}{m^{\ominus}}\right)\left(\gamma_\pm\frac{m_{Cl^-}}{m^{\ominus}}\right)^2=\exp\left[\frac{zF(E^{\ominus}-E)}{RT}\right]$$

$$\Rightarrow\gamma_\pm^3\times2^2\times\left(\frac{m_{ZnCl_2}}{m^{\ominus}}\right)^3=\exp\left[\frac{zF(E^{\ominus}-E)}{RT}\right]$$

$$\Rightarrow\gamma_\pm=\left(\frac{1}{4}\right)^{1/3}\left(\frac{m^{\ominus}}{m_{ZnCl_2}}\right)\left\{\exp\left[\frac{zF(E^{\ominus}-E)}{RT}\right]\right\}^{1/3}$$

$$\Rightarrow\gamma_\pm=\left(\frac{1}{4}\right)^{1/3}\left(\frac{1}{0.56}\right)\left\{\exp\left[\frac{2\times96500\times(0.985-1.015)}{8.314\times298}\right]\right\}^{1/3}$$
$$=0.5162$$

(4) $Q_p=\Delta_r H_m=\Delta_r G_m+T\Delta_r S_m=-zEF+zFT\left(\dfrac{\partial E}{\partial T}\right)_p$

$$=-2\times1.015\times96500+2\times96500\times298\times(-4.02\times10^{-4})$$
$$=-219015(J/mol)$$

(5) 若发生在可逆电池中其热效应为可逆热效应，则

$$Q_r=T\Delta_r S_m=zFT\left(\frac{\partial E}{\partial T}\right)_p$$
$$=2\times96500\times298\times(-4.02\times10^{-4})$$
$$=-23120(J/mol)$$

11.4　电池电动势和电极电势

11.4.1　标准电极电势——标准氢电极

原电池都是由两个相对独立的“半电池”电极所组成，分别进行氧化和还原反应。但是到目前为止，还不能从实验上测定或从理论上计算单个电极的电极电势，而只能测得由两个电极所组成的电池的总电动势。但在实际应用中只要知道与任意一个选定的作为标准的电极相比较时的相对电动势就够了。

根据国际纯粹与应用化学联合会（IUPAC）1958年的规定，采用标准氢电极作为标准电极，待测电极的氢标电势就是在一定温度下将待测电极作为阴极与标准氢电极作为阳极所组成的电池的电动势。电池表达式如下：

$$(-)\mathrm{Pt}|\mathrm{H_2}(\mathrm{g},p^{\ominus})|\mathrm{H^+}(a=1)\|\text{待测电极}(+)$$

标准氢电极是将镀有铂黑的铂片插入氢离子活度等于1的溶液中，并不断通入氢气冲击铂片，确保氢气在气相中的分压为$1p^{\ominus}$，其结构如图11-5所示。

在氢电极上所进行的反应为

$$\frac{1}{2}\mathrm{H_2}(\mathrm{g},p^{\ominus})\longrightarrow \mathrm{H^+}(a=1)+\mathrm{e^-}$$

显然，在规定条件下，根据式(11.7)标准氢电极的电极电势等于零，当消除液接电势后，该原电池的电动势即为待测电极的电极电势，称为氢标还原电极电势，简称还原电势，用符号φ表示。为了防止发生混淆，氢标还原电极电势符号后面需注明氧化态与还原态，即$\varphi_{\mathrm{Ox|Red}}$。若该给定电极实际上进行的是还原反应，即组成的电池是自发的，则$\varphi_{\mathrm{Ox|Red}}$为正值。反之，若给定电极实际上进行的是氧化反应，与标准氢电极组成的电池是非自发的，则$\varphi_{\mathrm{Ox|Red}}$为负值。

将铜电极与标准氢电极组成电池：

$$\mathrm{Pt}|\mathrm{H_2}(\mathrm{g},p^{\ominus})|\mathrm{H^+}(a_{\mathrm{H^+}}=1)\|\mathrm{Cu^{2+}}(a)|\mathrm{Cu(s)}$$

该电池电动势即为铜电极的电极电势。该电池的电极反应和电池反应为

(－)：　$\mathrm{H_2}(\mathrm{g},p^{\ominus})-2\mathrm{e^-}\longrightarrow 2\mathrm{H^+}(a_{\mathrm{H^+}}=1)$

(＋)：　$\mathrm{Cu^{2+}}(a)+2\mathrm{e^-}\longrightarrow \mathrm{Cu(s)}$

cell：　$\mathrm{H_2}(\mathrm{g},p^{\ominus})+\mathrm{Cu^{2+}}(a)\longrightarrow 2\mathrm{H^+}(a_{\mathrm{H^+}}=1)+\mathrm{Cu(s)}$

根据电池反应能斯特方程式，该电池的电动势为：

$$E=E^{\ominus}-\frac{RT}{2F}\ln\frac{a_{\mathrm{H^+}}^2a_{\mathrm{Cu}}}{a_{\mathrm{Cu^{2+}}}[p_{\mathrm{H_2}}/p^{\ominus}]}$$

因为$p_{\mathrm{H_2}}=100\mathrm{kPa}$，$a_{\mathrm{H^+}}=1$，故

$$E=E^{\ominus}-\frac{RT}{2F}\ln\frac{a_{\mathrm{Cu}}}{a_{\mathrm{Cu^{2+}}}}$$

根据规定，$E=\varphi_{\mathrm{Cu^{2+}/Cu}}$，即

$$\varphi_{\mathrm{Cu^{2+}/Cu}}=E^{\ominus}-\frac{RT}{2F}\ln\frac{a_{\mathrm{Cu}}}{a_{\mathrm{Cu^{2+}}}}$$

当$a_{\mathrm{Cu^{2+}}}=1$，$a_{\mathrm{Cu(s)}}=1$，$\varphi_{\mathrm{Cu^{2+}/Cu}}=\varphi^{\ominus}_{\mathrm{Cu^{2+}/Cu}}=E^{\ominus}$

$\varphi^{\ominus}_{\mathrm{Cu^{2+}/Cu}}$称为标准电极电势。

对于任意浓度下该铜电极的电极电位为

$$\varphi_{\mathrm{Cu^{2+}/Cu}}=\varphi^{\ominus}_{\mathrm{Cu^{2+}/Cu}}-\frac{RT}{2F}\ln\frac{a_{\mathrm{Cu}}}{a_{\mathrm{Cu^{2+}}}}$$

推而广之，得出一般电极按照IUPAC规定的还原半电极的电极反应为：

$$\text{氧化态}+z\mathrm{e^-}\longrightarrow\text{还原态}$$

其电极电势为：

$$\varphi=\varphi^{\ominus}-\frac{RT}{zF}\ln\frac{a_{\mathrm{Red}}}{a_{\mathrm{Ox}}}\tag{11.10}$$

式(11.10) 称为**还原半电极反应的能斯特方程式**。该式计算的电极电势发生还原反应的电极电势，故称为还原电极电势。当参加电极反应的各组分都处于标准态时，其电极电势称为标准电极电势。

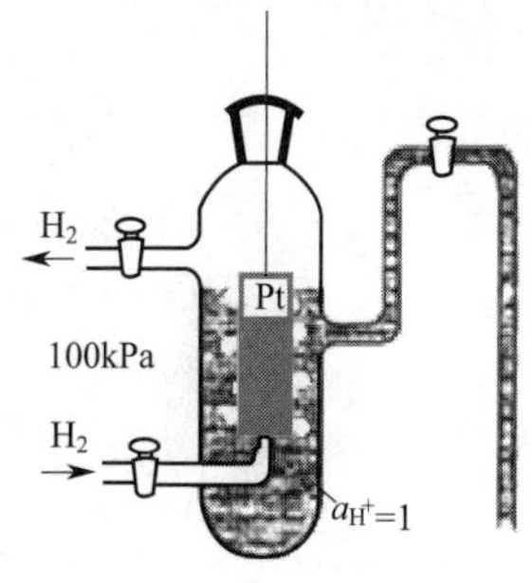

图 11-5　标准氢电极示意

11.4.2　参比电极

标准氢电极虽然可以使电动势测得很准确，但由于制备困难，尤其是氢气的净化复杂，且使用也不方便，因此使用时，往往采用另外的电极代替标准氢电极，作为测定电极电势的标准电极。这样的电极称为参比电极。作为参比电极应制备简单、电势稳定、使用方便。参比电极经过了标准氢电极的标定，有了较准确的电极电势数值。常用的参比电极是甘汞电极，其结构如图 11-6 所示，电极表示式为 $Hg(l)+Hg_2Cl_2(s)|KCl(m)$，其中的 KCl 溶液的浓度可为 $0.1mol/dm^3$、$1mol/dm^3$ 或饱和的，分别称为 $0.1mol/dm^3$ 甘汞电极、摩尔甘汞电极、饱和甘汞电极。甘汞电极的电极电势与 KCl 浓度和温度有关。表 11-1 列出了三种甘汞电极的电极电势与温度的关系式。

表 11-1　甘汞电极电势与温度的关系式

KCl 浓度	温度 T 时的 φ/V
$0.1mol/dm^3$	$0.3338-7.0\times10^{-5}(T/K-298)$
$1mol/dm^3$	$0.2801-2.4\times10^{-4}(T/K-298)$
饱和	$0.2415-7.6\times10^{-4}(T/K-298)$

11.4.3　电池电动势的计算

设有如下三个电池

(1) $Pt|H_2(g,p^\ominus)|H^+(a=1)\|Cu^{2+}(a_1)|Cu(s)$　　E_1

(2) $Pt|H_2(g,p^\ominus)|H^+(a=1)\|Zn^{2+}(a_2)|Zn(s)$　　E_2

(3) $Zn(s)|Zn^{2+}(a_2)\|Cu^{2+}(a_1)|Cu(s)$　　E_3

三个电池的电池反应分别为

(1) $H_2(g,p^\ominus)+Cu^{2+}(a_1)=\!=\!=2H^+(a=1)+Cu(s)$　$\Delta_r G_m(1)$

(2) $H_2(g,p^\ominus)+Zn^{2+}(a_2)=\!=\!=2H^+(a=1)+Zn(s)$　$\Delta_r G_m(2)$

(3) $Zn(s)+Cu^{2+}(a_1)=\!=\!=Zn^{2+}(a_2)+Cu(s)$　$\Delta_r G_m(3)$

显然，(1)−(2)=(3)，则有

$$\Delta_r G_m(1)-\Delta_r G_m(2)=\Delta_r G_m(3)$$

因为

$\Delta_r G_m(1)=-2E_1F$，　　$E_1=\varphi_{Cu^{2+}|Cu}$

$\Delta_r G_m(2)=-2E_2F$，　　$E_2=\varphi_{Zn^{2+}|Zn}$

$\Delta_r G_m(3)=-2E_1F-(-2E_2F)=-2E_3F$

所以 $E_3=E_1-E_2=\varphi_{Cu^{2+}|Cu}-\varphi_{Zn^{2+}|Zn}$

由于左右两个电极的还原反应分别为

$$Cu^{2+}(a_{Cu^{2+}})+2e^-\longrightarrow Cu(s)$$

$$Zn^{2+}(a_{Zn^{2+}})+2e^-\longrightarrow Zn(s)$$

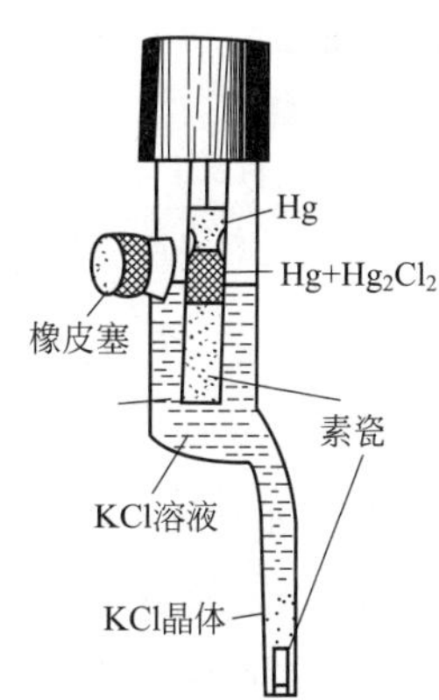

图 11-6　饱和甘汞电极

结合电极电势的 Nernst 方程，可以求得

$$E_3=\left(\varphi^{\ominus}_{Cu^{2+}|Cu}-\frac{RT}{2F}\ln\frac{a_{Cu}}{a_{Cu^{2+}}}\right)-\left(\varphi^{\ominus}_{Zn^{2+}|Zn}-\frac{RT}{2F}\ln\frac{a_{Zn}}{a_{Zn^{2+}}}\right)$$

$$=E^{\ominus}-\frac{RT}{2F}\ln\frac{a_{Zn^{2+}}a_{Cu}}{a_{Cu^{2+}}a_{Zn}}$$

$$=E^{\ominus}-\frac{RT}{2F}\ln\frac{a_{Zn^{2+}}}{a_{Cu^{2+}}}$$

显然，该结果与从电池的总反应式直接用能斯特方程计算电池的电动势的结果是一致的。

推而广之，对于任意原电池电动势 E 的计算通式可以表示为

$$E=\varphi_{Ox|Red}(右)-\varphi_{Ox|Red}(左) \tag{11.11}$$

即原电池电动势等于电池右边电极（正极）的还原电极电势减去左边电极（负极）的还原电极电势，与电极上实际发生的氧化或还原反应没有关系，电池电动势的正负仅表示电池反应自发与否。此外还需注意，在用电极电势计算电池电动势时，电极反应的计量系数和电荷量必须平衡，并注明反应温度、各电极的物态和液态中各离子的活度（气体要标明压力）等，因为电极电势与这些因素有关。

例题 11-6 写出下列电池的电极反应和电池反应，并计算 298K 时该电池的电动势。可将 H_2 视为理想气体。

$$Pt|H_2(90.0kPa)|H^+(a_1=0.01)\|Cu^{2+}(a_2=0.01)|Cu(s)$$

解：该电池的电极反应和电池反应为

负极反应 $H_2(90.0kPa)\longrightarrow 2H^+(a_1=0.01)+2e^-$

正极反应 $Cu^{2+}(a_2=0.01)+2e^-\longrightarrow Cu(s)$

电池反应 $H_2(90.0kPa)+Cu^{2+}(a_2=0.01)\longrightarrow Cu(s)+2H^+(a_1=0.01)$

已知，固体 Cu 的活度 $a_{Cu}=1$，氢气（理想气体）的活度

$a_{H_2}=p_{H_2}/p^{\ominus}=90.0kPa/100kPa=0.90$。

查表可知

$\varphi^{\ominus}_{Cu^{2+}|Cu}=0.337V$，$\varphi^{\ominus}_{H^+|H_2}=0V$

则

$$E=\varphi_{Ox|Red}(右)-\varphi_{Ox|Red}(左)$$

$$=\left(\varphi^{\ominus}_{Cu^{2+}|Cu}-\frac{RT}{zF}\ln\frac{1}{a_2}\right)-\left(\varphi^{\ominus}_{H^+|H_2}-\frac{RT}{zF}\ln\frac{1}{a_1}\right)$$

$$=\left(0.337V-\frac{RT}{2F}\ln\frac{1}{0.01}\right)-\left(0-\frac{RT}{2F}\ln\frac{0.9}{(0.01)^2}\right)$$

$$=0.424V$$

例题 11-7 在 298K 时，分别用金属 Fe 和 Cd 插入下述溶液中，组成电池。试判断何种金属首先被氧化？

(1) 溶液中 Fe^{2+} 和 Cd^{2+} 的活度都是 0.1。

(2) 溶液中 Fe^{2+} 的活度是 0.1，含 Cd^{2+} 的活度是 0.0036。

解：根据题意，将电池表示成如下形式

$$Cd(s)|Cd^{2+}(a_1)|Fe^{2+}(a_2)|Fe(s)$$

该电池的电极反应和电池反应为

负极　　　　　$Cd(s) \longrightarrow Cd^{2+}(a_1) + 2e^-$

正极　　　　$Fe^{2+}(a_2) \longrightarrow Fe(s) + 2e^-$

电池反应　$Cd(s) + Fe^{2+}(a_2) \longrightarrow Fe(s) + Cd^{2+}(a_1)$

查表可知

$\varphi^{\ominus}_{Fe^{2+}|Fe} = -0.440V$，$\varphi^{\ominus}_{Cd^{2+}|Cd} = -0.403V$

(1) 溶液中 Fe^{2+} 和 Cd^{2+} 的活度都是 0.1 时，电池电动势 E_1 为：

$$E_1 = E^{\ominus} - \frac{RT}{zF}\ln\frac{a_1 a_{Fe}}{a_2 a_{Cd}}$$
$$= (\varphi^{\ominus}_{Fe^{2+}|Fe} - \varphi^{\ominus}_{Cd^{2+}|Cd}) - \frac{RT}{2F}\ln\frac{0.1}{0.1}$$
$$= (-0.440 + 0.403)V - 0V$$
$$= -0.037V$$

可见，由于电动势是负值，该电池是非自发的，说明 Cd 不会被氧化，而是 Fe 会被氧化。

(2) 当溶液中 Fe^{2+} 和 Cd^{2+} 的活度都是 0.1 时，电池电动势 E_2 为

$$E_2 = E^{\ominus} - \frac{RT}{zF}\ln\frac{a_1 a_{Fe}}{a_2 a_{Cd}}$$
$$= (\varphi^{\ominus}_{Fe^{2+}|Fe} - \varphi^{\ominus}_{Cd^{2+}|Cd}) - \frac{RT}{2F}\ln\frac{0.0036}{0.1}$$
$$= 0.0057V$$

此时，电动势是正值，即该电池是自发的，Cd 将被氧化，Fe^{2+} 被还原。

可见，因为电极相同，则影响电动势的主要因素是离子浓度。当两个标准电极电势相差不大时，改变离子浓度有可能改变反应的方向。

例题 11-8　试找出金属 Cu 的不同氧化态 Cu^{2+} 和 Cu^+ 的标准还原电极电势之间的关系。

解：Cu^{2+} 和 Cu^+ 还原成金属 Cu，及 Cu^{2+} 和 Cu^+ 的反应式、标准电极电势 $\varphi^{\ominus}$ 和 $\Delta_r G^{\ominus}_m$ 如下

(1)　　$Cu^{2+}(a) + 2e^- \longrightarrow Cu(s)$

$\varphi^{\ominus}_{Cu^{2+}|Cu}$　$\Delta_r G^{\ominus}_{m,1} = -2\varphi^{\ominus}_{Cu^{2+}|Cu} F$

(2)　　$Cu^+(a) + e^- \longrightarrow Cu(s)$

$\varphi^{\ominus}_{Cu^+|Cu}$　$\Delta_r G^{\ominus}_{m,2} = -\varphi^{\ominus}_{Cu^+|Cu} F$

(3)　　$Cu^{2+}(a) + e^- \longrightarrow Cu^+(a)$

$\varphi^{\ominus}_{Cu^{2+}|Cu^+}$　$\Delta_r G^{\ominus}_{m,3} = -\varphi^{\ominus}_{Cu^{2+}|Cu^+} F$

根据 (3)=(1)−(2)，有 $\Delta_r G^{\ominus}_{m,3} = \Delta_r G^{\ominus}_{m,1} - \Delta_r G^{\ominus}_{m,2}$。

所以　$\varphi^{\ominus}_{Cu^{2+}|Cu^+} = 2\varphi^{\ominus}_{Cu^{2+}|Cu} - \varphi^{\ominus}_{Cu^+|Cu}$

可见，当电极反应式相加减时，具有容量性质的 $\Delta_r G^{\ominus}_m$ 之间也有加减关系，而电极电势之间的关系，必须考虑电极反应中转移的电子数，不能直接加减。

习题：

11-8　298K 时，已知如下电池 $Pt|H_2(p^{\ominus})|HCl(aq)|Hg_2Cl_2(s)|Hg(l)$ 的标准电动势为 0.2680V。HCl 溶液的浓度为 0.08mol/kg，离子平均活度因子 $\gamma_{\pm} = 0.809$。

(1) 写出电极反应和电池反应；

(2) 计算该电池的电动势；

(3) 计算甘汞电极的标准电极电势。(0.4086V；0.2680V)

11-9　在 SATP 下测得 HI 不同浓度时电池 $Pt|H_2(p^{\ominus})|HI(m)|AuI(s)|Au(s)$ 的电动势有 $m=10^{-4}$ mol/kg 时，$E_1 = 0.97V$，当 $m = 3.0$mol/kg 时，$E_2 = 0.41V$，已知电极 $Au^+|Au(s)$ 的标准电极电势为 1.68V。试求：

(1) HI 溶液浓度为 3.0mol/kg 时的离子平均活度因子 $\gamma_{\pm}$；

(2) AuI(s) 的活度积常数 $K^{\ominus}_{sp}$。

(1.814；9.75×10^{-21})

习题：

11-10　列式表示下列两组标准电极电势之间的关系。

(1) $Fe^{3+}(a) + 3e^- \longrightarrow Fe(s)$，
$Fe^{2+}(a) + 2e^- \longrightarrow Fe(s)$，
$Fe^{3+}(a) + e^- \longrightarrow Fe^{2+}(a)$；

(2) $Sn^{4+}(a) + 4e^- \longrightarrow Sn(s)$，
$Sn^{2+}(a) + 2e^- \longrightarrow Sn(s)$，
$Sn^{4+}(a) + 2e^- \longrightarrow Sn^{2+}(a)$。

11.4.4 液接电势的计算

对于在两种不同溶液的界面上由于离子扩散速率不同而出现液体接界电势情况，需要考虑液体接界电势对电池电动势的影响。以如下电池为例。

$-)\ Ag(s)|AgNO_3(m_1)|AgNO_3(m_2)|Ag(s)(+$

当电池输出 1mol 电子电量时，则将有 t_+ mol 的 Ag^+ 从活度为 $a_{+,1}$ 的溶液通过界面迁向活度为 $a_{+,2}$ 的溶液，同时有 t_- mol 的 NO_3^- 从活度为 $a_{-,2}$ 的溶液通过界面迁移到活度为 $a_{-,1}$ 的溶液中。假设迁移数与溶液的浓度无关，则迁移过程的 Gibbs 自由能变化 ΔG_j 为

$$\Delta G_j = t_+ RT\ln\frac{a_{+,2}}{a_{+,1}} + t_- RT\ln\frac{a_{-,1}}{a_{-,2}} = -zE_jF$$

式中，$z=1$，E_j 为液体接界电势，当离子的活度因子为 1 时，有

$$a_{+,1}=a_{-,1}=m_1/m^{\ominus} \quad 和 \quad a_{+,2}=a_{-,2}=m_2/m^{\ominus}$$

又 $t_+ + t_- = 1$，所以液体接界电势 E_j 为

$$E_j=(t_+ - t_-)\frac{RT}{F}\ln\frac{m_1}{m_2}=(2t_+ - 1)\frac{RT}{F}\ln\frac{m_1}{m_2} \quad (11.12)$$

这也是通过测定电池的电动势计算离子的迁移数的一种方法。

同理可以推得两个相同的电解质是高价型的溶液的液体接界电势 E_j 计算公式为

$$E_j=\left(\frac{t_+}{z_+}-\frac{t_-}{z_-}\right)\frac{RT}{F}\ln\frac{m_1}{m_2} \quad (11.13)$$

对于其他类型和不同种类电解质，也可用同样方法加以推导。

习题：

11-11 298K 时，通过实验测得电池 $Ag(s)|AgCl(s)|KCl(0.5mol/kg)|KCl(0.05mol/kg)|AgCl(s)|Ag(s)$ 的电动势为 0.0536V，已知 KCl 溶液在浓度为 0.5mol/kg 和 0.05mol/kg 时，离子平均活度因子 $\gamma_\pm$ 的值分别为 0.649 和 0.812，试计算 Cl^- 的迁移数。(0.498)

11.5 电动势的测定及其应用

11.5.1 对消法测电动势

电池的电动势不能直接用伏特计来测量。因为当把伏特计与电池连接后，电流导通，电池中必将发生化学反应，引起溶液浓度的改变，再加上电池本身也有内阻，这些都会导致电池电动势发生变化。所以测量可逆电池的电动势必须在几乎没有电流通过的情况下进行。

为了解决这一问题，可以通过在外电路上加一个方向相反而电动势几乎相同的电池，以对抗原电池的电动势，保证在测试电动势的时候电路中没有电流通过，这便是波根多夫（Poggendorff）对消法。其原理如图 11-7 所示。

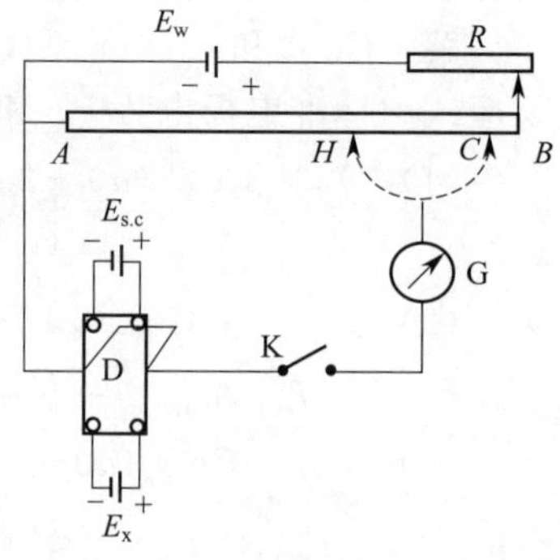

图 11-7 对消法测电动势原理

思考：

11-11 为什么电池的电动势不能直接用伏特计来测量？电动势测定有哪些应用领域？

AB 为均匀的电阻线或变阻箱，工作电池（E_w）经电阻 R 和 AB 构成一个通路，在 AB 线上产生了均匀的电位降。当双臂电钥 D 向下时与待测电池（E_x）接通，待测

电池的负极与工作电池的负极处于并联状态，正极则经过检流计 G，接到滑动接头 C 上。这样就相当于在电池的外电路上加上一个方向相反的电动势，它的大小由滑动点 C 的位置决定。当移动滑动点移到某一位置闭合电钥 K 时，如果检流计中没有电流通过，这时电池的电动势恰好和 AC 线所代表的电位差在数值上相等而方向相反。然后把双臂电钥 D 向上掀，将待测电池换为已知电动势的标准电池（$E_{s.c}$），采用相同的方法可以找出另一点 H，使检流计中没有电流通过，此时 AH 线段的电位差就等于 $E_{s.c}$。因为电位差与电阻线的长度成正比，故待测电池的电动势为

$$E_x = E_{s.c}\frac{AC}{AH}$$

在实验中使用电位差计来测定可逆电池的电动势 E，实验结果的读数总是正值。但是 E 值与 $\Delta_r G_m$ 值相关，而 $\Delta_r G_m$ 值可正可负，因此必须对 E 值给予相应的取号。

通常采用的惯例是：如果按电池的书面表示式所写出的电池反应在热力学上是自发的，即 $\Delta_r G_m < 0$，则该电池表示式和电池实际工作时的情况一致，其 E 值为正值。也就是说，只有发生自发反应的电池才能做有用的功。反之，若写出的电池反应是非自发反应，其 $\Delta_r G_m > 0$，则 E 值为负值。如以下的电池

$$Ag(s)|AgCl(s)|HCl(a=1)|H_2(p^{\ominus})|Pt$$

左方氧化为负极 $2Ag(s)+2Cl^-(a=1) = 2AgCl(s)+2e^-$

右方还原为正极 $2H^+(a=1)+2e^- = H_2(p^{\ominus})$

电池反应为

$$2Ag(s)+2HCl(a=1) = H_2(p^{\ominus})+2AgCl(s)$$

这个反应是热力学上的非自发反应，其 $\Delta_r G_m > 0$，则 E 值为 -0.2224V。

11.5.2　标准电池

在测定电池的电动势时，需要一个电动势为已知且稳定的标准电池。韦斯顿（Weston）电池就是一种常见的标准电池，其装置如图 11-8 所示。

电池负极为镉汞齐（含 Cd 的质量分数为 0.05～0.14），正极是 Hg(l) 与 $Hg_2SO_4(s)$ 的糊状体，在糊状体和镉汞齐上面均放有 $CdSO_4$ 水合物的晶体及其饱和溶液。为了使引入的导线与正极糊体接触得更紧密，在糊状体的下面放进少许 Hg(l)。当电池作用时所进行的反应为

负极　$Cd(Hg)(a) \longrightarrow Cd^{2+}+2e^-+Hg(l)$

正极　$Hg_2SO_4(a)+2e^- \longrightarrow 2\,Hg(l)+SO_4^{2+}$

电池反应

$$Cd(Hg)(a)+Hg_2SO_4(s)+\frac{8}{3}H_2O \longrightarrow CdSO_4\cdot\frac{8}{3}H_2O(s)+3Hg(l)$$

电池内的反应是可逆的，可见，该电池的电动势只与镉汞齐的活度有关，而镉汞齐的活度在一定温下有定值，所以韦斯顿电池的电动势可以通过如下公式计算。

$$E_T/V = 1.01845-4.05\times10^{-5}(T/K-293.15)$$
$$-9.5\times10^{-7}(T/K-293.15)^2+1\times10^{-8}(T/K-293.15)^3 \tag{11.14}$$

可见，在 293.15K 时韦斯顿电池的电动势为 1.01845V，其电动势温度系数很小。

11.5.3　电动势的应用

(1) 判断反应趋势

电极电势的高低反映了电极中反应物得到或失去电子的能力大小，电势越低，还原态越易失去电子；电势越高，氧化态越易得到电子，因此，可根据电极电势以及电池电动势判断反应进行的方向。

(2) 求电解质溶液的平均活度因子

根据能斯特方程，电极电势与溶液中的离子活度有定量关系，可以通过测定含有待测电解质的电池电动势，计算电解质溶液的活度，从而得到电解质溶液的平均活度因子。

例如，可以通过设计如下电池

$$Pt|H_2(p^{\ominus})|HCl(m_{HCl})|AgCl(s)|Ag(s)$$

求浓度为 m_{HCl} 时 HCl 溶液的 $\gamma_{\pm}$。

该电池的电池反应为

$$\frac{1}{2}H_2(p^{\ominus})+AgCl(s)\longrightarrow Ag(s)+HCl(m_{HCl})$$

电池的电动势为

$$E=(\varphi^{\ominus}_{Cl^-|AgCl|Ag}-\varphi^{\ominus}_{H^+|H_2})-\frac{RT}{F}\ln a_{H^+}a_{Cl^-}$$

又因为

$$a_{H^+}a_{Cl^-}=\gamma_+\frac{m_{H^+}}{m^{\ominus}}\times\gamma_-\frac{m_{Cl^-}}{m^{\ominus}}=\left(\gamma_{\pm}\frac{m_{HCl}}{m^{\ominus}}\right)^2$$

代入电动势的计算式，得

$$E=\varphi^{\ominus}_{Cl^-|AgCl|Ag}-\frac{2RT}{F}\ln\frac{m_{HCl}}{m^{\ominus}}-\frac{2RT}{F}\ln\gamma_{\pm}$$

只要查出电极的标准电极电势和测得不同浓度 HCl 溶液的电动势，就可求出不同浓度时的 $\gamma_{\pm}$ 值。反之，如果平均活度因子可以根据德拜-休克尔极限公式计算，则可求得电极的标准电极电势。

(3) 求难溶盐的活度积

活度积（习惯上也称溶度积）K_{sp} 本质上是一种平衡常数，单位为 1。因此，通过设计电池反应测得电动势后，根据平衡常数与电动势的关系，便可求得活度积的值。

例题 11-9 试通过设计一个电池的方法，计算 AgCl 在水溶液中的活度积 K_{sp}。

解：AgCl 在水溶液中溶解反应为

$$AgCl(s)\rightleftharpoons Ag^+(a_{Ag^+})+Cl^-(a_{Cl^-})$$

可以设计如下电池

$$Ag(s)|Ag^+(a_{Ag^+})\parallel Cl^-(a_{Cl^-})|AgCl(s)|Ag(s)$$

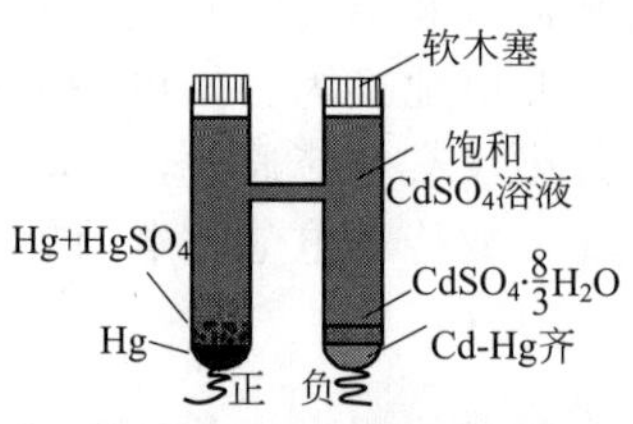

图 11-8 韦斯顿电池示意

思考：

11-12 为什么选用韦斯顿电池作为标准电池？韦斯顿电池是如何保证镉汞齐的活度在一定温度下有定值的？

习题：

11-12 计算 298K 时下述电池的电动势。$Pb(s)|PbCl_2(s)|HCl(0.01mol/kg)|H_2(10kPa)|Pt$，已知电极 $Pb^{2+}|Pb(s)$ 的标准电极电势为 −0.126V，该温度下，$PbCl_2(s)$ 在水中饱和溶液的浓度为 0.039mol/kg（用 Debye-Hückel 极限公式求活度因子后再计算电动势）。

(0.05111V)

11-13 比较分别采用如下两个电池计算的 298K 时水的离子积常数 K_w。

$$Pt|H_2(p^{\ominus})|H^+(a_{H^+})\parallel OH^-(a_{OH^-})|H_2(p^{\ominus})|Pt$$

$$Pt|O_2(p^{\ominus})|H^+(a_{H^+})\parallel OH^-(a_{OH^-})|O_2(p^{\ominus})|Pt$$

(9.9×10^{-15})

11-14 试设计合适的电池，用电动势法测定 298K 时，下列各热力学函数值。要求写出电池的表达式和列出所求函数的计算式。

(1) $Ag(s)+Fe^{3+}(a_1)=\!=\!=Ag^+(a_2)+Fe^{2+}(a_3)$ 的平衡常数；

(2) $Hg_2Cl_2(s)$ 的标准活度积常数；

(3) HBr(0.1mol/kg) 溶液的离子平均活度系数；

(4) $Ag_2O(s)$ 的分解温度；

(5) $H_2O(l)$ 的标准摩尔生成 Gibbs 自由能；

(6) 弱酸 HA 的解离常数。

[0.336；2.37×10^{-18}；$\exp\left(\frac{zF(E^{\ominus}-E)}{2RT}\right)\cdot\left(\frac{m^{\ominus}}{m}\right)$；$\frac{2zE^{\ominus}F}{R\ln\left(\frac{p_{O_2}}{p^{\ominus}}\right)}$；$-zE^{\ominus}F$；$\frac{a_{H^+}(a_{A^-}+a_{H^+})}{a_{HA^-}-a_{H^+}}$]

左边负极氧化　　　$Ag(s) \longrightarrow Ag^+(a_{Ag^+}) + e^-$

右边正极还原 $AgCl(s) + e^- \longrightarrow Ag(s) + Cl^-(a_{Cl^-})$

电池净反应　　　$AgCl(s) \longrightarrow Ag^+(a_{Ag^+}) + Cl^-(a_{Cl^-})$

电池的标准电动势

$$E^{\ominus} = \varphi_{右}^{\ominus} - \varphi_{左}^{\ominus} = 0.2224 - 0.7991V = -0.5767V$$

$$\Delta_r G_m^{\ominus} = -zE^{\ominus}F = -RT\ln K_{sp}$$

$$K_{sp} = \exp\left(\frac{zE^{\ominus}F}{RT}\right)$$

在 298K 时

$$K_{sp} = \exp\left[\frac{1\times(-0.5767)\times 96500}{8.314\times 298}\right] = 1.76\times 10^{-10}$$

所设计电池的 $E^{\ominus}$ 为负值，是非自发电池，但这没有关系，因为我们是通过计算（而并非实测）来求 K_{sp} 的。倘若要通过实验测定 $E^{\ominus}$ 来求 K_{sp}，则把左右极对调就成为自发电池，此时电池反应的 $K_a = K_{sp}$。用类似的方法还可以求弱酸（或弱碱）的解离常数、水的离子积常数和络合物不稳定常数等。

此外，电动势测量在 pH 的测定、离子选择性电极和化学传感器等方面都有广泛的应用。

习题：

11-15　SATP 化学反应：$Ag_2SO_4(s) + H_2(p^{\ominus}) \rightleftharpoons 2Ag(s) + H_2SO_4(0.1mol/kg)$，已知 $\varphi_{SO_4^{2-}|Ag_2SO_4|Ag}^{\ominus} = 0.627V$，$\varphi_{Ag^+|Ag}^{\ominus} = 0.799V$。试求：

(1) 试为该化学反应设计一可逆电池，并写出其电极和电池反应；

(2) 试计算该电池的电动势 E，设活度因子都等于 1；

(3) $Ag_2SO_4(s)$ 的活度积常数 $K_{sp}^{\ominus}$。(0.698；1.52×10^{-6})

思考：

11-13　实验室使用玻璃电极测定 pH 的原理是什么？有哪些注意事项？

11-14　离子选择性电极的原理是什么？传感器、电化学传感器、生物传感器的内涵是什么？

11.6　电解与极化作用

11.6.1　分解电压和极化现象

电解池是原电池输电过程的逆过程，当外加与原电池方向相反的电压高于原电池电动势时，原电池变为电解池，所发生的反应与原电池相反。使某电解质溶液能连续不断发生电解时所必须外加的最小电压称为电解质的**理论分解电压**，在数值上等于该电解池作为可逆电池时的可逆电动势 $E_{可逆}$。

假设用两个 Pt 电极来电解 HCl 的水溶液，如图 11-9 所示。图中 V 是伏特计，G 是安培计。将电解池接到由电源和可变电阻所组成的分压器上，逐渐增加外加电压，同时记录相应的电流，然后绘制电流-电压曲线，如图 11-10 所示。在开始时，外加电压很小，几乎没有电流通过。电压逐渐增加，电流略有增加，但当电压增加到某一数值以后，曲线斜率急增，继续增加电压，电流就随电压直线上升。

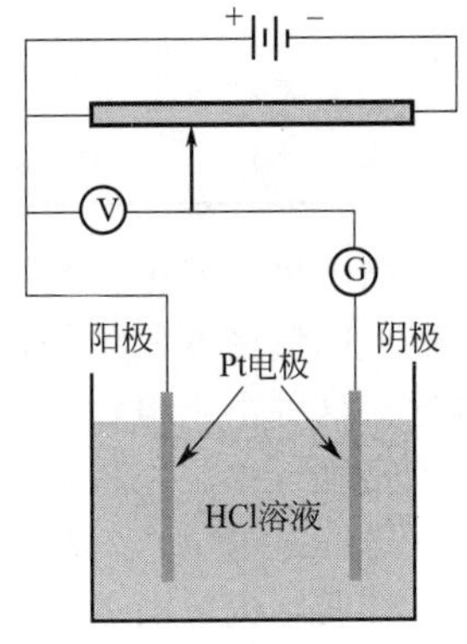

图 11-9　分解电压的测定

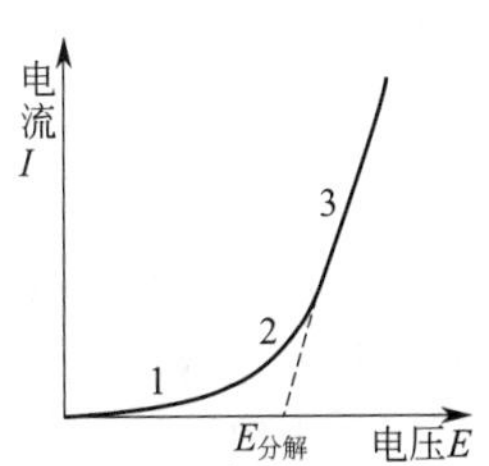

图 11-10　测定分解电压时的电流-电压曲线

在电解池中进行的反应为

阴极：$2H^+(a_{H^+}) + 2e^- \longrightarrow H_2(g, p)$

阳极：$2Cl^-(a_{Cl^-}) - 2e^- \longrightarrow Cl_2(g, p)$

当开始施加外电压时，尚没有氢气和氯气生成，继续增大外电压，将分别在阴极和阳极表面生成少量的氢气和氯气，虽然压力很小，但也会形成一个原电池，产生了一个与外加电压方向相反的反电动势 E_b，因为电极表面氢气和氯气的压力远远低于大气的压力，微量的气体不可能离开电极而逸出，只能扩散到溶液中。这时如果保持恒定的电压，电解池中将有微小的电流通过，以保证电极产物得到补充，维持反电动势 E_b。如果继续增加外电压，电极上就有氢气和氯气生成速率逐渐加快，气泡中气体压力增加，反电动势 E_b 相应增加，但在没有气体逸出以前仍将向溶液中扩散，电流只会有少许增加，对应图中的1～2段。一旦气泡中气体压力达到外界大气压时，电极上就会有气泡逸出，此时反电动势 E_b 达到最大值 $E_{b,max}$ 而不再继续增加。如果继续增大外加电压就只增加溶液中的电位降从而使电流急剧增加，如图中的2～3段。

如果将直线外延到电流为零时可以得到一个电压值，即电解质的分解电压 $E_{b,max}$。这是电解质溶液能连续不断发生电解时所必需的最小外加电压。从理论上讲，该电压应该等于原电池的可逆电动势，但实际上 $E_{b,max}$ 往往大于 $E_{可逆}$，超出的部分是由于有极化作用的存在，导致实际分解电压增加。

表11-2中列出一些常见电解质水溶液在使用Pt电极电解时的分解电压。可见，无论在酸或碱的溶液中，分解电压均在1.7V左右，这是因为对于酸、碱水溶液的电解，在外加电压下本质上都是水被分解，阴极析出氧气，阳极析出氢气，理论分解电压都是1.23V，超出部分就是由于氧气和氢气在铂电极上发生极化作用引起的。

表11-2　298K时几种电解质水溶液的分解电压

电解质	$c/(mol/dm^3)$	电解产物	$E_{实际分解}/V$	$E_{理论分解}/V$
HCl	1.0	H_2、Cl_2	1.31	1.37
H_2SO_4	0.5	H_2、O_2	1.67	1.23
HNO_3	1.0	H_2、O_2	1.69	1.23
NaOH	1.0	H_2、O_2	1.69	1.23
$CdSO_4$	0.5	H_2、O_2	2.03	1.26
$NiCl_2$	0.5	Ni、Cl_2	1.85	1.64
$CuSO_4$	1.0	Cu、O_2	1.49	0.98

当电极上无电流通过时，电极处于平衡状态，电极电势为平衡（可逆）电极电势，随着电极上电流密度的增加，电极的不可逆程度越来越大，电极电势对平衡电极电势的偏离越来越远。这种由于电流通过电极导致电极电势偏离平衡电极电势的现象称为**电极的极化**。某一电流密度（单位电极面积通过的电流）下的电极电势与平衡电极电势之差的绝对值称为**超电势**（也称过电位），以 η 表示。其数值大小可以反映电极极化程度的大小。由于超电势的存在，在实际电解时要使正离子在阴极上发生还原，外加于阴极的电势必须比可逆电极的电势更负，要使负离子在阳极上氧化，外加于阳极的电势必须比可逆电极的电势更正。根据超电势定义，得

$$\eta=|\varphi_{IR}-\varphi_{R}| \tag{11.15}$$

极化现象主要是浓差极化和电化学极化两类，其对应的超电势称为浓差超电势和活化超电势。此外还有因为电解过程中在电极表面上生成一层氧化物的薄膜或其他物质，从而对电流通过产生阻力，形成电阻超电势，但这种超电势不具有普遍性。本节重点讨论浓差极化和电化学极化的情况。

11.6.2　浓差极化

浓差极化是由于电解过程中电极附近溶液的浓度因为电极反应发生变化而与本体溶液（指离电极较远、浓度均匀的溶液）浓度有差别所致。以电镀铜时 Cu^{2+} 在阴极的还原过程为例，当电流通过电极时，阴极表面附近液层中的 Cu^{2+} 沉积到阴极上，因而降低了阴极附近 Cu^{2+} 的浓度，如果本体溶液中 Cu^{2+} 过来的扩散速率跟不上 Cu^{2+} 的消耗速率，则阴极附近液层中 Cu^{2+} 的浓度将低于它在本体溶液中的浓度，就好像是将此电极浸入了一个浓度较小的溶液中一样，根据能斯特方程，此时的电极电势必然低于按照本体溶液的浓度得到的平衡电极电势，这种现象称为**浓差极化**。浓差极化产生的根源在于电极反应快于离子扩散速率。其数值大小与搅拌情况、电流密度和温度等有关。一般可以采用搅拌的方式加快溶液的扩散速率，从而减小浓差极化的影响，但由于电极表面扩散层的存在，不可能将其完全除去。

11.6.3　电化学极化

除了浓差极化影响电极电势外，电极反应得失电子的能力、电极的表面状况等都会影响电极反应的速率。同样以电镀铜时 Cu^{2+} 在阴极的还原过程为例，当外电源将电子供给电极以后，如果 Cu^{2+} 来不及被还原而消耗掉外界输送的电子，结果使电极表面积累多于平衡状态时的自由电子，导致电极电势向负方向移动，这种由于电化学反应本身的迟缓性而引起的极化称为**电化学极化**。电化学极化产生的根源在于电子转移速率快于电极反应速率，是一种不可能避免的极化。

综上所述，阴极极化的结果，使电极电势变得更负，同理可得，阳极极化的结果，使电极电势变得更正。在一定电流密度下，每个电极的实际**析出电势**（即**不可逆电极电势**）等于可逆电极电势加上浓差超电势和电化学超电势。

11.6.4　极化曲线——超电势的测定

超电势的大小与通过电极的电流密度有直接的关系，而描述电流密度与电极电势（或者超电势）关系的曲线就称为**极化曲线**。由于超电势通常是对单个电极反应而言，这是需要用到三电极体系。前面提到的电化学体系通常都是只含有阴极和阳极的二电极体系，三电极体系相应的三个电极则为工作电极、参比电极和辅助电极，如图 11-11 所示。

工作电极又称研究电极，是指所研究的反应在该电极上发生，可以是阴极，也可以是阳极。

辅助电极又称对电极，辅助电极和工作电极组成回

习题：

11-16　计算下列电解池在 SATP 298K 时的可逆分解电压：

(1) Pt(s) | NaOH(1.0mol/kg, $\gamma_\pm=0.68$) | Pt(s)

(2) Pt(s) | HBr(0.05mol/kg, $\gamma_\pm=0.860$) | Pt(s)

(3) Ag(s) | $AgNO_3$(0.50mol/kg, $\gamma_\pm=0.526$) ‖ $AgNO_3$(0.01mol/kg, $\gamma_\pm=0.902$) | Ag(s)

(1.229V；1.227V；0.0866V)

11-17　298K 时，用 Pb(s) 为电极来电解 H_2SO_4 溶液，已知其浓度为 0.10mol/kg，$\gamma_\pm=0.265$，若在电解过程中，把 Pb(s) 阴极与另一甘汞电极相连组成原电池，测得其电动势 $E=1.0685V$。试求 $H_2(g)$ 在 Pb(s) 阴极上的超电势（只考虑 H_2SO_4 的一级解离）。已知所用甘汞电极的电极电势为 0.2806V。(0.6947V)

思考：

11-15　如何理解电极极化？电极电势、电极极化在说明电极本性上有哪些差异？从中受到哪些启示？

11-16　为什么只有在一定电流密度下，比较超电势才有意义？

11-17　除了通过搅拌的方式加快溶液的扩散速率减小浓差极化的影响以外，还有什么办法？

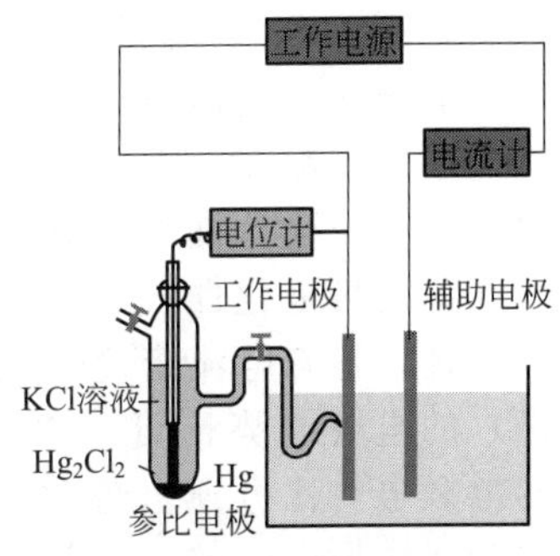

图 11-11　三电极体系示意

路，使工作电极上电流畅通，以保证所研究的反应在工作电极上发生，当工作电极是阴极时，辅助电极就是阳极，反之亦然。

参比电极是指一个已知电势的接近于理想不极化的电极。参比电极上基本没有电流通过，用于测定研究电极（相对于参比电极）的电极电势。参比电极需要具备良好的可逆性，其电极电势符合能斯特方程，在流过微小的电流时电极电势能迅速恢复原状，具有良好的电势稳定性和重现性。标准氢电极（SHE）就是一种典型的参比电极，此外，饱和甘汞电极（SCE）、Ag-AgCl 电极、Hg-HgO 电极等也是常见的参比电极。另外，如果可以忽略辅助电极极化对测试结果的影响也可用辅助电极兼做参比电极。

思考：

11-18　参比电极选择的条件有哪些？

在测量工作电极电势时，参比电极内的溶液和被研究体系的溶液组成往往不一样，为降低或消除液接电势，常选用盐桥，为减小未补偿的溶液电阻，常使用鲁金毛细管。

超电势实际就是测定在有电流流过电极时的电极电势，然后从电流与电极电势的关系就能得到极化曲线。在测定工作电极的极化曲线的时候，可以调节外电路中的电阻，以改变通过电极电流的大小（电流的数值可以通过串联的电流表读出）。当待测电极上有电流通过时，其电势偏离可逆电势，电极电势的大小可以通过电位差计测试工作电极与参比电极（电极电势已知）组成的原电池电动势得到。每改变一次电流密度，就可以测到一个电极电势，将所有测试结果作图后便得到了该工作电极的极化曲线。当工作电极为阴极时，所得极化曲线为阴极极化曲线；反之，当工作电极为阳极时，所得极化曲线为阳极极化曲线。

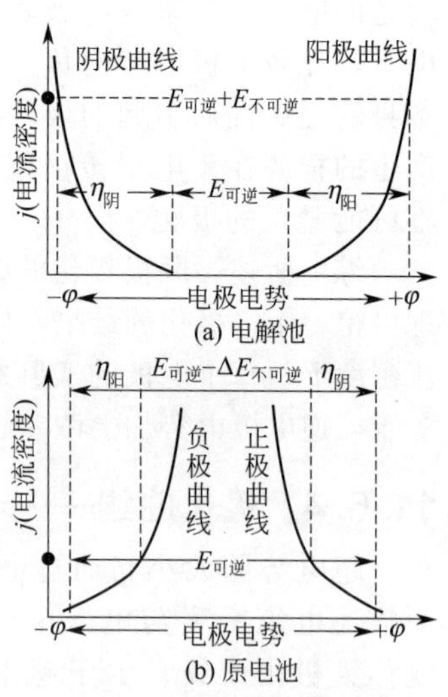

图 11-12　电解池和原电池的极化曲线

图 11-12 为电解池和原电池中的极化曲线。可见在电解池中，电解时电流密度愈大，超电势愈大，则外加的电压也要增大，所消耗的能量也就愈多。对于原电池，控制其放电电流，同样可以在其放电过程中，分别测定两个电极的极化曲线。按照对阴极、阳极的定义，在原电池中负极起氧化作用是阳极，正极起还原作用是阴极，因此负极的极化曲线即是阳极极化曲线，正极的极化曲线即是阴极极化曲线。当原电池放电时则有电流在电极上通过，随着电流密度增大，由于极化作用，负极（阳极）的电极电势比可逆电势值愈来愈大，正极（阴极）的电极电势比可逆电势愈来愈小，两条曲线有相互靠近的趋势，原电池的电动势逐渐减小，它所能做的电功则逐渐减小。

思考：

11-19　为什么阴极极化使电极电势变得更负？阳极极化使电极电势变得更正？

综合电解池和原电池的极化曲线图可以得出：

$$\eta_{阴}=\varphi_{R,阴}-\varphi_{IR,阴} \text{ 或 } \varphi_{IR,阴}=\varphi_{R,阴}-\eta_{阴} \tag{11.16}$$

$$\eta_{阳}=\varphi_{IR,阳}-\varphi_{R,阳} \text{ 或 } \varphi_{IR,阳}=\varphi_{R,阳}+\eta_{阳} \tag{11.17}$$

η 的大小定量表示了电极的极化程度。在不可逆电池的讨论中不可逆电势也常称为析出电势。

由两电极组成电解池时，阳极电势高于阴极电势，在忽略电解池内阻引起的电势降时，电解池的分解电压（使电解过程连续进行所需的最小外加电压）E_{IR} 与电流密度 j 的关系如图 11-12(a) 所示。由图可知，电解池工作时通过电极的电流密度越大，即不可逆程度越高，所需要的分解电压越大。在某一电流密度下，分解电压 E_{IR} 为：

$$\begin{aligned} E_{IR} &= \varphi_{IR,阳}-\varphi_{IR,阴} \\ &= (\varphi_{R,阳}+\eta_{阳})-(\varphi_{R,阴}-\eta_{阴}) \\ &= E_R+(\eta_{阴}+\eta_{阳}) \end{aligned} \tag{11.18}$$

由两电极组成电池时，因阴极是正极，阳极是负极，所以阴极电势高于阳极电势，在忽略电池内阻引起的电势降时，电池的实际电压 E_{IR} 与电流密度 j 的关系如图 11-12(b) 所示。由图可知，电池放电时通过电极的电流密度越大，即不可逆程度越高，电池的实际电压越小。在某一电流密度下，实际电压 E_{IR} 为：

$$\begin{aligned} E_{IR} &= \varphi_{IR,阴}-\varphi_{IR,阳} \\ &= (\varphi_{R,阴}-\eta_{阴})-(\varphi_{R,阳}+\eta_{阳}) \\ &= E_R-(\eta_{阴}+\eta_{阳}) \end{aligned} \tag{11.19}$$

从能量消耗的角度看，无论原电池还是电解池，极化作用的存在都是不利的。为了使电极的极化减小，必须供给电极以适当的反应物质，由于这种物质比较容易在电极上反应，可以使电极上的极化减小或限制在一定程度内，这种作用称为去极化作用，所加物质称为去极化剂。

影响超电势的因素很多，如电极材料、电极的表面状态、电流密度、温度、电解质的性质、浓度及溶液中的杂质等，因此，超电势测定的重现性不好。一般说来析出金属的超电势较小，而析出气体，特别是氢和氧的超电势较大，一般情况电极材料如果对氢超电势大，则对氧超电势小。

11.6.5　氢超电势和 Tafel 公式

由于氢的氧化还原反应在许多实际的电化学体系中都会遇到，例如电解食盐水制取 NaOH、电解水制取氢气或分离氢的同位素等，电镀过程中阴极上的析氢副反应，金属的腐蚀过程与氢的氧化还原过程，再加上标准氢电极的电极电势本身就是电极电势的基准，所以历史上对氢的超电势研究得比较多。其中较为著名的是 1905 年由塔菲尔（Tafel）提出反应氢超电势与电流密度的定量关系，Tafel 经验式如下：

$$\eta=a+b\ln(j/[j]) \tag{11.20}$$

式中，j 为电流密度，[j] 是电流密度的单位（确保对数项中为纯数）；常数 a 是电流密度 j 等于单位电流密度时的超电势值，它与电极材料、电极表面状态、溶液组成以及实验温度等有关。常数 b 的数值对于大多数的金属来说相差不多，在常温下接近于 0.05V（如用以 10 为底的对数，b 约为 0.116V，即电流密度增加 10 倍，则超电势约增加 0.116V）。氢超电势的大小基本上决定于 a 的数值大小，即 a 的数值愈大，氢超电势也愈大，其不可逆程度也愈大。

关于氢在阴极电解时的机理的研究，从 20 世纪 30 年代开始有了很大的发展，提出了一些不同的理论，例如迟缓放电理论和复合理论等。这些理论中都提出 H^+ 的放电可分为几个步骤进行：

① H_3O^+ 从本体溶液中扩散到电极附近。

② H_3O^+ 从电极附近的溶液中移到电极上。

③ H_3O^+ 在电极上得到电子形成吸附态的 H 原子。

④ H_3O^+ 和已经被吸附在电极表面上的氢原子 H 反应生 H_2（又称为电化学瞬附步骤）。

⑤ 吸附在电极上的 H 原子化合成 H_2（又称为 Tafel 反应或复合脱附步骤）。

⑥ H_2 从电极上扩散到溶液内或形成气泡逸出。

其中①和⑥两步已证明不能影响反应速率，至于②～④四个步骤中究竟哪一步最慢，还未有定论。迟缓放电理论认为第④步最慢，而复合理论则认为第⑤步即吸附在电极上的氢原子结合为氢分子的步骤最慢。也有人认为在电极上各反应步骤的速率相近，反应属于联合控制。

在不同的金属上，氢超电势的大小不同，可通过不同的机理来解释。反应机理和速率控制步骤都随条件变化而改变。一般来说，对氢超电势比较高的 Hg、Zn、Pb、Cd 等金属，迟缓放电理论基本上能概括全部的实验事实。对于氢超电势低的金属如 Pt、Pd 等则复合理论能解释实验事实。而对于氢超电势居中的 Fe、Co、Cu 等金属则情况要复杂得多，有必要同时考虑到放电步骤的迟缓性和原子复合形成分子氢这一步骤的迟缓性。但不论采用何种机理或何种理论，最后应都能得到经验的 Tafel 关系式。

11.6.6 电极上的竞争反应

当电解金属盐类的水溶液时，需要考虑的不仅有分解电压大小，还要考虑在阳极（正极）和阴极（负极）上究竟哪种离子先发生反应，这样才能确定电解产物是什么。

(1) 阴极反应

阴极上发生的是还原反应，参与反应的物质主要是电解池中的阳离子，或变为单质析出，或变为低价态的离子，有时也可以是溶解于电解液中的 O_2 进行还原，一般作为阴极的金属不会参加电极反应。由式(11.18) 可以看出，在阳极电势一定时，阴极电势越大，所需要的分解电压越小，即析出电势越大的组分越易获得电子被还原，所以，在分解电压由小到大的过程中，各组分就按析出电势由大到小的顺序依次进行还原。当两种金属离子的析出电势相差 0.2V 以上时，可以较完全地将它们分离开。

在充分搅拌的情况下，各种金属离子的析出超电势很小，可以忽略，可用可逆电极电势 φ_R 代替不可逆电势。对于析出气体的正离子（如 H^+），活化超电势较大，不可忽略。

思考：

11-20 举例说明氢超电势的利弊？

11-21 假若离子在电极上的反应看作离子价值实现的一种表示，那么若把自己看作离子，电极上的离子反应对你有何启示？

（2）阳极反应

阳极上发生的是氧化反应，参与反应的物质一种是电解液中的负离子如 Cl^-、Br^-、I^-、OH^- 或溶剂如 H_2O，或变成单质析出，或变成高价态的离子，但含氧酸根离子如 SO_4^{2-}、PO_4^{3-}、NO_3^- 等，因析出电势很高，一般不进行反应。另一种是金属电极本身氧化成为正离子进入溶液，但惰性金属如 Pt 等不会参与电极反应。由式(11.17) 可知，在阴极电势一定时，阳极电势越小所需要的分解电压越小，即析出电势越小的组分，越易放出电子被氧化。所以，在分解电压由小变大的过程中，各组分就按析出电势由小到大的顺序依次进行氧化。

综合阴极反应和阳极反应规律可以知道，**电极电势越负的越容易在阳极氧化，电极电势越正的越容易在阴极还原**。所以，首先要根据电极反应物的活度（或气体的压力）通过能斯特方程计算出各电极反应的平衡电极电势，再加上阳极超电势或减去阴极超电势，得到极化后的阳极或阴极电极电势，才能判断哪个反应优先进行。

例题 11-10　在 298K，标准压力下，欲从镀银废液中回收金属银，假设废液中 $AgNO_3$ 的初始浓度为 1×10^{-6} mol/kg，还含有少量的 Cu^{2+}。今以银为阴极、石墨为阳极电解回收银，要求银的回收率达 99%，试问阴极电势应控制在什么范围之内？Cu^{2+} 的质量摩尔浓度应低于多少才不致使 Cu(s) 和 Ag(s) 同时析出？当阴极电极电势为多少时，阴极可能析出 H_2？（设所有的活度因子均为 1，电解过程控制溶液的 pH 始终为 7。）

解：首先计算达到银的回收率时 Ag^+ 的剩余活度，要求铜的电极电势必须低于这个值，此时银的电极电势才能保证 Cu^{2+} 不析出，即 Cu^{2+} 的浓度应低于这个电极电势下的数值。

Ag^+ 的剩余活度为

$$a_{Ag^+}=1\times10^{-6}\times(1-0.99)=1\times10^{-8}$$

$$\begin{aligned}\varphi_{Ag^+|Ag}&=\varphi^{\ominus}_{Ag^+|Ag}-\frac{RT}{F}\ln\frac{1}{a_{Ag^+}}\\&=0.799V+\frac{RT}{F}\ln(1\times10^{-8})\\&=0.326V\end{aligned}$$

可见，阴极电势应控制在 0.326V 以上。

因为需保证 $\varphi_{Cu^{2+}|Cu}<\varphi_{Ag^+|Ag}$，而

$$\begin{aligned}\varphi_{Cu^{2+}|Cu}&=\varphi^{\ominus}_{Cu^{2+}|Cu}-\frac{RT}{2F}\ln\frac{1}{a_{Cu^{2+}}}\\&=0.337V-\frac{RT}{2F}\ln\frac{1}{a_{Cu^{2+}}}\end{aligned}$$

所以有

$$0.337V-\frac{RT}{2F}\ln\frac{1}{a_{Cu^{2+}}}<0.326V$$

即

$$a_{Cu^{2+}}<0.424$$

可见，只有在 Cu^{2+} 的质量摩尔浓度低于 0.424mol/kg 时，才不致使 Cu^{2+} 和 Ag^+ 同时析出。

当阴极上有 H_2 析出时，电极反应为

$$H^+(a_{H^+}=10^{-7})+e^- \longrightarrow \frac{1}{2}H_2(g,p^{\ominus})$$

此时，阴极电极电势为

$$\varphi_{H^+|H_2}=-\frac{RT}{F}\ln\frac{1}{10^{-7}}=-0.414V$$

可见，即使不考虑氢在阴极析出的超电势，H_2 的析出电势也是相当低的，如果加上超电势氢在 Ag 上析出的电极电势还要更负一些。

例题 11-11 298K 时，如以 Pt 为电极电解浓度为 1mol/kg 的 $CuSO_4$ 溶液，设所有电解质的活度因子均为 1，已知 $\varphi^{\ominus}_{Cu^{2+}|Cu}=0.34V$，氧在 Pt 电极上的电极电势恒为 1.7V，氢在铜电极上超电势恒为 0.6V，则该电池的分解电压为多少？当外加电压为 2.0V 时，溶液中 Cu^{2+} 的质量摩尔溶度为多少？当电池开始析出氢气时，分解电压又是多少？

解：根据题意组成的原电池应为

$$Cu(s)|CuSO_4(1mol/kg)|O_2(g)|Pt$$

则该电池的分解电压为

$$E_{分解}=\varphi_{阳}-\varphi_{阴}=(1.70-0.34)V=1.36V$$

当外加电压为 2.0V 时，有

$$1.70V-\left(0.34V+\frac{RT}{2F}\ln a_{Cu^{2+}}\right)=2.0V$$

则此时溶液中 Cu^{2+} 的质量摩尔溶度为 2×10^{-22}mol/kg。因为当阴极上有 1mol Cu^{2+} 还原为 Cu 时，阳极上就有 2mol OH^- 发生氧化，溶液中必将多出 2mol H^+，虽然其中 1mol H^+ 会与 SO_4^{2-} 结合生成 HSO_4^-，但还会有 1mol H^+ 剩余在溶液中。如果 H^+ 活度因子为 1，则 H^+ 活度等于 1。所以当电池开始析出氢气时，分解电压为

$$\begin{aligned}E_{分解}&=1.70V-\left(-\frac{RT}{F}\ln\frac{1}{a_{H^+}}-\eta_{阴}\right)\\&=(1.70+0.60)V\\&=2.30V\end{aligned}$$

即直到电压增加到 2.30V，氢气才开始析出。

该例中，如果控制溶液的 pH=7，分解电压则为

习题：

11-18 在 SATP 下，某混合溶液中，$CuSO_4$ 浓度为 0.50mol/kg，H_2SO_4 浓度为 0.01mol/kg，用铂电极进行电解，首先 Cu(s) 沉积到 Pt 电极上。若 H_2(g) 在 Cu(s) 上的超电势为 0.23V，问当外加电压增加到有 H_2(g) 在电极上析出时，溶液中所余 Cu^{2+} 的浓度为多少？（设活度因子均为 1，H_2SO_4 作一级解离处理。）

(1.75×10^{-20}mol/kg)

11-19 在 SATP 下，以 Pt 为阴极，C（石墨）为阳极，电解含 0.01mol/kg $CdCl_2$ 和 0.02mol/kg $CuCl_2$ 的水溶液。若电解过程中超电势可忽略不计，活度因子均为 1，试问：

(1) 何种金属先在阴极析出？

(2) 第二种金属析出时，至少须加多少电压？

(3) 当第二种金属析出时，第一种金属离子在溶液中的浓度？

(4) 事实上 O_2(g) 在石墨上是有超电势的，若设超电势为 0.85V，则阳极上首先应发生什么反应？(Cu；1.608V；9.32×10^{-28}mol/kg；氯气析出)

11-20 在 298K 和标准压力时，电解含有 Ag^+ ($a_1=0.05$)，Fe^{2+} ($a_2=0.01$)，Cd^{2+} ($a_3=0.001$)，Ni^{2+} ($a_4=0.1$) 和 H^+ ($a_5=0.001$) 的混合溶液，并设 H^+ 活度不随电解的进行而变化，氢气在 Ag(s)、Fe(s)、Cd(s) 和 Ni(s) 上的超电势分别为 0.20V、0.24V、0.18V 和 0.30V，当外加电压从零开始逐渐增加时，试用计算说明在阴极上析出物质的顺序。

[Ag(s)、Ni(s)、H_2(g)、Cd(s)、Fe(s)]

$$E_{分解}=1.70\text{V}-\left(-\frac{RT}{F}\ln\frac{1}{a_{H^+}}-\eta_{阴}\right)$$
$$=(1.70+0.414+0.60)\text{V}$$
$$=2.714\text{V}$$

可见，电解过程 pH 的变化，将会影响电解池的分解电压。

如果溶液中含有多种析出电势不同的金属离子，也可以通过控制外加电压的大小使金属离子分步析出而得以分离。通常当一种离子浓度下降到原浓度的 10^{-7} 倍时，可认为该金属几乎完全析出，根据能斯特方程可知对于一价金属电压差约为 0.4V，对于二价金属电压差约为 0.2V，即如果两种金属离子的析出电势差值能够大于上述电压差，便通过电化学的方法得以分离。

当然，也可以通过调整不同金属离子的浓度，使其具有相等的析出电势，这样就能在阴极上析出这些金属的合金。例如制备黄铜（铜锌合金）时，相同浓度的 Cu^{2+} 和 Zn^{2+}，其析出电势相差大约为 1V，不可能同时析出。但如在溶液中加入 CN^- 使其成为配合物 $[Cu(CN)_3]^-$、$[Zn(CN)_4]^{2-}$，然后调整 Cu^{2+} 和 Zn^{2+} 的浓度比，可使铜和锌同时析出而形成合金镀层。甚至在进一步控制温度、电流密度以及 CN^- 的浓度后，还可以得到不同组成的黄铜合金。

11.7 电化学腐蚀与防腐

11.7.1 金属的电化学腐蚀

金属表面与周围介质发生化学及电化学作用而遭受破坏，统称为金属腐蚀。金属表面与介质如气体或非电解质液体等因发生化学作用而引起的腐蚀，叫做**化学腐蚀**。化学腐蚀作用进行时没有电流产生。金属表面与介质如潮湿空气、电解质溶液等接触时，因形成微电池而发生电化学作用而引起的腐蚀，叫做**电化学腐蚀**。

当两种金属或者两种不同的金属制成的物体相接触，同时又与潮湿空气、其他潮湿气体、水或电解质溶液等其他介质相接触时，便形成了一个原电池，从而发生电化学反应，加快金属的腐蚀速度。例如在铜板上有铁制铆钉（如图 11-13 所示），如果该铜板长期暴露在潮湿的空气中，在铆钉的部位就特别容易生锈。这是因为铜板暴露在潮湿空气中时表面上会凝结一层薄薄的水膜，空气里的 CO_2、SO_2，甚至沿海地区潮湿空气中的 NaCl 都能溶解到水膜中形成电解质溶液，于是就形成了原电池。其中铁是阳极，铜是阴极。在阳极上一般都是金属的溶解过程（即金属被腐蚀过程）。在阴极上，由于条件不同可能发生不同的反应，例如酸性环境中的 Cu 阴极，氢离子将还原成 H_2 析出（即**析氢腐蚀**），如果又能与大气接触，空气中的氧气在阴极上率先获得电子，而发生还原反应（即**吸氧腐蚀**），由于吸氧腐蚀的电极电位远高于析氢腐蚀电位，所以当有氧气存在时金属的腐蚀往往更为严重。

11.7.2 金属的电化学防腐

由于金属腐蚀而遭受到的损失是非常严重的，据统计，全世界每年由于腐蚀而报废的金属设备和材料的量约为金属年产量的 20%～30%，因此金属防腐研究显得尤为必要。常见的金属防腐措施除了在被保护金属表面包裹紧密的非金属保护层（如陶瓷、玻璃、油漆、橡胶、塑料、各种高分子材料等）外，通过电化学的方法防腐也是一种重要的途径。主要有以下几种方式。

(1) 牺牲阳极保护

将电极电势较低的金属和被保护的金属连接在一起，构成原电池，电极电势较低的金属作为阳极而溶解，被保护的金属作为阴极就可以避免腐蚀。例如海上航行的船只，在船底四周镶嵌锌块，此时，船体是阴极受到保护，锌块是阳极代替船体而受腐蚀。这种保护法是保护了阴极，牺牲了阳极，因此称为牺牲阳极保护法。

(2) 阴极电保护

利用外加直流电，把负极接到被保护的金属上，让它成为阴极，正极接到一些废铁上成为阳极，让它受到腐蚀。那些废铁实际上也是牺牲性阳极，它保护了阴极，只不过它是在外加电流下的牺牲性阳极保护。在化工厂中一些装有酸性溶液的容器或管道、水中的金属网以及地下水管或输油管常用这种方法防腐。

(3) 阳极保护

一块普通的铁片，在稀硝酸中很容易溶解，但在浓硝酸中则几乎不溶解。经过浓硝酸处理后的铁片，即使再把它放在稀硝酸中，其腐蚀速度也比原来未处理前有显著的下降甚至不溶解，这种现象叫作化学钝化。金属被钝化之后，其电极电势向正的方向移动，甚至可以升高到接近于贵金属的电极电势。

除了通过硝酸、$HClO_3$、K_2CrO_7、$KMnO_4$ 等强氧化剂使金属钝化之外，通过电化学的方法钝化金属材料也是一种常用的方法。如将 Fe 置于 H_2SO_4 溶液中作为阳极，用外加电流使之阳极极化，其极化曲线如图 11-14 所示。当铁电极的电势增加时，极化曲线沿 AB 线变化，此时铁处于活化区，铁以 Fe^{2+} 形式进入溶液。当电势到达 B 点时，表面开始钝化。此时电流密度随着电势的增加而迅速降低到很低的数值，B 点所对应的电势则称为**钝化电势**，与 B 点所对应的电流则称为**致钝电流**（也称临界钝化电流）。当电势到达 C 点时，金属处于稳定的钝态。当进一步使电势逐步上升时，在曲线 CD 段，电流仍然保持很小的数值，此时的电流则称为**维钝电流**（也称钝态电流）。在 CD 区间，金属处于稳定钝化区。只要维持金属的电势在 CD 之间，金属就处于稳定的钝化状态。过了 D 点，曲线又变得重新倾斜起来，电流又开始增加，表示阳极又发生了氧化过程。在 DE 段则称为过钝化区，铁以高价离子形式而进入溶液，在这一段中如果达到了氧的析出电势，则阴极上就发生氧气被还原成 H_2O 的反应。

阳极电保护就是利用金属钝化后电极电势正向移动的原理，把被保护的金属接到外加电源的正极上，让金属材料始终处于钝化区间而得到保护。

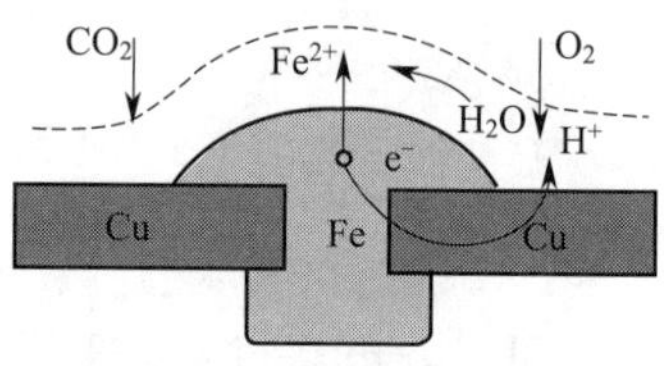

图 11-13 铁的电化学腐蚀

思考：

11-22 分别计算铁在发生析氢腐蚀和吸氧腐蚀形成的原电池的电动势。试问当铁锅中有少量水的时候，哪一部分最先生锈？

习题：

11-21 金属的电化学腐蚀是金属作原电池的阳极被氧化，在不同的 pH 条件下，原电池中的还原作用可能有下列几种。

酸性条件

$$2H^+ + 2e^- \longrightarrow H_2(p^\ominus)$$

$$O_2(p^\ominus) + 4H^+ + 4e^- \longrightarrow 2H_2O(l)$$

碱性条件

$$O_2(p^\ominus) + 2H_2O(l) + 4e^- \longrightarrow 4OH^-$$

所谓金属腐蚀，是指金属表面附近能形成离子的活度至少为 10^{-6}。现有如下 6 种金属：Au、Ag、Cu、Fe、Pb 和 Al。试问哪些金属在下列 pH 条件下会被腐蚀？所需的标准电极电势值自己查阅，设所有活度因子均为 1。

(1) 强酸性溶液 pH=1；

(2) 强碱性溶液 pH=14；

(3) 微酸性溶液 pH=6；

(4) 微碱性溶液 pH=8。

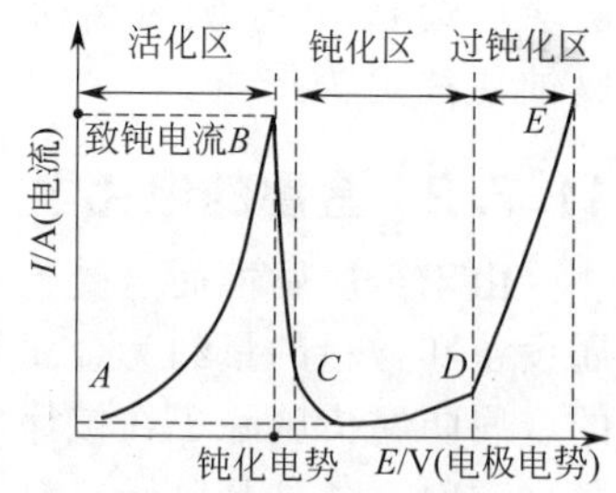

图 11-14 碳钢在硫酸中阳极极化曲线

(4) 金属镀层保护

将耐腐蚀性较强的金属或合金通过电镀的方法覆盖在被保护的金属表面。按防腐蚀的性质来说，保护层也可分为阳极保护层和阴极保护层。阳极保护层是镀上去的金属比被保护的金属有较负的电极电势。如把锌镀在铁上，在发生电化腐蚀时，首先腐蚀的是阳极的锌，作为阴极的铁仍然会得到有效保护。阴极保护层是镀上去的金属比被保护的金属有较正的电极电势。如把锡镀在铁上，一旦镀层破损发生电化腐蚀时，首先腐蚀的就是阳极的铁，锡反而会得到保护。

(5) 缓蚀剂保护

在腐蚀性的介质中只要加少量缓蚀剂，就能改变介质的性质，从而大大降低金属腐蚀的速度。其缓蚀机理一般是减慢阴极（或阳极）过程的速度，或者是覆盖电极表面从而防止腐蚀。阳极缓蚀剂的作用是直接阻止阳极表面的金属进入溶液，或者是在金属表面上形成保护膜，使阳极免于腐蚀。阴极缓蚀剂主要也在于抑制阴极过程的进行，增大阴极极化，有时也可在阴极上形成保护膜。

缓蚀剂种类很多，可以是硅酸盐、正磷酸盐、亚硝酸盐、铬酸盐等无机盐类，也可以是有机缓蚀剂。有机缓蚀剂可以是阴极缓蚀剂也可以是阳极缓蚀剂，它主要是被吸附在阴极表面而增加了氢超电势，妨碍氢离子放电过程的进行，从而使金属溶解速度减慢。如果考虑到金属器件在储存或运输过程中可能经历温度和湿度的变化，表面上凝有很薄的水膜，易于引起锈蚀。如果在仓库内或包装上加有某种易于挥发但又不是挥发很快的气相缓蚀剂（如亚硝酸二环己烷基胺等），待其溶解到金属表面的湿膜中后，也可以改变介质的性质，起到缓蚀的作用。

由于缓蚀剂的用量少，方便而且经济，也是一种最常用的保护方式。

金属防腐的方式多种多样，但是最根本的途径还是研究制成新的耐腐蚀材料，如特种合金或特种陶瓷高聚物材料等。

11.8　化学电源

化学电源俗称电池，是将氧化-还原反应的化学能直接转变为电能的装置。按其工作性质和储存方式可分为一次电池、二次电池和燃料电池三大类。一次电池，即电池中的反应物质在进行一次电化学反应放电之后就不能再次使用了，如锌锰干电池、锌-空气电池等。二次电池是指在电池放电后，通过充电方法使活性物质复原后能够再放电且充放电过程可以反复多次循环进行，如铅酸蓄电池、锂离子电池等。燃料电池是一种将燃料与氧化剂中的化学能直接转化为电能的发电装置。

化学电源的结构各不相同，但一般都是由正、负极和用以将两个电极分隔开的隔膜及电解液和外壳等组成。图 11-15 为常见的锌锰电池示意。

正极和负极是由相应的活性物质和一些添加剂组成。正极活性物质的电极电势越高，负极活性物质的电极电势越低，电池的电动势就越大；同时，活性物质的电化学活性越高，电极反应的速度就越快，电池的电性能也就越好。就目前研究的情况，电池的负极一般选用较活泼的金属，而正极一般选用金属氧化物。与活性物质一起构成电极的添加剂一般是能提高电极导电性能的导电剂（如金属粉和碳粉）和增加活性物质黏结力的黏结剂（如聚四氟乙烯和聚乙烯）以及能延缓金属电极腐蚀的缓蚀剂等。由于活性物质通常构成一种糊状电极，因此常常需要用集电器来作为支持体，集电器通常是一个金属栅板或导电的非金属棒（如碳棒），以提供电子传导的路线。集电器重量应轻，化学稳定性应好。

电解液的一般要求有较高的电导率、化学稳定性好、不易挥发和易于长期储存等。常见的电解液是电解质的水溶液和有机介质溶液，有时也用固体电解质。

隔膜是将电池正、负极分隔开以防止两极直接接触而短路的无机或有机膜。对于隔膜要求具有高的离子传输能力，这样电池的内阻就相应减小，且隔膜应具有极低的电子导电能力、好的化学稳定性和一定的机械强度等。常用的隔膜有浆层纸、微孔塑料、微孔橡胶、石棉、玻璃毡和全氟磺酸膜（Nafion 膜）等，锂电池中常用聚丙烯或纤维纸作为隔膜。

化学电源的性能通常用电池容量、电池能量和电池功率密度（比功率）等几个参数来衡量。电池容量是指电池所能输出的电荷量，一般以［安培］［小时］为单位，亦简称安培时，用符号 A•h 表示，1A•h 的电量是强度为1A 的电流通电 1h 的电量，等于 3600C（A•s）。电池能量密度是指电池输出的电能与电池的质量或体积之比，分别称为电池质量能量密度或体积能量密度，单位用 W•h/kg 或 W•h/dm^3 表示。理论能量密度是指每千克参与反应的活性物质所提供的能量。

下面介绍几种常见的锌锰干电池、铅酸蓄电池、锂离子电池、燃料电池。

11.8.1 锌锰电池

锌锰干电池是一种一次电池。它的负极是锌，正极是被二氧化锰包围着的石墨（炭棒），电解质是氯化锌和氯化铵的糊状物。电池表达式为：

$$Zn|ZnCl_2,NH_4Cl|MnO_2|C$$

虽然这种电池应用已有 100 多年的历史，但其电极反应及最终产物至今仍未能完全弄清楚，一般认为它的电极反应及电池反应是：

负极反应 $Zn+2NH_4Cl \longrightarrow Zn(NH_3)_2Cl_2+2H^++2e^-$

正极反应 $2MnO_2+2H^++2e^- \longrightarrow 2MnOOH$

电池反应

$$Zn+2NH_4Cl+2MnO_2 \longrightarrow Zn(NH_3)_2Cl_2+2ZnOOH$$

开路时的电压为 1.5V，能量密度（比能量）约在 31～53W・h/kg。锌锰干电池价格低廉，使用方便，是人们日常生活中最常用的电池。

思考：

11-23 试写出当前市场上的新型蓄电池——镍镉电池、银锌电池、全钒电池的电极反应及电池表达式。

11-24 试调研光电化学电池的原理及当前光电化学电池的电极材料。

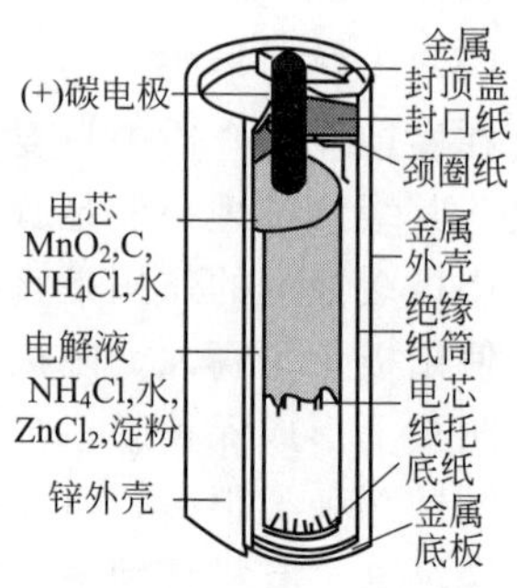

图 11-15 锌锰电池示意

思考：

11-25 一次电池的使用可能对环境造成哪些影响？

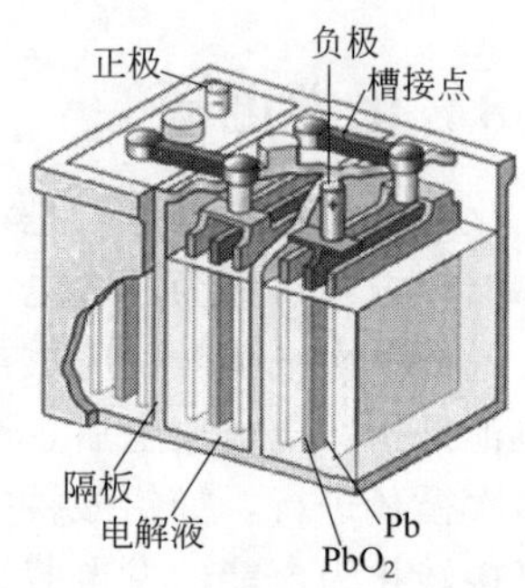

图 11-16 铅酸蓄电池示意

思考：

11-26 生活中哪些地方会用到铅酸蓄电池？

11.8.2　铅酸蓄电池

铅酸蓄电池的生产已有 100 多年的历史，该电池具有低廉、工作时可靠安全、电压高且稳定、电池的容量较大等优点，仍是目前使用最普及的一种二次电池，其结构如图 11-16 所示。以海绵状铅为负极（集电器），PbO_2 作正极，采用涂膏式极板栅结构。

铅酸蓄电池的表达式为：$-)Pb(s),PbSO_4(s)|H_2SO_4|PbSO_4(s),PbO_2(s)(+$，由于硫酸浓度较高，参加电极反应的是 HSO_4^-，而不是 SO_4^{2-}。

正极反应：$PbO_2+HSO_4^-+3H^++2e^- \longrightarrow PbSO_4+2H_2O$

负极反应：$Pb+HSO_4^- \longrightarrow PbSO_4+H^++2e^-$

电池反应：$Pb+PbO_2+2H_2SO_4 \rightleftharpoons 2PbSO_4+2H_2O$

电极反应和电池反应表达式中正向过程表示放电，逆向过程表示充电。

由于蓄电池采用 Pb 作负极，由于 Pb 易发生钝化，在电极过程中 Pb 表面形成紧附于 Pb 表面的结晶层，导致 Pb 电极导电性、活性下降，为此，在制备电极材料时常在活性物料中加入 $BaSO_4$ 作为去钝化剂。

铅酸蓄电池的循环寿命一般为 250～400 次，影响容量和循环寿命的主要原因有：

① 极板栅腐蚀。Pb 电极在与 PbO_2 和酸接触的地方腐蚀以及 Pb 板栅的暴露部分充电时可能发生的阳极氧化而导致的腐蚀。此外，生成的 PbO_2 具有比 Pb 更大的比体积，因而使极板栅变形。

② 正极活性物质的脱落。在充电开始和结束时，$PbSO_4$ 紧密层的形成和 $BaSO_4$ 的加入有可能也会使晶体和小颗粒 PbO_2 同板栅的分离。

③ 负极自放电。电极体系和电解液中存在的杂质相互作用而使海绵铅腐蚀，铅的腐蚀速度将随温度升高和硫酸浓度增大而增加。

④ 极板栅硫酸化。表现为在电极上生成紧密的白色硫酸盐外皮，此时电池不能再充电，原因是当蓄电池保存在放电状态时硫酸盐再结晶，因此蓄电池不能以放电状态储存。

为了克服这些缺点，目前主要通过以下方法改善铅酸蓄电池的性能。

① 采用较轻材料制备板栅，以提高比容量。

② 采用分散度更高的电极提高活性物质的利用率。

③ 采用胶状电解液（SiO_2 或硅胶）使电池在任何情况下都能运行。

④ 采用 Pb-Ca 合金和 Pb-Sb 合金降低自放电和水的分解。

⑤ 开发不需要随时补加酸和水的低维护或免维护密闭式铅酸电池。

11.8.3　锂离子电池

锂离子电池是一种二次电池，它主要依靠锂离子在正极和负极之间的移动来工作，也被形象地称为“摇椅电池”。根据锂离子电池所用电解质材料的不同，锂离子电池分为液态锂离子电池（简称 LIB）和聚合物锂离子电池（简称 PLB）。

锂离子电池工作原理如图 11-17 所示。当对电池进行充电时，电池的正极上有锂离子生成，生成的锂离子经过电解液运动到负极。而作为负极的碳呈层状结构，它有很多微孔，达到负极的锂离子就嵌入到碳层的微孔中，嵌入的锂离子越多，充电容量越高。同样，当对电池进行放电时（即我们使用电池的过程），嵌在负极碳层中的锂离子脱出，又运动回正极。回正极的锂离子越多，放电容量越高。

以手机普遍使用的聚合物锂离子电池为例，如以 $LiCoO_2$ 正极材料，电池体系为 $LiC_6|LiPF_6$-EC+DEC$|LiCoO_2$。（EC：碳酸乙烯酯；DEC：二乙基碳酸酯），在充、放电过程中，Li^+ 在正负两个电极之间反复脱嵌和嵌入。充电时锂离子从正极材料的晶格中脱出，以

电解液为载体，经过聚合物电解质膜（solid electrolyte interphase，简称SEI隔膜）后嵌入到负极材料中去，放电时锂离子从负极材料的晶格中脱出，经过电解质又嵌入到正极材料的晶格中去。在反复脱嵌的过程中，正、负极材料的晶格结构保持一定的稳定性（即使发生相变，相变也可逆）。实质上，锂离子电池是一种浓差电池，锂电池的电池容量与锂离子在正、负极嵌入量有关，在电池中锂以离子的形式存在，避免了二次锂电池产生锂枝晶的问题，其稳定性和安全性有一定的提高。其反应式为：

正极反应 $CoO_2 + Li^+ + e^- \longrightarrow LiCoO_2$

负极反应 $LiC_6 \longrightarrow Li^+ + 6C + e^-$

电池反应 $CoO_2 + LiC_6 \longrightarrow LiCoO_2 + 6C$

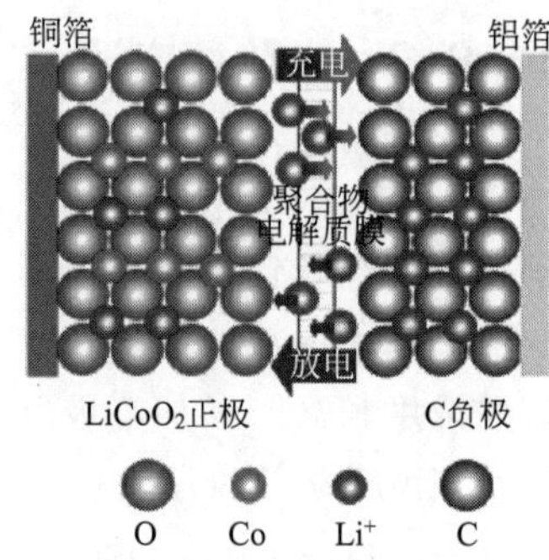

图 11-17 锂离子电池工作原理

思考：

11-27 你在使用手机锂离子电池的时候有什么感受？你是如何对电池进行保养的？市面上的充电宝使用的是哪种电池？你接触到的充电电池还有哪些？

习题：

11-22 已知SATP下C（石墨）的标准摩尔燃烧焓为$-393.5kJ/mol$。如将C（石墨）的燃烧反应设计成如下燃料电池：

C(石墨,s)|熔融氧化物|O_2(g)|M(s)

则能量的利用率将大大提高，也防止了热电厂用煤直接发电所造成的能源浪费和环境污染。试根据一些热力学数据计算该燃料电池的电动势。已知C（石墨，s）、CO_2(g)和O_2(g)的标准摩尔熵分别为5.74J/(mol·K)、213.74J/(mol·K)和205.14J/(mol·K)。

(1.02V)

11-23 以Ni(s)为电极、KOH水溶液为电解质的可逆氢、氧燃料电池，在SATP下稳定地连续工作，试回答下述问题。

(1) 写出该电池的表达式、电极反应和电池反应。

(2) 已知电池反应每消耗1mol H_2(g)，$\Delta_r G_m^\ominus = -237.1kJ/mol$。求一个100W（1W＝3.6kJ/h）的电池，每分钟需要供给298K、100kPa压力的H_2(g)的体积。

(3) 该电池的电动势为多少？

($6.27\times10^{-4}m^3/min$，1.228V)

11.8.4 燃料电池

通过热机直接燃烧燃料将热能转变为机械能和电能，热力效率受到Carnot循环限制，能量的有效利用效率通常不超过20%。但是，利用燃料电池，将燃烧的化学反应设计成原电池，让化学能直接转变为电能，其效率就将大大提高。而且与通常的一次电池和二次电池不同，燃料电池的燃料和氧化剂都可以储存在电池的外部，体系和环境之间不仅可以交换能量，反应物也能持续补充，因而其容量不受电池的体积和质量的限制，也没有二次电池必需的充电过程，在需要持续供电的装置中使用十分方便。

燃料电池按其电解质的不同可分为碱性燃料电池（AFC）、磷酸型燃料电池（PAFC）、质子交换膜燃料电池（PEMFC）、熔融碳酸盐燃料电池（MCFC）、固体氧化物燃料电池（SOFC）几类（表11-3）。

表 11-3 常见燃料电池类型

类型	电解质	电化学效率	燃料	功率输出
碱性燃料电池(AFC)	氢氧化钾溶液	60%～70%	氢气	300W～5kW
磷酸燃料电池(PAFC)	磷酸	55%	天然气、沼气等	200kW
质子交换膜燃料电池(PEMFC)	质子交换膜	40%～60%	氢气	1kW
熔融碳酸盐燃料电池(MCFC)	碱金属碳酸盐熔融混合物	65%	天然气、煤气等	2～10MW
固体氧化物燃料电池(SOFC)	氧离子导电陶瓷	60%～65%	天然气、煤气等	100kW

燃料电池的主要构成组件为：电极、电解质隔膜与集电器等。以质子交换膜燃料电池为例，结构如图11-18所示，其电池反应为

负极反应：$2H_2 \longrightarrow 4H^+ + 4e^-$

正极反应：$4H^+ + O_2 + 4e^- \longrightarrow 2H_2O$

电池反应：$2H_2 + O_2 \longrightarrow 2H_2O$

如果是碱性燃料电池，则为

负极反应：$2H_2 + 4OH^- \longrightarrow 4H_2O + 4e^-$

正极反应：$O_2 + 2H_2O + 4e^- \longrightarrow 4OH^-$

电池反应：$2H_2 + O_2 \longrightarrow 2H_2O$

虽然燃料电池具有能量转换率高、比能量高、稳定性好、环境友好、几乎没有污染等众多优点，但由于受大量使用 Pt、Ru 等贵金属催化剂且容易中毒、作为燃料的氢气存储困难等限制，目前仍未得到大规模的应用。

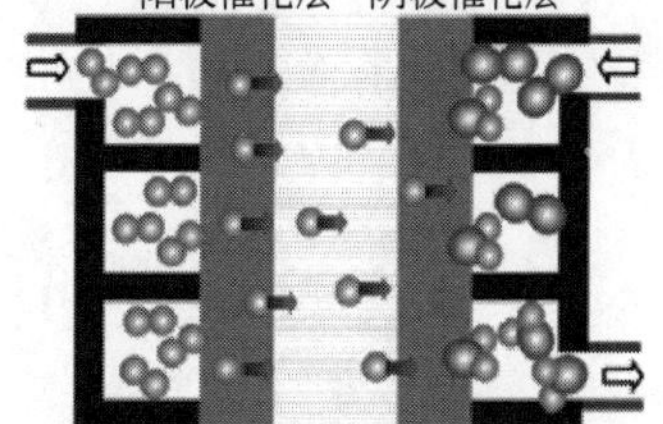

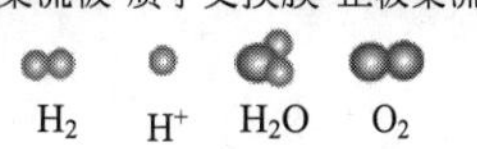

图 11-18　氢氧质子交换膜燃料电池示意

第12章 界面化学

本章基本要求

12-1 了解发生各种表面现象的根本原因，掌握表面吉布斯自由能和表面张力的概念，了解它们的异同点。

12-2 了解弯曲表面下附加压力产生的根本原因，知道附加压力与曲率半径的关系，会熟练使用拉普拉斯公式。

12-3 了解弯曲表面下的蒸气压与平面相比有何不同，能熟练使用开尔文公式计算凸面和凹面下的蒸气压，会用这个基本原理来解释常见的过饱和现象。

12-4 了解产生表面吸附的原因，会使用吉布斯吸附等温式解释表面活性剂和非表面活性剂的表面超额情况。

12-5 了解表面活性剂在润湿、发泡、增容、乳化、洗涤等方面的作用。

12-6 了解固体表面吸附的基本原理和会使用吸附等温式。

界面化学是研究体系界面的物理、化学性质的科学。

众所周知，物质通常以气（g）、液（l）、固（s）三种聚集状态（也称相态，phase）存在。当两种聚集状态共存时，密切接触的两相之间的过渡区称为界面（interface）。界面现象所讨论的都是相界面上发生的一些行为。界面上的化学是在原子或分子尺度上探讨两相界面上发生的化学过程以及化学过程前驱的一些物理过程。它是化学、物理、生物、材料等学科之间相互交叉和渗透的一门重要的新学科，是当前三大科学技术（即生命科学、材料科学和信息科学）前沿领域的桥梁。日常生活中界面现象在生物学、气象学、地质学、医学等学科及石油、选矿、油漆、塑料、橡胶、日用化工等工业中具有重要的意义及广泛的作用。

界面的类型根据物质聚集状态的不同，可以分为气-液（g-l）、气-固（g-s）、液-液（l-l）、液-固（l-s）和固-固（s-s）等五种不同相界面。由于人们眼睛看不到气相，所以通常将气-液、气-固两种界面称为表面（surface），表面一词有时也用于泛指各种界面，无需严格区分。读者可以发现，在我们实际的生活生产中有许多现象是发生或者首先发生在体系的表面或界面上的，例如皮肤感知、金属表面腐蚀、固体表面催化等，因此界面问题逐渐引起人们的广泛关注。

界面不是没有厚度的纯粹几何面，约有几个分子厚，所以也称界面相。与界面相邻的两相称为体相。界面层的性质与相邻两个体相的性质大不一样，但与相邻两体相的性质相关。处在界面上的分子由于所处环境特殊，因而表现出许多特殊的物理化学性质。随着表面张力、毛细现象和润湿现象等逐渐被发现，有许多特殊的物理和化学性质被赋予了科学的解释。随着工业生产和科学的发展，与界面现象相关的应用需求也越来越多，从而建立了界面化学（或表面化学）这一学科分支。

本章着重讨论一个相表面分子与体相内部分子性质上的差异以及由这种差异引起的在g-l、g-s、l-s等不同界面上发生的一系列表面现象，最后讨论具有巨大相界面的分散体系的性质。

12.1　表面张力与表面吉布斯自由能

12.1.1　界（表）面现象

界（表）面现象所讨论的都是在相界面上发生的一些行为。由于界面层分子所处环境与体相内部不同，导致这一层的结构性质与它相邻的两侧体相大不一样，因此分子在相界面上表现出一些特殊性质。尤其是当体系的分散度很大时，则必须考虑界面层分子的特殊性质和由此产生的界面现象。

界面现象产生的根本原因是由于界面层分子与体相内部分子周围的微观环境不同，界面层分子受到的力与体相内部分子受到的力不同。以液体及其蒸气形成的体系为例，如图 12-1 所示。

思考：

12-1　界面化学在生活、生产和科研中有哪些更具体的应用？

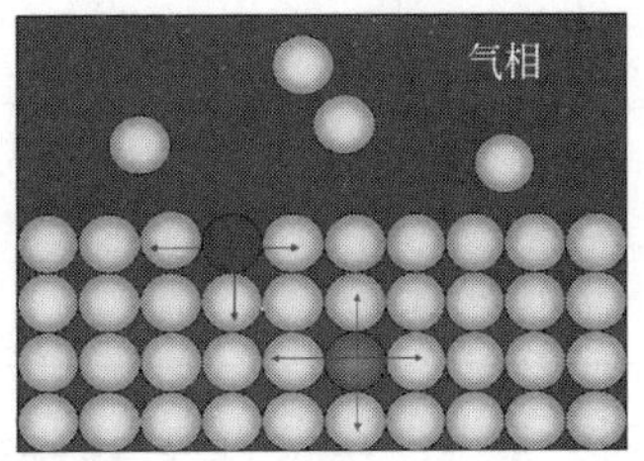

图 12-1　液面和体相分子受力分析

任何一个相其表面分子所具有的能量与内部分子所具有的能量是不同的。因为内部分子所受四周临近相同分子的作用力是对称的，各个方向彼此抵消，所以它在液体内部移动时不需要外界对它做功。但靠近表面的分子，及表面上的分子，其处境就和体相内的分子不同。由于下方密集的液体分子对它的引力远大于上方稀疏气体分子对它的引力，不能相互抵消。这些力的总和垂直于液面而指向液体内部，即液体表面分子受到向内的拉力。因此在没有其他作用力存在时，所有液体都有缩小其表面积的自发趋势。所以对一定体积的液滴来说，在不受外力的作用下，它的形状总是以取球形为最稳定。

物质表面层的特性对于物质其他方面的性质也会有所影响，随着体系分散程度的增加，其影响更为显著。因此，当研究表面层上发生的行为或者研究多相的高分散体系的性质时就必须考虑到物质的分散程度（dispersion degree），通常用比表面（specific surface area，A_0）表示多相分散系统的分散程度，其定义为：

$$A_0 = A_S/m \tag{12.1}$$

式中，A_S 为物质的总表面积；m 为物质的质量，比表面积即是单位质量物质具有的表面积，其单位通常用 m^2/g 表示。比表面积还可以用单位体积物质具有的表面积表示 $A_0 = A_S/V$，则其单位为 m^{-1}。对一定质量的物体，若将其分散为粒子，粒子越小，比表面积越大。例如将 $1cm^3$ 的立方体在三维方向各拦截切割一次，每切割一次就增加了两个新的表面，三次切割增加了 6 个新的表面，则总表面积就从 $6cm^2$ 增加到 $12cm^2$。若要继续切割，其表面积增长如表 12-1 所示（表 12-1 中同时给出了总表面能，当粒子的边长为 10^{-4}～10^{-7}cm 时，表面积的变化为 10^4～$10^7 cm^2$，表面能的变化为 1～10^3J，导致微小粒子的物理化学性质的巨大变化）。

思考：

12-2　如果把半径 1cm 的球形水滴逐次按 1/10 倍半径尺寸分割至 1nm 大小的球形水滴，其总表面积和总表面能将如何变化？

12-3　目前在化工生产中固体原料的焙烧多采用沸腾焙烧技术，试依据表面现象分析这种技术的优点。

12-4　铅酸蓄电池的两个电极，一个是活性铅电极，另一个是活性氧化铅电极，你是怎样理解这“活性”二字的？

表 12-1　$1cm^3$ 的立方体在分割过程中的表面性质变化

边长/cm	立方体个数	总表面积/cm^2	比表面积/m^{-1}	总表面能/J
1	1	6	6×10^2	0.44×10^{-4}
1×10^{-1}	1×10^3	6×10^1	6×10^3	0.44×10^{-3}
1×10^{-2}	1×10^6	6×10^2	6×10^4	0.44×10^{-2}
1×10^{-3}	1×10^9	6×10^3	6×10^5	0.44×10^{-1}
1×10^{-4}	1×10^{12}	6×10^4	6×10^6	0.44
1×10^{-5}	1×10^{15}	6×10^5	6×10^7	0.44×10^1
1×10^{-6}	1×10^{18}	6×10^6	6×10^8	0.44×10^2
1×10^{-7}	1×10^{21}	6×10^7	6×10^9	0.44×10^3
1×10^{-8}	1×10^{24}	6×10^8	6×10^{10}	0.44×10^4

12.1.2　表面张力及表面吉布斯自由能

表面张力就是界面分子特殊性最直接的体现，也是其他界面现象的基础。其基本特性是使液体表面趋向于收缩。我们可以从液膜自动收缩实验认识这一现象。如图 12-2 所示，把金属丝弯成倒 U 形框架，另一根金属丝附着在框架上可自由滑动。把 U 形框架放到肥皂水中，然后慢慢提出，框架上就有了一层肥皂膜。由于图 12-1 所示表面分子与体相分子受力不同而又把表面收缩到最小的趋势，也就是表面张力的作用，没有挂重物的金属丝和挂钩就会在表面张力作用下被拉到顶部。如果在挂钩上放一重物 W_2 使其重力与框架自身重力 W_1 之和与表面张力产生的拉力平衡时，金属丝就保持不动。

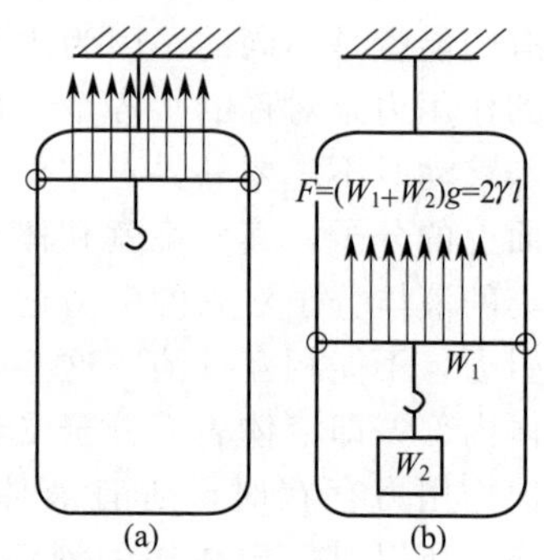

图 12-2　表面张力演示

在图 12-2 中，肥皂膜具有两个表面接触空气，因此，相当于液面分子的表面张力作用在总长度为 $2l$ 的边界上。其方向是垂直于表面边沿，指向表面中心。根据力平衡的原则：

$$F=2\gamma l$$

式中，γ 为表（界）面张力，N/m。γ 可看成在单位长度上液体表面收缩力。

假设在图 12-2(a) 的情况下，可逆的拉动金属框上可移动的边，使之移动 $\mathrm{d}x$ 的距离，肥皂膜的表面积扩大 $\mathrm{d}A_S$，力为 F，因为肥皂膜有两个表面，所以

$$\mathrm{d}A_S=2l\mathrm{d}x$$

在此过程中环境对体系做的表面功为

$$\delta W'=F\mathrm{d}x=2l\gamma\mathrm{d}x=\gamma\mathrm{d}A_S$$

也可以从热力学角度理解表面张力，即若要扩展液体的表面，就要把一部分体相分子变成表面分子，则需要克服表面分子向内的拉力做功。此功叫表面功，即扩大表面积而要做的功。表面扩散完成后，表面功转化成表面分子的能量，因此表面分子比内部分子具有更高的能量。

因此，在一定的温度与压力下，对一定的液体来说，扩展表面所做的表面功 $\delta W'$ 应与增加的表面积 $\mathrm{d}A$ 成正比。若 γ 代表比例系数，则

$$\delta W'=\gamma\mathrm{d}A_S$$

思考：

12-5　体系的表面积增大是否是表面张力产生的原因？

12-6　在一盆清水的表面，平行放两根火柴棍。待水面静止后，在火柴棍之间滴一滴肥皂水，两火柴棍之间的距离是加大了还是缩小了？

12-7　在纯水的液面上放一纸船，纸船显然不会自动航行。若在船尾靠水部分涂抹一点肥皂，再放入水中，情况又将如何？

若表面扩展过程可逆，则 $\delta W' = \mathrm{d}G_{T,p}$

所以上式又可以表示为 $\gamma = \left(\frac{\partial G}{\partial A}\right)_{T,p}$ 或

$$\gamma = \left(\frac{\partial G}{\partial A}\right)_{T,p} \tag{12.2}$$

从上式可以看出，γ 的物理意义是：定温定压条件下，增加单位表面积引起的体系吉布斯自由能的增量。也就是单位表面积上的分子比相同数量内部分子“超额”吉布斯自由能，因此 γ 被称为“表面吉布斯自由能”，或简称为“表面能”，单位是 $\mathrm{J/m^2}$。由于 $\mathrm{J=m\cdot N}$，所以 γ 的单位也可以为 N/m，此时 γ 可称为“表面张力”，其物理意义是：在相表面的切面上，垂直作用于表面上任意单位长度切线的表面紧缩力。一种物质的表面能与表面张力数值完全一样，量纲也相同，但物理意义有所不同，所用单位也不同。

通常有多种方法测定表面张力，如毛细管上升法、滴重法、吊环法、最大压力气泡法、吊片法和静液法等，具体操作可以在实验教材或专著中找到。固体表面分子与液体情况一样，比内部分子有超额吉布斯自由能。但是固体的表面张力目前不能像对液体那样有各种方法可以测定。但根据间接推算知固体的表面能或表面张力比液体的大很多。

由于温度升高时液体分子间引力减弱，分子密度减少，扩张表面积所需做的功也相应减少。所以表面分子的超额吉布斯自由能减少。因此，表面张力一般随温度升高而降低；由于压力增加，分子密度增加，表面分子间的排斥作用增大，所以一般来说，压力增加表面张力降低，例如水在 0.098MPa 和 9.8MPa 下表面张力分别为：

$$\gamma = 78.2\times10^{-3}\,\mathrm{N/m} \text{ 和 } \gamma = 66.43\times10^{-3}\,\mathrm{N/m}$$

一般说来，压力变化不大时，压力对表面张力的影响不大。界面张力的值还与共存的另外一相的性质有关。安托洛夫发现，两种液体之间的界面张力是两种液体相互饱和时，两种液体的表面张力之差，即

$$\gamma_{12} = \gamma_1 - \gamma_2$$

式中，γ_1，γ_2 分别是两种液体的表面张力。这个经验规律称为安托洛夫规则，表 12-2 列出了一些液-液界面表面张力。

表 12-2 293K 时液-液界面表面张力

第一相	第二相	γ/(N/m)	第一相	第二相	γ/(N/m)
汞	汞蒸气	0.472	水	水蒸气	0.0728
汞	乙醇	0.364	水	异戊烷	0.0496
汞	正庚烷	0.378	水	苯甲醛	0.0155
汞	水	0.375	水	丁醇	0.00176

12.1.3 表面热力学

(1) *表面热力学基本公式*

热力学里讨论过的热力学函数中，V、U、H、S、A 和 G 都是广度性质的状态函数，这些广度性质的状态函数是温度、压力和体系组成的函数。但对于比表面积大的体系来说，这些广度性质的状态函数不仅与温度、压力和体系组成有关，还和体系的表面积有关。因此描述体系的状态时，必须相应地增加表面积 A_S 这个变量，则体系的任一广度性质的状态函数 X 就可表示为

$$X = X(T, p, A_S, n_B, n_C, n_D, \cdots)$$

当体系的温度、压力、表面积和组成发生变化时，体系广度性质的状态函数 X 的变化为

$$\mathrm{d}X = \left(\frac{\partial X}{\partial T}\right)_{p,A_S,n_C}\mathrm{d}T + \left(\frac{\partial X}{\partial p}\right)_{T,A_S,n_C}\mathrm{d}p + \left(\frac{\partial X}{\partial A_S}\right)_{p,T,n_C} + \sum_B\left(\frac{\partial X}{\partial n_B}\right)_{p,A_S,n_{C\neq B}} \tag{12.3}$$

式中的偏导数$\left(\frac{\partial X}{\partial A_S}\right)_{p,T,n_C}$称为比表面量，表示在温度、压力和组成不变的条件下，增加单位表面积引起的体系广度性质的状态函数 X 的变化。比表面量定义如下：

比表面体积 $\left(\frac{\partial V}{\partial A_S}\right)_{p,T,n_C}$

比表面热力学能 $\left(\frac{\partial U}{\partial A_S}\right)_{p,T,n_C}$

比表面焓 $\left(\frac{\partial H}{\partial A_S}\right)_{p,T,n_C}$

比表面熵 $\left(\frac{\partial S}{\partial A_S}\right)_{p,T,n_C}$

比表面亥姆霍兹自由能 $\left(\frac{\partial A}{\partial A_S}\right)_{p,T,n_C}$

比表面吉布斯自由能 $\left(\frac{\partial G}{\partial A_S}\right)_{p,T,n_C}$

其中最重要的是比表面吉布斯自由能 γ，如式(12.2) 所示，等于体系增加单位面积时吉布斯自由能的增量。

根据式(12.3)，以吉布斯自由能为例，其微分式为

$$dG=\left(\frac{\partial G}{\partial T}\right)_{p,A_S,n_C}dT+\left(\frac{\partial G}{\partial p}\right)_{T,A_S,n_C}dp+\left(\frac{\partial G}{\partial A_S}\right)_{p,T,n_C}dA+\sum_B\left(\frac{\partial G}{\partial n_B}\right)_{p,A_S,n_{C\neq B}}dn_B \tag{12.4}$$

由热力学基本方程可得

$$\left(\frac{\partial G}{\partial T}\right)_{p,A_S,n_C}=-S \qquad \left(\frac{\partial G}{\partial p}\right)_{T,A_S,n_C}=V$$

并且

$$\left(\frac{\partial G}{\partial A_S}\right)_{p,T,n_C}=\gamma \qquad \left(\frac{\partial G}{\partial n_B}\right)_{p,A_S,n_{C\neq B}}=\mu_B \tag{12.5}$$

将式(12.5) 代入式(12.3) 中，得

$$dG=-SdT+Vdp+\gamma dA_S+\sum_B\mu_B dn_B \tag{12.6}$$

同样根据 U、H、A、G 的关系

$$dU=d(G-pV+TS)=dG-pdV-Vdp+TdS+SdT$$
$$dH=d(G+TS)=dG+TdS+SdT$$
$$dA=d(G-pV)=dG-pdV-Vdp$$

将式(12.6) 代入得

$$dU=TdS-pdV+\gamma dA_S+\sum_B\mu_B dn_B$$
$$dH=TdS+Vdp+\gamma dA_S+\sum_B\mu_B dn_B$$
$$dA=-SdT-pdV+\gamma dA_S+\sum_B\mu_B dn_B \tag{12.7}$$

由式(12.6)、式(12.7) 可得

$$\gamma=\left(\frac{\partial G}{\partial A_S}\right)_{p,T,n_C}=\left(\frac{\partial U}{\partial A_S}\right)_{S,V,n_C}=\left(\frac{\partial H}{\partial A_S}\right)_{p,S,n_C}=\left(\frac{\partial A}{\partial A_S}\right)_{V,T,n_C} \tag{12.8}$$

思考：

12-8 表面张力与表面吉布斯自由能的异同如何？

习题：

12-1 在 293K 时，若将一个半径为 0.5cm 的汞滴，可逆地分散成半径为 0.1μm 的许多小的汞珠，这个过程的表面 Gibbs 自由能增加多少？需做的最小功是多少？已知在 293K 时，汞的表面自由能为 0.4865J/m²。(7.64J，7.64J)

由此可见，γ 是在指定相应变量不变的条件下，增加单位表面积时，体系相应的热力学函数的增量。

式(12.6)、式(12.7) 构成了含表面的热力学基本方程，简称表面热力学基本方程。在这组热力学基本方程中明确阐述了表面积的变化对热力学状态函数的影响，第 2 章导出的热力学基本方程仅仅是忽略表面积时的多组分热力学基本方程。

上面提到温度升高时通常界面张力会下降，这可以从热力学基本公式看出。对式(12.6) 和式(12.7) 应用全微分性质，可得

$$\left(\frac{\partial S}{\partial A_{\mathrm{S}}}\right)_{T,V,n_{\mathrm{B}}}=-\left(\frac{\partial \gamma}{\partial T}\right)_{V,A_{\mathrm{S}},n_{\mathrm{B}}}$$

$$\left(\frac{\partial S}{\partial A_{\mathrm{S}}}\right)_{T,p,n_{\mathrm{B}}}=-\left(\frac{\partial \gamma}{\partial T}\right)_{p,A_{\mathrm{S}},n_{\mathrm{B}}} \tag{12.9}$$

式(12.9) 中两式两端分别乘以 T，则 $-T\left(\frac{\partial \gamma}{\partial T}\right)$ 的值等于在温度不变时可逆扩大单位表面积所吸收的热 $\left(T\frac{\partial S}{\partial A_{\mathrm{S}}}\right)$，这是正值，所以 $\frac{\partial \gamma}{\partial T}<0$，即表面吉布斯自由能或表面张力随温度的升高而下降。进一步推论可知，若以绝热方式扩大表面积，体系的温度必将下降，而事实正是如此。

(2) 表面过程自发性判据

前述在等温、等压条件下和不做非体积功条件下，根据 ΔG 来判断封闭体系中自发过程的方向和平衡，即

$$\mathrm{d}G_{T,p}\leqslant 0\begin{cases}\text{自发}\\ \text{平衡}\end{cases}(W'=0) \tag{12.10}$$

根据式(12.6) 在等温、等压和组成不变的条件下，式(12.10) 可以写成

$$\mathrm{d}G_{T,p,n_{\mathrm{B}}}=\gamma \mathrm{d}A_{\mathrm{S}}\leqslant 0\begin{cases}\text{自发}\\ \text{平衡}\end{cases}(W'=0) \tag{12.11}$$

式(12.11) 表明在等温、等压、组成不变的条件下，即凡是 A_{S} 变小的过程都会自发进行，这就是表面现象产生的热力学原因。

12.2 纯液体的表面现象

一般情况下，液体表面是水平的，而滴管或细玻璃管中的水面是向下弯曲的。若滴管中装的是汞，则其液面是向上弯曲的。为什么会出现这种现象呢？这是本节要探讨的问题。

习题:

12-2 已知 298K 时，水的表面张力是 71.79×10^{-3}N/m。计算 SATP 下可逆增大 2cm^2 表面积时体系的 ΔG、ΔH、ΔS、W 和 Q。

$\left(\frac{\partial \gamma}{\partial T}\right)_{p,A_{\mathrm{S}}}=-0.157\times10^{-3}\mathrm{N/(m\cdot K)}$

(1.44×10^{-5}J，9.5×10^{-4}J，3.14×10^{-6}J/K，1.44×10^{-5}J，4.68J)

思考:

12-9 在自然界中，为什么气泡、小液滴都呈球形？

12-10 若在容器内只是油与水在一起，虽然用力振荡，但静止后仍自动分层，这是为什么？

12.2.1 弯曲表面上的附加压力——Young-Laplace 公式

由于表面能或表面张力的作用，任何液面都有尽量减少表面积的趋势。如果液面是弯曲的，则这种紧缩的趋势都会对液面产生附加压力。

设在液面上（见图 12-3），对某一小面积 AB 来看，沿 AB 的四周，AB 以外的表面对 AB 面有表面张力作用，力的方向与周界垂直，而且沿着周界处与相接触的表面相切。如果液面是水平的［如图 12-3（a）］，则作用于边界的表面张力 f 也是水平的，当平衡时，沿着周界的表面张力相互抵消，此时液体表面内外的压力相等，而且等于表面上的外压 p_0。

如果液面是弯曲的，则沿 AB 周界上的表面张力不是水平的，其方向如图 12-3 中（b）、（c）所示。平衡时当液面为凸面时，沿 AB 周界上的表面张力的合力指向液体内部；当液面为凹面时，合力指向液体外部，这就是附加压力的来源。对于凸面（b），平衡时由于附加压力的作用，AB 曲面好像要被压着紧贴在液面上一样，表面内部的分子所受到的压力必大于外部的压力。对于凹面（c），则 AB 好像要被拉出液面，因此液体内部压力将小于外面的压力。总之由于表面张力的作用，弯曲液面与平面液体不同，它所受的附加压力（p_S）方向指向曲面的球心。

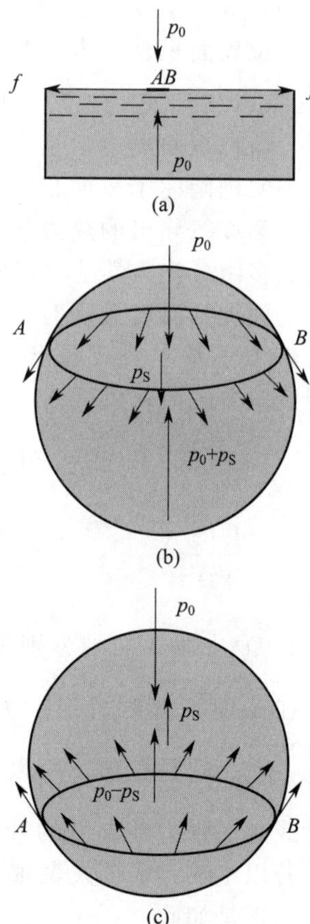

图 12-3 弯曲液面的附加压力

思考：

12-11 在滴管内的液体为什么必须给橡胶乳头加压时液体才能滴出，并呈球形？

附加压力的大小与曲面的曲率半径有关。以半径为 r 的球形液体为例，如图 12-4 所示，在其上部取一小切面 AB，圆形切面的半径为 r_1。切面周界上表面张力在水平方向上的分力相互抵消，而在垂直方向上的分力为 $\gamma\cos\alpha$。因此在垂直方向上这些分力的合力为

$$F=2\pi r_1\gamma\cos\alpha$$

因为
$$\cos\alpha=\frac{r_1}{r}$$

所以
$$F=\frac{2\pi r_1^2\gamma}{r}$$

$$p_S=\frac{F}{\pi r_1^2}=\frac{2\gamma}{r} \qquad (12.12)$$

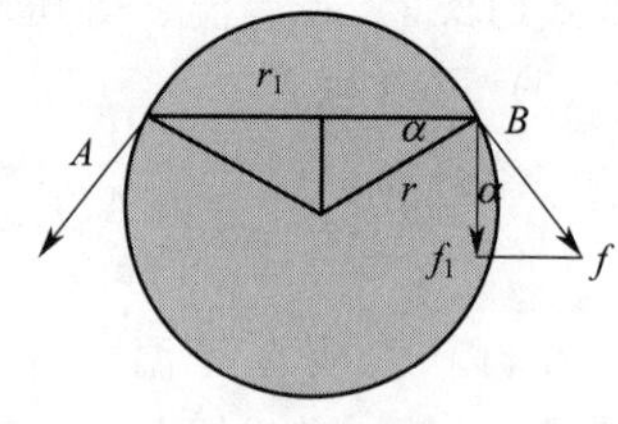

图 12-4 附加压力与曲率半径的关系

由此可知，附加压力的大小与弯曲液面的曲率半径成反比，与表面张力成正比。曲率半径 r 愈小，则所受到的附加压力愈大。凸面液体附加压力的方向指向液体，与外压方向一致，所以凸液面所受的压力比平面液体大，等于 p_0+p_S；凹面液体附加压力指向空气，与外压方向一致，所以凹液面所受的压力比平面液体小，等于 p_0-p_S；规定水平面液体 $r=\infty$，$p_S=0$。

习题：

12-3 在 298K 时，将直径为 1μm 的毛细管插入水中，问需要加多大压力才能防止水面上升？已知 298K 时，水的表面张力为 0.07214N/m。(288kPa)

式(12.12)称为 Young-Laplace（杨-拉普拉斯）公式，只适用于球形小液滴或液体中球形小气泡内的附加压力计算。对于空气中肥皂泡那样的球形液膜有内外两个表面，均产生向球心的附加压力。若忽略膜的厚度，则内外膜的半径一样，因此附加压力为

$$p_S=\frac{4\gamma}{r}$$

描述一个任意曲面，一般需要两个曲率半径，所以附加压力更一般的形式为

$$p_S=\gamma\left(\frac{1}{r_1}+\frac{1}{r_2}\right)$$

具体推导过程参考其他资料。

在了解弯曲表面上具有附加压力以及其大小与表面形状关系后，可以解释一些常见的现象。比如自由液滴或气泡（在不受外加力场影响时）通常都呈球形。因为假若液滴具有不规则的形状，则在表面上的不同部位曲面弯曲方向及其曲率不同，所具有的附加压力大小、方向也不同，凸面处的附加压力的方向指向液体内部，而凹面部位处的附加压力指向相反的方向。这种不平衡力，必将使液滴向其合力发生形变，最终达到力平衡时，液滴必将呈球形。另外前面也提到相同体积的物质，球形表面积最小，则表面的总吉布斯自由能最小，所以球形也最稳定。自由液滴如此，分散在水中的油滴或气泡也常如此。如果要制备小的玻璃珠，可以首先将玻璃加热成熔融状态，然后用一定孔径的喷头，将熔融状态的玻璃喷入冷却液（一般是用重油）中，小的玻璃液滴在降落的过程中会自动收缩成球状。要制备球形硅胶，可以用相似的方法，将熔融状态的硅酸凝胶喷入水中即可。

12.2.2　毛细现象

当把毛细管插入水中时，管中水柱表面会呈现凹形液面，致使水面上升到一定高度。这是因为在凹液面上液体的附加压力的作用所致。如图 12-5 所示，毛细管刚插入液体，管内外大气压处于平衡状态，当凹液面逐渐生成，附加压力出现，且方向向上。管内液面因而受到指向上方的合力，并在其作用下向上移动，并最终上升到一定高度后附加压力和小液柱的重力相平衡时停止上升。当把玻璃管插入汞中时，管内汞液面呈凸形，同样的道理可解释管内汞液面下降的现象。用毛细管法测定液体的表面张力就是根据这个原理。

习题：

12-4　如果某肥皂水的表面张力为 0.05N/m。试计算下列肥皂泡上所受到的附加压力：

(1) 肥皂泡的直径为 2mm。

(2) 肥皂泡的直径为 2cm。

(200Pa，20Pa)

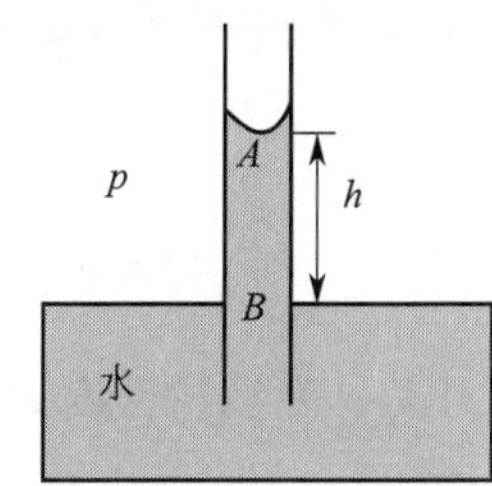

图 12-5　毛细管现象

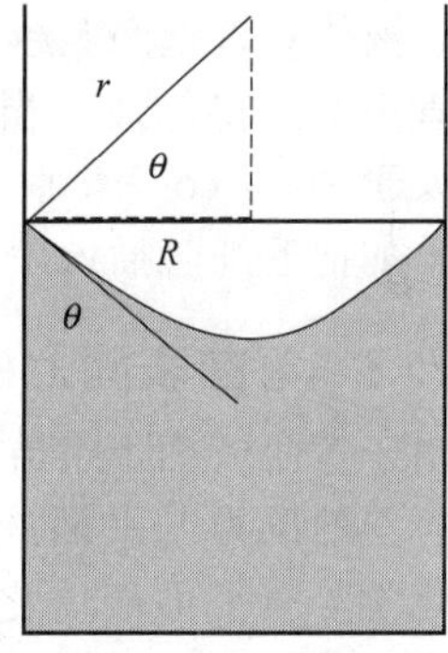

图 12-6　毛细管现象计算

习题：

12-5　在一个封闭容器的底部钻一个小孔，将容器浸入水中至深度为 0.40m 处，恰可使水不渗入孔中，试计算孔的半径。已知 298K 时，水的表面张力为 0.07214N/m。密度为 0.997kg/m^3，假设接触角 θ 等于 0。(3.691×10^{-5}m)

12-6　在 293K 时，将直径为 1×10^{-3}m 的毛细管插入汞液体中，试计算汞在毛细管中下降了多少？已知 293K 时，汞的表面张力为 0.4865N/m。与管壁的接触角为 150°，汞的密度为 $1.35\times10^4\text{kg/m}^3$。(0.013m)

由于附加压力而引起的液面与管外液面有高度差的现象称为毛细管现象（capillary phenomenon）。

管内液面上升或下降的高度 h 可以用如下方法计算，如图 12-6 所示，如果液体能润湿毛细管，液面呈凹面。设液面呈半球状，那么凹液面的曲率半径 r 跟毛细管半径关系是 $r=R/\cos\theta$（θ 是接触角，详情参见下一节内容），当液面上升达到平衡时，管中上升液体的重力就等于弯曲液面的附加压力，根据式(12.12)可得

$$\Delta p=p_{\mathrm{s}}=\frac{2\gamma}{r}=\rho gh$$

式中，ρ 为液体密度；g 为重力加速度。

把 r 换成毛细管半径则 $h=\dfrac{2\gamma\cos\theta}{\rho gR}$ (12.13)

式(12.13) 表明，在温度一定的情况下，毛细管半径越小，液体对管壁润湿越好（接触角 θ 越小），液体在毛细管中上升得越高。当液体不能润湿管壁时，接触角 θ 大于 90°，$\cos\theta<0$，h 为负值，毛细管内液体将下降，如把毛细管插入汞中所见。

12.2.3 弯曲表面上的蒸气压——Kelvin 公式

由于弯曲液面上存在附加压力，使弯曲液面下的液体所受的压力与平面液体不同，因此弯曲液面下的液体化学势与平面液体化学势不同，进而造成与液体平衡饱和蒸气压也不同。

液体的蒸气压与曲率的关系，可用如下热力学循环的方法获得。

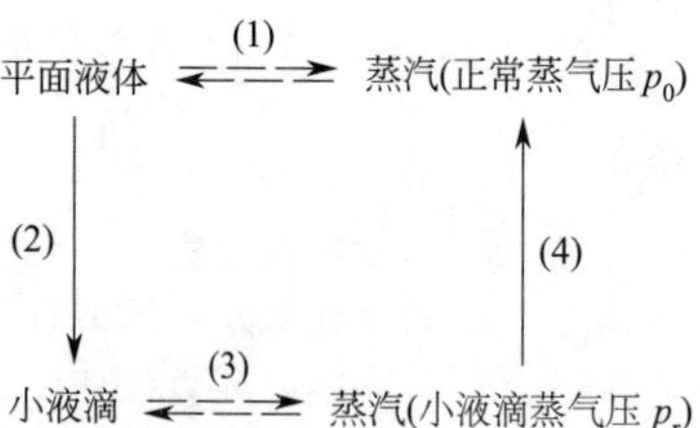

过程 (1) 是等温等压下的气液两相平衡，$\Delta_{\mathrm{vap}}G_1=0$。

过程 (2) 是等温等压下的液体分割，小液滴具有平面液体所没有的表面张力 γ，在分割的过程中，体系的摩尔体积并不随压力而变。于是根据 Young-Laplace 公式，得

$$\Delta G_2=\int_{p_0}^{p_0+2\gamma/r}V_{\mathrm{m}}\mathrm{d}p+\gamma(A_{\mathrm{S}}-A_0)\approx\frac{2\gamma M}{\rho r}+\gamma A_{\mathrm{S}} \tag{12.14}$$

习题：

12-7 将一根洁净的毛细管插在某液体中，液体在毛细管内上升 0.015m。如果把这根毛细管插入表面张力为原液体的一半、密度也为原液体的一半的另一液体中，试计算液面在这样的毛细管内将上升的高度？设上述所用的两种液体能完全润湿该毛细管，接触角 θ 近似为零。(0.015m)

12-8 一个用透气多孔耐火砖制成的盛钢液的容器，如果要在该容器中所盛钢液的高度为 2m，则在容器底部的毛细孔半径应控制为多少，才能使钢液不渗漏？已知钢液的表面张力 1.3N/m，钢液的密度为 7000kg/m³，钢液与耐火材料之间的接触角为 150°。($<1.64\times10^{-5}$ m)

思考：

12-12 煮开水时为何不见暴沸现象，而在有机蒸馏时却会发生暴沸？如何防止暴沸的发生？

12-13 如果在一杯含有极微小蔗糖晶粒的蔗糖饱和溶液中，投入一块较大的蔗糖晶体，在恒温密闭的条件下，放置一段时间，这时这杯溶液有什么变化？

习题：

12-9 已知在 300K 时纯水的饱和蒸气压为 3.529kPa，密度为 997kg/m³，表面张力为 0.0718N/m。在该温度下：

(1) 将半径 $r_1=5.0\times10^{-4}$ m 的洁净玻璃毛细管插入纯水中，管内液面上升的高度为 $h=2.8$cm，试计算水与玻璃之间的接触角。

(2) 若玻璃毛细管的半径为 2nm，求水蒸气在该毛细管中发生凝聚的最低蒸气压。(17.7°，2153Pa)

12-10 已知在 298K 时，水在平面上的饱和蒸气压为 3167Pa。请计算在相同温度下，半径为 2nm 的水滴表面的饱和蒸气压？水的密度为 0.997kg/m³，水的表面张力为 0.07214N/m。(5357Pa)

式中，M 为液体的摩尔质量；ρ 为液体的密度；A_S 和 A_0 分别是小液滴和平面液体的表面积。

过程（3）的气相和液相化学式相同，但小液滴的表面消失，

$$\Delta_{vap}G_3=-\gamma A_S$$

过程（4）的蒸气压力由 $p_r \longrightarrow p_0$，

$$\Delta G_4=RT\frac{\ln p_0}{p_r}=-RT\frac{\ln p_r}{p_0}$$

在循环过程中 $\Delta G_2+\Delta G_3+\Delta G_4=0$，故可得

$$RT\frac{\ln p_r}{p_0}=\frac{2\gamma M}{r\rho} \tag{12.15}$$

这就是开尔文（Kelvin）公式。

此式还可以继续简化，由于$\frac{p_r}{p_0}=1+\frac{p_S}{p_0}$，当$\frac{p_S}{p_0}$很小时，$\frac{\ln p_r}{p_0}=\ln\left(1+\frac{p_S}{p_0}\right)\approx\frac{p_S}{p_0}$代入式(12.15)，得

$$\frac{p_S}{p_0}=\frac{2\gamma M}{RTr\rho} \tag{12.16}$$

这是开尔文公式的简化式。对于凸面液体 $r>0$，$p_r>p_0$，即小液滴的饱和蒸气压大于平面液体的饱和蒸气压，且液滴越小，其饱和蒸气压越大；对于凹面液体 $r<0$，$p_r<p_0$，即液体小气泡内的饱和蒸气压小于平面液体的饱和蒸气压，且气泡越小，其饱和蒸气压越小。

从开尔文公式可以理解，为什么蒸汽中若不存在可以作为凝结中心的粒子，则可以达到很大的过饱和而水不会从蒸汽凝结出来，因为此时的水蒸气的蒸气压虽然对于平面液体来说已经过饱和了，但对于将要形成的小液滴来说，则尚未饱和，因此小液滴难以形成。如有微小粒子（例如 AgI 粒子）存在，则使凝聚的水滴的初始曲率半径加大，蒸汽就可以在较低的过饱和度时开始在这些微粒表面凝结出来。人工降雨的原理就是为云层中的过饱和水气提供凝聚中心而使之成雨滴落下。

同理，对于液体中的小蒸汽泡（对液体加热，沸腾时将有气泡生成），蒸汽泡内壁的液面是凹液面，液体小气泡内的饱和蒸气压小于平面液体的饱和蒸气压且气泡越小，其饱和蒸气压越小。沸腾时气泡的形成需要从无到有、从小到大的过程。而最初形成的半

习题：

12-11　在 298K 时，设在水中有一个半径为 0.9nm 的蒸汽泡，试计算泡内的蒸气压。已知 298K 时水的饱和蒸气压为 3167Pa，密度为 0.997kg/m^3，水的表面张力为 0.07214N/m。(984.7Pa)

12-12　试计算 293K 时半径为 $R=1.0$nm 的小水滴上水的饱和蒸气压。已知水在 293K 时的表面张力为 0.07288N/m，密度为 0.998kg/m^3，在 273K 时，水的饱和蒸气压为 610.5Pa，在 273～293K 的温度区间内，水的摩尔气化焓为 40.67kJ/mol，并设摩尔气化焓与温度无关。(6101Pa)

思考：

12-14　在两支水平放置的玻璃毛细管中，分别加入少量的纯水和汞。在毛细管中液体两端的液面分别呈何种形状？如果分别在管外的右端液面处微微加热，管中的液体将向哪一方向移动？

12-15　已知 293K 时，水-空气的表面张力为 0.07288N/m，汞-水间的表面张力为 0.375N/m，汞-空气的表面张力为 0.4865N/m。判断水能否在汞的表面上铺展开来？

径极小的气泡内的蒸气压远小于外压，所以，小气泡在高外压下难以形成并长大，而致使液体不易沸腾而形成过热液体，过热液体不稳定容易暴沸。如果加热时向液体中加入沸石，由于沸石是多孔硅酸盐，内孔中存有气体，加热时这些气体称为气泡种子，因而绕过产生极小气泡的困难阶段，使液体过热程度大大降低。

另外，开尔文公式不仅适用于液体，也适用于固体，此时的半径为与固体粒子的半径（固体粒子看作球形）。根据开尔文方程，小晶体的蒸气压恒大于普通晶体的蒸气压，导致小晶体的溶解度大于普通晶体的溶解度，类似推导可得

$$RT\,\frac{\ln c_{\mathrm{r}}}{c_0}=\frac{2\gamma M}{r\rho} \tag{12.17}$$

所以过饱和溶液中会产生微小晶粒，不利于过滤，生产上常在结晶器皿里投入一些小晶体，作为新晶体的种子，以防止溶液的饱和度过高，使所形成的晶粒太小。

12.3 溶液的表面吸附

12.3.1 吉布斯吸附公式

（1）溶液的表面吸附

溶液看起来非常均匀，实际上并非如此。无论怎样混合溶液，其表面上一薄层的浓度总是与内部不同。通常把物质在表面上富集的现象称为吸附（adsorption）。吸附作用导致的表面浓度与体相浓度的差别称为表面过剩（surface excess）。由于极薄的表面和本体难以分割，所以表明过剩难以测定。

那么物质为什么会在溶液表面富集呢？这是由于系统吉布斯自由能降低是自发过程，而表面积的缩小和表面张力的降低都可以降低系统的吉布斯自由能。对于纯液体来说，定温下其表面张力为定值，因此降低系统的吉布斯自由能的唯一途径是尽可能地缩小液体表面积。对于溶液来说，溶液的表面张力与表面层的组成有着密切联系，因此溶液还可以通过自动调节不同组分在表面层中的数量来降低系统的吉布斯自由能。当所加的溶质分子能够增加溶液的表面张力时，意味着溶质分子在表面的时候体系表面吉布斯自由能更高。根据自发过程降低吉布斯自由能的趋势，平衡时溶质分子会倾向选择留在溶液体相里使体系的整体能量更低，因此溶液体相中溶质的浓度会大于表面层中的浓度。当所加的溶质分子能够降低溶液的表面张力时，根据同样的原因，溶质分子会倾向于往表面分布，因此平衡时溶质分子在表面层的浓度大于体相中的浓度。这种溶质在溶液表面与溶液内部浓度不同的现象通常被称为表面吸附，前者称为负吸附，后者称为正吸附。

发生负吸附作用的溶质主要是一些无机强电解质和高度水化的有机物如硫酸、氢氧化钠等。由于其离子极易水化，而使表面层中水分子被拉入溶液内部，同时要将这些高度水化的物质从体相转移到表面层需要克服静电引力额外做功，因此这类溶液中水的表面张力升高，这类物质称为非表面活性剂，其表面张力随浓度变化趋势如图 12-7 中Ⅰ所示。能使表面张力下降，发生正吸附现象的溶质主要是可溶性有机化合物，如醇、醛、胺等，其表面张力随浓度变化趋势如图 12-7 中Ⅱ所示。而图 12-7 中Ⅲ所示的是一类称为表面活性剂化合物，当其作为溶质，少量加入就可使溶液的表面张力急剧下降，降低到一定程度后趋于平缓。表面活性剂分子结构特殊，它同时含有亲水的极性基团和憎水的非极性碳链或者环（一般有 8 个以上的碳链），因此表面活性剂分子又叫两亲性分子。以脂肪酸为例，亲水的羧基使脂肪酸有进入水中的趋势，而憎水的碳链又极力阻止其在水中溶解，这类分子就会在亲水、憎水基团的共同作用下存在于两相界面上。亲水和憎水部分分别选择其所亲的相而定位

方向，如图12-8所示。这种定位排列，使表面上的不饱和力场得到平衡，从而降低表面张力。

（2）吉布斯（Gibbs）吸附公式

吉布斯从热力学角度研究了表面吸附现象，导出了定温下溶液的浓度、表面张力和吸附量之间的定量关系，就是通常所称的吉布斯吸附公式：

$$\Gamma=-\frac{c}{RT}\times\frac{d\gamma}{dc} \tag{12.18}$$

式中，c 为溶液本体的浓度；γ 为表面张力 Γ 溶质的表面吸附量。其定义为：单位面积的表面层所含的溶质的物质的量比同量溶剂在本体溶液中所含的溶质的物质的量的超出值。从式(12.18)可以看出：

① 若 $d\gamma/dc<0$，即增加浓度使溶液表面张力下降的溶质，其 $\Gamma>0$，即溶质在溶液表面发生正吸附。

② 若 $d\gamma/dc>0$，即增加浓度使溶液表面张力上升的溶质，其 $\Gamma<0$，即溶质在溶液表面发生负吸附。

由于推导此公式时，对所考虑的组分及相界面没有附加限制条件，所以原则上对于任何两相体系都可以适用。

运用吉布斯吸附公式计算某溶质的表面吸附量，需要知道 $d\gamma/dc$ 值，一般可以由两种方法求算：

① 配置不同浓度的溶液，并测定溶液表面张力 γ，以 γ 对 c 对作图。做 γ-c 曲线上各指定浓度的切线，然后求其斜率即为该浓度的 $d\gamma/dc$ 值。

② 归纳表面张力 γ 与浓度 c 的简析式，然后求偏微分。西斯科夫斯基曾归纳了大量实验数据，提出有机酸同系物的如下经验公式：

$$\frac{\gamma^{*}-\gamma}{\gamma^{*}}=b\ln\left(1+\frac{c}{a}\right) \tag{12.19}$$

式中，γ^{*}、γ 分别是纯溶剂和浓度为 c 的溶液的表面张力；a、b 是经验常数。同系物间 b 值相同而 a 值各异。对浓度求偏微分可得 $-\frac{d\gamma}{dc}=\frac{b\gamma^{*}}{a+c}$，代入式(12.18)，得

$$\Gamma=\frac{b\gamma^{*}}{RT}\times\frac{c}{a+c}$$

温度一定时 $\frac{b\gamma^{*}}{RT}$ 是常数，记为 K，则上式可改写为：

$$\Gamma=\frac{Kc}{a+c} \tag{12.20}$$

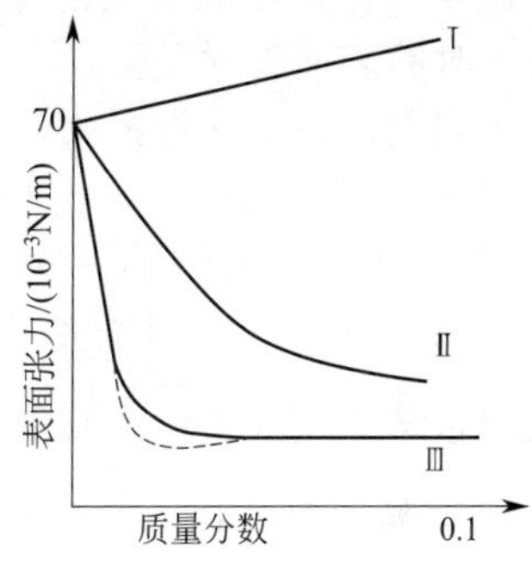

图12-7　溶液浓度对表面张力的影响

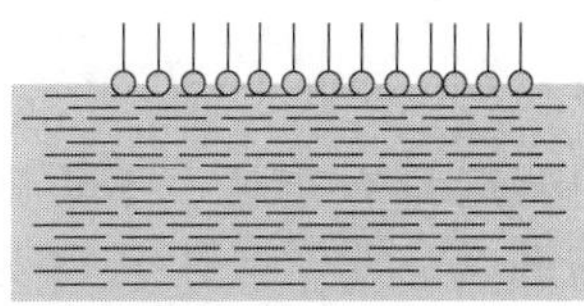

图12-8　表面活性剂分子在溶液中的分布（球表示亲水基团，棒表示憎水基团）

思考：

12-16　在喷洒农药时，为什么要在农药中加表面活性剂？

12-17　在一个干燥洁净的茶杯中放入优质山泉水，当水快注满时，小心地一颗一颗加入洁净的沙子，会看到杯面产生什么现象？若这时在液面上加一滴表面活性剂，情况又将如何？

习题：

12-13　假设稀油酸钠水溶液的表面张力 γ 与浓度呈线性关系：$\gamma=\gamma^{*}-ba$，其中 γ^{*} 为纯水的表面张力，b 为常数，a 为溶质油酸钠的活度。已知298K时，$\gamma^{*}=0.07214$N/m，实验测定该溶液表面吸附油酸钠的吸附量为 4.33×10^{-6} mol/m^2，试计算该溶液的表面张力。

(0.0614N/m)

这样只要知道某溶质的 K 和 a，就可以计算浓度为 c 时的表面吸附量。

对表面活性剂，根据式(12.20)，以 Γ 对 c 作图得到曲线，如图 12-9 所示。可以看出：

① 当浓度很低时，$c \ll a$，$a+c \approx a$，则式(12.20) 可表示为： $\Gamma = K'c$

即吸附量与浓度成正比，其中 $K' = K/a = \dfrac{b\gamma^*}{RTa}$。

② 当浓度适中时，Γ 随 c 上升但不成正比关系，而是斜率逐渐减小。

③ 当浓度足够大时，$c \gg a$，$a+c \approx c$，则式(12.20)

可表示为： $$\Gamma = \Gamma_{\infty} = \frac{b\gamma^*}{RT} = K$$

此时吸附量有定值，不再随浓度变化，表明已经到饱和态。此时吸附量称为饱和吸附量。从这里可看出 Γ_{∞} 只与同系物共有常数 b 有关，而与同系物中各不同化合物的常数 a 无关。因此，同系物中各化合物的饱和吸附量是相同的。如图 12-10 所示，同系物中不同化合物差别只是碳链长短不同，而分子的截面积是相同的，所以他们的饱和吸附量是相同的。

饱和吸附时，本体浓度与表面浓度相比很小，可以忽略不计，可以将饱和吸附量看作单位表面积上溶质的物质的量，可以用 Γ_{∞} 值计算每个吸附分子所占的面积，即分子横截面积 $A = 1/(\Gamma_{\infty} L)$，$L$ 是阿伏伽德罗常数（若已知溶液的密度 ρ 和相对分子质量 M，就可以计算出吸附层厚度 $\delta = \dfrac{\Gamma_{\infty} M}{\rho}$）。

习题：

12-14　在 293K 时，苯酚水溶液的质量摩尔浓度分别为 0.05mol/kg 和 0.127mol/kg，其对应的表面张力分别为 0.0667N/m 和 0.0601N/m。请计算浓度区间分别在 0～0.057mol/kg 和 0.05～0.127mol/kg 的平均表面吸附量。已知水在该温度下的表面张力为 0.0729N/m，设苯酚、水溶液的活度因子都等于1，活度与浓度的数值相同。

(1.05×10^{-6} mol/m^2，3.526×10^{-6} mol/m^2)

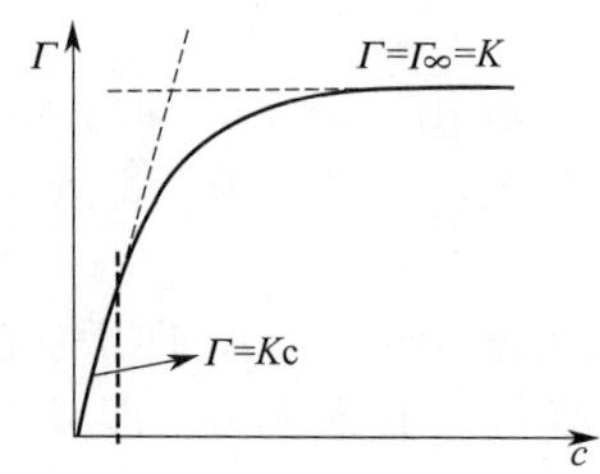

图 12-9　吸附量随浓度变化

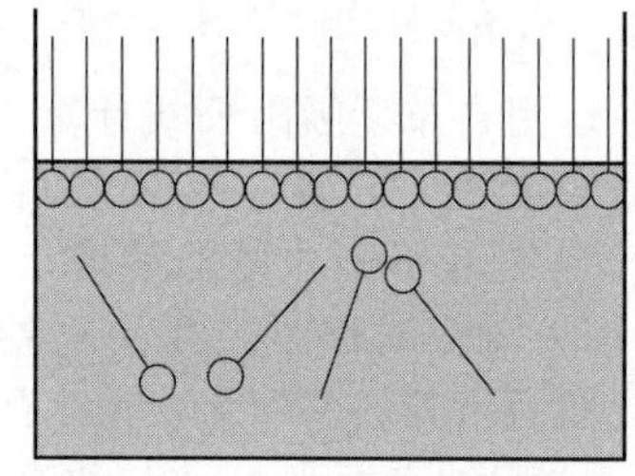

图 12-10　饱和吸附层的结构示意

12.3.2　表面活性剂及其应用

(1) 表面活性剂的分类

表面活性剂有很多种分类方法，一般按化学结构分类。当表面活性剂溶于水时，凡能电离成离子的叫离子型表面活性剂，反之叫非离子型表面活性剂。离子型还可按生成的活性离子是阳离子还是阴离子再进行分类。要注意如果表面活性物质是阴离子就不能跟阳离子型表面活性剂混合使用，不然就会发生沉淀反应。表面活性剂的憎水端通常呈长链状，常形象地称之为“尾”，把亲水基团叫作头。表面活性剂的分类如图 12-11 所示。

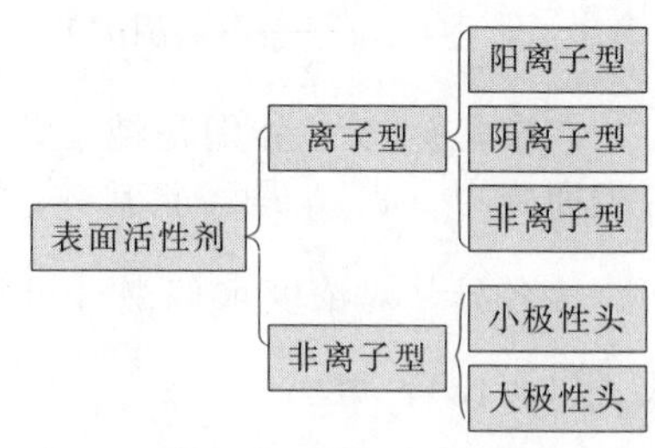

图 12-11　表面活性剂的分类

(2) 胶束和临界胶束浓度

表面活性剂到达饱和吸附时，界面上表面活性剂分子会定向排列形成紧密的单分子层，使两相被分割开来。这时在溶液内部，当浓度很小时表面活性剂分子会将憎水基团相互靠近而分散在水中。当体相中表面活性剂分子浓度逐渐增大时，众多表面活性剂分子会结合成很大的基团，形成胶束（micelle）如图 12-12 所示的球状、棒状、层状的胶束。此时形成胶束的表面活性剂亲水基团朝外，憎水基团朝里被包裹在胶束内部，几乎脱离与水分子的接触。

表面活性剂在水溶液中形成胶束所需的最低浓度称为临界胶束浓度，用 cmc 表示。临界胶束浓度和其对应的饱和吸附浓度基本符合。表面活性剂的水溶液的诸多体系性质如表面张力、电导率、渗透压、去污能力、密度等都在其浓度到达临界胶束浓度的时候出现明显的转折。可以通过这些参数的明显转折而得到临界胶束浓度，表面活性剂的临界胶束浓度一般很小，大概是 0.001～0.002mol/dm^3。

（3）*表面活性剂的作用*

① 润湿作用　生产生活中常常需要控制或改变液-固间的润湿程度，就是人为改变接触角（12.3.4 有详细介绍）。这可以借助表面活性剂来实现。比如棉布因为纤维中有醇羟基而呈亲水性，所以易被水沾湿，不能防水。古时候采用将棉布涂油或上胶的办法做成雨布，能防水但透气性差，做成雨衣穿起来很笨重又不舒服。后来采用表面活性剂处理棉布，使其极性基团与棉布的羟基结合，而非极性基团朝外与空气接触，使之与水的接触角变大。结果原来润湿变得不润湿了，做成了防水又透气的雨布。一般用季铵盐与氟氢化物处理雨布，处理后的雨布可以经大雨 100 多小时淋而不湿。又如喷洒农药时，在农药中加入少量润湿剂，可以增加农药对植物叶面的润湿程度，使其在表面铺展。当水分挥发干后，植物表面会留下一薄层药剂。如果润湿不好，药液会在叶面聚成滴滚下，影响施药效果。再如，浮选法选矿时，将低品位矿石粉碎成末放入水中，矿物和矿渣都易润湿沉入水底。在水中加入少量某种表面活性剂（又叫捕集剂），其极性基团仅能与有用矿物表面亲水基团发生选择性化学吸附，非极性基团向外伸展，让矿石表面覆盖一层憎水薄膜，其原理见图 12-13。当从池底通入由起泡剂产生的气泡时，矿物粉末便附着在气泡上逃离水相升到水面而达到富集的目的，而不含矿物的泥沙、矿渣继续沉入池底。

习题：

12-15　今有 2000m^2 的池塘，为了防止水分蒸发，将摩尔质量为 0.3kg/mol，密度为 900kg/m^3 的脂肪酸放入池中，使整个水池表面恰好形成一层紧密的单分子膜。问需要该脂肪酸的体积是多少？已知此分子碳氢链的截面积为 0.22nm^2。（5.0cm^3）

思考：

12-18　两性离子型与非离子型表面活性剂有何不同？

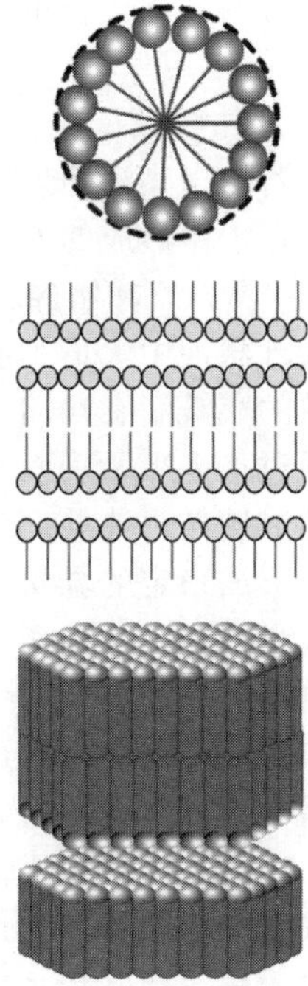

图 12-12　各种形状胶束

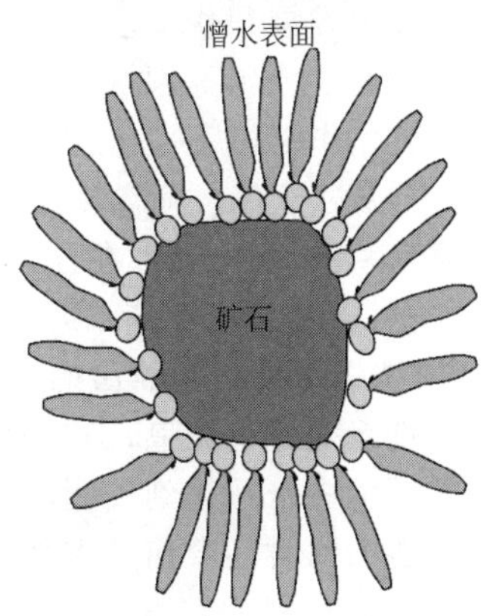

图 12-13　泡沫浮选的原理

② 增溶作用　非极性碳氢化合物在水中溶解度非常小，但能溶解于浓度超过临界胶束浓度，且已经产生大量胶束的离子型表面活性剂溶液，这种作用叫增溶作用（solubilization）。

表面活性剂的增溶作用是由胶束产生的。胶束内部环境是非极性的，根据相似相容原理，非极性的有机物质较容易溶解于胶束内部，形成增溶作用。例如苯的溶解性很小，但在 $100cm^3$ 含油酸钠质量分数为 0.1 的水溶液中可以溶解而不出现浑浊。增溶作用有以下几个特点：

a. 增溶作用可大大降低被溶物的化学势，是自发过程，使整个体系更加稳定。

b. 增溶作用是一个可逆的动态平衡。

c. 增溶作用不存在两相，溶液是透明的。但增溶作用与真正的溶解是不同的，真正的溶解会使溶剂的依数性质有很大改变，但增溶作用对依数性影响很小，说明增溶过程中溶质并未被拆开成分子或离子，而是整团溶解在表面活性剂中，质点数没增加。

增溶作用应用很广，比如日常生活中最常见的去油污的洗涤过程中，增溶作用是其中很重要的一步；胆汁对脂肪的增溶帮助小肠对其吸收也是增溶作用的体现；工业上合成丁苯橡胶时，进行的乳化聚合也是利用表面活性剂把原料溶解再进行反应。

③ 乳化作用　一种液体以小液滴形式分散在另外一种与它完全不相溶的液体中所形成的体系称为乳状液。比如这两种液体中的其中一种是水，另一种是非极性有机物（统称“油”），若油以小液滴形式分散在水中，则叫水包油型乳状液，记作“O/W”；如牛奶就是奶油分散在水中形成的 O/W 型乳状液。若水以小液滴形式分散在油中，则叫油包水型乳状液，记作“W/O”，如含水原油就是细小水珠分散在油中形成的。

因为乳状液中大量小液滴极大增加了体系的表面积使体系表面能升高，所以乳状液不稳定，分散的小液滴有自动聚结而使体系分成油、水两层降低表面能的趋势。制备稳定的乳状液可以通过加入少量表面活性剂来实现，这个过程称为乳化作用。加入少量表面活性剂后，剧烈震荡或用超声波处理就可得到稳定乳状液，这时表面活性剂在液面聚集降低体系的表面能，从而形成稳定的乳状液。生活中，杀虫剂常制成 O/W 型乳状液然后喷洒，便于少量药物处理大量作物。金属切削时用的润滑冷却液是 O/W 型乳状液，水在其中起冷却作用，油起润滑防腐作用。

在表面活性剂基础上再选择添加适当助表面活性剂可得到分散相液滴直径 10～100nm 的微乳液。微乳液比普通乳状液更稳定，高速离心机都不能使之分层，也可长时间存放。有些 W/O 型微乳液可以用来制备纳米粒子，这种微乳液中的分散水珠被称为水核，设法让化学反应在水核中进行并生长晶体，由于水核大小限制，晶体无法长大，便可得到纳米粒子。比如硝酸银跟氯化钠在水核中反应可以得到氯化银纳米粒子。微乳液还可以用来制备各种聚合物、金属单质、合金或磁性化合物等的纳米粒子，也可用于高温超导体的制备。今年来，微乳化技术发展很快，已经在三次采油、污水处理、萃取分离、催化、食品、生物医学、化妆品、材料、涂料等领域展现出广阔的前景。

与乳化作用相反的过程叫作去乳化或破乳，可以破坏乳状液使分散液滴聚集。比如原油中水分严重腐蚀设备，应该破乳以除去水分；或破坏橡胶乳浆以让橡胶液滴聚集。破乳作用可以用表面活性剂实现，比如在含有负离子型表面活性剂的 O/W 乳状液中加入另外一种表面活性剂，让两种表面活性剂极性基团结合，于是破坏了原本稳定的液面结构体系，重新变得不稳定了。

④ 洗涤作用　去油污的洗涤过程比较复杂，包含润湿、起泡、增溶、乳化等多个过程。常用的洗涤剂就是肥皂，它是用动植物油脂和氢氧化钠或氢氧化钾进行皂化反应得到。肥皂在酸性环境中水解得到硬脂酸，在硬水中与钾离子或镁离子结合得到不溶性脂肪酸盐，降低洗涤性能的同时还会伤及衣物表面。近年来，合成洗涤剂工业用烷基硫酸盐、烷基磺酸盐及聚氧乙烯型非离子表面活性剂做原料制成各种合成洗涤剂去污能力比肥皂强，还可克服肥皂的缺点，可以加工成片剂、粉剂和洗衣液。

洗涤作用中表面活性剂的作用可用图 12-14 说明。当水中加入洗涤剂后，洗涤剂的憎水基团吸附在污物和固体表面。在机械搅拌下，污物从固体表面脱落，洗涤剂分子在污物周围形成吸附膜而悬浮在溶液中，同时洗涤剂分子在洁净的固体表面形成吸附膜而防止污物重新在固体表面沉积。所以，在合成洗涤剂中除了加某些起泡剂和乳化剂等表面活性物质之外，还要加入多种辅助成分，如硅酸盐、焦磷酸盐等非离子表面活性剂，使溶液呈碱性，增强去污能力，同时有起泡、增白、占领被清洁物表面不被重新污染等功能。由于焦磷酸盐随废水排入江湖会引起藻类疯长而破坏环境，现在已禁止使用含磷洗涤剂。

12.3.3　液-液界面——表面膜

（1）单分子表面膜

早在 1765 年，Franklin 就曾观察到将油滴铺展到水面上时，成为很薄的油膜，约为 2.5nm 厚。后来，Pockels 和 Rayleigh 又发现某些难溶物质铺展在液面上所形成的膜确实只有一个分子的厚度，所以这种膜被称为单分子表面膜（monolayer）。

两亲分子具有表面活性，在溶液表面发生正吸附，降低水的表面张力。其实不仅在水中，在极性不同的任意两相界面，均可发生表面活性分子的相对富集和定向排列，其亲水基团朝向极性较大的一相，而憎水基团朝向极性较小的一相。当两亲分子的疏水基团大到一定程度，其在水中的溶解性很小，这时就不能通过溶液吸附的方法得到两亲分子在水溶液的表面定向排列。但可以通过在液面上直接滴加铺展液的方法形成表面膜。比如将不溶于水的磷脂类化合物溶于某种挥发性有机溶剂中，然后将该溶液滴在水面上，任其铺展成很薄的一层。由于表面吸附的作用，磷脂化合物会在两液相的界面上定向排列。待有机溶剂挥发后，水面就会留下一层不溶的表面膜。如果浓度控制得适当，可以得到厚度为单分子或双分子层的不溶性表面膜。这类膜有序度很高，具有特殊性能，可做为半透膜、仿生细胞膜、水蒸发阻止剂等。

在制备单分子表面膜的时候，通常先把成膜的两亲分子材料溶于某种溶剂，制成铺展溶液。铺展溶液的制备则要选合适的溶剂，溶剂的选择一般要求对成膜的两亲分子具有足够的溶解性、密

思考：

12-19　常用的洗涤剂中为什么含有磷？有什么害处？

12-20　基于表面活性剂的基本性质，为何在纤维表面吸附适当表面活性剂如纺纱油剂后，可以使纤维柔软平滑？

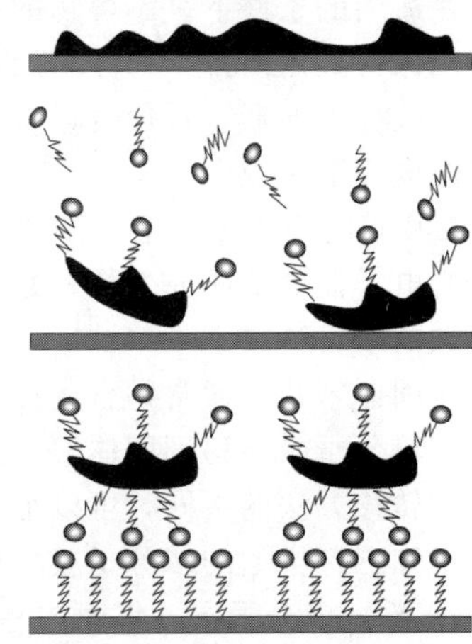

图 12-14　洗涤作用示意

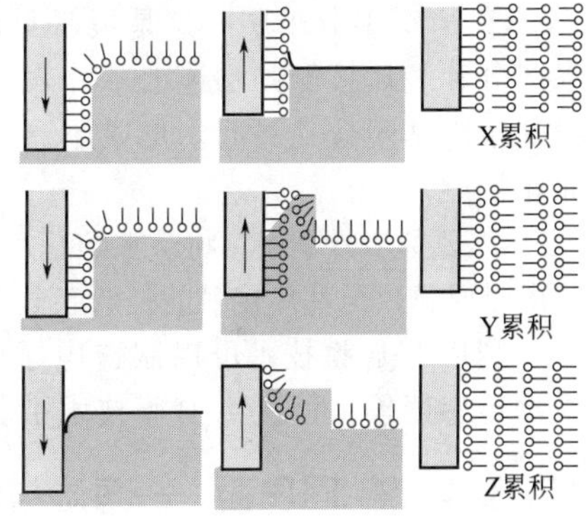

图 12-15　L-B 膜的形成和类型

度不能比底液小、在底液上要有足够的铺展能力且易于挥发。制备铺展液的时候要选择适当的浓度，同时液面要非常干净，防止污染。而成膜材料一般要求采用带有较大的疏水基团的两亲分子，如链长大于 16 个碳的脂肪酸、脂肪醇等；或者采用天然和合成的高分子化合物，比如聚乙烯醇、聚丙烯酸酯、蛋白质等。

（2）L-B 膜

若将单分子膜转化成 L-B 膜，其应用更加广泛。

在适当的条件下，不溶物的单分子膜可以通过简单的方法转移到固体基质上，经过多次转移仍保持其定向排列的分子层结构。这种多层单分子膜是 Langmuir 和他的学生 Blodgett 首创，故称 L-B 膜。L-B 膜具有相对规整的分子排列、高度各向异性的多层结构，且人为可控其厚度为纳米级别。

L-B 膜的出现形成了一个新的研究领域，利用这种膜转移技术可以开展分子组装、制备分子光电子器件等研究工作，是当前研究热点之一，并有一本物理化学杂志专门收录发表这个领域的学术论文。

将固体基片（通常是金属或玻璃）插入（或提出）带有不溶膜（单分子膜）水面可以将不溶的单分子膜转移到固体表面上。连续多次操作就可形成多分子层。根据形成单分子膜的物质和转移方法的不同，可以形成不同类型的多分子膜。

已知三种类型的多分子膜如图 12-15 所示。

① X 型多分子层　将固体基片浸入含单分子层的溶液时，只有单分子层的疏水部分和基片接触并粘在表面上。浸入时水面无膜，拉出时膜转移到基片上，多次操作形成尾-头-尾-头型多分子层膜。

② Y 型多分子层　这是最常见的排列。将固体基片浸入和拉出时，先是单分子层的疏水部分和基片接触并粘连上基片表面，然后水面浮着的单分子膜又以亲水基与粘在基片上的膜的亲水基团合在一起，形成尾-头-头-尾型多分子层膜（拉出与浸入过程中，都与有膜的液面相接触）。

③ Z 型多分子层　将亲水的基片浸入与无膜的液面接触，拉出时与有膜的液面接触。故只有拉出时成膜，与基片接触的是两亲分子的极性端。多次操作后形成头尾相连的多分子层膜。

利用 L-B 膜技术可以制造电子学器件、非线性光学器件、光电转化器件、化学传感和生物传感器等。因此 L-B 膜技术引起世界各国科学家的广泛重视。

12.3.4 液-固界面——润湿与铺展

（1）润湿过程

润湿现象和生产生活密切相关。没有润湿，动植物就无法吸取养料，无法生存。润湿也是许多近代工业的基础，比如机械的润滑、矿物的浮选、采油、印染、洗涤、粘接、农药的喷洒都与润湿相关。

在固体表面上滴一滴液体，在未滴液体前固体是和气体接触的。液体滴上去后取代了部分气-固界面，产生新的液-固界面，这一过程叫做润湿过程（wetting）。视气-固、液-固和固-气界面张力的大小，液体可以在固体表面上呈凸透镜状或椭球状，如图 12-16 所示，分别称为润湿和不润湿。

液体能否润湿固体可以用接触角 θ 来表示，接触角（contact angle）是固-液界面张力和气-液界面张力之间的夹角。若 $\theta<90°$ 则表示液体能润湿固体，若 $\theta>90°$ 则表示液体不能润湿固体。接触角的大小是由三相交界处的三个界面张力大小决定的，O 点是三个界面张力的交点，达到平衡时有：

$$\gamma_{g\text{-}s}=\gamma_{s\text{-}l}+\gamma_{g\text{-}l}\cos\theta$$

即
$$\cos\theta=\frac{\gamma_{g\text{-}s}-\gamma_{s\text{-}l}}{\gamma_{g\text{-}l}} \tag{12.21}$$

式(12.21)称为杨氏方程。从中可以看出：

① 当 $\gamma_{g\text{-}s}-\gamma_{s\text{-}l}>0$ 时，$\cos\theta>0°$，$\theta<90°$，液体能润湿固体，如图 12-16(a) 所示。这说明用液-固界面代替气-固界面将引起总表面吉布斯自由能降低，因此能润湿。当 $\gamma_{g\text{-}l}$ 一定时，$\gamma_{g\text{-}s}-\gamma_{s\text{-}l}$ 越大，则 θ 越大，液体越不能润湿固体，到 $\theta=80°$，则液体完全润湿固体。此时由杨氏方程知 $\gamma_{g\text{-}s}-\gamma_{s\text{-}l}-\gamma_{g\text{-}l}=0$。

② 当 $\gamma_{g\text{-}s}-\gamma_{s\text{-}l}<0$ 时，$\cos\theta<0°$，$\theta>90°$，液体不能润湿固体，如图 12-16(b) 所示。如水银滴在玻璃上。这说明用液固界面代替气固界面将引起总表面吉布斯自由能增加，因此不能润湿。当 $\gamma_{g\text{-}l}$ 一定时，$\gamma_{g\text{-}s}-\gamma_{s\text{-}l}$ 越小，则 θ 越大，液体越不能润湿固体，到 $\theta=180°$，则液体完全不能润湿固体。

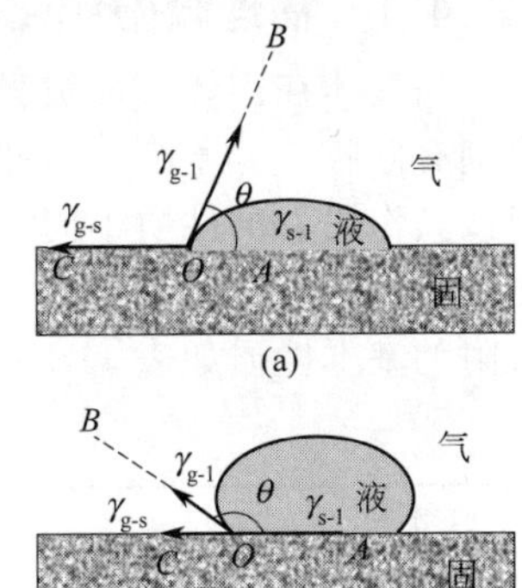

图 12-16 润湿与不润湿

(2) 铺展过程

当液体滴到固体表面上后，新生的液-固界面在取代气-固界面的同时气-液界面也扩大了同样的面积，这一过程就是铺展，如图 12-17 所示。原来 ab 为气-固界面，当液体铺展后转为液-固界面时，气-液界面也增加了相同的面积。如水在洁净玻璃表面。

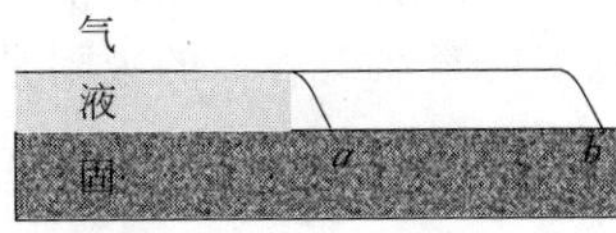

图 12-17 液体在固体表面铺展过程

在等温、等压即 $W'=0$ 的情况下，液体在固体上的铺展过程是 $\Delta G<0$ 的过程，如下式：

$$\Delta G=\gamma_{g\text{-}l}+\gamma_{s\text{-}l}-\gamma_{g\text{-}s}<0$$

即
$$\varphi=\gamma_{g\text{-}s}-\gamma_{g\text{-}l}-\gamma_{s\text{-}l}>0 \tag{12.22}$$

式中 φ 称为铺展系数。同样把某液体 1 滴在完全不互溶的另一种液体 2 上，能否发生铺展取决于各液体自身的表面张力以及两液相之间的界面张力大小。同样可得液体 1 在完全不互溶液体 2 铺展开的条件为：

$$\varphi=\gamma_{g\text{-}2}-\gamma_{2\text{-}1}-\gamma_{g\text{-}1}>0 \tag{12.23}$$

12.4 固体表面的吸附

固体表面可以对气体或液体进行吸附的现象很早就被人们发现并利用。例如人们很早就知道新烧好的木炭有吸湿、吸臭的性能；在制糖工业中，用活性炭来处理糖液，以吸附其中杂质，从而得到洁白的产品。固体表面分子同液体表面一样，受力不均衡，存在超额吉布斯自由能。它不能通过收缩减少表面积来减少表面吉布斯自由能，但可以通过捕获或吸附其他物质分子，使其表面分子受力平衡而降低表面吉布斯自由能。本节着重讨论气体在固体表面的吸附。

12.4.1 物理吸附和化学吸附

当气体在固体表面被吸附时，具有吸附能力的固体称为吸附剂（adsorbent），常用的吸附剂有硅胶、分子筛、活性炭等。被吸附的气体称为吸附质（adsorbate）。固体对气体的吸附按其作用力的性质不同可分为物理吸附和化学吸附两种类型。物理吸附中吸附剂和吸附质之间的作用力是范德华力；化学吸附中吸附剂和吸附质之间形成了化学键。物理吸附和化学吸附的基本性质如表 12-3 所示。

表 12-3 物理吸附和化学吸附的区别

吸附类型	物理吸附	化学吸附
吸附力	范德华力	化学键力
吸附热	较小，类似液化热	较大，类似反应热
选择性	无选择性	有选择性
分子层	单分子或多分子层	单分子层
吸附速率	较快，不受温度影响，一般不要活化能	较慢，随温度升高而加快，不易解吸
吸附稳定性	不稳定，易解吸	较稳定，不易解吸

两种吸附在许多体系中往往同时存在，比如氧气在金属钨的表面吸附。有的氧呈分子态，有的氧呈原子态，前者就是发生了物理吸附的结果，后者是发生化学吸附的结果。又如低温时氢在镍表面的吸附是物理吸附，高温时发生化学吸附。

12.4.2 吸附等温线

气相中的气体分子可以被吸附，已被吸附的分子也可以脱附（或叫解吸）回到气相。当温度、压力一定，吸附速率和解吸速率相等时，达到吸附平衡，此时吸附在固体表面的气体量不随时间变化。这时单位质量吸附剂所吸收的标准状况下气体的体积或物质的量被称为吸附量

$$q=V/m \qquad \text{或} \qquad q'=n/m \tag{12.24}$$

对于一定量的吸附剂和吸附质来说，达到平衡时的吸附量与吸附温度和吸附质的分压有关

$$q=f(T,p)$$

上式有三个变量，为了找出其中的规律常常固定其中一个，然后求出其他两个变量之间的关系。共分三种：

若 T 是常数，则 $q=f(p)$，称为吸附等温式；

若 p 是常数，则 $q=f(T)$，称为吸附等压式；

若 q 是常数，则 $p=f(T)$，称为吸附等量式。

其中吸附等压式可以判断吸附类型。无论物理吸附或化学吸附都是放热的，当温度升高两类吸附的吸附量都应下降。物理吸附速度快，易达到平衡，所以实验中确实观察到了吸附量随温度升高而下降的现象。化学吸附速率较慢，低温时往往难以达到平衡。升温会加快化学吸附速率，此时会出现吸附量随温度增加的情况，直到真正达到平衡后，吸附量才随温度升高而下降。CO 在 Pt 上的吸附等压线如图 12-18 所示。

吸附等量线中 T、p 的关系类似克拉贝龙方程，如图 12-19 是氨气在碳上的吸附等量线。吸附等量线可以用来计算吸附热 $\Delta_{ads}H_m$，吸附热一定是负值，是研究吸附的重要参数之一，其数值常被看作是吸附作用强弱的一种标志。

$$\left(\frac{\partial \ln p}{\partial T}\right)=-\frac{\Delta_{ads}H_m}{RT^2} \tag{12.25}$$

大量的实验数据显示，吸附等温线有五种类型，见图 12-20。比如 78K 时 N_2 在活性炭上的吸附属于类型Ⅰ，78K 时 N_2 在硅胶上的吸附属于类型Ⅱ，352K Br_2 在硅胶上的吸附属于类型Ⅲ，323K 苯在氧化铁凝胶上的吸附属于类型Ⅳ，373K 时水气在活性炭上吸附属于类型Ⅴ。吸附等温线的不同反映了吸附剂固体表面性质、孔分布和吸附剂吸附质作用方式的不同，可以由此来了解不同的吸附体系这几个方面的信息。

思考：

12-21　物理吸附和化学吸附的根本区别是什么？

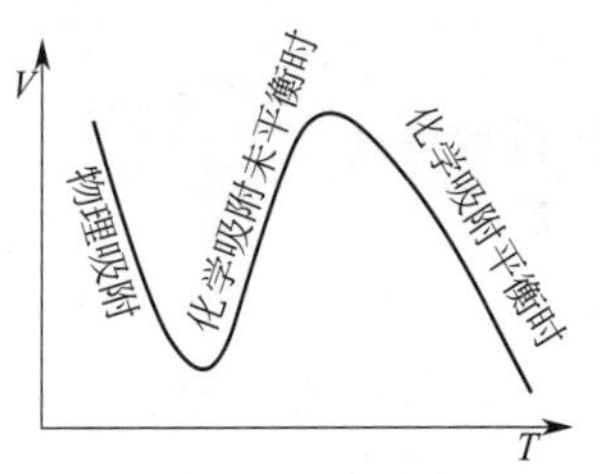

图 12-18　CO 在 Pt 上的吸附等压线

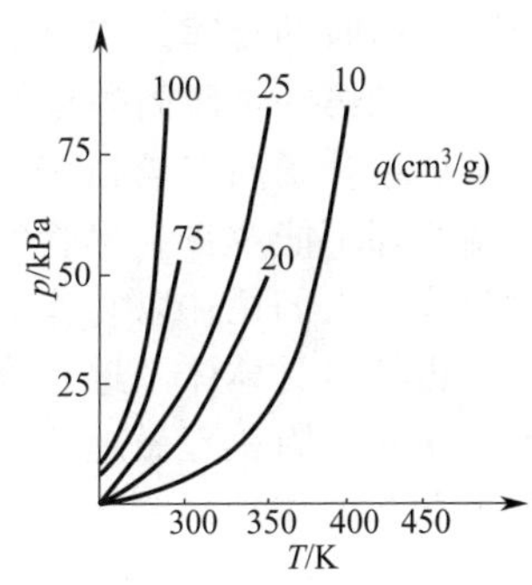

图 12-19　氨气在碳上的吸附等量线

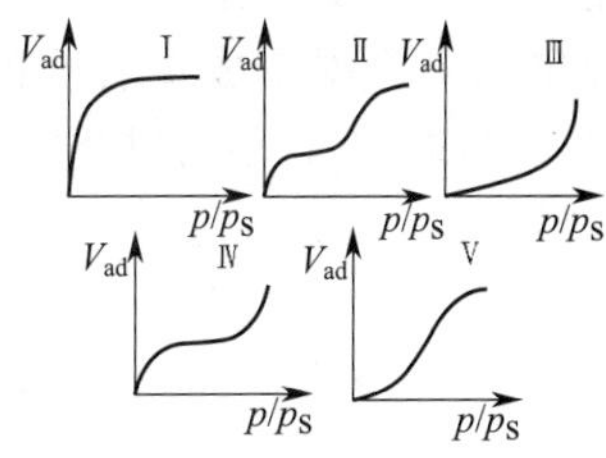

图 12-20　吸附等温线的类型

12.4.3　朗格缪尔单分子层吸附等温式

朗格缪尔（Langmuir）在 1916 年提出第一个气固吸附理论，并导出了朗格缪尔单分子层吸附等温式。其基本假定是：

① 气体在固体上的吸附是单分子层的。只有当气体分子碰撞到固体的空白表面上时才有可能被吸附，而已被吸附的分子上则不能再被吸附。

② 吸附分子间无作用力。吸附分子从固体表面解吸时不受其他分子的影响。

如果以 θ 代表表面被覆盖的分数，即表面覆盖率，则 $(1-\theta)$ 代表固体表面的空白面积分数，即未覆盖率。气体的吸附速率与气体的分压成正比，由于只有气体分子碰撞到空白表面时才能被吸附，那么气体的吸附速率又与 $(1-\theta)$ 成正比，故吸附速率 r_a 为

$$r_a=k_a p(1-\theta)$$

被吸附的分子脱离表面重新回到气相的脱附速率与 θ 成正比，即脱附速率为

$$r_d=k_d\theta$$

式中，k_a、k_d 为比例系数。在等温下达到平衡时，吸附速率等于脱附速率，故

$$k_a p(1-\theta)=k_d\theta$$

或写作

$$\theta=\frac{k_a p}{k_d+k_a p}$$

令 $a=k_a/k_d$，则得：

$$\theta=\frac{ap}{1+ap} \tag{12.26}$$

式中，a 为吸附作用的平衡常数（也叫吸附系数），其大小反应吸附剂表面的吸附能力强弱。式(12.26) 为朗格缪尔吸附等温式，它定量地反映了表面覆盖率 θ 与平衡分压 p 的关系，从中可看出：

① 当压力足够低或吸附很弱时，$ap\ll 1$，则 $\theta\approx ap$，即 θ 与 p 呈线性关系。

② 当压力足够高或吸附很强时，$ap\gg 1$，则 $\theta\approx 1$，即 θ 与 p 无关。

思考：

12-22　为什么气体吸附在固体表面一般总是放热的？

③ 当压力适中时，就用式(12.26) 表示。

图 12-21 为朗格缪尔吸附等温式的示意图。如果以 V_m 代表满吸附时吸收的气体体积，V 代表压力为 p 时的实际吸附量，则表面覆盖率 $\theta=V/V_m$ 代入式(12.26) 得到

$$\theta=\frac{V}{V_m}=\frac{ap}{1+ap}$$

重排后得到

$$\frac{p}{V}=\frac{1}{aV_m}+\frac{p}{V_m} \tag{12.27}$$

这是朗格缪尔公式的另外一种写法。若以 p/V 对 p 作图，则应得一条直线，从直线的截距和斜率可以求得满吸附时的吸附量 V_m 和吸附系数 a。

朗格缪尔公式是一个理想的吸附公式，它代表均匀的表面上被吸附分子彼此没有作用，且吸附是单分子层达到吸附平衡时的规律。它只能较满意地解释理想的单分子层吸附，如第一类吸附等温线。对于多分子层吸附，或者单分子层单分子间有较强相互作用的情况，如Ⅱ～Ⅴ类吸附等温线都不能解释。尽管如此，它仍是一个非常重要的吸附公式，人们往往以它作为一个基本公式，先考虑理想情况，再针对具体体系进行修正或补充。所以，它的推导是第一次对吸附机理做理论描述，为以后某些等温式的建立起了奠基的作用。

习题：

12-16 实验测定气体 A 在 273K 时不同分压下在固体 B 上的吸附量 V（单位为 m^3），然后用 p/V 对 p 作图得一直线。测得直线的斜率 $6000m^3/kg$，截距 $1.2\times10^9 m^3/(Pa\cdot kg)$。试计算气体 A 在固体 B 上的吸附系数 a。
($5.0\times10^{-6}Pa^{-1}$)

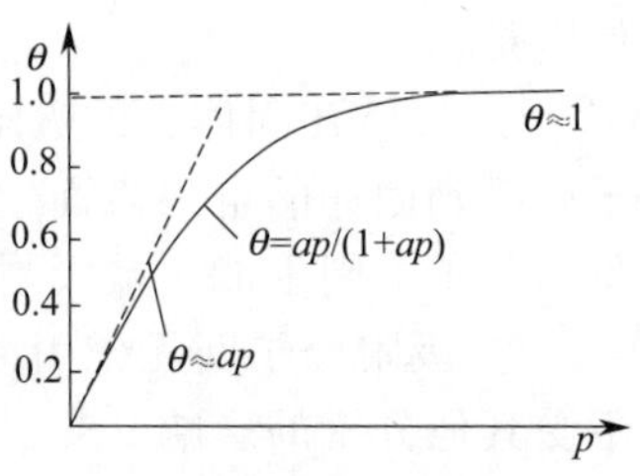

图 12-21 朗格缪尔吸附等温式示意

12.4.4 BET 多层吸附等温式

实验数据表明，大多数固体对气体的吸附并不是单层的，尤其物理吸附基本上都是多分子层吸附。所谓多层吸附，就是除了吸附剂表面吸附一层气体分子外，气体分子还继续被吸附形成多层堆积。1938 年劳纳尔、艾米特和泰勒三人提出了多分子层的气固吸附理论，导出了 BET 公式：

$$V=\frac{V_m Cp}{(p^*-p)[1+(C-1)p/p^*]} \tag{12.28}$$

式中，V_m 为单分子层满吸附时吸收的气体体积；V 为压力为 p 时的实际吸附量；p^* 为室温下气体的饱和蒸气压；C 为与吸附热有关的常数。BET 公式适用单层及多层吸附，能对Ⅰ、Ⅱ、Ⅲ类等温线给予说明，其最重要的应用是测定吸附剂的比表面积，对于固体催化剂来说，比表面积数据很重要，它有助于了解催化剂的性能。

将式(12.28) 重排，可变为

$$\frac{p}{V(p^*-p)}=\frac{1}{V_m C}+\frac{C-1}{V_m C}\times\frac{p}{p^*} \tag{12.29}$$

可以看出以$\frac{p}{V(p^*-p)}$对$\frac{p}{p^*}$作图应得直线，斜率为$\frac{C-1}{V_m C}$，截距为$\frac{1}{V_m C}$。

则
$$V_m=\frac{1}{斜率+截距} \tag{12.30}$$

若已知吸附质分子的截面积 A，就可以计算固体吸附剂的比表面积 $S_{比}$，若 V_m 以 cm^3 为单位，则

$$S_{比}=\frac{V_m L}{22400}\times\frac{A}{m} \tag{12.31}$$

式中，m 为吸附剂的质量；L 为阿伏伽德罗常数。目前 BET 方法计算比表面积是公认最好的一种，其相对误差一般在 10%左右。

除了朗格缪尔等温式和 BET 等温式以外，一些科学家还提出其他吸附等温式，较常用的有两个：一个是捷姆金吸附等温式，其方程为 $q=k\ln(bp)$，k 和 b 都是与吸附热有关的常数；另外一个是弗雷德里希吸附等温式，该吸附等温式是经验公式 $q=kp^{1/n}$，式中 k 和 n 是与吸附剂、吸附质种类及温度有关的常数，一般 n 大于 1，对其取对数，则得到

$$\ln q=\ln k+n\ln p \tag{12.32}$$

可以看出这是线性方程，可以通过其斜率和截距求相关参数。弗雷德里希吸附等温式只是近似地概括一些实验事实，但由于公式中没有饱和吸附值，应用相对简单，广泛地应用于物理吸附、化学吸附和溶液吸附。

12.5 纳米材料

纳米材料广义上是三维空间中至少有一维处于纳米尺度范围或者由该尺度范围的物质为基本结构单元所构成的超精细颗粒材料的总称。由于纳米尺寸的物质具有与宏观物质所迥异的表面效应、小尺寸效应、宏观量子隧道效应和量子限域效应，因而纳米材料具有异于普通材料的光、电、磁、热、力学、机械等性能。欧盟委员会则将纳米材料定义为一种由基本颗粒组成的粉状或团块状天然或人工材料，这一基本颗粒的一个或多个三维尺寸在 1～100nm 之间，并且这一基本颗粒的总数量在整个材料的所有颗粒总数中占 50%以上。纳米材料的特性主要有以下几个方面。

12.5.1 纳米材料的表面与界面效应

纳米材料的表面效应是指纳米粒子的表面原子数与总原子数之比随粒径的变小而急剧增大后所引起的性质上的变化，如图 12-22 所示。从图 12-22 中可以看出，粒径在 10nm 以下，将迅速增加表面原子的比例。当粒径降到 1nm 时，表面原子数比例达到约 90%以上，原子几乎全部集中到纳米粒子的表面。由于纳米粒子表面原子数增多，表面原子配位数不足和高的表面能，使这些原子易与其他原子相结合而稳定下来，故具有很高的化学活性。如金属纳米粒子在空中会燃烧，无机纳米粒子会吸附气体等等。

12.5.2 量子尺寸效应

当粒子的尺寸达到纳米量级时，费米能级附近的电子能级由连续态分裂成分立能级。当能级间距大于热能、磁能、静电能、静磁能、光子能或超导态的凝聚能时，会出现纳米材料的量子效应，从而使其磁、光、声、热、电、超导电性能变化。例如高的光学非线性、特异

的催化和光催化性质等。当纳米粒子的尺寸与光波波长、德布罗意波长、超导态的相干长度或与磁场穿透深度相当或更小时，晶体周期性边界条件将被破坏，非晶态纳米微粒的颗粒表面层附近的原子密度减小，导致声、光、电、磁、热力学等特性出现异常。如光吸收显著增加、超导相向正常相转变、金属熔点降低、增强微波吸收等。利用等离子共振频移随颗粒尺寸变化的性质，可以改变颗粒尺寸，控制吸收边的位移，制造具有一定频宽的微波吸收纳米材料，用于电磁波屏蔽、隐形飞机等。由于纳米粒子细化，晶界数量大幅度的增加，可使材料的强度、韧性和超塑性大为提高。其结构颗粒对光、机械应力和电的反应完全不同于微米或毫米级的结构颗粒，使得纳米材料在宏观上显示出许多奇妙的特性，例如：纳米相铜强度比普通铜高 5 倍；纳米相陶瓷是摔不碎的，这与大颗粒组成的普通陶瓷完全不一样。纳米材料从根本上改变了材料的结构，可望得到诸如高强度金属和合金、塑性陶瓷、金属间化合物以及性能特异的原子规模复合材料等新一代材料，为克服材料科学研究领域中长期未能解决的问题开拓了新的途径。

12.5.3 宏观量子隧道效应

微观粒子具有贯穿势垒的能力称为隧道效应。纳米粒子的磁化强度等也有隧道效应，它们可以穿过宏观体系的势垒而产生变化，这种被称为纳米粒子的宏观量子隧道效应。

纳米材料的应用，对于我们的工作生活将会是一次历史性的、革命性的巨变。主要包括以下几个方面。

(1) 纳米材料在化学界的应用

众所周知，涂料是含有毒化学成分最多的家居粉饰品之一。如何除去涂料中的有毒化学物质？这一问题一直困扰着很多人。现在纳米材料的出现有效地帮我们解决了这个问题。利用纳米二氧化钛光催化和成膜物质复配成的光催化涂料，可以有效降解空气中的有害质以及涂层表面的污染物，起到自清洁和净化空气的作用。不仅如此，纳米材料的加入还赋予涂料各种各样的功能性和特殊性能。像纳米车用面漆除具有高装饰性外，还有优良的耐久性，包括抵抗紫外线、水分、化学物质及酸雨的侵蚀和抗划痕的性能；美、日等国研究人员用纳米级二氧化钛、二氧化锡、三氧化铬等与树脂复合作为静电屏蔽涂层，不仅可以用于飞航导弹等，还将其运用于潜艇、隐身装甲车、隐身坦克等一系列隐身装备中。将纳米材料运用于汽车装饰还具有杀菌、消毒、除臭的功能。

(2) 纳米材料在医学界的应用

当纳米颗粒小于一定尺度并能进入细胞时，对细胞具有毒性，妨碍了纳米技术在医药科学中的应用。但当金纳米颗粒变大或形成聚结体而难以进入细胞时，则对细胞无害，反而能促进细胞的生长。一旦这一矛盾得到解决，我们的伤口愈合能力也会随之加强，这样遭受到的痛苦也会随之大大减少，我们在医学领域的技能也将会有一步质的飞跃。

纳米材料是理想的骨生材料。优良的生物活性使之能够与生物体组织化学键合，而其耐磨损、耐腐蚀、负载能力强，又能更加长久地作为人类的骨骼。尤其是对于股骨头坏死的患者来讲，这是一个极大的福音。目前这一技术正在细化研究中，相信要不了多久我们就会看到有这样的“人体骨骼”诞生。

(3) 纳米材料在食品界的应用

随着人类对食品安全意识的逐步提高，更多新类型的农药进入市场。要想检验出食品中的农药含量，就要有安全可靠、灵敏度高、适用性强、简便快捷的检测技术。用纳米氧化锌固定酶时，纳米氧化锌不仅对酶具有强吸附性，还保持酶活性、提高酶活性中心与电极间直接电子传递效率。将该传感器用于蔬菜样品有机含磷农药测定，响应快、灵敏度高、具有很好的重现性和稳定性，且经复活剂处理后可反复使用。

一旦检验出食品中的农药含量就需要想办法去除，磁性纳米粒子的分离过程就是很好的选择。磁性纳米粒子分离过程很方便，且减少成本消耗，并克服其他分离体系很多问题。磁性纳米粒子分离能力和效率较高，能实现大规模和高通量分离。比如科学家制备了 C18 修饰磁性纳米粒子，并用于富集和分离蔬菜和水果中 14 种残留有机磷农药。与普通 C18 分离柱相比，分离效能基本一样；但 C18 修饰磁性纳米粒子分离过程简单快速、在重复利用 10 次后，C18 修饰磁性纳米粒子分离性能基本没降低。

(4) 纳米材料在工业界的应用

在工业作业中，最令人头疼的就是机器和相关零件的磨损问题。尽管现在市面有一些润滑油可以在一定程度上缓解这一问题，但是我们不得不承认缓解的程度还是令人难以满意。如果将纳米材料应用于润滑油中，润滑油就能具有很好的分散性、良好的极压抗磨性和摩擦改进性。润滑技术是改善磨损和延长摩擦件寿命的重要手段，传统的润滑油难以满足长时间、高温、高负荷等苛刻条件下的润滑，特别是无法实现摩擦副表面的原位动态自修复，为此亟须发展新型高效能的减摩自修复延寿材料和技术。纳米材料由于其自身具有的特殊性能，对降低材料的摩擦因数、提高材料的耐磨性能和实现材料的自修复性能具有显著的作用。因此，将纳米材料用于重要机械零件表面的润滑，对改善摩擦磨损、进一步延长其使用寿命、提高机动性能等方面具有潜在的应用前景。

随着时代的脚步不停地大踏步向前进，纳米材料的发展空间将会无限扩大，越来越多的领域中都将会看到它的“倩影”。无论是单纯的纳米材料还是纳米复合材料，他们所具有的优越性是我们无法抗拒的，也是未来的研究试验中不可缺少的。不久的将来，纳米材料将会给我们的生活、工作、学习带来无限的惊喜与便捷。

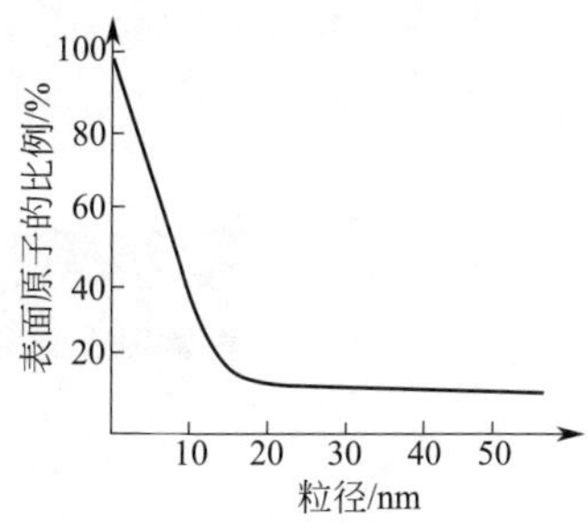

图 12-22　粒径与表面原子百分比的关系

思考：

12-23　界面化学在生活、生产和科研中有哪些更具体的应用？

第 13 章 胶体与大分子溶液

本章基本要求

13-1 了解胶体分散体系特有的分散程度、多相不均匀性和热力学不稳定性三个主要基本特性。

13-2 了解憎液溶胶在动力性质、光学性质和电学性质等方面的特点，以及如何应用这些特点，对憎液溶胶胶粒的大小、形状和带电情况等方面进行研究。

13-3 掌握憎液溶胶在稳定性方面的特点，知道外加电解质对憎液溶胶稳定性影响的本质，会判断电解质的聚沉值和聚沉能力的大小。

13-4 了解大分子溶液与憎液溶胶的异同点，了解胶体分散体系的平均摩尔质量的多种测定方法。

13-5 了解凝胶的基本性质。

胶体化学是研究胶体分散体系的物理、化学性质的科学。胶体分散体系由于分散程度较高，且为多相，具有明显的界面，因此它的一系列性质与其他分散体系有所不同。胶体分散体系在自然界普遍存在，在实际生产生活中也占有重要地位。在石油、造纸、纺织、橡胶、塑料等工业部门，以及生物学、土壤学、医学、气象学等学科中都广泛地接触到与胶体分散体系相关的问题。由于实际的需要和本身丰富的内容，胶体化学已经成为一门独立的学科，近年来得到了迅速的发展。

13.1 分散体系的分类

把一种或几种物质分散在另一种物质中所构成的体系称为分散体系。被分散的物质称为分散相（disperse phase）；另一连续相的物质，即分散相存在的介质，称为分散介质（disperse medium）。

按照分散相被分散的程度，即分散粒子的大小，分散体系大致可分为以下三类。

（1）分子分散体系

分散粒子的半径小于 1nm，相当于单个分子或离子的大小。此时，分散相与分散介质形成均一的一相。例如，比如氢氧化钠或蔗糖溶于水后形成的“真溶液”。

（2）胶体分散体系

分散粒子的半径 1～100nm 范围内，比普通的单个分子大得多，是众多分子或离子的集合体。肉眼看这种体系是均匀的，与真溶液差不多，但实际上分散相和分散介质已经不是一相，存在相界面。所以说胶体分散体系是高度分散的多相体系，具有很大的比表面积和很高的表面自由能，因此胶体粒子有自动聚结的趋势，是热力学不稳定体系。

（3）粗分散体系

分散相粒子的半径大于 100nm，粒子不能通过滤纸，不扩散，不渗析，用普通显微镜或肉眼观察已能分辨出是多相体系。比如牛奶或泥浆。

胶体分散体系还可以按照分散相和分散介质的聚集状态分为八类（见表 13-1）。

通过对胶体溶液稳定性和胶体粒子结构的研究，人们还发现胶体体系至少包含了性质不同的两大类。

第一类，由难溶物分散在分散介质中所形成的憎液溶胶（简称溶胶），其中的粒子都是由很大数目的分子构成。这种体系有很大的相界面、很高的表面吉布斯自由能、很不稳定，容易被破坏而聚沉，破坏后不能恢复原状，是热力学中的不稳定和不可逆体系。

第二类，大分子化合物的溶液，其分子尺度已经达到胶体的范围，具有胶体的一些特性，但它们却是分子分散的真溶液。若设法使之沉淀，当去除沉淀剂后，重新加入溶剂大分子又可以重新分散成溶液，是热力学中的稳定、可逆体系，被称为亲液溶胶或者直接叫大分子溶液。

表 13-1 分散体系的八种类型

分类	分散相	分散介质	名称	实例
Ⅰ	气	液	液溶胶	泡沫(肥皂泡)
Ⅱ	液			乳状液(牛奶、石油)
Ⅲ	固			悬浮体,溶胶(油漆、泥浆)
Ⅳ	气	固	固溶胶	沸石、塑料泡沫、馒头
Ⅴ	液			珍珠、某些宝石
Ⅵ	固			某些合金、有色玻璃
	气	气	气溶胶	—
Ⅶ	液			雾、云
Ⅷ	固			烟、尘

我们这一章讨论的主要是憎液溶胶及表 13-1 中Ⅱ、Ⅲ类。

思考：

13-1 憎液溶胶有哪些特征？

13-2 把人工培育的珍珠长期收藏在干燥箱内，为什么会失去原有的光泽？能否再恢复？

13-3 为什么有的烟囱冒出的是黑烟，有的却是青烟？

13.2 溶胶的制备和净化

13.2.1 溶胶的制备

从上述讨论表明要制备溶胶必须设法让分散相的粒子的大小落在胶体分散体系的范围之内，同时体系中应当有适当的稳定剂存在。制备溶胶的方法有分散法和凝聚法两大类，通常所制备的溶胶中的粒子大小不一，是一个多级分散体系。

（1）分散法

分散法就是用适当的方法使大块的物质在稳定剂的存在下分散成胶体粒子的大小。一般采用四种技术：研磨法、胶溶法、超声波法和电弧法。

① 研磨法。使用特殊的胶体磨将粗分散程度的悬浮液研磨成溶胶，如墨汁的制造过程。胶体磨盘或磨刀以高转速研磨将粗粒子研磨成 1μm 粒子，为防止小颗粒重新聚结，一般要加入电解质或表面活性剂作为稳定剂。

② 胶溶法。使暂时凝聚起来的分散相重新分散的方法。许多新鲜的沉淀经洗涤除去过多电解质，再加入少量的稳定剂，搅拌，可以形成溶胶，这种作用称为胶溶作用。如在新生成的 $Fe(OH)_3$ 沉淀中加入与沉淀具有相同离子的电解质，如 $FeCl_3$ 溶液，进行搅拌，借助溶胶作用就可得到稳定的溶胶。

③ 超声波分散法。用超声波（频率大于 16000Hz）所产生的能量使分散相均匀分散达到分散的目的而成为溶胶或乳状液，目前该法多用于制备乳状液。

④ 电弧法。主要用于制备金属溶胶。将欲制备溶胶的金属作为电极，浸在冷却水中，加电压使两极在介质中接近，以形成电弧。在电弧的高温加热下金属发生气化，又立即被水冷却从而形成胶体大小颗粒。

（2）凝聚法

这种方法的特点是制成可以生成难溶物的分子（离子）的过饱和溶液，再使之结合成胶体粒子而得到溶胶，过饱和溶液的制取可采用以下三种方法。

① 化学凝聚法。通过化学反应（如复分解反应、水解、氧化或还原反应等）生成小颗粒的不溶有物而得到溶胶的方法，如：

$$As_2O_3 + 3H_2S \longrightarrow As_2S_3(\text{溶胶}) + H_2O$$

贵金属的溶胶可以通过还原反应来制备，如

$$2HAuCl_4 + 3HCHO + 11KOH \xrightarrow{\triangle} 2Au + 3HCOOK + 8H_2O + 8KCl$$

Fe、Al、Cu、Cr、V 等的氧化物溶胶通过水解反应来制备；硫溶胶可以通过氧化还原反应制备等。

② 物理凝聚法。利用某些物理过程如蒸汽骤冷来得到溶胶，比如将汞蒸气通入冷水中就可得到汞溶胶。

③ 更换溶剂法。例如将松香的乙醇溶液滴入水中，由于松香在水中的溶解度很小，溶质呈胶粒大小析出，形成溶胶。

13.2.2 溶胶的净化

一般制备的溶胶中常含有一些电解质，过多电解质会破坏胶体的稳定性，因此必须设法使之净化。净化的方法有以下几种。

（1）渗析法

渗析法是利用胶粒不能透过半透膜，而离子可以透过半透膜的特性，把要净化的溶胶放在半透膜内，然后将半透膜放在溶剂中，这样，由于浓度的差别，就可以将电解质转移到溶剂之中去，如图 13-1 所示。常见的半透膜有羊皮纸、动物膀胱膜、乙酸纤维、硝酸纤维等。操作时膜外的溶剂需要不停更换以保持浓度差。医学上治疗尿毒症的血液透析仪就是让血液在体外经过循环渗析除去血液中的代谢小分子废物，然后输回体内。

为了提高渗析的速度，可以提高半透膜的面积或提高半透膜两边的浓度差或是在高温下渗析，当然使用高温的前提是确保高温不会破坏溶胶的稳定性。还有一种方法是在外加电场作用下进行渗析，这种方法叫电渗析法。

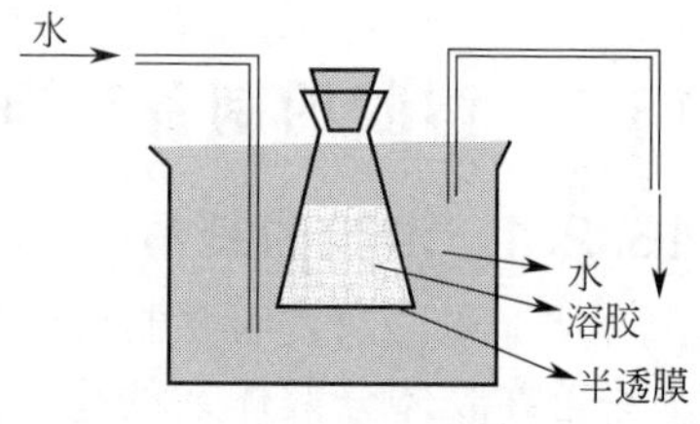

图 13-1 溶胶的渗析

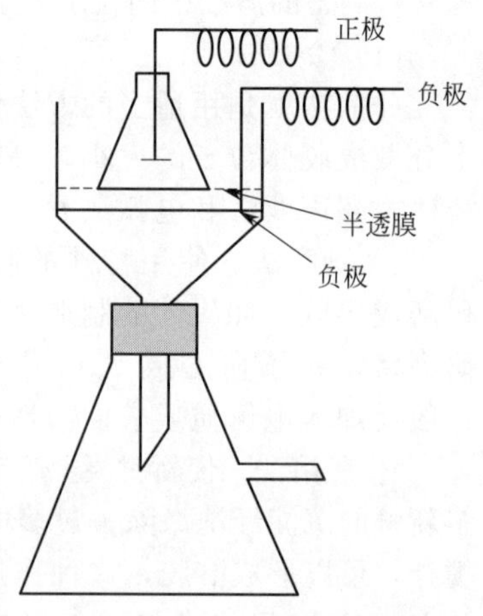

图 13-2 电超过滤

（2）超过滤法

超过滤法是相对普通过滤来说的，如果把普通过滤时漏斗里的滤纸换成半透膜，然后在压力差（抽滤）作用下让分散介质连同其中的电解质或小分子杂质透过滤膜成滤液，从而将胶体与杂质分开，达到分离的目的，这种方法叫超过滤法。另外还可以增加一个电场提高过滤的效率叫电超过滤法，如图 13-2 所示。操作过程中可以将第一次超过滤得到的胶粒再分散到纯的分散介质中形成溶胶，再次超过滤，这样反复进行可以达到净化的目的。最后得到的胶粒要立即分散到新的介质中以免结成块。生物化学中常用超过滤法测定蛋白质、酶、病毒、细菌的大小。药学中常用来除去中草药中的淀粉、多聚糖等高分子杂质，从而提取有效成分制成针剂。

13.3　胶体的光学性质

胶体的光学性质是其高度分散和多相性质（不均匀性）的反应。可以利用这种性质区分胶体和溶液。

13.3.1　丁达尔效应

1869 年，英国物理学家丁达尔首先发现：在暗室里，让一束光线通过透明的溶胶，在光束垂直的方向观察，可以看到溶胶中显出一浑浊发亮的光柱，仔细观察可以看到内有微粒闪烁。这种现象就叫丁达尔效应。

根据光的电磁理论，当光线照射到分散体系时，如果分散相粒子直径比光的波长（400～700nm）大很多倍，那么粒子表面就会对入射光产生反射。如果分散相粒子直径比光的波长小，则粒子对入射光产生散射，其实质是入射光激发颗粒中电子进入与入射光同频率的振动能级，然后被激发的电子回到基态，把接收到的光能再以同频率的光的形式释放出来。这就致使颗粒本身像一个新的光源一样向各个方向发出与入射光同频率的光。而且分散相粒子体积越大，散射光越强；分散相与分散介质对光的折射率差别越大，散射光亦越强。若被照体系是完全均匀的，则所有二次光源辐射出来的次波因相互干涉而完全抵消，结果就没有散射光；若被照体系是不均匀的，二次光源辐射出来的次波不会抵消，结果产生散射光。由于胶体是不均匀的多相高度分散体系，入射光照射到胶体颗粒上必然会产生散射光，如图 13-3 所示。

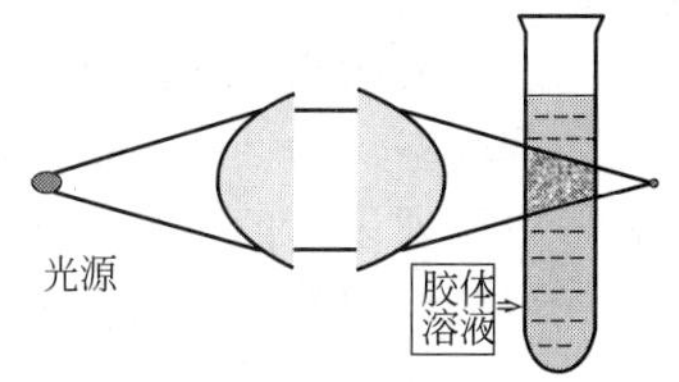

图 13-3　丁达尔效应

13.3.2　瑞利散射

1871 年英国人瑞利假设分散相颗粒为球形，颗粒间无相互作用，入射光是非偏振光，利用电磁场理论导出单位体积分散体系的散射光强度 $I(R, \theta)$ 随散射角 θ 和距离 R 的变化，如图 13-4 所示。

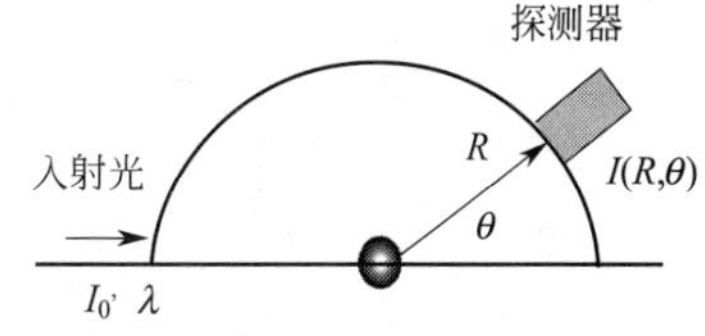

图 13-4　光散射测定

$$I(R,\theta)=I_0\frac{9\pi^2\rho v^2}{2\lambda^4R^2}\left(\frac{n_2^2-n_1^2}{n_2^2+2n_1^2}\right)^2(1+\cos^2\theta) \quad (13.1)$$

式中，I_0 为入射光强度；λ 为波长；$\rho(\rho=N/V)$ 为颗粒的数密度；v 为单个颗粒的体积，n_1 和 n_2 分别是分散介质和分散相的折射率。此式适用于不导电且半径≤47nm 的粒子体系，对于分散程度更高的体系，该式不受限制。

由式(13.1) 可以看出：

① 散射光的强度与入射光波长的 4 次方成反比，故入射光波长越短，散射光越强。如果入射光为白光，则其中短波长的蓝、紫色光散射作用最强；而波长较长的红光大部分将透过胶体。因此，当用白光照射胶体时，从侧面看，散射光呈蓝紫色；而在透射方向看呈橙红色。

② 分散介质和分散相的直射率差值越大，散射作用越显著。胶体具有明显的丁达尔效应，而高分子溶液中被分散物与分散介质之间具有较强的结合力，二者折射率很接近，所以丁达尔效应很弱。因此可以用丁达尔效应区分胶体和高分子溶液。纯液体和气体由于分子的热运动引起了介质密度的涨落而造成折射率不均匀，所以也会产生散射作用。

③ 散射光的强度与单位体积中的颗粒数 ρ 成正比。对于分散相和分散介质相同，仅仅颗粒数不同的胶体，若测量条件相同，两胶体的散射光强度之比应等于其浓度之比，即 $I_1/I_2=\rho_1/\rho_2$。因此可以通过其中一个胶体的浓度就可以求另外一个胶体的浓度。用于进行这种测量的仪器称为乳光计，其原理与比色计类似，不同之处在于乳光计中光源是从侧面照射胶体溶液，因此观察到的是散射光强度。分散体系的光散射能力也常用浊度表示，其定义为 $I_1/I_0=e^{-\tau l}$，式中 I_1 和 I_0 分别是透射和入射光强度，l 是样品池的长度，τ 就是浊度。它表示在光源、波长、粒子大小相同的情况下，通过不同分散体系时，透射光的强度将不同。当 $I_1/I_0=1/e$ 时，$\tau=1/l$。

高度分散的憎液溶胶从外观上是完全透明的，一般显微镜的分辨率约为 200nm，不能直接观察胶体颗粒。利用瑞利散射原理设计的超显微镜，可以研究 5～15nm 颗粒的散射光现象。超显微镜就是用显微镜来观察达尔效应中的散射光，如图 13-5 所示。

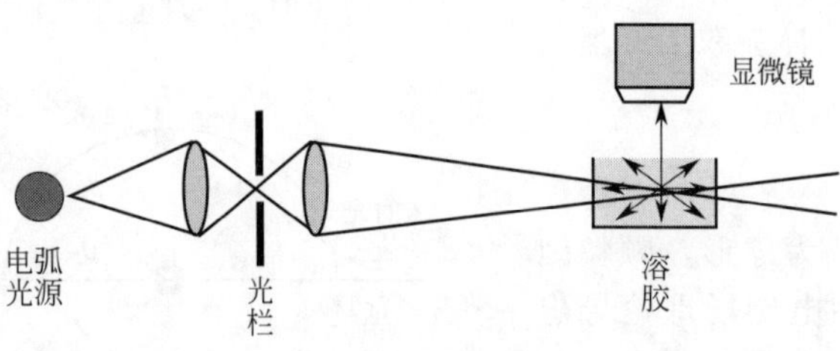

图 13-5　狭缝式超显微镜示意

思考：

13-4　为什么晴朗天空是蓝色的，而日出、日落时的彩霞特别鲜艳？

13-5　为什么表示危险的信号灯用红色？为什么车辆在雾天行驶时，装在车尾的雾灯一般采用黄色？

13-6　为什么在做测定蔗糖水解速率的实验时，所用旋光仪的光源用的是钠光灯？

思考：

13-7　超显微镜为何要用强的光源？

电子显微镜是利用高速运动的电子束代替普通光源而制成的一种显微镜。一般光学显微镜不能分辨小于其光源波长一半的微细结构。由于电子束具有波动性，其波长仅仅为可见光的十万分之一，即 0.5nm，故大大提高了显微镜的分辨率。它的基本原理是在一个高真空体系中，由电子枪发射电子束，穿过被测试的样品，再经过电子透镜聚焦放大，在荧光屏上显示出一个放大的图像，这就是通用电子显微镜。如果用电子束在样品上逐点扫描，然后用电视原理放大成像，显示在电视的显像管上，这种设备叫扫描电子显微镜。

13.4　胶体的动力学性质

13.4.1　布朗运动

1827 年，英国植物学家布朗在显微镜下首先观察到悬浮在水中的花粉颗粒做永不停歇的无规则运动。1903 年齐格蒙发明了超显微镜，用它观察到胶体粒子也不断做不规则的“之”字形连续运动。这种运动称为溶胶粒子的布朗运动，如图 13-6 所示。

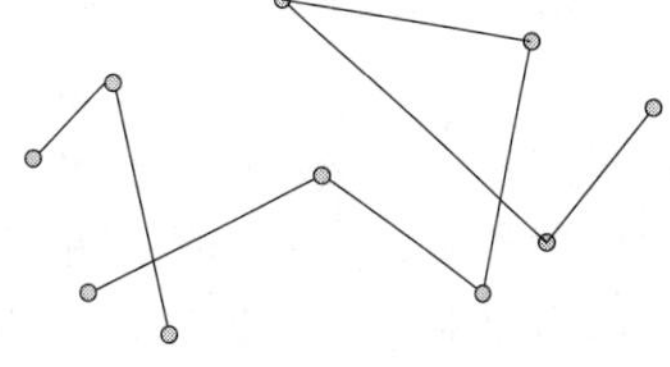

图 13-6　布朗运动

粒子做布朗运动无需消耗能量，是体系分子固有的热运动的体现。其强度随颗粒的减小和温度的升高而增加。产生布朗运动的原因是分散介质分子对胶粒的撞击。介质分子一直处于不停、无序的热运动中，处在介质分子包围中的胶体颗粒受到介质分子热运动的撞击，在某一瞬间，它所受的来自各方向的撞击力不会相互抵消，加上颗粒自身的热运动，因而颗粒在不同时刻以不同速度、不同方向做无规则运动。1905 年爱因斯坦用概率的概念和分子运动论观点，建立了布朗运动的理论模型，导出了爱因斯坦-布朗平均位移公式

$$\bar{x}=\left(\frac{RTt}{3L\pi\eta r}\right)^{1/2} \tag{13.2}$$

式中，$\bar{x}$ 为观察时间 t 内颗粒沿 x 轴方向上的平均位移；r 为颗粒半径；η 为介质黏度；L 为阿伏伽德罗常数。

思考：

13-8　布朗运动及其扩散方程式可以解决哪些问题？

13.4.2　扩散作用

由于溶胶有布朗热运动，在有浓度差的情况下，会从高浓度向低浓度处扩散。但因为溶胶粒子比普通分子大很多，热运动也弱很多，因此扩散慢很多。扩散的推动力是浓度梯度，也就是化学势的差，即胶粒从高浓度处向低浓度处扩散是自发的。浓度梯度越大，扩散速率越快。此外升温可以提高分子热运动和布朗运动的水平，也会提高扩撒速率。1905 年，爱因斯坦对球形颗粒导出了颗粒在 t 时间的平均位移和扩散系数之间的关系式：

$$(\bar{x})^2=2Dt \tag{13.3}$$

由式(13.2) 和式(13.3) 可得

$$D=\frac{RT}{6\pi\eta rL} \tag{13.4}$$

式中，D 为扩散系数，D 的值与粒子半径、介质黏度及温度都有关，其物理意义可从斐克(Fick) 第一定律来认识。

$$\frac{\mathrm{d}m}{\mathrm{d}t}=DA\frac{\mathrm{d}c}{\mathrm{d}x}$$

式中，A 为截面面积。该式为斐克（Fick）第一定律，其物理意义是在单位浓度梯度下单位时间内通过单位截面积的质量。

习题：

13-1　某溶胶中，胶粒的平均半径为 2.1nm，溶胶的黏度为 $\eta=0.001\mathrm{Pa\cdot s}$。试计算

(1) 298K 该胶体的扩散系数 D。

(2) 在 1s 的时间里，由于 Brown 运动，粒子沿 x 轴方向的平均位移 $\langle x\rangle$。

($1.04\times10^{-10}\mathrm{m^{-2}\cdot s^{-1}}$，$1.44\times10^{-5}\mathrm{m}$)

13.4.3 沉降和沉降平衡

当胶体粒子的密度比分散介质的密度大，在重力作用下，胶体粒子会向下运动，这个过程叫沉降。分散相中的颗粒受两种作用的影响：一种是重力作用，另一种是布朗运动所产生的扩散作用，这两个作用相反。对于一般溶液，溶质可看作分子形态分散在溶剂中，分子热运动占绝对优势，远远大于地球重力的作用，因而能自由地分散在整个介质范围内。对于类似于泥沙这样尺度很大的分散体系，由于颗粒很大，布朗运动产生的扩散作用无法克服自身重力的影响，颗粒将下沉，静置后可分层并澄清。胶体分散体系颗粒的大小介于这两种体系之间，扩散与沉降综合作用，形成了下部浓、上部稀的浓度梯度，若扩散速率等于沉降速率，则体系达到沉降平衡。这是动态平衡，颗粒此时可上下移动但其分布的浓度梯度不变。

博林推导出在重力场下达到沉降平衡时，颗粒浓度随高度分布的公式：

$$\ln\frac{c_2}{c_1}=-\frac{Mg}{RT}\left(1-\frac{\rho_0}{\rho}\right)(h_2-h_1) \tag{13.5}$$

式中，c_1、c_2 为浓度；h_1、h_2 为截面上颗粒的高度；ρ_0、ρ 分别为分散介质和分散相的密度；M 为颗粒相对分子质量；g 是重力加速度。式(13.5) 不受颗粒形状限制，但要求颗粒大小相等。从中可看出颗粒质量越大，其平衡浓度随高度的降低也越大。粒子较大，沉降较快，能较快达到沉降平衡；而高分散体系中的粒子则沉降缓慢，往往需要较长时间才能达到沉降平衡。表 13-2 为部分不同粒子体系沉降平衡高度表。由表 13-2 得出，颗粒分散程度相似的粗分散金胶体和藤黄悬浮体，颗粒浓度降低一半时的高度相差可达 150 倍，这是由于藤黄和金胶体的密度相差悬殊。据估计，半径为 $1\times10^{-8}\mathrm{m}$ 的金溶胶沉降 $1\times10^{-2}\mathrm{m}$ 距离约需时为 29 天。而实际上由于温度变化引起的对流、机械振动等引起的混合均会使沉降平衡建立的时间更加漫长，这样实验中将不能观察到浓度的梯度分布，可看作上下均匀的体系。

表 13-2　部分不同粒子体系沉降平衡高度

分散体系	分散度(粒子直径)/nm	粒子浓度降低一半时的高度/m
氧气	0.27	5000
高分散金溶胶	1.86	2.15
超微金溶胶	8.35	2.5×10^{-2}
粗分散金溶胶	186	2.0×10^{-7}
藤黄悬浮体	230	3.0×10^{-5}

由于胶体分散系统在重力场中沉降的速率极为缓慢，以至无法测其沉降速率，1923 年斯威伯格创制离心机获得成功，其离心力可提高到地心引力的 1000 倍，在测定溶胶胶团结构和大分子物质的摩尔质量方面得到重要应用。

对于颗粒较大的胶体分散体系，当偏离沉降平衡很远时（如刚搅拌后），可测定出颗粒以一定速率沉降。在重力场中，沉降速率为

$$v=\frac{2}{9}r^2(\rho-\rho_0)\frac{g}{\eta} \tag{13.6}$$

式中，v 为沉降速率；r 为分散相颗粒半径；ρ_0、ρ 分别为分散介质和分散相的密度；g 是重力加速度；η 是分散介质的黏度。根据此式，若知道密度和黏度，可通过测定颗粒的沉降速率来计算颗粒的半径。反之，若知道颗粒的大小，则可通过沉降速率来计算溶液的黏度。落式黏度计就是根据这个原理而设计的。

高分散溶胶溶液中，由于颗粒很小，颗粒的扩散作用不可忽视，具有动力学稳定性，达到平衡时间很长。同时温度变化引起的对流也阻止了平衡的建立，很难看到高度分散胶体的沉降平衡。通常胶体中的胶粒只有在高速离心机作用下才能明显沉降。1924 年发明的超速离心机可使转速达到每分钟十几万转，其离心力是重力的 100 万倍。超速离心技术是研究蛋白质、核酸、病毒及其他大分子化合物的重要手段，也是分离提出各种亚细胞结构（如线粒体、细胞分泌的外泌体等）的重要工具，临床上可对某些疾病起到确诊或者辅助诊断的作用。

13.5　胶体的电学性质

13.5.1　带电界面的双电层结构

胶体颗粒会由于表面电离或吸附离子等原因而带电，为了保持溶液电中性，同时介质必然带上相反电荷，从而使胶体呈现出电泳、电渗、电沉降等现象。同时研究也表明胶粒带电也是溶胶保持长时间相对稳定而不聚沉的重要因素。

胶体溶液中固液界面上带电现象的原因主要是吸附作用和电离。固体表面在吸附作用下可以从溶液中有选择地吸附某种离子而带电，大多数胶体颗粒的带电属于这种类型；固体表面上的物质在溶液中发生电离也可导致固体表面带电。比如蛋白质分子含有羧基和氨基，基于溶液的 pH，在水中可解离出羧酸根负离子或氨基正粒子而带电。由于静电引力的存在，带电的固体表面必然要吸引等电量的反离子包裹固体颗粒，使固-液之间形成类似于电极-溶液界面处的双电层结构。

历史上曾出现不同的双电层结构理论。亥姆霍兹最早提出平板电容器模型（1879 年），然后是古依-查普曼提出的扩散双电层模型（1910～1913）和斯特恩模型（1924）。斯特恩模型是前两者基础上的修正和补充，是近代大家采用的模型，如图 13-7 所示，若固体表面带正电，溶液中的反离子（水溶液中以水化离子形

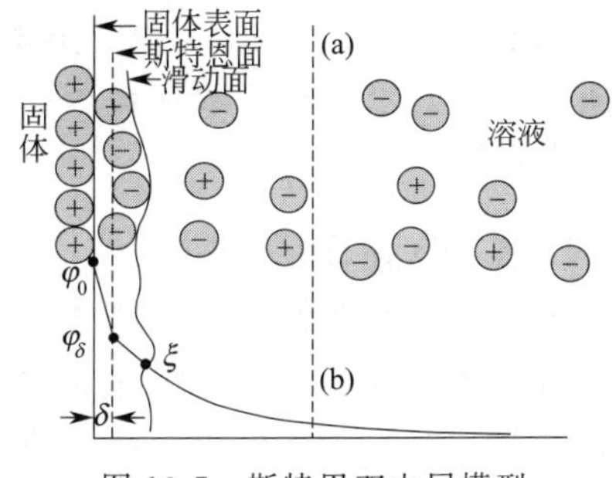

图 13-7　斯特恩双电层模型

思考：

13-9　试比较胶粒表面电势，Stern 层（紧密层）电势及 ζ 电势，ζ 与溶胶的热力学稳定性有什么关系？

式存在）就会在静电吸引力作用下吸附在固体表面上。该吸附层可视为固体表面层的一部分，叫紧密层，也叫斯特恩层。水化离子中心距固体表面的距离约为水化离子的半径。所有吸附在固体表面的水化离子中心连线所形成的假想面称为斯特恩面。当胶粒和紧密层一起在溶液中移动时，滑动面就凸显出来。滑动面在斯特恩面之外，与固体表面的距离大约是分子直径数量级。斯特恩面之外至溶液本体称为扩散层，由于吸附是动态平衡，紧密层的负离子也可能解吸然后向溶液本体扩散。所以斯特恩面以外被叫做扩散层。

13.5.2 胶团的结构

从斯特恩双电层理论可以推论出溶胶粒子的结构。以 KI 滴入 $AgNO_3$ 中制备 AgI 为例，如图 13-8 所示。每个胶粒核心部分都是 m 个 AgI 分子，其周围选择吸附介质中 n 个 Ag^+ 形成带正电的胶核。胶核又与分散介质中的反离子 NO_3^- 存在静电作用力、范德华力等吸引力，使过剩的（$n-x$）个反离子分布在滑动面以内，另一部分（x 个）则分布在紧密层以外，形成扩散层。滑动面所包围的带电体，称为胶体颗粒（胶粒）。由于胶粒带正电，所有胶体为正胶体。整个扩散层及所包围的胶体颗粒，则构成电中性的胶团。

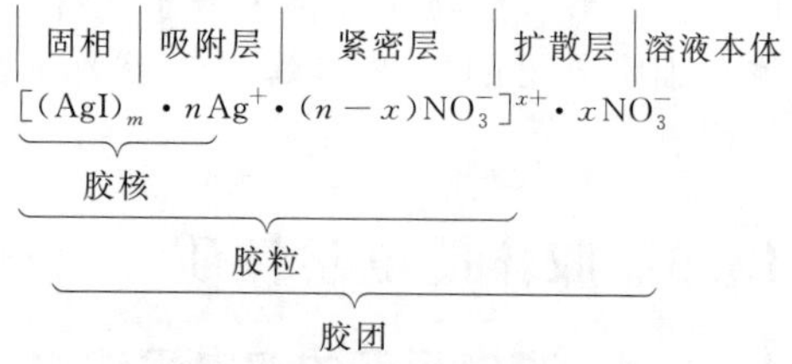

图 13-8　胶团结构

若将 $AgNO_3$ 滴加至 KI 溶液中，形成的胶核由于吸附溶液中过量的 I^- 而带负电荷，K^+ 为反离子，胶团结构可用图 13-9 所示的剖面图所示。

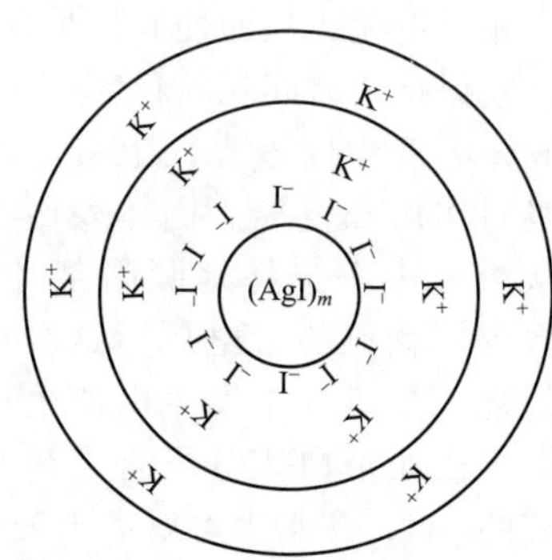

图 13-9　AgI 胶团剖面

书写胶团结构时应注意满足电中性条件，胶团中反离子所带电荷数应该等于胶核表面所带的电荷数。

13.5.3 电动现象

由于胶粒是带电的，实验发现在外电场作用下分散相和分散介质可发生相对移动；另外在外力作用下，分散相和分散介质进行相对移动时又可产生电势差。这两类相反的过程均与“电”和“动”相关，所以叫做电动现象。

（1）电泳

在外电场作用下，胶体粒子在液相中定向移动的现象称为电泳。

习题：

13-2　用如下反应制备 $BaSO_4$ 溶胶，用略过量的反应物 $Ba(CNS)_2$ 作稳定剂

$$Ba(CNS)_2 + K_2SO_4 \longrightarrow BaSO_4 + 2KCNS$$

请写出胶核、胶粒和胶团的结构式，并指出胶粒所带的电性。

13-3　对于 AgI 的水溶胶，当以 $AgNO_3$ 为稳定剂时，如果 ζ 电势为 0，请写出在等电点时胶团的结构式。

观察电泳现象的仪器是带有活塞的 U 形管，如图 13-10 所示。实验时，打开活塞 1、2，将溶胶经漏斗 4 放入管中，关上活塞 1、2，倾出活塞上方的余液，在管的两臂中各放少许密度较小的某电解质溶液。慢慢打开活塞 1、2，再由漏斗放入溶胶，使溶胶液面上升，同时将上方电解质溶液顶到管端直到淹没电极 5。正确的操作可使溶胶与电解质溶液之间保持一清晰的界面。停止放入溶胶后，给电极接上 100～300V 的直流电，即可观察溶胶移动情况。

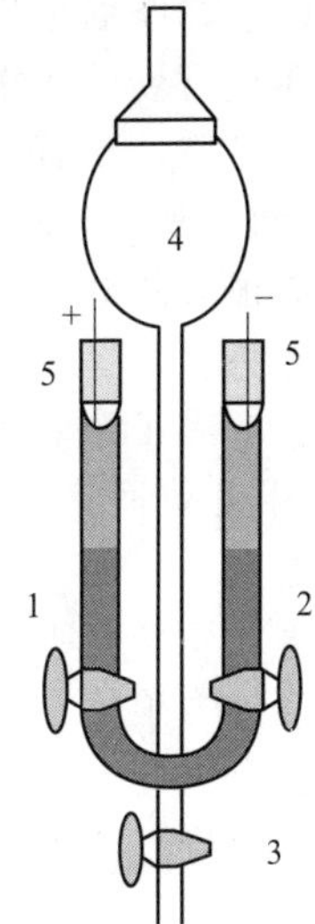

图 13-10　电泳仪
1，2—活塞；3—调节阀；4—漏斗；5—电极

观察溶胶的电泳实验结果发现，有的溶胶是负极一侧下降、正极一侧上升，证明该溶胶的粒子带负点，如金属硫化物、贵金属溶胶；有的溶胶是正极一侧下降、负极一侧上升，证明该溶胶离子带正电，如金属氧化物溶胶；有的溶胶两种情形都能发生。

电泳的现象证明了胶粒是带电的，事实还证明，若在溶胶中加入电解质，则对电泳会有显著的影响。随外加电解质的增加，电泳速度会降低甚至变成零，外加电解质还能够改变胶粒带电的符号。

溶胶粒子的电泳速率与粒子所带电荷量及外加电势梯度成正比，而与分散介质及粒子大小成反比。溶胶粒子比离子大很多，但实验表明溶胶的电泳速率与离子的电迁移速率数量级大体相当，由此可见溶胶粒子所带电荷数量是相当大的。

电泳的应用相当广泛，在生物研究领域常用电泳法分离和区别各种氨基酸和蛋白质；医学中也利用血清在纸上的电泳，可得到不同蛋白质前进的次序，反映其运动速度，以及从谱带的宽度判断不同蛋白含量的区别，类似于色谱法；又如利用电泳方法使橡胶的乳状液凝结而浓缩；利用电泳使橡胶电镀在金属模具上，可得到易于硫化、弹性及拉力均好的橡胶产品，通常医用橡胶手套就是这样制成的；还可利用电泳涂漆，该工艺是将工件作为一个电极浸入水溶性涂料中并通电，带电胶粒会沉积在工件表面。毛细管电泳是 20 世纪 80 年代以来发展起来的最新的分析化学方法。

（2）电渗

在外电场作用下可观察到分散介质会通过多孔物质（如瓷片或多孔塞）而移动，即固相不动而液相移动，这种现象叫电渗。实验表明液体移动的方向因多孔塞的性质而异。比如当用滤纸、玻璃或棉花等构成多孔塞时，则水向阴极移动，这表明液相带正电荷；用氧化铝、碳酸钡等物质做多孔塞时，水向阳极移动，这时液相带负电。液体运动的原因在于多孔固体和液体的界面上有双电层存在。在外电场的作用下，与表面结合不牢固的扩散层离子向带反号电荷的电极方向移动，而与表面结合紧密的斯特恩层则是不动的，扩散层中的离子移动时带动分散介质一起移动。电渗现象在工业上常用来除水（泥炭和染料的干燥）或水的净化（海水的淡化、废酸废液的处理等）。

习题：

13-4　在充满 0.001mol/dm^3 $AgNO_3$ 溶液的 U 形电渗管中，中间放置一个 AgCl(s) 多孔塞，塞中的细孔中都充满了溶液。在多孔塞的两侧分别放置电极，并通以直流电。通电一段时间后，在电渗管上方的刻度毛细管中，液面的变化表示介质向哪个电极移动？如果将管中的溶液换为 0.01mol/dm^3 的 $AgNO_3$ 溶液，并保持直流电的电压相同，问介质电渗的速度将如何改变？如果用 KCl 溶液来代替 $AgNO_3$ 溶液，则电渗的方向有何变化？

(3) 沉降电势和流动电势

在重力场的作用下，带电的分散相粒子在分散介质中迅速沉降时，使底层与表面层的粒子浓度悬殊，从而产生电势差，这就是沉降电势。它是电泳作用的伴随现象，电泳是因“电”而“动”，而沉降电势是因“动”而“电”。储油罐中的油内常会有水滴，水滴的沉降会形成很高的电势差，有时会引发事故。通常在油中加入有机电解质，增加介质电导，降低沉降电势。

含有离子的液体在加压或重力等外力的作用下，流经多孔膜或毛细管时会产生电势差。这种因流动而产生的电势称为流动电势，它是电渗现象的伴随现象，同样是因“动”而“电”。

因为管壁会吸附某种离子，使固体表面带电，电荷从固体到液体有个分布梯度。

当外力迫使扩散层移动时，流动层与固体表面之间会产生电势差，当流速很快时，有时会产生电火花。在用泵输送原油或易燃化工原料时，要使管道接地或加入油溶性电解质，增加介质电导，防止流动电势可能引发的事故。

13.6 溶胶的稳定和聚沉

13.6.1 溶胶的稳定性

溶胶是热力学不稳定的体系，粒子间有相互聚结而降低其表面自由能趋势，但它具有动力学稳定作用，因为胶粒很小，运动剧烈，因此在重力场中不易聚沉。更重要的是由于溶胶粒子表面的双电层的存在，粒子之间就产生了一种抗聚沉能力，这个因素才是溶胶稳定性的最根本的原因。

在讨论溶胶的稳定性时，我们必须考虑粒子间相互作用的能量，如图 13-11 所示。粒子间相互作用的能量包括粒子间的吸引能 V_a 和排斥能 V_r。溶胶粒子之间相互吸引能的本质是分子间的力，但是此处是由许多分子组成的粒子间所贡献的作用能之和。可以证明，这种作用力不是与分子间距离的六次方成反比，而是与距离的三次方成反比，因此这是一种远程作用力。溶胶粒子间的排斥力起源于胶粒表面的双电层的结构。当粒子间距离较大，其双电层未重叠时，排斥力不发生作用。而当粒子靠得很近时，以致双电层间发生重叠，则在重叠部分中离子的浓度比正常分布时大，这些过剩的离子所具有的渗透压将阻碍粒子之间的靠近，因而产生排斥作用。粒子之间的距离与总作用能的关系如图 13-11 所示，当距离较大时，双电层未重叠，吸引力起作用，因此总势能为负值。当粒子靠近到一定距离以致双电层重叠，则排斥力起主要作用，势能显著增加，但与此同时，粒子之间的吸引力也随距离的缩短而增大。当距离缩短到一定程度后，吸引力又占优势，势能又随之下降。从图 13-11 中可以看出，粒子要相互聚集在一起，必须克服一定的势垒，这是稳定的溶胶中粒子不相互聚沉的原因。在这种情况下，尽管 Brown 运动使粒子碰撞，但当粒子靠近到双电层重叠时，随即发生排斥又使其分开，并不会

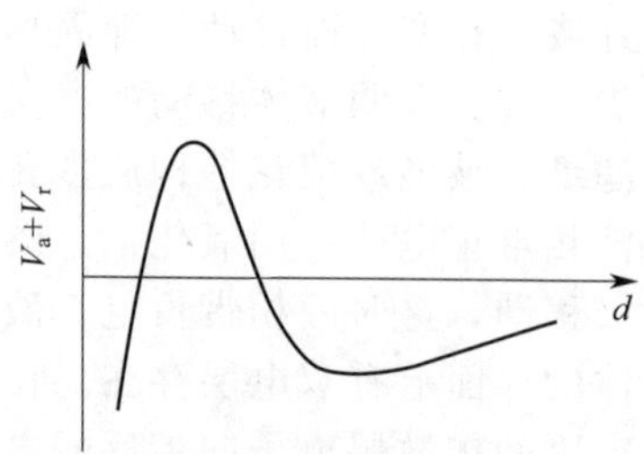

图 13-11　粒子间作用能与其距离的关系示意

引起聚沉。但是如果由于某些原因使得吸引的效应足以抵消排斥作用，则溶胶就将表现出不稳定状态。在这种情况下，碰撞将导致粒子的结合，先是体系的分散程度降低，最后所有的分散相都又变为沉淀析出，这种作用为聚沉作用。

一般外界因素如分散体系中电解质的浓度等，对范德华引力影响较小，但能强烈影响胶粒之间的排斥能量 V_r。

研究溶胶稳定性问题的另一个要考虑的因素是溶剂化层的影响。由于胶粒表面带电，并且此种离子及反离子都是溶剂化的，这样，在胶粒周围就好像形成了一个溶剂化膜。许多实验表明，水化膜中的水分子是定向的，当胶粒彼此接近时，水化膜就被挤压变形，从而引起定向排列的引力，力图恢复水化膜中水分子原来的定向排列，这样就使水化膜表现出弹性，成为胶粒彼此接近的机械阻力。另外，水化膜中的水较之体系自由水有较高的黏度，这也成为胶粒相互靠近时的机械障碍。总之，胶粒外的这部分水化膜客观上起了排斥作用，所以也常称为“水化膜阻力”。胶粒外水化膜的厚度应该与扩散双电层的厚度相当，估计约为水化膜的厚度。受体系中电解质浓度的影响，当电解质的浓度增大时，扩散双电层的厚度减小，故水化膜变薄。

13.6.2　影响聚沉作用的一些因素

(1) 外加电解质的影响

外加电解质对溶胶的稳定性影响最大，主要影响胶粒的带电情况，使 ζ 电位下降，促使胶粒聚结。溶胶受电解质的影响非常敏感，通常用聚沉值表示（使一定量的溶胶在一定时间内完全聚沉所需要的最小浓度，又称为临界聚沉浓度）。表 13-3 列出了不同电解质对一些溶胶的聚沉值。

表 13-3　电解质对溶胶的聚沉值　　单位：$mmol/dm^3$

电解质	As_2S_3（负溶胶）	Au（负溶胶）	$Fe(OH)_3$（正溶胶）	Al_2O_3（正溶胶）
LiCl	58			
NaCl	51	24	9.25	43.5
KCl	49.5		9.0	46
KBr			12.5	
KI			16	
KNO_3	50	25		60
K_2SO_4		11.5	0.205	0.30
$BaCl_2$		0.35		
$CaCl_2$	0.65	0.41		
$MgCl_2$	0.72			
$MgSO_4$	0.81		0.22	
$AlCl_3$	0.093			
$Al_2(SO_4)_3$	0.048	0.0045		
$Ce(NO_3)_3$		0.003		
$K_2Cr_2O_7$				0.63
$K_3[Fe(CN)_6]$				0.08

根据一系列实验结果，可以总结出如下的规律：

① 聚沉能力主要决定于胶粒带相反电荷的离子的价数。聚沉值与异电性离子价数的六次方成反比，这就是 Schulze-Hardy 规则。例如，对于给定的溶胶，异电性离子分别为一、二、三价，则聚沉值的比例为：

$$\left(\frac{1}{1}\right)^6 : \left(\frac{1}{2}\right)^6 : \left(\frac{1}{31}\right)^6$$

② 与胶粒带相反电荷的离子，价数相同，其聚沉能力也有差异，不过比不同价数离子聚沉能力的差别要小很多。例如，对胶粒带负电的溶胶，一价阳离子硝酸盐的聚沉能力次序为：

$$H^+ > Cs^+ > Rb^+ > NH_4^+ > K^+ > Na^+ > Li^+$$

对带正电的胶粒，一价阴离子的钾盐的聚沉能力次序为：

$$F^- > Cl^- > Br^- > NO_3^- > I^-$$

这种次序称为感胶离子序（lyotropic series）。这种顺序和离子的水合半径的顺序相同。

③ 有机化合物的离子都有很强的聚沉能力，这可能与其具有强吸附能力有关。

④ 当与胶体带相反电荷的离子相同时，则另一同性离子的价数也会影响聚沉值，价数愈高，聚沉能力愈低，这一规律叫做哈迪-叔采规则。通常一价反离子的聚沉值比二价的大20～30倍，比三价的大500～1000倍。当离子在胶体粒子表面有强吸附或发生表面化学反应时此规则不适用。比如对硫化砷溶胶来说，一价吗啡离子比二价的 Mg^{2+} 和 Ca^{2+} 聚沉能力强很多。

⑤ 在溶胶中加入少量的电解质可以使溶胶聚沉，电解质浓度稍高，沉淀又重新分散成溶胶，并使胶粒改变符号。如果电解的浓度再次升高，可以使新生成的溶胶再次沉淀，这种现象称为不规则聚沉。不规则聚沉是溶胶粒子对高价异号离子强烈吸附的结果。

从上述的结果可以看出，电解质对溶胶的作用是相当复杂的。

(2) 胶体之间的相互作用

将胶粒带相反电荷的溶胶互相混合，也会发生聚沉，这是由于带不同电荷的胶粒相互吸引而聚沉。与加入电解质情况不同的是，当两种溶胶的用量恰能使其所带电荷的量相等时，才会完全聚沉，否则会不完全聚沉，甚至不发生聚沉。

产生相互聚沉的原因是：可以把溶胶粒子看成是一个巨大的离子，所以溶胶的混合类似于加入电解质的一种特殊情况。

此外浓度、温度等也会成为影响溶胶稳定性的因素。浓度增加，粒子碰撞机会增多。温度升高，粒子碰撞机会增多，碰撞强度增加。

习题：

13-5　由 $0.01dm^3$ 0.05mol/kg 的 KCl 和 $0.1dm^3$ 0.002mol/kg 的 $AgNO_3$ 溶液混合，生成 AgCl 溶胶。若使用下列电解质：KCl，$AlCl_3$ 和 $ZnSO_4$ 将溶胶聚沉，请排出聚沉值由小到大的顺序。

($AlCl_3 < ZnSO_4 < KCl$)

13-6　在 H_3AsO_3 的稀溶液中，通入略过量的 H_2S 气体，生成 As_2S_3 溶胶。若用下列电解质将溶胶聚沉：$Al(NO_3)_3$，$MgSO_4$ 和 $K_3Fe(CN)_6$，请排出聚沉能力由大到小的顺序。

[$Al(NO_3)_3 > MgSO_4 > K_3Fe(CN)_6$]

习题：

13-7　在制备二氧化硅溶胶的过程中，存在如下反应：

$$SiO_2 + H_2O \longrightarrow H_2SiO_3\text{(溶胶)}$$

$$H_2SiO_3 \longrightarrow SiO_3^{2-} + 2H^+$$

(1) 试写出二氧化硅胶粒的结构式。

(2) 指明胶粒电泳的方向。

(3) 当溶胶中分别加入 NaCl，$MgCl_2$，K_3PO_4 时，哪种物质的聚沉值最小？

(正极，$MgCl_2$)

13-8　混合等体积的 $0.08mol/dm^3$ KI 和 $0.1mol/dm^3$ $AgNO_3$ 溶液所得的溶胶。

(1) 试写出胶团的结构式。

(2) 指明胶粒电泳的方向。

(3) 比较 $MgSO_4$，Na_2SO_4 和 $CaCl_2$ 电解质对溶胶聚沉能力的大小。(负极，Na_2SO_4)

思考：

13-10　江河入海口为什么会形成三角洲？

13-11　用电解质把豆浆点成豆腐，如果有三种电解质：NaCl、$MgCl_2$、$CaSO_4 \cdot 2H_2O$，哪种电解质的聚沉能力最强？

13-12　为什么明矾能使浑浊的水很快澄清？

13-13　两种不同品牌的墨水混合会出现沉淀吗？

13-14　社会体系中的哪些现象类似于胶体的性质？

13.6.3 高分子化合物对溶胶的絮凝作用和稳定作用

（1）高分子化合物对溶胶的絮凝作用

加入少量某种高分子溶液，有时能明显地破坏溶胶的稳定性，或者是使电解质的聚沉值显著减小，称为敏化作用，或者是高分子化合物直接导致胶粒聚集而沉降，称为絮凝过程。

产生絮凝作用的原因是当加入的大分子物质的量不足时，溶胶的胶粒黏附在大分子上，大分子起了一个桥梁作用，把胶粒联系在一起，使之更容易聚沉。

高分子化合物对溶胶的絮凝作用有以下几个特点。

① 起絮凝作用的高分子化合物一般具有链状结构，凡是分子构型是交联的，或者是支链的，其絮凝作用就差，甚至没有絮凝能力。

② 任何絮凝剂的加入都有一个最佳值，此时的絮凝效果最好；超过了此值，絮凝效果就下降；若超出很多，反应起到保护作用。

③ 高分子的相对分子质量越大，则架桥能力越强，絮凝能力越高。

④ 高分子化合物的基团性质与絮凝有关，有良好的絮凝作用的高分子化合物至少应该具备能吸附于固体表面的基团，同时这种基团还能溶解于水中，所以基团的性质对絮凝效果有十分重要的影响。常见的基团有：

$$—COOH,—CONH_2,—OH,—SO_3Na$$

这些极性基团的特点是亲水性很强，在固体表面上能吸附，产生吸附的原因可以是静电吸引、氢键和范德华引力。同时吸附力的大小还常常取决于液体与固体的性质，如 pH，外加高价离子、有机大离子以及表面活性剂等，使高分子化合物在某些固体表面上有选择性地吸附，而在另外一些固体表面上不吸附，这样可以在温合的悬浮体内产生选择性絮凝，为分离、提纯、选矿等提供方便。

⑤ 絮凝过程是否迅速、彻底，这取决于絮凝物的大小和结构、絮凝物的性能与絮凝剂的混合条件、搅拌速度和强度等。

絮凝作用比聚沉更实用，因为絮凝发生作用时间更短、作用更彻底、沉淀疏松、过滤快、絮凝剂用量少，特别对于颗粒较大的悬浮尤其有效。在污水处理、钻井、选矿及化工流程中的沉淀、过滤、洗涤等操作都有重要的应用。

（2）高分子化合物对溶胶的稳定作用

产生稳定作用的原因是高分子化合物吸附在溶胶粒子的表面上，形成一层高分子保护膜，包围了胶体粒子，把亲液性基团伸向水中，并且有一定厚度，所以当胶体质点在相互接近时的吸引力就大为削弱，而且有了这一层黏稠的高分子膜，还会增加相互排斥力，因而增加了胶体的稳定性。

13.7 大分子溶液

有机化合物如橡胶、蛋白质、纤维素等的相对分子质量比普通有机化合物大很多，有的甚至可以达到几百万。斯陶丁格把相对分子质量大于 10^4 的物质称之为大分子，主要有：天然大分子，如淀粉、蛋白质、纤维和各种生物大分子等；人工合成大分子，如合成橡胶、聚烯烃、树脂和合成纤维等；合成的功能高分子材料，如光敏高分子、导电性高分子、医用高分子和高分子膜等。

聚合物可以按照不同的方法来分类：①按来源分类，有天然的、半天然的和合成的；②按聚合反应的机理和反应的类别分类，有连锁聚合（加聚）和逐步聚合（缩聚）两大类；③按高分子主链结构分，有碳链、杂链和元素有机高分子等；④按聚合物性能和用途分类，有塑料、橡胶、纤维和黏合剂等；⑤按高分子的形状分，有线型、支链型、交联型等。

13.7.1 大分子的平均摩尔质量

在大分子聚合反应过程中，由于每个分子的聚合程度不同，所以大分子的摩尔质量只能是一个平均值。而且，测定和平均的方法不同，得到的平均摩尔质量也不同。常用有四种平均方法，因而有四种表示法。

(1) 数均摩尔质量 $\overline{M}_n$

有一高分子溶液，各组分的分子数分别为

$$N_1, N_2, \cdots, N_i, \cdots$$

其对应的摩尔质量为

$$M_1, M_2, \cdots, M_i, \cdots$$

则数均摩尔质量的定义为：

$$\overline{M}_\mathrm{n} = \frac{N_1M_1 + N_2M_2 + \cdots + N_iM_i}{N_1} = \frac{\sum_i N_iM_i}{\sum_i N_i} = \sum_i x_iM_i \tag{13.7}$$

式中，x_i 为 i 组分在该溶液中所占的分数，即 $x_i = \dfrac{N_i}{\sum_i N_i}$

(2) 质均摩尔质量 $\overline{M_\mathrm{m}}$

质均摩尔质量习惯上也称为重均摩尔质量。因为单个分子质量为 M_i 的组分 i 的质量，故

$$\overline{M_\mathrm{m}} = \frac{\sum_i N_iM_i^2}{\sum_i N_iM_i} = \frac{\sum_i m_iM_i}{\sum_i m_i} = \sum_i \overline{m_i}M_i \tag{13.8}$$

$$\overline{m_i} = \frac{m_i}{\sum_i m_i} \qquad N_iM_i = m_i$$

式中，$\overline{m_i}$ 为 i 组分的质量分数。

(3) Z 均摩尔质量 $\overline{M_Z}$

Z 均摩尔质量的定义是：

$$\overline{M_\mathrm{z}} = \frac{\sum_i N_iM_i^3}{\sum_i N_iM_i^2} = \frac{\sum_i m_iM_i^2}{\sum_i m_iM_i} = \frac{\sum_i Z_iM_i}{\sum_i Z_i} \tag{13.9}$$

式中，$Z_i = m_iM_i$。

(4) 黏均摩尔质量$\overline{M_\nu}$，其定义式为

$$\overline{M_\nu} = \left(\frac{\sum_i N_iM_i^{(\alpha+1)}}{\sum_i N_iM_i}\right)^{\frac{1}{\alpha}} = \left(\frac{\sum_i m_iM_i^\alpha}{\sum_i m_i}\right)^{\frac{1}{\alpha}} = \left(\sum_i Z_iM_i^\alpha\right)^{\frac{1}{\alpha}} \tag{13.10}$$

式中，α 是指 $[\eta]=KM^\alpha$ 公式中的指数。

数均摩尔质量对高分子化合物中摩尔质量较低的部分较为敏感，而 $\overline{M_\mathrm{m}}$ 和 $\overline{M_Z}$ 则对摩尔质量较高的部分比较敏感。

13.7.2 聚合物摩尔质量的测定方法

由于大分子化合物是多种多样的，摩尔质量分布范围很广，所以测定聚合物摩尔质量的方法很多，不同的测定方法所得到的平均摩尔质量也不同，常用的有如下几种。

(1) 端基分析法

如果聚合物的化学结构已知，了解分子链末端所带的何种基团，则用化学分析的方法，测定一定质量样品中所含端基的数目可计算其平均摩尔质量，所得到的是数均摩尔质量。

(2) 渗透压法

利用溶液的一些依数性质如沸点升高、冰点降低、蒸气压降低和渗透压等都可以测定溶质的摩尔质量。由于这些性质主要是与溶质的分子数目而不是与溶质的性质有关，所以测定出来的为数均摩尔质量。

在依数性中采用渗透压法是比较好的测数均摩尔质量的方法。非电解质高分子溶液渗透压公式

$$\Pi = RT\left(\frac{c}{M} + A_2c^2 + A_3c^3 + \cdots\right) \tag{13.11}$$

式中，A 为维里系数，代表高分子溶液的非理想性。对稀溶液，略去第三项，得

$$\frac{\Pi}{c} = \frac{RT}{M_n} + A_2c$$

以 Π/c 对 c 作图，在低浓度范围内为一直线，外推到 $c=0$ 处，可得 RT/M_n，从而可求得数均摩尔质量。

(3) 黏度法

设：纯溶剂的黏度为 η_0，大分子溶液的黏度为 η，两者不同的组合得到不同的黏度表示方法：

① 相对黏度　$\eta_r = \eta/\eta_0$

② 增比黏度　$\eta_{sp}/c = (\eta - \eta_0)/(c\eta_0)$

③ 比浓黏度　$\eta_{sp} = (\eta - \eta_0)/\eta_0$

④ 特性黏度　$$[\eta] = \lim_{c\to 0}\left(\frac{1}{c} \times \frac{\eta - \eta_0}{\eta_0}\right) = \lim_{c\to 0}\frac{\eta_{sp}}{c} = \lim_{c\to 0}\frac{\eta_r}{c} \tag{13.12}$$

当温度、聚合物和溶剂体系选定后，大分子溶液的黏度仅与浓度和聚合物分子的大小有关。特性黏度是几种黏度中最能反映溶质分子本性的一种物理量，由于它是外推到无限稀释时溶液的性质，已消除了大分子之间相互作用影响，且代表了无限稀释溶液中单位浓度大分子溶液黏度变化的分数。

实验方法是用黏度计测出溶剂和溶液的黏度 η_0 和 η，计算相对黏度 η_r 和增比黏度 η_{sp}。以 η_{sp}/c 对 c 作图，得一条直线，以 $\ln\eta_r/c$ 对 c 作图得另一条直线。将两条直线外推至浓度 $c\to 0$，得到特性黏度 $[\eta]$。从经验式：$[\eta] = KM_v^\alpha$，求黏均摩尔质量。式中 α 和 v 为与溶剂、大分子物质和温度有关的经验常数，有表可查。

13.7.3 聚合物的分级

聚合物是由较小的分子聚合而成的。由于聚合程度不同，所以聚合物的摩尔质量只能是一个平均值。如果把聚合物按一定质量范围分级，就可能大体知道摩尔质量的分布情况。分级的主要方法有如下几种：

① 利用聚合物的溶解度与分子大小之间的依赖关系，把试样分成摩尔质量较为均一的分级来测定摩尔质量的分布。如沉淀分级、柱上溶解分级、梯度淋洗分级等。

② 利用聚合物分子大小不同，动力学性质也不同，从而得出摩尔质量的分布情况，如超离心沉降法等。

③ 利用聚合物分子大小不同的情况可用凝胶色谱法予以分离。

思考：

13-15 大分子与胶体在生活、生产和科研中有哪些更具体的应用？

统计篇

前面的篇章主要介绍的是采用 p、T、V 技术研究体系的性质特征，这些技术手段更关注体系的宏观现象，至于现象深层的体系粒子发生了什么，这些技术手段并不能给出令人满意的回答，以至于 p、T、V 技术的研究结果往往是“知其然不知其所以然”。

本篇部分更关注体系微观粒子，采用热力学统计和量子统计技术研究体系微观粒子的分布规律，揭示体系宏观现象的本质。热力学统计是从粒子的微观性质及结构数据出发，以体系粒子遵循的力学定律为理论基础，用统计的方法推求大量粒子运动的统计平均结果，以得出平衡体系各种宏观性质的值，换句话说，热力学统计采用概率规律和力学定律求出大量粒子运动的统计规律。由于热力学统计采用的核心理论是经典力学，故热力学统计又称为经典统计。与经典统计采用的理论方法不同，量子化学是采用量子力学的基本原理和方法，主要分析研究构成粒子的电子所遵循的统计分布规律回答体系宏观现象的本质，故量子化学又可称为量子统计。经典统计和量子统计都是通过对微观粒子统计规律的认识来解释体系宏观现象的本质，但二者所关注的基本粒子的层次不同。经典统计关注的体系基本粒子层次是原子、分子或离子，并不关心原子核和电子；量子统计关注的基本粒子是原子核和电子，尤其更关注电子。

第 14 章 热力学统计基础

本章基本要求

14-1　了解统计热力学体系的分类和统计热力学概率的含义。
14-2　了解玻尔兹曼分布定律的推导过程。
14-3　了解配分函数及它的物理意义。
14-4　掌握非定位体系和定位体系的热力学函数的关系。
14-5　了解各种运动形式的分子配分函数的求算及应用。
14-6　掌握统计热力学对理想气体体系的一些应用。

14.1　引言

热力学是以大量分子的集合体作为研究对象，以大量实验为依据归纳出的热力学三定律为基础，利用热力学数据，通过严密的逻辑推理，进而讨论平衡体系的各宏观性质之间的相互关系及其变化规律，揭示变化过程的方向和限度。热力学所得到的结论对宏观平衡体系具有高度的普适性和可靠性，这已被大量的实践经验所证明。由于热力学处理问题时不考虑物质的微观结构，它的正确性不受人们对物质微观结构的认识所影响，这就给人们处理宏观平衡体系带来很大的便利，这是它的优点，但同时也是它的缺点所在。任何物质的各种宏观性质都是微观粒子运动的客观反映，人们不会满足于热力学对平衡体系各种宏观性质的经验性描述，而是希望从物质的微观结构出发来了解其各种宏观性质。这是热力学所不能解决的，而统计热力学在这点弥补了热力学的不足。

14.1.1　统计热力学的研究对象和方法

统计力学是统计物理学的一个分支，发展于 19 世纪中期，计算机科学的发展极大地促进了统计力学的发展。统计力学的研究对象是大量分子的集合体，其目标是从微观粒子所遵循的量子规律出发，用统计平均的方法推断出宏观物质的各种性质之间的联系。统计力学现在已发展成为一门独立的学科，它是沟通宏观学科和微观学科的桥梁。在物理化学中，应用统计力学方法研究平衡体系的热力学性质，就形成统计热力学。与热力学一样，其研究对象也是大量分子的集合体，但它们的研究方法不同，统计热力学是微观理论，而热力学是宏观理论。

统计力学的研究方法是微观的方法，它是根据统计单元的力学性质（例如速率、动量、位置、振动、转动等），用统计的方法来推求体系的热力学性质（例如压力、热容、熵等热力学函数）。19 世纪末期，玻尔兹曼（Boltzmann）运用经典力学处理微观粒子的运动，创立了经典统计热力学；1900 年普朗克（Planck）提出量子论，引入能量量子化概念，麦克斯韦（Maxwell）将能量量子化概念引入统计热力学，对经典统计进行某些修正，发展成初期的量子统计——麦克斯韦-玻尔兹曼统计；1924 年以后，诞生了量子力学，统计力学的基础和方法也相应得到发展，又出现了一些新的统计方法，如 Bose-Einstein 统计，Fermi-Dirac 统计。由于这两种统计均可近似为玻尔兹曼统计，所以本教材只介绍玻尔兹曼统计。

本书向读者介绍统计热力学的初步知识，旨在让读者对热力学性质的理解在统计热力学上进一步提高，感兴趣的读者可参阅有关专著。

思考：

14-1　有哪些统计技术方法？

14.1.2　统计体系的分类

统计热力学中，组成体系的分子、原子、离子等微粒都称作粒子（particle），或简称子。根据这些微观粒子的不同特性，可将体系分成不同的类型。根据统计单位是否可以分辨，把体系分为定位体系和非定位体系。根据统计单位粒子之间有无相互作用，又可以分为独立粒子体系和相依粒子体系。

1. 定位体系和非定位体系

(1) 定位体系

定位体系（localized system）又称为定域子体系，这种体系中的粒子彼此可以分辨。例如，在晶体中，粒子在固定的晶格位置上作振动，每个位置可以想象给予编号而加以区分，所以定位体系的微观态数是很大的。

(2) 非定位体系

非定位体系（non localized system）又称为离域子体系，基本粒子之间不可区分。例如，气体的分子，总是处于混乱运动之中，彼此无法分辨，所以气体是非定位体系，它的微观状态数在粒子数相同的情况下要比定位体系少得多。

思考：

14-2　统计学如何定义研究体系？为什么这样定义？

14-3　统计学定义的体系是否也可推演至社会体系？

14-4　统计学方法研究的体系性质推延至社会体系能说明什么？

2. 独立粒子体系和相依粒子体系

(1) 独立粒子体系

独立粒子体系（assembly of independent particles）粒子之间的相互作用非常微弱，因此可以忽略不计，所以独立粒子体系严格讲应称为近独立粒子体系。理想气体体系就是这类体系的最好例子。设由 N 个粒子组成的独立体系，在不考虑外场作用的情况下，体系的总能量（即内能）U 是所有粒子能量之和：

$$U=\sum_{i=1}^{N}\varepsilon_i \tag{14.1}$$

式中，ε_i 是 i 粒子的能量。

(2) 相依粒子体系

相依粒子体系（assembly of interacting particles）又称为非独立粒子体系，体系中粒子之间的相互作用不能忽略，如实际气体、液体等。相依粒子体系的总能量，除每个粒子自身的能量 ε_i 外，还必须包括所有粒子之间相互作用的势能 U_p，即

$$U=\sum_{i=1}^{N}\varepsilon_i+U_p \tag{14.2}$$

式中，U_p 为与所有粒子位置有关的量，准确给出这一项的表达式几乎是不可能的。

相依粒子体系处理方法较为复杂，本章只讨论独立粒子体系，以下如不特别声明，都是指独立粒子体系而言的。

14.2 玻尔兹曼分布定律

14.2.1 研究体系的特点

玻尔兹曼分布所研究的体系是宏观状态确定的独立粒子密闭体系，这里所谓宏观状态是指描述体系宏观状态的热力学参数具有确定值；所谓“独立”是指体系中粒子之间的相互作用很小，可以忽略不计，即体系的总能量就是体系中所有粒子的能量的总和，即

$$U=\sum_{i=1}^{N}\varepsilon_i \tag{14.3}$$

所谓密闭体系是指体系的粒子数 N 一定。在统计热力学中通常选择 U 和 V 为宏观状态参量，因此玻尔兹曼分布所研究的体系是 N、U、V 均为一定的独立粒子体系。

思考：

14-5 如何理解体系性质是体系所有状态性质的总和？体系哪种状态所表现的性质能表示体系的性质？

14.2.2 玻尔兹曼分布定律

14.2.2.1 定位体系的玻尔兹曼最可几分布

设有 N 个可以区分的分子，分子间的作用力可以忽略不计，对 N、U、V 固定的体系，分子的能级是量子化的，为 ε_1、ε_2、ε_3、…、ε_i。某一瞬间能量为 ε_1、ε_2、ε_3、…、ε_i 的能级上的分子数分别为 N_1、N_2、N_3、…、N_i 个，这是一种分配方式；在另一瞬间能量为 ε_1、ε_2、ε_3、…、ε_i 的能级上的分子数可能是 N'_1、N'_2、N'_3、…、N'_i。由于分子在运动中互相交换能量，所以 N 个分子可以有不同的分配方式。即：

能级：ε_1、ε_2、ε_3、…、ε_i

分配方式 1：N_1、N_2、N_3、…、N_i

分配方式 2：N'_1、N'_2、N'_3、…、N'_i

………………

由于体系是独立粒子密闭体系，所以无论哪一种分配方式都必须满足以下两个条件，即：

$$\sum N_i=N \tag{14.4}$$

$$\sum N_i\varepsilon_i=U \tag{14.5}$$

玻尔兹曼定理给出了体系的总微观状态数 Ω 与 S 的关系，那么对于可区分独立粒子密闭体系的总微观状态数 Ω 怎么获得呢？我们首先考虑其中的任一种分配方式，如上面分配方式 1，根据排列组合公式，实现这一种分配方式的方法数 t_1 为：

$$t_1=\frac{N!}{\prod_i N_i!} \tag{14.6}$$

t_1 也就是这种分配方式的微观状态数。但满足式(14.4) 和式(14.5) 条件的分配方式可以有多种，所以包括各种分配方式的总微观状态数 Ω 可以用下式表示：

$$\Omega = \sum t_i = \sum \frac{N!}{\prod_i N_i!} \tag{14.7}$$

现在的问题是对一个 N、U、V 确定的体系如何求其平衡态下的总微观状态数 Ω 的值，就变为一个多项式求和的问题［式(14.7) ］。而直接利用式(14.7) 求和还是比较困难的，玻尔兹曼认为在式(14.7) 求和中，有一项的值最大，所提供的微观状态数目最多，该项用 t_{m} 表示；当 N 足够大时，其余各项的值可以忽略不计，可以近似地用 t_{m} 代替 Ω，即：

$$t_{\mathrm{m}} \approx \Omega \tag{14.8}$$

由于 t_{m} 所提供的微观状态数目最多，因此拥有这种微观状态数的分布出现的可能性最大，称为最可几分布或最概然分布。近似地用 t_{m} 代替 Ω 这一假设是合理的，当 N 很大很大时，对 N、U、V 确定的体系的平衡态，在时间进程中，它几乎是在最可几分布附近度过全部时间。因此，最可几分布可以近似代表平衡态分布。

现在的问题变成如何求 t_{m}，设式(14.7) 中任一项为：

$$t = \frac{N!}{\prod_i N_i!} \tag{14.9}$$

上述问题在数学上就变成了在式(14.4) 和式(14.5) 限制条件下，求式(14.9) 的极大值问题。由于 $\ln t$ 是 t 的单调函数，所以当 t 有极大值时，$\ln t$ 必为极大值。对式(14.9) 两边取对数，并利用 Stirling 公式，得

$$\begin{aligned} \ln t &= \ln N! - \sum \ln N_i \\ &= N\ln N - N - \sum N_i \ln N_i + \sum N_i \end{aligned} \tag{14.10}$$

现在的问题就归结为在式(14.4) 和式(14.5) 限制条件下，如何求式(14.10) 中 $\ln t$ 的极大值。

这里采用拉格朗日 (Lagrange) 乘因子法。首先构造新函数 F

$$F = \ln t + \alpha\left(\sum N_i - N\right) + \beta\left(\sum N_i\varepsilon_i - U\right) \tag{14.11}$$

式中，F 是 N_1、N_2、…、N_i 的函数；α、β 是任意待定乘数因子。

对式(14.11) 微分，得：

$$\begin{aligned} \mathrm{d}F &= \sum \frac{\partial \ln t}{\partial N_i}\mathrm{d}N_i + \alpha\sum \mathrm{d}N_i + \beta\sum \varepsilon_i \mathrm{d}N_i \\ &= \left(\frac{\partial \ln t}{\partial N_1} + \alpha + \beta\varepsilon_1\right)\mathrm{d}N_1 + \left(\frac{\partial \ln t}{\partial N_2} + \alpha + \beta\varepsilon_2\right)\mathrm{d}N_2 + \\ &\quad \cdots + \left(\frac{\partial \ln t}{\partial N_i} + \alpha + \beta\varepsilon_i\right)\mathrm{d}N_i \\ &= 0 \end{aligned} \tag{14.12}$$

因为 N_1、N_2、…、N_i 是独立变量，所以 $\mathrm{d}N_1$、$\mathrm{d}N_2$、…、$\mathrm{d}N_i$ 不可能为零，于是得

$$\frac{\partial \ln t}{\partial N_1} + \alpha + \beta\varepsilon_1 = 0 \qquad [14.13(\mathrm{a})]$$

$$\frac{\partial \ln t}{\partial N_2} + \alpha + \beta\varepsilon_2 = 0 \qquad [14.13(\mathrm{b})]$$

…　…　　　　…

$$\frac{\partial \ln t}{\partial N_i} + \alpha + \beta\varepsilon_i = 0 \qquad [14.13(\mathrm{c})]$$

以上各式的形式都一样，所以只需求解其中一个，如式(14.10) 对 N_1 求导，得

$$\frac{\partial \ln t}{\partial N_1^*}=-\ln N_1^* \tag{14.14}$$

把式(14.14) 代入式［14.13(a)］，得

$$\ln N_1^*=\alpha+\beta\varepsilon_1,\text{或 } N_1^*=e^{\alpha+\beta\varepsilon_1} \tag{14.15}$$

同理，得

$$\ln N_i^*=\alpha+\beta\varepsilon_i,\text{或 } N_i^*=e^{\alpha+\beta\varepsilon_i} \tag{14.16}$$

当 N_i 适合于式(14.16) 的那一种分配就是微观状态数最多的最可几分布或最概然分布，因为它不同于一般的分布，因此加“＊”号以示区别。在式(14.16) 中还有两个待定乘数因子 α 和 β 没有确定，下面给出 α 和 β 值的推导。

首先求 α，由式(14.4) 和式(14.16) 得

$$e^{\alpha}=\frac{N}{\sum e^{\beta\varepsilon_i}} \tag{14.17}$$

把式(14.17) 代入式(14.16) 得

$$N_i^*=\frac{Ne^{\beta\varepsilon_i}}{\sum e^{\beta\varepsilon_i}} \tag{14.18}$$

式(14.18) 中虽然消去了 α，但还要求出 β 值，前面已导出下式

$$\ln t=N\ln N-N-\sum N_i\ln N_i+\sum N_i$$

由式(14.4) 得

$$\ln t=N\ln N-\sum N_i\ln N_i$$

当 N_i 为 N_i^* 时 $\ln t$ 有最大值 $\ln t_{\mathrm{m}}$，所以 $\ln t_{\mathrm{m}}$ 得

$$\begin{aligned}\ln t_{\mathrm{m}}&=N\ln N-\sum N_i^*\ln N_i^*\\&=N\ln N-\sum N_i^*(\alpha+\beta\varepsilon_i)\\&=N\ln N-\alpha N-\beta U\end{aligned} \tag{14.19}$$

由 $S=k\ln\Omega$、$t_{\mathrm{m}}\approx\Omega$ 和式(14.17) 得

$$\begin{aligned}S&=k(N\ln N-\alpha N-\beta U)\\&=k\left(N\ln\frac{N}{e^{\alpha}}-\beta U\right)\\&=k\left(N\ln\sum e^{\beta\varepsilon_i}-\beta U\right)\end{aligned} \tag{14.20}$$

由上式知，S 是（N、V、β）的函数，又知 S 也是（N、V、U）的函数，所以上式是一个复合函数，$S[N、U、\beta(U、V)]$，根据复合函数微分法则

$$\left(\frac{\partial S}{\partial U}\right)_{V,N}=\left(\frac{\partial S}{\partial U}\right)_{\beta,N}+\left(\frac{\partial S}{\partial \beta}\right)_{U,N}\left(\frac{\partial \beta}{\partial U}\right)_{V,N}$$

其中 $\left(\frac{\partial S}{\partial \beta}\right)_{U,N}=kN\frac{\sum\varepsilon_i e^{\beta\varepsilon_i}}{\sum e^{\beta\varepsilon_i}}-kU$

又因为

$$e^{\beta\varepsilon_i}=\frac{N_i^*}{e^{\alpha}}$$

故

$$\left(\frac{\partial S}{\partial \beta}\right)_{U,N}=kN\frac{\sum\varepsilon_i\frac{N_i^*}{e^{\alpha}}}{\sum\frac{N_i^*}{e^{\alpha}}}-kU$$

$$=kN\frac{\sum \varepsilon_i N_i^*}{\sum N_i^*}-kU$$

$$=kU-kU$$

$$=0$$

故
$$\left(\frac{\partial S}{\partial U}\right)_{V,N}=\left(\frac{\partial S}{\partial U}\right)_{\beta,N}=-k\beta$$

另外，由热力学基本关系式 $dU=TdS-pdV$ 得

$$\left(\frac{\partial S}{\partial U}\right)_{V,N}=\frac{1}{T}$$

由以上两式，得

$$\beta=-\frac{1}{kT} \tag{14.21}$$

把式(14.21) 代入到式(14.18)

$$N_i^*=N\frac{e^{\frac{-\varepsilon_i}{kT}}}{\sum e^{\frac{-\varepsilon_i}{kT}}} \tag{14.22}$$

这就是玻尔兹曼最可几分布公式，此式也叫玻尔兹曼分布定律，用它可以计算一切独立粒子体系在最可几分布时的能级分布数，从而进一步求得微观状态数。

把式(14.21) 代入式(14.20)，得

$$S=kN\ln\sum e^{\frac{-\varepsilon_i}{kT}}+\frac{U}{T} \tag{14.23}$$

把式(14.23) 代入式 $A=U-TS$，得

$$A=-NkT\ln\sum e^{\frac{-\varepsilon_i}{kT}} \tag{14.24}$$

式(14.23) 和式(14.24) 就是定位体系的熵和亥姆兹自由能的表示式，由量子力学知识可知 ε_i 与体积有关，式中 A 是（T、V、N）的函数。

上述推导公式过程中，假设所有能级都是非简并的，即每一个能极只对应一个量子状态。实际上每一个能级中可能有若干个不同的量子状态存在，在量子力学中，把能级可能有的微观状态数称为该能级的简并度，用符号 g_i 表示。接下来我们讨论考虑了简并态的独立粒子定位体系的玻尔兹曼最可几分布。

设有一个独立粒子定位体系，有 N 个可区分的分子组成。分子的各能级分别为：ε_1、ε_2、…、ε_i，各能级又各有 g_1、g_2、…、g_i 个微观状态。那么该体系中 N 个分子分布的微观状态数为多少？

首先考虑其中一种分布，能级、能级的简并度及能级上分布的分子数分别如下：

能级　ε_1、ε_2、…、ε_i

简并度　g_1、g_2、…、g_i

分子数　N_1、N_2、…、N_i

同前所述，当不考虑简并态时，将 N 个不同的分子分布到能级 ε_1、ε_2、…、ε_i 上，各能级上分布的分子数分别为 N_1、N_2、…、N_i 个，组合方式数为

$$\frac{N!}{N_1!N_2!\cdots N_k!}=\frac{N!}{\prod_i N_1!}$$

在能级 ε_1 上的 N_1 个不同的分子都可选择 g_1 个不同的微观状态，能级 ε_1 上的分子有 $g_1^{N_1}$ 种排列方式，同理，能级 ε_2 上有 $g_2^{N_2}$ 种，…，能 ε_i 级上有 $g_i^{N_i}$ 种。所以上述这种分布的总

微观状态数 t_k 为：

$$t_{\mathrm{k}}=\frac{N!}{\prod N_i!}g_1^{N_1}g_2^{N_2}\cdots g_i^{N_i}=N!\prod\frac{g_i^{N_i}}{N_i!}\tag{14.25}$$

式(14.25) 只是上述这种分布的微观状态数，体系的总微观状态数等于所有可能分布的微观状态数之和：

$$\Omega=\sum N!\prod\frac{g_i^{N_i}}{N_i!}\tag{14.26}$$

式(14.26) 就是考虑了简并态的独立粒子定位体系的总微观状态数表达式，该式求和的限制条件仍然是：$\sum N_i=N,\sum N_i\varepsilon_i=U$ 。同处理没有考虑简并态的独立粒子定位体系的方法一样，我们很容易可以求得考虑简并态的独立粒子定位体系的玻尔兹曼最可几分布 N_i^* 、S、A 分别为：

$$N_i^*=N\frac{g_i\mathrm{e}^{\frac{-\varepsilon_i}{kT}}}{\sum g_i\mathrm{e}^{\frac{-\varepsilon_i}{kT}}}\tag{14.27}$$

$$S_{定位}=kN\ln\sum g_i\mathrm{e}^{\frac{-\varepsilon_i}{kT}}+\frac{U}{T}\tag{14.28}$$

$$A_{定位}=-kNT\ln\sum g_i\mathrm{e}^{\frac{-\varepsilon_i}{kT}}\tag{14.29}$$

比较式(14.22)～式(14.24) 和式(14.27)～式(14.29) 可以看出相应公式的形式基本一致，但后者多了相应的 g_i 项。

14.2.2.2 非定位体系的玻尔兹曼最可几分布

以上讨论的都是独立粒子定位体系，我们知道定位体系与非定位体系的区别在于前者的粒子是可以区分的，后者的粒子则不可以区分。前面的公式都是针对定位体系的，稍作修正就可适用于非定位体系。

设有 N 个不可区分的分子组成的非定位体系，那么其分布的微观状态总数为多少呢？如果我们假设 N 个分子可以区分，则其分布的微观状态总数可以用式(14.26) 表示。N 个可以区分的分子有 $N!$种排列方式，N 个不可区分的分子只有一种排列方式，也就是说前者是后者的 $N!$倍，因此式(14.26) 除以 $N!$就是 N 个不可区分的分子组成的非定位体系的总微观状态数，即：

$$\Omega=\frac{1}{N!}\sum N!\prod\frac{g_i^{N_i}}{N_i!}=\sum\prod\frac{g_i^{N_i}}{N_i!}\tag{14.30}$$

该式求和限制条件同样是：$\sum N_i=N$， $\sum N_i\varepsilon_i=U$ 。

根据式(14.30) 采取上述相同的方法，可以很容易得到非定位体系的玻尔兹曼最可几分布 N_i^* 、S、A 表达式，分别如下：

$$N_i^*=N\frac{g_i\mathrm{e}^{\frac{-\varepsilon_i}{kT}}}{\sum g_i\mathrm{e}^{\frac{-\varepsilon_i}{kT}}}\tag{14.31}$$

$$S_{非定位}=kN\ln\sum g_i\mathrm{e}^{\frac{-\varepsilon_i}{kT}}-k\ln N!+\frac{U}{T}\tag{14.32}$$

$$A_{非定位}=-kNT\ln\sum g_i\mathrm{e}^{\frac{-\varepsilon_i}{kT}}+kT\ln N!\tag{14.33}$$

从式(14.27) 与式(14.29) 可以看出，无论是定位体系还是非位体系，最可几分布的公式都是一样的，比较式(14.28)、式(14.29) 与式(14.32)、式(14.33)，可以看出 S、A 的表达式略有不同，它们之间相差一些常数项，不过这些常数项并不影响我们处理问题，因为这些常数项在计算函数变化量时可以相互消去。

14.3　粒子的配分函数

由式(14.27) 知，最可几分布的公式为

$$N_i = N\frac{g_i e^{\frac{-\varepsilon_i}{kT}}}{\sum g_i e^{\frac{-\varepsilon_i}{kT}}}$$

在上式中，令分母

$$\sum g_i e^{\frac{-\varepsilon_i}{kT}} = q \tag{14.34}$$

式中，q 为粒子的配分函数，是一无量纲量；指数 $e^{\frac{-\varepsilon_i}{kT}}$ 通常称为玻尔兹曼因子。由前面的讨论知，简并度 g_i 是能级 ε_i 上可能的量子态数目。由于体系状态参数的限制，并不是所有的能级及量子态都能被粒子占据，玻尔兹曼因子 $e^{\frac{-\varepsilon_i}{kT}}$ 就是与能级有关的有效分数。因此 $g_i e^{\frac{-\varepsilon_i}{kT}}$ 可以理解为能级 ε_i 上的有效量子态数，而 q 则表示所有的有效量子态之和，通常称为状态和。这就是粒子配分函数的物理意义。由于独立粒子体系中，任何一个粒子不受其他粒子存在的影响，所以 q 是属于一个粒子的，与其他粒子无关，所以称 q 为粒子的配分函数。

定义了配分函数之后，玻尔兹曼分布定律可以写作

$$\frac{N_i}{N} = \frac{g_i e^{\frac{-\varepsilon_i}{kT}}}{q} \tag{14.35}$$

此式的意义是在最可几分布时，任一能级上的分子在总分子数中所占的比例等于该能级的有效量子态在总有效量子态中所占的比例。由式(14.35) 很容易证明

$$\frac{N_i}{N_j} = \frac{g_i e^{\frac{-\varepsilon_i}{kT}}}{g_j e^{\frac{-\varepsilon_j}{kT}}} \tag{14.36}$$

该式表明在配分函数中任意两项之比等于在该两能级上最可几分布的粒子数之比或说是该两能级上有效量子态之比。

配分函数在统计力学中占有极其重要的地位。q 本身就是与单个粒子的微观状态有关的物理量，而体系的各种热力学性质都可以用配分函数来表示，而统计热力学的重要任务之一就是要通过配分函数来计算体系的热力学函数。

14.4　独立粒子体系热力学函数

前面我们导出独立粒子定位和非定位体系的熵与亥姆霍兹自由能的统计热力学表达式。在定义了配分函数以后，我们就可以导出独立粒子定位和非定位体系用配分函数来表示的所有热力学函数的统计热力学关系式。

习题:

14-1　应用玻尔兹曼分布定律求25℃时在两个非简并的不同能级上的能级分配数之比，设这两个能级之差

(1) ΔE=8.37kJ/mol；

(2) ΔE=418kJ/mol。

(0.034；5.35×10^{-74})

14-2　某分子的两个能级的能量值分别为 $\varepsilon_1=6.1\times10^{-21}$J，$\varepsilon_2=8.4\times10^{-21}$J，相应的简并度 $g_1=3$，$g_2=5$。试求该分子体系电子该两个能级上在300K、3000K时的配分函数之比。(1.05；0.63)

14-3　HCl分子的振动能级间隔是 5.94×10^{-20}J，计算在25℃时，某一能级与其较低一能级上分子数的比值；对于 I_2 分子，振动能级间隔是 0.43×10^{-20}J，请作同样计算（已知振动能级均为非简并的）。(HCl：5，33×10^{-7}；I_2：0.351)

14-4　某体系的第一电子激发态能量比基态高400kJ/mol，而且这两个能级都是非简并的，请计算在多少温度下分配于此激发态的分子数占体系总分子数的10%？(2.2×10^{4}K)

思考:

14-6　配分函数所表达的本质是什么？

思考:

14-7　配分函数为什么能决定体系的热力学函数？

14.4.1 由N个粒子所组成的非定位体系

(1) 内能 U

独立体系中的粒子之间的相互作用力可以忽略不计，所以体系的内能可以看成是各粒子能量之和，$U=\sum N_i\varepsilon_i$，联合式(14.35)得

$$U=\frac{N_i}{q}\sum g_i \mathrm{e}^{-\varepsilon_i/k\mathrm{T}}\varepsilon_i \tag{14.37}$$

式(14.37)中除了配分函数 q 以外，还有其他微观变量，我们所希望的内能统计热力学关系式中除了配分函数 q 以外，不再有其他微观变量，所以要做以下变换。因为 g_i 和 ε_i 均与 T 无关，所以在内能 U 的特征变量 V、N 固定条件下求配分函数 q 对 T 的偏微商时有

$$\left(\frac{\partial q}{\partial T}\right)_{V,N}=\left(\frac{\partial\sum g_i \mathrm{e}^{-\varepsilon_i/kT}}{\partial T}\right)=\sum\left(g_i \mathrm{e}^{-\varepsilon_i/kT}\ \frac{\varepsilon_i}{kT^2}\right)$$

所以

$$g_i \mathrm{e}^{-\varepsilon_i/k\mathrm{T}}\varepsilon_i=kT^2\left(\frac{\partial q}{\partial T}\right)_{V,N}$$

把上式代入式(14.37)，得

$$U_{\text{非定位}}=\frac{NkT^2}{q}\left(\frac{\partial q}{\partial T}\right)_{V,N}=NkT^2\left(\frac{\partial \ln q}{\partial T}\right)_{V,N} \tag{14.38}$$

上式即为独立粒子非定位体系内能的统计热力学表达式。

(2) 熵 S

把式(14.38)代入式(14.32)并联合式(14.34)即可得到独立粒子非定位体系的熵统计热力学关系式

$$S_{\text{非定位}}=kN\ln q-k\ln N!+NkT\left(\frac{\partial \ln q}{\partial T}\right)_{V,N} \tag{14.39}$$

(3) 亥姆霍兹自由能 A

联合式(14.33)和式(14.34)即可得到独立粒子非定位体系的亥姆霍兹自由能统计热力学关系式

$$A_{\text{非定位}}=-kNT\ln q+kT\ln N! \tag{14.40}$$

(4) 吉布斯自由能 G

根据对应系数关系式可得

$$p=-\left(\frac{\partial A}{\partial V}\right)_{T,N}=NkT\left(\frac{\partial \ln q}{\partial V}\right)_{T,N} \tag{14.41}$$

再根据定义式 $G=A+pV$，将式(14.40)和式(14.41)代入到该定义式即可得到独立粒子非定位体系的吉布斯自由能统计热力学关系式

$$G_{\text{非定位}}=-kNT\ln q+kT\ln N!+NkTV\left(\frac{\partial \ln q}{\partial V}\right)_{T,N} \tag{14.42}$$

(5) 焓 H

根据定义式 $H=U+pV$，将式(14.38)和式(14.41)代入该定义式即可得到独立粒子非定位体系的焓统计热力学关系式

$$H_{\text{非定位}}=NkT^2\left(\frac{\partial \ln q}{\partial T}\right)_{V,N}+NkTV\left(\frac{\partial \ln q}{\partial V}\right)_{T,N} \tag{14.43}$$

(6) 恒容热容 C_V

根据恒容热容的定义 $C_V=\left(\frac{\partial U}{\partial T}\right)_V$，可以得到独立粒子非定位体系的恒容热容统计热力学关系式

$$C_{V,非定位}=\left(\frac{\partial U_{非定位}}{\partial T}\right)_V$$

$$=2NkT\left(\frac{\partial \ln q}{\partial T}\right)_{V,N}+NkT^2\left(\frac{\partial^2 \ln q}{\partial T^2}\right)_{V,N} \quad (14.44)$$

14.4.2 由 N 个粒子所组成的定位体系

依据非定位体系的热力学函数关系的推导步骤，我们很容易得到独立粒子定位体系的各种热力学函数关系式。

（1）内能 U

$$U_{定位}=NkT^2\left(\frac{\partial \ln q}{\partial T}\right)_{V,N} \quad (14.45)$$

（2）熵 S

$$S_{定位}=kN\ln q+NkT\left(\frac{\partial \ln q}{\partial T}\right)_{V,N} \quad (14.46)$$

（3）亥姆霍兹自由能 A

$$A_{定位}=-kNT\ln q \quad (14.47)$$

（4）吉布斯自由能 G

$$G_{定位}=-kNT\ln q+NkTV\left(\frac{\partial \ln q}{\partial V}\right)_{T,N} \quad (14.48)$$

（5）焓 H

$$H_{定位}=NkT^2\left(\frac{\partial \ln q}{\partial T}\right)_{V,N}+NkTV\left(\frac{\partial \ln q}{\partial V}\right)_{T,N} \quad (14.49)$$

（6）恒容热容 C_V 和 p

$$C_{V,定位}=2NkT\left(\frac{\partial \ln q}{\partial T}\right)_{V,N}+NkT^2\left(\frac{\partial^2 \ln q}{\partial T^2}\right)_{V,N} \quad (14.50)$$

$$p=-\left(\frac{\partial A}{\partial V}\right)_{T,N}=NkT\left(\frac{\partial \ln q}{\partial V}\right)_{T,N} \quad (14.51)$$

从以上各式可以看出，无论是独立粒子非定位体系还是独立粒子定位体系，只要知道了配分函数 q，就可以求得体系的各种热力学函数，因此求分子配分函数是统计热力学的重要任务之一。通过以上独立粒子非定位体系和独立粒子定位体系的各热力学函数关系式可以看出，对于 U、H、C_V、p，两种体系的关系式相同。而对于 A、G、S，关系式形式相近，只是关系式中相差了一些常数项，这些常数项在求 A、G、S 的变化值时，可以相互消去。

14.4.3 能量标度零点的选择及其对热力学函数的影响

分子配分函数是分子各能级有效量子态的总和，而能级的有效量子态又与该能级的能量 ε_i 有关。若计算分子的配分函数必须选择能量标度零点。

习题:

14-5 试证明

$$H_{非定位}=NkT^2\left(\frac{\partial \ln q}{\partial T}\right)_{V,N}+NkTV\left(\frac{\partial \ln q}{\partial V}\right)_{T,N}$$

$$G_{定位}=-kNT\ln q+NkTV\left(\frac{\partial \ln q}{\partial V}\right)_{T,N}$$

$$G_{非定位}=-kNT\ln q+kT\ln N!+NkTV\left(\frac{\partial \ln q}{\partial V}\right)_{T,N}$$

14-6 试证明对于理想气体而言，熵和焓可以表达为

$$S=Nk\ln\frac{q}{N}+NkT\left(\frac{\partial \ln q}{\partial T}\right)_{p,N}$$

$$H=NkT^2\left(\frac{\partial \ln q}{\partial T}\right)_{p,N}$$

14-7 试证明对于 1mol 理想气体

（1）$(G-U_0)_m=-RT\ln\frac{q_0}{L}$

（2）$(H-U_0)_m=-RT^2\left(\frac{\partial \ln q_0}{\partial \mathrm{T}}\right)_{p,N}$

14.4.3.1 能量标度零点的选择

通常情况下，分子能级能量标度零点的选择有两种方法。一种是选取能量的绝对零点为起点，而确定粒子基态能量为某一数值 ε_0，第一激发态能量为 ε_1，第二激发态的能量为 ε_2，…。于是分子配分函数可表示为

$$q=\sum g_i e^{\frac{-\varepsilon_i}{kT}}=g_0 e^{\frac{-\varepsilon_0}{kT}}+g_1 e^{\frac{-\varepsilon_1}{kT}}+g_2 e^{\frac{-\varepsilon_2}{kT}}+\cdots \tag{14.52}$$

另一种方法是规定所有粒子的基态能量 $\varepsilon_0=0$，所以其他各个能级的能量可以表示为 $\Delta\varepsilon_i=\varepsilon_i-\varepsilon_0$，该式也表示 i 能级相对于基态能级为零时的能量值。基于这种规定，我们可以求出分子配分函数的另外一种表达形式，用 q_0 表示

$$q_0=\sum g_i e^{-\frac{\Delta\varepsilon_i}{kT}}=g_0+g_1 e^{-\frac{\Delta\varepsilon_1}{kT}}+g_2 e^{-\frac{\Delta\varepsilon_2}{kT}}+\cdots \tag{14.53}$$

由式(14.52) 和式(14.53) 可以看出，能量标度零点的选择不同，求得的分子配分函数也不相同。很容易证明两者具有以下关系

$$q=q_0 e^{-\frac{\varepsilon_0}{kT}} \tag{14.54}$$

把以上两种形式的分子配分函数代入玻尔兹曼分布定律公式，可以得到

$$N_i=\frac{N}{q}g_i e^{\frac{-\varepsilon_i}{kT}} \tag{14.55}$$

$$N_i=\frac{N}{q_0}g_i e^{\frac{-\Delta\varepsilon_i}{kT}} \tag{14.56}$$

从式(14.55) 和式(14.56) 都可以得到下式

$$\frac{N_i}{N_j}=\frac{g_i}{g_j}e^{\frac{-\Delta\varepsilon}{kT}} \tag{14.57}$$

式中 $\Delta\varepsilon=\varepsilon_i-\varepsilon_j=\Delta\varepsilon_i-\Delta\varepsilon_j$。很容易证明

$$N_i=\frac{N}{q}g_i e^{\frac{-\varepsilon_i}{kT}}=\frac{N}{q_0}g_i e^{\frac{-\Delta\varepsilon_i}{kT}} \tag{14.58}$$

以上各式都说明能量标度零点的选择对玻尔兹曼分布定律公式没有影响。能量标度零点的选择对于一些热力学函数的计算没有影响，对于另外一些热力学函数的计算则会产生影响，下面就能量标度零点的选择对热力学函数的影响给予讨论。

14.4.3.2 能量标度零点的选择对热力学函数的影响

(1) 内能 U

对式(14.54) 两边取自然对数后，再在 V、N 不变的条件下两边对温度 T 求导，得

$$\left(\frac{\partial \ln q}{\partial T}\right)_{V,N}=\left(\frac{\partial \ln q_0}{\partial T}\right)_{V,N}+\frac{\varepsilon_0}{kT^2} \tag{14.59}$$

把式(14.59) 代入到式(14.38) 或式(14.45) 得

$$U=NkT^2\left(\frac{\partial \ln q_0}{\partial T}\right)_{V,N}+N\varepsilon_0 \tag{14.60}$$

令式中 $U_0=N\varepsilon_0$，其物理意义是指体系中 N 个粒子全部处于基态时的能量。因为温度处于 0K 时，视体系内所有微观粒子均处于基态，即为体系在 0K 时的内能。于是式(14.60) 就变为

$$U=NkT^2\left(\frac{\partial \ln q_0}{\partial T}\right)_{V,N}+U_0 \tag{14.61}$$

若按照基态能量 $\varepsilon_0=0$ 的能量标度零点选择方法，那么 $U_0=0$，于是式(14.61) 变为

$$U=NkT^2\left(\frac{\partial \ln q_0}{\partial T}\right)_{V,N} \tag{14.62}$$

由式(14.61) 和式(14.62) 可以看出，能量标度零点的选择不同，对求算体系内能值有

直接的影响。

(2) 熵 S

对于独立粒子非定位体系，把式(14.54) 和式(14.59) 代入式(14.39)，得

$$S_{非定位}=kN\ln q_0 e^{-\frac{\varepsilon_0}{kT}}-k\ln N!+NkT\left[\left(\frac{\partial \ln q_0}{\partial T}\right)_{V,N}+\frac{\varepsilon_0}{kT^2}\right]$$

$$=kN\ln q_0-k\ln N!+NkT\left(\frac{\partial \ln q_0}{\partial T}\right)_{V,N} \tag{14.63}$$

对于独立粒子定位体系，把式(14.54) 和式(14.59) 代入式(14.46)，得

$$S_{定位}=kN\ln q_0 e^{-\frac{\varepsilon_0}{kT}}+NkT\left[\left(\frac{\partial \ln q_0}{\partial T}\right)_{V,N}+\frac{\varepsilon_0}{kT^2}\right]$$

$$=kN\ln q_0+NkT\left(\frac{\partial \ln q_0}{\partial T}\right)_{V,N} \tag{14.64}$$

从式(14.63) 和式(14.64) 可以看出，能量标度零点的选择对不论是独立粒子非定位体系还是独立粒子定位体系的熵值的计算都不产生影响。

(3) 亥姆霍兹自由能 A

对于独立粒子非定位体系，把式(14.54) 代入式(14.40)，得

$$A_{非定位}=-kNT\ln q_0 e^{-\frac{\varepsilon_0}{kT}}+kT\ln N!$$

$$=-kNT\ln q_0+U_0+kT\ln N! \tag{14.65}$$

对于独立粒子定位体系，把式(14.54) 代入式(14.47)，得

$$A_{定位}=-kNT\ln q_0 e^{-\frac{\varepsilon_0}{kT}}$$

$$=-kNT\ln q_0+N\varepsilon_0$$

$$=-kNT\ln q_0+U_0 \tag{14.66}$$

若按照基态能量 $\varepsilon_0=0$ 的能量标度零点选择方法，那么 $U_0=0$，于是式(14.65) 和式(14.66) 分别变为

$$A_{非定位}=-kNT\ln q_0+kT\ln N! \tag{14.67}$$

$$A_{定位}=-kNT\ln q_0 \tag{14.68}$$

从式(14.65) ～式(14.67) 和式(14.68) 可以看出，能量标度零点选择的不同对独立粒子非定位体系和定位体系的亥姆霍兹自由能值的求算都有直接影响。

(4) 吉布斯自由能 G

对于独立粒子非定位体系，把式(14.54) 代入式(14.42)，得

$$G_{非定位}=-kNT\ln q_0 e^{-\frac{\varepsilon_0}{kT}}+kT\ln N!+NkTV\left(\frac{\partial \ln q_0 e^{-\frac{\varepsilon_0}{kT}}}{\partial V}\right)_{T,N}$$

$$=-kNT\ln q_0+N\varepsilon_0+kT\ln N!+NkTV\left(\frac{\partial \ln q_0}{\partial V}\right)_{T,N}$$

$$=-kNT\ln q_0+kT\ln N!+NkTV\left(\frac{\partial \ln q_0}{\partial V}\right)_{T,N}+U_0 \tag{14.69}$$

对于独立粒子定位体系，把式(14.54) 代入式(14.48)，得

$$G_{定位}=-kNT\ln q_0 e^{-\frac{\varepsilon_0}{kT}}+NkTV\left(\frac{\partial \ln q_0 e^{-\frac{\varepsilon_0}{kT}}}{\partial V}\right)_{T,N}$$

$$=-kNT\ln q_0+N\varepsilon_0+NkTV\left(\frac{\partial \ln q_0}{\partial V}\right)_{T,N}$$

$$=-kNT\ln q_0+NkTV\left(\frac{\partial \ln q_0}{\partial V}\right)_{T,N}+U_0 \tag{14.70}$$

若按照基态能量 $\varepsilon_0=0$ 的能量标度零点选择方法，那么 $U_0=0$，于是式(14.69) 和式(14.70) 分别变为

$$G_{非定位}=-kNT\ln q_0+kT\ln N!+NkTV\left(\frac{\partial \ln q_0}{\partial V}\right)_{T,N} \tag{14.71}$$

$$G_{定位}=-kNT\ln q_0+NkTV\left(\frac{\partial \ln q_0}{\partial V}\right)_{T,N} \tag{14.72}$$

从以上各式可以看出，能量标度零点选择的不同对独立粒子非定位体系和定位体系的吉布期自由能值的求算都有直接影响。

(5) 焓 H

焓的统计关系式，对于独立粒子非定位体系和定位体系都相同。把式(14.54) 代入到式(14.43) 或式(14.49)，得

$$\begin{aligned}H&=NkT^2\left(\frac{\partial \ln q}{\partial T}\right)_{V,N}+NkTV\left(\frac{\partial \ln q}{\partial V}\right)_{T,N}\\&=NkT^2\left(\frac{\partial \ln q_0 e^{-\frac{\varepsilon_0}{kT}}}{\partial T}\right)_{V,N}+NkTV\left(\frac{\partial \ln q_0 e^{-\frac{\varepsilon_0}{kT}}}{\partial V}\right)_{T,N}\\&=NkT^2\left(\frac{\partial \ln q_0}{\partial T}\right)_{V,N}+N\varepsilon_0+NkTV\left(\frac{\partial \ln q_0}{\partial V}\right)_{T,N}\\&=NkT^2\left(\frac{\partial \ln q_0}{\partial T}\right)_{V,N}+NkTV\left(\frac{\partial \ln q_0}{\partial V}\right)_{T,N}+U_0\end{aligned} \tag{14.73}$$

若按照基态能量 $\varepsilon_0=0$ 的能量标度零点选择方法，那么 $U_0=0$，于是式(14.73) 变为

$$H=NkT^2\left(\frac{\partial \ln q_0}{\partial T}\right)_{V,N}+NkTV\left(\frac{\partial \ln q_0}{\partial V}\right)_{T,N} \tag{14.74}$$

由以上两式可以看出，能量标度零点选择的不同对独立粒子非定位体系和定位体系的焓值的求算不会产生影响。

(6) 恒容热容 C_V 和 p

将式(14.61) 代入恒容热容定义式 $C_V=\left(\frac{\partial U}{\partial T}\right)_V$，得

$$\begin{aligned}C_V&=\left(\frac{\partial U}{\partial T}\right)_V\\&=\left\{\frac{\partial}{\partial T}\left[NkT^2\left(\frac{\partial \ln q_0}{\partial T}\right)_{V,N}+U_0\right]\right\}_V\\&=2NkT\left(\frac{\partial \ln q_0}{\partial T}\right)_{V,N}+NkT^2\left(\frac{\partial \ln^2 q_0}{\partial T^2}\right)_{V,N}\end{aligned} \tag{14.75}$$

根据对应系数关系式 $p=-\left(\frac{\partial A}{\partial V}\right)_T$，把式(14.67) 或式(14.68) 代入该式，得

$$p=-\left(\frac{\partial A}{\partial V}\right)_{T,N}=NkT\left(\frac{\partial \ln q_0}{\partial V}\right)_{T,N} \tag{14.76}$$

由以上两式可以看出，独立粒子非定位体系和定位体系的恒容热容和压力都不受能量标度零点选择的影响。

由式(14.59) 到式(14.76) 可以看出，无论是对独立粒子非定位体系，还是定位体系，当能量标度零点选择不同时，对热力学函数 U、H、A、G 的值的求算有直接影响；而对于热力学函数 S、C_V、p 的值没有影响，即当选择能量绝对零点为起点所得到的热力学函数 U、H、A、G 的值要比选择基态能量为零点所求得的值均相应多出一个 U_0。因此对于不同

的问题要选择适当的能量标度零点，如当分子混合并且发生化学反应时，必须使用能量绝对零点为能量标度零点。

14.5 分子的配分函数

14.5.1 析因子性质

分子的运动可以分成平动（t）、转动（r）、振动（v）、电子运动（e）、核运动（n）等。对于独立粒子来说，分子的各种运动形式可以认为是相对独立的，分子的能量也可以认为是各种形式运动能量的加和，即

$$\varepsilon_i=\varepsilon_j^{\mathrm{t}}+\varepsilon_k^{\mathrm{r}}+\varepsilon_l^{\mathrm{v}}+\varepsilon_m^{\mathrm{e}}+\varepsilon_n^{\mathrm{n}} \tag{14.77}$$

其大小次序为

$$\varepsilon_j^{\mathrm{t}}<\varepsilon_k^{\mathrm{r}}<\varepsilon_l^{\mathrm{v}}<\varepsilon_m^{\mathrm{e}}<\varepsilon_n^{\mathrm{n}}$$

各种不同能量能级又具有各自的简并度 g_j^{t}、g_k^{r}、g_l^{v}、g_m^{e}、g_n^{n}，它们和分子运动的总简并度的关系为 g

$$g_i=g_j^{\mathrm{t}}g_k^{\mathrm{r}}g_l^{\mathrm{v}}g_m^{\mathrm{e}}g_n^{\mathrm{n}} \tag{14.78}$$

根据分子分配函数的定义得，

$$q=\sum_i g_i \mathrm{e}^{-\varepsilon_i/kT}=\sum_j\sum_k\sum_l\sum_m\sum_n g_j^{\mathrm{t}}g_k^{\mathrm{r}}g_l^{\mathrm{v}}g_m^{\mathrm{e}}g_n^{\mathrm{n}}\exp\left(-\frac{\varepsilon_j^{\mathrm{t}}+\varepsilon_k^{\mathrm{r}}+\varepsilon_l^{\mathrm{v}}+\varepsilon_m^{\mathrm{e}}+\varepsilon_n^{\mathrm{n}}}{kT}\right)$$

可以证明，几个独立变量的乘积之和等于各自求和的乘积，所以上式可变为

$$\begin{aligned}q&=\Big(\sum_j g_j^{\mathrm{t}}\mathrm{e}^{-\varepsilon_j^{\mathrm{t}}/kT}\Big)\Big(\sum_k g_k^{\mathrm{r}}\mathrm{e}^{-\varepsilon_k^{\mathrm{r}}/kT}\Big)\Big(\sum_l g_l^{\mathrm{v}}\mathrm{e}^{-\varepsilon_l^{\mathrm{v}}/kT}\Big)\Big(\sum_m g_m^{\mathrm{e}}\mathrm{e}^{-\varepsilon_m^{\mathrm{e}}/kT}\Big)\Big(\sum_n g_n^{\mathrm{n}}\mathrm{e}^{-\varepsilon_n^{\mathrm{n}}/kT}\Big)\\&=q^{\mathrm{t}}q^{\mathrm{r}}q^{\mathrm{v}}q^{\mathrm{m}}q^{\mathrm{n}}\end{aligned} \tag{14.79}$$

式中 $\sum_j g_j^{\mathrm{t}}\mathrm{e}^{-\varepsilon_j^{\mathrm{t}}/kT}=q^{\mathrm{t}}$—— 平动配分函数；

$\sum_k g_k^{\mathrm{r}}\mathrm{e}^{-\varepsilon_k^{\mathrm{r}}/kT}=q^{\mathrm{r}}$—— 转动配分函数；

$\sum_l g_l^{\mathrm{v}}\mathrm{e}^{-\varepsilon_l^{\mathrm{v}}/kT}=q^{\mathrm{v}}$—— 振动配分函数；

$\sum_m g_m^{\mathrm{e}}\mathrm{e}^{-\varepsilon_m^{\mathrm{e}}/kT}=q^{\mathrm{e}}$—— 电子配分函数；

$\sum_n g_n^{\mathrm{n}}\mathrm{e}^{-\varepsilon_n^{\mathrm{n}}/kT}=q^{\mathrm{n}}$—— 平动原子核配分函数。

式(14.79) 表明分子配分函数能够解析成各种运动贡献的乘积，称为分子配分函数的析因子性质。应该指出的是分子配分函数的析因子性质只是对独立粒子体系才是正确的。

将式(14.79) 应用于各热力学函数的统计关系式，可得

$$\begin{aligned}U&=NkT^2\left(\frac{\partial \ln q}{\partial T}\right)_{V,N}\\&=NkT^2\left(\frac{\partial \ln q^{\mathrm{t}}q^{\mathrm{r}}q^{\mathrm{v}}q^{\mathrm{e}}q^{\mathrm{n}}}{\partial T}\right)_{V,N}\\&=NkT^2\left(\frac{\partial \ln q^{\mathrm{t}}}{\partial T}\right)_{V,N}+NkT^2\left(\frac{\partial \ln q^{\mathrm{r}}}{\partial T}\right)_{V,N}+NkT^2\left(\frac{\partial \ln q^{\mathrm{v}}}{\partial T}\right)_{V,N}\\&\quad+NkT^2\left(\frac{\partial \ln q^{\mathrm{e}}}{\partial T}\right)_{V,N}+NkT^2\left(\frac{\partial \ln q^{\mathrm{n}}}{\partial T}\right)_{V,N}\\&=U^{\mathrm{t}}+U^{\mathrm{r}}+U^{\mathrm{v}}+U^{\mathrm{e}}+U^{\mathrm{n}}\end{aligned} \tag{14.80}$$

同理可得，独立粒子非定位体系和定位体系的熵相似关系式为

$$S_{非定位}=kN\ln q-k\ln N!+NkT\left(\frac{\partial \ln q}{\partial T}\right)_{V,N}$$

$$=\left[kN\ln q^{t}-k\ln N!+NkT\left(\frac{\partial \ln q^{t}}{\partial T}\right)_{V,N}\right]+\left[kN\ln q^{r}+NkT\left(\frac{\partial \ln q^{r}}{\partial T}\right)_{V,N}\right]$$

$$+\left[kN\ln q^{v}+NkT\left(\frac{\partial \ln q^{v}}{\partial T}\right)_{V,N}\right]+\left[kN\ln q^{e}+NkT\left(\frac{\partial \ln q^{e}}{\partial T}\right)_{V,N}\right]$$

$$+\left[kN\ln q^{n}+NkT\left(\frac{\partial \ln q^{n}}{\partial T}\right)_{V,N}\right]$$

$$=S^{t}_{非}+S^{r}_{非}+S^{v}_{非}+S^{e}_{非}+S^{n}_{非} \tag{14.81}$$

$$S_{定位}=kN\ln q+NkT\left(\frac{\partial \ln q}{\partial T}\right)_{V,N}$$

$$=\left[kN\ln q^{t}+NkT\left(\frac{\partial \ln q^{t}}{\partial T}\right)_{V,N}\right]+\left[kN\ln q^{r}+NkT\left(\frac{\partial \ln q^{r}}{\partial T}\right)_{V,N}\right]$$

$$+\left[kN\ln q^{v}+NkT\left(\frac{\partial \ln q^{v}}{\partial T}\right)_{V,N}\right]+\left[kN\ln q^{e}+NkT\left(\frac{\partial \ln q^{e}}{\partial T}\right)_{V,N}\right]$$

$$+\left[kN\ln q^{n}+NkT\left(\frac{\partial \ln q^{n}}{\partial T}\right)_{V,N}\right]$$

$$=S^{t}_{定}+S^{r}_{定}+S^{v}_{定}+S^{e}_{定}+S^{n}_{定} \tag{14.82}$$

由式(14.81) 和式(14.82) 可以看出独立粒子非定位体系和定位体系的平动熵相差 $k\ln N!$，其他运动形式的熵都是一样的。这是因为两粒子的区别就在于分子整体的运动——平动不同，而分子的内部运动则是相同的。由以上三式可以看出热力学函数可以分解为各种运动的贡献之和，这就为分别求算提供了便利。同样的方法，可以求出其他热力学函数也是各种运动的贡献之和。

14.5.2 各种运动形式的分子配分函数

根据分子配分函数的析因子性质，只要分别求得分子各配分函数值，就可以得到分子总配分函数，进而可求得体系的各热力学函数值。下面就分别讨论各配分函数的求法。

(1) 平动配分函数

分子的平动，可以看成是一个粒子在三维势箱的运动，因此分子可以简化为一个三维平动子。根据量子力学原理，在长、宽、高分别为 a、b、c 的三维势箱中，质量为 m 的三维平动子的能级公式为

$$\varepsilon^{t}(n_x,n_y,n_z)=\frac{h^2}{8m}\left(\frac{n_x^2}{a^2}+\frac{n_y^2}{b^2}+\frac{n_z^2}{c^2}\right) \tag{14.83}$$

式中，h 为普朗克常数；n_x、n_y、n_z 分别为 x、y、z 三个轴的平动量子数，其取值只能为任意的正整数，如 1、2、3…。一组 n_x、n_y、n_z 对应一个平动量子态，故分子的平动配分函数为

$$q^{t}=\sum_{n_x=1}^{\infty}\sum_{n_y=1}^{\infty}\sum_{n_z=1}^{\infty}\exp\left[-\frac{h^2}{8mkT}\left(\frac{n_x^2}{a}+\frac{n_y^2}{b}+\frac{n_z^2}{c}\right)\right] \tag{14.84}$$

$$=\sum_{n_x=1}^{\infty}\exp\left(-\frac{h^2}{8mkT}\times\frac{n_x^2}{a^2}\right)\sum_{n_y=1}^{\infty}\exp\left(-\frac{h^2}{8mkT}\times\frac{n_y^2}{b^2}\right)\sum_{n_z=1}^{\infty}\exp\left(-\frac{h^2}{8mkT}\times\frac{n_z^2}{c^2}\right)$$

$$=q^{x}q^{y}q^{z} \tag{14.85}$$

其中：

$$q^{x}=\sum_{n_x=1}^{\infty}\exp\left(-\frac{h^2}{8mkT}\times\frac{n_x^2}{a^2}\right) \tag{14.85(a)}$$

$$q^y=\sum_{n_y=1}^{\infty}\exp\left(-\frac{h^2}{8mkT}\times\frac{n_y^2}{b^2}\right) \quad [14.85(b)]$$

$$q^z=\sum_{n_z=1}^{\infty}\exp\left(-\frac{h^2}{8mkT}\times\frac{n_z^2}{c^2}\right) \quad [14.85(c)]$$

式中，q^x、q^y、q^z 分别为三个方向上的单维平动子的配分函数，分别与一个平动自由度相对应。

令 $\alpha^2=\dfrac{h^2}{8mkTa^2}$，代入式［14.85(a)］，得

$$q^x=\sum_{n_x=1}^{\infty}\exp(-\alpha^2 n_x^2) \quad (14.86)$$

一般情况下，α^2 的数值非常小，这说明在通常情况下，式(14.86) 是一系列连续相差很小的数值的加和，因而可以用积分代替求和，即

$$q^x=\int_0^{\infty}\exp(-\alpha^2 n_x^2)\mathrm{d}n_x=\frac{\sqrt{\pi}}{2\alpha}=\left(\frac{2\pi mkT}{h^2}\right)^{1/2}a \quad [14.87(a)]$$

同理，得

$$q^y=\left(\frac{2\pi mkT}{h^2}\right)^{1/2}b \quad [14.87(b)]$$

$$q^z=\left(\frac{2\pi mkT}{h^2}\right)^{1/2}c \quad [14.87(c)]$$

所以式(14.85) 可表示为

$$q^{\mathrm{t}}=q^x q^y q^z=\left(\frac{2\pi mkT}{h^2}\right)^{3/2}abc=\left(\frac{2\pi mkT}{h^2}\right)^{3/2}V \quad [14.87(d)]$$

式中，$V=abc$ 为体系的体积。把式中常数值代入后得

$$q^{\mathrm{t}}=1.879\times10^{26}(M_{\mathrm{r}}T)^{3/2}V \quad (14.88)$$

式中，M_{r} 为分子的相对分子质量；V 为体系体积，m^3，由上式可以看出 q^{t} 除了与温度 T 有关外，还与体系体积有关。

将平动配分函数应用于理想气体独立粒子非定位体系，有

$$U^{\mathrm{t}}=kNT^2\left(\frac{\partial \ln q^{\mathrm{t}}}{\partial T}\right)_{V,N}=kNT^2\ \frac{3}{2}\left(\frac{\partial \ln T}{\partial T}\right)_{V,N}=\frac{3}{2}kNT \quad (14.89)$$

$$S^{\mathrm{t}}=Nk\ln q^{\mathrm{t}}-k\ln N!+\frac{U^{\mathrm{t}}}{T}=Nk\ln q^{\mathrm{t}}-k\ln N!+\frac{3}{2}kN=Nk\ln q^{\mathrm{t}}-Nk\ln N+\frac{3}{2}kN \quad (14.90)$$

式(14.90) 称为沙克尔-特鲁德公式，可直接用于计算理想气体的平动熵。对于 1mol 理想气体来说，沙克尔-特鲁德公式为

$$S_{\mathrm{m}}^{\mathrm{t}}=R\ln\left[\frac{(2\pi mkT)^{3/2}}{Lh^3}V\right]+\frac{5}{2}R \quad (14.91)$$

平动对其他热力学函数的贡献亦可类似求得，这里不再推导，读者自行推导。

例题 14-1　试计算 SATP 下，1mol N_2 的分子平均配分函数和体系的平动能 U^{t}、平动熵 S^{t}、平动亥姆霍兹自由能 A^{t} 及平动恒热容。

解： 1mol N_2 分子的质量：

$$m=\frac{14.008\times2\times10^{-3}}{6.023\times10^{23}}=4.6515\times10^{-26}\ (\mathrm{kg})$$

1mol N_2 分子的体积：

$$V_m = \frac{RT}{p} = \frac{8.314 \times 298.15}{101325} = 0.02446 \ (m^3)$$

N_2 分子的平动配分函数：

$$q^t = \left(\frac{2\pi mkT}{h^2}\right)^{3/2} V$$

$$= \left(\frac{2 \times 3.1416 \times 4.6515 \times 10^{-26} \times 1.38 \times 10^{-23} \times 298.15}{(6.626 \times 10^{-34})^2}\right) \times 0.02446$$

$$= 3.505 \times 10^{30}$$

$$U^t = \frac{3}{2}NkT = \frac{3}{2}RT = \frac{3}{2} \times 8.314 \times 298.15 = 3718 \ (\text{J/mol})$$

$$S^t = R\ln\left[\frac{(2\pi mkT)^{3/2}}{Lh^3}V\right] + \frac{5}{2}R = R\ln\frac{q^t}{L} + \frac{5}{2}R$$

$$= 8.314 \times \ln\frac{3.505 \times 10^{30}}{6.023 \times 10^{23}} + \frac{5}{2} \times 8.314$$

$$= 150.29 \ [\text{J/(K} \cdot \text{mol)}]$$

$$A^t = -kT\ln\frac{(q^t)^N}{N!} = -NkT\ln q^t + NkT\ln N - NkT = -RT\ln q^t + RT\ln N - RT$$

$$= -8.314 \times 298.15\ln 3.505 \times 10^{30} + 8.314 \times 298.15\ln 6.023 \times 10^{23} - 8.314 \times 298.15$$

$$= -41091 \ (\text{J/mol})$$

$$C_V^t = \left(\frac{\partial U}{\partial T}\right)_V = \frac{3}{2}R = 12.471 \ [\text{J/(K} \cdot \text{mol)}]$$

应注意，求算分子各配分函数时，公式中各量的单位制必须一致，最后结果均无量纲。

(2) 转动配分函数

转动能量不仅与原子中所含的分子数目有关，还与分子的构型有关。对于多原子分子的转动，若假定分子是刚性的，则线型刚性转子的量子化能级公式为

$$\varepsilon^r = J(J+1)\frac{h^2}{8\pi^2 I} \qquad (14.92)$$

式中，J 为转动量子数，可取 0、1、2、…等整数；I 为转动惯量。

对于双原子分子

$$I = \mu r^2 = \left(\frac{m_1 m_2}{m_1 + m_2}\right) r^2 \qquad (14.93)$$

式中，m_1、m_2 分别为两个原子的质量；μ 为折合质量；r 为两原子的质心距离。

由于分子转动角动量在空间取向是量子化的，所以转动能级简并，其简并度 g_r 由转动量子数 J 决定

$$g_r = 2J + 1 \qquad (14.94)$$

所以

习题：

14-8　求算 3000K，$a = 1$cm 时，氢原子的 α^2 值。$\left(\alpha^2 = \frac{h^2}{8mkTa^2}\right)$

（约 10^{-16}）

14-9　证明理想气体分子的平动配分函数可写作：$q^t = 1.879 \times 10^{20} (MT)^{3/2} V$。其中 M 为摩尔质量，体积 V 以 cm^3 为单位。求算 25℃和 1cm^3 内氧分子（设为理想气体）的平动配分函数值。(1.75×10^{26})

14-10　计算 SATP 时，氖的摩尔平动熵（$M = 20.18$g/mol），并与实验值 146.4J/(K · mol) 比较。[146.2J/(K · mol)]

14-11　求算 25℃及标准压力时，氢气的摩尔平动能 U_t 及摩尔平动熵 S_t 值。[3716J/mol，117.4J/(K · mol)]

14-12　证明无结构理想气体在任何温度区间内，当温度变化相同、压力保持不变时的熵变为体积保持不变时熵变的 5/3 倍。

$$q^{r}=\sum_{J=0}^{\infty}(2J+1)\exp\left[-J(J+1)\frac{h^2}{8\pi^2 IkT}\right] \quad (14.95)$$

令 $\Theta_r=\dfrac{h^2}{8\pi^2 Ik}$，称为分子的转动特征温度（$\Theta_r$ 具有温度的量纲）。通常情况下，对大多数气体分子来说，$\Theta_r \ll T$，这就导致式(14.95) 是一系列连续相差很小的数值相加之和，在数学上可以看作是连续的，因此可用积分代替求和，即

$$q^{r}=\int_0^{\infty}(2J+1)\exp\left[-\frac{J(J+1)\Theta_r}{T}\right]\mathrm{d}J \quad (14.96)$$

对上式积分可得到异核双原子分子转动配分函数的表达式

$$q^{r}=\frac{T}{\Theta_r} \quad (14.97)$$

对同核双原子分子，如 H_2、N_2 等，由于对称性对分子波函数的限制，J 的取值并不都是被许可的，通常只能限 0、2、4、…或 1、3、5、…，因此与异核双原子分子相比，J 的取值要减少一半，此时可以证明同核双原子分子转动配分函数表达式

$$q^{r}_{同核}=\frac{T}{2\Theta_r} \quad (14.98)$$

综合式(14.97) 和式(14.98)，对任何双原子分子的转动配分函数均可采用如下表达式

$$q^{r}=\frac{T}{\sigma\Theta_r} \quad (14.99)$$

式中，σ 称为分子的对称数，即分子围绕对称轴旋转 360°具有相同位置的次数。对于同核双原子分子 $\sigma=2$，异核双原子分子 $\sigma=1$。

非线型多原子分子的情况比较复杂，可以证明其转动配分函数表达式

$$q^{r}=\frac{(8\pi^2 kT)^{3/2}(\pi I_x I_y I_z)^{1/2}}{\sigma h^3} \quad (14.100)$$

式中，I_x、I_y、I_z 分别为 x、y、z 三个轴上的转动惯量。根据式(14.99) 和式(14.100)，可以求算相应类型的分子的转动配分函数。

有了分子的转动配分函数，就可以求得转动对各热力学函数的贡献。把分子的转动配分函数应用于双原子分子或线型多原子分子体系，得

$$U^{r}=NkT^2\left(\frac{\partial \ln q^{r}}{\partial T}\right)_{V,N}=NkT^2\left(\frac{\partial \ln T}{\partial T}\right)_{V,N}=NkT \quad (14.101)$$

$$C_V^{r}=\left(\frac{\partial U^{r}}{\partial T}\right)_{V,N}=Nk \quad (14.102)$$

$$S^{r}=Nk\ln q^{r}+\frac{U^{r}}{T}=Nk\ln q^{r}+Nk \quad (14.103)$$

把分子转动配分函数应用于非线型多原子分子，得

习题：

14-13　求算 25℃时氮气的摩尔转动熵。已知 N_2 分子的转动惯量为 $13.9\times10^{-40}\mathrm{g\cdot cm^2}$。
[41.1J/(K·mol)]

14-14　求算 H_2、N_2 和 NO 分子在 300K 时的转动配分函数 Θ_r。这些数值的物理意义是什么？Θ_r 有没有量纲？（所需数据查表 14-1）
(1.76；52.4；124)

14-15　已知 HBr 分子的平均核间距 $r=0.1414\mathrm{nm}$，求 HBr 分子的转动惯量，转动特征温度 Θ_r，25℃时的转动配分函数 Θ_v 以及 HBr 气体的摩尔转动熵值。（所需数据查表 14-1）
[$3.30\times10^{-47}\mathrm{kg\cdot m^2}$；12.2K；24.4；34.9J/(K·mol)]

$$U^{\mathrm{r}}=\frac{3}{2}NkT \tag{14.104}$$

$$C_V^{\mathrm{r}}=\frac{3}{2}Nk \tag{14.105}$$

$$S^{\mathrm{r}}=Nk\ln q^{\mathrm{r}}+\frac{3}{2}Nk \tag{14.106}$$

采用相似方法可以推导出转动配分函数对其他热力学函数的贡献，读者可以自行推导。

例题 14-2 由表 14-1 可知，NO 的转动惯量 $I=16.4\times10^{-47}\mathrm{kg\cdot m^2}$，求算 25℃时 NO 分子的转动配分函数 q^{r}、摩尔转动内能 $U_{\mathrm{m}}^{\mathrm{r}}$、摩尔转动熵 $S_{\mathrm{m}}^{\mathrm{r}}$ 以及摩尔定容热容 $C_{V,\mathrm{m}}^{\mathrm{r}}$。

解：NO 是异核双原子分子，$\sigma=1$，所以

$$q^{\mathrm{r}}=\frac{8\pi^2IkT}{h^2}=\frac{8\times3.14^2\times16.4\times10^{-47}\times1.38\times10^{-23}\times298}{(6.626\times10^{-34})^2}=121.2$$

$$U_{\mathrm{m}}^{\mathrm{r}}=NkT=RT=8.314\times298=2478\ (\mathrm{J/mol})$$

$$S_{\mathrm{m}}^{\mathrm{r}}=Nk\ln q^{\mathrm{r}}+Nk=R\ln q^{\mathrm{r}}+R=8.314\ln121.2+8.314=48.2\ [\mathrm{J/(K\cdot mol)}]$$

$$C_{V,\mathrm{m}}^{\mathrm{r}}=Nk=R=8.314\mathrm{J/(K\cdot mol)}$$

表 14-1 一些双原子分子的转动特征温度和振动特征温度

气体	转动特征温度 Θ_r/K	振动特征温度 Θ_v/K	转动惯量 $I\times10^{46}/(\mathrm{kg\cdot m^2})$	核间距 $r\times10^{10}$/m	基态振动频率 $v_0\times10^{-12}/\mathrm{s^{-1}}$
H_2	85.4	6100	0.0460	0.742	131.8
N_2	2.86	3340	1.394	1.095	70.75
O_2	2.07	2230	1.935	1.207	47.38
CO	2.77	3070	1.449	1.128	65.05
NO	2.42	2690	1.643	1.151	57.09
HCl	15.2	4140	0.2645	1.275	80.63
HBr	12.1	3700	0.331	1.414	—
HI	9.0	3200	0.431	1.604	—

(3) 振动配分函数

分子的振动可以近似看成由若干个简谐振动组成。双原子分子只有一个振动自由度，可以看成一维简谐振子。

根据量子力学原理，振动能量也是量子化的，一维简谐振子的能级公式为

$$\varepsilon^{\mathrm{v}}=\left(v+\frac{1}{2}\right)h\nu \tag{14.107}$$

式中，v 为振动量子数，可取值 0、1、2、…等整数；ν 为简谐振子的振动频率。根据上式，当 $v=0$ 时，$\varepsilon_0^{\mathrm{v}}=\frac{1}{2}h\nu$，称为零点振动能，即振动基态能级的能量。单维简谐振子都是非简并的，所以双原子分子的振动配分函数为

$$\begin{aligned}q^{\mathrm{v}}&=\sum_{\nu=0}^{\infty}\exp\left[-\frac{\left(v+\frac{1}{2}\right)h\nu}{kT}\right]\\&=\exp\left(-\frac{h\nu}{2kT}\right)+\exp\left(-\frac{3h\nu}{2kT}\right)+\exp\left(-\frac{5h\nu}{2kT}\right)+\cdots\\&=\exp\left(-\frac{h\nu}{2kT}\right)\left[1-\exp\left(-\frac{h\nu}{kT}\right)+\exp\left(-\frac{2h\nu}{kT}\right)+\cdots\right]\\&=\exp\left(-\frac{h\nu}{2kT}\right)\times\frac{1}{1-\exp\left(-\frac{h\nu}{kT}\right)}\end{aligned} \tag{14.108}$$

令 $\Theta_v = h\nu/k$，称为分子振动特征温度（Θ_v 具有温度的量纲），则式(14.108) 可以变为

$$q^{v} = \exp\left(-\frac{\Theta_v}{2T}\right) \times \frac{1}{1-\exp\left(-\frac{\Theta_v}{T}\right)} \quad (14.109)$$

由于绝大多数气体的 Θ_v 都很高，通常温度下，$\Theta_v = T$，于是上式可近似为

$$q^{v} = \exp\left(-\frac{\Theta_v}{2T}\right) = \exp\left(-\frac{h\nu}{2kT}\right) \quad (14.110)$$

该式说明在通常温度下，气体分子几乎总是处于振动基态；只有温度 T 接近 Θ_v 时，其他各能级对其配分函数才有实际的贡献。当温度很高，$T = \Theta_v$ 时，

$$q^{v} = \frac{T}{\Theta_v} = \frac{kT}{h\nu} \quad (14.111)$$

该式说明振动各能级均对其配分函数有实际贡献。

若将能量标度零点选在基态能级，即 $\varepsilon_0^{v} = 0$，则式(14.108) 变为

$$q_0^{v} = \frac{1}{1-\exp\left(-\frac{h\nu}{kT}\right)} \quad (14.112)$$

式(14.112) 是把振动基态能量当作能量标度零点的振动配分函数。

在通常温度下，$\Theta_v = T$，所以 $q_0^{v} = 1$，于是分子的振动对热力学函数的贡献的计算便可大大简化。

双原子分子只有一个振动自由度，相当于一维谐振子。对于由 n 个原子组成的多原子分子来说，其振动自由度不止一个，那么这就需要把各个单维简谐振子的配分函数相乘。下面分成两种情况进行讨论。

如果多原子分子是线型的，则其总自由度为 $3n$，其中有 3 个平动自由度，2 个转动自由度，那么振动自由度应为 $3n-5$，所以线型多原子分子的振动配分函数应为

$$q_0^{v} = \prod_{i}^{3n-5} \frac{1}{1-\exp\left(-\frac{h\nu_i}{kT}\right)} \quad [14.113(a)]$$

$$q^{v} = \prod_{i}^{3n-5} \frac{\exp\left(-\frac{h\nu_i}{2kT}\right)}{1-\exp\left(-\frac{h\nu_i}{kT}\right)} \quad [14.113(b)]$$

如果多原子分子是非线型的，则其总自由度亦为 $3n$，其中有 3 个平动自由度，3 个转动自由度，那么振动自由度应为 $3n-6$，所以线型多原子分子的振动配分函数应为

$$q_0^{v} = \prod_{i}^{3n-6} \frac{1}{1-\exp\left(-\frac{h\nu_i}{kT}\right)} \quad [14.114(a)]$$

习题：

14-16　已知 CO 分子的基态振动波数 $\tilde{\nu} = \frac{\nu}{c} = 2168\text{cm}^{-1}$，求 CO 分子的振动特征温度 Θ_v，25℃时的振动配分函数 Q_v 和 $(Q_0)_v$ 以及该气体的摩尔振动熵值。（3123K；5.33×10^{-3}；1；0）

14-17　根据公式

$$(Q_0)_v = \frac{1}{1-\exp\left(\frac{hc\tilde{\nu}}{kT}\right)}$$

计算 N_2 在 300K 及 1000K 时的振动配分函数，式中 $\tilde{\nu}(N_2) = 2360\text{cm}^{-1}$。并计算 N_2 在 300K 时，在振动能级 v 为 0 和 1 时的粒子分配函数。（1.0000012；1.03459；0.999988；1.2×10^{-5}）

$$q^{\mathrm{v}}=\prod_{i}^{3n-6}\frac{\exp\left(-\frac{h\nu_i}{2kT}\right)}{1-\exp\left(-\frac{h\nu_i}{kT}\right)} \qquad [14.114(\mathrm{b})]$$

以上四式中，q_0^{v} 是能量标度零点选择在振动基态的振动配分函数，ν_i 表示第 i 个单维简谐振子的自由度的基本频率。应注意的是不同的自由度的振动频率可能是不一样的。

例题 14-3 已知 NO 分子的振动波数 $\tilde{\nu}=\nu/c=190700\mathrm{m}^{-1}$，求 298K 时该分子的振动配分函数和 NO 气体的摩尔振动能及摩尔振动熵。

解： $\Theta_{\mathrm{v}}=\frac{h\nu}{k}=\frac{hc\tilde{\nu}}{k}=\frac{6.626\times10^{-34}\times3\times10^{8}\times190700}{1.38\times10^{-23}}$

$=2747$ （K）

显然 $\Theta_{\mathrm{v}}(2747\mathrm{K})\gg T(298\mathrm{K})$

所以 $q_0^{\mathrm{v}}\approx1$

$$(U_{\mathrm{m}}^{\mathrm{v}}-U_{0,\mathrm{m}}^{\mathrm{v}})=NkT^2\left(\frac{\partial\ln q_0^{\mathrm{v}}}{\partial T}\right)_{V,N}\approx0$$

$$S_{\mathrm{m}}^{\mathrm{v}}=Nk\ln q_0^{\mathrm{v}}+\frac{(U_{\mathrm{m}}^{\mathrm{v}}-U_{0,\mathrm{m}}^{\mathrm{v}})}{T}\approx0$$

（4）电子配分函数

若将能量标度零点选择在基态，根据配分函数的定义，电子的配分函数的表达式为

$$q_0^{\mathrm{e}}=g_0^{\mathrm{e}}+g_1^{\mathrm{e}}\exp\left(-\frac{\Delta\varepsilon_1^{\mathrm{e}}}{kT}\right)+\cdots \qquad (14.115)$$

由于电子能级间隔较大，一般均在数百千焦耳每摩尔，除非在几千摄氏度以上的高温下，电子总是处于基态，当增加温度时，常常是在电子尚未激发之前分子就已经分解，因此上式第二项以后的一般均可忽略不计，即

$$q_0^{\mathrm{e}}=g_0^{\mathrm{e}} \qquad (14.116)$$

该式说明电子配分函数等于电子运动基态的简并度。由于电子绕核运动的总动量矩是量子化的，动量矩沿选定轴上的分量可以有 $2j+1$ 个取向，也就是有 $2j+1$ 个简并度，j 为电子运动总角动量量子数，所以电子配分函数也可以表示为

$$q_0^{\mathrm{e}}=2j+1 \qquad (14.117)$$

值得注意的是，也有少数原子（如卤素原子）和分子（如 NO），它们的电子基态与第一激发态之间的能量间隔不是很大，这时就需要考虑第二项，但第三项以后仍可不予考虑，即

$$q_0^{\mathrm{e}}=g_0^{\mathrm{e}}+g_1^{\mathrm{e}}\exp\left(-\frac{\Delta\varepsilon_1^{\mathrm{e}}}{kT}\right) \qquad (14.118)$$

有了电子的配分函数，再结合热力学函数关系式，就可推导出电子运动对热力学函数的贡献

$$U^{\mathrm{e}}=H^{\mathrm{e}}=C_{\mathrm{v}}^{\mathrm{e}}=0 \qquad (14.119)$$

$$A^{\mathrm{e}}=G^{\mathrm{e}}=-NkT\ln q^{\mathrm{e}} \qquad (14.120)$$

$$S^{\mathrm{e}}=Nk\ln q^{\mathrm{e}} \qquad (14.121)$$

由式(14.119) 可以看出，电子运动配分函数对内能、焓、恒容热容没有贡献，对亥姆霍兹自由能、吉布斯自由能、熵则有贡献。

（5）原子核配分函数

由于原子核能级间隔更大，在一般的物理及化学过程中，原子核总是处于基态能级，所以核配分函数为

$$q^{\mathrm{n}}=g_0^{\mathrm{n}}\exp\left(-\frac{\varepsilon_0^{\mathrm{n}}}{kT}\right) \qquad (14.122)$$

如果选择基态能量作为能量零点标度的话，则核配分函数为

$$q_0^{\mathrm{n}}=g_0^{\mathrm{n}} \tag{14.123}$$

若核自旋量子数为 S_{n}，则核的自旋简并度为 $2S_{\mathrm{n}}+1$，所以对于单原子分子，其核配分函数为

$$q_0^{\mathrm{n}}=2S_{\mathrm{n}}+1 \tag{14.124}$$

对于多原子分子，核的总配分函数等于各自原子的核配分函数的乘积，即

$$q_0^{\mathrm{n}}=\prod_i(2S_{\mathrm{n}}^i+1) \tag{14.125}$$

根据核配分函数，再结合热力学函数关系式，就可以得到核对热力学函数的贡献

$$U^{\mathrm{n}}=H^{\mathrm{n}}=C_{\mathrm{V}}^{\mathrm{n}}=0 \tag{14.126}$$

$$A^{\mathrm{n}}=G^{\mathrm{n}}=-NkT\ln q^{\mathrm{n}} \tag{14.127}$$

$$S^{\mathrm{n}}=Nk\ln q^{\mathrm{n}} \tag{14.128}$$

由以上各式可以看出，核配分函数对内能、焓、恒容热容没有贡献，但对熵、亥姆霍兹自由能、吉布斯自由能则有贡献。不过从化学反应的角度来看，在总的配分函数中，往往可以忽略核配分函数，因为在反应前后核配分函数的数值保持不变，所以在求算相关热力学函数的变化值时消去了，只是在求算分子的规定熵时，还得考虑核配分函数的贡献。

14.5.3 分子的全配分函数

前面讨论过，对于独立粒子体系来说，由于分子配分函数的析因子性质，可以将分子配分函数写为

$$q=q^{\mathrm{t}}q^{\mathrm{r}}q^{\mathrm{v}}q^{\mathrm{e}}q^{\mathrm{n}}$$

在一般的化学问题中，电子和核的运动状态不会发生变化，相应的电子配分函数和核配分函数就没有必要计算。因此分子的全配分函数可简化为

$$q=q^{\mathrm{t}}q^{\mathrm{r}}q^{\mathrm{v}} \tag{14.129}$$

在某些化学反应中，电子转移导致价电子运动状态的变化，这时分子的全配函数应表示为

$$q=q^{\mathrm{t}}q^{\mathrm{r}}q^{\mathrm{v}}q^{\mathrm{e}} \tag{14.130}$$

式中，q^{e} 只是价电子的配分函数。

综合前面讨论的各种运动形式的配分函数，在不考虑电子和核运动的情况下，若采用基态能量为能量标度零点，则各种不同分子的全配分函数可分别表示如下。

(1) 单原子分子

由于单原子分子既无转动亦无振动。只需考虑平动，所以其全配分函数为

$$q_0=q^{\mathrm{t}}=\left(\frac{2\pi mkT}{h^2}\right)^{\frac{3}{2}}V \tag{14.131}$$

(2) 双原子分子

由于双原子分子有三个平动自由度、两个转动自由度和一个振动自由度，所以其全配分函数为

$$q_0=\left(\frac{2\pi mkT}{h^2}\right)^{\frac{3}{2}}V\left(\frac{8\pi^2IkT}{\sigma h^2}\right)\left[\frac{1}{1-\exp\left(\frac{-h\nu}{kT}\right)}\right] \tag{14.132}$$

(3) 线型多原子分子

由于线型多原子分子有三个平动自由度、两个转动自由度和 $3n-5$ 个振动自由度，所以其全配分函数为

$$q_0=\left(\frac{2\pi mkT}{h^2}\right)^{\frac{3}{2}}V\left(\frac{8\pi^2IkT}{\sigma h^2}\right)\prod_{i=1}^{3n-5}\left[\frac{1}{1-\exp(-h\nu_i/kT)}\right] \tag{14.133}$$

(4) 非线型多原子分子

由于非线型多原子分子有三个平动自由度、三个转动自由度和 $3n-6$ 个振动自由度，所以其全配分函数为

$$q_0=\left(\frac{2\pi mkT}{h^2}\right)^{\frac{3}{2}}V\left(\frac{\sqrt{\pi}(8\pi^2kT)^{3/2}(I_xI_yI_z)^{1/2}}{\sigma h^3}\right)$$

$$\prod_{i=1}^{3n-6}\left[\frac{1}{1-\exp(-h\nu_i/kT)}\right] \qquad (14.134)$$

由以上关系式可知，只要知道了粒子的质量 m、粒子的转动惯量 I、对称数 σ 和振动频率 ν_i 等微观性质就可求算分子的全配分函数，进而可求得宏观体系的各种热力学量。

例题 14-4 求氩气在其正常沸点 87.3K 和标准压力时摩尔内能、摩尔熵及定压摩尔热容，已知氩的摩尔质量为 39.9g/mol。

解：在标准压力下的摩尔体积

$$V_m=\frac{RT}{p^{\ominus}}=\frac{8.314\times87.3}{101325}=7.16\times10^{-3}(m^3)$$

氩气为单原子分子，所以其全配分函数为

$$\begin{aligned}q=q^t&=\left(\frac{2\pi mkT}{h^2}\right)^{\frac{3}{2}}V=1.879\times10^{20}\times(MT)^{3/2}\times V\\&=1.879\times10^{20}\times(39.9\times87.3)^{3/2}\times7.16\times10^{-3}\\&=2.766\times10^{29}\end{aligned}$$

$$U_m=\frac{3}{2}RT=\frac{3}{2}\times8.314\times87.3=1089\ (J/mol)$$

$$C_{V,m}=\frac{3}{2}R=\frac{3}{2}\times8.314=12.47\ [J/(K\cdot mol)]$$

$$\begin{aligned}C_{p,m}&=C_{V,m}+R=12.47+8.314\\&=20.78\ [J/(K\cdot mol)]\end{aligned}$$

$$\begin{aligned}S_m&=R\ln\frac{q}{N}+\frac{5}{2}R\\&=8.314\times\ln\frac{2.766\times10^{29}}{6.023\times10^{23}}+\frac{5}{2}\times8.314\\&=129.2\quad[J/(K\cdot mol)]\end{aligned}$$

14.6 统计热力学对理想气体的应用

通过求算分子的配分函数，可以计算出体系的各种热力学量，这是统计热力学的最基本的应用。统计热力学的应用十分广泛，本节内容主要讨论统计热力学对理想气体体系的一些应用。

14.6.1 理想气体状态方程的推导

由前面热力学内容的学习知道，由热力学第一定律、第二定律可以推导出普适性很强的公式。但是在使用这些公式时还得知道体系的状态方程，对于状态方程经典

习题：

14-18 试根据分子配分函数证明通常温度下，双原子分子理想气体的定容热容 $C_{V,m}=\frac{5}{2}R$。

14-19 已知 84K 时，固态氩（Ar）的熵值为 38.3J/(K·mol)，升华热为 7940J/mol，求固态氩在 84K 时的平衡蒸气压。（设氩气为理想气体，摩尔质量 M=39.9g/mol）。[212.6；29.10J/(K·mol)]

14-20 已知 F_2 分子的转动特征温度 $\Theta_r=1.24$K，振动特征温度 $\Theta_v=1284$K，求氟气在 25℃ 时的标准摩尔熵和定压摩尔热容 $C_{p,m}$。[202.8；31.23J/(K·mol)]

14-21 已知 CO 分子的转动特征温度 $\Theta_r=2.77$K，振动特征温度 $\Theta_v=3070$K，求一氧化碳气体在 500K 时的标准摩尔熵 $S_m^{\ominus}$ 和定压摩尔热容 $C_{p,m}$。[212.6；29.10J/(K·mol)]

14-22 已知 HI 分子的转动特征温度 $\Theta_r=9.0$K，振动特征温度 $\Theta_v=3200$K，摩尔质量 $M=127.9$g/mol，求 500K 时 HI 气体的标准摩尔自由能（$G_m^{\ominus}-U_{0,m}^{\ominus}$）值。(−96.3kJ/mol)

14-23 已知 I_2 分子的振动 $\Theta_r=308.3$K，碘蒸气在 25℃ 时的标准摩尔熵 $S_m^{\ominus}$ 为 261.9J/(K·mol)，求 25℃ 和标准压力下，I_2(g) 的振动熵在体系总熵中所占百分数。(3.2%)

14-24 求 25℃ 时，H_2O(g) 的标准摩尔熵 $S_m^{\ominus}$。已知 H_2O 分子的三个转动惯量 I_A、I_B、I_C 分别为 1.02×10^{-47}kg·m²、1.92×10^{-47}kg·m²、2.94×10^{-47}kg·m²，三个基态振动波数 $\tilde{\nu}=\frac{\nu}{c}$ 分别为 3652cm⁻¹、1592cm⁻¹、3756cm⁻¹，对称数 $\sigma=2$。[184.3J/(K·mol)]

热力学无能为力，只能靠经验获得。统计热力学采用微观的处理方法，可以推导出状态方程。对于理想气体，根据式(14.51)

$$p=NkT\left(\frac{\partial \ln q}{\partial V}\right)_{T,N}$$

无论是单原子分子、双原子分子，还是多原子分子，配分函数都可以用下式表示

$$q_0=\left(\frac{2\pi mkT}{h^2}\right)^{\frac{3}{2}} Vq^{\mathrm{r}}q^{\mathrm{v}}q^{\mathrm{e}}q^{\mathrm{n}}$$

代入式(14.51)，由除平动项以外，其他各项都与体积 V 无关，所以对 V 微分时，其他各项均不出现，所以微分结果为

$$p=\frac{NkT}{V}$$

又因为

$$Nk=\frac{N}{L}Lk=nR$$

式中，L 为阿伏伽德罗常数，所以

$$pV=nRT$$

上式就是理想气体的状态方程，在经典热力学中是由低压气体实验总结出来的经验方程，而统计热力学可以给出理论上的推导，可见统计热力学对于事物的认识比经典热力学更深刻。

14.6.2 理想气体的摩尔热容

在热力学第一定律中曾提到，单原子分子理想气体的 $C_{V,\mathrm{m}}$ 为 $3R/2$，而双原子分子理想气体的 $C_{V,\mathrm{m}}$ 近似为 $5R/2$。低压气体在常温下的实验表明，以上结论是正确的。以上结论也可从统计热力学的角度给予说明。

(1) 单原子分子理想气体

由式(14.44)可得摩尔恒容热容公式

$$C_{V,\mathrm{m}}=2RT\left(\frac{\partial \ln q}{\partial T}\right)_{V,N}+RT^2\left(\frac{\partial^2 \ln q}{\partial T^2}\right)_{V,N} \tag{14.135}$$

由于单原子分子没有振动、转动自由度且在通常温度下，电子和核的配分函数与温度无关，所以单原子分子理想气体的全配分函数可以用下式表示

$$q_0=\left(\frac{2\pi mkT}{h^2}\right)^{\frac{3}{2}} V$$

代入式(14.135)，得

$$C_{V,\mathrm{m}}=\frac{3}{2}R \tag{14.136}$$

(2) 双原子分子理想气体

对于双原子分子，除了考虑平动配分函数的贡献外，还得考虑振动和转动配分函数的贡献。所以双原子分子理想气体的全配分函数可以用下式表示

$$q_0=\left(\frac{2\pi mkT}{h^2}\right)^{\frac{3}{2}} V\left(\frac{8\pi^2 IkT}{\sigma h^2}\right)\left[\frac{1}{1-\exp\left(\frac{-h\nu}{kT}\right)}\right]$$

代入摩尔恒容热容公式(14.135)，得

$$C_{V,\mathrm{m}}=\frac{5}{2}R+R\left(\frac{h\nu}{kT}\right)^2\frac{\mathrm{e}^{h\nu/kT}}{\mathrm{e}^{h\nu/kT}-1}=\frac{5}{2}R+R\left(\frac{\Theta_{\mathrm{v}}}{T}\right)^2\frac{\mathrm{e}^{\Theta_{\mathrm{v}}/T}}{\mathrm{e}^{\Theta_{\mathrm{v}}/T}-1} \tag{14.137}$$

下面对式(14.137) 进行讨论。

当 $\Theta_v \ll T$，$\Theta_v/T \to 0$ 时，可以证明（证明从略），此时

$$C_{V,m}=\frac{7}{2}R \tag{14.138}$$

当 $\Theta_v \gg T$，$\Theta_v/T \to \infty$时，可以证明（证明从略），此时

$$C_{V,m}=\frac{5}{2}R \tag{14.139}$$

以上讨论结果表明，在低温范围内，可忽略振动对热容的贡献，这和前面热力学第一定律推导的结果一致。当温度很高时，即在高温范围内，振动对热容的贡献不容忽视。

14.6.3 理想气体的混合熵

在前面热力学部分，我们得到理想气体在等温等压的混合熵计算公式

$$\Delta S_{\text{mix}}=-R\sum_i n_i \ln x_i \tag{14.140}$$

下面我们就从统计热力学的微观角度推导出上式。我们首先考虑两种理想气体在等温等压下混合的过程如下，理想气体 i 有 n_i mol 和 j 有 n_j mol，混合过程如图 14-1 所示。

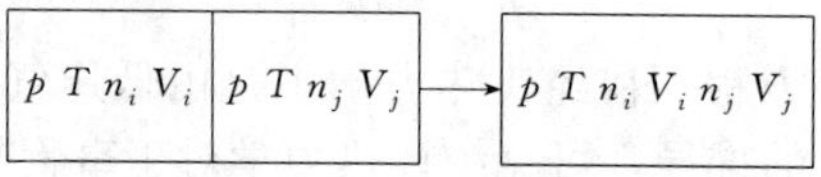

$p\ T\ n_i\ V_i$	$p\ T\ n_j\ V_j$	→	$p\ T\ n_i\ V_i\ n_j\ V_j$

图 14-1 等温等压不同气体混合

显然混合熵 ΔS_{mix} 等于混合后气体 i 和 j 的熵减去混合前 i 和 j 的熵，即

$$\Delta S_{\text{mix}}=(S_i^{后}+S_j^{后})-(S_i^{前}+S_j^{前}) \tag{14.141}$$

根据熵和配分函数之间的关系，因为电子配分函数和核配分函数只由基态时能级的简并度 g_0 决定，所以混合前后不发生变化。同时，由于混合过程是在等温等压下进行的，因此混合前后振动和转动配分函数也不发生变化。所以，理想气体混合熵变主要是由平动发生变化所致。

根据式(14.91)，平动对熵的贡献为

$$\begin{aligned} S^{t} &= Nk\ln\left[\left(\frac{2\pi \mathrm{mk}T}{\mathrm{Nh}^3}\right)^{3/2}V\right]+\frac{5}{2}Nk \\ &= Nk\ln V+Nk\ln\left[\left(\frac{2\pi \mathrm{mk}T}{\mathrm{Nh}^3}\right)^{3/2}\right]+\frac{5}{2}Nk \end{aligned} \tag{14.142}$$

所以混合前理想气体 i 和 j 的熵分别为

$$\begin{aligned} S_i^{t前} &= N_ik\ln V_i+N_ik\ln\left[\frac{(2\pi m_ikT)^{3/2}}{N_ih^3}\right]+\frac{5}{2}N_ik \\ &= N_ik\ln V_i+C_1 \end{aligned} \tag{14.143(a)}$$

$$\begin{aligned} S_j^{t前} &= N_jk\ln V_j+N_jk\ln\left[\frac{(2\pi mkT)^{3/2}}{N_jh^3}\right]+\frac{5}{2}N_jk \\ &= N_jk\ln V_j+C_2 \end{aligned} \tag{14.143(b)}$$

由于混合前后 N_i、N_j、m_i、m_j 及 T 均保持不变，所以 C_1 和 C_2 保持不变，但 V_i 和 V_j 均变为 V_i+V_j，因此有

$$S_i^{t后}=N_ik\ln(V_i+V_j)+C_1 \tag{14.144(a)}$$

$$S_j^{t后}=N_jk\ln(V_i+V_j)+C_2 \tag{14.144(b)}$$

把式(14.143) 和式(14.144) 代入式(14.141)，整理，得

$$\Delta S_{\text{mix}}=-N_i k\ln\left(\frac{V_i}{V_i+V_j}\right)-N_j k\ln\left(\frac{V_j}{V_i+V_j}\right) \tag{14.145}$$

因为 $n_i=N_i/L$，$n_j=N_j/L$，$R=kL$，所以

$$x_i=\frac{V_i}{V_i+V_j},\quad x_j=\frac{V_j}{V_i+V_j}$$

式中，n_i、n_j 分别是气体 i 和 j 的物质的量，x_i 和 x_j 表示摩尔分数。所以式(14.145)可以变为

$$\Delta S_{\text{mix}}=-R(n_i\ln x_i+n_j\ln x_j) \tag{14.146}$$

可见理想气体的混合熵变主要是由各气体的物质的量及混合气体的摩尔分数决定。把式(14.146) 推广到多种气体的混合过程，公式变为

$$\Delta S_{\text{mix}}=-R\sum_i n_i\ln x_i$$

也就是式(14.140) 的形式。

14.6.4 理想气体反应的平衡常数

在热力学中我们讨论过化学反应的标准吉布斯自由能与标准平衡常数的关系，前面又讨论了吉布斯自由能的统计表达式，那么标准吉布斯自由能与标准平衡常数的统计表达式又是怎样的形式呢？接下来我们给予简单的说明。量子力学已经证明，分子的运动存在零点能效应，即在基态时的能量不为零。对于纯物质来说，把各种运动形式的基态能量作为能量零点是一种简便的方法。但是在处理化学反应平衡体系时，由于涉及多种物质共存，所以各种物质的基态能量不同。如果规定一个公共的能量零点，将有助于此类问题的处理。

$\Delta_r G_m^{\ominus}$ 和 $K^{\ominus}$ 的统计表达式如下。

设在一定温度和压力下，任意一个理想气体化学反应如下

$$d\text{D(g)}+e\text{E(g)}=\!=\!=g\text{G(g)}+h\text{H(g)}$$

由热力学知，其标准平衡常数 $K^{\ominus}$ 与反应的标准摩尔吉布斯自由能变化 $\Delta_r G_m^{\ominus}$ 有如下关系

$$\Delta_r G_m^{\ominus}=-RT\ln K^{\ominus} \tag{14.147}$$

而反应的标准摩尔吉布斯自由能变化 $\Delta_r G_m^{\ominus}$ 可用下式表示

$$\Delta_r G_m^{\ominus}=(gG_{m,G}^{\ominus}+hG_{m,H}^{\ominus})-(dG_{m,D}^{\ominus}+eG_{m,E}^{\ominus}) \tag{14.148}$$

式中，$G_{m,i}^{\ominus}$ 表示 i 物质在标准压力下的摩尔吉布斯自由能。理想气体是独立粒子非定位体系，其吉布斯自由能统计表达式前面已经给出，根据式(14.69)，对于标准压力 $p^{\ominus}$ 下的 1mol 理想气体，可得

$$G_m^{\ominus}=-RT\ln q_0+RT\ln L!+RTV\left(\frac{\partial\ln q_0}{\partial V}\right)_{T,N}+U_{m,0}^{\ominus} \tag{14.149}$$

因为 q^r、q^v、q^e 和 q^n 均与体系无关，所以

$$\left(\frac{\partial\ln q_0}{\partial V}\right)_T=\frac{1}{V}$$

代入式(14.149)，得

$$G_m^{\ominus}=-RT\ln\frac{q_0^{\ominus}}{L}+U_{m,0}^{\ominus} \tag{14.150}$$

代入式(14.148)，得

$$\Delta_r G_m^{\ominus}=-RT\sum_B\nu_B\ln\left(\frac{q_{0,B}^{\ominus}}{L}\times e^{-U_{m,0,B}^{\ominus}/RT}\right) \tag{14.151}$$

上式即为 $\Delta_r G_m^{\ominus}$ 的统计表达式。

联合式(14.147)和式(14.151)，得

$$K^{\ominus}=\prod_{\mathrm{B}}\left(\frac{q_{0,\mathrm{B}}^{\ominus}}{L}\right)^{\nu_{\mathrm{B}}}\times \mathrm{e}^{-\Delta_{\mathrm{r}}U_{\mathrm{m},0}^{\ominus}/RT} \tag{14.152}$$

此式即为标准平衡常数 $K^{\ominus}$ 的统计表达式。式中 $q_{0,\mathrm{B}}^{\ominus}$ 是标准态下规定 B 物质粒子基态能量为零时的分子配分函数，$\Delta_{\mathrm{r}}U_{\mathrm{m},0}^{\ominus}$ 是指标准状态下产物和反应物在 0K 时的内能差。在 0K 时，$U_0=H_0$，所以 $\Delta_{\mathrm{r}}U_{\mathrm{m},0}^{\ominus}$ 也可以写作 $\Delta_{\mathrm{r}}H_{\mathrm{m},0}^{\ominus}$。由式可以看出，欲用统计热力学方法求算 $\Delta_{\mathrm{r}}G_{\mathrm{m}}^{\ominus}$ 和 $K^{\ominus}$，除了知道分子配分函数 $q_{0,\mathrm{B}}^{\ominus}$ 以外，还必须知道的 $\Delta_{\mathrm{r}}U_{\mathrm{m},0}^{\ominus}$ 数值。有多种方法可以用来求算 $\Delta_{\mathrm{r}}U_{\mathrm{m},0}^{\ominus}$，下面介绍两种常用的方法。

(1) 热化学法

对理想气体来说，在 0K 时，$U_0=H_0$，那么对于在 0K 和标准压力下发生的化学反应来说，则有 $\Delta_{\mathrm{r}}U_{\mathrm{m},0}^{\ominus}=\Delta_{\mathrm{r}}H_{\mathrm{m},0}^{\ominus}$。根据基尔霍夫公式

$$\Delta_{\mathrm{r}}H_{\mathrm{m}}^{\ominus}(T)=\Delta_{\mathrm{r}}H_{\mathrm{m},0}^{\ominus}+\int_0^T\Delta_{\mathrm{r}}C_p\,\mathrm{d}T=\Delta_{\mathrm{r}}U_{\mathrm{m},0}^{\ominus}+\int_0^T\Delta_{\mathrm{r}}C_p\,\mathrm{d}T \tag{14.153}$$

所以

$$\Delta_{\mathrm{r}}U_{\mathrm{m},0}^{\ominus}=\Delta_{\mathrm{r}}H_{\mathrm{m}}^{\ominus}(T)-\int_0^T\Delta_{\mathrm{r}}C_p\,\mathrm{d}T \tag{14.154}$$

式中，$\Delta_{\mathrm{r}}H_{\mathrm{m}}^{\ominus}(T)$ 和 $\int_0^T\Delta_{\mathrm{r}}C_p\,\mathrm{d}T$ 都可以用热化学方法求得。

(2) 离解能法

对于任一个化学体系，若能找到各种物质公共的能量标度零点，反应的 $\Delta_{\mathrm{r}}U_{\mathrm{m},0}^{\ominus}$ 就不难求算。由于化学反应的原子守恒，所以反应物和产物的原子类型和数目不变，可以用组成反应物和产物的原子的基态能量作为化学反应各种物质的公共能量标度零点。这里就需要用到离解能的概念。所谓分子的离解能，是指构成分子的各原子独立存在时的基态能量和分子的基态能量之差。用图 14-2 表示 1mol 理想气体的反应 [$d\mathrm{D(g)}+e\mathrm{E(g)}=g\mathrm{G(g)}+h\mathrm{H(g)}$] 中各物质都处于基态时的能量关系。由图 14-2 可以看出产物基态能量和反应物基态能量之差等于反应物的离解能与产物的离解能之差，即

$$\Delta_{\mathrm{r}}U_{\mathrm{m}}^{\ominus}=-\Delta D \tag{14.155}$$

因此，理论上由离解能即可求算 $\Delta_{\mathrm{r}}U_{\mathrm{m},0}^{\ominus}$，离解能的数据可由光谱数据求得。由于双原子分子的离解能数据积累较多，因此对于都是双原子分子的化学反应体系，可用此方法求算 $\Delta_{\mathrm{r}}U_{\mathrm{m},0}^{\ominus}$。多原子分子的情况就要复杂得多。另外针对不同的问题，还可以通过不同的方法求算 $\Delta_{\mathrm{r}}U_{\mathrm{m},0}^{\ominus}$ 的数值，如用自由能函数和热函数来计算，这里就不再介绍。

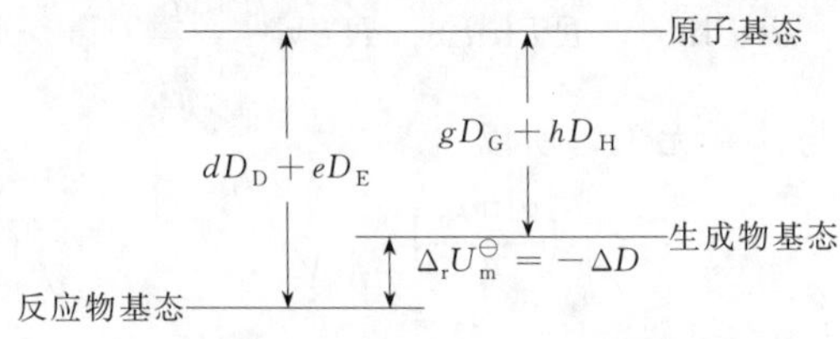

图 14-2 从解离能求 $\Delta_{\mathrm{r}}U_{\mathrm{m},0}^{\ominus}$ 的示意

例题 14-5 已知 I_2 分子的转动惯量 $I=742.6\times10^{-47}\,\mathrm{kg\cdot m^2}$、基本振动频率 $\nu=6.406\times10^{12}\,\mathrm{s^{-1}}$、离解能 $D=2.473\times10^{-19}\,\mathrm{J}$、价电子配分函数 $q^{\mathrm{e}}=1$；I 原子的质量 $m=21.07\times10^{-26}\,\mathrm{kg}$，价电子配分函数 $q^{\mathrm{e}}=4$，试求离解反应 $I_2(g)\longrightarrow 2I(g)$ 在 1200℃时的标准平衡常数 $K^{\ominus}$。

解：标准态下各分子的配分函数

对 I 原子来说

$$q_0^{\mathrm{t}}=\left(\frac{2\pi mkT}{h^2}\right)^{3/2}V$$

$$=\left[\frac{2\times3.14\times21.07\times10^{-26}\times1.38\times10^{-23}\times1473}{(6.26\times10^{-34})^2}\right]^{3/2}\times\frac{8.314\times1473}{101325}$$

$$=1.88\times10^{33}$$

所以 $q_0^{\ominus}=q_0^{\mathrm{t}}q^{\mathrm{e}}=1.833\times10^{33}\times4=7.332\times10^{33}$

对 I_2 分子来说

$$q_0^{\mathrm{t}}=\left(\frac{2\pi mkT}{h^2}\right)^{3/2}V=\left[\frac{2\times3.14\times2\times21.07\times10^{-26}\times1.38\times10^{-23}\times1473}{(6.626\times10^{-34})^2}\right]^{3/2}\times\frac{8.314\times1473}{101325}$$

$$=5.184\times10^{33}$$

$$q^{\mathrm{r}}=\frac{8\pi^2IkT}{\sigma h^2}=\frac{8\times3.14^2\times742.6\times10^{-47}\times1.38\times10^{-23}\times1473}{2\times(6.626\times10^{-34})^2}=1.357\times10^4$$

$$q_0^{\mathrm{v}}=\frac{1}{1-\mathrm{e}^{-\frac{h\nu}{kT}}}=\frac{1}{1-\mathrm{e}^{-\frac{6.626\times10^{-34}\times6.406\times10^{12}}{1.38\times10^{-23}\times1473}}}=5.306$$

$$q_0^{\ominus}=q_0^{\mathrm{t}}q^{\mathrm{r}}q_0^{\mathrm{v}}q^{\mathrm{e}}=3.733\times10^{38}$$

再求 ΔD

$$\Delta D=2D_{\mathrm{I}}-D_{\mathrm{I_2}}=-2.473\times10^{-19}\mathrm{J}=-\Delta_{\mathrm{r}}U_{\mathrm{m}}^{\ominus}(0)/L$$

所以

$$K^{\ominus}=\frac{\left(\frac{q_0^{\ominus}}{L}\right)_{\mathrm{I}}^2}{\left(\frac{q_0^{\ominus}}{L}\right)_{\mathrm{I_2}}}\times\exp\left[\frac{-\Delta_{\mathrm{r}}U_{\mathrm{m}}^{\ominus}(0)}{RT}\right]=\frac{(q_0^{\ominus})_{\mathrm{I}}^2}{(q_0^{\ominus})_{\mathrm{I_2}}}\times L^{-1}\times\exp\left(\frac{\Delta D}{kT}\right)$$

$$=\frac{(7.332\times10^{33})^2}{3.733\times10^{38}}\times(6.023\times10^{23})^{-1}\times\exp\left(\frac{-2.473\times10^{-19}}{1.38\times10^{-23}\times1473}\right)$$

$$=1.24$$

第15章 量子统计基础

本章基本要求

15-1 了解量子统计理论的发展，了解量子统计的理论方法及基本假定。

15-2 了解量子化学简单计算方法，了解常用的量子化学计算软件，会用量子化学软件作简单理论计算。

15-3 了解其他量子统计方法和应用。

15.1 量子统计基本原理

15.1.1 理论发展

自然科学的发展本质是问题导向。量子统计理论的发展史是为了解决自然科学中遇到的电子或电子现象难以解答，随着研究的不断深入而发展起来的。19世纪末，电子、X射线和天然放射性的发现充分证明了原子和分子是由带电质点组成的。这些带电质点在原子中是怎样分布的呢？1909年起，卢瑟福、盖革和马斯登进行了一系列实验，发现了α粒子的散射现象。在粒子散射实验的基础上卢瑟福于1911年提出了原子的有核模型，他认为原子的中央有一个电子绕一个带正电的核运动；核的体积很小，直径为$10^{-13}\sim10^{-12}$cm，是原子直径的万分之一；核带的正电荷与核外电子的总负电荷相等；由于电子质量很小，因此原子的质量几乎全部集中在核上。由此可见，原子有两个明显的特点：质量一轻一重，空间一大一小。核子间是借助一种短程力结合在一起的。从化学的角度，核外电子的运动规律是我们所关心的原子结构问题。因为它决定了原子的性质。具体来说，原子结构就是电子运动的状态、核外电子排布以及电子所具有的能量。我们知道，宏观物体的行为是用经典力学的牛顿定律来描述的，而原子等微观粒子的行为则是用量子力学来描述的。这两方面的正确性是以它们的解与实验相符合为依据的。

量子理论的发展大致可分为两个阶段：①旧量子论（1900—1923）；②量子力学（1924年至今）。旧量子论是量子力学的前驱，它是自19世纪末以来，在大量的事实与经典物理学理论产生了不可克服的矛盾的基础上提出来的。黑体辐射、光电效应和原子的线光谱是其中最著名的实验。为了解释这些实验事实，在微观粒子的运动中引进了量子化的概念。1900年普朗克（Planck）最先提出了能量量子化的概念，指出黑体是由谐振子构成，能量为$E=nh\nu(n=1,2,3,\cdots,\nu$为谐振子的固有振动频率)，物体发射或吸收电磁辐射的过程，是以不可分割的能量量子（$h\nu$）为单元不连续地进行的，h为普朗克常数，$h=6.626\times10^{-34}$J·s。

1905年，德国物理学家爱因斯坦为了解释光电效应，提出了“光子学说”，使得人们在对光的认识上实现了质的飞跃。他指出光不仅是一种波，也是一种微粒（光子）。爱因斯坦的“光子学说”比普朗克“量子假设”前进了一步，认为电磁辐射（光）不仅是在发射和吸收时以能量量子为单位，而且本身就是在真空中以速度c（$c_{光速}=3\times10^8$m/s）运动着的“粒子（光子）”。频率为ν的光子不仅具有能量$E=h\nu$，而且还像普通的运动质点那样，具有动量$p=mc$。

爱因斯坦"光子学说"的核心知识如下。

① 光子的能量：$E=h\nu$，ν 为光的频率。

② 光子的质量：$E=mc^2$，c 为光速。

③ 光子的动量：$P=mc=\frac{mc^2}{c}=\frac{h\nu}{c}=\frac{h}{\lambda}$。

1924 年，德布罗意受爱因斯坦的"光子学说"的启发，大胆预言实物微粒也有波动性，即一个能量为 E、动量为 p 的质点同时也具有波的性质，其波长 λ 由动量 p 确定，频率 ν 则由能量 E 确定。

$$\lambda=\frac{h}{p}=\frac{h}{m\nu}$$

这就是著名的德布罗意关系式。

1927 年，戴维森和革末的电子衍射实验有力地证明了德布罗意假说，1932 年斯登用氢和分子做实验，也观测到了同样的衍射效应。这就证实了粒子的波动性并非电子所特有，其他一切微观粒子也都有类似的波动性，因此波粒二象性是一切物质所具有的，具有普遍性，这就是量子力学的实验基础。

电子既然具有波动性，它的行为就必然可以用一种波动方程来描述，这就是 1926 年薛定谔提出来的并以他的名字命名的波动方程，它是量子力学的基本方程。自从 1927 年布劳（Ø. Burrau）对 H_2^+ 以及同年海特勒（W. Heitler）和伦敦（F. London）用量子力学基本原理讨论了氢分子结构问题以后，人们认识到可以用量子力学原理讨论分子结构问题，从而逐渐形成了量子化学这一交叉学科。量子化学的发展历史可分为两个阶段：第一个阶段是 1927 年到 20 世纪 50 年代末，为创建时期。其主要标志是三种化学键理论的建立和发展，分子间相互作用的量子化学研究。第二个阶段是 20 世纪 60 年代以后。主要标志是量子化学计算方法的研究，其中严格计算的从头算方法、半经验计算的全略微分重叠和间略微分重叠等方法的出现，扩大了量子化学的应用范围，提高了计算精度。经过近八十年的发展之后，量子化学已经成为化学家们广泛应用的一种理论方法。它以量子力学为理论基础，以计算机为主要计算工具，主要通过计算来阐述物质（化合物、晶体、离子、过渡态、反应中间体等）的结构、性质、反应性能及反应机理，研究物质的微观结构与宏观性质的关系，揭示物质和化学反应所具有的特性的内在本质及其规律性。

量子化学是理论化学的一个分支学科，是应用量子力学的基本原理和方法，研究化学问题的一门基础科学，其根本就是求解分子体系的 Schrödinger 方程，得到分子中电子的运动状态。但实际上由于数学处理的复杂性，不得不在原始量子化学

思考：

15-1　微观粒子遵守何种运动规律？微观粒子的运动规律该如何认识？

15-2　你怎么理解微观粒子运动的"粒子性"特征？你认为该如何表达微观粒子的"粒子性"特征？经典理论方法能否推演用于微观粒子量子领域的表达？

方程中引进一些重要的简化，以便得到一定程度的近似解。对于多电子体系需要建立各种近似方法求解，其中最常用的近似方法是变分法和微扰理论，以及近年来发展起来的密度泛函理论方法。

量子化学计算方法都基于以下三条基本近似条件。

① 非相对论近似：若分子中有 M 个原子核和 N 个电子，在不考虑电荷之间的一般电磁相互作用以及自旋与自旋和自旋与轨道之间的相互作用的情况下，使得处理的问题得以简化。

② 波恩-奥本海默近似：由于组成分子体系的原子核的质量比电子的质量大得多(1836.5 倍)，分子中的原子核的运动速度要比电子的运动速度慢得多，所以可以认为电子在核的相对位置固定不变的力场中运动，因此这个近似也称为定核近似。采用这一近似后可以将描述核运动和电子运动的坐标 R 和 r 分离变量。M. Born 和 J. R. Oppenheimer 依据上述物理思想，对分子体系下的 Shrödinger 方程进行处理，将分子中核的运动与电子运动分离处理，而把电子运动与原子核运动之间的相互影响作为微扰，将分子体系下 Schrödinger 方程分解为核运动方程和电子运动方程，从而得到在某种固定核位置时体系的电子运动方程：

$$\left\{-\frac{1}{2}\sum_{i}\nabla_i^2-\sum_{p,i}\frac{Z_p}{r_{pi}}+\sum_{p<q}\frac{Z_pZ_q}{R_{pq}}+\sum_{i<j}\frac{1}{r_{ij}}\right\}\Psi^{(e)}=E^{(e)}\Psi^{(e)} \tag{15.1}$$

式中，$E^{(e)}$ 代表在固定核时体系的电子能量，也被称为势能面。

③ 单电子近似：英国物理学家 D. R. Hartree 和 V. Fock 建议把所有的电子对于每个个别电子运动的影响替换成某种有效场的作用，提出单电子近似，就是假定在多电子体系中的每个单电子波函数 Ψ 只与他本身的坐标 q_i 有关。在单电子近似下，多电子体系中的每一个电子的波函数满足单电子 Shrödinger 方程：

$$H_i\Psi(q_i)=E_i\Psi(q_i) \tag{15.2}$$

式中，E_i 为单电子的轨道能量；单电子波函数 Ψ_i 通常被称为分子轨道（molecular orbital，MO)，从而整个多电子体系波函数等于所有电子的单电子波函数乘积，并设想用自洽迭代方法求解，即 Hartree-Fock（HF）方法。基于基本近似，量子化学从 20 世纪产生以来，今天已基本发展成熟，随着理论的发展和计算技术的提高，量子化学甚至在一些定量计算方面还达到了与实验相当的精度，标志着化学学科从实验科学逐步过渡到实验与理论并重的历史转变。量子化学的计算软件层出不穷。目前，许多著名软件甚至可以在个人计算机上顺利运行，使得应用更为普及和方便。因此，量子化学作为一种强有力的理论工具已被广大的科学工作者所接受，普遍应用于研究各种相关的科学与技术问题。

15.1.2 量子统计的基本假定

量子化学是针对分子的量子力学，因此我们有必要了解量子力学的基本概念和基本思想。此后，只要正确写出分子的薛定谔方程，就可以用不同的近似方法求解，得到需要的结果。因此我们首先来了解量子力学的基本假定。

量子力学的基本假定是一些公理，如同热力学第一定律、第二定律，公理是不能通过数理逻辑证明的。公理是科学家从广泛的实践经验中，经创造性思维，高度提炼的对自然科学规律的认识，在发展过程中直接或间接地受到实践的检验。量子力学基本假定的内容至今还没有统一的说法，不同的人有不同的认识。在量子力学基本假定中涉及几个概念，这里首先给予说明。

(1) 算符

算符是指对一个函数施行某种运算（或动作）的操作符号，如 $\sqrt{\ }$ 、lg、$\frac{\mathrm{d}}{\mathrm{d}t}$、$\frac{\mathrm{d}^2}{\mathrm{d}x^2}$、绕某

轴旋转等。一般情况下，一个算符 $\hat{A}$ 作用于一个函数 u 变成另一个函数 v，即：$\hat{A}u=v$，例如算符 $\frac{\mathrm{d}}{\mathrm{d}x}$ 对函数（x^2+a）作用，得 $\frac{\mathrm{d}}{\mathrm{d}x}(x^2+a)=2x$。在量子力学中，为了和所用的波函数描述状态相适应，用算符来表示力学量。

（2）线性算符

若算符 $\hat{A}$ 作用于函数 u_1 和 u_2 的代数和，其结果等于算符 $\hat{A}$ 分别作用于 u_1、u_2 结果的代数和，即

$$\hat{A}(u_1+u_2)=\hat{A}u_1+\hat{A}u_2$$

则算符 $\hat{A}$ 是线性算符。

如 $\frac{\mathrm{d}}{\mathrm{d}x}(c_1u_1+c_2u_2)=c_1\frac{\mathrm{d}u_1}{\mathrm{d}x}+c_2\frac{\mathrm{d}u_2}{\mathrm{d}x}$（$c_1$、$c_2$ 为常数），则 $\frac{\mathrm{d}}{\mathrm{d}x}$ 是线性算符。

（3）算符的代数运算规则

① 算符相等：如果两个算符 $\hat{A}$ 和 $\hat{B}$ 分别作用于任意函数 u，所得的新函数相等，即：

$$\hat{A}u=\hat{B}u$$

则说明算符 $\hat{A}$ 和 $\hat{B}$ 相等，表示为 $\hat{A}=\hat{B}$。

② 算符相加：如果算符 $\hat{A}$ 和 $\hat{B}$ 分别作用于任意函数 u，所得到的两个新函数等于另一个算符 $\hat{C}$ 作用于 u 的结果，即：

$$\hat{C}u=\hat{A}u+\hat{B}u$$

则说明算符 $\hat{C}$ 是算符 $\hat{A}$ 和 $\hat{B}$ 之和，表示为 $\hat{C}=\hat{A}+\hat{B}$。

③ 算符相乘：如果两个算符 $\hat{A}$ 和 $\hat{B}$ 先后作用于任意函数 u，所得的结果与另一个算符 $\hat{C}$ 作用于 u 的结果相等，则说明算符 $\hat{C}$ 是算符 $\hat{A}$ 和 $\hat{B}$ 的乘积，表示为

$$\hat{C}=\hat{A}\hat{B}$$

算符 $\hat{C}$ 作为算符 $\hat{A}$ 和 $\hat{B}$ 之积应理解为一个算符，它对任意一个函数 u 的作用包含着双重运算；首先用 $\hat{B}$ 作用于 u，得到一个新函数 $\hat{B}u$，然后再用 $\hat{A}$ 作用于 $\hat{B}u$，而得到最后的结果 $\hat{A}(\hat{B}u)$。

算符服从乘法结合律和分配律

$$\hat{A}(\hat{B}\hat{C})=(\hat{A}\hat{B})\hat{C}$$

$$\hat{A}(\hat{B}+\hat{C})=\hat{A}\hat{B}+\hat{A}\hat{C}$$

必须注意的是两个算符的运算结果与算符的前后次序有关，一般来说 $\hat{A}\hat{B}\neq\hat{B}\hat{A}$。

④ 算符的平方：算符的平方定义为算符自身的乘积：$\hat{A}^2=\hat{A}\hat{A}$ 如微分算符的平方为

思考：

15-3 你怎么理解量子统计中的算符和算符运算规则约定？

15-4 如何表示微观粒子的运动规律？

$$\left(\frac{\mathrm{d}}{\mathrm{d}x}\right)^2 f(x)=\frac{\mathrm{d}}{\mathrm{d}x}\left(\frac{\mathrm{d}f}{\mathrm{d}x}\right)=f''$$

所以$\left(\frac{\mathrm{d}}{\mathrm{d}x}\right)^2=\frac{\mathrm{d}^2}{\mathrm{d}x^2}$。

⑤ 算符的对易关系：两个算符 $\hat{A}$ 和 $\hat{B}$ 可以组成乘积 $\hat{A}\hat{B}$，也可以组成乘积 $\hat{B}\hat{A}$。这两个乘积之差称为算符 $\hat{A}$ 和 $\hat{B}$ 的对易子。并用符号 $[\hat{A},\hat{B}]$ 来表示，即

$$[\hat{A},\hat{B}]=\hat{A}\hat{B}-\hat{B}\hat{A}$$

若 $[\hat{A},\hat{B}]\neq 0$，即 $\hat{A}\hat{B}\neq\hat{B}\hat{A}$，则称算符 $\hat{A}$ 和 $\hat{B}$ 不对易。例如，若 $[\hat{A},\hat{B}]=0$，即 $\hat{A}\hat{B}=\hat{B}\hat{A}$，则称算符 $\hat{A}$ 和 $\hat{B}$ 对易。

(4) 可观测物理量

一个体系或体系的时间、位置、速度、质量、动量、角动量、势能等等，与其在经典力学中的意义相同，被认为是可以通过实验方法进行测量的物理量，因此也称为力学量。当然，量子力学如何去表达或计算，则与经典力学大不相同。

下面根据量子化学的需要，简要列出 5 条量子力学基本假定。

基本假定 1：微观粒子体系的任何状态，可以由一个包含各粒子运动坐标和时间的连续、单值、平方可积的函数 ψ 来描述。量子力学中称 ψ 为波函数（wave function）或状态函数。波函数 ψ 用来描述微观粒子的运动状态，本身没有明确的物理意义，但是 $|\psi|^2=\psi^*\psi$ 为微粒在空间某点出现的概率密度。如果空间中微体积用 $\mathrm{d}\tau$ 表示，则 $|\psi|^2\mathrm{d}\tau$ 为 $\mathrm{d}\tau$ 体积内发现微粒的概率。以一个电子的体系为例，在整个空间的概率为 1，即

$$\int|\psi|^2\mathrm{d}\tau=\int\psi^*\psi\mathrm{d}\tau=1 \tag{15.3}$$

这一性质又称波函数的归一化条件，它是波函数平方可积性质与 $|\psi|^2$ 的概率解释的结果。在定态问题中，因不考虑时间，ψ 中不包括时间变量。

基本假定 2：任一粒子的任何一个可观测物理量都对应一个线性算符，物理量的算符如下。

① 定时空坐标的算符就是它们本身。

$$\hat{x}=x,\hat{y}=y,\hat{z}=z,\hat{t}=t \tag{15.4}$$

② 动量算符：

$$\hat{P}_x=-i\hbar\frac{\partial}{\partial x},\hat{P}_y=-i\hbar\frac{\partial}{\partial y},\hat{P}_z=-i\hbar\frac{\partial}{\partial z} \tag{15.5}$$

③ 动能算符：

$$\hat{T}=-\frac{\hbar^2}{2m}\left(\frac{\partial^2}{\partial x^2}+\frac{\partial^2}{\partial y^2}+\frac{\partial^2}{\partial z^2}\right)=-\frac{\hbar^2}{2m}\nabla^2 \tag{15.6}$$

④ 势能算符为势能表达式，如分子中

$$V=V(\text{核-核排斥})+V(\text{核-电子吸引})+V(\text{电子-电子排斥})$$

或

$$V=\frac{1}{4\pi\varepsilon_0}\left[\sum_I^n\sum_{J<1}^n\frac{Z_IZ_Je^2}{\Delta R_{IJ}}+\sum_i^e\sum_I^n\left(-\frac{Z_Ie^2}{\Delta r_{iI}}\right)+\sum_i^e\sum_{j<i}^e\frac{e^2}{\Delta r_{ij}}\right] \tag{15.7}$$

式(15.5)中，i 为虚数单位。式(15.5)和式(15.6)中，$\hbar=h/2\pi$，h 为普朗克常量。式(15.6)中，m 为电子质量。式(15.7)中，ε_0 为真空介电常数；Z 为原子序数；R 为核的空间坐标，不同核用大写 I、J 表示；r 为电子的空间坐标，不同电子用小写 i、j 表示；e 为电子的质量；求和项中限定 $J<I$ 或 $j<i$，表示两两相互作用的能量求和不能重复。

基本假定 3：波函数满足定态薛定谔方程：

$$\hat{H}\psi=E\psi \tag{15.8}$$

上述方程式的形式也称为本征方程（eigen equation）。式中 $\hat{H}$ 为体系的哈密顿算符，也称哈密顿量。量子化学中，$\hat{H}$ 是一个分子内部能量的表达式，即式(15.6) 对所有电子求和后表示的电子动能和与式(15.7) 所表示的分子势能相加的结果。E 为常数，称为本征值；ψ 为描述分子中电子运动状态的波函数，称为算符 $\hat{H}$ 的本征函数。方程的求解即寻找满足方程式(15.8) 的 ψ。

基本假定 4：如果波函数 ψ 是力学量算符 $\hat{H}$ 的本征值为 E 的本征函数，则在该状态下，$\hat{H}$ 所对应的力学量具有确定的本征值 E；如果 ψ 不是力学量算符 $\hat{H}$ 的本征函数，则力学量在状态 ψ 下不具有确定的值，但可以有统计平均值，如能量的统计平均值按下式计算：

$$\overline{E}=\frac{\int \psi^{*}\hat{H}\psi\mathrm{d}\tau}{\int \psi^{*}\psi\mathrm{d}\tau} \tag{15.9}$$

基本假定 5：属于某力学量 $\hat{M}$ 的各本征态（ψ_n，$n=1$，2，…）的任意线性组合 $\psi=\sum c_n\psi_n$，也是体系的一个可能状态，当体系处于 $\psi=\sum c_n\psi_n$ 所描述的状态时，测量力学量 $\hat{M}$ 得到的数值，必定是（ψ_n，$n=1$，2，…）的本征值（λ_n，$n=1$，2，…）中的某一个，而测得某一数值 λ_n 的概率则是 $c_n^{*}c_n$。

思考：

15-5 波函数和本征值的关系及内涵是什么？

15-6 微观粒子行为本质上是如何开展研究与认识的？

15.1.3 分子的薛定谔方程与求解原则

按照基本假定 3，分子的定态薛定谔方程的具体表达式为

$$\left\{-\frac{h^2}{8\pi^2}\sum_{k=1}^{e}\frac{1}{m_k}\nabla_k^2+\frac{1}{4\pi\varepsilon_0}\left[\sum_{I}^{n}\sum_{J<I}^{n}\frac{Z_IZ_Je^2}{\Delta R_{IJ}}+\sum_{i}^{e}\sum_{I}^{n}\left(-\frac{Z_Ie^2}{\Delta r_{iI}}\right)+\sum_{i}^{e}\sum_{j<i}^{e}\frac{e^2}{\Delta r_{ij}}\right]\right\}\psi=E\psi \tag{15.10}$$

式(15.10) 与氢原子的方程近似，但更为复杂。量子化学的中心任务是求解方程（15.10）。式(15.10) 中，根据波恩-奥本海默近似，所有的核坐标在每次计算之前已经确定，因此核-核排斥项作为常数处理，可以事先计算出来，不必参与电子坐标有关的后续计算。

目前，只有那些含一个电子的体系，才能在数学上精确求解出方程的解，这些体系如氢原子（H）、类氢离子（He^{+}、Li^{2+}、Be^{3+}等)、氢分子离子（H_2^{+}）等。我们可以利用数学技巧求解出 2 个电子的氦原子的解，但过程十分复杂。因此，一般情况下，只能寻求方程（15.10）的近似解。寻求方程（15.10）近似解的一种主要方法是变分法，其基本思想如下：事先假定分子的一个近似波函数 ψ，其中包含若干个待定参数。根据基本假定 4 可以计算能量在状态 ψ 下的统计平均值。可以证明，该统计平均值总是大于由精确波函数计算出来的数值

(此称为变分原理)。因此，我们可以寻找一个尽可能接近精确值的近似波函数 ψ。这在数学上不难做到，因为这是一个求函数极值的问题。也就是求统计平均值的极小值。为此，只要将统计平均值表达式对每个待定参数一一求一阶偏微分，并令每个偏微分为 0，便可得到包含待定参数的方程组，由方程组求出各待定参数，也就得到了最优的近似波函数。此后，便可由近似波函数计算分子的能量及电荷分布等其他重要性质。

15.1.4 波函数的构造与方程的求解

用变分法获得的使体系能量的统计平均值最低的近似波函数，是在给定的一个函数形势下优化出来的。然而，函数的形式可以是多种多样的。为此，人们必须寻找尽可能好的函数形式。实践证明，在方便计算和函数项数有限的前提下，采用分子中各原子轨道的线性组合就是一种很好的做法，即通过原子轨道线性组合 LCAO（linear combination of atomic orbitals）形成分子轨道 MO（molecular orbital）的办法。分子轨道也就是描述单个电子在分子中运动状态的波函数。

对于氢原子或类氢离子，求解薛定谔方程可以得到一系列波函数，也称为原子轨道，并且电子可以分别占据这些轨道。而在多电子原子中，这些原子轨道也近似存在。例如氧原子，人们通常说它有 $1s2s2p_x2p_y2p_z3s$ 等原子轨道，其中有些轨道可以不填充电子，但总在原子中存在。

设分子中各原子的轨道按统一编号用 χ_j（$j=1, 2, \cdots, n$）表示，称为原子轨道基函数。根据代数学知道，通过 LCAO 线性组合可以得到线性独立的函数，用 ψ_i（$i=1, 2, \cdots, n$）表示，这就是分子轨道。如果有一个电子 k 在分子中运动，它将占据某一状态 ψ_i，即占据分子轨道 $\psi_i(k)$：

$$\psi_i(k) = \sum_j c_{ij}\chi_j \tag{15.11}$$

式(15.11) 中，进一步考虑电子自旋后，则分子轨道 $\psi_i(k)$ 包含描述电子不同自旋状态的函数。根据泡利原理，每个含自旋的轨道只能有一个电子占据。式中的线性组合系数 c_{ij} 就是待定参数。

因为分子中不止一个电子，假定分子中电子的运动可以近似看成是相互独立的，即多个（N 个）电子的体系的波函数 $\psi(1, 2, \cdots, N)$，用单个电子波函数的连乘积表示，称为独立粒子近似

$$\psi(1,2,\cdots,N) = \prod_{i=1}^{N}\psi_i(k_i) \tag{15.12}$$

又由于电子是费米子，受泡利原理的限制，要求描述多个电子运动状态的波函数 $\psi(1, 2, \cdots, N)$，必须在交换任意两个电子的坐标后，函数改变符号（正负反号）。因此，式(15.12) 还必须进行进一步的处理才能表示多电子体系的运动状态。也就是基本假定 5，用式(15.12) 交换电子后，函数的线性组合来描述多电子体系的运动状态。根据行列式交换任意两行（或两列），即反号的性质，数学上把 N 个电子占据的 N 个分子轨道写成行列式的形式，称为斯莱特（Slater）行列式：

$$\psi(1,2,\cdots,N) = \frac{1}{\sqrt{N!}}\begin{vmatrix} \psi_1(1) & \psi_2(1) & \cdots & \psi_N(1) \\ \psi_1(2) & \psi_2(2) & \cdots & \psi_N(2) \\ \vdots & \vdots & \cdots & \vdots \\ \psi_N(N) & \psi_N(N) & \cdots & \psi_N(N) \end{vmatrix} \tag{15.13}$$

式中，系数 $(N!)^{-1/2}$ 为使函数满足归一化条件对应的系数。

根据电子相互不可区分的原理，进一步将哈密顿算符对应的多电子能量（不考虑核-核排斥，它是常数），简化为单电子能量（动能＋势能）h_i 和双电子排斥能 $g_{ij}=r_{ij}^{-1}$ 之和。

即定义：

$$\hat{F}=h_i+g_{ij}$$

哈密顿量则为

$$\hat{H}=\sum\hat{F}=\sum_i h_i+\sum_{i<j}g_{ij}$$

用式(15.13) 的函数求上式的统计平均值，变分，化简，得到一个方程组，称为哈特里-福克-罗汤方程，也简称为 HF 方程

$$\begin{cases}(F_{11}-\varepsilon)c_1+ & F_{12}c_2+ & \cdots & F_{1n}c_n=0\\ F_{21}c_1+ & (F_{22}-\varepsilon)c_2+ & \cdots & F_{2n}c_n=0\\ \vdots & \vdots & & \vdots\\ F_{n1}c_1+ & F_{12}c_2+ & \cdots & (F_{nn}-\varepsilon)c_n=0\end{cases}\tag{15.14}$$

式(15.14) 形式上是关于待定参数 $c_j(j=1,2,\cdots,n)$ 的线性齐次方程组。式中 F_{ij} 为与 $\hat{F}$ 算符、基函数和待定参数 c_j 有关的矩阵元，每个矩阵元都含有大量包含原子轨道基函数和 $\hat{F}$ 算符的积分（称为电子积分）。矩阵 $[F_{ij}]$ 称为福克矩阵；ε 的出现是受分子轨道归一化条件限制，在变分过程中引入的拉格朗日待定乘子的结果。

我们知道，方程组 (15.14) 有非零解的充要条件是其系数行列式为零

$$\begin{vmatrix}(F_{11}-\varepsilon) & F_{12} & F_{1n}\\ F_{21} & (F_{22}-\varepsilon) & F_{2n}\\ F_{n1} & F_{n2} & (F_{nn}-\varepsilon)\end{vmatrix}=0\tag{15.15}$$

由式(15.15) 可以首先求出 n 个不同的 ε_k $(k=1,2,\cdots,n)$。将这些 ε_k 一一代回式(15.14)，即可获得每一个 ε_k 对应的一系列待定参数 c_{kj} $(j=1,2,\cdots,n)$，即式(15.11) 的分子轨道系数。将式(15.14) 中 $\varepsilon_k c_{kj}$ 移项到各等式右端，相当于得到 $Fc_k=\varepsilon_k c_k$，即每一个 ε_k 代表能量算符 F 在状态 $\sum_j^n c_{kj}\chi_j$ 下的本征值，因此 ε_k 为该分子轨道的能级。

注意 F_{ij} 是与待定参数 c_{kj} 有关的矩阵元，欲计算 F_{ij} 的数值，必须先知道 c_{kj}。因此方程 (15.14) 不能直接求解，而只能通过叠代的方法求解。也就是首先通过一些简单方法，如半经验的 CNDO、EHMO 等方法，获得一组近似的 $c_{kj}(0)$，成为初始猜测波函数或试探函数，计算 F_{ij}，求解方程 (15.14)，得到部分优化的 $c_{kj}(1)$；再由 $c_{kj}(1)$ 计算 F_{ij}，求解方程 (15.14)，得到进一步优化的 $c_{kj}(2)$；如此循环反复，直到最后两次得到的 c_{kj} 的差别或分子总能量的差别在预定的误差范围内为止，称为叠代得到自洽。这一求解方程 (15.14) 的过程因此称为求解哈特里-福克分子轨道自洽场（self-consistent field，简称 SCF）方程，简称求解 HF-SCF 方程或 HF 方程。

方程 (15.14) 是在独立粒子近似下得到的。人们发现，独立粒子近似对能量计算结果往往会带来可观的误差，独立粒子近似相当于分子中任意一个电子都在原子核和其他电子形成的平均场中独立运动，电子的运动互不相关。对应的物理图像是在空间某一点，如果有一个电子存在，则其他电子也允许在这一点同时存在。由于电子同带负电，这当然是不可能的。因此，必须对独立粒子近似做修正。修正的主要办法是使用多组态波函数的方法，用多组态波函数来计算体系的能量。

构造多组态波函数的一种主要方法是，在一定条件（自选匹配、对称性匹配）下，取 HF-SCF 已经自洽的波函数，让电子相当于从低能级的轨道进一步分布到各空轨道（或称激发，excitation)，形成新的斯莱特行列式。其中，每一个斯莱特行列式称为一个组态函数。因每个电子的每次不同的激发都形成一个新的斯莱特行列式，所以要用这些新行列式的线性

组合（多组态波函数）作为总波函数来变分（待定参数为组态函数的线性组合系数）。通过推导，也可以得到与方程（15.14）类似的方程组。

由多组态函数得到的体系能量包括独立粒子近似所没有得到的电子相互作用能量。这部分能量被称为电子相关能，或简称相关能。求解方程的过程称为组态相互作用（configuration interaction，简称 CI）计算。由于相关能计算一般总在 HF-SCF 完成以后进行，因此也称为后哈特里-福克（post HF）计算。实际上，计算相关能的方法不止 CI 一种，还有多体微扰理论方法（multi body perturbation theory 或 MBPT）、耦合簇（coupled cluster 或 CC，包括 QCI）等。在包括相关能的算法中，计算量相对较小（与 HF 方法相当）的密度泛函理论（density functional theory 或 DFT）也是其一。这些方法都是目前量子化学中最广泛使用的方法。不同方法的精度不同，计算量也不同。

前面提到，原子轨道基函数是多电子原子中近似存在的轨道函数。我们在其他课程中已经见到的类氢离子轨道函数，在多电子原子中事实上并不严格存在。因此，为了计算方便，在选择基函数时，人们也不直接用类氢离子函数，而是用多个高斯型函数 g_i 的线性组合来代替式(15.11) 中的每一个基函数 χ_j

$$\chi_j = \sum_i d_{ji} g_i(\alpha_i) \tag{15.16}$$

式中，d_{ij} 为 g_i 函数的组合系数；α_i 为 g_i 函数中处于指数位置的系数。函数的具体形式如下

$$g_i(\alpha_i) = N_i x^l y^m z^n e^{-\alpha_i r^2}$$

式中，N_i 为归一化系数；l、m、n 为大于等于 0 的整数，$l+m+n=0$、1、2、3、4、5、…分别代表 s、p、d、f、g、h、…型原子轨道函数。与类氢离子轨道函数比较，它不同，但也正是方便之处，是指数上的变量，r 在这里为平方，而在类氢离子轨道函数中为一次方。

一次方形式的函数还有斯莱特提出的更简单的函数，称斯莱特型轨道（Slater type orbials 或 STO）。实际使用中，人们总是按式(15.16) 用高斯型函数（Gaussian type orbitals 或 GTO）的组合来近似代替 STO，称这种组合起来的基函数为基组。式(15.16) 有多种不同的组合方式，因此有多种基组。常见的基组，如 STO-nG、3-21G、6-31G、6-311G(d，p)、6-311++G（3d2fg，2pd)、cc-pVxZ 等，就是式(15.16) 以不同的方式组合的结果。基组越大（对 i 的求和项越多)，代表函数空间越完备，计算的精度也越高，但随之计算量也越大。

从上面的过程可见，量子化学方法的计算量是很大的。为了进一步减小计算量，当前的各种程序一般都充分利用了分子的对称性。如 H_2O 分子中就存在两个镜面、旋转 180°和原地不动这四个对称元素。对称性的利用不仅可以大大减小计算量，而且可以在研究分子的一些性质时，不必通过计算就可预知其结果。文献中，分子的电子态也是用与对称性有关的符号来标记的（对称性的利用涉及进一步的数学基础，在此不便深入讨论，读者可以参见《群论在化学中的应用》等书籍)。为了减小计算量，人们还发展了一些半经验、经验方法，如 INDO、CNDO、MNDO、AM1、PM3、EHMO 等。相应地，前面介绍的方法称为非经验方法，也称为从头算方法（abinitio)，在研究性质的文献中也称第一原理（first principle）方法。

除了基组有不同的选择外，从头算方法只需要一个分子的结构参数（各原子的空间坐标或等价的用键长、键角、二面角来定位原子)、元素符号（即原子序数）和已经编入程序中的少数几个基本物理常数，如电子与质子的电量、质量、普朗克常量和真空介电常数等。

因此完成大多数量子化学计算，我们只需给计算机提供如下信息：一种算法、一个基组、分子静电荷（$+n$ 为 n 价正离子，$-n$ 为负离子，0 为中性分子)、自旋多重度、元素符号和结构参数。其中，自旋多重度为 $2S+1$，S 为分子中电子的总自旋量子数。因为每一个

单电子的 s 为 1/2，$S=\sum s$，所以分子的自旋多重度等于分子中的单电子数加 1。

下面列举两个 Gaussian 程序的输入数据。输入数据为纯文本，自由格式，字母大小不限。

例题 15-1 已知 H_2O 分子中 OH 键键长为 96.00pm，HOH 键角为 109.47°，试写出组态相互作用方法 CISD 在 6-311+G（3df，2p）基组计算水分子的能量的输入文件，并注释输入字段。

解：6-311+G（3df，2p）基组代号是指非价层轨道用 STO-6G，价层轨道用三分裂指数“311”基，非氢原子另加弥散函数“+”和极化函数“3df”，氢原子另加极化函数“2p”的基组。

输入数据	输入注释
%Mem=1000MB	申请内存容量
#CISD/6-311+G（3df，2p）	指定算法和基组，# 表示关键字所在的行
	空行表示算法输入行的结束
H_2O energy	文字行（Title），其内容不影响计算
	空行结束
0 1	分子电荷 0，自旋多重度为 1
O	分子结构第一行，分子中第一个原子为氧
H，1，0.9600	第二个原子为氢，与第一个原子的键长为 0.9600Å
H，1，0.9600，2，109.47	第三个原子与第一个原子的间距与第二原子间夹角

15.2 量子统计的计算方法

15.2.1 计算方法

目前可精确求解薛定谔（Schrodinger）方程的体系，仅限于单电子体系，可用分离变量法求解。而对于多电子体系，只能对其进行单电子近似求解，这时，薛定谔方程由微分方程变成一个齐次线性的代数方程组。求解该方程组，即求各分子轨道能级与相应的分子轨道展开系数。在此理论框架基础上做一些简化或者改进，即得到各种不同的理论方法，展开分子轨道的原子轨道种类不同及多少，则形成大小不同的基组。其计算过程如图 15-1 所示，基本运算方法如下。

（1）*密度泛函（DFT，density functional theory）方法*

1964 年，Kohn 提出了密度泛函理论（DFT），其以 Hohenberg-Kohn 定理为基础，指出电子密度决定分子的一切性质，体

习题：

15-1 一个质量为 m 的物体，已知动能和动量的关系为 $T=\frac{p^2}{2m}$，根据量子力学基本假定中动量算符 $\hat{p}_x=-i\text{h}\frac{\partial}{\partial x}$的表达式，推演动能算符的系数。

15-2 试详细写出$_3$Li 原子的静电相互作用势能（算符）V 的表达式（要求不出现求和算符）。

15-3 试详细写出 LiH 原子的静电相互作用势能（算符）V 的表达式（要求不出现求和算符）。

15-4 查阅文献，根据量子力学基本假定，证明变分原理。

15-5 用 H 的 1s，Li 的 1s、2s 原子轨道作为基，用 LCAO 形式，写出 LiH 的 3 个分子轨道的表达式（系数用 c_{ij} 表示，下标自行编号）。

15-6 将上题的 3 个分子轨道，各乘以 α 和 β 作为描述电子不同自旋时的函数，形成 6 个不同的分子轨道。任取其中的 4 个轨道，写出 LiH 分子中 4 个电子占据的分子轨道的斯莱特行列式波函数，然后展开该行列式（提示：不必将分子轨道展开成基函数的形式）。

15-7 通过演算确定 p、d、f 型高斯型原子轨道函数的个数分别是多少？（3，6，10）

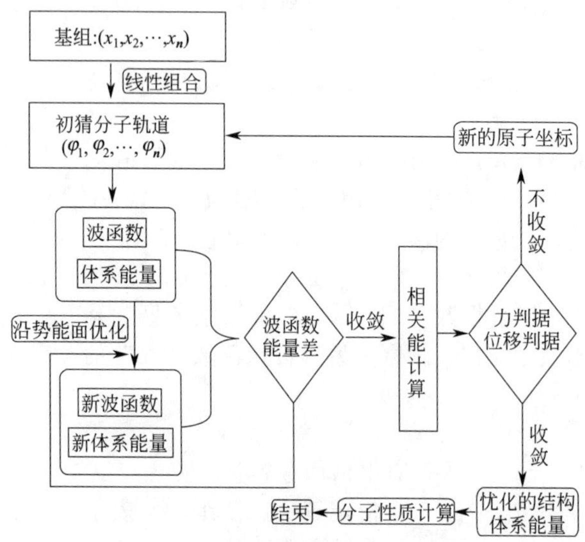

图 15-1　量子化学计算过程

系的能量是电子密度的泛函。各种密度泛函理论差别在于选择交换泛函和相关泛函的不同，例如：纯密度泛函包含一个相关泛函和一个交换泛函，如 BDW、BLYP 等；而杂密度泛函则包含一个相关泛函和多个交换泛函，例如 B3LYP，BHandHLYP 等。

由于密度泛函计算结果精确，计算速度快，DFT 以无可比拟的优越性成为当前国际研究的主流方向，与分子动力学结合的分子模拟，更是当前理论化学研究反映动态过程的有利工具，成为计算材料科学的重要基础和核心技术。但 DFT 也并不是适合所有的体系，研究表明，其对共价键体系计算结果精确，氢键体系次之，范德华键体系再次之。

例题 15-2　试写出用一种密度泛函方法 B3LYP 在 6-311G（d，p）基组水平计算 H_2O^+ 的结构参数，并接着进行分子振动分析计算的输入文件。

解：

输入数据	输入注释
＃b3lyp/6-311G（d，p）opt freq	算法/基组、结构优化和频率计算，以空格间隔
Water cation geometry and vibration analysis	文字行
	空行结束
1 2	分子带电荷为＋1，自旋多重度为 2
O	第一个原子为氧
H 1 r	第二个原子 H 与第一个原子的距离变量 r
H 1 r 2 alpha	第三个原子与原子 1 间距 r，与原子 2 夹角 α
	空行结束分子结构的描述
R＝0.99	任意给定一个键长初始值
alpha＝109.1	任意给定一个键角初始度数
	空行结束

例题 15-3[*]　原子化能（atomization energy）指在一定温度下将处于气态下基态的一个多原子分子分解成原子的状态所对应的能量变化。一般来说这个过程要吸收热量，即 $\Delta E>0$。

过程：ABC ⟶ A+B+C

原子化能：$\Delta E = E(\mathrm{A}) + E(\mathrm{B}) + E(\mathrm{C}) - E(\mathrm{ABC})$

试采用 Hartree-Fock 方法、密度泛函方法、MP2 方法计算 298K 时 CO_2 的原子化能。

* 精确的原子化能计算还需要进行基组重叠矫正误差校正。

解： 本例采用不同理论方法在 6-31G (d) 基组水平计算二氧化碳的原子化能结果如表 15-1 所示。

表 15-1　不同理论方法在 6-31G (d) 基组水平计算二氧化碳的原子化能结果

项目	$E(CO_2)$/Ha	R(C—O)	E(C)/Ha	E(O)/Ha	ΔE/Ha
HF	−187.6341762	1.1432	−37.5885579	−74.6566041	37.8004563
B1B95	−188.5276753	1.1639	−37.7556890	−74.9342931	38.0820042
B98	−188.512650	1.1685	−37.7593509	−74.9294484	38.0644998
B3P86	−188.9646035	1.1667	−37.8694871	−75.087722	38.1379073
B3LYP	−188.5809402	1.1692	−37.7760091	−74.9573979	38.0715241
B3PW91	−188.506949	1.1675	−37.7506353	−74.9219648	38.0837136
MP2	−187.6280819	1.1797	−37.6547076	−74.6566041	37.6620626
实验		1.162			

从键长结果看，HF 方法结果偏低，总体上密度泛函方法给出的结果令人满意。

例题 15-4　试采用 D95V+(d) 基组，采用 HF 和不同密度泛函方法优化 F_3^-，并分析频率。

解： 按照题目计算要求，计算结果如表 15-2 所示。

表 15-2　例题 15-4 的计算结果

项目	R	对称伸缩	弯曲	不对称伸缩
HF	1.646	501	315	522i
SVWN5	1.706	448	278	524
BLYP	1.777	390	255	477
B3LYP	1.728	425	268	441
MP2	1.733	392	251	699
实验值		440	260	535

DFT 和 MP2 方法得到的结果相似，而 HF 方法在结构和频率两方面的结果都很糟糕。本例中，SVWN5 泛函得到的频率分析结果最接近实验值。

(2) 从头算法

在量子化学中，从头算法 [abinitio Hartree-Fock (HF) SCF] 是指基于 Born-Oppen-Heimer、独立电子 (Hartree) 和非相对论三大近似，利用电子质量、Planck 常数和电量三个基本物理量及原子系数，对分子的全部积分严格进行计算，不借助任何经验参数来求解薛定谔方程的计算方法。不同的是从头算法考虑了不同的相关能项，如：HF 方法只考虑了同电子自旋的相关（交换相关）问题，而没有考虑相反自旋的电子相关问题和瞬时电子相关的问题；MPn 方法给体系考虑了微扰项，而更为精确的计算应包含更多的相关能项，如组态相互作用方法 (CIS、CISD) 和耦合簇方法 (CASSCF) 等。

在很多体系中电子相关性是很重要的参数，如采用不同方法计算氟化氢的键能结果见表 15-3。

表 15-3　采用不同方法计算氟化氢的键能结果

方法	HF/STO-3G	HF	MP2	MP3	MP4(SDTQ)	QCISD	QCISD(T)	实验值
键能	73.9	97.9	144.9	137.9	141.8	138.8	140.6	141.2

从表［没有表明基组的采用的是 6-311＋＋G(3df,2pd)］中可以看出，HF 方法的计算结果与实验值有很大的差距，而考虑电子相关的方法可给出满意的结果。

在电子结构领域中，臭氧的结构是一个著名的问题，在耦合簇和 QCI 出现之前，一直没有得到精确的描述。表 15-4 列出了几种方法优化臭氧结构的结果。

表 15-4 几种方法优化臭氧结构的结果

项目	MP2	QCISD	QCISD(T)	实验
R(O—O)	1.307	1.311	1.298	1.272
A(O—O—O)	113.2	114.6	116.7	116.8

一般所说的精确结构，指理论键长与实验值的差距在 0.1～0.01Å，键角差距在 1°～2°。在本例中，只有 QCISD（T）能够提供精确的数据结构。

由于从头算法在理论上的严格性和计算结果的精确性、可靠性，所以从小分子体系到大分子体系，从静态性质到动态性质，各方面都有从头算法的应用。对过渡金属配合物，金属原子簇合物等大分子化合物的研究也迅速增加。但基于计算精度和计算资源的矛盾考虑，从头算法主要应用于小分子体系的高精度计算、对中等大的小体系进行定量计算和对大分子体系的定性计算三个方面。

（3）半经验方法

从头算法虽然有严谨的理论支持，能得到较好的计算结果，但是当遇到诸如酶、聚合物、蛋白质等大分子体系时，计算很耗时，其计算代价无法承受。为了在计算时间和计算精度上找到一个平衡点，科学家们以从头算法为基础，忽略一些计算量极大、但是对结果影响极小的积分，或者引用一些来自实验的参数，从而近似求解薛定谔方程，就诞生了半经验算法，如 AM1、PM3、MNDO、CNDO、ZDO 等。

半经验方法理论上没有从头算法那么严谨，因而在处理复杂体系的中间体、过渡态时或者氢键时会遇到一定的困难，其计算的结果只带有定性和半定量的特性。主要用于非常大的体系的计算或处理大体系的第一步，或为了得到一些分子的初步研究结果。

表 15-5 列出了 AM1、PM3、HF/6-31＋G（d）和 MP2/6-311＋＋G（2d，2p）方法优化的 HF 二聚体的构型。

表 15-5 AM1、PM3、HF/6-31＋G（d）和 MP2/6-311＋＋G（2d，2p）方法优化的 HF 二聚体的构型

项目	AM1	PM3	HF	MP2
R(H-F)	0.83	0.94	0.92	0.92
R(H4-F2)	2.09	1.74	1.88	1.84
R(F-F)	2.87	2.65	2.79	2.76
R(F-H4-F)	159.3	159.8	168.3	170.6
R(H3-F-F)	143.8	143.1	117.7	111.8

所有的半经验方法都远离高精度计算的结果，特别是键角的差距很大，AM1 方法的键长也有很大差距。注意 HF 方法得到的结果与 MP2 方法很相近。从 PM3 得到的结构为初始，用 HF 方法用了 20 步才得到结果，说明半经验方法不一定是 HF 方法好的初始结构。

（4）其他算法

随着学科之间的交叉和渗透，涌现出越来越多的研究方法，如近来十分流行的 QM/MM（量子化学和分子力学）组合方法、神经网络方法和遗传算法等，并活跃在各个研究领域，研究范围也在不断扩大。QM/MM 组合方法结合了量子化学方法（QM）以及分子力学方法（MM）和建立在分子力学方法上的分子动力学方法（MD）两方面的优势。对于处理复杂体系，既可达到足够快的计算速度，又可在重点计算的区域达到足够高的计算精度。线性比率方法（linear scaling method）是一种基于密度的分割处理方法。对于 N 个电子的体系，为了使计算速度与基函数成线性比率，将一个大分子分成许多子体系，然后测定每个分子体系的电子密度，最后将子体系贡献加和，从而获得整个分子的电子密度和能量的方法，从而大大节省了机时。遗传算法是借鉴自然界生物进化规律，优胜劣汰，步步逼近最优解的一种方法。该方法主要通过三种操作算子：选择、交换和变异来实现群体中的个体的筛选，确定最优个体及过程。

15.2.2　计算软件

随着计算机技术的发展，使得波函数的求解成为可能，尤其是出现了许多商业化的量子化学计算软件。量子化学计算软件的目的在于将量子化学复杂计算过程程序化，从而便于人们的使用、提高计算效率并且具有较强的普适性。绝大多数量子化学程序是采用 Fortran 语言编写的，通常由上万行语句组成。量子化学软件一般按图 15-2 分类。

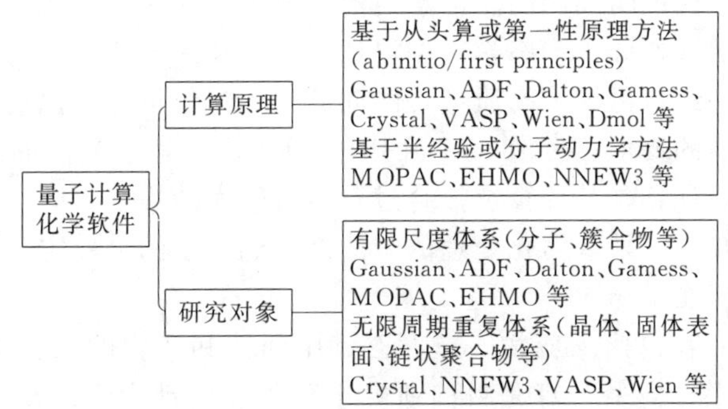

图 15-2　量子化学软件的分类

Gaussian 软件是目前计算化学领域内最流行、应用范围最广的综合性量子化学计算程序包。它最早是由美国卡内基梅隆大学的约翰·波普（John. A. Pople，1998 年诺贝尔化学奖获得者）在 20 世纪 60 年代末、70 年代初主导开发的。Gaussian 软件基于量子力学而开发，它致力于把量子力学理论应用于实际问题，它可以通过一些基本命令验证和预测目标体系几乎所有的性质。此外，可视化软件 GaussView 的发布及计算机的快速发展更是大大降低了理论计算的门槛，使得各领域研究者能够轻松使用 Gaussian 研究和分析各种科学问题。

到目前为止，Gaussian 已经推出了 13 个版本，目前最新的版本是 Gaussian 09。Gaussian 软件能够研究诸多的科学问题，例如：

① 化学反应过程，如稳态及过渡态结构确定、反应热、反应能垒、反应机理及反应动力学等。

② 各类型化合物稳态结构的确定，如中性分子、自由基、阴离子、阳离子等。

③ 各种谱图的验证及预测，如 IR、Raman、NMR、UV-Vis、VCD、ROA、ECD、ORD、XPS、EPR、Franck-Condon 及超精细光谱等。

④ 分子各种性质，如静电势、偶极矩、轨道特性、键级、电荷、极化率、电子亲和能、电离势、自旋密度、电子转移、手性等。

⑤ 热力学分析，如熵变、焓变、吉布斯自由能变、键能分析及原子化能等。

⑥ 分子间相互作用，如氢键及范德华作用。

⑦ 激发态，如激发态结构确定、激发能、跃迁偶极矩、荧光光谱、磷光光谱、势能面交叉研究等。

15.2.3　量子化学计算应用

量子化学计算方法很多，可选择的基组也很多。如何选择方法和基组，一般视具体问题综合考虑，例如所需要的精度、分子大小、计算机资源等。当然，人们一般总希望使用级别尽可能高的方法和基组，以使结果的可靠性尽可能提高。量子化学的应用，最常见的有以下几个方面。

(1) 分子几何构型的计算

在许多问题的研究中，实验方法还很难进行，如自由基、激发态、反应中间体、过渡态及星际分子等。要研究它们的能量、反应性等，必须首先确定其结构。关于结构优化的计算，理论方法的级别不一定越高越好。常见的优化结构的方法有半经验方法、HF 方法、微扰理论方法 MP2、密度泛函 DFT 方法等，一般选择中等大小的基组，如 6-31G (d,p)、6-311G (d,p) 等，即可获得很好的结果。

(2) 分子的势能面

为了详细了解一个反应体系的能量与各化学键长变化的关系，即研究反应体系的化合或解离过程，势能面是最能说明问题的。虽然目前高质量势能面的获得比较困难，但势能面思维方法已经在很多领域（如分子动态学）中得到应用。高质量势能面的计算经常使用高级别的算法和尽可能大的基组；再加上高质量势能面的计算工作量往往比较大，这样对计算程序的功能和效率也有更高的要求。目前，MOLPRO 等程序很适合势能面的计算，但对含四个以上原子体系的势能面计算，其计算及拟合过程也有较大的难度。面对实际问题，可根据势能面思想及专业理论知识，采取简化处理的方法来找到分子的最稳定分子结构状态。

(3) 反应机理的研究

反应机理的研究内容包括反应物、过渡态、中间体和产物的几何构型的优化和能量计算，反应的 IRC 计算等。这一计算是目前研究小分子反应动力学的重要手段，其中计算难度较大的是寻找过渡态和找到全部过渡态。过渡态满足的条件，虽然已经有坚实的数学基础，但是算法上还有一些问题，即寻找过渡态时往往可能被跳过，多次计算中才可能幸运地找到一个，此外，关于过渡态能量的精确计算方法目前也还在发展之中。

(4) 分子振动分析

分子振动分析必须同构型优化计算相结合，也就是必须在同一理论级别优化得到的几何构型下，用同一理论方法进行振动分析，这是因为如果两种方法不一致，则振动分析很可能对应在分子的稳定点或过渡态，得到的结果便可能出现众多虚频而没有意义，分子振动分析与构型优化一样，往往不必使用高级别的方法和基组即可得到满意的结果。

(5) 电荷性质计算

波函数经变分优化以后，近似代表一个电子的运动状态。因此，利用其概率的含义，可以进行分子电荷性质和其他一些力学量的统计平均值的计算，包括如电荷在分子中的分布、原子静电荷、键级、分子偶极矩、极化率等。

(6) 能量计算

任何量子化学方法都可获得体系的能量，用于研究相对稳定性、反应能量等。直到 20 世纪 90 年代，量子化学方法进行小分子在一般意义上的定量计算成为可能，欲进行可靠地能量计算，必须使用高级别的理论方法，并且需要作进一步的零点振动能修正和残差等问题的处理，对于非热力学零度的能量计算，还要用统计热力学方法进行热动能修正。

(7) 能带计算

一些作为功能材料的固体，如催化剂、敏感材料、电子学材料及纳米功能材料，其性能往往取决于电子能带的结构与性质。一方面，基于固体理论的方法或引入晶体的周期边界条件，研究体系的电子能带结构、费米能级、电子态密度等。另一方面，可以引入量子化学方法直接研究原子系数不多的体系。

（8）其他计算

高斯软件还可以进行诸如溶剂化效应、核磁共振谱、磁性质与光谱精细结构、与分子动力学相结合的计算等。

例题 15-5　用 B3PW91/6-311G（d,p）方法分别计算气态 H_2O 分子和 H_3O^+ 的结构和振动频率，并将 H_2O 分子的结果与实验结果进行比较。

解：按照题目要求的方法用高斯程序计算得到气态 H_2O 分子和 H_3O^+ 的结构参数与振动频率如表 15-6 所示。

表 15-6　用高斯程序计算得到气态 H_2O 分子和 H_3O^+ 的结构参数与振动频率

结构参数	OH 键长/pm	HOH 键角/(°)	弯曲/cm^{-1}	对称伸缩/cm^{-1}	不对称伸缩/cm^{-1}
H_2O 分子	95.99	103.77	1636	3846	3947
H_2O 实验值	95.75	104.51	1595	3657	3756
H_3O^+	100.26	109.48	1428	3379	3432

习题：

15-8　已知 H_2O 分子的三个振动基频分别为 1595cm^{-1}、3657cm^{-1} 和 3756cm^{-1}。计算：（1）H_2O 分子的零点振动能；（2）1595 方式从基态激发到第一振动激发态的能量；（3）1595 方式第二振动激发态的能级。

15-9　运用 Gaussian09W 程序包，采用 B3LYP 方法在 6-31G（d）基组水平上计算确定乙醇分子稳定构型及相应结构参数。

15-10　运用 Gaussian09W 程序包，采用 B3LYP 方法在 6-31G（d）基组水平上计算确定乙醇分子稳定构型的原子电荷及分子偶极矩。

15-11　试参考乙醇的 FTIR 光谱图数据，通过在 6-31G（d）基组水平上采用 HF、CAM-B3LYP、MP2 方法计算的乙醇振动频率，评价理论方法对结果的影响。

15-12　试参考乙醇的 FTIR 光谱图数据（图 15-3），运用 B3LYP 方法在不同基组计算的乙醇振动频率，评价基组水平对结果的影响。

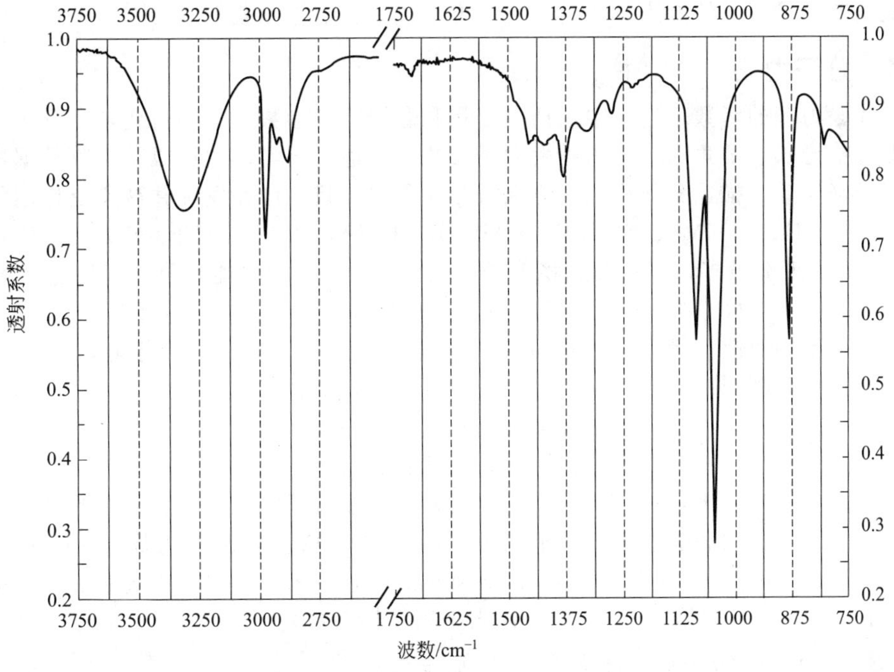

图 15-3　乙醇的 FTIR 光谱图

15-13　试参考异亚丙基丙酮的紫外可见吸收光谱实验数据（表 15-7），通过理论计算确定有机物吸收光谱的计算方法，并结合分子前线轨道阐释电子吸收光谱类型。

表 15-7 异亚丙基丙酮的紫外可见吸收光谱实验数据

溶剂	正己烷	$CHCl_3$	CH_3OH	H_2O
$\lambda_{max}(\pi\rightarrow\pi^*)/nm$	230	238	237	243
$\lambda_{max}(n\rightarrow\pi^*)/nm$	329	315	309	305

15.3 其他的量子统计方法及其应用

原则上讲，对于研究结构与性能的关系，量子化学方法在理论上已经能解决所有的问题。但限于计算量太大，计算机资源有限，在研究原子数目较多的问题，如高分子、蛋白质、较大的原子簇及与固体表面有关的问题和研究材料的力学性能等问题时，量子化学方法实际上难以完成计算。为此，人们发展了分子力学（MM）与分子动力学方法（MD）。这些方法的应用，又称分子模拟（molecular simulation）或分子设计（molecular design）。相应地基于量子力学的方法被称为第一性原理（first principle）方法。

分子力学与分子动力学是经典力学方法，针对的最小结构单元不再是电子而是原子。由于原子的质量比分子大很多，因此量子效应不明显，可近似用经典力学方法来处理。分子力学与分子动力学的基本思想是事先构造出简单体系（如链段、官能团等各种不同结构的小片段）的势能函数，简称势函数或力场（force field），将势函数建成数据库，在形成较大分子的势函数时，从数据库中检索到与分子中结构相同的片段，组合成大体系的函数。利用分子势能随原子位置的变化有极小点的性质，确定大分子的结构即为分子力学；利用势函数，建立与温度和时间有关的牛顿运动方程，求解得到一定条件下体系的结构随时间的演化关系即为分子动力学。

分子力学与分子动力学方法的核心是构造势函数。与进行分子振动分析时预先需要量子化学方法获得黑塞矩阵的情形相似，势函数，即势能与原子位置的关系往往是不知道的。因此，一般需要通过其他的方法，如量子化学方法或实验数据来获得。

15.3.1 分子力场

分子片段力场的函数表达式中包括自变量和若干力场参数。其中自变量为分子的结构参数，一般包括键长、键角和二面角。而力场参数一般通过与实验数据或从头算数据进行最小二乘法拟合来确定。描述分子片段的势函数形式很多，目前已经发展并被广泛使用的力场有CFF、MM2、MM3、MM4、MMFF、AMBER、CHARMM、DREIDING、UFF和COMPASS等。力场形势虽多，但一般总将分子势能表达为分子内势能与分子间势能之和。

$$V_{总}=V_{键合}+V_{非键合} \tag{15.17}$$

式中，分子内势能（键合）包括键伸缩、键角弯曲和二面角扭转势能，而分子间势能（非键合）包括范德华势和静电势，有的势函数还包括氢键项。

$$V_{键合}=V_{键伸缩}+V_{键角弯曲}+V_{二面角扭转} \tag{15.18}$$

$$V_{非键合}=V_{范德华}+V_{静电}+V_{氢键} \tag{15.19}$$

键合势函数式(15.18)中，一些力场还包含交叉项，使其精度更高。交叉项的含义表示，如键长变化时，键角弯曲势能随键长的不同而不同，如COMPASS-98力场（condensed phase optimized molecular potentials for atomistic simulation studies）的表达式如下（其中每一个k都是一个独立的力场参数，下标“0”代表平衡结构参数）。

键伸缩：$E_b=\sum_b[k_2(b-b_0)^2+k_3(b-b_0)^3+k_4(b-b_0)^4]$

键弯曲：$E_\theta=\sum_\theta[k_2(\theta-\theta_0)^2+k_3(\theta-\theta_0)^3+k_4(\theta-\theta_0)^4]$

二面角扭转：

$$E_\psi = \sum_\psi \{k_1[1-\cos(\psi-\psi_{0,1})]+k_2[1-\cos(2\psi-\psi_{0.2})]+k_4[1-\cos(3\psi-\psi_{0.3})]\}$$

键面外弯曲：$E_x = \sum_x k_x x^{2\prime}$

交叉项

$$\begin{aligned} E_x &= \sum_{b,b''} k_{bb''}(b-b_0)(b'-b'_0)+\sum_{\theta,\theta''} k_{\theta\theta''}(\theta-\theta_0)(\theta'-\theta'_0)+\sum_{b,\theta''} k_{b\theta''}(b-b_0)(\theta'-\theta'_0) \\ &= \sum_{b,\psi} k(b-b_0)(k_1\cos\psi+k_2\cos2\psi+k_3\cos3\psi)+\sum_{b',\psi} k(b'-b'_0)(k_1\cos\psi+k_2\cos2\psi+k_3\cos3\psi) \\ &\quad+\sum_{\theta,\psi} k(\theta-\theta_0)(k_1\cos\psi+k_2\cos2\psi+k_3\cos3\psi)+\sum_{\psi,\theta,\theta'} k_{\psi\theta\theta'}\cos\psi(\theta-\theta_0)(\theta'-\theta'_0) \end{aligned}$$

显然，这是一个非谐性力场。

非键合势函数式(15.19) 中，静电相互作用表示分子中各原子静电荷的库仑相互作用对势能的贡献。不同的力场，静电相互作用表达式基本相同。范德华势也大都采用伦纳德-琼斯函数，但函数中的指数有所不同，如 COMPASS-98 力场的非键合势函数如下。

静电相互作用：$E_{\text{elec}} = \sum_{i>j} \dfrac{q_i q_j}{r_{ij}}$

范德华势：$E_{\text{vdw}} = \sum_{i,j} \varepsilon_{ij}\left[2\left(\dfrac{r_{ij}^0}{r_{ij}}\right)^9 - 3\left(\dfrac{r_{ij}^0}{r_{ij}}\right)^6\right]$，即伦纳德-琼斯 9-6 函数。

其他力场较多采取的范德华势为纳德-琼斯 12-6 函数：

$$E_{\text{vdw}} = \sum_{i,j}(D_0)_{ij}\left[\left(\frac{r_{ij}^0}{r_{ij}}\right)^{12} - 2\left(\frac{r_{ij}^0}{r_{ij}}\right)^6\right]$$

当然，在建立分子势能函数时，还有一些更细致的问题要考虑，如能展开项的截断、周期结构的处理、多组分混合物体系、含有离子的体系或金属中的离子等。在不同的方法或程序中，对它们都有详细的讨论。

15.3.2 分子力学方法

分子力学方法是确定分子结构的方法。利用分子势能随结构的变化而变化的性质，确定分子势能极小值的平衡结构。它与量子化学进行分子振动分析的物理模型类似，即视原子为质点，视化学键为弹簧。而弹力常数完全由数据库中的分子力场来确定。不同之处是不考虑原子的动能，当然也就不存在量子力学构造振动方程时求偏微分的算符化过程，而是直接使用势函数来研究问题。此外，由于分子力学方法不考虑动能，因此它所得到的结构相当于分子处于热力学零度时的结果。

由分子力场式(15.17) 首先构造并得到一个完整分子的势函数 $E(x)$，利用在 $E(x)$ 的极小点，$E(x)$ 随各原子独立的空间坐标（x_i，$i=1$，2，3，…，$3N-6$）的一阶微分为零及全部二阶微分大于零的数学条件

$$\begin{cases} \dfrac{\partial E(x)}{\partial x_i}=0 \\ \dfrac{\partial^2 E(x)}{\partial x_i^2}=0 \end{cases} \quad (i=1,2,3,\cdots,3N-6) \tag{15.20}$$

进行结构优化。具体步骤如下：

① 用各种方法构造出一个分子的任意结构，得到初始的结构参数（x_i^0，$i=1$，2，3，…，$3N-6$）。

② 进行坐标变换，也就是根据需要将原子的直角坐标转变成内坐标（键长、键角、二

面角）或反之。

③ 建立分子体系的势能表达式 $E(x)$。

④ 计算 $E(x)$ 随各坐标的一阶导数、二阶导数。

⑤ 计算接近式(15.20) 限制条件的坐标增量。

⑥ 得到新的结构参数（x_i^1，$i=1$，2，3，…，$3N-6$）。

重复步骤④、⑤、⑥，直至最后两次得到的体系势能之差或总体势能梯度的均方根值达到预定精度范围为止。

在分子力学的计算中，有时还要考虑体系所处的外压条件，此时，可通过压力因子的定义来调节原子坐标。

15.3.3 分子动力学方法

分子力场是分子的静态势函数，而实际过程通常是在一定外界条件，如一定温度和一定压力下发生的。为了更切实际地了解体系运动和演化的真实情况，必须考虑体系中原子的运动，并且与温度和时间建立联系。

我们知道，体系的温度是原子分子热运动剧烈程度的量度。根据统计热力学，对于 n 个原子的体系，体系的温度和各原子的运动速率 v_i 的关系为

$$\kappa_B T=\frac{1}{3n}\sum_{i=1}^{n}m_i v_i^2 \tag{15.21}$$

又因体系中各原子的速率为 v_i 时，动量 $p_i=m_i v_i$，对应总动能 $K(p)$ 为

$$K(p)=\sum_{i=1}^{n}\frac{1}{2m_i}(p_{i,x}^2+p_{i,y}^2+p_{i,z}^2) \tag{15.22}$$

势能由力场式(15.17) 确定为 $E(x)$。因此。体系的哈密顿量 H 为

$$H(x,p)=K(p)+E(x) \tag{15.23}$$

与量子力学方法不同，经典力学对哈密顿量不进行算符化处理，也不建立和求解本征方程，而是建立并求解经典运动方程

$$\begin{cases}\dfrac{\mathrm{d}p}{\mathrm{d}t}=\dfrac{\partial H(x,p)}{\partial x}\\[2mm]\dfrac{\mathrm{d}p}{\mathrm{d}t}=\dfrac{\partial H(x,p)}{\partial p}\end{cases} \tag{15.24}$$

计算步骤一般如下：

① 由原子位置和连接方式，从数据库调用力场参数并形成体系势函数。

② 由给定温度计算体系动能及总能量。

③ 计算各原子的势能梯度，得到原子在力场中所受的力［式(15.24) 中，$\frac{\mathrm{d}p}{\mathrm{d}t}=\frac{m\mathrm{d}v}{\mathrm{d}t}=ma=F$］。

④ 对每个原子 i，在一定时间间隔（如取 Δt 足够小，即可代表下式中的 $\mathrm{d}t$）内，用牛顿方程求解其运动行为

$$F_i=m_i a_i=m_i\frac{\mathrm{d}v_i}{\mathrm{d}t}=m_i\frac{\mathrm{d}^2x_i}{\mathrm{d}t^2}\qquad(i=1,2,\cdots,n) \tag{15.25}$$

⑤ 显示体系能量和结构。

⑥ 取下一时间间隔，返回步骤①。

这是一个不断循环反复的过程，可以设定循环次数来终止计算。其中，不仅时间间隔可以根据需要取不同大小（一般约为 1fs，$1\mathrm{fs}=10^{-15}\mathrm{s}$），温度可以任意设定，而且还可以在

循环过程中逐渐改变温度，即研究体系的退火（annealing）行为。

分子动力学方法也有一些缺陷，如势函数的形式在每次计算中都是不变的，因此，不能模拟分子在高温下结构发生断裂的热裂解过程等。

有时需要进一步考虑外场的作用，如压力、电场、磁场、重力场等。从原则上讲，这些问题也能够解决，而且在进一步发展中。此外，即使是分子力学与分子动力学方法也受计算量的限制，所处理的体系不可能太大。一般可达到数百万个原子的规模。对于纳米至微米尺度的问题，人们还在发展介观尺度（mesoscale）的方法，并且已经有了一些重要进展。

15.3.4　量子统计在分子模拟中的应用

伴随着计算机技术的发展，当前基于量子力学发展起来的量子统计理论已经在自然科学微观领域的研究工作中得到了广泛的应用，通常科学界术语称为“分子模拟”。

分子模拟是用计算机在原子水平上模拟给定分子模型的结构与性质，进而得到分子的各种物理性质与化学性质，如结构参数、振动频率、构象能量、相互作用能量、偶极矩、密度、摩尔体积等。分子动力学方法还能实时将分子的动态行为显示到计算机屏幕上，便于直观了解体系在一定条件下的演变过程。由于分子动力学方法包含温度与时间，因此还可以得到如高分子材料的玻璃化转变温度、晶体的结晶过程、输送过程、膨胀过程、动态弛豫（relax）及体系在外场作用下的变化过程等。

分子模拟技术较早应用于小分子物质体系的计算模拟；随着计算机技术的发展以及量子化学理论方法以及商业化软件的开发，计算结果成为科学研究工作中的重要参考，研究对象也进一步扩展到许多研究领域。应用范围主要包括物理性质、结构、构象与弹性、晶体结构、力学性质、光谱性质、非线性光学性质、玻璃态与玻璃化转变、电性质、共混与分子间相互作用等；应用于生物科学和药物设计也十分普及，如蛋白质的多级结构与性质，病毒、药物作用机理、特效药物的大通量筛选与快速开发等；在化学领域中，用于表面催化与催化机理、溶剂效应、原子簇的结构与性质研究等；在材料化学中用于材料的优化设计、结构与力学性能、热加工性能预报、界面相互作用、纳米材料结构与性能研究等。

附 录

附录Ⅰ 常用的数学公式

Ⅰ-1 微分公式 u 和 v 是 x 的函数，a 为常数。

$$\frac{\mathrm{d}a}{\mathrm{d}x}=0 \qquad \frac{\mathrm{d}(u^n)}{\mathrm{d}x}=nu^{n-1}\times\frac{\mathrm{d}u}{\mathrm{d}x}$$

$$\frac{\mathrm{d}x^n}{\mathrm{d}x}=nx^{n-1} \qquad \frac{\mathrm{d}e^u}{\mathrm{d}x}=e^u\frac{\mathrm{d}u}{\mathrm{d}x}$$

$$\frac{\mathrm{d}a^x}{\mathrm{d}x}=a^x\ln a \qquad \frac{\mathrm{d}\lg x}{\mathrm{d}x}=\frac{1}{2.303x}$$

$$\frac{\mathrm{d}e^x}{\mathrm{d}x}=e^x \qquad \frac{\mathrm{d}\lg u}{\mathrm{d}x}=\frac{1}{2.303u}\times\frac{\mathrm{d}u}{\mathrm{d}x}$$

$$\frac{\mathrm{d}\ln x}{\mathrm{d}x}=\frac{1}{x} \qquad \frac{\mathrm{d}(u+v)}{\mathrm{d}x}=\frac{\mathrm{d}u}{\mathrm{d}x}+\frac{\mathrm{d}v}{\mathrm{d}x}$$

$$\frac{\mathrm{d}\ln u}{\mathrm{d}x}=\frac{1}{u}\times\frac{\mathrm{d}u}{\mathrm{d}x} \qquad \frac{\mathrm{d}(uv)}{\mathrm{d}x}=u\frac{\mathrm{d}v}{\mathrm{d}x}+v\frac{\mathrm{d}u}{\mathrm{d}x}$$

$$\frac{\mathrm{d}(au)}{\mathrm{d}x}=a\frac{\mathrm{d}u}{\mathrm{d}x} \qquad \frac{\mathrm{d}(u/v)}{\mathrm{d}x}=\frac{v\frac{\mathrm{d}u}{\mathrm{d}x}-u\frac{\mathrm{d}v}{\mathrm{d}x}}{v^2}$$

$$\frac{\mathrm{d}a^u}{\mathrm{d}x}=a^u\ln a\frac{\mathrm{d}u}{\mathrm{d}x}$$

Ⅰ-2 积分公式 u 和 v 是 x 的函数，a、b 是常数，C 是积分常数。

$$\int\mathrm{d}x=x+C \qquad \int x^n\mathrm{d}x=\frac{1}{n+1}x^{n+1}+C$$

$$\int\frac{\mathrm{d}x}{x}=\ln x+C \qquad \int e^x\mathrm{d}x=e^x+C$$

$$\int a^x\mathrm{d}x=\frac{a^x}{\ln a}+C \qquad \int\ln x\,\mathrm{d}x=x\ln-x+C$$

$$\int au\,\mathrm{d}x=a\int u\,\mathrm{d}x \qquad \int(u+v)\mathrm{d}x=\int u\,\mathrm{d}x+\int v\,\mathrm{d}x$$

$$\int u\,\mathrm{d}v=uv-\int v\,\mathrm{d}u \qquad \int(ax+b)^n\mathrm{d}x=\frac{(ax+b)^{n+1}}{a(n+1)}+C \quad (n\neq 1)$$

$$\int\frac{\mathrm{d}x}{ax+b}=\frac{\ln(ax+b)}{a}+C \qquad \int\frac{x\,\mathrm{d}x}{ax+b}=\frac{x}{a}-\frac{b}{a^2}\ln(ax+b)+C$$

$$\int\frac{x^2\mathrm{d}x}{ax+b}=\frac{1}{a^3}\left[\frac{(ax+b)^2}{2}-2b(ax+b)+b^2\ln(ax+b)\right]+C$$

$$\int e^{ax}x^n\mathrm{d}x=\frac{n!e^{ax}}{a^{n+1}}\left[\frac{(ax)^n}{n!}-\frac{(ax)^{n-1}}{(n-1)!}+\frac{(ax)^{n-2}}{(n-2)!}+\cdots+(-1)\frac{r(ax)^{n-r}}{(n-r)!}+\cdots+(-1)^n\right]+C$$

$$\int_0^{\infty} e^{-ax^2}\,dx = \frac{1}{2}\sqrt{\frac{\pi}{a}}$$

Ⅰ-3　函数展成级数

（1）二项式

$$(1+x)^n = 1+nx+\frac{n(n-1)}{2!}x^2+\frac{n(n-1)(n-2)}{3!}x^3+\cdots$$

$$(1-x)^n = 1-nx+\frac{n(n-1)}{2!}x^2-\frac{n(n-1)(n-2)}{3!}x^3+\cdots$$

$$(1+x)^{-n} = 1-nx+\frac{n(n+1)}{2!}x^2-\frac{n(n+1)(n+2)}{3!}x^3+\cdots$$

$$(1-x)^{-n} = 1+nx+\frac{n(n+1)}{2!}x^2-\frac{n(n+1)(n+2)}{3!}x^3+\cdots$$

$$(1+x)^{-1} = 1-x+x^2-x^3+\cdots$$

$$(1-x)^{-1} = 1+x+x^2+x^3+\cdots$$

（2）对数

$$\ln(1+x) = x-\frac{1}{2}x^2+\frac{1}{3}x^3-\frac{1}{4}x^4+\cdots$$

$$\ln(1-x) = -\left(x+\frac{1}{2}x^2+\frac{1}{3}x^3+\frac{1}{4}x^4+\cdots\right)$$

（3）指数

$$e^x = 1+x+\frac{x^2}{2!}+\frac{x^3}{3!}+\cdots$$

$$e^{-x} = 1-x+\frac{x^2}{2!}-\frac{x^3}{3!}+\cdots$$

（4）三角函数

$$\sin x = x-\frac{x^3}{3!}+\frac{x^5}{5!}-\cdots \qquad (-\infty<x<\infty)$$

$$\cos x = 1-\frac{x^2}{2!}+\frac{x^4}{4!}-\cdots \qquad (-\infty<x<\infty)$$

$$\tan x = x+\frac{1}{3}x^3+\frac{2}{15}x^5+\cdots \qquad (-\pi<x<\pi)$$

$$\cot x = \frac{1}{x}\left(1-\frac{1}{3}x^2-\frac{1}{45}x^4-\cdots\right) \qquad (-\pi<x<\pi, x\neq 0)$$

$$\sec x = 1+\frac{1}{2}x^2+\frac{5}{24}x^4+\cdots \qquad (-\pi<x<\pi)$$

$$\csc x = \frac{1}{x}\left(1+\frac{1}{6}x^2+\frac{7}{360}x^4+\cdots\right) \qquad (-\pi<x<\pi, x\neq 0)$$

附录Ⅱ　常见物质的热力学数据

为便于查阅，本部分列出了一些常见物质的热力学数据。

表Ⅱ-1 某些单质、化合物的摩尔热容、标准摩尔生成焓、标准摩尔生成吉布斯函数及标准摩尔熵

物质	摩尔热容						$\Delta_f H_m^\ominus$/(kJ/mol)	$\Delta_f G_m^\ominus$/(kJ/mol)	$S_m^\ominus$/[J/(K·mol)]
	$C_{p,m}^\ominus=f(T)$/[J/(K·mol)][①]				温度范围/K	$C_{p,m,298K}^\ominus$			
	a	$b\times10^3$	$c'\times10^{-5}$	$c\times10^6$					
Ag(s)	23.98	5.28	−0.25	—	273～1234	25.49	0	0	42.71
Al(s)	20.67	12.38	—	—	273～932	24.34	0	0	28.32
As(s)	21.88	5.19	—	—	298～1100	24.98	0	0	35.15
Au(s)	23.68	5.19	—	—	298～1336	25.23	0	0	47.36
B(s)	6.44	18.41	—	—	298～1200	11.97	0	0	6.53
Ba(s)	—	—	—	—	—	26.36	0	0	66.90
Bi(s)	18.79	22.59	—	—	298～544	25.50	0	0	56.90
Br_2(g)	35.24	4.07	—	−1.49	300～1500	35.98	30.71	3.14	245.35
Br_2(l)	—	—	—	—	—	35.56	0	0	152.38
C(金刚石)	9.12	13.22	−6.19	—	298～1200	6.06	1.90	2.87	2.44
C(石墨)	17.15	4.27	−8.79	—	298～2300	8.61	0	0	5.70
α-Ca(s)	21.92	14.64	—	—	298～673	26.28	0	0	41.63
α-Cd(s)	22.84	10.32	—	—	273～594	25.90	0	0	51.46
Cl_2(g)	36.90	0.25	−2.85	—	298～3000	33.93	0	0	222.95
Co(s)	19.75	17.99	—	—	298～718	25.56	0	0	28.45
Cr(s)	24.43	9.87	−3.68	—	298～1823	23.35	0	0	23.77
Cu(s)	22.64	6.28	—	—	298～1357	24.47	0	0	33.30
F_2(g)	34.69	1.84	−3.35	—	273～2000	31.46	0	0	203.30
α-Fe(s)	14.10	29.71	−1.80	—	273～1033	25.23	0	0	27.15
H_2(g)	29.07	−0.84	—	2.01	300～1500	28.84	0	0	130.59
Hg(l)	27.66	—	—	—	273～634	27.82	0	0	77.40
I_2(s)	40.12	49.79	—	—	298～387	54.98	0	0	116.70
I_2(g)	37.20	—	—	—	456～1500	36.86	62.25	19.37	260.58
K(s)	25.27	13.05	—	—	298～336.6	29.16	0	0	63.60
Mg(s)	25.69	6.28	−3.26	—	298～923	23.89	0	0	32.51
α-Mn(s)	23.85	—	−1.59	—	298～1000	26.32	0	0	31.76
N_2(g)	27.87	4.27	—	—	298～2500	29.12	0	0	191.49
Na(s)	20.92	22.43	—	—	298～371	28.41	0	0	51.04
α-Ni(s)	16.99	29.46	—	—	298～633	25.77	0	0	29.79

续表

物质	摩尔热容						$\Delta_f H_m^\ominus$/(kJ/mol)	$\Delta_f G_m^\ominus$/(kJ/mol)	$S_m^\ominus$/[J/(K·mol)]
	$C_{p,m}^\ominus=f(T)$/[J/(K·mol)]①				温度范围/K	$C_{p,m,298K}^\ominus$			
	a	$b\times10^3$	$c'\times10^{-5}$	$c\times10^6$					
O_2(g)	36.16	0.85	−4.31	—	298～1500	29.36	0	0	205.03
O_3(g)	41.25	10.29	5.52	—	298～2000	38.20	142.30	163.43	238.78
P(s,黄磷)	23.22	—	—	—	273～317	23.22	0	0	44.35
P(s,赤磷)	19.83	16.32	—	—	298～800	23.22	−18.41	8.37	63.18
Pb(s)	25.82	6.69	—	—	273～600	26.82	0	0	64.89
Pt(s)	24.02	5.16	4.60		298～1800	26.57	0	0	41.80
S(s,单斜晶)	14.90	29.12	—	—	369～392	23.64	0.30	0.10	32.55
S(s,斜方晶)	14.98	26.11	—	—	298～369	22.59	0	0	31.88
S(g)	35.73	1.17	−3.31	—	298～2000	23.68	222.80	182.30	167.72
Sb(s)	23.05	7.28	—	—	298～903	25.44	0	0	43.93
Si(s)	23.23	3.68	−3.80	—	298～1600	20.18	0	0	18.70
Sn(s,白锡)	18.46	28.45	—	—	298～505	26.36	0	0	51.46
Zn(s)	22.38	10.01	—	—	298～693	25.06	0	0	41.63
AgBr(s)	33.18	64.43	—	—	298～703	52.38	−99.50	−95.94	107.11
AgCl(s)	62.26	4.18	−11.30	—	298～728	50.76	−127.03	−109.72	96.11
AgI(s)	24.35	100.83	—	—	298～423	54.43	−62.38	−66.32	114.20
$AgNO_3$(s)	78.78	66.94	—	—	273～433	93.05	−123.14	−32.17	140.92
Ag_2CO_3(s)	—	—	—	—	—	112.10	−506.14	−437.14	167.40
Ag_2O(s)	—	—	—	—	—	65.56	−30.57	−10.82	121.71
$AlCl_3$(s)	55.44	117.15	—	—	273～466	89.10	−695.38	−636.80	167.40
α-Al_2O_3(s,刚玉)	114.77	12.80	−35.44	—	298～1800	78.99	−1669.79	−1576.41	50.99
$Al_2(SO_4)_3$(s)	268.57	61.92	−113.47	—	—	359.41	−3434.98	−3091.93	239.30
As_2O_3(s)	35.02	203.34	—	—	—	95.65	−619	(−538.10)	107.11
Au_2O_3(s)	98.32	20.08	—	—	—	—	80.80	163.20	126
B_2O_3(s)	36.53	106.27	−5.48	—	298～723	62.97	−1263.60	−1184.10	53.85
$BaCl_2$(s)	71.10	13.97	—	—	273～1198	75.30	−860.06	−810.90	125.50
$BaCO_3$(s,毒重石)	110.00	8.79	—	−24.27	298～1083	85.35	−1218.80	−1138.90	112.10
$Ba(NO_3)_2$(s)	125.73	149.40	−16.78	—	298～850	151.00	−991.86	−796.60	213.80
BaO(s)	—	—	—	—	—	47.45	−558.10	−528.40	70.30

续表

物质	摩尔热容 $C^{\ominus}_{p,m}=f(T)/[J/(K \cdot mol)]$①						$\Delta_f H^{\ominus}_m/(kJ/mol)$	$\Delta_f G^{\ominus}_m/(kJ/mol)$	$S^{\ominus}_m/[J/(K \cdot mol)]$
	a	$b\times10^3$	$c'\times10^{-5}$	$c\times10^6$	温度范围/K	$C^{\ominus}_{p,m,298K}$			
$BaSO_4(s)$	141.40	—	−35.27	—	298～1300	101.75	−1465.20	−1353.10	132.20
$Bi_2O_3(s)$	103.51	33.47	—	—	298～800	113.80	−577.00	−496.60	151.50
$COI_4(g)$	97.65	9.62	−15.06	—	298～1000	83.43	−106.70	−64.00	309.74
$CO(g)$	26.54	7.68	−0.46	—	290～2500	29.14	−110.52	−137.27	197.91
$CO_2(g)$	28.66	35.70	—	—	300～2000	37.13	−393.51	−394.38	213.64
$COCl_2(g)$	67.16	12.11	−9.03	—	298～1000	60.71	−223.01	−210.50	289.24
$CS_2(g)$	52.09	6.69	−7.53	—	298～1800	45.65	115.27	65.06	237.82
α-$CaC_2(s)$	68.62	11.88	−8.66	—	298～720	62.34	−62.76	−67.78	70.30
$CaCO_3$(s,方解石)	104.52	21.92	−25.94	—	298～1200	81.88	−1206.87	−1128.76	92.90
$CaCl_2(s)$	71.88	12.72	−2.51	—	298～1055	72.63	−795.00	−750.20	113.80
$CaO(s)$	48.83	4.52	6.53	—	298～1800	42.80	−635.50	−604.20	39.70
$Ca(OH)_2(s)$	89.50	—	—	—	276～373	84.52	−986.59	−896.76	76.10
$Ca(NO_3)_2(s)$	122.88	153.97	17.28	—	298～800	149.33	−937.22	−741.99	193.30
$CaSO_4(s)$	77.49	91.92	−6.56	—	273～1373	99.60	−1432.69	−1320.30	106.70
α-$Ca_3(PO_4)_2(s)$	201.84	166.02	−20.92	—	298～1373	231.58	−4126.3	−3889.90	241.00
$CdO(s)$	40.38	8.70	—	—	273～1800	43.43	−254.64	−225.06	54.80
$CdS(s)$	54.00	3.77	—	—	273～1273	54.89	−144.30	−140.60	71.10
$CoCl_2(s)$	60.29	61.09	—	—	298～1000	78.70	−325.50	−282.40	106.30
$Cr_2O_3(s)$	119.37	9.20	−15.65	—	298～1800	118.74	−1128.40	−1046.80	81.20
$CuCl(s)$	43.93	40.58	—	—	273～695	(56.10)	−134.70	−118.80	83.70
$CuCl_2(s)$	70.29	35.56	—	—	273～773	(80.80)	−223.40	−166.50	65.30
$CuO(s)$	38.79	20.08	—	—	298～1250	42.30	−115.20	−127.20	42.70
$CuSO_4(s)$	107.53	17.99	−9.00	—	273～873	100.80	−769.86	−661.90	113.40
$Cu_2O(s)$	62.34	23.85	—	—	298～1200	63.64	−166.69	−142.30	93.89
$FeCO_3$(s,菱铁矿)	48.66	112.10	—	—	298～885	82.13	−747.68	−673.88	92.90
$FeO(s)$	159.00	6.78	−3.09	—	298～1200	48.12	−266.50	(−256.90)	59.40
$FeO_2(s)$	44.77	55.90	—	—	273～773	61.92	−177.90	−166.69	53.10
$Fe_2O_3(s)$	97.74	72.13	−12.89	—	298～1100	104.60	−822.20	−740.99	90.00
$Fe_3O_4(s)$	167.03	78.91	−41.88	—	298～1100	143.43	−1117.10	−1014.20	146.40

续表

物质	摩尔热容						$\Delta_f H_m^\ominus$/(kJ/mol)	$\Delta_f G_m^\ominus$/(kJ/mol)	$S_m^\ominus$/[J/(K·mol)]
	$C_{p,m}^\ominus = f(T)$/[J/(K·mol)][①]				温度范围/K	$C_{p,m,298K}^\ominus$			
	a	$b\times10^3$	$c'\times10^{-5}$	$c\times10^6$					
HBr(g)	26.15	5.86	1.09	—	298～1600	29.12	−36.23	−53.22	198.24
HCN(g)	37.32	12.97	−4.69	—	298～2000	35.90	130.50	120.10	201.79
HCl(g)	26.53	4.60	1.09	—	298～2000	29.12	−92.13	−95.27	184.81
HF(g)	26.90	3.43		—	273～2000	29.08	−268.60	−270.70	173.51
HI(g)	26.32	5.94	0.92	—	298～2000	29.16	−25.94	1.30	205.60
HNO_3(l)	—	—	—	—	—	109.87	−173.23	−79.91	155.60
H_2O(g)	30.00	10.71	0.33	—	298～500	33.58	−241.83	−228.60	188.72
H_2O(l)	—	—	—	—	—	75.30	−285.84	−237.19	69.94
H_2O_2(l)	—	—	—	—	—	82.30	−189.12	−118.11	102.26
H_2S(g)	29.37	15.40	—	—	298～1800	33.97	−20.15	−33.02	205.64
H_2SO_4(l)	—	—	—	—	—	130.83	−800.80	(−687.00)	156.86
$HgCl_2$(s)	64.00	43.10	—	—	273～553	73.81	−223.40	−176.60	144.30
HgI_2(s)	72.80	16.74	—	—	273～403	78.28	−105.90	−98.70	170.70
HgO(s，红)	—	—	—	—	—	45.73	−90.71	−58.53	70.30
HgS(s，红)	—	—	—	—	—	50.20	−58.16	48.83	77.80
Hg_2Cl_2(s)	—	—	—	—	—	101.70	−264.93	−210.66	195.80
Hg_2SO_4(s)	—	—	—	—	—	132.00	−741.99	−623.92	200.75
$KAl(SO_4)_2$	234.14	82.34	−58.41	—	298～1000	192.97	−2465.38	−2235.47	204.60
KBr(s)	48.37	13.89	—	—	298～100	53.64	−392.17	−379.20	96.40
KCl(s)	41.38	21.76	3.22	—	298～1043	51.51	−435.89	−408.33	82.68
$KClO_3$(s)	—	—	—	—	—	100.20	−391.20	−289.91	142.97
KI(s)	—	—	—	—	—	55.06	−327.65	−322.29	104.35
$KMnO_4$(s)	—	—	—	—	—	119.20	−813.40	−713.80	171.71
KNO_3(s)	60.88	118.80	—	—	298～401	96.27	−492.71	393.13	132.93
$K_2Cr_2O_7$(s)	453.39	229.30	—	—	298～671	230	−2043.90	—	—
K_2SO_4(s)	120.37	99.58	−17.82	—	298～856	130.10	−1433.69	−1316.37	175.70
$MgCO_3$(s)	77.91	57.74	−17.41	—	298～750	75.52	−1113	−1029	65.70
$MgCl_2$(s)	79.08	5.94	−8.62	—	298～927	71.30	−641.80	−529.33	89.50
$Mg(NO_3)_2$(s)	44.69	297.90	7.49	—	298～600	142.00	−789.60	−588.40	164.00

续表

物质	摩尔热容						$\Delta_f H_m^{\ominus}/(kJ/mol)$	$\Delta_f G_m^{\ominus}/(kJ/mol)$	$S_m^{\ominus}/[J/(K\cdot mol)]$
	$C_{p,m}^{\ominus}=f(T)/[J/(K\cdot mol)]$①				温度范围/K	$C_{p,m,298K}^{\ominus}$			
	a	$b\times10^{3}$	$c'\times10^{-5}$	$c\times10^{6}$					
$MgO(s)$	42.59	7.28	−6.19	—	298～2100	37.40	−601.83	−569.57	26.80
$Mg(OH)_2(s)$	43.51	112.97	—	—	273～500	77.03	−924.70	−833.75	63.14
$MgSO_4(s)$	—	—	—	—	—	96.27	−1278.20	−1165.20	95.40
$MnO(s)$	46.48	8.12	−3.68	—	298～1800	44.10	−384.93	−362.80	59.70
$MnO_2(s)$	69.45	10.21	−16.23	—	298～800	54.02	−520.91	−466.10	53.10
$NH_3(g)$	25.90	33.00	—	−3.05	291～1000	35.66	−46.19	−16.64	192.50
$NH_4Cl(s)$	49.37	133.89	—	—	298～458	84.10	−315.39	−203.89	94.60
$NH_4NO_3(s)$	—	—	—	—	—	171.50	−364.55	—	—
$(NH_4)_2SO_4(s)$	103.64	281.16	—	—	298～600	187.60	−1191.85	−900.35	220.29
$NO(g)$	29.41	3.85	−0.59	—	298～2500	29.86	90.37	86.69	210.68
$NO_2(g)$	42.93	8.54	−6.74	—	298～2000	37.90	33.85	51.84	240.45
$NOCl_2(g)$	44.89	7.70	−6.95	—	298～2000	38.87	52.59	66.36	263.60
$N_2O(g)$	45.69	8.62	−8.54	—	298～2000	38.71	81.55	103.60	220.00
$N_2O_4(g)$	83.89	39.75	−14.90	—	298～1000	79.08	9.66	98.29	304.30
$N_2O_5(g)$	—	—	—	—	—	108.00	2.50	(109)	343
$NaCl(s)$	45.94	16.32	—	—	298～1073	49.71	−411.00	−384.03	72.38
$NaNO_3(s)$	25.69	225.94	—	—	298～583	93.05	−466.68	−365.89	116.30
$NaOH(s)$	80.33	—	—	—	298～593	59.45	−426.80	−380.70	64.18
$Na_2CO_3(s)$	—	—	—	—	—	110.50	−1133.95	−1050.64	136.00
$NaHCO_3(s)$	—	—	—	—	—	87.51	−947.70	−851.90	102.10
$Na_2SO_4\cdot10H_2O(s)$	—	—	—	—	—	587.40	−4324.08	−3644.00	587.90
$Na_2SO_4(s)$	—	—	—	—	—	127.60	−1384.49	−1266.800	149.40
$NiCl_2(s)$	54.81	54.39	—	—	298～800	71.67	−315.89	−269.90	97.60
$NiO(s)$	47.30	9.00	—	—	273～1273	44.40	−244.30	−216.30	38.58
$PCl_3(g)$	83.97	1.21	−11.32		298～1000	(71)	−306.40	−286.27	312.92
$PCl_5(s)$	19.83	449.06	—	−498.70	298～500	(109.60)	−398.90	−324.64	352.70
$PH_3(g)$	18.81	60.13	—	170.37	298～1500	36.11	9.25	18.24	210.00
$PbCl_2(s)$	66.78	33.47	—	—	298～771	77.00	359.20	−313.97	136.40
$PbCO_3(s)$	51.84	119.70	—	—	298～800	87.40	−700.00	−626.30	131.00

续表

物质	摩尔热容 $C_{p,m}^{\ominus}=f(T)/[J/(K\cdot mol)]$[①]						$\Delta_f H_m^{\ominus}/(kJ/mol)$	$\Delta_f G_m^{\ominus}/(kJ/mol)$	$S_m^{\ominus}/[J/(K\cdot mol)]$
	a	$b\times10^3$	$c'\times10^{-5}$	$c\times10^6$	温度范围/K	$C_{p,m,298K}^{\ominus}$			
PbO(s)	44.35	16.74	—	—	298～900	(49.30)	−219.20	−189.30	67.80
PbO_2(s)	53.10	32.64	—	—	—	64.40	−276.65	−219.00	76.60
$PbSO_4$(s)	45.86	129.70	17.57	—	298～1100	104.20	−918.40	−811.24	147.30
SO_2(g)	43.43	10.63	−5.94	—	298～1800	39.79	−296.90	−300.37	248.50
SO_3(g)	57.32	26.86	−13.05	—	298～1200	50.63	−395.18	−370.37	256.20
α-SiO_2(s，石英)	46.94	34.31	−11.30	—	298～848	44.43	−859.40	−805.00	41.80
ZnO(s)	48.99	5.10	—	−9.12	298～1600	40.25	−347.98	−318.19	43.90
ZnS(s)	50.88	5.19	−5.69	—	298～1200	45.20	−202.90	−198.30	57.70
$ZnSO_4$(s)	71.42	87.03	—	—	298～1000	117	−978.55	−871.57	124.70
CH_4(g)甲烷	14.32	74.66	—	−17.43	291～1500	35.72	−74.85	−50.79	186.19
C_2H_2(g)乙炔	50.75	16.07	−10.29	—	298～2000	43.93	226.73	209.20	200.83
C_2H_4(g)乙烯	11.32	122.00	—	−37.90	291～1500	43.56	52.29	68.18	219.45
C_2H_6(g)乙烷	5.75	175.11	—	−37.85	291～1000	52.68	−84.67	−32.87	229.49
C_3H_6(g)丙烯	12.44	188.38	—	−47.60	270～510	63.89	20.42	62.72	266.90
C_3H_8(g)丙烷	1.72	270.75	—	−94.48	298～1500	73.51	−103.85	−23.47	269.91
C_4H_6(g)1,3-丁二烯	9.67	243.84	—	87.65	—	79.83	111.90	153.68	279.78
C_4H_{10}(g)正丁烷	18.23	303.56	—	−92.65	298～1500	98.78	−124.73	−15.69	310.03
C_6H_6(g)苯	−21.09	400.12	—	−169.90	—	81.76	82.93	129.08	269.69
C_6H_6(l)苯	—	—	—	—	—	135.10	49.04	124.14	173.26
C_6H_{12}(g)环己烷	−32.22	525.82	—	−173.99	298～1500	106.30	123.14	31.76	298.24
C_6H_{12}(l)环己烷	—	—	—	—	—	156.50	−156.20	24.73	204.35
C_7H_8(g)甲苯	19.83	474.72	—	−195.40	—	103.80	50.00	122.30	319.74
C_7H_8(l)甲苯	—	—	—	—	—	156.10	12.00	114.27	219.20
C_8H_8(g)苯乙烯	13.10	545.60	—	−221.30	—	122.09	146.90	213.80	345.10
C_8H_{10}(l)乙苯	—	—	—	—	—	186.44	−12.47	119.75	255.01
$C_{10}H_8$(s)萘	—	—	—	—	—	165.30	75.44	198.70	166.90
CH_4O(l)甲醇	—	—	—	—	—	81.60	−238.57	−166.23	126.80
CH_4O(g)甲醇	20.42	103.70	—	−24.64	300～700	45.20	−201.17	−161.88	237.70
C_2H_6O(l)乙醇	—	—	—	—	—	111.46	−277.63	−174.77	160.70

续表

物质	摩尔热容						$\Delta_f H_m^\ominus$/(kJ/mol)	$\Delta_f G_m^\ominus$/(kJ/mol)	$S_m^\ominus$/[J/(K·mol)]
	$C_{p,m}^\ominus=f(T)$/[J/(K·mol)]①				温度范围/K	$C_{p,m,298K}^\ominus$			
	a	$b\times10^3$	$c'\times10^{-5}$	$c\times10^6$					
C_2H_6O(g)乙醇	14.97	208.56	—	71.09	300～1000	73.60	235.31	−168.60	282.00
C_3H_8O(g)丙醇	−2.59	312.42	—	105.52	—	146.00	−261.50	−171.10	192.90
C_3H_8O(l)异丙醇	—	—	—	—	—	163.20	−319.70	−184.10	179.90
C_3H_8O(g)异丙醇	—	—	—	—	—	—	−268.60	−175.40	306.30
$C_4H_{10}O$(l)乙醚	—	—	—	—	—	168.20	−272.50	−118.40	253.10
$C_4H_{10}O$(g)乙醚	—	—	—	—	—		−190.80	−117.60	
CH_2O(g)甲醛	18.82	58.38	—	−15.61	291～1500	35.35	−115.90	−110.00	220.10
C_2H_4O(g)乙醛	31.05	121.46	—	−36.58	298～1500	62.80	−166.36	−133.70	265.70
C_7H_6O(l)苯甲醛	—	—	—	—	—	169.50	−82.00		206.70
C_3H_6O(g)丙酮	22.47	201.78	—	−63.52	298～1500	76.90	−21.96	−152.70	304.20
CH_2O_2(l)甲酸	—	—	—	—	—	99.04	−409.20	−346.00	128.95
CH_2O_2(g)甲酸	30.67	89.20	—	−34.54	300～700	54.22	−362.63	−335.72	246.06
$C_2H_4O_2$(l)乙酸	—	—	—	—	—	123.40	−487.00	−392.50	159.80
$C_2H_4O_2$(g)乙酸	21.76	193.13	—	−76.78	300～700	72.40	−436.40	−381.60	93.30
$C_2H_2O_4$(s)草酸	—	—	—	—	—	108.80	−826.80	−697.90	120.10
$C_7H_6O_2$(s)苯甲酸	—	—	—	—	—	145.20	−384.55	−245.60	170.70
$CHCl_3$(g)三氯甲烷	29.51	148.94	—	−90.73	273～773	65.40	−100.40	−67	295.47
CH_3Cl(g)氯甲烷	14.90	96.22	—	−31.55	273～773	40.79	−82.00	−58.60	234.18
CH_4ON_2(s)尿素	—	—	—	—	—	93.14	−333.19	−197.15	104.60
C_2H_6Cl(g)氯乙烷	—	—	—	—	—	62.76	−105.00	−53.10	275.73
C_6H_5Cl(l)氯苯	—	—	—	—	—	145.60	116.30	203.80	197.50
C_6H_7N(l)苯胺	—	—	—	—	—	190.80	35.31	153.20	191.20
$C_6H_5NO_2$(l)硝基苯	—	—	—	—	—	185.80	22.20	146.20	224.30
C_6H_6O(s)苯酚	—	—	—	—	—	134.70	−155.90	−40.75	142.20
$C_6H_{12}O_6$(s)葡萄糖	—	—	—	—	—	—	—	—	212.10

① $C_{p,m}=a+bT+c'/T^2$，或 $C_{p,m}=a+bT+cT$。

表Ⅱ-2 SATP时某些有机化合物的标准摩尔燃烧焓

化合物	$\Delta_C H_m^{\ominus}/(kJ/mol)$	化合物	$\Delta_C H_m^{\ominus}/(kJ/mol)$
C_4H_{10}(g)正丁烷	−2878.51	$C_{14}H_{10}$(s)蒽	−7059.70
C_4H_{10}(g)异丁烷	−2871.65	$C_{14}H_{10}$(s)菲	−7052.60
C_4H_8(g)丁烯	−2818.58	C_2H_6(g)乙烷	−1559.88
C_5H_{12}(g)戊烷	−3536.15	C_2H_4(g)乙烯	−1410.97
正-C_nH_{2n+2}(g)	−242.29～658.74n	C_2H_2(g)乙炔	−1299.63
正-C_nH_{2n+2}(l)	−240.29～653.80n	$(CH_3)_2O$(g)乙醚	−1460.50
正-C_nH_{2n+2}(s)	−91.63～656.89n	$(C_2H_5)_2O$(l)乙醚	−2730.90
C_6H_{14}(l)正己烷	−4163.10	HCOOH(l)甲酸	−239.90
C_6H_{12}(l)环己烷	−3919.91	CH_3COOH(l)乙酸	−871.50
C_6H_6(l)苯	−3267.70	$(COOH)_2$(cr)草酸	−246.00
C_7H_8(l)甲苯	−3909.90	C_6H_5COOH(s)苯甲酸	−3227.50
C_8H_{10}(l)对二甲苯	−4552.86	C_6H_5CHO(s)苯甲醛	−3527.90
C_6H_5Cl(l)氯苯	−3140.90	$C_7H_5O_3$(s)水杨酸	−3022.50
CH_3OH(l)甲醇	−726.64	$C_{17}H_{35}COOH$(s)硬脂酸	−11274.60
C_2H_5OH(l)乙醇	−1366.75	CH_4(g)甲烷	−890.31
$(CH_2OH)_2$(l)乙二醇	−1192.90	CH_3Cl(g)氯甲烷	−689.10
C_3H_7OH(l)正丙醇	−2019.83	$CHCl_3$(l)三氯甲烷	−373.20
C_4H_9OH(l)正丁醇	−2675.79	CCl_4(l)四氯化碳	−156.00
$C_3H_8O_3$(l)甘油	−1664.40	CH_3COOCH_3(l)乙酸甲酯	−1592.80
C_6H_5OH(s)苯酚	−3053.50	$CH_3COOC_2H_5$(l)乙酸乙酯	−2254.21
C_7H_8O(s)邻甲苯酚	−3693.30	COS(g)氧硫化碳	−553.10
C_7H_8O(s)间甲苯酚	−3703.90	CS_2(l)二硫化碳	−1075.30
C_7H_8O(s)对甲苯酚	−3698.60	C_2N_2(g)氰	−1087.80
HCHO(g)甲醛	−56.36	$C_6H_5NO_2$(l)硝基苯	−3097.80
CH_3CHO(g)乙醛	−1192.40	$C_6H_5NH_2$(l)苯胺	−3397.00
$CO(NH_2)_2$(s)尿素	−631.99	$C_6H_{12}O_6$(s)D-葡萄糖	−2806.80
CH_3COCH_3(l)丙酮	−1802.90	$C_6H_{12}O_6$(s)果糖	−2812.90
$C_{10}H_8$(cr)萘	−5153.90	$C_{12}H_{22}O_{11}$(s)蔗糖	−5640.90
$C_{10}H_{16}O$(cr)樟脑	−5903.60	$C_{12}H_{22}O_{11}$(s)β-乳糖	−5648.40

注：最终产物：C生成CO_2(g)；H生成H_2O(l)；S生成SO_2(g)；N生成N_2(g)；Cl生成HCl(aq)。

表Ⅱ-3 SATP条件下水溶液中一些离子的标准热力学函数

物质	$\Delta_f H_m^{\ominus}/(kJ/mol)$	$\Delta_f G_m^{\ominus}/(kJ/mol)$	$S_m^{\ominus}/[J/(K \cdot mol)]$
H^+(aq)	0.0	0.0	0.0
H_3O^+(aq)	−285.85	−237.19	69.96
OH^-(aq)	−229.95	−157.27	−10.54
Li^+(aq)	−278.44	−293.80	14.2
Na^+(aq)	−239.66	−261.88	60.2
K^+(aq)	−251.21	−282.25	102.5
Rb^+(aq)	−246.4	−282.21	124.3
Cs^+(aq)	−247.7	−282.04	133.1
Be^{2+}(aq)	−353.1	−329.5	11.3
Mg^{2+}(aq)	−461.95	−456.01	−118.0
Ca^{2+}(aq)	−534.59	−553.04	−55.2
Sr^{2+}(aq)	−545.6	−557.3	−26.4
Ba^{2+}(aq)	−538.36	−560.7	13
H_3BO_3(aq)	−1067.8	−963.32	159.8
$H_2BO_3^-$(aq)	−1053.5	−910.44	30.5
Al^{3+}(aq)	−524.7	−481.2	−313.4
Ge^{2+}(aq)	−542.96	−553.04	−55.2
CO_2(aq)	−412.92	−386.22	121.3
CN^-(aq)	151.0	165.7	118.0

续表

物质	$\Delta_f H_m^\ominus$/(kJ/mol)	$\Delta_f G_m^\ominus$/(kJ/mol)	$S_m^\ominus$/[J/(K·mol)]
H_2CO_3(aq)	−698.7	−623.42	191.2
HCO_3^-(aq)	−691.11	−587.06	95.0
CO_3^{2-}(aq)	−676.26	−528.10	−53.1
$C_2O_4^{2-}$(aq)	−824.2	−674.9	51.0
$HCOO^-$(aq)	−410.0	−334.7	91.6
CH_3COOH(aq)	−488.44	−399.61	—
CH_3COO^-(aq)	−488.86	−372.46	—
NH_3(aq)	−80.83	−26.61	110.0
NH_4^+(aq)	−132.80	−79.50	112.84
HNO_3(aq)	−206.56	−110.58	146.4
NO_2^-(aq)	−106.3	−35.35	125.1
NO_3^-(aq)	−206.56	−110.58	146.4
H_3PO_4(aq)	−1289.5	−1147.2	176.1
$H_2PO_4^-$(aq)	−1302.5	−1135.1	89.1
HPO_4^{2-}(aq)	−1298.7	−1094.1	−36.0
$PO_4{}^{3-}$(aq)	−1284.1	−1025.5	−218
H_2S(aq)	−39.3	−27.36	122.2
HS^-(aq)	−17.66	12.59	61.1
S^{2-}(aq)	41.8	83.7	22.2
H_2SO_4(aq)	−907.51	−741.99	17.1
HSO_3^-(aq)	−627.98	−527.31	132.38
HSO_4^-(aq)	−885.75	−752.86	126.85
SO_4^{2-}(aq)	−907.51	−741.99	17.1
F^-(aq)	−329.11	−276.48	−9.6
HCl(aq)	−167.44	−131.17	55.2
Cl^-(aq)	−167.44	−131.17	55.2
ClO^-(aq)	107.9	−37.2	43.2
ClO_2^-(aq)	−69.0	14.6	100.8
ClO_3^-(aq)	−98.3	−2.60	163
ClO_4^-(aq)	−131.42	−10.75	182.0
Br^-(aq)	−120.92	−102.80	80.71
BrO_3^-(aq)	−40.2	45.6	162.8
I_2(aq)	20.9	16.44	—
I_3^-(aq)	−51.9	−51.50	173.6
I^-(aq)	−55.94	−51.67	109.36
IO_3^-(aq)	−230.1	−135.6	115.9
Cu^+(aq)	51.9	50.2	−30.5
Cu^{2+}(aq)	64.39	64.98	−98.7
$Cu(NH3)_4^{2+}$(aq)	−334.3	−256.1	806.7
Co^{2+}(aq)	−67.4	−51.5	−155.2
Zn^{2+}(aq)	−152.42	−147.10	−106.48
Pb^{2+}(aq)	1.63	−24.31	21.3
Ag^+(aq)	105.90	77.11	73.93
$Ag(NH_3)_2^+$(aq)	−111.80	−17.40	241.8
$Ag(CN)_2^-$(aq)	269.9	301.46	205.0
$Au(CN)_2^-$(aq)	244.3	215.5	414
Ni^{2+}(aq)	−53.97	−45.61	−128.87
$Ni(NH_3)_6^{2+}$(aq)	—	251.4	—
$Ni(CN)_4^{2-}$(aq)	367.8	471.96	217.6
Mn^{2+}(aq)	−218.8	−223.4	−84
MnO_4^-(aq)	−518.4	−425.1	189.9
Cr^{2+}(aq)	−180.7	−164	−73.6
Cr^{3+}(aq)	−270.3	−205.0	−272
$Cr_2O_7^{2-}$(aq)	−1460.6	−1257.3	213.8
CrO_4^{2-}(aq)	−894.33	−736.8	38.5
Hg^{2+}(aq)	174.01	164.77	−26.4

表Ⅱ-4　实际气体的逸度系数 γ

π	τ														
	1.0	1.1	1.2	1.3	1.4	1.5	1.6	1.7	1.8	2.0	2.2	2.4	2.7	3.0	3.5
0	1.000	1.000	1.000	1.000	1.000	1.000	1.000	1.000	1.000	1.000	1.000	1.000	1.000	1.000	1.000
1	0.612	0.735	0.814	0.870	0.906	0.926	0.948	0.956	0.964	0.976	0.990	1.000	1.006	1.010	1.014
2	0.385	0.560	0.668	0.760	0.824	0.822	0.898	0.914	0.930	0.956	0.980	1.000	1.012	1.020	1.028
3	0.288	0.435	0.560	0.668	0.748	0.806	0.854	0.880	0.902	0.940	0.974	1.000	1.020	1.032	1.046
4	0.248	0.370	0.494	0.602	0.690	0.764	0.824	0.858	0.882	0.930	0.972	1.000	1.030	1.048	1.062
5	0.226	0.338	0.464	0.566	0.654	0.736	0.802	0.842	0.866	0.922	0.972	1.008	1.042	1.062	1.080
6	0.210	0.318	0.442	0.544	0.634	0.720	0.788	0.834	0.860	0.920	0.978	1.014	1.052	1.074	1.098
7	0.202	0.310	0.430	0.532	0.626	0.710	0.780	0.832	0.860	0.926	0.988	1.026	1.068	1.092	1.112
8	0.200	0.308	0.428	0.528	0.621	0.712	0.784	0.834	0.868	0.934	1.000	1.040	1.086	1.110	1.136
9	0.200	0.310	0.430	0.532	0.630	0.720	0.792	0.840	0.878	0.948	1.014	1.058	1.106	1.130	1.158
10	0.202	0.312	0.434	0.542	0.640	0.730	0.806	0.852	0.890	0.964	1.034	1.076	1.128	1.153	1.180
11			0.460	0.552	0.654	0.746	0.810	0.866	0.908	0.582	1.054	1.100	1.152	1.174	1.204
12			0.474	0.566	0.668	0.760	0.834	0.884	0.928	1.008	1.078	1.126	1.174	1.198	1.226
13			0.490	0.582	0.686	0.778	0.852	0.906	0.952	1.014	1.106	1.152	1.202	1.222	1.250
14			0.510	0.598	0.706	0.798	0.874	0.930	0.978	1.066	1.134	1.180	1.228	1.248	1.280
15			0.532	0.620	0.728	0.826	0.902	0.958	1.006	1.100	1.166	1.214	1.256	1.280	1.310
16			0.545	0.646	0.758	0.854	0.934	0.996	1.036	1.114	1.198	1.240	1.290	1.310	1.340
17			0.565	0.672	0.786	0.890	0.970	1.026	1.072	1.172	1.230	1.274	1.322	1.342	1.368
18			0.578	0.706	0.824	0.930	1.006	1.066	1.110	1.208	1.270	1.310	1.354	1.374	1.402
19			0.604	0.738	0.860	0.970	1.050	1.106	1.150	1.248	1.308	1.348	1.392	1.414	1.434
20			0.628	0.768	0.894	1.006	1.088	1.142	1.180	1.288	1.340	1.386	1.432	1.442	1.468
21										1.328	1.406	1.418	1.472	1.476	1.504
22										1.366	1.426	1.466	1.514	1.522	1.534

π	τ														
	5	6	7	8	9	10	12	14	16	18	20	22	25	30	35
0	1.000	1.000	1.000	1.000	1.000	1.000	1.000	1.000	1.000	1.000	1.000	1.000	1.000	1.000	1.000
5	1.076	1.071	1.063	1.056	1.057	1.048	1.043	1.038	1.036	1.030	1.028	1.024	1.019	1.015	1.012
10	1.167	1.152	1.135	1.120	1.117	1.102	1.088	1.072	1.070	1.061	1.052	1.048	1.039	1.031	1.028
15	1.274	1.244	1.214	1.194	1.181	1.160	1.136	1.110	1.108	1.087	1.080	1.072	1.058	1.045	1.042
20	1.402	1.346	1.302	1.274	1.248	1.210	1.182	1.152	1.148	1.127	1.110	1.100	1.082	1.060	1.054
25	1.540	1.450	1.398	1.356	1.318	1.284	1.234	1.192	1.188	1.158	1.142	1.128	1.106	1.084	1.070
30	1.686	1.570	1.502	1.444	1.392	1.352	1.292	1.234	1.228	1.192	1.176	1.156	1.130	1.106	1.086
35	1.868	1.708	1.612	1.534	1.470	1.424	1.350	1.284	1.270	1.228	1.208	1.184	1.160	1.126	1.104
40	2.028	1.854	1.728	1.630	1.554	1.492	1.410	1.328	1.312	1.266	1.240	1.212	1.178	1.146	1.118
45	2.228	2.018	1.850	1.736	1.644	1.570	1.470	1.380	1.354	1.306	1.274	1.242	1.202	1.168	1.134
50	2.450	2.190	1.986	1.850	1.744	1.654	1.534	1.432	1.400	1.346	1.308	1.272	1.228	1.188	1.152
55	2.694	2.372	2.126	1.968	1.844	1.740	1.598	1.486	1.448	1.388	1.342	1.302	1.252	1.208	1.168
60	2.966	2.570	2.274	2.098	1.952	1.828	1.664	1.546	1.500	1.432	1.380	1.334	1.278	1.230	1.182
65								1.602	1.552	1.476	1.416	1.368	1.306	1.252	1.196
70								1.662	1.608	1.526	1.454	1.380	1.332	1.272	1.214
75								1.728	1.668	1.590	1.494	1.438	1.362	1.292	1.238
80								1.794	1.728	1.622	1.538	1.472	1.390	1.314	1.248
85								1.862	1.790	1.672	1.582	1.512	1.426	1.338	1.268
90								1.930	1.862	1.726	1.626	1.548	1.456	1.360	1.288
95								2.002	1.912	1.774	1.668	1.590	1.490	1.380	1.308
100								2.070	1.978	1.828	1.712	1.628	1.528	1.402	1.328

注：对比压力 $\pi=p/p_c$，对比温度 $\tau=T/T_c$。

表Ⅱ-5 某些液态物质的正常沸点 T_b 及在沸点时的摩尔汽化焓 $\Delta_{vap}H_m^{\ominus}$

物质	T_b/℃	$\Delta_{vap}H_m^{\ominus}$/(kJ/mol)	物质	T_b/℃	$\Delta_{vap}H_m^{\ominus}$/(kJ/mol)
水	100	40.67	甲醇	64.7	35.23
甲烷	−161.6	8.182	乙醇	78.4	39.38②
乙烷	−88.6	14.71①	丙醇	97.2	41.34
丙烷	−42.1	18.78	正丁醇	118.0	43.82③
环己烷	80.7	30.14	丙酮	56.2	30.25④
乙烯	−103.7	13.55	乙醚	34.6	26.02
丙烯	−47.7	18.42	乙醛	20.2	25.10⑤
苯	80.1	30.77	甲酸	100.8	23.09⑥
甲苯	110.6	33.46	乙酸	118.1	24.32⑦
乙苯	136.2	35.98	氯仿	61.2	20.72⑧
对二甲苯	138.4	36.07	氯苯	132.0	36.55⑨
间二甲苯	139.1	36.43	硝基苯	210.9	40.74⑩
邻二甲苯	144.4	35.98	二硫化碳	46.3	26.79
萘	218.0	40.49	苯胺	184.4	40.41⑪

注：指在相应温度下所测得的数值①88.9℃；②78.3℃；③116.8℃；④56.1℃；⑤21℃；⑥101℃；⑦118.3℃；⑧61.5℃；⑨130.6℃；⑩210℃；⑪183℃。

表Ⅱ-6 某些固态物质的熔点 T_f 及在熔点时的摩尔熔化焓 $\Delta_{fus}H_m^{\ominus}$

物质	T_f/℃	$\Delta_{fus}H_m^{\ominus}$/(kJ/mol)	物质	T_f/℃	$\Delta_{fus}H_m^{\ominus}$/(kJ/mol)
Ag	961	11.95	SO_3(β)	32.6	10.33
Au	1063	12.6	SO_3(γ)	16.86	1.966
B	2300	22.18	H_2O	0	6.009
Cu	1083	13.0	甲烷	−182.5	0.937
Cl_2	−103±5	6.76	乙烷	−183.3	2.860
Fe	1530.0	14.88	丙烷	−181.7	3.526
I_2	112.9	15.2	环己烷	6.5	2.630
K	63.7	2.32	苯	5.33	9.95
Li	179	3.03	甲苯	−94.99	6.619
Mg	651	8.95	对二甲苯	−13.2	16.80
Na	97.8	2.61	间二甲苯	−47.8	11.55
N_2	−210	0.72	邻二甲苯	−25.2	13.61
Ni	1452	17.56	甲醇	−97.8	3.177
O_2	−218.8	0.44	乙醇	−114.5	5.021
P(黄或白)	44.1	0.623	正丙醇	−126.1	5.195
P(红)	597	18.83	正丁醇	−89.8	9.28
Pb	327.3	5.1	丙酮	−94.8	5.691
S(单分子)	119	1.23	甲酸	8.3	12.72
Sb	630.5	19.83	乙酸	16.6	11.53
Sn	231.9	7.196	氯仿	−63.5	6.197
W	3380	35.23	氯苯	−45.2	9.61
Zn	419.4	7.385	硝基苯	5.7	11.59
CO_2	−57.6	7.95	二硫化碳	−111.5	4.396
SO_2	−73.2	8.63	苯胺	−6.3	10.56
SO_3(α)	62.3	25.48	苯酚	40.9	11.29

表Ⅱ-7 某些体系的恒沸点数据

(1) 含水的二元恒沸体系

二元恒沸体系		$1p^{\ominus}$下的沸点/℃		恒沸物组成 $x_{w,B}$/%	
第一组分	第二组分	第二组分	恒沸溶液	第一组分	第二组分
水	卤代烃				
	二氯乙烯	83.7	72	18.5	81.5
	胺				
	吡啶	115.5	92.6	43	57
	烃				
	甲苯	110.8	84.1	19.6	81.4
	苯	80.2	69.3	8.9	91.1
	酯				
	乙酸乙酯	77.1	70.4	8.2	91.3
	乙酸丁酯(正)	125	90.2	26.7	73.3
	乙酸丁酯(异)	117.2	87.5	19.5	80.5
	乙酸丙酯(正)	101.6	82.4	12.5	87.5
	乙酸丙酯(异)	91.0	77.4	6.2	93.8
	乙酸戊酯(正)	148.8	95.2	41	59
	乙酸戊酯(异)	142.1	94.05	35.09	64.91
	丁酸乙酯(正)	120.1	87.9	21.5	78.5
	丁酸乙酯(异)	110.1	85.2	15.2	84.8
	丁酸丁酯(正)	165.7	97.2	53	47
	丁酸丁酯(异)	156.8	96.3	46	54
	丁酸甲酯(正)	102.7	82.7	11.5	88.5
	丁酸甲酯(异)	92.3	77.7	6.8	93.2
	丁酸丙酯(正)	142.8	94.1	36.4	63.6
	丁酸丙酯(异)	133.9	94.1	36.4	63.6
	甲酸丁酯(正)	106.8	83.8	15	85

二元恒沸体系		$1p^{\ominus}$下的沸点/℃		恒沸物组成 $x_{w,B}$/%	
第一组分	第二组分	第二组分	恒沸溶液	第一组分	第二组分
水	甲酸丁酯(异)	98.5	80.4	18.9	92.2
	甲酸丙酯	80.9	71.9	3.6	96.4
	丙酸乙酯	99.2	81.2	10	90
	丙酸丁酯(异)	136.9	92.8	32.2	67.8
	丙酸甲酯	79.9	71.4	3.9	96.1
	丙酸丙酯(正)	122.1	88.9	23	77
	肉桂酸甲酯	261.9	99.9	95.5	4.5
	硝酸乙酯	87.7	74.4	22	78
	硝酸丁酯(异)	122.9	89.0	25	75
	硝酸丙酯	110.5	84.8	20	80
	酮				
	戊酮-[2]	102.25	82.9	13.5	86.5
	醇				
	乙醇	78.4	78.1	4.5	95.5
	丁醇(正)	78.4	78.1	4.5	95.5
	丁醇(异)	108.0	90.0	33.2	66.8
	丁醇(仲)	99.5	88.5	32.1	67.9
	丁醇(叔)	82.8	79.9	11.7	88.3
	丙醇(正)	97.2	87.7	28.3	71.7
	丙醇(异)	82.5	80.4	12.1	87.9
	戊醇(正)	137.8	96.0	54.0	46.0

续表

二元恒沸体系		1$p^{\ominus}$下的沸点/℃		恒沸物组成 $x_{w,B}$/%	
第一组分	第二组分	第二组分	恒沸溶液	第一组分	第二组分
水	戊醇(异)	131.4	95.2	49.6	50.4
	戊醇-[3]	115.4	91.7	36.0	64.0
	戊醇-[2]	119.3	92.5	38.5	61.5
	戊醇(叔)	102.3	87.4	27.5	72.5
	辛醇(正)	195.2	99.4	90	10
	庚醇(正)	176.2	98.7	83	17
	苄醇	205.2	99.9	91	9
	糠醇	169.4	98.5	80	20
	酸				
	丁酸	163.5	99.4	81.6	18.4
	甲酸	100.8	107.3(最高)	22.5	77.5
	丙酸	141.1	99.98	82.3	17.7
	硝酸	86.0	120.5(最高)	32	68
	氢氟酸	19.4	120(最高)	63	37
	氢溴酸	−67	126(最高)	52.5	47.5
	氢碘酸	−34	127(最高)	43	57
	氢氯酸	−84	109(最高)	79.76	20.24
	氯酸	110.0	203(最高)	28.4	71.6
	醚				
	乙丙醚(正)	63.6	59.5	4	96
	二乙醚	34.5	34.2	1.3	98.7
	二苯醚	259.3	99.3	96.8	3.2
	苯乙醚	170.4	97.3	59	41
	苯甲醚	153.9	95.5	40.5	59.5
	醛				
	丁醛 C_3H_7CHO	75.7	68	6	94
	糠醛	161.5	97.5	65	35

(2) 不含水的二元恒沸体系

二元恒沸溶液		1$p^{\ominus}$下的沸点/℃			恒沸物组成 $x_{w,B}$/%	
第一组分	第二组分	第一组分	第二组分	恒沸溶液	第一组分	第二组分
乙酸乙酯	二硫化碳	77.1	46.3	46.1	7.3	92.7
乙酸甲酯	二硫化碳	57.10	46.3	40.2	30	70
	丙酮		56.3	55.6	52	48
	氯仿		61.2	64.5	78	22
间二甲苯	乙酸异戊酯	139.3	142.1	136.0	49.9	50.1
二硫化碳	甲酸乙酯	46.3	54.15	39.4	63	37
丁酮	二硫化碳	79.6	46.3	45.8	15.3	84.7
	甲酸丙酯		80.85	79.55	90.0	10.0
	丙酸甲酯		97.85	79.00	60.0	40.0
	环己烷		82.75	73.0	47.0	53.0
正己烷	苯	68.95	80.2	68.8	95	5
	氯仿		61.2	60.0	28	72
三氯乙醛	乙酸异丙酯	97.6	90.8	98.2	85	15
甲苯	氯甲基环氧乙烷	110.8	116.4	108.3	71	29
丙酮	二硫化碳	56.5	46.3	39.2	34	66
	丙醚(异)		69.0	54.2	61	39
	氯仿		61.2	65.5(最高)	20	80

续表

二元恒沸溶液		1$p^{\ominus}$下的沸点/℃			恒沸物组成$x_{w,B}$/%	
第一组分	第二组分	第一组分	第二组分	恒沸溶液	第一组分	第二组分
四氯乙烷	乙酸异戊酯	146.3	142.1	150(最高)	68	32
四氯化碳	乙酸乙酯	76.8	77.1	74.8	57	43
	乙酸丙酯(正)		101.6	74.7	57	43
	丁酮		79.6	73.8	29	71
苯	丁酮	80.2	79.6	78.4	62	38
环己烷	苯	80.8	80.2	77.8	45	55
环己酮	四氯乙烷	156.7	146.4	159	55	45
	苯甲醚		153.85	152.5	25	75
氯仿	甲酸乙酯	61.2	54.15	62.7	87	13

（3）三元恒沸体系（第一组分为水）

三元恒沸溶液		1$p^{\ominus}$下三元恒沸体系沸点/℃		恒沸物组成$x_{w,B}$/%		
第二组分	第三组分	第三组分	恒沸溶液	第一组分	第二组分	第三组分
乙醇(沸点78.3℃)	乙基碘	72.3	61	5	9	86
	乙酸乙酯	77.1	70.3	7.8	9.0	83.2
	亚乙基二氯	83.7	66.7	5	17	78
	乙醛缩二乙醇	103.6	77.8	11.4	27.6	61.0
	二硫化碳	46.25	41.35	1.09	6.55	92.36
	三氯代乙烯	87	67.3	5.0	25.9	69.1
	四氯化碳	76.8	61.8	4.3	9.7	86.0
	甲醛缩二乙醇	87.5	73.2	12.1	18.4	69.5
	均二氯代乙烯(顺)	60.2	53.8	2.8	6.65	90.5
	均二氯代乙烯(反)	48.3	44.4	1.1	4.4	94.5
	苯	80.2	64.9	7.4	18.5	74.1
	环己烷	80.8	62.1	7	17	76
	氯仿	61.2	55.5	3.5	4.0	92.5
丁醇(沸点117.8℃)	乙酸丁酯	126.2	89.4	37.3	27.4	35.3
	丁醚	141.9	91.0	29.3	42.9	27.7

三元恒沸溶液		1$p^{\ominus}$下三元恒沸体系沸点/℃		恒沸物组成$x_{w,B}$/%		
第二组分	第三组分	第三组分	恒沸溶液	第一组分	第二组分	第三组分
	甲酸丁酯	106.6	83.6	21.3	10.3	68.7
丙醇(沸点97.2℃)	乙酸丙酯	101.6	82.2	21.0	19.5	59.5
	乙醛缩二丙醇	147.7	87.6	27.4	51.6	21.2
	甲酸丙酯	80.9	70.8	13	5	82
	甲醛缩二丙醇	137.4	86.4	8.0	44.8	47.0
	丙醚	91.0	74.8	11.7	20.2	68.1
	四氯化碳	76.8	65.4	5	11	84
	均戊酮	102.2	81.2	—	—	—
	苯	80.2	68.5	8.6	9.0	82.4
	环己烷	80.8	66.6	8.5	10.0	81.5
丙烯醇(沸点97.0℃)	正己烷	68.95	59.7	5	5	90
	四氯化碳	76.8	65.2	5	11	84
	苯	80.2	68.2	8.6	9.2	82.2
	环己烷	80.8	66.2	8	11	81
戊醇(沸点137.8℃)	乙酸戊酯	148.8	94.8	56.2	33.3	10.5
	甲酸戊酯	131.0	91.4	37.6	21.1	41.2
异丙醇(沸点82.5℃)	苯	80.2	66.5	7.5	18.7	73.8
	环己烷	80.8	64.3	7.5	18.5	74.0

续表

三元恒沸溶液		$1p^{\ominus}$下三元恒沸体系沸点/℃		恒沸物组成 $x_{w,B}$/%		
第二组分	第三组分	第三组分	恒沸溶液	第一组分	第二组分	第三组分
异丁醇(沸点 108.0℃)	乙酸异丁酯	117.2	86.8	30.4	23.1	46.5
	甲酸异丁酯	98	80.2	17.3	6.7	76.0
异戊醇(沸点 131.4℃)	乙酸异戊酯	142.0	93.6	44.8	31.2	24.0
	甲酸异戊酯	124.0	89.8	32.4	19.6	48.0
叔丁醇(沸点 82.6℃)	苯	80.2	67.3	8.1	21.4	70.5
	环己烷	80.75	65	8	21	71
二硫化碳(沸点 46.3℃)	丙酮	56.5	38.04	0.81	75.21	23.98

注：表中未加注明的体系恒沸点为最低恒沸点温度。

表Ⅱ-8　不同温度下水的物理性质

温度 t/℃	饱和蒸气压 p /kPa	密度 ρ /(kg/m³)	等压热容 c_p /[J/(K·mol)]	热导率 λ /[10^{-2}W/(m·K)]	黏度 η /10^{-5}Pa·s	体积膨胀系数 α /10^{-4}K^{-1}	表面张力 σ /(10^{-3}N/m)
0	0.6082	999.9	75.816	55.13	179.21	0.63	75.6
10	1.2262	999.7	75.546	57.45	130.77	0.70	74.1
20	2.3346	998.2	75.294	59.89	100.50	1.82	72.6
30	4.2474	995.7	75.132	61.76	80.07	3.21	71.2
40	7.3766	992.2	75.132	63.38	65.60	3.87	69.6
50	12.31	988.1	75.132	64.78	54.94	4.49	67.7
60	19.932	983.2	75.204	65.94	46.88	5.11	66.2
70	31.164	977.8	75.204	66.76	40.61	5.70	64.3
80	47.379	971.8	75.510	67.45	35.65	6.32	62.6
90	70.136	965.3	75.744	67.98	31.65	6.95	60.7
100	101.33	958.4	75.960	68.04	28.38	7.52	58.8
110	143.31	951.0	76.284	68.27	25.89	8.08	56.9
120	198.64	943.1	76.500	68.50	23.73	8.64	54.8
130	270.25	934.8	76.788	68.50	21.77	9.17	52.8
140	361.47	926.1	77.166	68.27	20.10	9.72	50.7
150	476.24	917.0	77.616	68.38	18.63	10.3	48.6
160	618.28	907.4	78.228	68.27	17.36	10.7	46.6
170	792.59	897.3	78.822	67.92	16.28	11.3	45.3
180	1003.5	886.9	79.506	67.45	15.30	11.9	42.3
190	1255.6	876.0	80.280	66.99	14.42	12.6	40.8
200	1554.77	863.0	81.090	66.29	13.63	13.3	38.4
210	1917.72	852.8	81.990	65.48	13.04	14.1	36.1
220	2320.88	840.3	83.052	64.55	12.46	14.8	33.8
230	2798.59	827.3	84.258	63.73	11.97	15.9	31.6
240	3347.91	813.6	85.608	62.80	11.47	16.8	29.1
250	3977.67	799.0	87.192	61.76	10.98	18.1	26.7
260	4693.75	784.0	89.082	60.84	10.59	19.7	24.2
270	5503.99	767.9	91.260	59.96	10.20	21.6	21.9
280	6417.24	750.7	94.122	57.45	9.81	23.7	19.5
290	7443.29	732.3	98.730	55.82	9.42	26.2	17.2
300	8592.94	712.5	103.248	53.96	9.12	29.2	14.7
310	9877.96	691.1	109.278	52.34	8.83	32.9	12.3
320	11300.3	667.1	118.314	50.59	8.53	38.2	10.0
330	12879.6	640.2	130.374	48.73	8.14	43.3	7.82
340	14615.9	610.1	146.952	45.71	7.75	53.4	5.78
350	16538.5	574.4	171.072	43.03	7.26	66.8	3.89
360	18667.1	528.0	251.712	39.54	6.67	109	2.06
370	21040.9	450.5	725.742	33.73	5.69	264	0.48

表Ⅱ-9 SATP 下一些电极的标准电极电势

电极	$\varphi^{\ominus}$/V	电极	$\varphi^{\ominus}$/V
Li^+|Li	−3.045	OH^-|H_2(g),Pt	−0.828
Na^+|Na	−2.714	H^+|H_2(g),Pt	0.0000
K^+|K	−2.925	OH^-|O_2(g),Pt	0.401
Ba^{2+}|Ba	−2.906	H^+|O_2(g),Pt	1.229
Sr^{2+}|Sr	−2.890	I^-|I_2(s),Pt	0.54
Ca^{2+}|Ca	−2.866	Br^-|Br_2(l),Pt	1.065
Mg^{2+}|Mg	−2.363	Cl^-|Cl_2(g),Pt	1.360
Al^{3+}|Al	−1.662	F^-|F_2(g),Pt	2.87
Tl^+|Tl	−0.337	In^+|In	−0.14
Ti^{2+}|Ti	−1.630	In^{3+}|In	−0.34
Zn^{2+}|Zn	−0.763	In^{2+},In^+|Pt	−0.40
Cr^{3+}|Cr	−0.744	In^{3+},In^{2+}|Pt	−0.49
Mn^{2+}|Mn	−1.180	OH^-|PbO(s),Pb	−0.567
Fe^{2+}|Fe	−0.440	SO_4^{2-}|$PbSO_4$(s),Pb	−0.358
Cd^{2+}|Cd	−0.403	I^-|AgI(s),Ag	−0.152
Co^{2+}|Co	−0.277	Br^-|AgBr(s),Ag	0.0711
Ni^{2+}|Ni	−0.230	Cl^-|AgCl(s),Ag	0.2224
Sn^{2+}|Sn	−0.136	Cl^-|Hg_2Cl_2(s),Hg	0.268
Pb^{2+}|Pb	−0.126	OH^-|HgO,Hg	0.0986
Cu^{2+}|Cu	0.337	H^+|Sb_2O_3,Sb	0.152
Cu^+|Cu	0.521	SO_4^{2-}|Hg_2SO_4,Hg	0.615
Ag^+|Ag	0.799	$Fe(CN)_6^{3-}$,$Fe(CN)_6^{4-}$|Pt	0.356
Hg_2^{2+}|Hg	0.789	Cu^{2+},Br^-|CuBr	0.64
Pd^{2+}|Pd	0.987	Cu^{2+},I^-|CuI	0.86
Pt^{2+}|Pt	1.20	Mn^{3+},Mn^{2+}|Pt	1.510
Ti^{3+},Ti^{2+}|Pt	−0.370	H^+,Mn^{2+}|MnO_2,Pt	1.23
V^{3+},V^{2+}|Pt	−0.260	MnO_4^-,H^+,Mn^{2+}|Pt	1.510
Cr^{3+},Cr^{2+}|Pt	−0.408	MnO_4^-,OH^-|MnO_2|Pt	0.588
Sn^{4+},Sn^{2+}|Pt	0.150	H^+,SO_4^{2-}|$PbSO_4$,PbO_2	1.685
Cu^{2+},Cu^+|Pt	0.153	OH^-|$Ni(OH)_2$,Ni	−0.720
Fe^{3+},Fe^{2+}|Pt	0.771	OH^-|$Ni(OH)_2$,NiO_2	0.490
Tl^{3+},Tl^+|Pt	1.250	Ni^{2+},H^+|NiO_2,Pt	1.680
Ce^{4+},Ce^{3+}|Pt	1.610	OH^-,SO_4^{2-},SO_3^{2-}|Pt	0.930
Co^{3+},Co^{2+}|Pt	1.820	$S_2O_8^{2-}$,SO_4^{2-}|Pt	2.050

附录Ⅲ 常见物理常数及转换系数

普朗克常数，Planck’s constant（h）$=6.6260755\times10^{-34}$ J·s

阿伏伽德罗常数，Avogadro’s number（L）$=6.0221367\times10^{23}$

光速，speed of light（c）$=2.99792458\times10^{8}$ m/s

玻尔兹曼常数，Boltzman constant(k_B）$=1.380658\times10^{-23}$ J/K

玻尔半径，Bohr（r_0）$=0.529177249$Å

原子质量单位，atomic mass unit(amu）$=1.6605402\times10^{-27}$ kg

电子电荷，electron charge（e）$=4.803242\times10^{-10}$ ESU$=1.602188\times10^{-19}$ C

法拉第常数，$F=96485$ C/mol

摩尔气体常数，$R=8.314$ J/(K·mol)

热力学零度，0K＝−273.15℃

1 Joule (J) $=10^{7}$ erg

1 Calorie (cal) $=4.184$J

1 Hartree (ha) $=4.3597482\times10^{-18}$J

1 electron mass$=0.910953\times10^{-30}$kg

1 Proton mass$=1836.1527$electron mass$=1.6726\times10^{-27}$kg

1 atomic mass unit(amu) $=1822.8605$ electron mass$=1.6605\times10^{-27}$kg

1 electron volt(eV) $=1.602189\times10^{-19}$J$=9.6486\times10^{4}$J/mol$=23.06035$kcal/mol

1 Hartree$=627.5095$kcal/mol$=27.2116$eV

1 Bohr · electron$=2.541765$Debye$=2.541765\times10^{-18}$esu · cm

1 $\text{Debye}^{2}\cdot\text{angstrom}^{-2}\cdot\text{amu}^{-1}=42.2547km/mol=5.82587\times10^{-3}\text{cm}^{-2}\cdot\text{atm}^{-1}$

1 $\text{Hartree}^{-1/2}\cdot\text{Bohr}^{-1}\cdot\text{amu}^{-1/2}=219474.7\text{cm}^{-1}$

1 kW · h$=3.600\times10^{6}$J

参考文献

[1] 彭笑刚．物理化学讲义．北京：高等教育出版社，2012.
[2] 傅献彩，沈文霞，姚天扬，侯文华．物理化学．第五版．北京：高等教育出版社，2005.
[3] 林宪杰，许和允，殷保华，吴义芳，邵军．物理化学．北京：科学出版社，2010.
[4] ［英］Peter Atkins，［美］Julio de Paula．Atkins' Physical Chemistry. Seventh Edition. 北京：高等教育出版社，2006.
[5] 印永嘉，奚正楷，张树永等．物理化学简明教程．第四版．北京：高等教育出版社，2007.
[6] 胡英．物理化学．第四版．北京：高等教育出版社，1999.
[7] 何玉萼，袁永明，童冬梅，胡常伟．物理化学．北京：化学工业出版社，2006.
[8] 韩德刚，高执棣，高盘良．物理化学．北京：高等教育出版社，2001.
[9] 万洪文，詹正坤．物理化学．北京：高等教育出版社，2002.
[10] 朱志昂．近代物理化学．第三版．北京：科学出版社，2004.
[11] 周鲁．物理化学教程．第三版．北京：科学出版社，2012.
[12] 赵振国．应用胶体与界面化学．北京：化学工业出版社，2008.
[13] 陈宗淇，王光信，徐桂英．胶体与界面化学．北京：高等教育出版社，2001.
[14] 傅鹰．化学热力学导论[M]. 科学出版社，1963.
[15] 赵凯华，罗蔚茵．新概念物理教程：热学(第 2 版)[M]. 高等教育出版社，2006.
[16] 高执棣．化学热力学基础[M]. 北京大学出版社，2006.
[17] 严济慈．热力学第一和第二定律[M]. 人民教育出版社，1978.